建和美乡村·续古韵民居
——第二十九届中国民居建筑学术年会论文集

唐洪刚 黄 勇 龚 鐳 主 编
周 理 王 烟 陈 波 副主编

中国民族建筑研究会民居建筑专业委员会
中国建筑学会民居建筑专业委员会
贵州大学建筑与城市规划学院   编
贵州大学勘察设计研究院有限责任公司

中国建筑工业出版社

图书在版编目（CIP）数据

建和美乡村·续古韵民居：第二十九届中国民居建筑学术年会论文集 / 唐洪刚，黄勇，龚镧主编；周理等副主编 . -- 北京：中国建筑工业出版社，2024.12.
ISBN 978-7-112-30617-6

Ⅰ . TU241.5-53

中国国家版本馆 CIP 数据核字第 2024EF6440 号

该论文集以"建和美乡村·续古韵民居"为主题，从乡村聚落共治共建共享、传统民居智慧智能智造、乡土营造技术技法技艺、乡村遗产演化活化优化四个方面分别整理年会遴选的学术论文。以此探讨乡村聚落人居环境的共治与共建；探索传统民居的智能化和数字化转型；聚焦乡土营造技术、技法和技艺；关注乡村遗产资源的保护与活化利用，旨在探讨传统民居建筑与乡村发展的关系，推动乡村聚落的共治共建共享，促进传统民居智慧智能智造，分享乡土营造技术技法技艺及乡村遗产演化活化优化等方面的研究成果和经验。本书适用于对建筑学相关专业、传统民居研究感兴趣的师生、专家、学者及爱好者阅读参考。

责任编辑：唐　旭　张　华
责任校对：赵　力

建和美乡村·续古韵民居
——第二十九届中国民居建筑学术年会论文集

唐洪刚　黄　勇　龚　镧　主　编
周　理　王　烟　陈　波　副主编
中国民族建筑研究会民居建筑专业委员会
中国建筑学会民居建筑专业委员会　　　　编
贵州大学建筑与城市规划学院
贵州大学勘察设计研究院有限责任公司

*

中国建筑工业出版社出版、发行（北京海淀三里河路9号）
各地新华书店、建筑书店经销
北京雅盈中佳图文设计公司制版
北京中科印刷有限公司印刷

*

开本：880毫米×1230毫米　1/16　印张：32$\frac{1}{4}$　字数：1474千字
2024年12月第一版　2024年12月第一次印刷
定价：**188.00**元
ISBN 978-7-112-30617-6
（44082）

版权所有　翻印必究
如有内容及印装质量问题，请与本社读者服务中心联系
电话：（010）58337283　QQ：2885381756
（地址：北京海淀三里河路9号中国建筑工业出版社604室　邮政编码：100037）

第二十九届中国民居建筑学术年会暨民居建筑国际学术研讨会

会 议 主 题：建和美乡村·续古韵民居

会议分议题：1.乡村聚落共治共建共享

              2.传统民居智慧智能智造

              3.乡土营造技术技法技艺

              4.乡村遗产演化活化优化

学术委员会（按姓氏笔画排名）：

主　　席：陆　琦　唐孝祥

顾　　问：王　军　张玉坤　戴志坚

委　　员：王　烟　王　路　龙　彬　关瑞明　刘　杰　李　浈

           李晓峰　杨大禹　宋　昆　陈　波　范霄鹏　罗德胤

           周　凌　周　理　周立军　赵　兵　唐洪刚　黄　勇

           龚　镭　靳亦冰　谭刚毅　潘　莹

主办单位： 贵州大学

承办单位： 贵州大学建筑与城市规划学院

           贵州大学勘察设计研究院有限责任公司

           贵州省建筑设计研究院有限公司

           贵州省工程勘察设计协会历史文化保护分会

学术指导单位： 中国民族建筑研究会民居建筑专业委员会

               中国建筑学会民居建筑专业委员会

前言

第二十九届中国民居建筑学术年会于 2024 年 9 月 20 日~9 月 22 日在贵州大学召开。会议由贵州大学主办，中国民族建筑研究会民居建筑专业委员会、中国建筑学会民居建筑专业委员会为学术指导单位，贵州大学建筑与城市规划学院、贵州大学勘察设计研究院有限责任公司、贵州省建筑设计研究院有限公司、贵州省工程勘察设计协会历史文化保护分会共同承办。来自中国建筑学会、中国民族建筑研究会、清华大学、同济大学、天津大学、华南理工大学、重庆大学、哈尔滨工业大学、西安建筑科技大学、华中科技大学、中南大学、大连理工大学等 83 家高校、科研院所、学术团体，以及各单位 400 余位专家学者参加。年会收到论文投稿 256 篇，收录论文集 114 篇。会议举办了 7 场主旨报告，107 场分会场报告，4 场博士论坛。与会专家学者围绕"建和美乡村·续古韵民居"主题，紧扣乡村振兴与传统文化保护的时代背景，从"乡村聚落共治共建共享""传统民居智慧智能智造""乡土营造技术技法技艺""乡村遗产演化活化优化"四个分主题展开深入讨论。年会在继承以往民居研究所涉及的理论方法、营造技艺、个案研究、民族建筑、聚落演变等传统议题外，在回应国家重大战略需求、追踪传统民居学术热点，以及专委会的组织人才建设等方面有诸多探索。

在此次年会上，专家学者们充分分享各自的研究成果和实践经验，推动了传统民居建筑与现代乡村建设的深度融合。同时，通过会议前论文征集，组织专家评选，最终遴选了 114 篇论文收录于辑进行出版，不仅为民居建筑的进一步研究提供了宝贵的文献资料，也为当下乡村建设提供了理论支撑与实践指导。论文集涵盖了乡村聚落、传统民居、乡土营造、乡村遗产等多个方面的研究成果。在"乡村聚落共治共建共享"方面，论文集收录了 22 篇关于乡村聚落人居环境治理，乡村生活、生产、生态空间协同发展的研究论文，这些论文从不同角度探讨了如何通过共治共建共享的方式，实现乡村的可持续发展；在"传统民居智慧智能智造"方面，论文集收录了 9 篇关于传统民居建筑与现代科技结合的最新研究成果，研究围绕传统民居的智能化和数字化转型，探索如何将现代技术应用于传统民居建筑设计与建造之中，有效提升了传统民居的品质与效能，为传统民居的保护与传承提供了新的思路；在"乡土营造技术技法技艺"方面，论文集收录了 37 篇关于本土材料选用、传统工艺传承与创新的研究论文，挖掘了各地乡土营造技术的独特魅力和价值，探讨了如何在现代乡村建设中传承和创新这些传统技艺，为传统民居保护和乡村建设提供了实用的指导方法；在"乡村遗产演化活化优化"方面，论文集收录了 46 篇乡村遗产资源的保护与活化利用的研究论文，学者们从历史、文化、社会等多个维度，分析了乡村遗产的价值和意义，探讨了如何通过创新的保护和活化方式，使乡村遗产更好地融入现代社会，研究成果不仅有助于实现乡村遗产的优化创新，也为乡村文化的传承与发展提供了新的动力。

论文集是对第二十九届中国民居建筑学术年会学术交流的文字留存与深入总结，是对民居研究热点、社会重大需求的继续深化与拓展。首先，在研究内容上，进一步拓展研究的广度和深度，更加关注乡村人居环境的综合改善、乡村产业的融合发展、乡村文化的传承创新、乡土民居的现代建造等现实问题，探索如何通过智能化、数字化手段，实现传统民居建筑的可持续发展。其次，在研究方法上，更加注重跨学科的融合与创新，强调将建筑学、历史学、人类学、社会学等多个学科的交叉与融合，借鉴其他学科的理论和方法，丰富中国民居建筑研究的视角和方法。最后，在实践应用上，更加注重研究成果的转化与推广，将研究成果积极应用于传统民居建筑的保护、修复、改造等实践中。第二十九届中国民居建筑学术年会论文集为我们提供了多元的学术视角与丰富的研究成果。未来，中国民居建筑研究将在理论和实践上不断深化和发展，为实现乡村的可持续发展和传统文化的传承与创新做出更大的贡献。

再次感谢中国民族建筑研究会民居建筑专业委员会、中国建筑学会民居建筑专业委员会各位主委与委员的信任与指导！感谢各科研院所、兄弟学院的帮助与支持！感谢每一位专家学者与投稿作者的积极参与！感谢审稿专家与编辑部工作人员的辛勤付出！让我们携手共进，继续为推动中国民居建筑研究的发展贡献智慧和力量。愿本论文集能为更多从事民居建筑研究的学者、师生带来启发与帮助，也期待在下一届年会上与大家再次相聚，共同见证中国民居建筑研究的繁荣与发展！

贵州大学建筑与城市规划学院院长　唐洪刚

2024 年 12 月 28 日

目录

前言

乡村聚落共治 共建共享

环境史视角下两淮盐区海盐聚落空间演化研究 / 赵 逵　朱秀莉 / 2

铁路站点沿线聚落不透水面时空演变特征研究——以滇越铁路宜良段为例 / 梁 栋　杨星璐　张 禾　车震宇 / 9

"生态—文化"视角下内蒙古黄河流域村落景观基因图谱构建与价值分析 / 王志强　姜 爽 / 13

视听交互作用下广东省客家地区传统村落声景观评价 / 张东旭　陈 浩　张新怡 / 19

夏尔巴秘境：陈塘传统聚落景观适应性研究 / 陈秋渝　龙 彬　张 菁 / 22

政策导向下广州泮塘古村人居环境的审美演变 / 张梦晴　唐孝祥 / 26

地质灾害影响下乡村聚落选址研究 / 张 浩　刘 洋　王 琛 / 30

基于数字化方法的太行八陉地区传统村落形态特征及分类研究 / 丁佳语　肖奕均　苑思楠 / 33

"三生空间"视角下豫南传统村落评价及其耦合特征分析——以信阳光山县为例 / 王一丁　郑东军 / 37

汉族屯堡传统村落公共空间网络及其居民行为耦合特征 / 吴笑含　黄宗胜 / 41

农村人民公社时期新宾满族自治县阿伙洛村生产生活空间营建 / 张 浩　王 飒 / 45

基于居民感知的左江世界遗产区传统村落公共空间更新利用研究——以白雪屯为例 / 胡锦晨　冀晶娟 / 52

基于网络耦合特征的传统村落公共空间保护性更新研究——以贵阳市镇山村为例 / 陈照明　李效梅 / 58

乡村聚落公共空间解析方法研究 / 浦欣成　赵熠天　朱桢华　徐洁颖 / 62

内蒙古荒漠化地区乡村人居环境满意度评价及优化研究——以鄂尔多斯撒家塔村为例 / 聂 倩　任 群　高 芬　骆 晨 / 66

文化基因视角下成都彭镇老街的保护与更新研究 / 赵贝妮　熊 瑛 / 71

太行山区乡村聚落空间分布的微观地形响应机制研究 / 王 月　张桓嘉　苑思楠 / 74

黔南布依族传统村落乐康村建筑空间网络特征分析 / 张怡然　黄宗胜 / 79

自组织理论视野下传统聚落空间格局研究——以丽江宝山石头城为例 / 王妞妞　姚青石 / 82

基于社会网络分析的豫南光山县传统村落集中连片保护与空间结构探研 / 徐嘉豪　郑东军 / 86

川西桃坪羌寨聚落景观审美适应性特征 / 李美珍　唐孝祥 / 90

共建共治共享理念下的传统村落空间治理研究——以汉藏羌彝走廊为例 / 范新元　赵治坤　赵 兵　侯鑫磊 / 94

传统民居智慧 智能智造

基于仿真模拟的传统建筑仪式空间分析 / 张 睿 王 新 徐 强 / 100

基于量化方法的传统民居形态特征研究——以都昌县为例 / 段亚鹏 张光穗 / 104

装配式木构民居过渡季室内温湿度快速预测方法研究 / 王 足 唐洪刚 王 标 廖 恒 赵若雅 陈豫川 江东谚 / 111

基于气候变化的寒冷地区乡村民居庭院热性能预测 / 田一辛 张志琦 / 114

闽南永春五里街骑楼建筑的营造智慧 / 郑慧铭 / 117

浅析乡土建筑的现代工艺传承与创新——以制砖与砌砖技艺为例 / 丁丽嘉 杨逸轩 / 122

装配式新民居体系设计研究——以宜昌地区为例 / 黄善洲 李运江 谭业新 / 125

基于CFD模拟的河西地区合院式民居风环境研究 / 王永昊 孟祥武 / 129

成都近现代民居建筑遗产价值体系构建及其H-BIM管理技术研究——以李家钰故居为例 / 朱珂雅 穆铭宇 李 骥 / 135

乡土营造技术 技法技艺

潮汕地区祠堂仪式空间研究——以潮阳郭氏按察祖祭祖信俗为例 / 汤朝晖 姚广濛 / 140

多元文化视野下朝鲜族民居"炕—地"空间形成与住居行为演变剖析 / 金日学 李春姬 RITA ISLAMGULOVA / 144

浙江大院式传统民居的间架模数分析——以五地典型大宅为例 / 韩心宇 / 151

南甸宣抚司署建筑设计方法研究 / 谢佩殷 乔迅翔 / 155

论贵州民居建筑穿斗架地域特征 / 乔迅翔 / 161

黄土高原地区民居"间架"体系建构机制与基因图谱研究 / 陈慧祯 李岳岩 陈 静 鞠亚婷 / 164

建构视角下的广东开平立园"泮立楼"窗户多层构造研究 / 夏 珩 白雨晴 / 169

贵州省都柳江流域少数民族干栏式民居早期遗存平面类型、演化与技艺 / 王之玮 / 175

仙人湾瑶族乡传统木构民居营建演化特征 / 唐浩钧 卢健松 袁雪洋 / 179

叶枝土司衙署建造技术来源研究 / 周萃楠 乔迅翔 / 185

基于地域文化视角的乡村景观设计研究——以惠来县邦山村为例 / 翁奕城 钟炜婷 陈梓聪 / 193

用材、构造与大木结构类型的关联讨论——以宁波地区乡土建筑为例 / 蔡 丽 刘 杰 / 198

双向正交斜放竹条覆面木骨架预制梁碳排放计算实例研究——以马鹿寨绿色低碳民居建造为例 / 周浩晨 柏文峰 李佩佳 / 202

基于AHP和SD综合评价的余荫山房审美文化特征分析 / 谭 芊 唐孝祥 / 207

海草房屋顶营造技艺探赜 / 于瑞强 朱逸洋 / 212

维西县同乐村傈僳族民居营造技艺与空间观念研究 / 白寅崧 焦梦婕 王红军 / 216

潮州传统府第式民居建筑文化艺术特色研究——以许驸马府为考察对象 / 苏洵铧 陈春娇 / 220

清末民国桂南军事将领宅第类型与特征研究 / 韦昌蓉 / 226

对于中、韩转角屋顶结构方式的比较研究——以中国土家族转角楼和韩国转角屋顶传统民居为中心 / 邓浩舟　韩东洙（韩）/ 230

延续与传承——以仁里游客民宿中心设计为例 / 张建凤　张振 / 235

安顺屯堡民居热环境与气候适应性研究 / 赵才雄　王烟　黄小虎　赵韦　张超　吴丽莎 / 238

山地传统院落空间类型及其组合逻辑研究——以川渝建筑为例 / 黄童涵　赵亚敏 / 242

凯里市某鼓楼建筑营造技术的气候适应性研究 / 李松林　陈波　黄镇　周倩 / 246

基于正交斜放竹条覆面技术的木框架生土围护墙民居结构加固研究 / 万进　柏文峰 / 250

基于形制基础的古建筑檐下空间研究——以斯宅为例 / 石宏超　李伟君　陈旭洋 / 255

肇兴东村鼓楼的传统功能与环境适应性——基于计算流体力学的研究 / 韦舒瀚 / 260

辽南地区官帽囤顶民居建筑营造技艺及文化特征研究 / 余小涵　李世芬　李竞秋　周羿成 / 265

晋西师家大院"窑房同构"营造技艺研究 / 冒亚龙　蔡敏君　高舜琪　陈悦琳　赖哲 / 269

大连近代日式民居营造技术研究——以甘井子北明街建筑群为例 / 刘士正　魏子薇　张艺壤　陈飞 / 272

结合装配式钢结构技术的农宅屋顶更新改造研究——以重庆地区为例 / 李雪　王雪松　蒋朝华 / 276

人居环境视角下的喀什高台民居更新营建模式研究 / 陈彦祺　任云英　赵妮娜 / 280

马氏庄园传统建筑灰塑研究 / 刘恺岑 / 285

豫南传统民居门楼特征及其影响因素研究 / 崔文龙　林祖锐　谭志成 / 288

嘉绒藏族传统民居立面装饰构造艺术浅析——以马尔康西索村为例 / 罗川淇 / 292

建造视角下土楼营建的适应性探索——以南靖县河坑聚落为例 / 李思静　方小华　韩洁 / 296

永安民居中心秩序演变——以春亭的产生与迁播为线索 / 王紫瑜 / 302

旅游驱动型屯堡村寨空间的演化特征、活化模式与优化策略——以安顺三个典型案例为例
　/ 李昱甫　耿虹　高鹏　牛艺雯　吴亚娟　陈雨辛 / 308

乡村遗产演化 活化优化

文化认同视角下上端士村乡村遗产价值与传承策略研究 / 唐孝祥　付林霏 / 314

福清传统民居类型演变及其基因图谱 / 赵冲　黄宇东 / 318

基于风土聚落特征识别的山地型乡村遗产活化——以山西省平顺县黄花沟片区为例 / 徐强　王琦　李冠华　徐钲砚 / 325

重庆传统村落抱厅遗产价值的深度分析 / 彭丰 / 330

呼包地区召庙建筑色彩构成量化研究 / 刘雪菲　孙丽平 / 334

广东省近现代粮仓建筑与再利用模式的研究 / 谢捷　王国光 / 338

基于拓扑关系解译的嘉绒藏族传统民居空间逻辑演变研究 / 洪竟涛　华天睿　李骥 / 342

景观基因视角下鄂东南地区传统村落的保护和可持续发展路径研究 / 华为　陈斯亮　李晓峰 / 346

略论"凸"字形祠堂与南宋皇陵龟头殿 / 马克翱　厉佳倪　王　晖 / 350

闽南番仔楼遗产价值探析与保护研究——以厦门湖里区钟宅社"钟佑变宅"为例 / 郑湘甬　李苏豫　韩　洁 / 354

洞庭湖流域非遗与传统村落空间耦合机理研究 / 梁佑旺　何　川　张时雨　吴泽宏 / 358

东莞潢涌村祠庙仪式空间分析 / 魏鹏昊 / 361

开平碉楼的立体防御空间体系研究 / 冒亚龙　高舜琪　陆慧芳 / 364

空间多义性视角下丽水市古村落游客中心设计策略研究 / 冒亚龙　郑皓文　钟骐亘　李　璐 / 368

万里茶道内蒙古段张库大道东路聚落群的形成与演变研究 / 韩　瑛　闵无非　简乙栩帆 / 373

基于社会网络分析的历史文化名村活化利用研究——以沈阳市石佛寺村为例 / 哈　静　郭晓峥 / 379

马来西亚华人传统民居建筑基因识别及图谱研究——以马六甲海峡沿岸地区为例 / 赵　冲　甘国乾臻　赵　逵　罗振鸿 / 383

湖北利川大水井李氏宗祠审美适应性特征探究 / 邹维江　张建萍　潘静雯 / 389

剑阁传统乡土建筑的活化再利用研究——以樵店乡水磨河大院为例 / 张子航　李　路 / 395

近代教会医院建筑遗存比较研究——以惠民县如己医院与潍坊乐道院为例 / 宋　晋　王梓林　刘　睿 / 399

晋南云丘山马壁峪古道聚落遗产的体系、演变及整体性保护 / 欧阳菲菲 / 402

三峡库区传统村落的遗产特征与传承活化路径研究 / 蒋　佳　杨恩德　张　盛 / 407

传统村落集中连片保护利用示范实施效果评估方法探索——以广东省梅县区为例 / 赵亦航　潘　莹 / 411

传统村落建筑遗产中乡土文化的体现与传承——以吉家营为例 / 陶　星　马　辉　李雨柔 / 415

基于空间句法的江西抚州市东乡区传统村落空间形态研究——以浯溪村与上池村为例
　/ 朱智清　许飞进　刘　健　王科义　邓诗浩　邹一迪　伍莎莉　肖汇达　万嘉豪 / 420

民族交融对东北地区朝鲜族民居建筑风貌演进的影响机制研究 / 张天宇　史小蕾　俞家悦 / 426

闽南滨海聚落信仰空间适应性演化研究——以厦门集美大社为例 / 余章篇　王量量 / 430

宁夏镇北堡西部影城建筑活化模式研究 / 唐学超 / 435

符号学视野下地域建筑文脉解读与传承探析——以桂北侗族民居为例 / 王钰雁 / 439

右江流域非典型传统村落的保护传承困境与分类施策——以马弄屯、龙洞大寨为例 / 冀晶娟　胡啸鸣 / 442

基于游览者感知偏好的传统村落空间价值评估与影响因素研究——以湖南省高步村为例 / 徐　峰　李轶璇　谢育全 / 446

旅游型传统村落舒适物感知评价体系构建及实证分析——以焦作市一斗水村为例 /
　/ 李璐纳　董　蕊　柴壹凡　何艳冰　庄昭奎　闫海燕 / 451

文旅融合背景下北京琉璃渠村更新策略研究 / 朱永强　刘阿琳　史祚政 / 455

肇庆黎槎八卦村形态特征分析 / 李逸凡　王国光 / 459

额尔古纳河右岸俄罗斯族传统聚居空间结构溯源 / 朱　莹　唐　伟　李心怡 / 464

粤西与琼地区冼夫人建筑与文化的错位发展研究 / 刘　楠　陈兰娥　罗翔凌　刘明洋 / 468

"隐性基因"视角下宁南传统村落文化保护与传承策略研究 / 张丹妮　李　钰 / 471

贵州楼上古村乡村遗产特征解析 / 陈富丽　罗　欢　黎　颢 / 474

屯堡聚落建筑空间网络特征研究——以安顺市云山屯堡为例 / 刘嘉怡　黄宗胜 / 478

基于空间基因理论的蓟遵小片传统民居现代转译策略研究 / 张小骞　李世芬　李竞秋　余小涵 / 481

新质生产力赋能乡村遗产的保护与发展——以图们市白龙村为例 / 董昭然　胡沈健 / 485

中东铁路中俄建筑文化融合特点研究 / 孟路林　肖　彦 / 488

基于民族村落风貌修复的民族装饰符号现代演绎方法——以黑龙江省饶河县赫哲族村为例 / 李雨柔　马　辉 / 491

建和美乡村·续古韵民居——以湖镇围美丽乡村项目规划与建筑设计实践为例 / 陈兰娥　刘　楠　罗翔凌　刘明洋 / 496

潮汕地区传统聚落空间与宗族结构关联研究——以汕头市沟南村为例 / 林思畅　谢　超 / 499

北方滨海地区村落平面特征与分布规律研究 / 于璨宁　李世芬 / 503

乡村聚落共治共建共享

环境史视角下两淮盐区海盐聚落空间演化研究

赵 逵[1] 朱秀莉[2]

摘 要：本文以两淮盐区海盐聚落为研究对象，借鉴环境史研究模式，梳理了灶民、盐官、盐商不同群体与滩涂环境的互动关系，探讨了"官导民辅"关系模式下从"自发性"到"组织性"的空间秩序建立和"商民共建"关系模式下从"单一性"到"多样性"的空间功能重构，揭示了两淮盐区海盐聚落空间沿海的内在机制：一为官商民权利博弈下的海盐资源争夺，二为海岸线东迁引发的资源变化。以期为当今"以人为核心"的乡村振兴理论建设提供重要的实践意义和理论意义。

关键词：环境史 人地关系 两淮盐区 海盐聚落 空间演化

我国沿海地区的海盐聚落，基于人类与滩涂资源的复杂人地关系形成与发展[1]。两淮盐区位于长江以北的黄河沿岸，海草充沛，滩涂富饶，促成了以灶民、盐官和盐商为核心群体的海盐聚落构建，体现了不同群体与滩涂资源互动过程中的复杂人地关系。春秋战国以前，灶民对盐业资源的自主利用尚处于无序状态，未形成有组织的盐业生产聚居体系。汉武帝于两淮因盐设县置仓，以实现对盐业资源的垄断规划与垂直监管[2]，标志着盐官群体成为推动海盐聚落人地关系构建的主导力量。明代初期，明太祖行"开中制"将军事后备与海盐生产关联[3]，这种基于政治与经济双重意图的海盐聚落人地关系构建达到顶峰。明中期后，官府海盐官控权力的收窄，使得盐商正式进入盐场[2]，成为海盐聚落人地关系构建的重要参与者。随着"灶民自主适应、盐官严格管控、盐商资本入驻"不同阶段人地关系的显现，海盐聚落空间也呈现出相应的演化特征。

关于两淮盐区海盐聚落的认识研讨，一是立足历史、社会等人文社科视角对聚落主体人群[4,5]、资源利用与管理[6,7]、制度变迁[8,9]等较为宏观的考察；二是立足建筑学与城市规划学视角，从空间体系[10]、空间分布[11]、空间构成要素[12]等多方面对聚落空间特征进行更为细致的分析和研究。当前，伴随着西方盐业科学技术的传播，我国海盐聚落受到城市化、工业化与信息化发展的剧烈冲击，经济发展所带来海盐聚落社会结构瓦解与文化观念嬗变，使得聚落人地关系协调发展面临挑战。如何求得人与自然的和谐关系，实现海盐聚落的可持续发展成为当前乡村规划实践所面临的关键治理与规划问题。

本文综合以上两方面的研究，借鉴环境史的视角与理论方法，从灶民、盐商、盐官三大群体与环境的互动关系出发，通过对两淮盐区海盐聚落空间演化过程进行梳理，揭示内在影响机制，以期为当今"以人为核心"的城乡一体化进程推动提供历史借鉴。

一、环境史研究模式对本研究的启示

环境史（Environmental History）是一门关注过去人类社会与自然界关系的学科。早期研究倾向于将环境作为人类活动的背景和资源，强调其对历史的单向作用[13,14]。此后，环境史研究侧重于分析长时段中不同群体与自然环境双向作用的人地关系[15]，以凸显自然环境与人类社会双方面及多要素复合交织的历史图景[16]。此外，研究专题逐渐细化，城乡环境史作为新兴领域，关注城市化对自然环境的影响及其在城市社会文化演变中的角色[16]，同时也拓宽了建筑学与城乡规划学领域对聚落空间的研究思路[17-20]。

立足于社会群体分层视角的城乡环境史研究模式为本研究提供了一个明晰可行的分析路径。城乡聚落是人类围绕自然资源的占有与利用展开互动的外显结果，将不同群体与土地的利用活动和空间形态关联，反映出不同人群意识形态的差异，是对人地关系在城乡地域显现的形式逻辑探讨[21]。两淮地区海盐聚落空间承载了政治、经济、军事等多种目的，涉及盐官、盐商、灶民等不同群体的利益与意志。因所占有的资源类型与数量的不同，各群体与自然环境所产生的互动关系则具有明显差异性。要全面深刻地探究海盐聚落空间的潜在规律与内在机制，则需关注不同群体基于不同目的与诉求下与自然环境独特的人地互动模式。

二、官导民辅：从"自发性"到"组织性"的空间秩序建立

两淮盐区海盐聚落的形成基于灶民自组织的产盐行为。明初官府在政治意图下从聚落总体分布、聚落功能划分、水利与河系多个方面对盐业资源进行主动管理，在"官导民辅"模式下实现从"自发性"到"组织性"的空间秩序建立。

1. 聚落分布组团化与"治一产"功能模块化

管仲行"官山海"之前，盐铁之利皆归于民。在满足灶民基本生存需求的前提下，两淮盐区的海盐聚落仅具备简单的产盐功能，具有"零散"和"无序"的特征。早期沿海地区灶民引潮入滩，从"刮石取盐"阶段逐渐进入"煮海为盐"阶段[22]，在产量提高与生存必需的共同影响下，海盐在中央财政的重要地位逐日彰显。虽然汉代官府通过设立食盐集散地以实现对海盐的管控，但并未对零散自组织的海盐聚落起到统领作用，聚落空间功能单一，其宏观空间分布尚未形成规模与体系。

基于明代层级分明的"分司一盐场一团"盐政管理体系[23]，明朝对沿海土地资源进行合理划分，结合不同的土地利用方式，在空间形态上呈现出聚落分布组团化与"治一产"功能模块化的特

---

[1] 赵逵，华中科技大学建筑与城市规划学院，教授。
[2] 朱秀莉，华中科技大学建筑与城市规划学院，博士生。

征。明太祖朱元璋改立盐法，在延续"就场专卖"制度基础上并行"开中制"，以掌管盐之产运销，于两淮盐场设淮北、泰州、通州三分司一级盐政管理机构，每分司各辖十场，各场下设并统领数团（图1）。其中，官署建筑于盐场聚落内部构成场治聚落，生产建筑"团"构成生产聚落（图2）。如此，在分司机构的统领下，形成由三十盐场聚落构成且层级分明的三大组团，并于黄海沿岸以串场河为南北轴线性排列，使得海盐聚落空间总体格局由"无序"到"有序"，由"零散"到"系统"，且持续保持至清代。此外，基于官府对土地利用的不同方式，推动盐场聚落"治一产"功能分野，即场治区与生产区分置东西两侧，一方面可以避免潮汐对场治区的侵袭，另一方面可以为生产区提供更多的海水资源与滩涂空间。此后，海岸线东迁迫使灶民迁至近海傍潮之地以继续盐产，故海盐聚落空间功能模块的"治一产"一体向"治一产"分离演变（图3）。

在这一过程中，海盐聚落的空间布局经历了从自组织到有序组织的转型。从不同社会群体与环境互动关系的视角看，早期阶段灶民对滩涂资源的利用主要是基于个体生存的需求，这种自下而上的资源开发模式赋予了海盐聚落在空间布局上的自组织特性。由于海盐在当时社会经济结构中的"稀缺"属性，随着官府对海盐资源价值认识的加深，并通过层级化管理对灶民生产活动进行规训，进而重塑海盐聚落的空间结构，推动其向有序、可控的方向发展，反映出盐官对海盐资源控制的政治需求和对盐业经济活动的宏观调控能力。

2. "堤—墩—闸—路"防潮设施体系化

明初官民于聚落内部建设了堤、闸、墩三种防潮设施，有效抵御了潮汐侵袭，以实现"堰内场治无潮患之忧，堰外场亭灶相望"。其中，堤与闸的建设是官府统筹规划的直接体现，而潮墩则是灶民自发应对潮患的创造性举措。宋代范公常丰堰❶基础上重筑捍海堰，并与淮北堤堰相互衔接，共同构成了一条重要的防线——范公堤❷，通过结合水闸设立，解决了由于筑堤所带来的排水灌溉与潮涌沙积的矛盾问题。范公堤的空间分布南起吕四场，北至莞渎场，各盐场设闸与堤并立呈线性排列（图4）。从两淮盐区各盐场的空间布局图可以看出，范公堤修筑的出发点更多是对场治区域提供防潮屏障，将生产聚落与场治聚落清晰划分，体现出范公堤的防御与边界双重功能（表1）。一方面，范公堤在防止潮水过度倒灌的基础上能够保证堤西农田丰茂。另一方面，堤东为禁垦区，海潮侵袭能使滨海盐田充分浸卤，盐田与民田分置范公堤东西两侧。相较于官府对于堤闸的宏观建设，"潮墩"则是灶民基于自救需求下自发建造的躲避构筑物，且位于海岸前线防御位置（图5）。囿于财力匮乏与人力不足，明初各盐场的潮墩在规模与数量上均较为有限，在空间上呈点式分布，反映了灶民在不依赖外部指导与协调下对潮患直接反应的人地互动过程。

明中期后，海岸线东迁使得滩涂面积持续性东扩，灶民"移亭就卤"以寻卤斥之地，故潮墩失去原有前线防御位置（图6）。因潮间带除范公堤外再无大堤阻碍，继而催生出由灶民、官府与盐官

---
❶ 唐大历年间，李承于楚州和扬州海冰创筑海塘，名曰常丰堰，又名捍海堰，在御海潮方面起到了重要的作用，阻止了海水浸泡垦地，不仅能"屏蔽盐灶"，利于盐产，还大幅提高了屯垦土地的农业产量。
❷ 本文中的范公堤是鲍俊林等学者在论文《苏北捍海堰与"范公堤"考异》中所提出的广义概念，即由淮南堤堰与淮北堤堰共同组成。

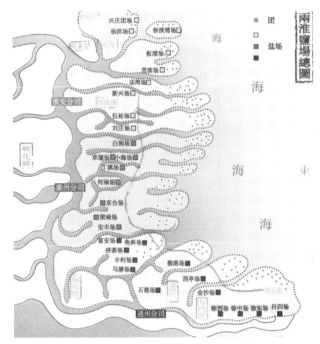

图1 两淮盐区分司聚落布局

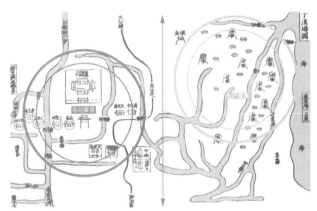

图2 场治聚落与生产聚落布局

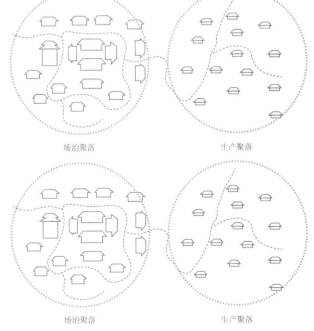

图3 "治一产"分离示意图

明初期范公堤防御与边界功能　　　　　　　　　　　　　　　　　　　　　　　　　　　　　表1

聚落名称	安丰场	草堰场	丁溪场
示意图			
聚落名称	东台场	何垛场	梁垛场
示意图			

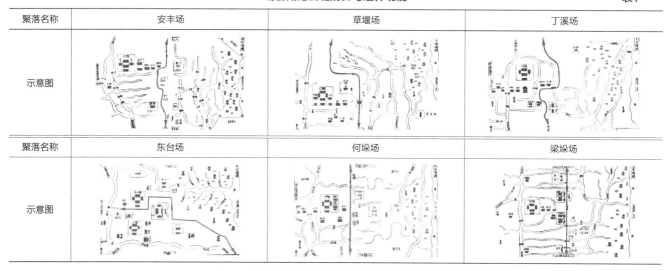

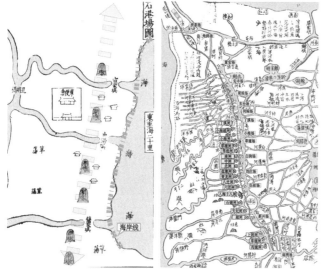

图4 堤闸空间分布　　　图5 明初期潮墩空间布局

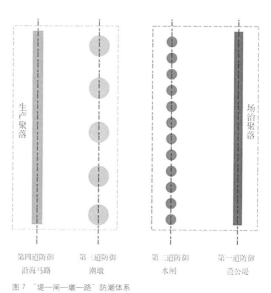

图7 "堤—闸—墩—路"防潮体系

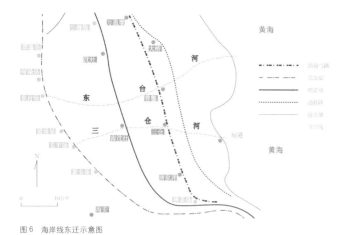

图6 海岸线东迁示意图

共建，具有连续屏障功能的潮墩群与沿海矮堤"马路"。明后期至清代，盐官与盐商共同参与潮墩修建活动，其数量呈急剧上升趋势，如明代吕四场东、中、西各团分设四个潮墩以供盐民躲避，至清代潮墩沿灶舍或总房紧密排列，形成一道连续的防潮屏障。此外，官府于海岸沿线湍急地带加筑"沿海马路"，在生产聚落内部构建"潮墩—沿海马路"双重防潮设施，至此，官、民、商共建的"堤—闸—墩—路"防潮体系正式形成（图7），展现了明清时期从自发到联合，从局部到整体的防御策略演进。

从不同社会群体与环境互动关系的视角看，灶民"筑墩自救"所形成的点式潮墩体现了层面人地关系中的自主性与自适应性，所形成的环境变化适应能力不具备持续性与前瞻性。相对而言，盐官主导的防潮设施建设，如范公堤和闸墩系统的规划，不仅反映了中央政权对地方盐业的控制和规范，也展现了对人地关系更为持续和前瞻性的理解。此外，灶民的自发防御逐渐演变为与官府和盐商的联合行动，形成了更为连续和系统的防潮屏障，反映了权力结构在盐场基层中的渗透和扩展。

3. "运盐河—串场河—灶河"河流系统网络化

明初，由官府主导开凿运盐河与串场河的开凿，与灶民自发挖掘的灶河在时间上呈现出同步发展的态势。尽管上述河道空间分布上尚未完全整合，但初步构建了"运盐河—串场河—灶河"这一多层次河流网络的基本框架，有效解决了海盐自治聚落行销各地以及生产聚落引海淋晒的双重需求。在聚落区域的宏观层面，串场河"绕盐场东，以范公堤为埝"，实现了与运盐河的互联贯通。官府于河道沿途设卡缉私弭盗，在保证海盐顺利出场的同时加强了对盐业的管理和控制。在场治聚落的中观层面，运盐河与串场河多环绕场署，毗邻官仓（表2）。而灶民自行修建的灶河，早期主要职能是引入海水以支持盐业生产活动并提升盐产效率，正如《淮南中十场》记载："因盐丁负水取卤，力疲而赋不充，乃为相其地形，凿渠以通海潮，公私咸便之。"数量有限且发展较为缓慢，呈现"一"字形形态特征（图8）。

明晚期以后，由于滩涂拓宽与运销权分散，灶河形态纵横发展，形成了兼具淋晒与装运功能的复合型水系，形态上由"一"字形向树杈形演变，并与串场河全面贯通，促进盐业聚落盐运河流系统的网络化演变（图8）。场内盐河水系几乎不再直接入海，灶河引潮功能减弱。在"商收商运"制度框架下，盐商获得了进入盐场并建立垣墙的权利，从而与灶户进行直接交易，这一制度变革显著加强了灶河作为生产聚落内部运输渠道的功能。一方面，盐商与灶民合作，在现有滩涂港汊基础上对灶河主干进行横向拓展，以适应岸线东迁，形成"灶河—商垣"的新型组合模式，有效提高了海盐的储运效率。另一方面，灶民在灶河主干基础上开辟支河，形成更多港汊与河坝，极大地提高了海盐生产区的运输效率。可见，在明初，由于盐商的贸易活动受到限制，盐官与灶民的开凿活动相互独立，导致串场河、运盐河与灶河之间的关联性较弱。随着盐商活动的介入和空间渗透，灶河与串场河、运盐河的连通性得到了显著加强，从而推动了"运盐河—串场河—灶河"河流系统网络化的进一步发展。

从不同社会群体与环境互动关系的视角看，官府主导开凿的串场河与运盐河主要服务于场治聚落，即盐场的行政管理与贸易的中心区域，反映出官府对盐业资源的控制和对区域经济发展的引导意图。灶河的建设和维护则直接关联到灶民的生产活动和盐商的经济利益，体现了灶民和盐商对生产环境的微观适应和改善。

图8　明清时期生产聚落灶河形态演变

明初期范公堤防御与便捷功能　　　　　　　　　　　　　　　　　　　　　　　表2

所在分司	聚落名称	板浦场	刘庄场	伍祐场
淮安分司	示意图			

所在分司	聚落名称	丁溪场	何垛场	角斜场
泰州分司	示意图			

所在分司	聚落名称	徐中场	丰利场	徐西场
通州分司	示意图			

三、商民共建：从"单一性"到"多样性"的空间功能重构

明中期以后，专卖制度与铸鏊权的变化，以及滩涂东扩环境变化，促使人地互动关系中的社会结构和活动形式发生显著变化，盐商、灶民与环境的互动关系进一步深化，在"商民共建"模式下，表现为生产聚落内部生产单元的分散化、农作空间的规模化以及生产空间的多元化，共同促推动了生产聚落的空间功能重构。

1."团灶瓦解"生产单元分散化

明初的海盐生产受到官府的严格监管，实行生产资料公有制，采用"团一灶"从属关系的生产组织，形成具有生产、储存和居住多功能的独立单元"团"，且聚落空间形态呈现以高盐分滩涂为中心的集聚团状分布，以优化海水利用和盐业生产效率。在海盐生产与收购高度集权背景下，生产聚落内的海水、荡草、滩地和盐田等滩涂资源皆属之官，并行"聚团公煎"之法以监督和管理，由此产生由数灶合一的生产单元"团"，且各团独立生产，互无交集（图9）。在择址方面，因传统煎盐法依赖高盐分土壤，故"团"多位于由港汊划分且卤足盐丰的凸形滩涂之上，数"团"共聚，呈现"集聚团状"的聚落空间形态特征，以实现对海水的最大化利用。如伍佑场设立利国团、广利团和丰利团等十团，以组团形式分布于四块滩涂，各组团之间以灶河分隔。这种布局不仅适应了滩晒盐的需求，也便于成盐后的运输。相较之下，安丰场由于"团"的数量较少，虽未形成如伍佑场般的明显组团结构，但其选址依然反映出灶民对高盐分滩涂资源的集中利用策略（图10）。

明后期至清代，基于灶民与盐商对土地等滩涂资源利用方式的改变，海盐生产方式由"聚团公煎"转为"分灶自煎"，原有聚合的"团一灶"生产单元逐渐分散化，生产聚落空间形态随之由"集聚团状"向"分散条状"演变。在海岸线东迁作用下，新淤荡地为灶舍规模化发展提供了富余的地理空间与滩涂资源，加速了僵化的"团煎法"的崩坏[26]，"团一灶"从属关系瓦解。灶民于新涨荡地中另觅场所，自由开亭煎盐，立户为灶，各灶独立。同时，收购权下放促使盐坐场掣盐的内商于进入盐场，并购灶舍间隙的滩地、草荡与灶地大量置办亭场，新增独立灶舍"顺河而列"，基于东部延伸的树枝灶河水网拓展，呈现"分散条状"的聚落空间形态特征（图11）。

从不同社会群体与环境互动关系的视角看，"团煎法"的崩坏与运销权的下放，标志着盐官在生产聚落中主导角色的削弱。而新淤荡地的东扩为灶舍提供了更多的空间和资源，盐商的介入和收盐权的下放则促进了盐业的市场化，强化了灶民、盐商与人地互动的过程。可见，"团一灶"生产单元由集中到分散的过程，反映出生产聚落人地关系从集权到分散、从依附到独立的转变过程。

2."农盐并举"农作空间规模化

尽管中央集权试图通过严格的控制机制以管理两淮地区的荡地资源，并在制度层面明令禁垦❶，但随着海岸线的变迁和潮汐模式的改变，旧淤卤气日淡。明初，在战乱和土地荒废的背景下，官府允许有力灶民局占垦荡地。至明嘉靖年间，随着"余荡开垦"政策实施，荡地占耕全面合法化，且荡地多为豪强灶户与富商"于

❶ 清代《两淮盐法志》《场灶门·草荡》卷二六中对草荡禁垦的明确记载："淮南之有草荡，犹漠北之有游牧，皆以耕种为厉禁。盖丰于此，必吝于彼，势不得不尔。"

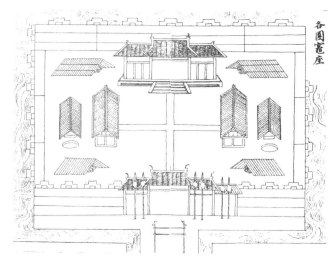

图9 明代生产聚落单元建筑"团"

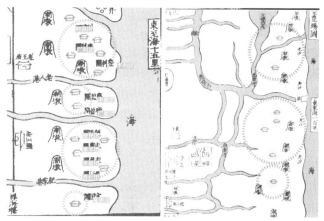

图10 明代初期生产聚落"团"的组团布局

一切有利处所，或占为田，或占为庄。"[27]在朝廷对荡地控制权削弱伊始，新淤荡地的扩张并未迅速拉开生产聚落与场治聚落的空间距离。因生产聚落的封闭严控以及濒海滩涂富盐不宜农作，故富灶多于聚落内的濒海滩涂占耕为庄，以此兼开贫灶荡地，并通过改变荡地业权关系加强对海盐生产的控制[7]180。总体来看，聚落内部的村庄选址呈现出两种特征：其一，村庄与团灶、仓库、庙宇等构成统一的整体，但未形成一定规模，但"庄"在其中起到统领作用，这反映了富灶在生产聚落内对滩涂资源利用的主导地位；其二，村庄作为独立的生活区域与"团"并存，从侧面反映了富灶在社会分化过程中对滩涂资源的强化控制。这种选址策略不仅体现了灶民对滩涂资源的不同利用方式，也揭示了人地关系在社会经济结构变化中的动态演变（图12）。

随着濒海新涨荡地面积的扩大与盐商置办场募丁助办，生产区不断向东迁移加速农盐职能分化进程[28]，农作区与村庄始以组合形式规模化形成，且"各田地大多民田居内，灶荡在外。"[29]在清代，该空间功能区划特征尤为清晰，"内"与"外"边界的具体形式有二：一为范公堤，二为商垣❷（图13）。正如《两淮盐法志（同治）》记载："各场荡地坐落范堤内外，堤内之地多属开垦，堤外之地多系草荡。"[30]如明初刘庄场范公堤以西多为大面积草荡，且新涨淤地向东推进速度慢，故灶民多利用堤西富盐量较低的草荡开垦成庄。但相较之下，庙湾场海涂东扩速度快，商垣沿灶河而设且紧靠灶舍以提高

❷ 商垣，又称包垣。

运输效率，范公堤与商垣之间的草荡不通潮水不可煎烧，亦不长草逐渐荒芜，故而多改荡为田，垦种杂粮。在此条件下，商垣逐渐替代了范公堤作为农作区与盐作区的形态边界功能。可以看出，农作区与盐作区边界形式的差异性与海涂东扩具有密切相关性。

从不同社会群体与环境互动关系的视角看，生产聚落内部农庄空间的规模化反映了官府与环境互动关系的减弱，而盐商与环境互动关系的加强。这一转变主要源于制度和环境两大因素的演变。在制度层面，政策的变革导致官府对当地的管控力度有所削弱。在环境层面，新淤荡地的向东扩展为灶民及富商提供了更为广阔的空间与资源，从而促进了生产聚落中灶民与盐商之间互动的加强，并推动了聚落空间结构的转型。

3. "盐铁同产"生产空间多元化

收盐权与铸铁权的下放显著改变了海盐聚落的生产结构，促进了盐商资本积累和生产方式的转变。聚落生产功能从单一的"产盐"向"产盐＋铸鐅"的复合功能演化，成为生产空间多元化的关键转折点，并于生产聚落内形成与铸鐅业相适应的鐅舍组团。明初，在"团煎法"生产方式的约束下，煎盐所需盘铁由官府集体铸造，且铸造活动通常发生在分司聚落内，而非盐场内，使得生产聚落仅承担产盐功能。随着明万历四十五年（1617年）"盐不复入官仓"的政策实施，加之官府财力的亏空，铸鐅权的下放成为趋势，这一政策变革加速了煎盐工具从"盘铁"向"锅鐅"的转变，并推动生产区内锅鐅规模化生产的迅速崛起，聚落内生产空间逐步多元化。

在海盐聚落整体层面，铸鐅区的选址偏向南方，这一布局反映了淮南地区因砂质淤泥对煎盐法的生产需求。在锅鐅区的选址过程中，盐商充分考虑对滩涂资源的最大化适应，利用滩涂土质和气候湿度等资源条件对模具铸造、冷却热处理等工艺进行优化。在煎盐法对高温和精细操作的要求下，鐅舍由鐅舍与民舍共同组成，并与各场灶舍紧密相连，毗邻港岸灶河，与灶舍形成了功能互补、空间紧密相连的集合体（图14）。这种选址策略不仅提升了锅鐅的质量，同时减少了从生产区至灶舍的运输成本，从而在两个关键方面保证了产盐的效率。从社会群体与环境互动的视角分析，官府对海盐管控权的收窄促进了聚落经济结构的转型。盐商通过对锅鐅的自铸自销，实现了生产资料的私有化，从而巩固了其在生产过程中的经济地位，加深了与灶民之间的交易和雇佣关系。在人地互动关系的框架内，盐商的角色经历了显著的转变，从边缘的参与者逐步上升为生产活动的主导者。这一角色的演变推动了生产聚落空间功能的多元化，超越了单纯的海盐生产范畴，促进了更为复杂的经济活动和社会结构的形成。

四、环境史视角下两淮盐区海盐聚落演进机制

1. 官商民权力博弈下的海盐资源争夺

纵观人地视角下明清两淮盐区海盐聚落空间的历史演进，实则是盐官、盐商、灶民三大群体围绕利益分配与资源争夺的空间竞争过程。早期海盐资源未纳入盐官的权力管控之下，在灶民自组织生产行为下所形成的海盐聚落在空间上具有无序性。明初期，"开中法"制度推行将盐官与灶民之间的权力博弈推至高潮，官府基于政治目的对海盐资源进行强势占据，形成以权力为表征的空间划分与秩序建立，前者体现在宏观层面的三大分司聚落的组团布局与中观

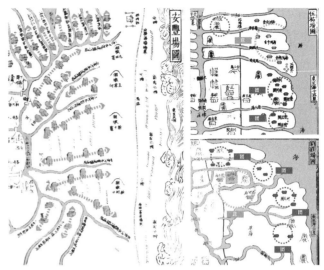

图11 清代生产聚落"分散条状"形态　图12 明初期生产聚落村庄选址特征

图13 清代农盐区域划分及功能边界示意图

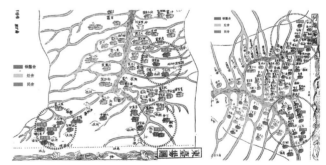

图14 清代生产聚落锅鐅区分布

层面海盐聚落内部"治一产"功能模块的分野，后者则为水利设施体系与盐运河流的统筹规划，展现出一种围绕权力运作的空间营造逻辑。明中期以后，官府将盐政权力范围收窄，以官督形式监管盐商的收、运、销过程以及灶民生产过程，盐商作为一股民间权力力量介入生产聚落内并迅速扩张，推动生产聚落的空间功能重构，展现出一种围绕资本运作的空间营造逻辑。作为底层劳动力的灶民群体，其与自然环境的互动关系则是迫于中央集权与民间权力双重统治的结果。

2. 海岸线东迁引发的资源禀赋变化

在两淮盐区传统聚落空间演化过程中，海岸线东迁所引发的资源禀赋变化不仅包括滩涂资源的增加，也包括盐业生产、经济发展、

社会文化等多个层面。海涂东扩与盐田熟化，促进聚落内单一产业结构向盐、铁、农复合产业结构转化，为盐商与灶民的生产与交易活动提供了足够的承载空间。同时，海盐聚落资源的变化，加速了盐业社会结构的动态演进。在海岸线东迁之前，盐官对聚落资源实行封闭管理，形成了一个以盐官为核心、灶民为主导力量、盐商为辅助的社会结构层级。这种结构层级反映了当时盐业资源的分配与管理体系，其中盐官负责监管和征税，灶民直接参与盐业生产，而盐商则参与盐的销售与流通。然而，随着海岸线的东迁和海涂的拓宽，资源的分配方式发生了转变，原有的封闭管理体系逐渐被打破。资源的变化导致了社会结构的重组，盐商开始占据更为重要的地位，成为新的社会结构中心。灶民依然是盐业生产的主体，但盐官的角色转变为辅助性的管理与服务职能，以适应新的社会经济需求。

五、结语

在当前自然和社会经济结构快速演变的背景下，两淮盐区的传统盐业聚落经历了显著的转型。通过人地关系视角对这些传统聚落的空间演变进行研究，可以深入揭示历史时期内海盐生产中人类对自然环境的利用与改造，以及自然环境对人类活动的反作用。这种研究有助于深入理解海盐聚落空间变化的内在规律，并探索人与自然和谐共存的可能路径。以期为当今"以人为核心"乡村振兴理论建设提供重要的实践意义和理论意义。

参考文献：

[1] 费孝通. 乡土中国 [M]. 成都：天地出版社，2020.
[2] 郭正忠. 中国盐业史 [M]. 北京：人民出版社，1997.
[3] 曾仰丰. 中国盐政史 [M]. 上海：上海书店，1984.
[4] 薛宗正. 明代灶户在盐业生产中的地位 [J]. 中国历史博物馆馆刊，1983：63-69.
[5] 何峰. 明清淮南盐区盐场大使的设置、职责及其与州县官的关系 [J]. 盐业史研究，2006（1）：47-53.
[6] 鲍俊林. 略论盐作环境变迁之"变"与"不变"——以明清江苏淮南盐场为中心 [J]. 盐业史研究，2014（1）：20-27.
[7] 刘淼. 明清沿海荡地开发研究 [M]. 汕头：汕头大学出版社，1996.
[8] 吴寒. 浅析清代前中叶两淮盐场的制度建设 [D]. 新乡：河南师范大学，2015.
[9] 李小庆. 明代淮、扬二府盐业制度考论 [J]. 盐业史研究，2019（2）：21-30.
[10] 张晓莉，赵逵. 官控层级作用下海盐聚落体系演变研究——以明清两淮盐区为例 [J]. 城市规划，2024，48（3）：115-122.
[11] 李岚，李新建. 江苏沿海淮盐场治聚落变迁初探 [J]. 现代城市研究，2017（12）：96-105.
[12] 赵逵，张晓莉. 淮盐运输线路及沿线城镇聚落研究 [J]. 华中师范大学学报（自然科学版），2019，53（3）：408-414.
[13] 梅雪芹. 从环境的历史到环境史——关于环境史研究的一种认识 [J]. 学术研究，2006（9）：12-22+147.
[14] WORSTERD. The ends of the earth: perspective on nodern environmental history[M]. Cambridge: Cambridge University Press，1989.
[15] MOSLEY S. Common Ground: Integrating Social and Environmental History[J]. Journal of Social History，2006，39（3）：915-933.
[16] 梅雪芹. 新概念、新历史、新世界——环境史构建的新历史知识体系概论 [J]. 城市与环境研究，2022（2）：16-28.
[17] 岳邦瑞，王庆庆，侯全华. 人地关系视角下的吐鲁番麻扎村绿洲聚落形态研究 [J]. 经济地理，2011，31（8）：1345-1350.
[18] 陈小辉，邹雪妹，邓奕. 基于"人—地"关系的传统村落空间特征解析——以闽南盆地型宗族聚落为例 [J]. 现代城市研究，2020（12）：29-35.
[19] 殷俊峰，柴泽高，白瑞等. 基于人地系统理论的内蒙古乡村聚落谱系区划 [J]. 世界建筑，2023（9）：23-27.
[20] 辛士午，陈稳亮，蔡肖萌等. 人地关系视角下遗址区聚落空间演变与发展研究——汉长安城遗址区聚落实证分析 [J]. 现代城市研究，2021（5）：45-52.
[21] 付孟泽，闫凤英，林建桃. 人地关系驱动下浙北乡村聚落空间演变与发展研究 [J]. 地域研究与开发，2019，38（6）：152-157.
[22] （元）陈椿. 熬波图笺注 [M]. 李梦生，韩可胜，顾建飞，笺注. 北京：商务印书馆，2019.
[23] 张晓莉，赵逵. 官控层级作用下海盐聚落体系演变研究——以明清两淮盐区为例 [J]. 城市规划，2024，48（3）：115-122.
[24] 鲍俊林，高抒. 苏北捍海堰与"范公堤"考异[J]. 中国历史地理论丛，2015，30（4）：22-30.
[25] 周古. 东台县志：卷十 水利上 [M]. 刻本，1830（清道光十年）.
[26] 徐靖捷. 从"计丁办课"到"课从荡出"——明代淮南盐场海岸线东迁与灶课制度的演变 [J]. 中山大学学报（社会科学版），2020，60（5）：88-97.
[27] 王世球，等. 两淮盐法志：卷九 城池 [M]. 刻本，1745（清乾隆十年）.
[28] 廖瑜. 明清淮南盐场聚落体系研究 [D]. 南京：东南大学，2019.
[29] 顾炎武，黄坤. 天下郡国利病书 [M]. 上海：上海古籍出版社，2012.
[30] 单渠. 两淮盐法志：场灶一草荡 [M]. 刻本，1870（清同治九年）.
[31] 赵逵，张晓莉. 盐业经济影响下的淮南场治聚落空间演变 [J]. 新建筑，2023（1）：147-151.

铁路站点沿线聚落不透水面时空演变特征研究
——以滇越铁路宜良段为例[1]

梁 栋[2]　杨星璐[3]　张 禾[4]　车震宇[5]

摘　要：为了探究滇越铁路停运前后对沿线聚落发展是否具有影响，本文以不透水面变化作为指标，对铁路站点沿线聚落时空演变特征进行研究。本文选取与站点联系紧密的滇越铁路宜良段11个铁路站点沿线的14个城乡聚落为研究对象，提取1985~2022年每隔五年的城乡聚落不透水面积经过统计分析。其结果表明，滇越铁路宜良段沿线的城乡聚落，在铁路运营期间，经历了较为稳定的不透水面扩张，2004年滇越铁路停止客运服务后，沿线城乡聚落的不透水面发展受到明显影响，2018年停止货运服务后对沿线城乡聚落不透水面的影响相对有限。根据时空演变特征提出铁路站点沿线聚落发展策略，以促进铁路沿线聚落的可持续发展。

关键词：滇越铁路　不透水面　城乡聚落　时空演变特征

　　滇越铁路是中国第一条国际铁路[1]，是法国殖民越南时期于1910年开通的北起中国云南省昆明市、南至越南海防，全长共859km的米轨铁路[2]。百余年来，滇越铁路的开通在推动云南地区城乡聚落发展等方面发挥了不可估量的作用[3]。2004年，中国铁路昆明局停止滇越铁路昆明北站至河口站465km的客运服务，并在2018年停止了昆明北站至十里村站的货运服务。滇越铁路调整运营后，曾经依赖其便利交通而发展的乡村聚落受到了显著影响[4]。不透水面作为衡量城乡聚落发展的关键指标，它包括沥青、水泥等材料建造的屋顶、道路、建筑物等[4]（图1）。不透水面可以直观显示出滇越铁路运营时和逐渐衰落后沿线城乡聚落的发展变化。研究不透水面是具有现实意义的，对此诸多学者就不同的城市及侧重点展开了相应研究。在演变分析不透水面的研究中：杨玉婷[5]采用不透水面加权中心、标准差椭圆和景观格局法等方法分析了杭州市整体及各区县1990~2017年不透水面及景观格局变化趋势；为更加精准地探究不透水面的时空演变，聂芹[6]等人根据不透水面覆盖类型划分多个等级来探究厦门1995~2015年不透水面的分布特征、变化轨迹等[7]。不透水面的范围、分布、演变等与城市生态、地表温度、发展规划、生产生活息息相关[7]。不透水面的动态变化为滇越铁路停运前后其沿线的城乡聚落发展变化特征提供新的研究思路。

图1　宜良站不透水面示意图

---

[1] 项目基金：国家自然科学基金项目"跨国文化线路视野下滇越铁路乡村站点聚落的形态基因与活化利用研究"（52268005）。
[2] 梁栋，昆明理工大学建筑与城市规划学院，硕士研究生。
[3] 杨星璐，昆明理工大学建筑与城市规划学院，硕士研究生。
[4] 张禾，昆明理工大学建筑与城市规划学院，硕士研究生。
[5] 车震宇（通讯作者），昆明理工大学建筑与城市规划学院，教授。

一、研究区域

　　研究区域位于云南省昆明市宜良县，地处北纬24°30′36″~25°17′02″、东经102°58′22″~103°28′75″，区域总面积约1913.53km²，研究范围包含滇越铁路途经的宜良县域内大营村站向南至徐家渡站共86.43km铁路沿线11个城乡站点（大营村站、阳宗海站、凤鸣村站、可保村站、水晶坡站、江头村站、羊街子站、狗街子站、滴水站、徐家渡站、禄丰村站），以及站点沿线城乡聚落。

　　对该滇越铁路宜良段沿线城乡聚落进行田野调查，并通过访谈聚落乡村基层干部、聚落居民、铁路退休老员工、各个铁路站点管理人员，选取受铁路兴衰影响较大，且聚落发展变化较为明显，具有典型研究条件的该部分站点沿线聚落（表1）。

二、研究方法与数据来源

1. 数据来源

　　滇越铁路宜良段11个站点面积由基金团队人员根据中国铁路昆明局档案馆滇越铁路相关史料并结合Arcgis10.8绘制并统计而来；铁路线路、站点面积、站点初建时间由资料汇编整理统计得出。

　　不透水面数据来源于中国科学院空天信息创新研究院研究员刘良云团队发布的首套1985~2022年全球30米分辨率土地覆盖动态产品（GLC_FCS30D）不透水面的总体精度为91.5%，符合论文研究要求[6]。对所在滇中城市群研究区进行裁剪、投影等预处理后，选取1985年、1990年、1995年、2000年、2005年、2010年、2015年、2020年、2022年的不透水面数据作为研究对象。

2. 研究方法

（1）GIS空间分析法

　　基于以上数据，运用GIS空间提取、分析等方法对其进行处理：首先将获取到的30米分辨率土地覆盖数据矢量（tif）转栅格（shp）文件，30像元大小的数据自动识别为较为平滑聚落不透水

研究站点及沿线聚落信息表　　　　　　　　　　　　　　　　　　　　　　　表1

序号	宜良段站点	站点等级	初建时间（年）	停运时间（年）	站点面积（m²）	沿线城乡聚落
1	大营村站	五等	1979	1991	374	大营村
2	阳宗海站	五等	1945	1991	6475	无
3	凤鸣村站	四等	1922	2016	780	凤鸣村
4	可保村站	三等/四等	1910	2003	14365	可保村
5	水晶坡站	五等	1979	2003	1885	小房子村
						和尚咀
						水晶坡村
6	江头村站	小站/四等	1922	2003	19537	江头村
7	宜良站	三等	1910	2019	190186	宜良县城
8	羊街子站	小站/四等	1922	2008	8189	花园社区
						南羊社区
9	狗街子站	小站/四等	1910	2015	14254	狗街车站村
						狗街镇
10	滴水站	小站/四等	1910	2007	8716	滴水村
11	徐家渡站	小站/四等	1910	2007	9414	徐家渡村

面边界，提取其中字段名为"190"的不透水面，投影栅格后转为统一的栅格面数据并进行计算，即可得出相应的不透水面积。

（2）统计分析法

本文对滇越铁路宜良段11个站点沿线的14个聚落从1985年每隔五年直至2022年的不透水面积进行统计分析，分别对站点沿线的城乡聚落面积变化及其变化率进行可视化分析，以便于直观判断铁路停运前后对站点沿线聚落不透水面积变化的影响，进而反映出站点的兴衰对沿线聚落空间演变的影响（表2）。

三、滇越铁路宜良段沿线城乡聚落不透水面空间变化特征分析

根据处理数据，历年来不透水面积变化情况如下表所示（表3），其中不透水面积变化以站点沿线所在聚落为主体，经过发展后如果与周边聚落产生连接则将其产生交集聚落的不透水面积也算于主体聚落中。

1. 2004年前，铁路客运、货运开通时期

2004年铁路客运、货运开通时期，站点沿线城乡聚落不透水面指标均在稳步发展，说明在该时期，站点的利用对站点沿线聚落发展具有正向的促进作用。所有研究对象聚落不透水面积稳步增长，其中以可保村、江头村、宜良县城、南羊社区、狗街车站村为代表。可保村聚落不透水面的扩张有明显向站点周边发展的趋势；江头村由于江头村站在山腰与聚落在海拔更低的坝区，地理位置的联系较差，聚落不透水面虽然有稳步发展但是不具有向心性，总体向地形平坦的坝区发展；宜良县城发展情况较好，且该段时期内不透水面具有沿铁路线发展的趋势；花园社区、南羊社区位于平坦坝区，不透水面发展较为稳定；狗街车站村、徐家渡村不透水

1985~2022年滇越铁路宜良段站点沿线聚落不透水面积统计表（m²）　　　　　　　　　　　　　　　　表2

沿线村落	1985年	1990年	1995年	2000年	2005年	2010年	2015年	2020年	2022年
大营村	85077	90212	98865	405037	378504	528741	342933	360508	397782
凤鸣村	219356	220083	221071	394310	358305	461458	468296	499180	510732
可保村	279410	286995	341704	479458	463941	521570	581802	468680	468059
小房子村	4473	4473	4473	4985	8786	8672	9833	13007	10654
和尚咀	0	0	0	9326	9326	9326	7631	7682	9326
水晶坡村	1718	1718	1718	10818	10347	10347	10347	10408	10408
江头村	208724	221821	226300	312888	292692	270549	338724	323837	314323
宜良县城	2699185	3356734	4258374	6029753	6628188	8664229	10505569	9468737	9171112
花园社区	46448	46448	46448	73796	75620	73987	65338	74473	67590
南羊社区	515218	595186	607138	670531	645260	584856	607608	894411	356872
狗街车站村	57425	60317	60317	79354	88042	90170	79301	58511	75099
狗街镇	239912	250621	259905	567267	612852	634660	756106	1407713	1092623
滴水村	0	0	0	573	573	573	573	573	573
徐家渡村	2300	2300	2300	29252	31393	28115	29730	26439	27008

各站点沿线聚落不透水面积变化曲线示意　　　　　　　表3

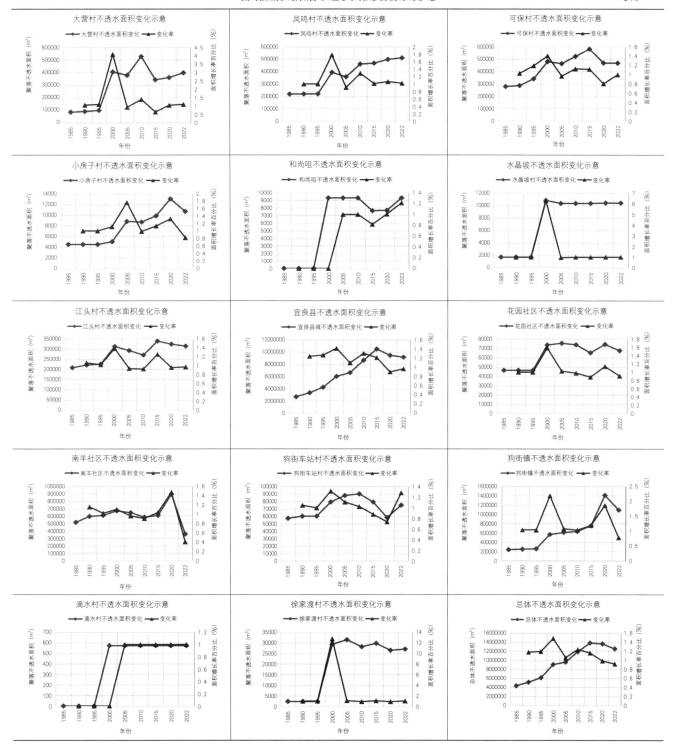

面积受站点影响更为明显，其发展基本围绕站点展开，狗街镇由于特殊的地理位置，逐渐与周边聚落连片发展、徐家渡村在这一时期出现爆发式聚落不透水面的发展。

这一时期，滇越铁路宜良段沿线城乡聚落的不透水面指标呈现出一致且稳健的增长态势，强有力地证明了该时期铁路站点的有效利用对周边聚落发展起到了积极的促进作用。这种正面效应不仅加速了城乡建设的扩展，还促进了经济活动的多样化与人口的聚集，映射出滇越铁路作为关键基础设施对地方社会经济的深远影响。

2. 2004~2018年，铁路停客运未停货运期间

在该段时期，铁路站点沿线多数聚落均受到铁路客运停运的影响，站点沿线聚落不透水面积受到明显影响，在2000~2005年，所有站点沿线聚落不透水面积发展速率均下降，对站点沿线聚落不透水面产生巨大影响，2005年以后由于国家政策导向、地区经济动态以及基础设施建设的多重影响，宜良县域内的城乡聚落展现了较为复杂的不透水面变化特征，各个城乡聚落不透水面变化存在较为明显的不确定性。这个阶段宜良县城由于交通发达，经济发展情况较为良好。基础设施建设的加速推进，不仅改善了居民的生活条件，还为工商业活动提供了更加坚实的基础，进一步刺激了城乡建设的扩展。

这一时期内，铁路运输功能的调整给各个聚落不透水面的发展带来了一定波动，但在多重积极因素的共同作用下，宜良县域城乡聚落的不透水面总体依然保持了一定的增长趋势，体现了地方经济和社会发展的韧性与活力。

3. 2018年客运、货运均停运后

2018年中国铁路昆明局再次停止了昆明北站至十里村站的货运服务，自此以后宜良段客、货运完全停运，此后各个站点沿线聚落的不透水面发展产生了较大的变化，各聚落不透水面由于聚落自身的发展条件，发展差异化明显，狗街站车站村、大营村聚落在这一时期均出现聚落不透面明显增加的情况。根据现场调研探勘，其中狗街站车站村扩建了较大的游乐场，大营村由于良好的旅游资源条件，出现房地产开发、旅游服务配套设施建设的情况，狗街镇徐家渡站出现明显的下降趋势，在实地调研中，徐家渡有明显衰落现象，且发展速率呈现总体下降趋势，狗街镇镇区的发展与周边形成连片发展的优势趋势也逐渐丧失，不透水面出现断开的现象。

4. 特殊情况分析

在不透水面变化分析过程中，出现较为特殊的站点聚落不透水面积变化，其中以水晶坡站和滴水站较为特殊。水晶坡站建站时间短，且位于陡峭山腰，水晶坡村距离水晶坡站位置较远、高差较大，由于特殊的地理位置，水晶坡站与水晶坡村实际联系较小，与距离较近的小房子村联系较为明显，在小房子、和尚咀、水晶坡三个自然村中，小房子的聚落不透水面积变化最为合理，跟铁路联系最紧密；滴水站位于南盘江河谷，滴水村位于陡峭山腰。虽然两者之间水平距离相隔不远，但是站村之间存在巨大高差，且交通不便，聚落不透水面发展受到铁路兴衰发展影响不明显。

四、结果与分析

以滇越铁路宜良段站点沿线联系较为紧密的14个聚落为例，以聚落不透水面在1985~2022年每相隔五年时空上的变化特征为研究内容，分析聚落不透水面发展变化情况，可得出以下研究结论：

（1）滇越铁路的逐步停运的确影响到了沿线聚落不透水面的发展变化。停运前聚落不透水面都是呈现增长的特征，停运后出现聚落不透水面发展总体速度减慢的情况。

（2）2004年铁路运行前，聚落不透水面总体发展势头较好；2004~2018年停了客运，未停货运，该时期内聚落不透水面发展出现明显的波动，波动情况较为复杂；2018~2022年，聚落不透水面出现明显的两极分化，受到开发站点沿线聚落不透水面发展较为明显、未被开发的聚落整体出现衰落的趋势。

（3）宜良县城作为唯一一个城市聚落，滇越铁路的停运虽对其发展速率有影响，但其自身发展条件优越，城市聚落不透水面积发展总体稳步向前。

（4）滇越铁路的停运对宜良段沿线城乡聚落不透水面的发展影响整体出现两极分化，城市聚落受到影响较小、乡村聚落发展影响较大。

不透水面数据作为城乡聚落空间演进最为显著的人工地表特征，城市不透水面已成为研究城乡边界外扩以及空间发展强度的最直观指标[8]。不透水面的变化可以直接体现出滇越铁路的停运对铁路站点沿线的城乡聚落在时空上的发展演变特征，分析出铁路的停运对不同聚落产生的影响，对铁路站点沿线城乡聚落的发展具有积极的指导意义。

五、研究启示

本文从不透水面时空演变的角度分析滇越铁路停运对宜良段站点沿线14个城乡聚落的总体发展产生的不利影响，提出以下发展对策：

对于滇越铁路宜良段全面停运导致不透水面极速减少，发展受到严重影响的乡村聚落，可以依托自身的特色资源，促进经济的可持续增长和文化的传承。如狗街的烤鸭文化和徐家渡的古典民居特色，可以将各自的特色转化为发展动力，不仅能够提升地方经济，还能促进文化的传承与发展，实现乡村的全面振兴。

对于与站点有联系，但是受地形地貌的影响，铁路停运也未对聚落不透水面发展产生较大影响的聚落，可以依靠国家层面的政策支持，如乡村振兴战略等，为聚落发展带来了资金注入和技术支持，促进聚落基础设施的完善和产业发展，间接增强了聚落的吸引力和发展潜力，如水晶坡村、和尚咀村、滴水村、江头村等。

对于部分交通条件较好，经济发展潜力较大、具有旅游特色的站点沿线聚落可以充分引入"米轨"旅游元素，适当考虑旅游开发，吸引更多的游客，提升地方知名度；还能促进当地居民就业，增加收入来源，最终实现乡村振兴的目标，例如宜良县城、大营村、可保村、狗街镇等聚落。

本文仅以铁路开通前后滇越铁路各站点沿线聚落不透水面积变化为变量，判断滇越铁路是否对站点沿线聚落产生影响为研究变量。实际情况，聚落不透水面积变化还与聚落地理位置、地形地貌、用地发展条件等因素相关。

在社会经济快速发展的带动下，不透水面时空演变过程不仅代表着城乡聚落的历史发展，更昭示着城乡聚落今后的发展情况。众多学者探究不透水面的时空演变特征，揭示城乡发展中存在的弊端，并提出合理的建设建议，为城乡聚落的健康发展奠定了基础。

参考文献：

[1] 耿达，傅斯鎏．场景理论视域下滇越铁路沿线文化空间营造研究[J]．文化软实力研究，2023，8（3）：101-115．

[2] 张冬梅．滇越铁路文化资源传承利用路径探析[J]．社会主义论坛，2023（9）：55-56．

[3] 孙灿．泛亚铁路建设与滇越铁路历史文化保护[J]．云南民族大学学报（哲学社会科学版），2005（5）：20-23．

[4] WENG Q. Remote sensing of impervious surfaces in the urban areas: Requirements, methods, and trends[J]. Remote Sensing of Environment: An Interdisciplinary Journal, 2012,117.

[5] 杨玉婷，陈海兰，左家旗．1990-2017年间杭州市不透水面比例遥感监测[J]．国土资源遥感，2020，32（2）：241-250．

[6] 聂芹，陈明发，李晖，等．厦门市不透水面的时空演变[J]．遥感信息，2019，34（3）：99-106．

[7] 张丽平，孙英君，王绪璐，等．不透水面提取方法及应用研究综述[J]．测绘与空间地理信息，2023，46（11）：149-153．

[8] 王逸文，徐建刚，刘迪．基于产业发展大数据的南京都市圈建成区扩张时空特征分析[J]．热带地理，2023，43（5）：821-836．

"生态—文化"视角下内蒙古黄河流域村落景观基因图谱构建与价值分析[1]

王志强[2] 姜 爽[3]

摘 要：黄河是重要的文化发祥地，了解黄河文化是保护和传承黄河文化的必然要求。在现有的国内景观文化基因的研究中，缺乏对内蒙古地区现状的研究，同时未形成一定的范式，因此需要对于村落基因进行一定的梳理，了解村落的景观基因。本研究从"生态—文化"的视角，运用了田野调查、类型学及地理学的研究方法，建构了景观基因编码、景观基因链条、景观基因胞体三个研究的层级。同时，针对内蒙古黄河流域的"生态—文化"景观基因进行识别，通过相应的研究，分类汇总得出12个大类、38个小类的基因识别体系，从而构建了内蒙古黄河流域村落"生态—文化"景观识别体系。最后得出村落基因的价值分析，对于生态—文化景观基因的研究起到一定的借鉴意义，有助于村落的保护和可持续发展。

关键词：黄河流域 内蒙古 文化景观 基因识别 体系构建

一、研究背景

经济的发展带来村落消失的同时，环境也遭受到破坏，独特的村落文化景观开始随之逝去，在保护村落的同时，应该注意对于村落景观基因的重视。与保护生物多样性相类似，保护村落的生态环境和文化遗产对于村落的发展至关重要。因此，我们有必要了解村落的生态—文化景观基因特点，由此为保护村落的多样性，并为指导村落的可持续发展奠定一定的基础。

文化景观理论是一门交叉学科理论，旨在探讨人类社会与自然文化之间的关系，进而探讨文化的传播与变迁，着重强调文化、自然及社会之间的演变过程。引入文化生态学概念的意义在于保护村落中的物质与生态景观，同时探讨村落文化的多样性与丰富性。

黄河是重要的文化发源地之一，习近平总书记在"黄河流域生态保护和高质量发展"的会议上，明确提出了保护黄河流域的重要战略构想[1]。内蒙古是黄河流域流经的重要区域，孕育了河套文化，形成了丰富的历史和生态人文景观，以及丰富的自然文化遗产。该区域内人口复杂，包含少数民族聚集区、特色农牧区、贫困人口聚集区、能源富集区[2]。少数民族聚集区的文化传统需要得到保护和传承，特色农牧区需要合理的资源管理和发展规划，贫困人口聚集区需要更多的扶贫政策支持，能源富集区需要平衡资源开发和合理利用。同时其生态环境也比较脆弱，生态承载力较差，需要进行生态保护。因此，研究内蒙古黄河流域的生态—文化景观基因是对于黄河文化研究的一个重要方面，是继承和发扬黄河文化的重要途径。

"基因"一词源于生物学，是指生物体的基本遗传成分。它是包含遗传信息的DNA片段，位于细胞的染色体上[3]。"文化景观"这一术语最早在西方使用，并于1992年被纳入世界文化遗产类别[4]。它描述的是具有当地特有的某些文化特质和一定数量历史遗迹的乡村地区，以及土地上的人、事、物所构成的空间综合体[5]。村落的文化景观指的是由于特定的地域特点，根据乡村的地形地貌、气候风土、水文特征形成的聚落形态以及建筑风貌，涵盖与村民生产生活相关物质性的自然景观、人工景观，以及非物质性的风俗、文化等资源。"文化景观基因"最早由美国学者于20世纪50年代提出，是基于遗传学中基因的传播过程与文化传播过程相类比而提出的概念[6]，"文化景观基因"一词描述的是使一个文化景观区别于另一个文化景观、在其中发挥重要作用并代代相传的文化因子，聚落基因还包含主体基因、附着基因、混合基因、变异基因等[7]，不同的基因代表着村庄不同的文化内涵，是村庄文化的体现。

在文化基因识别体系的研究中，1997年，马俊如学者提出了基因图谱的理论分析方法；随后陈述彭学者编写了《地学信息图谱探索研究》一书，其中涉及景观图谱的构建问题[8]；刘沛林对古村落建立了区域聚景观的识别系统，提出了基因识别的基本原则，包括内在唯一性原则、外在唯一性原则、局部唯一性原则、总体优势性原则[4]；申秀英等学者则根据前述原则总结了元素提取、图案提取、结构提取和含义提取4种景观基因提取方法[9]；胡最等学者运用GIS等方法研究了传统聚落景观基因信息单元表达机制[10]，是对于刘氏研究的进一步扩充，而之后的研究均建立在相应的研究基础之上，主要有以下研究角度：①文化基因视角下地方认同的构建；②景观基因的识别、提取和分类原理与方法；③景观基因图谱的构建和表达[11]。在研究角度上，主要研究是基于地理学的研究，同时缺乏对于各个地区的研究，未形成一定的研究范式；在研究的内容上，研究界限较为模糊，缺乏客观的依据，研究指标不够系统；在研究范围上，研究具体村落较多，缺乏对于流域范围内的研究。本文据此提出以下问题：黄河流域村落的景观基因是什么？在此基础上，本文旨在对于研究目标进行一定的扩充，建立合理的

---

[1] 基金项目：内蒙古自治区科技计划项目"内蒙古黄河沿线生态敏感区民居装配式建筑产品化研发"（2023YFHH0025）；内蒙古自然科学基金面上项目"内蒙古黄河几字弯沿线民居传统营造技艺与当代模块化建造模式耦合机制研究"（2024MS05014）；国家自然科学基金青年基金项目"定牧模式下内蒙古草原牧居模块化建造方法研究"（52408026）。
[2] 王志强，内蒙古工业大学，副教授。
[3] 姜爽，内蒙古工业大学。

研究逻辑，通过实际的操作，确立更为明晰的景观基因研究范式，对于黄河段景观基因的建立提供一定的科学依据。

二、研究范围

黄河在文明起源中扮演着重要角色。流经内蒙古的河段全长843km。黄河冲积平原的上游包含河流盆地。该盆地呈"N"字形，流域面积为14.35万 km^2，约占黄河总流域面积的20.6%[12]。本文的主要研究范围是内蒙古黄河流域，流经内蒙古境内的呼和浩特市、乌兰察布市、巴彦淖尔市、包头市、乌海市、鄂尔多斯市和阿拉善盟[13]，以及其下设区、县（表1）。

内蒙古黄河流域村落分布范围　　表1

	内蒙古自治区
呼和浩特市	托克托县、清水河县
包头市	九原区、东河区、土默特右旗
鄂尔多斯市	鄂托克前旗、鄂托克旗、杭锦旗、达拉特旗、准格尔旗
巴彦淖尔市	临河市区、磴口县、杭锦后旗、五原县、乌拉特前旗
乌海市	海南区、海勃湾区、乌达区
阿拉善盟	阿拉善左旗

内蒙古黄河流域村落的"生态—文化"景观资源包括生态景观中的树木、水体、农田等，以及文化景观中的古村落、古建筑、街巷，非物质文化遗产等。内蒙古黄河流域村落因其临近黄河，有非常优美的自然景观，两大平原土地肥沃，山地区域依山傍水，景观丰富。

经过田野调查，了解村落的文化景观，将村落分成两种形式的黄土丘陵窑洞类住宅，以及在河套平原形成的移民类乡土住宅。

三、研究方法

图谱是能够反映地学现象和过程中所蕴含的地学机理与地学知识的多维属性图解[14]。确立基因图谱非常重要的内容在于确立文化基因的步骤，不同的研究层次对于村落的景观基因识别有不同的意义。首先需要对文化基因进行一定的筛选，确定其主要的识别对象，对于不同识别对象进行不同等级的基因编码，同时提供不同基因的名称、编码信息、属性等阐述，对于不同特征进行可视化呈现。

构建基因图谱，首先需要依据地理学和类型学的知识，对基因图谱进行分类和挖掘，在这里可以运用类型学原理中的"N级编码"理论[15]，对各个层级的景观基因进行分类编码，编码提供了信息的分布规律，同时结合不同的基因种类，对基因进行识别，了解基因的基本类型，以及与不同基因之间的差别，确立基因的分类依据（图1）。

在对景观基因的研究中，刘沛林等学者提出了传统城镇景观基因"胞—链—形"的研究方法，按照景观整体形态、基本单元、连接通道，将传统古镇的景观基因分解成为三个层面：景观基因形、景观基因胞、景观基因链[16]。文静在对遗址文化景观基因的研究中，将景观基因按照文化景观的"斑点""廊道"与"基质"，将景观文化基因分为：景观基因元、景观基因链与景观基因形[17]。在此基础上，对景观基因的分析、类比，得出景观基因的三个基本模式，分为景观基因编码、景观基因链条、景观基因胞体三个层面。其中，景观基因编码指的是能够进行基因传递和表达的、带有遗传信息的编码，对应景观基因中的遗传信息元，是基因信息中不可或缺的一部分。景观基因链条，指的是各个景观基因的必要联系，在景观基因中，联系物质文化基因与非物质文化基因是无形的存在。对于景观基因胞体指的是，无数的景观基因链条和景观基因编码相互联系，存在于胞体之中，共同形成一个完整的体系。通过景观基因中的基因编码、景观基因链条和景观基因胞体的三个层级的构建，可以明晰村落的基本形态，对于解析村落的文化与特色具有非常重要的作用。

四、基因图谱的构建

1. 研究框架

（1）研究框架的确立

在研究框架上，为了确立基因识别的图谱，首先需要确立以下层级范围，包括四个步骤：基因识别—基因提取—基因挖掘—确立基因图谱。首先，对于基因识别层面，需要对于不同类型的基因进行遗传因子的识别工作；继而，通过二维、三维等手段的结合，进行要素的分析，获得"生态—文化"基因要素；利用基因挖掘确定"生态—文化"基因的根本特征，并理解与"生态—文化"基因识别相关的指标；最后确立识别的基因，了解识别的关键信息，构建基因图谱。因为，本文主要是针对内蒙古黄河流域的研究，所以，需要确立研究的层级关系，构建研究框架，对不同研究层级进行具体的可感分析，以凸显黄河文化内涵（图2）。

（2）研究思路的构建

该研究的思路是根据内蒙古黄河流域景观基因的现状制定的。研究思路的构建分为以下四步：第一步，明确"生态—文化"景观基因的生态、文化内涵，在既有的"生态—文化"景观研究成果以及黄河流域内蒙古段村落景观基因类型的基础上进行研究，以确定识别的因子；第二步，梳理"生态—文化"景观基因要素特征，结合文化名村、名镇的评价方法，进行"生态—文化"基因的要素构建；第三步，结合文化基因识别的要素，构建"生态—文化"景观基因要素体系，运用特征分析的方法，将景观分析解构成一个无法再进行划分的单元；第四步，通过发掘与提炼信息了解村落文化景

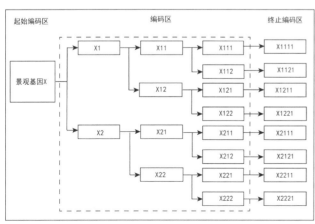

图1　村落基因编码模型

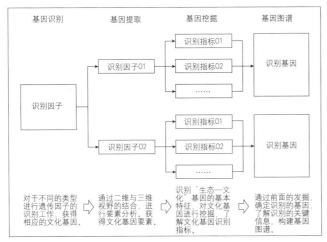

图2 研究框架层级图

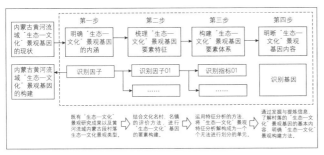

图3 研究思路

观的基本内容，明确文化景观的构建方法，最终构建内蒙古黄河流域"生态—文化"景观基因（图3）。

2. 确立识别对象

文化景观是人和自然在长期作用、相互互动过程中形成的一类景观[18]。"生态—文化"景观是对于文化景观和自然景观的一种弥合方式，通过"生态—文化"景观的引入，弥合了两者之间的割裂。通过对于既有的"生态—文化"景观类文章的研究，总结了其特有的研究方式，确立了"生态—文化"景观的分类方法。景观基因识别采用文化景观分类法，具有操作简单、设施方便等优点。将乡村景观基因的文化载体与文化景观基因联系起来，依据景观特征将景观基因划分为生态景观基因、文化景观基因。生态景观基因包括自然景观基因与人工景观基因（表2）。文化景观基因包含物质景观基因与非物质景观基因。其中，非物质文化景观基因必须通过口头传承、技艺总结等方式保留，而生态景观基因和物质文化景观基因则可以通过重构、保存等方式保留。因此，需要一定的方式和方法对文化基因进行提取，以对其进行相应的保护和传承。

3. 确定识别因子

在对于文化基因的因子进行识别，确定文化基因的组成部分时，必须遵循一些指导原则。一般而言，"生态—文化"景观因子有四种表现方法，针对不同的表现方法，确定提取的方法，通过分层建构，确定识别因子。同时，对于文化景观因子进行相应的分类，分为生态景观因子和文化景观因子，分别进行归纳和整理（图4）。

在前人的研究基础之上[24]，对于村落的"生态—文化"因子的识别依据建立四个方面保护发展目标的要求，首先是黄河文化的

内蒙古黄河流域典型村落文化景观资源构成情况　　表2

村落类型	典型村落	自然文化景观资源	人文文化景观资源
黄土丘陵窑洞类	老牛湾村	黄河、黄河大峡谷、古树等	博物馆、窑洞、明长城、酸饭、莜麦面等
河套平原形成的移民类	磴口村	黄河、沙漠等	普度寺、造船厂、小广场、村委会等
	河口村	黄河	龙咚鼓、河口老龙、非遗炖鱼、水旱码头、君子津、双墙秧歌、花馍馍、杀猪菜、河口豆腐、毛毡、柳编、布艺、钩织、河口龙王庙、四眼井等
	新河村	黄河、昆都仑河等	黄河谣工匠博物馆、黄河红色藏报馆、黄河谣昆虫艺术馆、游客综合服务中心等

"生态—文化"景观分类　　表3

分类依据	分类方式举例
《世界遗产公约》	人类可以设计及创造的景观、有机演进的景观，以及关联性文化景观[9]
文化分类	农耕文化类型、民居文化类型、红色旅游文化类型、江滩文化类型、名人文化类型、历史古城文化类型和湖湘书院文化类型[19]
景观属性	聚落景观、农业生产景观、土地格局景观、建筑景观、软质景观、活动空间景观6个物质类文化景观种类，以及生活生产景观、风俗习惯景观、宗教信仰景观、文化休闲景观、历史文化景观5类[20]
景观功能	防御功能类文化景观、商业生活类文化景观、游憩类文化景观以及生产类文化景观[21]
生态介入	生态伦理空间景观、农业生产空间景观、村寨生活空间景观[22]
多因素考虑	采用了多指标三级分类法：首先以对聚落景观起决定性作用的地理环境作为第一级分类指标；接下来以不同区域的典型文化景观意向作为第二级分类指标；最后综合考虑其他景观因素作为第三级分类指标，并最终形成了一个以3个大景观区、4个景观以及76个景观亚区组成的分类体系[23]

保护，主要依据《黄河流域生态保护和高质量发展规划纲要》，遵循"着力保护沿黄文化遗产资源，延续历史文脉和民族根脉，深入挖掘黄河文化的时代价值，加强公共文化产品和服务供给，更好地满足人民群众精神文化生活需要"[25]的要求。保护文化遗产，包括物质的以及非物质的文化遗产。其次是对于村镇聚落的保护，遵循国家发布的各项保护村落和遗产的条例和通知以及相关法律进行系统的保护。再次是针对非物质文化遗产的保护条例和保护要求，最后是针对生态环境的保护要求，了解生态环境保护的要素，由了解不同保护对象的归纳方式以及具体保护要求，明晰"生态—文化"景观因子的保护方式（表4）。

（1）生态景观识别因子

生态景观识别因子指的是自然环境中的景观识别因子，根据相应的评选标准，对于村落中的物质文化因子进行评定。依据倪绍祥等的评价标准[33]，将其分为自然景观基因与人工景观基因。人工景观指的是经过人为改变的景观。自然景观指的是经过未人工改变的景观。自然景观基因包括"植物景观、自然环境、野生生物"三类，人工景观基因包括"生产景观"一类具体物质类识别因子。

（2）文化景观识别因子

文化景观识别因子指的是人造环境的景观识别因子，分为物

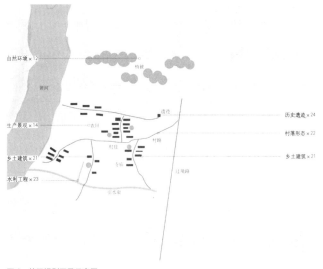

图 4 基因识别因子示意图

质类文化景观基因与非物质类文化景观基因,物质类景观基因根据《国务院关于加强文化遗产保护的通知》中对于物质文化遗产进行了具体描述,进行分类汇总,得出"村落形态,水利工程、乡土建筑"三类具体物质类识别因子。非物质文化景观识别因子与物质文化景观因子相对应,根据联合国教科文组织在《保护非物质文化遗产公约》中对于非物质文化遗产的定义,指的是"被各社区、群体,有时是个人,视为其文化遗产组成部分的各种社会实践、观念表述、表现形式、知识、技能以及相关的工具、实物、手工艺品和文化场所"[34]。同时,依据《国务院关于加强文化遗产保护的通知》《关于进一步加强非物质文化遗产保护工作的意见》以及

《中华人民共和国非物质文化遗产法》对于非物质类文化遗产进行相应的定义。将非物质文化遗产划分为以下四类:传统文艺、传统技艺、节日民俗、实践知识。

4. 确立识别指标

在确立评价指标的时候,将生态—文化景观因子进一步地进行拆解,根据各个属性之间的差异建立一定的标准,由此得到细分成为更具识别意义和可操作意义的指标(图 5)。通过对于《黄河流域生态保护和高质量发展规划纲要》等法规、通知的归纳,总结出黄河流域内蒙古段村落景观要素,对此进行识别,确立识别指标。

5. 建立基因图谱指标体系

黄河流域内蒙古段的景观类型识别可以分为三大类,人文景观、自然景观和人工景观,同时识别体系可以被分为 12 个大类、38 个小类,主要包括生态景观基因与文化景观基因。生态景观基因可以被划分为自然景观基因与人工景观基因两种。其中,自然景观基因被归纳为"植物景观、自然环境、野生生物"三大类指标,人工景观基因被归纳为"生产景观"一类指标。在植物景观中,可以分为植物分布、植物形态、景观肌理三类;在自然环境中,可以被划分为水体大气、地形地貌、气候特征三类;野生生物可以分为野生动物、微生物两类;生产景观可以分为乡土农田、草原牧业、沿河渔业三类。

文化景观基因可以分为物质性与非物质性文化景观基因。物质性文化景观基因包含村落形态,水利工程、乡土建筑,历史遗迹四大指标。在村落形态上,可以分为村落选址、村落道路、

识别指标因子确定依据　　表4

发展目标	因子确定依据	文化景观要素
黄河文化	《黄河流域生态保护和高质量发展规划纲要》	古建筑、古镇、古村等农耕文化遗产和古灌区、古渡口等水文化遗产保护,保护古栈道等交通遗迹遗存。古长城、非物质文化遗产,如戏曲、武术、民俗、传统技艺等[20]
	《内蒙古自治区黄河流域生态保护和高质量发展规划》	古城、古镇、古村、古灌区、古渡口、古道、古遗址、长城、现代遗存、红色遗址等物质文化遗产,表演艺术类、民俗类非物质文化遗产[26]
村镇聚落保护	《关于城乡建设中加强历史文化保护传承的意见》	历史文化名城、名镇、名村(传统村落)、街区和不可移动文物、历史建筑、历史地段,与工业遗产、农业文化遗产、灌溉工程遗产、非物质文化遗产、地名文化遗产等保护传承共同构成的有机整体[27]
	《国务院关于加强文化遗产保护的通知》	物质文化遗产是具有历史、艺术和科学价值的文物,包括古遗址、古墓葬、古建筑、石窟寺、石刻、壁画、近代现代重要史迹及代表性建筑等不可移动文物,历史上各时代的重要实物、艺术品、文献、手稿、图书资料等可移动文物,以及在建筑式样、分布均匀或与环境景色结合方面具有突出普遍价值的历史文化名城(街区、村镇)。非物质文化遗产是指各种以非物质形态存在的与群众生活密切相关、世代相承的传统文化表现形式,包括口头传统、传统表演艺术、民俗活动和礼仪与节庆,有关自然界和宇宙的民间传统知识和实践,传统手工艺技能以及与上述传统文化表现形式相关的文化空间[28]
	《中国传统村落蓝皮书:中国传统村落保护调查报告(2017)》	传统村落中的特色民居建筑为主的物质文化遗产,包括古遗址、古建筑、古墓葬、石窟寺、石刻、壁画等不可移动文物,历史上重要生活实物、艺术品、文献、手稿等可移动文物,以及历史记忆、家族法规、宗教信仰、节日习俗、方言俚语、乡规民约、口头传统、民俗活动和礼仪节庆、传统手工艺等非物质文化。历史文化名城、文化街区、村镇[26]
	《中华人民共和国文物保护法》	古文化遗址、古墓葬、古建筑、石窟寺和石刻、壁画;近代现代重要史迹实物、代表性建筑;艺术品、工艺美术品;手稿和图书资料;代表性实物[29]
非物质文化遗产	《关于进一步加强非物质文化遗产保护工作的意见》	传统音乐、传统舞蹈、传统戏剧、曲艺、杂技、传统体育、游艺、传统工艺、传统美术、传统技艺、中药炮制及其他传统工艺、传统节日、民俗活动[30]
	《中华人民共和国非物质文化遗产法》	传统口头文学以及作为其载体的语言;传统美术、书法、音乐、舞蹈、戏剧、曲艺和杂技;传统技艺、医药和历法;传统礼仪、节庆等民俗;传统体育和游艺;其他非物质文化遗产[26]
生态保护	《中华人民共和国黄河保护法》	黄河流域土地、矿产、水流、森林、草原、湿地等自然资源状况、黄河流域野生动物及其栖息地、黄河干流和支流源头、水源涵养区的雪山冰川、高原冻土、高寒草甸、草原、湿地、荒漠、泉域[31]
	《中华人民共和国环境保护法》	大气、水、海洋、土地、矿藏、森林、草原、湿地、野生生物、自然遗迹、人文遗迹、自然保护区、风景名胜区、城市和乡村[32]

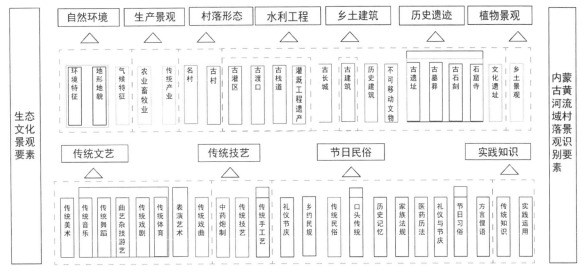

图5 文化基因识别要素

村落公共空间三类；水利工程可以分为沿河景观、桥渠设施两类；乡土建筑可以分为平面布局、建筑形态、材料结构、细部色彩四类；历史遗迹包括遗迹类型。非物质文化景观基因包括四类：传统文艺、传统技艺、节日民俗、实践知识，其中传统文艺包括民间文学、传统音乐、传统舞蹈、传统戏曲、曲艺、杂技、民间游艺；传统技艺包括技艺种类、技艺流程、技艺产品；节日民俗包括生活上的衣食住行以及语言行为，信仰上的信仰内容、信仰形式，节日包括传统节日纪念活动；实践知识包括生活经验和实践应用两类（图6）。

建立的指标体系有如下特征：（1）根据生态景观基因与文化景观基因的分类，使得涵盖内容更加全面具体；（2）广泛吸取文化景观内容，同时，建立黄河自然—文化景观特征，具有地域性表达内容；（3）反映出内蒙古段所特有的文化特征内涵，表达了颇具内蒙古流域的文化特点；（4）反映时代背景，突出时代特色，融入时代精神和内涵。

五、构建文化基因图谱价值分析

1. 有利于村落文化特征的识别

不同的村落有不同的表现特征，对于不同的村落如何进行相应的数字化提取是一个非常重要的问题。通过建立村落的基因图谱，可以归纳总结出相应的物质文化要素，这对于识别不同的村落有非常重要的帮助。通过识别内蒙古黄河流域的村落，建立一定的识别体系，梳理不同的文化特征，实现对于村落文化特征的提取。

2. 有利于村落的整体建设

对于村落的"千村一面"的问题，如何实现对于村落的建设，同时能够传承村落的文化历史，保存村落独有的特征，有利于村落的建设。新建的建筑与老建筑之间能够进行一定的有机结合，而不是孤立存在。通过提取传统文化的基因，让村落的风貌与活力得以留存。

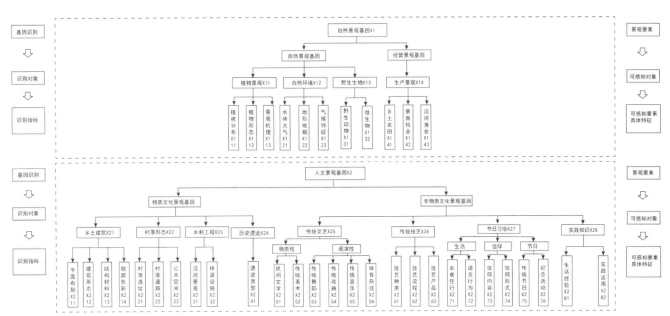

图6 识别指标体系

3. 有利于物质的传承、文化延续

内蒙古流域黄河村落中蕴含着丰富的文化资源，其中包含生态景观因子与文化景观因子。通过文化基因图谱的建立，可以数字化地保存每个村落基因的原始信息，对于村落的文化保护有着非常重要的意义。对于物质文化遗产，可以通过 GIS 等手段进行识别、分类和保护，对于非物质文化遗产则通过非物质化的数字技术，进行相应的采集分类和整理。

六、结语

村落有着几百年的历史，对于村落的研究，景观基因的研究方式无疑为此提供了一种全新的视角。本文以内蒙古黄河流域村落的文化景观识别为主要研究对象，通过田野调查、类型学和地理学的研究方法，建构了景观基因编码、景观基因链条、景观基因胞体三个研究的层级，确立了 12 个大类、38 个小类的文化基因识别体系，同时挖掘了其价值内涵，这在某种程度上促进了村庄的可持续发展，对于村落的保护有积极的意义。

同时，由于黄河流域村落景观的复杂性与丰富性，村落的发展仍然存在很多实际问题。研究难以全面概括所有内容。因此，希望在未来的研究中，通过进一步发掘，了解村落的具体细节，为村落景观基因的识别提供一定的依据，不断地进行拓展和补充，充实村落文化基因的研究理论和实际操作方法。

参考文献：

[1] 光明网．习近平：共同抓好大保护协同推进大治理 让黄河成为造福人民的幸福河 [N]．光明日报，2019-09-20．
[2] 本刊讯．李克强总理对《中国经贸导刊》文章作出重要批示 张高丽、汪洋副总理分别作出批示 [J]．中国经贸导刊，2016（9）：23．
[3] 张瑜，刘庆中，石元泉，等．受基因理论启发的计算机病毒进化模型 [J]．电子科技大学学报，2018，47（6）：888-894．
[4] 肖竞，李和平．西南山地历史城镇文化景观演进过程及其动力机制研究 [J]．西部人居环境学刊，2015，30（3）：120-121．
[5] 汪瑞霞，陈凯莉，黄伊涵．乡村文化景观设计研究综述 [J]．包装工程，2022，43（4）：80-94+119+16．
[6] 赵国超，王晓鸣，何晨琛，李小康."建筑基因理论"研究及其应用现状 [J]．科技管理研究，2016，36（24）：196-200．
[7] 刘沛林．古村落文化景观的基因表达与景观识别 [J]．衡阳师范学院学报（社会科学），2003，（4）：1-8．
[8] 陈述彭．地学信息图谱探索研究 [M]．北京：商务印书馆，2001．
[9] 申秀英，刘沛林，邓运员．景观"基因图谱"视角的聚落文化景观区系研究 [J]．人文地理，2006，（4）：109-112．
[10] 胡最，刘沛林，申秀英，等．传统聚落景观基因信息单元表达机制 [J]．地理与地理信息科学，2010，26（6）：96-101．
[11] 蒋思珩，樊亚明，郑文俊．国内景观基因理论及其应用研究进展 [J]．西部人居环境学刊，2021，36（1）：84-91．
[12] 吴锋．黄河几字弯地区文化协同发展研究 [M]．昆明：云南大学出版社，2020．
[13] 许蕊，黄贤金，王佩玉，等．黄河流域国土空间碳中和度研究——以内蒙古段为例 [J]．生态学报，2022，42（23）：9651-9662．
[14] 尹智毅，李景奇．历史文化村镇景观基因识别与图谱构建——以黄陂大余湾为例 [J]．城市规划，2023，47（3）：97-104+114．
[15] 熊威．"田园功能单元"模式下的乡村规划创新——以武汉市为例 [J]．中国土地，2020（2）：45-46．
[16] 刘沛林．家园的景观与基因：传统聚落景观基因图谱的深层解读 [M]．北京：商务印书馆，2014．
[17] 文静．基于"景观基因链"视角下遗址文化景观基因图谱构建及旅游展示的原理 [D]．西安：西北大学，2017．
[18] 葛倍辰，李东徽，白天．中国传统聚落文化景观分类体系建构方法研究 [J]．建筑与文化，2021（8）：119-121．
[19] 胡翔．新型城镇化视野下的文化景观保护 [J]．农村工作通讯，2019，（22）：59-61．
[20] 董禹，费月，董慰．基于文化景观基因法的赫哲族传统聚落文化景观特征探析——以四排赫哲族乡为例 [J]．小城镇建设，2019，37（3）：98-105．
[21] 刘雨桐．黄河流域山东段村镇聚落文化景观基因识别指标体系构建 [D]．济南：山东建筑大学，2023．
[22] 祝玉兰，陈娟，严兴佩，等．生态智慧视野下元阳哈尼稻作梯田系统景观基因研究 [J]．西南林业大学学报（社会科学），2023，7（1）：62-71．
[23] 刘沛林，刘春腊，邓运员，等．中国传统聚落景观区划及景观基因识别要素研究 [J]．地理学报，2010，65（12）：1496-1506．
[24] 任震，刘雨桐，韩广辉．黄河流域（山东段）村镇聚落文化景观基因识别指标体系构建 [J]．规划师，2024，40（2）：145-152．
[25] 黄河流域生态保护和高质量发展规划纲要 [N]．人民日报，2021-10-09（001）．
[26] 内蒙古自治区黄河流域生态保护和高质量发展规划 [N]．内蒙古日报（汉），2022-02-24（006）．
[27] 沈翔．关于扬州历史文化名城保护的思考 [J]．居舍，2022（21）：164-167．
[28] 王云霞．文化遗产的概念与分类探析 [J]．理论月刊，2010，（11）：5-9．
[29] 中华人民共和国文物保护法 [M]．北京：中国法治出版社，2008．
[30] 进一步加强非物质文化遗产保护工作 [N]．人民日报，2021-08-13（001）．
[31] 中华人民共和国黄河保护法 [J]．中华人民共和国公安部公报，2023（1）：21-38．
[32] 中华人民共和国环境保护法 [J]．中华人民共和国最高人民检察院公报，2015（1）：1-8．
[33] 倪绍祥，蒋建军，查勇，等．基于卫星影像解译的华中地区自然景观分类与制图 [J]．长江流域资源与环境，1995（4）：337-343．
[34] 赵蕾．城市化进程中县域文化遗产的保护利用研究——以蒲城县为例 [D]．西安：西安石油大学，2024．

视听交互作用下广东省客家地区传统村落声景观评价[1]

张东旭[2]　陈　浩[3]　张新怡[4]

摘　要： 广东省客家地区的传统村落历史悠久，蕴含丰富而独特的声景观。这些声景观给人留下了深刻印象，也是我国传统村落重要的非物质文化遗产。本文运用语义差异法和视听交互法等方法，选择客家村落内四种最具代表性的声音，系统分析人们对这些声音的评价特征，并探讨影响这些评价的因素。结果表明，自然声对于村落纯听觉环境的声音评价影响最为显著；同时，加入与声音相匹配的视觉图像也能在不同程度上提高人们对于各类声音的感知与评价。

关键词： 客家传统村落　视听交互　声景观评价　声舒适度　声喜爱度

传统村落不仅是农耕文明的发源地与根基，也是农耕生产者的生活空间形态，具有极高的历史、文化、美学、旅游等价值[1]。中华文化博大精深，孕育了大量形态各异、特色鲜明的传统村落[2]。广东省南临南海，其传统村落主要包括广府、潮汕和客家村落[3]。其中，客家传统村落数量众多，共有124个村落被列入"中国传统村落名录"，这些村落主要分布在梅州、河源、惠州和韶关，并于此形成了具有独特方言、民俗信仰和社会文化的客家民系[4]。由于其独特的地理环境和深厚的文化传统，客家传统村落受到了学术界的广泛关注。孙莹等人[5]对梅州客家传统村落的三种空间形态类型进行了归类分析；刘晓春的博士学位论文《仪式与象征的秩序：一个客家村落的历史、权力与记忆》也是研究客家村落民俗的重要文献之一。

传统村落承载着深厚的文化底蕴，融合了物质与非物质文化遗产，这两类遗产相互依存[2,6]。具有历史文化价值的传统村落声景观也是村落非物质文化遗产的重要组成部分[7]。"声景观"（Soundscape）这一概念最早由芬兰地理学家格拉诺在1929年提出，之后在20世纪60~70年代由加拿大作曲家谢弗[8]率先展开相关研究，并在学术界受到广泛关注。广东客家传统村落拥有丰富多样的声景观，各种声音共同构成了独特的声景文化。村落的流水声、风声、鸟鸣声、蛙鸣等构成充满野趣的自然声景；生产者辛勤劳作时发出的锄地声、采茶声、织布声等农业生产声音与农耕文化联系紧密；而村民日常活动的生活声、农民之间的招呼声、田间地头的说话声等，都是构建村落声景的重要因素。更重要的是，具有强烈的客家地区特色的声景如客家方言声、客家山歌声以及各种民俗庆典声等，这些声音潜移默化地建立起了当地人的文化认同，具有很强的历史传承价值。然而，随着城市化与工业化的迅速发展，传统村落正面临衰退或消失的困境[9]。客家传统村落的物质文化受到不同程度的破坏，大量非物质文化遗产也随之消失[2]，其中村落声景观受损尤为严重。各种城市中噪声影响着村落的宁静，严重损害人们的听觉感受[10]。因此，提高人们的听觉感受和保护传统村落声景观就显得尤为重要。

目前，学术界针对传统村落声景的研究还较少，特别是针对广东地区的研究更为稀缺。因此，本文以广东省客家地区传统村落声景观为研究对象，采用语义差异法和视听交互法等方法，选取四种具有代表性的客家传统村落声音，并进行现场拍摄和收集视听素材。随后，在实验室内播放这些视听素材组合，要求被试者对所有素材的各类听觉描述词进行评价，并通过统计与分析实验结果，探讨影响人们对客家传统村落声音评价的因素。本文旨在提升人们在村落中的听觉体验，为村民和游客创造一个更健康、更舒适的声环境。

一、研究方法及过程

1. 研究对象

考虑到传统村落的规模、文化传承和现状等因素，本文选取了四个典型广东客家传统村落，分别是梅州南口镇侨乡村、梅州雁洋镇桥溪村、河源林寨镇林寨古村及惠州秋长街道茶园村。这些传统村落蕴含丰富的客家文化底蕴，建筑与村落布局的保存较为完整，且现居住人口较多，村落内的视听场景丰富，因此其声景观更具有代表性及客家特色。

2. 实验设计

（1）实验设备及实验场所

作者先于2024年春季对上述四个村落进行实地调研，并在调研期间使用专业设备进行视觉和听觉素材的采集。视觉素材的拍摄采用Canon EOS 2000D DSLR 18~55 Kit（Canon 佳能 EOS 2000D 单反 18~55 套机），拍摄时确保每个场景使用相同的广角镜头和视角高度。听觉素材的录制采用iDAQ2022双耳录音回放设备系统（iDAQ2022 Dual-Ear Recording and Playback Measurement System）。这些设备操作简便，并且能够保证良好的声音回放和复原质量。

本实验在专门的视听实验室中进行。实验室长7.0m，宽4.8m，高4.5m，并根据需要划分为被试者测试区和实验人员操作区，如图1所示。在实验中，被试者面前的电子显示屏呈现视觉素材，而听觉素材则通过MicW iDAQ2022双耳录音和回放测量系统播放。同时，实验室内设置了多个环绕立体声系统，只播放低频声作为补偿，尽可能使实验室内还原村落真实场景的声环境效果。

---

[1] 基金项目：本研究由广东省自然科学基金面上项目"广东省传统村落声景观研究"（2024A1515011470）、教育部人文社会科学研究规划基金项目（22YJA760102）、广州科技计划项目（2023A03J0080）和广州大学科研基金项目（PT252022006）资助。
[2] 张东旭，广州大学建筑与城市规划学院，教授。
[3] 陈浩，广州大学建筑与城市规划学院，2022级硕士研究生。
[4] 张新怡，广州大学建筑与城市规划学院，2022级硕士研究生。

（2）视听素材

结合前期的实地调研，并考虑到广东省客家地区传统村落的声景观特点，本研究选择了最具代表性和研究意义的声音作为实验的听觉素材，具体包括村落中最常见的自然声（如风声、流水声和动物声）、村民日常生活声（如交谈声、叫卖声和交通声）、农业生产声（如锄地声、采茶声）以及客家民俗声（如客家山歌声、舞狮舞龙声）。这些声音反映了客家传统村落丰富多样的声景文化，是本实验的听觉素材。

在前期的实地调研过程中，作者拍摄了大量村落图像，这些图像涵盖了与听觉素材相匹配的自然空间、农业生产空间、日常生活空间以及民俗仪式空间场景，并从中挑选出每个空间氛围最具代表性的四张照片，作为本研究的视觉素材，具体如图2所示。

在准备实验前，需处理采集的视觉图像和听觉音频。在本次实验中，每段素材的播放时长均为1min。首先，使用Artemis SUITE 9.0软件剪辑音频，分别导出四段1min的纯音频；然后，将拍摄得到的各类视觉图像和四段纯音频导入Adobe Premiere Pro软件中进行编辑和色彩处理，并制作成四段时长为1min的图像与音频匹配的视听素材，确保最终素材符合研究和实验的需求。

（3）实验过程

本视听实验共招募了35名在校大学生作为被试者，男女比例为2∶3，年龄在18~25岁。所有被试者的听力、视力均为正常，且没有色觉缺陷。为确保实验结果的准确性，避免实验疲劳对评价量表填写的影响，每位被试者分两天完成实验。被试者在进行实验时须避免剧烈运动、饮酒或其他刺激性行为，保证充足的睡眠和休息时间。实验分为两个阶段：在实验开始前，第一天实验人员会为被试者提供5min的前期培训，确保被试者了解实验流程并校对实验仪器及视听素材。之后开始正式实验，随机向被试者播放4组纯音频，每组素材播放1min，被试者须在播放素材后的2min内完成每组纯音频的声音评价；待休息24小时后再进行第二天的实验，随机向被试者播放4组视听组合，同样每组素材播放1min，被试者在播放素材后的2min内给出每组视听素材的声音评价。以上安排旨在确保实验的科学性和准确性，同时保障被试者的参与体验和评价效果。

本研究采用的语义差异法通过语言尺度来测定人们的心理感觉，让被试者根据一对意义相反的描述词来评价事物，并根据中间的若干等级进行评分。具体而言，本实验分析了人们对广东省客家地区传统村落中四种最具代表性声音的评价特征，其声音感知评价量表包括了三组描述词（代表声音评价的三个维度），分别为声音的平静度（吵闹—平静）、舒适度（不舒适—舒适）和喜好度（不喜欢—喜欢）。为了便于被试者回答问卷，本研究采用了7级李克特评价量表，被试者需从1~7中选择一个数值，以表达对不同声音特征的评价程度，其中1级表示最左侧的描述词（非常吵闹/非常不舒适/非常不喜欢），7级表示最右侧的描述词（非常平静/非常舒适/非常喜欢）。

二、研究结果

1.纯音频条件下的声音评价

首先，使用单因素方差分析（ANOVA）检验各类声音评价之间的差异显著性，结果显示被试者在纯音频的条件下，在四类不同声音刺激下的平静度评价存在显著性差异（$p<0.001$），舒适度和喜好度评价也同样存在显著性差异（$p<0.001$）。接着，根据声音类型为定类变量的前提，采用卡方检验（相关系数为Cramer's V）进行相关性分析，进而评估声音类型与三类评价指标之间的关系。结果显示，声音类型与这三类评价数值之间均具有显著相关性。声音类型与平静度二者相关系数为0.422（$p<0.001$），与舒适度评价的相关系数为0.376（$p<0.001$），与喜好度评价的相关系数为0.342（$p<0.001$）。

对于四个纯音频的三类评价值如图3所示，并对每两种声音类型评价之间进行差异显著性分析如表1所示。被试者对自然声的评价与农业生产声、日常生活声和客家民俗声之间均存在极显著差异，自然声的平静度、舒适度和喜好度评价均显著高于其他三种声音的评价，差值在0.92~2.49。说明在村落纯听觉环境中，引入自然声可以显著提高人们对于声音的感知与评价。农业生产声与日常生活声（$p<0.05$）、客家民俗声（$p<0.05$）在平静度方面都有显著性差异，说明相比于嘈杂的日常生活声与客家民俗声来说，人们感觉到农业生产声更平静。客家民俗声与日常生活声在舒适度（$p<0.005$）方面有显著差异，说明人们对于客家民俗声的感知比较舒适，对于吵闹的日常生活声会感到更不适。最重要的是，客家民俗声与农业生产声、日常生活声的喜好度有显著差异，说明人们更喜欢热闹非凡的客家民俗声。因此，在村落内多引入客家民俗声也有助于提升人们对村落声音的喜好度感知。

2.增加村落图像条件下的声音评价

本实验对纯音频和加入视觉图像的两种条件下的声环境评价情况进行分析，研究在增加了与声音匹配的视觉图像后被试者对四种声音各类评价的影响，各类评价均值变化如图4所示。

增加与声音匹配的图像后各类声音的评价差值和显著性水平分

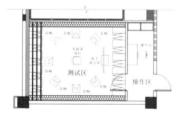

图1 视听实验室平面图

自然空间　　　　　　农业生产空间　　　　　　日常生活空间　　　　　　民俗仪式空间

图2 视觉图像素材

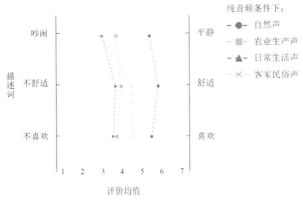

图3 纯音频条件下的声景观语义细分折线图

析如表2所示。首先，增加与自然声匹配的自然空间图像后，自然声的各类评价均值都有不同程度的提高，其中平静度能显著提高0.63*（11.7%）。增加与农业生产声匹配的农业生产空间图像后，农业生产声的各类评价都有显著提高，其中平静度提高了1.32***（35.6%），舒适度提高了1.14**（28.7%），喜好度提高了1.2**（32.1%）。增加与日常生活声匹配的日常生活空间图像后，日常生活声各类评价都有显著提高，平静度提高了0.89**（29.7%），舒适度提高了0.6*（16.3%），喜好度提高了0.6*（16.8%）。增加与客家民俗声匹配的民俗仪式空间图像后，其平静度与喜好度的评价均值变化最为显著，平静度提高了0.83*（28.5%），喜好度提高了0.63*（13.8%）。综上所述，增加与声音相匹配的图像后都能在不同程度上提高人们对于四种声音的各类评价。具体来说，增加自然空间图像能有效提高人们对自然声平静度的感知与评价。而且，增加与农业生产声、日产生活声相匹配的图像后最能显著提高人们的各类感知与评价。客家民俗声加入其相应的空间图像，也表现出显著的评价提升，尤其是在平静度与喜好度方面。因此，未来在保护声景观的策略中，应考虑有效整合视觉信息，使其与音相匹配，以优化人们的听觉感受和提升村民的生活质量。

三、结语

广东省客家地区传统村落的声景观具有地方特色，承载了丰富的文化内涵。然而，各种城市噪声正侵蚀着这些原本宁静和谐的声景观，极大地影响了当地居民的生活质量和游客的听觉体验。在城市化的进程中，如何提高人们的整体听觉感受、保护与传承村落声景观成为重要课题。

本文以广东省客家地区传统村落声景观为研究对象，采用语义差异法以及视听交互实验等方法，选择了村落内四种最具代表性的声音，分析了人们在纯音频和加入与声音相匹配图像条件下对声音的感知与评价变化。结果显示，人们对自然声的感知与评价最为显著，而增加与声音匹配的图像也可以提高人们对声音的感知与评价。因此，传统村落的声景观建设应注重保护具有地域性的声音，注意自然声的引入，减少与环境氛围不相符的声音。

纯音频条件下每两种声音类型评价之间的评价差值及显著性水平　　表1

声音类型	评价差值 / 显著性水平		
	平静度	舒适度	喜好度
自然声丨农业生产声	1.69/0.000***	1.86/0.000***	1.75/0.000***
自然声丨日常生活声	2.40/0.000***	2.14/0.000***	1.92/0.000***
自然声丨客家民俗声	2.49/0.000***	1.37/0.000***	0.92/0.006**
农业生产声丨日常生活声	0.71/0.028*	0.28/0.347	0.17/0.623
农业生产声丨客家民俗声	0.80/0.037*	−0.49/0.170	−0.83/0.023*
日常生活声丨客家民俗声	0.09/0.813	−0.77/0.018*	−1.00/0.002**

注：*、** 和 *** 都表示显著性水平，* 代表 $p<0.05$，** 代表 $p<0.01$，*** 代表 $p<0.001$

增加与声音相匹配的空间场景图像后各声音评价差值及显著性水平　　表2

素材类型	评价差值 / 显著性水平		
	平静度	舒适度	喜好度
自然声 + 自然空间图像丨自然声	0.63/0.047*	0.23/0.389	0.37/0.202
农业生产声 + 农业生产空间图像丨农业生产声	1.32/0.000***	1.14/0.002**	1.20/0.002**
日常生活声 + 日常生活空间图像丨日常生活声	0.89/0.005**	0.60/0.026*	0.60/0.044*
客家民俗声 + 民俗仪式空间图像丨客家民俗声	0.83/0.044*	0.40/0.236	0.63/0.037*

注：*、**、*** 都表示显著性水平，* 代表 $p<0.05$，** 代表 $p<0.01$，*** 代表 $p<0.001$

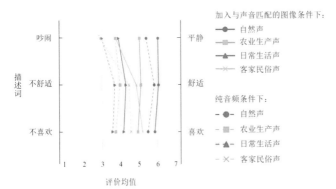

图4 纯音频条件下与加入与声音匹配的图像条件下的语义细分折线图

参考文献：

[1] 高璟，吴必虎，赵之枫. 基于文化地理学视角的传统村落旅游活化可持续路径模型建构[J]. 地域研究与开发，2020，39（4）：73-78.
[2] 冯骥才. 传统村落的困境与出路——兼谈传统村落是另一类文化遗产[J]. 民间文化论坛，2013（1）：7-12.
[3] 袁少雄，唐光良，张虹鸥，等. 广东传统村落空间分布格局及其民系特征[J]. 热带地理，2017，37（3）：318-327.
[4] 孙莹，王玉顺，肖大威，等. 基于GIS的梅州客家传统村落空间分布演变研究[J]. 经济地理，2016，36（10）：193-200.
[5] 孙莹，肖大威，徐琛. 梅州客家传统村落空间形态及类型研究[J]. 建筑学报，2016（S2）：32-37.
[6] 胡燕，陈晟，曹玮，等. 传统村落的概念和文化内涵[J]. 城市发展研究，2014，21（1）：10-13.
[7] 毛琳箐，康健. 传统声景观的非物质文化遗产特征研究——以贵州侗族传统村落为例[J]. 广西民族研究，2020（1）：108-116.
[8] SCHAFER M. The Tuning of the World [M]. New York: Random House Inc，1977.
[9] 孙九霞. 传统村落：理论内涵与发展路径[J]. 旅游学刊，2017，32（1）：1-3.
[10] 韩付奇. 侗族传统村落声景观评价和保护利用策略研究[D]. 邯郸：河北工程大学，2023.

夏尔巴秘境：陈塘传统聚落景观适应性研究[1]

陈秋渝[2] 龙 彬[3] 张 菁[4]

摘 要：我国边境喜马拉雅深处的陈塘，封存着夏尔巴人的"原始档案"，蕴藏着陈塘夏尔巴人对环境适应的传统智慧。研究以陈塘四村为对象，基于适应性理论与景观分层、分类办法，对陈塘聚落选址、景观形态、景观要素进行分析，并关联地形地貌、气候和文化环境特征，探索陈塘传统聚落景观与环境之间的适应机制，继而揭示陈塘聚落景观的真实面貌，寻觅陈塘夏尔巴的生存哲学。希望为陈塘及我国喜马拉雅山区人居环境改善与发展建设提供参考资料。

关键词：传统聚落 景观 适应性 陈塘四村

夏尔巴人藏语译为"东方人"，主要散居在喜马拉雅山脉两侧，夏尔巴人多以珠峰向导、喜马拉雅背夫的形象为世人所知，陈塘地区的夏尔巴却充满神秘色彩，几乎没有被冠以此等标签。20世纪80年代，陈乃文先生与张国英先生受中国社会科学院委派，对陈塘夏尔巴进行了调查，形成《夏尔巴人资料汇编》《珠穆朗玛峰东南麓陈塘藏族及其宗教习俗》《夏尔巴人源流探索》等成果，为现代学术研究奠定了基础，但由于存在现实困难，几十年来学术界关于陈塘的研究依然甚少，相关的文章总是将其描述为"世外桃源"、我国最后的"陆路孤岛"等，鲜有深入[1-3]。2022年，范久辉所著的《喜马拉雅深处：陈塘夏尔巴的生活和仪式》一书问世，对陈塘夏尔巴的族源、村落、生产生活和民间信仰等进行了较为全面的介绍，从人类学、民族志特点来看具有突破性的研究意义与价值[4]。陈塘的夏尔巴人于高山深谷之间传承千百年余年，本文基于前人研究成果，结合田野调查，以景观视角对陈塘传统聚落人居环境研究，希望能够进一步探寻夏尔巴人这一特殊群体在陈塘这一特殊地域的生存智慧，为我国的喜马拉雅山区建设提供参考与借鉴。

一、研究对象与理论方法

1. 秘境陈塘的基本概况

陈塘镇位于西藏自治区日喀则市定结县西南边陲，南接尼泊尔，北靠日屋镇，海拔约2550m，距离拉萨约740km，距离日喀则约380km，距离定结县城约150km。《西藏地名》中描述陈塘为引导坝、指引坝，以农业为主，兼有林业，种有青稞、小麦、玉米等农作物，富有松、杉等森林资源[5]。在萨迦南寺建设时曾有大量的木料经陈塘运出，20世纪70年代工作队进驻后的短短几十年陈塘发生了翻天覆地的变化。2017年第一辆汽车开到陈塘，同年陈塘被入选"第二批中国少数民族特色村寨"，2019年陈塘入选"第七批中国历史文化名镇"，名镇聚落的核心区域位于朋曲河西侧山坡上，冬季比塘、沃雪、萨里和修修玛四村的村民混居其内，是陈塘夏尔巴人的主要固定居所，陈塘四村的夏季营地则分散四处。陈塘现辖比塘、沃雪、萨里、修修玛、藏嘎和那当6村，其中藏嘎和那当更多被认为是后来迁入的藏族村落，藏嘎位于山下的朋曲河谷，现为陈塘的口岸新区，那当村位于口岸东南，陈塘四村范围之外，本次对陈塘传统聚落研究主要集中于对陈塘四村的探讨。虽然近年来受地质灾害的影响，聚落灾后重建使用了新材料，鱼鳞木片瓦的屋顶被彩钢瓦所取代，却还保留有夏尔巴人聚居环境的景观风貌。

2. 景观适应性理论与方法

"景观"的内涵极为丰富，在世界语言中的原意大多都表示为自然风光、地面形态或风景画（英语Landscape、德语Landschaft、法语Paysage等）。德国地理学家施吕特尔（Otto Schluter）曾提出文化景观理论，将景观分为原始景观（完全自然的景观）和受人类影响和改变的景观两种，指出景观会随着时间的推移发展变化，这些变化有的是自然而然的，但更多是由于人类活动造成的[6,7]。19世纪后半叶~20世纪上半叶，白兰士（Paul Vidal de la Blache）、白吕纳（Jean Brunhes）等人文地理学家认为人类的生活不完全是环境统治的产物，而是社会、历史和心理等各种因素的复合体，自然与人文之间的关系常随时代而变化，此后"适应论""生态平衡论"和"文化景观论"等人地关系研究学论相继出现[8]。其中，"适应论（Adjustment Theory）"（也称协调论）最早由英国地理学家罗士培（Percy Maude Roxby）提出，主要包含自然环境对人类活动的限制，人类社会对环境的利用或利用的可能性两重含义，探讨人类社会活动对环境的适应能力[9]。经过长时间累积延承下来的传统聚落并非一蹴而成，人、环境与聚落景观的适应行为总是不断上演，传统聚落景观的意象特征，尤其是层层遗传的景观物质与信息素，蕴含着聚落文化景观演变发展的内在逻辑，能够很大程度反映聚落景观对自然环境、社会人文环境的适应状况。因此，对传统聚落景观的适应性研究，可以从聚落景观特征识别入手，再将其与环境特征进行关联分析与论证。

---

[1] 基金项目：教育部人文社会科学基金项目"卫藏地区传统聚落空间形态基因研究与图谱构建"（编号23YJA760065，主持人：龙彬）、教育部人文社科基金项目"嘉绒藏族传统聚落生态景观营建智慧及保护对策研究"（编号22YJC760121，主持人：张菁）和四川省科技计划软科学项目"生态文明视域下川西北藏羌民族聚落自然资源利用制度创新研究"（编号2022JDR0308，主持人：张菁）共同资助。

[2] 陈秋渝，重庆大学建筑城规学院，在读博士研究生。

[3] 龙彬，重庆大学建筑城规学院，教授，博士生导师，骨干专家。

[4] 张菁，成都理工大学地理与规划学院，副教授，硕士生导师。

二、陈塘传统聚落景观特征识别

1. 传统聚落景观整体特性

（1）聚落选址

陈塘四村主营地是陈塘镇驻地，地处喜马拉雅山脉中段南坡，珠穆朗玛峰东南侧原始森林地带，与高山为伍、密林相伴。在气候因素方面，陈塘温和多雨、无霜期长，日照充足且无酷日严寒，适合野生动植物和农作物生长。地理因素方面，陈塘地处朋曲河下游的高山峡谷地带，嘎玛沟与陈塘沟在聚落东南侧相汇，峡谷河流湍急、涛声如雷，两侧山坡地势险峻、坡度极大。聚落悬在朋曲河岸的半山腰上，面朝东南，三面开阔，东侧面水，西侧靠山，与朋曲河的垂直落差超过300m，山下藏嘎村到山上聚落此前未通公路前仅靠1600级台阶连接。陈塘四村夏季营地的土地较为分散，有的夏季营地只有单独房舍，有的由几户组成小聚落，有的则形成较大的村落，比塘村、沃雪村夏营地主要分布主营地东侧，与主营地隔河相望，萨里村与修修玛村位于主营地西北方向约5km处，四村夏营地都有各自的神山（比塘村—巴沃桑贝咕汝、沃雪村—亚云巴山、萨里村—达甲布、修修玛村—堪布瓦），村落基本都生在山腰，依山就势，背山面水，河谷到村落的路段均还未通公路，沿着山形的石阶小路负责链接村落内外，至今仍保留人工背运的传统。陈塘四村不管是主营地还是夏季营地，聚落都被密林所包裹，林木和林下资源丰富，可保持土壤湿润，山洪时起到缓冲作用（图1、图2）。

（2）景观形态

聚落的整体景观是多种景观要素的复合整体，陈塘镇四村主营地的规模不算大，具有较为特殊的空间组织与结构布局。陈塘镇可由南北两条道路进入，北侧为新建公路入口，可直到聚落中心，南面为传统步行山道，是通公路以前进入聚落的主要通道，入口处有一座汉式木亭，亭子所在地为当地的宗教重地达谷玛，其北面有一块刻着藏传佛教经咒的大石头，名为古日加机杰布。聚落内房屋顺应地形修建，屋舍之间巷道狭窄曲折、四通八达，行走在其中不大能辨得清楚方位，中心位置有一座寺院，为当地的喇嘛道场伟色（林）寺。平面上，主营地聚落呈现外部疏散、内部紧密的空间形态，建筑高密度集中发展后呈向外扩散趋势，建筑边界轮廓不明显，田地的范围稍大于建筑集聚的范围，但与建筑之间的分隔界线十分模糊，再往外便是茂密的森林，道路随着建筑的扩散而延伸，流水并没有太多的盘桓，只是从聚落川流而过，中间修有取水点，妇女们会在此盥洗、晾晒衣物。立面上，聚落景观层次丰富多变，从朋曲河谷方向建筑层层向上，两翼向上铺展，横向直抵山体的坡面两端，两三棵古老的核桃树格外突出，从公路入口方向观察聚落应随山体走势，由远及近，移步异景，或是一斜到底，又或是有所起伏。夏季营地相较而言则更加小巧，屋舍在田地间更加分散，没有明显的向心性，田地边界轮廓普遍呈团状，立面景象与主营地具有相似之处。

2. 传统聚落景观要素特征（图3、图4）

（1）传统民居

民居是聚落最基本的景观构成要素，蕴含深厚的地域文化。陈塘的传统民居没有太固定的朝向，一般顺应面朝河流峡谷，主营地部分民居的门会开设在向道路或街巷一侧，平面形态均为长方形，不修院落、不建耳房。传统民居修建时会用到大量的石料和木材，居舍通过底层架空找平，外挑"人"字坡屋顶结构，房间往往只有主室和侧室两间，木质台阶和平台（或外阳台）连接屋舍内外，通过平台从正门进入屋舍第一间为侧室，主要用于过渡、储物或关养小动物等，再往里便是主室，主室面积很大、有开窗，可以添置佛龛、卡垫床、火塘、矮桌和储物柜等，几乎涵盖夏尔巴人日常生活起居的所有功能。建筑的架空层一般空间落差大，常被用于储存木柴或圈养牲畜，部分家庭也会在屋外搭建一处简易的棚舍，四周砌放木柴，中间圈养牲畜，牲畜圈地面的下层铺上从森林中采回的落叶，等来年农耕时混着牲畜粪便成为作物的肥料。夏尔巴人民居多保留材料原本的色彩与肌理，也十分偏好鲜艳亮丽的色彩，许多家庭会在建筑上刷上红色、蓝色或黄色，黄色最盛，阳台上种植五颜六色的花卉盆栽，显得十分生动、有活力。民居装饰简单，门窗多采用简单的方格样式，屋檐或阳台用"T"字形柱头支撑，部分讲究的人家会在门口挂上藏式门帘，柱头也画上一些彩色植物花纹或吉祥图案。

（2）农牧景观

陈塘的田地大多顺势倾斜，很少砌筑田垄，田块通过地形变化与作物种植自然分割，大小不一、形状各异。鸡爪谷是陈塘的传统特色作物，由尼泊尔传入，20世纪中叶后土豆的种植规模日渐扩大，另外陈塘还种植青稞、小麦、玉米和荞麦等。陈塘沿用着锄头、镰刀、背篓等传统的农耕用具，每年开耕前人们会在与道路相接的田地边缘竖起整齐的竹篱，防止小孩、牲畜进入，作物分两季轮作，4月~11月是鸡爪谷的种植、收获期，这段时间劳作的夏尔巴人需要往返于主营地与夏季营地之间，到11月人们在夏营地种下冬小麦和土豆之后，才结束一年的农忙，返回主营地栖息，直到来年4月新一轮的鸡爪谷种植和土豆、小麦收获时节的到来。因此，夏季的陈塘风光总是沁人心脾，不管是主营地还是夏季营地，建筑都恍若漂浮绿湖之上，作物在清风的吹拂下泛起层层涟漪，勤劳的夏尔巴人穿梭其间，显得格外美丽。农忙时节陈塘的牲畜基本是散养，神态显得悠闲，因为各种牲畜所适应的海拔高度不同，所以呈现出有趣的垂直分布状态，最上层为牦牛，放牧海拔可能达到4000m以上，其次是黄牛、犏牛等，牧场主要分布于河流两岸，被密闭的森林所包裹。冬季将部分的牲畜会赶回营地圈养，为给牲畜储备饲料，有牛羊的家庭会在屋舍外建草料仓，仓棚置于树上或将底部架空，西面开敞、顶面外延，不仅通风避雨、防止草料腐烂，也方便取用。

（3）其他景观意象

陈塘主营地聚落中心的伟色（林）寺是陈塘唯一固定的宗教场所，寺院坐北朝南，正对着尼泊尔，整个建筑在聚落中并不突出，

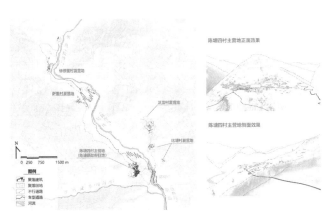

图1 陈塘四村主营地与夏营地选址与环境概况

原本与周边的民房没有太大的区别，在编的喇嘛也很世俗化，平时如同其他寻常百姓一般正常生活。2015 年前后伟色（林）寺进行了翻新，翻新后的建筑在聚落中变得更加显眼，屋顶换成了方形重檐金属屋顶，门框装饰着铜皮和彩绘，外墙增加了一圈转经筒，外观兼容了当地民居、西藏召庙建筑的风格。寺院门前有一处仅十几平方米的小广场，是陈塘夏尔巴节日、仪典聚会的重要场所，广场边有刻着经咒的石头和石碑，中间立有一根经幡幢，与藏传佛教寺院的经幡幢样式所差无几。陈塘家家户户门前都立有经幡杆，房子前的经幡杆上头绑着系有经幡的竹枝，数量是家庭成员数加上祈愿牲畜、农业兴盛的两支，经幡布上会分别写上家里人的名字和生肖，家里藏有经书或佛龛贡有朵玛的家庭要在建筑前树立另一种叫"将参彭琼"的经杆，立杆时需要由喇嘛或洛苯法师举行相关仪式，还有一种立于门前经杆叫"塔钦"，需要固定在垛令石碑上，垛令石碑上刻有藏文经咒，由祖辈传承下来，不是每家都有，因此塔钦也不是每家屋舍前都有。除了经幡杆，每家每户的柴火也成了陈塘一道亮丽的风景线，因冬日取暖和日常烹煮所需，夏尔巴人伐木取材，将木头分解为大小均匀的木块，整整齐齐地叠放在房前屋后，有围合起来被当作牲畜圈舍的墙体，其色彩、质感都与聚落风貌相衬，具有强烈秩序美的韵律。

三、陈塘传统聚落景观的适应机制

1. 择地而居

关于夏尔巴的族源学术界各有分说，其中较为权威的观点是藏源说和西夏党项源说，近年来郑连斌教授团队通过体质测量数据进一步论证了我国西藏境内夏尔巴源于西夏党项一族的说法[10]。鱼逐水草而居，鸟择良木而栖，不管是何种族源观点，最初的夏尔巴都具有游牧民族、战乱迁徙两大属性，这致使夏尔巴人不畏山高路远，最终寻得偏安一隅的生存之地，陈塘夏尔巴选择在喜马拉雅中段南麓陈塘沟与嘎玛沟的交汇处聚落而居，从整个喜马拉雅山区大环境来看这块地方无疑是一块风水宝地。其一，有天然屏障，相比于喜马拉雅其他几条著名的沟谷，嘎玛沟极美，陈塘沟极险、极复杂，又被原始森林层层包裹，若是从喜马拉雅以北高原进入陈塘，很难直接沿朋曲河南下直达，需要从日屋镇沿那当河翻山越岭、砥砺前行，那当河在快到陈塘镇时改道向南流淌，与朋曲河在陈塘镇南约 2km 处相汇，夹角处山体呈南北走势，加之嘎玛沟两侧山体呈东西走势，来自印度洋北上的湿气流很容易在此盘桓，沟里常常是气流翻滚、云雾袅袅，陈塘由此具有内虚外实两重庇护。其二，为宜居之境，陈塘冬无严寒、夏无酷日，海拔在 2500m 左右，相比喜马拉雅以北的高原地区，这里森林茂密、含氧量高、雨量充沛，日照长且温和，舒适宜人，同时特殊的地理环境使气候还呈现明显的垂直分布特征，造就了陈塘"一山有四季，十里不同天"的景象，由西北蔓延至此的嘎玛沟更是被世人称之为"世界最美谷地"，引人入胜。

2. 限制影响

陈塘虽然具有天然屏障，气候舒适、景色宜人，日常生产、生活却存在困难和挑战。陈塘的峡谷从山麓到山口垂直落差高达 4000m，为河流提供了巨大的侵蚀力，把地表切割成陡峭"V"字形峡谷，造成峡谷深处用地局限、遮挡面大等特点。陈塘夏尔巴大多选择在高处聚居，第一可以规避河流冲击可能带来的风险、

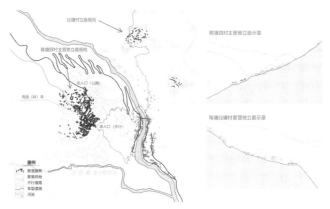

图 2 陈塘四村主营地、比塘村夏营地平面形态与立面示意图

图 3 陈塘传统聚落民居平面图与景观效果

图 4 陈塘农牧景观节点、经幡杆与垛令石碑

噪声，第二山上有更多的地表土层可开垦、建设，第三也避免了风大、潮湿、阴冷等问题。陈塘四村主营地和夏季营地所在位置的相对高度接近，这个高度一般位于沟谷两侧悬崖上端，这个位置的山体坡度开始变缓，人们在建设房屋时选择尽量低和平整的地块，然后再逐渐沿着山坡延展，因为天然草场有限，需要依附农耕来共同维持生计，田地与屋舍紧密相连，顺势稍有倾斜，不仅节约用地、保持水土，同时避免农作时候高频率外出造成不必要的体力和时间消耗。春、夏是农作物生长繁盛的季节，主营地的土地很难满足耕作需求，或有游牧基因的引导，人们沿着陈塘沟尽可能开辟更多耕地，因此陈塘的夏营地相对分散，屋舍的布局也不如冬季营地局促，修建时就地取材，保留建筑材料的原有色调与肌理，不设牲畜棚舍，不做特别粉饰。不仅如此，在完成一季种植收获后人们会回到主营地生活，夏营地的耕地便可以有一段时间的休耕期，这有利于降低土地负担，保障来年耕作的土壤质量，其中富含了陈塘夏尔巴的传统农耕智慧。

3. 文化回应

陈塘为夏尔巴人提供了避世之所，也促成了独特地方文化的形成。陈塘民间信奉藏传佛教、洛苯和堪卓玛，它们有着各不相同的

缘起、神灵和仪轨，却并存上百年，都秉承着崇拜自然、与自然共生和敬畏生命的精神观念，具有朴素的文化生态意识。陈塘的夏尔巴人豁达、淡薄、宽容，吃苦耐劳，基本不追求身份、等级、财富差异，将历史积攒的经验智慧转化应用，在开辟陈塘这片土地时的屋舍修建和田地使用依山就势避免开山填土，未曾大兴土木过多干涉环境，寺庙规模不大，居舍不繁复，石、木、竹、叶等生产、生活用料都取材于自然而后又融于自然，即使鲜亮的颜色也是在与自然的色彩进行交互。陈塘夏尔巴认为他们周边所有山川、水泽、土地都有神灵寄居，绵羊和牦牛被认为是茹居（指同一父系祖先的后裔，陈塘有梯格巴与冲巴两大茹居）保护神的象征或标志，在献祭仪式中均占有一席之地，其中可见人们赋予山、水、土地的特殊情感，寄予生命力持续的希望，并对万物生灵持以平等、尊重的态度，对于轮耕轮住的夏尔巴人来说，行之所至也皆会有神灵庇佑，经幡杆上的经幡自然也须有牲畜的一支。

四、结论与讨论

按照西藏自治区口岸发展规划，目前已经全面启动了陈塘口岸发展工作，陈塘已然成为对外交通贸易的重要门户，文化展示建设与美好人居环境建设进入新的历史进程。传统聚落既是文化的承载，也是人们生产、生活的核心，对传统聚落的研究有助于更好地认识一方文化与人居环境的本质，对陈塘传统聚落景观适应性的研究研究表明：陈塘不仅具有天然屏障，更是一处美丽的宜居之境，陈塘夏尔巴延续着游牧人的基因，从历史中捕获汉族、藏族等地区的生产、生活经验，使得陈塘夏尔巴拥有豁达、宽容、淡泊和吃苦耐劳的精神，因此在环境限制和文化影响下造就了聚落与自然共生、随时空转移且赋予丰富生命内涵的聚落景观风貌，其中智慧应为后人所识。

参考文献：

[1] 中国社会科学院民族研究所民族学室. 夏尔巴人资料汇编 [Z]. [出版地不详]: [出版者不祥], 1979.

[2] 张国英. 珠穆朗玛峰东南麓陈塘藏族及其宗教习俗 [J]. 民族学研究, 1986: 293-300.

[3] 陈乃文. 夏尔巴人源流探索 [J]. 中央民族学院学报, 1983 (4): 44-47+23.

[4] 范久辉. 喜马拉雅深处——陈塘夏尔巴的生活和仪式 [M]. 北京: 中国藏学出版社, 2022.

[5] 国家测绘局地名研究所. 西藏地名 [M]. 北京: 中国藏学出版社, 1996.

[6] 单霁翔. 从"文化景观"到"文化景观遗产"（上）[J]. 东南文化, 2010 (2): 7-18.

[7] 晏昌贵, 梅莉. "景观"与历史地理学 [J]. 湖北大学学报（哲学社会科学版）, 1996 (2): 103-106.

[8] 张雷. 罗士培与中国地理学 [J]. 地理学报, 2015, 70 (10): 1686-1693.

[9] ROXBY, PERCY M. The scope and aim of human geography. Scott Geographical Magazine, 1930, 46 (5): 276-290.

[10] 包金萍, 郑连斌, 宇克莉, 等. 从体型特征来探讨中国夏尔巴人的族源 [J]. 人类学学报, 2021, 40 (4): 653-663.

政策导向下广州泮塘古村人居环境的审美演变

张梦晴[1] 唐孝祥[2]

摘 要: 不同时期农村环境政策结合地域文化,塑造了各具特色的村落人居环境。文章以广州市泮塘古村为研究对象,分析不同时期农村环境政策下人居环境发展变化和审美观念,从而剖析其演变特征。首先,通过词频分析对村落人居环境政策文本进行挖掘,梳理乡村振兴以来人居环境规划的侧重点;其次,基于"三生空间"系统理论,运用ArcGIS核密度分析等,总结泮塘古村人居环境审美的时空演变特征;最后,从文化地域性格理论出发,阐释泮塘古村人居环境的地域技术特征、社会时代精神和人文艺术品格。以期为构建人居环境审美体系提供参考。

关键词: 政策导向 泮塘古村 人居环境 三生空间 文化地域性格

20世纪90年代,吴良镛教授将人居环境概念引入中国,将其定义为人们生活和工作的场所,是与人类生存活动密切相关的地表空间[1]。基于这一概念,乡村聚落的人居环境可以认为是由具有逻辑关联的自然生态环境、社会文化环境和地域空间环境构成的动态复杂巨系统。村落发展在政策的指导下不断打破固有的发展模式,迎来了革新的契机,也面临着巨大挑战。在深入推进乡村振兴战略的时代背景之下,改善村落人居环境愈发重要,人居环境质量整治提升是村落长治久安的坚实基础,也是民生福祉的重要体现。

本文从乡村振兴以来与村落人居环境相关的政策入手,以广州市泮塘古村人居环境演变为研究对象,借助词频分析工具进行统计,挖掘政策关注的重点关键词。通过关键词从自然生态、社会生产、居民生活三个方面探讨泮塘古村人居环境审美演变的客观因素,总结其特征与规律,为乡村振兴战略背景下村落人居环境可持续发展提供科学依据和历史经验,为构建中国特色人居环境审美体系提供新的探索方向,对推动人居环境审美的创新性发展具有重要意义。

一、村落人居环境相关政策的演进过程

乡村政策的内容代表着村落的发展方向,村落人居环境的审美演变是乡村发展现状的直观呈现。改革开放以来,中央一号文件逐渐成为解决农村问题的专门文件,政策内容也在基于不同时代下的乡村问题进行不断优化和调整[2]。综合分析中央一号文件的主题内容变化,可以看出20世纪主要以解决温饱问题为主,到了21世纪,人民在填饱肚子之余开始考虑改善居住环境的问题。因此,结合阶段任务可以将21世纪关于人居环境方面政策的演进分为提出—发展—振兴三个部分。

持续改善农村人居环境是实施乡村振兴战略的一项重要任务。作为广东省的"领头雁",广州市在相关政策的实施上走在全国前列。2018年提出的《农村人居环境整治三年行动方案》从全面广泛的角度展开,解决全国大部分农村人居环境最突出的问题;广州市村落的改变主要表现在农村垃圾治理、雨水管网建设、"厕所革命"、提升村容村貌等方面,以实现改善农村人居环境的目标。2021年再次细致深刻地提出《农村人居环境整治提升五年行动方案(2021-2025年)》,广州市的农村地区重点解决区域发展不平衡、基本生活设施不完善、管护机制不健全等问题,全面提升农村人居环境质量,为全面推进乡村振兴、加快农业农村现代化、建设美丽中国提供有力支撑(图1)。

二、泮塘古村人居环境审美的时空演变特征

村落人居环境建设与生态功能、生产功能、生活功能的充分利用及有序发展相契合(图2)。生态空间在一定程度上决定了整体

图1 人居环境政策词云图

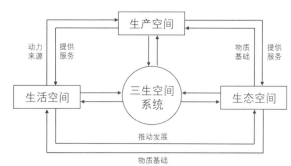

图2 "三生空间"体系

---

[1] 张梦晴,华南理工大学建筑学院,硕士研究生。
[2] 唐孝祥,华南理工大学建筑学院,亚热带建筑与城市科学全国重点实验室,教授。

人居环境的规划和布局，是提供生态产品和服务的自然场所；生产空间主要用于生产和经营活动，是创造精神财富和物质财富的场所；生活空间是人们生活和开展各种活动所必需的场所[3]。

泫塘古村位于广州市荔湾区中山八路以南，泫塘路以西，紧邻荔枝湾景区，拥有多个朝代的历史和文化资源，现存泫塘古村仅剩泫塘五约，是原泫塘的一部分，也是广州历史城区中唯一完整保留清代乡村格局、肌理和典型朴素风貌特征的多姓宗族共居的乡村聚落（图3）。泫塘古村有鲜明的地域性特征、自然资源丰富、人居环境复杂，村落内三种类型的空间相互作用与联系，共同构成了一个整体性的有机系统。近年来，随着我国人居环境研究的不断深入，社会各界愈发重视传统村落人居环境的发展，对其审美也在不断变化，从"三生空间"视角出发，明确泫塘古村人居环境的审美流变，对岭南地区乡村聚落人居环境发展具有重要的指导意义。

图3 泫塘古村空间肌理图

1. 生态空间：合理利用自然资源，绿色发展人文景观

泫塘古村位于珠江水道西侧，是广州西关附近一片古老的水乡村落，河道纵横，水田交错，村落生态多样，地理位置优越，拥有丰富的自然资源。自20世纪80年代以来，随着城镇化进程加快和城市人口密度的增加，传统聚落空间难以承载，广州市开始追求高强度、高密度的旧城改造，使得村落的岭南水乡风貌遭受冲击，出现没落趋势，水系、藕塘等都已经消失[4]。近年来，在乡村振兴政策的推动下，泫塘古村生态空间的发展与当地文物、古籍、工艺品等物质文化遗产和扒龙舟、粤剧舞台、舞狮活动等非物质文化遗产相结合，经历了保护自然环境、维护核心景观、打造人文景观多个阶段（图4）。首先，泫塘古村依托荔湾湖、荔枝湾园林等原有的生态资源，生态景观空间呈现片状保护和发展的态势；其次，围绕着村落的窄巷、麻石街、青红砖房、文塔、仁威庙等古街古建，建成了一系列的以历史文化建筑为核心的景观广场，维护和发展了村落内的核心生态景观；再次，将村落文化遗产加以改造利用，结合生态旅游的发展，形成了龙舟传承点、广绣工作室等打卡地，转化为人文景观，成为旅游化的生态空间，显著提高了经济增值效应（图5）。

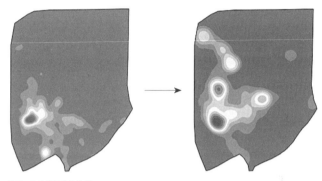

图4 生态空间变化分析

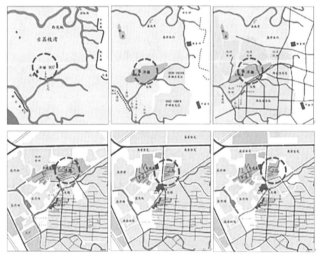

图5 景观空间演进（来源：华南理工大学建筑设计研究院）

2. 生产空间：充分发挥资源优势，有序获取经济效益

随着时代的发展，越来越多独具特色的传统村落受到政府重视，泫塘古村也被开发为旅游热地。然而，尽管获得了经济效益，但络绎不绝的游客给村落的资源环境带来了莫大的挑战和负担，很多游客在追求旅游体验的同时缺乏对当地文化的深入理解，导致村落为获取经济效益快速商业化，村民将民居改建成商业建筑，造成生活空间和生产空间之间的矛盾，村落内部空间秩序愈发混乱[5]。在政府的积极引导下，泫塘古村发挥自身独特的资源优势，在村落旅游中发展文化创意产业，为村落注入新的商业活力[4]。通过提升村落特色文化来促进当地旅游产业的发展，管理与维护机制也得到加强，泫塘古村人居环境的可持续发展体系不断完善（图6）。在泫塘古村生产空间从单一产业功能到土地闲置与利用并存再到与文化产业相结合转型演变中，旅游产业得到了合理发展（图7）。

3. 生活空间：保护村落乡土风貌，统筹推进设施共享

在时代的洪流下，村落内民众的生活观念和生活方式都逐渐向

图6 城中村社会关系在生产过程中的变化

着更高质量的方向转变，许多父母和孩子选择在城里居住，导致村落空心化、老年化趋势日益明显。由于受到自然和人为方面的破坏，村落内的传统民居普遍呈现衰败景象，很多房子年久失修、无人居住；一些传统建筑内部空间采光较差，布局紧凑，整体舒适度不高，难以满足现代居住要求；在对其进行整修和重建的过程中，由于缺少专业的人才和技术，对建筑生态性、文化性和艺术性等方面考虑欠缺，对建筑随意拆建，破坏了聚落的居住环境；废物废水

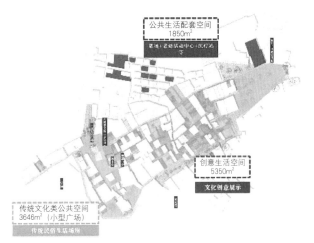

图7 泮塘古村土地利用空间结构（来源：华南理工大学建筑设计研究院）

图8 生活空间活化利用前后对比

图9 泮塘古村改造规划（来源：象城建筑）

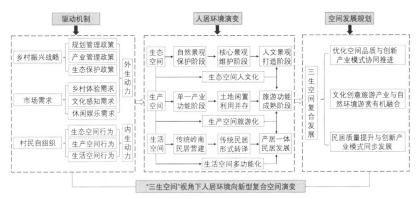

图10 "三生空间"视角下泮塘古村人居环境演变机制

和生活生产垃圾处理系统也不完善，给民众的生活带来不便，导致村落的生活空间品质低下，人居环境岌岌可危（图8）。泮塘古村生活空间的转变可分为传统民居营造、西关文化转译、现代民居发展几个部分[6]；传统民居的修复与保护以保留原住民为主，在原有的肌理上维修，延续当地传统建造技艺，保持原有风格；提供共享的公共空间和村落叙事性空间，使游客亲身体验传统村落的历史文脉，有利于对传统建筑的修复和文化探索，实现可持续性的发展。现在的泮塘古村生活空间亲切宜人，仁威庙前的小广场为村民和游客提供了娱乐活动场所，村民们在门前种植树木或者摆放花卉，使景观趋向自然化，形成趣味十足的建筑群落小环境，增强了社区生活空间的亲和力（图9）。

泮塘古村乡村振兴前后"三生空间"的发展演变是三者之间相互转换、融合发展的结果（图10），在政策驱动下生态空间的布局更加优化，生产空间的配置更加合理，生活空间的过渡更加适宜，村落整体布局有机融入环境秩序之中，形成"自然—乡村—城市"的独特空间序列[7]。

三、泮塘古村人居环境的文化地域性格

泮塘古村在其人居环境演化过程中，孕育了以地域技术特征、社会时代精神和人文艺术品格为主要内容的岭南地区传统村落人居环境的文化地域性格。地域技术特征是人居环境审美研究的基本前提，社会时代精神是推动人居环境审美的动力，人文艺术品格是人居环境审美追求的终极目标。三者有机联系、层层递进，共同构建了人居环境审美体系[8]。

1. 改善村落人居环境自然地理格局

在人居环境建设中，地域技术特征的体现是人居环境形成和发展的基础。核心在于"因地制宜"，基于当地的气候、地形、材料等方面的自然适应性来表现，不仅反映了自然条件对村落形成的影响，还凸显了地域环境对村落人居环境风貌塑造的重要性。泮塘古村地理位置优越，与荔湾湖相连，选址在平坦地段，村落与周围环境融为一体，沿河涌设置码头、水埠等，民居集中在街坊内部，依赖水路交通进行日常生活，展现了岭南水乡村落的理想规划模式。为适应泮塘古村夏热冬暖、湿热多雨的气候，采用屋顶花园、天井、冷巷等建设模式，有效调节小气候。泮塘古村的景观独具特色，地方材料如木材、竹子、黏土、卵石、麻石等在建造中发挥着重要作用，凸显了地域特色。这些地域技术特征充分体现了对当地地理、气候和材料的适应性，彰显出因地制宜的特点。

城市化的快速发展给传统村落带来了生态环境破坏和地域文化流失的挑战。在乡村聚落人居环境的发展与建设中，应当立足本土特征，推动村落建筑设计和历史文化空间微更新；充分尊重自然环境，合理利用气候和地理条件，科学选材、节约资源；注重形式风格、空间功能和场地环境的协调统一，追求人居环境的和谐美，持续推动人居环境的可持续发展。

2. 弘扬乡村聚落人居环境兼容创新精神

传统村落人居环境是社会时代精神的深刻体现。社会变迁、经济发展及生产生活方式的变革带来了新的思想、知识和技术，推动了人居环境的因时因地调整。礼制下的宗族制度对于村落的空间形态有着长期且深远的影响，泮塘古村自东向西延伸，划分为首、二、三、四、五约，民众聚族而居，形成了以宗祠为中心的布局特征；随着西方文化的介入，泮塘古村开始吸收和借鉴西方文化元素，出现了多种文化相融合的建筑单体，建筑风格保留了传统的竹筒屋形式或其简化变体，但外立面却采用了现代简约的设计风格，显示了文化的兼容并蓄。在新时代乡村振兴背景下，村落的人居环境发展建设不断追求创新，构建独特的传统聚落文化内涵，最大程度保留了原有建筑空间形态，延续建筑本身所承载的个体空间价值。如在对旧有民居进行改造的过程中，运用现代景观装置，将青砖屋、镬耳墙、宗祠等传统建筑元素以更高、更广的视角展示给人们。这种新与旧的结合赋予了建筑新时代的文化内涵，引发人们对传统与现代融合审美特征的持续探索。

村落人居环境的优化建设是时代发展的产物，应坚守文化传承、开放包容和求实创新是社会的时代精神，指导中国发展全方位、多层次、立体化的人居环境建设体系。

3. 培养乡村聚落人居环境综合审美品格

人文艺术品格作为民族文化的本质特征，在我国人居环境发展中展现了天人合一的审美理想、崇文重教的价值取向和世俗致用的情趣追求。泮塘古村自古以来就注重自然与人文环境的和谐共生，依托周围独特的山形地貌，形成"枕山、环水、面屏"的理想环境模式，达到"天人合一"的境界。村民在生产生活中十分注重对家族成员的教育和培养，并通过文字题名、装饰装修、建筑布局等形式，将"崇文重教"思想加以体现。如"半溪五约亭"门前的石刻楹联"门接水源朝北极，路迎金气盛西方"，展示了其所处位置的特殊地理环境，是岭南水乡文化的重要见证。此外，泮塘民众有着较强的重实利性，既务农又从商，造就了经世致用、世俗享乐的审美情趣，通过建筑的装饰装修展现出来。精雕细琢的建筑装饰技艺既丰富了建筑形象，又提升了建筑意境，还将精致实用的构件与世俗享乐的精神融为一体，展示着独特的人文艺术品格。

村落人居环境文化空间蕴含人神共居的精神信仰，展示了宗族性、教化性特征，推动聚落人居环境特色在当代的延续与发展，彰显了崇文重教、尚简尚朴、务实致用的人文艺术品格。

四、结语

推进乡村振兴以来，泮塘古村在更完备的制度体系、更有效的实施举措、更实际的惠农政策下，人居环境得到了持续发展和完善，其演变过程广泛代表了我国岭南地区乡村聚落人居环境的营造智慧和审美文化内涵，体现了根据地理格局因地制宜改善、根据时代需求因时制宜创新、根据村落特色因人制宜培养的综合审美品格。在实现"为中国人民谋幸福，为中华民族谋复兴"的伟大目标下，满足人民对美好生活的追求是乡村人居环境建设的出发点和落脚点。随着乡村人居环境相关政策的不断细化和实施推进，改善乡村聚落人居环境的任务愈加紧迫。然而，许多村落在改善人居环境时生搬硬套其他优秀案例，缺乏地方特色且破坏本地文脉传承。毫无特色的村落不应是人居环境建设的目标，希望本文所探讨的泮塘古村人居环境"三生空间"的演变及其审美特征对其他乡村聚落人居环境建设具有一定的借鉴意义，为人居环境审美研究框架的构建提供新思路。

参考文献：

[1] 吴良镛. 人居环境科学导论[M]. 北京：中国建筑工业出版社，2001：38-45.
[2] 耿子涵. 政策导向下东北平原农区乡村聚居空间演变研究[D]. 大连：大连理工大学，2022.
[3] 肖文彦，李晓峰，李振宇，等."三生"空间视角下民族村寨人居环境演变特征[C]// 中国城市规划学会，成都市人民政府. 面向高质量发展的空间治理——2021中国城市规划年会论文集（16乡村规划）. 华中科技大学建筑与城市规划学院，2021：9.
[4] 尚芊瑾. 城市历史景观视野下的广州西关景观演进及保护更新研究[D]. 广州：华南理工大学，2022.
[5] 郑榕玲. 基于岭南民俗传承的历史文化街区活力提升策略研究——以广州泮塘五约为例[J]. 文化学刊，2023（7）：34-37.
[6] 李伯华，曾灿，窦银娣，等. 基于"三生"空间的传统村落人居环境演变及驱动机制——以湖南江永县兰溪村为例[J]. 地理科学进展，2018，37（5）：677-687.
[7] 赵万民，常林欢，孙爱庐."三生空间"融合视角下海岛山地乡村空间优化策略——以宁波象山县南田岛为例[J]. 小城镇建设，2022，40（10）：31-41.
[8] 唐孝祥，袁月，白颖. 广州从化南平村审美适应性特征[J]. 中国名城，2022，36（5）：73-79.

地质灾害影响下乡村聚落选址研究

张 浩[1] 刘 洋[2] 王 琛[3]

摘 要：全球气候变化和人类活动，导致地质灾害频发，严重威胁了乡村地区的安全与发展。本文通过分析宜宾地区的地形和地质情况，探讨滑坡、崩塌和泥石流等地质灾害的分布特征及其对乡村聚落选址的影响。研究表明，宜宾地区的滑坡主要集中在高坡度区域，受到降雨、地震和人类活动的影响；崩塌发生在陡峭岩石斜坡，与地质构造相关；泥石流多见于山区沟谷地带，受到地形和降雨量的影响。因此，针对不同类型的地质灾害，本文提出了相应的防治对策和选址策略，以提高乡村聚落的安全性和可持续发展能力。

关键词：宜宾市 地质灾害 乡村聚落选址 防治策略

随着全球气候变化和人类活动的加剧，地质灾害的频发和强度增加，对乡村地区的安全和发展构成了重大威胁。当前，国家高度重视农村安全和可持续发展，出台了一系列政策促进农村地区的防灾减灾工作。然而，面对日益复杂的地质灾害形势，现有的防灾减灾措施仍需进一步完善和加强。乡村地区因基础设施薄弱和防灾意识不足，往往成为重灾区。而其中滑坡、崩塌及泥石流等地质灾害，对乡村聚落的选址和安全产生了深远影响。

地质灾害对乡村聚落选址的影响是乡村发展中面临的一个至关重要且复杂的问题。针对这一问题，国内外学者进行了广泛而深入的研究，并提出了相应的策略和优化方法。国内学者主要聚焦于地质灾害对村庄形态的影响、抗灾规划与策略以及居民点布局优化和安全性等方面。刘玲梅等[1]揭示了岩层硬度、厚度、地势平坦度等因素对村庄形态形成的显著影响，强调了地质灾害因子在塑造乡村聚落空间布局中的重要作用。为提高村庄抗灾能力，付朝华等[2]提出了全域土地综合整治与村庄规划相结合的策略，通过全面规划来增强村庄的灾害应对能力。针对不同区域的防灾要求，戴军等[3]和熊峰等[4]分别研究了高原山区和西南民族村寨的防灾策略，通过系统研究和示范工程提升了这些地区的灾害防范能力。此外，张英杰等[5]和毛刚等[6]专注于地质灾害易发区的居民点布局优化和安全性，提出了一系列科学规划和设计方法以降低灾害风险。刘春艳等[7]则利用生态位适宜度模型对地质灾害易发山区的聚落用地进行了适宜性评价，为乡村重建和扶贫搬迁提供了科学依据。国外关于聚落选址的研究综合考虑了经济和环境等因素，并广泛应用了 GIS 和多准则决策分析（MCDM）等方法。这些研究不仅揭示了地质灾害对聚落选址的影响，还提出了相应的选址策略和优化方法。例如，Rashid[8]在恒河三角洲的研究中发现，聚落选址主要受地形、气候和生态条件的影响。Alam 等[9]利用 GIS 技术分析了恒河下游河岸带的定居适宜性，显示出 GIS 在动态泛滥平原地区选址中的有效性。Kılıc 等[10]在土耳其埃尔津詹的研究中，结合 GIS 和层次分析法（AHP）设计了生态村，展示了技术创新在选址中的重要作用。尽管国内外在地质灾害影响下乡村聚落选址的研究已取得显著进展，但仍存在一些不足之处。现有研究多集中在单一类型地质灾害的影响上，缺乏多种地质灾害综合影响的系统研究。因此，本研究的主要目的是进一步综合考虑多种地质灾害的叠加效应，以提出更加科学合理的选址和布局策略。这将有助于弥补现有研究的不足，为实际规划提供切实可行的解决方案，提升乡村聚落的安全性和可持续发展能力。

一、研究区概况、数据来源

1. 研究区概况

（1）自然环境

宜宾市坐落在四川盆地与云贵高原过渡地带的斜坡之上，地势自西南向东北倾斜。地形构成以中低山地和丘陵为主，整体呈现出"七山一水二分田"的自然景观。在地理特征上，宜宾市的西部为大、小凉山余脉，东北部则是华蓥山余脉的延伸，西北侧是盆中丘陵区，而东南侧连接着四川盆地的东岭谷区。气候方面，宜宾市属于湿润的亚热带季风气候，温和多雨，四季分明。春季回暖快，夏季湿热多雨，秋季凉爽多绵雨，冬季则温暖少霜雪。年平均气温稳定在 17.5℃左右，年降雨量丰富，约为 1142.6 毫米，其中夜雨占比较高。此外，宜宾市阴天较多，日照相对较少。水系上，宜宾市拥有 600 多条河流和溪流。金沙江和岷江在城区交汇，形成长江，之后向东流入泸州市。河流分布以三江为主，形成了南多北少的格局，河网密布，为当地提供了丰富的水资源。

（2）地质条件

宜宾位于四川盆地与云贵高原之间的斜坡地带，同时它也是一个丘陵和盆地周边山区的交汇点。这里的地形特色鲜明，主要由中低海拔的山地和丘陵构成，地势变化剧烈，地形切割明显，形成了丰富多样的地貌景观。从西南到东北，地势逐渐平缓，呈现出一种倾斜下降的态势。宜宾市的地貌特征显著，山峦与河谷交错，平坦的区域相对较少且分布零散。在地质构造上，宜宾市的地层广泛，涵盖了从寒武纪到第四纪的多个时期。这里的岩石类型丰富多样，既有沉积岩、火山岩等硬质岩石，也有泥岩、泥质粉砂岩、页岩等软质岩石，以及粉质黏土等松散的土壤。滑坡、崩塌和泥石流等地质灾害频发，尤其在泥岩、泥质粉砂岩及第四系残坡积土石堆积层中更为常见。断裂带和构造转折点的存在，为地质灾害的发展提供了物质基础。特别是华蓥山基底断裂带，对区域地质构造演化具有重要影响，并加剧了岩石风化。

---

[1] 张浩，西南交通大学。
[2] 刘洋，西南交通大学。
[3] 王琛，西华大学。

2. 数据来源

DEM 数据来自地理空间数据云，在此基础上运用 ArcGIS 获取高程、坡度等数据，从中国科学院资源环境科学与数据中心获取相关地质灾害数据等。利用 ArcGIS 分析 DEM 数据和灾害点数据，并将这些数据矢量化，创建具有统一坐标系统的专题图。

二、地质灾害影响下的聚落选址分析

1. 宜宾地区地质灾害分布特征

（1）滑坡发育及其空间分布特征

通过对宜宾市地质灾害数据的统计分析，滑坡是最频发的地质灾害类型。进一步研究局部地区的历史滑坡灾情，发现滑坡主要集中在地形起伏较大的山区和岩体附近，这些滑坡地质灾害沿陡峭的山体或坡地边缘呈现带状分布特征。通过分析宜宾市的高程和滑坡分布图，可以发现滑坡发生的频率与地形特征有显著的相关性。历史数据显示宜宾市多次发生的滑坡往往伴随有二次复发现象。这些滑坡的主要诱发因素包括自然因素和人为因素。自然因素主要是降雨和地震；人为因素则包括施工活动加加载和坡脚开挖，以及其他地理环境因素，如坡脚冲刷、土壤饱和、坡体切割、岩石风化、地质卸载、水动力压力和爆破活动[11]。这些因素共同作用，加剧了滑坡的风险和复发性。这些综合因素共同影响了滑坡的形成和分布特征。通过对这些诱发因素的详细分析，可以更加全面地了解滑坡的分布特征及其成因，为防灾减灾提供科学依据。

（2）崩塌发育及其空间分布特征

通过对宜宾市崩塌地质灾害的分析，发现这些灾害主要集中在东南部，其中筠连县的崩塌数量最多，翠屏区、高县、屏山县数量相对较少。研究表明，较大的崩塌多发生在道路和路网密集区域，特别是在道路边坡上，受到显著的人类工程活动影响。从位置上来看，大型崩塌主要出现在翠屏区和南溪区，这些区域人口密度较低，因此总体威胁程度较小。这些崩塌通常发生在年平均降雨量超过 1000mm 且靠近道路和河流（距离通常在 1km 以内）的地方。

在崩塌灾害的危险程度方面，中大型崩塌主要集中在南部城市中心地带，由于人口密集且经济活动发达，尽管这些崩塌的规模较小，但可能造成严重的人员伤亡和经济损失。在研究区域中，崩塌地质灾害的频发与人为工程活动紧密相连，特别是那些规模中等的崩塌。这些崩塌事件与道路网络的布局之间存在明显的关联性。进一步观察发现，规模较大的崩塌往往发生在河流与道路网络交织的密集地带。目前，虽然这些崩塌点分布广泛，但多数处于相对稳定的状况。然而，规模较小但危险性较高的崩塌，现状和未来的稳定性均较差。

（3）不稳定斜坡发育及其空间分布特征

通过对这些不稳定斜坡的空间分析，可以看出它们主要分布在筠连县、珙县、高县、长宁县、江安县及兴文县。通过将不稳定斜坡的位置与地形特征叠加分析，发现这些地质灾害与坡度密切相关。宜宾市的不稳定斜坡主要分布在坡度较大的区域。尽管宜宾市西北部整体坡度较大，但在此区域内，不稳定斜坡的分布却相对较少。进一步深入分析发现，不稳定斜坡并非简单地与坡度大小直接相关，而是更多地出现在坡度变化显著的区域，即那些相邻区域坡度差异较大的地带。西北区域虽然整体坡度较大，但相邻区域坡度变化较小，因此地形较为稳定。相比之下，南部区域的坡度变化更大，因此不稳定斜坡更容易发生。总体而言，宜宾市的不稳定斜坡主要集中在陡坡地区，坡度越大，不稳定斜坡的发生概率越高。

（4）泥石流发育及其空间分布特征

泥石流是一种突发性极强的地质灾害，通常在短时间内的集中降雨后迅速暴发，并会在极短时间内造成严重破坏。泥石流地质灾害能严重破坏各类区域，造成重大人员伤亡和财产损失，并损毁基础设施。在宜宾市，这类灾害主要集中在屏山县、珙县和高县。从危险程度来看，多数泥石流为小型，只有两处大型泥石流位于珙县人口密集区域。通过深入分析，宜宾市的泥石流灾害主要集中发生在屏山县。这一地区的地貌特征显著，其地形主要由山地构成，山地占比高达 95%，加之山体坡度陡峭，为泥石流等地质灾害的频发提供了条件。这种特殊的地形条件使得屏山县相较于其他区域更易受到泥石流等地质灾害的威胁。

2. 影响宜宾地区乡村聚落选址的主要地质灾害因素分析

（1）滑坡因素分析

首先，滑坡多发于坡度较大的区域，宜宾地区的山地和丘陵地形为滑坡的发生提供了条件。其次，软弱的岩层如泥岩、页岩、泥质粉砂岩等，容易在外力作用下滑动，从而引发滑坡，这些软弱岩层在宜宾地区的广泛分布增加了滑坡的风险。此外，滑坡与降雨量密切相关，特别是集中降雨和暴雨。宜宾地区年降雨量较大，尤其在雨季时，降雨集中且强度大，容易诱发滑坡灾害。最后，人为活动如道路建设、坡地开垦等，可能破坏地质结构，增加滑坡风险。尤其在山区和丘陵地区，工程活动应特别注意对地质结构的影响。

（2）崩塌因素分析

崩塌灾害多发于陡峭的岩石斜坡上，影响崩塌的主要因素包括岩石类型、降雨和地震等。首先，硬度较低、风化严重的岩石如灰岩、砂岩等，更容易发生崩塌。岩石的物理和化学风化使得岩体失去稳定性，从而导致崩塌。其次，降雨和地震是诱发崩塌的重要因素。暴雨和持续强降雨造成岩土体饱水，物质容重增大、抗剪强度降低，在重力作用下发生地质蠕变而导致崩塌；最后，地震则通过震动作用导致岩土体变得破碎，斜坡稳定性降低，从而诱发崩塌[12]。

（3）不稳定斜坡因素分析

首先，不稳定斜坡通常发生在地形陡峭、起伏较大的区域。通过对宜宾市不稳定斜坡的空间分析，可以看出这些斜坡区域的地形特征为不稳定斜坡的形成提供了条件。地质条件如土质松散、岩石破碎等也增加了不稳定斜坡的风险。总体来看，随着坡度的增加，不稳定斜坡的发生概率也随之增加。因此，在进行乡村聚落选址时，应综合考虑这些因素，以避免潜在的地质灾害风险。

（4）泥石流因素分析

泥石流常与滑坡、崩塌等灾害相伴出现，这些灾害所产生的堆积物在暴雨的冲刷作用下，很容易转化为泥石流的物质来源区域。同时，集中降雨和暴雨也是泥石流发生的诱因因素之一，特别是在宜宾地区的暴雨季节，这种天气条件极易诱发泥石流。此外，松散的土质和岩石碎屑为泥石流提供了必要的物质基础，这些物质在暴雨的冲刷作用下，容易形成泥石流，从而对聚落构成严重威胁。简而言之，宜宾地区的高降雨量、滑坡和崩塌的堆积物以及松散的物质共同构成了泥石流发生的条件，对当地聚落构成潜在威胁。

（5）其他因素

人类活动对地质灾害的影响不容忽视。因修路、建房等工程活动引发的地质灾害时有发生。例如，道路建设过程中开挖坡脚、边坡防护不到位等都可能诱发滑坡和崩塌。因此，聚落选址需考虑土地利用状况和人类活动的影响，选择远离大型工程活动区域的地点。同时，合理规划土地利用，避免过度开发和不合理利用，也能有效减少地质灾害的发生。

3. 地质灾害防治对策与乡村聚落选址策略

在宜宾地区的乡村聚落选址过程中，地质灾害防治对策与选址策略密切相关。为确保乡村聚落的安全和可持续发展，应针对不同类型的地质灾害制定相应的防治对策，并结合这些对策优化聚落选址策略。

在进行聚落选址时，首先要进行全面的地质调查和评估，避免在滑坡、崩塌和泥石流高风险区域建设聚落。尤其是山区的陡峭地形和沟谷地带，由于这些区域易发泥石流，应特别注意避开。对于存在滑坡和崩塌风险的区域，应该采取工程防护措施，例如修建挡土墙、护坡及网格加固等，以增强斜坡和岩石的稳定性。同时，通过植被恢复和保护来增强土壤稳固性，进一步降低滑坡和崩塌的风险。在泥石流易发区，应修建相应的防护工程，以减轻泥石流对聚落的影响。此外，制定泥石流应急预案，设置应急疏散通道，确保居民在灾害发生时能够迅速安全撤离。对于不稳定斜坡区域，应进行地形分析，选择坡度较小、地质稳定的区域进行建设。合理布局建筑，避开斜坡变化明显的区域，减少斜坡灾害的影响。同时，采取如修建挡土墙等工程措施，增强斜坡的稳定性。综上所述，通过地质调查与评估、工程防护措施、植被恢复与保护、地形分析和合理选址等，可以有效防治滑坡、崩塌、泥石流和不稳定斜坡等地质灾害，确保聚落的安全和稳定。

三、结论

本研究发现并总结了宜宾地区地质灾害对乡村聚落选址的显著影响，强调了综合考虑多种因素的选址策略的重要性。滑坡、崩塌、泥石流和不稳定斜坡是主要的地质灾害，分析其分布特征可为科学选址提供依据。滑坡集中在高坡度区域，受降雨、地震和人类活动影响；崩塌发生在陡峭岩石斜坡，与地质构造相关；不稳定斜坡分布在坡度和地形变化较大的区域；泥石流多见于山区沟谷地带，受地形和降雨量影响。为应对这些灾害，提出了综合防治策略，包括地质调查与评估、工程防护措施、植被恢复与保护及合理建筑布局。这些策略提升了乡村聚落的安全性和韧性，并为区域可持续发展提供了科学依据。系统的防灾减灾措施可有效降低地质灾害风险，保障乡村居民安全，促进城乡协调发展。

参考文献：

[1] 刘玲梅，王培茗，张泽宁．村庄空间形态结构与地震及次生地质灾害影响因子的关联性研究——以鲁甸县龙头山镇为例[J]．灾害学，2024，39（3）：178-186．

[2] 付朝华，曾亮，严钦强，等．全域土地综合整治视角下的地质灾害易发区村庄规划策略研究——以河池市坪上村为例[J]．规划师，2022，38（S1）：88-93．

[3] 戴军，陈文君，申淑娟．基于综合灾害风险评估的高原山区乡村聚落空间优化——以青海省海东市乐都区为例[J]．灾害学，2021，36（4）：119-125，132．

[4] 熊峰，吴潇，柳金峰，等．西南民族村寨防灾综合技术研究构想与成果展望[J]．工程科学与技术，2021，53（4）：13-22．

[5] 张英杰，雷国平．地质灾害易发区农村居民点布局优化研究：以浙江洞头为例[J]．生态与农村环境学报，2019，35（11）：1387-1395．

[6] 毛刚，胡月萍，陈媛．地质灾害频发山区聚落安全性探索——以横断山系的集镇和村庄为例[J]．西安建筑科技大学学报（自然科学版），2014，46（1）：101-108．

[7] 刘春艳，张继飞，赵宇鸾，等．地质灾害易发山区聚落用地适宜性评价[J]．贵州师范大学学报（自然科学版），2018，36（1）：101-110．

[8] RASHID M U．Factors affecting location and siting of settlements[J]．Southeast University Journal of Science and Engineering, Southeast University，2020，14（1）：44-52．

[9] ALAM N, SAHA S, GUPTA S, et al．Settlement suitability analysis of a riverine floodplain in the perspective of GIS-based multicriteria decision analysis[J]．Environmental Science and Pollution Research，2023，30（24）：66002-66020．

[10] KILIC D, YAGCI C, ISCAN F．A GIS-based multi-criteria decision analysis approach using AHP for rural settlement site selection and eco-village design in Erzincan, Turkey[J]．Socio-Economic Planning Sciences，2023，86：101478．

[11] 王琛．基于地质灾害的宜宾市乡镇聚落选址适宜性研究[D]．成都：西华大学，2022．

[12] 胡承林．宜宾市地质灾害成因及特征浅析[J]．资源与人居环境，2013，(9)：30-31．

基于数字化方法的太行八陉地区传统村落形态特征及分类研究

丁佳语[1]　肖奕均[2]　苑思楠[3]

摘　要：近年来，受到经济发展和政策调整的双重影响，传统乡村聚落的空间形态发生了显著变化，从相对稳定的状态逐渐转向不同程度的空间重塑。与此同时，随着高精度卫星技术、无人机测绘和人工智能等技术的发展，聚落空间形态的量化分析开始向多学科融合转变。然而，相较于城市环境的大规模形态量化研究，传统乡村聚落的形态研究应用新方法的进展尚属初步阶段。太行八陉地区拥有众多展现典型北方特色的历史文化名村和传统村落，本研究对太行八陉地区国家公布的六批 778 个传统村落的形态特征进行了测度，结合深度学习、计算机图形分析和地理空间分析技术，研究对其宏观、中观、微观多层次形态特征进行了测量并进行了聚类分析，结果显示，太行八陉地区的传统村落形态可以大致分为 8 类，分别为中缓坡延展型聚落、陡坡放射型聚落、多坡度团带型聚落、窄谷线型聚落、宽谷团带型聚落、平地广域型聚落、平地紧凑型聚落、城乡融合型聚落，其中放射型大类聚落呈现绝对优势，展现出自然村落在发展过程中强大的地形适应特征。

关键词：传统乡村聚落　平面形态量化　深度学习　太行八陉

一、研究背景

传统乡村聚落自下而上的自组织方式赋予了其平面形态柔韧有机、复杂有序的特质。但随着我国改革开放后的高速发展，我国传统乡村聚落的空间形态也产生了相应的变化，在经济发展和政策的双重影响下，从相对稳定状态走向不同程度的空间重构。在此过程中，传统乡村聚落面临空间结构被破坏、聚落边界破碎化、聚落衰败与消亡的问题，描述和量化聚落形态肌理对于深化传统乡村聚落的认知研究、延续保护到改造更新都具有较高的应用价值和紧迫性。

过往对于传统聚落的考察主要依靠实地调查，这种方法工作量大且效率低，难以实现一个地区的大规模测度。近年来，随着高精度卫星、无人机测绘和人工智能等技术的发展，数据收集和研究方法的更新，聚落空间形态的量化分析开始向多学科融合转变，通过引入新的数字化方法来分析复杂的空间现象，聚落形态研究的效率和深度都有了显著提升。随着人工智能技术的发展，尤其是深度学习算法的进步，在城市环境下的大规模形态量化研究已经屡见不鲜，但在传统聚落方面的形态研究方面，这些新方法的应用还处于起步阶段，面对我国数量众多且分布广泛的传统聚落，探索一种能够高效、自动化的形态研究方法显得尤为迫切。

地域性是传统聚落的基本属性之一，映射于聚落的空间与社会形态。区域环境是聚落空间形成的要因，聚落的发展与更新是聚落本体与环境要素相互作用的过程。太行八陉地区拥有众多展现典型北方特色的历史文化名村和传统村落，是太行八陉地域人文历史的重要空间承载和展示窗口。由于太行八陉地区地域范围广阔，对该地区聚落的系统性全面研究较为薄弱，鲜见大规模测度。深入解析太行八陉地区传统聚落的空间形态特征并进行类型划分，有助于更加深入地理解该区域聚落类型的独特性。

二、研究对象与基于深度学习的村落形态数据库构建

1. 研究对象

陉是山地环境中山脉产生中断形成凹地、谷地的位置，它由陉关、陉道组成。陉关由关墙、关门、关城三部分组成，其中关城即由于陉关的存在，而逐步发展形成的现在的村、镇。太行山区地势险峻，通行困难。为了能够穿越太行山脉，陉道成为十分重要的交通要道。

根据《述征记》的记载，太行八陉是太行山由南向北的八条通道，它们既是横贯太行山脉来往互通的 8 条咽喉要道，也是晋、冀、豫三省交界的军事关隘。本文选取河北、山西、河南、北京四省市境内第一批至第六批"中国传统村落名录"，共计 778 个太行八陉传统乡村聚落。诚然，传统村落名录划定的聚落并不能覆盖太行八陉历史文化聚落，但其基本代表了最为典型、最具特点的传统聚落，因此研究以其为范围具有较好的代表性。

2. 太行八陉传统乡村聚落基础形态数据库构建

利用深度学习、计算机图形分析和地理空间分析技术构建太行八陉 778 个传统乡村聚落的基础形态数据库（表1），具体过程为：首先采用自动化的图像抓取和预处理技术，通过对遥感影像进行手动标注，并结合聚类分析及随机抽样技术，形成一个具有代表性的乡村聚落建筑数据集；然后进行深度学习模型的构建与训练，使用 Mask R-CNN 对乡村聚落卫星数据集进行分割并得到 778 张建筑物识别结果；随后基于轮廓定位和迭代最短路径的方法，结合传统的 Douglas-Peucker 算法对传统乡村聚落中建筑物轮廓进行规则化处理，实现对建筑物轮廓的精简和精确定位；最后利用 Delaunay 三角网原理，利用自动化程序将识别的建筑物轮廓点转换为点集，构建了反映建筑物间空间关系的唯一 Delaunay 三角网，通过分析点集之间的最小距离，确定了建筑物间的相互作用距离，并据此识别了乡村聚落边界。

---

[1] 丁佳语，天津大学建筑学院，天津大学建筑学院建筑文化遗产传承信息技术文化和旅游部重点实验室。
[2] 肖奕均，天津大学建筑学院，天津大学建筑学院建筑文化遗产传承信息技术文化和旅游部重点实验室。
[3] 苑思楠，天津大学建筑学院，天津大学建筑学院建筑文化遗产传承信息技术文化和旅游部重点实验室，副教授。

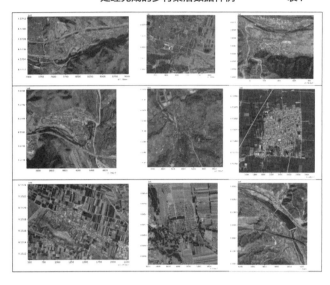

处理完成的乡村聚落数据样例　　表1

三、太行八陉传统聚落形态模式划分

1. 多层级形态指标体系

以往有研究综合各项指标提出了多种形态分类方法，从聚居的基本形状（如圆形、规则和不规则线形）到聚落的分布形态（如聚集型、松散团聚型），再到聚落中心的数量和强度（如弱中心聚落、单中心聚落、多中心聚落）；但较少有研究覆盖从规模大小到内部秩序的全面量化分类，同时传统聚落形态分异显著，不同地域传统聚落的分类标准不能一概而论。因此，本文综合各层次形态指标，利用数字化方法对太行八陉传统聚落形态模式进行划分，进一步完善传统聚落空间形态分类体系。选取的14个形态指标如表2所示。

2. 形态模式数字化划分

（1）数据分析方法

①数据整理与主成分分析

从宏观、中观和微观三个不同层面对太行八陉地区的传统聚落形态指标进行全面计算：在宏观层面上，计算传统聚落规模的大小，统计太行八陉地区传统聚落发展现状分异；在中观层面，聚焦于聚落形态组织方式，主要解决边界图形形状和边界形态的问题，对长宽比、形状指数、聚落边界的图形分维值进行计算；在微观层面，主要聚焦聚落内部公共空间和建筑，对公共空间的分维值、建筑方向的秩序、建筑距离秩序、建筑高差秩序、建筑覆盖率等指标进行了程序化的量化分析，测度聚落内部多样的空间分布特征。

在将聚落的14个指标纳入一个量表之后，其结果输出可视化为一个数据矩阵。矩阵每行表征的是每个传统聚落，而列则对应每个聚落的一系列形态指标计算结果。数据整理阶段主要有两个任务，第一个任务是对数据矩阵进行数据标准化处理，通过调整每个形态指标的平均值为0，标准差为1，来处理不同单位和数量级的形态指标，以便进行后续计算。除此之外，在构建指标体系过程中，不可避免地会遇到形态指标之间存在的相关性，如前文所述的公共空间分维指数和面积、个数和密度等，显然存在明显的多重相关性（图1），存在数据重叠。因此，数据整理的另一个重要目的是在聚类分析前剔除这些信息的冗余和重复。

为此，研究引入主成分分析（PCA），针对数据矩阵中由相关性引起的冗余信息进行剔除。PCA是一种在多种学习场景中使用的统计

研究形成的多层次形态量化指标体系　　表2

类别	指标名称	代码	解释
整体形态	聚落面积	MJ	衡量聚落占地面积的大小
	聚落周长	ZC	聚落30m边界的长度
边界形态	聚落边界长宽比	CKB	聚落边界的长宽比，反映带状倾向
	聚落边界形状指数	BJXZ	反映边界形状整体的规则与否
	聚落边界分维数	BJFW	聚落边界的分形特性，反映边界复杂度
内部形态	公共空间分维值	GGFW	衡量公共空间复杂度和多样性
	建筑覆盖率	JZFG	建筑占地面积占聚落总面积的比例
	建筑组数	JZGS	反映聚落内部建筑的组织数量
	建筑方向秩序	JDC	评估聚落内建筑方向的一致性和秩序
	建筑距离标准差	JLBZC	衡量聚落内部建筑之间距离的变异度
	建筑高差分异	PDBZC	描述聚落内建筑高差的差异度
	内部平均坡度	PDJZ	聚落建筑质心提取的平均坡度
	高程差	GCC	描述聚落内最高点与最低点的高差
	高程标准差	GCBZC	衡量聚落内部地形高差的分散程度

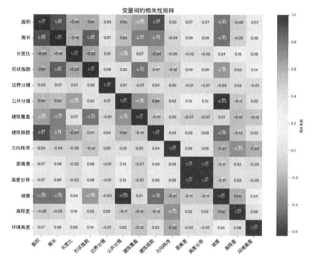

图1　各项形态指标的相关性矩阵

方法，其目标是将可能相关的变量转换为一组线性无关的变量，称为主成分，同时尽可能保留原始数据的变异性[1]。PCA通过识别数据中的主要变异方向，并将数据投影到这些方向上来减少数据的维度。这个过程有助于去除数据中的冗余信息，并减少数据集的复杂性。

②聚类算法分析与优化

过往的聚落形态分类研究主要采用了K-means聚类算法和层次聚类两种聚类方法。本文在科学地选择K-means算法的聚类数量的基础上，利用轮廓系数以及Davies-Bouldin指数科学地确定最佳聚类数量[2]。

轮廓系数是一种衡量聚类效果好坏的指标，用于评估样本点在聚类内的凝聚度与最近的聚类之间的分离度。轮廓系数的值范围从-1到1，值越高表示聚类效果越好。对于单个样本点，其轮廓系数通过下面的公式进行计算：

$$s(i) = \frac{b(i) - a(i)}{\max\{a(i), b(i)\}} \quad (1)$$

式中：$a(i)$是样本点i到其同一聚类内其他样本点的平均距离（即凝聚度），$b(i)$是样本点到最近聚类中所有样本点的平均距离（即分离度）。轮廓系数越接近1，表明样本点与其同类点更为紧密，与不同类点更为分离。

Davies-Bouldin指数是一种聚类内部评估方法，用于评价聚类的分离度和紧密度。该指数的定义基于聚类内样本的平均距离（紧密度）和不同聚类中心之间的距离（分离度）。DB指数越低表示聚类效果越好，计算公式如下：

$$DB = \frac{1}{K}\sum_{i=1}^{K}\max_{j \neq i}\left(\frac{\sigma_i + \sigma_j}{d(c_i, c_j)}\right) \quad (2)$$

式中：K 是聚类的数量，σ_i 是第 i 个聚类内所有点到聚类中心 c_i 的平均距离，$d(c_i, c_j)$ 是聚类中心 i 和 j 之间的距离。该指数评估了聚类内部的紧密度与聚类之间的分离度，理想情况下，聚类内部距离小而聚类之间距离大。

Calinski-Harabasz 指数，又称方差比率准则，是一种评估聚类效果的指标，它通过比较聚类内部的紧密度与聚类之间的分离度来评估聚类的有效性。该指数的计算公式如下：

$$CH = \frac{B(k)}{W(k)} \times \frac{n-k}{k-1} \quad (3)$$

式中：$B(k)$ 是聚类之间的总方差，$W(k)$ 是聚类内部的总方差，k 是聚类数量，n 是样本总数。$B(k)$ 反映了不同聚类中心间的分散程度，而 $W(k)$ 反映了同一聚类内样本点之间的凝聚程度。该指数越高，表示聚类效果越好，因为它说明聚类内部的样本点更紧密，而不同聚类的样本点更分散。

（2）形态模式数字化划分方法应用

①数据处理

首先对 778 个传统聚落和 14 个指标形成的 778×14 的数据矩阵进行标准化运算，确保 PCA 分析的效果不会因为原始数据中不同指标的量纲和分布差异而受到影响，为评估数据是否适合 PCA，研究进了 KMO 和巴特利特球形检验[3]。结果显示 KMO 值为 0.789，而巴特利特球形检验的 p 值为 0.000，表明相关系数矩阵与单位矩阵之间存在显著差异。随后研究运用 PCA 对数据矩阵进行降维运算，下表为主成分分析的特征根贡献率，其中前 5 个主成分特征根大于 1，方差累计贡献率为 73.43%，包含了所有原始变量约 75% 的信息量，可以较好地反映 14 个形态关联指标（表3、图2）。

②聚类划分

研究首先将经由 PCA 降维的新数据矩阵，即 778 的数据矩阵遍历了 1~10 个聚类数量，以评估不同聚类数量下的效果，并采用了轮廓系数、Davies Bouldin（DB）指数和 Calinski-Harabasz（CH）指数作为评估聚类效果的指标，结果如图 3 和图 4 所示。结果显示，轮廓系数在聚类数目增加的过程中呈现先下降后上升的趋势，并在将数据分为 8 个聚类时达到了相对较高的值，标志着 8 个聚类的内聚度与分离度平衡较为理想。此外，DB 指数在分为 8 个聚类时达到最低值，表明在这一聚类数量下，聚类的紧密度与分离度的比值最优，即聚类内部的点彼此较为接近，而不同聚类之间的点则相对分离。尽管 CH 指数在 8 类时并非达到最高值，但在此点处出现了斜率的转折，聚类间分散度与聚类内部紧密度比的变化趋势在此处发生显著变化，进一步支持了将数据分为 8 类可能是一个合适的聚类数量。综合以上分析，可以较为确信地判定，将数据集分为 8 个聚类是最为合理的选择。

③结果分析

研究对每个类别的聚落进行了形态指标的统计，主要计算了各个类别的传统聚落的各项形态平均值和标准差这两个指标，用来反映每个类别中各分项指标的总体水平以及数据的离散程度，可以看出各个聚落之间各形态指标存在显著差异（表4），如 2 类、4 类聚落的面积显著大于其他类型的聚类，3 类、5 类、7 类聚落的边界长宽比显著高于其他类型聚落，2 类聚落边界形状最高，0 类聚落边界形状指数也呈现出较高水平 0 类、7 类聚落的高差指标远高于其他聚类，1 类、2 类、4 类聚落平均坡度都小于 5，可以大致归为平地类村落，3 类、7 类、0 类聚落的内部平均坡度较高，可以归为坡地类村落，但对于其定义仍需要考察周边环境来进行。

主成分方差贡献率			表3
主成分	特征根	方差百分比	方差累计百分比
Dim.1	4.25	31.99	31.99
Dim.2	2.08	18.19	50.17
Dim.3	1.97	7.56	57.73
Dim.4	1.21	7.25	64.98
Dim.5	1.12	6.82	71.80
Dim.6	1.02	6.46	78.25
Dim.7	0.91	5.63	83.89
Dim.8	0.81	5.52	89.41
Dim.9	0.76	5.00	94.41
Dim.10	0.75	2.80	97.21
Dim.11	0.63	1.17	98.38
Dim.12	0.37	0.84	99.22
Dim.13	0.15	0.43	99.65
Dim.14	0.09	0.35	100

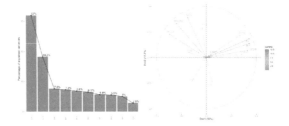

图 2　主成分特征根贡献率与 1、2 主要影响因素

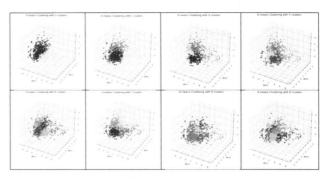

图 3　不同聚类数目下的数据分布特征

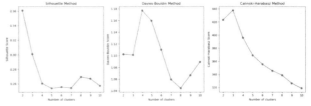

图 4　三个聚类评价指数的可视化结果

3. 太行八陉传统聚落形态模式总结

根据前文结果，将聚落分类连接到识别的聚落轮廓和建筑地图中，观察聚落周边地貌，综合形态统计和形态可视化，对聚落类型进行定义。将聚落总共定义为 3 大类、8 小类（图5），3 大类具体来说是坡地聚落、谷地聚落和平地聚落，坡地聚落和山谷聚落的区别主要在于，坡地聚落大部分的建筑实际位于坡地上，其聚落整体的高程差显著大于山谷聚落，而大部分山谷聚落实际上位于山间谷地的缓坡或平地之中，研究将 8 个聚落类型定义为中缓坡延展型聚落、陡坡放射型聚落、多坡度团带型聚落、窄谷线型聚落、宽谷团带型聚落、平地广域型聚落、平地紧凑型聚落、城乡融合型聚落。研究对典型的聚落形态进行了可视化呈现（图6），可以看出各类型聚落形态的明显差异，如坡地延展型聚落和陡坡放射型聚落都更呈现指状特征，陡谷线聚落长宽比远大于其他类型聚落，缓谷团带聚落整体呈现较为规制的形态，三类平地聚落的面积都显著更大。

8个类别下的各项系数统计值　　　表4

类别		0	1	2	3	4	5	6	7
聚落面积	mean	306048	423374	2536369	50295	1074320	212003	229184	72049
	std	266683	246820	933397	60936	418578	214941	179396	56657
聚落周长	mean	5119	4657	23135	1339	10857	3562	3534	1871
	std	3141	1943	6533	1093	2810	2180	1931	1081
聚落边界长宽比	mean	1.922	1.543	1.462	2.129	1.632	2.141	1.806	2.182
	std	0.670	0.483	0.516	0.731	0.511	0.805	0.615	0.865
聚落边界形状指数	mean	2.466	1.991	4.085	1.673	2.873	2.091	2.062	1.827
	std	0.655	0.395	1.116	0.437	0.544	0.472	0.476	0.441
聚落边界分维数	mean	1.148	1.129	1.142	1.178	1.190	1.124	1.142	1.149
	std	0.066	0.050	0.065	0.084	0.087	0.039	0.055	0.060
公共空间分维值	mean	1.704	1.771	1.822	1.543	1.795	1.675	1.696	1.595
	std	0.059	0.056	0.048	0.148	0.041	0.080	0.093	0.108
建筑覆盖率	mean	0.357	0.430	0.306	0.488	0.418	0.422	0.434	0.436
	std	0.075	0.079	0.117	0.162	0.060	0.074	0.076	0.101
建筑组数	mean	246	385	1415	116	851	190	219	71
	std	173	227	761	120	323	163	156	51
建筑方向秩序	mean	38	41	39	39	40	38	39	39
	std	2.243	1.368	2.184	2.317	1.403	2.270	1.995	3.789
建筑距离标准差	mean	10.242	10.213	10.418	10.040	10.241	10.195	10.066	10.097
	std	1.146	0.813	0.715	1.214	0.832	1.442	1.189	1.538
建筑高差分异	mean	3.597	1.295	1.694	2.606	1.449	2.613	2.314	3.577
	std	0.992	0.328	0.588	1.451	0.420	0.885	0.743	1.322
内部平均坡度	mean	10.986	3.468	4.211	12.053	3.690	8.545	7.287	12.480
	std	3.009	1.031	1.701	5.572	1.182	3.287	2.430	5.149
高程差	mean	36.144	13.193	24.051	23.935	17.561	24.404	23.780	28.924
	std	9.236	4.069	7.549	8.290	7.102	7.819	7.036	10.909
高程标准差	mean	11.894	3.024	7.105	5.067	4.929	6.463	5.609	4.825
	std	6.589	2.090	4.634	3.117	3.196	3.844	3.134	2.800
河流距离	mean	3394	3455	4160	3475	3584	9017	2654	3151
	std	3614	3646	4305	3233	3310	4151	2863	2802
公路距离	mean	2618	2935	3478	3979	4458	9601	2461	3307
	std	2274	2821	4084	3618	4184	5178	2402	3235
聚落海拔	mean	706	602	681	691	689	702	676	709
	std	312	307	258	302	310	306	299	299

四、结语

本文采用了 U-Net 和 Mask R-CNN 等模型进行图像处理和聚落特征提取，建立了覆盖宏观、中观、微观测度的详细的太行山区第一批至第六批传统村落聚落形态数据库，并形成了传统村落图像识别数据集。基于本文的多层级形态测度结果，研究对太行八陉地区的传统聚落进行了形态分类，最终将其划分为 8 个形态类型。这一分类结合了地形和多重形态特征，不仅体现了太行八陉地区传统聚落形态的丰富多样性，也为理解其文化和历史背景、指导聚落保护和可持续发展提供了科学依据。

尽管本研究在太行八陉地区传统聚落的形态分析和内部空间秩序研究中取得了一定的成果，但仍存在一些不足之处。研究虽然建立了 778 个传统聚落的基础形态数据库，但这一数据集可能仍未能完全覆盖太行八陉地区所有聚落的多样性，部分边缘或小规模聚落可能未被充分记录和分析。本研究采用了 U-Net 和 Mask R-CNN 等模型进行图像处理和聚落特征提取，虽然取得了良好效果，但仅用来进行建筑提取和识别，在未来的研究中，可以结合详细数据进行更详细的建筑信息预测工作，也应该将深度学习模型和无人机摄影以及点云相结合，实现更细精度的大规模测度。

参考文献：

[1] ABDI H, WILLIAMS LJ. Principal Component Analysis[J]. Wiley Interdisciplinary Reviews: Computational Statistics, 2010, 2 (4): 433–459.

[2] SHI C, WEI B, WEI S, et al. A Quantitative Discriminant Method of Elbow Point for the Optimal Number of Clusters in Clustering Algorithm[J]. J Wireless Com Network, 2021, 31.

[3] WILLIAMS B, ONSMAN A, BROWN T. Exploratory Factor Analysis: A Fivestep Guide for Novices[J]. Australasian Journal of Paramedicine, 2010 (8): 1–13.

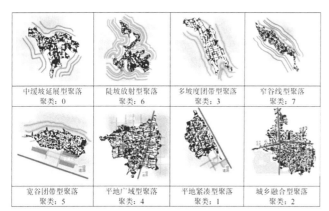

图5　各类别聚落类型实例

图6　典型的聚落形态可视化

"三生空间"视角下豫南传统村落评价及其耦合特征分析

——以信阳光山县为例

王一丁[1] 郑东军[2]

摘 要： 我国传统村落地域空间系统发展不均衡，而"三生融合"是优化该系统的重要路径。研究光山县传统村落推动"三生融合"的方式及其驱动因素和过程，对解决村落不平衡发展问题至关重要。本研究基于光山县传统村落的特色，深入剖析影响村落"三生融合"的相关变量。在此基础上，采用层次分析法构建评价体系，并通过耦合协调度方法探讨"三生"要素之间的协同发展关系。经过分析得出以下结论：①传统村落耦合度可分为低耦合、拮抗、磨合、协调耦合等类型。②耦合协调度则表现为濒临失调、初级协调、勉强协调、轻度失调和中度协调五个程度。③乡村三生空间功能间的耦合协调程度存在明显差异，豫南民居"生产—生态"功能的耦合协调等级较低。因此，这应成为未来乡村空间优化的核心关注点。

关键词： 三生空间 协同发展 耦合协调度 豫南传统村落

截至2023年，财政部与住房和城乡建设部已联合公布两批共75个传统村落集中连片保护利用示范县名单，此举旨在深度挖掘和系统梳理村落遗产的区域性整体保护利用机制。传统村落不仅是人们生产生活的聚集地，更是历史文化的传承载体[1]。未来五年是我国全面建设社会主义现代化国家开局起步的关键期。在这一时期，我们必须坚定不移地将高质量发展作为首要任务加以推进，它不仅是推动国家发展全局的核心驱动力，更是治国理政的核心理念之一[2]。在此进程中，生态文明建设作为高质量发展的核心组成部分，具有举足轻重的地位。因此，我们必须坚持推动生产空间、生活空间、生态空间（以下简称"三生"）的协调优化，以期实现全面高质量发展。

"三生功能"的提出，是基于可持续发展理论对国土空间功能进行科学分类的创新实践。《全国国土规划纲要（2016-2030年）》明确指出，提升与优化"三生功能"是全面推进国土综合整治的重要目标和指导方向[3]。传统村落，作为由众多要素构成的复杂空间体系[4-6]，其在地理环境和文化基因方面展现出丰富的个性特征及共性规律[7-9]。已有部分研究表明"三生空间"各要素之间的影响关系受上述规律的影响，并相互胁迫互利互惠[10-12]，一个要素的变动会影响整体协调态势，且在同一地域内，受不同历史阶段的政策导向与经济发展水平的共同影响，各类生产、生活、生态要素之间的协同效应亦随之发生着动态变化，此外各区域间的"三生"要素发展程度也不尽相同，这虽然反映了部分传统村落间存在均衡性与协同性的不足，但也为各村落之间实现优势互补、一体化协调发展及集中连片的保护工作提供了针对性的策略与思考。所谓"三生空间"，是一个集多种功能于一体、各功能之间相互交织与作用且不绝对平衡的复杂系统。目前，国内已有大量研究基于"三生"功能视角，构建评价体系，并取得了显著成果。

研究内容涵盖了发展评价、空间重构、协同保护、分级分区等方面；其中多使用层次分析法、熵值法等确定权重；使用核密度分析、地理探测器与最邻近点指数法等通过ArcGis进行可视化展示并分析成因。然而，关于"三生要素"之间互动耦合关系的定量分析研究尚显不足，目前学界对其探讨多以定性分析为主。而国外学者尚未明确提出"三生空间"的概念，但在对村落生产经营活动、村民生活质量以及生态可持续发展的保护等方面进行了较为深入的研究。这些研究主要聚焦于单一方面的探讨，而鲜少有对各要素间进行统一且辩证的分析。

光山县作为国家乡村振兴的示范县及第四批全省旅游标准化示范县，目前正处于传统村落特色产业结构转型升级的关键时期，面临着人居环境承载力提升的迫切需求，以及村落生态景观开发利用的挑战，在此背景下，加速推进传统村落在生产、生活和生态功能上的协同一体化发展成为当务之急。基于上述现状本研究以光山县75个国家级、省级、市级传统村落为研究对象，参照《光山县传统村落集中连片保护利用规划（2023-2035）》及光山县第三次全国国土调查（三调）数据，通过建立发展度评价体系并结合耦合协调度模型进行分析，旨在实现村域间三生空间的优势互补，从而为明确区域发展的核心目标与优先解决的问题提供科学依据。

一、研究区域与研究方法

1. 研究区域

光山县位于河南省东南部，信阳市中部，南靠大别山，北接淮河，地处三省交界。本研究聚焦于县域范围内现有的38个各级传统村落，以"三生空间"的研究视角进行分析，发现该区域有以下特点：①具有经济发展潜力。光山县地处大别山区，拥有众多革命旧址，红色旅游资源丰富。同时，光山花鼓戏等非物质文化遗产资源丰富，为文化产业提供了发展基础。特色产业方面，

---

[1] 王一丁，郑州大学建筑学院。
[2] 郑东军，郑州大学建筑学院，教授。

光山县拥有司马光油茶园等特色农产品生产园区与各类产品加工体验工坊等。②典型的潜山丘陵村落布置格局，并形成了"三山一水五分田，一分道路和庄园"的特色生态景观与大山水，小聚居，因山就势，自由灵活，山—水—林—田—村交融的独特村落格局。③人居环境保护良好，由于各传统村落规模不大且污染型产业较少，因此村落周边环境保护较好，但是大部分村落人口空心化现象严重，且部分民居建筑结构受损，进而影响居民的日常生活。因此，面对上述发展机遇与不足，深入剖析生产、生活、生态要素之间的耦合协调关系，是县域内传统村落可持续发展的重要策略。

2. 研究方法

各项指标体系的权重主要采用层次分析法（AHP）进行确定，并通过对比分析各项要素之间的相对重要性，科学合理地赋予相应权重。鉴于存在各项指标的量纲差异，为了准确计算耦合协调度，需运用极差标准化法对原始数据进行规范化处理。

（1）指标数据标准化。采用离差标准化方法，其公式为：

$$U_i = \frac{X_i - \min X_i}{\max X_i - \min X_i} \quad (1)$$

式中：经过标准化处理后的指标变量值表示为 U_i，X_i 为第 i 项指标的原始数值（$i=1, 2, \cdots, m$）；$\max X_i$ 和 $\min X_i$ 分别表示第 i 项指标的最大值和最小值。为避免标准化后出现"0"值的可能，需要将标准化后的全部数据向右平移0.01个单位。

$$U_i = \frac{X_i - \min X_i}{\max X_i - \min X_i} + 0.01 \quad (2)$$

（2）传统村落"生产—生活—生态"之间的相互作用强度，可通过耦合度 C 进行量化分析。本文借鉴物理学中的耦合度模型，旨在剖析三要素之间的关联程度，具体公式如下：

$$C = 3 \times \left[\frac{P(x) + L(y) + E(z)}{(P(x) + L(y) + E(z))^3}\right]^{\frac{1}{3}} \quad (3)$$

$$P(x) = \sum_{i=1}^{m} a_i X_i' \quad (4)$$

$$L(y) = \sum_{i=1}^{m} b_i Y_i' \quad (5)$$

$$E(z) = \sum_{i=1}^{m} c_i Z_i' \quad (6)$$

式中：$P(x)$、$L(y)$、$E(z)$ 分别表示生产、生活、生态的综合发展水平；a、b、c 表示各个指标的权重，各项指标权重通过层次分析法（AHP）计算得出。X_i'、Y_i'、Z_i' 分别表示各个指标经过极差标准化后的无量纲值。一般情况下，当 $C=0$ 时，村落"生产—生活—生态"三者处于无关状态；$C \in (0, 0.3]$ 时，村落"生产—生活—生态"三系统处于较低水平耦合阶段；$C \in (0.3, 0.5]$ 时，村落"生产—生活—生态"处于拮抗阶段；$C \in (0.5, 0.8]$ 时，村落"生产—生活—生态"处于磨合阶段；$C \in (0.8, 1)$ 时，村落"生产—生活—生态"处于高水平耦合阶段；当 $C=1$ 时，村落"生产—生活—生态"处于良性共振耦合阶段。

为深入探究传统村落"生产—生活—生态"之间的协同发展水平，引入了耦合协调度 D 作为衡量指标。在已计算的耦合度基础上，进一步对协调度进行了综合评估。具体计算公式如下：

耦合协调度等级划分标准 表1

耦合协调度	协调等级	耦合协调度	协调等级
(0.90, 1.00]	优质协调	(0.40, 0.50]	濒临失调
(0.80, 0.90]	良好协调	(0.30, 0.40]	轻度失调
(0.70, 0.80]	中级协调	(0.20, 0.30]	中度失调
(0.60, 0.70]	初级协调	(0.10, 0.20]	严重失调
(0.50, 0.60]	勉强协调	[0, 0.10]	极度失调

$$D = (C \times T)^{\frac{1}{2}} \quad (7)$$

$$T = \alpha P(x) + \beta L(y) + \gamma E(z) \quad (8)$$

式中：T 为传统村落"生产—生活—生态"综合评价指数；α、β、γ 为待定系数，由于生产、生活、生态的重要性一样，因此 $\alpha = \beta = \gamma = 1/3$。通常，协调度可分为10种类型（表1）。

3. 指标选取

本文旨在探究光山县域行政单元内部传统村落生产、生活、生态之间的耦合协调关系。根据指标的代表性与可获取性，共选取25个指标来反映传统村落生产、生活、生态的发展情况（表2）。

（1）生产功能

生产功能主要以农产品、非农业产品及部分服务产品的供给为核心，确保人类社会的持续发展与生存所需。而生活功能则负责提供人类居住、消费、出行及娱乐等多方面的空间设施，以满足人们的基本生活需求。

（2）生活功能

生活功能特指为乡村居民营造宜居环境的能力，这一功能直接映射出居民的经济收入状况、消费结构的合理性以及整体福利水平的高低。

（3）生态功能

生态功能指生态要素在村落空间中承载的重要职责，它们不仅能够为居民提供多样化的生态产品与服务，还具备应对外界干扰、实现自我修复以及维持生态系统稳定的能力。鉴于此，本文从资源保护、环卫质量和生态供给三个方面拟定评价指标。这三个方面不仅涵盖了传统村落自然环境的保护，也涉及了人为因素对生态环境的保护，以确保乡村生态系统的健康、稳定和可持续发展。

4. 数据来源

传统建筑的稀缺度、规模和红色文化相关数据来源于《河南省不可移动革命文物名录》《光山县传统村落调查表》《光山县第三次全国文物普查不可移动文物名录》及《光山革命历史类纪念设施、遗址、爱国主义教育示范基地普查汇总表》。传统建筑完整性、美学价值与选址格局各项指标与赋分原则，主要依据《光山县传统村落调查表》和《传统村落评价认定指标体系（试行）》进行评估。此外，为确保评估的准确性和客观性，还结合了笔者实地调研所得的数据，进行了综合分析和评定。经济与人居环境相关数据来源于光山县住房和城乡建设局提供的《光山县村庄建设调查基层表》与光山县三调数据进行面积统计，通过ArcGIS10.2提取属性列表获得各村相关耕地性质数据。

传统村落生产、生活、生态发展度综合评价表 表2

目标层	一级指标	权重	二级指标	权重	方向	指标解释
生产系统	农业生产	0.500	耕地垦殖率	0.460	正	耕地用地面积/户籍户数（%）
			茶叶种植率	0.319	正	茶园用地面积/户籍户数（%）
			园地种植率	0.221	正	园地用地面积/户籍户数（%）
	非农生产	0.500	乡村旅游产业	0.460	正	经营农家乐户数/户籍户数（个/户）
			商业与服务产业	0.319	正	（新闻出版用地+商业用地）/户籍户数（%）
			传统技艺传承人口	0.221	正	受培训工匠数量/户籍人口数（%）
生活系统	社会保障	0.340	村集体收入	0.311	正	村集体收入（万元）
			人均年收入	0.285	正	人均年收入（元/人）
			住房保障	0.248	正	农村总住房面积/户籍户数（m^2/户）
			交通出行保障	0.156	正	交通运输用地面积/户籍户数
	公共服务	0.332	休闲娱乐	0.500	正	休闲活动+公共活动场地面积/户籍户数（m^2/人）
			公共管理	0.500	正	村民自治组织数量
	文化服务	0.150	红色文化	0.500	正	红色文化遗产数量
			科学教育	0.500	正	教育用地面积/户籍户数（m^2/户）
	基础设施	0.177	集中供水率	0.450	正	集中供水入室住宅数/住宅总数（%）
			道路硬化率	0.359	正	入户路硬质化的村民小组/总小组数量（%）
			传统民居完整性	0.192	正	较为完整[9,7]分，一般完整[7,5]分，不完整或破坏严重[5,0]
生态系统	资源保护	0.221	建设开发强度	0.375	负	建设用地+工业用地面积/户籍户数（%）
			污水处理率	0.375	正	生活污水处理住宅数/住宅总数（%）
			荒漠化土地占比	0.250	负	裸地+沙地总面积/户籍户数（%）
	环卫质量	0.319	垃圾收集	0.375	正	垃圾收集点数量/户籍户数（个/户）
			环境保洁	0.375	正	保洁员总数/户籍户数（个/户）
			公共厕所	0.250	正	公厕总数/户籍户数（个/户）
	生态共给	0.460	森林覆盖率	0.421	正	林地总面积/户籍户数（%）
			草地覆盖率	0.355	正	草地总面积/户籍户数（%）
			水域覆盖率	0.225	正	水域面积/户籍户数（%）

二、结果分析

1. "生产—生活—生态"综合发展度分析

经过对上述评价体系的深入评估，我们已获取了各传统村落生产、生活与生态的综合得分，并借助Arcgis10.8软件进行了系统的可视化分析。在此基础上，我们得出以下结论：①光山县传统村落生活功能整体发展度较高，其中综合评分大于平均值的主要以国家级传统村落为主，其次为市级传统村落，省级较少。②生产功能总体的得分情况仅次于生活功能，并且从空间分布特征上来看，整体与生活功能类似。③生态功能整体发展度一般，但数值较为均衡，各级传统村落在生态方面都有一定的发展，但具有较高发展的典型示范村落数量较少。

2. "生产—生活—生态"耦合协调度

关于耦合协调度的分析，结果显示大部分传统村落当前处于勉强协调至濒临失调的区间。进一步从空间分异特征来看，各传统村落的耦合协调度分布呈现出显著的"大分散，小集中"态势，体现了明显的"核心—边缘"结构特征。从传统村落等级方面看，达到勉强协调的村落国家级占比50%、省级占比18.8%、市级占比31.3%；从其主导的三生要素看，生产主导占比37.5%、生活主导43.8%、生态主导18.8%。

3. "三生要素"两两耦合协调关系

乡村"三生"要素的两两耦合协调特征，是揭示其各子系统间相互作用状态的重要指标，对于深入探究三生要素间耦合协调特性具有显著价值。经耦合协调度公式精确计算，传统村落中的"生产—生活"耦合协调度均值显示出较高的水平，相比之下，"生产—生态"与"生活—生态"的耦合协调度均值则稍逊一筹。

传统村落的"生产—生活"因素，作为支撑乡村居民基本生产、生活需求的核心要素，长期以来保持着相互促进、互为补充的紧密联系。乡村生产功能为乡村居民维持生计、提高生活水平奠定了物质和经济基础，而乡村生活功能的进一步提升为乡村生产功能的发挥提供了人力和技术保障，是乡村生产功能的重要补充。近年来，随着新型农业经营主体和服务主体的多元化，乡村第一、第二、第三产业的深度融合，乡村生产功能得到优化，并且近些年也开发出特色民宿、茶叶采摘体验等相关产业，农民的收入逐渐提高，进而追加住房投资，相关的教育、医疗、社会保障等农村公共服务覆盖率也有所提升，乡村生活功能逐步完善，两者通过长时期的拮抗、磨合，逐渐向"高发展—高协调"的方向迈进。

传统村落"生产—生态"之间的平均耦合协调度最低，生产与生态空间博弈的过程中，生产空间处于绝对优势地位。在此过程中，村落生产功能的过度扩张，往往导致对村落生态空间的占用，进而使得部分村落的生态功能发展受到制约。生产过程中的建设开发活动、污水处理不当及垃圾处理滞后等问题，均已对村落生态环境造成了不容忽视的负面影响。

"生活—生态"耦合度均值位于其他两者之间，可见村民日常生活影响与生态环境之间已经有了初步的协同。然而，部分传统村落因历史悠久及基础设施的欠缺，导致整体生活要素发展稍显不足。但是，这些村落得益于光山县得天独厚的自然条件，其自然风貌得以完整保存。同时，也有部分省市级传统村落，虽起步稍晚，但在生活方面已有显著改善，然而其生态资源的利用效率尚未达到较高水平。

三、结论与讨论

传统村落"三生空间"功能是国土空间规划"三生"空间理论的重要延伸，研究将村落"三生空间"功能整体的耦合协调及其两两功能之间的耦合协调结合起来进行对比分析，突破了单一测算村落"三生空间"功能或者以两两耦合协调关系的局限性，可为明确传统村落"三生空间"优化协调的方向，拓展"三生空间"优化配置的理论内涵提供有价值的参考。然而，村落空间是由自然资源、生态环境、经济和社会所构成的复杂巨系统，探测村落"三生空间"功能之间耦合协调关系的作用机制以及设计"三生空间"功能协调发展的优化路径，将是进一步深化研究的重点。

参考文献：

[1] 梁园芳，吴欢，马文琼．地域文化背景下的关中渭北台塬传统村落的空间特色及保护方法探析——以韩城清水村为例[J]．城市发展研究，2019，26（S1）：116-124．

[2] 王锋，王瑞琦．中国经济高质量发展研究进展[J]．当代经济管理，2021，43（2）：1-10．

[3] 周侗，王佳琳．中原城市群乡村"三生"功能分区识别及调控路径[J]．地理科学，2023，43（7）：1227-1238．

[4] 王建成，李同昇，朱炳臣．秦巴山区县域乡村发展水平的空间分异、影响因素与优化策略——以陕西山阳县为例[J]．地理研究，2023，42（6）：1506-1527．

[5] 胡斯威，王永生，曹智．乡村人地系统耦合研究进展与展望[J]．地理科学进展，2023，42（12）：2439-2452．

[6] 刘彦随，周扬，李玉恒．中国乡村地域系统与乡村振兴战略[J]．地理学报，2019，74（12）：2511-2528．

[7] 李兰冰，高雪莲，黄玖立．"十四五"时期中国新型城镇化发展重大问题展望[J]．管理世界，2020，36（11）：7-22．

[8] 孙婧雯，孙攀，戈大专，等．面向全面振兴的乡村国土空间用途管制作用与策略[J]．规划师，2023，39（5）：19-25．

[9] 戈大专．新时代中国乡村空间特征及其多尺度治理[J]．地理学报，2023，78（8）：1849-1868．

[10] 刘天昊，冀正欣，段亚明，等．"双碳"目标下张家口市"三生"空间格局演化及碳效应研究[J]．北京大学学报（自然科学版），2023，59（3）：513-522．

[11] 张惠婷，王宏卫，雷军，等．基于共生理论的兵团与地方城市"三生"功能跨界整合发展研究[J]．生态学报，2021，41（11）：4393-4405．

[12] 林刚，江东，付晶莹，等．"三生"空间格局演化"碳流"分析——以唐山市为例[J]．科技导报，2020，38（11）：107-114．

汉族屯堡传统村落公共空间网络及其居民行为耦合特征

吴笑含[1] 黄宗胜[2]

摘 要：汉族屯堡传统村落作为特殊乡村遗产，其公共空间被赋予了独特的军事防御功能，公共空间网络、居民行为及其耦合关系对于村落保护、管理与发展具有重要意义。本研究采用复杂网络分析、耦合协调模型等方法，对村落自然环境、历史文化背景等因素的考量，探究了公共空间网络结构特征、网络优势度与居民行为耦合特征，以及公共空间网络对军事制度等级、旅游开发等因素的响应，基于以上研究提出相应的保护规划与优化调控策略。通过对汉族屯堡传统村落的实地调查和数据分析，探讨其公共空间网络的形态与居民行为的关系，以期为传统村落的保护与管理提供新的思路和方法。

关键词：传统村落 公共空间 复杂网络分析 优势度耦合特征

汉族屯堡传统村落作为中国独特的乡村文化景观，承载着丰富的历史文化底蕴和民族特色，其公共空间营造对于传统文化的保护与传承至关重要。自2012年公布第一批中国传统村落名单以来，汉族屯堡传统村落以其独特的历史文化和屯堡景观吸引着众多学者的关注。尽管住房和城乡建设部、文化和旅游部等推行了一系列制度以保障传统村落的可持续发展，但随着现代化、城市化进程的加速，汉族屯堡传统村落公共空间仍面临规划建设的同质化、商业化对传统文化的侵蚀以及居民行为模式的转变等挑战。因此，了解和研究汉族屯堡传统村落的公共空间网络结构以及居民行为特征，对于科学保护和合理利用传统村落资源具有重要的现实意义。

目前，国内有关汉族屯堡传统村落的研究主要集中在"文化价值与保护利用"和"空间形态与建筑布局"两个方面。前者主要包括历史文化认知[1]、民族关系研究[2]、文旅融合[3]等研究内容；后者从聚落形态演变[4]、地域建筑类型研究[5]等开展广泛研究。国外关于汉族屯堡传统村落的研究主要集中在乡村遗产数字化记录[6]等。以上分析表明，目前研究多以定性分析，定量研究相对不足。同时，其相关研究多关注表征空间形态而忽略空间主体行为，对其公共空间网络的结构和居民行为的关系研究鲜有涉及。尤其是对于汉族屯堡传统村落的公共空间物质形态与居民行为的耦合研究更是未见报道。基于此，本文采用复杂网络分析、耦合协调模型等研究方法，对鲍家屯村、天龙屯村两个代表村落的公共空间网络形态和居民行为特征及其耦合特征开展研究，并提出保护规划与优化调控策略，以期揭示丰富的屯堡文化内涵和历史积淀下的传统村落公共空间网络形态及居民行为特征与以上两系统耦合协调特征，为文化传承提供理论支撑，为传统村落保护、管理、规划提供实践依据。

一、材料与方法

1. 研究区概况及样本村落选取

汉族屯堡村落是明代初期由朱元璋组织的中原军队在南征后驻扎形成的，具有深厚的历史文化。屯堡的形成不仅是屯田制度的产物，更是明代移民政策的重要体现。安顺地区的屯堡村落保留了古老的建筑风貌和独特的历史文脉，还在数百年的演变中形成了独特的空间肌理，被认为是研究中国古代军事、屯田制度、移民文化和传统聚落空间营造规划的重要实例。样本村落选取遵循如下原则：民族同一性原则、区域相同原则、空间代表性原则空间。所选研究区域具体村落如表1所示。

2. 研究方法

（1）传统村落公共空间分类

根据公共空间与开发建设贴合程度和居民感知情况[7]，通过实际调研将公共空间分类为原生公共空间（轻度）、复合公共空间（中度）、重构公共空间（重度），如表2所示。

（2）复杂网络分析方法

复杂网络分析的原理是将个体作为"点"，个体之间的关系作为"线"，是用于研究复杂系统个体之间关系的"网络"[8]。即通过建立矩阵、模型计算、分析三步，构建于实体中的空间网络，所选指标如表3所示。

（3）网络优势度评价模型

运用复杂网络中心性指标探析网络个体的影响力、关系程度、控制水平等，包括点度中心度、接近中心度、中间中心度，表征公共空间节点在的集散优势、辐射优势、控制优势[9]。公式1如下：

$$F(x_i) = \sum_{i=1}^{n}(C_D \times \lambda_1 + C_B \times \lambda_2 + C_{RE} \times \lambda_3) \quad (1)$$

式中：C_D、C_B、C_{RE} 分别表示点度中心性、接近中心性和中间中心性的无量纲值，λ 为权重。

（4）居民行为值评价模型

本研究通过现场观测与村落监控影像收集居民行为数据。于居民流量较多时段14:00~18:00，在7月15日至8月15日每村

---

[1] 吴笑含，贵州大学林学院风景园林硕士研究生。
[2] 黄宗胜，贵州大学建筑与城市规划学院教授、博士生导师，贵阳人文科技学院院长。

样本村落概况　　表1

选取原则								
民族同一原则	区域相同原则		代表性原则					
族别	村落名称	地理位置	经纬度	村落特征	屯堡类型	规模（户）	村域面积（hm²）	地貌形态
屯堡汉族	鲍家屯村	安顺市西秀区大西桥镇	N26°34′, E106°11′	明初汉族军队主要驻军屯堡；将军府、碉塔保留完好，"防御单元"更为突出；全国重点文物保护单位	军屯	198	2.8	缓坡河坝形
	天龙屯村	安顺市平坝县天龙镇	N26°21′, E106°10′	天龙屯村是商贸中心，也是地域文化交流重地，保留了丰富历史遗迹和文化景观，全国重点文物保护单位	商民混居屯	1265	6.77	平地谷坝型

外来介入下传统村落公共空间分类　　表2

分类	资源形式	类别定义	物质属性	功能特点	居民感知情况
原生公共空间	原态	几乎无旅游开发涉及，因此在小面积区域中仍保持原有状态	禾坪（禾仓）	一般位于房前或屋后，生产活动聚集场地	无影响
			土地庙	一般位于村落与自然空间交界处，路角矮小神像	无影响
			水井	饮水、浣衣，后作为石凳	无影响
			古树	体积大或存在时间长的原有树木，是村庄记忆载体	无影响
			寨门	村域边界的象征标志	无影响
复合公共空间	改造	居民原有行为活动得到部分保留，旅游开发为次要	商业空间	聚集交易的场地，如集市、小卖部、肉食铺等	无影响
			戏台	供戏剧演出用的高台	加强
			宗祠	供奉祖先牌位的公共建筑以祭祖、"出菩萨"等	弱化
重构公共空间	新生	原有资源被解构，且外来资源化占据主导地位	广场	宽阔的硬质水泥场地，供居民交往聚集、游客集散	弱化
			村史馆	多为仿古建筑，展示村落历史及发展特点	弱化
			名人故居	民居，原屋主被迁走，房屋仅供旅游观光	弱化

公共空间网络指标及相关概念　　表3

维度	网络特征	指标	指标作用
网络整体层面	完备性	集聚系数	表明公共空间网络中公共空间节点聚会集情况
		平均距离	表明公共空间网络中各个公共空间节点之间的分离程度
		点度中心势	描述公共空间网络整体中心性并判断其形态
网络局部层面	脆弱性	核心－边缘	区分出网络的核心公共空间节点和边缘公共空间，还反映节点的独立程度
网络节点层面	中心性	点度中心度	衡量公共空间节点与其他公共空间节点对接关系的个数，数量越多，中心性越强
		接近中心度	衡量节点在其连通分量中到其他各点的最短距离的平均值
		中间中心度	衡量某公共空间节点在网络整体中的影响力，节点媒介能力

任选7天对公共空间中居民有效停留频数[10]进行记录（有效停留频数界定为：停留时间≥10min，频数记为"1"，以此类推），居民行为值公式2如下：

$$V_i = \frac{C_i}{P_i} \quad (2)$$

式中：V_i 为居民行为值；公共空间节点 i 的居民有效停留频数为 C_i；该村常住人口为 P_i。

（5）耦合特征分析方法

对公共空间网络优势度与居民行为值进行耦合协调度及协调发展度分析，以此来揭示公共空间与居民行为的关系。耦合模型公式3和公式4如下：

$$C = \sqrt{\left[1 - \frac{\sum_{i>j,\,j=1}^{n}\sqrt{(u_i-u_j)^2}}{\sum_{m=1}^{n}m}\right] \times \left(\prod_{i=1}^{n}\frac{U_i}{\max U_i}\right)\frac{1}{n-1}} \quad (3)$$

式中：C 是系统间的耦合协调度，U_i 为 i 个网络系统的标准化值。

$$T = \sum_{i=1}^{n} a_i \times U_i, \quad \sum_{i=1}^{n} a_i = 1$$
$$D = \sqrt{C \times T} \quad (4)$$

式中：为两系统的协调指数，是两者的协调发展度，为子系统贡献值（赋相同值）。在此耦合协调过程中，本研究采用以下耦合度和协调度等级划分标准[11]（表4）。

二、结果与讨论

1. 军事制度等级限制下的公共空间网络特征及价值

表 5 表明：网络整体来看，汉族屯堡传统村落公共空间网络具有弱聚集、低连通效率、低向心的整体完备性特征，这主要受军事制度等级的严格布局影响，其公共空间被赋予了独特的军事防御功能。冗余的道路和分离的空间结构特征能在防御时迷惑和分散敌人力量，低向心的结构能防止敌军快速战略重要节点。因此，屯堡空间的主要功能是军事防御。网络局部来看，汉族屯堡传统村落公共空间网络核心—边缘密度在 0.138~0.169，且核心节点占比不高，说明汉族屯堡传统村落公共空间网络稳定性较差；核心节点平均密度在 0.330~0.416，远高于边缘节点平均密度（0.043~0.048），表明其网络结构存在明显的分层特征；其中，鲍家屯村脆弱性高于天龙屯村；此外，核心—边缘差值大小反映了村落公共空间核心节点对边缘节点驱动强弱，天龙屯村核心—边缘联动最为紧密，而鲍家屯村核心—边缘驱动作用最弱。说明二者差异主要受到屯堡职级影响或地貌形态限制，这与杨贵庆等研究结果类似。从网络个体来看，鲍家屯村作为兼具军事和行政中心，遵循"背山面水"的传统风水观念，核心节点及高优势度节点均集中在象征权力的中轴上（瓮城、寨门、古树、水磨坊），相互连接的环状网络结构，增强了村落的防御功能和内部管理秩序；天龙屯村则作为地域文教、生活、商贸中心，核其心节点分布在三教寺、村史馆（原天龙小学）和古树（文化园）等空间，突出了其文化中心的地位，高优势度节点分布在河流主干商业空间上，形成了低脆弱带状网络结构，突出了商民混居的屯堡类型（图1）。公共空间网络特征揭示了其布局所蕴含的军事防御规划观念和"因地制宜，天人合一"的传统营造智慧，对研究遗产空间组织模式和传承传统文化具有科学价值，对当代和美乡村建设、传统村落可持续发展具有重要启示意义。

2. 旅游开发介入下的居民行为特征同质化后的坚守

屯堡村落融合了中原文化与喀斯特自然环境，体现了"天人合一"的传统文化。汉族屯堡居民的商业空间表现出显著同质化。然而，传统公共空间如戏台、古树和水井，仍是主要活动场所，居民对其具有高归属感和使用率。重构公共空间如广场和名人故居，尽管投资多，但居民使用率低，显示出排斥行为。本研究表明，忽视空间的本土性和真实性，资本会异化，导致资源浪费和供需矛盾。

3. 公共空间网络优势度与居民行为值耦合度和协调度特征及价值

表 5 显示：屯堡各传统村落公共空间与居民行为耦合度及协调度平均值均在 0.3~0.4，整体轻度失调；其中，天龙屯公共空间网络与居民行为两个子系统相互影响和依赖程度最强，协同促进作用最优。物质空间相对较难改变，而非物质性的居民行为受外部影响的反馈速度较快，这与张元博等研究结论一致。耦合协调状态映射了屯堡特定历史时期的社会组织、生活方式、真实公共性需求等，体现了屯堡人与环境的自组织过程和具体的协同发展状态。不同空间类型中，原生公共空间在居民日常生活中具有

耦合度和协调度等级的划分标准 表4

区间	[0, 0.1)	[0.1, 0.2)	[0.2, 0.3)	[0.3, 0.4)	[0.4, 0.5)	[0.5, 0.6)	[0.6, 0.7)	[0.7, 0.8)	[0.8, 0.9)	[0.9, 1]
C 耦合协调度	极度失调	严重失调	中度失调	轻度失调	濒临失调	勉强协调	初级协调	中级协调	良好协调	优质协调
D 协调发展度	极度失调	严重失调	中度失调	轻度失调	濒临失调	勉强协调	初级协调	中级协调	良好协调	优质协调
颜色										
大类	失调衰退类				过渡发展类		协调发展类			

公共空间整体和局部网络完备性及脆弱性指标数据 表5

村落名称	集聚系数	平均距离	点度中心势	核心节点平均密度	边缘节点平均密度	核心—边缘差值	地貌形态
鲍家屯村	2.16	2.05	0.17	0.410	0.048	0.169	缓坡河坝形
天龙屯村	2.67	1.85	0.16	0.330	0.043	0.138	平地谷坝形

图1 公共空间个体网络优势度数

公共空间网络优势度与居民行为耦合度及协调度 表6

村落名称	节点对应属性	公共空间编号	C值	D值	村落名称	节点对应属性	公共空间编号	C值	D值
鲍家屯村	水井	GGKJ4	0.410	0.384	天龙屯村	古树	GGKJ11	0.494	0.446
	古树	GGKJ5	0.470	0.592		禾坪	GGKJ12	0.426	0.324
	寨门	GGKJ8	0.475	0.489		水井	GGKJ13	0.466	0.425
	土地庙	GGKJ9	0.459	0.300		寨门	GGKJ18	0.490	0.380
	禾坪	GGKJ11	0.419	0.401		商业空间	GGKJ6	0.493	0.482
	宗祠	GGKJ2	0.320	0.287		戏台	GGKJ9	0.392	0.410
	商业空间	GGKJ6	0.498	0.654		宗祠	GGKJ15	0.493	0.281
	戏台	GGKJ7	0.326	0.239		商业空间	GGKJ17	0.499	0.341
	商业空间	GGKJ10	0.000	0.000		商业空间	GGKJ19	0.493	0.346
	村史博物馆	GGKJ1	0.380	0.254		商业空间	GGKJ23	0.476	0.495
	广场	GGKJ3	0.318	0.277		商业空间	GGKJ24	0.500	0.707
	广场	GGKJ12	0.426	0.268		村史博物馆	GGKJ2	0.478	0.349
	庙宇	GGKJ13	0.362	0.299		广场	GGKJ3	0.449	0.237
	名人故居	GGKJ14	0.000	0.000		庙宇	GGKJ8	0.480	0.268
	广场	GGKJ15	0.308	0.333		名人故居	GGKJ10	0.485	0.212
天龙屯村	土地庙	GGKJ1	0.485	0.265		名人故居	GGKJ14	0.361	0.226
	水井	GGKJ4	0.499	0.347		名人故居	GGKJ16	0.444	0.216
	古树	GGKJ5	0.483	0.487		名人故居	GGKJ20	0.457	0.134
	禾坪	GGKJ7	0.481	0.282		广场	GGKJ21	0.000	0.000
						广场	GGKJ22	0.478	0.228

较强的互动作用，而复合公共空间更能促进各节点的协同发展，重构公共空间则由于缺乏本土文化认同和居民参与，互动和协同发展最弱。基于此，在乡村规划建设过程中，应注重主体需求和传承文化，以增强居民认同感，促进文脉传承、传统村落可持续协调发展。

4. 汉族屯堡传统村落公共空间保护规划与优化调控策略

通过复杂网络分析和耦合协调模型方法，探究其公共空间背后的历史文化背景及公共空间物质位置与居民行为的互作协同现状，针对汉族屯堡传统村落公共空间网络的现状及其与居民行为的耦合与协调问题，提出以下优化与调控策略：

（1）保护和恢复原生公共空间：在公共空间的开发和改造过程中，应重点保护和恢复那些具有历史文化价值和居民高认同度的原生公共空间，增强其作为居民活动中心的功能。

（2）促进复合公共空间的协同发展：通过多功能复合利用，提升复合公共空间的使用效率和居民参与度，增强不同功能空间的协同效应。

（3）提高重构公共空间的本土性和参与度：在重构公共空间的设计和建设中，应充分考虑本土文化元素和居民的实际需求，增强居民对这些空间的认同感和使用意愿，避免资本异化现象。

（4）多层级公共空间网络规划：根据村落的不同功能和地形特点，进行多层级的公共空间网络规划，确保各级节点的功能分配合理，连通性强，满足居民的多样化需求。

参考文献：

[1] 唐晓岚，冒丹.对城市历史文化深度认知与体验叠加的途径之探究——以南京明文化与贵州屯堡文化融合为例[J].城市发展研究，2011, 18 (4)：104-108.
[2] 吴晓萍，蒋桂东.从族际通婚看当代屯堡人与当地少数民族的关系[J].贵州民族研究，2010, 31 (6)：58-65.
[3] 刘洋，肖远平.文旅融合的逻辑与转型——基于天龙屯堡 (1998-2018) 实践轨辙的考察[J].企业经济，2020 (4)：129-137.
[4] 杜佳，华晨，余压芳.传统乡村聚落空间形态及演变研究——以黔中屯堡聚落为例[J].城市发展研究，2017, 24 (2)：47-53.
[5] 王红，李效梅，单晓刚.喀斯特地域类型的寻找和转换——以贵州省乡土建筑为例[J].建筑学报，2012 (S1)：132-136.
[6] HELOISE J N, YANG C, YANG J. An emotions-informed approach for digital documentation of rural heritage landscapes: Baojiatun, a traditional tunpu village in Guizhou, China[J]. Built Heritage, 2021, 5 (1).
[7] 罗萍嘉，郑祎，王雨墨，等.旅游开发影响下的"对立与共生"——传统村落公共空间"二元拼贴"研究[J].现代城市研究，2020 (12)：9-17.
[8] 张应语，封燕.社会网络分析回顾与研究进展[J].科学决策，2019 (12)：61-76.
[9] 韩剑磊，明庆忠，史鹏飞，等.区域旅游经济效率与网络优势度的关联组合及影响因素构型分析[J].人文地理，2021, 36 (4)：168-176.
[10] QING T, LINBO Q, HAN L B, et al. Small public space vitality analysis and evaluation based on human trajectory modeling using video data[J]. Building and Environment, 2022：225.
[11] 廖重斌.环境与经济协调发展的定量评判及其分类体系——以珠江三角洲城市群为例[J].热带地理，1999, (2)：76-82.

农村人民公社时期新宾满族自治县阿伙洛村生产生活空间营建

张浩[1] 王飒[2]

摘　要：农村人民公社化运动是新中国成立初期乡村建设的重大决策。本文以这个时期为历史背景，以下房子生产大队、阿伙洛生产队、阿伙洛社员三大组织层次为视角，并以其在生产、生活、公共服务中的空间实践为进路。时空复位这一时期，阿伙洛村具体空间营建分布及特征，浅析农村人民公社时期阿伙洛村在不同场域层次结构中对人居环境的共治、共建、共享、共赢作用，以及其空间结构二重性特征。

关键词：农村人民公社　阿伙洛村　场域层次结构　时空复位　空间结构二重性

一、研究背景

1. 相关研究综合概述

农村人民公社是新中国成立初期关于农村发展的重要阶段，在近些年来各个学科的学术研究也并不多见。在建筑学科仅有关于"人民公社时期大空间"[3]和"乡村实践下选育人民公社时期规划与设计方法"[4]等相关论述。本文以阿伙洛村为研究对象，以人民公社前期社会组织为视角，并以生产和生活空间营建的分布复原为路径，形象化展示该时期大、小集体下的共治、共建成果和对今日的影响及作用。

2. 阿伙洛村概况

阿伙洛村，东距新宾满族自治县约 25km，距清永陵约 5km，位于苏子河上游西南岸约 0.5km，凤凰岭西端距东北约 1.75km。隶属于清朝发源地"现新宾满族自治县"（兴京）的永陵镇辖区，为下房子村村民委员会 7 个村民小组中 3 组和 4 组。其中，村内现存后金时期"六祖城之一——阿哈伙洛城"[5]遗址。

阿伙洛村整体分为彰显于面对苏子河的大沟部分及暗藏于大沟内东侧东沟部分拼合而成的沟谷中的聚落。整体生活区位于东沟沟口向内约 300m 至及沟口外侧（西侧）约 80m 的相对平坦区域。初看全村是由台宝线一条主路和配合前河的一条支路将整体生活区一分为四大区域，分别是台宝线东侧"上沟"大、小院落群和西侧"下沟"以胡同为组织形式的大院落群与沿主、次道路布置的 5 户小院落群。全村是由一主、三支、两辅的"复合鱼骨式"道路网络，将全村 81 座院落分割为两大生活区和五小生活区。旱田地围绕生活区，多点分布于各沟谷较平缓大小区域。水田地分布于村外，沿苏子河南岸以个体的方式，两点分布的特征位于大沟沟口两侧（图 1）。

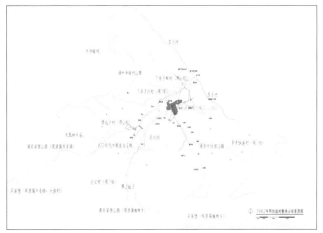

图 1　1982 年阿伙洛村整体分布复原图

3. 研究方法

本文以人类学方法为基础，以历史卫星照片为线索，时任村干部访谈为主要访谈对象的方式进行一手材料收集。现场草图、音频、笔记结合历史性档案报告对材料进行整理。再与相关报告人一同进行现场踏勘并初步形成时空空间功能复位草图（图 2、图 3）。

二、阿伙洛村场域结构关系：社会组织与生产生活人民公社

新中国成立初期，百废待兴。土地改革后，百余口阿伙洛村人，依靠原本的小农具难以完成个人分的 2 大亩（1 大亩 ≈ 1.2 亩）土地。集体合作生产，从今日分析来说也是历时性的实事求是。

1958 年《关于建立农村人民公社问题的决议》提出"小社并大，转为人民公社……"[6]。同年 10 月新宾全县进入人民公社[7]。阿伙洛村连同下房子汉村、下房子鲜村、多木伙洛村、台宝村共同合并为下房子生产大队，隶属于永陵人民公社，开启了"以社为家"

---

[1] 张浩，沈阳建筑大学建筑与规划学院，硕士研究生。
[2] 王飒，沈阳建筑大学建筑与规划学院，教授，博士生导师。
[3] 冯江，曹海芳．"大锅饭"与大空间人民公社化时期华南乡村的食堂与会堂[J]．时代建筑，2021（3）34–39．
[4] 黄玉秋．华南工学院建筑系的乡村实践——人民公社规划与设计研究（1958–1962）[D]．广州：华南理工大学，2022．
[5] 《满洲实录》（民国二十三年版）。

[6] 1958 年 9 月 10 日，《人民日报》第一版全文刊登《关于建立农村人民公社问题的决议》。
[7] 房守志．辽宁省新宾满族自治县志[M]．沈阳：辽沈出版社，1993：41．

图 2　1978 年阿伙洛村卫星照片（图片来源：锁眼卫星照片图）

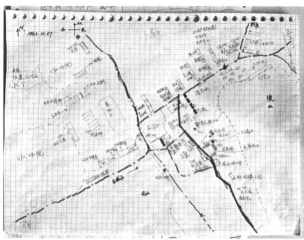

图 3　阿伙洛村空间功能复原现场草图

的集体时代。

1. 公社、大队与生产队（1958 年 10 月 ~1961 年）

1958 年 10 月秋收后，阿伙洛村在管理方面，实行政社合一，由永陵人民公社统筹生产组织及资源调配。

公社统一组织社员进行包括全县范围内道路建设、水利设施、工业生产建设、农业生产等生产劳动，均采用集体统一管理模式。农产品方面，实施统购统销，村中禁止社员自搞副业，进行私下的产品交换和买卖。

分配方面，取消高级社时的按劳分配的工分制，实行集体供给制。据村民回忆，当时流传的一句话："敞开肚皮吃饭，鼓足力气生产。我们的生活要做到组织方面军事化，行动方面战斗化，生活方面集体化"。

2. 大队、生产队与小组（1961 年 ~1982 年）

1958 年 12 月，在《关于人民公社若干问题的决议》❶ 中，进一步明确了人民公社制度的政策界限。时任大队书记赵继明回忆：1961 年春，时任党支部书记孟兆祥正式通知取消大食堂等相关政策。同时，阿伙洛村由原一个生产队分为 3 队与 4 队两个生产队，隶属下房子生产大队，经营管理权与分配权相应下放。1961 年逐渐允许社员小开荒、恢复自留地、允许家庭开展副业，其收入归社员所有。自此开始了以生产队为核算单位的小集体时期。

小队负责向社员收取管理等费用，大队在小队三提取费用中再提取管理费、公积金、公益金❷。管理方面生产大队主要负责公共设施、公共服务及经营用房营建。建设方面组织，国家任务由大队组织下派，由各小队的生产小组负责实施。生产管理方面，社员统一集体劳动，按国家要求和生产队生活需要制订生产计划。3 队和 4 队各自组织集体统一生产，各队自愿发展副业。分配方面，除去每人 360 斤 / 年的口粮外，其他分配方式社员按工分制按劳分配。在阿伙洛村 1962 年取消大食堂和供给制，实施

---

❶ 六、人民公社的组织原则是民主集中制。无论在生产管理方面，在收入分配方面，在社员生活福利工作方面，以及一切其他工作方面，都必须贯彻执行这个原则。人民公社应当实行统一领导，分级管理的制度。公社的管理机构，一般可以分为公社管理委员会、管理区（或生产大队）、生产队三级。

❷ 管理费，用于大队及聘用人员工资和办公其他用品；公积金，用于生产队要买的固定资产；公益金，用于集体娱乐活动，学校建设等。

"三级所有、队为基础"，生产队作为基本核算单位的政策基本确立。

3. 社员与家庭、家庭与各家庭

阿伙洛村中，谈及其他社员与单一社员关系时，李文清说："别的现在不好说啦！就今天来说，左邻右舍但凡红白喜事，通知与否必到场，村内稍远一点的听到必到场。如果你家有什么活干不过来只要说一句，立马儿伸手就干。以前谁家盖房子，挖井、打场，干不过来，吱一声大家都会帮忙。"但对于社员集体共用设施，例如 20 世纪 70 年代末在赵德力烤参厂院里挖"井"，主要用于附近几家人使用，这时候各家都出劳力，所花费用均摊。

4. 小结

场域的结构（或者说场域中不同位置之间的构型）是由这一场域中灵验有效的特定资本形式的分配结构所决定的❸。从生产力组织角度来看其目的——"集中力量办大事"。历时性背景之下"吃饭难"是万万民众最基础和最根本的问题，是"新"对"旧"的质性转化。

三、动力设施与道路改造的空间复位及分布特征

1. 道路网络

（1）邻村道路网络

早期，道路将耕地划分为田地与偏脸子地，向西南方向穿过老虎地至湾垅地，转向东南与现通向湾沟子村主路口和台宝线相交向台宝村延伸（图 4）。约 1965 年秋冬季节，根据路靠边原则，生产大队组织对靠山段实施改造。将原山路作为台宝线道路（图 5），并在老坟沟沟口处与原台宝线相接。自此阿伙洛村完成至今为止，最大、最完整的旱田地改造。

（2）村内道路网络

新中国成立之初，阿伙洛村村头则向东南行约 20 步是村头第一家（李文富）再向东南约 160 步即为村尾最后一家（图连玉），这就形成了村内的核心主路。

---

❸ 皮埃尔·布迪厄，华康德．反思社会学导引 [M]．李猛，李康，译．北京：商务印书馆，2015：135．

图4 1958年村外道路局部放大图　　图5 1982年村外道路局部放大图　　图6 1958年阿伙洛村内道路与宅院分布图复原图

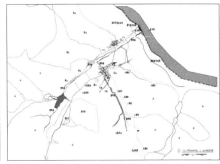

图7 阿伙洛村内道路任意性示意图　　图8 苏子河治理示意图　　图9 1982年阿伙洛村河流、山、沟分布图复原图

人民公社时期，全村的院落，除去自然地势高差带来的院落边界之外，并未发生人为营建的院落边界，在这一时期或者说更早期，阿伙洛村内人称的院落，实际是以意识为边界构成的院落。因此，村内支路具有以目的为中心行为的便捷随机性（图6、图7）。支路，是据图英复、赵德华等老人回忆经常走的路径。当梅雨季节来临时，前河水便会吞没道路。

2. 水利建设与改造

（1）苏子河

1958年冬，伴随旱改水的方针。新宾满族自治县县水利局对苏子河实施炸山填河，开渠扩建工程。据当年参加劳动的图英复老人回忆，永陵公社组织多个生产大队，对早年间打木桩、填石头筑坝采用宽度增加耐水冲刷的集体性治理。

几年间，木桩腐烂，坝体摧毁。因此，每年冬季公社都要组织维护。按原4队组长孙玉强回忆，约1965年冬季，县里提倡"鱼河征地，向水要粮"。整个下房子生产队安排各生产队组织社员参与集体劳动，重修现桥头位置钉向外和睦沿线一段（图8、图9）。此次改造采用铁网宽约4m、长约30m为一组铁网柱，内铺碎石，约每隔0.5m设一道固定网绑扎，每隔约百米一组，这种筑坝方式俗称半永久钉子坝。半永久钉子坝营建切断了苏子河向下房子大队方向的支流，并向河北岸推进约40m为下崴子开荒创造了条件。

（2）水库与西河套

1966年秋，时任县委副书记杜成文与水利部长下房子大队驻点修建水库（图10）。据时任3队组长李文清回忆，大队金昌喜组织在各生产队中抽调劳力，历尽波折终于在1970年大坝合龙，水库建成。水库总占地面积30多亩，水源来自四周山水。自建成后水库发展了渔业，同时湾垅地约15亩实施旱改水种植约20年。

水库建成后，时任大队长赵继铭回忆，约1978年大队组织各生产队出劳力治理西河套（图11）。将自然流淌的水域通过修筑石叠水渠的方式加以治理，至此阿伙洛村最大完整的耕地区域得到了有力的保障。

3. 农业生产动力设施空间分布特征

生产动力设施的建设与改造，以点状"病害"选择，实施针对性治理；促使生产空间连点成线并向面转化，并促进全村向着多维度的生产、生活空间发展。

4. 小结

苏子河床以"阻隔"防河流冲刷，确保开垦条件及维持带耕种土地面积。西河套以"河靠山"原则，确保径流通畅并扩大可耕种面积。下房子水库位于下房子大队沟里最大集中可耕农田，选址于地势较高西南约2/3处，更易满足上部的自然浇灌及东北低开闸灌溉。通过共治、共建的方式整体分区域突破增加可耕地面积。

四、农垦、生产加工营建的空间复位及其分布特征

1. 开垦良田

（1）山坡开荒

20世纪70年代初期，大队实施开荒地永久归个人所有。据孙玉强回忆，旱田开荒主要分布于沟里大秧子一带至五道旺、其余分布包括大韭菜沟、小韭菜沟、老坟沟及南北两岔、青庄子及玄阳沟里（图12、图13）。这些地方好似"七沟八梁一面坡"，土地也较薄，种植2~3年，土地需要停种自行修复后再开荒。因此，从历时性来看，旱田开荒分布是根据种植作物时间呈跳跃性变化。

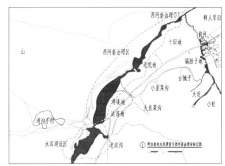
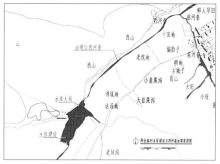
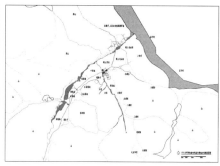

图 10　阿伙洛村水库建设与西河套治理段标记图　　图 11　阿伙洛村水库建设与西河套治理复原图　　图 12　1958 年阿伙洛村河流与耕地分布图复原图

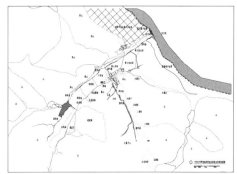

图 13　1982 年阿伙洛村河流与耕地分布图复原图　　图 14　1982 年阿伙洛村饲养所与场院分布复原图　　图 15　1968 年下房子大队公共服务及其工农经营用房分布复原图

（2）沼泽开荒

下崴子濒临苏子河有利于水田耕种。半永久钉子坝对苏子河径流的有效约束，为这片沼泽地的开荒创造了条件。20 世纪 50 年代末，下崴子以集体方式展开开荒，但均受阻。20 世纪 60 年代末，大队购买一台 60 马力的拖拉机和一台链轨推土机，大队提倡集体组织主导，个体组织辅助结合机械设备。采用"叠床法"挖掘，大豆与水田交替种植综合推进开荒，并确保了开荒顺利。

2. 饲养（耕畜）所及附属用房营建

饲养所，耕畜时代农业发展的核心动力之一，是生产力水平的象征。阿伙洛村饲养所始建于 1955 年，选址于偏脸地地势较高处，位于前河西岸，台宝线北侧。据参建的闫景峰、图英复、孙玉强等多人回忆，初期耕畜棚 / 圈采用立杆批棚搭建方式，仅建造 2 间打更土坯房。1961 年，3、4 生产队分别逐年增建，约 1965 年饲养所核心院落区域建成。赵德华回忆，4 队的猪圈和羊圈增建于 1968 年（图 14）。

3. 场院与农作物加工

场院，农业社会耕耘劳作成果的存储与加工的场所。图英复回忆，人民公社初期，主要集中在后期 3 队场院位置。春季耕种，秋季收割后堆放的场地，公粮核算上交后，人均口粮分发各家打场、加工。约 1964 年两队各自选择独立的场院位置，3 队在场院内部营建了 7 间连脊的仓库。4 队在其磨米房北侧加了 3 间仓库。不久后，场院以木杖围合增设木杖院门，形成各自独立的、固定的、时期性永久的存储与打场的空间场所。

4. 农耕生产空间分布特征

开荒均于山之阳面，二者整体分布各有差异。其一，坡地开荒均分在山沟之内，为区域性点状分布特征。其二，完整大面积沼泽，濒临苏子河南岸，开发水渠引水入田较为方便。同时，大面积的土地完整性易于水渠连贯性建设更为经济。

复合型的饲养所空间与场院、仓储等功能紧密联系，并通过耕畜、车棚空间相互调配。以相对较小的空间尺度，营造出整体生产空间的动态氛围，使 3、4 生产队于生产空间分布中形成既分离又统一的特征。

5. 小结

乡村耕地面积大小一定程度上反映了经济程度。人民公社时期，同样反映一个生产队的经济基础；耕畜的数量、水利灌溉水平体现生产力的能力；场院的规模是配合生产成果的表现方式。三者构成基本的农耕生产系统，是农耕乡村聚落的经济核心，同样表达着大、小集体协力共治、共建、共享的品格。

五、公共服务、大队企业的空间复位及分布特征

1. 公共服务用房——大队部、卫生所与小学

（1）大队部

大队部继承外和睦村管辖时期设置在下房子永陵供销社西侧的两间村部（图 15）。时任大队长赵继明回忆，1970 年下房子生产队及供销社扩建。同时，时任大队书记赵德奇组建社办修配厂，选建于现阿伙洛村。同年，于正房位置东侧建 3 间修配厂和 3 间大队部。1977 年修配厂扩建，至 1978 年大队部及其他改扩建用房全部完成，大队部搬到现南端一间房内（图 16）。

（2）卫生所

赵继明回忆，20 世纪 60 年代初期，大队就设有卫生所，当时仅有一位老中医吴大夫。1965 年，从嘉禾调来西医关文宪，当

时社员就医费、医生的工资全部由大队公积金和管理费支付。初期大队卫生所，同下房子大队部一同设在永陵供销社一个院内。1978 年，搬迁于新大队部西侧 5 间厢房的北 2 间紧邻道路，并面向道路开门。1982 年春，永陵人民公社解散，下房子大队卫生所随之解散。

（3）中小学

图英复回忆，1950 年 9 岁读小学时候，下房子供销社前身为小学。1951 年，永陵区商店迁至下房子直接占用教室，被迫搬迁至阿伙洛村。1954 年，时任村委会主任冯德祥与书记李殿海组织村民和学生，拆凤凰岭大庙重建学校。选址操场位置，共建 5 间房。后因学生增多，赵继明在 1974 年新建小学部的东西各 6 间教室后拆除原教室改建操场和厕所。学校西南与东北两侧种植榆树限定边界。1981 年，下房子成立中学，于北侧高冈上增建连脊 10 间，依地势起坡点为中小学边界，种柳树若干。

2. 大队企业——五小工业场所及用房

（1）修配厂与加工作坊——榨油坊、铁匠炉、木工坊、翻砂厂

修配厂始建于 1970 年，连脊坐北朝南共建 6 间，修配厂东山墙向东约 1.5m 为露天木工坊。1977 年扩建，与东侧连脊共建 7 间，1978 年建成后，修配厂迁入。原修配厂三间留作仓库。同年，南侧借山墙面加建 1 间铁匠炉。正房 3 间的大队部搬迁至西侧厢房南端 1 间房内，就其西山墙加建 1 间，与原大队部 3 间共同组成榨油坊的操作用房及仓库。考虑来往人员频繁，故独立开设北门。翻砂厂位于大队部院内东北角，坐北朝南的两间土坯房，与木工坊南北相距约 7m。厕所位于木工坊南侧 4.5m 处，与新建修配厂北墙相邻。

（2）砖瓦窑

1970 年的"四五"计划，鼓励发展"五小工业"。1973 年，瓦窑厂始建，1974 年扩大生产，重建瓦窑，增设砖加工。砖制作晾晒区与瓦制作烧制区结合，并无明确边界，但彼此操作相对独立。

（3）小卖店

1978 年，西侧大队部一排厢房共建 5 间。除北侧卫生所 2 间与南侧大队部 1 间，中间 2 间为小卖店，独立向西开门。

3. 公共服务及其他经营空间分布特征

1970 年前，大队部结合经营空间，卫生所结合生产加工空间分别设立，二者很可能从用房营建成本、适用人群数量及人流流动频率等方面考量。但小学则独立分布于外，三处空间、场所，单独从功能性而言，是相对独立的，同时分布关系相对紧密，在不合理的布局中尚存合理性的思考。1970~1978 年，三者分布彼此独立，但又各尽其职。1978 年后，砖墙围合下的整体呈现两进院落，其功能多义，独立设置出入口。正房榨油坊设后门与后院东北角翻砂厂对角相视，翻砂厂面对木工坊加工区以"嘈杂"相呼应；修配厂与铁匠炉位于前院东侧，并通过西南角大门与外界联系。大队部、小卖店、卫生所三处不同属性的空间，通过独立设门及开门朝向，使其功能分布呈现相对独立性。砖瓦窑厂与中小学校因其功能与经营方式的特殊性，形成大尺度的分散式布局有利于相对独立性。大队部与多半经营类空间联系紧密，一定程度上反映了这一时期乡村建设正在向经营属性迈进。

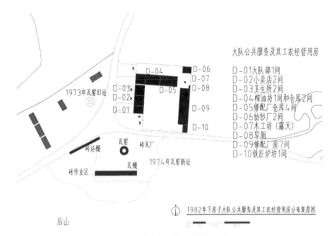

图 16　1982 年下房子大队公共服务及其工农经营用房分布复原图

4. 小结

大队企业经营应该是对社员"三提五统"的减负。下房子中小学、卫生所，在公共服务方面具有深入、扎根属性。二者一定程度上是免费服务的，反映出社会的基础保障，是共享、共赢的确实性体现。

六、生活房宅的空间复位及分布特征

1. 青年点营建

20 世纪 60 年末至 70 年代末，3、4 生产队按大队部通知，各生产队自行选址建造，分别组织营建"知识青年下乡"有关住房。3 队选址较为分散，至 1968 年共建五处（图 17）。4 队生活区地势与自然环境限制，宅基地面积相对较少，选址相对集中，至 1968 年共建 4 处。

2. 农宅营建

阿伙洛村房宅建设主要集中在 20 世纪 60 年代初至 70 年代末，其中以 20 世纪 60 年代中后期至 70 年代中前期为高峰。

3 队在 20 世纪 60 年代初新建房宅主要分布在下沟可建造的荒地。房宅营建东西间距较大，南北向基本按一趟房的方式排布。邻里关系几乎为非同姓氏的社员。20 世纪 60 年代末至 70 年代，空余土地基本不能满足新的房宅建设需求。新建房宅社员们选择自留地购买、自留地置换或者家族内（观念院落）建房宅。这段时期，3 队主要分布在上沟沟口的前河东南区域。关树飞（图英复大姐夫）在图玉良（直系叔丈人）菜园西南侧新建两间，图英复位于图玉良（直系叔叔）正房西侧新建 3 间。赵庆海、刘汉（姻亲关系）各在自家菜园建 2 间、3 间草房，且不连脊。20 世纪 70 年代末 80 年代初，3 队新建房宅主要是购买青年点的房产、购买自留地或同大队协商自留地置换的方式取得宅基地使用权。整体分布多以插空方式（图 18）。

4 队房宅营建活动，主要在 20 世纪 60 年代至 70 年代初期，主要以购买青年点的房产和自留地置换的方式取得宅基地使用权。以插空方式指定随机分布，或向东沟内逐次排列分布。

3. 分布特征

20 世纪 60 年代，3 队新建民宅主要向下沟的"压缩梯形"空地选址营建，遵循以已建民宅为中心向资源面积宽阔处发展，并

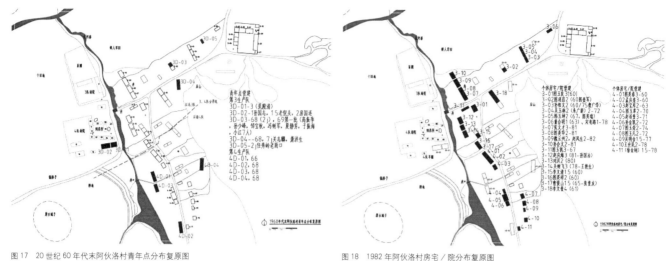

图 17　20 世纪 60 年代末阿伙洛村青年点分布复原图

图 18　1982 年阿伙洛村房宅／院分布复原图

沿长边呈现近似松散式点状排布，在短向同排维持近似线性秩序的聚集趋势。具体空间的形态，基本呈现大尺度均质分布。20 世纪 60 年代末 70 年代初期，资源面积逐渐受限，迫使再新建民宅就不得不对已建成的具体空间，采取空间密度革命。在下沟、上沟沟口的前河与主路西侧区域，村民采用向大队购买自留地（菜园）或置换自留地换取宅基地，对具体空间以插入方式细分直至不可细分或不可接受细分。

4 队范围主要集中在新中国成立之前的孕育和发展区域。这一时期 4 队新建房宅，沿主路向东沟方向两侧，西侧至于前河而东侧至于后山脚下，选址适宜空地或置换菜园方式营建房宅。整体呈现以道路为中心的"鱼骨形"分布特征。

七、浅析农村人民公社时期阿火洛村空间结构特征

1. 生产空间结构

土地，自然界的存在属性之一，是人类根本性的生产资料，是人类生存的根本性界面。农耕文明下，人类耕地即维系生存的"中心"。

人民公社时期的阿伙洛村在农垦、耕畜、场院场所的空间营建以及促生产的水利建设，无不以不同形式的耕地展开。但这种展开并非无限，因其行为路径可达性或难于被改造的可达性制约，并同时受限于下房子大队辖域，即生产空间的范域性边界。这一时期共治、共建的集体性营建活动，使得多处坡地、沼泽"变废为宝"。激发生产空间活力，促进可生产土地密度加剧，扩大生产空间边界，促使生产空间结构形成动态的向心性特征。相对土地内在资源即表现其离心性（图 19~图 21）。

2. 生活空间结构家族观念为中心

乡村是"家"的集合体，是以"观念"为中心的聚集社群，是生活中分化的"熟悉"边界的范域，是"礼俗"张力的路径。家族或同姓氏围绕"观念"中心分布营建房宅（图 22、图 23）。

人民公社时期的房宅营建呈现"以土地需求"新中心的点式分布特征，以"观念"为中心分布的生活空间结构形成动态离心特征。相对新的文化观念日趋浸润则形成生活空间结构向心性特征，这种向心性是集体下营建活动的共同体现（图 24）。

3. 公共服务经营空间结构

公共服务用房的营建，除下房子中小学外，其余同"大队部"集中分布。大队部负责全面工作，同时是大队企业经营管理部门，是村中组织集体劳动的"权力"部门（图 25）。

下房子生产大队辖域范围为边界，大队部与各具体空间的距离即为路径，以行为便捷与可达性为范围边界。因此，相对大队其他具体空间则表现逐渐离心性特征。但在公共服务经营管理空间结构形成动态的向心性特征，反之，不便与不可达则表现出离心性趋势（图 26）。

八、结语

人民公社时期集体组织下的生产生活空间营建活动，道路改造完善了可耕种土地的利用率；水库建设对部分耕地实施了有效

图 19　1958 年阿伙洛村河流与耕地分布图复原图

图 20　1982 年阿伙洛村河流与耕地分布图复原图

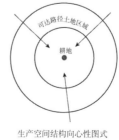

生产空间结构向心性图式

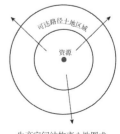

生产空间结构离心性图式

图 21　生产空间结构二重性图式

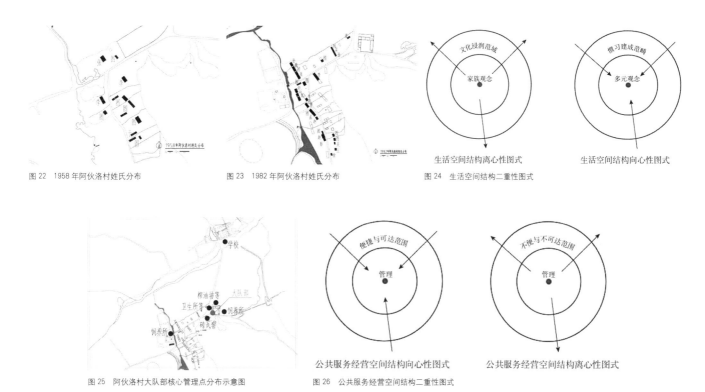

图 22　1958年阿伙洛村姓氏分布　　图 23　1982年阿伙洛村姓氏分布　　图 24　生活空间结构二重性图式

图 25　阿伙洛村大队部核心管理点分布示意图　　图 26　公共服务经营空间结构二重性图式

灌溉，告别了靠天吃饭的历史；河床的治理为拓展耕种土地的面积打下了基础。开荒增加了可耕土地的面积，生产加工空间的营建为耕畜及农作物的仓储、打场提供具体空间依靠。公共服务空间的营建，保障了社员及家庭成员的生活、学习。青年点与社员房宅营建丰富了阿伙洛村的规模。生产生活空间营建体现了阿伙洛村集体的力量和智慧，前日的奋斗，换来今日的共赢。

基于居民感知的左江世界遗产区传统村落公共空间更新利用研究

——以白雪屯为例[1]

胡锦晨[2] 冀晶娟[3]

摘　要：遗产区内传统村落的整体发展会影响遗产区文化、经济和生态可持续。目前研究多关注村落形态和遗产价值，缺乏对公共空间探索，从"以人为本"角度探究本地居民对村落公共空间感知与利用策略为本研究提供了思路。以左江花山岩画世界遗产区内的白雪屯作为案例地，运用 SD 语义分析法构建量化评价，了解居民对村落不同类型公共空间的感知情况，分析空间功能现状问题，提出更新与活化利用策略，以期实现左江世界遗产区传统村落可持续发展。

关键词：空间感知　世界遗产区　传统村落　公共空间　活化利用

左江花山岩画世界遗产区域内的传统村落作为左江花山岩画文化遗产的构成部分，要充分做好对其的科学保护、有机更新与协调发展[1]。而不可复制的传统村落公共空间的兴衰会影响村落整体发展，但近年来传统村落公共空间发展出现退缩趋势，这主要与部分传统村落公共空间功能难以满足当地居民需求有关[2]。为适应现代化发展，传统村落公共空间的功能更新与活化利用不可逆转。1986 年，山本健一提出感性工学，从人的因素和心理学的角度去探讨顾客的感觉和需求，其相关研究的展开都要借助 SD 技术方法，如果将村落空间想象为巨型产品，活动于其中的每位居民都是该产品的使用者，那么村落空间的规划发展是可以运用感性工学的方法的[3]，这为探究传统村落公共空间可持续发展提供了支持。

目前，关于遗产区内传统村落的研究多关注村落形态[1]、遗产价值[4]，对公共空间的研究颇少，不利于左江花山岩画遗产区传统村落的可持续发展。人与空间关系的核心内容是感知，从居民角度感知村落公共空间，有助于了解其功能现状问题，是未来提出空间更新及优化策略的基础。近年来，从居民感知视角研究村落空间的多是重构居民地方身份[5]、探寻乡村旅游发展路径[6]、修复村落景观基因[7]以及提升公共空间文化活力[8]，鲜有学者从居民角度感知传统村落公共空间且以公共空间为对象对其功能更新与活化利用进行针对性探索的研究成果。因此，本文基于居民感知，以左江花山岩画遗产区具有代表性的村落白雪屯作为分析案例，结合实地考察、访谈与问卷调查、内容分析法和 SD 语义分析法，分析当地居民对传统村落公共空间的实际需求，基于现状问题和居民需求提出空间活化策略，这对遗产区传统村落未来的有效发展具有推动作用。

一、研究区域、数据来源与研究方法

1. 研究区域概况

白雪屯位于左江花山岩画世界文化遗产核心区，东面环山，西、南、北三面环水。村部靠山依水，景色优美，是龙州县少有的保存完整的传统村落，因此评为自治区生态村以及崇左市"魅力村屯"，但同时它也是龙州县的贫困村屯之一。2016 年和 2019 年白雪屯先后被列入第四批中国传统村落名录、第三批"中国少数民族特色村寨"，是广西壮族传统村落的典型代表之一。全屯总面积为 $0.827km^2$，屯里居民们都以农耕为主，种植大面积的甘蔗作为生活来源。

白雪屯传统村落公共空间分类方式多样，有土地庙、广场、古树、街巷、田野、宅前空地和池塘等要素（图 1），白雪屯的广场、古树和土地庙空间是最集中的公共空间。大部分公共空间由于使用的不必要性或功能无法满足目前居民生活需要出现功能衰退、环境衰败以及空间活力不足等问题。

2. 数据来源与研究方法

（1）数据来源

由于居民对空间的感知数据难以从线上获得，因此本次研究采用传统问卷调查和深度访谈的方式来获取相关数据，选取白雪屯传统村落作为实地调研地，具体数据收集地点为村落的主要公共空间。被调查居民普遍受教育程度不高，且以中老年人居多，因此采用一对一的方式进行数据收集。为保证问卷填写的质量，调查者会针对问卷选项逐一解释，帮助被调查者顺利完成问卷填写。问卷内容包括居民基本信息、公共空间使用状况、居民空间感知体验和 SD 评分表四个方面。共发放问卷 30 份，回收 30 份，所有回收问卷均为有效问卷。

（2）研究方法

本次研究主要采用了实地调研法、内容分析法和 SD 语义分析法三种。前往白雪屯实地调研后，对在白雪屯收集的不同样本表象内容进行客观、量化分析，判断、推理出相关结果。构建量化

---

[1] 基金项目：国家自然科学基金项目（52268003）：多要素解析视角下左右江流域传统村落文化景观特征与机制研究。

[2] 胡锦晨，桂林理工大学旅游与风景园林学院，硕士研究生。

[3] 冀晶娟，桂林理工大学土木与建筑工程学院，副教授。

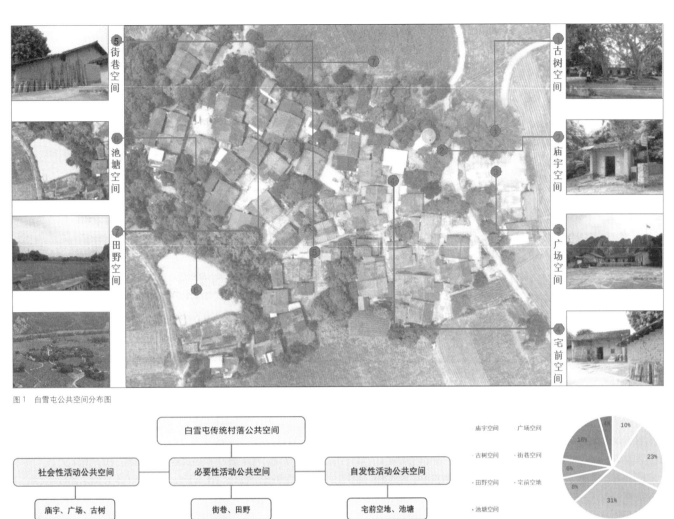

图1 白雪屯公共空间分布图

图2 白雪屯传统村落公共空间体系

图3 白雪屯居民平时喜欢去的空间

图4 社会性活动公共空间满意度

图5 社会性活动公共空间感知情况

评价，进行量化分析，可以清晰地反映空间的优劣势[9]。本次研究运用该方法来分析白雪屯公共空间功能的适应性情况。构建的SD评价因子包括社会性、必要性、自发性活动公共空间三个方面，通过被调查者的主观印象和心理感受，对白雪屯公共空间作出满意度、活动丰富度、整洁度等方面的评价，再将数据汇总分析得到各项因子的最后评分，从而对评价结果进行分析。

二、白雪屯公共空间感知分析

研究传统村落公共空间的现状问题以及居民使用需求，以关注人为主，故在研究时选择按照人的行为对公共空间进行分类，根据扬·盖尔（Jan Gehl）将公共空间中的户外活动划分成必要性、自发性、社会性活动三种类型[10]，通过归纳文献本文将白雪屯公共空间分为社会性活动、必要性活动和自发性活动公共空间三种，社会性活动公共空间包括土地庙、广场和古树空间；必要性活动公共空间包括田野和街巷空间；自发性活动公共空间包括宅前空地和池塘空间（图2）。

通过调研发现白雪屯居民偏好社会性活动公共空间，平时最喜欢去古树空间，居民们喜欢聚集古树下享受闲暇时光；其次是广场空间，以前晚上广场上有人跳广场舞，部分居民会坐在石椅上闲话家常；最后是宅前空地，村内女性居民表示喜欢在门外空地边干活边与他人攀谈，晚饭后聚集在宅前空地的太阳能路灯下拉家常（图3）。

1. 社会性活动公共空间感知分析

居民对社会性活动公共空间感知表现为积极（图4、图5）。

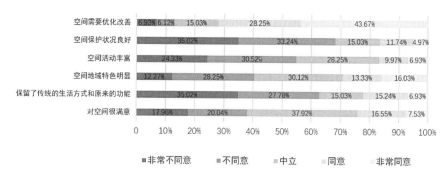

图 6 必要性活动公共空间满意度　　图 7 必要性活动公共空间感知情况

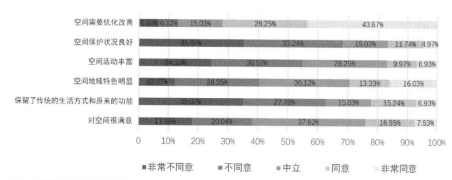

图 8 自发性活动公共空间满意度　　图 9 自发性活动公共空间感知情况

社会性活动公共空间的相关活动不够丰富，但整体来说，空间的保护状况良好。大多数被访居民对古树和广场空间的满意度较高，居民们觉得其能够满足日常沟通交流的需要。但就庙宇空间而言，居民们满意度较低，白雪屯庙宇内部容纳空间不足，且土地庙正前方是一处用轮胎围合起来的小型儿童娱乐场地。

2. 必要性活动公共空间感知分析

居民对必要性活动公共空间感知表现为消极（图6、图7）。大部分居民认为空间保护状况不好，需要改善优化，对田野空间比较满意，白雪屯居民以农耕为主，屯内可耕地种植了大量甘蔗等经济作物，他们觉得农业生产空间基本能够满足日常生活的需要。但就街巷空间而言，居民认为其卫生状况有待提升，巷道里存在堆放杂物、路面存有污垢和小段路有泥泞积水等现象，严重影响村容村貌且使得居民"行路难"。

3. 自发性活动公共空间感知分析

居民对自发性活动公共空间感知表现为消极（图8、图9）。多数居民认为空间功能急需更新优化，大部分女性被访居民对宅前空地空间很满意，其空间作晒场之用的同时可以用来做农活，利于日常生活和农业生产。对于池塘空间，居民们对其满意程度一般，池塘是以前人们挑水用水的活动空间，现在家家户户都通了自来水，池塘周边空间的活力出现低下。

4. 白雪屯公共空间功能适应性评价

功能适应性评价实质上是对使用主体与空间关系的描述判断，空间功能满足使用主体需求时，呈现为积极促进，反之则消极制约。本文借助 SD 语义分析法从居民的心理需求进行评价，依据 SD 法的"二级性"原理，针对白雪屯空间现状筛选了 20 对形容词作为评价指标（表1），根据文献整理采用"差""较差""一般""较好""好"五级评定尺度，分别赋值 −2、−1、0、1、2，如表 2 所示，绘制出白雪屯空间功能适应性评价曲线。

将数据统计整理，导入 Excel 和 SPSS 软件中分析后绘制白雪屯公共空间功能适应性评价的 SD 折线图（图10），根据折线图

白雪屯公共空间功能适应性评价语义差别量表　　表1

空间类型	具体空间	序号	评价因子	形容词对
社会性活动公共空间	庙宇	1	满意度	满意的—不满意的
		2	活动丰富度	活动多样—活动单一
	广场	3	满意度	满意的—不满意的
		4	活动丰富度	活动多样—活动单一
		5	空间趣味性	有趣的—无趣的
		6	整洁度	整洁的—脏乱的
	古树	7	满意度	满意的—不满意的
		8	空间趣味性	有趣的—无趣的
		9	保护程度	保护完好—保护缺乏
必要性活动公共空间	街巷	10	满意度	满意的—不满意的
		11	设施协调度	协调的—不协调的
		12	可识别性	可识别性强—可识别性弱
	田野	13	满意度	满意的—不满意的
		14	活动丰富度	活动多样—活动单一
		15	业态丰富度	丰富的—单一的
自发性活动公共空间	宅前空地	16	满意度	满意的—不满意的
		17	整洁度	整洁的—脏乱的
	池塘	18	满意度	满意的—不满意的
		19	水质洁净度	水质干净—水质污染
		20	空间环境品质	环境好—环境差

可以看出白雪屯公共空间功能总体适应性水平处于-1.5-1.5，无极端值出现，居民的功能适应性评价最高值不超过1.5，说明白雪屯公共空间功能的适应性水平处于中等水平，公共空间的功能更新和空间活化仍有较大的提升空间。

白雪屯公共空间功能适应性情况由好到差排列，依次是：社会性活动公共空间（4.55）＞自发性活动公共空间（-0.75）＞必要性活动公共空间（-3.83），社会性活动公共空间中古树空间的功能适应性得分最高3.53分，庙宇空间的得分较低-0.27分，两者差距较大。必要性活动公共空间和自发性活动公共空间的功能适应性得分均为负。说明白雪屯不同公共空间的功能适应效果存在差异，部分公共空间功能已经能较好满足白雪屯传统村落居民对空间功能的需求，另一部分公共空间功能弱化，无法满足居民的使用需求，使用率偏低。

三、基于居民感知分析的公共空间功能问题

1. 空间功能异化，文化传承不足

白雪屯土地庙空间狭小，广场空间功能异化，古树空间开发不足。社会性活动公共空间原本是居民休闲娱乐、交流沟通的重要空间，多数居民反映土地庙作为村落文化交往活动的重要场所，内部容纳空间不足（图11），在土地庙正前方几米之隔就是一处小型儿童娱乐场地，每当祭祀活动时只能挪步到村入口的石桌和石凳上，土地庙空间利用率不高。白雪屯广场空间由原来承载民俗节目表演、接待游客等活动的空间转向居民晒物、停车的空间（图12）。随着时代变迁，白雪屯传统文化活动传承不足，广场空间的原始娱乐、集会交往功能逐渐丧失。古树空间是居民们最喜欢去的场所（图13），还有很大的开发空间。但是随着村落的发展，人为活动的增加，普遍树龄较高的古树会逐渐处于生长弱势状态，因此居民们对古树名木的保护意识仍需增强。

2. 空间功能衰败，发展活力式微

白雪屯村庄内部街巷空间的管护存在短板，田野生产业态单一，发展活力不够。必要性活动公共空间的使用不受各种物质构成的影响，是居民们一年四季在各种条件下都会使用的空间。村内道路虽然是由政府出资建好的，但重建轻管的问题比较突出。街巷空间基础设施之间的协调度不够，路上放养家畜（图14），路边堆放杂物且可识别性较差（图15），在村里容易迷失方向。田野空间的农业生产机械化现代化程度低（图16），使得劳动力、

白雪屯公共空间功能适应性评价评定尺度　　表2

形容词（负）	差	较差	一般	较好	好	形容词（正）
例：不满意	-2	-1	0	1	2	例：满意

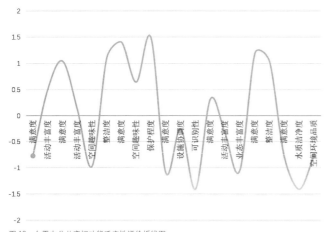

图10　白雪屯公共空间功能适应性评价折线图

图11　土地庙空间狭小

图12　广场停车空间

图13　古树休憩空间

图14　街巷空间放养家畜

图15　街巷空间堆放杂物

图16　田野间耕作

图17 宅边空地垃圾堆积

图18 宅前空地乱搭建

图19 池塘边垃圾堆积

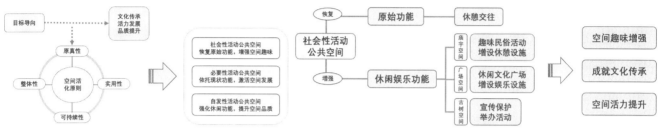

图20 白雪屯公共空间功能更新与活化利用策略图　　　图21 社会性活动公共空间功能更新与活化利用示意图

资源利用不能最大化，农作物产量和品质难以保证。大面积甘蔗田是以居民自身种植为主，田野空间发展并未注入新的功能，空间活力有待提升。

3. 空间功能弱化，环境品质欠佳

宅前屋后存在乱搭建现象，池塘缺乏合理规划利用。自发性活动公共空间的使用依赖于良好的外部条件，居民们基本能保证自家宅前空地空间的整洁度，但是宅边垃圾堆积（图17），占用周边修建的花坛、空地乱堆乱放，房屋周边私自搭建、扩建棚屋（图18）且周边菜地规范不严，空间环境品质低下；农村集体经济薄弱、农户投入较少，白雪屯池塘空间本是居民日常生活的必要空间，但随着时代发展，池塘原始功能逐步丧失，白雪屯池塘基本处于闲置状态，导致这类空间功能弱化，空间活力不足，垃圾堆积无法及时清理（图19），池塘水质很一般且周边环境品质不高，池塘的功能并未被完全发掘为居民所用。

四、白雪屯公共空间功能更新与活化利用策略

白雪屯村落公共空间功能存在诸多问题，本研究基于前文居民对村落空间的感知情况以及空间功能适应性水平、现状问题，针对社会性、必要性、自发性活动公共空间提出功能更新与活化利用策略（图20）。传统村落空间功能活化不仅仅是简单的功能置换，要在严格保留空间原真性的基础上满足当地居民的使用需求，功能与空间的适配实现空间的可持续发展，在功能活化过程中要充分考虑空间的现状存续状态，整合现有功能，因地制宜地拓展空间功能。

1. 恢复原始功能，增强空间趣味

白雪屯庙宇作为村落的"文化命脉"，可以和古树、广场空间一并打造与居民休闲为一体的娱乐场地，茶余饭后的居民们可以在古树下聊天，也可以去广场上跳舞，还可增设一些休憩设施供更多的人集聚。在特定日子，在庙宇周围开展一些趣味民俗活动，居民汇聚于此享受文化活动的同时，提升居民认同感与凝聚力。（图21）

恢复广场空间的休闲功能，考虑居民实际需求，将广场现有设施换成几张棋牌桌和几具秋千，设立宣传栏，根据村里实际情况宣传一些惠农政策和农业技术等，让留守在村里的人都能感受到空间趣味。农村科学合理建设的休闲文化广场不仅是农民在劳作之余的休闲娱乐中心，还可以提升村容村貌，更重要的是它会承载农村风俗和传播文明乡风（图21）。

古树空间最首要的就是构建科学规范的保护管理体系，强化古树巡查和保护工作，确保古树的生存环境正常；同时加大宣传力度，让广大群众知晓并参与到保护工作中来。之后适当开发其空间，在不干扰根系及其树干自然生长的前提下，围绕植物铺排空间，增强空间趣味，展现空间气质。白雪屯古树空间是居民们情感最深厚的地方，它们值得保留，不仅是为了延续场地历史与人文记忆，也是向人们展现了自然厚重而慷慨的一面。在古代有孔子杏坛讲学，现在的古树底下也可以作为居民集体会议和举办活动的场地，成就一份遥远、神秘又清晰可见的文化传承（图21）。

2. 依托现状功能，激活空间发展

白雪屯街巷空间要树立"建养并重"理念，依托空间现状提高养护质量和效率，确保有路必养、养必到位；空间基础设施的配备要和道路相协调，并定期对其进行检修；以道路节点设置独特标志物来增强街巷的辨识度，绿化带形式或道路材质的一致性来增强街巷空间的连续感，提高白雪屯内部道路的可识别性，确保村庄街巷建设成果可持续发展。

白雪屯田野空间与古老文化民俗以及现代化商业运营相融合，会催生多元的商业模式丰富村落的经济构成，会使白雪屯面貌为之一新。激活田野空间功能，寻求发展新路径，给居民们带来多元化的收入。田野空间与休闲游、采摘、康养等新业态相结合，吸引不同爱好的游客前来，昔日静谧的白雪屯将会变得有人气（图22）。

图22 必要性活动公共空间功能更新与活化利用示意图　　　图23 自发性活动公共空间功能更新与活化利用示意图

3. 强化休闲功能，提升空间品质

宅前空地的设施布置需要与生活相结合，宅前的空边角地看似分离凌乱，利用好了会有很大的经济价值和生态价值。我们看到村落宅前空地多为晾晒或聊天的场地，而多数居民表示村落里缺乏休憩设施，做些既可以晾晒又可以供人停留坐下来的空间，将宅前空地的休闲功能发挥到极致。

池塘空间功能接下来的发掘要因地制宜、合理规划，充分调动居民参与池塘治理的积极性。以居民的实际需求为基础，争取花小钱办满意事。改善池塘水质的同时提高周边空间的环境品质，吸引居民前往，激发空间活力，打造一个高品质的居民活动公共空间，为白雪屯居民创造舒适宜居的村落环境（图23）。

五、结语

本文基于居民感知，聚焦白雪屯公共空间现状问题，根据居民实际需求提出白雪屯公共空间未来的利用策略，在延续群体记忆的同时结合当代生活环境提升需求，重塑富有生命力的村落人居环境，期望能促进白雪屯传统村落自身魅力价值的永续传承，科学引导当前传统村落的发展建设，实现左江花山岩画世界遗产区传统村落的可持续发展。

参考文献：

[1] 梁志敏. 左江花山岩画遗产区域壮族传统村落的形态特点与保护发展[J]. 中国文化遗产, 2016 (4): 116-122.
[2] 张诚, 刘祖云. 乡村公共空间的公共性困境及其重塑[J]. 华中农业大学学报（社会科学版）, 2019 (2): 1-7+163.
[3] 张昀. 基于SD法的城市空间感知研究[D]. 上海: 同济大学, 2008.
[4] 黄歆. 文化景观遗产区村落保护与更新研究[D]. 广州: 华南理工大学, 2019.
[5] 王金伟, 蓝浩洋, 陈嘉菲. 固守与重塑: 乡村旅游介入下传统村落居民地方身份建构——以北京爨底下村为例[J]. 旅游学刊, 2023, 38 (5): 87-101.
[6] 孙佼佼, 郭英之. 古村落旅游地居民积极感知测度与多元影响路径——以昆山市周庄为例[J]. 经济地理, 2022, 42 (8): 213-221.
[7] 窦银娣, 徐崇丽, 李伯华. 居民对传统村落景观基因修复的感知研究——以湖南省怀化市皇都村为例[J]. 资源开发与市场, 2021, 37 (12): 1441-1447.
[8] 包亚芳, 孙治, 宋梦珂, 等. 基于居民感知视角的浙江兰溪传统村落公共空间文化活力影响因素研究[J]. 地域研究与开发, 2019, 38 (5): 175-180.
[9] 章俊华. 规划设计学中的调查分析法16——SD法[J]. 中国园林, 2004 (10): 57-61.
[10] 于明晓, 肖铭. 基于行为活动视角的社区公共空间研究[J]. 中外建筑, 2017 (10): 113-118.

基于网络耦合特征的传统村落公共空间保护性更新研究
——以贵阳市镇山村为例

陈照明[1] 李效梅[2]

摘　要：传统村落公共空间是物质和非物质遗产的重要载体，为了在当代发展机遇中落实传统村落公共空间的保护性更新实践路径，采用社会网络分析法，对镇山村公共空间网络与村民行为网络进行耦合特征研究。结果表明：当前镇山村公共空间整体结构对村民行为的引导性已不足；空间与行为网络之间的K-核耦合分布分异特征明显；节点的可达性—吸引力耦合类型差异特征明显。据此提出针对性的保护性更新策略，为相关研究实践提供借鉴。

关键词：传统村落　公共空间　社会网络　耦合特征　保护性更新

传统村落作为中华民族兼具物质和非物质文化遗产的活化遗产，具有丰富的历史、文化、社会、经济和生态价值[1]。传统村落的公共空间是这些遗产价值的重要载体，国内外有研究表明公共空间对于居住者行为具有重要影响[2-3]。然而，随着社会的发展，传统村落公共空间存在空间与村民需求脱节、保护与发展失衡等问题。如何在建设发展的机遇中更新传统村落公共空间使之更为契合村民需求，对传统村落保护具有重要意义。相关研究中，大多关注公共空间与居民行为网络之间某些节点的关系[4-5]，据此调整公共空间布局和设施，提出更新规划[6]；但这些研究较为缺少空间布局层面的协同片区与分异片区解析，以及节点层面的所有公共空间节点网络耦合类型特征分析，无法提出相应的片区公共空间更新规划策略以及相应的节点路径。鉴于此，本文以贵阳市镇山村为例，以引导/契合村民行为促进邻里交往为目标导向，应用社会网络分析法，展开基于公共空间与村民行为网络耦合特征的公共空间保护性更新研究。

一、研究方法与数据来源

1. 研究区及研究对象

镇山村是位于贵阳市花溪区石板镇的一个古村落，距今有400多年的历史，是一个典型的布依族民族村寨，具有丰富的民族风情和民俗文化。1993年被批准为"贵州镇山民族文化保护村"，1995年被批准为"贵州省级文物保护单位"，2012年被列入"第一批中国传统村落名录"，2019年认定为"第七批中国历史文化名村"。

研究选取镇山村中可供村民休憩、活动、健身、娱乐等的室外公共空间为研究对象，如广场、活动区、文化空间等。经实地调研，选取20个公共空间节点，公共空间分布及部分公共空间实景图如图1所示。

2. 研究方法

为了从不同维度解析公共空间网络与村民行为网络的耦合关系，本文拟定网络的结构、空间、节点三个层面特征指标[7-9]。

（1）结构层面

①密度：指网络的节点之间联系的紧密程度。计算公式为：

$$D = \frac{m}{n(n-1)} \quad (1)$$

式中：m为网络中包含的实际关系数目，n为网络规模，即网络节点数量。

②聚类系数：指网络节点的集聚程度，反映网络平均的"成簇性质"。计算公式为：

$$C(G) = \frac{1}{n}\sum_{i \in G} C_i \quad (2)$$

式中：n为网络规模，$C_i = \frac{2e_i}{k_i(k_i-1)}$，$C_i$指的是节点$i$的聚类系数，$K_i$指的是与节点$i$相连的节点数，而对应$K_i$个节点间实际连边的总数则为$e_i$。

③平均步数：指网络中任意两个节点之间连接步数的平均值，反映网络中各个节点间的分离程度。其计算公式为：

$$L = \frac{1}{n(n-1)}\sum_{i,j \in G, i \neq j} d_{ij} \quad (3)$$

式中：d_{ij}指节点i到节点j的最短路径，即从i到j要覆盖到的最少的节点数，n为网络规模。

④QAP相关分析：社会网络分析法中的常见方法，这种分析方法可计算两个矩阵之间的相关性。

（2）空间层面

①K-核占比：k值越高且K-核子图中包含的k核节点数越多、占比越大，网络整体就越稳定。

②K-核子图：表示其中任一节点至少与其他k个节点相连接的子图，本研究将子图图示为这些节点及连接所在的空间范围。

（3）节点层面

相对点度中心度：指某节点的节点度与该网络的最大可能节点度之比。节点度指与节点直接相连的节点数。该指标可用于比较网络内的或不同网络的节点相对活跃程度。村民行为网络中，该指

---

[1] 陈照明，贵州大学建筑与城市规划学院，贵州大学林学院，研究生。
[2] 李效梅，贵州大学建筑与城市规划学院副教授，硕士研究生导生。

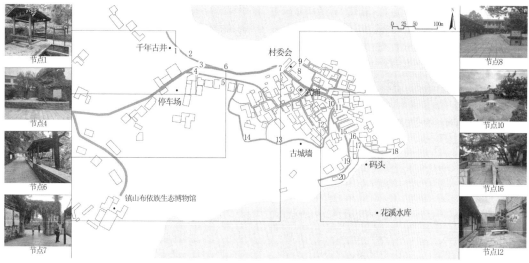

图1 镇山村公共空间分布及部分空间实景

标指代节点网络吸引力；在公共空间网络中，该指标指代节点网络可达性[9]。其计算公式为：

$$C_{RDi} = \frac{C_{ADi}}{(n-1)} \quad (4)$$

式中：C_{RDi} 为节点 i 的相对点度中心度，C_{ADi} 为该节点在网络中的节点度，$n-1$ 为 n 个节点规模网络的最大可能节点度。

3. 数据来源

（1）公共空间网络

2024 年 5 月课题组在镇山村内进行公共空间勘测调研。通过卫星地图、航拍以及实地测绘，记录 20 个公共空间节点位置并绘制道路关系。以公共空间节点之间是否有最短的道路连接为判断，构建初步的公共空间网络"0-1"矩阵；以道路距离赋值，获得赋值矩阵，并在 Ucinent 软件中转置后获得反映社区公共空间网络特点的"接近矩阵"。使用 NETDRAW 软件进行可视化处理，应用 UCINET 6.212 对三个层面指标进行计算。

（2）村民行为网络

2024 年 5~6 月课题组在镇山村内进行村民行为问卷调查，共发放问卷 105 份，回收有效问卷 98 份。获得村民日常休闲行为网络的有效停留节点间路径数据 342 条（有效停留节点时长界定为 10min[4]），据此构建村民行为赋值矩阵，解析获得反映村民日常休闲行为网络特点的"选择矩阵"。使用 NETDRAW 软件进行可视化处理，应用 UCINET 6.212 对三个层面指标进行计算。

二、结果分析

1. 结构层面

表 1 显示，镇山村公共空间网络密度、聚类系数均小于村民行为网络；公共空间网络平均步数远大于村民行为网络；空间与行为网络之间"0-1矩阵"的 QAP 相关性仅为 0.47。表明公共空间网络紧密程度、成簇性均比村民行为网络小，离散程度比村民行为网络大，网络之间相关性差。说明村民行为网络整体的自主性特点已非常突出，镇山村目前的公共空间网络整体未能契合村民行为。

2. 空间层面

表 2、图 2 显示：仅村民行为网络有 4-核，且其 2/3/4 核占比均大于公共空间网络。说明村民行为网络比公共空间网络整体稳定性好。村民行为网络 3-核子图节点 14 个，沿主要道路横穿了

镇山村网络结构指标数据　表1

	公共空间网络	村民行为网络
密度	0.1526	0.2263
聚类系数	0.338	0.569
平均步数	3.705	1.954
QAP 相关性	0.470（0-1 矩阵）	

镇山村网络空间指标数据　表2

K-核占比	公共空间网络	村民行为网络
1-核占比	1	0.9
2-核占比	0.75	0.85
3-核占比	0.3	0.7
4-核占比	0	0.35
3-核子图（涂色区）		

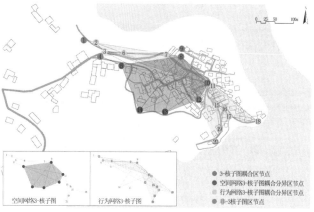

图2 镇山村网络 3-核子图耦合分布及节点

整个村落；公共空间网络3-核子图节点6个，主要分布于村落建筑群中心区。3-核子图耦合关系表现为：高耦合节点区节点3个，占比15%；空间网络3-核子图分异片区节点3个，占核子图网络节点的50%，说明空间网络3-核子图虽然属于高连接区，但占比一半的节点仍缺乏对村民的吸引，优质节点路网资源浪费较大；行为网络3-核子图分异片区节点11个，占核子图网络节点的78.6%，说明不属于空间网络3-核高连接区的节点仍然成功吸引了村民，村民行为自主性特点突出；非3-核子图区节点3个，主要散布在村域周边。

3. 节点层面

通过网络节点相对点度中心度C_{RDi}数值之和的平均值来划分公共空间网络的高可达、低可达以及村民行为网络的高吸引、低吸引节点（图3）。耦合类型表现为：Ⅰ象限高可达-高吸引，4个节点；Ⅱ象限低可达-高吸引，3个节点；Ⅲ象限低可达-低吸引，5个节点；Ⅳ象限高可达-低吸引，8个节点。以节点C_{RDi}耦合类型来解释空间层面3-核子图耦合片区（图4、表3），发现3-核子图耦合片区中的3类片区节点均有极好的节点耦合类型解释其对应关系；仅行为网络3-核子图分异区节点是来自除了Ⅱ象限之外的其他所有象限，同样表明了村民行为的自主性特点；既有的公共空间网络3-核子图分异区对村民行为的引导性、契合性差。网络节点层面节点耦合类型的4象限划分，能进一步解析出该3-核子图各耦合片区节点的网络可达性-吸引力特点。

三、讨论

1. 网络耦合特征与公共空间更新规划的关系

第一，结构层面。杨辰等（2021）[10]通过密度、聚类系数、平均步数等指标研究了空间网络与行为网络之间的相关性，探讨空间分布与居民需求的相关关系。本研究也是基于这3个指标，并增加了网络间QAP相关性分析，对村落公共空间整体布局是否满足村民需求做出判断。

第二，空间层面。石亚灵等（2018）[11]通过分析历史街区的社会网络，研究了社会网络K-核节点构成及其拓扑空间结构。本研究为克服拓扑结构图的地理信息损失，则通过空间网络与行为网络的K-核子图实际空间分布相关关系来解析网络之间的空间耦合特征，发现：①高耦合区处于村落中心区且处于主要道路周边，拥有良好的路网资源和人流量；②行为网络3-核子图分异片区公共空间节点成功吸引村民自主活动，猜测是缘于片区节点与村落主干道紧邻；③空间网络3-核子图分异片区是高可达路网资源片区，处于村落中心位置，但缺乏对村民的吸引，造成了路网资源浪费；④非3-核子图区是未能吸引村民行为活动的低可达路网资源片区，该片区主体区域尺度超过了公共空间布局临界值（300~400m）[12]，加剧阻碍了村民的邻里交往意愿。

第三，节点层面。有研究通过相对点度中心度C_{RDi}指标节点排序，指出节点网络可达性与节点网络吸引力之间相关性不明显[9]。本研究的该指标数据散点图实证了此观点。本研究应用象限划分法分析网络节点的可达性-吸引力耦合类型，结合3-核子图空间分布耦合片区，进一步发现：①高耦合区分布有节点网络高可达-低吸引的短板节点（节点12）；②行为网络3-核子图分异区分布有节点网络低可达-低吸引的节点（节点18、节点20），是村民行为活跃网络范围内的短板；③空间网络3-核子图分异区，具有节点网络高可达-低吸引特点，造成优质路网及节点资源浪费；④非3-核子图区，具有节点低可达-低吸引的特点。

因此，以引导/契合村民行为促进邻里交往为目标导向，传统村落公共空间的保护性更新可从空间网络与行为网络的结构、

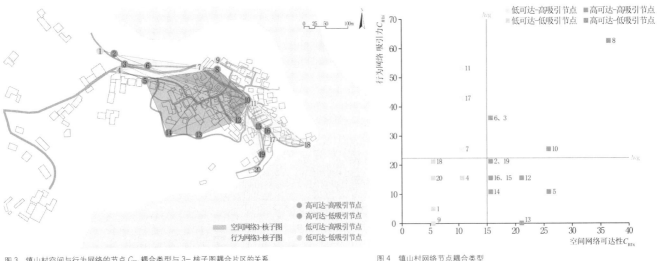

图3 镇山村空间与行为网络的节点C_{RDi}耦合类型与3-核子图耦合片区的关系

图4 镇山村网络节点耦合类型

镇山村公共空间与村民行为网络节点C_{RDi}耦合类型与3-核子图耦合片区节点的对应关系 表3

网络节点C_{RDi}耦合类型		3-核子图耦合片区	
（Ⅰ）高可达-高吸引	3、6、8、10	高耦合区	8、10、12
（Ⅱ）低可达-高吸引	7、11、17	行为网络3-核子图分异区	2、3、6、7、11、15、16、17、18、19、20
（Ⅲ）低可达-低吸引	1、4、9、18、20	非3-核子图区	1、4、9
（Ⅳ）高可达-低吸引	2、5、12、13、14、15、16、19	空间网络3-核子图分异区	5、13、14

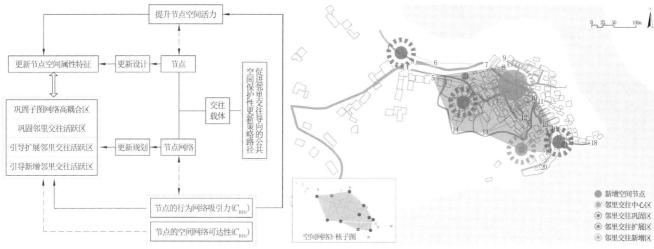

图5 促进邻里交往导向的公共空间保护性更新策略路径

图6 镇山村公共空间更新规划

空间、节点三个层面耦合特征角度来展开。结构层面是既存公共空间网络是否引导/契合村民行为网络的判断研究；空间层面用于识别出需要关注的各类耦合片区；节点层面则进一步解析出各类耦合片区短板节点。由此提出传统村落公共空间更新规划策略及实现路径（图5）：①巩固空间与行为网络K-核子图高耦合区，以短板节点的网络可达性-吸引力提升为路径，达成以高耦合区为锚的各片区间协同能力与内生动力的提升[13]；②巩固村民邻里交往活跃区，首选行为网络K-核子图分异区内网络低可达-低吸引的短板节点更新为突破；③引导扩展村民邻里交往活跃区，以空间网络3-核子图分异区内节点为核心展开；④引导新增村民邻里交往活跃区，以非K-核子图区内节点及道路数量增加为路径，节点网络可达性、K-核子图分布均衡性提高为目的。

2. 保护更新规划策略及实现路径——以镇山村为例

基于镇山村公共空间与村民行为网络的3-核子图耦合及节点耦合特征来开展（图6）：①巩固空间与行为网络3-核子图高耦合区，以短板12号节点的网络吸引力提升为路径，可通过增设节点空间内文化活动设施、增加布依族特色景观等手段来实现，弥补文化记忆逐渐消失的问题[14]；②巩固村民邻里交往活跃区，首选行为网络3-核子图分异区内网络低可达-低吸引的18、20号短板节点更新为突破，不仅需要更新改善节点公共空间的设施、绿化等属性特征，还需要改善连接它们的道路环境，向功能化维度拓展[15]，以增加通行吸引力；③引导扩展村民邻里交往活跃区，以空间网络3-核子图分异区内5、13、14号节点为核心来开展；④引导新增村民邻里交往活跃区，以非3-核子图区内节点及道路数量增加为路径，以优化该区域公共空间网络结构[16]。

四、结论

镇山村公共空间布局缺少对村民行为引导的这一判断，是通过空间与行为的网络之间结构耦合关系分析而得出的；具体的空间网络片区是否以及如何引导/契合村民行为，在展开网络K-核子图耦合特征以及网络节点耦合特征研究后得以发现。本研究以镇山村为例，展示了一种基于空间与行为网络耦合特征的传统村落公共空间更新策略路径，对中国大量存在的传统村落公共空间契合居民行为促进邻里交往导向的保护性更新实践技术路线与方法选用，以及传统村落公共空间资源可持续方向的相关研究具有重要意义。

参考文献：

[1] 王淑佳，孙九霞. 中国传统村落可持续发展评价体系构建与实证[J]. 地理学报，2021，76（4）：921-938.

[2] FRANCIS J, GILES-CORTI B, WOOD L, et al. Creating sense of community: The role of public space[J]. Journal of environmental psychology, 2012, 32 (4): 401-409.

[3] 李晴. 基于"第三场所"理论的居住小区空间组织研究[J]. 城市规划学刊，2011（1）：105-111.

[4] 杨晓琳，王雪霏. 基于行为网络与路网距离拟合分析的社区公共空间可达性研究——以广州星河湾社区为例[J]. 现代城市研究，2021（4）：11-17.

[5] 何正强. 社会网络视角下办公型社区公共空间的有效性分析[J]. 南方建筑，2014（4）：102-108.

[6] 郝军，贺勇，浦欣成. 乡村公共生活空间网络结构分析与优化策略——以浙江省安吉县鄣吴村为例[J]. 中外建筑，2020（7）：85-89.

[7] 刘军. 整体网分析讲义：UCINET 软件使用指南[M]. 上海：上海人民出版社，2009：25-29，231-235.

[8] 何正强，何镜堂，陈晓虹. 网络思维下的社区公共空间——广州市越秀区解放中路社区公共空间有效性分析[J]. 新建筑，2014（4）：102-106.

[9] 杨辰，辛蕾. 曹杨新村社区更新的社会绩效评估——基于社会网络分析方法[J]. 城乡规划，2020（1）：20-28.

[10] 杨辰，辛蕾，田丰. 基于社会网络理论的社区更新评估——以上海宝山区顾村大居为例[J]. 城市规划，2021，45（2）：109-116.

[11] 石亚灵，黄勇. 历史街区形态与社会网络结构相关性探索[J]. 规划师，2018，34（8）：101-105.

[12] GILES-CORTI B, BROOMHALL M H, KNUIMAN M, et al. Increasing walking: how important is distance to, attractiveness, and size of public open space?[J]. American journal of preventive medicine, 2005, 28 (2): 169-176.

[13] 白淑军，张雅迪. 乡村振兴视域下冀中南传统村落片区式保护利用路径研究[J]. 农业经济，2024（5）：63-64.

[14] 王葆华，王洋. 太原赤桥村传统村落公共空间重构的策略研究[J]. 城市发展研究，2020，27（5）：9-12，22.

[15] 李红艳. "媒介"之路："有用性"与"可用性"——基于一个山村60年道路建设的解读[J]. 现代传播（中国传媒大学学报），2024，46（4）：28-38.

[16] 关中美，杨贵庆，职晓晓. 基于社会网络分析法的乡村聚落空间网络结构优化研究——以中原经济区X乡为例[J]. 现代城市研究，2021（4）：123-130.

乡村聚落公共空间解析方法研究

浦欣成[1]　赵熠天[2]　朱桢华[3]　徐洁颖[4]

摘　要：乡村聚落公共空间是聚落整体形态的骨架。本文尝试从空间形态和空间关系两个方面对其进行解析。首先将连续的公共空间切分为一系列单元空间，据此建立公共空间网络；一方面基于几何形态对单元空间进行量化与分类，另一方面基于拓扑关系对整体结构进行界定与分类，建立一个从单元切分、网络建构、单元形态分析到整体结构界定的乡村聚落公共空间量化解析方法，以期对乡村聚落公共空间进行科学化、深层次、多维度的揭示，为后续的评价与优化提供导引。

关键词：乡村聚落　公共空间　单元空间　网络结构

乡村聚落通过自下而上的自组织方式生长，使其建筑的整体肌理与聚落公共空间均呈现出某种自然有机的特性；而聚落公共空间作为居民公共生活的主要载体，成为聚落形态的基本组织骨架，建构了其整体的结构体系。对于这一聚落空间结构的研究，一般可以分为定性与定量研究，其中后者作为定性研究的补充与发展，多见于借助空间句法、分形理论和景观生态学等相关方法进行研究。

空间句法理论关注于空间的拓扑结构，以连接度、深度值、整合度、可视性等指标对空间关系进行解析，戴晓玲等学者（2020）通过空间句法探究传统村落的深层空间结构，指出自然原生的村落具有双重高效的空间结构。

分形理论通过"分形维数"度量一个图形或结构体系的复杂性、自相似性等特性。鲍紫藤等学者（2022）借助分形理论中的聚集维数、空间关联维数及形态维数，研究茂名市乡村聚落的分形特征，并探讨其分形影响因素。

景观生态学提出"斑块"的概念进行空间格局分析，部分聚落研究引入斑块数量、平均斑块面积、斑块形状指数、平均最近距离、斑块密度等指标对居民点规模、形状和分布等空间格局进行分析。胡昂等学者（2023）将分形理论和景观生态学方法结合，使用建筑斑块分维数、建筑斑块密度指数、平均最近邻指数分别分析建筑的形状复杂程度、建筑分布密度及破碎度、建筑分布聚集程度，从斑块单体和整体两个层面，探究了藏族传统聚落建筑斑块的秩序与组织特征。

一、乡村聚落公共空间的单元切分

1. 公共空间边界的确定

聚落公共空间有内外两重边界。在聚落内部，公共空间与"户廓"，即由建筑实体和封闭内庭院共同构成的整体，互为图底关系。因此，公共空间的内边界为聚落内部户廓的边界（图1）。

公共空间的外边界，可视作聚落整体边界（可通过Delaunay三角网的"剥皮"法求取）去除边缘户廓边界后余下的部分，由部分"实边界"和部分"虚边界"共同组成；"实边界"即聚落边缘户廓面向聚落公共空间的部分轮廓，"虚边界"为聚落边界上在边缘户廓之间形成的虚拟边界。如图2所示，基于图底关系可以得到完整的聚落公共空间图斑。

2. 强限定与弱限定空间

根据围合状态差异，户廓边界形式可以抽象概括为"U"形、"L"形和"I"形三种类型。不同数量、类型的边界组合将产生强度不同的空间限定，较为常见有四种强限定空间，即"U"形自围合、"U"形它围合、"I"形它围合和"L"形自围合（表1）[7]。

对于"U"形自围合，首先认为其对边中较长边的有效长度视作与较短边的长度相等。此外，还需考虑对边之间距离的影响。"U"形自围合中阴角的影响范围可视为对边中的较短边与中部边界构成的等腰三角形部分，且当对边距增大到较短边长度的两倍时，达到空间围合感存在的临界点（图3）。因此，可将2∶1定为"U"形自围合成立的对边距离与较短边长度比值的上限，简称为"两倍长宽比原则"。

围合程度和路径方向限定性都较弱的空间可视为弱限定空间。由三个及以上距离较远的户廓共同限定而成的空间是典型代表（图4-a）。此外，常见的还有聚落边缘的"L"形围合空间、由三个"I"形边界围合的空间等（图4-b）。

3. 公共空间切分

强限定空间的边界一般比较明确，可以在整体空间中首先切出。在空间限定程度判断的基本原则之上，加入阴角影响范围原则、两倍长宽比原则等数理条件，即可完成强限定空间边界的提取。

强限定空间提取完毕后，剩余的公共空间是由所有弱限定空间组成的整体图斑，在其中将聚落边界、户廓边界的转折点作为基本控制点，并加入部分户廓顶点对邻近户廓边界所作垂线的端点作为优化控制点，生成公共空间的优化Delaunay三角网，即可初步确定弱限定空间的边界。根据凸空间原理对相对琐碎的三角形进行适度合并，得到一系列空间感较为明确的"单元空间"（图5）。

---

[1] 浦欣成，浙江大学建筑工程学院建筑系，副教授。
[2] 赵熠天，杭州九米建筑设计有限公司。
[3] 朱桢华，浙江省湖州市城市投资发展集团有限公司。
[4] 徐洁颖，浙江大学建筑工程学院建筑系，硕士研究生。

强限定空间及空间特征汇总表 表1

类型	"U"形自围合	"U"形它围合	"I"形它围合	"L"形自围合
图示	∪	∪	‖	∟
空间收敛性强度	最强	稍强	稍弱	最弱
路径方向性限定强度	较强	较弱	较弱	较强

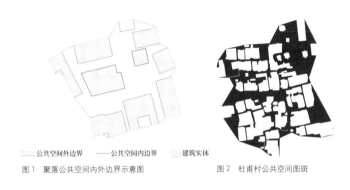

图1 聚落公共空间内外边界示意图　　图2 杜甫村公共空间图斑

图3 两倍长宽比原则示意图

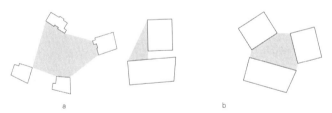

图4 弱限定空间示意图

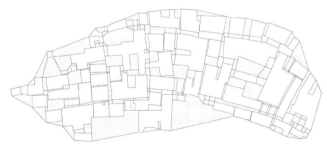

图5 白下村单元空间示意图

图6 白下村单元空间网络示意图

二、乡村聚落公共空间网络图

乡村聚落公共空间作为村民室外公共生活的空间载体，组织起一系列建筑单体，因而公共空间可以被视作聚落整体形态的骨架，其中蕴含着聚落的整体结构。把每一个单元空间视作一个空间节点，以其为抽象表征，将相互之间通过虚边界邻接，即具有直接空间联系的单元空间通过联系线两两连接起来，得到一个空间结构网络图。每一个节点附有该单元空间欧氏几何层面的形态信息，网络联系线则表达了聚落公共空间整体拓扑几何层面的关系信息，可以作为聚落公共空间量化解析的基础（图6）。

三、单元空间解析

1. 单元空间属性

形态层面的属性，可使用欧氏几何范畴的指标表达。空间基本属性有大小、比例、方向与围合度，大小可以诉诸面积，比例与方向可以通过最小外接矩形的长宽比及其长轴的角度表征（图7）。围合度即单元空间实体边界长度在边界总长度中的占比。

关系层面的属性，选取拓扑几何范畴的"连接值"，即与该单元空间直接相邻的其他单元空间的数量作为表征，在空间网络图中反映为每个节点所具有的联系线数量。

2. 单元空间分类

研究选取围合度这一对空间限定感有重要影响的指标，用于单元空间形态维度的评价；选取连接值这一对通行行为有重要影响的指标，用于单元空间关系维度的评价。将连接值为1，只能通过唯一的路径与外部联系的单元空间定义为尽端空间。将连接值为2，在两个方向上与外部连通的单元空间定义为穿越空间。路径数量大于等于3的单元空间则成为多条路径的集散点，对邻近空间有一定的控制力；在这类空间中，围合度大于或等于0.5的空间领域感较明确，围合度小于0.5的空间领域感较模糊，可分别定

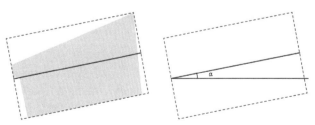

图7 最小外接矩形及长轴角度示意图

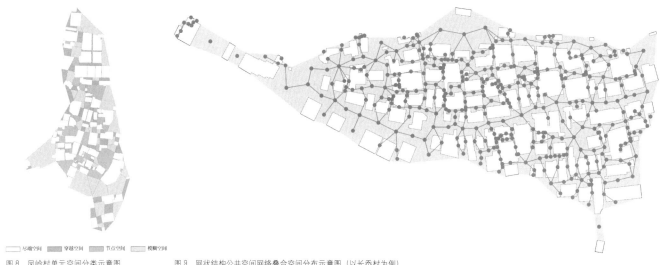

图8 凤岭村单元空间分类示意图　　图9 网状结构公共空间网络叠合空间分布示意图（以长岙村为例）

图10 半网状结构公共空间网络叠合空间分布示意图（以上葛村、下庄村、南石桥为例）

义为节点空间和模糊空间。据此，按照形态和关系特征将单元空间分为尽端空间、穿越空间、节点空间和模糊空间四类。以凤岭村为例，在聚落平面中用四种颜色分别表示四种类型的单元空间，即该村单元空间分类图（图8）。

四、从单元到整体

1. 基于空间形态属性

单个单元空间体现出微观特性，而大量单元空间的重复或组合会呈现出整体的宏观规律。在对所有单元空间进行特征量化与分类后，运用统计学方法分析其整体规律，能够探究聚落公共空间的整体性特征。

比如，穿越空间大多表现出狭长的空间形态，矩形或类矩形；与这些空间相邻的建筑倾向于表现出类似于行列式的布局特征；因而穿越空间占比越大，聚落整体越能够表现出较强的秩序性。再如，某聚落单元空间面积的标准差较大，则说明其公共空间尺度跨度较大，因此空间系统会显得较为紊乱。

2. 基于空间关系属性

在关系属性方面，引入复杂网络理论，运用社会网络分析法对聚落公共空间的结构网络特征进行量化分析。根据聚落公共空间网络图提取出二值无向邻接矩阵，即可在社会网络分析软件中进行计算。将网络中心度、层级边关联度等不同指标的度量结果进行耦合，进行多次排序分级，可以综合得出相对准确的聚落公共空间整体稳定性排序及分级。此后，将整体稳定性分级结果与实际的聚落空间形态特征相结合，可以将聚落空间结构区分为网状、半网状、树状三种典型类型[9]。

网状结构指整体稳定性数值低、稳定性强的结构。其度数中心性低，单个节点度数的突变对整体影响小，网络规模大；中间中心性低，无子群聚集倾向，均衡性强（图9）。

半网状结构的整体稳定性数值居于中间位置，属于此类的聚落占总体数量的大多数，虽然数量众多，但彼此之间又存在一定细微差异（图10）。

树状结构则指整体稳定性数值大、网络稳定性差的结构，且度数中心性高，单个节点度数突变明显，网络规模小；中间中心性高，空间网络往往呈现出以一个或少数几个节点为核心展开的状态，结构性脆弱，网络均衡性差。呈现此类空间关系结构的聚落一般较为疏松（图11）。

不同类型的结构大致能反映其所处的不同阶段。相对而言，网状结构发展较为成熟，半网状次之，而树状大多处于初期阶段。这在其保护、更新等研究中可以作为结构优化与提升的依据。

五、小结

本研究遵循从解构到重构的分析思路，先将整体而复杂的聚落公共空间分解为易于解析的小尺度单元空间，再着眼于形态和关系

图 11 树状结构公共空间网络叠合空间分布示意图（以施家村为例）

两个维度，从单元空间形态到整体网络关系进行逐步深入地解析，构建了一个乡村聚落公共空间解析的方法流程，以期对乡村聚落公共空间进行科学化、深层次、多维度的揭示，为后续聚落空间的评价及更新设计优化提供一定的技术支撑与导引。

参考文献：

[1] 戴晓玲，浦欣成，董奇．以空间句法方法探寻传统村落的深层空间结构[J]．中国园林，2020，36（8）：52-57．

[2] 蔡为民，唐华俊，陈佑启，等．近 20 年黄河三角洲典型地区农村居民点景观格局[J]．资源科学，2004（5）：89-97．

[3] 胡昂，普昊，宋远，等．藏族历史文化村镇聚落斑块特征研究[J]．工业建筑，2023，53（5）：73-79+87．

[4] 刘申朴．基于体感舒适度的浙江省传统聚落公共空间量化分析[D]．杭州：浙江大学，2019．

[5] 浦欣成，王颖佳，黄倩．乡村聚落边界形态求取的量化方法探析[J]．建筑与文化，2020（12）：189-191．

[6] 蔡子君．浙江地区传统乡村聚落公共空间平面形态的量化切分研究[D]．杭州：浙江大学，2020．

[7] 赵熠天．浙江传统乡村聚落公共空间平面形态多层级切分量化研究[D]．杭州：浙江大学，2021．

[8] 黄铃斌．浙江地区传统乡村聚落公共空间平面形态的量化研究[D]．杭州：浙江大学，2019．

[9] 朱桢华．浙江乡村聚落公共空间的单元形态及其网络结构量化研究[D]．杭州：浙江大学，2022．

内蒙古荒漠化地区乡村人居环境满意度评价及优化研究
——以鄂尔多斯撒家塔村为例[1]

聂倩[2] 任群[3] 高芬[4] 骆晨[5]

摘 要：优化乡村人居环境，改善村民生活质量，是当前内蒙古荒漠化地区乡村建设的迫切目标和任务。根据其地域特征和农村实际状况，以鄂尔多斯撒家塔村为研究对象，建立人居环境满意度评价体系，分析其人居环境建设现状；以帕森斯"社会行动理论"为理论依托，基于 AGIL 模式建构撒家塔村人居环境优化结构，对其建设中存在问题进行切实可行的优化路径。研究指出：①优化人居环境是当前荒漠化地区新农村建设中实现其复兴与转型的重要前提。②以撒家塔村为代表的内蒙古荒漠化地区乡村配套设施服务不完善、居住条件脏乱差和产业结构单一是制约其人居环境品质的主要因素。③基于 AGIL 模式的撒家塔村人居环境优化是从微观层面探讨其乡村人居环境优化操作的一次成功示范，该模式通过整合多方利益和责任，完成乡村人居环境评价分析到优化路径间的搭建，引导形成了撒家塔村人居环境优化系统。

关键词：荒漠化　乡村人居环境　AGIL 模式　优化结构

城乡二元体制框架内的中国乡村，长期置于"城市增长目标导向"下，以乡养城、以农促工，被动成为城市发展的"输液者"[1]。其维系千年以血缘、地缘、业缘为纽带的"自下而上"的乡村自治[2] 逐渐被肢解，中国广大乡村正面临着生态环境的严重破坏、乡村文化的逐渐失落、乡土社会的日渐瓦解，而呈现出全面衰败的景象。欲实现中国现代乡村转型与复兴[1]，优化其人居环境成为先决条件和迫切任务。

乡村人居环境是乡村地域内农户生产生活所需物质和非物质的有机结合，是一个动态的复杂巨系统，其功能转换和演变具有内在规律[3]，其研究综合了建筑学、城乡规划、地理学等学科，以创造宜人人居环境为共同目标[4]。反观中国人居环境的理论研究大多停留在城市层面，有关乡村人居环境的研究较少涉及，且各个学科间"孤军奋战"势必得出"盲人摸象"的结论[17]。以往政府"自上而下"的乡村治理，极大遏制了村民自我"织补"、自主"造血"的动力，"城市眼光"整治规划下的同质化乡村"村非村、城非城"，使之走向"异化"的极端。可见，多学科间交叉综合，多方力量共同参与的乡村人居环境建设成为一条无法绕开的路径。

自 2014 年鄂尔多斯推行"十个全覆盖"工程以来，撒家塔村的基础设施、生态环境、居住条件等得到了较大改善，但仍停留在"头痛治头，脚痛医脚"的外部治理层面，缺乏系统而综合的规划整治，村民的参与度也不高。因此，研究基于乡村人居环境科学交叉性、综合性和复杂性特征，借用地理学研究成果[3, 6, 17, 18] 构建撒家塔村人居环境满意度评价体系，深入了解当地村民对人居环境建设的内心期望和实现感知[6]，明确建设过程中亟待优化指标层；运用社会学研究成果[8-10, 19, 20] 建立撒家塔村人居环境优化结构；最后，从建筑学、城乡规划学和景观学[7, 14, 16, 21] 实际操作层面探寻撒家塔村人居环境建设的路径，以期为内蒙古荒漠化地区乡村人居环境优化和新农村建设提供方法论的支持和实践的示范。

一、研究对象概况

撒家塔村位于鄂尔多斯市东胜区罕台镇西南方向，距东胜区 20km、康巴什新区 15km，210 国道、旅游专线贯通全村，交通便利，易达性好，属于典型的城市边缘区自然村（图 1）。撒家塔村辖 2 个社和 10 个村民小组，共计 535 户、1478 人，根据实地调研，撒家塔社和刘家渠社现居 40 户和 28 户，空心化极为严重。撒家塔村占地面积 65km^2，丘陵沟壑地貌，地处阿布亥川发源地，荒漠化程度低，为东胜区四小江南之一。撒家塔村境内为农牧交错区，种植业和畜牧业为撒家塔村两大主导产业。

二、撒家塔村人居环境满意度评价

乡村地区群众对其人居环境质量评价涉及的内容广泛而复杂，个人感知的不确定性导致了评价结果的含糊性，具备"模糊性"的特征，如若采用原始的计算模型必然存在较大的误差。因此，采用模糊理论对撒家塔村民居的人居环境满意度进行模糊综合评价，更具科学性和可操作性。

1. 撒家塔村人居环境满意度评价指标体系的建构

人居环境从内容上可以划分为"自然系统""人类系统""社会系统""居住系统"和"支撑系统"五个方面[4]，具备涉面广、层级多、内容杂等特点。撒家塔村人居环境满意度评价指标体系，遵循全面性、层次性和精简性原则，以求尽量涉及影响人居环境品质的各个方面，建构清晰的指标层级，精简各层面和层级内容，达到其人居环境质量评价的可操作性。根据以上原则，结合相关文献研究，基于荒漠化乡村的地域特征，经过调研、分析、筛选，形成了 1 个目标层 A，5 个系统层 B，34 个指标层 C 构成的撒家塔质量评价指标体系（表 1）。

---

[1] 基金项目：2023 国家级大学生创新训练计划"非遗铜官窑文创产品'叙事性'设计研究"（项目编号：S202311538001）；2023 年湖南省教育厅优秀青年项目"基于交互叙事的非遗铜官窑文化数字化传播设计研究"（项目编号：23B0921）。
[2] 聂倩，长沙理工大学建筑学院。
[3] 任群，湖南女子学院美术与设计学院。
[4] 高芬，浙江世茂企业管理有限公司。
[5] 骆晨，长沙理工大学建筑学院。

2. 指标权重的确定

通过咨询专家和村民意见，确定系统层 B 和指标层 C 各指标的相对重要性，根据模糊层次因子分析法计算得出各指标的权重。由表 1 可知，目标层 A（撒家塔村人居环境满意度评价）的权重 W=（0.3103,0.2414,0.2069,0.1379,0.1035），系统层 B（自然生态环境（B1）、基础设施（B2）、建筑质量（B3）、社会关系及服务（B4）、经济发展水平（B5））对应的权重分别为：

W_1=（0.1634, 0.1391, 0.1854, 0.0463, 0.1622, 0.1159, 0.0718, 0.0927, 0.0232）

W_2=（0.1538, 0.1282, 0.2051, 0.0769, 0.0257, 0.2308, 0.1795）

W_3=（0.2414, 0.1379, 0.2069, 0.1035, 0.2759, 0.0345）

W_4=（0.1293, 0.2598, 0.0577, 0.1732, 0.2356, 0.1444）

W_5=（0.2773, 0.1849, 0.0924, 0.1373, 0.2465, 0.0616）

3. 评价矩阵的确定

定义评价集矩阵 V=（V_1, V_2, V_3, V_4, V_5），式中 V_1, V_2, V_3, V_4, V_5 分别代表为非常满意、较为满意、一般、较为不满意、非常不满意。定义分类层的评价矩阵 R_k=（r_{ij}）$m \times n$，k=1, 2, 3, 4, 5；m 为各支持层的评价指标个数，n 为评价等级个数。r_{ij} 是选择某项人数占总人数的比例，即为各指标的隶属度，数据来源于调查问卷。相应指标层的 R_1、R_2、R_3、R_4、R_5 数值可由表 1 得出。

4. 满意度分层次模糊综合评价

模糊综合评价中，上一层次的综合评价由下一层次的综合评价所得。那么，撒家塔村人居环境满意度评价的目标层模糊综合评价矩阵为：

$B_1=W_1R_1$=（0.2143, 0.2701, 0.1989, 0.1955, 0.1212）

$B_2=W_2R_2$=（0.1538, 0.3386, 0.2149, 0.2112, 0.0815）

撒家塔村人居环境满意度评价指标体系、权重及隶属度 表1

目标层（A）	系统层（B）	指标层（C）	各指标隶属度（V）				
			V_1	V_2	V_3	V_4	V_5
撒家塔村人居环境满意度评价	自然生态环境（B_1）[0.3103]	饮水水质（C1）[0.1634]	0.2059	0.5000	0.1471	0.1176	0.0294
		植被保护（C2）[0.1391]	0.5000	0.2059	0.2941	0.0000	0.0000
		空气质量（C3）[0.1854]	0.4412	0.4706	0.0588	0.0294	0.0000
		耕地水质（C4）[0.0463]	0.0588	0.5294	0.4118	0.0000	0.0000
		土地荒漠化（C5）[0.1622]	0.0882	0.1176	0.2647	0.3235	0.2059
		垃圾回收（C6）[0.1159]	0.0588	0.0882	0.0882	0.4706	0.2941
		污水处理（C7）[0.0718]	0.0000	0.1176	0.1471	0.5000	0.2353
		粪便处理（C8）[0.0927]	0.0294	0.0588	0.3824	0.2353	0.2941
		村容村貌（C9）[0.0232]	0.1176	0.2059	0.2059	0.2647	0.2059
	基础设施（B_2）[0.2414]	交通便利（C10）[0.1538]	0.0882	0.3529	0.2353	0.1765	0.1471
		道路质量（C11）[0.1282]	0.1176	0.2059	0.3235	0.2941	0.0588
		供电系统（C12）[0.2051]	0.1765	0.5000	0.1471	0.1471	0.0294
		有线电视（C13）[0.0769]	0.2353	0.4412	0.1765	0.1471	0.0000
		宽带安装（C14）[0.0257]	0.0294	0.1176	0.1765	0.2647	0.4118
		自来水入户（C15）[0.2308]	0.2353	0.3529	0.0882	0.2647	0.0588
		公厕质量（C16）[0.1795]	0.0882	0.2059	0.3824	0.2059	0.1176
	建筑质量（B_3）[0.2069]	设计式样（C17）[0.2414]	0.1176	0.2059	0.2941	0.2059	0.1765
		建筑面积（C18）[0.1379]	0.1765	0.7059	0.0882	0.0294	0.0000
		朝向采光（C19）[0.2069]	0.1176	0.4412	0.2647	0.1471	0.0294
		建筑通风（C20）[0.1035]	0.1176	0.5000	0.2353	0.0882	0.0588
		建筑保温（C21）[0.2759]	0.0294	0.1471	0.3235	0.4118	0.0882
		建筑景观（C22）[0.0345]	0.0882	0.1471	0.1176	0.2647	0.3824
	社会关系及服务（B_4）[0.1379]	文化娱乐（C23）[0.1293]	0.0588	0.2059	0.2647	0.3235	0.1471
		医疗保障（C24）[0.2598]	0.0000	0.1765	0.2647	0.2059	0.3529
		整治宣传（C25）[0.0577]	0.1176	0.2059	0.4412	0.1765	0.0588
		村委管理（C26）[0.1732]	0.1176	0.1471	0.5294	0.1471	0.0588
		治安条件（C27）[0.2356]	0.1765	0.6765	0.1471	0.0000	0.0000
		邻里关系（C28）[0.1444]	0.3529	0.3824	0.2647	0.0000	0.0000
	经济发展水平（B_5）[0.1035]	收入水平（C29）[0.2773]	0.0588	0.4412	0.3235	0.1471	0.0294
		就业条件（C30）[0.1849]	0.0294	0.1176	0.3235	0.1176	0.4118
		新农技推广（C31）[0.0924]	0.0588	0.1176	0.2059	0.1176	0.5000
		商业网点（C32）[0.1373]	0.0294	0.0588	0.2353	0.5588	0.1176
		产业结构（C33）[0.2465]	0.0294	0.0882	0.5294	0.2059	0.1471
		新能源推广（C34）[0.0616]	0.0294	0.2647	0.3529	0.2353	0.1176

$B_3=W_3R_3=$（0.1003，0.3357，0.2556，0.2161，0.0923）
$B_4=W_4R_4=$（0.1273，0.3244，0.2930，0.1310，0.1243）
$B_5=W_5R_5=$（0.0403，0.2011，0.3531，0.2154，0.1901）
目标层的模糊综合评价得分为：
$A=WR=$（0.1461，0.3006，0.2434，0.1967，0.1132），
依据最大隶属度原则，撒家塔村民对其人居环境的总体满意度为V_2，即较为满意。

5. 评价结果的特征分析

虽然撒家塔村民对其人居环境满意度总体评价为较为满意，但24.34% 的村民认为一般，19.67% 的村民较为不满意，11.32% 村民非常不满意，总体满意度为44.67%，未超过半数。此外，B_1~B_5根据最大隶属度原则，村民对自然生态环境、基础设施、建筑质量、社会关系及服务均较为满意，但对经济发展水平则认为一般，反映了城市边缘乡村村民矛盾心理。从表1数据统计结果可知：

（1）自然生态环境评价分化明显，不同指标对应满意度与不满意度所占比例均较大。村民对饮水水质、空气质量、植被保护等满意度非常高，其中，空气质量的满意程度高达91.18%，植被保护与耕地水质为零差评；相反，村民较为关注的污水处理和垃圾回收问题的不满意率均在70%以上，超半数人认为粪便处理不当、土地荒漠化严重。

（2）基础设施综合评价较为满意，特定指标项的不满意度针对性强。村民对交通便利度、供电系统、有线电视等满意度均较高，但仍有41.18%的村民对宽带安装非常不满意，仅29.41%和32.35%的村民对公共厕所和道路质量表示满意。这反映出村民互联网需求的提升与宽带基础设施的缺乏之间的矛盾，以及改善公共厕所质量和硬化道路的需求。

（3）建筑质量整体评价较好，个别指标项不满意率较高。目前，撒家塔村住宅主要分为三大类：第一类为2000年后新建的三合院，第二类为20世纪80~90年代建的红瓦灰砖房，第三类为最早的土墙房（图1）。村民对建筑面积、通风、采光等满意率高，但对于建筑保温不满意率达到50.00%，建筑设计的好评率仅为32.35%。这是因为鄂尔多斯地区属于温带季风性气候，夏无酷暑，而冬季寒冷漫长，干旱风沙大，冬季最冷温度达-10℃ ~-13℃，建筑的保温成为居住条件的最重要的性能之一。

（4）社会关系及服务总体评价满意，对应指标的满意与不满意度集中。该村外来人员较少，村民对其内部的治安条件和邻里关系的相当满意，而集中对医疗保障和文化娱乐活动的不满意率达到分别达到了57.06%和55.88%，这是由于目前撒家塔村并未设置卫生所和文化娱乐活动场地。

（5）经济发展水平总体评价一般。撒家塔常住村民的主要收入依靠种植业和畜牧业，收入水平低，村民对其产业结构、就业条件、新农技推广的满意率分别为11.78%、14.70%、17.64%。这是典型的城市边缘地带自然村落长期被动地为主城区输出单一的农产品，工业产品和农产品之间不断拉开的价格"剪刀差"[7]，使得村民收入回报率越来越低，村民迫切希望调整其主导产业结构、优化就业条件、加强新农技和新能源的推广，提升物质回报率。

三、撒家塔村人居环境优化

帕森斯（Talcott Parsons）的社会行动理论及AGIL模式是研究社会行动系统如何维持其行动系统动态平衡的社会学基础理论[10]，而乡村人居环境是一个复杂而开放的系统，其优化工程是一项多方力量共同参与的社会行为，亦是一个完整的社会行动系统。借用帕森斯的社会行动基础理论，运用AGIL模式建构撒家塔村人居环境优化行动结构，以此提出其人居环境优化切实可行的实施路径。

1. 帕森斯的社会行动理论及AGIL模式

社会行动系统是在遵循"目的—手段—条件"的原则下，由若干个"行动单元（Unit Act）"共同执行完成的[8]。1953年，帕森斯进一步完善了其结构和功能，提出AGIL模式[9]，将社会行动系统分为：有机行为系统、人格系统、社会系统和文化系统，各子系统承担着适应功能（A）、达皓功能（G）、整合功能（I）和维模功能（L）[19]（表2）。

图1 撒家塔三种类型乡村住宅（从左至右依次为第一类至第三类）

AGIL模式含义[20]　　表2

子系统	基本功能	系统含义	具体行为
有机行为系统	适应功能（Adaption）	系统必须通过自身调节适应其不断变化的外部环境	从外环境获得所需资源，在系统内进行分配
人格系统	达皓功能（Goal Attainment）	系统所做出的每一个行为都在目标的指导下进行的	确定系统目标的次序并调动资源和引导资源去实现目标
社会系统	整合功能（Integration）	系统必须将各个部分联系在一起，并使之协调工作，不至于出现脱节和断裂的情况	系统将各行动主体以一定的关系整合起来
文化系统	维模功能（Latency Pattern Maintenance）	为确保系统可持续运作，必须拥有维护处于潜力模式的特定机制	约束各行动主体及其相互间的行动

2. 基于AGIL模式的撒家塔村人居环境优化行动系统

（1）行动主客体

撒家塔村人居环境的优化是一项多方力量共同参与的行动，以撒家塔村村民、自治区各级政府、专业技术人员、非营利组织等为"行动主体"[10]；以优化自然生态环境、加强基础设施建设、提高建筑水平、改善社会关系及服务、提升经济发展水平五个系统层的优化指标为"行动客体"（图2）。

（2）行动子系统

A：资源与分配——适应功能。撒家塔村人居环境的优化需要获得资金、技术、建材等支持，并进行合理分配。以资金的投入和分配为例，2015年，罕台镇"十个全覆盖"工程，罕台镇政府投入资金197万元，部门投入资金1934.3万元，农民自筹资金254万元，共计2385.3万元[11]。

G：优化与实施——达鹄功能。根据撒家塔村人居环境满意度评价体系，通过问卷调查和模糊评价，确定优化指标项，且每个优化的指标由不同部门和团队主导。例如，安全饮水工程、通电设施工程、道路硬化工程、商业点设置工程分别由水务局、交通局、文化局、商务局负责主导和落实。

I：行动共同体—整合功能。在政府"自上而下"的基础之上，充分发挥村民"自下而上"本体地位，激活乡村内部自我完善能力。以罕台镇政府为主导，撒家塔村委协助，村民、企业、规划设计人员、施工队伍、新农技推广专员等构成撒家塔村人居环境优化具体操作的行动共同体。

L：价值与规范—维模功能。为确保优化行动贯彻实施，不同部门出台相关文件，村民、政府、企业之间达成相关约定和尊重当地俗成。

（3）行动结构

在多学科、多力量分割下的人居环境优化各"行动客体"各行其是的行动模式，导致大量乡村规划是复制型的或无法落地。因此，在提升规划技术的同时，制度建设和实施机制等多方面需进行综合提升。本文以帕森斯的AGIL模式作为分析框架，构建撒家塔村人居环境优化行动结构（图3）。

3. 撒家塔村人居环境优化路径

（1）改善基础设施，优化生态环境

第一，加大公厕建设、饮水工程、垃圾回收、粪便处理等公共设施的投入。目前村民住宅内并未设置厕所，对村内现有公厕进行改造，并增建标准化冲洗厕所（图4）；为满足农业和畜牧业生产需要，撒家塔村布局分散而无规律，实现每户自来水入户工程过于巨大，根据距离最优原则和住户聚散程度在村内规划设置集中供水点2处；经整治已集中清理5处重点垃圾堆积点，并设置垃圾收集点形成垃圾回收系统。第二，加强医疗、文化、商业等公共设施建设。村内设置固定医疗救治点，村民医疗保险率达到100%；原有的撒家塔村政府建筑改造为村民文化娱乐场所；依据村民自愿原则，将部分住宅改造为商住建筑。第三，整治荒漠化、提升绿地率。在禁止砍伐树木基础上，加强室外徒步绿道和村中景观节点建设（图5），重视经济类树木投入，已种植各类灌木32000多株。

（2）合理乡村规划，改善居住条件

规划作为政府管理城乡建设的重要抓手，是协调城市与乡村、管理者与民众、人与自然的重要工具[12]。城乡统筹发展背景下的乡村规划整治远远不是城市标准化规划所能满足的。目前，中国乡村社会结构、产业模式、生活方式等发生了巨大转变，不管是乡村规划整治，还是建设制度、实施机制都面临着新的挑战，亟待全面而系统提升，才能使乡村人居环境优化得到有效的贯彻实施。撒家塔村规划突破了传统"自上而下"标准化规划向"上下联动"式"倡导式规划"转型[13]，充分尊重村民意愿，弱化了规划师、建筑师等专业人员和政府部门的干预。撒家塔村规划和住宅改造特色体现在：第一，强化前期调研工作。专业人员挨户进行访谈调研、住户编号，并对每户住宅使用状况、宅基地范围、存在的问题、住户需求等基本情况进行存档。第二，大拆不大建。针对撒家塔村建筑私搭乱建、占地面积过大、院落脏乱等现状，采用拆除不使用或极少使用的建筑空间，对保留区域进行精简式集中重点改造，提升整体的整洁度（图6）。第三，公私改造区域明确。公共空间政府负责，村民住宅自行改造。每户根据自身经济状况和住宅情况在宅基地范围内进行改造，罕台镇提供定额资金支持，对使用太阳能利用设备、秸秆保温材料等住户额外增加补助；建筑设计人员提供多种改造方案供村民选择，对建筑风格、布局方式等进行宏观把控，并有专业施工队和驻场建筑师提供现场指导；而撒家塔村委则主要负责协调各方人员。

（3）产业多元化，重振乡村活力

欲实现乡村转型，必须发展产业结构的多元化，带动乡村地区

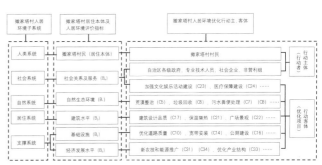

图2 撒家塔村人居环境子系统、评价指标、优化行动的主客体关系图

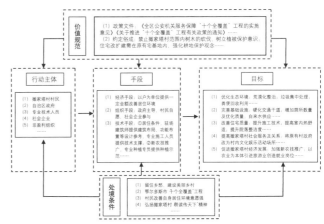

图3 撒家塔村人居环境优化行动结构

图4 修建中的公厕

图5 村中景观节点

☐ 保留区域　☐ 加建区域　☐ 拆除区域

图6　撒子义家住宅改造前后对比照（左为改造前，右为改造后）

经济的发展。相比城市，乡村的清新空气、纯洁水质、田园风光等正是城市所缺乏的，立足地域特色，发展特色产业，向城市输出稀有资源成为当代乡村能与城市再次竞争的资本，实现乡村可持续的绿色发展。撒家塔村处于鄂尔多斯东胜与康巴什城区往来的必经地带，具有优越的区位优势；村聚居点灌木稀疏有致、空气品质优良，在气候干旱、荒漠化严重鄂尔多斯具有明显"小绿洲"效应，夏季自发来此旅游者较多。根据撒家塔村区位优势和"小绿洲"效应，设置"哈尼"亲子菜园，以企业承包农民土地，为其提供免费水、电、土地租金等政策优惠的经营模式；打造休闲徒步基地，以撒家塔村委、东胜区徒步协会、妇联等为主体构成了徒步健身协会，定期组织民众在撒家塔村组织健身、徒步、休闲等活动。

四、结论与讨论

（1）建设具有内蒙古荒漠化地域特色的美丽乡村实质是建构其宜居的人居环境。欲摆脱当前乡村建设千层一面的窘境，首先，建构具有荒漠化特征的人居环境满意度评价体系，明确制约其品质提升的主因；其次，形成系统的乡村环境优化结构；最后，以乡村治理为外在载体，建设适宜当地人居住的生活环境。

（2）配套设施服务、居住条件和产业结构是制约撒家塔村人居环境品质提升的主因。相比其他荒漠化地区村落，撒家塔村自然环境优美，但随着村民生活方式的改变和生活品质需求的提升，给水排水、垃圾粪便处理、医疗保障、文化娱乐活动等配套设施服务质量有待改善；建筑的供暖保温、功能造型、结构施工等缺乏专业技术指导，严重影响建筑的安全性和舒适度；村产业结构单一，村民生活成本高，迫切希望发展产业的多元化。

（3）基于AGIL模式的撒家塔村人居环境优化行动系统可作为内蒙古荒漠化地区乡村人居环境优化行动机制的范式。针对当前中国乡村人居环境治理缺乏合理而切实可行优化机制的情况，本文采用AGIL模式，在已有的乡村人居环境满意度评价体系的基础上，从微观层面建构撒家塔村人居环境优化行动系统。它打破了"自上而下"政府决策式的乡村环境整治的单一模式，构建政府"自上而下"、村民"自下而上"、外部力量共同参与的行动体，确保资金的投入，明确优化整治项目及其各项目负责的人或团体，使得撒家塔村人居环境优化这一行动的持续开展。

参考文献：

[1] 朱霞，周阳月，单卓然．中国乡村转型与复兴的策略与路径——基于乡村主体性视角[J]．城市发展研，2015，22（8）：38-44．

[2] 王冬．族群、社群与乡村聚落营造——以云南少数民族村落为例[M]．北京：中国建筑工业出版社，2013：33-84．

[3] 李伯华，曾菊新，胡娟．乡村人居环境研究进展与展望[J]．地理与地理信息科学，2008，24（5）：70-74．

[4] DOXIADIS C A．Action for Human Settlements[M]．Athens：Athens Publishing Center，1975．

[5] 吴良镛．人居环境科学导论[M]．北京：中国建筑工业出版社，2001：38-61．

[6] 李伯华，杨森，窦银娣．城市边缘区人居环境的民居满意度评价及其优化——以衡阳市珠晖区鄳湖乡为例[J]．广东农业科学，2012（6）：201-204．

[7] 杨贵庆，戴庭曦，王祯，等．社会变迁视角下历史文化村落再生的若干思考[J]．城市规划学刊，2016（3）：45-54．

[8] TALCOTT P．The Social System[M]．London：Routledge&Kegan Paul Ltd．，1951：1-14．

[9] TALCOTT P，SMELSER N J．Economy and Society——A Study in the Integration of Economic and Social Theory[M]．London：Routledge&Kegan Paul Ltd．，1984．

[10] 张鹰，洪思雨．传统聚落营造的社会行动机理及其运作系统建构[J]．建筑学报，2016（5）：103-107．

[11] 罕台镇2015年"十个全覆盖"工程进展情况[EB]．2015-11-10．

[12] 齐康，邹德慈，阮仪三，等．以人为本·绿色·留住乡愁"深度关注人与自然和谐关系的城乡翠花思考"笔谈会[J]．城市规划学刊，2016（3）：1-10．

[13] 张尚武，李京生，郭继青，等．乡村规划与乡村治理[J]．城市规划，2014，38（11）：23-28．

[14] 赵万民．城市化进程中的江津现代人居环境建设[M]．南京：东南大学出版社，2007：195-203．

[15] 张京祥，申明锐，赵晨．乡村复兴：生产主义和后生产主义下的中国乡村转型[J]．国际城市规划，2014，29（5）：1-7．

[16] 周庆华．黄土高原河谷中的聚落：陕北地区人居环境空间形态模式研究[M]．北京：中国建筑工业出版社，2009：185-214．

[17] 李伯华．农户空间行为变迁与乡村人居环境优化研究[M]．北京：科学出版社，2014：216-224．

[18] 周侃，蔺雪芹．新农村建设以来京郊农村人居环境特征与影响因素分析[J]．人文地理，2011，26（3）：76-82．

[19] 张栋，蒋占峰．AGIL模式：农村科技创新体系建构框架[J]．中国农业科技导报，2013，15（1）：170-175．

[20] 王山，尹文嘉．农村群体性事件治理路径的外部环境研究——基于AGIL模式[J]．陕西行政学报，2013，27（2）：26-29．

[21] 剑艳丽．中国乡村治理的本原模式研究——以巴林左旗后兴隆地村为例[J]．城市规划，2015，39（6）：59-68．

文化基因视角下成都彭镇老街的保护与更新研究

赵贝妮[1] 熊瑛[2]

摘　要：成都彭镇老街作为历史悠久的文化遗产，承载着丰富的文化基因和地域特色，迄今仍以世居居民生活为主。本研究旨在从文化基因的视角出发，探讨彭镇老街在现代化进程中的保护与更新策略。研究首先对彭镇老街的显性文化基因与隐性文化基因进行全面地识别和分析，发现存在建筑风貌受损、交通流线杂乱以及文化基因杂糅等问题，并采用文化基因理论分析和实地调研的方法，探究彭镇老街的保护更新策略，策略强调在尊重和保护彭镇老街原有空间肌理和文化基因的基础上，通过适度的更新创新，激发老街的活力，提升其社会功能和文化价值，为历史文化街区文化基因的保护和传承提供参考。

关键词：文化基因　历史文化街区　保护与更新　成都彭镇老街

在我国新时代城市发展背景之下，历史文化街区成为城市文化传承最典型的符号形象。近年来，为满足现代功能需要进行的城市改造中，往往冲击了历史文化街区的保存，从中也凸显出保护与更新的种种矛盾。彭镇老街作为展现成都市地域性与时代性的重要载体之一，储存了大量有价值的历史信息，保存了传统川蜀地区的建筑风貌和风土人情[1]。因此，探索彭镇老街的保护与更新，发掘深层次的文化基因，对提升成都的城市竞争力与城市活力有着重要的现实意义和学术价值。

一、文化基因理念下历史文化街区的研究基础

1. 文化基因释义

"基因"也叫遗传因子，这一概念来源于生物遗传学，是指携带遗传信息的基本物质单位。而"文化基因"的概念最早出现于牛津大学理查德·道金斯发表的《自私的基因》，书中用生物学基因遗传的观点解释社会现象，并基本确定了"文化基因"理论的研究与发展。此外，苏珊·布莱克摩尔在《谜米机器》中进一步指出"文化基因"作为一种复制因子与生物基因具有相似性[1]，文化基因也会通过自然选择的方式实现适者生存，不适者淘汰，从而推动整体的进化和发展。

2. 文化基因理念下的历史文化街区保护研究

随着学科之间的不断演进，"文化基因"的概念也渗透到建筑学与规划学等诸多领域的研究中，为城市文化的发展提供了一个全新的视角和思路。近年来，文化基因理念在我国历史文化街区研究中已取得一定的探索成果，如袁媛（2013）提出文化基因在历史街区中的表现，可根据其载体的表现方式的不同分为显性、隐性、行为活动三种[2]。此外，还有周佳昱（2021）、常玉（2022）等学者通过结合实际案例，探讨了文化基因理念在历史文化街区保护实践中的启示意义和指导作用。

与生物基因类似，文化基因也分为显性与隐性的双重作用机制，显性文化基因如实物和特征，如空间肌理、街巷格局、建筑风格等，直接展现出街区的历史文化底蕴，而隐性文化基因则包含着历史文化、传统民俗等非物质性的元素，这些因素在潜移默化中影响着街区居民的行为和思维方式。显性基因和隐性基因之间的相互作用旨在说明历史文化街区的保护，除了关注街区的物质层面修复，还需重视非物质层面的保护。这种全面认识有助于建立更为完善的保护体系，确保历史文化街区的可持续发展和传承。

二、彭镇老街概况与基因识别

1. 彭镇老街概况

彭镇位于四川省成都市双流区，始建于明代永乐年间，原名为永丰场，是双流古镇场之一。彭镇老街是清初至 1941 年间彭镇最重要的街区，老街核心区域均为传统川西民居，是彭镇历史、人文、民俗、商贸的浓缩，现今仍保留着传统生活空间和传统生活方式。

2. 显性文化基因识别

（1）空间基因

①街巷格局：彭镇老街内有三条主要街道，分别为永丰街、马市坝街、新街。永丰街是其中最长的一条街，长约200m，纵深可达 20m，西侧接壤马市坝街，呈现横向"丁"字形展开，东侧接壤新街。其中，马市坝街商业性较强，游客居多；新街生活气息浓厚，世居居民偏多。三条主要街道之间穿插数条较为狭窄的小巷道，共形成五个出入口。

②院落布局：老街整体院落肌理仍保留着小尺度的合院式及店铺式的基本单元，其中合院式按照围合方式可以概括为"一"

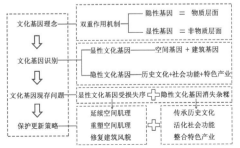

图 1　历史文化街区保护与更新思路框架

---

[1] 赵贝妮，西南交通大学。
[2] 熊瑛，西南交通大学，副教授。

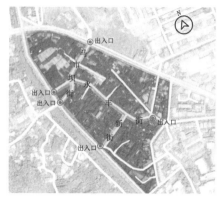

图 2 彭镇老街街道分析

字形、三合院、四合院以及曲尺形四种,并呈现无序、不规则的布局状态[4]。

（2）建筑基因

①建筑风貌：沿老街排布的建筑多为砖木结构的穿斗式川西民居,以大出檐、小天井为主要特点,色彩清淡朴实,但现今也增添了部分现代彩色元素,功能上以商业与居住为主。

②建筑遗存：老街内历史价值较高的建筑有观音阁老茶馆（马市坝街 44 号）、民国旅馆（永丰街 111 号）、镇公所院落（永丰街 20 号）三所。其中,观音阁老茶馆始建于明代中后期,民国初期开始用作茶铺并沿用至今,成为当今彭镇老街内的人气核心商铺,并于 2016 年列入"第五批历史建筑保护名录"[3]。

3. 隐性文化基因识别

（1）历史文化

彭镇老街的历史文化悠久,隐藏着许多文化名人和历史记忆,清代儒学大家刘沅创立的槐轩学派就诞生于此,槐轩学派是一门会通三家思想,全面阐释传统文化,且自成一派,影响了长江南北的学术体系。老街内还承载着浓厚的时代记忆,部分建筑的外立面和观音阁老茶馆中保留着中国不同历史阶段留下的标语,凝固了那个独特时期的社会思潮和政治氛围。

（2）社会功能

彭镇的传统生活方式延续相对稳定,故老街中的传统生活方式保存也较为完好,原住居民保留着原有的生活方式,在这里仍然可以看到理发店、老面坊等代代相传的百年店铺,以及打铁匠、弹棉花等古老的传统行当。

（3）特色产业

老街内富含茶文化、川剧文化、竹编工艺等多种文化元素孕育出来的产业形式。以观音阁老茶馆为文化产业链的主要象征,"新生长"出的茶馆数量逐渐增多,且这些茶馆不再局限于传统的茶文化体验,而是逐渐融入了餐饮、娱乐以及公共服务等多种功能。近年来,彭镇老街的独特魅力吸引了大量摄影与美术产业的入驻,2022 年开启了第一届以"安逸生活"为主题的彭镇摄影周。

三、彭镇老街文化基因现存问题

1. 显性文化基因受损失序

（1）缺乏公共空间

彭镇老街内部人行道与非机动车道共用,老街内未划分非机动车的停车区域,这使老街内非机动车的数量增加以及随意停放的现象愈加严重,且较多商家将门前摊位延续到步行道上,占用了大部分通行与驻足空间,也剥夺了非物质文化遗产如传统手工艺在街区中进行交流与展示的空间,以及景观绿化等休闲空间。该现象在马市坝街与永丰街的相交处尤为严重,该街口有接近 700m² 的空间[3],但受摊位摆放的影响,公共空间严重缺失,秩序混乱,节假日高峰期间仅留有 2m 左右的通行宽度。

（2）交通流线杂乱

历史文化街区的入口节点具备集散人流和初步展示街区风貌特征的作用。首先,从空间基因与信息符号基因的角度上考虑,彭镇老街的入口并未为游客提供一个充裕的集散地,并缺少与游客互动的识别符号；其次,部分沿街建筑被用作租赁房或居民居住,并与游客共用一条道路,导致该区域流线与功能的杂乱。以马市坝街为例,本条街道的商业性较强、客流量较大,但街道端头的 44 号商铺被作为后厨使用,这种不合理的布局不仅影响到游客的通行效率,也影响到马市坝街道入口的整体界面,降低了街道品质和吸引力。

（3）建筑风貌受损

彭镇老街内大部分建筑具有历史风貌,但部分建筑立面经改造后色彩混乱,店面招牌、广告日趋现代化、平庸化,这些不当的处理方式,使得沿街建筑立面杂乱无序、不成体系,失去了原本的历史面目。经实地调研发现目前存在 5 处沿街建筑处于未被充分利用的状态,内部堆砌杂物,外部立面陈旧、破损脏污。其余环境部分仍存在基础设施及配套设施老化,电力电线裸露、乱接的问题,这些因素影响到建筑整体的美观性及居住品质。

2. 隐性文化基因消失杂糅

非物质层面的基因是街区体验文化内涵的核心要素,但随着城市建设步伐的加快,历史文化街区在更新的过程中,植入大量现代化元素,这使得彭镇老街原有的烟火人情与文化气息被冲淡,如曾经为老街聚集了一定人气的槐轩文化,现今淡出视野；老街内存在过多类似的文化元素和产业形式,导致街区缺乏识别性与归属感,失去了本有的街区性格与文化特色。

四、彭镇老街保护与更新策略

与彭镇老街类似,宽窄巷子作为成都的历史文化街区之一,展现出明清时期的建筑风格和独特的民俗文化,承载着成都丰厚的文化基因。然而,如同其他历史文化街区一样,宽窄巷子也面临着保护传统文化与促进现代化发展的双重挑战,为了有效提升街区的整体质量,宽窄巷子采取了一系列措施,包括修复历史建筑、改善环境和提升公共服务设施等。通过对比分析宽窄巷子等历史文化街区的案例,我们可以发现它们在保护策略和发展模式等方面具有一定的相似性；同时,这些街区在保护传统文化、推动旅游发展和促进地方经济等方面也面临着共同的挑战和机遇。因此,彭镇老街在保护与更新的过程中,可以借鉴其他街区的成功经验,并结合自身实际情况,制定更为科学和有效的保护与发展策略。

1. 显性文化基因的保护与更新策略

（1）延续空间肌理

空间肌理是彭镇老街的精髓所在,应保护与延续彭镇老街既有的自然质朴肌理,保留三条主要街道贯穿整体的街巷布局,以及小尺度、小体量,商铺与居住相结合的传统建筑风貌,维护街

图3 彭镇老街文化基因现存问题

巷与建筑的统一性和整体性特征，避免因现代建筑的置入破坏其原有风貌。

（2）重塑空间形态

①整合用地功能：在延续老街空间格局的基础上，应适当扩充部分街道的公共空间规模，并整理用地功能。首先，延续原有的街区主要公共空间，如入口广场及三条主要街道的交会点，这些公共空间将是形成主要人流的集聚点；同时在其他小巷道的会合处，可将街口适当放大，形成一些较小的街巷空间，用以绿化或休憩，营造开敞的公共空间体系。其次，根据街道特性梳理用地功能，如马市坝街主要以商业为主导，商业功能应置于首要地位，避免街道功能过于分散化。

②梳理交通流线：对非机动车流线、游客流线与居民流线三者之间的关系进行梳理，如规范与明确非机动车的停车区域与停车路线，避免发生人车拥堵的现象。街区管理部门可与商家合作，统一规划商家摆摊区域，确保摊位摆放合理有序，不影响整体交通的安全通畅。

（3）修复建筑风貌

①保护历史建筑：历史建筑历经漫长的历史变迁最终保留下来，并作为彭镇老街的标志物和独特的景观节点，丰富了街区的建筑风貌，故对历史建筑的修复应以原真性、完整性的保护为前提。以老街内的观音阁老茶馆为例，在后期修复过程中，应在保留原有建筑风貌与特点的基础之上，对建筑进行结构加固和修复，尽力恢复原有外观与材质，并延续历史所遗留下的文化景观，使用功能上沿用茶馆的商业形态。

②延续建筑特色：彭镇老街建筑的修缮整治仍以川西传统民居建筑风格为主，对于老街内普通类建筑的修复，应采取延续基因的更新途径，使其与相邻的传统建筑风貌相协调；周边区域的现代风格建筑，可适当融入川西民居风格的元素，形成完整与统一的建筑特色。此外，三条主要街道两侧的沿街建筑作为彭镇老街传统文化的重要物质空间载体，需要严格保护传统商铺界面，在延续街道的传统韵味的同时，避免整体环境的单调感。如对建筑立面的牌匾、招牌等元素进行整治更新，应在体现店铺特色的同时，保持其尺寸、材质和色彩的统一。

③改善人居环境：建筑基因的修复应做到特色与功能的协调统一，在延续建筑外部特色的同时，也要满足其基本功能。对于有居住性质且具备历史风貌的建筑，在不改变外部格局的同时，应在建筑内部增设或修缮生活必需的功能空间，满足居民基本生活使用需要。对于环境方面的改善，应清除强加植入的不协调元素并疏通管线，更换老旧设施设备，提高生活空间的亲和力与舒适度，构建空间畅通、舒适宜人的人居环境。

2. 隐性文化基因的保护与更新策略

（1）传承历史文化

彭镇老街蕴含丰富的传统文化元素，应进一步挖掘与延续这些宝贵的文化资源，达到唤醒老街的记忆、传承地域文化的目的。如在老街沿街建筑的廊下空间用以展示街头传统工艺，并设立游客亲手体验与制作的交流活动，以提高游客对非物质文化遗产制作过程的了解，增加文化的趣味性与体验感；此外，可以结合当代科技手段，开发老街的数字化展示平台，通过虚拟现实技术展示老街的发展历程、文化特色，使彭镇老街焕发新的活力。

（2）修复社会功能

彭镇老街的空间形式基于其传统的生产生活方式和商业业态。在进行改造与更新的同时，应注意对历史生态的保护，如居民的传统生活方式以及传统业态形式，避免介入现代大体量的居住和商业业态，以确保彭镇老街能够保持其独特的历史文化特色和社区氛围。

（3）整合特色产业

每个历史文化街区都应具备自己独特的性格和整体的叙事性，不同的历史文化街区在定位、产业形态和商业氛围等方面各有差异。应对彭镇老街的性格进行合理定位，并依照街巷特征和属性进行相应的业态整合和功能细化，如彭镇老街整体讲求保留街区自然生长的肌理，延续原有生活风貌，以展现市井生活、槐轩文化、传统手工艺等元素为主，在此基础上应考虑整合或去除缺乏特色和识别性的商业，深入挖掘传统产业的特色，拓展并扩大与彭镇老街发展相结合且具备文化统一性的商业，其从而确保传统产业的可持续发展与特色IP的塑造。

五、结语

本文从文化基因的视角入手，从显性物质基因和隐性非物质基因两个层面深入挖掘彭镇老街的本质内涵，并以此为依据，分类讨论老街的保护与更新策略，策略强调应准确把握彭镇老街的风貌特征和文化内涵，稳固地加以保护和更新，才能使彭镇老街在历史长河中铭刻其独特的物质形态，留存独特的人文记忆，希望本研究为解决历史文化街区保护中所产生的问题提供参考，以及为实现彭镇老街更好地保护和可持续发展提供参考。

参考文献：

[1] 李云燕，赵万民，杨光. 基于文化基因理念的历史文化街区保护方法探索——重庆寸滩历史文化街区为例[J]. 城市发展研究，2018,25(8)：83-92+100.

[2] 袁媛. 文化基因视角下太原旧城区历史街区保护与更新研究[D]. 西安：西安建筑科技大学，2013.

[3] 王瑞雪. 历史街区景观保护与可持续发展研究[D]. 成都：四川师范大学，2019.

[4] 邹美贤. 共生思想下传统生活空间的重塑[D]. 雅安：四川农业大学，2022.

太行山区乡村聚落空间分布的微观地形响应机制研究

王 月[1] 张桓嘉[2] 苑思楠[3]

摘 要：研究聚焦于太行山区，旨在探讨复杂地形对乡村聚落空间分布的影响，通过数理统计等方法在微观三个尺度揭示了聚落空间分布的地形响应机制。结果表明，微观尺度下的聚落具有地方性特征，采用地形因子指标体系进行计算，多数的乡村聚落空间分布会受到地形复杂度的影响。研究揭示了聚落与地形间复杂的相互作用关系，传统村落保护提供客观数据，丰富了乡村地理学的研究内容，为乡村聚落保护和可持续发展提供了重要参考。

关键词：乡村聚落 空间分布 山地地形

一、研究背景

聚落即人类聚居之地[1]。聚落通常表示人类在地表上各种不同形式的居住地，它们构成了地理景观的重要组成部分，展现了人类活动与地理环境之间复杂的相互关系。乡村聚落与其所承载的经济、社会和自然环境紧密相连，更是它们之间复杂相互作用的体现。

近年来，乡村振兴战略深入实施，传统村落保护迈入崭新阶段。基于我国的地形地貌特征，乡村聚落的空间分布情况存在南多北少、东多西少的特点，关于山区范围的乡村聚落相关理论研究在川渝、滇西北和江浙丘陵等南方一带开展较多。关于太行山区乡村聚落整体区域性研究，其一是通过地理区位进行划分，如郝平等关于河北太行山东麓的村落研究[2]，刘亚伟等关于河南南太行山的村落研究[3]，田海京津冀地区传统村落研究[4]；其二是通过时空演进的研究，代表的学者有张慧等，其进行了太行山区乡村聚落时空分布和演进特征的研究[5]；其三是通过太行八陉进行划分，八陉作为古代的交通要道，与太行山区紧密联系，具有军事、交通、文化等多重属性，王尚义在《刍议太行八陉及其历史变迁》一文中较早地明确了太行八陉的历史意义[6]。因此，围绕陉道展开的聚落研究也不断出现，如蔡佳祺以八陉中的井陉古道作为主要研究对象，从文化线路遗产视角切入，对太行山区传统村落进行空间解析。

太行山区中南北行太行山脉东西两侧差异明显，地形复杂，因此聚焦地形这一自然环境因素有益于深入挖掘乡村聚落对于地形的适应性。本研究探究太行山区乡村聚落空间分布对微观地形的响应机制。

二、研究方法

1. 研究范围界定

本研究基于国家发展和改革委员会、文化和旅游部发布的《太行山旅游业发展规划（2020-2035）》，明确了地域研究边界。这一广阔的地域以南北走向的太行山脉为核心，所涵盖的区域横跨北京、河北、山西、河南四个省市，共78个县区，分为东太行山区、西太行山区和南太行山区共三个片区。在该研究范围囊括了太行八陉中的多个重要地段，具体包括军都陉的南端，飞狐陉与蒲阴陉的中段，以及井陉、滏口陉、太行陉、白陉和轵关陉的北端（图1）。

2. 地形因子指标体系构建

地形是描述地表起伏形态的综合概念，它具有复杂而不规则的几何形态。地形因子是地理学研究中的重要参数，它提供了一种量化、客观的方式来描述和理解地形的复杂性与多样性。地形因子拥有明确的数学表述和物理定义，它们可以通过DEM数据直接或间接地计算得出，也可以通过实地测量得出。

根据目前已有文献[8,9]，学者们通过计算分析已得到大量的地形因子，基于科学性、区域性、定量化和有效性原则进行筛选。太行山区以山地地形为主，该地形均可由坡面构成，因此坡面因子是此次地形因子研究中的重要构成部分。在考虑上述四项筛选原则后，初步筛选的太行山区微观地形因子及其分类如表1所示。

三、聚落空间分布的微观地形响应机制

1. 聚落空间的地形复杂度

对2.4万个乡村聚落的15项地形因子数据的分别进行分析。双峰型数据有高程、坡向变率、地形位指数，其中高程在79.9~148.7m、905.4~974.2m的两个区间出现了两处高值；坡向变率在58.3~105.6、908.8~956的两个区间出现了两处高值；地形位指数在0.08~0.15、0.39~0.46的两个区间出现了两处高值。坡向指标直方图整体呈正态分布，峰度<0，为低峰态，-1°~0°区间的数据说明该部分点所处地形为平面，数据主要的分布区间在70.4°~234.1°，说明乡村聚落大部分处于半阴坡、阳坡，具有较好的日照环境。平面曲率、剖面曲率、全曲率均呈正态分布，且峰度均>0，为尖峰态其他地形指标均呈右偏态分布，且偏度均>1，均为高度右偏，其中坡长因子的偏度和峰度最高，说明坡长数据分布与正态分布的不同偏离程度越高对2.4万个乡村聚落的15项地形因子数据进行综合分析。由于地形因子的计算均在DEM数据的基础上计算完成，因此15项地形因子之间会存在一定的相互关联，以了解其相关程度。通过对15个地形因子的直方图和正态曲线的拟合程度判断，其正态性数据检验结果不满足于正态分布规律，不能对于数据的线性关系和方差齐性提出假设的皮尔逊（Pearson）相关系数，因此，对于15个地形因子数据采取斯

---

[1] 王月，天津大学建筑学院。
[2] 张桓嘉，天津大学建筑学院。
[3] 苑思楠，天津大学建筑学院，副教授。

太行山区初步筛选地形因子   表1

空间范围	坡面因子	具体指标	符号	量纲	指标说明
微观	高程因子	高程（Elevation）	EL	m	描述地形表面某点的高度
	坡面姿态因子	坡度（Slope）	SLO/β	°	描述地形表面倾斜程度，为坡角的正切角
		坡向（Aspect）	ASP/α	°	描述地形表面法线在水平面上的投影的方向，为斜面的倾角的正切值
	坡面变率因子	坡度变率（Slope of Slope）	SOS	—	描述地形表面坡度在微分空间的变化程度
		坡向变率（Slope of Aspect）	SOA	—	描述地形表面坡向在微分空间的变化程度
	坡面曲率因子	平面曲率（Horizontal Curvature）	HC/C_h	m^{-1}	描述地形表面在垂直方向上的曲率特征
		剖面曲率（Profile Curvature）	PC/C_p	m^{-1}	描述地形表面在水平方向上的曲率特征
		全曲率（Total Curvature）	CUR/C_{tol}	m^{-1}	描述地形表面在水平和垂直方向上的变化程度，体现地形曲面的弯曲特性
	坡长因子	坡长（Slope Length）	SL	m	描述从坡顶到某一水平距离点的沿最大倾斜方向的水平投影长度

皮尔曼（Spearman）相关系数进行分析。由于 15 个地形因子的量纲并不一致，需要对数据进行标准化处理，通过标准化处理的数据进行相关性分析最终得到如图 2 所示的双变量相关矩阵图。

通过图 2 可知，除坡向变率因子外，大部分地形因子之间存在一定的相关性，且在 0.05 的水平上具有显著性，其中各个地形因子之间以正相关为主。其中，坡度与地形起伏度、地形粗糙度和地形切割深度具有极强的相关性。而地形湿度指数仅与坡长、剖面曲率呈正相关关系，与其他地形因子均为负相关关系。值得注意的是，在图中出现了一部分大于 0.8 的数值，这说明因子之间可能存在多重共线问题，因此，需要通过容许度和膨胀因子（Variance Inflation Factor，VIF）进行线性检测。将数据放入 SPSS 统计软件中进行线性检测，其中出现了多个容忍度 < 0.1，VIF > 10 的情况，这说明一些变量之间存在严重共线关系。

乡村聚落地形复杂度的主成分结果如表 2 所示，累计方差贡献率为 80.758%，利用初始特征值总计大于 1 的提取得到 5 个主成分因子，其贡献率分别为 37.217%、16.905%、11.608% 和 8.359% 和 6.668%。

所有地形因子在各主成分的特征向量如表 3 所示。在主成分中，荷载较高且均为正的地形因子有坡度、地形位指数、地形起伏度、地形粗糙度，其以地形的起伏变换和切割程度为主，可将其命名为"地形起伏因子"；在主成分二中，荷载较高且为正值的是地形因子为剖面曲率，荷载较高且具有负值特征的地形因子为全曲率和水平曲率，可将其命名为"地形曲率因子"；在主成分三中，荷载较高且为正值的地形因子为高程变异系数，荷载较高且为负值的地形因子为高程，可将其命名为"地形高程因子"；在主成分四中，荷载较高且均为正值的是坡长和地形湿度指数，由于坡长在地形分析中通过计算溯流的水流长度得到，这两个指标均与地形水文分析相关，可将其命名为"地形水文因子"；在主成分五中，荷载较高且为正值是坡向变率因子，可将其命名为"地形变率因子"。

根据表 2 主成分的贡献率，最终得到影响乡村聚落分布的地形复杂度公式，如下：

$$F=(0.3722F_1+0.1691F_2+0.1161F_3+0.0836F_4+0.0667F_5)/0.8076 \quad (1)$$

式中，F_1 地形起伏因子的贡献率为 37.22%，其中的地形因子包括坡度、地形起伏度、地形位指数、地形粗糙度。坡度较为直观地说明山地起伏情况，而地形起伏度、地形位指数、地形粗糙度均可表示地形切割、侵蚀程度，均说明乡村聚落受地形起伏因子影响作用较高。

为反映 15 种地形因子与地形复杂度计算公式（1）的直接对应关系，通过成分矩阵中的每列主成分因子的系数除以其相应的特征值的平方根后能得到单位特征向量 a_{ij} 每个指标的综合评价指数可以由公式（3）求出，最终可得到太行山区每个乡村聚落的地形特征影响综合得分对应公式（4）：

$$a_{ij}=\frac{x_{ij}}{\sqrt{y_i}} \quad (2)$$

式中：a_{ij} 为地形因子指标 j 在第 i 个主成分中的系数值；x_{ij} 为地形因子 j 在第 i 个主成分中的载荷系数；y_i 为第 i 个主成分中对应的特征值。

$$b_j=\frac{\sum_{i=1}^{n}a_{ij}\times z_i}{\sum_{i=1}^{n}z_i} \quad (3)$$

式中：b_j 为地形因子指标 j 的影响综合评价指数；z_i 为地形因子的第 i 个主成分的贡献率，a_{ij} 为地形因子指标 j 在第 i 个主成分中的系数值。

$$\begin{aligned}F=&0.0372\times EV_s+0.2451\times SLO_s+0.0448\times ASP_s\\&+0.1695\times SOS_s+0.0941\times SOA_s-0.0877\times HC_s\\&+0.0973\times PC_s-0.1099\times CUR_s+0.0860\times SL_s\\&+0.2487\times RDLS_s+0.2411\times TR_s+0.2283\times TCD_s\\&+0.1228\times CV_s+0.1509\times TPI_s-0.0455\times TWI_s\end{aligned} \quad (4)$$

式中：s 表示该指标的标准化处理。

采用此公式对太行山区乡村聚落 2.4 万个乡村聚落的标准化数据带入计算，最终得到 2.4 万个乡村聚落的乡村聚落所处位置的地形复杂度，所有乡村聚落的整体地形复杂度结果集中分布在 −3.67~3.47 之间，个别聚落的地形复杂度较高。

2. 聚落空间对地形响应情况解析

在 ArcGIS 中对所有聚落地形复杂度进行优化的热点分析（Optimized Hot Spot Analysis），以所有乡村聚落的地形复杂度为分析字段，最终可以得到如图 2 所示的结果，可以得到基于所有聚落的地形复杂度，以及具有置信度的冷热点空间分布情况，其中具有置信度的乡村聚落数量为 12931 个，占所有乡村聚落数量的 52%，说明微尺度地形特征对于乡村聚落的空间分布具有重要影响，建立地形因子评价指标进行量化分析具有必要性。在具有置信度的乡村聚落数量中，其中热点数量为 4889，占比为 37%，冷点数量为 8042，冷点占比 63%，冷点数量占比高于热点数量占比，说明在微地形特征综合得分较低，即地形复杂度较低的乡村聚落更容易聚集。

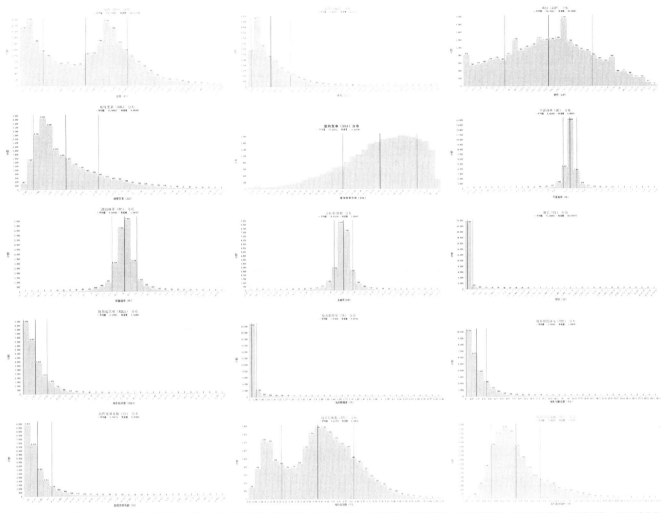

图1 所有乡村聚落的高程、坡度、坡向、坡度变率、坡向变率、平面曲率、剖面曲率、全曲率、坡长、地形起伏度、地形粗糙度、地形切割深度、高程变异系数、地形位指数、地形湿度指数数据直方图

地形因子主成分及特征值方差贡献率累计结果　　表2

成分	初始特征值			提取载荷平方和		
	总计	方差百分比	累积 %	总计	方差百分比	累积 %
1	5.583	37.217	37.217	5.583	37.217	37.217
2	2.536	16.905	54.122	2.536	16.905	54.122
3	1.741	11.608	65.730	1.741	11.608	65.730
4	1.254	8.359	74.089	1.254	8.359	74.089
5	1.000	6.668	80.758	1.000	6.668	80.758
6	0.980	6.531	87.289			
7	0.599	3.990	91.279			
8	0.488	3.254	94.534			
9	0.374	2.496	97.030			
10	0.283	1.887	98.917			
11	0.115	0.766	99.683			
12	0.033	0.218	99.901			
13	0.010	0.064	99.965			
14	0.004	0.029	99.994			
15	0.001	0.006	100.000			

地形因子主成分荷载矩阵　　表3

地形因子	成分				
	1	2	3	4	5
高程	0.570	0.072	-0.743	-0.079	0.021
坡度	0.961	0.089	0.171	0.084	-0.008
坡向	0.228	0.015	0.053	-0.252	0.147
坡度变率	0.731	0.134	-0.109	0.090	-0.014
坡向变率	-0.004	0.023	0.022	0.003	0.987
水平曲率	0.119	-0.777	-0.040	0.039	-0.010
剖面曲率	-0.031	0.862	0.070	-0.251	-0.029
全曲率	0.073	-0.971	-0.068	0.200	0.017
坡长	-0.120	0.294	-0.143	0.823	0.038
地形起伏度	0.958	0.092	0.186	0.105	-0.009
地形粗糙度	0.845	0.100	0.252	0.189	-0.020
地形切割深度	0.948	-0.061	0.172	0.152	-0.003
高程变异系数	0.061	-0.027	0.900	0.062	0.007
地形位指数	0.885	0.091	-0.404	-0.034	0.012
地形湿度指数	-0.629	0.312	-0.111	0.559	0.004

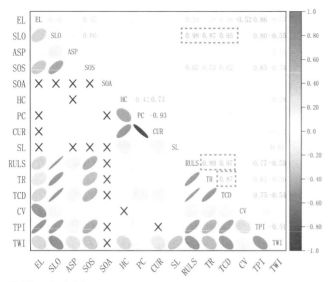

图2 乡村聚落地形因子双变量相关矩阵

热点聚类结果标准椭差特征分析　　表4

类别	个数	X轴标准距离	Y轴标准距离	椭圆扁率	角度
1	465	83.62	35.77	0.40	47.08
2	205	30.84	67.84	0.37	36.12
3	1030	44.45	81.05	0.29	175.15
4	617	31.13	83.29	0.46	7.15
5	217	25.26	36.67	0.18	38.89
6	412	21.31	83.14	0.59	166.58
7	733	50.90	73.05	0.18	151.80
总	4489	170.48	4137.13	0.92	17.54

冷点聚类结果标准椭圆差特征分析　　表5

类别	个数	X轴标准距离	Y轴标准距离	椭圆扁率	角度
1	128	33.29	9.88	0.54	67.21
2	120	35.59	13.43	0.45	80.10
3	184	39.85	24.20	0.24	77.43
4	387	61.54	17.77	0.55	63.35
5	219	43.52	21.51	0.34	92.69
6	198	43.94	11.97	0.57	45.98
7	1766	34.13	86.43	0.43	8.69
8	130	11.89	19.58	0.24	4.19
9	668	49.89	16.89	0.49	88.01
10	2579	49.89	228.24	0.64	15.76
11	1061	89.03	29.42	0.50	50.99
总	8042	147.53	505.11	0.55	17.81

　　对具有90%置信度的热点结果进行HDBSCAN分析，通过机器设定最优的计算距离，每个聚类的最小要素数设置为100，共得到3679个有效数据，共7个聚类结果，其中聚类组团1位于北侧吕梁山脉与太行山脉相接的部位，聚类组团2、4、5、6、7均临近南北太行山脉主线，聚类组团3位于太行山脉主线西南侧，中条山脉东北侧，处于两个山脉之间的过渡区域。

　　对热点聚类结果通过标准差椭圆进行空间分布分析，椭圆大小选取2个标准差，所包含的数据比例为95%，最终可得如表4所示的分析结果，其中表4中的椭圆扁率说明该组团方向性，椭圆扁率越大说明方向性越强，反之，方向性越弱。聚类组团1共由465个乡村聚落组成，主要位于山西省娄烦县、静岳县和忻府区的西部，整体呈东北—西南方向分布，方向性较强；聚类组团2共由205个乡村聚落组成，主要位于河北省涞源县和易县，蔚县和涿鹿县的南部，以及涞水县的北部，整体呈东北—西南方向分布，方向性较强；聚类组团3共由1030个乡村聚落组成，主要位于山西省沁水县、阳城县，河南省济源市，少量位于山西省泽州县西侧，整体基本上呈南—北方向分布；聚类组团4共由617个乡村聚落点组成，主要以山西省平顺县为中心涉及周围6个市县，整体基本上呈南—北方向分布；聚类组团5共由217个乡村聚落点组成，主要以山西省武乡县为中心涉及周围3个县，呈现出东北-西南方向分布趋势，但标准差椭圆扁率较低方向性较弱；聚类组团6共由412个乡村聚落点组成，涉及河北省、山西省共12个县，整体上偏向西北—东南方向分布，且标准差椭圆扁率高，方向性强；聚类组团7共由733个乡村聚落点组成，主要以山西五台县为中心涉及周围5个县，呈现出西北—东南方向分布趋势，但标准差椭圆扁率较低，方向性较弱。所有具有显著性特征的热点共有4489，标准差椭圆分布略偏向东北—西南方向，方向性极强。

　　对具有90%置信度的冷点结果进行HDBSCAN分析，通过机器设定最优计算距离，每个聚类的最小要素数设置为100，共得到7440个有效数据，11个聚类结果。相比较于热点聚类结果，其聚类数量更多，空间分布较为零散。其中聚类组团6、9、10、11位于太行山脉主线东侧，主要由冲积平原构成。聚类组团1、2、3、4、5主要位于北侧的太行山脉和太行山主线北部中间的过渡区域，在两个邻近的山脉线之间由于地形快速变化形成了一些大起伏山地的同时山体褶皱也形成了一些盆地；聚落组团7主要位于上党盆地，聚落组团8位于上党盆地北侧。

　　对冷点聚类结果通过标准差椭圆进行空间分布分析，椭圆大小选取2个标准差，所包含的数据比例为95%，最终得到结果如表5所示。聚落组团1共由128个点组成，主要位于山西省代县，呈现出东北—西南方向分布趋势，方向性较强；聚落组团2共由120点组成，主要位于山西省寿阳县和盂县的交界地点，接近东—西方向分布，方向性较强；聚落组团3共由184点组成，主要位于山西省忻州市忻府区和定襄县，呈现出东北—西南方向分布趋势，但标准差椭圆扁率较低方向性较弱；聚落组团4共由387个点组成，主要位于山西省广灵县和河北省蔚县，整体呈东北—西南方向分布，方向性较强；聚落组团5由219个点组成，主要位于河北省怀来县和涿鹿县北侧，整体呈东西方向分布，方向性较弱；聚落组团6由198个点组成，主要位于河北省易县和涞水县东南侧，整体呈东北—西南方向分布，方向性强；聚落组团7由198个点组成，主要位于河北省易县和涞水县东南侧，整体呈东北—西南方向分布，方向性强；聚落组团8由130个点，主要位于山西省沁县，整体呈南—北方向分布趋势，方向性弱；聚落组团9由668个乡村聚落点组成，主要位于河南省博爱县、济源市、沁阳市，整体上呈东西方向分布，方向性较强；聚落组团10共由

2579个点组成,主要位于太行山区东侧沿线共16个县市,整体呈东北—西南方向分布,方向性较强;聚落组团11共由1061个点组成,主要位于河北省石家庄市井陉县、灵寿县、平山县、行唐县和鹿泉区,保定市曲阳县、顺平县和唐县,整体呈东北—西南方向分布,方向性强。所有具有显著性特征的冷点共由8042,标准差椭圆分布略偏向东北—西南方向,方向性强。

四、结论与讨论

微观尺度下,聚落具有地方性特征,采用地形因子指标体系进行计算,可以得到所有乡村聚落的地形复杂度,文中得到太行山区乡村聚落基于地形复杂度指标进行热点分析,乡村聚落在一定概率上会发生集聚,本研究中具有置信度的乡村聚落数量占所有乡村聚落总数的52%,说明多数的乡村聚落空间分布会受到地形复杂度的影响。

乡村聚落与地形因素间存在密切的互动与适应关系。研究从微观视角对乡村聚落的空间形态进行了深入分析,并与地形环境进行了紧密的联系。通过这一综合性的研究,得以更准确地描述乡村聚落对地形之间的响应和间接的响应机制。

参考文献:

[1] 上海辞书出版社. 辞海[M]. 上海:上海辞书出版社,2020:1559.
[2] 郝平,杨波. 价值体系视角下的河北太行东麓传统村落类型研究[J]. 河北师范大学学报(哲学社会科学版),2022,45(4):56-62.
[3] 刘亚伟. 河南南太行山地传统聚落与民居建筑研究[D]. 郑州:郑州大学,2019.
[4] 田海. 京津冀地区传统村落的空间分布特征及其影响因素[J]. 经济地理,2020,40(7):143-149.
[5] 张慧,蔡佳祺,肖少英,等. 太行山区传统村落时空分布及演变特征研究[J]. 城市规划,2020,44(8):90-97.
[6] 王尚义. 刍议太行八陉及其历史变迁[J]. 地理研究,1997(1):68-76.
[7] 蔡佳祺. 文化线路遗产视野下太行山区传统村落空间重构策略研究——以井陉古道为例[D]. 天津:河北工业大学,2023.
[8] 杨青,史玉光,袁玉江,等. 基于DEM的天山山区气温和降水序列推算方法研究[J]. 冰川冻土,2006(3):337-342.
[9] 张雪莹,张正勇,刘琳,等. 新疆地形复杂度的空间格局及地理特征[J]. 地理研究,2022,41(10):2832-2850.

黔南布依族传统村落乐康村建筑空间网络特征分析

张怡然[1] 黄宗胜[2]

摘　要： 为深入研究黔南布依族传统村落建筑空间网络形态结构特征，本文以乐康村为研究对象，运用社会网络分析方法对其建筑空间网络特征进行系统分析。结果表明，乐康村建筑空间网络整体建设一般，呈现"密度适中、两个建筑之间有连接、向心力适中、稳定性较高、建筑群体趋势强"的特征；其主要影响因素为地形地势、风水文化、农耕文化和宗族文化；乐康村建筑空间具有较强的本土性和原生性；乐康村保护发展需结合乡村振兴需求，探索传统与现代的融合方式，保护传统民居，发扬文化特色。研究发现，乐康村建筑空间营建的高超智慧，为布依族传统村落和文化保护提供了理论基础，为其他传统村落保护发展提供了参考，对促进传统村落可持续发展、传统文化传承具有重要意义。

关键词： 传统村落　黔南布依族　建筑空间网络　社会网络分析方法　乐康村

传统村落指村落形成较早，历史资源丰富，具备一定历史、文化、科学、艺术、社会、经济价值，应予以保护的村落[1]。贵州作为喀斯特地貌分布的中心[2]，且通过查阅《中国传统村落名录》可知，贵州省传统村落数量在我国位居第二（757个）。黔南布依族苗族自治州作为布依族重要聚居地之一，其本土自然环境影响和布依族风俗文化习惯、生产生活需要，其传统村落古民居继承了百越时期的干栏式建筑样式，展现出较强的地域、民族文化特征。乐康村始建于明代[3]，入选我国"第三批中国传统村落名录"，其深厚、独特的民族历史文化和保留较完整的建筑风貌，在城镇化进程的冲击下，正面临着传承断裂和保护无序的严峻挑战。

传统村落空心化、建筑大拆大建等现象正促使其走向末路，乡村振兴过程不应忽视对传统村落的保护续存，研究传统村落建筑空间网络对传统村落可持续发展具有重要意义[4]。近年来，关于传统村落空间的研究多为空间分布[5,6]、时空演化[7,8]、空间规划[9]、三生空间[10]等；关于传统村落空间网络研究，包括建筑空间网络[11]、三生空间网络[12]、绿地空间网络[13]等；建筑空间网络的研究多集中于城市且多有关于建筑风险分析[14,15]、智能建筑[16,17]等，亦有少量学者进行了传统村落建筑空间网络，多聚焦于屯堡[4]、侗族[11]、苗族[18]。总体较少见布依族传统村落建筑空间网络的相关研究。为深入剖析传统村落建筑空间内在构成逻辑，本研究借助社会网络分析方法对其进行特征分析，选取黔南布依族传统村落乐康村为研究对象，通过实地调研获取建筑空间图，计算建筑空间网络指标，挖掘其影响因素，以求揭示乐康村建筑空间网络特征和布依族的建筑智慧，为布依族传统村落的保护与发展提供理论依据。

一、研究区域与研究方法

1. 研究区概况

研究区位于贵州省黔南布依族苗族自治州（25°04'~27°29'N，106°12'~108°18'E），黔南州位于贵州中南部，南接广西，包括都匀市、福泉市、荔波县、平塘县等2个县级市、9个县、1个自治县，地貌为喀斯特地貌，地形主要为山地，平均海拔997m，年平均温度15.6℃，主要为亚热带湿润季风气候。州内少数民族占全州人口的59.05%[19]，其中布依族是黔南州的主要少数民族之一，占全州人口的31.22%[20]。由于黔南地理地貌等自然环境和布依族民族文化等人文环境相互影响，共同形成了如今独特的黔南布依族传统村落和建筑文化。

2. 研究方法

（1）样本村落及选择依据

全省共757个村落列入"中国传统村落名录"，以布依族为主体的传统村落共59个（数据由住房和城乡建设部官网、中国传统村落名录官网等相关资料统计所得）。本研究主要以完整性（古建筑、传统文化、村落形态保留较完整）、代表性（知名度、村落特色等具有代表性）、民族单一性（村民多为布依族）为选取原则，最终选定乐康村为样本村落。

乐康村：位于黔南布依族苗族自治州平塘县平舟镇（25°49'N，107°19'E），处于贵州、广西交界，具体在望谟、册亨、乐业三县交会处，距望谟县城33km，第三批入选"中国传统村落名录"，以王、莫、黄为主要姓氏[21]，人口以老人小孩为主，经济来源以务农为主，主要农作物为水稻、玉米，建筑结构主要为木石混合；乐康村是望谟县东南角最大的自然村寨，被划入贵州望谟苏铁自然保护区内，地形为喀斯特河流平坝型；村中至今流传着布依古歌"玉连"故事和"十二部古歌"以及布依族布牙布敬、铜鼓演奏、姊妹萧；主要节日为三月三、四月八、六月六等布依族传统节日；主要精神文化为农耕文化、百越文化、风水文化、宗族文化、多神崇拜（自然神、土地神等）[20]。

（2）建筑空间网络分析方法

利用建筑学相关研究理论，通过实地调研记录、测绘黔中布依族传统村落建筑空间网络平面图。通过图底分析对布依族传统村落建筑空间组合进行拓扑关系分析，运用社会网络分析方法[7]找到建筑空间组合中的主要点线连接关系，若建筑与建筑之间存在道路连接关系记为"1"，反之记为"0"，由此构建整个村落建筑空间网络的连接矩阵。最后运用Ucinet软件将村落建筑空间网络连接矩阵构建网络模型。本研究选定的村落建筑空间网络特征指标

---

[1] 张怡然，贵州大学林学院风景园林学，硕士研究生。
[2] 黄宗胜，贵州大学建筑与城市规划学院教授，贵阳人文科技学院建筑工程学院院长、博士生导师。

网络特征	指标	指标释义	指标作用
完备性	网络密度	网络中建筑之间实际连接数量与最大连接数量之比	网络密度越大，节点之间联系越紧密，节点之间的相互作用越显著
	平均距离	任意两个节点之间最短距离的均值	衡量网络节点之间沟通深度
	度数中心势（C_{AD}）	$C_{AD}=\dfrac{\sum_{i=1}^{n}(C_{ADmax}-C_{ADi})}{\max[\sum_{i=1}^{n}(C_{ADmax}-C_{ADi})]}$ n 为网络规模，C 为度数中心势，Cmax 为度数中心势最大值，Ci 为节点 i 的度数中心度	衡量一个网络中向某点集中趋势的程度
稳定性	K 核	网络中全部节点都与该网络中的其他 K 个节点邻接，则这样的子图被称为 K 核	K 值越大，整体稳定性越高；K 核占比越大，稳定组团越多
中心性与影响力	度数中心度	与一个节点相连的其他点的个数与该点最大可能连接的点的个数之比	衡量节点之间对接关系的个数，数量越多，该节点权力和集中能力越强

网络指标及具体释义 表1

为网络整体完备性（网络密度、平均距离、度数中心势）、稳定性（K-核）、中心性与影响力（度数中心度），具体指标如表1所示。

二、结果与分析

1. 建筑空间网络完备性

表2显示：乐康村网络密度一般，建筑分布较为疏朗；村落内平均需通过2个建筑进行交通衔接，说明建筑连接方式较多样，道路连通性较好；度数中心势大于环形网络的0%，但低于星状网络的100%，向心力适中；村落建筑空间网络整体完备性一般。乐康村由于地形较为平坦，且受到农耕文化、风水文化的影响，建筑多依山面水，散落于河岸的农田间，格局朗朗；由于其宗族文化的影响，村内各家各户之间社会联系较广，故村落道路连通性较好；乐康村建筑空间网络向心力适中，与宗族文化中的姓氏较为复杂有关。

乐康村建筑空间网络完备性特征 表2

传统村落	网络密度	平均距离	度数中心势
乐康村	0.303	1.980	44.182%

2. 建筑空间网络稳定性

图1显示：乐康村共有7个K-核且没有0-核，表明有7个建筑组团且组团之间有连接，没有孤立建筑，整体稳定性较高；建筑空间网络最大K值为27，27-核占比为43.55%；说明乐康村最大组团中有27个建筑且能保持较稳定的联系。乐康村中姓氏较复杂，27核中的建筑主要姓氏为王，单一姓氏多聚居一处，故形成较多建筑组团；由于长期异姓通婚等原因，各家族之间多有联系，故建筑之间道路连接较多。

3. 建筑空间网络中心性与影响力

图2显示：乐康村呈单核结构，以JZ14为核心，JZ14的度数中心度为45，为最高，JZ14门前是多交叉路口；K-核中的27核建筑组团中的建筑也多具备较高度数中心度值，说明王姓在乐康村中具有较强的影响力；乐康村呈现出较强的向心趋势，高中心度建筑组团出现，有建筑群体趋势；乐无游离建筑，说明村内道路连通性较好。乐康村的中心性与影响力主要与宗族文化中的姓氏有关。

三、讨论

1. 乐康村建筑空间网络的影响因素

地势平坦的村落道路网络较清晰，民居布局受高差影响较小[22]，进一步佐证乐康村道路连接方式较多、建筑分布较疏朗是受地形影响；布依族村落选址多受到风水文化影响[20]，地形地貌和水源位置是选址的重要影响因素之一；乐康村作为河流平坝型布依族传统村落，体现出布依族因地制宜的建筑智慧。黔南布依族受到古越文化影响，村民长期进行农耕生产生活[20]，乐康村是典型的农业村落[23]，其建筑分布常服务于农耕，故散布于田间，与森林、山脉有较清晰的边界，以减少外界干扰；乐康村的家族观念极重，且普遍家族聚居[23]，三槐王氏则是村中大族[21]，这与本研究中K-核与度数中心度受姓氏影响的研究结果一致。可见，乐康村建筑空间网络的主要影响因素为：地形地势、风水文化、农

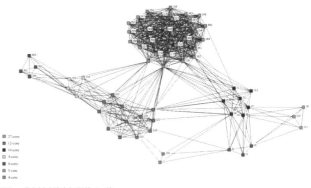

图1 乐康村建筑空间网络 K-核

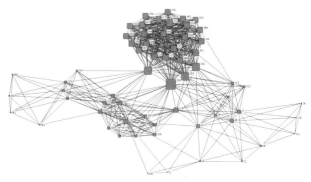

图2 乐康村建筑空间网络度数中心度

耕文化和宗族文化，这些因素相互交织影响，共同形成了如今的乐康村建筑布局形式。

2. 乐康村建筑空间网络保护与发展策略

乐康村建筑空间具有较强的本土性和原生性。保护传统村落的建筑空间亦是保护传统文化的传承载体，故提出以下保护与发展策略：

应结合当代乡村振兴需求，挖掘传统民居新功能，如将保存较好的古建筑改造为民宿、文化体验馆等；风水文化中因地制宜、人与自然和谐共生等建筑智慧可以保护村落建筑空间的完整，应加强村民生态观念教育，保护传统村落的人文生态和自然生态，借鉴风水智慧，规划村落布局，实现传统与现代和谐共存；在当今市场经济环境下，旅游成为刺激传统村落经济的重要手段，挖掘当地自然景观和文化景观的同时，避免千篇一律、过度改造，应深入挖掘村落特点，提高文化遗产利用价值；传统村落相关法律法规的改革与活化应在尊重历史和自然的基础上进行，适时吸引民间组织参与开发，充分考虑村民利益和意愿，鼓励村民积极参与保护和开发工作；探索传统村落与现代社会的融合方式，在农耕文化特色中加入现代科技和文化元素，如传统手工艺文创、特色农副产品等，以提高村民收入和生活质量。

四、结论

乐康村建筑空间网络整体建设一般，呈现"密度适中、通过两个建筑进行交通连接、向心力适中、稳定性较高、建筑群体趋势强"的特征；乐康村建筑空间网络的主要影响因素为地形地势、风水文化、农耕文化和宗族文化；乐康村建筑空间具有较强的本土性和原生性；乐康村建筑空间网络保护与发展需结合乡村振兴需求，探索传统村落与现代社会的融合方式，保护传统民居，发扬文化特色。研究发现，黔南乐康村布依族传统村落建筑空间营建的高超智慧，为乐康村和其他布依族传统村落和民族建筑文化保护提供了理论基础和科学参考，为其他传统村落保护发展提供了借鉴，对促进传统村落可持续发展、传统文化传承更新具有重要意义。

参考文献：

[1] 胡燕, 陈晟, 曹玮, 等. 传统村落的概念和文化内涵[J]. 城市发展研究, 2014, 21 (1): 10-13.

[2] 冯微微, 黄宗胜, 张元博, 等. 黔东南侗族传统村落景观美景度[J]. 生态学杂志, 2019, 38 (12): 3820-3830.

[3] 黄镇邦. 当代布依族社会Weanl的传承研究[D]. 北京: 中央民族大学, 2009.

[4] 方轶轶. 贵州屯堡聚落空间社会网络与建筑网络基因特征及其维持机理研究[D]. 贵阳: 贵州大学, 2022.

[5] 王培家, 章锦河, 孙枫, 等. 中国西南地区传统村落空间分布特征及其影响机理[J]. 经济地理, 2021, 41 (9): 204-213.

[6] 黄雪, 冯玉良, 李丁, 等. 西北地区传统村落空间分布特征分析[J]. 西北师范大学学报（自然科学版）, 2018, 54 (6): 117-123.

[7] 安斯文. 宁夏"三生"用地时空演化的驱动机制及其生态效应研究[D]. 银川: 宁夏大学, 2023.

[8] 陈立豪, 陈波. 乡村文化场景的时空演化机制研究: 基于Z村的考察[J]. 中国软科学, 2023 (11): 74-85.

[9] 宋博文. 历史文化名村实用性保护规划研究[D]. 邯郸: 河北工程大学, 2016.

[10] 袁小琳. 黔东南苗侗传统村落"三生空间"网络关系及其空间网络基因特征[D]. 贵阳: 贵州大学, 2022.

[11] 解明镜, 向卉文. 基于社会网络分析的湘西南传统苗侗聚落空间文脉传承策略研究[J]. 湖南大学学报（社会科学版）, 2023, 37 (5): 154-160.

[12] 闻鸿. 铜仁市土家族传统村落"三生空间"网络关系及其空间网络基因特征[D]. 贵阳: 贵州大学, 2022.

[13] 蒋思宇. 黔西南传统村落绿地与居住空间建筑网络关系[D]. 贵阳: 贵州大学, 2023.

[14] 熊倩. 基于YOLO-BP神经网络的古建筑修缮阶段火灾监测方法研究[D]. 西安: 西安建筑科技大学, 2022.

[15] 杨强, 李逸凡, 严晓洁, 等. 基于火灾场景的建筑物人员疏散研究[J]. 消防科学与技术, 2022, 41 (4): 481-485.

[16] 冯增喜, 杨芸苔, 赵锦彤, 等. 基于人工智能的建筑能耗预测研究综述[J]. 建筑节能（中英文）, 2023, 51 (3): 22-29.

[17] 马佳斌, 周振兴. 基于U-net网络的无人机影像违章建筑自动识别方法[J]. 江西测绘, 2022 (3): 13-16.

[18] 张镡壬, 黄宗胜. 喀斯特传统村落人居林植物群落景观种间网络关系[J]. 贵州大学学报（自然科学版）, 2023, 40 (4): 26-33.

[19] 张立辉, 张友. 贵州黔南州传统民族特色村寨保护与开发利用研究[J]. 民族学刊, 2019, 10 (6): 17-22+112+114-115.

[20] 桂超. 黔南布依族传统村落空间适应性评价及其发展策略研究[D]. 贵阳: 贵州大学, 2021.

[21] 黄镇邦, 纳日碧力戈. 兄弟中举: 清代黔西南地区改土归流的历史人类学研究[J]. 贵州社会科学, 2023 (3): 114-123.

[22] 黄镇邦. 贵州红水河布依族文化中的生物多样性研究[D]. 贵阳: 贵州大学, 2022.

[23] 王封礼. 从磨合到整合: 一个西部少数民族村落的变迁史[D]. 重庆: 西南大学, 2007.

自组织理论视野下传统聚落空间格局研究

——以丽江宝山石头城为例[1]

王妞妞[2]　姚青石[3]

摘　要： 聚落是自然条件和人类活动相互作用的产物，承载着独特的地域文化特征与民族精神。本文以丽江宝山石头城为例，尝试以自组织理论为视角，通过文献研究、实地调研的方法，分析宝山石头城的形成历程及其聚落空间的布局特征，并基于自组织理论从聚落选址、聚落形态、街巷肌理以及传统民居等方面对村落的形态构成进行了研究，总结其聚落形态的影响因素，进一步探讨如何在现代发展理念下实现聚落空间与传统地域文脉之间的联系。

关键词： 传统村落　自组织理论　宝山石头城　空间形态

聚落作为人类居住的场所，其概念古已有之。在中国，"聚落"一词最早见于《史记·五帝本纪》中，描述了舜帝所在聚落的规模变化。然而，传统乡村聚落经过上千年遵循自然的演化与发展，形成了以农业生产为中心的自足型人类居住区，它们不仅承载着丰富的文化与社会意义，也是人们自发组织、由下而上构建的典范，从系统学的角度出发，传统聚落是由自然环境、社会经济、文化传统等多重因素交织影响自然形成的，它们构成了一个具有复杂性、层次性和多元性特点的系统。

云南，是瑶、傣、彝、普米、纳西等25个常住人口超过5000人的土生土长民族的家园[1]，由于云南各民族聚居的自然环境和社会发展程度以及各自生活圈内文化氛围的不同，各民族形成了各自独特的聚落空间布局。丽江宝山石头城，作为具有独特地理环境和文化特色的传统聚落，记录了当地居民与自然环境相互作用的历程，其空间格局的形成和发展为我们提供了研究传统聚落空间自组织特性的宝贵案例。

一、自组织理论概述

1. 自组织理论

自组织理论（Self-organizing Theory），起源于20世纪60年代末，是一种系统科学的理论框架。它主要探讨的是复杂自组织系统（如生物体和社会结构）的生成和演化机制。这些系统在特定条件下，能够自发地从无序状态向有序状态转变，甚至从较低级别的有序状态向更高级的有序状态发展。在自组织概念的定义上，协同学领域的先驱赫尔曼·哈肯（Hermann Haken）提出，如果一个系统在形成空间、时间或功能结构的过程中，没有外部的特定干预，那么这个系统就被认为是自组织的。此外，清华大学的吴彤教授也给出了一个被广泛接受的定义，他认为自组织是指系统在没有外部指令的情况下，能够自主地组织、创新、进化，并能从混乱状态自然过渡到有序状态[2]。

2. 传统聚落的自组织特性

开放性、非平衡性、非线性和系统内部涨落是判断一个聚落的演变是否为自组织聚落的四个基本特征[2]。

（1）开放性：自组织系统是开放的，它是指与外界环境交换物质、能量或信息的一种开放的组织系统。这种交换是系统能够从无序状态发展到有序状态的基础。从自组织的角度为切入点，一个聚落从其出现开始，其与外界都会保持一定的联系，从而进行物质、信息、资金等的交换以弥补自身村落的不足。除此之外，开放性还意味着聚落空间能够适应外部环境的变化，如气候条件、文化活动等，从而实现与自然环境和社会需求的和谐共生。

（2）非平衡性：非平衡性指的是系统内部各区域的物质和能量分布不是均匀的，存在显著的不平衡。这种非平衡状态是自组织过程的驱动力。传统村落系统的非平衡性是普遍存在的，这种不均匀性可以是自然形成的，也可以是规划的结果，它反映了聚落内部的多样性和复杂性。

（3）非线性：非线性特征表明系统的输出与输入之间存在着非线性关系，小的变化可以通过系统的内部机制被放大，导致大的影响；或者相反。非线性是自组织系统能够产生复杂行为和模式的重要原因。每一个聚落的发展都是多方向、多速度的，表现出非线性的演化路径。而且聚落内部的空间结构可能非常复杂，由多种尺度和类型的空间组成，这些空间的关系不是简单的线性叠加。

（4）系统内部涨落：涨落指的是系统状态的随机变化或波动，它们可以是由于系统内部因素的独立运动或局部协同运动，也可以是外部环境的随机干扰。在自组织系统中，涨落可以触发系统从一种状态转变到另一种状态，尤其是在系统处于临界点或临界区域时，微小的涨落可能会被放大，导致系统发生质的变化，从而形成新的有序结构。如聚落内部人口的迁移和流动、新建筑的加入和旧建筑的改造带来视觉上的涨落。这些涨落反映了聚落内部动态变化和社会活动的多样性。

---

[1] 基金项目：国家自然科学基金"文化、景观、形态：多民族文化作用下的滇西北茶马集市时空演化研究"（52168004）。
[2] 王妞妞，昆明理工大学建筑与城市规划学院，硕士研究生。
[3] 姚青石，昆明理工大学建筑与城市规划学院博士、副教授、一级注册建筑师。

二、案例概况及理论应用

1. 丽江宝山石头城概况

丽江宝山石头城作为云南省第一批列入"中国传统村落名录"的62个古村之一，被称为百户人家一基石。它位于云南省丽江市玉龙县东北部金沙江河谷，距离大研古城110km。距离宝山乡政府28km，据史书记载，宝山石头城建于元朝至元年间，是纳西族先民智慧和劳动的结晶。它在纳西语中被称为"拉伯鲁盘坞"，意指"宝山白石寨"。石头城矗立在一块独立的蘑菇状巨石上，南、西、北三面悬崖环绕，形势险要，是典型的山地型村落。至2023年4月，村落面积约0.5km²，有200余户人家，他们世代在此繁衍生息，守望相助（图1）。

2. 自组织理论在宝山石头城的应用

聚落的价值在于其经过长期的自组织演绎而形成的独特的聚落特征。本文将基于自组织理论分别从村落选址、聚落形态、街巷肌理、传统民居几个方面对丽江宝山石头城村落的形态构成进行研究[2]。

（1）村落选址

村落的选址是多种因素综合作用的结果，聚落是由村民自发聚集并建造起来的。在自然环境、社会时代背景和经济技术等多重因素的共同影响下，经过长期的自我调整和组织，逐渐形成了它们独有的富含地域特性的结构特征。石头城的聚落选址是在一定自然因素以及社会因素限制下得出的结果。

宝山石头城作为一个复杂的自组织系统，其聚落选址也表现出对自然环境的自适应特征。宝山石头城建于南宋末年，元朝设宝山州。大约于南北朝时期，纳西族先民迁徙到这里。首先，聚落选址于丽江温带气候，适宜居住和农业种植；其次，纳西族先民为了躲避战乱对于聚落的选址更注重防御性，因此整个聚落东临金沙江，西靠牦牛岭，北接太子关，南面坐落着岩可渡，四周梯田连绵隆起的天然蘑菇状岩石上，形成了"三山为屏，一面临江"的险要地势。南面、西面和北面均被悬崖峭壁所环绕，而东面则是一个陡峭的斜坡，直通金沙江。进出此地的唯一通道是位于南北两端的两扇石门，兼备攻守。

（2）聚落形态

石头城的形态演进也体现了聚落系统的自发性和自适应特征。

①建筑布局：石头城的建筑布局遵循"天人合一"的理念，依势而建，选择垂直向的建筑布局。

②村落形态演变：石头城的聚落形态受其地形影响颇多。由于早期建设时人力缺少，只出现了处于悬崖绝壁之上的内城部分，后期随着人口数量的增加和村落规模的不断扩大，三面悬崖的内城限制了聚落空间的发展，形成了以内城西侧入口平台为圆心向外扩展的扇形形态作为外城存在。通过当地居民对发展需求的适应性演变，石头城得以呈现如今我们所知的内城和外城结合发展的模式（图2）。

③农耕灌溉：石头城在梯田灌溉方面遵循生态美，每一片梯田下都巧妙地布置着暗渠和水口。灌溉时，人们关闭暗渠的出水口，水流便可以灌溉整个梯田。打开暗渠水口，就可以灌溉下一层梯田；关闭灌田水口，水流可以顺着暗渠向下流动，精准地浇灌每一寸土地[4]。当地居民巧妙地利用自然地形，创造出一套既节约又高效的灌溉系统，充分展现了他们对土地的尊重和对生活的热爱（图3）。

④防御体系：石头城的防御性主要体现在它独特的地形上，在初建时，其南、西、北三面皆是悬崖绝壁，唯一联系城池内外的通道则是西南面靠近悬崖的窄巷道。20世纪20年代，为了防御匪患入侵，纳西族先民在原村落规模的基础上增设了城门、城墙、炮楼、炮台以及紧急逃生通道等防御设施，形成了具有完备防御工事的堡寨聚落。据介绍，在抗日战争时期，石头城就因为其独特的地理位置避免了战火的侵袭，而且在20世纪20年代曾多次抵御土匪的侵扰（图4、图5）。

（3）街巷肌理

街巷作为聚落空间的骨架，承载着内部交通和村民日常交流场所的功能，传统聚落的街巷空间受客观自然条件的影响，并且经过长期的自适应发展，村民为了适应聚落交通从而形成其独特的街巷空间。

在宝山石头城，密集的建筑群落相互依偎，自然地挤压出一张狭窄而错综复杂的街巷网络，村内巷道顺应山势起伏。这些街巷宽度介于0.7~2.0m[5]，蜿蜒曲折，路面铺装多采用当地石材铺装而成，以坡道的形式铺展开，主次道路的界线并不明显，它们交织在一起，构成了村落内部的交通脉络。得益于周边发达的水系，城外的主要道路大多沿着水流的方向延伸，顺应自然之势。而在内城，一条从坚硬岩石中直接凿出的道路，成为连接东西城门的主要通道，见证了人类与自然力量的巧妙融合。宝山石头城的街巷空间不仅仅是交通的通道，它们更是连接民居、公共空间与村落外部的

图1 石头城鸟瞰（来源：网络）

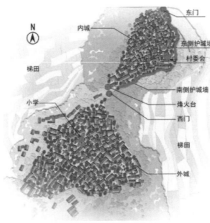

图2 石头城总平面图[3]

图3 石头城梯田（来源：网络）

   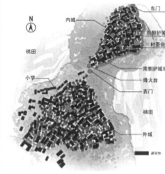 

图4 石头城烽火台[3]　　图5 石头城城墙[3]　　图6 石头城建筑肌理图　　图7 石头城内部道路（来源：网络）

纽带。这些街巷空间一方面作为院落的延伸，与公共空间一起，承载着村民的日常生活和生产活动；另一方面也是村民社交、交流、休息和劳作的场所，是传承村落文化和弘扬社区凝聚力的重要载体（图6、图7）。

（4）传统民居

传统村落的民居，是在村民自发建造的过程中逐渐形成的，它们遵循着内在的规律性，既映射出普遍适用的建筑原理，又承载着地域和时代的烙印。在自组织的视角下，这些村落建筑的特征并非凭空出现，而是村民对普遍性建筑原则的深刻理解和对自然环境、地理条件、人文背景等长期因素积极反馈的结果。这些建筑特征的形成，在对普适性原理的应用基础上，结合了随机性和非理性因素，通过在地性的创新实践，产生了丰富多样的村落建筑风貌。

石头城内的民居形式为传统的纳西族木楞房和木瓦房，建筑多为两层木结构，建筑形式多为三坊一照壁、四合五天井及墙院式。由于石头城地势高低起伏，为了适应地形，建筑和院落空间也呈高低起伏之势。宝山石头城内城的民居平面布局精巧，设计思路奇巧，由正房与地楼相互配合，形成了独特巧妙、充分适应当地环境的居住结构。正房通常坐北朝南，以迎接温暖的阳光，而地楼则向西展开，与正房形成和谐的空间关系。建筑整体呈现西高东低的态势，正房的设计一般为两层结构，但因为朝东的正房部分地势较低，往往建成三层。其中，一层常作为畜厩，为家畜提供遮蔽之所；二层和三层则被设计为仓库，用于存放家庭物资。而朝西的一坊，由于地势较高，通常只建一层，这样的空间多被用作厨房或草料储藏室，以适应家庭的日常需求。当地民居建筑材质也体现了石头城的地域特征，由于石材资源丰富，墙体采用土坯或砖头砌筑，中间设可开启的小窗，且注重门楼外廊等装饰（图8~图12）。

图8 石头城民居建筑1（来源：网络）　　图9 石头城民居建筑局部2（来源：网络）

 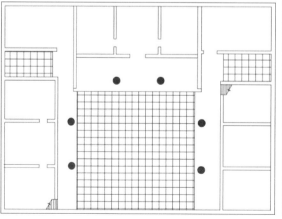 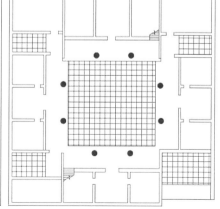

图10 石头城民居建筑局部3[3]　　图11 三坊一照壁平面示意图　　图12 四合五天井平面示意图

三、结语

宝山石头城的聚落空间格局是在长期自组织过程中逐渐演化形成的。居民的自发性建设和自适应行为，以及对自然环境和社会需求的响应，共同推动了聚落空间的动态发展。在自组织理论的视野下，对丽江宝山石头城村落选址、聚落形态、街巷肌理及传统民居等方面的研究分析揭示了其独特的形成机制和发展路径。宝山石头城的聚落空间格局是自然条件、历史文化、社会结构和居民行为等多重因素相互作用的结果，展现了自组织系统的开放性、非平衡性、非线性和系统内部涨落等特征。

参考文献：

[1] 杨大禹，朱良文. 云南民居 [M]. 北京：中国建筑工业出版社，2009：86–88.

[2] 朱煜. 自组织视角下传统村落更新策略研究 [D]. 济南：山东建筑大学，2023.

[3] 陈倩. 丽江宝山石头城空间形态形成机制分析 [J]. 华中建筑，2016，34（9）：170–174.

[4] 郑佼，张建国. 丽江宝山石头城传统村落景观赏析 [J]. 名作欣赏，2017（5）：175–176.

[5] 洪伟，段晓梅. 丽江宝山石头城传统村落风貌特色分析 [J]. 北京农业，2015（6）：255–256.

基于社会网络分析的豫南光山县传统村落集中连片保护与空间结构探研

徐嘉豪[1] 郑东军[2]

摘　要：信阳市光山县是河南省传统村落数量最多、质量最高的县之一。本文以光山县内传统村落为研究对象，根据实地调研，运用UCINET软件结合相关指标建立社会网络，分析光山县传统村落的节点功能和空间结构特征。从节点提升和连片优化等角度提出规划策略并进行总结：作为连片保护示范县，光山县传统村落节点特征明显，分布差异较大；光山县传统村落空间结构呈现出核心聚集、连片分散的分布特征，且受区位影响大。

关键词：光山县　传统村落集中连片保护　社会网络　空间结构

本文通过光山县传统村落连片保护规划的制定和总结，在构建其社会网络模型的基础上，定量分析光山县传统村落社会网络的结构特征，为河南传统村落集中连片保护工作提供参考和指导[7]。

一、研究对象与研究方法

1. 研究范围及对象

光山县位于河南省东南部，具有南北交融的独特地域文化和风土人情，是河南省唯一入选"2023年传统村落集中连片保护利用示范名单"的县。

本文研究对象为光山县内的28个传统村落，其中包含南王岗村、同心村黄底下组、东岳村、方洼村等15个国家级传统村落和冯寨村冯冲组、王垱村邱王垱组、黄涂湾村等13个省级传统村落[2]。

2. 数据提取

本文研究数据包括光山县传统村落的面积和地理距离等，获取自实地调研及线上公开数据集。地理距离数据来源于奥维互动地图，分别以直线距离为条件检索各个村落间的最短距离[1, 2]，以此作为研究光山县传统村落社会网络的基础。

3. 研究思路

光山县传统村落蕴含丰富的文化内涵和历史底蕴，其并非单独个体，而是具有一定联系的有机整体，村落间的相互作用影响着区域的整体发展[3, 7]。本研究着眼于区域整体层面，以传统村落空间结构的联系性为主要依据，建立社会网络模型，探讨其结构特征，提出光山县传统村落集中连片保护策略。

研究步骤如下（图1）：

根据实地调研及线上公开数据库获取的数据，通过修正引力模型进行二值化处理[1, 7]，建立光山县传统村落关系矩阵。

使用Ucinet处理上述数据，建立光山县传统村落社会网络模型，并借助NetDraw进行可视化表达[6]，用于数据分析。最后通过ArcGIS的XY转线工具构建空间网络，揭示光山县传统村落空间网络结构特征，探讨其连片保护策略。

4. 研究方法

（1）修正引力模型

引力模型可衡量传统村落间的相互引力强度，以表示社会网络结构的联系性。基于本研究对象，将引力值作为建立光山县传统村落社会网络的标准。采用村落面积代表村落质量，以地理最短距离作为村落间的综合距离，通过计算每个村落与其他村落的引力值，构建引力矩阵F_{ij}，得到修正引力模型[1, 2]为：

$$F_{ij} = k\frac{M_i \cdot M_j}{D_{ij}^b}$$

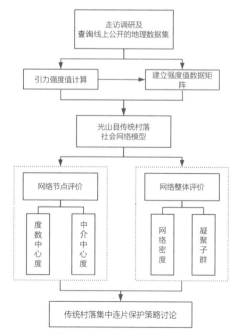

图1　研究框架

---
[1] 徐嘉豪，郑州大学建筑学院，2023级硕士研究生。
[2] 郑东军，郑州大学建筑学院，教授。

公式：F_{ij}代表传统村落间的相互引力强度，M_i、M_j分别代表两个村落的村落面积，k为引力常数，并用村落面积来修正常数k，$k=M_i/M_i+M_j$；D代表村落i和村落j之间的地理最短距离，b取常数2[8]。

（2）社会网络分析法

通过构建社会网络，根据节点与网络结构的特征，可反映社会网络中各节点的相互关系，突破对传统村落的单一研究视角。将光山县传统村落视作"点"、村落间的关系视作"线"，量化传统村落间的内在联系，揭示网络节点及网络整体结构特征，从而反映整体网络的现状，判断其均衡性与稳定性[1,6]。

（3）节点特征评价

节点特征评价强调节点在社会网络中的重要程度及对其他节点的影响程度。本文选取网络中心性指标中的度数中心度和中介中心度来定量分析光山县传统村落的节点特征。

度数中心度：用于评定节点的重要程度，度数越大，则与该节点直接相连的传统村落数量越多，可反映传统村落在区域中的地位等级。

中介中心度：用于衡量节点媒介作用的大小，数值越大说明节点处于其他节点之间最短路径上的次数越多，越能反映该节点在整个网络流通中的重要传递和中介作用。

（4）网络结构分析

为了深入了解光山县传统村落空间结构的整体性和稳定性关系，本文选取网络密度和凝聚子群2个指标来进行空间结构分析[4,5]。

网络密度：社会网络节点间的联系越多则密度越大，网络结构的整体性越高，由此反映传统村落间的联系紧密程度。

凝聚子群：指网络中村落节点联系周边节点所形成的子集，用于刻画传统村落内部的结构状态。通过研究传统村落社会网络中的子群个数和子群中包含的村落，可明晰传统村落在空间上的集群分布和凝聚程度。

二、结果与分析

1. 网络节点特征分析

通过建立社会网络数据矩阵，计算网络节点的度数中心度与中介中心度2个指标，结果如图2、图3所示。

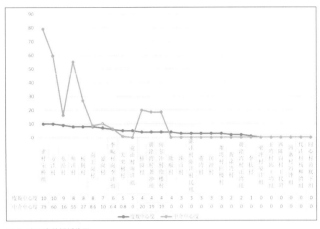

图2 中心度数据折线图

（1）度数中心度分析

从数据折线图及数据结构图来看，雀村宋桥组、方洼村、东岳村、帅洼村和杨帆村5个村落的中心度明显高于其他节点，说明在整体网络中处于核心位置，影响力大。晏岗村、大栗树村、李畈村南李洼组、花山村周洼组、柿园村、黄涂湾村龚冲组、徐楼村和熊畈村8个村落的中心度稍次之，但仍高于或均于平均值，具有较强的凝聚力。珠山村、陈洼村陈洼组、董湾村、闵冲村、向楼村、黄涂湾村、黄涂湾村汪湾组和李扶村8个村落的中心度均低于平均值，影响力较弱，联系程度差。而梁冲村晏洼组、王塆村邱王塆组、西陈岗村王代塆、冯寨村冯冲组、代洼村杨柳湾组和同心村黄底下组6个边缘村落的中心度最低，凝聚力低下，较难对其他传统村落产生影响。可见，光山县传统村落的中心度指标等级分布明显，离散程度高，同时受地理区位影响大。

（2）中介中心度分析

数据表明：雀村宋桥组、方洼村和帅洼村的中介中心度指标远高于其他节点，在网络中处于较核心的位置，与其他节点联系密切，影响力大，属于重要枢纽节点。其次是东岳村、杨帆村、柿园村、黄涂湾村龚冲组和徐楼村，在网络中处于次核心的位置，影响力较大，是联系其他节点的重要中介，属于次级枢纽节点。南王岗村、晏岗村、李畈村南李洼组和大栗树村影响力一般，与其他村落联系薄弱。其余中介中心度为0的村落，影响力过小，村落间基本不构成联系。

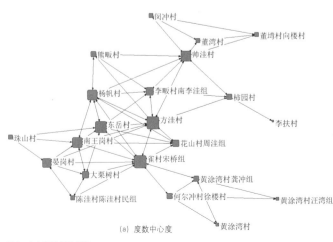

(a) 度数中心度

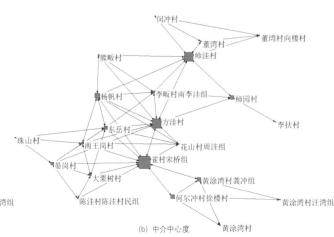

(b) 中介中心度

图3 中心度分析结构图

综上所述，雀村宋桥组、方洼村、东岳村和帅洼村的两项指标均高于其他村落，在整体网络中发挥着重要作用，可继续提升此类节点的功能，带动周边村落发展。而其余村落位置偏远，中介性差，需加强节点能力，提升与核心节点的联系。

2. 网络整体特征分析

计算光山县传统村落的网络密度和凝聚子群指标以分析网络稳定性特征并掌握组团结构特征，结果如表1所示：

（1）网络稳定性分析

由 Ucinet 计算得出的网络密度值为 0.1481，表示网络中实际关系数仅占理论最大关系数的 14.81%，说明整体网络松散、结构不稳定，村落间联系较差且发展不均衡，有较大改善空间。中部村落间联系紧密但偏远位置的传统村落与整体网络联系较少，尚处于孤立状态，需要加强交流。

（2）网络均衡性分析

度数中心势代表村落间社会关系在社会网络结构中的均衡程度。光山县传统村落的度数中心势为 0.2393，说明所有节点的度数相对接近，整体网络单一集中的趋势弱。中介中心势用于反映网络结构的集中趋势和复杂程度。光山县传统村落的中介中心势为 0.1998，说明光山县传统村落的结构松散，整体性差，具有碎片化倾向。

综合来看，光山县传统村落社会网络的中心势较低、整体性不足。总体呈现出核心聚集，连片分散的特点，分布差异大，社会关系易受破坏。应加强村落间的联系，实行连片保护与发展。

（3）凝聚子群

①派系

派系分析用于研究群体互惠性关系，可揭示两个成员间都存在双向交流的小团体。光山县传统村落的派系分析结果如图4所示：

方洼村、东岳村、南王岗村和晏岗村派系重叠性很高，分别出现在 5 个、5 个、4 个、4 个派系中，说明这 4 个成员在整体网络中与其他村落的双向交流频繁，是整体网络的核心枢纽。杨帆村、李畈村南李洼组、黄涂湾村龚冲组和徐楼村均出现在 3 个派系中，承担了次要的桥梁作用。大栗树村出现在 2 个派系中，花山村周洼组、柿园村、熊畈村、珠山村、陈洼村陈洼组、董湾村、闵冲村、向楼村、黄涂湾村和黄涂湾村汪湾组只出现在 1 个派系中，说明它们的联系范围较小，只形成了局部的交流网络。而余下的村落不存在于任何一个派系中，与整体网络缺乏联系。

②凝聚子群

运用 Ucinet 的 CONCOR 方法分析光山县传统村落空间结构的集聚组团状态[4]，结果显示（图5）：在 3-plex 层次上分为 8 个凝聚子群，在 2-plex 层次上汇聚为 4 个凝聚子群，最终形成整体网络，存在较显著的集聚特征。

从 2-plex 上看：第一子群中的黄涂湾村、黄涂湾村龚冲组、黄涂湾村汪湾组和徐楼村 4 个村落受地理位置影响，内部联系较为紧密。代洼村杨柳湾组、同心村黄底下组、西陈岗村王代埠组和王埠村邱王埠组、梁冲村晏洼组、冯寨村冯冲组 6 个村落为周边区域的 2 个小组团所形成的子群，地域关系较小。第二子群中的李扶村和帅洼村地理联系不明显，而董湾村、向楼村和闵冲村则受地理空间影响密切。第三子群中的村落处于地理空间上的核心区域，均具有较高的关联性，对其他村落影响大。第四子群中的柿园村和熊畈村相隔较远联系较弱，受其他联系因素影响。

总体上看，地理位置是影响子群划分的重要因素，子群内部成员会因地理位置的相近而形成较强的联系，但同时也受其他因素影响。而位置偏远的村落则凝聚性较差，子群关系不显著。

根据凝聚子群联系密度表（表2），子群 4、5 和 8 的密度最大，为 1.000，说明 3 个子群内的成员之间相互交流频繁，联系紧密；而子群 2、3 和 7 的密度为 0，表明这些子群中的成员之间基本没有交流和联系。其余子群的密度值则在 0~1 之间不等，联系互有强弱。

三、讨论与结论

研究一改针对传统村落的单体研究视角，强调传统村落的集中连片保护利用。对于区域内的传统村落，以点连线，以线成面，提高其凝聚力和整体性，更有利于范围内传统村落的可持续发展。因此，本文提出光山县传统村落的新研究思路，即从宏观视角出发，运用社会网络分析法，通过网络节点特征和网络整体特征的分析总结，对光山县传统村落的集中连片保护策略提出建议。

以雀村宋桥组、方洼村、帅洼村和东岳村等节点特征较显著的传统村落为核心枢纽，提升服务能力，充分发挥传统村落的历史

整体网络密度及中心势　　　表1

网络	网络密度	度数中心势	中介中心势
数值	0.1481	0.2393	0.1998

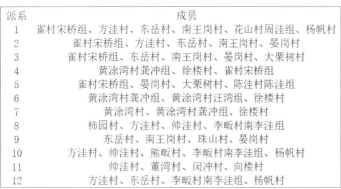

派系	成员
1	雀村宋桥组、方洼村、东岳村、南王岗村、花山村周洼组、杨帆村
2	雀村宋桥组、方洼村、东岳村、南王岗村、晏岗村
3	雀村宋桥组、东岳村、南王岗村、晏岗村、大栗树村
4	黄涂湾村龚冲组、徐楼村、雀村宋桥组
5	雀村宋桥组、晏岗村、大栗树村、陈洼村陈洼组
6	黄涂湾村龚冲组、黄涂湾村汪湾组、徐楼村
7	黄涂湾村、黄涂湾村龚冲组、徐楼村
8	柿园村、方洼村、帅洼村、李畈村南李洼组
9	东岳村、南王岗村、珠山村、晏岗村
10	方洼村、帅洼村、熊畈村、李畈村南李洼组、杨帆村
11	帅洼村、董湾村、闵冲村、向楼村
12	方洼村、东岳村、李畈村南李洼组、杨帆村

图4　派系分布图

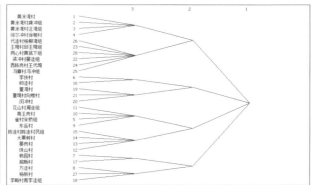

图5　层次聚类图

子群密度表 表2

	1	2	3	4	5	6	7	8
1	0.833	0.000	0.000	0.000	0.125	0.000	0.000	0.000
2	0.000	0.000	0.000	0.000	0.000	0.000	0.000	0.000
3	0.000	0.000	0.000	0.500	0.000	0.000	0.750	0.500
4	0.000	0.000	0.500	1.000	0.000	0.000	0.000	0.000
5	0.125	0.000	0.000	0.000	1.000	0.563	0.000	0.750
6	0.000	0.000	0.000	0.000	0.563	0.667	0.000	0.083
7	0.000	0.000	0.750	0.000	0.000	0.000	0.000	0.833
8	0.000	0.000	0.500	0.000	0.750	0.083	0.833	1.000

文化、地方特产、绿色生态等资源的作用。统筹基础设施、公共服务设施建设和特色产业布局，形成光山县传统村落的集中连片保护利用，推进乡村全面振兴的新格局。

在乡村振兴的背景下，本文从宏观视角出发，运用社会网络分析法，通过对度数中心度、中介中心度、网络密度和凝聚子群等指标的分析，刻画出光山县传统村落网络空间结构特征，总结出多中心聚集、整体结构松散、区位影响显著、网络密度低、核心边缘互动不足等特征，并提出优化节点功能、加强互动合作、核心辐射边缘、集中连片保护等发展建议[5]。光山县传统村落的保护研究实例，将传统村落的发展规划引入了网络思维的新领域，也突破了重个体轻区域、重实物轻文化的发展局限，为河南省传统村落的整体性保护与发展提供了依据与建议。

参考文献：

[1] 解丹，张伟亚，赵亚伟. 基于社会网络分析的长城聚落区域性保护与发展研究——以张家口赤城县为例 [J]. 现代城市研究, 2023 (1): 48-55.

[2] 曾鹏，朱柳慧. 基于社会网络分析的县域镇村空间关联研究——以河北省肃宁县为例 [J]. 城市问题, 2021 (6): 4-14.

[3] 蔡雅涵，韦倩云，戴晴琴，等. 基于社会网络分析的村镇空间格局优化研究——以湖南省石门县为例 [J]. 中国农业资源与区划, 2024 (6).

[4] 周波，张雄伟，祝宏梅，等. 基于 SNA 的鲁中平原地区乡村公共空间网络结构优化——以泰安市宁阳县堽城坝村为例 [J]. 山东农业大学学报（自然科学版）, 2023, 54 (4): 628-633.

[5] 马子路，黄亚平. 基于社会网络分析的武汉都市区网络空间结构特征研究 [C] // 中国城市规划学会，重庆市人民政府. 活力城乡 美好人居——2019 中国城市规划年会论文集（16 区域规划与城市经济）. 华中科技大学建筑与城市规划学院, 2019: 11.

[6] 李晓梦，李鹏. 山东半岛与长三角城市群网络结构比较研究——基于社会网络分析法 [C] // 中国城市规划学会，成都市人民政府. 面向高质量发展的空间治理——2021 中国城市规划年会论文集（14 区域规划与城市经济）. 山东建大建筑规划设计研究院, 2021: 12.

[7] 罗燊，余斌，张向敏. 乡村生活空间网络结构特征与优化——以江汉平原典型乡建片区为例 [J]. 长江流域资源与环境, 2019, 28 (7): 1725-1735.

[8] 张红凤，王鹤鸣，何旭. 基于改进引力模型的山东省城市空间联系与格局划分 [J]. 山东财经大学学报, 2019, 31 (3): 110-120.

川西桃坪羌寨聚落景观审美适应性特征

李美珍[1] 唐孝祥[2]

摘 要： 四川省阿坝藏族羌族自治州的桃坪羌寨聚落景观融合了川西山地环境、羌族文化背景与多元社会功能，形成了和谐共生的景观审美。本文运用建筑美学研究的审美适应性理论，从聚落选址、生产策略、取材技艺等地域技术特征层面，分析桃坪羌寨因地制宜的自然适应性；从交通网络、建筑功能、经济产业等社会时代精神层面，阐释其与时俱进的社会适应性；从生态观念、火塘文化、信仰追求等人文艺术品格层面，归纳其多神崇拜的人文适应性。研究桃坪羌寨的审美适应性特征，对揭示传统民族聚落的地域文化内涵，传承地域民族文化具有重要意义。

关键词： 风景园林美学 桃坪羌寨聚落景观 自然适应性 社会适应性 人文适应性

传统民族聚落是地域文化的重要载体，党的十九大报告中指出，乡村振兴战略的实施，核心在于挖掘乡村文化，发展特色产业，激活农村活力，从而推动乡村振兴。挖掘传统民族聚落营造智慧，归纳民族聚落审美文化特征，是实现民族地区乡村振兴的重要路径。目前，关于传统羌族聚落的研究多集中在建筑结构、聚落演变和保护利用等，李璐具体研究了羌寨聚落的演化过程，提出了聚落发展是具有生长能力的有机体。官礼庆从文化背景入手，探讨了如何在可持续发展的基础上保存原有建筑形态和格局以及保护传统景观环境。程辽川从羌族村落新景观的构建和应用方面进行了探讨。现有对于传统聚落特征的揭示多关注于自然条件的影响，结合社会背景、人文精神等因素的研究相对不足。

审美适应性最初用于论证岭南民居建筑的审美属性，后逐步渗透到园林景观、乡村风貌等领域。自然适应性是传统聚落发展的基础和前提，社会适应性是其演变的动力和机制，人文适应性是传统民族聚落文化精神层面追求的目标和结果。运用审美适应性理论[1]研究民族聚落（图1），揭示聚落从人的生存、生活和情感需要的角度对自然、社会和人文的适应性特征[2]，对于保护传统民族聚落特征，传承民族文化具有重要意义。

桃坪羌寨位于四川省阿坝藏族羌族自治州理县，迄今已有2000多年的历史，是古羌历史的缩影，被评为"国家级重点文物保护单位"，作为羌族聚落研究代表具有典型性。桃坪羌寨独特的审美适应性特征，是建造主体的羌族观念的外在物化，体现了对生存环境和历史人文环境的尊重、理解和适应[3]。深入挖掘桃坪羌寨的物质空间和文化内涵，有利于保护羌族聚落濒危的特色，传承羌族独特的民族审美精神，进而促进少数民族文化的保护、发展和创新。

一、因地制宜的自然适应性

1. 生存可依的聚落选址

桃坪羌寨处于岷江流域的河谷平原，海拔约1500m，其聚落形态受地形地貌影响，是典型的河谷类聚落。北侧以增头山为屏障，南面以杂谷脑河为外延至佳山，聚落建筑依山就势向东南呈扇形展开，东西以天然林地和果林农田为过渡（图2）。桃坪羌寨坐北朝南，负阴抱阳的聚落选址符合传统聚落理想环境的堪舆模式（图3）。增头山的雪山融水通过西侧的增头沟汇入杂谷脑河，为羌寨提供了重要的水资源和便利的水路交通。

桃坪羌寨聚落选址在由河流的冲积作用形成的土层较厚、土壤较肥沃的河谷台地上。然而，因为台地高差和坡度大，易水土流失，可展开的农耕活动面积小。因此，建筑沿等高线布局于无法进行耕作的坡脚地带，既节约了平原上的少量的耕地面积，又有效利用了高地进行放牧，由此形成了高半山型村落。

桃坪羌寨的选址是基于生产需要、环境限制等多重因素的智慧策略，展现了羌民在生态环境制衡下与环境的抗争与适应，营造出人与自然和谐共生的居住环境。

2. 应对灵活的生产策略

阿坝藏族羌族自治州属于川西高原地区，其巨大的海拔差异造就了独特的气候特征：日照充裕、风力频繁、季节性干湿交替明显，以及昼夜与地区温差大[4]。这些条件共同塑造了该地区"十里不同天"的多变气候现象。岷江河谷属于亚热带干旱河谷气候，受高原气候的寒冷影响，羌寨夏季酷热而冬季严寒，且存在显著的垂直温差和局部气候差异[5]。桃坪羌寨的选址巧妙地利用了自然地形，北靠增头山作为屏障抵御东北风和风沙，南依杂谷脑河，利用其较大的比热容在日间吸收热量，有效缓解了昼夜温差，同时调节了聚落的局部温湿度环境。此外，耕地的选址亦考虑到日照条件，位于山南水北的向阳面（图4），确保了充足的光照，有利于农业生产。

羌族原本是在西北以游牧为主的民族，以牧羊为主要生产活动[6]，为了适应川西高原昼夜温差大、瞬息万变的气候，羌族人开始采用灵活应对的生产策略，聚落周边种植适合昼夜温差大，日照需求大的果树，逐步从畜牧业转向以农业和果树种植为主的生产模式，在岷江的河谷实现了自给自足。

3. 依山垒室的取材技艺

羌族碉楼的石材建筑，在中国以木结构为主流的传统建筑中独树一帜。羌寨建筑不仅展现了地域特色，也彰显了羌族在材料选择和施工技术上的独特智慧。由于高原气候的寒冷和乔木稀缺，加之

---

[1] 李美珍，华南理工大学建筑学院，硕士研究生。
[2] 唐孝祥，华南理工大学建筑学院，教授。

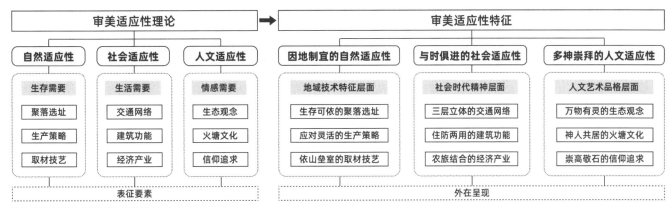

图1 基于审美适应性理论的研究框架图

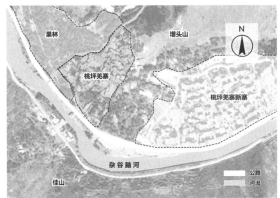

图2 桃坪羌寨聚落选址分析图

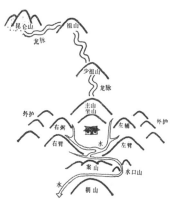

图3 传统聚落理想环境模式
（来源:《风水与建筑》）

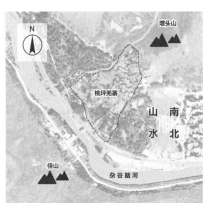

图4 桃坪羌寨理想环境模式分析图

石材开采与运输的困难，羌族人选择了当地丰富的片石作为主要建材，并利用佳山寨特有的黄泥作为粘合剂。羌民凭借世代相传的建筑技艺，无须绘图、测算、吊线[7]，也能营造出既坚固又具有出色抗震性能的建筑（表1）。

在"5·12"汶川地震中，桃坪羌寨的新建寨垮塌严重，90%的建筑都成了危房，然而老寨中的碉楼和民居只有局部垮塌，且桃坪羌寨村民无一人伤亡。这些两千多年的建筑经历了多次地震和火灾依旧屹立不倒，显示出羌人精准的原材料选择水平和高超的营造技艺。

二、与时俱进的社会适应性

1. 三层立体的交通网络

不同于传统古城将城门出口按照东、南、西、北布局，桃坪羌寨采用了以高碉为中心，民居组团呈扇形向左右辐射的八卦状放射形布局，其布局遵循了地形特征，巧妙地融入了环境适应与防御策略。羌寨内设有8个出入口，31条道路通过13个甬道连接，构成了错综复杂的迷宫式路网，街道和巷道组成了其交通骨架[8]。立体交通体系的第二层是空中道路体系，羌寨居民通过跳板和梯子连

桃坪羌寨建造材料 表1

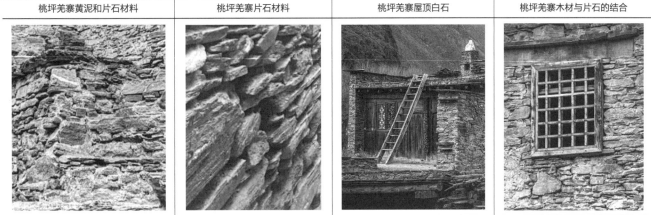

| 桃坪羌寨黄泥和片石材料 | 桃坪羌寨片石材料 | 桃坪羌寨屋顶白石 | 桃坪羌寨木材与片石的结合 |

接各家屋顶。屋顶平台不仅是日常社交和休闲的场所，也是逃生与支援的路径。和平时期，屋顶平台作为老人休憩之地、儿童嬉戏场所、日常聚会的公共空间，屋顶晒坝还可以晾晒粮食；在战时，屋顶平台则作为逃生的空中通道。此外，羌寨还拥有地下交通系统，通过各家床下的暗道入口连接，配备了箭洞、屯兵空间、通气孔和照明设施，以备战时逃生之需。

桃坪羌寨的地下水网系统同样完善，通过暗渠将北侧高山的雪山融水引入每家每户，最终汇入杂谷脑河，不仅极大地便利了日常生活，居民揭开活动石板即可饮水洗衣，还具有调节微气候和在战争年代防止被敌方切断水源或火攻的功能。在流经聚落的时候，羌族人在上游还设置水磨坊、沟渠、汲水点等，进一步增强了水资源的利用。桃坪羌寨三层立体的交通网络不仅体现了羌寨布局对战争年代的适应性，也展现了羌族人将防御需求融入日常生活生存智慧。

2. 住防两用的建筑功能

羌族碉楼不仅是聚落的防御工事，也是羌族文化精神的象征，碉楼按其功能分为战碉、房碉、寨碉[9]。其中战碉专责军事防御；房碉结合居住与储物功能，提供战时避难所；寨碉则作为全村的警戒与物资储备中心。碉楼的原始祭祀功能已逐渐演变为防御与日常生活功能，其功能变迁与社会时代背景紧密相连，反映了羌族建筑的时代性特征。

作为游牧民族的羌族，羌寨民居"畜圈于下"[10]的住房结构体现了畜牧文化印记，底层专用于物资储备、家畜饲养及卫生设施，确保即便在战时也能自给自足；中层设有火塘、厨房、客厅和卧室，构成了日常生活的核心区域；上层的照楼用于粮食储备，而平屋顶则兼具晒坝和宗教仪式的功能，供奉着象征神灵的白石。

3. 农旅结合的经济产业

以畜牧为主是羌族人作为游牧民族的传统生产方式。随着民族间的交流与融合，羌民逐渐掌握了耕种技术，寨中几乎每家每户都饲养山羊，出售羊肉、羊皮毛来换取钱，形成了以农业为主导、畜牧业为补充的自给自足经济模式。新中国成立后，农业技术的发展提升了桃坪羌寨的农业生产力。居民们在保证基本生活需求的同时，开始种植果树和多样化的蔬菜，如番茄、辣椒和洋葱[11]，以增加收入。随着城镇化进程发展，岷江上游地区的生态环境也开始恶化，草场快速减少，羌民山羊饲养量减少，一些家庭甚至放弃了这一传统产业。同时，养猪业因适应当地的农业生产和山地环境而逐渐兴起，成为与农业并行的重要产业。随着现代旅游业的开发，桃坪羌寨的经济结构开始转型，羌民的经济活动逐渐从传统的农牧业转向旅游产业，居民们开始经营家庭旅馆、担任导游、销售旅游纪念品和当地特产，这些新兴的旅游相关业务成为羌族人的主要收入来源。

三、多神崇拜的人文适应性

1. 万物有灵的生态观念

羌族人尊天地为神，尊万物为灵，因此敬畏神灵的本质就是对自然的敬畏，羌族人万物有灵的生态观念反映出早期人与自然之间的关系。岷江上游地区的险峻地形和多变气候，使得农业、林业和牧业的产出高度依赖自然条件，从而加深了羌族对天地的依赖。面对自然灾害产生的无力感时，羌族先民则寄希望于自然，通过神化、人格化自然元素，寻求精神慰藉和神灵庇佑，形成了对天体、山川、植被和大地的崇拜，山神主宰着高原山区的物产，羌民对自然的崇拜集中反映在山神崇拜。

由于桃坪羌寨位于汉藏文化交汇处，羌族的宗教信仰因此融合了汉族的道教、佛教思想以及藏族的藏传佛教思想，使羌族的神灵体系变得丰富多元。村民供奉的神灵包括山神、树神、羊神火神、白石神、祖先神、玉皇大帝、观音菩萨、青苗菩萨和送子娘娘[12]，展现了羌族信仰的多样性和包容性。

2. 神人共居的火塘文化

建筑以场所的方式聚集天、地、神、人四重整体[13]。羌人自然观中，碉房被赋予了人体的象征意义：底层的牲畜圈象征人的下肢，负责守护家畜；中层的起居与储藏空间象征人体的躯干；火塘则作为心脏，是家庭生活的中心；顶层的照楼与屋顶上的白石则分别代表头部与人们头上的"天神"，体现了羌族神人共居的观念。

火塘，亦称锅庄，是古羌人烹饪和取暖的核心区域，象征着羌族的崇火文化。它来自三块代表火神、婆婆神和祖宗神的白石。火塘不仅是家庭日常生活的焦点，也是神圣的空间，周围环境被认为是神灵的领域。火塘的使用伴随着诸多禁忌，摆放火塘的堂屋是家庭中最重要和特殊的场所，火塘周围座位与方位的秩序反映了羌族宗法伦理特征与教化功能。尽管现代化的厨房逐渐取代了火塘的实用功能，但火塘作为羌族文化的精神象征，依旧根植于羌族人的民族文化观念之中。

3. 崇高敬石的信仰追求

在释比经典中，神灵被认为居住于天界，而高山则是通往天界的最近通道，象征着人与神明之间的联系[14]。因此，古羌人选择在高山之巅举行祭祀活动，以强化人与神的联系，并由此发展出对高山的崇敬思想。在羌族的居住建筑和村落布局中[15]，对山神的崇拜表现为房屋和聚落的朝向均以山神为尊，门户朝向山脉的缝隙，墓葬则正对神圣的雪山。羌族将雪山视作巨大的白石，羌语中对山和石具有相同的象征意义，石是山的亲属，白石因而成为雪山的化身，崇高山思想也引申为白石崇拜，羌族常在山顶或高冈的神林中设立山神的神位，并以白石作为其象征。

白石在羌族文化中代表多种神祇，包括"天神、山神、村寨神、女性神和山神"[16]，它们共同守护羌族人民的幸福生活。在羌族建筑的入口处，墙面上的白石象征着门神，具有镇宅辟邪、保佑平安的作用。仓房墙角的白石则代表仓神，掌管家中的粮食和财富，并寓意着丰收和粮仓的丰盈。泰山石敢当是羌族白石崇拜与山崇拜相结合的产物，"泰"的古意是"大"，用意是借泰山之力以增威，取平安、吉祥之功用。石敢当通常放置在街巷或丁字路口的墙上，其造型独特夸张，用以驱除妖魔鬼怪，带来平安和吉祥（表2）。

四、结语

川西桃坪羌寨景观与民居建筑在顺应自然、时代的发展演变中，展现出因地制宜的自然适应性、与时俱进的社会适应性和多神崇拜的人文适应性。在地域技术特征方面，桃坪羌寨聚落选址于高

桃坪羌寨精神信仰物件　　　　　　　　　　　　　　　　　　　　　　　　　　　　　　　表2

桃坪羌寨屋顶的白石	桃坪羌寨墙上悬挂的白石	泰山石敢当

差较大的台地以保证生产需要，形成了高半山型村落；为应对复杂多变的气候，生产模式从畜牧业转向以农业和果树种植为主；羌寨建筑就地取材，用当地片石与黄泥营造出抗震稳固的石材建筑，呈现出对自然气候、地形地貌的利用与适应。在社会时代精神方面，古时羌族人为了生存、躲避军事战乱，将桃坪羌寨聚落规划为迷宫式道路体系、空中道路体系和地下暗道、暗渠的三层立体的交通体系，居住建筑为应对军事需要的"畜圈于下"的结构；随着旅游经济的兴起，游牧羌人逐渐由畜牧业转向与文旅产业结合，聚落布局、建筑构造和经济产业的每一次转型，都体现出桃坪羌寨聚落演变对时代发展的回应。在人文艺术品格方面，桃坪羌寨建筑的平面布局反映了羌族人神人共居的火塘文化，门户朝向雪山的建筑格局和建筑周围放置的白石、泰山石敢当体现羌族人崇高山思想、对白石的崇拜，这些信仰皆可溯源于羌族人尊万物有灵的审美价值取向。审美适应性的三个方面为桃坪羌寨的发展、演变提供了连续的内在动因表征与外在特征表现，呈现意蕴深厚的审美文化特征。面对民族聚落所面临的地域性、文化性和民族性逐渐流失的问题，本研究有利于凝练羌族聚落人居环境营建智慧，对于保护、传承和发展羌族文化，拓展审美文化在民族聚落研究领域具有重要意义。传统民族聚落在发展中既要保持自身独特的民族性，又要适应当代社会的需求，不断传承、创新传统民族聚落文化，在文化建设中保持传统性与现代性的平衡。

参考文献：

[1] 唐孝祥. 建筑美学十五讲 [M]. 北京：中国建筑工业出版社，2017.
[2] 唐孝祥. 风景园林美学十五讲 [M]. 北京：中国建筑工业出版社，2022.
[3] 唐孝祥，袁月，白颖. 广州从化南平村审美适应性特征 [J]. 中国名城，2022，36（5）：73–79.
[4] 朱蓓怡. 羌族传统聚落空间影响因素研究 [D]. 雅安：四川农业大学，2018.
[5] 陈蜀玉. 羌族文化 [M]. 成都：西南交通大学出版社，2008.
[6] 季富政. 中国羌族建筑 [M]. 成都：西南交通大学出版社，2000.
[7] 张春辉. 桃坪羌寨传统民居生态理念及其人居环境研究 [D]. 哈尔滨：哈尔滨师范大学，2017.
[8] 程远蝶. 羌族碉楼建筑的美学研究 [D]. 昆明：云南师范大学，2018.
[9] 成斌. 四川羌族民居现代建筑模式研究 [D]. 西安：西安建筑科技大学，2015.
[10] 周丹. 民族旅游与村寨文化变迁 [D]. 成都：四川大学，2007.
[11] 李祥林. 从羌族口头遗产看女娲神话踪迹 [J]. 文化遗产，2013（3）：98–104.
[12] 邓波. 海德格尔的建筑哲学及其启示 [J]. 自然辩证法研究，2003，19（12）：5.
[13] 王涛. 藏彝走廊地区"白石崇拜"信仰与建筑研究 [D]. 重庆：重庆大学，2021.
[14] 李祥林. 神性符号·意象呈现·文化认同——石敢当崇拜在川西北羌族地区的多样呈现 [J]. 贵州大学学报（艺术版），2023，37（5）：24–32+125.
[15] 周莲，黄学渊，张蕾. 荒野与聚落：20世纪上半叶川西北羌族的景观经营及生态意蕴 [J]. 农业考古，2021（1）：258–265.
[16] 周莲，黄学渊，张蕾. 地理·聚落与空间：川西北羌族的环境感知与景观适应 [J]. 阿坝师范学院学报，2020，37（4）：12–19.

共建共治共享理念下的传统村落空间治理研究
——以汉藏羌彝走廊为例[1]

范新元[2]　赵治坤[3]　赵　兵[4]　侯鑫磊[5]

摘　要： 本文以汉藏羌彝走廊地带319个传统村落为研究对象，运用空间计量法与GIS空间分析走廊地带传统村落空间分布特征及其影响因素。研究结果显示：汉藏羌彝走廊地带传统村落空间分布类型为凝聚型，形成了黄南同仁—尖扎、甘孜丹巴主、阿坝汶—理—茂、迪庆香格里拉、楚雄牟定—武定等5个传统村落空间主极核，呈沿流域带状分布，从地形、坡向、河流、社会经济、交通等因素分析对走廊地带传统村落空间分布格局的影响程度。并结合村落空间分布密度对不同区域提出共建共治共享目标下的传统村落空间治理政策建议，为该区域传统村落系统性、整体性保护提供参考和借鉴。

关键词： 共建共治共享　汉藏羌彝走廊　传统村落　空间治理

　　汉藏羌彝走廊地带自古就是各民族往来、繁衍、迁徙、交流的重要通道，具有独特的自然生态、多元的文化类型与丰富的文化资源，由此产生了形态各异的传统乡村聚落。随着工业化与城市化的持续推进，走廊地带民族乡村聚落传统以农牧经济为主的生产结构、生活方式、生态环境正在逐渐变化，如"空心化""老弱化""低活力化"等因素导致许多珍贵的传统村落衰败甚至消失，传统村落保护发展面临严峻形势[2]。在共建共治共享理念指导下，开展传统村落空间治理研究能确保多元主体利益协调，实现传统村落可持续发展，并有助于探索适合我国国情的社会治理新模式，提升治理能力。因此，本文选择汉藏羌彝走廊传统村落作为研究对象，采用地理学和空间计量学相关理论方法，分析汉藏羌彝走廊地带传统村落空间分布格局及其影响因素，并结合村落空间分布密度对不同区域提出共建共治共享目标下的传统村落空间治理政策建议，为该区域传统村落系统性、整体性保护提供参考和借鉴。

一、研究区概况

　　本研究对汉藏羌彝走廊地带空间范围的界定参照文化和旅游部、财政部发布的《藏羌彝走廊文化产业走廊总体规划》，将研究核心范围划定为四川省的甘孜藏族自治州、阿坝藏族羌族自治州、凉山彝族自治州，云南省的楚雄彝族自治州、迪庆藏族自治州，西藏的拉萨市、昌都市、林芝市，甘肃的甘南藏族自治州，青海的黄南藏族自治州等5省（区）10市（州）。截至2023年10月，汉藏羌彝走廊地带共有住房和城乡建设部评审公示的"中国传统村落名录"中六个批次8155个国家级传统村落中的319个，传统村落总数占比为3.96%，村落数量较为丰富。

二、数据来源与研究方法

1. 数据来源

　　研究选取的汉藏羌彝走廊地带传统村落的地理坐标由"百度坐标"API拾取器获取。基于ArcGIS软件绘制和分析汉藏羌彝走廊传统村落空间分布与经济、人口、产业等相关要素叠加的数据可视化展示专题地图，地图底数来源于中国科学院资源环境科学数据中心网站的相关栅格数据集。相关社会经济数据来源于《四川省统计年鉴（2010-2022）》《云南省统计年鉴（2010-2022）》《甘肃省统计年鉴（2010-2022）》《青海省统计年鉴（2010-2022）》《拉萨市国民经济和社会发展统计公报（2010-2022）》《昌都市国民经济和社会发展统计公报（2010-2022）》《林芝市国民经济和社会发展统计公报（2010-2022）》。

2. 研究方法

　　本研究综合使用民族学、经济学与地理学相关理论方法研究传统村落空间格局及其影响因素。其中，传统村落空间格局特征选择最邻近指数、核密度指数、空间自相关指数3个指标，分别从空间地理位置上的临近程度、分布概率、集聚水平3个维度综合分析与自然地理与社会经济因素之间的关系。

　　（1）最邻近指数。作为点状要素的传统村落在空间上的分布类型主要有均匀、随机与凝聚三种[3]，常用表示点状要素在地理空间中相互邻近程度的最邻近指数进行判定，其模型公式为：

$$R = \frac{r}{r'} = 2\sqrt{D} \quad (1)$$

式中：R表示传统村落空间分布的最邻近指数，r表示最邻近距离，r'表示理论最邻近距离，D表示村落在空间分布上的点密度。

　　（2）核密度估计法。核密度估计法主要用于描述一定的空间范围内，某件事在不同的地理位置上发生的概率问题。核密度估计的模型公式为：

---

[1] 项目基金：中央高校基本科研业务费专项资金项目"阿坝州汶川县城市韧性评价及其提升策略研究"（2023SYJSCX45）。中央高校基本科研业务费专项资金项目"数字治理赋能民族传统村落'三治融合'实践研究——以川西民族地区为例"（2024SYJSCX143）。
[2] 范新元，西南民族大学建筑学院，2022级在读硕士研究生。
[3] 赵治坤，西南民族大学建筑学院，2023级在读硕士研究生。
[4] 赵兵，西南民族大学建筑学院，教授，博士生导师。
[5] 侯鑫磊，西南民族大学经济学院，2023级在读博士研究生。

$$F_n(x) = \frac{1}{nh}\Sigma_{i=1}^n k((x-x_i)/h) \quad (2)$$

式中：$x-x_i$ 为走廊地带某 x 区域与传统村落之间的距离，$k((x-x_i)/h)$ 为核函数，n 为传统村落的数量，h 为带宽。

（3）空间自相关指数。空间自相关指数（Moran's I）是用来度量空间相关性的一个重要指标，空间自相关指数模型公式为：

$$I = \frac{N}{S_o} \times \frac{\Sigma_{i=1}^N \Sigma_{j=1}^N w_{ij}(Y_i - Y_a)(Y_j - Y_a)}{\Sigma_{i=1}^N (Y_i - Y_a)^2} \quad (3)$$

$$S_o = \Sigma_{i=1}^N \Sigma_{j=1}^N w_{ij}$$

式中：N 为汉藏羌彝走廊地带传统村落的数量，Y_i、Y_a 分别为传统村落 i 的观测值及评价值，Y_j 和 Y_a 分别为传统村落 j 的观测值及评价值 w_{ij} 为空间权重矩阵（$N×N$），S_o 为空间权重矩阵的总和。

三、汉藏羌彝走廊传统村落空间格局分析

1. 各市州分布比例与邻近指数测算

经过对汉藏羌彝走廊各市（州）传统村落的数量统计（表1）可知各区域村落数量存在较大差异。根据公式（1）对走廊地带传统村落邻近指数测算进行测算（图1），得出走廊地带传统村落最邻近距离 $r=0.14$，理论最邻近距离 $r'=0.32$，最邻近指数 $R=0.435<1$，表明汉藏羌彝走廊地带传统村落呈凝聚型分布。从市（州）域尺度分析，走廊地带传统村落主要集中分布在四川省甘孜州、阿坝州、凉山州，青海省黄南州，云南省迪庆州、楚雄州区域，占走廊地带传统村落总数的 70.3%。

2. 核密度分析与空间极核划分

汉藏羌彝走廊传统村落空间分布平均密度经测算为 17.31 个/万 km^2，高于全国传统村落平均密度（7.10 个/万 km^2）。根据公式（2）与 ArcGIS10.2 中 Spatial Analysis 模块的 Kernel Density 工具，在保障最优可视效果的前提下分别选取了 8.5、4.25 作为带宽（Search Radius），生成汉藏羌彝走廊传统村落核密度分析图。汉藏羌彝走廊传统村落呈现出"核心—边缘型"分布特征（表2），多个空间极核由北向南纵向排列于汉藏羌彝走廊地带的核心地带，与走廊民族流动交融性特征符合。

结合汉藏羌彝走廊地带地域文化特征可知，走廊地带存在黄南同仁—尖扎主核心、甘孜丹巴主核心、阿坝汶—理—茂主核心、迪庆香格里拉主核心、楚雄牟定—武定主核心 5 个村落空间主极核（$K \leq 45.15$），走廊地带还存在着甘孜德格—百玉亚核心、甘孜理塘—乡城亚核心、阿坝九寨—松潘亚核心、凉山盐源—木里亚核心、甘南临潭—迭部亚核心 5 个村落空间亚极核（$K \leq 9.86$）。综合来看，汉藏羌彝走廊地带传统村落空间分布较不均衡，形成"主核带动、亚核环绕"的村落总体空间分布特征。

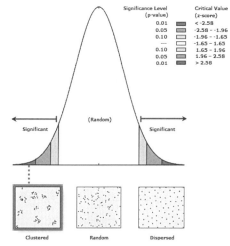

图1　汉藏羌彝走廊传统村落最邻近分析

汉藏羌彝走廊传统村落在市（州）域的分布比例　　表1

市（州）名称	传统村落数量（个）	所占比（%）	市（州）名称	传统村落数量（个）	所占比（%）
甘孜藏族自治州	94	29.47	迪庆藏族自治州	21	6.58%
阿坝藏族羌族自治州	53	16.61	楚雄彝族自治州	28	8.78%
凉山彝族自治州	19	5.96	拉萨市	5	1.57%
黄南藏族自治州	58	18.18	林芝市	7	2.19%
甘南藏族自治州	22	6.90	昌都市	12	3.76%

汉藏羌彝走廊地带传统村落空间分布核心划分　　表2

空间极核	名称	Kernel density 值	辐射区域	村落数量
主极核	黄南同仁—尖扎主核心	$K \leq 45.15$	同仁县、尖扎县、夏河县	30 个
	甘孜丹巴主核心	$K \leq 16.86$	丹巴县、小金县	19 个
	阿坝汶—理—茂主核心	$K \leq 16.86$	汶川县、理塘县、茂县	16 个
	迪庆香格里拉主核心	$K \leq 12.64$	香格里拉市、得荣县、维西县等	24 个
	楚雄牟定—武定主核心	$K \leq 12.64$	牟定县、武定县、禄丰县等	24 个
亚极核	甘孜德格—百玉亚核心	$K \leq 8.43$	德格县、白玉县	8 个
	甘孜理塘—乡城亚核心	$K \leq 8.77$	理塘县、乡城县、稻城县	14 个
	阿坝九寨—松潘亚核心	$K \leq 9.86$	九寨沟县、松潘县	9 个
	凉山盐源—木里亚核心	$K \leq 8.43$	盐源县、木里县	10 个
	甘南临潭—迭部亚核心	$K \leq 8.43$	临潭县、迭部县、卓尼县等	11 个

3. 空间自相关性特征

运用 ArcGIS 软件结合公式（3）对汉藏羌彝走廊各市（州）传统村落进行全局自相关分析，得到 Moran's I 值为 0.398，统计量 Z 值为 2.853，统计数据显著性指数 P 值为 0.02，村落在空间上随机分布的可能性较小，说明汉藏羌彝走廊传统村落空间分布具有显著的空间自相关性与集聚分布特征（图 2），再次验证了上文分析结果的准确性。

4. 汉藏羌彝走廊传统村落分布格局影响因素分析

（1）地形因素

汉藏羌彝走廊地带传统村落主要沿沙鲁里山脉、邛崃山脉、横断山脉、念青唐古拉山脉和伯舒拉岭等青藏高原东缘山脉切割地带呈带状聚集分布，主要山系海拔大多在 1500m 以上，形成相对独立的地理空间单元。险峻的地形环境在一定程度上降低了工业化和城市化对这些地区的影响，也因此减缓了这些地区传统村落的消亡。

（2）坡向因素

汉藏羌彝走廊地带传统村落在阳坡（90°~270°）落点 213 个，阴坡（270°~360°，0°~90°）落点 106 个，阳坡和阴坡分布比 2.09:1，大多数村落在坡向上分布体现出向阳性。汉藏羌彝走廊地带大多区域处于高寒气候带，农牧经济需要更亲山坡向阳面茂盛草地与日照资源，可耕种用地容量与草场的需求较高，因此大部分村落呈现出"负阴抱阳""背山面水"的选址导向。部分村落由于受山脉走向的多向切割，其选址更注重于平坦坡面，因此在部分阴面区域也有传统村落分布。

（3）流向因素

通过 ArcGIS 将汉藏羌彝走廊地带河网线与村落空间分布叠加，可知走廊地带传统村落位于怒江流域、澜沧江（湄公河）流域、雅鲁藏布江流域、金沙江流域、雅砻江流域、大渡河流域与岷江流域及其辐射区域的村落数量有 274 个，约占总量的 85.89%，各传统村落空间极核与小规模组团沿各流域呈带状分布，其地理空间分布与流域在空间格局的指向方面具有一致性。

（4）社会经济因素

选取社会经济因素中 GDP 总量、人均 GDP、主要道路与人口规模四个指标，运用 ArcGIS 将汉藏羌彝走廊传统村落与空间分别重叠。可以看出，走廊地带传统村落大多集中于主要道路交通辐射范围，大部分人口较多的市（州）村落数量也较多，而 GDP 总量与村落空间分布特征相关性并不明显，但人均 GDP 较高的地区传统村落数量明显较多。

四、结论与政策建议

本研究以汉藏羌彝走廊地带六批次 319 个传统村落为研究对象，基于 ArcGIS 采用最邻近指数、核密度分析法、空间自相关法分析其空间分布格局与影响因素，主要结论如下：汉藏羌彝走廊地带传统村落最邻近指数为 0.435，空间分布类型为凝聚型，Moran's I 值为 0.398，具有显著的空间自相关性，存在黄南同仁—尖扎、甘孜丹巴、阿坝汶—理—茂、迪庆香格里拉、楚雄牟定—武定 5 个村落空间主极核，甘孜德格—白玉、甘孜理塘—乡城、阿坝九寨—松潘、凉山盐源—木里、甘南临潭—迭部 5 个村落空间亚极核。通过 ArcGIS 将村落空间分布与各项地理空间数据叠加分析发现，海拔高程、河流、坡向等自然地理因子与 GDP、人口、交通等社会经济因素对走廊地带传统村落空间分异有着重要影响，是走廊地带传统村落宏观空间形态形成的主要影响因素。为促进共建共治共享目标下走廊地带传统村落空间有效治理，结合村落的空间分布格局特征，提出以下政策建议：

1. 传统村落分布密集且集中连片区域：楚雄牟定—武定主核心、黄南同仁—尖扎主核心、甘孜丹巴主核心与阿坝汶—理—茂主核心等

汉藏羌彝走廊东部地带与南部地带的等传统村落空间分布集中连片特征明显，且具有经济、人口、交通等优势，应着重强化区域统筹与协同机制，建立跨区域的协同治理平台，积极推动产业融合与集群发展，打造具有区域特色的文化旅游产业带。要充分利用好传统村落这一特色文化资源，通过村落特色产业发展与优势资源利用促进村落的长效保护与有效治理。首先，楚雄牟定—武定主核心等数量众多、集中连片的区域可规划以民族特色村寨为主题的新型文化旅游产业体系，积极融入楚雄州、甘孜州与凉山州全域旅游规划建设，拓展多功能农业农村新业态，促进三产融合发展，促进该区域传统村落产业的转型升级。其次，该类区域要把握自身在乡村振兴背景下供给侧结构性改革中的准确定位，把握产业发展和融合动态，开展传统村落发展的"产业+"模式，组织探寻"村落特色+产业""村落文化+旅游""民族特色非遗+电商"等多种模式[4]，形成传统村落特色旅游、文化产业的产业集群规模效应，探索乡村产业振兴推进传统村落保护的多元治理路径与经济模式。

2. 传统村落数量较多但分布分散区域：迪庆香格里拉主核心、凉山盐源—木里亚核心与甘孜德格—白玉亚核心等

该区域传统村落数量较多，但空间联系性尚未达到集中连片程度，不适合大规模开展现代化乡村文化旅游项目，而是要通过对传统村落中丰富文化遗产的深入挖掘使文化赋能乡村产业发展，建立跨区域合作机制，促进村落间的信息交流与合作，联合申报重点项目与资金，以提升整体发展水平。首先，针对不同类型的传统村落，应采取差异化的保护与发展策略，深入挖掘每个村落的独特资源，包括其历史文化、自然环境和农业特色，并据此打造多样化的长途度假型乡村休闲旅游微项目。其次，积极发展"传统村落+民俗旅游、生态农业、休闲康养"等产业模式，重点打造集中连片

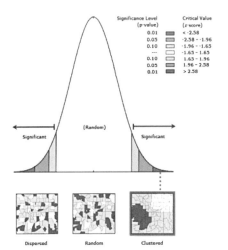

图 2　汉藏羌彝走廊传统村落空间自相关分析

景区、民俗村寨、手工产品展览、节庆活动、特色民居、高原藏餐等一系列特色品牌，依靠传统村落特色资源提升相关产业的知名程度。此外，根据该类区域劳动力、资金与技术较为缺乏的经济状况，重视非物质文化遗产资源的保护利用，可采用"公司＋协会＋农户"共同参与的形式，将唐卡等特色民族非遗转化为文创产品，采用"非遗传习所"等方式提升村民收入水平，推动传统村落的可持续性发展。最后，加强基层治理能力建设，鼓励村民积极参与村落保护与发展的决策和实施过程，形成共建共治共享的良好格局。

3. 传统村落分布较为稀疏的区域：走廊西部地带

汉藏羌彝走廊中西部地带存在着许多如拉萨市、昌都市、林芝市等产业经济吻合程度不一、传统村落数量稀少的区域。一方面，考虑到该类区域地处江河源头和水源涵养的特殊区域，以及生态脆弱敏感的环境特点，坚持生态优先，充分发挥传统村落生态环境良好优势与自治自净功能，将其打造成为宜居宜人的美好家园，实现人与自然和谐共生的目标。另一方面，要结合传统村落的稀缺价值，加大政府与相关机构的投资力度，实施精准帮扶与政策支持，合理规划村落布局和产业发展方向，探索并制定具有鲜明特色的活化策略，将其塑造成为该类区域的绿色产业发展的模板范例，引领该区域其他乡村聚落的人居环境建设。

参考文献：

[1] 蒲娇，刘明明. 乡村振兴中非遗"双创"与传统村落过疏化耦合治理[J]. 海南大学学报（人文社会科学版），2023，41（1）：99-108.
[2] 陈兴贵. 传统村落振兴的关键问题及其应对策略[J]. 云南民族大学学报（哲学社会科学版），2021，38（3）：82-91.
[3] 张婕，蒋雪峰，谢旭斌. 滇西北平坝传统村落景观格局演变及影响因素——以云南省祥云县大仓村为例[J]. 经济地理，2023，43（9）：197-207.
[4] 张洪昌，舒伯阳. 制度嵌入：传统村落旅游发展模式的演进逻辑[J]. 云南民族大学学报（哲学社会科学版），2019，36（3）：88-94.

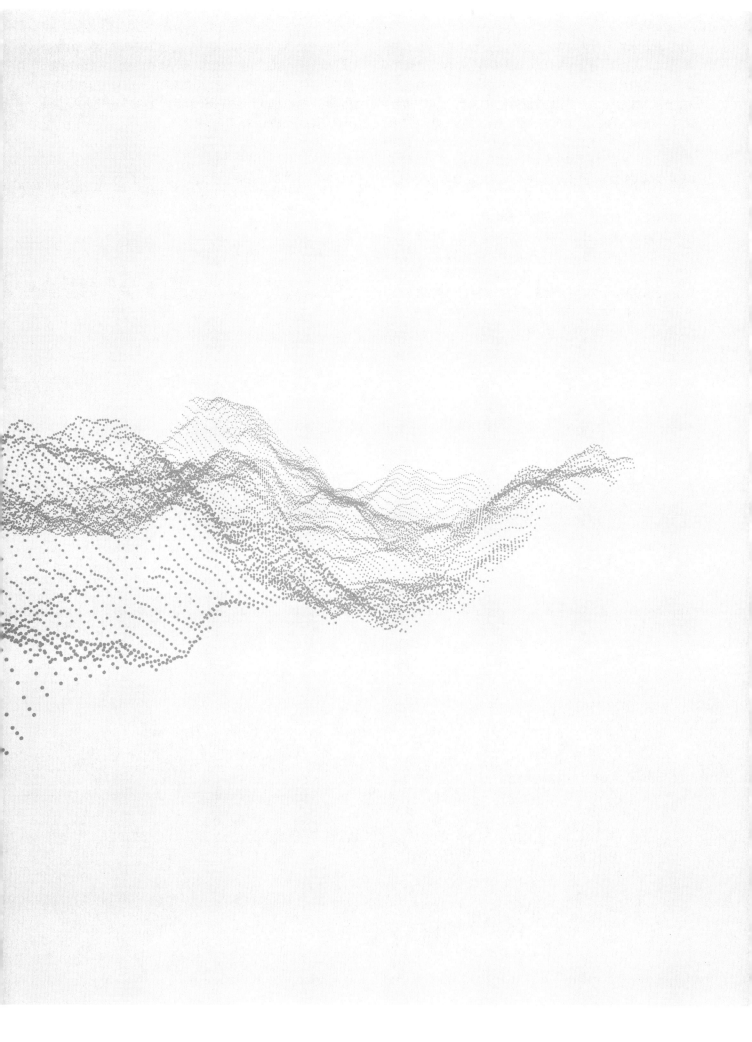

[传统民居智慧智能智造]

基于仿真模拟的传统建筑仪式空间分析[1]

张 睿[2] 王 新[3] 徐 强[4]

摘　要：中国传统建筑是宝贵的建筑遗产，蕴含着优秀的传统民族文化，其中仪式类古建的构建往往与传统仪式行为密切相关。现阶段对于传统古建空间环境的定性研究分析相对较多，但对传统建筑空间内使用者行为模式进行量化分析的研究较少。因此，本研究基于Anylogic模拟软件，构建传统建筑模型，以建筑仪式空间为例，对仪式空间使用者的行为模式进行仿真模拟，并讨论研究仪式空间与仪式行为的相互影响与作用机制。

关键词：仿真模拟　仪式空间　仪式行为

在传统社会中，建筑的一些内在含义是经由场景和仪式来表达的，只有从人类学的角度对建筑场景和仪式行为进行考察与分析，才能真正理解传统建筑的价值与意义[1]。基于本文研究内容，定义"仪式"为以人为主体，具有功能性象征意义和目的，在特定空间场所进行的规范性、程序性人类活动。仪式的活动具有物质性特征，因此仪式避免不了与空间产生关系，无论是室内或室外，仪式行为都具有空间意义。仪式的神圣特质或特定需求需要通过建筑形态及空间组织进行表达，在具有普遍性的角度上，仪式是人与环境之间双向的互动。通常定义有仪式活动发生的空间为"仪式空间"。

中国传统建筑是千百年来社会文化发展的重要产物。传统建筑空间容纳了一系列人的仪式活动与事件，而习俗、文化和制度通过规定人的活动也塑造了建筑空间，从而赋予此类建筑特定的意义[2]。基于社会功能角度，中国传统建筑中的仪式空间类型可以分为礼仪性空间、信仰性空间、政治性空间和世俗性空间。中国传统建筑中处处体现着礼制和仪式化的空间模式。为探究传统建筑中的仪式空间，本文选取两个建筑案例，借助仿真软件进行模拟实验，研究讨论仪式空间、仪式行为要素和使用者行为模式的关系，解析建筑空间与仪式的相互作用。

一、国内外研究现状

中国是一个多民族国家，悠久的历史与深厚的文化底蕴形成了多样的仪式类型和仪式建筑。中国学者对仪式空间的研究大多偏向于宗教建筑、祭祀空间、民间信仰以及地方性传统仪式习俗。东南大学沈旸、梁勇通过比较镇山建筑和岳庙建筑，发现镇山在祭祀时间、祭祀形式和祭祀地点等方面都在一定程度上模仿岳山的建筑模式[3]。陈一鸣试图通过对湖南洞口县祠庙的仪式及行为所对应的空间形式进行探讨，得出仪式与空间的固有关系与转换过程[4]。冯智明对仪式的空间理论进行了分析，并以土瑶安龙仪式为例，分析了空间设置以及空间的象征意义[5]。

在西方学者的研究中仪式是人类本体特征及行为表征最好的体现，同时是西方人类学研究的核心。美国伯克利学派代表人物斯·科塔夫以人类学的视角描述了意义如何通过场景与仪式来表达[6]。亚利桑那大学的维加蒂森诺·拉斐尔的论文描述和分析了安第斯山脉中晚期宗教仪式在复杂社会组织形式出现中的作用[7]。Pier Vittorio Aureli对崇拜形式与建筑之间的关系进行了论述，认为建筑空间必须遵循神圣空间的意义远远超出了沉思和灵性的刻板印象，并且与城市的政治和社会精神相一致[8]。

二、基于社会力模型的行人仿真模拟

随着科学技术的革新进步，多学科融合发展已成为未来趋势，更多研究表明计算机仿真技术是研究复杂系统的一种有效手段。Anylogic是一个适用于离散事件、系统动力学、多智能体和混合系统建模和仿真的工具[9]。目前将Anylogic应用于环境与人行为相关性分析的仿真模拟研究较少。刘如梅基于Anylogic平台探讨学生体力活动水平与校园公共空间的关联性[10]；陈悦等对历史街区游客行为仿真模拟并优化历史街区设计[11]；吴岩等基于Anylogic平台介助老人活动特征对社区公园空间要素配置进行研究[12]；凌薇等利用智能体建模工具模拟人行轨迹，探究空间流线对人行为的影响，提出高校图书馆流线优化策略[13]。现阶段将行人仿真模拟技术应用于传统建筑的空间分析研究相对缺失。

三、研究对象及技术路线

本文选择的传统建筑案例应具有仪式空间典型特征，建筑布局完整且利于调研。基于上述要求，选取美岱召大雄宝殿及传统三进四合院建筑空间为案例样本，深入调研并记录其建筑空间布局和建筑空间内发生的仪式行为（图1）。

（1）美岱召位于内蒙古自治区，是国内现存的唯一一座"人神共居，城寺结合"的召庙。美岱召历史悠久、底蕴深厚，其建筑空间独具特色，象征了特有的宗教文化，具有非常重要的研究价值[14]。美岱召中的寺庙建筑蕴含丰富的仪式特征，大雄宝殿是其中最重要的仪式类建筑单体。大雄宝殿位于美岱召建筑轴线上第一个节点，是典型的"前经堂、后佛殿"形制。殿内的仪式活动包括僧人信众诵经祈福、祭祀仪式、朝拜仪式[15]（图2）。

---

[1] 本文受国家自然科学基金面上项目（52078322）、天津大学研究生文理拔尖创新奖励计划2022年度项目（A1-2022-005）、天津大学-兰州交通大学联合创新基金项目（2024XSU-0032）资助。
[2] 张睿，天津大学建筑学院，副教授，博士生导师。
[3] 王新，天津大学建筑学院，在读硕士生。
[4] 徐强（通讯作者），天津大学建筑学院，在读博士生。

（2）传统四合院作为典型的世俗空间，是中国民居中历史最悠久、分布最广泛的汉族民居形式，其空间规划体现出古代封建礼制的传统社会思想。传统四合院以轴线为核心，对称布局，各进院落层次分明，布局严谨，严格区分建筑内外，体现了"对外封闭，对内开敞"的空间精神[16]。

基于 Anylogic 平台对仪式空间内行人行为进行仿真模拟，以行人是否遵循此建筑空间内的仪式流程为变量，梳理编写两套行为逻辑流，通过对比分析不同模拟情景下的热力图结果以探讨论证建筑空间与仪式行为的关系。

四、模拟与分析

1. 美岱召大雄宝殿

基于 Anylogic 软件平台，首先以美岱召大雄宝殿平面图为底图，利用行人库与模型库构建空间场景，大殿各区域平均设置吸引点，出入口处设置目标线；而后创建智能体行人，并设置行人基本行为参数，智能体在建筑空间入口处生成；最后依据是否遵守仪式活动流程编写两个逻辑流（图3、图4）。

逻辑流 1-A：智能体行人在建模空间中自由行走，并设置其对大殿内各行进路线选择的概率相等；建筑内各空间区域平均分布吸引子，吸引子参数设定类型选择随机且设置延迟时间相等。

逻辑流 1-B：按照所选案例仪式行为及路程进行编写。以美岱召的祈福法会仪式活动为例，编写智能体行人进行绕殿祈福仪式的过程。依靠流程建模库中的路径和矩形节点等空间标记确定智能体进入佛殿后的行径路线。

大雄宝殿的仪式节点空间主要为经堂、后殿、后殿外廊。在两套行人逻辑流控制下，分析对比模拟所得热力图（图5），可以发现以下结论：

（1）人流倾向于聚集在经堂左侧区域、后殿叩拜礼佛区域，证明此类区域可达性较好，且空间具有一定停留性。

（2）佛堂空间的人流以佛像及佛坛为中心呈现聚合状态，且佛像前的礼拜区域人流密度最大，行人滞留时间较长。

（3）后殿外廊一周人流分布较为均匀。此处为转经道，人流遵循顺时针旋绕路径，完成旋殿祈福诵经仪式。

通过仿真模拟实验可以发现大雄宝殿作为美岱召最重要的仪式建筑，其空间营造与其内进行的祈福祭拜仪式关系密切。通过建筑布局、佛像位置和殿内路径的有效组织，营造出藏传佛教空间独有的场所特质，使得大殿空间在一定程度上影响行人的意识与行为模式。

2. 传统三进四合院

传统四合院主要由正房、厢房、游廊和倒座等构成，其中正房位于中轴线上且是整个住宅的核心部分。四合院大门通常设置在院落的东南角，进入之后到达带有影壁的入口空间，左转进入第一个庭院，经过垂花门到达第二个庭院，直行便可到达正房堂屋，或者通过两侧的抄手廊从东北角的过渡空间进入后院。一般而言，客人通过庭院进入第一个庭院后沿中轴路径到达主要厅堂，只有主人才能到达私密性较强的后院（图6~图8）。

逻辑流 2-A：编辑智能体可选择路径，设置各选择概率大小相等。

逻辑流 2-B：赋予智能体不同属性，行走不同路径，长辈行至正房，子辈行至东西厢房，仆人行至后院。

三进四合院的仪式节点空间主要为前院、内院、抄手游廊及后院空间。在两套行人逻辑流控制下，分析对比模拟所得热力图（图9），可以得出以下结论：

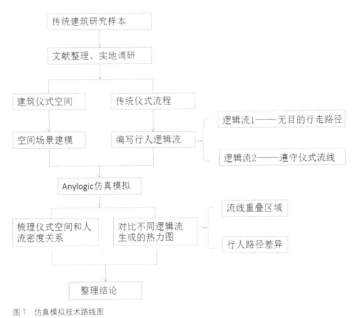

图1 仿真模拟技术路线图

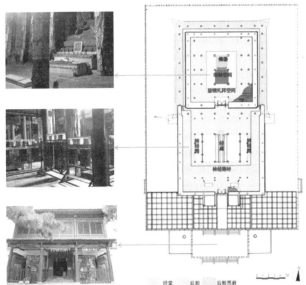

图2 大雄宝殿仪式空间示意图

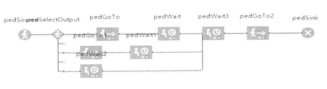

图3 大雄宝殿逻辑流 1-A

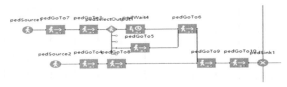

图4 大雄宝殿逻辑流 1-B

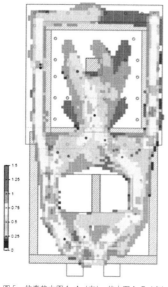
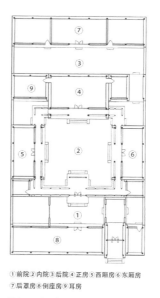
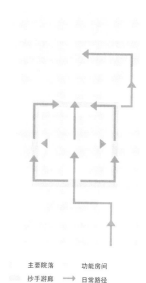

图 5 仿真热力图 1-A（左）、热力图 1-B（右）

①前院②内院③后院④正房⑤西厢房⑥东厢房
⑦后罩房⑧倒座房⑨耳房

图 6 三进四合院平面及路径示意图

图 7 四合院逻辑流 2-A

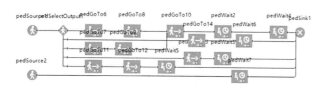

图 8 四合院逻辑流 2-B

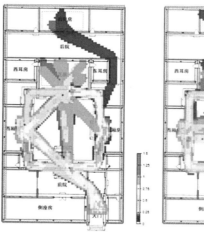
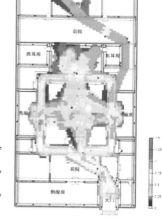

图 9 仿真热力图 2-A（左）、热力图 2-B（右）

（1）前院空间为整个院落的缓冲空间，前院内的影壁和垂花门对人流起一定引导作用。影壁有遮挡外人视线的作用，还可以烘托气氛，增加住宅气势。

（2）进入内院后，人流轨迹显示抄手游廊利用率较高。雨雪天气或无重要活动不开放垂花门时，要经过抄手游廊进入正院。

（3）后院空间人流密度较小，空间私密性较强。后院属于女眷活动空间，外人不得随意进入。

中国是家庭结构式社会，家族文化是中国社会的重要组成部分，因此传统民居的空间营造上处处体现出家族秩序观念。通过仿真模拟可以说明四合院的空间秩序构成逻辑很大程度上受传统社会家族伦理观念影响。纵深、严整对称的组群布局，以居中的院落为主体、以长辈居住的正房为中心，突出父权威势。

五、结语

在模拟实验中依据是否遵守仪式流程编写两套行人行为逻辑方案，达到预测与验证行人行为活动轨迹的目的。对构建模型进行确定时长的模拟运行，通过行为密度图像对其仪式活动分布进行可视化呈现。在热力图中，人数的分布情况由颜色深浅来表示。

对比实验所得热力图发现：

（1）自由行走的行人与遵照仪式路径的行人所选建筑空间路线有较多处重合，且重合的区域倾向于人流容易聚集的空间。

（2）图中人流密度较大的区域表明其布局在建筑空间中可达性较高，此类区域均为有明确仪式活动的仪式空间。

本文通过行人仿真模拟的方式，研究讨论了建筑仪式空间和仪式行为及空间内使用者行为模式的关系。得到的结论为建筑空间与仪式具有密切的依存关系，仪式行为规则会对建筑空间形成和发展产生高度影响；同时，建筑空间形态又对仪式行为的发生和仪式进程起到限定作用。建筑中的仪式空间实际上是仪式功能和仪式信息的载体，仪式空间使用者的行为模式受到建筑形态构成、空间规划布局的引导。本文借助计算机仿真模拟技术，对建筑空间和仪式的关系进行研究，以期为中国传统建筑文化的研究以及当代建筑创作实践提供理论和认识上的参考。

参考文献：

[1] 常青．建筑学的人类学视野[J]．建筑师，2008（6）：95-101．
[2] 阎兆宇．中国传统礼仪空间设计研究[D]．哈尔滨：哈尔滨工业大学，2017．

[3] 沈旸，梁勇. 通用的祭祀仪式与差异的建筑等级——镇庙建筑的早期历史及岳庙、镇庙的等级分化[J]. 建筑史，2014（1）：28-35.
[4] 陈一鸣，李晓峰. 仪式与空间——浅析湖南洞口县钟元帅庙的空间结构[J]. 南方建筑，2011（6）：29-32.
[5] 冯智明，陈容娟. 人类学视野下的仪式空间研究——以贺州土瑶安龙仪式为例[J]. 广西社会科学，2015（7）：27-32.
[6] KOSTOF S A History of Architecture: Settings and Rituals. New York: Oxford University Press, 1985.
[7] VEGACENTENO R. Ritual and Architecture in a Context of Emergent Complexity: A Perspective from Cerro Lampay, a Late Archaic Site in the Central Andes[D]. Tucson: The University of Arizona, 2005.
[8] AURELI P V, et al. Rituals and Walls: The Architecture of Sacred Space[M]. London: RIBA Publishing, 2016.
[9] 胡明伟，史其信. 行人交通仿真模型与相关软件的对比分析[J]. 交通信息与安全，2009，27（4）：122-127.
[10] 刘如梅，王琰. 体力活动视角下的中学校园优化设计研究——以西安市为例[J]. 南方建筑，2023（3）：74-80.
[11] CHEN Y, YANG J Q. Historic Neighborhood Design Based on Facility Heatmap and Pedestrian Simulation: Case Study in China[J]. Journal of Urban Planning and Development, 2020, 146（2）.
[12] 吴岩，薛迪，曹珂. 基于介助老人活动特征的社区公园空间要素配置研究——以郑州市五一公园为例[J]. 建筑与文化，2023（3）：170-172.
[13] 凌薇，焦政伟，李昊，等. 城市人因工程学视角的高校图书馆人行轨迹预测[J]. 建筑学报，2023（2）：74-78.
[14] 张鹏举. 内蒙古地域藏传佛教建筑形态研究[D]. 天津：天津大学，2011.
[15] 张玉坤，徐强. 基于仪式视角的美岱召建筑空间解析[J]. 新建筑，2022（2）：145-149.
[16] 马炳坚. 北京四合院建筑[M]. 天津：天津大学出版社，1999.

基于量化方法的传统民居形态特征研究

——以都昌县为例

段亚鹏[1] 张光穗[2]

摘　要：江南地区传统民居类型丰富，其中赣派民居作为典型代表，具有独特的风格特征。为了厘清其演变规律、深入挖掘地域性特征，研究构建传统民居形态量化指标体系，在都昌县选取 40 座传统民居作为研究对象，针对各类指标运用数理统计方法，耦合研究变量相关性，从而得出指标体系中各类别指标之间的相关性演化规律，有助于精准提炼赣派民居形制特征，进一步深化传统民居理论研究体系，弘扬和传承优秀传统建筑文化。

关键词：传统民居　量化方法　相关性　形态特征

2017 年，国务院印发《关于实施中华优秀传统文化传承发展工程的意见》，指出要保护传承好文化遗产，实施中国传统村落保护工程，做好传统民居、历史建筑、革命文化纪念地、农业遗产、工业遗产保护工作。江南地区以其独特的地理环境和深厚的历史文化积淀，孕育了丰富多样的传统民居类型，赣派民居以其独特的风格特征成为江南传统民居的杰出代表。20 世纪 30 年代至今，对赣派建筑的研究已有较多关注。在定性研究成果较为丰硕的背景下，国内学者正聚焦于传统民居量化研究。张杰等运用二维平面量化实验提取闽南古厝民居的各类指标，在美学层面对建筑平面和其要素的布局和组合方式作了研究[1]；张巍对胶东地区不同地形的传统民居房间尺度作了叠加分析[2]；王蒙达利用数字技术对嘉绒藏族传统聚落及民居建筑进行数字化模拟仿真和数字建模分析，得出传统聚落和建筑性能在量化指标上的结果[3]；张晓婧运用分形理论，探索针对冀南传统民居的分形研究原则、策略，结合 Grasshopper 编程模拟计算法对冀南传统民居聚落及建筑层面空间形态、形成规律、自然分形特征进行研究[4]；杨涛通过分析合院民居形状的长宽比、建筑密度和院落形态，对陕南集镇合院民居平面格局特征进行了量化的分析和研究[5]；熊修锋等通过对侗族传统村落及建筑空间生成影响因子进行定性分类认知，再以聚落及建筑朝向的定量分析来厘清影响因子的主次关系，提出了空间量化的方法论[6]。

国内学者在传统民居量化分析中，关注了闽南、胶东、西藏、冀南、安徽、陕南、侗族等地区的聚落特征、空间形态、建筑平面、密度和朝向。研究方法包括二维量化、数字化仿真、分形理论、Grasshopper 编程和空间句法。然而，对江西赣派民居的量化研究较少。本研究构建量化指标体系，通过 SPSS 数理统计分析指标相关性，以都昌县 40 座民居为样本，探索赣派民居的形制特征，旨在填补相关研究的不足。

一、量化指标体系构建与相关性研究方法

1. 传统民居形态量化基础指标体系构建和优化

为厘清传统民居建筑形态特征，前期研究中，笔者已对传统民居建筑形态进行量化描述，通过基础指标和复合指标来表达。其中基础指标指不需要经过其他计算方式，在实地测量中即可获取的数据；复合指标指两个基础指标的积或比值。本研究在采用 SPSS 技术的基础上，优化指标选择范围，选定 4 项基础指标和 11 项复合指标共 3 大类指标（表 1）以研究传统民居形态特征指标间的关联性。

2. 基于 SPSS 技术的相关性分析研究

相关性分析是一种评估变量间相互关联程度的方法，并以统计指标的形式来表达这种关系。SPSS 通过绘制散点图和计算相关系数，来有效揭示事物之间相关关系的强弱程度。

在散点图上，如果 2 个变量的关系近似地表现为 1 条直线，则称为线性相关；如果 2 个变量之间的关系近似地表现为 1 条曲线，则称为非线性相关；如果 2 个变量分布得很分散，几乎没有任何规律，则称 2 变量不相关。相关系数（即皮尔逊相关性，下文统一以 r 代表相关系数）以数值的方式精确地反映了变量之间相关关系的强弱程度。一般而言，相关系数 $r=-1 \sim 1$。$0<r<1$ 代表 2 个变量之间存在正相关关系；$-1<r<0$ 代表两变量之间存在负相关关系；$|r|=1$ 代表其中一个变量的取值完全取决于另一个变量，两变量为函数关系；$r=1$ 代表两变量之间完全正相关；$r=-1$ 代表两变量之间完全负相关；$r=0$ 代表两变量之间不存在线性相关关系，但不排除存在其他非线性关系的可能。$0.8<|r|<1$，视为高度相关，$0.5<|r|<0.8$，视为中度相关，$0.3<|r|<0.5$，视为低度相关，$0<|r|<0.3$，说明两变量之间的相关程度较弱，可视为不相关[7]。

二、传统民居量化指标相关性分析

1. 数据准备

本研究选择都昌县 40 座传统民居形态量化指标作相关性分析，

---

[1] 段亚鹏，江西师范大学城市建设学院，建筑系副主任，副教授。
[2] 张光穗，江西师范大学城市建设学院，硕士研究生。

基础指标与复合指标 表1

指标类别	基础指标	复合指标	复合指标释义	指标选择
形状类	正立面高	正立面高宽比	正立面高与正立面宽的比值	复合指标
	正立面宽			
	—	正立面错落度	正立面各点高差之和与总高之比	复合指标
	—	侧立面错落度	侧立面各点高差之和与总高之比	复合指标
	面阔	面阔进深比	面阔与进深的比值	复合指标
	进深			
立面类	窗洞个数	破碎度	窗洞个数与正立面面积的比值	复合指标
	窗洞面积	虚化度	窗洞面积与正立面面积的比值	复合指标
	—	聚集度	窗洞间最短距离之和的均值	复合指标
平面类	进深	占地面积	建筑整体占地面积	复合指标
	面阔			
	明间面阔	—	—	基础指标
	—	明间面阔与总面阔之比	—	复合指标
	天井长	天井长宽比	天井长与天井宽的比值	基础与复合指标
	天井宽			基础与复合指标
	天井深	—	—	基础指标
	—	后堂面积	一般指正堂太师壁后的空间面积	复合指标

如表2所示，将传统民居形态各指标分别作为自变量和因变量，分析指标间的相关性及相关显著性。

2. 数据录入

本研究采用 SPSS Statistics 25 分析软件，将表2数据分别直接用 Excel 数据表导入 SPSS 分析软件中，进行详细相关性说明。

3. 相关性结果和分析

基于表1相关数据的相关性分析如图1所示，其中皮尔逊相关性数值带有一个"*"对应在5%的显著性水平显著，即 sig.（双尾）$p<0.05$，说明两件事情发生相关至少有95%的把握。两个"*"对应1%水平显著，即 sig.（双尾）$p<0.01$，说明某件事情的发生至少有99%的把握。"*"越多，表明 p 值越小，显著性越强。

为全面研究指标间的相关性，同时使研究更有说服力，本文从相关性在中度及以上（相关系数 $0.5<|r|<1$）相关性极显著，即非偶然相关、具有统计学意义（两个"*"）的特征中选取数据分析。经人工识别去除必然有相关的指标结果后，选取图2中各中、高度相关指标数据进行转译，如表3所示。

经分析，发现有15组两两存在中等相关性的指标，说明这些指标彼此的相关性相对较强，且相关的偶然性较弱，在统计学上有研究意义，可对其进一步研究（表4）。

要更直观分析指标间变化关系，需要将有关联的指标全部串联，并赋予指标变化，得到指标间的关联性趋势（图2）。

可以看出，围绕建筑单体的聚集度、明间面阔、占地面积、面阔进深比、天井宽、明间面阔等指标关联链条较丰富，说明各指标间的变化并非孤立、毫无关联，而是存在相互影响的耦合关系。为验证分析得出的关联关系正确，使结果更具说服力，需要用该地区单体建筑数据对相互关联链条进行校验。

以"聚集度+破碎度-天井长宽比-虚化度-天井面阔方向长度"为关联链条Ⅰ尝试验证（链条中两指标间的符号为"+"即两指标呈现正相关；符号为"-"则呈现负相关，下文同）。预期结果应为：聚集度越大的民居，破碎度越大；破碎度越大，天井长宽比越小；天井长宽比越小，虚化度越大；虚化度越大，天井面阔方向更短。下面选取实例验证（表5）。

在链条Ⅰ的实例验证可发现：两座民居的"虚化度-天井面阔方向长度"这一指标的变化相关性与分析结果不同，剩余的"聚集度、破碎度、天井长宽比"的变化情况与分析结果相同。在前期的分析可知，"天井长-虚化度"的相关系数为 -0.560，即中度负相关；但实例验证中两指标为正相关，不符合中度负相关的结论。值得一提的是，即使两个变量在总体上呈现中度负相关，这并不意味着所有样本都会表现出这种关系，更需要关注相关性的趋势。本链条中其他4个指标两两间都符合分析得出的变化趋势结论，说明总体趋势变化符合结论和允许的误差范围。将验证结果转译，即"窗洞越分散，窗洞个数占立面面积比越大；窗洞个数占立面面积比越大，天井越短宽；天井越短宽，窗洞面积占立面面积比越大；窗洞面积占立面面积比越大，天井面阔方向长度越大。"

为进一步验证图2中的指标相关性变化趋势，再选取其中"面阔进深比-占地面积+明间面阔+聚集度-面阔进深比"作为关联链条Ⅱ验证（表6），预期的结果应为：面阔进深比越小，占地面积越大；占地面积越大，明间面阔越大；明间面阔越大，聚集度越大；聚集度越大，面阔进深比越小。

在链条Ⅱ实例验证得出结论：面阔进深比越小，占地面积越大；占地面积越大，明间面阔越大；明间面阔越大，聚集度越大；聚集度越大，面阔进深比越小，形成闭环。转译后可知"平面越舒展，占地面积越大；占地面积越大，明间面阔越大；明间面阔越大，窗洞聚集得越分散，窗洞聚集得越分散，整体沿进深方向发展，即平面更舒展"。此链条中，两座民居的全部指标都符合研究

都昌县传统民居形态量化指标表 表2

建筑名称	正立面高宽比	虚化度	破碎度	聚集度	面阔进深比	占地面积	明间面阔	明间面阔与总面阔比值	天井长	天井宽	天井深	天井长宽比	后堂面积	正立面错落度	侧立面错落度
四友堂	0.530	0.060	0.050	2.800	0.700	265.400	5.460	0.400	3.800	1.800	0.420	2.110	8.518	0.350	0.330
宏农第	0.600	0.070	0.070	1.980	0.660	377.660	4.900	0.390	4.400	1.360	0.430	3.240	5.800	0.110	—
秀挹南山	0.420	0.060	0.090	2.570	0.490	249.150	4.240	0.390	3.200	0.900	0.520	3.560	19.080	0.310	0.410
谭绪铭宅	0.560	0.050	0.050	1.800	0.740	156.600	4.400	0.410	3.000	1.000	0.200	3.000	5.544	0.310	0.450
茅枧村 2 号	0.470	0.050	0.080	1.620	0.970	147.720	4.600	0.380	4.140	0.860	0.300	4.810	0.000	0.410	0.310
茅枧村 3 号	0.570	0.050	0.090	1.500	0.920	187.280	4.800	0.400	4.500	0.820	0.450	5.490	12.000	0.310	0.410
茅枧村 5 号	0.560	0.050	0.050	1.700	0.860	295.750	4.900	0.410	3.800	1.250	0.270	3.040	13.000	0.310	0.450
茅枧村 12 号	0.570	0.050	0.090	1.900	0.810	139.700	4.200	0.380	4.780	1.240	0.300	3.850	14.000	0.410	0.310
茅枧村 13 号	0.600	0.040	0.080	1.800	0.740	155.390	4.250	0.390	4.100	0.730	0.300	5.620	15.000	0.360	0.420
茅枧村 14 号	0.570	0.040	0.030	2.120	0.980	135.470	4.370	0.380	4.340	0.910	0.350	4.770	0.000	0.270	0.750
正屋堂	0.450	0.050	0.030	5.990	0.710	341.800	5.400	0.350	5.200	1.050	0.500	4.950	39.420	0.380	1.150
袁海峰宅	1.080	0.050	0.020	0.000	1.470	83.670	4.200	0.380	3.800	0.800	0.500	4.750	0.000	0.000	0.250
刘小明宅	0.900	0.040	0.020	0.000	1.280	100.970	4.200	0.370	4.100	0.800	0.500	5.130	0.000	0.000	0.330
袁建财宅	0.620	0.040	0.020	0.000	1.040	118.830	4.050	0.360	4.000	0.800	0.500	5.000	0.000	0.000	0.180
袁小丁宅	0.590	0.030	0.010	0.000	1.040	118.830	4.030	0.360	4.000	0.800	0.500	5.000	0.000	0.000	0.120
袁世红宅	0.700	0.040	0.020	0.000	0.590	157.700	4.060	0.390	4.000	1.000	0.500	4.000	0.000	0.370	0.410
袁谱孙宅	0.550	0.040	0.020	0.000	0.920	180.620	4.290	0.340	4.000	0.900	0.500	4.440	4.300	0.210	0.330
袁德芳宅	0.600	0.040	0.020	0.000	1.200	88.670	4.160	0.400	3.760	0.850	0.500	4.420	0.000	0.000	0.130
袁晓辉宅	0.490	0.030	0.010	0.000	1.300	184.800	4.570	0.340	4.200	0.900	0.500	4.670	0.000	0.190	0.190
怀古堂	0.540	0.050	0.020	0.000	0.860	170.970	3.980	0.330	3.990	1.000	0.500	3.990	4.378	0.140	0.490
袁振国宅	0.550	0.040	0.010	0.000	1.110	123.520	4.000	0.340	4.000	0.800	0.500	5.000	5.600	0.000	0.160
袁武龙宅	0.850	0.030	0.010	0.000	0.870	159.100	4.000	0.390	4.200	0.800	0.500	5.250	0.000	0.000	0.230
袁其先宅	0.540	0.040	0.020	0.000	1.430	146.200	4.500	0.360	4.140	0.800	0.500	5.180	0.000	0.240	0.240
袁马仍宅	0.640	0.050	0.020	0.000	0.780	148.820	4.000	0.370	3.800	0.800	0.500	4.750	4.000	0.190	0.450
袁北孙宅	0.510	0.040	0.010	0.000	1.090	146.650	4.000	0.320	3.800	0.900	0.300	4.220	32.000	0.000	0.320
袁武剑宅	0.640	0.050	0.020	0.000	0.780	148.820	4.000	0.370	3.800	0.800	0.500	4.750	4.000	0.190	0.450
袁沙浜宅	0.620	0.040	0.020	0.000	1.040	118.830	4.050	0.360	4.000	0.800	0.500	5.000	0.000	0.000	0.180
袁买泉宅	1.080	0.050	0.020	0.000	1.470	83.670	4.200	0.380	3.800	0.800	0.500	4.750	0.000	0.000	0.250
袁其干宅	0.850	0.030	0.010	0.000	0.870	159.100	4.000	0.390	4.200	0.800	0.500	5.250	0.000	0.000	0.230
袁德生宅	0.510	0.030	0.020	0.000	1.090	146.650	4.000	0.320	3.800	0.900	0.300	4.220	32.000	0.000	0.320
李海顶宅	0.570	0.060	0.050	3.580	0.870	131.500	5.300	0.500	2.500	0.900	0.350	2.780	11.870	0.000	0.330
启伟公宅	0.530	0.100	0.070	3.260	0.670	199.520	5.000	0.430	3.990	1.300	0.360	3.070	19.550	0.440	0.430
	—	—	—	—	—	—	—	—	3.170	0.260	0.340	12.190	—	—	—
36 号民居	0.570	0.070	0.080	1.300	0.780	151.680	4.600	0.420	1.600	1.190	0.470	1.340	25.250	0.430	0.200
黄学和宅	0.410	0.070	0.100	1.800	0.730	165.000	4.160	0.380	2.800	1.000	0.320	2.800	18.640	0.000	0.190
36 号	0.400	0.140	0.100	2.530	0.920	184.600	4.340	0.330	2.000	0.970	0.350	2.060	9.330	0.000	0.000
操爱珍宅	0.530	0.040	0.040	3.520	0.620	367.840	4.930	0.330	4.560	1.510	0.380	3.020	0.000	0.000	0.000
	—	—	—	—	—	—	—	—	4.310	1.440	0.360	2.990	—	—	—
3 号建筑	0.670	0.040	0.050	3.500	0.820	201.100	5.800	0.450	4.900	1.370	0.350	3.580	0.000	0.000	0.000
4 号建筑	0.630	0.060	0.040	3.200	0.800	134.470	4.630	0.450	2.200	1.240	0.330	1.770	0.000	0.000	0.120
15 号民居	0.420	0.150	0.110	2.700	0.870	195.000	5.900	0.450	2.000	1.000	0.370	2.000	16.230	0.000	0.000
31 号民居	0.550	0.060	0.080	1.570	0.800	125.000	4.600	0.460	1.800	1.000	0.400	1.800	12.550	0.440	0.330

图1 都昌地区传统民居各量化指标相关性分析结果

都昌地区传统民居各相关量化指标的相关系数、相关程度及数据转译结果表　　　　表3

自变量	因变量	相关系数	相关程度	转译
正立面错落度	侧立面错落度	0.530	中度正相关	正立面错落度越大，侧立面错落度越大
面阔进深比	聚集度	−0.562	中度负相关	聚集度越小（窗洞越聚集），面阔进深比越大（平面越不舒展）
聚集度	破碎度	0.550	中度正相关	窗洞个数占立面比例越大，窗洞越分散
占地面积	面阔进深比	−0.581	中度负相关	占地面积越大，面阔进深比越小（平面越舒展）
	聚集度	0.602	中度正相关	占地面积越大，聚集度越大（窗洞越分散）
明间面阔	聚集度	0.771	中度正相关	明间面阔越大，聚集度越大（窗洞越分散）
	占地面积	0.538	中度正相关	明间面阔越大，占地面积越大
天井长	虚化度	−0.560	中度负相关	天井越面阔方向越长，窗洞面积占正立面面积比例较小
天井宽	聚集度	0.591	中度正相关	天井越宽，正立面窗洞越分散
	明间面阔	0.619	中度正相关	天井进深方向越长，明间面阔越大
	进深	0.633	中度正相关	天井进深方向越长，进深越大
	面阔进深比	−0.507	中度负相关	天井进深方向越长，面阔进深比越小（平面越舒展）
	占地面积	0.645	中度正相关	天井进深方向越长，占地面积越大
天井长宽比	虚化度	−0.600	中度负相关	天井长宽比越大（越细长），虚化度（窗洞面积占正立面面积之比）较小
	破碎度	−0.557	中度负相关	天井长宽比越大（越细长），破碎度（窗洞个数与立面面积之比）越小

各指标相关性线索　　　　　　　　　　表4

线索	自变量变化	因变量变化
1	聚集度越大	破碎度越大
2	聚集度越大	明间面阔越大
3	聚集度越大	面阔进深比越小
4	聚集度越大	天井进深方向越长
5	占地面积越大	面阔进深比越小
6	占地面积越大	明间面阔越大
7	占地面积越大	天井进深方向越长
8	占地面积越大	聚集度越大
9	天井进深方向越长	明间面阔越大
10	天井进深方向越长	进深越大
11	天井进深方向越长	面阔进深比越大
12	虚化度越大	天井长宽比越小
13	虚化度越大	天井面阔方向越短
14	天井长宽比越大	破碎度越小
15	正立面错落度越大	侧立面错落度越大

图2　都昌地区传统民居量化指标间相关性变化趋势

得出的结论，进一步证明都昌地区传统民居量化形态各指标存在非偶然的耦合关系。

具体来看，链条Ⅰ"聚集度+破碎度-天井长宽比-虚化度-天井面阔方向长度"中，关联度在立面和平面维度中，与窗设计、建筑采光有着密切关联。窗洞越分散，建筑窗洞的个数越倾向多个，这反映了窗洞在均匀地为建筑提供采光和通风的作用；窗洞越多，天井形状越倾向方形，建筑整体维持一种"稳定"的状态；

宏农第与袁海峰宅在关联链条Ⅰ上的变化情况　　　　　　　　　　表5

链条Ⅰ	宏农第	袁海峰宅	对比结果
平面图	宏农第平面图	袁海峰宅平面图	
立面图	宏农第立面图	袁海峰宅立面图	聚集度越大，破碎度越大；破碎度越大，天井长宽比越小；天井长宽比越小，虚化度越大；虚化度越大，天井面阔方向长度越大
聚集度	1.98（更大）	0.00（更小）	
分析结论推断	上、下指标相互正相关	—	
破碎度	0.07（更大）	0.02（更小）	
分析结论推断	上、下指标相互负相关	—	
天井长宽比	3.24（更小）	4.75（更大）	
分析结论推断	上、下指标相互负相关	—	
虚化度	0.07（更大）	0.05（更小）	
分析结论推断	上、下指标相互负相关	—	
天井面阔方向长度	4.40（更大）	3.80（更小）	

天井越倾向方形，窗洞面积占比越大。从图3可以看出，都昌地区传统民居窗洞形状基本近似方形。在立面面积相对变化较小时，窗洞面积增大的程度越大，对传统民居来说窗洞尺度一般较小，为了扩大窗洞面积，则采取增加窗洞的形式，即破碎度会增大。方形天井和多窗洞的设计可能是对当地气候条件的适应，例如在炎热的夏季提供更好的散热效果，以及在雨季时更好地应对潮湿。而窗洞面积占比越大，天井在面阔方向上的长度越小和建筑密度有着密切联系。都昌县位于江西省北部，濒临鄱阳湖，地处"五水汇一湖"的要冲，具有重要的地理位置和便利的水上交通条件，这促进了历史上的人口聚集。在人口密集的地区，为了最大化利用土地，民居之间距离较近。为了保护隐私和避免视线干扰，减小了天井的在面阔方向的长度，同时增加窗洞面积以保证室内的采光和通风。

在链条Ⅱ中"面阔进深比－占地面积＋明间面阔＋聚集度－面阔进深比"，关联了建筑形态、平面、立面维度，与建筑整体的和谐性密切相关。平面越舒展，占地面积越大，这反映了赣派地区传统民居受地形的影响较小，倾向在进深方向发展；占地面积越大，明间面阔越大，反映了赣派建筑受宋明理学影响，遵从礼制秩序成为赣文化的精神内核。反映在民居形态上，表现为强调轴线序列上的空间，如扩大明间面阔，占地面积大的民居尤甚。明间面阔越大，窗洞越分散——在传统社会中，房屋的规模和设计往往严格遵循礼制特征，较大的明间面阔意味着房主拥有较高的社会地位或经济实力，另一方面较大的明间允许容纳较大的家族聚会，表明房主的家族较大，更追求居住舒适性和建筑美学，从而反映在分散窗洞加强通风采光，以及追求建筑的对称美和空间的和谐感。窗洞越分散，平面越舒展，反映对建筑美学的追求以及建筑外观的整体协调性。同时，江西气候湿润多雨，分散的窗洞和较长的建筑形态有利于空气流通、减少室内湿度。

都昌地区传统民居的设计细节，如窗洞的分散度和天井的方形倾向，体现了与建筑采光、通风及气候适应性的密切联系；窗洞数量的增加和面积的扩大不仅提升了室内环境的舒适度，也反映了房

宏农第与袁海峰宅在关联链条Ⅱ上的变化情况 表6

链条Ⅱ	宏农第	袁海峰宅	对比结果
平面图	宏农第平面图	袁海峰宅平面图	面阔进深比越小，占地面积越大；占地面积越大，明间面阔越大；明间面阔越大，聚集度越大；聚集度越大，面阔进深比越小
立面图	宏农第立面图	袁海峰宅立面图	
面阔进深比	0.66（更小）	1.47（更大）	
分析结论推断	上、下指标相互负相关		
占地面积（m²）	377.66（更大）	83.67（更小）	
分析结论推断	上、下指标相互正相关		
明间面阔	4.90（更大）	4.20（更小）	
分析结论推断	上、下指标相互正相关		
聚集度	1.98（更大）	0.00（更小）	
分析结论推断	上、下指标相互负相关		
面阔进深比	0.66（更小）	1.47（更大）	

图 3　都昌地区传统民居立面形态

主的社会地位和对居住美学的追求。此外，明间面阔的扩展和建筑占地面积的增加揭示了赣派建筑在地形利用和礼制秩序上的考量，表现出对轴线序列空间的强调和对和谐性的追求。这些设计元素综合了地理、气候、文化和社会因素，展现了都昌地区传统民居在空间布局、形态特征和美学表现上的综合考量。

三、结语

本研究对赣皖交界区沿线的都昌县 40 座传统民居特征进行了量化形态特征分析，通过构建量化指标体系并运用 SPSS 的数理统计方法进行相关性分析。分析结论表明，都昌地区的传统民居的形态、平面、立面指标间存在明显耦合关系，特征之间存在显著的相关性，这些相关性为我们理解赣派民居的空间布局、建筑美学以及文化传承的内在关联提供了重要视角。此外，本研究的方法论为其他地区传统民居的量化研究提供了参考和借鉴，有助于推动传统建筑文化的保护、传承与发展。由于篇幅和时间有限，本研究在研究范围、研究样本量收集和研究范围方面的工作还存在一定欠缺，后续的研究可以选取更多数据样本进行更大范围、更深入的研究。

参考文献：

[1] 张杰，姚羿成，张延安．闽南古厝民居二维平面量化实验与美学解读[C]// 中国民族建筑研究会．中国民族建筑研究会第二十届学术年会论文特辑，2017．

[2] 张巍．民居房间尺度与地形分区相关性量化分析[J]．建筑技术，2016，47（7）：623-625．

[3] 王蒙达．基于数字技术的嘉绒藏族传统聚落及民居建筑研究[D]．西安：西安建筑科技大学，2016．

[4] 张晓婧．基于分形理论的冀南传统民居空间形态设计研究[D]．广州：华南理工大学，2019．

[5] 杨涛．陕南集镇合院民居平面格局特征量化研究[J]．建筑与文化，2018（5）：235-236．

[6] 熊修锋，陈俊睿，潘冽，等．三江侗族传统聚落建筑朝向影响因子量化分析[J]．山西建筑，2018，44（11）：27-29．

[7] 罗振敏，康凯．基于 SPSS 的多元爆炸性气体相关性分析及回归模型研究[J]．煤炭技术，2016，35（1）：157-160．

装配式木构民居过渡季室内温湿度快速预测方法研究[1]

王 足[2]　唐洪刚[3]　王 标[4]　廖 恒[5]　赵若雅[6]　陈豫川[7]　江东谚[8]

摘　要：装配式木结构建筑构件质量好、组装快、施工环保，契合"双碳"目标下建筑节能减排发展方向。但此类建筑在温和地带过渡季的室内空气温湿度表现有待研究。本研究选取贵州大学校内一处新型装配式木结构民居建筑为调研对象，测试过渡季室内外温度与湿度数据，形成一种室内温湿度快速预测方法。本研究能丰富室内温湿度预测方法，为了解此类建筑性能提供数据支撑，为推进此类建筑的发展提供理论依据，也为推进建筑绿色低碳化提供案例参考。

关键词：装配式　木构建筑　民居　温湿度　预测

一、背景介绍

近年来，全球气温不断上升，极端气候事件日益频繁，各类环境问题也日益凸显。建筑是能源消耗大户，也是重要的碳排放源，更是影响气候变化的关键因素之一。据国际能源署报告，全球约三分之一的能源及碳排放可追踪到建筑及其相关领域。自2010年以来，住房和城乡建设部建筑节能与科技司相继发布了多份文件，推进建筑绿色低碳化。最新颁布的文件《"十四五"建筑节能与绿色建筑发展规划》（以下简称文件），强调了未来五年建筑节能减排的目标与任务，围绕实现2030年碳达峰和2060年碳中和的"双碳"目标，进一步提高建筑行业的低碳发展水平，提升建筑能源利用效率，减少能源资源消耗。相较传统建筑而言，装配式建筑具有构件质量好、组装快、浪费少、事故率低等优点。文件指出，"十四五"期间，城镇新建建筑中装配式建筑比例应逐步达到30%。贵阳市政府积极响应，在2021年出台《贵阳市加快发展装配式建筑实施方案》（筑府办发〔2022〕17号文件），加快推进室内装配式建筑发展，促进建筑业转型升级，推动城市绿色发展。贵阳市花溪区政府出台《花溪区关于加快推进装配式建筑发展实施方案》（花府办发〔2024〕18号文件），要求加快推进装配式建筑转型升级和高质量发展，形成以现代木结构及其他结构的绿色集成高效新型建造模式。

目前，已有一些围绕装配式木结构建筑的研究。陈浩等[1]调研了湖南省长沙市岳麓区某装配式木结构幼儿园，总结了装配式木结构在项目中的优势，包括快速拼装、减少施工扬尘、绿色施工等。杨心毅[2]分析了临夏地区装配式农房的修建现状。研究发现目前砖木结构在本地区具备较好的优势，该结构造价低、施工易、结构稳，形态符合传统认知，因此结合装配式建造模式既能提高房屋质量和安全性能，也益于推进农房节能绿色改造。韩叙等[3]讨论了"双碳"背景下装配式木结构建筑段的发展基本情况和主要问题。作者认为，装配式木结构建筑整体环保，木结构建造过程碳排放量低且节能降耗优势明显，符合节能减排的发展方向，因此此类建筑在传统民居地区能充分发挥优势。

然而，有关装配式木结构建筑的室内温湿度的研究还较为欠缺，此类建筑在温和地带的真实室内空气表现特性有待研究。因此，本研究选取贵阳市花溪区贵州大学校内一处新型装配式木结构民居建筑为调研对象，测试过渡季室内外温度与湿度数据，研究与分析温度与湿度特性，形成一种室内温湿度快速预测方法。本研究通过实地考察该装配式木结构民居建筑的室内温湿度表现，丰富此类建筑的室内温湿度预测方法，为了解此类建筑在温和地带过渡季的性能提供数据支撑，为推进此类建筑的发展提供理论依据，也为落实推进建筑绿色低碳化提供案例参考。

二、研究方法

1. 调研建筑

本研究选取贵阳市花溪区某高校内一新型装配式木结构民居实验建筑为调研对象（图1）。由于采取新型装配式的搭建模式，施工过程轻型化、简易化、标准化，施工周期从材料运输至竣工仅需23天。

2. 调研测试布置

为收集室内外空气温湿度数据，本研究将四台数字温湿度仪部置于调研建筑内。采用的数字温湿度仪型号为JTR08，温度收集范围为-20℃~85℃，分辨率为0.1℃，精度为±0.5℃；相对湿度收集范围为0~100%，分辨率为0.1%，精度为1.5%。所有仪器经校正，能满足本研究测试需求。图2展示了本研究的温湿度测试点分布，包括室外、楼梯入口、客厅和房间。测试时间为2024年6月2日至6月21日。

3. 预测模型

本研究采用浅层神经网络来预测室内空气温湿度。近十年来，关于神经网络的理论与应用逐渐丰富，大量学者采取这类网络来预测室内空气温度等环境参数和建筑能耗。与深度神经网络相比，浅层神经网络结构更简单，响应快，训练所需资源、时间和算力更

---

[1] 基于人员行为信息的建筑设备控制策略，贵州大学引进人才科研项目，贵大人基合字〔2023〕38号。
[2] 王足，贵州大学建筑与城市规划学院，讲师。
[3] 唐洪刚，贵州大学建筑与城市规划学院，教授。
[4] 王标，贵州大学建筑与城市规划学院，研究生在读。
[5] 廖恒，贵州大学建筑与城市规划学院，本科在读。
[6] 赵若雅，贵州大学建筑与城市规划学院，本科在读。
[7] 陈豫川，贵州大学建筑与城市规划学院，高级实验师。
[8] 江东谚，贵州大学建筑与城市规划学院，讲师。

(a) 基础修建

(b) 立面修建

(c) 内部空间环境

(d) 外部空间环境

图1 调研对象：贵阳市花溪区某高校内一新型装配式木结构民居实验建筑

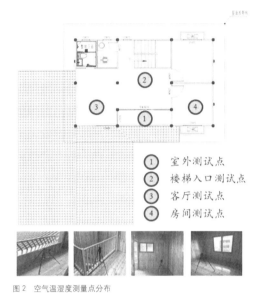

图2 空气温湿度测量点分布

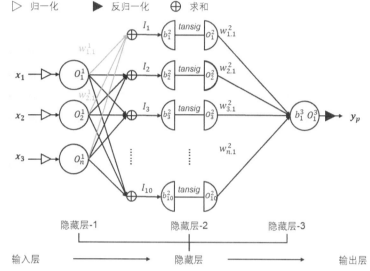

图3 基于浅层神经网络结构的预测模型

少，是一种良好的快速预测模型。本研究利用MATLAB Neural Network Fitting Tool工具包进行模型训练，其浅层神经网络结构如图3所示。该工具包将预测数据随机划分为训练集（70%）、验证集（15%）和测试集（15%），采用Levenberg-Marquardt优化算法训练模型，检验训练模型在验证集和测试集上预测表现。对于预测而言，预测输入向量$x=\{x_1, x_2, x_3\}$，其中x_1为连续时间步长，x_2为单日时间步长，x_3为室外温度或湿度；预测输出为y_p，即室内测试点温度或湿度。有关图3中的其他字母（o、w、I、b）和模型具体训练方法详见该工具包教程[4]。

三、研究结果

1. 调研建筑内空气温度与湿度表现

图4展示了经过数据收集、清洗和整理后，调研建筑内测试点空气温度与湿度表现。由图4a可见，测试点温度整体随日期逐渐上升，并在每一测试日内呈现周期性起伏，于中午时刻到达峰值，凌晨后到达低谷。6月2日至6月10日期间，室内温度均稍高于室外温度，但低于25℃。6月11日至6月22日期间，室内外气温均上升；但客厅和楼梯测试点温度在白天均低于室外温度1℃~2℃左右。由于测试房间始终闭门关窗，缺少自然通风效应，其整体温度起伏较大，与室外温度变化相似。图4b展示了测试点空气湿度表现。由图可见，室外与房间湿度变化相似，整体起伏较大；而楼梯入口和客厅由于通风作用，整体湿度变化幅度偏小，集中在60%~80%的区间。表1和表2分别展示了调研建筑内测试点空气温度与湿度的数据分布特性。由表可知，调研

建筑室内空气平均温度为22.9℃~23.7℃，平均空气相对湿度为77.4%~81.5%，具备较好的热舒适性潜力。

2. 预测模型与精度

通过使用前文中所述的浅层神经网络结构，本研究建立了一种能够基于室外温度和时间步长的室内温湿度预测模型。图5展示了建立的模型分别在楼梯、客厅和房间内的预测精度表现。在图5中，红点代表训练集，蓝点代表验证集，绿点代表测试集。由图可知，三个数据集上的回归线贴近完美预测线；预测模型在训练集、验证集和测试集上均取得了大于0.9的决定系数（Coefficient of Determination，CoD），表示预测模型能够捕捉室内温湿度随时间变化的关系，基于时间步长和室外温度准确地预测室内空气温湿度。

四、讨论

本研究通过采集调研建筑内空气温度与湿度表现数据，分析采集数据，建立了一种利用浅层神经网络，基于时间步长和室外空气温湿度的室内空气温湿度快速预测模型。下面讨论如何继续以调研的校内装配式木构建筑为对象，进一步强化对此类建筑的认知和研究。

1. 热舒适性评估

根据数据分析表明，过渡季通风场景下调研室内空气平均温度为22.9℃~23.7℃，平均空气相对湿度为77.4%~81.5%，具备

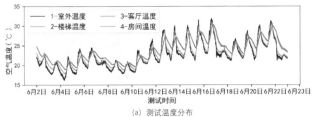
(a) 测试温度分布

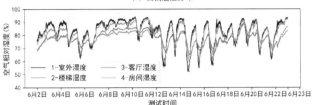
(b) 测试湿度分布

图4 调研建筑内测试点空气温度与湿度表现折线图

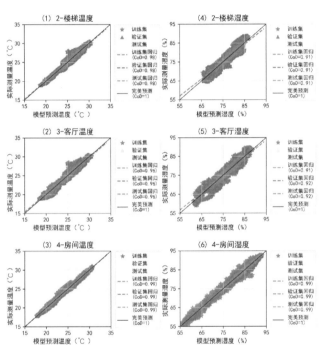

图5 基于室外温度和时间步长的室内温湿度预测模型精度表现

测试点空气温度数据分布分析　　　表1

	温度分布（℃）				
	最大值	第一四分位数	平均值	第三四分位数	最小值
1-室外	31.9	24.3	22.6	20.3	16.2
2-楼梯	30.4	25.8	23.7	21.3	18.9
3-客厅	30.4	25.7	23.7	21.3	18.9
4-房间	31.0	24.6	22.9	20.8	17.8

测试点空气湿度数据分布分析　　　表2

	湿度分布（%）				
	最大值	第一四分位数	平均值	第三四分位数	最小值
1-室外	94.3	89.3	82.6	78.3	52.1
2-楼梯	88.7	80.5	77.4	74.8	64.4
3-客厅	89.8	82.5	78.0	74.6	58.9
4-房间	92.7	87.4	81.5	77.6	52.8

较好的热舒适性潜力。为了进一步了解该类建筑的热舒适性，未来工作应使用热舒适性指标（PMV和PPD等）评估热舒适性，形成过渡季及其他季节相关热舒适性报告。

2. 建筑能耗分析

未来工作应对调研建筑进行能耗分析研究。一方面，可以通过采用建筑能耗模拟软件，例如EnergyPlus和IES VE等，模拟调研建筑的能耗负荷；另一方面，可以通过访问建筑内部相关供暖、通风和空调等装置，收集设备真实运行数据，分析建筑实际运行能耗。通过使用归一化相关工具，将调研建筑与其他建筑对比，明确装配式木构建筑的耗能特点，分析其优点，形成专项能耗报告。

3. 建造过程碳排放计算、运营周期碳排放计算与经济性分析

调研建筑使用了装配式模块化搭建模式，并采用本省环保木材作为主要构件材料。因此，未来工作应对建造过程中的碳排放量进行统计计算。在使用相关建筑能耗模拟软件后，对调研建筑的运营周期碳排放量进行计算，结合建造过程碳排放量等指标进一步进行经济性分析，预测使用装配式木结构民居建筑所带来的经济效应与减碳效应，形成案例分析与专项报告，为推广装配式木结构民居建筑落地提供案例支持和数据支撑。

五、结语

推广装配式木结构民居建筑是响应国家绿色低碳战略的重要手段，但此类建筑在温和地区的研究尚不充分，其在过渡季的室内空气温湿度特性表现仍有待研究。本研究选取贵阳市花溪区某高校内一新型装配式木构民居实验建筑为调研对象，实地测试调研对象室内外空气温湿度表现。研究发现调研建筑在通风场景下室内空气平均温度为22.9℃~23.7℃，平均空气相对湿度为77.4%~81.5%。此外，本研究建立了一种室内空气温湿度预测方法。该方法使用浅层神经网络结构，能够基于时间步长和室外温湿度高效和准确预测室内空气温湿度。结果表明，该预测方法的预测结果在训练集、验证集和测试集上均取得了决定系数大于0.9的优异表现，因此预测结果具有较高预测精度。本研究旨在丰富此类建筑的室内温湿度预测方法，不仅为了解此类建筑在温和地带过渡季的性能提供数据支撑，也为推进此类建筑的发展提供理论依据，更为落实推进建筑绿色低碳化提供案例参考。

参考文献：

[1] 陈浩,彭琳娜,张倚天.聚焦绿色低碳发展推广装配式木结构建筑[J].绿色建造与智能建筑,2024(4):44-46.
[2] 杨心毅.临夏地区装配式农房推广和应用现状的分析与研究[J].建筑设计管理,2024,41(1):52-59.
[3] 韩叙,马欣伯,武振."双碳"背景下装配式木结构建筑现状与问题浅析[J].建设科技,2023(22):6-9.

基于气候变化的寒冷地区乡村民居庭院热性能预测

田一辛[1] 张志琦[2]

摘 要：根据IPCC第五次评估报告，我国大部分地区平均温度升高幅度有可能达到5℃~7℃。剧烈的气候变化将给建筑性能带来不可忽视的影响，生活在乡村的人比城市人更容易受到自然气候的冷热影响。民居适应当下气候是远远不够的，还要使建筑能够适应未来气候的变化。本研究首先预测未来气候变化趋势，使用Meteonorm生成未来气象文件；进而结合建筑性能模拟方法，预测寒冷地区典型乡村民居空间性能；从而量化分析民居变量，通过改善庭院微环境热舒适性提升居者室外活动的意愿，提升院落空间使用率。

关键词：民居性能 庭院空间 气候变化 性能模拟 寒冷地区

一、气候变化研究进展

1988年，由世界气象组织和联合国环境规划署共同建立的联合国政府间气候变化专门委员会（简称IPCC），提供关于气候变化的客观可靠的科学信息。2023年发布的AR6明确，2011~2020年，全球地表温度比1850~1900年上升1.1℃。气候变化已经导致极端气候频发等不利影响。在近期（2021~2040年），全球变暖将持续加剧。

1991~2005年，分别在RCP2.6、RCP4.5、RCP8.5下，全球升温潜能值是1.7℃~2.3℃（平均值是1.9℃）、2.4℃~3.1℃（平均值是2.7℃）和4.2℃~5.4℃（平均值是4.7℃）。当前指数与WGI和WGII评估中的许多指数的共同特征一致。全球变暖程度越高，发生突变或不可逆转的可能性就越大。要想将全球升温限制在1.5℃~2℃，都需要在十年内最大化减少温室气体排放。推进气候适应性发展的关键，在设计和规划中考虑气候变化的影响和风险，减少和改变能源和材料消耗，从而为低收入人群带来减缓、适应、人类健康与福祉、生态系统服务和降低脆弱性等方面的益处（图1）。

二、未来气候数据获取

1. 未来气候数据获取

生成结合未来气候变化和人类活动排放情景的未来逐时气象参数，是民居应对未来气候条件的基础。目前，未来气象数据预测方法为：随机气象模型法、全球气象模型法、统计趋势外推法和补偿法。Meteonorm是一个综合的气象数据库，适用于能源行业的气象软件。基于温度和辐射数据采用随机气象模型的方法生成未来气象数据，并根据逐日数据推算逐时数据。最新版本更新了气象数据的时间序列及算法（图2）。

2. 庭院热性能计算方法

本次研究中将ENVI-met软件用于模拟乡村民居院落微环境，为提升院落室外热舒适度提供基础数据支撑。计算软件：RayMan1.2输入数据：Ta，RH，Tmrt等实测所得数据，计算得出PET数值。利用PET作为评价室外热舒适度指标，原因在于，PET能够综合考量多种热环境参数，从而全面反映复杂室外热环境的整体效应，并与室内体验形成有效对比。其次，RayMan软件计算在近年来被视为生物气候模型中具有出色适用性的代表之一，且Rayman模型在计算时纳入了相关人体信息，例如活动量代谢率、服装热阻等，相较之下数据表达更准确。

三、民居建筑设计变量

1. 民居院落形式

通过调研数据整理，院落可按所呈现布局形式的不同分类（表1）：（1）矩形院落形式为关中地区最常见的形式之一。由于关中地区的气候特点和用地限制，其长宽比基本在1∶2~1∶1（不含）。（2）方形院长宽比接近于1∶1。院落大多属于中心院落性质，在民居类型中的占比也较高，而其互相之间的区分在于所占宅基的百分比，形成的小型微气候环境也会有所不同。（3）"L"形院落，主要用于后院空间的布局规划，自门房步入院落，继而深入民居内部，左侧或右侧独立设置厢房。除此之外，剩余的宅院空间均划归为院落空间，形成完整的院落布局。但在本次样本采集中发现其占比相对较少，不具备典型代表性，因此不作为本次研究重点对象。（4）前后二重院是在矩形或方形院落的基础上，于上房后侧增设院落，其长宽比维持在1∶4左右，面积控制在10m²以内，常用于杂物院或卫生间、牲畜棚等辅助空间，以支持日常生产生活。同时，北侧房间的窗户设置有助于提升室内采光，对热舒适

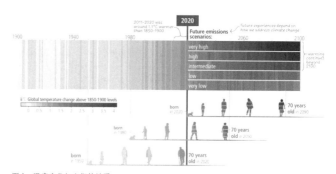

图1 温度变化与人们的关系
（来源：AR6报告）

---
[1] 田一辛，西安建筑科技大学，副教授。
[2] 张志琦，西安建筑科技大学设计研究总院有限公司。

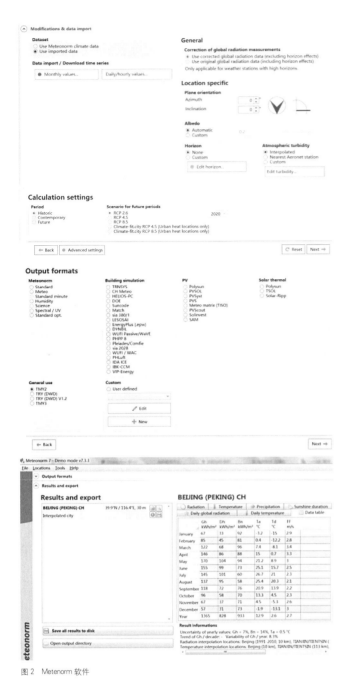

图 2　Metenorm 软件

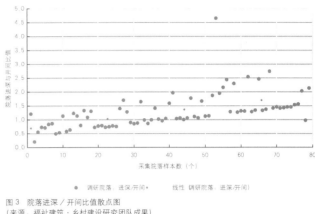

图 3　院落进深／开间比值散点图
（来源：福祉建筑·乡村建设研究团队成果）

是 18%、22%、23%、10%、7%，方形中院模式占比最多，横向矩形窄院模式占比最少，五种模式共在总数中占比 80%，而其余未列入研究的占 20%。居民根据自身需求改造而不具备典型性，或将整个院落作为杂物院，并不适合作为民居院落模式研究，缺乏代表性，在本文中暂不探讨。

四、数值模拟及分析

1. 模型建立及参数设置

基于五种典型院落模式，利用 ENVI-met 软件对其进行热环境与热舒适度模拟，是对其微气候特征进行定量研究的关键步骤。首先，在子软件 SPACES 中构建相应的空间模式模型；接着，在 ENVIGuide 子软件中选择加载已建立的 inx 格式模型文件，并设定合适的边界条件类型，输入模拟起始时间、气象条件等必要的控制参数；随后，通过子软件 ENVI-core 运行整理好的数据文件以启动模拟；最后，将模拟结果以图像和数据的形式进行可视化展示。

将模拟数据与实测参数进行对比分析，不仅有助于弥补传统调研过程中可能出现的误差与数据不准确性，还能验证计算机模拟的准确性，及时发现并纠正模型中的问题。此外，软件模型提供的可视化结果极大地方便了民居室外空间的分析工作，为后续院落空间的改造优化提供了丰富的三维空间依据。

ENVI-met 软件在子软件 Biomet，将前期调研所得居民基础信息规整，包括性别、年龄、衣服热阻以及活动情况等，随后对模拟区域内的生理等效温度（PET）进行计算。为了得出更普适性的模拟结果，设定了实验者的具体生理参数：年龄 45 岁，身高 1.75m，体重 70kg，活动状态为行走。对于衣物热阻的设定，夏季为 0.4clo，冬季为 1.5clo。

2. 结果分析

夏季，院落空间在 5：00 时呈一天中温度最低值；在 7：00 时温度上升趋势开始剧增，居民每日行为活动也逐渐开始产生，14：00 院内温度达到峰值，之后便开始逐渐下降；在 15：00 时开始温度下降速度加快，院落内的温度变化也符合居民选择在 15：00 之后逐渐开始室外活动。而根据本组结果可看到，在所研究的两个时间段内，五种院落模式之间的空气温度变化趋势基本相同，在上午的时间段中，纵向单侧窄院升温速度较快，在 11：00 时温度达到 34.6℃，与同一时刻温度最低值横向矩形窄院相差 0.38℃，其

性的需求不高。然而，此类院落的数量相较于其他类型并不突出，因此并未被选为本研究的主要对象。

2. 民居调研基础数据

测量分析 80 个样本院落的基础数据。样本中院落空间的开间基本在 3.0~8.5m，占 1 个开间及以上，而进深则根据民宅布局大小有所变化，跨度较大，在 1.8~13.3m。基于此，为研究宅院选取院落空间的长宽比关系，对所测得样本进深与开间的尺寸数据进行可视化处理，将院落开间尺寸作为 x 轴，进深尺寸作为 y 轴，通过离散的数据描点，对 x、y 值的关系进行拟合，所得线性关系线如图，其函数关系可近似表达为 y=0.02x+7.72，由此可得，院落空间长宽比所控制的院落空间大小则各不相同，对室外热舒适度的影响程度也各不相同，可将院落进深与开间作为其模式建立数据支撑（图 3）。

本文所涉及的五种典型院落模式在寒冷地区民居中占比分别

院落空间模式图　　　　　　　　　　　　　　　　　　　　　表1

	纵向单侧窄院	纵向矩形中院	方形中院	横向矩形中院	横向矩形窄院
进深开间比（y/x）	2/1	1.5/1	1/1	1/1.5	1/2
院落面积占比	10%~20%	30%~40%	20%~30%	10%~20%	10%~20%
H/D	1/1	1/2	1/2	1/2	1/2
平面示意图					
剖面示意图					

（图表来源：福祉建筑·乡村建设研究团队成果）

夏季空气温度模拟结果对比　　　　　　　　　　　　　　　　表2

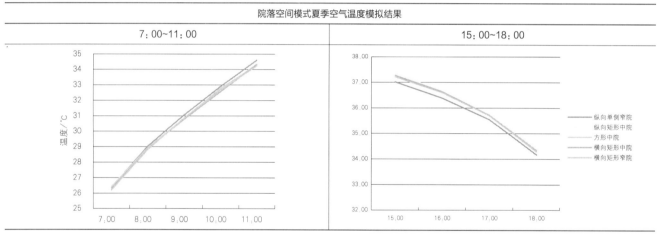

（图表来源：福祉建筑·乡村建设研究团队成果）

余四种模式温度差则不超过0.15℃，原因在于院落位于宅基东侧，院落形态纵向长宽比大且面积较小，上午更快承接阳光直射导致升温更快；而在15:00，由于纵向单侧窄院东侧建筑抵挡部分日照而形成更多阴影空间，使一号温度最早下降至其中最低，与此时最高温度相差0.34℃，而纵向矩形中院下降速度较慢，其余三者相差不明显。从而得出，夏季热适应行为活动在7:00~11:00和15:00~18:00两个时间段（表2）。

五、结语

本文基于未来典型气象年数据，以寒冷地区庭院热性能优化为目标，分析了民居庭院类型、居者行为和庭院热舒适性的相关性，主要结论如下：

（1）在RCP8.5情景下，寒冷地区的气温有明显上升的趋势；在RCP6.0和RCP4.5情景下，寒冷地区的气温是逐渐上升的趋势。

（2）夏季居民院落中普遍活动时间为7:00~11:00，15:00~18:00；冬季居民院落中普遍活动时间为8:00~11:00，14:00~17:00，将此作为院落空间热环境分析时间区域，室外的停留时长与其舒适度是一致的，舒适的室外环境促进人们在室外停留更长的时间，因此提高院落空间使用率。

（3）舒适的室外微环境会提升居民自发产生室外活动的意愿，从而激发院落空间活性。行为调整是人们对空间微气候最主要的热舒适适应方式。夏季，居民偏好选择移到阴影区和推迟外出时间等热适应行为；冬季，居民偏好选择移到阳光区和提前外出时间等热适应行为，以此作为空间舒适区域范围划分院落空间，通过活化院落空间、划分舒适度区域、营造过渡空间等策略，提高庭院热舒适性。

闽南永春五里街骑楼建筑的营造智慧

郑慧铭[1]

摘 要： 历史街区有物质文化遗产的特征，折射地区的历史文化。文章以闽南五里街骑楼为例，五里街骑楼结合了闽南地区的传统建筑特色和南洋骑楼的元素，形成了具有地方特色的建筑风貌。五里街的营造智慧体现在气候和材料的适应性、广东潮汕骑楼的借鉴、灵活的空间布局，在修缮过程中，采取了"整体修复、保证风貌、修旧还旧"的原则，尊重并保留了传统建筑风格。这些智慧不仅体现在建筑本身的设计和构造上，更在于对历史文化的尊重、保护和创新性利用，以及社区居民的积极参与和贡献。本文以期为街区建筑的设计带来借鉴。

关键词： 历史街区 立面样式 五里街 营造智慧

历史街区比较完整体现某一历史时期传统风貌和地方特色。历史街区的保护包含历史文化、地域环境、宗教信仰和审美价值等，是物质和文化的综合体。骑楼体现商贸建筑的特征和建筑类型的适应性，如厦门的中山路、漳州台湾街、泉州中山路等。这些历史街区具有交融特色。五里街骑楼建筑是一处具有历史意义和文化价值的建筑群。五里街骑楼的建筑风格融合了闽南地区的传统特色与南洋骑楼的元素，形成独特的建筑风貌。五里街骑楼样式和材料与该地区的历史、经济和文化相关，在生产方式和多元融合下使得骑楼建筑产生本土化特征。闽南五里街骑楼的营造智慧在于其独特的建筑风格、对历史建筑的保护与修复，以及社区营造在历史文化街区更新与保护中的作用。

一、五里街历史背景

五里街位于福建省泉州市永春县，是闽南地区著名的历史文化街区。据《永春县志》称，民国初以其地距离县城五华里而改称"五里街"，是永春、德化、大田的货物集散地，是闽南著名集镇之一，也是闽南地区重要的商贸中心之一。街道两旁的骑楼建筑始建于1917年左右，反映了当时商业的繁荣。

五里街老街包含八二三西路主街、西横路和新亭路，全长约590m，两侧房屋共有259间，总建筑面积4.3万 m²。《永春县志》记载，民国九年（1920年）邑人王荣光掌管本县军政大权，为适应地方的发展，倡令拆城墙，开公路，建街道（现名"八二三"东路）。街道两旁建造骑楼式店屋，土木结构，北面的店屋建在旧城墙内，南面店屋建在卫城坝上。当时拆除了旧街，扩宽道路，定名为大同路（现"八二三"西路），两侧建筑以二层或三层店屋为主，进深15~20m。民国十八年（1929年）进行扩建，大同路向西延伸至吴厝桥，同时建华岩桥（后改名为民生路，即现西安路）[3]。

历史上，五里街是永春、德化、大田等地的货物集散地，是连接福建腹地和沿海地带的重要交通枢纽。德化的陶瓷、大田的山货等商品在此集散，再通过水路运往泉州沿海码头，而沿海的海货和洋货也通过五里街分散到内地。随着时代的发展，五里街的交通要道地位逐渐被削弱，骑楼建筑也日渐老化。五里街在商贸上有着重要地位，也是闽南文化的重要载体。这里聚集了多种非物质文化遗产，如永春白鹤拳、永春纸织画等，体现了闽南地区的文化多样性。近年来，当地政府和社区开始重视对五里街的保护和修复，以恢复其往日的风采。

1. 历史人文深厚

五里街的骑楼始建于20世纪20年代，早于20世纪30年代泉州其他各乡镇大规模建造时间。据《县志》记载，宋代晋江东溪从泉州至石鼓潭可通舟楫。那时码头是商船靠岸装卸出海货物的地方。五里街成为当年货物交换的集散地。当时市场比较集中，街道宽度2~3m，地面用卵石铺成，通过肩挑运货，商品多样，吸引远途的客商。

五里街古街商品丰富，从上海、宁波、福州运来的火柴等日用百货，从泉州、惠安、南安沿海一带来的海产品，通过"溪舟船"到达五里街的许港，然后由挑夫肩挑运往福建腹地。闽中、闽西北的瓷器、香菇、笋干和粗纸等，由许港发往闽南沿海和海外。五里街包含丰富的商业文化，如粮食、百货、棉布、饮食、金银首饰、医药、五金化工、邮政和信托等。非物质文化遗产，如白鹤拳、茶文化和传统手工艺，具有地域特色。

2. 街巷体系独特

五里街骑楼的两侧相对宽敞，路面平坦，可以通汽车，底层的柱廊作为人行街道。五里街呈弧线延伸，骑楼沿着街道整齐布置。五里街骑楼的开间较小，带夹层和阁楼，骑楼底层可分为商铺式和住家式，有的是商铺，有的是商住两用，有的前面沿着街市，后面挨着溪岸，水上便于货物运输。居住的主要是平民，手工艺者和小商人。五里街骑楼主要功能是商铺和住家合一的建筑，底层空间具有较强的多功能性，建筑适应商住功能和当地炎热潮湿的气候。据现存测绘建筑的统计，商住的27间，占54%，平时作为待客和起居的客厅，空间灵活，适合墟市和商业活动。居住转成商住的有19间，占总数38%，作坊4间，占8%。

二、传统特色结合外来元素

有学者认为近代的骑楼最早产生于新加坡，此后伴随着中国在鸦片战争之后被迫的开放政策，骑楼建筑经东南亚自广东沿岸开始传播与扩散[1]。五里街骑楼是闽南早期的骑楼，既体现了传统骑

[1] 郑慧铭，北京联合大学，副教授。

楼和山区街屋的特点，也体现了外来建筑元素和地域特色的融合（图1、图2）。骑楼结合了闽南地区的传统建筑特色和南洋骑楼的元素。五里街包含木骑楼、南洋骑楼、洋楼和古厝，体现商业形制和地域性建筑特征。五里街骑楼的建筑样式、材料具有地方性。骑楼采用"下店上宅"，以穿斗木构架承重，砖砌的廊柱，西式的线脚，外墙用编竹的泥墙。骑楼底层保持通透性，建筑立面采用木材、红砖柱和木质门板。骑楼多为两层或三层，据统计，50间店铺中，三层28间，占56%，两层有22间，占44%，平均2.56层，适合近代侨乡小商品经济。

骑楼以三段式构成，上部分是屋顶或女儿墙，中部是楼部和阳台，下部是柱和窗和廊部，形成三段式。永春五里街骑楼通常采用两层或三层的土木砖柱结构，底层为商铺，上层为住宅，这种设计既满足了商业需求，又提供了居住空间。

店面的前后檐较低，建筑尺度亲切。店铺一层的平均高度是3.1m。二层的高度更灵活，最高的3.85m，最低的2.266m，二层平均高度是2.97m。五里街骑楼的一层、檐口、阳台、窗间墙和立柱等采用红砖。二层廊柱出挑支撑屋檐，增加层次。立面的承重柱、墙体及半圆拱券门，宽缝砌筑与细缝砌筑并存。建筑立面采用当地的建筑元素，如阳台、百叶窗、气窗和屋顶。西方元素有柱式、托座和灰雕。建筑立面的比例、构图和材料形成多元统一的效果，丰富建筑形象和古街风貌。

骑楼作为一种独特的建筑形式，融合了闽南地区深厚的历史文化和南洋骑楼的开放性设计，形成了一种具有地域特色的建筑风格。骑楼的立面装饰融合了闽南地区的传统雕刻艺术和南洋的装饰元素，如精美的石雕、木雕和彩绘，展现了丰富的文化内涵。

骑楼的设计不仅注重实用性，如遮阳避雨的长廊，也兼顾美学，通过拱形门窗、阳台栏杆等细节，展现了建筑的优雅和谐。骑楼作为商业和社交活动的场所，促进了当地经济的发展，也成为社区文化交流的重要空间。骑楼的设计考虑到了闽南地区气候的特点，如炎热多雨。因此，骑楼的长廊为行人提供了遮阳和避雨的便利，体现了对环境适应性的智慧。

1. 屋顶形式和材料

闽南近代骑楼样式丰富，五里街的屋顶与漳州、泉州骑楼在材料、构造上不同。五里街的骑楼屋顶为坡屋顶，采用青瓦、土坯墙等建造。屋顶为悬山形式，有一定的出檐，以防止日晒雨淋。据统计，建筑平均高度为8.66m，采取前低后高的形式，前檐平均高度为6.55m，后落最高的是6.18m，后落平均高度为5.56m。坡屋顶的高度不一，最高的3.5m，最低的1.2m，屋顶平均高度是2.07m。屋面顺着坡度高低错落、灵活多样。

2. 丰富的墙体

五里街骑楼为砖木结构，墙体是夯土墙、砖墙，木板墙体作为承重墙，建筑面宽在5m左右，进深6~7m。底层通透，柱廊和顶上封闭的实体形成对比。五里街的门面对齐，立面以门窗为中心基本对称。西式元素体现在砖柱、门窗和琉璃瓶栏杆构件上，水泥、混凝土和钢筋等用于梁柱。五里街骑楼立面高低不齐，开间不同，最宽11m，最窄2.9m，平均是5.1m。底层店铺经常作为待客和起居等。店面通常采用六块可以拆卸的木板门，形成开阔的商业空间，经营米面、木材等。居住的底层多用拱门和木门板，前方常用槅扇门，保证私密性和通风效果。二层采用木板的外墙或编竹墙外抹灰，有的是抹黄泥的编竹墙，体现闽南山区木骑楼特征。

3. 窗样式和材料

窗是立面形象的主要元素。五里街开间和窗户相对较小，门窗大多是木质材料，窗户类型较多，基本形有半圆拱窗、方形木窗、扇形窗、圆形窗、八角窗、六角窗和椭圆形窗等。拱形组合窗大多为中间拱形，两侧有方形、三角形等，使整个街区立面丰富多样，而又能保持和谐一致[6]。立面窗户有石材和木材，从形态看，窗户包含连扇的大窗、对称的双窗、百叶窗、方形组合窗、拱形组合窗和玻璃窗，如表1所示。永春传统木工艺门窗装饰历史久远、工艺精致，体现了上繁下简的构成特色。

4. 多样的阳台

阳台对建筑风貌有重要的影响。骑楼有退进和紧贴墙面两种阳台做法。退进的阳台进深不大，一般来说不超过底层骑廊[6]。二层的栏杆通常被分为三段，每段以红砖划分。骑楼的阳台样式丰富，应对炎热的天气，紧贴立面墙体具有装饰功能，如花式砌筑和木雕栏杆等，也有的将木材、红砖、琉璃瓶、灰塑和水泥等用于栏杆，其中木栏杆使用较多，如表2所示。骑楼栏杆体现了匠师就地取材，对材料、工艺、多种建筑材料的探索。

5. 红砖立面柱

骑楼底层的外廊朴素，多数采用红砖的方柱和柱柱。传统工艺以糯米浆勾缝，砖缝很小。有的红砖表面上抹上白灰，下方没有柱础，上方没有柱头。立柱采用两层红砖的砖叠出线脚，上面使用木材作为横梁，支撑二层的楼板。红砖立柱具有更好的整体性和连续性，在五里街的沿街广泛应用，营造整体的效果。

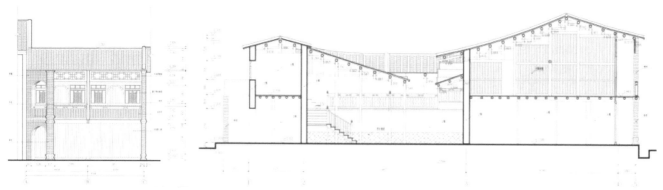

图1 五里街95号、97号立面图　　图2 五里街95号、97号建筑剖面图

三、建筑的营造智慧

五里街骑楼的建筑多样，沿街立面以木材，红砖、夯土、石材等构成，体现乡土的传统材料和装饰，五里街还借鉴了一些西式风貌，融合地区的历史文化、自然气候、乡土材料，具体表现为：

1. 气候和材料的适应性

闽南地区属于亚热带，春季降雨量大，夏季炎热多雨，气候多变。五里街骑楼属于闽南山区的木骑楼，外廊式具有遮阳功效，适应当地潮热的气候。五里街饰面材料有砖材、木材、夯土、砖瓦、卵石和陶瓦等，体现乡土材料和工艺做法。五里街骑楼局部运用栏杆和琉璃砖构成丰富的墙面。从材料特征看，五里街骑楼还加入混凝土和琉璃等新材料。地方材料与西方风格的结合，塑造地域建筑的空间气氛。五里街骑楼在当时的生产工艺、性能和品质属于上乘水平，成为当时城市天际线的主宰。五里街通过多种材料的拼接，装饰性的砌筑等，体现材料的表面特性，比例和谐，形成街区的美学特征。

五里街的骑楼在建造中使用了多种材料，如砖、木、石、混凝土等，这些材料的组合不仅体现了地方特色，也反映了当时的建筑技术和工艺。立面装饰融合了传统雕刻艺术和南洋装饰元素，如石雕、木雕和彩绘，展现了丰富的文化内涵。

骑楼的设计考虑到了闽南地区气候的特点，如炎热多雨，因此骑楼的长廊为行人提供了遮阳和避雨的便利。屋顶设计多样，屋顶的高度和形式适应不同的功能和美学需求。骑楼的高度不一，从两层到三层或更多层，反映了不同时期的建筑技术和经济发展水平。

2. 灵活的空间布局

骑楼布局可分为街屋的"单体联排型"与"宅店分离型"，五里街属于单体联排型。单体联排型骑楼受到土地面积的影响和经济限制，尽可能改善居住环境。五里街骑楼以砖木或砖混的店屋，横向骑楼与纵向街屋构成平面布局。五里街骑楼依据地形分布，呈弧线形，骑楼朝向比较多样。据统计，坐西朝东的骑楼有 30 间，占总数的 60%，坐东朝西有 14 间，占 28%。坐西南朝东北的骑楼有 7 间，占统计数量的 14%。

五里街骑楼由各家自行建造，外形相近，内部灵活。沿街房间为门口厅，有的是住宅，有的是店宅，作为住宅为门厅，作为店面，则是店铺或手工作坊的前店后宅。一层出挑和檐柱多以砖木混合，临街的底层退收出连续的柱廊空间，用于通道。五里街平面灵活布局，据表 3 统计，单开间一进占 60%，一开间二进占 18%。一开间三进占 10%。空间形式从规整到自由组合，有竹筒屋式的带状单元，也有合院式、混合式的做法，两户单元还有互相穿插的。此外，一开间四进、二开间一进、二开间二进、二开间三进、二开间四进和三开间一进各占 2%。

五里街骑楼沿街区的走向，骑楼平面以矩形，不规则矩形和梯形为主要形态。统计的 50 个店面中，矩形占 32%。不规则矩形占总数 22%。不规则形占 10%，"L"形占总数的 8%，四边形占 4%，梯形占 20%，如表 3 所示。五里街骑楼的占地面积、建筑面积和进深，差别比较大。骑楼长 5~24m，宽 3~9m，体现了

窗户的形态和比例表 表1

类型	石材窗	方形木窗	拱形木窗	圆窗和拱形窗	拱形扇形窗
个数	2	20	13	4	2
比例	4%	40%	26%	8%	4%
测绘					

类型	拱形西式窗	八角形窗	六角形窗	梅花窗	椭圆形窗
个数	2	4	1	1	1
比例	4%	8%	2%	2%	2%
测绘					

二层墙裙的材料 表2

材料	木栏杆	红砖拼砌	木质拼版纹	琉瓶璃	灰塑框线
个数	15	10	17	2	6
比例	30%	20%	30%	4%	12%
测绘					

建筑平面和剖面分析 表3

	类型	间	比例	平面形态	比例	特征	图片
1	一开间一进	30	60%	四边形	2间,占4%		
2	一开间二进	9	18%	矩形	16间 32%		
3	一开间三进	5	10%				
4	一开间四进	1	2%	不规则矩形	11间 22%		
5	二开间一进（210号和212号）	1	2%	L形	"L"形 4间,占8%		
6	二开间二进（206号、208号）	1	2%				
7	二开间三进（95号、97号）	1	2%	梯形	10间,占20%		
8	二开间四进（119号）	1	2%				
9	三开间一进（183号、185号）	1	2%	不规则形	5间,占10%		

其灵活性。店面的面积差异大，单体面积最大 442.98m²，最小 37.37m²，平均占地面积 76.96m²，平均建筑面积 155m²。五里街的骑楼面宽很窄，纵向很深，相差很大。据统计，最长的 24.7m，最短的 5.4m，平均长度 14.8m。长宽比中，最高的 5.88，最少的 1.14，均值是 2.87。骑楼的平面基地大小不一、面宽不同、单元进深不同，体现灵活性和多样性。

五里街骑楼布局紧凑，底层遮阳挡雨，有利于店铺经营。骑楼两侧是砖砌或夯土分隔空间。骑楼临街设商店，后面多作货物储藏用房，灶间与厕所多设在最后，后侧设有后门，为骑楼的居住空间出入口和巷道相通。五里街骑楼生活空间比较弱化，大多取消天井，在二层增设玻璃天窗。室内楼梯的数量和位置布置灵活，据表 1 统计，楼梯的数量和分布位置灵活。

五里街骑楼具有商住两用的特点，底层为商铺，上层为住宅，这种"下店上宅"的布局既满足了商业需求，又提供了居住空间。沿着街巷相连，表现对地域传统建筑的传承。五里街建筑受到南洋华侨和新加坡骑楼的影响，属于闽南近代早期的骑楼。一些华侨寄回多年的积蓄，将西方的建筑式样、技术结合本土的材料和工艺。五里街的建筑形式上受到华侨骑楼的影响，采用以家庭为单元的独立院落式的居住方式，建筑形式结合地域和新时代的需求。随着社会生产力的提高和经济的繁荣，平民对住宅需求量增大。在居民大量聚居的地带，住宅密度比较大，同时受到海外建筑的影响，在建筑材料和装饰上体现骑楼建筑和风貌，体现在有限的用地里创造经济的空间范例。

五里街骑楼受到广东潮汕外廊骑楼的影响，也受到闽南传统天井式店屋的影响。五里街骑楼结合闽南地区的传统建筑特色和南洋骑楼的元素，形成了具有地方特色的建筑风貌。

骑楼的平面布局灵活多样，包括单体联排型和宅店分离型，适应不同的土地面积和经济需求。立面设计丰富多变，采用不同的窗户样式、阳台设计和装饰元素，如拱形门窗、百叶窗、气窗和屋顶等。骑楼在小面宽，大纵深的条件下，满足商业的功能，尽量营造相对理想的居住空间。内部的通风、采光等，通过深井，创造相对舒服的居住环境。有的建筑侧重住宅，有的侧重商业，建筑的商贸特征越来越明显，建筑的功能从单一向多样复杂转变，造成骑楼式样的差异。

3. "整体修复、保证风貌、修旧还旧"的原则

永春骑楼建筑与近代城市的改良运动密切相关。骑楼适合当时小本经营需求，街道建设规模符合商业经营需求。五里街骑楼在建造过程中，依据地形和经济条件，相互借鉴和影响，内部布局灵活。建筑立面与环境融合，建筑材料的运用统一，富有变化，实现了建筑风貌和谐。在保护和修复过程中，五里街采取了"整体修复、保证风貌、修旧还旧"的原则，不仅体现了对传统建筑风格的尊重，也展现了在现代化进程中对历史遗产保护和利用的智慧。此外，五里街的修缮工作还包括了社区的参与和业态的引入，这不仅提升了居民的生活质量，也为老街注入了新的活力，实现了历史文化与现代生活的有机结合。通过社区营造活动，鼓励居民参与到街区的保护和更新中，增强社区归属感和凝聚力，促进了社区的可持续发展。五里街的改造和修复不仅提升了居民的生活质量，还吸引了游客，促进了当地经济的发展。在改造过程中，平衡了政府、居民、商家等多方利益，确保了项目的顺利进行和社会的和谐稳定。

四、结语

五里街是清末、民国初形成的传统商业街巷，保留有骑楼和闽南传统民居结合的建筑群，也是闽南山区与沿海贸易的历史见证。五里街骑楼受到自然条件、地域建筑的影响，也受西方的影响，建筑对应场地的条件，平面布局灵活多样，适应街区的形态和居住者的生活需要。骑楼立面构图以几何形态为主，门窗对称，细部和建筑风格的统一，实现街区风貌统一和局部适应性。五里街骑楼底层廊道通畅，体现了时代演进下的居住要求和技术手段，骑楼的平面基地大小不一、面宽不同、单元进深参差不齐，体现出了灵活性和多样性，折射社会政治、经济和文化背景的变迁。五里街的建筑风格融合了闽南地区的传统特色与南洋骑楼的元素，形成了独特的建筑风貌。这些骑楼建筑具有适应当地炎热潮湿气候的特点，也反映了当时社会的审美和工艺水平。五里街也是近代侨乡和外来文化、地域建筑材料做法、匠师的营造智慧等融合，多样化是长期发展的结果。五里街骑楼建筑在修复过程中，使用传统材料和工艺，在修缮工作中，遵循"修旧如旧"的原则，保持建筑的完整性和历史风貌。五里街骑楼不仅是商贸活动的场所，也是文化传承的载体。街区内融合了多种非物质文化遗产。五里街骑楼建筑的营造智慧体现了对传统的尊重和保护，展现了对现代社会需求的适应和创新。五里街在有限的用地条件下创造最经济的空间，立面整齐，内部构造自由，街区样式、体量、构造和尺寸等体现传统建筑营造智慧，对于当代仍具有学术价值和借鉴意义。

参考文献：

[1] 张松. 当代中国历史保护读本 [M]. 北京：中国建筑工业出版社，2016.
[2] 永春县志编纂委员会. 永春县志 [M]. 北京：语文出版社，1990.
[3] 吴屹豪. 骑楼建筑类型的源流考辩与适应性 [J]. 建筑与文化，2018 (6)：54–56.
[4] 王绍森，赵亚敏. 闽南漳州古城传统民居建筑有机更新探索 [J] 南方建筑，2016 (6)：75–81.
[5] 陈志宏. 闽南侨乡近代地域性建筑研究 [D]. 天津：天津大学，2005.
[6] 张杰，庞骏. 移民文化视野下闽南民居建筑空间解析 [M]. 南京：东南大学出版社，2019.
[7] 方拥. 泉州鲤城中山路及其骑楼建筑的调查研究与保护性规划 [J]. 建筑学报，1997 (8)：19.

浅析乡土建筑的现代工艺传承与创新

——以制砖与砌砖技艺为例

丁丽嘉[1] 杨逸轩[2]

摘 要： 乡土建筑营建技艺承载于匠人实践，因技能与审美得到实现、传承，因而蕴藏着丰富的文化内涵。但现代生产使工匠实践体验变得片段化，其参与度与角色亦发生改变，同质化与机械化转向导致乡土建筑文化内涵被削弱。本文聚焦现代话语下的乡土建筑营造技艺，以砖构建筑为例，关注砖的制作与砌筑工艺，探讨其在现代化进程中的角色和价值。试图从传统手工艺出发，重新审视建造现代性与技艺能动性下乡土建筑文化内涵，以期为乡土建筑传承与活化提供参考。

关键词： 乡土建筑 砖制与砖砌 文化内涵 技艺能动性 建造现代性

乡土建筑是中国传统建筑的重要组成部分，承载着丰富的历史文化底蕴，其建造技艺源远流长。目前，技术现代化及多元发展导致新技术渗透到建造工艺中，有着加深融合的趋势，全球化促进了新兴建造技术的快速发展与广泛传播，产生技术趋同现象。该背景下，乡土建筑传统营建技艺从传统手工建造发展成现代化生产建造模式，乡土建筑面临着机遇与挑战。在中国，自2012年启动传统村落保护与发展工作，强调对传统村落的整体保护，涵盖建筑、环境、风俗习惯等方面，乡土建筑的保护逐渐受到重视。基于乡土建筑深刻的文化内涵，它已不仅是物质结构，更是人们对自然环境、社会生活和精神信仰的表达和体现。

乡土建筑具有人文特征和营造技法上的独特性[1]，这根植于特定地域，依托于在地材料及营建技艺。但现代技术的广泛应用使传统手工营建不再占据主导地位，取而代之的是标准化、机械化的建造方式，这对乡土建筑和传统营建造成了严重冲击。因此，如何处理传统营建技艺与现代机械化技术之间的关系，实现乡土建筑的传承与创新，成为亟待探讨的议题。

一、传统乡土建筑及营建技艺

乡土建筑承载了丰富的文化内涵，是建筑与所在地区之间关系的体现[2]。其中蕴藏着各民族传统思想、精神文化与传统营造技艺，是民族文化丰富多彩的组成部分[3]。如福建土楼、云南纳西族木楞房，它们通过当地工匠使用传统材料建造而成，展示了独特的建筑风格和生活方式，反映了当地历史文化和工艺智慧，保护和传承这些技艺对于维护乡土建筑文化的延续至关重要。

乡土建筑营建技艺是在乡土社会中使用的实用技艺[4]。其中，传统营建技艺是利用传统手工艺技术和工具，以人工劳动为主要手段进行建筑施工，强调工匠同工具、材料直接互动。工匠对相关工艺技术的学习、革新，是对传统技艺的传承和保护。传统建筑工匠更是乡村人居环境的建造者和创造者，其营建技艺蕴涵着深厚的传统文化内涵和丰富的生态智慧[5]。

传统营建技艺以工匠主导，受技艺经验与审美认知影响。在长期实践中，工匠从最初意识性操作逐渐转变为习惯性操作，建造实践的方法和流程得到完善和固定，对材料特性的把握、工具类型的使用以及审美感受转化为经验性智力技能[4]。工匠依据工具设计和技术进步改进自身技术，工具随工匠反馈和需求变化得以改进，工匠与工具间互动共生，影响了工匠在建造过程中实际精度的控制。这要求工匠在建造中及时做出判断，以选择合适的材料、构造和形式，工具也使工匠在建造过程中能灵活应对各种挑战。手工艺建造范式下的技能培养，强调工匠形成自己独特的建造风格和审美理念。在乡土建筑中，工艺能动性的重要性在于其地域适应性和文化创新传承。

总而言之，营建技艺作为本土技术与文化的结合体，通过工匠长期实践积累和改进，深刻影响了传统民居的建筑特色和文化内涵。技艺发展不仅促进了传统文化的创新和传承，还保证了乡土建筑的精神延续。

二、现代生产语境下的传统营建技艺

目前，时代发展导致传统营建技艺逐步被大规模、机械化生产及建造方式取代。随着科技水平的提高以及生产协作方式的改变，乡土建筑和传统手工艺营建逐渐受到新技术的冲击。

传统营建和机械化建造在生产过程中有着截然不同的特点。传统营建中，工匠对工具和材料的控制贯穿全程，可根据工匠经验不断做出调整。而机械化建造使工具能够自主操作，人的身具介入得到简化。机械设备减少了手工劳动力的出现，标准化生产使生产效率大幅提高。这些变化在一定程度上提高了建筑的实用性和经济性，满足社会发展的需求同时也产生了一些影响。

一方面，当传统建筑技艺被新技术所取代，传统工匠生存环境受到威胁。传统建造实为工匠能动性的体现，材料构件的加工是工匠知觉显化的过程。随着工业化制造逐步主导，材料加工与后期建造过程也鲜少依靠工匠经验，机械生产流程取代了工匠经验。技艺本身蕴藏的文化价值也就难以在现代建筑中得以体现和传承。而机

[1] 丁丽嘉，University College London。
[2] 杨逸轩，University College London。

械化工艺削弱人技能的同时，也束缚了人的主观作用[6]，导致传统工匠地位被边缘化。

另一方面，机械化生产带来的标准化和同质化，使得乡土建筑的技艺文化多样性受到冲击[7]。传统的乡土建筑往往因地制宜，充分利用当地的自然资源和环境条件反映地方文化特色。而机械化生产倾向于使用统一的建筑材料和设计语汇，导致风格趋同，多样性骤减。

三、以制砖、砌砖为例的技艺传承与创新

在建筑领域，砖能够作为体现生产与制造方面的手工艺向机械化转变的典型材料。砖如今在民居中依旧普遍应用，其性能被改善并得到发挥，砖建造术亦得到长足进步，且在不同地区都根植于地方特色。

在传统生产时代，砖的生产、加工及砌筑同匠人身体力行、匠艺巧思及对工具辅助融为一体。据《营造法式》记载，宋代制砖在具身参与上涉及搬运、装/脱模、烧窑。该过程中，匠人的感知判断及对时机的把控尤为重要。文本中关于时间的指导是经验性总结，实际操作中的具体把控还要根据气候、季节、地域，以及工匠对成品的要求，进行自行判断，并做出调整。这些都体现了工匠宝贵的建造经验。在工具层面，窑作为制砖的必备工具，其结构和功能随技术发展不断被优化。

在制砖过程中，工具与工匠技艺及其派系的差异，民间传统文化、风俗习惯、气候、地形等地方性影响，导致作为结果的微观的材料、构件及宏观的形式，共同形成复杂的因果关系。故制砖过程反映了上述所说的"互动共生"，并据不同需求和环境进行调整，确保砖的质量和效果，这种能动性和灵活性展示了人在营建技艺中的核心地位。

砌筑方面亦能表现工匠巧思。因砖砌方式多样，工匠能够在其样式、质感等感官效果上融入美学理解。这具体表现在从单砖、单面、单向错缝砌筑，逐渐到汉代单砖多向、多面及空斗等组合砌筑的发展。此外，做法上"三分砌七分勾，三分勾七分扫"的说法，都反映出匠人美学素养同具身技艺一道塑造其作品的最终效果。现代建筑中亦是如此，如宁波美术馆外瓦墙的砌块拼贴构成了本土材料的符号学表达；巴拉圭一处自宅项目中，Equipo de Arquitectura 在生土压制砖的中间削除一部分形成凹槽，成为加固拱形屋顶的结构策略——通过在切割产生的凹槽置入钢筋，作为基础加固模块能承受一定程度的混凝土载荷（图1、图2）。

随着技术进步及观念革新，传统砖砌体已无法满足实际需求。目前，新型轻质材料与环保材料逐渐成为原料。和传统黏土相比，这大幅改变了传统砖砌体制作工艺及过程。结合材料、化学、自动化等知识，于现代工具主导及先进知识限制等专业门槛导致工匠角色开始被技术人员所替代，对传统语境中"技艺"的理解亦包含了对现代科技的隐涉。该转向在近年尤为明显，新型技术涌现也导致跨学科实践成为可能。当代实践中，关于匠人身份及其技艺所扮演的角色，以及在技术介入下，相较于过去所发生的位置转移理应受到关注。

在砌体制作方面，机械化、流水线生产逐步替代原本手工生产。这节省了劳动成本，也提高了生产效率以符合市场需求。手工制作流程在现代语境下被转译为一道道程序，每个程序有着相应的专业设备与制造规则。以 Wienerberger 为例，砖砌体的制造就涉及了黏土管理、准备、成形、烘干、着色、窑炉烧制。在准备阶段，被提取的黏土通过运输带分离出石头等异物，并加入水、沙子等（图3）；黏土在泥房中暂存一段时间后，挤压模具将其压成所需形状，然后通过自动压机或被切成单个砖块（图4）；成型后被运送到烘干机进行烘干。不难发现，传统工匠已经被精通专业知识、能够操控设备的技术人员替代，身体力行的制造者角色在现代工艺中转变为对机器生产进行控制的监督者。

乡土建筑中，砌块材料的个性往往通过工匠在建造过程中实现。就目前技术来看，机器生产与行业标准化虽在一定程度上导致生产结果的趋同，但不乏在设计阶段就开始考虑整体样式及砌体细节，进而反推对生产工艺的控制——包括黏土材料的配比，着色剂的使用，各流程的时间，甚至是切割、脱模方式。将具有差异的不同批次砌块成品按计划用于同一处建筑立面，能形成丰富性与"随机性"。此处，"随机性"是刻意的，是经过事先设计与调试的，这

图1　生土压制砖的中间削除一部分形成凹槽　图2　拱形屋顶的结构策略

图3　准备阶段的黏土

图4　通过挤压模具成型的砖块

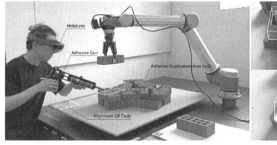

图 5 机器人抓取砖块　　图 6 砌筑者涂抹粘合剂

与工匠技术话语下依靠个人技艺、审美取向和价值判断所产生的随机性大有不同。工匠技艺被建筑师同生产商协调的现代技术代替，依照经验对生产过程的介入也已被严谨的调试与参数配置取代。换个角度来看，根植于文化的手工技艺被机器生产模仿、学习，甚至超越。

在砌筑方面，一些项目已经采用了机器人、机械臂等技术来代替人体的手工劳动。如 Augmented Bricklayer，机器人能够应用点云、AR 等技术来识别并抓取随机放置的红砖（图 5）。随后，砌筑者佩戴 AR 头显设备，在物理环境与虚拟环境对齐重合的基础上按照预先设计在叠置部分涂抹粘合剂[8]（图 6）。该过程中，AR 技术起到辅助作用，它能够计算实际空间中砖块叠置部分并在虚拟空间中予以显示。机械臂配合砌筑者的粘合剂涂抹过程对砌块进行搬运与放置，其识别与分析的相关技术使暂停与启动等程序性动作同砌筑者的手工劳动实现工序与时间上的紧密配合。传统砌筑中，工匠对砖块的拿起，以及靠手、脑、眼的配合来进行精准放置的技艺实践在该项目中被机械臂结合相关技术完全代替。使用者在砌筑过程中甚至无须接触砌块，对手的解放大大降低了施工过程中的体力劳动成本。同时，机械臂在实际空间中对砌块放置的精准实现，将砌筑技术机械化，抹平了不同水平、个性的工匠间的技艺实践差距。从这一点来看，工匠在施工过程中对原始设计的思考与判断，及其与建造劳动中的误差产生、纠正，在 Augmented Bricklayer 中已经被预先完成定案的虚拟设计，以及识别和数据的正负反馈所控制的机械臂运动所消弭。新兴技术在极大程度上介入砌筑过程，实际施工中工匠的手工劳动仅保留了对粘合剂的使用。

四、结语

新技术带来建造体系的革新，正如认知哲学家 Andy Clark 提出"人类在适应新技术的过程同时接收着新技术的反馈，进而改变与不断更新自我与工具的关系"[7]。传统建造的渐进式发展始终强调人在认知与审美体系下人与工具的互动，操作者的角色为工匠对于技术工艺和审美经验的具体化。但在现代，技术介入与逐步主导导致工匠技艺的失语。

整体来看，机械化制造工艺在某些层面上削弱了工匠技能的应用。具体来看，传统建造是人与材料之间互动的过程，传统营建技艺下人的主观判断会作用于加工对象，即"审曲面势，以饬五材"，材料构件的加工过程是工匠知觉转移的过程。而在机械化制造工艺中，无论是社会内涵还是技术知识、建造组织等完全与传统建造不同，不再是工匠工具与材料的沟通，而是基于现代社会生产需求产生的。

纵使现代化机器生产方式效率非人工可相提并论，根植于传统文化的手工技艺依然值得推崇。人作为建造主体，建造过程中的各种因素都与人的因素紧密相关。材料的选择、加工离不开人的具体操作，而且建造中的分工协作、审美表达更需要人的因素的介入。正如 Bernard Stiegler 所说"面对技术发展，我们要创造新的技术文化去应对技术时代[9]"。因此，更需要在未来的乡土建筑设计及建造过程中考虑，以在保证机械化生产的效率最大化时依然保有工匠能动性的自身营建技艺魅力。

参考文献：

[1] RAPOPORT A.House Form and Culture[M].Hawaii：Prentice Hall，1969：128–135.
[2] 王文涛.基于现代性下的乡土建筑存在问题的解决对策探究[J].价值工程，2018，37（9）：174–175.
[3] 王帆.乡土建筑文化浅谈[J].山西建筑，2010，36（10）：35–36.
[4] 潘曦，姚轶峰.乡土建筑营造技艺特征与传承探讨——以纳西族地区为例[J].建筑遗产，2017（4）：98–105.
[5] 谢荣幸.传统建筑工匠现代转型研究——基于乡村景观风貌保护与发展[J].西安建筑科技大学学报（社会科学版），2018，37（2）：67–71.
[6] 马立，周典，虞春隆，等.当代语境下关于传统"匠人营造"模式的再思[J].华中建筑，2023，41（6）：1–5.
[7] 杨宇振，覃琳.乡土景观与乡土建筑之死：建造体系的现代转型与建构[J].建筑学报，2018（1）：118–121.
[8] SONG Y，KOECK R，AGKATHIDIS A.Augmented Bricklayer：an augmented human–robot collaboration method for the robotic assembly of masonry structures[J]Blucher Design Proceedings，2023.
[9] 袁烽，周渐佳，闫超.数字工匠：人机协作下的建筑未来[J].建筑学报，2019（4）：1–8.

装配式新民居体系设计研究

——以宜昌地区为例

黄善洲[1] 李运江[2] 谭业新[3]

摘　要：在大力发展装配式建筑和促进乡村建设的背景下，针对我国乡村民居建筑技术和施工水平滞后，建筑材料和建筑风貌缺乏引导的现状，本文在调研的基础上，归纳了宜昌市现有乡村民居的具体问题和村民的实际使用需求。从 TL 结构体系设计、管线综合设计、新民居产品设计三个层面构建了装配式新民居体系，总结了相关设计方法，以期为装配式新民居设计及未来的市场推广提供思路。

关键词：宜昌地区　装配式建筑　TL 结构体系　新民居

近年来，我国城镇化进程已经由高速发展阶段变为高质量发展阶段，改善农村地区的居住环境，对改善城乡关系，促进城乡融合有举足轻重的影响。随着社会经济水平的提高，农村居民对自身生活质量有了更高的需求，传统的农房已不再能满足其生产生活需求。在城乡二元的社会语境中，越来越多的学者和建筑师将研究视域从城市转向乡村[1]，乡村空间人居环境的建设发展表现出对建筑设计及其技术体系的"内生需求"[2]，其发展模式正由传统向新型工业化建造转变[3]。研究适应村民诉求的新型乡村住宅设计建造方法，研发新型工业化的通用住宅体系，是提升乡村住宅的居住品质、建造条件、产业结构的重要途径[4]。

一、背景简介

1. 社会经济背景

随着我国经济的发展和建筑技术的进步，新的建筑理念和建造技术开始走向成熟，顺应这一改变继而出现的是新民居，新民居是指近年村民自建或政府统一规划建设的，采用新的建造技术，具备现代生活功能空间的、符合当前农村生产生活需要的民居形式[5]。

2. 政策背景

国家出台了一系列政策推动新民居的建设。2021 年 4 月通过《中华人民共和国乡村振兴促进法》，鼓励农村住房建设采用新型建造技术和绿色建材[6]。2021 年 10 月在《关于推动城乡建设绿色发展的意见》中提出要提高农房设计和建造水平，加强既有农房节能改造[7]。此外，宜昌市作为装配式建筑示范城市，于 2022 年 3 月发布了《关于全面推进装配式建筑发展的通知》，要求宜昌中心及各县市城区规划范围内的民用建筑、工业建筑在土地供应和项目立项时应明确按照装配式建筑要求进行规划、设计和建造，且装配率应符合国家或地方标准[8]。

3. 技术背景

本文所研究的装配式新民居体系以三一筑工开发的 SPCS 结构体系（装配式整体式混凝土叠合结构体系）作为技术基础。笔者团队通过对该体系的优化升级，设计了适用于小面积、低层数的装配式民居建造的结构体系，该结构体系主要为中空剪力墙＋凸形叠合板（以下简称为 TL 结构体系），具有效率高、成本低、质量可控、工厂化生产及施工便利、连接方便可靠等优点，为装配式新民居体系的构建提供了技术支撑。

二、装配式新民居体系构建

装配式新民居并非仅仅为了建造方式的便利，盲目地去迎合标准化设计。该设计体系首先考虑建筑功能性，为居住者提供便利、舒适的生活体验。在追求整体稳定性、耐候性和施工高效便捷的同时，注重结构体系与建筑造型及功能的有机结合[9]。本文所研究的装配式新民居体系主要包括 TL 结构体系设计、管线综合设计和装配式新民居产品设计三部分。

1. 结构体系设计

优化后的 TL 结构体系主要适用于小面积、低层的新民居建设需求。其主要特点为墙体采用预制中空剪力墙板结构；楼板采用叠合板，预制部分为凸形底板，节点现浇；墙体与墙体之间的竖向连接和水平连接均采用螺栓连接；基础采用条形基础或梁板式筏形基础，通过架空构造或设置防潮层的方式解决防潮问题等（图 1）。该结构体系的墙、楼板、基础构件均在工厂预制完成，现场只需进行组装和局部节点现浇，构件质量可控，工业化生产成本低，环保节能，现场施工效率高。墙与墙的水平连接和竖向连接均采用螺栓杆连接，其中竖向连接在节点位置局部现浇，整体性强，基本等同于现浇结构，安全性高。同时该结构体系可以根据需要进行个性化设计，设计较为灵活，既能满足标准化的设计生产需要，又能满足局部个性化的定制需求（表 1）。

2. 管线综合设计

为提高室内美观度，减少现场作业量，提高施工效率。对传统的后期开槽敷设管线的方式进行了优化，创新性地提出了管道廊的概念。管线综合设计利用 TL 结构体系中"双皮墙"的内部

---

[1] 黄善洲，三峡大学土木与建筑学院，助教。
[2] 李运江（通讯作者），三峡大学土木与建筑学院，教授。
[3] 谭业新，三峡大学土木与建筑学院。

空腔，在工厂预制模块化墙体的同时敷设管廊，在现场只需进行穿线和插座安装工作，显著降低作业量，提高施工效率和室内表观效果（图2）。

3. 新民居产品设计

2024年2~5月，笔者团队通过对宜昌市辖区内3个区县的5个行政村进行走访，通过访谈和调查问卷等方式进行了乡村民居调研，对现有的民居形式存在的问题和村民的新民居建设需求（图3）进行了相关梳理。通过调研分析，现有的民居普遍存在缺乏专业技术介入、缺乏风貌引导、缺乏材料选择指导、缺乏适老化考虑以及功能模式单一等问题。同时，通过对中国乡村研究热点和前沿可视化分析，发现排在前三的关键词为乡村旅游、新农村建设、乡村发展[10]。在进行新民居建设时，除了要考虑满足村民的实际使用需求外，还应该考虑在国内乡村旅游发展的背景下，将农村民居作为生产资料，通过提供住宿等衍生服务，提高当地老百姓的经济收入，更好地促进乡村发展。

宜昌市下辖区县农村新建住宅均坚持"一户一宅"政策，部分山地区县还提倡积极引导村民到规划的居民点集中新建住宅。各区县对于新建农宅要求城郊和集镇规划区内农民建房宅基地总面积不得超过120m²，宅基地使用农用地的每户不得超过140m²，发展

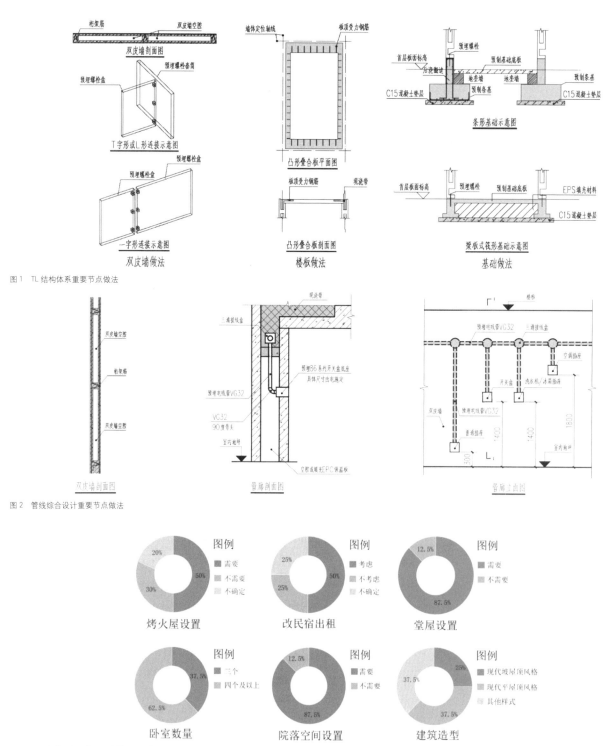

图1 TL结构体系重要节点做法

图2 管线综合设计重要节点做法

图3 宜昌市辖区内3个区县乡村调研要点分析

装配式新民居体系设计要点　　　　　　　　　　　　　　　　　　　　　　　　　　　　表1

设计要点	设计内容
1. 基底尺寸	占地面积控制在 140 m² 以下，平面尺寸考虑通用的 10m×12m，12m×12m 等，同时在控制占地面积的基础上考虑非矩形的平面尺寸，以满足村民多样化的设计需求
2. 建筑尺寸	结合装配式凸形叠合板构件特性，建筑开间控制在 1.8~5m，在满足结构安全和造价控制的基础上适配卫生间、楼梯间、厨房、卧室、堂屋等的空间需求
3. 平面功能	从调研及使用需求出发，部分产品布置堂屋、烤火房，同时布置老人房，满足适老化需求；二层以静区为主，满足民居的多卧室使用需求和作为生产资料与乡村旅游对接的可能性
4. 平面布局	尽量采用合院式，通过不同的院落空间来进行功能分区，提高空间质感，利于日常使用和后期作为生产资料进行品质化改造
5. 建筑层高	结合调研和老百姓的实际使用需求、建筑造价控制和装配式建筑适配性特征，一层层高控制在 3.6m 以内，二层及以上层高控制在 3m 以内
6. 建筑造型	针对农村市场需求，主要采用现代平屋顶和坡屋顶两种形式，屋顶造型可以结合 TL 结构体系的可变性和不同区县的地域文化进行针对性调整
7. 装配式体系适应性	设计时考虑上下墙体一致，尤其是卫浴系统和阳台模块，竖向对齐，便于和 TL 结构体系结合，利于工业化生产和装配式施工

民宿、农家乐等新业态使用未利用地的每户不得超过 200m²，房屋檐口高度不超过 10m，层数要求控制在 3 层及以下，屋顶形式为平屋顶或坡屋顶，除部分区县对建筑面积无明确要求外，其余区县要求建筑面积不得大于 300 m²。

结合前期调研，TL 结构体系设计及相关文献资料查阅，在进行新民居户型设计时，笔者团队主要从表 1 中列出的设计要点进行考虑。

结合各区县的农村新建住宅要求与 TL 结构体系和管线廊的创新性应用，设计了 6 种 1.0 版本的装配式新民居产品（表 2），投入市场，在满足市场需求的同时通过用户反馈进行调整和优化。

三、新民居体系的设想与实现

本文所研究的装配式新民居设计体系串联了标准化设计、工厂化生产、装配化施工、一体化装修、信息化管理、智能化应用等装配式新民居建造路径。在后续的装配式新民居产品设计中将从以下两方面持续进行产品迭代升级，建设更舒适、更实惠的装配式新民居。

1. 新民居产品类型的更新迭代

目前的新民居产品主要是针对乡村单栋住宅的中低成本市场。在后续的产品设计研发过程中，除了中低成本的民居产品外，还将设计品质更高的乡村别墅类及乡村民宿酒店类产品。同时，除了一户一宅的定点式独立民居设计外，还需要通过多样化的标准产品组合设计，满足成组、成片的地域性民居聚落设计需求。

2. 新民居产品技术的持续

目前所开发的新民居产品属于 1.0 版本，相较于传统建造方式，在结构安全、建筑造型、空间设计、施工速度等方面有了较大提升。在后续的研发设计中，将进一步优化结构体系和工艺工法，在保障质量和控制造价的基础上，采用更加优异的保温材料，节能技术等来提高新民居产品的节能效率和使用舒适度。

四、结语

在城镇化快速推进和建设的背景下，我国乡村地区居民的居住需求与意愿也在不断地发生变化。本文所研究的装配式新民居体系具有施工快、造价低、表观质量优、结构安全性和耐候性好等优势，可解决我国乡村民居结构安全性差、室内舒适度低、缺乏设计引导等问题。该体系通过装配式设计和建造技术，在控制造价的同时，降低现场施工难度，提高施工质量和居住品质，提升了装配式新民居在乡村地区的适用性与可推广性，有助于实现乡村地区的人居环境提升和民居的有机更新，同时也希望该体系能为乡土营造技术技法技艺的创新和相关装配式新民居的设计研发及市场应用提供一定的思路。

参考文献：

[1] 叶露，杜昱璇．技术视阈下库哈斯的乡村研究 [J]．新建筑，2022（5）：72－77．

[2] 黎柔含，褚冬竹．当代建筑师乡村实践解读 [J]．城市建筑，2018（4）：19－25．

[3] 黎柔含．整体导控与个体创造：乡村设计导则与建筑师乡村实践关联性研究 [D]．重庆：重庆大学，2017．

[4] 住宅生产研究会．住宅生产供给展望 [M]．东京：凯文出版株式会社，1991．

[5] 侯云飞．城镇化进程影响下黑龙江农村新民居发展研究 [D]．哈尔滨：东北林业大学，2021．

[6] 第十三届全国人民代表大会常务委员会通过中华人民共和国乡村振兴促进法 [EB/OL]．(2021－04－29) [2024－02－19]．http://www.npc.gov.cn/npc/c2/c30834/202104/t20210429_311287.html．

[7] 中共中央办公厅、国务院办公厅印发《关于推动城乡建设绿色发展的意见》[EB/OL]．(2021－10－21) [2024－03－20]．https://www.gov.cn/zhengce/2021-10/21/content_5644083.htm．

[8] 宜昌市住房和城市更新局关于全面推进装配式建筑发展的通知 [EB/OL]．(2022－03－31) [2024－03－16]．http://zj.yichang.gov.cn/content-51970-981059-1.html．

[9] 朱良文，程海帆．乡村振兴中的民居宜居性问题研讨 [J]．南方建筑，2022（9）：1－7．

[10] 何韶瑶，屈野，陈翚，等．中国乡村研究热点与前沿可视化分析 [J]．新建筑，2022（2）：94－99．

[11] 张宏，宗德新，黑赏罡，等．装配式建筑设计与建造技术发展概述 [J]．新建筑，2022（4）：4－8．

装配式新民居产品介绍表

表2

类型	效果图	首层平面图	设计理念
产品一 8室4厅8卫 建筑面积：338m² 层数：3层 基底尺寸：12mX12m			前院+后院+景观中庭的庭院式 组合模式 装配式现代平屋顶
产品二 6室2厅3卫 建筑面积 231m² 层数：2层 基底尺寸：10mX12m			前院+后院的庭院式组合模式 装配式现代坡屋顶
产品三 7室5厅8卫 建筑面积：343m² 层数：3层 基底尺寸：10mX12m			围合式院落+景观中庭的庭院式 组合模式 装配式现代平屋顶
产品四 7室4厅8卫 建筑面积：376m² 层数：3层 基底尺寸：15mX15m			带泳池的前院+后院+通高茶室的 庭院式组合模式 装配式现代平屋顶
产品五 7室4厅6卫 建筑面积：295m² 层数：3层 基底尺寸：10mX12m			前院+后院的庭院式组合模式 地域文化表达 装配式现代坡屋顶
产品六 6室5厅6卫 建筑面积：340m² 层数：3层 基底尺寸：12mX13m			前院+后院+景观庭院的庭院式 组合模式 装配式现代平屋顶

基于CFD模拟的河西地区合院式民居风环境研究[1]

王永昊[2] 孟祥武[3]

摘 要：随着乡村振兴战略的实施，我国乡村人居环境建设取得了瞩目成就，环境治理、能源和舒适度等问题也成为乡村振兴行动的重要方向。如何通过建筑和规划手段实现低碳建设目标并提升民居的品质与效能，成为迫在眉睫的问题。河西地区由于地理气候的因素，大风、沙尘暴频发，乡村相较于城市，抵御外界环境侵袭的能力更差，这也是该地区房屋建造布局采用纳阳避风的重要原因。因此，本文以CFD模拟河西地区风环境特性和环境优化等视角，通过实地调研和软件模拟，以该地区常见的合院式民居为研究对象，分析对比不同类型院落风环境的作用情况及环境适应性评价，以便拓展河西地区人居环境改善之路径，为该地区民居优化设计提供参考。

关键词：CFD模拟 风环境 合院式民居 河西地区

一、引言

从最初的土坯墙到如今全面推进乡村振兴建设，现有民居已经超越了最初的目的，不再仅仅是简单的防御和居住场所，更是承载着对生活品质的追求。而面对西北地区生态脆弱的问题，需不断强化乡村生态保护和修复[1]，同时建设更加健康舒适、环保美观的乡村人居环境。河西地区位于我国西北部，属干旱半干旱地区，冬冷夏热，气温温差较大，降水稀少，气候干燥；且春季大风、沙尘暴频发，对当地生产生活产生了较为严重的影响，同时乡村民居如何适应且预防极端气候天气所带来的影响，成为关键而紧迫的问题。因此，研究风环境对于河西地区乡村民居的所带来的影响，对于提高西北干旱地区的人居环境舒适性具有重要的意义[2]。

目前，相关的研究内容主要从城市及住宅区的角度进行风环境定量分析与优化研究[3-5]；也从宏观角度探究了风环境对于村落建筑布局的影响[6-8]；从外部环境方面分析了民居的气候适应性特征[9-11]；在院落形态、建筑构造方面，也开展了不同程度的研究，明晰其与风环境的关系，综合评价得出了相应的提升改造策略[12,13]。但以西北干旱地区的乡村民居为研究对象，进行建筑环境及布局的相关研究相对匮乏。此外，乡村的体量尺度与环境背景和城市区有着十分显著的差别，因此对于城市风环境的研究分析和设计优化等策略均无法直接移用至乡村。以风环境视角对西北干旱等地开展的乡村民居环境研究相对缺乏，作为此次研究的切入点，而上述研究则从不同方面为本文提供了重要参考。计算流体动力学（Computer Fluid Dynamic，CFD）是建筑风环境模拟研究的重要方法。本文基于西北干旱地区的风环境特性，以河西地区典型的合院式民居为研究对象，通过实地调研和CFD模拟，分析、对比不同类型合院的风环境特征，以风速云图及静风区占比作为评价指标，评估不同合院在风环境影响下的人体舒适度，并对其院落组织、功能布局等提出优化策略，以期为当地乡村更新改造[14]、改善人居环境所提供参考依据。

二、风环境对人居环境气候舒适度的影响理论

风环境在乡村民居对使用者舒适度影响大体可分为直接和间接两个层面：直接效应为在风力作用下直接侵扰建筑檐下、院落等为主的半开敞空间中使用者的舒适度；间接效应则是通过影响建筑围护等结构的热湿传递改变了室内温湿度等环境参数[15]，进而影响使用者的舒适度。根据国家标准《人居环境气候舒适度评价》GB/T 27963—2011，人体对于不同环境的气候舒适度感受如表1所示：

根据其不同情况的适用范围，当平均风速 >3m/s 或处于冬半年时，使用风效指数进行舒适度评价。风效指数 K 计算公式为：

$$K=-(10\sqrt{V}+10.45-V)(33-T)+8.55S \quad (1)$$

式中：K 为风效指数，取整数；

T 为某一评价时段平均温度，单位为：摄氏度 / (℃)；

V 为某一评价时段平均风速，单位为：米每秒 / (m/s)；

S 为某一评价时段平均日照时数，单位为：时每天 / (h/d)。

据此公式，本文以河西地区春季风为研究对象，取平均日照时数为 8 h/d，当地该季节温度范围为 -5℃ ~ 11℃，取温度为 -5℃时，K 随着 V 的增大而不断减小，计算得 $0.01<V<0.64$ m/s 时 K 值落在舒适区（-299~-100）区间。此时参考《绿色建筑评价标准》GB/T 50378—2019 中所规定的依据环境中不同风速、风力等级下的人体舒适感，如表2所示，尽可能地减小院落内的风速以提高民居住户的舒适性程度。另外，当风速 $V<1$m/s 时会出现静风区导致垃圾堆积，导致院内环境恶化。因此，如何衡量二者，在降低风速，提升人体舒适度、低碳节能的同时，减少静风区垃圾的聚集，是提高人居环境亟待解决的问题。

三、河西地区气候特征及典型对象选取

1. 气候特征

西北干旱地区主要包括新疆维吾尔自治区、内蒙古自治区中西部和宁夏回族自治区的绝大部分以及甘肃的河西走廊地区。河西地区由于其所处的地理环境位置，气候特征主要表现为夏季炎热干燥，冬季寒冷且干旱，温差变化较大；地表水资源匮乏，降水稀少

---

[1] 国家自然科学基金项目"丝绸之路甘肃段明清古建筑大木营造研究"（项目编号：51868043）。
[2] 王永昊，兰州理工大学设计艺术学院，硕士研究生。
[3] 孟祥武，兰州理工大学设计艺术学院，副教授。

人居环境舒适度等级评价表   表1

等级	感觉程度	温湿指数	风效指数	健康人群感觉的描述
1	寒冷	<14.0	<-400	感觉很冷,不舒服
2	冷	14.0～16.9	-400～-300	偏冷,较不舒服
3	舒适	17.0～25.4	-299～-100	感觉舒适
4	热	25.5～27.5	-90～-10	有热感,较不舒服
5	闷热	>27.5	>-10	闷热难受,不舒服

不同风力等级下风速与人体舒适感的关系   表2

风速（m/s）	风力等级	人体舒适度
0<V<5	0～3	舒适
5<V<10	4～5	不舒适,有明显的风力特征
10<V<15	6～7	很不舒适,行动受阻
15<V<20	8	无法忍受,危险
20<V<25	9	很危险

且主要集中在夏季,同时蒸发量较大,形成了干燥的气候环境,造成干旱频发。此外,由于该地区地表植被稀疏,土地裸露,加之干燥的气候条件,容易形成风沙。尤其是每年春季,由于风环境的作用及影响,风沙侵蚀严重,沙尘暴频繁,对人类生产生活和生态环境带来不利的影响。

由于河西地区春季风沙天气频发,对该地区的乡村规划及设计存在显著影响。而目前随着居民对生活、环境品质的需求日益提升,人居环境的舒适程度逐渐受到重视,但目前相关学者研究更多关注为提升城市开放空间舒适度的措施研究[16]。风作为影响人体热舒适的重要因素,例如:在室外气温较低的情况下,风速的提升会降低居民的体感舒适度,因此增加了建筑的供暖负荷[12]。本文选取对该地区生产生活及环境影响较大的春季风环境为主要对象,探究河西地区乡村民居在风环境影响下的作用机制及居民等使用者的舒适度,同时也可作为乡村振兴背景下河西地区乡村人居环境改善的指标进行评价。

2. 调研选址

考虑到避免西北中部地区东亚季风和南部南亚季风影响模拟的客观性与普遍性,故选取位于我国河西中北部干旱地区具有代表性的甘肃省武威市民勤县合院民居进行相关调查研究。

民勤在明洪武年间被置镇番卫,为抵御蒙古贵族的南侵,同时实现"守边备房"的政策,朝廷将大量中原人口迁徙至河西地区[17],此时镇番县域人口激增,人员流动密集,自此成为西北边塞要地。

根据《建筑气候区划标准》GB 50178—93,民勤地区一半属于严寒ⅦC地区,另一半属于寒冷ⅡB地区,两区气候差异较小。民勤地区建筑基本要求为建筑物应满足冬季防寒、保温、防冻等要求,夏季部分地区应兼顾隔热;总体规划、单体设计和构造处理应满足冬季日照并防御寒风的要求,主要房间宜避西晒;应注意防暴雨;建筑物应采取减少外露面积,加强冬季密闭性且兼顾夏季通风和利用太阳能等节能措施;结构上应考虑气温年较差大、多大风的不利影响[18]。

而今民勤县人口约17万人,总面积达1.58万km²,东靠腾格里沙漠,西邻巴丹吉林沙漠,西、北、东三面均被沙漠包围。其不仅是中国四大沙尘暴策源地之一,也是中国干旱和荒漠化最严重的地区之一[19],绿洲面积仅约1000km²,占行政面积的6%左右。

3. 现状调研

村落形态方面,民勤县村落整体呈现"不规则"的规划布局形态。村内院落布置按照主要道路走向及道路两旁组团规则排布。

院落构成方面,其民居院落空间主要分为两进或单进院式,其中两进院落分为"前院、后院"两部分,前院多为"二合院、三合院",房屋坐北朝南,为主要生活起居空间;后院根据居民生活使用与经济情况的不同,形成形态各异的空间,如堆放农具或饲养牲畜。而入口根据道路走向,主要位于院落中部、院落两端处（表3）。

建筑材料方面,目前民勤县乡村民居除去建造的以土坯、夯土形式为主的房屋以外,在建造方式和用材上可大致分为砖平房和水泥平房。屋顶处理形式根据不同的建筑建造年代和材料不同,可以大致分为夯土压顶和新制水泥屋顶两种处理形式。

考虑到民勤当地居民家庭生活水平、政策限制和其他制约因素的影响,院落内部布置和建筑形制会存在各方面的差异性。为了方便风环境模拟实验及对比分析,限于篇幅,将从院落布局、入口形式等方面进行不同合院类型院落内的风环境探究。

四、CFD风环境模拟及边界条件

1. 风环境模拟理论

目前,基于CFD仿真功能强大、模拟结果精确等优点,其逐渐被广泛用于建筑风环境的模拟与研究中。根据所在地的地貌

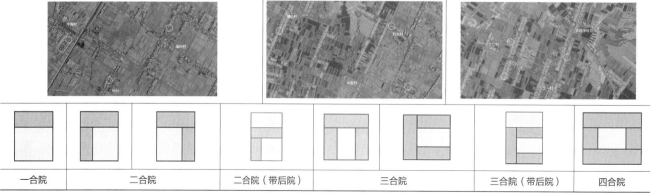

合院类型提取   表3

| 一合院 | 二合院 | 二合院（带后院） | 三合院 | 三合院（带后院） | 四合院 |

特征及国家标准《建筑结构荷载规范》GB 50009—2012 的规定，设置其地貌粗糙度为 B 类[20]；并采用对数风剖面[21]，选择波动小，精度高，更适合在合院这类建筑风场中低速湍流应用的 Realizable k-epsilon 模型[22]中建立风相流场控制方程，进行迭代求解至收敛，求解精度为 10^{-3}。

通过国家气象科学数据中心公布的中国地面气象观测资料获取统计结果，并选取 2023 全年的风向风速数据进行分析参考，处理后得到全年风玫瑰图和 12 个月的风玫瑰图。由图 1 可知，夏季主导风向为东风，春、冬两季西北寒风表现得更为强烈，且在春季发生了风速最大值且大风频率较高，故选取西北风作为此次模拟分析的主导风向，风速选择 2023 年春季月份平均风速 4.62m/s。

2. 模型建构

实测调研的风环境与近似条件下的软件模拟的风环境拟合度决定了进一步实验的可靠性。通过调研和分析，选取了民勤县三雷镇某一靠近街道直接受风的住户（图 2）进行了院落及街道的风环境实测。简化初始计算模型尺寸为 20m×15m×3.5m，计算域尺寸（图 3）设置为 180m×160m×30m，阻塞率约为 1.04%，满足小于 3% 的要求[23]。再将模拟合院以六面体为主的网格划分方法（Hex Dominant Method）（图 4），满足相对数量比值 ≥ 1.5 倍原则[24]，所以模拟的准确性可以得到充分的保障。

3. CFD 模拟验证

测得该地区时段风向为西北风，风速为 4m/s。监测点选择在院落内部，在院入口点、落脚点、房屋与院落的角点、正 1 房与偏房的拐点的 6 个测速点（图 5），测量高度 1.5m 处人体直接感受风力高度的风。为便于观测和记录，根据风速平均极大值所在时段作为与软件模拟的对照时段。本次针对合院的计算流体力学（CFD）风驱雨模拟分析基于 ANSYS 2022R2 平台进行，利用 SCDM 作为几何模型前处理平台，Workbench Meshing 生成计算网格，FLUENT 作为此次模拟的求解器（图 6）。

为提升模拟精度，对模拟结果的误差成因进行分析[25]，验证模拟结果与实际结果的吻合性，采取国家气象科学数据中心公布的数据进行数值分析后与合院实测数据进行比较验证，两者变化趋势趋于一致，总体上吻合性较好，且模拟数据与监测数据误差在 10% 以内（图 7），说明本次数值模拟具有较高的可靠性[26]。

五、不同合院类型风环境模拟分析

通过实地调研，现有合院式民居各院落内部的元素有若干方面且存在着差异性。政策使然，院落面积基本控制在 300 ㎡左右，主要形制表现为 20m×15m 的规则矩形。院落大门位置根据不同的住户需求分别位于中部或两端，大门类型基本为封闭的木门，建筑与院落围墙的高差较小。

基于上述环境设置此次模拟分析的边界条件，并通过 FLUENT 2022R2 进行合院风场求解后，导入 CFD Post 2022R2 进行合院风速的可视化处理，并提取院落静风区（1m/s 风速）[27]占比进行对比分析。

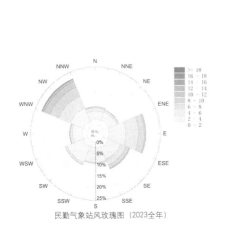

图 1 民勤气象站 2023 年年均风玫瑰图及月风玫瑰图

图 2 实测院落鸟瞰图

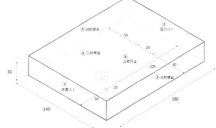

图 3 计算域尺寸

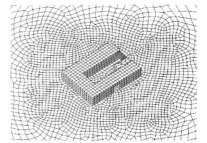

图 4 六面体为主的网格划分

图 5　实测院落平面示意

图 6　实测院落风环境模拟

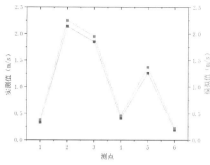

图 7　实测与模拟拟合度曲线

1. 一合院式院落

由表 4 可得：西北风向来风会在正房两侧及院落东南角附近产生风速相对较高的区域；东侧山墙和南侧围墙之间有可能形成风的回环，造成山墙南侧院落位置产生高速区，而在其附近则获得了相对更加温和的风环境。

而中部开门的形式会导致院落内形成较多的高风速区域。西南侧和东南侧位置开门会在东、南侧围墙位置产生较高的风速区，当院门封闭时，则整体降低了院落内部的高风速区域，但院落内部静风区区域与占比变化不大。

2. 二合院式院落

由表 5 可得：东厢房相比西厢房式二合院院落静风区占比减少，代表院内整体风速提高，证明西侧厢房在一定程度上遮挡了西北寒风对于院落内的影响；但整体相比一合院式院落风环境有所

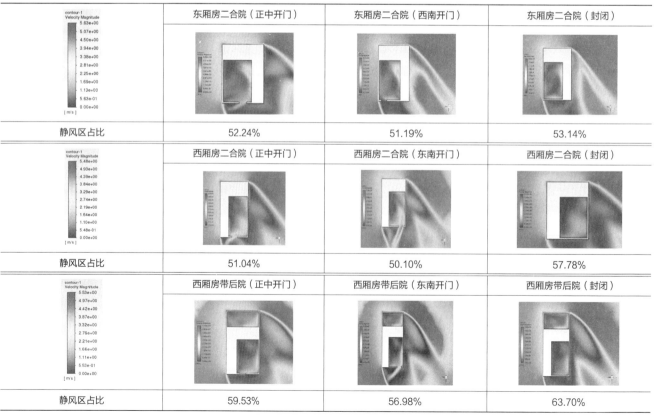

一合院西北风向 4.62m/s 风速模拟情况　　表4

	一合院（西南开门）	一合院（正中开门）	一合院（东南开门）	一合院（封闭）
静风区占比	52.28%	48.68%	53.62%	51.94%

二合院（带后院）西北风向 4.62m/s 风速模拟情况　　表5

	东厢房二合院（正中开门）	东厢房二合院（西南开门）	东厢房二合院（封闭）
静风区占比	52.24%	51.19%	53.14%
	西厢房二合院（正中开门）	西厢房二合院（东南开门）	西厢房二合院（封闭）
静风区占比	51.04%	50.10%	57.78%
	西厢房带后院（正中开门）	西厢房带后院（东南开门）	西厢房带后院（封闭）
静风区占比	59.53%	56.98%	63.70%

三/四合院（带后院）西北风向 4.62m/s风速模拟情况　　　　　　　　　　　　　　表6

	三合院（正中开门）	三合院（东南开门）	三合院（封闭）
静风区占比	26.91%	51.97%	32.72%

	三合院带后院（正中开门）	三合院带后院（东南开门）	三合院带后院（封闭）
静风区占比	35.76%	52.95%	55.66%

	三合院（正中开门）	三合院（封闭）	四合院（正中开门）	四合院（封闭）
静风区占比	62.00%	11.83%	4.71%	24.86%

改善。当院门开在东南侧时，会加快院内湍流流动，从而导致院落内部整体风环境不稳定，封闭式的院门则会进一步削减内部风速。

当院落带有后院时，前院内部风速被进一步削弱，静风区增加的同时，北端堂屋南北两侧区域均降低了风流带动的热量交换，有利于堂屋主体的保温。当院门设置于西南侧时，静风区均占比最大，此时院落内风环境最温和。

3. 三/四合院式院落

由表6可得：带有后院可以降低前院院内风速，减少热损失。而南部增加的倒座房，由于西北风向会在倒座主体北部及过道形成高速的湍流区，同时在南端形成了面积较大的静风区。考虑到倒座房位置的建构功能不仅仅局限于居住，还可根据其风环境特征与不同住户使用需求形成储藏、养殖等各具特色的空间形式。

在以上模拟结果中，蓝色区域风速 $V<1m/s$ 的区域产生静风区的概率会增加，而静风区内可能形成垃圾和沙尘堆聚[27]。春季风速 >6 级（10.8～13.8m/s）天数在 30 天以上，且静风区有助于建筑保温，权衡二者的弊端严重性，河西地区合院风环境考虑的主要矛盾应是该季节的寒风侵袭。在此基础上对结果进行分析，静风区占比越多，则意味着在寒风的侵袭下院落内风舒适性越高，热交换越慢，热损失越少[28]。

六、结语

本文针对河西地区不同合院代表类型和影响因素下院落内的风环境进行了模拟，研究表明可以通过合院的不同组织形式改善其内部的风环境，进而提升低碳效能以及居民对于院落空间风感受的舒适度，以期提供应对河西地区合院式民居优化的思路和方法。在整体优化结果量化考量下，根据不同合院院落静风区占比，以及达到人居环境气候舒适度标准的舒适区（-299<K<-100）的风效指数，可以得到：

东厢房二合院院内风速相较于一合院落有所减弱，但相比于西厢房二合院落的风环境改善水平偏弱。增加的倒座房，会在其北侧以及过道风速较高，不利于保温，此时其功能可根据居民的需求灵活排布。

而带有后院的布局模式，在有效降低前院风速的同时，提高了院落内部人体舒适度；同时主屋南北两侧的静风区增多，更有利于对主屋空间保温隔热。院门位置的选择对于院落内部风环境的影响至关重要，选择封闭性更好的大门会提高院内风舒适度。

随着 CFD 模拟实验的应用日趋成熟，可以更加精准便捷地模拟预测自然环境所带来的诸多问题。而在我国乡村人居环境建设的进程中，可结合 CFD 风环境模拟，对不同地域的特定问题进行测试实验，以明确其风环境质量，进而发现内在规律并提出最佳应对措施，以创造更加适宜的人居环境。

参考文献：

[1] 张远新．推进乡村生态振兴的必然逻辑、现实难题和实践路径 [J]．甘肃社会科学，2022，(2)：116-124．

[2] 何京哲，张群，陈敬．敦煌农村民居气候适应策略及优化 [J]．古建园林技术，2023，(1)：80-84．

[3] 方云皓，赵丽元．供需视角下老城区通风空间识别与匹配研究 [J]．地理科学进展，2024，43（2）：346-360．

[4] 童月恒,陈洋. 青海城市居住建筑节能设计优化研究——以西宁为例 [J]. 建筑学报, 2022, (S2): 35-41.
[5] 张进,聂子川,罗康,等. 居住区迎风面积比对室外风环境影响研究 [J]. 建筑科学, 2023, 39 (10): 176-184+192.
[6] 李若天,周佳欣. 高寒地区村落组团室外风环境优化设计研究 [J]. 城市建筑空间, 2023, 30 (S1): 162-163.
[7] 刘润哲,陈喆. 基于风热环境分析的沿河城村生态设计理念研究 [J]. 城市建筑空间, 2022, 29 (S2): 14-17.
[8] 赵志青,章思懿,彭亦展. 建筑遗产中的生态智慧——以白鹿洞书院建筑群的风环境为例 [J]. 南方建筑, 2023, (12): 49-57.
[9] 董晓,刘加平. 秦岭山地传统民居院落地域适应性及传承研究 [J]. 建筑科学, 2022, 38 (6): 79-87+96.
[10] 王薇,潘璐冉. 徽州地区宗祠建筑的规划选址与绿色营建技术 [J]. 工业建筑, 2022, 52 (4): 23-34.
[11] 张磊,韩庆卿,桑国臣,等. 极端干热地区传统民居热环境测试与气候适应性分析 [J]. 建筑科学, 2023, 39 (10): 50-56.
[12] 李世芬,董惟澈,刘代云,等. 基于冬季室外风环境模拟的东北乡村住居优化设计研究 [J]. 西部人居环境学刊, 2022, 37 (1): 139-146.
[13] 郑志元,汤铭,刘欣慰,等. 徽州传统民居天井平面几何参数对室内风环境的影响研究 [J]. 家具与室内装饰, 2023, 30 (7): 115-123.
[14] 张子裕,胡振宇,许碧康. 基于CFD模拟的滁州农宅改造设计研究 [J]. 建筑与文化, 2024 (3): 289-291.
[15] 张朔,塞尔江·哈力克. 探究檐廊空间对传统民居舒适度的影响——以伊犁土木结构民居为例 [J]. 城市建筑, 2023, 20 (9): 77-81.
[16] 周迪,冯祯,刘仪,等. 人居环境舒适度研究进展 [J]. 环境生态学, 2023, 5 (8): 65-74+94.
[17] 刘畅,吴葱. 明朝河西地区移民背景下的民勤圣容寺建筑研究 [J]. 古建园林技术, 2015, (4): 56-60.
[18] 中华人民共和国建设部. 建筑气候区划标准:GB 50178—93[S]. 北京:中国计划出版社, 1994.
[19] 杨艳,王杰,田明中,等. 中国沙尘暴分布规律及研究方法分析 [J]. 中国沙漠, 2012, 32 (2): 465-472.
[20] 中华人民共和国建设部. 建筑结构荷载规范:GB 50009—2012[S]. 北京:中国建筑工业出版社, 2007.
[21] Tominaga Y, Mochida A, Yoshie R, et al.AIJ guidelines for practical applications of CFD to pedestrian wind environment around buildings[J]. Journal of Wind Engineering and Industrial Aerodynamics, 2008, 96: 1749-1761.
[22] 梅凌云,吴杰,张宇峰. 单体建筑及建筑群表面风压计算的湍流模型研究 [J]. 建筑科学, 2017, 33 (6): 96-107.
[23] 李茜茜,薛滨夏,李罕哲,等. 数字技术背景下建筑设计范式演进 [J]. 新建筑, 2022 (6): 92-97.
[24] FERZIGER J H, PERIC M. Computational Methods for Fluid Dynamics[M]. Berlin: Springer, 2002.
[25] 安程,李玉敏. 对计算流体力学模拟在石窟文物保护中优化应用的思考 [J]. 遗产与保护研究, 2018, 3 (6): 82-86.
[26] 梁兰娣,彭兴黔,花长城. 方形土楼夯土墙的风驱雨量分布 [J]. 华侨大学学报(自然科学版), 2013, 34 (4): 439-443.
[27] 王伟武,王頔,黎菲楠. 建筑形态参数对街道型风道通风潜力影响分析 [J]. 西部人居环境学刊, 2020, 35 (3): 69-76.
[28] 周梦成. 基于微气候调节的成都万街农村新型社区规划 [J]. 规划师, 2013, 29 (S1): 30-33.

成都近现代民居建筑遗产价值体系构建及其H-BIM管理技术研究

——以李家钰故居为例

朱珂雅[1] 穆铭宇[2] 李骥[3]

摘 要：长期以来，文化遗产保护领域一直重点关注于古代建筑遗产，而缺乏对近现代遗产保护的评价体系，导致建筑遗产在城市化进程中易受到破坏，且其数字化保护技术发展相对滞后。本研究通过综述国际相关价值体系，结合成都近现代民居建筑实际情况，从历史价值、科技价值、经济价值等方面构建价值认定体系并形成相应数字化测绘及管理技术方法。选取成都近现代民居建筑李家钰故居为典型案例，首先在实地测绘过程中利用三维点云扫描技术获取案例点云；使用revit进行数字化建模，建立参数化构件族库，将历史信息、影像资料等非物质载体数据导入族库，尝试构建基本档案资料、点云可视化数据和数字化模型融合的信息化建档工作方案。本研究可搭载数字化互联网平台和创建在线H-BIM平台，实现对文档信息的科学分类与日常管理实现数字化储存遗产资料提供技术参考。

关键词：近现代民居　价值体系　信息数字化　成都　H-BIM

一、研究背景

自20世纪80年代开始，我国对建筑遗产的全面保护工作在保护理念、保护类别、法律法规设定、实践指导等方面均得到阶段性进展。由"文物""古董"概念引申到我国文物保护制度的设立，最终发展形成的建筑遗产保护理论更多聚焦于中国古建筑保护，在我国近现代建筑遗产保护方面则关注力度不足，不利近现代建筑的价值判定与保护实践[1]。

成都由于身处内陆，与沿海沿江地区的租界城市相比，其受到的文化冲击较小，近现代起步较晚，始于洋务运动前后，本土特征保留完好，较好反映了城市空间自身的历史信息。[2]成都地区近现代建筑的发展与国内同时期其他城市不同，由于战线调整，军阀和军事集团向西南片区迁移，成都由于处于战争后方反而出现了一次建筑潮，大量的地主、军阀、名流在此修建高级居住建筑，名人故居众多是成都近现代建筑的重要特点[3]。成都近现代名人故居涵盖文学艺术名人居所、官邸、会馆等典型建筑类型，代表了建筑技艺的较高水平，集中体现了当时的建筑审美意识和审美趣味。成都近现代名人故居建筑价值内涵丰富，在建造方式与材料上采用中西结合的形式，传统构件样式与工艺也沿用于新式建筑中[3]。

随着城市扩张与发展，近现代建筑遗产的保护现状却不容乐观。成都市文物保护部门曾于1985年对近现代建筑进行过普查，十五年后再次对近现代建筑进行了普查，对比两次调查结果以及相关资料，原有的139处建筑，到2005年调查时已有60处被拆毁，建筑消失率高达43%[2]。可见对成都近现代建筑遗产的研究与保护迫在眉睫，本研究选择成都近现代建筑遗产重要类型——居住建筑作为研究对象，具有现实与普遍意义。通过对李家钰故居进行激光三维扫描与H—BIM数字化建模，而后在已有的价值体系之下对其进行价值认定，对文化遗产实现数据化管理。

二、民居建筑遗产价值体系构建

本文评价体系标准源自以下三个方面：其一，是基于我国相关法律法规，其二相关学者的研究基础，其三为成都近现代名人故居建筑实际情况。我国颁布的《中华人民共和国文物保护法》与《中国文物古迹保护准则》中对于文物建筑的保护均有论述。《中华人民共和国文物保护法》对于文物建筑的评价体系有了概括，主要从"历史、艺术、科学价值"这三个方面进行评价，有的学者也在原有的三大基础之上添加了一些其他的附属价值。[4]由于城市发展模糊了近现代建筑保护的方向，部分近现代建筑遗产原有的功能与空间类型可能与当今的实际生产生活需要不一致，如康季鸿公馆如今是高档餐厅。近现代建筑面临着改造与功能置换以更好地适应社会需求，其保护问题也逐渐聚焦到历史地段与城市快速更新改造关系的问题，且因历史因素导致目前近现代建筑遗产的产权归属于不同单位，如李家钰兄弟宅楼的产权归属于四川总工会，而李家钰公馆产权归属于四川省老干部局，缺乏统一的保护评价体系。因此，在建立价值评价体系的过程中不仅需要考虑到近现代建筑本体价值即三大价值与附加价值，还应该考虑建筑改造与城市可持续性发展的评价系统。

成都对于近现代名人故居建筑的研究主要着力于建筑风格类型、平面形态、立面形态、空间形态与细部构件几个方面；在此研究基础上提出近现代名人故居的评价体系框架，该框架从社会价值、经济价值、政治价值、历史价值、美学价值、科技价值、年代价值和生态价值这八个方面综合评价近现代名人故居（表1）。

---

[1] 朱珂雅，西南交通大学建筑学院，硕士研究生。
[2] 穆铭宇，西南交通大学建筑学院，本科生。
[3] 李骥（通讯作者），西南交通大学建筑学院，副教授。

成都市近现代名人故居价值体系　　表1

A 社会价值	增加城市知名度	E 美学价值	建筑装饰艺术
	具有特定文化宣传教育意义		建筑结构
	建筑与居民生活相关度和参与度	F 科技价值	建造技术
	历史记忆与时代共鸣		材料技术
B 经济价值	开发利用价值	G 年代价值	地域民俗价值
	管理运行成本		代表时代特征
C 政治价值	相关历史事件与时代特征	H 生态价值	室内外环境
	历史人物与精神		场地规划与道路
D 历史价值	历史背景		建筑能耗
	历史信息 历史人物		

三、民居建筑遗产的数字化信息保护技术

完成价值体系建立之后，对建筑遗产进行三维点云扫描与建模，将相关遗产信息导入后，进行价值分类，形成 H—BIM 数据库。传统的建筑遗产信息的记录以人工和实际工作经验为主，信息记录采用传统工具测量、手绘图纸、拍摄照片、文本记录等方式。传统记录方式的工作效率和信息收集的完整度、精确程度相对较低，且对建筑遗产本体的干预相对较大，易对遗产本体造成破坏[5]。中国近现代建筑遗产多位于城市中心，人流量较大，且大多至今仍被使用，监管工作需要时效性强、数据精确的信息作为支撑，目前传统的录入方式无法满足管理需求[6]。不同的保存现状、不同的环境下，建筑遗产信息获取的需求也有所差异。

现代三维点云技术能够快速获取建筑的基础点云数据。经过整合与降噪处理后的点云数据，能够直观反映出该时间节点下建筑与周边场地的现状。将点云数据转化为数字化模型，使用 BIM 计算机辅助设计软件根据测绘数据信息搭建模型，并对模型的材料、数量、尺寸、历史年限等非几何属性信息进行记录。完成模型信息数据录入后，可在已经建立的价值体系中，对其他信息数据如旧照片、重大历史事件与影像资料进行补充添加，完成所有数据信息的导入后对其进行价值要素分类，明确价值要素（图1）。

四、民居建筑遗产价值体系

1. 项目概况

本研究选取成都近现代民居建筑典型代表李家钰故居作为实证案例。李家钰故居作为成都近现代名人故居建筑中的典型代表，是国民革命军第三十六集团军总司令李家钰的私人住宅，建于民国初年，为中西合璧式建筑，新中国成立后曾作为地方政府和部队首长住处，作为四川省文物保护单位，是成都现存不多的公馆建筑之一。该建筑占地面积约 695m²，形式为三层砖木结构洋楼，主体结构为长方体。共坐西北朝东南，东端的八角楼占地面积 38m²，有 3 间小屋；主楼面阔 20m，进深 11m，设有回廊，西端和中间各设有木梯通二楼。

仅存的一栋公馆新中国成立后作为政府与部队首长住所，在这期间对建筑进行了改造，加建了暖气与西侧的楼梯间。李家钰故居因有私人居住且管理不善导致现状恶劣，住户空调外机悬挂于建筑主要立面；二层回廊被住户私自加建破坏了原有的建筑形态（图2）；八角楼原本作为一个四面亭，因住户需要被改造成为厨房，二层住户甚至在八角楼后加建了一栋建筑与其相连，严重破坏了李家钰故居的原始建筑形态（图3），其建筑保护现状较为恶劣，建筑亟须修缮与规范住户的违规改建。

2. 三维激光扫描

（1）数据采集与测站布置

使用徕卡 blk360 对李家钰故居进行三维点云扫描，由于该模型对三维点云精度要求较高，故而在测绘的时候采用球形靶标，将其放置在两个站点之间的可视范围内，相邻两个测站的距离应控制在 10m 以内，注意在相邻两个测站点云之间应该保留共同特征作为参考点，便于后续点云拼接。

在选择与布置激光测绘站点的时候遵循以下的原则：选择测站的时候避开视线上的前后遮挡，避免对扫描对象的遮盖；选择地形开阔地带，避免在点云中出现如行人和车辆等干扰；大多数建筑的平面都是规则形状，故而在建筑边界布置测站方便定位建筑的边界，以此作为参考，再到建筑的正立面布置测站采集立面详细数据（图5）。对于有植物或者是有建筑遮挡的地方，尽可能多地在遮挡的四周布置测站以此来减少测量误差。建筑室内空间的扫描则需要尽量避免室内空间杂物，将测站布置在房间的几何中心，选择较高位置方便扫描，可以将走廊过道等空间作为靶标，作为拼接点云时的参考点（图4）。由于传统建筑屋顶屋檐出挑深远扫描数据有一定难度，在选择测站的时候尽量选择相邻低矮建筑屋顶平台，搭配无人机补充数据。

（2）点云处理

使用软件 cyclone 对激光点云进行模块分类，在模组内拼接，进行冗余去除、畸变补偿和降噪处理[7]。将点云导入软件中，先进行平面视图的拼合（图6），通过旋转平面图使得靶标几乎重合，再切换到立面视图调整两个点云高度使其重合（图7），进行误差计算，确保误差在 0.1 以内，冻结点云后再次进入视图检查点云拼接是否成功并进行核验修正。完成局部点云拼接后，对点云数据进行重置坐标轴、降噪与优化等操作。控制点云的数量与间距，将点

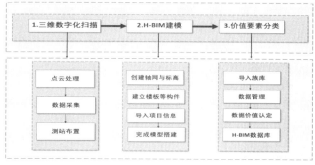

图1　李家钰故居 H-BIM 建模工作流程

图2　二层回廊违规搭建　　图3　八角楼后加建建筑物

图 4 室内扫描站布置

图 5 室外扫描

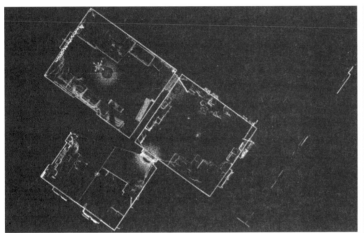

图 6 平面视图拼合

图 7 立面视图拼合

云显示设置为 0.01m 间隔，重新定义点云坐标原点，沿建筑平面的轮廓建立新坐标系。去除周围多余环境与非重点内容，使目标点云显示更加清晰。

3. H-BIM 建模

本研究将点云数据与 revit 进行软件耦合完成基础建模工作之后，可直接生成相关技术图纸。以族构件的形式向模型添加材质，材料损耗情况与历史等信息。通常情况下一个建筑构件往往对应多个勘探信息，构件可能需要建立多个模型来记录其信息，如窗户的外窗面与窗户的内部对应不同的勘探数据，为此需要建立至少 3 个模型分别记录外窗的实际状况模型、外窗构件模型、窗内部的实际状况模型。

信息模型的搭建步骤为：（1）根据点云和已有测量数据在新项目中创建标高与轴网；（2）建立楼板、墙体、梁柱等族文件；（3）导入项目信息；（4）完成模型搭建。将建筑数据作为项目信息录入系统，数据内容包括建筑的建造年代、设计师、材料损耗状况等。在后续对建筑遗产日常维护与修缮中可对该模型进行实时修正，实现活态数据管理（图8、图9）。

4. 价值要素分类

对于历史图片、影像资料和重大历史事件这一类非物质数据类型，先进行价值类型认定，再将其作为新的项目信息添加到该体系所对应的数据库中，新的项目信息录入完成后可以通过明细表统一管理，根据实际需要进行筛选与信息数据抓取。例如：将李家钰将军的生平事迹与李家钰住宅的历史沿革作为历史价值要素导入项目中，新建注释族文件，向族中添加相关历史图片与文字资料，形成建筑遗产时间轴（图10），通过过滤器与管理图像对 H-BIM 数据库进行管理（图11）。

图 8 H-BIM 模型建立

图 9 添加项目信息参数

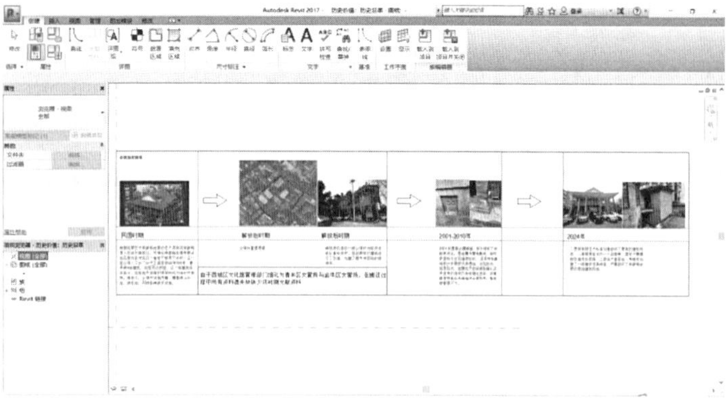

图 10　数据管理和多媒体补充研究

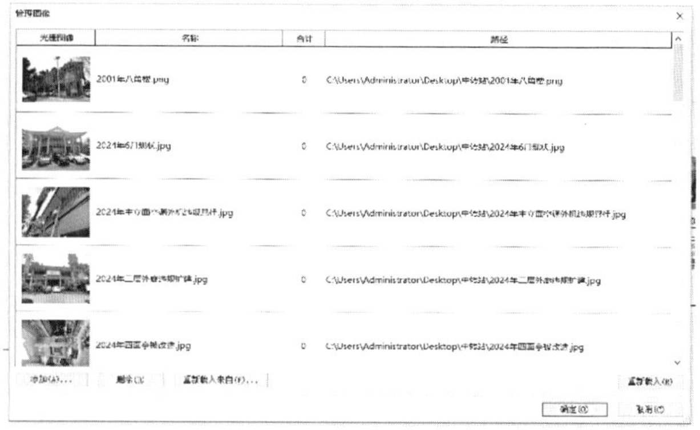

图 11　图像管理

五、结论

本研究选取李家钰故居作为实证案例，利用三维点云扫描技术与 Revit 软件工具，在已建立的价值评价框架之下，进行 H-BIM 数字建模，实现多媒体数据补充；通过形成建筑时间轴，对遗产信息进行价值认定，可对 H-BIM 族库进行数据管理，研究探索四川近现代民居建筑的保护与利用。未来可在互联网信息技术成熟的基础上，搭载数字化互联网平台创建在线 BIM 平台，实现对文档信息的科学分类与日常管理和遗产资料的数字化储存；也可结合现实增强与虚拟现实技术增强建筑遗产的可传播性，充分发挥建筑遗产与其数字化模型潜力，实现遗产管理的智能化。

参考文献：

[1] 张松，周瑾. 论近现代建筑遗产保护的制度建设 [J]. 建筑学报，2005（7）：5-7.

[2] 张继舟. 成都近代建筑遗产概况与保护利用研究 [D]. 成都：西南交通大学，2016.

[3] 庞启航. 成都地区近代公馆建筑形态研究 [D]. 成都：西南交通大学，2008.

[4] 王岳. 构建基于历史建筑保护的价值评价体系——以青岛市信号山街区保护为例 [D]. 青岛：青岛理工大学，2013.

[5] 牛鹏涛，田疆. 三维激光扫描与 H-BIM 技术在历史建筑数字化建档中的应用探索 [J]. 档案管理，2022（3）：68-70.

[6] 张可寒，张苏娟，张娜，等. 多团队协同背景下的 H-BIM 理念在建筑遗产保护工程应用策略：以鼓浪屿八卦楼为例 [J]. 工程管理学报，2023，37（3）：47-52.

[7] 李翠翠，李飞，李瀚源. 基于激光点云数据的建筑物三维可视化系统 [J]. 激光杂志，2024，45（4）：243-247.

乡土营造技术技法技艺

潮汕地区祠堂仪式空间研究
——以潮阳郭氏按察祖祭祖信俗为例[1]

汤朝晖[2] 姚广濠[3]

摘　要：潮汕地区非物质文化遗产代表性项目"潮阳郭氏按察祖祭祖信俗"具有鲜明的祠堂仪式特征。文章基于田野调查，通过对仪式内容、流程的梳理分析和祠堂空间、流线的整理记录，总结了祠堂仪式空间场景尊卑有序、流线方正典雅、节点边界分明的特征。同时也立足当下，通过仪式参与、功能转换对祠堂仪式空间的内涵与传承形式进行了讨论，为潮汕祠堂非物质文化遗产传承及其创新提供参考。

关键词：潮汕地区　祠堂建筑　仪式空间　遗产传承

　　民居和祠堂建筑的长期研究让我们能按照"民系"的划分逻辑对各地风土建筑的特征进行基本描述。近年来，在普查记录工作持续开展的同时，也逐渐发生了人类学的理论转向。[1]遗产传承不再拘束于实体部分的研究，依托建筑并通过人的活动激发的非物质文化遗产越来越受到学者们的关注。

　　"潮阳郭氏按察祖祭祖信俗"是汕头市一项非物质文化遗产代表性项目，其祠堂仪式内容是潮汕地区祠堂仪式典型代表之一。宋代按察使郭浩由闽入潮，四子分居西胪泉塘、铜盂、金灶竹桥、贵屿南阳，各建有宗祠祭祀祖先，后形成四房轮流请祖并祭祀一年祖先牌位的习俗，每年农历腊月初十进行省牲仪式，腊月十一祭祖，腊月十二送祖，形成了一套完整的仪式活动流程。

　　该祭祖信俗现今的仪式活动仍有许多内容遵循《朱子家礼》的规定，传统而庄重。以其为代表的潮汕祠堂仪式活动，不仅有祠堂内部空间仪式上的古老规制，更有游神活动中的传承创新，折射出宗族和社会的重要关系，在遗产语境下具有物质和非物质的双重属性。然而，对这方面的研究却尚有欠缺，文章借助人类学和社会学的研究方法，通过资料调研和实地感受、记录和分析的方式探讨仪式空间的重要意义，进而对潮汕祠堂仪式活动的传承和遗产保护展开讨论。

一、祠堂仪式空间概述

　　"仪式空间"即举行仪式时，由人的活动所产生具有多个方位向量的"空"的空间，再通过实体材质对"仪式空间"进行限定与围合，形成仪式化建筑。[2]祠堂建筑仪式空间主要由其主路上的单体组成，由于不同的仪式会使得祠堂各部分空间都可能参与到仪式中来，因此在广义的仪式空间定义中，祠堂仪式空间包括祠堂建筑空间及其控制的周边公共空间范围。

1. 仪式陈设

　　一套祭祀仪式的顺畅进行，仪式陈设的摆放规矩必不可少。潮汕祠堂祭祀仪式在长期发展中形成了稳定的空间格局（图1）。潮阳郭氏家庙关于仪式中祭品的布置有较为严格的规定，果品、五牲等依照旧有规定摆放，其备办必须丰盛，不得含糊（图2）。以香炉与神位为核心的上厅空间布满了祭桌与祭品，丰富的祭品成为渲染人神共娱气氛的重要组成部分，族人通过适当的上厅空间表达祭祖的虔诚，表现了宗族对于祖先祭祀仪式的重视程度（图3）。在密集布置、光线昏暗的上厅空间，祭拜者必须小心翼翼才能穿过狭小的通道空间。祭祀要求的严格执行一方面保证了祠堂空间的使用传统，另一方面体现出了子孙报本追远的精神和宗族伦理尊卑的文化内核，从而表现出祠堂的仪式空间特征。

2. 仪式内容

　　祭祖仪式需要族人聚集在祠堂并参与到仪式中，并通过祠堂仪式理解和感受宗族文化，祠堂建筑也正因节奏有序的仪式活动和情绪渐进的空间观念具备了仪式性。潮阳郭氏祭祖仪式主要包括省牲、谒祖、送祖三个部分，并各有具体的流程和规定，文章仅以最典型的谒祖仪式为例展开仪式空间分析。谒祖仪式以"三献礼"为主要议程，由族人在祠堂共同参与完成，祭拜核心是由宗主、族长、族宦依次完成的三献礼。仪式在建筑核心的拜亭、上厅香案空间完成，主祭者在全体族人的注视下完成仪式，气氛庄严肃穆。仪式流程可大致分为以下几个程序：全体序立、主祭就位、行三献礼、恭读祝文、侑食、恭读嘏辞、饮福受胙、礼成。[3]仪式各个流程有其严格的规定，整套仪式持续一个小时，在这个过程中，祭祀者、站位、流线、奏乐时间、祭品摆设等规定复杂，但秩序井然（图4、图5、表1）。

二、祠堂仪式空间特征

1. 空间场景的尊卑有序特征

　　潮汕祠堂祭祀仪式的场景空间表现出强烈的尊卑、位序观念，总体呈现前尊后卑、左尊右卑的空间特征，这可以从祭祀者的站位和神位布置中观察得出。以郭氏家庙为例，以神龛为中心，在整体

---

[1] 基金项目：企事业单位委托研究项目，编号：x2jzD9237460。
[2] 汤朝晖，华南理工大学建筑学院，博士生导师；华南理工大学建筑设计研究院有限公司，研究员；亚热带建筑科学国家重点实验室，团队负责人。
[3] 姚广濠，华南理工大学建筑学院，硕士研究生。

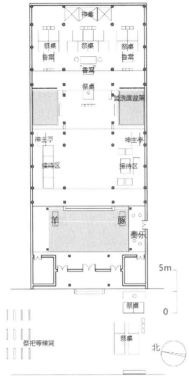
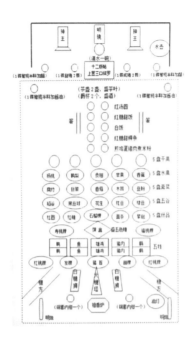

图1 郭氏家庙谒祖仪式布置平面图　　　　图2 上厅祭品规定图（图源：《潮阳郭氏按察祖祭祖信俗》）[3]　　　图3 上厅次明间祭桌布置对应图

(a) 三献礼仪式　　　　　　　　　　　(b) 仪式中全体序立

图4 潮阳郭氏按察祖祭祖信俗谒祖仪式

谒祖仪式流程表　　　　　　　　　　　　　　　　　　　　　　　　　　　　　　　　　　　　　表1

仪式	主要流程	备注
全体序立	鸣贡、捧主就位，鸣炮、击鼓三通、鸣钦、奏乐	祭祀就位
主祭就位	参神鞠躬、降神盥洗、上香、酹酒	参神：祭祖前预告先祖即将接受祭拜。降神：使先祖降临
初献礼	祖考妣香案前跪，祭酒、莫酒、献帛宝	长房宗子行初献礼，轮值房宗子行初分献礼
行亚献礼	祖考妣香案前跪，祭酒、莫酒、献帛宝	族长行亚献礼
终献礼	祖考妣香案前跪，祭酒、莫酒、献帛宝	族宦行终献礼
恭读祝文	恭读祝文	—
侑食	献香茗、刚鬣柔毛、槟榔、甜馔	侑食：劝食，希望祖先享用美食
恭读嘏辞	族宦受命致福于众裔孙之辞	执事人代替先祖致福于子孙之辞
饮福受胙	受酒、受饭、受福胙	主祭代表众参祭者饮食"福酒"和"胙肉"
礼成	焚祝文、化财宝，送主复位，鸣炮，辞神鞠躬，礼成撤馔	祭祀完毕，辞送先祖，将先祖牌位请上神椟

（来源：根据《潮阳郭氏按察祖派系祭祖信俗》[3]整理）

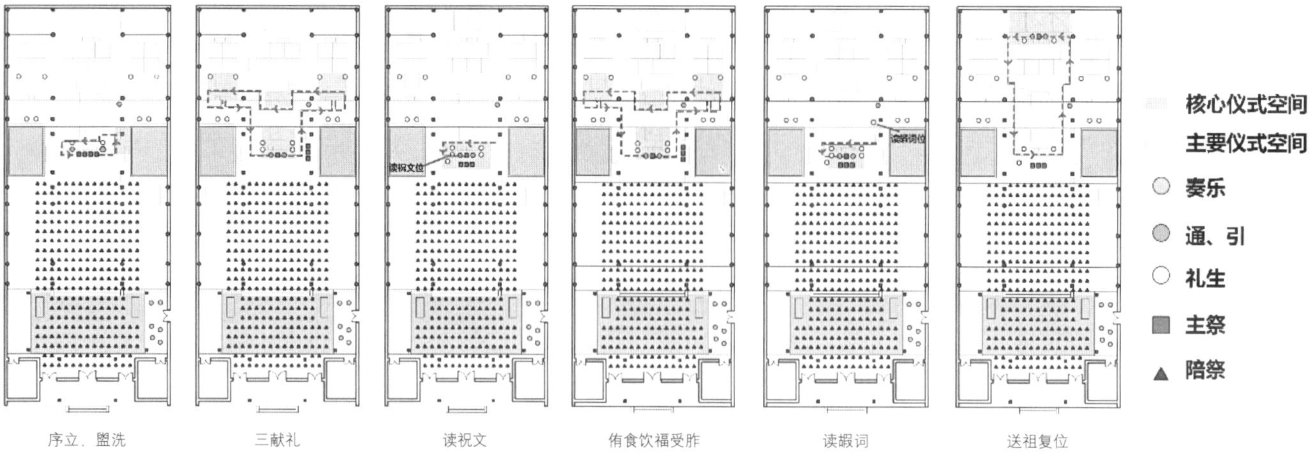

| 序立，盟洗 | 三献礼 | 读祝文 | 侑食饮福受胙 | 读嘏词 | 送祖复位 |

图 5 谒祖仪式流程图

上可将祠堂空间大致按"神位中心—左尊右卑—近尊远卑"进行等级划分，在级别上呈现如图示"A1-A2-A3-B1-B2-B3-C"的等级次序（图6）。

从神位的布置来看，位于中轴线尽端的神位等级最高，布置开基祖、二世祖考妣神位，其左手边的神位次之，布置三世祖、四世祖考妣神位，右手侧的神位则布置五世祖考妣神位，这三处共同占据了祠堂空间场景等级的第一梯队，再根据距离神位的远近确定尊卑次序，即随着离神位距离的增加其空间等级次序也在降低。从祠堂站位角度来看，在祭祀仪式中宗主作为主祭者位于仪式正中最前方，代表族人完成仪式，其余族人则大致按照长幼尊卑的辈序从前往后排列，这同样说明距离核心空间的远近决定了尊卑次序。在"三献礼"仪式中，主祭者和通引、礼生作为完成仪式的核心人员在主要祭祖空间中活动，与其他参祭者通过高差形成空间划分，具有明显的前、后空间关系。

2. 仪式动线的方正典雅特征

在谒祖仪式中，主祭者需要在祠堂三处设有祭桌的香炉处往返完成祭拜仪式。在这一过程中，主祭者的路线并非按最短路线行进到下一个目的点，而是需要按照"东阶升西阶降"的规定，以"以左为尊"的尊卑需求完成祭祀流线，祭拜顺序按照"中部—祖先左侧—祖先右侧"的空间逻辑完成，使得流线方整有序（图7）。

通过观察记录的流线图可以发现，左右两侧流线具有强烈的对称特征，且由于"三献礼"仪式需要重复三次完成，这一流线又在反复的程序中被持续强调，动线的中正方整和严格的路线显得严肃典雅，具有强烈的仪式感。方形流线的形成绝非巧合，从空间内涵上看是塑造仪式气氛的空间需求，背后原因则是敬重祖先，行礼如仪，强调仪式庄严肃穆气氛的必然要求。

3. 空间节点的边界分明特征

祠堂空间的格局和演化与特定的仪式相辅相成，固定的建筑范式限定了仪式的流程和节点，仪式的需求又反过来影响着祠堂的整体空间格局，仪式空间节点的边界特征清晰地展示了这一点。在祠堂仪式过程中，每一处需要停留以完成仪式的节点都配备了礼生以辅助完成仪式，族众围绕在主祭周围，具有清晰的仪式边界（图8）。不同的空间借由仪式相互渗透连接，空间区域的边界通过空间节点和空间路径的连接形成，清晰而分明，表现了仪式流程和仪式目的的清晰逻辑。

作为祠堂空间主要建筑要素的柱子形成了空间划分的依据，高差和地面升降暗示了空间性质的转化。仪式空间并不由硬性直接的隔墙进行划分，而是通过陈设、人站位的设置形成了空间的边界，表征了"人"与"神"的空间距离和分界。在祭祖活动进行时，仪式空间节点界线分明，非主祭者不得进入，这和空间氛围塑造的需求一致。

三、祠堂仪式空间的遗产传承逻辑

1. 行为参与赓续遗产传承

历史建筑与传统聚落是实体基础，而只有配合人的活动才能产生功能和意义。[4] 传承古老规制的祠堂仪式活动本身是重要的非物质文化遗产，其对于族群的文化传承相当重要。潮汕祠堂有几百年的历史，若非宗族子孙对于仪式古制的传承和发展，祠堂建筑本身或许早已不复存在，而现今祠堂依旧发挥着活力，这与族人在仪式空间中的行为仪式参与密切相关。

祠堂建筑的空间配置本就存在着中轴对称、前高后低的等级差异，前述仪式空间特征中，空间场景蕴含的长幼有序、尊卑有别、进退升降的等级观念以宗族传统的形式传承遗产，并通过血缘联结的宗族仪式活动延续了古老的文化传承。仪式动线中，既定的行进路线限定参祭者通过跪拜、注视、作揖、左右进退等身体行为参与完成仪式，从中衍生的精神意义将建筑实体与内部空间完整地融合，阐释了文化遗产的空间意义。

除此之外，当潮汕地区祠堂仪式拓展到聚落层面，如请祖游神仪式等活动，村落聚落空间会通过仪式串联起来，族人大量地参与其中，使得祭祖信俗时至今日仍然焕发活力。在郭氏祭祖信俗送祖交接仪式中，祖先牌位由祠堂送出，并沿着村落干道完成游神活动直至送至村口，通过聚落的干道空间串联整个宗族。送祖当天，万人空巷，村落村民全部参与到仪式活动中，游神活动成为一项村落公共娱乐活动。除了由乡佬护送的祖先神主亭，游神队伍还包括潮汕大锣鼓、标旗、英歌等，具有很高的民俗观赏价值，塑造了宗族群体文化认同和血缘认同的观念，使得遗产活动在广泛的群众基础上得到很好的传承和保护。

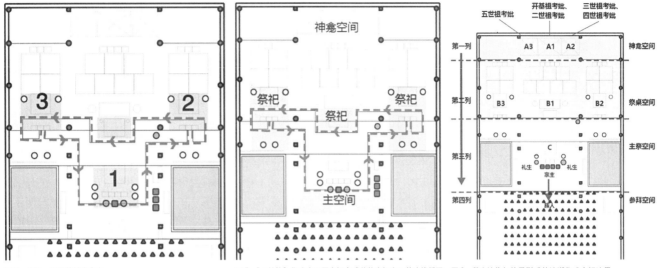

图6 站位、神位的尊卑有序　　图7 "三献礼"仪式在不同空间完成整体空间方正的流线循环　　图8 借由站位与柱子形成的清晰仪式空间边界

2. 功能多元创新传承形式

前述空间特征中，方正典雅的仪式动线将祠堂不同区域串联起来，不同的空间节点由于内在的场域自然形成了各功能区的边界，将祠堂划分为仪式空间、过渡空间等，使得祠堂内部空间丰富多元，既有满足祭祀功能的上厅，又有议事、集会、交流的功能区，还包含耳房。作为高密度潮汕村落为数不多的公共空间，高效的功能划分和使用方式使得祠堂在长期的发展中逐步和仪式共同固定下来，形成地区的文化现象，使得祠堂建筑得到较好的留存。

除此之外，祠堂的功能多元还体现在时间跨度上，建筑存在仪式期间"神圣空间"与平时使用的"日常空间"转换现象。在特定的祭祀时间，借由仪式行为，祠堂建筑由日常的实体空间过渡为实现"人神对话"的神圣空间。仪式结束后，祠堂的空间次序又返回到日常状态，承担起日常功能，继续发挥其作用，空间的多义性使得祠堂建筑的功能和性质深刻而多元。

随着宗族文化的变迁，祠堂在保留祭祀、修谱等基本功能的同时，原来的教化、抚恤、文化活动功能实现了新的功能定位。[5] 新时期潮汕祠堂日常功能和仪式空间也在发生嬗变。祠堂建筑在仪式期间具有传统的祭祖功能，而在日常情况下，祠堂可以作为庙堂音乐的训练场所，又可以作为书画展示、推广家族名人轶事的家风场所，成为村落的重要公共空间，由此完成了祠堂空间的转换与重构，实现了多元的创新传承形式。

四、结语

潮汕祠堂仪式作为村民记忆中的重要文化遗产，正在适应时代发展的过程中延续和创新。通过族人的深度参与，仪式及仪式空间本身的文化内涵被挖掘和活化再生，祠堂建筑和聚落则通过此种非物质文化遗产的方式继续保存活力。值得注意的是，潮汕地区的游神赛会、祠堂仪式活动现今仍以各具特色的形式融合在聚落的生活中，每一个个案都是鲜活的文化遗产，并且越来越受到外界的关注。如何将物质遗产与非物质文化遗产充分融合，并且通过仪式本身的丰富内涵转化为乡村振兴的动力，是值得继续深入探讨和研究的重要话题。

参考文献：

[1] 常青. 建筑学的人类学视野 [J]. 建筑师，2008（6）：95-101.
[2] 邵陆. 住屋与仪式：中国传统居俗的建筑人类学分析 [D]. 上海：同济大学，2004：18.
[3] 潮阳郭氏按察祖派四大房理事会. 潮阳郭氏按察祖派系祭祖信俗 [Z]. 汕头大学馆藏.
[4] 孔惟浩，何依. "菩萨出殿"——宁波陶公山村落民间信仰仪式空间研究 [J]. 建筑遗产，2020（1）：44-55.
[5] 蔡文胜. 新时期潮汕祠堂文化的传承与嬗变 [J]. 2017，（1）：142-150.
[6] 徐洋. 移民视角下鄂东北宗族祠堂仪式空间研究 [D]. 武汉：华中科技大学，2019.
[7] 王莹，李晓峰. 湘赣地区民间书院祭祀仪式与空间场景研究 [J]. 新建筑，2020，（3）：24-29.
[8] 郭华瞻. 民俗学视野下的祠庙建筑研究 [D]. 天津：天津大学，2011.
[9] 刘永辉，李晓峰. 基于民间信仰的空间遗产研究——闽南民间书院祭祀空间解析 [J]. 新建筑，2022（4）.

多元文化视野下朝鲜族民居"炕—地"空间形成与住居行为演变剖析[1]

金日学[2] 李春姬[3] RITA ISLAMGULOVA[4]

摘 要：火炕是朝鲜族民居的重要组成部分。本文以东北地区的朝鲜族民居为研究对象，在多元文化视野下剖析以"炕—地"空间为中心的不同类型朝鲜族民居的炕文化特点及空间与行为演变。研究基于建筑计划学、环境行为学理论，从空间与行为的对应关系调研和整理不同地域朝鲜族民居的"炕—地"空间构成与居住实态，通过历时与共时纵横比较及定量分析，梳理朝鲜族民居"炕—地"空间类型与地域分布特点，在多元文化视野下剖析朝鲜族民居"炕—地"空间的形成与住居行为演变机制，对当代朝鲜族民居的传统延续与现代宜居优化具有借鉴意义。

关键词：朝鲜族民居 "炕—地"空间 民族性 地域性 多元文化

一、引言

1. 研究背景

截至2021年，我国朝鲜族人口约170万人，主要分布在东北严寒地区。根据朝鲜族的迁徙历史和原籍构成，其分布为六个区域：即图们江流域、鸭绿江流域、中俄边境地区，以及辽宁、吉林、黑龙江东北三省。其中，图们江、鸭绿江流域的朝鲜族分布比较集中，由咸镜道和平安道原籍的朝鲜族构成，民居形态维系传统住居原型；其他地区的朝鲜族分布相对分散，由庆尚道及其他原籍朝鲜族构成，他们在满族、汉族、朝鲜族多元文化的交融与互动中形成不同维度的空间与行为演变。

目前，学界对朝鲜族民居的研究大多集中在早期的传统原型考究与当代民居创新层面，研究范围集中在朝鲜族相对聚集的图们江流域，对散居地区的朝鲜族居住文化类型及文化变迁关注甚少，导致朝鲜族民居类型较单一，区域特点不够突出，民居创新缺乏依据。朝鲜族历经东北乡村200余年的多民族居住文化与地域环境融合过程，既保存了满铺式火炕及坐式生活等传统空间与行为，又通过地缘融合形成了地炕等"炕—地"融合空间，居住文化在多元文化交融与互动下形成了鲜明的民族个性与地域特性。

2. 研究内容、方法

本文以东北地区的朝鲜族民居为研究对象，在多元文化视野下剖析以"炕—地"空间为中心的不同类型朝鲜族民居的炕文化特点及空间与行为演变。研究基于建筑计划学、环境行为学，从空间与行为的对应关系调研和整理不同区域朝鲜族民居的"炕—地"空间构成与居住实态，通过历时、共时纵横向比较与定量分析梳理朝鲜族民居"炕—地"空间类型与地域分布特点，在多元文化视野下剖析朝鲜族民居"炕—地"空间的形成与住居行为演变机制。

3. 研究范围

研究范围涵盖朝鲜族聚居与散居两大区域，具体包含图们江流域、鸭绿江流域、中俄边境地区，以及辽宁、吉林、黑龙江三省等6个朝鲜族分布地区、22个朝鲜族传统聚落，调研民居平面184个，其中朝鲜族民居172个，满族、汉族民居12个，通过朝鲜族民居和周边地区满族、汉族民居的协同调研，观察和分析多民族聚居地区朝鲜族居住文化的融合与演变。在朝鲜族居住文化诸要素中，本文以"炕—地"空间为中心，对不同地域朝鲜族民居的居住实态进行共时性与历时性比较分析（表1）。

二、朝鲜族住居原型

朝鲜族民居的形成大致分为三个时期：民族迁徙、文化碰撞、多元融合。民族迁徙包含了早期朝鲜人越境开垦、自由移民、日本强制迁徙等时期，早期朝鲜族迁徙的人民将朝鲜半岛的传统居住文化带到我国东北地区，形成了朝鲜族传统住居原型。文化碰撞是指朝鲜族传统居住文化与东北本土人文并存发展时期，散居地区的朝鲜族迁徙的人民大多租住当地的满族、汉族民居，为该区域朝鲜族居住文化的地缘融合提供了地域住居原型。多元融合是指中华人民共和国成立后，朝鲜族在民族团结及社会发展背景下将多元文化深度融合，民族融合、城镇化、绿色宜居为该时期朝鲜族居住文化的多元融合发展提供了时代住居原型。

1. 传统住居原型

早期（19世纪末）的朝鲜族迁徙人民主要来自朝鲜半岛北部的咸镜道和平安道地区，他们聚居在我国的图们江和鸭绿江流域，房屋按照朝鲜半岛的传统住居原型进行建造。住宅以鼎厨间为中心，一侧布置"一"字形、"日"字形、"田"字形等火炕空间。火炕采用满铺炕形式，亦称温突房，其居住行为维系朝鲜族传统的坐式生活方式。

---

[1] 基金项目：（1）吉林省住房和城乡建设厅科学技术计划项目（2022-KX-03）：吉林省朝鲜族民居绿色宜居建造技术研究；（2）中华人民共和国住房和城乡建设部，一般项目（建村〔2018〕63号）：传统建筑建造技术调查研究——东北朝鲜族传统民居营造工艺调查研究。
[2] 金日学，大连理工大学建筑与艺术学院，教授。
[3] 李春姬，大连大学建筑工程学院，讲师。
[4] RITA ISLAMGULOVA，大连理工大学建筑与艺术学院，硕士研究生。

调研概况　　表1

分布地区		调研村落名称	市/县	村落代码	民居调研数量（个）		合计（个）
方式	地区（代码）				朝鲜族民居	满汉民居	
聚居	图们江流域（T）	下石建村	图们市	T-SJ	15	-	46
		北大村	图们市	T-BD	24	-	
		长财村	龙井市	L-CC	3	-	
		七户洞	珲春市	H-QH	4	-	
	鸭绿江流域（Y）	梨田村	长白县	C-LT	16	3	23
		果园村	长白县	C-GY	3	-	
		太王村	集安市	J-TW	1	-	
散居	中俄边境地区（C-R）	永丽村	鸡东县	J-YL	9	2	24
		三岔口朝鲜族镇	东宁市	D-SC	13	-	
	黑龙江省（H）	英山村	宁安市	N-YS	20	1	71
		中兴村	海林市	H-ZX	11	-	
		河东乡	尚志市	S-HD	7	-	
		勤劳村	绥化市	S-QL	6	-	
		红星村	北安市	B-HX	11	2	
	吉林省（J）	阿拉底村	吉林市	J-AL	2	-	19
		巴虎村	永吉县	Y-BH	-	2	
		友谊村	蛟河市	J-YY	2	-	
		包家屯	舒兰市	S-BJ	3	-	
		太乙洞	舒兰市	S-TY	2	-	
		烧锅鲜村	磐石市	P-SX	2	-	
		曙光村	磐石市	P-SG	4	-	
		金斗朝鲜族乡	通化市	T-JD	2	-	
	辽宁省（L）	雅河口朝鲜族乡	桓仁县	H-YH	3	-	14
		汪清门镇	新宾县	X-WQ	1	-	
		汪清门镇东江沿村	新宾县	X-DJ	3	2	
		红旗堡村	鞍山市	A-HQ	5	-	
合计（个）		22	-	-	172	12	184

2. 地域住居原型

中后期（19世纪末~1949年）的朝鲜族迁徙人民主要分布在我国中俄边境地区和黑龙江、吉林、辽宁等地区，多与当地的满族、汉族及其他民族杂居。住宅以厨房为中心，一侧或两侧布置火炕，火炕采用满铺炕或"炕—地"结合的形式，其居住行为发展为坐式与立式相融合模式。

3. 时代住居原型

1949年至今，是东北各地域朝鲜族居住文化与多元文化深度融合发展时期。在聚居和散居地区的朝鲜族民居改良和新建住宅中，出现门厅、起居室等现代住居要素，为传统民居的现代转译提供了时代住居原型（表2）。

三、"炕—地"空间形成与类型分布

根据不同地域朝鲜族住居原型，本文将朝鲜族民居平面划分为鼎厨间中心型（J型）、厨房中心型（K型）、走廊中心型（C型）3种原型；并根据火炕的组合方式对住居原型进行二次划分，具体平面类型有J1~J4、K1~K4、C1~C3等11种；最后根据"炕—地"空间衍化特点进行三次划分，具体平面类型有[J1-1]~[J1-4]、[J2-1]~[J2-2]、[K1-1]~[K1-3]、[K2-1]、[K3-1]~[K3-4]、[K4-1]~[C1-1]~[C1-2]、[C2-1]~[C2-4]、[C3-1]~[C3-4]等25种。通过三级分类，定量分析朝鲜族民居"炕—地"空间类型与特点、地域分布、空间与行为的衍化机制（表3）。

1. 民居类型地域分布

根据表3统计，J型平面主要分布在图们江流域（T）、鸭绿江流域（Y）、中俄边境地区（C-R）和黑龙江（H）地区，其中J1、J3、J4分布在图们江流域，J2分布在鸭绿江流域；从数量上看J1、J2、J3居多，为J型住居原型的主要平面形态。K型住居原型的平面主要分布在鸭绿江流域和黑龙江（H）、吉林（J）、辽宁（L）地区，其中K1、K2、K3居多，为K型住居原型的主要平面形态。C型住居原型的平面主要分布在中俄边境地区（C-R）和黑龙江、吉林、辽宁地区，其中C2、C3居多，为C型住居原型的主要平面形态。

2. "炕—地"空间形成与衍化

早期朝鲜族迁徙人民主要聚居在图们江和鸭绿江流域，部分散居在中俄边境和黑龙江地区。住宅以朝鲜半岛传统民居为原型形

朝鲜族住居原型   表2

类别	空间形态	典型平面（一）	典型平面（二）	居住实态照片
传统住居原型				
地域住居原型				
时代住居原型				

注：R（房间）、WR（火炕房）、JR（净地房）、L（客厅）、K（厨房）、K'（下沉式厨房）、BD（立式巴当）、BD'（座式巴当）、DS（立式地室）、DS'（座式地室）、DR（地炕）、L（起居室）、S（储藏间）、C（门厅-走道）。

成J型平面，即以鼎厨间为中心，一侧满铺火炕，形成串联式火炕住居空间。此类平面可节约面积、提高能效，但存在房间相互干扰、夏季烧火除湿时不利于就寝等问题。对此，聚居和散居地区的朝鲜族提出不同的解决路径：（1）聚居地区的朝鲜族以炕上布置床的方式解决夏季就寝问题，如图们江流域的下石建村、北大村等，平面以J1、J2为主，也有一些民居将满铺式火炕局部降低，形成巴当（BD'）；（2）散居地区的朝鲜族则借鉴满族、汉族民居的"炕—地"空间，对满铺式火炕进行改造，降低南侧靠墙一侧的火炕高度，形成地炕（DR）、坐式地室（DS'）等多种"炕—地"融合空间，将其作为通道及夏季就寝、起居、就餐等空间使用，这类平面主要分布在中俄边境地区的东宁市、鸡东县和黑龙江东部地区的海林市、宁安市、牡丹江市等满族、汉族、朝鲜族多民族聚居地区，平面类型以[J1-1]～[J1-3]、[J2-1]为主；（3）有些民居通过在鼎厨间另一侧加设火炕（或起居室）的方式，将串联住居空间改为并联，以此解决夏季就寝问题，这类平面主要分布在中俄边境地区和图们江流域，平面类型以[J1-4]、[J2-2]为主。综上，J型平面的"炕—地"空间主要集中在J1、J2的衍化平面上，改良空间以坐式生活方式为主。

中后期的朝鲜迁徙民根据不同历史背景，散居在中俄边境地区和黑龙江、吉林、辽宁等地区。住宅以满、汉民居为原型形成K型平面，即以厨房（K）为中心，一侧或两侧布置火炕，形成串联或并联式火炕空间，火炕采用"炕—地"结合模式。K型平面的"炕—地"空间演变模式有两种：（1）将立式地室改为坐式地室、地炕、起居室等空间，平面类型有[K1-1]～[K1-3]、[K2-1]、[K3-1]、[K4-1]。其中，[K1-2]、[K1-3]是住居原型J1、J2与K1的结合体，不仅地室空间得到改良，火炕（WR）与厨房（K）也按照朝鲜族传统民居的鼎厨间模式进行改良。这类平面主要分布在中俄边境地区和鸭绿江流域的朝鲜族散居地区。2）将"炕—地"空间改为满铺式火炕，平面类型有[K3-2]、[K3-3]、[K3-4]。其住居原型K3平面，以东、西屋并联布局的方式有效避免了房间的相互干扰和夏季火炕除湿时就寝难等问题，衍化平面将地室抬高与炕面平齐，形成满铺式火炕，满足朝鲜族的坐式行为需求。这类平面主要分布在黑龙江朝鲜族相对聚居的地区。

中华人民共和国成立后，朝鲜族与满族、汉族迅速融合在一起，多民族居住文化相互交融、相互促进。门厅、走廊、起居室等当代居住空间要素也慢慢融入朝鲜族民居。该时期，新建住宅基于满族、汉族、朝鲜族住居原型，入口处设置走廊（或门厅），形成C型平面，即以走廊为中心，一侧或两侧布置火炕，北侧布置厨房、储藏间等附属用房，形成二列型平面。C型平面的"炕—地"空间衍化模式有三种：（1）将立式地室改为坐式地室、地炕、起居室等空间，并与走廊（C）相连。平面类型有[C1-1]、[C1-2]、[C2-1]、[C3-1]，主要分布在黑龙江、吉林、辽宁的朝鲜族散居地区。（2）将走廊一侧或两侧的"炕-地"空间改为满铺式火炕。平面类型有[C2-2]、[C2-3]、[C3-2]、[C3-3]，主要分布在黑龙江、吉林、辽宁朝鲜族相对聚居地区。（3）结合走廊设置起居空间（L），形成LDK型平面。平面类型有[C2-4]、[C3-4]，主要分布在黑龙江、吉林、辽宁城乡接合地区（图1）。

四、"炕—地"空间与居住行为

朝鲜族传统民居以坐式生活方式为主，就寝、起居、就餐等行为均在炕上进行。J、K、C住居原型，在其"炕—地"空间的衍化过程中形成了不同的行为演变。

"炕—地"空间形成与类型分布

表3

住居原型			"炕—地"空间衍化类型				地区分布
分类	Diagram	民居（数量）	Diagram	民居（数量）	Diagram	民居（数量）	
传统住居原型：[J]型 ○R ○BD+ ⊕JR+K'	[J1] WR|JR|K'|S 　　　BD	T-SJ（7） T-BD（22） J-YL（2） N-YS（7） C-LT（10） D-SC（2）	[J1-1] WR|JR|K'|S BD'|　|BD	N-YS（1） H-QH（1）	[J1-2] WR|JR|K'|S BD'|　|BD	YS（5） D-SC（1） H-ZX（1）	（T） （Y） （C-R） （H） （J）
			[J1-3] WR|JR|K'|S BD'|BD'|BD|WR(L)	J-YL（2）	[J1-4] WR|JR|K'|S 　　　BD|WR(L)	T-SJ（1）	
	[J2] WR(JR)|K'|S 　　　BD	C-LT（2） D-SC（1） H-ZX（1） C-GY（1） B-HX（2）	[J2-1] WR(JR)|K'|S BD'(DS,DR)|BD	J-YL（2） N-YS（1） D-SC（1） H-ZX（2）	[J2-2] WR(JR)|K'|WR BD'(DS,DR)|BD	J-YL（5） N-YS（3） H-ZX（1）	（Y） （C-R） （H）
	[J3] R|JR|K'|S(CS) R|　|BD|S	T-SJ（4） T-BD（2） N-YS（1） C-LT（1） H-ZX（1） H-QH（1） L-CC（1）	—		—		（T） （C-R）
	[J4] R|R|JR|K'|S(CS) R|R|　|BD|S 　|M	T-SJ（2） L-CC（2）	—		—		（T）
地域住居原型：[K]型 ○R ○K ⊕	[K1] K|WR 　|DS	H-QH（1） Y-BH（1） X-DJ（1）	[K1-1] K|WR 　|DS'(DR)	S-QL（1） B-HX（2）	[K1-2] JR(WR)|WR K|DS'(DR)	C-LT（1） D-SC（1）	（T） （Y） （C-R） （H） （J） （L）
			[K1-3] JR(WR)|WR K|L	D-SC（1）	—		
	[K2] K|WR 　|DS 　|WR	B-HX（1） Y-BH（1） X-DJ（1） P-SG（2）	[K2-1] K|WR 　|DS'(DR) 　|WR	B-HX（3）	—		（Y） （H） （J） （L）
	[K3] WR|K|WR DS|　|DS	T-JD（1） X-DJ（1） P-SG（1）	[K3-1] WR|K|WR DS'(DR)|　|DS'(DR)	S-QL（1） A-HQ（2） C-LT（1）	[K3-2] WR|K|WR 　|　|DS'(DR)	S-QL（1） B-HX（1） C-LT（3） S-TY（2） P-SX（1） T-JD（1）	（Y） （H） （J） （L）
			[K3-3] WR|K|WR	S-HD（1）	[K3-4] S| WR|K|WR	H-ZX（1） P-SX（1） C-GY（2）	
	[K4] WR|WR|K DS|DS	B-HX（1）	[K4-1] WR|WR|K DS'(DR)|DS'(DR)	S-QL（2） B-HX（1） C-LT（1）	—		（Y） （H） （J）
	[C1] K|WR C|DS	D-SC（1）	[C1-1] K|JR(WR) C|DS'(DR)	S-QL（1）	[C1-2] K|JR(WR) C|L	H-ZX（1）	（C-R） （H）

续表

分类	住居原型		"炕—地"空间衍化类型				地区分布
	Diagram	民居（数量）	Diagram	民居（数量）	Diagram	民居（数量）	
时代住居原型：[C]型 R C	[C2]	A-HQ（1）D-SC（1）	[C2-1]	B-HX（1）A-HQ（1）D-SC（1）J-YY（1）S-BJ（1）H-YH（1）J-TW（1）	[C2-2]	T-SJ（1）N-YS（1）S-HD（1）D-SC（2）S-BJ（1）X-WQ（1）X-DJ（1）	（T）（Y）（C-R）（H）（J）（L）
			[C2-3]	S-HD（4）D-SC（1）X-DJ（1）	[C2-4]	J-YY（1）J-AL（1）S-BJ（1）H-YH（1）	
	[C3]	B-HX（1）	[C3-1]	P-SG（1）	[C3-2]	H-YH（1）	（C-R）（H）（J）（L）
			[C3-3]	N-YS（1）S-HD（1）A-HQ（1）H-QH（1）	[C3-4]	H-ZX（3）	

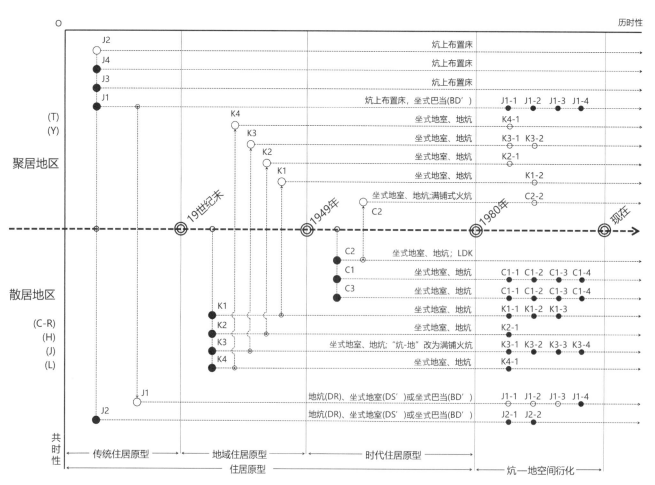

图1 "炕—地"空间衍化

空间与行为对应关系　　　　　　　　　　表4

类型		"炕—地"空间									
		WR	JR	BD+K'	BD'	DS	DS'	L	DR	K	C(V)
J	J1～J4	●○■□◆◇△	●○■□◆◇△	▲	—	—	—	—	—	—	—
	[J1-1]～[J1-4] [J2-1]～[J2-2]	●○◆◇	■□◆◇	▲	○□◇	—	—	○□△	○□◇	—	—
K	K1～K4	●○■◆◇	—	—	—	□◇	—	—	—	▲	—
	[K1-1][K2-1] [K3-1]～[K3-4] [K4-1]	●○■	—	—	—	—	○□◇	□◇	○□◇	▲	—
	[K1-2][K1-3]	●○	■□◆◇	—	—	—	○□◇	□◇	○□◇	—	—
C	C1～C4	●○■◆◇	—	—	—	—	—	—	—	—	▲
	[C1-1][C1-2]	●○	■□◆◇	—	—	—	○□◇	□◇	○□◇	△	▲
	[C2-1]～[C2-3] [C3-1]～[C3-3]	●○■□◆◇	—	—	—	—	○□◇	□◇	○□◇	—	▲
	[C2-4][C3-4]	●○■□◆◇	—	—	—	—	○□◇	□◇	○□◇	△	▲

注：就寝（冬季●，夏季○），起居（冬季■，夏季□），就餐（冬季◆，夏季◇），出入（主入口▲，次入口△）。

J 型平面，火炕分为净地房（JR）和温突房（WR），火炕位于鼎厨间一侧。早期住宅分为男女空间，南向温突房是男性空间，一般由男主人及长辈使用，北向温突房和净地房是女性空间，由家里的女性和孩子们使用，就寝、起居、就餐等行为均在各自空间进行。直到20世纪50年代，男女空间分化被取消，取而代之的是功能性空间划分，净地房成为家庭起居和就餐空间，温突房成为就寝空间。由于 J 型平面火炕采用串联式布局，夏季烧火除湿时炕体高温带来诸多行为的不便。不同地区解决策略各异：聚居地区保留传统平面，炕上置床进行隔热，满足夏季就寝需求；散居地区对南向火炕进行改良，降低火炕高度，形成地炕、坐式地室、坐式巴当等空间，满足夏季就寝、起居、就餐行为需求；个别民居对鼎厨间另一侧的储藏间进行改良，设置火炕或起居室，承担部分夏季居住行为。"炕—地"空间的衍化同时带来了出入方式的变化，早期原型平面每个房间单独设置出入口，以此满足男女空间的独立性；衍化平面将入口集约在鼎厨间一侧，不仅减少房间的冬季散热，还通过南侧的地室、地炕形成室内交通流线，减少房间之间的相互干扰。

K、C 型平面，火炕采用"炕—地"结合模式，火炕位于厨房一侧（串联式）或两侧（并联式）。其住居原型以东、西屋并联布局和"炕—地"结合模式有效避免了房间的相互干扰和夏季火炕除湿时就寝难等问题。在其"炕—地"空间的演化过程中，串联式火炕平面将立式地室改为坐式地室、地炕、起居室等空间，承担夏季就寝、起居、就餐功能；并联式火炕平面，则将地室改为火炕空间，形成满铺式火炕，加强朝鲜族民居的坐式行为特征，平面通过东、西屋的交替烧火除湿的方式解决夏季就寝、起居、就餐等问题。出入方式上，K 型平面采用一个出入口，入口设置在厨房南侧，通过地室、地炕、起居室等室内廊道空间进入各个火炕空间；C 型平面因采用二列型平面，在北侧厨房一侧加设次入口（表4、表5）。

五、朝鲜族民居炕文化演变剖析

聚居地区的朝鲜族民居，以满铺式火炕为原型，逐渐演化为"炕—地"融合空间，坐式巴当、地室、地炕的形成是自上而下的

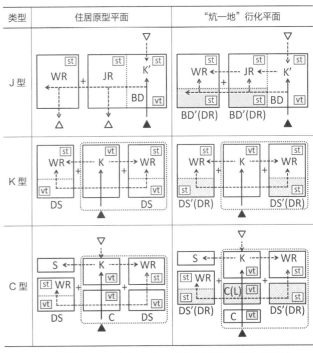

出入方式及室内流线　　　　表5

注：入口（主入口▲，次入口▽），st（座式生活），vt（立式生活）。

空间衍化过程。空间与行为基于民族性特点，逐渐凸显其地域性、时代性特点，如通过炕上置床解决夏季烧火就寝问题，通过出入方式的整合抵御寒冷，通过炕前廊道改造和并联式起居室的设置解决夏季就寝和房间相互干扰等问题。衍化平面的功能更加趋于合理，更加符合时代及地域的居住需求。

散居地区的朝鲜族民居，以满族、汉族民居的"炕—地"空间为原型，逐渐演化为半炕、满铺式火炕等形式。与聚居地区相反，坐式地室、起居室、地炕的形成是自下而上的空间衍化过程，平面形式由一列型向二列型衍化。空间与行为基于地域性特点，逐渐凸显其民族性和时代性特点，如将立式地室改为

坐式地室、地炕、满铺式火炕等空间，加强朝鲜族的坐式行为功能，通过走廊（或门厅）、起居室、二列型等要素，逐渐向LDK时代居住模式转化。

六、结论

本文以东北地区的朝鲜族民居为研究对象，在多元文化视野下，从空间与行为的对应关系剖析了朝鲜族民居"炕—地"空间形成与住居行为的演变模式。通过历时与共时纵横比较及定量分析得出，聚居地区朝鲜族民居"炕—地"改良采用自上而下模式，强化平面的地域性和时代性；散居地区"炕—地"改良采用自下而上模式，强化平面的民族性与时代性，二者在时代居住背景下向LDK住居模式相向发展。本文的研究对朝鲜族民居的传统延续与现代宜居优化和更新具有借鉴意义。

参考文献：

[1] 金日学．朝鲜族民居空间特性研究[J]．吉林建筑工程学院学报，2011，28（5）：53-56．

[2] 金日学．关于中国朝鲜族农村居住空间的特性及变迁研究[D]．首尔：韩国汉阳大学，2010．

[3] JIN R X, ZHANG Y K. A research on the spatial characteristics and changes in farmhouses of ethnic korean chinese origined from hamkyeong do[J]. Journal of the korean housing association, 2016, 27 (1), 13-20.

[4] 金日学，李春姬．中国传统聚落保护研究丛书：吉林聚落[M]．北京：中国建筑工业出版社，2021，12．

浙江大院式传统民居的间架模数分析

——以五地典型大宅为例

韩心宇[1]

摘　要：大院式传统民居（以下简称"大宅"）是浙江最典型的家族聚居式住宅。基于对大宅遗存的广泛调查和测绘，在大宅集中分布区内选取五个代表性地区，围绕大木构架与空间的关系，以传统浙尺为单位，对这一住宅类型的间架模数做出分析与讨论。

关键词：浙江　大宅　间架模数

一、引言

浙江院落式传统民居，根据尺度不同，有"大院式"和"小天井式"两种基本类型，它们分别对应大家族共居和小家庭分居两种模式（图1）。钱塘江以南的浙江中东部是大宅的集中分布区，包括今天的金华、绍兴、宁波、台州、温州、丽水六地市的大部地区。早在20世纪50年代，刘敦桢在《中国住宅概说》[2]中就分析了"绍兴小皋埠乡住宅""余姚鞍山乡住宅"等浙江大宅的形态和功能。此后，以中国建筑设计研究院建筑历史研究所编著的《浙江民居》[3]为代表的众多研究，都对浙江大宅的空间构成和功能组织作出了详细剖析，但在大宅整体构架在数理关系方面的讨论至今仍不多见。近年虽涌现出众多以传统浙尺为单位对大木构架营造尺度的研究[4][5]，但多集中在调查民营营造尺本身，以及对单体建筑、单榀屋架的尺度分析方面，针对大宅整体所做的模数关系分析则很少，分地区的讨论更为稀少。这种对局部建造尺度的分析难以与空间的整体构成方式建立起有效的联系，因此对大宅整体间架模数的讨论尤为重要。本文选取大宅集中分布区内的五个代表性地区，以绘制平面、剖面原理简图的形式，试图从院宅空间整体来剖析其间架结构的模数关系，并探讨不同地域间的异同。

二、浙江五地典型大宅的间架模数分析

1. 浙中金华地区典型的"十三间头""廿四间头"

作为浙江大宅的基本单元，"十三间头"最适合作为间架模数分析的入门类型。图2是浙中地区一座标准"十三间头"简图。

正房中堂是住宅的基准尺度单元，控制着整座大宅的间架模数。在开间方向，其最常用的面阔是1丈6尺（单位：浙江鲁班尺，1尺≈280mm，下同），正房左右两次间略窄，约1丈3~1丈4尺。厢房露明的三间中，小堂屋面阔与正房次间面阔尺度相仿，次间面阔更小一级，每间约1丈~1丈2尺；正厢交接处的洞头间，则一般均分正房进深。

在进深方向，1-1纵剖面展示了一个主体部分为"八架五柱"的正房屋架，前部外接一条有独立廊柱、半内嵌的檐廊。"五柱"分别为栋柱、前后大步柱和前后小步柱。自前而后，楼上五根柱子的间距为4∶8∶8∶6，楼下五根柱子的间距为6∶8∶8∶6。其中，前后大步各8尺、共1丈6尺，这一尺度一般是恒定的，与中堂面阔相等，使其中央形成一个正方形区域。前小步、后小步一般为4~6尺——本例楼下前小步的6尺中有4尺为楼上做出前小步，在这种有半嵌前廊的情况下，楼下前小步最宽可达7.5尺，最窄不小于5尺，这样既能保证楼上有约4尺的前小步作为走马廊，又能够加大檐廊的冬瓜梁和腰檐的尺度，形成更壮观的气势。"八架"即屋面有八根桁条承托，除五根落地柱各承一桁外，前大步、后大步、后小步分别于梁上各架一金柱，每根金柱亦承一根桁条。"八架"进深共七步（桁间数），楼上4∶8∶8∶6的柱距

图1　浙江大院式民居（左）和小天井式民居（右）
（来源：张力智《儒学影响下的浙江西部乡土建筑》[1]）

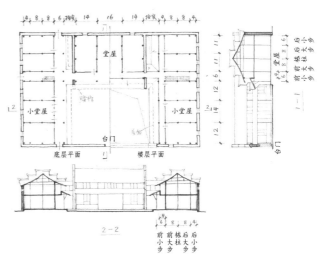

图2　一座标准"十三间头"的尺度关系

---

[1] 韩心宇，上海大学。

若以"步"来统计,则是4:(4+4):(4+4):(3+3)。在这一地区,5尺一般是增加架数的临界值——超过5尺,就要在中间增加一架;相反,若本例楼上后小步为4~5尺,则应减少一架,变为"七架五柱"式。2-2横剖面主要展示的是左右两厢房的屋架。一般来说,厢房进深不大于正房——本例厢房屋架主体为"七架五柱",柱距4(楼下6):8:8:4,与正房屋架不同在于其后小步为4尺。

以上的堂屋面阔、进深尺度可根据场地和造房意愿等因素浮动,开间可在1丈4尺~1丈8尺,大步可在7~9尺,其余尺度皆可按比例相应调整。本例虽以东阳、磐安等地的实例为参照,但基本原理可适用于整个金华地区乃至浙江大部。以下的类型分析将不再重复与之相同的部分,重点讨论其他间架模数关系。

"十三间头"为前后两进,"廿四间头"则为前、中、后三进,因中进多为三间贯通的大厅而常被算作一间,故一般不称"廿六间头"。图3绘制的是一个典型的"廿四间头"。堂楼和左右两厢楼均为檐廊完全内嵌的"七架五柱"式,柱间距自前而后为5:8:8:5。三间贯通的大厅这一空间类型是以"十三间头"为代表的两进大宅少有的,其明间两榀屋架的栋柱是不落地的。如果大厅与此宅中其余部分一致,采用七架,明间左右两榀屋架栋柱不落地,做"七架四柱"式,不免差强人意,因为其大步柱和小步柱仅相距4~5尺,限制了总的进深尺度,它难以与中部1丈6尺的大跨及通高两层的形式相协调,因而绝大多数大厅都会将其前后小步各加一步架,加深至6尺,成为"九架四柱"式,则尺度更为适宜。其柱距自前而后为6:16:6,前大步柱与后大步柱之间以1丈6尺跨度的五架大梁相连。

2. 浙东萧绍平原典型的四进台门

在金华地区,大宅中的所有单体都是楼房,而在浙东到浙南沿海,广泛存在一类平房尺度或介于平房和楼房尺度之间的一层厅堂。如在萧绍平原的一座典型的四进台门中(图4),主轴线上的台门斗、大厅、祖堂三进建筑往往都是这种类型。其中,台门斗为平房,五至八架(图所示为柱距8:8:4的六架四柱式);大厅一般九架,祖堂九至十一架,二者檐口高度与厢房腰檐口高度相仿,屋脊高度则与楼房脊高相当,它们通过更大的进深和更高的举架营造出远超于普通平房而与楼房相匹配的高大气势。笔者以"大屋面式"厅堂指称这一厅堂类型。

第二进大厅明间用"九架五柱",柱距8:16:4:5,共3丈2尺——前小步即轩廊有8尺进深,等同于大步尺度;而以栋柱为轴,其后部的对称部分加设了一排立柱,做出了一条后廊。相较于前文分析的"廿四间头"中柱距为5:16:5的大厅,虽皆为九架,但本例的前后分别多出3尺和4尺,共7尺,不仅加深了内部空间,还为屋面的爬升提供了进深。

第三进祖堂为"九架七柱",柱距6:4.5:8:8:4.5:6,共3丈7尺——若按金华地区的步架原则,本应达十一架,但在整个宁绍平原,单步5~7尺却很普遍,这一祖堂的前、后廊步皆为单步6尺。由于总进深较二进大厅多出4尺,屋脊因而更高。

主轴线上的台门、大厅、祖堂三进渐次升高,至末进座楼达到顶峰。座楼主体"七架五柱",柱距4:8:8:4,前部外接一个单步7尺前廊,后部外接一个单步5尺后廊,形成柱距7:4:8:8:4:5的3丈6尺总进深。厢楼与座楼构架格局相同,尺度略小,主体部分柱距为4:7:7:4,外接5尺前廊,不设后廊/披。

本例的十三间平房门屋,除台门斗与大宅主体柱网基本保持对位,其余十间平均分配,每间1丈1尺,一般为杂物间或下人住房,为本区大宅常见格局。

3. 浙东宁波地区典型的三进墙门

图5为宁波地区典型的三进大宅模数图。正房明间屋架明显

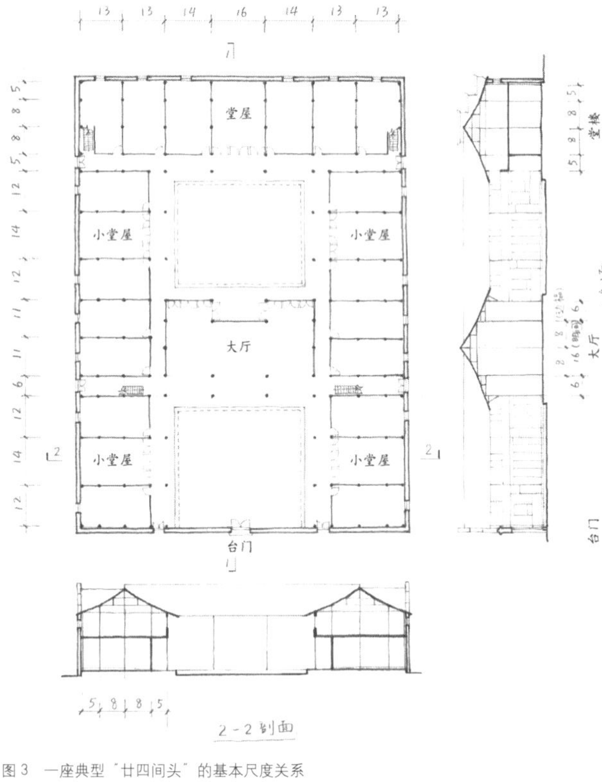

图3 一座典型"廿四间头"的基本尺度关系

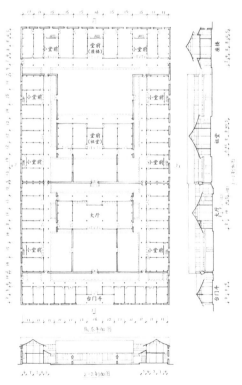

图4 浙东萧绍平原典型四进台门间架模数图

有别于前述的以栋柱为中心，向前后以"先大步－再小步"为原则的落柱逻辑——二进正厅为"九架八柱"，总进深4丈2尺，柱距6：10：5：5：5：5：5：6，除第三架外，其余八架皆落地；第三进堂楼明间为"八架八柱"（含前廊、后披），进深3丈4尺，柱距6：5.5：5.5：5.5：5.5：4：4。因为几乎"柱柱落地"，这类屋架不存在"大步"和"小步"之分。除正房明间外，其他屋架则一般遵循"大步－小步"逻辑立柱。

宁波大宅少有三间贯通的大厅，前厅一般只占第二进正房的明间，与第三进堂前相同。如本例正厅达九架，且室内栋柱前有三步时，通常会减掉室内第二根柱子，形成一个8~10尺的双步进深，双步梁下采用可拆卸的板壁围合，重大仪时可拆掉板壁和地栿，使正厅与左右次间前半连为一体。很多大宅第三进堂前与第二进正厅有相同的空间和构架形式，对于这类堂前而言也是同理。

在面阔方向，单辟7~9尺宽的楼梯弄是宁波大宅独特之处。楼梯弄设于正房或厢房皆可，本例设于厢房，前后各两条，分别位于第二进正厅前和第三进堂楼后。

本例厢房主体为"七架五柱"式楼房，前后分别外接6尺檐廊和8尺披屋。对于前廊而言，无论正房还是厢房，也可选用半内嵌式，用地极为有限时也可采用有腰檐的完全内嵌式；而后披屋在宁波大宅中十分普遍，且它们是与大宅主体同时设计、同时建造的，而非后来自发搭建的。这类披屋在甬台温沿海及绍兴上虞地区都较为常见。阊门所在正立面不做前披屋，但厢房楼上端部常做"畚斗楼"（1-1剖面），即一种不带外廊、披檐较浅的歇山形式，可与下文温黄平原上的"五凤楼"相类比。

4. 浙东南温黄平原典型的三进明堂

在台州温黄平原，大宅内院连同檐廊、四向堂前间围合的公共空间有着规整而又封闭的"亚"字形平面。造成这种感受的原因在于，四面屋舍的房间、双重屋面均紧密相接，且檐廊只存在于环绕道地露明的四面，每面各为"一堂两室"的三间，檐廊一般不会延伸成为贯穿屋舍的暗弄。图6反映的正是这一类型。从剖面中可以看出，厢房楼上楼下的主体部分之外均加做有1~2步深的披檐并延伸依附于正房房头间❶外侧，将前后两进厢房连为一体的同时，也为正房山面增添了抱厦，这种形式因为在山面有五个翼角而在当地得名"五凤楼"。正房的房头间因为有了抱厦而更加宽阔，尤其是如图6中展示的底层房头间的抱厦进深有两步，形成了一个大跨空间，在横向梁上再立楼上的抱厦柱（3-3剖面）。正房七间，自明间向外，面阔依次为：1丈7尺6，1丈2尺6，1丈2尺6，1丈8尺6，其中房头间主体1丈零8，外接抱厦7尺8。每进厢房各三间，明间1丈4尺6，次间1丈2尺。在包括这一地区在内的浙江各地，除了常以整数尺为模数外，还常使用整数尺加上6寸、8寸等零头作为美好寓意。

在进深方向，"台门—正厅—正屋堂前"三进同样呈现出由平房到"大屋面"式厅堂再到楼房的渐深渐高之势，厢房均做楼房。就单体屋架来看，"密柱"是本区屋架最突出的特征。与前例宁波大宅的构架原则相似，这一地区的榀架（尤其是正房厅堂屋架）同样呈现出多而密的柱子，且较宁波更甚——宁波的"密柱"屋架一般仅限于部分大宅的正房厅堂，而本区几乎所有大宅的正屋堂前、小堂前甚至其他位置的屋架皆如此。"柱柱落地"的情况十分

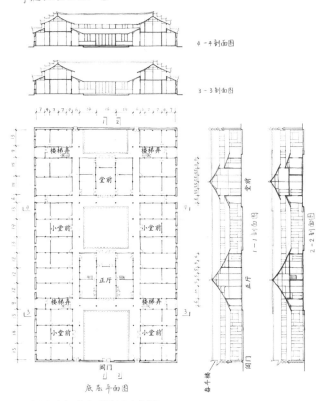

图5 浙东宁波地区典型三进墙门间架模数图

常见，本例的正屋堂前和小堂前楼下都是通过均匀排布的、以单步3.6尺为柱距模数的密柱来表现厅堂的向上向前之势。同时也存在减柱的做法——本例正屋堂前的楼上减掉了三根落地柱，形成柱距7.6：7.2：7.2：3.6的"三双步＋一单步"八架五柱，类似于《园冶》中"不用脊柱，便于挂画"的"七架酱架式"[6]；小堂前的楼上减少了两根落地柱，形成"前部两大步，后部一小步"的"六架四柱"式屋架；第二进正厅则减掉了栋柱，柱距为5.3：4：3.6：7.2：3.6：4：5.3，在正中形成一个7.2尺的双步梁，刚好为相邻的3.6尺单步的两倍，而前后对称的两个4尺单步既作为前后廊5.3尺的进深与正厅内部3.6尺单步的过渡，也考量了对开门的比例和宽度；二进、三进除明间以外的其他开间的榀架均减掉了数量不等的落地柱。事实上，在调研中，笔者发现这一地区柱子的落地可以非常灵活，远不止本例这一种方式，只要落地柱距形成一定的模数节奏，一种榀架规律性地复现即可。

5. 浙南温州地区典型的三进大屋

在温州地区，大宅的正房明间有着全浙江的最大尺度，面阔1丈8尺~2丈十分普遍，达到2丈2尺甚至2丈4尺的厅堂亦不罕见，但各开间面阔的分配与浙江其他地区都有所不同。以苍南矴步头广昌大屋为例（图7），其主体部分的正房明间（图示"一间"❷）面阔为1丈8尺，二间、三间、四间面阔皆相同，为1丈1尺6，五间为1丈2尺6，六间（边间）为1丈3尺6——除一间外，正房其他开间有向左右两侧渐宽的趋势，其他开间的面阔大取一间的0.65~0.8之间。这个规律在有九开间及以上正房的温州大宅中较为常见。第一进房共五开间，明间门厅面阔较二、三进略

---

❶ "房头"是台州地区对屋舍尽间的称谓。

❷ 因为温州大宅的开间普遍较多，为便于称呼，本文采用温州南部对开间的称谓：一间、二间、三间……，分别对应明间、次间、梢间……

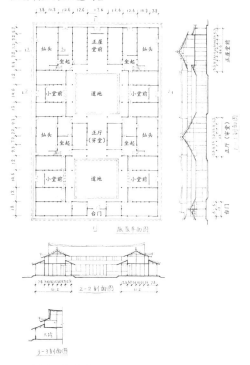

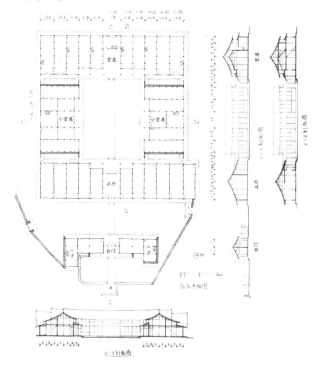

图 6 浙东南温黄平原典型二透明堂平面、剖面图

图 7 浙南温州地区典型三进大屋（以苍南矴步头广昌大屋为例）

小，约 16 尺，其余开间与二、三进正房保持对位。厢房一间面阔 16 尺，二间、三间均为 1 丈 1 尺 6，与正房露明的二间、三间面阔保持一致，与一间之比同样在上述区间内。

在进深方向，三进正房同样呈现出渐深渐高之势，其中门屋为"五架三柱"平房，柱距 7：7，二进正厅（穿堂）为柱距 5：5：6.8：6.8：5：4.8 的十三架七柱"大屋面"式正房，三进堂楼则是柱距为 5.8：5：7：7：6.4：6 的"十三架七柱"楼房，含前后各一条半内嵌式廊 / 披，其后大步处太师壁之前的区域另设重顶作为堂前，使其在高度上也与二进正厅这类"大屋面式"厅堂的尺度相仿。左右两厢前后为完全外接式的廊 / 披，为 5：4：6：6：6：5：6 柱距的"十二架八柱"式楼房，其总高度介于二进正厅和三进堂楼之间。显然，温州大宅屋架的架数要远多于浙江其他地区，如果将本例的正房二、三进与图所示的萧绍平原台门祖堂相比，同样是 3 丈 6 尺上下的进深，后者只需"九架七柱"，而前者却要"十三架七柱"。这是因为两地的单步尺度刚好为浙江的两个极端，宁绍地区单步多在 4~7 尺，温州地区单步多在 2 尺 5~4 尺，而金华地区的单步则介于二者之间，多为 3~5 尺。在相同的进深尺度下，单步进深小，步架数自然更多，因而温州大宅内部总是给人以桁条又多又密的观感。细密的步架多体现在对前小步、前廊步、后廊步等小步架的进一步划分上，尽管它们的进深通常只有 5 尺左右，各自还是会在中间增加一架，成为双步进深，这样既可以带来更大进深的感受，也可以增加屋架本身的装饰特征。

相较于萧绍平原台门中"九架四柱"式大厅和"九架七柱"式祖堂，温州大宅厅堂在太师壁之后的堂后部分占比整座厅堂的总进深更大——本例二进穿堂的后堂进深四步共 9.8 尺，三进正堂的后堂进深四步共 10.4 尺，各占其总进深的 1/3 左右；厢房小堂屋的后堂达到了五步共 1 丈 7 尺，接近于其总进深的一半，室内进深的一大半——当然，厢房如此深的堂后空间，很大程度上与正房五、六两间面阔的增大相关。而在萧绍平原台门中，七架的堂屋，堂后空间只占末小步；九架的厅堂，堂后最多只占后两小步，进深最多只占总进深的 1/4 余。金华地区则更加不具可比性，因为其堂屋进深小至难以做太师壁将空间做出前后二分。

三、结语

家族聚居的大院式传统民居是浙江最普遍，也是最能够展现正统礼制与地域文化身份的住宅类型。大木结构是大宅营造的核心，构架的模数关系是重中之重。笔者着眼于院宅的空间整体，对其间架结构的模数关系做出剖析，旨在结合其空间的构成方式揭示其建构原理。同时，笔者选取浙江大宅集中分布区内的五个代表性地区，意在展示大宅地域性营造的差异性，以更有效地传承这一重要传统住宅类型的多样性。上述五例固然无法囊括各自区域大宅构架的所有可能性，但力求将五地大宅在大木间架组织上最具代表性的特质展现出来。同样，浙江大宅的类型也远不止以上五种，本文并不试图对浙江所有地区、所有大宅类型做出剖析，而是通过对五种类型的讨论，能够启发对其他更多类型的建构逻辑做出相应的判断和解读。

参考文献：

[1] 张力智. 儒学影响下的浙江西部乡土建筑 [D]. 北京：清华大学，2014：4-5.

[2] 刘敦桢. 中国住宅概说 [M]. 天津：百花文艺出版社，2004：120-124.

[3] 中国建筑设计研究院建筑历史研究所. 浙江民居 [M]. 北京：中国建筑工业出版社，2007.

[4] 石宏超. 浙江传统建筑大木工艺研究 [D]. 南京：东南大学，2016：32-38.

[5] 陈哲丰，佟士枢，何礼平. 斯宅村传统民居木作营造意匠解析 [J]. 古建园林技术，2021，(4)：14-19.

[6] 计成. 园冶注释 [M]. 陈植注释. 北京：中国建筑工业出版社，1988：102.

南甸宣抚司署建筑设计方法研究[1]

谢佩殷[2]　乔迅翔[3]

摘　要：全国文保单位云南德宏南甸宣抚司署是我国现存最为完整的土司衙署之一，其建筑设计方法是地域特征的重要体现。通过营造尺复原，探究了建筑群平面和建筑长、宽、高等尺度构成关系，进而推断出院落及单体建筑的设计方法。作为云南地区的重要建筑个案研究，力图揭示民族地区高等级建筑的营造技艺，也为建筑保护工作提供理论依据。

关键词：南甸宣抚司署　土司建筑　营造尺复原　尺度构成　建筑设计方法

一、南甸衙署建筑概况

南甸宣抚司署坐落于遮岛坝中一处缓坡上，顺应地势由北向南逐级升高，建筑格局按汉式衙署形式布置，中轴线按衙门等级分为大堂、二堂、三堂、正堂，一进四院，中轴线向两侧扩展修建旁院（图1）。南甸衙署历经三次迁移，现存衙署始于第二十六代土司刀守忠在清咸丰元年（1851年）迁移至现今所在地。并着手进行修建，共经历三代土司接力般地建设与扩展，直至民国二十四年（即1935年）终于建造完成，历时八十四载。

据《梁河县志》记载："南甸土司衙门四面围墙，四面开门，围墙内建筑群分为4个主院落，10个旁院落，47幢、149间房屋。占地总面积10625m²，建筑面积7780m²"。现虽约24幢建筑为原制，其中8座为修缮过程中新建部分，包括大门、商铺、办公区、军装房、厨房、粮仓、牢房和卫生间设施等。总体来看，主院落保存较好，建筑群布局形态基本完整。

二、尺度溯源与尺长参考范围

南甸宣抚司署作为一座跨越清末至民国时期的官方建筑，其建造过程中可能沿用了当时通行的明清官尺系统，同时也有可能在某些阶段采用了民国时期推行的市尺标准[4]。此外，南甸衙署位于云南边境，远离中原，不排除工匠使用滇西北地方营造尺的可能。"凡木工、刻工、石工、量地等所用之尺均属之，通称木尺、工尺、营造尺、鲁班尺等"[1]。现有关云南西北地区传统民居的营造尺记载集中在大理地区[5]，其营造尺长研究结果大致有二：较官尺大，或小；《云南民居》（1986）中引注中提到大理地区"一老尺等于新尺的1.13寸，等于37.6公分"[2]。另外，宾慧中在《中国白族传统民居营造技艺》中调查白族剑川工匠使用的鲁班尺为直尺，旧制长1尺，相当于现在的8寸~9寸，不到30cm[3]，换算过来即266.6mm~299.9mm，较官尺小。综上，南甸司署尺长范围可能在26.66mm~29.99mm、31.1mm、32mm、33.3mm、37.6mm。

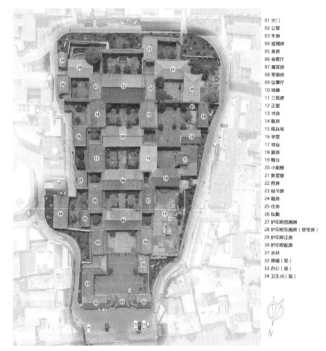

图1　南甸宣抚司署土司现状图

三、营造尺复原

本文以柱间整数尺（半尺）为营造尺复原的主要依据，利用"整数制"[6]方法得出可能的营造尺长。考虑到南甸司署柱子存在升起情况，进深向又与屋顶坡度有关，故营造尺的复原依面阔向计算结果，并以明开间尺寸数据为主。

计算营造尺长，先将建筑的开间、进深测量尺寸作为基础数据，除以上述预设尺长；得出各建筑的明开间计算值与整尺或半尺差值在0尺；次开间计算值与整尺或半尺差值控制在0.2尺范围内，统计得共有92%的数据符合以上两个条件；差值控制在0.1尺范围内，则共有79%的数据符合条件；吻合度较高，将该尺作为备选尺长。上述数据得出的开间尺长中，建筑的明开间尺长多为15.5尺、15尺，次开间尺长一般为14.5尺、14尺、

---

[1] 国家自然科学基金项目《南方土司建筑研究》（项目号：52078295）。
[2] 谢佩殷，深圳大学建筑与城市规划学院，硕士研究生。
[3] 乔迅翔，深圳大学建筑与城市规划学院，教授。
[4] 明代官尺的标准长度约为31.10cm，而清代则为32.00cm，民国时期推行的市尺长度为33.3cm。
[5] 南甸衙署建筑结构与大理的建筑结构高度相似，故下文依据大理地区营造尺确定营造尺长。

[6] "整数制"控制开间、进深、柱高等尺度，通过数据的分析往往能够得出可能的尺长。详见：李浈，刘军瑞."一地多尺"现象和用尺习俗——近年传统营造用尺制度研究的一些心得[J].建筑史学刊，2022，3（1）：54-59.

南甸宣抚司署建筑开间的复原尺长分析 表1

单体建筑	开间位置	实测数据（mm）	复原尺长（mm）	计算值（尺）	与整尺或半尺差值（尺）	复原尺（尺）
公堂	明间	4340	1尺=280mm	15.50	0.00	15.50
	次间	3640		13.00	0.00	13.00
	梢间	3640		13.00	0.00	13.00
会客厅	明间	4310	1尺=278mm	15.50	0.00	15.50
	次间	4070		14.64	0.14	14.50
	梢间	3940		14.17	0.17	14.00
议事厅	明间	4270	1尺=275.5mm	15.50	0.00	15.50
	次间	4140		15.03	0.03	15.00
	梢间	4050		14.66	0.16	14.50
正堂	明间	4915	1尺=280.8mm	17.50	0.00	17.50
	次间	4340		15.46	0.04	15.50
	梢间	4195		14.94	0.06	15.00
巡捕房	明间	4370	1尺=282mm	15.50	0.00	15.50
	次间	3870		13.72	0.22	13.50
茶房	明间	4230	1尺=282mm	15.00	0.00	15.00
	次间	3895		13.81	0.19	14.00
属官房	明间	4145	1尺=276.4mm	15.00	0.00	15.00
	次间	3760		13.60	0.10	13.50
三班房	明间	4325	1尺=279mm	15.50	0.00	15.50
	次间	4110		14.95	0.05	15.00
戏楼	明间	4440	1尺=277.5mm	16.00	0.00	16.00
	次间	4140		14.92	0.08	15.00
戏台	明间	4390	1尺=283.2mm	15.50	0.00	15.50
	次间	4100		14.48	0.02	14.50
学堂	明间	4370	1尺=282mm	15.50	0.00	15.50
	次间	4170		14.79	0.21	15.00
书房	明间	4340	1尺=280mm	15.50	0.00	15.50
	次间	4000		14.45	0.05	14.50
账房	明间	4365	1尺=281.6mm	15.50	0.00	15.50
	次间	4055		14.40	0.10	14.50
新堂屋	明间	4240	1尺=282.6mm	15.00	0.00	15.00
	次间	4170		14.74	0.24	14.50
小姐楼	明间	3540	1尺=277.4mm	12.76	0.24	13.00
	右次间	4160		15.00	0.00	15.00
经书房	明间	3605	1尺=277.4mm	13.00	0.00	13.00
	次间	3580		12.91	0.09	13.00
护印府正房	明间	4040	1尺=278.6mm	14.50	0.00	14.50
	次间	3870		13.89	0.11	14.00
护印府东厢房	明间	4050	1尺=279.3mm	14.50	0.00	14.50
	次间	3795		13.59	0.09	13.50
私塾	明间	3400	1尺=283.3mm	12.00	0.00	12.00
	次间	2810		9.92	0.08	10.00
住房	明间	2805	1尺=283.4mm	10.00	0.00	10.00
	次间	2495		8.86	0.14	9.00
烟房	开间	3355	1尺=279.6mm	12.00	0.00	12.00
药房	明间	3370	1尺=280.8mm	12.00	0.00	12.00
	右次间	3370		12.00	0.00	12.00
	右次间	2540		9.05	0.05	9.00

❶ 本文实测数据来源有二：一为2017年云南文物考古研究所修缮勘查报告所载，报告中包含公堂、会客厅、议事厅、巡捕房、戏楼、学堂、书房、小姐楼、新堂屋、药房、护印府正房的部分平立剖面测绘数据；二为笔者于2023年4月利用激光测距仪、卷尺所测绘而出的数据。数据以柱脚优先，对称布局进行整数处理。

南甸宣抚司署主四堂、附属建筑的明间内檐的开间与进深比　　表2

建筑	公堂	会客厅	议事厅	正堂
比值❶	0.81	0.92	0.93	0.73
建筑	巡捕房	三班房	护印府正房	新堂屋
比值	1.1	1.1	1.0	1.1

13.5 尺、13 尺，均属常用尺，侧面说明所得的备选尺长具有一定有效性（表1）。

白族工匠世代流传着营造口诀，并逐渐形成一套程序化的建筑尺度规范，其中"七上八下"❶是普遍熟识的常用尺度。故，再将进深方向数据以及楼房建筑中扣承上皮分别到檐柱脚底、前檐梁下皮的测量尺寸除以备选尺长进行验算，与工匠常用尺作对比。其中，进深向测量数据除以备选尺长得出的计算值，其与整尺或半尺差值在 0.2 内的数据约占总数据的 85%，而且约 73% 的建筑廊道进深尺度满足当地常用尺（5~6 尺）。其次，楼房建筑中扣承到檐柱脚底和梁下皮的建筑高度满足"七上八下"尺长的数据约总数据的 73%。这些进深、高度的常用尺符合当地工匠的构架尺度使用习惯，一定程度上反映出备选尺长的可靠性。

综合上述计算结果，得出南甸宣抚司署建筑尺长应在 275.5mm~283.4mm 范围内，平均尺长为 280.1mm❷。计算得出的复原尺长符合滇西北营造尺长范围，反映出南甸宣抚司署营造时应以大理地区的营造尺为主。同时，在梁河县志中也记有"为建衙门大殿，土司特地远道请来剑川木匠"[4]。

四、尺度构成

1. 单体建筑尺度构成

（1）建筑平面

在建筑平面尺度中，明间以 15 尺、15.5 尺为主，且明间尺度大小与建筑重要性呈正相关；明间尺度多较次间大 0.5 尺~2 尺；次间与梢间的尺度差值在 0.5 尺内。此外，结合明间内檐进深看，等级最高的主四堂明开间与内檐进深比值小于 1（0.73~0.93），即核心空间以进深向长方形为主；而其余建筑（除属官房、小姐楼、经书房、私塾外）的比值一般稍大于 1（主要为 1.0、1.1），即核心空间以接近方或面阔向长方形为主（表2）。反映出明开间尺度与内檐进深存在特定比例关系，并与建筑本身的等级层次紧密关联，体现"以深为尊"的设计理念。

（2）建筑剖面

楼房建筑内檐进深的尺度尽管差异显著，但楼层高度却保持着相似性：首层高度❸（A）主要在 8.3 尺~9.2 尺，二层扣承上皮到前檐梁下皮高度（B）在 7.5 尺~8.9 尺；且超一半数量的楼房满足高度上的"七上八下"营造尺要求，其余楼房的扣承上皮分别到檐柱脚、檐梁的尺度大多相近（表3），属剑川匠系尺度做法。此外，扣承上皮到檐柱脚、檐梁的高度（A、B）与内檐进深（C）的尺度比值在 0.4~0.6，且同一建筑的 A/C、B/C 比值大多相同，这表明上下楼层檐下空间高度与内檐进深之间存在着恒定的比例关系。证明了上下层檐下的空间高度设计遵循了固定模式，且这种高度设计与内檐进深的尺度紧密相关。❹

进一步研究，南甸衙署的楼房建筑分有厦楼、明楼、走廊楼类型。在内外檐空间分隔中，厦楼由檐柱分隔内外檐，明楼和走廊楼则由京柱分隔。但不同是，走廊楼的大插或大过梁的设置与厦楼一致取决于檐柱，与檐柱柱头同高。而走廊的柱子则与京柱同高，所以走廊楼的内檐空间高度一般较厦楼、明楼高。具体数据反映，除属官房、军装房外，其余楼房建筑的内檐进深相差不大，约 13.4 尺~14.2 尺。在高度上，走廊楼的二层内檐高度❺（D）在 10.6 尺~13.3 尺，其二层内檐进深比值介于 0.7~1.0，较首层的比值大，亦较厦楼、明楼的 B/C 比值大。表明在不同类型的楼房中，内檐空间感存在差异性。具体来说，厦楼与明楼的上下层内檐空间大小大致相同，走廊的二层内檐空间明显较首层高，同时，厦楼和明楼的二层内檐空间相较于走廊楼来说更为紧凑（图2）。

平房建筑中，由京柱分隔内外檐，故对其京梁下皮到京柱脚底高度与内檐进深的比例关系进行探究，所得值虽与同样以京柱分隔内外檐的走廊楼的（D/C）比值有相同值，但比值不稳定。故转至建筑总进深进行探究，发现京梁下皮到京柱脚底高度与总进深的比值（d/e）稳定在 0.5、0.6。另外，平房中厦插到檐柱脚底高（a）相当于楼房中扣承上皮到檐柱脚底高（A），探究其与总进深的比

---

❶ "七上八下"尺长即建筑底层从扣承上皮到檐柱脚底高八尺，二层从扣承上皮到前檐梁下皮的高度是七尺，这是白族工匠常使用的构架尺度。

❷ 由于南甸衙署建造时间较长（历时 84 年建成），工匠所用尺有所差异，至今又历经自然的风吹雨打、人为的更改损毁，建筑位移在所难免，多个构架也已更换，且还存在非原制做法，这些对尺度的研究有很大的影响，所以计算出的复原尺长非仅一定值。

❸ 首层高度：即扣承上皮到檐柱脚底高。

❹ 图表中的"比值"指：明间内檐开间与进深的比值。

❺ 走廊楼的二层内檐高度：即扣承上皮到京柱梁下皮高；厦楼的二层内檐高度：即扣承上皮到前檐梁下皮高。

南甸宣抚司署楼房建筑明间上下层尺度分析　　　　　　　　　　　　　　　　　　　表3

楼房建筑与类型	巡捕房	茶房	属官房	三班房	戏楼	戏台	学堂	小姐楼	书房	账房
	厦楼类型			走廊楼类型					明楼类型	
（A）扣承上皮到檐柱脚底高（尺）	8.4	8.5	9.2	8.4	8.3	8.3	8.5	8.6	8.7	8.8
（B）扣承上皮到前檐梁下皮高（尺）	7.5	7.5	8.1	8.5	8.4	7.5	7.8	7.7	8.9	8.9
（D）扣承上皮到京梁下皮高（尺）	-	-	-	11.2	10.9	13.3	10.6	10.6	-	-
檐柱总高度（尺）	15.9	16	17.3	16.9	16.7	15.8	16.3	15.3	17.6	17.7
京柱总高度（尺）	-	-	-	19.6	19.2	21.6	19.1	19.2	-	-
（C）内檐进深（尺）	13.8	13.8	17	14.6	13.6	13.4	14	14.2	14.2	14.1
A/C 比值	0.6	0.6	0.5	0.6	0.6	0.6	0.6	0.6	0.6	0.6
B/C 比值	0.5	0.5	0.5	0.6	0.6	0.6	0.6	0.5	0.6	0.6
D/C 比值	-	-	-	0.8	0.8	1.0	0.8	0.7	-	-

注：下画线建筑满足"七上八下"尺度。

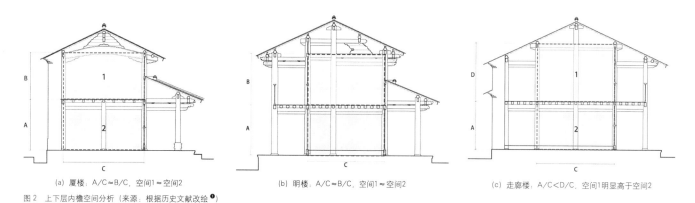

(a) 厦楼，A/C≈B/C，空间1≈空间2　　(b) 明楼，A/C≈B/C，空间1≈空间2　　(c) 走廊楼，A/C<D/C，空间1明显高于空间2

图2　上下层内檐空间分析（来源：根据历史文献改绘❶）

值（a/e）稳定在 0.4 或 0.5。上述反映出平房建筑柱高与总进深尺度关系密切（表4）。❶

此外，在建筑屋顶中，发现柱高与步架进深存在一定比例关系，表现在举高与步架的比值为定值，且该定值反映出屋顶做法为腾冲与大理地区的传统建筑做法。

在南甸司署建筑中，除公堂屋顶为举架做法外，其余建筑均为二滴水的双坡屋顶，即屋面不分段，檐口至屋脊之间呈直线，属剑川匠系做法的"竹竿水"屋顶。考虑到次梢间柱子存在升起情况，故以明间剖面尺度为主对建筑屋顶的起水分析，发现屋顶举高与步架距离之比为 0.4、0.5，称四分水、五分水。起水做法与毗邻的腾冲、大理地区民居相似❷。既然建筑屋面起水为定值，在内檐进深尺度与檐柱高度确定后，根据中轴对称原则，则中柱、京柱的高度及平面位置也随之确定，侧面体现出柱高与进深的尺度关系，反映南甸衙署建筑屋顶属剑川匠系做法。

在厦楼建筑中，由于建筑主屋顶起水已确定，而披厦与主屋顶平行，所以在厦柱高度确定后，立方木位置亦确定，则厦楼建筑的窗台位置也能随之确定。❸

南甸宣抚司署平房建筑剖面尺度分析　　表4

平房建筑	公堂	会客厅	议事厅	正堂	新堂屋	护印府正房
（a）厦插上皮到檐柱脚底高	12.8	14.5	13.8	15.3	11.7	11.2
（d）京柱高度	16.3	18.2	17.8	20.2	14.9	14.5
（c）内檐进深	19.2	16.8	16.6	24	13.8	14.2
（e）总进深	30.9	28.9	30.9	41.3	24.8	26.1
a/c 比值	0.7	0.9	0.8	0.6	0.8	0.8
d/c 比值	0.8	1.1	1.1	0.8	1.1	1.0
a/e 比值	0.4	0.5	0.4	0.4	0.5	0.4
d/e 比值	0.5	0.6	0.6	0.5	0.6	0.6

（3）建筑立面

在檐口高度设计上，平房建筑中，等级最高的主四堂建筑，其檐口至台基面的垂直高度与各开间的比值为 0.8~1.0，这一比例说明立面上，开间尺寸与檐口高度的关系呈近正方形。而其余等级较低的平房建筑中，其檐口至台基面的垂直高度与次开间的比值降为 0.7，表明次开间尺寸与檐口高度在立面上呈明显的长方形。另外，楼房建筑的主屋顶檐口至台基面高度与次开间尺寸的比值在 1.0~1.2。值得注意的是，厦楼的披厦檐口至台基面垂直高度和走廊楼的前檐照面方下皮至台基面垂直高度，与檐口至台基面垂直高度的比值均为 0.5，说明这二者在立面上的高度位置是主屋顶檐口

---

❶ 底图来源：云南文物考古研究所编《梁河县南甸宣抚司署修缮工程》：巡捕房、学堂剖面图。
❷ 腾冲正房、厢房的屋面起水为四分水到四分半；大理民居的举高与步架之比为 0.4~0.6，即四六分水。参见：高洁，杨大禹. 云南通海、剑川匠系民居木构架特点比较研究[J]. 新建筑，2019（3）：119-123。
❸ 云南文物考古研究所编《梁河县南甸宣抚司署修缮工程》：会客厅剖面图。

图 3 屋顶举高与步架距离示意图（来源：根据历史文献改绘❶）

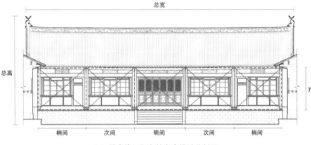

(a) 平房檐口与台基高度设计分析图

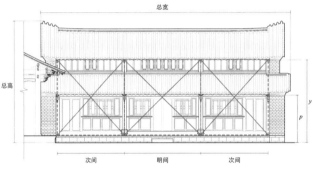

(b) 厦楼檐口与台基高度设计分析图

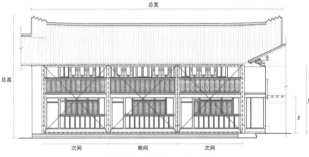

(c) 走廊楼檐口与台基高度设计分析图

图 4 平房与楼房檐口与台基高度设计分析图（来源：根据历史文献改绘❶）

至台基面高度的一半（图 4）。

在建筑台基设计上，主四堂台明做法较讲究，其建筑总宽与总高的比值稳定在 2.4~2.5。此外，楼房的台基高度设计，则控制其建筑整体总宽与总高的比值在 1.9~2.2。这些信息说明，台基的高度设计不仅仅取决于地形地貌，还与建筑整体宽度和高度的比例协调性有着密切关联。

2. 院落尺度构成

基于前文计算所得出的营造尺范围，取其平均值 1 尺 = 280.1mm，南甸衙署的规划布局大致遵循了一个以 4 营造尺为

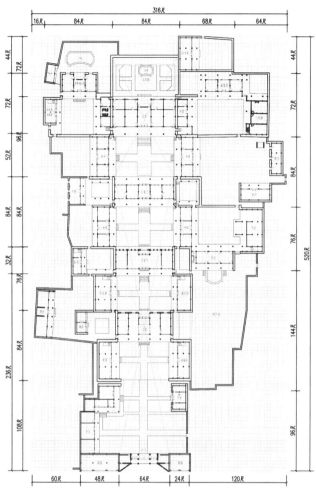

图 5 南甸宣抚司署院落总平面分析

基本单元的网格系统（图 5）。整个衙署区域南北方向的总长度为 540 营造尺，折合成网格单元则是 130 格；东西方向的总宽度为 316 营造尺，对应 79 格。

宽度上，中轴四进主院的院落东西宽（主建筑+前两厢房❷）为 116 尺~140 尺，并且自北向南每进院落逐步增加 2 格，即增长了 8 营造尺。

进一步分析，深度上，除去正堂院的深度为 96 营造尺之外，其他院落的主体建筑加上前两厢房的深度则分别为 72 营造、76 营造以及 84 营造尺。同时，这些院落的深度与宽度之比保持在 0.6、0.7、0.8 的序列之中；而且中轴院上，公域与私域的中心点落在各自代表性的建筑主体空间（公堂与正堂的明间），这些充分体现了南甸衙署院落设计上的网格系统规则性。

五、设计方法

1. 院落布局设计方法

推测出该衙署主要采用了以 4 尺为基本模数的标准化网格体系，形成 79 尺 × 130 尺地盘，内分八院，呈三路布局。如下：

首先，针对中轴线主体院落，各进院落的面阔向宽度呈现规律的递增模式，即从公堂院始，至正堂院，每后进一院则扩展 2 方格。在进深尺度的设计上，按 74 尺、84 尺、96 尺设定深度，其

---

❶ 底图来源：云南文物考古研究所编《梁河县南甸宣抚司署修缮工程》：议事厅、巡捕房、学堂立面图。

❷ 南甸衙署中，主要以"一正两厢"形式组合成院落，故在研究院落尺度时，主要关注的是主体建筑及其前方两侧厢房的台基综合尺度。

中关系未知。推测可能遵循 0.6 和 0.7 深宽比值关系得出进深尺度。而且，主房（除正堂外）进深尺度保持 9 方格，在此基础上，通过适度加大后两院厢房面阔来调整院落的纵向空间层次。

其次，两侧旁院的深度起点或终点与中轴院落保持同一基准线，其宽度则依 0.6 与 0.8 深宽比推出，体现整体规划的一致性。综上，可以认为南甸宣抚司署的院落设计，在很大程度上遵循了 4 尺网格化布局原理。

2. 建筑单体设计方法

（1）平房建筑

首先，选择 15 尺或 15.5 尺作为明间开间尺度，次梢间则依次减少 0.5 尺 ~1 尺。然后，依此设定中跨进深尺度与明间大体相同，这在不同等级的建筑中稍有差别，高等级建筑的中跨进深尺度较明间大，而低等级建筑的则较明间稍小。

其次，依据檐高与明间约 1：1 关系，确定檐口高度。又因檐高与厦插下皮等高，依据厦插与檐柱间隔一挂方关系，可推出檐柱高。

再次，得出檐柱高后，便可依据"竹竿水"屋顶的四分和五分起水推出屋顶坡度和中柱高。

最后，台明高度则依建筑立面整体宽高为 2.4 和 2.5 比值推出。至此，平房部分的设计基本已完备。

（2）楼房建筑

楼房建筑设计与平房的设计思路大致相同，其中不同的有：

①厦楼的披厦与主屋顶斜率一致，披厦上端与里方木、窗台位置等高。披厦檐口和走廊楼的前檐照面方下皮的高度约明间的一半。

②上下层高划分依据其与中跨进深尺度为 0.5 或 0.6 比值关系推出，或者通过"七上八下"原则划分层高。

③台明高度则依建筑立面整体宽高为 1.9~2.2 的比值推出。

六、结语

南甸宣抚司署用尺应为大理地区的营造尺，尺长范围在 275.5~283.4mm，平均尺长为 280.1mm。其院落与建筑单体设计均与等级相关联。此外，在布局上，衙署中的私域尺度较公域尺度大，表示对家宅设计的重视，这是土司衙署与流官衙署的本质区别。

在保护上，应更加注重保护和延续南甸衙署建筑设计方法。在进行修缮工程时建议严格遵循大理地区传统的营造尺法，利用尺长范围在 275.5~283.4mm 的营造尺进行测量与修复工作。在院落布局保护上：使用以 4 营造尺构成的基本网格系统进行规划。其中，特别注重保护中轴线上各进院落的深度和宽度设计方法，即延续面阔向宽度层面上扩展 2 个 4 尺的递增模式，以及保留进深层面上主体建筑进深 9 个 4 尺，北部厢房面阔增加 1 个 4 尺的调整方式。同时，保持两侧旁院落对中轴院落的衬托和从属关系，这就要求修复院落时，务必保证其起点或终点与相应的中轴院落基准线对齐。在单体建筑保护上：遵循建筑自下而上、由内至外的建造顺序。特别要重视并延续建筑元素设计中的比例关系与形态构图特征，包括：等级差异下的建筑开间进深尺寸和构图特征，厦柱和檐柱、京柱高度与进深的比值关系，中柱和窗台高度与屋顶"竹竿水"的起水关系，平房和楼房的檐口高度与开间关系，立面上的开间构图形态，台明高度与建筑整体宽高的比值关系等。

参考文献：

[1] 吴承洛. 中国度量衡史 [M]. 北京：商务印书馆，1984.
[2] 云南省设计院《云南民居》编写组. 云南民居 [M]. 北京：中国建筑工业出版社，1986.
[3] 宾慧中. 中国白族传统民居营造技艺 [M]. 上海：同济大学出版社，2011.
[4] 云南省梁河县志编纂委员会. 梁河县志 [M]. 昆明：云南人民出版社，1993.

论贵州民居建筑穿斗架地域特征 ❶

乔迅翔 ❷

摘　要：贵州是我国穿斗架最丰富、最典型的地区之一。在记录研究兴义、松桃、安顺、赤水、黎平等代表性穿斗架技艺基础上，考察贵州全境的民居建筑木构架做法，归纳贵州各地域穿斗架特征，初步探讨穿斗架流布的历史过程，有利于整体把握南方民居建筑木构技术的地域特征。

关键词：贵州民居建筑　穿斗架　建筑地域特征

木构架是我国传统建筑的核心内容，集中体现了建筑的地域和时代特征。学界很早就认识到，南方民居建筑多采用穿斗式构架，北方多为抬梁式构架。而就南方来说，不同地区穿斗架样式也有差别，我们曾把穿斗架分为穿枋型、插枋（梁）型、箍梁型及叠梁型等，并建立它们之间的亲缘关系，[1] 可据此进一步描述和探讨穿斗架的地域特点。比如，贵州穿斗架总体上为穿枋型，云南多作叠梁型，汉中一带常见箍梁型，与斜梁结合的穿斗架多见于广西西南地区。其中，穿枋型作为经典穿斗架，在我国流布最广。所谓穿枋型穿斗架，是由贯通的穿枋、挑枋串联柱身，构成一榀山形屋架，再由牵枋（斗枋）、挂枋（有的不设，直接用檩条）等构件拉联各榀屋架，最后檩上钉椽皮，形成木构架。而同属穿枋型的贵州境内穿斗架，它们在构架组织、构件样式及榫卯做法等方面往往也有差别，显示作为经典穿斗架的穿枋型还存在诸多亚型，且与特定地域相联系。与南方其他省份相比，贵州穿枋型穿斗架使用普遍且多样，极具典型性和代表性。

刘敦桢 1939 年自昆明经贵阳到重庆的途中，留意到云南、贵州、四川民居建筑在壁体、用瓦、建筑结构乃至出檐挑梁等方面的异同。比如，盘县（今盘州市）至贵阳一带建筑墙体多用木板，遵义等地则有"编竹为壁，内外涂泥刷白垩者"；再如遵义至桐梓的建筑出檐方式，"于柱上施挑梁，外端微反曲若栱形，俱未见于他处，疑为川省特有之结构法，自川南波及滇北、黔西一带也。"[2] 当前学界对黔北、黔南等地的土家族、苗族、侗族等民族的民居建筑研究取得了深入且丰富的成果 ❸，我们对贵州多地穿斗架作了调查，并完成黔东北、黔西南、黔东南及安顺、赤水等地的穿斗架技艺研究论文。[2-8] 这些调查研究成果为进一步探讨贵州穿斗架类型和地域特点提供了基础。

一、作为重要类型的贵州穿斗架

穿斗架不同于抬梁架，主要有两点：一是由柱头直接承接檩条，二是由梁枋拉连柱身。这两点是穿斗架的必要条件，成为判别穿斗架的依据。在这两点底线之外，现实中的穿斗架家族十分庞大，体现在构架组织、构件形式、构造节点做法等诸多方面。分类是有效简洁的分析途径，通过分类建立类型和模式，揭示和展现构架主要特点。但分类往往只是抓住某些关键因素作为判断标准，简化了现实中的丰富性，而更多的分类层级可以在一定程度上补其不足。

构造节点是构架组织、构件形式等其他诸多方面的集中体现，如，柱枋之间采用穿、插、箍、挂等不同榫结节点，与其构件断面、构架组织方式紧密相关，三者具有高度一致性。以榫结方式对穿斗架进行分类的研究我们已初步完成，可据此建立描述穿斗架的大框架（图 1）。这是穿斗架分类和描述的第一层级。

贵州穿斗架总体属于其中的穿枋型。穿枋型穿斗架的主要特点是，每榀屋架是以穿枋贯通串联各柱身而形成的。那么，穿枋型穿斗架的多样性体现在哪些方面呢？作为第二层次分类，更多关注构架组织形式和构件样式。构架组织上，包括横架的落地柱多少、穿枋密度、挑檐做法等，纵架的牵枋、挂枋、地枋等组合系统（体现在空间上有干栏楼居、平房地居等之别），以及与构架相关的楼板、墙板、屋面做法等。构件样式，以挑枋最富于变化。这些因素已不再关涉穿斗架本质内容，却因此而形成构架特色。值得注意的是，诸多要素往往以组合配套面目出现，呈现出某种稳定的规制性做法（图 2）。

穿斗架的分类研究，是基于穿斗架实物的归纳，而非逻辑推演。这里以贵州大量丰富样本进行分析。考虑到这些样本事实上涵盖川渝、湖湘、广西等地样式，因此贵州一地情形很大程度上也反映了我国穿枋型穿斗架的全貌。

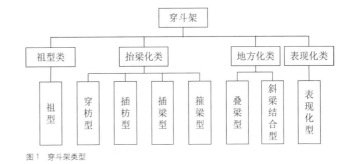

图 1　穿斗架类型

---

❶ 国家自然科学基金项目"南方土司建筑研究"（项目编号：52078295）相关成果。
❷ 乔迅翔，深圳大学建筑与城市规划学院，教授。
❸ 贵州民居木构架有关研究成果难以枚举，包括李先逵《干栏式苗居建筑》、罗德启《贵州民居》、蔡凌《侗族聚居区的传统村落与建筑》、巨凯夫《南侗风土建筑谱系研究》、罗建平《安顺屯堡的防御性与地区性》、肖冠兰《黔北民居研究》（硕士论文）、陈敏《石阡县仡佬族民居建筑研究》（硕士论文）等。

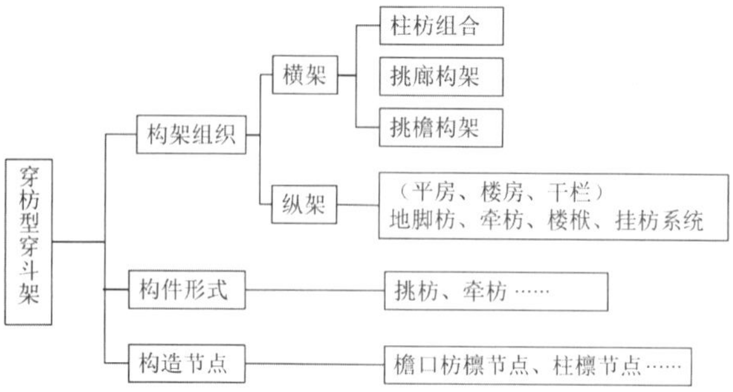

```
                    ┌─ 柱枋组合
              ┌─ 横架 ┼─ 挑廊构架
              │      └─ 挑檐构架
       ┌ 构架组织┤
       │      │      ┌─（平房、楼房、干栏）
穿枋型  │      └─ 纵架 ┤
穿斗架 ┤             └─ 地脚枋、牵枋、楼栿、挂枋系统
       │
       ├ 构件形式 ──── 挑枋、牵枋……
       │
       └ 构造节点 ──── 檐口枋檩节点、柱檩节点……
```

图2 穿枋型穿斗架特征要素

二、贵州穿斗架典型式样

本文选取黔西北赤水市、黔东北松桃县、黔东南黎平县、黔西南兴义市、黔中安顺市的民居案例进行分析，以此作为基准，再与贵州境内外大量案例相对照，探寻它们之间的异同及其亲疏关系。

五地穿斗架典型式样说明如表1所示。需要指出的是，同一地方的穿斗架往往也存在其他式样，但如果它们不是主流做法，或者在其他地方也很常见，这里就不作为"特点"列出了。也就是，所谓的特点是相较其他地方来说的。比如，黔西北赤水民居中挑枋有平出、刀形、上翘数种，而以弯曲上翘做法为该地区常用，且在贵州其他地方相对少见，被视为地方特色。同样，黔东北松桃民居以刀形挑枋为特色，黔东南、黔西南以平出挑枋为常法。这样就提炼出了各地方的典型穿斗架式样。各地的典型穿斗架式样的确认，是基于大量实例分析和观感而得出的，这里不做赘述。

从横架上看，每榀构架的柱枋组合，在黔西北赤水呈方格形，称作"亭子空"。贵州各地"亭子空"的大小形状，因柱瓜组合、穿枋间距大小而不同。比如，在黔西南兴义一带，穿斗架多为一柱二长瓜有规律组合，穿枋密集，架空柱无地脚枋，与黔西北屋架形式的疏朗整齐形象大相径庭。

在纵架上，南北穿斗架重大差别与干栏式通行与否十分相关。干栏式楼居，其构架在柱身中下部设楼栿拉结相邻榀架，纵向结构得以加强，因此多不再设地脚枋，如兴义布依族穿斗架。而地居的土家族穿斗架，则重视地脚枋设置，地脚枋如同圈梁箍住柱脚。

贵州穿斗架的构件，总体上甚为简朴，其中以挑枋富有变化，以及少数檐瓜、牵枋、撑弓（挑枋下斜撑）等构件作弯曲形变雕刻之类装饰化处理。在榫卯方式上，多数以枋身作为直榫，或以枋头作带肩直榫穿过柱身，其中黔东南侗族民居榫卯尤为发达，枋枋连接出现数种复杂的复合榫做法，为其他地区所未见。

三、贵州穿斗架的分布特征

贵州五地穿斗架典型样式，地域差异明显，理应具有"中心—边缘"的分布特征。不过，穿斗架遍布南方，如果仅考察贵州一省，样式之中心就不能确定；而各样式间交融渐变，其边缘区域亦难以精确指定。这里就现有考察资料，以自然地理和行政区划为基础，对贵州穿斗架分布作初步探讨。

居于黔西南一隅的兴义穿斗架，堪称典型，但其流布范围较

贵州省民居建筑典型穿斗架式样做法表 表1

	黔西北赤水市	黔东北松桃县（正房中跨）	黔中安顺市（正房中跨）	黔西南兴义市	黔东南黎平县
横架剖面图示例	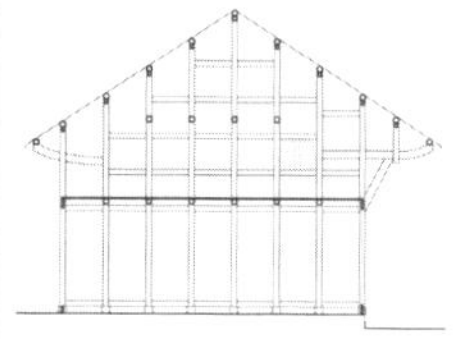	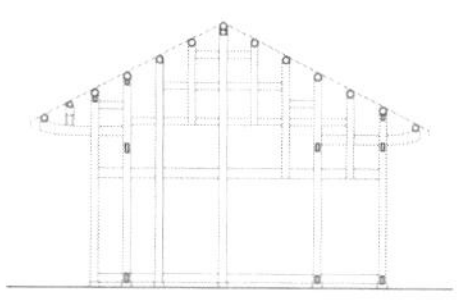	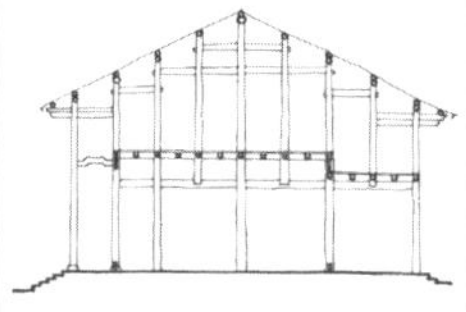	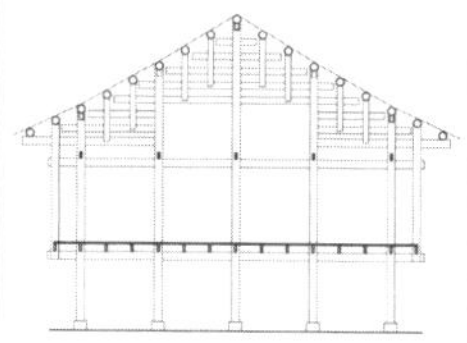	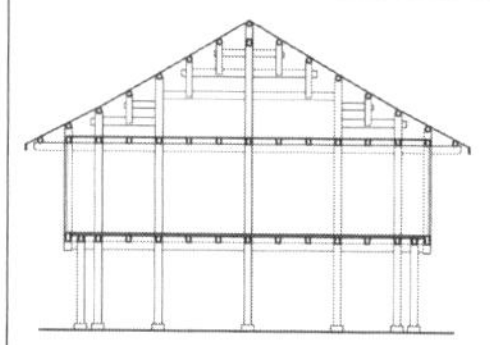
柱枋组合/围护墙体	柱柱落地，方格形，编竹夹泥墙	柱+长瓜，屋身木板墙	柱+长瓜组合，简约构架，砖墙或夯土墙围护	柱+长瓜组合，穿枋密集；山面屋架或不封闭或仅钉木板，屋身封以板墙	柱+短瓜组合，其中瓜枋作为活跃单元，形成多种规模简约构架，木板墙封闭
挑廊构架	少见挑廊	正房无，厢房有作三面挑廊或仅山面挑廊	少见挑廊	多设有挑廊	多设有挑廊
挑檐构架	斜撑挑枋组合、十字挑等，出跳一步或两步	正房正面挑两步，设檐瓜	挑枋平出，出跳一步	挑枋平出，出跳一步	挑枋平出，出跳一步
步距	1.05m~1.2m（3.1尺~3.3尺）	0.54m~0.87m（1.7尺~2.75尺）	0.96m（3尺）常见	小步2尺，大步6尺	0.6m~0.8m 常见
纵构	柱头挂枋、柱身楼牵和上牵、柱脚枋	落地柱柱头挂枋、柱身牵枋、兜圈柱脚枋	落地柱柱头挂枋、柱身楼牵或上牵、柱脚枋	柱身楼牵和上牵，无柱脚枋	柱身楼牵和上牵，少挂枋，多无柱脚枋
挑枋样式	翘枋、平出枋、栱形枋	拱形枋，上翘幅度小	棒条与平出枋组合	平出枋	平出枋
穿枋牵枋等样式	多扁作，少见月梁	多扁作，少见月梁	正面构件喜作月梁，堂屋抬担多为圆作略上拱	多扁作，少月梁	多扁作，露明枋喜作琴面凸形
挑檐檩与挑枋节点	搁檩	搁檩	上部棒条开椀口+下部挑枋置替木承檩（替木或省）	搁檩	搁檩
其他榫结	穿榫、直榫、挂榫、燕尾榫、椀口榫	穿榫、直榫、挂榫、燕尾榫、椀口榫、巴掌榫	穿榫、直榫、挂榫、燕尾榫、椀口榫	穿榫、直榫、挂榫、燕尾榫、椀口榫、三合榫	常规榫卯外，另有鸳鸯榫、龙舌榫、荷包榫、油桶榫

小，即使是邻县兴仁等地的住宅都已作地居，仅屋架形式两者近似（如局部长瓜多穿贯通）。作为另一种典型的黎平侗居穿斗架，当前地居趋向明显，就其穿斗架技艺来说，远高于周边地区，独树一帜，表现在构架广泛适应性、瓜枋单元使用灵活性、榫卯发达等方面。柱瓜组合的简约穿斗架在南部最常用，如果撇开干栏式不谈，其构架形式与贵州东部、中部的穿斗架十分类似。

黔西北赤水穿斗架，以方格山面和挑檐构架为主要特色，流布至习水、遵义市区周边地区，在湄潭还可见一些白墙木柱方格意象，但柱柱落地的情形在此几乎已绝迹。向南至毕节、织金一带（云南昭通亦同），还可看到山面方格子构图以及板凳跳、斜撑翘挑等做法，总体上属于赤水穿斗架系统。黔东北松桃穿斗架，以长瓜组合和翘挑出檐为主要特色，西至道真、正安、凤冈、湄潭一带，南至石阡、万山等地。以安顺为代表的贵州中部及周边一带的穿斗架最为简约，也流布最广，大约北至铜仁，西至盘州市，南边苗岭山区也可见其明显影响，故可看作贵州穿斗架的主体。

总的来看，贵州民居穿斗架流布总体上呈现为"南北两分＋东西相异＋中部走廊"的格局。

首先是南北两分。理论上大体以苗岭为界，其南传统民居多作独栋干栏楼居，其北民居常作庭院组合，正屋为地居，部分厢房作干栏式。干栏楼居因设有大量楼枕（楼牵），通常不再设地脚枋；而地居建筑多在地面设近似圈梁的地枋，牢牢箍住木构架柱脚，以加强整体构架的稳定。同时，在出檐挑枋样式上，南部多平挑一跳，北部作栱状上翘或加斜撑或作十字跳之类，有的还出两跳。

其次是东西相异。大体以凤冈、湄潭、遵义为界，其西为赤水穿斗架样式，即柱枋呈方格，嵌以编竹夹泥墙，深色方格和白色墙面形成醒目山面。分界地带以东，各穿斗架大体是在松桃样式上变化而来，多为有规律的柱瓜组合形式，南部苗族、侗族等干栏式楼居穿斗架也与之类似。

此外，还隐约存在一条带状"走廊"，即贯通镇远、贵阳、安顺、盘州市的交通线周边地区，这一走廊横贯贵州东西部，处于南北交界位置，且与贵州东部重合。这一走廊与上述东部的穿斗架，两者大体同属一个系统，即民居正屋皆为柱瓜组合的简约型。

上述的穿斗架分布格局是作为大的趋向提出的，各区域间必然存在交叉混合地带，呈现渐变现象。例如，赤水的柱柱落地做法，逐步过渡为凤冈务川的落地柱＋长瓜结合，最终在铜仁江口一带开始出现柱＋短瓜的构架组合；再如，北部挑檐的拱形翘枋，往南逐步减少直至消失，最终几乎全作朴实的平出挑枋；原流布在南部的干栏式穿斗架，越过贵州中部走廊一带后，北部仅在民居厢房中常见。

贵州南部干栏穿斗架分布呈退缩趋势，与地居穿斗架分布地区犬牙交错。例如，在安顺黄果树附近仍可见到干栏楼居，而地居住宅也已遍布苗岭深处的平塘县等地。目前保留下来的干栏式住宅，仅在远离中心城市地区或深山之中，如兴义、荔波等地。

四、结语：穿斗架地域特征的形成

与福建、江西、湖南等省拥有相对完整的地理空间不同，贵州省界晚出且更多出于人为。从军镇卫所转作民政区划，从控制交通驿站一线到深入全境，贵州建省过程伴随着建筑传播演化，以至在今天的民居建筑及其穿斗架流布上仍有所体现。穿斗架分布现象无疑是历史长期发展的结果，与中央政权进入的先后和进入的方式有关，可分为四个阶段：

第一阶段，明洪武年间自镇远至盘县一线集中设立卫所屯堡，贯通贵州中部，人员、物资等持续流动，带来了苏皖赣一带的全新穿斗架技术，形成穿斗架通廊。

第二阶段，明永乐年间对思南及思州地区改土归流并设立贵州省，铜仁、石阡、镇远等地人员物资等往来加强，中部通廊一线的卫所屯堡等穿斗架技术得以北传，形成穿斗架。

第三阶段，明万历、天启年间部分地区划归四川，来自川渝的建筑营造技术大规模传入，形成穿斗架。

第四阶段，清雍正年间在延续本土建筑做法的同时，新的建筑营造技术开始进入，形成穿斗。其穿斗架保留了较多的本民族干栏底色。

参考文献：

[1] 乔迅翔. 基于演化视角的穿斗架分类研究[M]// 贾珺. 建筑史（44辑）. 北京：清华大学出版社，2019：37-52.

[2] 刘敦桢. 川、康古建筑调查日记－1939年8月26日~1940年2月16日[M]// 刘敦桢. 刘敦桢文集（三）. 北京：中国建筑工业出版社，1987：226-231.

[3] 乔迅翔. 侗居穿斗架关键技艺原理[J]. 古建园林技术. 2014（4）：19-24.

[4] 乔迅翔. 黔东南苗居穿斗架技艺[C]// 贾珺. 建筑史（34辑）. 北京：清华大学出版社，2014：35-48.

[5] 乔迅翔. 黔西南布依族民居穿斗架营造技艺[C]// 吕舟. 2016年中国建筑史学年会论文集. 武汉：武汉理工大学出版社，2016：74-82.

[6] 乔迅翔. 安顺屯堡穿斗架技艺[C]// 中国建筑学会建筑史分会，重庆大学建筑城规学院. 2018中国建筑学会建筑史学分会学术会议论文集. 重庆：重庆大学出版社，2019：243-251.

[7] 乔迅翔. 贵州铜仁地区穿斗架营造技艺[C]// 河南省文物建筑保护研究院. 文物建筑（第12辑）. 北京：科学出版社，2019：16-28.

[8] 白天宜.（赤水）大同古镇会馆建筑复原设计研究[D]. 深圳：深圳大学，2016.

黄土高原地区民居"间架"体系建构机制与基因图谱研究[1]

陈慧祯[2] 李岳岩[3] 陈 静[4] 鞠亚婷[5]

摘 要：不同于材分制、斗口制对建筑微观构件层面的标准化规范，或合院形制对民居宏观整体层面的标准化规范，"间架"体系的标准化层级介于两者之间，基于中观视角从单个"间"的木构原型出发，关联微观部品构件与宏观建筑形制。本文引入聚落景观基因理论的相关研究，结合实地调研与文献整理，分析总结民居"间架"体系的建构逻辑，提取归纳黄土高原地区民居"间架"体系的基因图谱，为民居的现代化转译提供形制积累与新路径的探索。

关键词：间架结构 建构机制 基因图谱 黄土高原地区 景观基因理论

德国学者雷德侯（Lothar Ledderose）将中国建筑文化能够丰富多样的原因归结为"模件"（Module）应用[1]。从标准化元素、零件组合成"模件"，再由"模件"依据规则形成变化繁复的单元，模件重组既涵盖模件自身的独立重构，又包含模件间的多重组合[2]。传统木构建筑体系由原始材料梁、柱与其余构件组成相对完整的构件群组——"间架"，间架作为基本结构体，具有空间与结构的双重属性，是建筑设计与结构建造的共同语言和操作对象，既是建筑规模的单位，也是空间尺寸的单位。间架体系一方面向更高层级兼容，对开间、步架、楼层、空间功能、屋架、单体建筑与合院形式与尺度进行限定与变化；另一方面也向更低层级兼容，对构成基本结构体的梁、柱、墙的材质、尺寸与形式，以及节点构造形式进行多样变化[3]。从多层级的模数控制系统，以及多维度、多样化的建构逻辑来控制协调建筑整体形制。

一、传统木构"间架"体系

"间架"一词最早可追溯至汉代槫架法，至南北朝时期不断发展演化，随着木构建筑的成熟，唐代时期"间架"表记方式与术语已经发展成熟。"间架"不仅是木构建筑标准化、制度化的必然的结果[4]，也是我国传统木构建筑发展成熟与否的重要标志。从表示木构建筑规模的计量单位逐渐演化出礼制等级与形制技术的含义，"间架"体系也成为反映我国古代木构形制本质特色的标记形式。

"间架"由横向的"间"与纵向的"架"组成，间与架从纵横两个方向上形成了对木构建筑整体结构与空间规模的限定。其具体释义为："间"即为开间，在《营造法式》中释义为：房屋正面（纵向）外檐相邻两柱间的空当。用二柱为一间，三柱为两间，四柱为三间……十四柱为十三间。间数表示房屋正面的规模。"架"即为步架，在《营造法式》中释义为：屋架每相邻两博之空当，又称为"椽"。架或椽数表示房屋侧面（横向）或屋架的规模，也指屋架用檩数，几架即几根檩的屋架。

二、"间架"体系的建构机制

1."间架"的分级模数控制体系

"间架"不仅是表示建筑规模的单位，在木构架中也作为建筑的基本"模数"，并由此形成分级模数控制体系。木构建筑中从整体建筑到构件尺寸，每个层级都遵循同一"间""架"的尺寸标准，"间"与"架"以直接或间接的形式控制着建筑整体与构件尺度，由此产生符合院房—间架—构件三个层级尺度的模数体系与模数协调规则。一方面，"间架"体系能够限定并控制宏观层级的单体建筑与院落规模，以民居建造的大木匠人的口诀为例，有"七不过五""五不过三""三不过二"的基本规范[5]，即七柱的步架前后檐柱不超过五丈，五柱的步架不超过三丈，三柱的步架不超过两丈。从步架数量直接控制建筑总体进深尺寸，进而也规定单体建筑整体规模，而传统民居正房规模的限定也基本确定了一进院落宽度尺寸，与东西厢房开间的尺寸相加，即能确定一进院落长度尺寸，院落的整体规模也由此确定。另一方面，"间架"体系能够对微观层级的构件与材料尺寸进行模数控制，以《清式营造则例》为例，首先，"先定面阔进深"；其次，由明间面阔的尺度定出檐柱柱高与柱径，七檩、六檩小式建筑柱高与明间面宽比例为8：10，五檩、四檩小式建筑比例为7：10，檐柱柱高与柱径比例为11：1；再次，由柱径的4~5倍定出廊步架、金步架尺寸，柱径的2~3倍定出脊步架尺寸，最后再由柱径、柱高、步架尺寸定出不同柱、梁、瓜柱、桁枋、椽以及举架等各部件尺寸。

2."间架"的多维度控制方法

无论是贝米斯模数理论以1个立方体为标准单位，在空间三个维度上对房屋各构成部分进行尺寸控制，还是日本以910（榻榻米宽）为模数形成二维平面上的模数控制秩序，都是在尺度数值层面上建立一种控制建筑全局的规格秩序[6]。而"间架"体系对各构成部分如开间、步架、屋架等的模数控制均从数量/形式以及数值/尺寸两个维度相互限制，共同协调建筑的规模与尺度。

---

[1] 国家自然科学基金面上项目（项目编号：52078402）。
[2] 陈慧祯，西安建筑科技大学建筑学院，博士。
[3] 李岳岩，西安建筑科技大学建筑学院，教授。
[4] 陈静（通讯作者），西安建筑科技大学建筑学院，教授。
[5] 鞠亚婷，西安建筑科技大学建筑学院，硕士。

以开间与屋架为例，开间从开间数、开间值两个方面对建筑横向尺度进行控制，三开间房屋的开间值可以是3000nm、3300nm也可以是4200nm等，而以3000nm为开间尺寸的房屋可以是三个开间、四个开间或五个开间数量等；屋架同样以形式、数值两方面作为控制房屋屋顶形式的依据，双破屋架的举架标准可以是三举、五举或七举，而五举的屋架可以是单破、对称双破或不对称双破屋面。

3．"间架"的标准化与多样化、地域化设计方法

"间架"体系的标准化与多样化建造方式，是从开间与步架尺寸相同的"一间一架"标准原始结构体（Prototype），演进到成熟的"三间六架"基本结构体（Type）。在地域的气候环境、地形地貌、社会文化等影响因素下，传统匠人基于木构"间架"的标准形态，从基本尺度模数、平面与屋架形式与合院形式等方面形成具有地域特征的系列变化，创造出无限变化的民居设计方法（图1）。

黄土高原地区是中华民族的摇篮和文化的发祥地之一，地跨7个省区，曾长期是我国政治、经济、文化的中心地区，又是我国多民族交汇地带，民居建筑类型丰富，是北方民居的重要组成部分。本文聚焦黄土高原地区木构合院民居，引入生物学中基因分析方法，分层次解析"间架"体系在黄土高原地区的内在特征与外在表征，借鉴景观基因的结构提取法、元素提取法、含义提取法等方法[7]，按照"间架"体系建构层级，建立黄土高原地区开间、步架、建筑平面布局以及合院类型的基因图谱。

三、黄土高原地区民居"间架"体系基因识别与图谱构建

1．"开间"数与"开间"值

关于民居或小式大木的"间架"制度记载，最早可追溯至唐代《营缮令》记载"庶人所造堂舍，不过三间四架"，唐代以后《宋史·舆服志》记载："庶人舍屋许五架"，《明史·舆服制》记载："庶民卢舍不过三间五架"，历代对于"间"的规模限制均严格于"架"，"庶人屋舍"的规制记载也均为"三间"。尽管严控开间，但上有条律，下有对策，以关中、陕西、河南地区为主的民居通过"三明两暗"的形式争取正房五开间，或在正房两侧增加耳房来扩大使用面积，因此黄土高原地区民居正房多为三开间、五开间形式。

传统建筑开间、步架的度量标准均需遵循营造尺的变化，在官尺的基础上，民居营造尺演进出具有地域特征的"乡尺"。与南方地区不同，黄土高原地区乡尺基本以32cm为一尺的模数来进行民居营造，部分晋北地区遵循31.6cm为一尺，关中地区既存在32cm为一尺，也存在31.7cm为一尺的现象[8, 9]。以营造尺为基础模数，黄土高原地区建筑正房开间尺寸多在八尺到一丈一尺（2.56~3.52m），单坡屋顶房屋建筑开间多在2.60~2.90m，厢房开间则为2.70~3.10m。

2．"步架"数与"步架"值

从民居的山面结构形式上来看，黄土高原各地传统民居主要的步架形式有木屋架承重与硬山搁檩式两种。木屋架承重是以木构架承重为主，砖墙或生土墙为外部围护结构和辅助围护结构，木屋架又分为抬梁式承重结构和梁柱平檩式构架（不起坡平顶屋构架），木构架作为房屋骨架，承受屋面重量，墙与骨架脱开只承受自重并作为围护结构和分隔空间之用，称之为"墙倒屋不塌"；硬山搁檩式是在木材匮乏的山西部分地区，以生土墙或砖墙承重来代替木步架，水平木梁架在前后墙上，檩条直接担在两侧山墙与木梁架上。无论何种结构形式，均以步架的形式控制民居山墙的尺度与类型。黄土高原地区民居"步架"形式从单步架到六步架均有涉及，每一步架的步距尺度多以4尺（1.28m）为模数，正房进深多为一丈六尺左右，即512cm左右[10]，当厢房或正房进深较小时，用五架梁会浪费材料，也不经济，因此会扩大"步距"，采用三架梁的形式，运用叉手或增加稳定性。

"步架"不仅反映建筑进深与山面构造形式，也表示屋面形式和坡度。从屋顶形式上来看，黄土高原地区传统民居屋顶形式主要有双坡、单坡、平屋顶三种，双坡又可分为等分双坡、边坡。单坡多为关中地区厢房屋顶形式，由于院落狭长，两侧厢房进深仅为正房一半，双坡不利于排水，因此有了房屋半边盖的传统。受降雨量的影响，黄土高原地区屋顶呈现南坡北缓的趋势[11]，坡度范围从0°~45°不等。分布于300mm等降水量以下的宁夏北部、陕北、晋北部分地区建筑屋顶坡度多小于5°，并且屋顶设有女儿墙来组织排水，而在500mm等降水量以上的关中、晋中、晋南以及豫西地区建筑屋顶坡度多在20°~45°。基于此建立黄土高原地区乡村民居建筑的"间架"图谱（表1）。

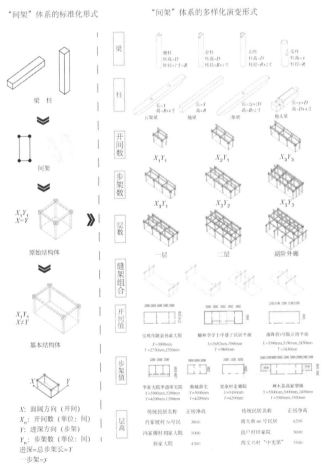

图1 "间架"体系的标准化与多样化演变形式

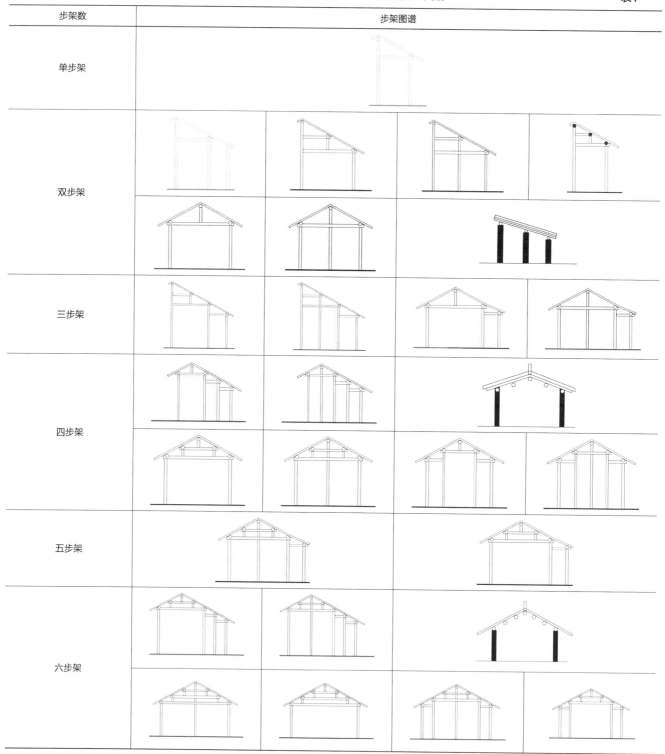

黄土高原地区乡村民居建筑平面布局类型图谱　　表1

3. 平面布局

传统民居的建筑单体无一例外均由多个间并列而成，依据有无檐廊，黄土高原地区的建筑单体在平面组合上分为：挑檐式、檐廊式以及虎抱头。挑檐式与檐廊式是黄土高原地区最为常见且通用的形式，檐廊式是在建筑立面前立一排檐柱形成檐廊。廊道宽度随建筑的主次变化而各有不同，宽度少则1.5m左右，多则2.5m。五开间檐廊式又可根据第一排檐柱与前檐墙之间的相互位置关系分为"五开间通廊"和"明三暗五"两种形式。"明"即公共空间，常常位于院落的中轴线上，是举行祭祀、议事、存放先祖牌位的地方，一般不作为寝室；"暗"即私密空间，位于正房的梢间或明间两侧，分别是长者、父母或长子的寝室。虎抱头则是陇西、陇东以及宁夏的回族传统民居正房最常用的一种建筑形式，为增加室内采光，提高冬季建筑得热以及减少风沙对建筑入口的影响[11]，明间后退一步架距离，次间在明间后退产生的新墙位置处设门或窗，以利采光通风，其平面呈"凹"字形，形成单间前廊的形式。在单体建筑内通常会根据居民生产生活的功能需要，对平面进行分割以生成不同空

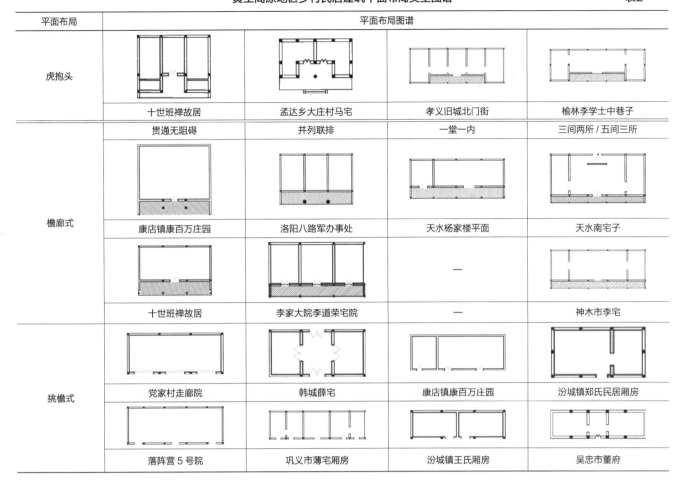

间，平面一般可分为五种布局类型："贯通无阻碍""并列联排""一堂两内""一堂一内"和"三间两所"（或"五间两所"）。基于此建立黄土高原地区乡村民居建筑的平面布局类型图谱（表2）。

4. 合院类型

院落是中国传统民居的最终呈现形式，是由正房、厢房、倒座等单体建筑围合而成的矩形平面，在地形、气候、人口等因素的限制下，院落可长可短、可窄可宽、可大可小，随形就势变化万千。以晋北、陕北、陇西地区为代表的黄土高原地区北部与西北部地区，多分布于北纬37°以北[12]，由于太阳高度角较小，冬季漫长且寒冷，为了获取更多日照，尽可能减少建筑物的遮挡，因此形成宽敞的阔形院落。而以关中为核心的豫西、晋南、晋中、陇东地区，一方面由于气候逐渐变暖，建筑需要夏季遮阴；另一方面汾渭平原自古人口稠密，人地矛盾尖锐，南向用地受到严苛控制，因此呈现由北向南院落逐渐变窄的现象，关中地区合院最为狭长，宅院面阔与进深比最大可以达到1∶3。本文将未被两侧厢房遮挡的正房开间数量（即正房露脸宽度），作为院落宽窄的评价标准，正房露脸小于一开间为"超窄型"院落，一至二间为"窄型"院落，二至三间为"宽型"院落，大于三间的称为"超宽型"院落[12]，并以此建立黄土高原地区乡村民居建筑合院类型图谱（表3）。

续表

院落类型	院落图谱			
"窄型"院落	肖家坡76号民居	韩城党宅院落平面	韩城党宅院落平面	贾家分银院民居
"宽型"院落	天水杨家楼	天水杨家楼	白宅	榆林李学士中巷子
"超宽型"院落	海原县穆宅	神木市李宅	吴忠市马岳坡故居	神木市高家堡镇

四、结语

研究发现，相较于大式大木，"间架"在以民居为主的小式大木建筑中起到了更为关键的决定性作用，是民居的原型与基准。基于"间架"体系的建构准则，黄土高原地区民居在间架类型、尺度，建筑平面类型，民居合院组成层面与自然环境与社会文化密切相关，在民居演进中形成独特的地域性与文化基因的多样性。

在后续研究中，团队将基于民居的"间架"建构逻辑与黄土高原地区的"间架"体系特征，面向现代化居住需要，结合工业化的新材料与生产方式对其进行现代转译与传承，形成民居现代化营建的语言系统。

参考文献：

[1] 雷德侯．万物：中国艺术中的模件化和规模化生产[M]．张总，等译．北京：生活·读书·新知三联书店，2005．
[2] 孔宇航，辛善超，张楠．转译与重构——传统营建智慧在建筑设计中的应用[J]．建筑学报，2020（2）：23-29．
[3] 乔梁．结构的构件化思维、操作及建筑形式[D]．南京：东南大学，2018．
[4] 张十庆．古代建筑间架表记的形式与意义[J]．中国建筑史论汇刊，2009：109-128．
[5] 孙大章．中国民居研究[M]．北京：中国建筑工业出版社，2004．
[6] 周晓红，林琳，仲继寿，等．现代建筑模数理论的发展与应用[J]．建筑学报，2012（4）：27-30．
[7] 申秀英，刘沛林，邓运员．景观"基因图谱"视角的聚落文化景观区系研究[J]．人文地理，2006（4）：109-112．
[8] 李浈．官尺·营造尺·乡尺——古代营造实践中用尺制度再探[J]．建筑师，2014（5）：88-94．
[9] 李浈，刘军瑞．近世的区域"营造尺"南北差异比较——"乡尺"的共时性特征解读[J]．建筑史学刊，2023，4（1）：18-30．
[10] 孙鸽．汾渭平原典型合院民居绿色建造经验研究[D]．西安：西安建筑科技大学，2022．
[11] 王军．西北民居[M]．北京：中国建筑工业出版社，2009．
[12] 左满常，渠滔，王放．河南民居[M]．北京：中国建筑工业出版社，2012．

建构视角下的广东开平立园"泮立楼"窗户多层构造研究

夏珩[1]　白雨晴[2]

摘　要： 从建构的视角考察立园"泮立楼"窗户的构造，分别以位于一层和屋顶楼梯间的窗构造为研究对象，讨论窗构件和窗洞的设计。研究指出，一楼的窗构件具有 5 个多层构造特征，并通过与相邻建筑群的比较，辨析了此构造层次的排序原因；屋顶楼梯间的窗洞浅空间具有 3 个层次。文章揭示了上述设计与当地气候、场所、构造、材料、功能、空间、居住品质等内部、外部设计议题之间的密切关系。它是利用窗洞的深度空间和窗构件的多层构造来应对复杂设计议题的典范。这也为开平碉楼的窗户研究提供了新的视角。

关键词： 开平立园　"泮立楼"　窗构件　多层构造　窗洞口浅空间　设计议题

　　学界迄今对于开平碉楼建筑的研究已具有相当多的维度与深度，不少学者已经尝试从历史、文化、样式、功能、风格、装饰等不同视角进行挖掘、陈述、分析与呈现[1, 2]。其中稍有不足的是，从材料、结构、构造与建造层面的探讨较少。开平碉楼建筑处于一个特殊的历史时期，即在当时西方近代的新式工业材料、结构技术和建造方式已经从中国多个条约口岸城市传入中国沿海地区[3]。五邑侨乡是应用此类新式技术的较早地区之一。因此，从这一层面看，此地碉楼建筑的建造条件与设计复杂性都应该不同于通常的中国传统建筑。故而，本研究试图从建构设计的角度再次审视、挖掘其价值。

　　对于已有的一些涉及建构层面的研究[4, 5]，它们较多关注于碉楼建筑的材料、施工等较为宏观的层面，而较少聚焦于更次一级的建筑部件，比如窗的设计。

　　与中国传统建筑相比，开平碉楼的窗设计恰恰具有自身的地域、时代特征——它的构造层次更多、材料更加新颖。其中，从应对设计议题的复杂性层面而言，广东开平自力村赓华里立园"泮立楼"的窗户设计是一个极端案例：首先，位于一层的窗构件居然具有 5 个构造层，其排序也有别于通常的碉楼；其次，位于屋顶楼梯间的窗洞厚度仅 120mm，却具有类似浮雕的 3 层浅空间。因此，本文认为有必要从设计角度深入研究（图 1）。

　　下文对"泮立楼"的窗设计的陈述与分析将依据以下架构展开：窗可以被分为两个层级，即建筑围护结构提供的洞口和附着其中的窗构件[6]；设计过程据此可以被分为三个层级，洞口在建筑围护结构上的分布与组织、窗构件的设计，以及窗构件与洞口之间的关系。[7] 本文着重讨论后两个层次。研究方法则是借鉴日本设计师塚本由晴（Tsukamoto Yoshiharu）在《窗，光与风与人的对话》[8] 一书中采用的田野调查、图解记录、分析的方式。

图 1　开平赓华里立园的入口广场鸟瞰

一、开平立园"泮立楼"（居楼，Panlilou Mansion）

　　建于 1926 年的"泮立楼"（立园主人谢维立居住）位于立园入口处的最显眼位置。浅黄色外观的三层体量，立面上多有西式建筑构件，绿色屋顶则为中式歇山。此建筑一共有 48 个窗，外观看似普通，极易落入从风格、样式等角度进行评判的陷阱（图 2、图 3）。但若从建构层面仔细观察，并与相邻建筑进行粗略比较，则可发现窗户构造并不一般，其中暗藏了诸多设计细节（表 1）。下文从构造层的数量、排序进行逐步分析。

二、一楼的窗，窗构件的 5 个构造层次

　　在此建筑的所有窗户中，以一层的窗设计最为复杂。它的竖长形窗洞有内外两个层次，窗构件的构造竟达五个层次之多。由外而内，窗构件的层次依次为对外平开的玻璃窗、固定的金属栅栏、水平推拉的纱窗、内平开的防弹钢板、墙裙板（图 4）。在保证多个构造层皆可联合工作的前提下，这几乎已是充分利用墙体厚度空间的极致。如此复杂的构造层次是为了应对什么样的设计议题？这需要从内外环境的设计需求进行剖析。

---

[1]　夏珩，深圳大学建筑与城市规划学院，副教授。
[2]　白雨晴，深圳大学建筑与城市规划学院。

(a) 正面　　　　　　　　　　　　　　(b) 南立面　　　　　　　　　　　　　　(c) 西立面外景

图2 "泮立楼"

(a) 一层客厅中的窗　　　(b) 一层壁炉、墙裙与窗户　　　(c) 一层往二层楼梯间的窗户　　　(d) 二层卧室中的窗　　　(e) 屋顶楼梯间中的窗

图3 "泮立楼"窗户的内景

立园中与"泮立楼"相邻建筑的窗构造层次、排序比较一览表　　　表1

建筑名称	楼层	数量	构造层1（外）	构造层2	构造层3	构造层4	构造层5（内）
"泮立楼" 1926年	1层	12	玻璃窗扇	金属栅栏	推拉纱网	墙裙板	防弹钢板
	2层	16	玻璃窗扇	金属栅栏	推拉纱网	—	防弹钢板
	3层	14	玻璃窗扇	金属栅栏	推拉纱网	—	防弹钢板
	楼梯间屋顶	4	玻璃窗扇	金属栅栏	推拉纱网	—	—
	楼梯间西墙屋顶	2	玻璃窗扇	金属栅栏	推拉纱网	—	防弹钢板
"泮文楼" 1926年	1层	12	玻璃窗扇	金属栅栏	推拉纱网	—	防弹钢板
	2层	16	玻璃窗扇	金属栅栏	推拉纱网	—	防弹钢板
	3层	14	玻璃窗扇	金属栅栏	推拉纱网	—	防弹钢板
	楼梯间屋顶	4	玻璃窗扇	金属栅栏	推拉纱网	—	—
	楼梯间西墙屋顶	2	玻璃窗扇	金属栅栏	推拉纱网	—	防弹钢板
"炯庐" 1932年	1层主立面	2	防弹钢板	金属栅栏	推拉纱网	—	玻璃窗扇
	1层侧立面 近主立面	4	防弹钢板	金属栅栏	推拉纱网	—	玻璃窗扇
	1层侧立面	2	玻璃窗扇	金属栅栏	推拉纱网	—	防弹钢板
	1层背立面	2	玻璃窗扇	金属栅栏	推拉纱网	—	防弹钢板
	2层	10	玻璃窗扇	金属栅栏	推拉纱网	—	防弹钢板
"乐天楼" 1911年	1层	20	防弹钢板	金属栅栏	不详	不详	不详
	2层	12	防弹钢板	金属栅栏	不详	不详	不详
	3层	12	防弹钢板	金属栅栏	不详	不详	不详
	4层	8	防弹钢板	金属栅栏	不详	不详	不详

  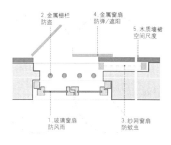

(a) 室内近景照片　　(b) 窗构件的 5 个构造层　　(c) 窗户的平面构造大样示意图　　(d) 窗户的剖面构造大样示意图

图 4 "泮立楼"一层窗户

图 5 "泮立楼"一层墙裙对室内空间的竖向划分与空间包裹分析与"泮立楼"一层窗户与室内空间轴测示意图　　图 6 "泮文楼"一层室内照片与"泮文楼"一层窗户与室内空间轴测示意图

1. 外部因素与 4 个构造层

由于当时特殊社会环境的原因，"泮立楼"和当地的许多碉楼一样，防御性功能必不可少。这可从建筑体量、构造细节中得到证据：①"泮立楼"以简单立方体体量为主，建筑下部较少出挑；②在东西两侧高处的局部出挑位置也会设置枪眼；③建筑立面的洞口上部几乎无出挑的檐口，如此减少盗贼攀爬的可能性。故需要设置牢固的金属栅栏与防弹钢板。

然而，对于当地湿热的亚热带季风气候而言，窗户开口没有挑檐会带来不少使用问题：①无法遮挡夏季炎热的阳光，为室内提供遮阴（立面上的浅浮雕装饰无法起到批檐的作用）；②在台风肆虐的雨季，雨水还会随风压倒灌进入室内。因此，上述防弹钢板还兼具遮阳和防风雨的作用。此外，湿热地区多蚊虫叮咬，建筑底层尤甚，因此对于追求较高生活水准的富裕家庭而言，设置纱网也十分必要。

2. 内部因素与特别的墙裙板构造层

在"泮立楼"一楼的窗构件中，本文认为特别值得指出的是墙裙板，作为第四个构造层。它位于纱网构造与防弹钢板之间。

整个墙裙板，木质、黑色、一人多高，占据窗间墙的整个宽度及整面窗下墙区域，给人以极强的空间包裹感。它的特别之处是，墙裙板遮盖了收纳纱网构件的墙体浅空间（此部分墙裙板是一个悬臂构造）；当推拉纱窗水平开启最外层玻璃窗扇时，纱窗构件可隐藏在墙裙板的背后。

在通常情形下，室内的墙裙板仅仅是装修层级的构件，与窗户没有紧密关联性，因此不可能将其列为窗的构造层。在本研究中，墙裙板为何会被列入窗构件构造层次的讨论范围？这是由于它和纱网构件的紧密关联性，以及对于室内空间的重要作用。

（1）内平开防弹钢板和墙裙的存在，使得纱网构造必须在窗洞深度内解决。否则，这三者会产生几何位置上的冲突。因此，纱窗采用水平推拉构造，被收纳于窗洞之中，如此不会占用室内空间。碉楼的围护结构多采用混凝土结构，或者薄混凝土结构内砌砖墙。❶ 因此，构造这一层浅空间并非难事。也就是说，窗洞在深度方向被分为两个层次，外侧的矩形窗洞稍小，而内侧的窗洞矩形较大。位于室内最里侧的防弹钢板，朝外侧的表面刷成蓝色，当它开启时，就会给黑色的墙裙背景增加视觉上的活跃元素，并利用颜色来增强构造的层次。

（2）在"泮立楼"的一层室内，层高达 4.8m 左右，远超普通人体尺度。因此，案例通过家具、隔断、窗户、装饰线脚等方面进行了竖向空间的多次划分，以细分空间尺度。其中，一人多高的黑色墙裙樘壁板和隔断与人体的关系最为密切。两者与人体具有相仿的高度，使得过高的室内空间获得人体的尺度感❷。从内部的议题而言，墙裙的重要性高于容纳纱网窗洞浅空间的等级（图 5）。

3. "泮文楼"的墙裙板构造层

墙裙与纱网构件的关系，当然也存在另外一种可能性，即墙裙不遮挡容纳纱网构件的浅空间，而是将其暴露。这种做法在立园的建筑中也存在，如此恰好为前文的分析提供了一种极好的对比与印证。

这种对比效果存在于"泮立楼"的孪生楼——位于其西侧的"泮文楼"（谢维立叔父居住），建筑形态、平面、墙裙高度几乎与前者无二。但它一楼窗户和墙裙之间的构造细节却存在差异。即墙裙板没有遮盖容纳推拉纱网的洞口浅空间，与窗构件没有发生关联，仅仅是一层内墙面表面装饰。因此从空间效果来看，其窗间墙的构造层次过多，显得窗间墙较窄（窗洞面积扩大），从而大大削弱空间的包裹感。所以，本文认为"泮文楼"一楼窗构件的构造层次只能算 4 个（图 6）。

---

❶ 谭金花．从建筑和文化的角度看开平立园的造园思想 [C]// 建筑史学国际研讨会论文集，2007：81．

❷ 本文作者参与的 2010 年四川泸沽湖达祖小学的室内设计中采用了类似的方法，以划分过高的室内物理空间，从而营造孩童的视觉与心理空间尺度。

(a)"泮立楼""炯庐""乐天楼"东立面　　(b)"泮立楼""炯庐"的西侧　　(c)"乐天楼"外立面上的防弹钢板　　(d)"泮立楼"与"炯庐"间隙中的窗户外观

图 7　"泮立楼""炯庐""乐天楼"实景

相反，得益于对墙裙与窗洞的特殊处理，"泮文楼"一楼室内空间的人体尺度感以及空间的连续包裹感大大加强。

三、一楼的窗，5 个构造层次的排序

由排列组合的基本知识可知，在设计组织的层面，当出现两个构造层时，在几何排序上就会存在谁先谁后的问题。在窗构件的多层构造设计中，设计师面临同样的设计抉择，如何决定孰先孰后？并且不同的选择意味着不同的设计意图。在立园的建筑群中，亦可见到这种因排序不同而导致的窗构造差异性。

1. 三个相邻建筑的不同构造层排序

在此，仅以与"泮立楼"相邻的"炯庐""乐天楼"为比较对象进行说明。它们是一字排开的三座建筑，都面向立园入口花园，在体量上形成高—低—高的节奏，前两者为三开间建筑，分别高三层、两层；后者面宽小且体量更高。"泮立楼"与"乐天楼"均有悬挑结构。前者的东西侧面的挑台，为开放体量，位于楼板与侧板的射击用小孔较为隐蔽。而"乐天楼"的出挑体量则为全封闭的盒子类型，并用防弹钢板予以强调（图 7）。

在面向入口广场一侧，这三幢建筑立面的窗构件构造层次出现了差异性，主要的区别是防弹的铁板窗扇与采光用的木窗扇谁居于第一构造层次（自外向内）。位于南侧的"泮立楼"的防弹钢板全部都在室内一侧，位于北侧"乐天楼"的钢板全部都布置在室外侧，居于中间的"炯庐"则有些折中，一层窗的防弹窗扇在外侧；二层窗则是相反，将采光用的玻璃窗扇布置在外侧。因此，在这一主立面，从窗的外层材料分布来看，似乎这三幢建筑形成了一个"透明—不透明"（虚—实）的过渡与渐变。

更为奇特与复杂的是，"炯庐"一楼窗户的构造层排序在四个立面的设置，面向入口广场一侧的窗户以钢板为第一构造层，而北侧面向内部花园一侧则相反，南北两侧立面分别为三个窗户，靠近东侧的两个以钢板为第一构造层，西侧的一个则相反（图 8）。

那么，从设计角度值得深究的是，"泮立楼"的防弹钢板构造层为何不作为在外侧的第一构造层？"炯庐"一楼四个立面的窗、一楼与二楼的窗构造构造层排序为何出现变化？❶

这需要从建筑的功能、建造时间、建筑群体布局等角度进行综合比较。

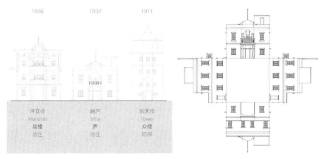

图 8　"泮立楼""炯庐""乐天楼"的东立面窗户材质比较与"炯庐"的四个立面图

2. 三个相邻建筑的不同功能

首先是建筑的内部因素——功能。虽然在中文里，"泮立楼"和"乐天楼"同为"楼"，但它们的英文词语却分别为"mansion"和"tower"❷。前者是强调居住的"居楼"，后者为公众防御的"众楼"。在立园中，"泮立楼"是居住建筑，且在居住建筑中占据主导地位，位置显耀，体量最高，形制对称，入口带有门廊。它的使用功能是居住主导——是园主谢维立及四位太太生活起居的中心，防御虽不可或缺，但是其次。"炯庐"的英文是"villa"，也是居住建筑，且体量低矮，为无出挑的防御性体量。

而"乐天楼"作为立园内唯一的防御性碉楼，主要起到防御作用，多在夜间使用，也是家族为防洪水、盗匪而建的公众避难所。所以，它的防弹窗扇被布置在外侧，成为第一构造层。

由此看来，从南往北这三座建筑依次反映了居住—防御的功能转换。

3. 三个相邻建筑的建造次序

从建造时间来看，这三个建筑也具有先后次序，并非同时完工。首先，北侧的"乐天楼"最先建造，建于 1911 年；其次是南侧的"泮立楼"，建于 1926 年；最后才是中间的"炯庐"，建于 1932 年。这意味着对于立园后来出现的居住建筑而言，"乐天楼"这个应急避难的防御性建筑已经为使用者提供了一个最基本的安全保障。因而，后建建筑的防御性可以稍加"懈怠"，居住性空间的内在需求与外部形象可以得到最大程度的释放。

4. 三个建筑的布局与朝向

在当时，如今东侧的入口广场其实是属于立园的界外之地，西侧则是内向的生活区域（图 9）。因而，建筑四个立面的防御性要

---

❶ 五邑大学谭金花老师曾善意提醒笔者，由民间工匠设计的碉楼建筑具有一定随意性，窗构造层次排序未必具有逻辑性，但本文认为，这并不妨碍用此案例来阐释窗设计多层构造排序的差异性与设计意图。

❷ 这一英文用词见于立园的导览标牌，据谭金花老师说，英文翻译均由其提供。本文认为翻译得准确，表达了建筑的不同功能。

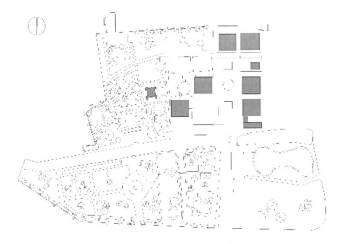

图 9　立园的总平面图与摄于 1961 年的立园全景（右侧为界外之地）

求其实存在较大差异，其中面向广场的建筑立面防御性最强。这也就解释了"炯庐"四个立面的窗户构造为何不同。

综上所述，本文认为从设计视角而言，防弹窗扇构造层次的前后关系不仅是一个抽象的排列组合问题，可能还关联着生活意图的表达与侧重。而这种功能差异性已经被当时敏感的设计师（用者）所认识到，并进行了差异性表达与尝试。

四、顶层楼梯间的窗，窗洞里的浅空间

这些窗构件的多层构造其实需要相应的洞口空间来收纳。复杂的多层次构造也意味着洞口空间在深度方向的多个层次。由于顶层楼梯间的窗构件有所缺失（可能因时间、缺乏修缮原因），洞口的层次更为清晰可见，故而下文选择此部分的窗洞进行阐释。

在顶层楼梯间，一共有 6 个窗洞。它们和位于一层的窗洞一样，在深度方向被分为内外两个层次（外侧窗洞为平开窗，内侧窗

洞为推拉窗）；但更为独特的是，窗洞的窗下墙高度在室内外两侧具有差异——即若将这六个窗进行比较，可以发现它们靠室内侧的窗台高度（安装推拉窗）完全一致，而室外侧窗洞（安装对外平开窗）的离地高度却存在差异性。西侧外墙的窗，室内外两侧的窗下墙保持相同高度；其余三面，室外侧窗洞的窗下墙高度比内侧窗下墙高出大约 10cm（图 10）。

那么，形成这种内外差异的原因又是什么？本文认为还是由应对内外部力量的需要所决定。

在屋顶层，外部中式造型的多个屋顶沿楼梯间南、东、北三面分布。它们的内侧檐口几乎挤到楼梯间，檐口与楼梯间墙体之间仅脱开一尺多宽，用于构筑排水沟。而这些排水沟的高度几乎和窗台同高。这在雨季就会存在倒水的危险。最直接的解决办法就是加高窗台以形成挡水构造。

然而，这种应对外部力量的要求会影响内部空间的原则——统一窗构件尺寸的原则（在同一楼层，室内窗的构件尺寸基本一致的原则好像是"泮立楼"中的一个普遍原则。这是来自内部空间和形式的一个重要原则，当然也有可能是在当时玻璃、钢板等新材料还属昂贵，因而构件的尺寸差异要尽量减少）。既然纱窗构造已经将窗台在深度方向进行了二次细分，那么顺应这一分离的思路，即只抬高外部的窗台以应对内檐沟泛水的构造需要，而内部推拉窗扇的构造则保持不变，如此可以保持内部空间尺度的均一性。因此，屋顶楼梯间的窗洞呈现"浅浮雕"的多层次效果，如此完成了对内外部力量的应对。

五、讨论与结语

由上可知，"泮立楼"一楼窗户的 5 个构造层分别应对了来自内外的多种设计需求：外部多雨、防晒、多虫的气候，防御功能，室内的人性化空间，室内美观，居住品质等。当多个构造层并存之时，在技术上特意使用了外平开、水平推移、内平开等方式以化解开启方式之间的冲突。更为难得的是在设计思辨层面，此案例对于多个构造层的内外排序，根据内在不同功能倾向、场地朝向等要素差异性，经过极为仔细地探讨，尝试了多种排序操作。"泮立楼"顶层窗洞的设计则是对于因屋顶的出现而对窗洞浅空间进行细致划分与务实考量（图 11、图 12）。这些设计方法对于当下采用适宜技术的窗设计具有示范意义，其中的设计抉择方式与思维策略也对设计研究具有参考价值。

诚然，民间工匠的设计与民间建筑具有很大的偶然性、随机性。本文的上述分析有可能是一种一厢情愿的误读。但本文认为，

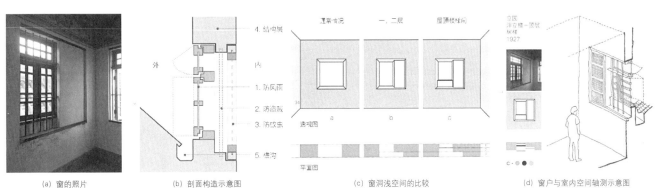

(a) 窗的照片　　　　(b) 剖面构造示意图　　　　(c) 窗洞浅空间的比较　　　　(d) 窗户与室内空间轴测示意图

图 10　"泮立楼"屋顶楼梯间

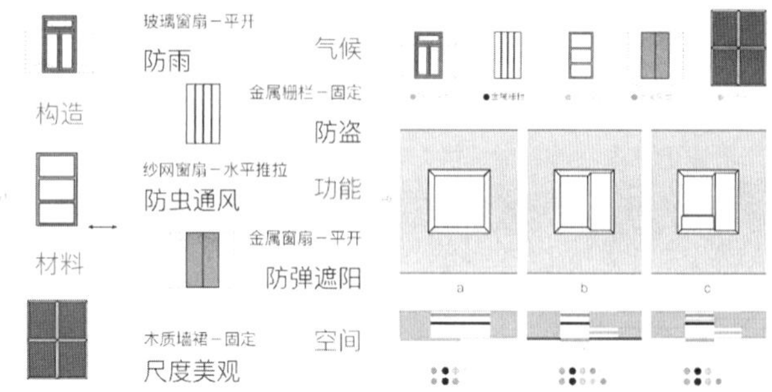

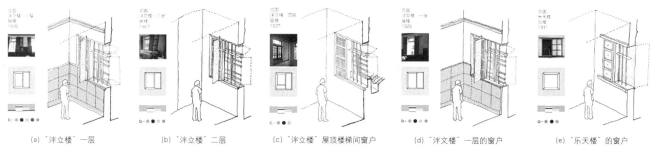

图 11 "泮立楼"窗设计议题与窗构件构造层示意图、窗构件与窗洞关系比较

这并不妨碍用此案例从设计视角来阐释窗设计多层构造排序的差异性与设计意图。况且，立园建筑中存在不同的构造做法，提供了极好的设计变体与比对对象，这更加利于说明构造层次与设计议题的关系，内外排序设计抉择背后的内在设计逻辑。以上也是本研究对开平碉楼这一看似陈旧的话题注入的新内容。

参考文献：

[1] 郑德华，谭金花. 广东开平庐建筑风格及其文化内涵：一个实地调查报告 [J]. 海洋史研究，2012.

[2] 谭金花. 从建筑和文化的角度看开平立园的造园思想 [C]// 第四届中国建筑史学国际研讨会论文集，2007.

[3] 冷天. 尘封的先驱——康式钢筋混凝土技术的南京实践 [J]. 建筑师，2017（5）.

[4] 钱毅. 当代乡土建筑——开平碉楼 [M]. 北京：中国林业出版社，2015.

[5] 陈伟军. 开平碉楼结构特征研究 [J]. 华中建筑，2018（11）.

[6] DEPLAZES A. Constructing Architecture: Materials[M]. Processes, Structures, 2005.

[7] 夏珩. 应对能量与气候议题的凸窗设计 [J]. 建筑学报，539（7），2013：58-64.

[8] 塚本由晴. 窗，光与风与人的对话 [M]. 黄碧君，译. 台北：脸谱出版社，2011.

[9] 王方戟. 一座预制的城堡 [J]. Domus China，2011（2）：117-119.

[10] 谭金花. 碉楼与庐：五邑侨乡建筑风格的演变及文化根源 [J]. 五邑大学学报（社会科学版），2016（1）.

(a)"泮立楼"一层　　(b)"泮立楼"二层　　(c)"泮立楼"屋顶楼梯间窗户　　(d)"泮文楼"一层的窗户　　(e)"乐天楼"的窗户

图 12 立园建筑中的 5 种不同窗户构造与室内空间关系比较

贵州省都柳江流域少数民族干栏式民居早期遗存平面类型、演化与技艺

王之玮[1]

摘　要：本文通过对贵州省都柳江流域的黔东南、黔南二州的侗、苗、水、瑶等民族村落干栏式民居的研究，采用文献研究法，梳理了中日两国关于都柳江流域少数民族民居的研究脉络，在实地走访与137栋民居实测成果的基础上，重点针对20世纪70年代以前的43栋民居深入考察，归纳了流域内干栏式民居平面分类的3个主要因素，进而据此提出3大类、8小类的平面分类框架，参照图示分析，展示其平面特征，从结构与功能出发，并围绕汉族影响、宽廊、火塘间等因素，讨论"廊屋"与"堂屋"两种民居的演化进程。

关键词：干栏建筑　都柳江　平面类型　火塘　宽廊　演化

一、研究背景

都柳江发源于贵州，流入广西，沟通四川、湖南地区，流域内聚居着大量的少数民族，以分布在中游与下游的侗族、上游的水族，以及在全流域分布的苗族为最多。现存的少数民族木造民居基本为干栏式民居，相互影响，但上、中、下游有着显著的不同。上游受汉族影响小，原生性强，而中下游，尤其中游段，受到汉族民居建筑影响较深、较早，而下游则保留了更多的原生特征。然而，连贯的都柳江流域的地理环境还是决定了流域内的少数民族的干栏民居建筑，存在着跨地域与超民族的紧密联系。并且，建筑的年代越久远，共通性越容易被观察到。

都柳江流域少数民族民居平面研究，首先要对干栏式民居与当地少数民族民居研究有所把握。杨昌鸣（2004）[1]研究了干栏式民居的广域分布关系、火塘的空间划分作用与象征作用。张涛（2018）[2]认为侗族长屋应当经历了"廊屋向堂屋"的转变。巨凯夫（2021）[3]则认为应当是由火塘中心型向堂屋中心型的转变。另外，日本学者浅川滋男（1989）[4]曾指出，黔东南地区的民居营造并不特意区分工匠的民族，汉族与少数民族民居的区别在于平面模式的差异。

本研究正是基于地理环境的基础作用，以流域内少数民族干栏式民居平面为中心，在把握其发展脉络的基础上，探讨都柳江流域少数民族民居的平面特征与时代变迁，探讨都柳江流域少数民族民居中早期遗构的特征与变迁。

二、研究对象

本研究以贵州省内都柳江沿岸38个少数民族村落的130余栋民居为基础，1970年以前的早期民居遗构为主要研究对象，对流域内民居建筑平面特征进行考察。之所以以1970年为界，是因为这一时期除了国家真正通过政策开始改变侗族村落的生产生活制度与家庭结构之外，也是早期电力引入古老村落的时间。在进行实测的76栋民居中，有43栋建筑可以确认其建成年代在20世纪70年代及以前，另有数栋民居疑似极早期遗构。

三、平面类型与分析

1. 平面分类的要素

（1）生活层与地面层的关系

生活层与地面层的区别，是干栏式民居的重要特征。干栏式民居大致可以分为四类：地房式、干栏式、半干栏式与地居式。地房式是一种较早期的一层干栏形式，畜栏等屋可能与生活空间结合。干栏式民居最为常见，即地面层为家畜、家禽与杂物间，二层为生活层。半干栏式是指坐落于山坡地形上，后半部依托地面，前半部以木架支撑，呈悬空状态的建筑。但干栏式和半干栏式民居是主要生活空间架空的形式，在空间划分没有本质区别。地居式是二层"一明两暗"带"缩门"[2]的汉式木构民居。

根据生活层与地面层的关系，将都柳江流域民居分为地房式、干栏式、地居式三种（图1）。

（2）火塘

贵州都柳江流域的干栏式民居中，上游地区水族的早期民居一般拥有一个主火塘[3]，随着原始社会残存的瓦解，每个小家族都分别拥有自己的火塘，因此一栋民居建筑中的火塘数量可以说明原住户的家庭结构与核心家庭数量。中下游的侗族干栏式民居中，每栋民居中可能包含多个核心家庭，核心家庭拥有自己的火塘十分普遍。

另外，部分地区有高火塘与低火塘（平火塘）之分，高火塘一般高出楼板尺许，周围也铺有木板，形成上下两级，床上为睡眠、接客等空间，台下为交通空间。从西南地区少数民族的生活习惯演变来看，高火塘的历史可能比低火塘更为久远，或至少同样古老。

---

[1] 王之玮，就读于日本横滨国立大学都市创新学府，博士课程后期。

[2] 即吞口，当地人多称为"缩门"。

[3] 较早期的平面中布置有土灶，主要用于煮猪食或补充火塘功能等。

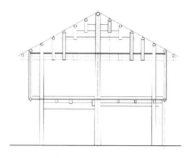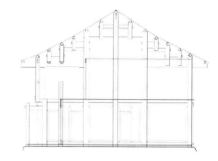

图1 地房式、干栏式、地居式（来源：王之玮绘）

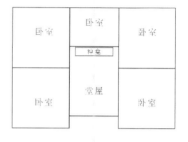

图2 中厅型、廊屋型、中堂型

因此，本研究中，单独就火塘而言，可以分为"单火塘—多火塘"与"高火塘—低火塘"两种类型。

（3）堂屋形态

此处所谓"堂屋"，是指在干栏式民居中，一般布设有火塘或神龛，是家庭生活、招待客人、饮食乃至祭祀的中心空间。根据调研结果，都柳江流域的干栏式民居大致可以分为中堂式、宽廊式与中厅式三种类型（图2）。

中堂式：中堂式采用汉式民居的典型"一明两暗"布局，中轴对称，正面进入，采用"吞口"形式，中堂设神龛，两侧布置房间。中间的神龛堂屋进深比两侧房间更深，正中设置神龛，而火塘可能在侧室或后侧的房间中。

宽廊式：宽廊式是在生活层的后侧并列设置房间，在正面以一条兼具会客、交通与轻体力劳动功能的宽敞走廊与后侧房间连接起来，后侧第一进房间内一般设置火塘。宽廊中可能设置神龛。

中厅式：中厅式指在生活层，以火塘为中心形成一个大的开敞空间，而房间布置在中心厅四周。

2. 平面类型

（1）A类：地房—中心厅—单火塘—低火塘

A类住宅，地房型一层干栏，以中心布置一个低火塘的中心厅为空间核心，两侧布置卧室与仓储、畜栏等，生活层与地面层合并为主要特征。A类住宅以上游、中游分布较多，下游地区则仅见一例。

以摆贝村的杨老左宅（图3）为例，此宅建成于1962年。该宅坐落于陡坡上，以石块垒成高台，使此宅直接建于平地上，仅一层，坐北朝南，由北侧进入中厅。火塘坐落于中厅的西侧中柱下方，炉灶位于北侧板壁旁。在中厅东侧有两间卧室，西侧的北半部是一间卧室。西侧南部是一个储藏室并兼作通道，最内部是牲畜屋。直至20世纪90年代部分村落里仍遍布地房式民居，目前村落里公认最老的一栋民居也是地房式民居。因此，将之认定为一种特定类型。

（2）B类：多层干栏—中心厅—单火塘—低火塘

B类住宅主要分布在上游到中游地区，多层干栏式住宅，地面与生活层分离，二层平面是以一个低火塘为中心的中厅为空间核心，两侧布置卧室，与A类住宅极为类似。

以三都县石板村潘永模宅（图4）为例，此宅坐北朝南，二层面阔三间两厦，进深三间，中柱不落地。从山面沿进深设置楼梯，上二层从山面正中转入中心大厅。中心内侧正中布置中心火塘。在中心火塘背后布置两间封闭卧室，一般为父母与儿子的房间。在楼梯一侧、中心厅的东南角也布置了一间卧室，这是作为次子/女儿等成员的房间。另外，生活层内没有储藏空间，仓库一般单独设置。

（3）C类：多层干栏—宽廊式住宅

C类住宅是流域内分布最为广泛的类型，还可细分为C1型、C2型、C3型、C4型、C5型。C类住宅的整体特征是地面层与生活层分离，生活层以一条作为"灰空间"的宽廊于房间前方，联系各个房间。宽廊具有更多的劳动与公共属性，而火塘则一般设置在房间内，而非宽廊内（表1）。

C1型：多层干栏—宽廊—单火塘—低火塘为特征的类型。以堂安村吴永胜宅为例，此宅始建于1962年，生活层在二层，两间两厦，进深四间。全家仅有一个火塘位于二层主卧室内，是与二层地板平齐的低火塘。C1型在下游分布最多。

C2型：多层干栏—宽廊—单火塘—高火塘。以黄岗村吴荣绍宅为例，该宅始建于1972年，两间[1]两厦，进深四间。二层第一个卧室内布置有高火塘，高出地面一尺。C2型在下游及中游北岸多有分布，但面临着被新建低火塘替换的危险。

C3型：多层干栏—宽廊—多火塘—低火塘。C3型所见较少，在上中下游均有分布，但从调研结果来看，应当是原C1型住宅分家改造的结果。以加宜村辛开明宅为例，此宅为四代人前所建，三

---

[1] 实际有5榀架。

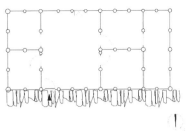
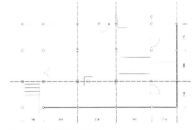

图3 地房式民居杨老左宅

图4 B类潘永模宅平面图

表1

C类平面代表例汇总表

C1型	C2型	C3型	C4型	C5型
吴永胜宅	吴荣绍宅	辛开明宅	吴文玉宅	潘光修宅

间一厦,但在两代人前分家分房,于是三兄弟加建一间一厦,各自取一间为卧室,并留一间为公用。

C4型:多层干栏—宽廊—多火塘—高火塘。应当为C2型住宅改造的结果。以保里村杨正威宅为例,此宅始建于四代人前,三间两厦,进深四间。原是杨家三栋住宅之一,后家族败落,仅余此宅。于是兄弟两人各分一间,中间一间公用。高火塘形式与C2型一致。

C5型:多层干栏—堂屋—单火塘—低火塘。C5型住宅是C类住宅向D类住宅转化的过渡形式。以羊桃寨村潘光修为例,在空间上依然保持下畜上人的干栏住居习俗,二层平面与C1型类似,但中厅开始逐渐向堂屋转变,中央间出现缩门,火塘偏向一侧或退出中厅,平面具备了明显的对称性,但堂屋中未必设置神龛。

(4)D类:地居式—堂屋—单火塘—低火塘(D1)/高火塘(D2)

D类以受汉族影响较深的地居式住宅为基础。以中游大利村杨胜春宅为例,此宅始建于19世纪中后期,为湖南来的汉族工匠所建。此宅一明两暗,一层堂屋入口设缩门,堂屋中设神龛,卧室分别在两侧,火塘原在侧后方卧室内。二层为卧室和其他房间。大利村住宅的火塘为高火塘,而上游则为低火塘。

四、流域内少数民族干栏式民居平面变迁的两种形式

都柳江流域干栏民居平面遗存的变迁,在平面上则表现为生活层从地面向二层转移后,又向地面层逐步转移的过程。早期的地房式民居如杨老左宅,人与牲畜混居在同一层。在增建二层后,生活层与地面层分化,转向二层,地面层用于家畜、储物等;受汉族或现代化生活方式的影响,生活层逐步转移到一层,如大利村;或部分生活功能向地面层转移,但同时在二层保留了主要的生活、招待客人等功能。

1. 渐变:以宽廊为线索的由"厅屋"向"廊屋"转变的四个阶段

立足于全流域视角,侗族廊屋建筑的由来应与上游的接柱造干栏有着渐变的继承关系。通过调研,可以观察到中厅式民居向廊屋式民居转变的四个阶段(图5)。

第一阶段:室外踏板。这一阶段的建筑集中在上游地区。此时,民居中并没有宽廊,而是一个开敞的直达前后檐柱的火塘大厅,所有家庭活动均在中厅完成。但流域内各民族有晾晒糯米及其他作物的习惯,所以利用屋檐的挑出晾晒作物或衣物时,也需要一块室外的踏板以支撑身体,以免坠落。这块室外踏板极为狭窄,也不做固定,只是简单地以一两条木板放在突出的地脚枋或一层挑出的圆木梁上。这种设置看似随意,但实则已成惯例。当地的苗族或水族,称之为"走廊"。另外,室外踏板需要走出室外,因此有一个配套的门,因为一直朝南,所以有时会被称为"真大门"。

第二阶段:室外窄廊。居民意识到踏板的缺点,因此对室外踏板进行改建,以使之在结构上稳定。然而,此时室外走廊依然是为满足功能而建,因此其宽度约700mm,仅供单人站立通行。此时,窄廊依然与"真大门"组合使用。在现有案例中,窄廊有多种长度,最长的可以直达山面,这也为下一阶段提供了可能性。

第三阶段:室外宽廊。此阶段中,室外窄廊与山面楼梯相连,是廊屋发展的重要一步。这一阶段的变化来自两种可能性:其一,二层干栏的室外窄廊与山面楼梯相连;其二,地房式住宅在增建二层时,将楼梯放在山面。窄廊所在空间也为居住于幽暗大屋中的人们提供了采光、通风与社交功能,因此一个室外的宽廊成为自然的要求。同时,原有的中厅式格局仍然保留了下来,所以室外宽廊会在不占用原有空间的基础上努力向外拓展。其中,最为极端的如石民典宅,在改造旧地房式住宅的过程中,将一层的圆木梁挑出1.5mm之长,以拓展宽廊空间,是具有代表性的一例。宽度超过4尺的接柱造室外宽廊会带来结构的不稳定性,事实上在室外宽廊下挑出圆木梁的外端增加临时支撑柱的案例比比皆是。由此带来

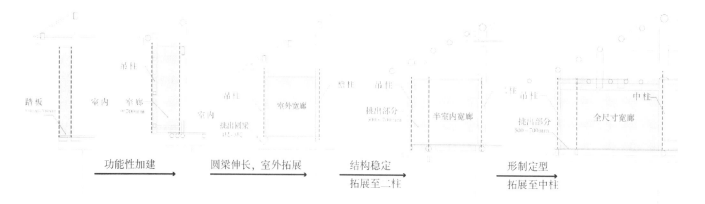

图 5 宽廊演化示意图

第四阶段。

第四阶段：半室内宽廊。这一阶段民居的结构也发生了变化，剖面上，接柱造结构变得更加规整，挑出随之收缩，更接近目前下游干栏式民居的出挑尺度 500~700mm。同时，因为仍然需要宽廊的劳动与社交功能，所以宽廊向内侵占原室内空间，最开始是占用了吊脚柱到金柱（二柱）的空间，进而发展为直接以中柱为界，宽廊与房间将平面空间一分为二。而在宽廊逐渐拓展的过程中，原本的火塘间与卧室向后退并缩小，在开间较多的住宅中演变成前廊—中火塘间—后卧室的格局，而在开间较少的住宅中，则演化为火塘间与卧室参差并列的格局。

2. 突变：从"廊屋"到"堂屋"的跃迁

相比"厅屋"向"廊屋"的渐变，"廊屋"到"堂屋"的转变则显得十分突然。

第一，中厅式住宅包含着以"真大门—神龛"为轴的横向对称性，但无缩门。目前历史已知遗存年代最早的中厅式住宅是明确的纵向对称，而不是横向对称。但当地的中厅式住宅引入神龛的历史也颇为久远，甚至形成了"真大门必须正对神龛"的平面布局传统。例如在韦刚健宅中，该宅显然最初是纵向轴线，引入神龛正对"真大门"，加强了横向对称性。但韦宅并没有引入缩门形式，二层平面保持了传统厅屋的特点。

第二，部分"缩门"改造时间较晚，且有缩门而无神龛。如陆秀乾宅，直至 20 年前住宅移筑时才第一次设置"缩门"，但其家中正对"真大门"的后墙上并没有设置神龛。又如潘光修宅，其宅在 37 年前重建时设置了缩门，但家中并没有设置神龛。可见，在很长一段时间内，部分地区可能都保持着有缩门而无神龛的形式。又比如下游的部分没有设置神龛习俗的侗寨中，开间的两间中有一间会向后缩，形成一种类似"缩门"的形式，但当地人这样改造的原因是"听说这样比较好"。

第三，保持堂屋传统的大利村实际是突变的代表。大利村可能是榕江中游"一明两暗"式地居堂屋的发源地。该村历史最为久远的建筑是清中期修建的汉式四合天井院，其后两座住宅也是"一明两暗"式且带有吞口的地居堂屋。另外，大利村中设置神龛的行为也十分普遍。据村中木匠杨显明所说，周围村落中的木工技术也是由该村扩散出去的。

据以上三点推测：都柳江流域由"廊屋"到"堂屋"的变化最初来自一次突然的汉族工匠进驻，这个工匠带来了完整的汉式民居样式，然而习惯于一家一屋的少数民族要么完全改变干栏样式，转为地居的汉式堂屋，要么就只能吸收部分汉式民居形式：如吞口、神龛、主要入口形式等，并形成不同的平面类型。由此推论，从"廊屋"到"堂屋"的演化，应是先突变、后扩散并与当地结合的过程，而非循序渐进地演变。

参考文献：

[1] 杨昌鸣. 东南亚与中国西南少数民族建筑文化探析 [M]. 天津：天津大学出版社，2004.
[2] 张涛. "廊屋"与"堂屋"——黔东南侗族传统民居形制演变初探 [D]. 上海：同济大学，2018.
[3] 巨凯夫. 南侗风土建筑谱系研究 [M]. 南京：东南大学出版社，2021.
[4] 田中淡. 贵州侗族的高床住居与集落构成的相关调查与研究（1）[J]. 住宅总和研究财团研究年报，1989，16.
[5] 浅川滋男. 住居的民族建筑学——江南汉族与华南少数民族的住居论 [M]. 东京：建筑资料研究社，1994.
[6] 佟士枢. 匠俗、匠意、匠技、手风——武陵山区乡土营造技艺解读 [D]. 上海：同济大学，2019.
[7] 张玉娇. 布依族传统住屋形制研究 [J]. 建筑遗产，2022（2）：33-44.

仙人湾瑶族乡传统木构民居营建演化特征

唐浩钧[1]　卢健松[2]　袁雪洋[3]

摘　要：作为地理概念的湘西，其建筑风貌由大量分散、具体的地理单元构成。仅在辰溪，不同的地理环境下，民居特色风貌与建构过程仍有差异。本文以辰溪仙人湾瑶族乡不同年代的民居建筑为基本素材，通过案例测绘、社会访谈、虚拟建构等方式，研究其空间特征、技艺传承、发展演化；建构"地理环境、经济发展、技术演进、文化习俗"自适应的演化体系，将其作为构成湘西民居整体风貌的一块拼图，予以深入认知。

关键词：传统民居　营建　演化特征

民居的演变是对所处环境不断再适应的过程。传统木构民居是湘西建成风貌的重要组成部分，随着乡村社会的变革、城镇化进程的推进，湘西地区所处的环境、经济、技术发生巨大改变，传统民居正以极快的速度被改造、更新和重建[1]。了解民居演化的特征与机制，有利于我们掌握在什么情况下，运用何种方式，如何进行介入，从而实现对民居特征的生成形成有效的导控与干预[2]。

仙人湾瑶族乡地处辰溪县东南部，沅水在此因高山阻挡而形成急弯，又因此地流传许多关于"仙人"的神秘传说，故名仙人湾。仙人湾是瑶族重要支系七姓瑶的聚居地，因地处大山深处交通不便，许多村落至今仍保留大量传统木构民居。本文以辰溪仙人湾瑶族乡不同年代的民居建筑为基本素材，研究其空间特征、技艺传承、发展演化的特征，建构自适应的演化体系，传承民居营建智慧，为推动该地区人居环境的更新与改善提供依据。

一、仙人湾瑶族乡基本概况

1. 仙人湾基本情况

"最高石罅中，架木为屋，参差点缀，舟行仰望，缥缈若神仙之居"[3]是古人乘舟沅水所见之景。沅水自古是沟通西南地区的重要通道，其两岸村舍连绵。仙人湾瑶族乡位于雪峰、武陵两大山脉之间的高寒山区，地貌变化显著，海拔变化较大，导致气候差异性明显，沅水河畔的丘岗河谷气候温和、雨量充沛，高寒山区昼夜温差较大，平均温度低，无霜期短。仙人湾是辰溪县主要林区之一，森林覆盖率高，林业资源丰富[4]。

相传，七姓瑶是深居大山的瑶族后裔，而此地的汉族大姓多为后来迁入[5]。因明代对瑶族采取"编户具籍"的强制同化政策，七姓瑶已经被基本汉化[6]，但是地域边界仍然明显。当地有俗语"瑶人住在界界上"，意思是七姓瑶族人住在高山峻岭之中，而汉族人住在沅水沿岸的坝地[5]。新中国成立前，当地贫困居民多居住在"茅棚"，以土筑墙，以竹为架，以茅为盖，有的甚至扎成"人"字形，无墙无窗[4]。经济宽裕的居民在建造房屋时才选择传统木构结构。当地的地主、豪绅住宅则为内部木制屋架、外部砖墙高耸、四面围合的窨子屋[7]。

2. 调研村落及其样本选择

通过前期走访调研，选取仙人湾不同海拔及地貌特征的四个自然村进行案例测绘、社会访谈。其中，仙人湾村位于山脚，海拔相对较低，地势平坦；布村与扎龙山村位于山间洼地，三面环山，但二者海拔存在差异；梨木坨村为仙人湾海拔最高的村落，位于仙人岩山顶附近的山坡上；四个聚落形态均呈团状聚集。其中，布村、扎龙山村、梨木坨村，传统木构民居保存相对完好；仙人湾村因毗邻乡镇集市，民居大多已拆除重建，仅村落中心仍保留一定数量的传统民居（图1、表1）。

二、民居演化历程

从四个自然村中选择不同年代建成案例进行测绘及社会访谈，经过比较研究将仙人湾民居的演化历程分解为提质发展（1950~1970年）、空间拓展（1970~2000年）、材料演化（2000~2020年）三个阶段予以认知，试以典型民居样本为例对三个阶段作具体论述。

1. 提质发展（1950~1970年）

新中国成立初期，土地改革使农民获得了土地使用权，农村生产力获得了极大提升。经济条件得到改善后，农村掀起第一次建房高潮。根据《辰溪县志》记载，20世纪50年代初期农村建房每年以30000~50000m²的速度增长[4]，此时建造的房屋均为穿斗结构木构民居，是仙人湾现存传统民居的主要形式。四壁萧条的简陋茅棚逐渐消失，传统木构民居成为仙人湾建成环境的主体风貌。

20世纪50年代初期建造的木构民居一般为"一"字形排屋，一明两暗三开间，两坡屋顶，皆做两层，上层不做围护结构，不住人，放置农具、杂物，亦可通风、隔热；仅扎龙山村位于较为陡峭地势，部分民居因屋前空间狭窄，明间存在吞口，推测其受其他地区影响。明间为堂屋，供奉天地君亲师及祖先神龛，此为七姓瑶族被汉化的重要佐证。因堂屋平时作为储藏空间，部分堂屋不做

---

[1] 唐浩钧，湖南大学建筑与规划学院，2023级硕士研究生。
[2] 卢健松，湖南大学建筑与规划学院，教授。
[3] 袁雪洋，湖南大学建筑与规划学院，2021级博士研究生。

(a) 仙人湾村，丘岗河谷

(b) 布村，山间洼地

(c) 扎龙山村，山间洼地

(d) 梨木坨村，山顶坡地

图1 不同海拔及地貌特征典型村落

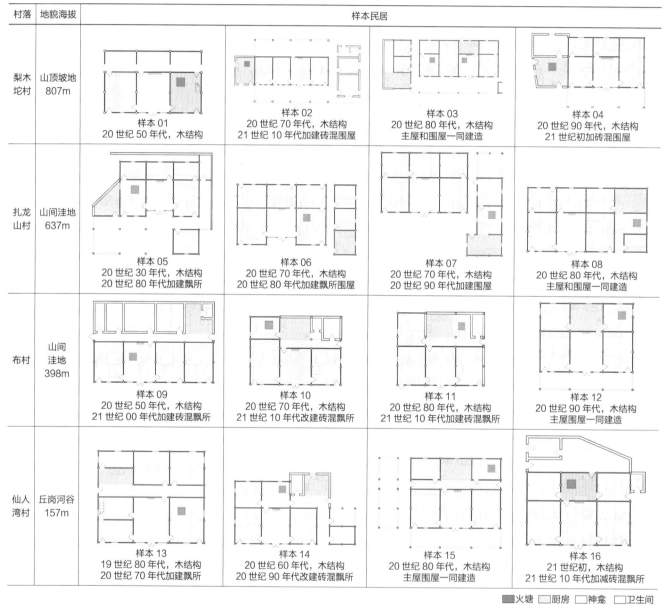
村落基本信息及样本民居平面布局　　表1

顶棚，不铺设地板；两侧为次间，一侧后部设火塘供炊事、取暖，上挂熏肉，顶部开口排烟；一侧为卧室，为主要居住空间，内置木制床铺和传统火铺（图2）。

仙人湾传统木构民居多为穿斗结构屋架，三柱四瓜，四缝三间，柱子直径在15~20cm，置于石柱础之上，扇架之间通过斗枋和纤子等横向构件连接形成整体框架；围护结构木板厚度在5~6cm，通过在木板边缘加工出榫头和榫槽，实现木板之间的紧密咬合（图3）；出檐深远，前后挑檐及两侧屋面悬挑1.6m左右，防止雨水对主体木结构造成损害，亦可遮阳。居民建房大致有动土、发墨、夹地脚、立柱、上梁、装修等流程[4]，明间开间大致为3.9m，次间3.6m，进深由屋场地势决定，大致为6步，每步2尺5或2尺4（70~80cm）。柱高尺寸算法，从老木匠口中得知：

(a) 上层不做围护结构

(b) 出檐深远

(c) 吞口

(d) 堂屋

(e) 火塘

(f) 火铺

图2 仙人湾瑶族乡传统木构民居空间特征

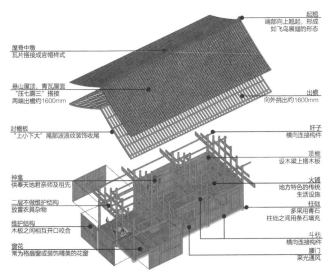

图3 梨木坨村，样本01，主屋于1950年修建

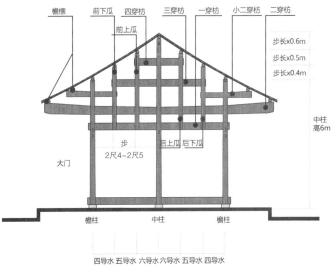

图4 "三柱四瓜"扇架及命名示意图

先定中柱，中柱高6m，中柱至前后上瓜柱为"六导水"，前后上瓜柱至下瓜柱为"五导水"，前后下瓜柱至檐柱为"四导水"。"导水"意为步长1尺降低几寸也可理解为步长的十分之几，以此水面（屋面）呈"人"字形曲线，轻巧优美（图4）。

不同时期的扇架略有不同，挑檐方式存在差异。布村清末时期的木屋扇架为"满枋跑马瓜"[8]型，二层住人，中柱高7m左右，通过二穿枋上置小瓜柱衬托挑檐的第一根檩条；仙人湾村清末时期的木屋扇架为"减枋跑马瓜"型，二层住人，中柱高7m左右，挑檐方式与上述一致；布村民国时期的木屋扇架为"减枋满瓜"[1]，中柱高6m左右，二层开敞，挑檐方式与上述一致；至20世纪50年代扇架稳定为"减枋满瓜"型，二层开敞，中柱高多为6m（二层住人的木屋中柱高7m），通过新置小二枋承托挑檐的第一根檩条（图5）。

2. 空间拓展（1970~2000年）

20世纪60年代后期国民经济陷入停滞状态，居民建房基本停止。直到20世纪70年代改革开放，国民经济调整取得巨大成效，集体收入增加，群众生活改善。经济发展导致人口激增，辰溪县1964年第二次人口普查时，全县有264955人；1982年第三次人口普查时，全县有409110人[4]。人口增长、经济条件进一步改善，乡村建房掀起第二次热潮。

通过访谈调研得知，此时的建设活动主要为原有建筑的扩建与更新。通过四个典型村落的走访调研，将仙人湾木构民居的空间拓展方式分为：①增加次间。在三开间的基础上于主屋一侧再加建一间次间，形成四开间。②后加飘所。在主屋的后面加设两排托柱，通过穿枋与主屋后侧檐柱连接，整体形成"三柱四瓜带两托"的形式，主屋进深方向多出一排房间。③加建围屋。在主屋的一侧加设一排房间，大多与主屋留有一定距离作为走道，其构造方式与主屋一致，但扇架尺度较小，柱子直径在 15~10cm，结构较为粗糙。不同的空间拓展方式与村落所在的外界环境、屋场地势息息相关，主要特征表现为居住空间的增加，用火设施的变迁（表2）。

仙人湾村与布村均处在地势较为平坦的山脚，各家毗邻而居，房屋进深较大，面宽较小，空间拓展方式主要为后加飘所。飘所使得主屋后侧多出 3 间房，原本位于堂屋一侧的火塘移至堂屋后侧，主屋两侧次间及飘所的 1~2 间均作为卧室使用，火塘的炊事功能由效率更高的三眼灶台替代，并逐渐出现专门的厨房空间。扎龙山村与梨木坨村的木屋位于山坡，均沿等高线布置，面宽富余，屋场进深较小，空间扩展方式以一侧加建围屋为主。火塘从主屋一侧移至围屋，三眼灶台替代火塘的炊事功能，围屋的个别房间也作卧室使用。与扎龙山不同，梨木坨位于山顶附近高寒山区，围屋建造时略突出主屋之前，位于主导风向一侧，遮挡寒风。又因各家人口数量、生活需求、屋场地势存在差异，四个村落均存在两种拓展方式并存的现象。此时新建的木屋也均采用上述 3 种方法，同时建造"三柱四瓜带两托"的主屋、飘所与围屋。

3. 材料演化（2000~2020 年）

21 世纪，进城务工逐渐成为时代潮流；1990~1996 年仙人湾基本实现村村通电、村村通公路[4]。在城市，进城务工人员接触到更为便利和舒适的生活环境，他们将这种生活体验带回乡村，再加上能源结构变化大量电器进入乡村，促使乡村生活方式发生了巨大转变，传统木结构不再能满足现代需求。再加上交通等基础设施条件改善，水泥、砖瓦等建筑材料得以顺利运进大山。生活方式转变影响下材料的更替推动了民居形式的又一次发展（图6）。

材料主要伴随着用水房间的变化而更替。厨房空间从火塘分离出来，炊事功能从火塘转移到灶台，燃料由薪柴转化为电气，灶具发生更替，在城市文化的影响下发展成为包含采光照明、给水排水、排烟排气、物料储存、废弃物处理等功能的集成式厨房[9]（图7）。木材容易吸收水分，长期暴露在潮湿环境中会导致腐烂变形，木结构维护体系不再能满足现代化厨房的使用需求，21世纪初居民纷纷在正屋一侧或后侧修建砖砌厨房或将原有飘所、围屋内厨房的木结构维护拆除改用砌块砌筑，屋顶仍保留由原有木柱支撑，但木结构与砖混结构的搭接构造尚未成熟。2015 年"厕所革命"砖冲水式厕所在农村逐渐普及，它们位于主屋的一侧或同厨房

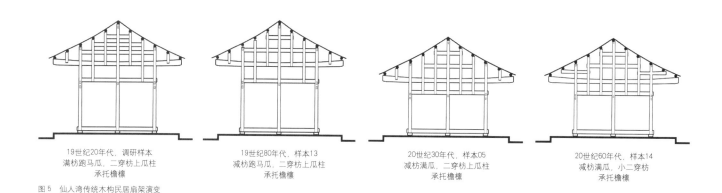

| 19世纪20年代，调研样本 | 19世纪80年代，样本13 | 20世纪30年代，样本05 | 20世纪60年代，样本14 |
| 满枋跑马瓜，二穿枋上瓜柱承托檐檩 | 减枋跑马瓜，二穿枋上瓜柱承托檐檩 | 减枋满瓜，二穿枋上瓜柱承托檐檩 | 减枋满瓜，小二穿枋承托檐檩 |

图 5 仙人湾传统木构民居扇架演变

空间拓展的三种方式　　　　表2

方式	增建次间	后加飘所	加建围屋	方式结合
结构				
平面				
实例				

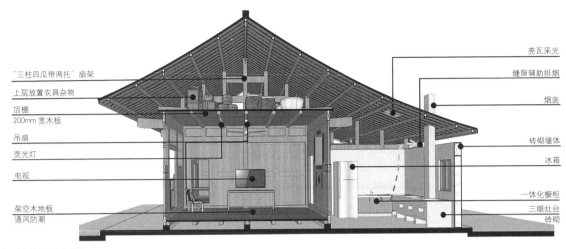

图 6 木构民居建筑材料更替示意图

(a) 火塘

(b) 三眼灶台

(c) 燃气灶

(d) 集成式厨房

图 7 厨房演变及调研实例

一起在飘所或偏屋的一间用砌块砌筑。

厨房是家庭的核心，是居住文明的重要体现[9]，厨房空间的演变是生活方式变迁的显著标志。仙人湾传统民居厨房空间材料的更替是传统木构民居与现代生活方式产生矛盾时再适应的重要表现。

三、总结与启发

新中国成立以来，作为湘西地区民居整体风貌的一部分，仙人湾瑶族乡传统木构民居营建演化特征经历从提质发展到空间拓展再到材料演化三个阶段，是湘西地区木构民居技术与不同外部环境及生活方式结合的产物。通过对仙人湾不同时期民居营建特征的梳理，本文得出以下结论（图8）：

（1）地理气候环境对于仙人湾民居形态特征的影响最为长效。仙人湾丰富的林业资源使得木材成为民居建造的主要材料，通过建造技术的不断改进，逐渐形成两坡屋面、出檐深远、二层敞开、地板架空等应对自然环境的营建方式，这些营建智慧表现为建筑形态的共性特征，至今仍是仙人湾地区传统木构民居风貌的重要内容。

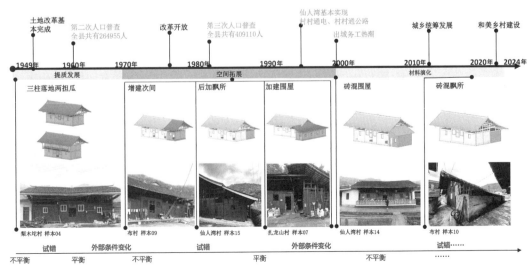

图 8 仙人湾传统木构民居演化示意图

（2）经济发展、技术演进引起文化习俗、生活习惯的变化是仙人湾木构民居营建特征演变的主要驱动力。火塘位置的改变与厨房空间的分化，堂屋从仪式性空间、储藏空间，演变成起居、会客功能的现代客厅，这些空间特征的变化从侧面反映出居民在经济条件改善后对于居住舒适性的追求。

（3）乡土建筑技术体系中工匠作用巨大。仙人湾民居木架结构经历逐渐简化的过程。扇架穿枋数量的减少、挑檐方式的改进，是由于工匠结合具体情况通过不断调整、总结经验，逐渐掌握如何在保证结构稳定的情况下节约木料建造房屋。而面对人口增长形成三种空间拓展的方式，则是工匠结合自己所在具体地区对技术进行不断试错、经验积累的结果。

民居的演变是一种平衡状态向另一种平衡状态的转变过程。每当外部条件发生变化，需求与现有条件发生冲突，平衡就会被打破，而后村民与工匠通过不断的技术试错去迎合需求，当某一种技术或形式与现有资源足够适应，就会得到传播与扩散，最后形成地区特有的共性特征，达到新的平衡状态。如今，如何解决传统木构民居与现代生活方式之间的冲突，以及传统木构技术与现代材料之间的矛盾，减少技术试错带来的资源浪费，达到新的平衡，是需要持续探索和努力的目标。

参考文献：

[1] 陈斯亮，李晓峰，汤诗旷．湘西传统民居堂室格局的类型与变迁 [J]．建筑学报，2022（2）：82-87．

[2] 卢健松．自发性建造视野下建筑的地域性 [D]．北京：清华大学，2011．

[3] 丛书集成新编第九四册·史地类 [M]．台北：新文丰出版公司，1986．

[4] 辰溪县志编纂委员会．辰溪县志 [M]．北京：线装书局，2012．

[5] 姜又春．怀化七姓瑶"高坡大王"祭祀圈的建构探析 [J]．广西民族大学学报（哲学社会科学版），2014，36（5）：87-91．

[6] 姜又春．七姓瑶的族源与族称 [J]．怀化学院学报，2011，30（12）：1-4．

[7] 卢健松，朱永，吴卉，等．洪江窨子屋的空间要素及其自适应性 [J]．建筑学报，2017（2）：102-107．

[8] 孙大章．中国民居研究 [M]．北京：中国建筑工业出版社，2004．

[9] 卢健松，苏妍，徐峰，等．花瑶厨房：崇木凼村农村住宅厨房更新 [J]．建筑学报，2019（2）：68-73．

叶枝土司衙署建造技术来源研究[1]

周萃楠[2]　乔迅翔[3]

摘　要：叶枝土司衙署是滇西北土司衙署中唯一的国家级重点文物保护单位，是研究地域建筑文化交流的重要实物资料，但已有研究多停留于标签化认知。基于对叶枝土司衙署与周边乡土建筑的田野调查，结合现有云南乡土建筑研究成果，通过比较土司衙署与周边地区及民族建筑在建造技术上的异同，得出衙署建筑的建造技术可能主要来源于滇西北民族地区，尤其是剑川，且局部强调了与丽江做法的关联。研究有助于深化滇西北乡土建造技术关联性研究，为保护利用提供参考。

关键词：土司建筑　滇西北　乡土建筑　营造技艺

叶枝土司衙署是纳西族王氏土司的官邸，位于云南省迪庆藏族自治州维西傈僳族自治县叶枝镇叶枝村，是滇西北土司衙署中唯一的国家级重点文物保护单位与唯一的纳西族土司衙署遗存。现存衙署建筑群建于清光绪年间，并在民国时期进行了改扩建。原建筑群占地约3.33公顷，现保护范围内约2982m²，仅存14座单体建筑；其中2座为原址重建，其余为近年修缮，木构架基本保持了原制[4]。此外，保护范围以北的两套合院曾为衙署偏院，现存7座单体建筑；木构架基本保持原制，部分墙体屋面保持了未经修缮的状态（图1、图2）。叶枝土司衙署保存情况较好，是研究地域建筑文化交流的重要实物建筑，但已有研究对该建筑的认知多停留于标签化的"汉、藏、白、纳西多民族特征"，建筑史学研究亟待深入。

一方面，土司有表达向化之心与他者身份的主观需求；另一方面，衙署的营建受地方工匠手风、地域做法的客观限制。因此，本文在比较对象上选取了土司衙署所处的滇西北地区（丽江、大理、剑川、腾冲）、元代以后云南昆明地区的乡土建筑。以建造技术为线索，通过具体的比较探究土司衙署建造技术的可能来源是本文的主要工作。

厘清各地建造技术的差异是上述比较研究的前提。剑川和通海是云南两大"匠乡"[1]212，学界多依此将云南汉式合院民居分为滇西北的剑川匠系与滇中、滇南的通海匠系[2]183,[3]。在建造技术方面，已有研究的局限有二：一是对于剑川匠系与通海匠系的比较多局限于大木构架做法；二是对同属剑川匠系的大理与丽江乡土建筑差异性的认知，多局限于屋顶的硬山、悬山之差。探讨滇西北与滇中、滇西北各地乡土建筑之间建造技术的异同是本文的工作之二。

研究基于对叶枝土司衙署与周边乡土建筑的田野调查，结合现有云南乡土建筑的研究成果，通过比较土司衙署与各地乡土建筑在大木构架、屋面墙体部分建造技术上的异同，探讨土司衙署建造技术的来源。[5]

一、滇西北民族地区建造技术的主要影响

叶枝土司衙署采用的建造技术与滇西北、滇中的汉式合院民居建造技术大体一致，均为土木结构，采用叠枋型穿斗架。通过比较大木构架、屋面墙体的一些局部做法，可以发现土司建筑的建造技术更接近滇西北地区，尤其是滇西北的民族聚居区。

1. 滇中与滇西北比较下的来源研究

（1）木构架构成

云南合院式民居对木构架构成的分类、命名方式繁多，但实则存在两套分类标准，一套是厦廊类型，另一套是主体构架类型（表1）。在厦廊类型上，叶枝土司衙署在厢房与倒座广泛使用吊楼类构架，即不同于小出厦和大出厦，吊楼无重檐出厦，而是以吊柱承托子行梁，从而拓展底层檐下及二层空间。吊楼在厢房与倒座的广泛使用也常见于滇西北地区；而在昆明"一颗印"中，吊楼几乎不见正房和厢房。

在主体构架类型上，叶枝土司衙署中使用频率最高的是蛮楼类构架[6]。从中国古代建筑基本空间构成规制来看[5]96，不同于明楼构架通过向外出厦实现主空间外加次空间的规制[7]，蛮楼类构架单侧京柱落地，是在主空间中划分出了次空间。蛮楼类构架在滇西北地区广泛使用，尤其是农村地区[7]44；但昆明一颗印几乎不使用蛮楼类构架。这可能是由于蛮楼屋架下的室内空间不如明楼对称有序，与礼制要求相悖；叶枝土司衙署中明楼类构架的等级高于蛮楼类，也是出于对汉式礼制空间的追求。

（2）屋顶曲线的纵架做法

在屋顶曲线的纵架做法上，叶枝土司衙署采用了竹竿水的做法，屋面上下分水一致，椽子通长，并有落京、提子行的做法；这也是滇西北地区汉式合院的常见做法。而滇中与此不同，多用衣兜水屋面，屋面分水分上下两段[8]。

---

[1] 本论文为国家自然科学基金项目（项目编号：52078295）"南方土司建筑研究"的子课题。
[2] 周萃楠，深圳大学建筑与城市规划学院，硕士研究生。
[3] 乔迅翔，深圳大学建筑与城市规划学院，教授。
[4] 对于修缮中较易发生改变的墙体屋面做法，本研究也搜集了修缮前的照片作为参考。
[5] 后文未经说明，资料来源均为自绘、自摄。

[6] 对于明楼和蛮楼的构架构成各文献中的图示、命名也并不统一，本文以《纳西族传统民居》的第107–116页所述为准。
[7] 丽江地区对构架的称谓中将大出厦称"辟"，如"一面辟一面骑""两面辟"等，这种说法有可能是对次空间古称"庇"的变音。
[8] 滇中一颗印虽有两种屋面做法，但多用衣兜水屋面，尤其是较大的房屋。

图1 叶枝土司衙署总平图

图2 叶枝土司衙署现状鸟瞰

叶枝土司衙署木构架构成分类表 表1

出厦类型						主体构架类型	
吊楼	小出厦			大出厦		蛮楼类	明楼类
	深骑厦	挂厦	吊厦	大出厦	浅骑厦		
南厢房	商铺（深骑厦+吊厦）			西殿（浅骑厦）		卫队寝室	正堂

（3）墀头

各地汉式合院民居中的硬山建筑都有类似官式建筑中墀头的做法，即山墙顶部向檐口出挑，并与檐墙交接。叶枝土司衙署中的墀头用木板或薄石板出挑，下方用砖、瓦封护（图3a）；这一做法同样常见于滇西北地区（图3b）。而昆明地区的做法是用木板出挑，木板之上用砖、瓦封护，与肩带相连（图3c）。

2. 滇西北汉地与民族地区比较下的来源研究

在滇西北内部，以大理、剑川、丽江为代表的少数民居聚居区与以腾冲为代表的汉族聚居区在建造技术上同样呈现差异。而叶枝土司衙署更接近民族地区的做法，主要体现在两个方面：

一是屋顶曲线的横架做法。在叶枝土司衙署的双坡顶建筑中，横架都通过柱升高以形成屋顶曲线，即山柱略高于中柱。在滇西北地区，这一做法也常见于大理、剑川、丽江，而与腾冲民居用枕头木升起的做法相异（图4）。

二是椽截面形状。叶枝土司衙署用圆椽，与大理、剑川、丽江民居一致（图5a）；而腾冲民居中多见方椽（图5b）。

(a) 木板下用砖瓦封护（叶枝土司衙署马店，来源：阿东·尼玛 摄）

(b) 木板下用砖瓦封护（腾冲）

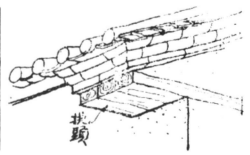

(c) 木板上用砖瓦封护（昆明，来源：《纳西族传统民居》）

图3 墀头做法

图4 使用枕头木（腾冲）　　　　图5 椽截面类型　　（a）圆椽（剑川）　　（b）方椽（腾冲）

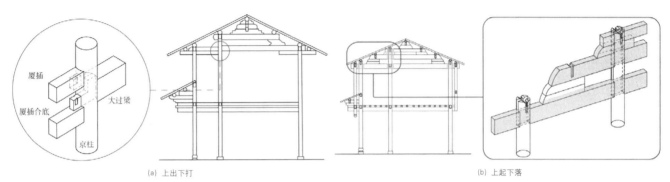

（a）上出下打　　　　　　　　　　　　　　（b）上起下落

图6 常见的大过梁安装方式（来源：《云南一颗印》）

二、剑川技术的主导与丽江做法的强调

上文表明，叶枝土司衙署的建造技术更可能来源于滇西北的少数民族聚居区，即以剑川、大理、丽江为核心的区域。尽管这一区域内的建造技术高度统一，但通过进一步比较，发现叶枝土司衙署的建造技术与剑川高度相关，且局部突出与丽江做法的关联。

1. 与剑川和大理相近的建造技术

（1）大过梁安装方式

尽管滇西北民族地区都多用蛮楼类构架，但在蛮楼的明间缝，由于京柱落地，各地在京柱与大过梁或插枋的交接做法上有所不同。叶枝土司衙署大过梁分段，京柱与大过梁交接处上方无卯口，应采用了"上出下打"的做法，即大过梁的榫头完全穿透前京柱并出挑，穿榫上端的三分之一高做二肩蹬榫，打上挂卯入尾部开有卯口的厦插，并在厦插下以厦合底承托稳固（图6a）；这一做法常见于大理和剑川。而丽江地区的做法与此不同，大过梁以箍头榫"上起下落"安装，京柱槽口一直延伸至大过梁底，过梁间空缺的高度以垛子枋或瓜柱填补（图6b）。

（2）梁帽与中梁挂枋

叶枝土司衙署各单体建筑皆在中柱柱头使用梁帽，起卯固中梁和中梁挂枋的作用，且在中梁挂枋下都使用截面接近正方形的箍子枋以加强横架的拉连作用。其中，在山架，挂枋与箍子枋均以箍头榫与中柱榫接，穿枋与梁帽在交接时需相互避让。从现状中两层穿枋与梁帽的位置关系看，土司衙署应采取了两种做法：一种是梁帽位于两层穿枋之间，梁帽上下均开卯口，挂枋底部开卯口，而箍子枋无须开口（图7a）；这是大理、剑川地区的常见做法。另一种是梁帽位于两层穿枋之上，梁帽单侧开设卯口，箍子枋不开卯口；这一做法也见于剑川民居（图8）。而丽江地区虽也有梁帽位于穿枋之间的做法，但中梁之下两挂枋截面相似❶，梁帽和上、下挂枋都单侧开卯口（图7b）。梁帽位于两层穿枋之间的做法有防止柱头劈裂的作用[10]61，箍子枋或下挂枋的截面形状与该构造应有一定关联：箍子枋不开卯口，其截面大小没有要求，故多为圆形或接近正方形；而下挂枋需要一定的高度开设卯口，所以下挂枋的截面形状呈矩形。

（3）硬山肩带

叶枝土司衙署的硬山肩带用薄石板出挑约一瓦垄的距离，石板尾端压于瓦面之下，并使用挂檐瓦封护与墙面齐平的檩条端头和椽子；剑川与大理的做法与此相同（图9a）。而丽江地区虽同样用薄石板出挑，但石板尾端压在檩条之下，并与悬山肩带类似，用筒瓦封盖（图9b）。

（4）厦屋面与山墙

叶枝土司衙署中有重檐出厦的建筑单体，无论悬山还是硬山建筑，厦屋面均不出际，重檐之间有凤凰台（图10a）；这一做法也常见于剑川和大理（图10b）。但在丽江地区，土坯墙止于厦屋面之下，厦子也采用悬山的做法（图10c）。

2. 与剑川和丽江相近的建造技术

部分做法未见于叶枝土司衙署，且在滇西北民族地区仅见于大理，体现出土司建筑与剑川和丽江建造技术的关联性，主要有以下两方面：

一是正房的出厦类型。叶枝土司衙署中的正房使用大出厦或小出厦构架，而不使用吊楼，剑川和丽江的做法也是如此。但大理地区由于"土库房"倒座的使用，多有以吊楼作正房。

---

❶ 这种相似也体现在称谓上，在丽江两穿枋称谓只有上下之别，而剑川分别称挂枋和箍子枋。

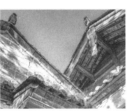
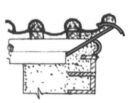

(a) 梁帽上下开卯口　　　　(b) 梁帽下端开卯口（来源：参考文献[4]204）　　　推测土司衙署的做法　　　剑川

图7 梁帽位于两层穿枋之间　　　　　　　　　　　　　　　　　图8 梁帽位于两层穿枋之上齐

叶枝土司衙署北厢房　　剑川❶　　　　　　　　　丽江（来源：《筑巢》《纳西族传统民居》）
　　　　　　　　(a) 石板尾端压于瓦面之下　　　　　　　　(b) 石板尾端压在檩条之下

图9 硬山建筑的肩带做法

(a) 厦子不出际且有凤凰台　　　(b) 厦子不出际且有凤凰台　　　(c) 厦子出际
（叶枝土司衙署正堂）　　　　　　（剑川）　　　　　　（丽江，来源：《丽江古城与纳西族民居》）

图10 厦子与山墙的交接构造

二是尖山建筑的正脊做法。叶枝土司衙署中使用尖山山样的建筑，正脊连续，照子脊从屋面的边垄向外出挑，这也是滇西北民族地区的常见做法（图11a）。但大理地区还存在正脊不连续，在距离边垄三列瓦沟的位置用瓦垄支起照子脊的做法，这一做法同样见于昆明（图11b）。

3. 仅与丽江相近的建造技术

叶枝土司衙署中的一些做法还集中体现了与丽江建造技术的关联，主要有以下三个方面：

其一是承檐构造。叶枝土司衙署在檐口都以大插、厦插或大过梁直接承（厦）子行梁；这也是丽江民居的常见做法（图12）。但大理和剑川的做法多为用托息或合底穿方承（厦）托子行梁（图13）。

其二是厦梁帽的有无。叶枝土司衙署中，厦柱柱头未见梁帽的使用，丽江民居也基本不使用厦梁帽（图14）。但大理和剑川都常见在大出厦类构架中缝的厦柱柱头使用厦梁帽的做法，有卯固厦插的作用（图15）。

其三是大过梁形态。叶枝土司衙署所用大过梁皆为直梁，丽江地区所使用的也基本都为直梁。但大理和剑川都常见以向上弯曲的过梁承托垛子枋的做法（图16）。其原因可能与屋面分水相关：即曲梁不仅是对弯曲木材的合理利用，还缩减了过梁与中梁或上层过梁之间的间距，屋面坡度较大时能提高构架的稳定性；而丽江乡土建筑的分水值小于大理和剑川，叶枝土司衙署更甚❷，过梁与中梁或上层过梁之间的间距本就不大，因此不使用曲梁。

三、自成一体的多源混合做法及技术来源

叶枝土司衙署中的部分建造技术自成一体，但表现出对各地做法的融合，主要有以下方面：

---

❶ 照片中为硬山建筑，土墙已塌。
❷ 丽江乡土建筑的常用分水为0.4～0.5，叶枝土司衙署的分水为0.34～0.44。

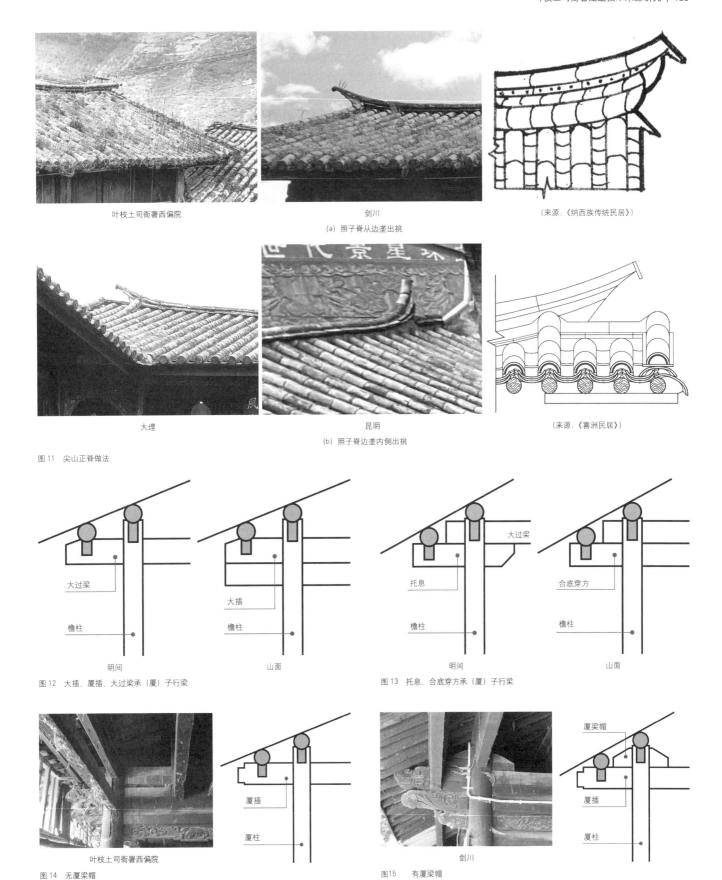

图11 尖山正脊做法

图12 大插、厦插、大过梁承（厦）子行梁

图13 托息、合底穿方承（厦）子行梁

图14 无厦梁帽

图15 有厦梁帽

1. 悬山山尖

叶枝土司衙署的悬山山墙分上下两断，立面有进退之分，山尖以土墙封护，下端山墙有以腰带厦压顶的做法（图17a）。山墙分段、使用腰带厦的做法主要见于丽江，而剑川、昆明的土坯墙通常从墙基一直砌筑至檩条下方，没有进退之分；但丽江地区通常以木板封护的山尖，土墙封尖的做法与剑川、昆明一致（图17b、图17c）。因此，土司建筑的做法可能是汉化做法与纳西族做法的结合；这种做法还多见于剑川与丽江之间的地区[13]130，也是维西

地区的常见做法。

2. 悬山肩带

叶枝土司衙署的肩带拼合了硬山与悬山肩带的两种构造逻辑，其上部在椽上依次置马鞍瓦、仰瓦，用薄石板出挑，下部用木质顺水板、悬鱼封盖木构件（图18a）。上部做法接近大理和剑川的硬山肩带，通过屋顶瓦面挑出以保护山墙免受雨水冲刷。而下部做法与悬山肩带的构造逻辑一致，即悬山建筑直接用屋顶保护山墙，肩带主要用于封护木构件。其中，土司衙署肩带的下部做法与丽江更为相似（图18b），而不同于其他地区以挂檐瓦或筒瓦封护椽子、檩条端头钉板瓦封护的做法（图18c、d）。土司衙署中的做法也见于维西其他同时期的高等级建筑，可能是超出构造逻辑的象征性的表达，即上部使用汉族和汉化程度较高的白族做法，表达对汉文化的吸纳，下部使用表现身份认同的丽江纳西族做法。剑川有少部分悬山肩带与此做法类似，用板瓦将瓦屋面略往外挑出，虽然远不

及叶枝土司衙署中将瓦面挑出一瓦沟的做法，但可能为叶枝做法的提供了参考。

3. 后檐墙

叶枝土司衙署中硬山建筑的后檐墙既有露檐出也有封后檐的做法。前者墙体砌筑至后子行梁下皮，大插、大过梁等构架穿出后檐墙墙面（图19a），这一做法在剑川广泛使用。后者用薄石板向外悬挑以封护后檐（图19b），常见于大理，与昆明、腾冲等砖瓦封后檐的做法不同（图19c）。以上表明土司衙署在硬山后檐墙的做法上可能同时吸纳了剑川与大理的做法。

土司建筑的悬山后檐墙也有两种做法。一种是露檐出（图20a），与剑川的做法一致。另一种是分上下两端，下段为墙体，上段的吊楼刚好骑在底层墙体上，后四方柱外露，柱间加木质板墙（图20b），这是丽江地区的常见做法。以上表明土司衙署在悬山后檐墙的做法上可能同时吸纳了剑川与丽江的做法。

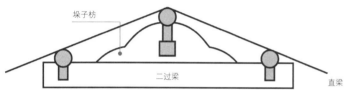
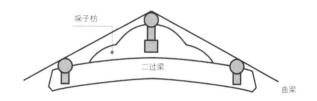

图16 大过梁类型

(a) 土墙封尖并分段
（叶枝土司衙署东偏院）

(b) 木板封尖
（丽江，来源：《丽江古城与纳西族民居》）

(c) 土墙封尖（剑川）

图17 悬山山尖的做法

(a) 薄石板出挑+顺水板
（叶枝土司衙署西偏院）

(b) 筒瓦+顺水板、悬鱼
（丽江）

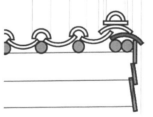
(c) 挂檐瓦+板瓦
（剑川）

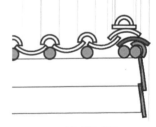
(d) 筒瓦+板瓦
（剑川）

图18 悬山建筑的肩带做法

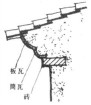

(a) 露檐出（叶枝土司衙署东碉楼） (b) 薄石板封后檐（叶枝土司衙署商铺侧房，来源：迪庆州文管所） (c) 砖瓦封后檐（来源：《云南民居》）　　(a) 露檐出（叶枝土司衙署正堂） (b) 上段木柱外露（叶枝土司衙署西偏院）

图19　硬山后檐墙做法　　　　　　　　　　　　　　　　　　图20　悬山后檐墙做法

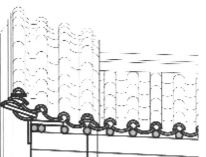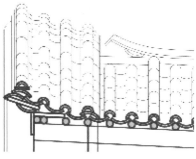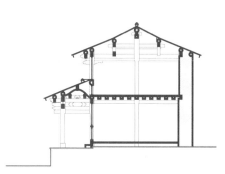

(a) 正脊止于山墙内侧（叶枝土司衙署东碉楼）　　(b) 正脊在山墙内侧起翘（叶枝土司衙署南厢房，来源：和琼辉 摄）

图21　圆山正脊做法　　　　　　　　　　　　　　　　　　图22　正堂檐口使用托息

4. 圆山正脊

叶枝土司衙署的圆山正脊有两种做法：一种是山墙的山尖高出屋面，通过垄脊，正脊止于山墙内侧，这是滇西北和滇中的汉式合院民居普遍采用的做法（图21a）；另一种做法是正脊不连续，在山墙内侧做照子脊（图21b）。后者可能结合了一般圆山正脊和大理、昆明尖山正脊的做法：大理和昆明都有在边垄内侧做照子脊的建筑，但仅见于尖山建筑，且照子脊的位置暗示了山架或山墙的位置；而土司衙署的做法使照子脊失去了和山架位置的逻辑联系，也应是超出建构逻辑的象征表达。此外，两种圆山正脊同时出现，说明出后者的混合做法可能是为凸显等级秩序有意为之，即通过将等级较高的尖山山样和等级较低的圆山山样混合，使得南、北厢房的等级高于一般圆山建筑。

5. 承檐构造

虽然叶枝土司衙署与丽江地区同样不使用托息直接承檐，但在衙署正堂也出现了托息这一构件（图22）。托息未直接承托子行梁，而是承托了子行梁挂枋下的挑担，与托息的原构造逻辑不一致；但这一构件的使用说明可能同时吸纳了大理、剑川的承檐做法。

四、结论

研究表明，叶枝土司衙署的建造技术最可能来源于滇西北民族地区，尤其是剑川。同时，土司衙署在直接展现建筑外观的屋面墙体做法上，凸显了与丽江地区的关联。

相较于滇中乡土建筑，叶枝土司衙署与滇西北建筑有更多的共同特征，如正房和厢房做吊楼，常用蛮楼类构架，竹竿水屋面，墀头用木板出挑、下方用砖瓦封护。而在滇西北地区内部，土司建筑的建造技术又更接近民族聚居区，如双坡顶用柱升高，用圆椽。当进一步聚焦于滇西北民族地区内部时，可以发现土司衙署的部分建造技术与剑川和大理地区一致，如蛮楼"上起下落"安装大过梁，箍子枋不开卯口与梁帽交接，硬山肩带用压在瓦面之下的薄石板出挑，厦屋面不出际、重檐之间有凤凰台；部分建造技术与剑川和丽江一致，如正房使用大出厦或小出厦两类构架，尖山正脊在边垄起翘；还有部分建造技术强调了与丽江的关联，如不使用托息承檐，无厦梁帽。此外，还有部分建造技术与各地均有差异，如悬山山墙分段，土墙封护山尖，肩带瓦面出挑，并用封檐板、悬鱼封护；悬山和硬山后檐都有露檐出的做法，硬山还有封后檐的做法，悬山还有木柱外露的做法；圆山正脊在山墙内侧起翘；使用不直接承檐的托息。

尽管土司衙署总体而言与剑川乡土建筑的相似度更高，但在外观上凸显与纳西族民居关联的做法体现了土司对外强调自身的纳西族身份。而与剑川乡土建筑的高度关联，一方面印证了叶枝土司衙署相传由剑川工匠所建，另一方面也是剑川与大理、丽江建筑文化紧密关联的体现。从文化地理的角度，丽江和大理坝区长期处于北部羌藏文化和南部边缘汉文化的交流与互动中，而在丽江坝和大理坝之间，剑川地区正是两种建筑文化的交汇点。剑川一方面是"白族原乡"，另一方面也长期以来与丽江地区的有着频繁的建筑文化互动：民间传说明代丽江地区的木匠都来自剑川[16]237，丽江木匠之乡的木匠祖籍也多可追溯至剑川[13]114。因此，剑川建筑的多元性也正契合了土司建筑对汉族建筑和纳西族建筑文化的融合需求。

参考文献：

[1] 杨立峰．匠作·匠场·手风——滇南"一颗印"民居大木匠作调查研究[D]．上海：同济大学，2006．
[2] 宾慧中．中国白族传统民居营造技艺[M]．上海：同济大学出版社，2011．
[3] 高洁，杨大禹．云南通海、剑川匠系民居木构架特点比较研究[J]．新建筑，2019（3）：119-123．
[4] 木庚锡．纳西族传统民居[M]．北京：光明日报出版社，2014．
[5] 张十庆．中日古代建筑大木技术的源流与变迁[M]．天津：天津大学出版社，2004．
[6] 朱良文．丽江古城与纳西族民居[M]．第2版．昆明：云南科学技术出版社，2005．
[7] 木庚锡．纳西族农舍[M]．北京：光明日报出版社，2014．
[8] 刘致平．云南一颗印[J]．华中建筑，1996（3）：76-82．
[9] 孟阳．中国南方民间传统木构建筑榫卯机制[D]．南京：东南大学，2022．
[10] 孟阳．地震带上的层叠建构——对滇西剑川匠系木构传统的重新诠释[J]．建筑学报，2021（6）：56-62．
[11] 刘志安，王星，雷剑．筑巢[M]．昆明：云南大学出版社，2019．
[12] 乔迅翔，顾蓓蓓．喜洲民居[M]．北京：中国建筑工业出版社，2021．
[13] 潘曦．纳西族乡土建筑建造范式研究[D]．北京：清华大学，2014．
[14] 《云南民居》编写组．云南民居[M]．北京：中国建筑工业出版社，1986．
[15] 中共维西县委宣传部．维西的灵性时光[M]．昆明：云南美术出版社，2009．
[16] 王鲁民，吕诗佳．建构丽江：秩序形态方法[M]．北京：生活·读书·新知三联书店，2013．

基于地域文化视角的乡村景观设计研究
——以惠来县邦山村为例 ❶

翁奕城❷ 钟炜婷❸ 陈梓聪❹

摘 要： 我国乡村建设对地域文化重视不够，出现乡村景观城市化、模式化等问题，导致千村一面、地域景观特色不凸显。目前关于乡村地域景观设计方面的研究相对不足。本文首先从地域文化视角提出乡村景观设计总体策略，然后结合当前广东"百千万"工程建设背景，以惠来县邦山村为例，采用案例研究法，以重构历史场景、延续地域特色、推动艺术创新等三个策略探讨乡村景观设计的方法，为今后我国乡村建设提供一定的指导作用。

关键词： 地域文化 景观设计 乡村振兴 设计转译 邦山村

地域文化是指特定区域内，人们在长期的历史发展进程中通过创造、积淀、发展和升华形成物质和精神上的产物[1]。而地域文化景观是指存在于特定地域内的文化景观类型[2]，是地域文化的重要物质载体[3]，包含物质形态化的历史景观和非物质形态化的传统习俗。长期扩张型的城市建设由于缺乏地域文化的重视，极大程度地削弱了地域文脉与特色风貌[4]，出现乡村景观城市化、千村一面等问题。乡村地域文化是自然要素与人文因素形成的综合体，是地域经济发展不可或缺的推动力[6]。随着党的二十大提出的乡村文化振兴和广东省的"百千万工程"，在乡村建设中如何更好地保护和传承地域文化是一个非常值得探讨的问题。

在乡村地域文化景观方面，国内众多学者已有相关研究基础，主要集中在文化景观演化规律、保护发展及规划设计三方面。比如张春燕[7]、张雪葳[8]等人探讨了乡村地域景观的影响及其演化规律；王丽洁[5]、王成[9]等人强调了地域性在乡村景观保护与发展中的重要性；朱云鹤[10]、朱少武[11]、赵威[12]等人探讨了地域文化在建设中的应用。其中，我国关于地域文化在乡村景观设计领域相关研究起步较晚，特别是地域文化的空间设计转译方面的研究尤为薄弱。

因此，本文以惠来县邦山村为例，基于地域文化视角，提出重构历史场景、延续地域特色、推动艺术创新三大设计策略，以实现乡村地域景观的再生与可持续发展，为今后我国乡村景观设计与地域文化传承提供参考和借鉴。

一、地域文化视角下的乡村景观设计策略

1. 乡村山水文化延续与景观格局保护

乡村山水文化是地域文化的重要组成部分，独特的山水格局和自然景观是乡村景观设计的基石。在乡村景观设计中，首先要从宏观角度出发，分析"山—水—田—村"的景观格局，并结合村落布局梳理景观廊道、视线通廊及整体山水景观格局。通过深入挖掘乡村山水文化内涵，了解其历史脉络、文化特色和价值意义，既能延续乡村山水文化，也为乡村景观的文化定位提供有力支撑。乡村景观格局保护主要通过科学规划、加强乡村生态保护和严格控制景观建设强度这三个方法进行，确保乡村景观的可持续发展。

2. 地域文化深度挖掘与文化符号提取

地域文化是村民在长期生产生活中遗存下来的产物文化，在规划设计前应进行深度挖掘。首先，通过场地的系统性调研，全面了解乡村的历史、地理、民俗、艺术等方面资源。然后，通过地域性分析，明确乡村文化的地域特色，并对调研收集到的文化元素进行梳理和分类，明确乡村文化的主要构成。接着，对代表性符号进行筛选，选出能够体现乡村文化的核心价值和地域特色的符号。最后，在保持文化符号原始内涵的基础上，结合现代设计理念和技术手段，对符号进行空间转译，使其更符合现代审美和功能需求。总之，通过对地域文化的挖掘、文化符号的提取能很好地获得乡村景观设计的创造灵感，保留其乡村独有的风貌。

3. 乡村地域文化转译与景观设计融合

将乡村地域文化转译为现代景观设计语言，是实现文化传承与景观建设融合的关键。在设计中，可以运用象征、隐喻等手法，将文化符号融入景观元素。文化符号在传播过程中发挥其强大的文化感召力和认同感，极大地促进乡村地域文化的传承。从景观的核心特征中提取的符号最能展现其本质，比如设置于乡村公共空间中的夯土墙、青砖、木栅栏等传统元素，不仅连接不同的空间节点，还维持着整个空间结构的连贯性，为乡村社区注入生机。

另外，结合本地材料、乡土植物是维持乡村本真和真实性的起点，直接展现了地区的景观特色。当地的建筑和装饰材料吸收了历代村民的智慧，经历了时间的考验。这些乡土景观材料翔实记录了一个地区的历史文化，传递出一种古朴、自然的乡村风情，对展现

---

❶ 基金项目：广东省哲学社会科学"十四五"规划2022年度学科共建项目"基于社会网络分析的城中村公共空间微更新策略研究"（GD22XSH13）。
❷ 翁奕城（通讯作者），华南理工大学建筑学院副教授，硕士生导师，博士。
❸ 钟炜婷，华南理工大学建筑学院风景园林系研究生。
❹ 陈梓聪，华南理工大学建筑学院风景园林系研究生。

乡村的地域文化具有至关重要的意义。

二、邦山村地域景观设计

1. 邦山村概况

邦山村位于广东省揭阳市惠来县隆江镇，龙江河上游北岸，由邦山和后港两个自然村组成。邦山村原名凤山，南宋时期建村，唐代时期此田山崩，遂改名为"邦山"（潮音"邦"与"崩"同音）。全村总面积 4.85km²，现有 1158 户，总人口 6920 人，是一个典型的农业村庄（图 1）。邦山村环境整治提升是隆江镇"百千万工程"重点项目之一，对促进乡村振兴、提升人居环境与公共空间品质具有重要意义。

2. 地域文化特色

邦山村至今有着近千年历史，是一个典型的潮汕传统村落，山水文化、红色文化、民居文化等资源丰富，地域文化特色十分突出。

首先，邦山村具有良好的山水景观格局。邦山村位于龙江河东岸。龙江河下游环抱东岸隆江古镇，状似襟带，故称"龙江襟带"，是"惠来古八景"之一，古镇始建于明代末年，至今已有 300 多年的历史。而邦山河作为龙江河支流自西北向东南环抱村落。村内中央为一个月牙形风水塘——邦月湖，沿湖周边分布祠堂、庙宇、文化活动中心等文化建筑和公共活动空间。邦山村东南部有一处小山体，是村内的制高点，山上有一处古庙，环境优美。

其次，邦山村是革命摇篮圣地、苏维埃政权根据地，红色文化资源丰富。1926 年 2 月惠来县隆江区成立农民协会，会址设于邦山"唐英祖祠"。村里有许多革命遗迹，如隆江区农民协会旧址、惠来县粮食运送总站旧址，徐向前、彭湃指挥攻打隆江指挥部旧址等（图 2）。目前，邦山村已成为全省闻名的红色教育基地，每年接待来自全省各地的红色研学教育团队。

最后，邦山村保留了许多典型的潮汕传统建筑，特别是其祠堂文化十分浓厚。村内重要的传统祠堂主要分布在邦月湖南侧，包括唐英祖祠、长泰祖祠及具有各式祭祀功能的庙宇祠堂。建筑体现传统潮汕"五行山墙"形式，在装饰上也拥有传统木雕、砖雕和贝灰墙等传统技艺。

3. 邦山村地域文化问题

在邦山村典型村规划过程中，经过多次实地调研，发现邦山村在快速城市化发展中，其地域文化受到了很大冲击，文化特色逐渐减弱。

（1）地域文化的保护与传承不佳。由于地域文化的传承者数量急剧减少，造成了文化传承的中断。另外，传统文化在知名度和推广方面存在不足。这些问题导致了邦山村文化景观正遭受现代文明的冲击，使得地域文化的生命力逐渐衰退。

（2）建筑风貌的地域特色不够突出。邦山村虽然拥有较多的传统古建筑群，特别是唐氏宗祠建筑特色突出。但由于村民缺乏文化景观保护意识，沿湖出现风格各异的自建房，尤其部分传统建筑得不到很好的保护，十分破败，极大地影响了村落建筑的整体风貌。

（3）环湖环境品质有待提升。现状环湖交通组织混乱，缺乏舒适宜人的公共空间。街道两旁路面硬化程度高，缺少绿化。垃圾

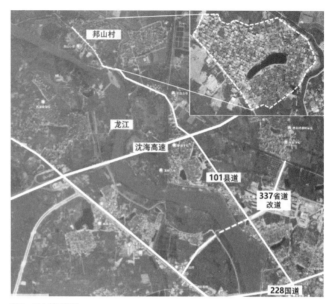

图 1　邦山村区位图

(a) 徐向前、彭湃指挥作战攻打隆江指挥中心　　(b) 惠来县隆江区农民协会旧址
　　　　　　　（长泰祖祠）　　　　　　　　　　　　　　（唐英祖祠）

图 2　邦山村红色革命文化资源

回收站点布置不合理，杂物堆积占用人行道。部分沿街建筑立面老旧，存在违建行为，整体建筑风貌不统一。

（4）公共空间较为零碎。环湖公共空间有较多荒废之地有待提升，邦山村农贸集市建成后市集氛围较为浓烈，村内外摆数量减少，将腾出更多闲置公共空间，但这些公共空间较为零碎，需要重新进行梳理和重构。

4. 地域景观设计策略

结合邦山村现有空间特色及地域文化，将设计定位为"千年古村、红色邦山"。重点对邦山村环湖重点公共空间进行提升改造，提出重构历史场景、延续地域特色和推动艺术创新三大改造策略，具体包括文化广场提升改造、邦月湖曲桥和水榭营造、古庙广场改造等多处环湖公共空间提升改造（图 3）。

（1）挖掘乡村记忆，重构历史场景

通过对邦山村的乡村记忆进行挖掘与评估，选择文化广场、邦月桥、望湖轩及菜园子作为重构历史场景的重要节点。

①文化广场提升改造。该广场背靠村文化活动中心，面朝邦月湖，是进村的首要公共空间，也是村民举行文化节庆活动的重要场所。目前，该广场设施较为简陋，水泥地面破损严重，被不少机动

车占用。结合现有空间特点，在广场两侧设置树池和座椅，种植白兰树，为村民遮阴乘凉。广场地面铺设花岗石和青砖，中央设置文化浮雕。广场周边设置止车柱，禁止机动车进入。广场改造后环境品质将大幅提升，潮汕乡村特色也更加突出（图4）。

②邦月桥和望湖轩营造。邦月湖位于村落中心，是村落的风水塘，承载着村民滨水活动记忆。追溯历史，邦月湖原由一大一小两个水塘组成，中间由堤路连接，后因水塘和笔直的堤路形成传统风水问题，堤路被挖除，变成如今的大湖面。但邦月湖的分隔造成两岸村民交流活动十分不便，村民恢复堤路的愿望强烈。方案复原场地历史路径，但尊重当地风水观念，把原来笔直的堤路改为曲桥。曲桥卧波，造型复古典雅，中间半圆形拱桥与倒影形成月湖美景。同时借鉴潮汕传统民居形式，在岸边设置望湖轩、亲水平台，成为村民亲水、休憩和观景的场所，也把对岸的古庙、唐氏宗祠连成一体，形成村落最具特色的公共空间（图5）。

③菜园子改造。邦山村作为传统村落，有着悠久的农耕文化。对邦月湖北侧5处村民自建的菜园子进行提升改造。在保证菜园用地范围和用地权属不变的前提下，对围墙护栏、周边道路铺装等进行提升美化，同时鼓励居民自己经营小菜园。这种模式不仅有助于美化乡村环境，减少绿化管养成本，也突出乡土气息，更能重构传统农耕场景，让村民在耕作过程中回溯乡村记忆，体验农耕文化魅力（图6）。

（2）转译文化符号，延续地域特色

邦山村具有丰富的传统文化符号。通过对文化符号的提取转译，并融入设计，从而延续地域特色。

①古庙广场改造。潮汕地区的传统民间信仰依然十分活跃，该古庙广场也是村庄中富含文化意义的公共空间，被村民们频繁使用。但其空间现状较为杂乱，坐凳、顶棚等占据了空间，观感较差。设计尊重村民对传统信仰活动的需求与习惯，仅对周边环境进行整治，恢复空间的整洁与秩序。同时对古庙屋棚进行提升改造，以潮汕传统民居的金星山墙作为设计元素融入古庙屋棚设计。整体设计方案简洁大方，项目投资少，地域特色鲜明（图7）。

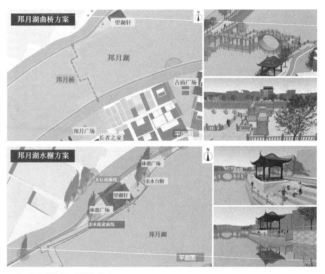

图5　邦月湖曲桥及望湖轩方案

图3　邦山村环湖改造节点分布图

图6　邦山村菜园子改造方案

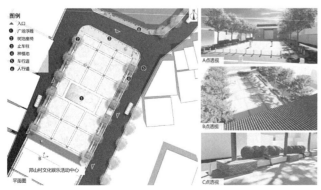

图4　邦山村文化广场提升改造方案

图7　邦月湖古庙广场方案

②镇标、村标设计。隆江镇依龙江河而生,被誉为"千年商墟",水乡文化浓厚。隆江镇农业繁荣,各种农作物盛产,其中以孔子美香米享誉岭南。结合以上地域特色,在镇标设计中,通过对"隆"字的巧妙抽象化处理形成标志的整体框架。把"龙江水""潮汕民居"及"孔子美香米"三种元素有机融合,延续并弘扬隆江镇的地域文化特色(图8)。

邦山村村标设计则借鉴当地乡土材料和传统技艺,打破目前村标千篇一律的通病。以潮汕传统夯土墙、耐候钢板、青砖以及灰瓦为元素,充分展示传统手工技艺与现代材料的融合,提升传统工艺的社会传播度(图9)。

(3)丰富表达形式,推动艺术创新

艺术是推动乡村发展的有效方式,以艺术表达村庄的文化特色,以艺术唤醒村庄的公共空间,致力创造乡村新景观,这些都是当前艺术介入乡村建设的有效做法。

①水利公园滴水廊。邦山村南侧龙江河水闸旁有一滨水空地,现状为滩涂植被,规划改造为滨水公园。设计以"滴水公园,秀丽龙江"为主题,融入水生态科普公园的设计理念。在公园入口设置小型驿站——滴水廊。该建筑结合乡土材料(石笼、毛石、青砖、竹子等)和乡土树种(凤凰木、榕树等),运用现代设计手法,将传统材料与现代审美相结合,为游客提供一个临水、观水、听水的休闲场所,既有地域特色又充满艺术气息(图10)。

②邦山村火炬信号塔。邦山村东南部山体公园现状植被少,岩石裸露,景观效果较差。山顶上有一处中国移动公司的信号发射塔,与周边村落风貌十分不协调。因此,在对山体公园进行复绿的同时,结合邦山村红色文化特色,以火炬为造型对发射塔进行美化。金色丝带围绕发射塔,顶着红色火焰,体现"红色邦山"主题,给信号塔赋予新的艺术魅力,使其成为该村落新的地标景观(图11)。

③公共艺术景观。邀请高校师生、艺术家对邦山村主要墙体进行彩绘提升(图12)。墙绘以当地红色文化和潮汕民俗文化为主题,如革命场景与标语、英歌舞、舞狮、赛龙舟等。通过艺术手段唤醒村民对乡村的记忆和情感,为游客提供更丰富的文化体验。

图8 隆江镇镇标方案

潮汕夯土墙　耐候钢板　青砖　灰瓦

潮汕夯土墙施工过程

图9 邦山村村标方案

图10 邦山村水利公园滴水廊设计方案

图 11 邦山村中国移动信号塔改造方案

图 12 邦山村墙绘方案

三、结语

在当今快速变革的社会背景下，传统村落在追求现代化的道路上面对诸多挑战。这些挑战主要源于对快速发展的盲目追求，导致对村落自身独特文化的忽视，出现千村一景的典型问题。为了探索解决这些问题的有效途径，本文选取了具有代表性的邦山村作为研究案例，基于地域文化视角，从重构历史场景、延续地域特色、推动艺术创新三个方面探讨乡村景观设计策略和方法。旨在保护和传承地域文化，抵御城乡一体化过程中的同质化趋势，共同探索未来的发展路径，实现文化与景观的和谐统一，这对未来乡村可持续发展具有重要的意义。

鉴于项目实际要求，本设计仅围绕村落环湖公共空间进行提升改造，并未涉及村落整体环境改造。理想的地域文化保护和利用需要从更宏观的视角对村落进行整体化设计，提出更为详细的规划设计指引。另外，该项目目前仍未施工，需要等项目竣工后结合改造后效果深入评价前文所提地域文化景观策略的有效性，从而为今后我国乡村景观建设提供更好的借鉴。

参考文献：

[1] 赵钢. 地域文化回归与地域建筑特色再创造[J]. 华中建筑, 2001, 19 (2): 12-13.

[2] 王云才. 传统文化景观空间的图式语言研究进展与展望[J]. 同济大学学报（社会科学版）, 2013, 24 (1): 33-41.

[3] 孙艺惠, 陈田, 王云才. 传统乡村地域文化景观研究进展[J]. 地理科学进展, 2008, (6): 90-96.

[4] 毛刚, 麦贤敏, 杨猛, 等. 地域特色视角下的四川稻城城市设计探析[J]. 规划师, 2018, 34 (10): 141-147.

[5] 王丽洁, 聂蕊, 王舒扬. 基于地域性的乡村景观保护与发展策略研究[J]. 中国园林, 2016, 32 (10): 65-67.

[6] 赵威, 赵筱旭, 李翅. 地域文化视角下的新型农村社区规划[J]. 规划师, 2016, 32 (S2): 243-247.

[7] 张春燕, 资明贵, 罗静, 等. 旅游业驱动下的林区乡村地域景观演化与重构[J]. 华中师范大学学报（自然科学版）, 2022, 56 (1): 189-200.

[8] 张雪葳, 王向荣. 陂塘水利对城市及地域景观格局的影响——以杭州西湖为例[J]. 中国园林, 2018, 34 (6): 19-24.

[9] 王成. 基于地域性的乡村景观保护与发展策略研究[J]. 艺术与设计（理论）, 2018 (9).

[10] 朱云鹄, 孙刚, 李明怡, 等. 古滇文化影响下的昆明地域景观设计——以晋宁和璟苑公园二期规划为例[J]. 中国园林, 2023, 39 (11): 49-55.

[11] 朱少武, 刘慧, 郑文俊. 地域文化传承视野下的广西象州温泉城规划设计策略[J]. 规划师, 2020, 36 (8): 61-65.

[12] 赵威, 赵筱旭, 李翅. 地域文化视角下的新型农村社区规划[J]. 规划师, 2016, 32 (S2): 243-247.

用材、构造与大木结构类型的关联讨论
——以宁波地区乡土建筑为例 [1]

蔡丽[2] 刘杰[3]

摘 要： 宁波乡土建筑大木构架注重水平向拉结，采用"槽头"用材方式，以梁头即"槽头"的厚度为基本模数，规定了枋和斗栱的厚度，梁枋高厚比大于2∶1。梁枋与柱平接，节点取高，加强节点抗弯刚度。其柱梁桁构造方式虽是非典型的柱顶桁，但用材和拼合构造说明了宁波大木构架的稳定性不是来自结构自重，而是通过加强节点获得整体性。这与宁波所在的沿海地区台风气候有直接对应，亦与其他地区穿斗结构有类似的用材和构造做法。宁波大木结构归类为穿斗式结构，是同分异构的体现。

关键词： 用材 槽头 穿斗式 宁波

一、宁波地理人文背景

宁波位于中国东部海岸线中段，浙江省和宁绍平原东端，是一块被海水浸湿的海濡[4]之地，东西被山脉阻隔，北部为杭州湾南岸，中间是三江汇合水网平原。宁波有着通江达海的优势，宋元以来一直是东南地区重要的海河贸易港口，来自内陆和海洋的各种物资在此交汇。宋代明州（即宁波）市舶司大量进口日本木材，明清以来宁波平原地区乡土建筑主要用建杉，从福建海运进口。宁波亦在浙闽粤沿海台风带上，在建筑气候区划中宁波属于Ⅲ-A区，与浙闽台风带基本一致。建筑物除了要应对南方地区典型的冬冷夏热且潮湿多雨的气候外，还需要注意防范热带风暴和台风、暴雨袭击及盐雾侵蚀。

二、宁波大木构架的特征

1. 地盘

以宁波乡土建筑中最常见的"一堂两室"住宅单体为例（图1），地盘为面阔三开间，进深五柱七桁。明间宽4.5~5.3m，1丈6尺[5]至1丈9尺。次间3.8~4.3m，1丈3尺至1丈6尺。总面宽12~14m，4丈2尺至5丈1尺。总进深超过10m，3丈8尺至4丈3尺。椽档是地盘尺度的重要控制因素。木椽铺在柱缝的梁背上，开间尺度由椽档数量决定，椽档宽度由搁在梁背的望砖宽度决定。椽档宽6.2寸，约172mm，椽档数以偶数居多。

2. 侧样

（1）栋柱落地

"一堂两室"对应的楼屋大木构架最常见，其侧样形式为五柱七桁加前后单层檐廊（图3），五柱七桁为楼屋部分，与《营造

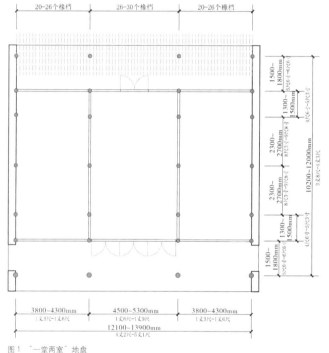

图1 "一堂两室"地盘

法原》的楼房和平房的六界边贴（图2）[6]基本相同。宁波工匠以"榀"来称呼榀架，从明间向左（右）的每个榀架分别称为左（右）一、左（右）二、左边。清官式的进深以"步架"为单位，宁波地区称为"开步（音驳bó）"或者"步分"。

榀架中竖向构件从前向后包括落地的檐巡（音从cóng）柱、大步柱、小今（金）柱，不落地的大今（金）柱即童柱、东（栋）柱。今即金，东即栋，工匠为了方便常用笔画少的同音字替代原来的名称。栋柱是支撑屋脊的最高落地柱，檐巡柱指檐廊柱，大步柱与栋柱之间为金柱，步柱多指楼屋主体结构的外侧通高直柱。檐廊下单步梁采用斜拱背梁形式，民间称为"猫拱背"，工匠称为"大

---

[1] 宁波市重点研发计划暨"揭榜挂帅"项目（立项编号：2023Z138）资助。
[2] 蔡丽，宁波大学潘天寿建筑与艺术设计学院，讲师。
[3] 刘杰，上海交通大学设计学院，教授，博士生导师。
[4] "海濡"引自：韩朝阳．海濡拾遗[M]．宁波：宁波出版社，2015．
[5] 宁波地区工匠营造用尺为3.6尺=1m，即1营造尺=27.78cm。

[6] 图片引自：祝纪楠．《营造法原》诠释[M]．北京：中国建筑工业出版社，2012．

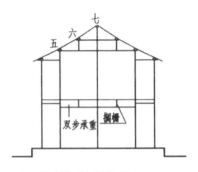

图 2 《营造法原》楼房的六界边贴

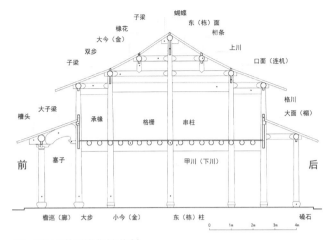

图 3 五柱七桁楼屋栋柱落地加前后廊

子梁",梁头与檐柱头斗栱交接。

（2）抬梁

单层的一堂两室其明间栋柱抽掉，小今柱之间变成五架抬梁（图4），五架梁下常隔空增加随梁枋，工匠称为"抬川"。五架梁与抬川对应桁缝的位置填入叫"大塞子"的木块增加承载力和稳定性。构造关系上三架和五架抬梁端头的柱梁桁连接有着桁条背与梁头背平齐的特点。因为抬梁较高，梁底部分插入柱头，柱头开口被称为"叉口"。三架梁除了采用平梁之外，较多采用"对子梁"形式。对子梁是宁波地区最常见的梁架装饰样式，栋柱落地前后的单步梁亦常用。

3. 正样（纵向连接构件）

连接榀架的纵向构件有桁条、随桁枋称为口面、串柱、大面（楣）、格栅等。串柱一般位于落地柱中部，在楼屋中放置在一层楼板下，与格栅的尺寸相同，共同支撑楼板。其中"大面"（图5）拉结左右大步柱，是宁波大木构架中最具特色的构件，"面"即"楣"的替代字，两个字的宁波方言发音相同。楼屋中大面厚70~80cm、高1.2~1.5m不等。由三个纵向水平枋和若干薄板拼合而成。明间堂沿在栋柱上部的栋面会变成一斗三升和枋木，增加装饰和拉结的作用（图6）。支撑五架抬梁的小今柱之间用桁下大面拉结，亦有在大步柱间再增加一道大面。

三、宁波大木构架的用材与构造

1. 槽头制

单步或双步圆直梁端头切方，背部斜切顺应木，方形梁头被宁波工匠称为"槽头"，槽头截面是直圆梁有效的受力部位，槽头厚度一般为2.6寸，等于7.2cm，现在用公尺多简化为7cm，来料大一些，槽头可加厚至8cm，相当于2.8寸。槽头2.6寸厚度等于两侧插入的桁条燕尾榫头1寸厚度加槽鼻头厚度0.6寸（图7）。直圆梁直径15~20cm不等，槽头厚度不变，其截面瘦高，高厚比2:1~3:1。槽头厚度决定了其他梁枋厚度，如纵向拉结的大面、栋面以及单双步梁下的下穿等这些构件的高度一般为槽头厚度的2~3倍，其最小高度不小于15cm，即5.2寸，2个槽头的厚度。槽头作为主要受力截面，亦用材取高，若梁截面过小，梁槽头下增加等厚短木与柱头叉口进行连接（图8）。

檐廊柱头斗栱及其他位置的斗栱，其斗和升的开口和栱的厚度等于槽头厚度。槽头作用类似于清官式的平身科"斗口"制，但其对应的是柱头翘栱的升的开口宽度，截面比例在2:1~3:1之间，比足材的比例2:1更瘦高。梁槽头的具体高度根据来料

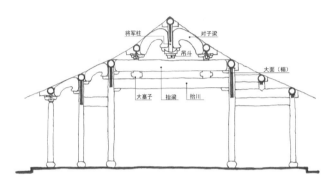

图 4 三柱六桁五架抬梁对子梁加前后廊

图 5 大面　　　　　　　图 6 桁下一斗六升

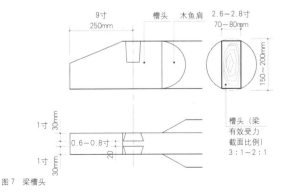

图 7 梁槽头

图8 叉口连接　　　图9 直背隐肩月梁

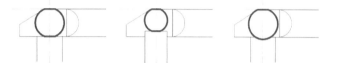

图10 柱梁桁交接

定,来料情况与屋主经济实力相关,只要能保证槽头的截面厚度,劣材和弯材亦可作为梁架使用。抬梁构架中承重和用材较大的五架抬梁亦是先定槽头尺寸;工匠的经验尺寸如一般5m跨度的抬梁,槽头厚8~11cm、梁身厚30cm、高30~60cm不等,槽头高厚比在5∶1~4∶1,梁身高厚比在2∶1~1∶1。

2. 拼合梁枋

大量水平梁枋如大面、栋面、梁下川,以及装饰用的拱背梁和月梁等采用拼合技艺❶,由实木和薄板用定桩、竹钉等拼合而成。其中,装饰月梁有高扁直背隐肩特点(图9),即梁背与柱身是直背平接,月梁拱肩无法超出梁的直背,无法形成月梁身整体起拱的效果,利用拼板微小的厚度差隐出拔亥和拱肩,拱背弧度较小,倒角约1寸。拼板端头做出空心板榫插入柱身,减少梁枋与柱连接处的扭转。

3. 桁背平水线

宁波地区在柱梁桁构造中大部分情况下桁条与直梁等高,梁背与桁背平齐,桁背刨平,作为屋面坡度定位的平水线。当梁截面尺寸较大,梁背高出平水线,梁头靠近椽花的位置斜切,让开上部的斜椽,保证桁背位置。若桁条尺寸小,则保证桁背与梁头背平齐,柱头加高,形成叉口,卡住梁槽头。桁条截面尺寸大于直梁,仍然

❶ 蔡丽. 清代宁波乡土建筑梁枋拼合工艺探析[J]. 城市建筑, 2022 (5).

保证桁条背与梁背平齐,桁条底低于梁底的部分挖出方槽口,让柱头顶住梁底(图10)。

桁背平水线暗示了其"自上而下"的屋面坡度确定方式,这与北方官式的举架和苏州《营造法原》中的"提栈"其"自下而上"的方式不同,更接近《营造法式》的举折。亦对桁条、桁下面及梁头的形状和尺寸要求降低,反映了构件之间连接的紧密性。

四、宁波大木构架结构类型判定

1. 结构类型的定义和讨论

在中国建筑史研究范畴内,抬梁结构的基本构造特征是梁头压柱和梁头架桁。穿斗结构的构造特征是柱头承檩,梁身穿枋。这两类结构一般对应北方官式建筑和南方民居建筑。南方厅堂亦常用抬梁结构,因为南方地区抬梁构架的外观形式多样和构造做法灵活,如抬梁中大梁不是压在柱头,而是插在柱身,柱头承檩,难以明确归类为抬梁式或穿斗式。赵潇欣先生[1]认为已有的"穿斗式"与"抬梁式"的类型差别是基于构造而非结构特点,构造差异不能作为判定结构类型差异的决定性因素。张十庆先生[2]对大木构架从建构角度提出的层叠型和连接型的结构分类大致对应宋式的殿堂型和厅堂型构架。层叠型结构依靠构件的自重获得结构稳定性,故构件用材多肥壮,构件之间的连接主要用于节点的固定,连架型结构依靠构件之间的相互拉结获得结构整体性,构件之间的节点连接强度高。抬梁构架包含了两种结构类型,即层叠结构的抬梁和连架结构的抬梁,两者外在形式都表现为相似的抬梁做法,既不同源,又各有演化序列。

从大木构架整体受力特征和建构的角度更能理解结构类型的差异。"构架的整体性,就是说构架中各个杆件相互制约、相互协调、互相作用,组合成一个整体的构架,共同承担本身的结构自重和外来的自然力……静力状态下的构架是稳定的,如果有外来风荷载和地震力等荷载作用,构架能否稳定,要经受考验。所以说构架的整体性和稳定性,主要是指结构在外部荷载作用下的抗变形能力,于构架中采取的一系列对抗措施,保证构架牢固而不被击溃。"[3]构件和构架抗变形能力在力学中称之为刚性。水平荷载是考验结构整体刚性的主要因素,主要形式是地震横波和风荷载,一方面柱脚的静摩擦力可以对冲水平荷载,同时大木构架整体需要足够刚性,不被水平荷载击溃。在既定的构架体系中影响"结构整体刚度的要素有节点的刚度、节点的数量、构件的刚度,其与结构整体刚度成正比关系,即节点刚度越大,节点的数量越多,构件的刚度越大,结构的整体刚性越好"[4],这说明柱顶桁的构造对穿斗结构的整体性影响小,结构整体性依靠纵横的水平枋拉结立柱而成。

所以,南方地区不同梁架形态如用料壮硕的月梁抬梁和扁高的穿枋抬梁,虽然柱头保留了柱顶檩(桁)的构造,应对水平荷载时,前者通过构件自重获得较大的稳定性,即构件越重,风越吹不动,后者通过增加外部荷载获得较大的柱脚摩擦力及加强构件直接节点连接获得整体刚性而应对水平荷载,即构件轻,需用重物压住,同时保证构架不能散,大致对应"层叠式"和"连架式"两种不同受力。从受力角度来说,抬梁式的梁头架檩和穿斗式的柱顶檩构造形式并不是必要条件,尤其南方地区的穿斗结构构件尺寸和自重通常比北方小且轻,更需注重节点的刚性。穿斗结构的目的是获得较强的结构整体性和抗侧向荷载能力。构件之间强调水平拉结是

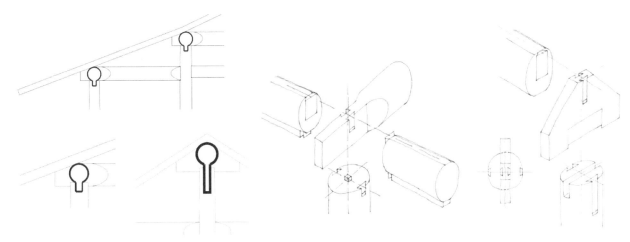

图 11 宁波典型柱梁桁构造

穿斗结构的重要特征，节点具体构造形式可以多样灵活，因而出现了很多非"穿"和非"柱顶檩"的非典型穿斗构造方式，而无法被归类。同样，抬梁构架亦会有梁压柱式和插梁式抬梁不同的梁柱关系，柱梁檩构造关系有着典型的梁头架檩、柱头顶檩及其他可能方式，但同属于依靠梁柱自重获得稳定性的层叠式结构的范畴。

关于抬梁和穿斗的结构和构造的定义可以看作某种"原型"，即层叠型结构加梁头架檩的构造和连架型结构加柱头承檩的构造，实际有很多的外延和变化。需要受力角度分析大木构架的整体构成关系，理解其结构特征或者目标趋势，结合构件形态和节点构造方式才能区分和理解结构、类型特征。

2. 用材、结构与环境的综合判定

宁波大木构架中的柱梁桁构造关系从连接外形看，柱同时顶住桁条和方梁头即槽头，亦有加高柱头做出叉口，将方梁头底部卡入，柱与梁直接连接。桁条头用燕尾榫从上向下插入方梁头两侧（图11），实际与柱头无关系，有着抬梁和穿斗结构的混合特征，需要结合大木构架的用材，构造和结构进行综合判断。

宁波地区建筑木料用材是海运而来的建杉，由于历史原因[●]，清中晚期木材供应受限，宁波工匠多采用拼合工艺获得较大的构件外观，这说明大木构架的稳定性不是依靠自重，而是依靠整体性。所以，梁枋与柱的节点强度更加重要，梁枋与柱平接，既是拼合构件，也要利用板榫平接，尽可能增加节点的面积和高度。

宁波梁枋用材的槽头制以厚度为基准，高厚比不小于2：1。曹春平先生[5]认为福建明清木构体现了穿斗结构特征，因为穿斗建筑用多重穿枋和丁头栱插在柱子上，必须采用高而窄的断面，才不致使柱子本身强度受到太大影响，所以枋木和斗栱的高厚比在2：1左右。宁波地区以桁背平水线为基准，与闽粤沿海和西南地区[6]穿斗结构的从上到下的屋面分水基本相同，相比较柱顶桁的构造，加强了梁头与桁条的连接，这些都反映了宁波大木构架的穿斗特征。

如前所述，宁波位于浙闽粤沿海台风带，台风带来水平荷载要求大木构架有着追求整体性的结构特点，发展槽头用材制度和拼合工艺，用材取高，节点平接等做法，所以宁波乡土建筑大木构架可以看作穿斗结构的一种非典型同分异构体。

参考文献：

[1] 赵潇欣. 抬梁？穿斗？中国传统木构架分类辨析——中国传统木构架发展规律研究（上）[J]. 华中建筑，2018，36（6）：121–126.
[2] 张十庆. 从建构思维看古代建筑结构的类型与演化[J]. 建筑师，2007（2）.
[3] 王天. 古代大木作静力初探[M]. 北京：文物出版社，1992.
[4] 蔡丽. 基于结构刚性追求的传统大木构架分析——以宁波传统民居大木构架和虚拼构件为例[C]// 第二十四届中国民居建筑学术年会会议论文集. 北京：中国建筑工业出版社，2019.
[5] 曹春平. 闽南传统建筑[M]. 厦门：厦门大学出版社，2006.
[6] 汤诗旷，谭刚毅. 苗族传统营造技艺中的侧样设计研究——以苗语东、中部方言区为例[J]. 南方建筑，2020（3）.

● 张雅娟. 清代嘉庆年间东南沿海海盗活动高潮成因分析[J]. 中国社会经济史研究，2016（3）.

双向正交斜放竹条覆面木骨架预制梁碳排放计算实例研究
——以马鹿寨绿色低碳民居建造为例

周浩晨[1] 柏文峰[2] 李佩佳[3]

摘 要：在双碳减排的大背景下，为了探究自然材料农村新民居中的应用，对双向正交斜放竹条覆面木骨架预制梁技术中的竹条材料进行了基于P-LCA分析方法的碳排放研究，得出了竹片生产阶段的碳排放因子。对竹片生产阶段碳排放清单进行分析，提出了进一步减排策略。同时，以马鹿寨绿色低碳民居建造为基础，对该技术进行了项目印证，为竹片作为建材在低碳民居中的应用提供了实践案例和有益参考。

关键词：乡村低碳民居 生命周期 竹木结构 碳排放计量

自我国2020年提出"双碳"目标以来，各行业都在积极推动落实减碳减排策略。建筑行业是中国主要能源消耗及碳排放行业，根据《中国建筑能耗与碳排放研究报告（2023）》显示2021年全国房屋建筑全过程碳排放占全国能源相关碳排放的比例为38.2%。其中，建材生产阶段碳排放占全国能源相关碳排放的比例为16.0%。[1]随着我国城市化建设的完善，建筑业建造阶段能源消耗也将逐步减少。而随着乡村振兴战略的落实，农村地区住宅高质量建设与更新逐步开展。根据《中华人民共和国住房和城乡建设部2022年城乡建设统计年鉴》数据，我国2022年竣工村庄房屋建筑面积为4.38亿 m^2。这部分新建住宅也应进入减碳视野。与城市建设活动不同，乡村住宅建设具有材料运输距离远、环境对建设活动敏感、建设体量小等特点。就地取材，研究基于自然材料在建筑中的应用是减少乡村住宅建造阶段碳排放的有效手段之一。

竹材是一种生长快速，结构性能优异，且具有显著低碳、负碳优势的天然建材。竹材在建筑领域应用广泛，国内外学者也针对不同竹制品建材进行了碳排放研究。张展诚等人通过调研计算圆竹处理加工实际数据，得出了圆竹的碳排放因子为 $0.327 kgCO_2e/kg$。[2] Lei Gu等人对竹制地板生产进行了碳足迹研究结果显示，生产 $1m^3$ 竹制地板运输阶段碳排放为 $30.94 kgCO_2e$、生产阶段电力消耗 $143.37 kgCO_2e$ 以及添加剂排放 $78.34 kgCO_2e$。通过从排放量中减去 $267.54 kgCO_2e$ 碳储量，生产 $1m^3$ 竹制地板的最终碳足迹为 $14.89 kgCO_2e$。[3]从相关文献可以看出，由于应用方式、处理程序及地理区域不同，竹材的碳排放因子数据具有较大差异。圆竹处理工序简单，其碳排放因子较低；胶合竹、工程竹等材料加工工序相对复杂，碳排放因子也相对较高。

本文研究所针对的双向正交竹条覆面预制梁技术在竹材处理方面相对简单，适用于农村住宅的建造模式。本文着眼于研究竹条覆面预制梁的碳排放组成，首先通过P-LCA分析方法对该技术材料生产及建造阶段碳排放进行研究；然后对覆面材料竹片进行过程碳排放追踪计算，进一步计算出竹片的碳排放因子及预制梁的总体碳排放量；之后对该技术碳排放数据进行分析对比并提出优化手段；最终以马鹿寨绿色低碳民居建造为例，对该技术进行实际项目应用研究，为后续对竹材制品在建筑中的应用以及低碳民居建造的研究提供有益参考和案例支持。

一、生产阶段计算边界

乡村民居建设体量较小，施工相对简单，便于较精确收集统计材料用量，设备人工等基础数据。因此，本文采用基于过程的LCA分析方法（Process-based LCA，P-LCA），该方法可对材料生产体过程进行详细统计分析，有利于优化改进相关流程。[4]

本文核算目的主要是探究双向正交竹条敷面预制梁（以下简称竹条敷面预制梁）在原材料生产、组装及装配过程中的碳排放量和预制构件及组成材料的碳排放因子，只涉及建筑的物化阶段。因此，对竹条敷面预制梁计算边界进行如下划分：

（1）时间边界：竹材原材料获取为开始时间，竹木预制梁完成装配为终止时间。

（2）空间边界：包含原材获取—材料加工工厂—施工场地（施工现场组装及装配，物料堆放场地距施工场地距离较近，二次运输不计入过程能耗）以及运输过程。

（3）对象边界：包含整个过程中参与的人、材料、机械、运输设备的总能耗。

二、生产阶段碳排放计算

1. 碳排放总体计算框架

竹条敷面预制梁计算涉及原材料生产、运输和现场组装和装配过程。本文采用计算方法为碳排放系数法，即将能源和材料消耗量与对应碳排放因子相乘以得到碳排放量。

根据建筑碳排放计算标准，建材生产及运输阶段的碳排放应为建材生产阶段碳排放与建材运输阶段碳排放之和，并按下式计算：[5]

$$C_{jc}=C_{sc}+C_{ys} \quad (2-1)$$

---

[1] 周浩晨，昆明理工大学。
[2] 柏文峰，昆明理工大，教授。
[3] 李佩佳，陈张敏聪夫人慈善基金。

式中：C_{jc}——建材生产及运输阶段碳排放量，$kgCO_2e$；
C_{sc}——建材生产阶段碳排放量，$kgCO_2e$；
C_{ys}——建材运输阶段碳排放量，$kgCO_2e$。

建材生产阶段碳排放按下式计算：

$$C_{sc}= \sum_{i=1}^{n} M_i F_i \qquad (2-2)$$

式中：C_{sc}——建材生产阶段碳排放量，$kgCO_2e$；
M_i——第 i 种主要建材的消耗量；
F_i——第 i 种主要建材的碳排放因子，$kgCO_2e$/单位建材数量。

建材运输阶段的碳排放量按下式计算：

$$C_{ys}= \sum_{i=1}^{n} M_i D_i T_i \qquad (2-3)$$

式中：C_{ys}——建材运输过程的碳排放量，$kgCO_2e$；
M_i——第 i 种主要建材的消耗量；
D_i——第 i 种主要建材的平均运输距离，km；
T_i——第 i 种建材的运输方式下，单位重量运输距离的碳排放因子，$kgCO_2e$/（t·km）。

碳排放系数法计算碳排放量适用面广，计算过程简单直接且结果相对准确。但是对碳排放因子的选用要求较高，选用置信度高的碳排放因子可有效提升计算结果的准确度。因此，本文对不同材料的碳排放因子选用进行如下规定：

（1）对于竹条覆面预制梁主要用材——竹片进行碳足迹分析，计算得出其碳排放因子。

（2）国家标准中有涵盖的材料、运输设备、能源碳排放因子参考《建筑碳排放计算标准》GB/T 51366。

（3）未在国家标准中涉及的材料参考国内外学者的相关文献。

（4）其他参考国家颁布的统计数据、研究报告、年鉴、定额标准等。

2. 双向正交竹条覆面预制梁

双向正交竹条敷面预制梁主要由两个部分组成，一是木方组成的矩形骨架，二是与骨架相连接的双层双向 45° 斜向竹片。竹片与木骨架通过气钉连接，形成若干三角单元叠合的几何不变结构，以此承受来自楼面或屋面的荷载。[6]

3. 竹条敷面预制梁碳排量计算

竹条敷面预制梁碳排放量由各材料的碳排放因子和对应材料的消耗量相乘而得，在预制梁材料组成列表中可知，除竹片材料外，其他材料的碳排放因子均有对应数据。本节聚焦于从原材料砍伐到竹片规格材整个过程的碳排数据分析，并将人工碳排也考虑在内。

双向正交竹条敷面预制梁材料表　　表1

材料	规格/品类
竹片	苦竹
木规格材	马尾松
气钉（普通碳素钢）	T50 气排钉
钢钉（普通碳素钢）	80

（1）竹片碳排放因子计算

竹条敷面预制梁所用竹片主要经过以下处理工序：原竹砍伐—运输 1（至加工厂）—原竹切割—破竹机加工—刨竹机加工—真空高压防腐处理—运输 2（至施工现场）。

本次统计按原竹单次运输量计算，采用载重 8t 的中型运输车，单次可运输 150 根原竹。进入工厂后切割为 300 根 4m 标准长度的竹段，每根竹子采用破竹机纵向分割为 8 片竹条；竹条经过刨竹机加工为宽度 35mm、厚度 8mm、长度 4m 的标准竹片型材。总计单次运输可加工为 336m^2（2.69m^3）的竹篾型材。

原竹砍伐：原竹主要采用人工砍伐，每天 5 人同时进行，砍伐时间为 9 小时，可砍伐原竹 150 根左右，装载一辆卡车。罗平滢整理了目前国内文献提及的人工碳排放因子的理论值区间为 0.73~2.83$kgCO_2$/人·日。[7] 砍伐过程属于重体力劳动，按照人一天砍伐 150 根原竹人工总碳排放量为 14.15$kgCO_2$。

运输 1（砍伐地—加工厂）：原竹砍伐地距离原料加工厂 130km，每天运输一车，采用载重 8t 的中型运输车，其碳排放因子为 0.115$kgCO_2$/t·km。按照 130km 运距计算所产生碳排放量为 149.5$kgCO_2$。

原竹切割：原竹进入工厂后被切割为 300 根 4m 长的竹段，便于后续加工竹片。切割机型号为 j3gb-400，功率为 3kW。每根切割时间大致为 5s，根据《中国区域电网二氧化碳排放因子研究（2023）》数据，[8] 云南地区 2020 年电网碳排放因子为 0.146$kgCO_2$/kW·h。切割机工作消耗电能碳排放量为 0.184$kgCO_2$。整个切割过程包含卸货需要人工 5 人，工作时间 1 天。计算原竹切割过程总碳排放量为 14.33$kgCO_2$。

破竹机加工：竹段会由破竹机进行去竹节和切片加工，破竹机型号为 PZ4500，功率为 5.5kW。破竹机开启处理竹段根需要总时间约为 3h，计算破竹机工作消耗电能碳排放量为 2.41$kgCO_2$。过程需要人工 3 人，工作 1 天。计算破竹机加工过程总碳排放量为 10.90$kgCO_2$。

刨竹机加工：处理后的竹片经刨竹机加工后可形成标准型材，便于施工安装。刨竹机器型号为 CB06，功率为 31.1kW。刨竹机工作总时间为 4h，刨竹机消耗电能碳排放量为 18.16$kgCO_2$。过程需要人工 3 人，工作 1 天。计算刨竹机加工过程总碳排放量为

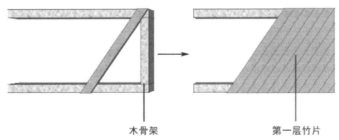 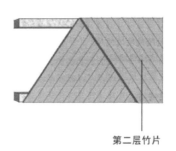

图1　双向正交竹条覆面预制梁示意图
（来源：《木骨架双向正交竹条敷面预制搁栅及其楼面构造研究》）

图2 竹片处理过程图

竹条敷面预制梁竹片在生产阶段碳排放量及碳排放因子表 表2

加工流程	能源类型	对应能源碳排放系数	消耗能源量	碳排放量（kgCO$_2$）
原竹砍伐	人工	2.83kgCO$_2$/人·日	5人	14.15
运输1	气柴油	0.115kgCO$_2$/t·km	130km	149.5
原竹切割	电能	0.146kgCO$_2$/kW·h	1.26kW·h	0.184
	人工	2.83kgCO$_2$/人·日	5人	14.15
破竹机加工	电能	0.146kgCO$_2$/kW·h	16.5kW·h	2.41
	人工	2.83kgCO$_2$/人·日	3人	8.49
刨竹机加工	电能	0.146kgCO$_2$/kW·h	124.4kW·h	18.16
	人工	2.83kgCO$_2$/人·日	3人	8.49
真空高压防腐处理	电能	0.146kgCO$_2$/kW·h	43.15kW·h	6.30
	人工	2.83kgCO$_2$/人·日	5人·2日	28.3
运输2	气柴油	0.115kgCO$_2$/t·km	100km	115
碳排放量总计				365.13
加工后竹片体积/面积	2.69m^3	336m^2	碳排放因子	135.74/1.09

26.65kgCO$_2$。

真空高压防腐处理：标准型材竹片需进行防腐处理，采用真空高压技术。处理机器主要工作部分为真空泵与加压泵，功率分别为5.5kW和3kW。处理过程需经历前真空—吸液—加压—保压—卸压—放液—后真空—恢复大气压—出罐9个过程，由于压力罐体积限制，一车原竹需分3罐处理。按每个过程对应工作电机及工作时间计算防腐处理过程总碳排放量为6.3kgCO$_2$，防腐处理过程需要人工5人，工作2天，对应的碳排放量为28.3kgCO$_2$。

运输2（加工厂—施工场地）：加工场距施工场地130km，采用载重8t的中型运输车，其碳排放因子为0.115kgCO$_2$/t·km。按照130km运距计算所产生碳排放量为161.20kgCO$_2$。

经计算可知，考虑工厂一项目地点的运输距离后，竹片按照立方米为单位其碳排放因子为135.74kgCO$_2$/m^3，按照平方米计算碳排放因子为1.09kgCO$_2$/m^2。若除去运输2过程，其碳排放因子为92kgCO$_2$/m^3，与常见同类型结构板材相比具有更好的低碳属性。

常见结构板材碳排放因子 表3

建材种类	碳排放因子	来源
竹片	92.0	本文计算
OSB刨花板	347.0	《基于全生命周期评价法的雄安新区某木混结构建筑碳排放及其减碳效果研究》
花旗松胶合板	266.8	《基于全生命周期评价法的雄安新区某木混结构建筑碳排放及其减碳效果研究》

（2）其他材料碳排放因子计算

竹条敷面预制梁框架由2根横向木龙骨及3根竖向木龙骨通过钢钉连接，竹条与龙骨用气钉相连。根据计算，一个跨度3000mm、高300mm的竹条敷面预制梁需要24颗钢钉、9排气钉（每排80颗），两个熟练工人一天可生产4个预制梁。综上所述，单个竹条敷面预制梁制作完成总碳排放量为13.9kgCO$_2$。

竹条敷面预制梁其他材料碳排放因子表 表4

材料	型号	碳排放系数	来源
木方	松木	146.3kgCO$_2$/m^3	《建筑产品生物化阶段碳足迹评价方法与实证研究》
气钉	T50（普通碳钢）	2050kgCO$_2$/t	《建筑碳排放计算标准》GB/T 51366—2019
钢钉	80（普通碳钢）	2050kgCO$_2$/t	《建筑碳排放计算标准》GB/T 51366—2019

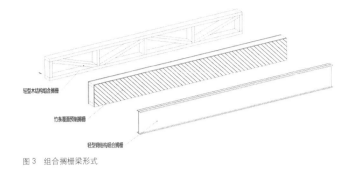

图3 组合搁栅梁形式

在目前新型乡村住宅结构体系中，轻型木结构与轻型钢结构应用广泛，竹条敷面预制梁与轻木、轻钢结构体系中的组合搁栅应用部位及构造相似（图3），表5为与轻型木结构、轻型钢结构组合楼面搁栅在同跨度和高度的碳排放量对比。

竹条覆面预制梁与轻木结构组合搁栅在材料碳排放量上差距不大，其计算结构均小于轻钢结构组合搁栅。综上，在拥有相似结构性能时，天然材料具有更低的碳排放量及更好的环境效益。

竹条敷面预制梁与轻木、轻钢组合
搁栅碳排放量对比   表5

组合搁栅梁形式	碳排放量（kgCO$_2$）
竹条敷面预制梁	7.4
轻木结构组合搁栅（桁架搁栅）[11]	7.0
轻钢结构组合搁栅（2C型钢组合）[12]	58.6

三、结果与分析

由图4可知，在整个生产阶段，由于原竹砍伐地—加工工厂—项目建设地运距较远，运输过程所产生的排放量占总碳排放量的71.3%。竹片生产加工工序相对简单，加之云南地区水电资源丰富，区域电网碳排放因子较低，使得运距成为影响竹片生产阶段碳排放量的主要因素。因此，控制两段运输过程的运距，或采用清洁能源运输方式可有效减少竹片生产过程的碳排放量。对于竹资源丰富的地区，可发挥就地取材的优势，使用小型防腐处理设备在建设地点完成竹片生产及加工，可进一步减少竹条在生产过程的碳排放量。

竹片生产阶段碳排放清单考虑了人工碳排放的影响，由图5可知，除去运输产生的碳排放量，能源类型为人工的碳排放量在除破竹机加工工序以外，占比均大于80%，可见竹片生产过程人工碳排放是不可忽略的影响因素。目前，国内文献所提及的人工碳排放因子并没有提及计算方法和具体步骤，罗平滢在其论文中提供了一种针对建筑工人施工碳排放计算的方法[2]，理论上可较准确得出建筑工人的碳排放因子，可提升竹片在生产阶段碳排放量计算的准确性。

四、项目实践

1. 项目概况

项目位于云南省玉溪市新平县马鹿寨村，一栋单层夯土民居，

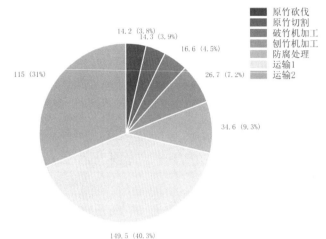

图4 各工序碳排放量占比图

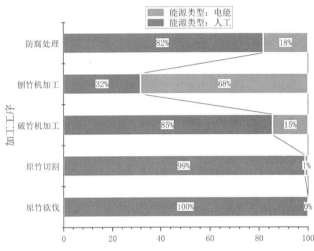

图5 能源类型占比图

总建筑面积111.2m^2，建筑高度3.6m。该项目采用夯土墙体承重体系，屋面梁采用双向正交竹条敷面预制梁技术，施工方式为现场预制，再由人工进行吊装。

2. 双向正交竹条覆面预制梁制作过程及装配

双向正交竹条覆面预制梁制作主要有如下流程：木骨架安装—竹条覆面装钉—吊装装配。将木框架连接好后将竹条以45°斜角排布在上下龙骨处，用气枪连接后再进行切割。该项目地点气候炎热，为进一步提高屋面保温效果，预制梁内用棕丝进行填充。装配过程如图6所示。

五、结论

根据P-LCA的清单分析方法得到竹片按照立方米为单位的碳排放因子为135.74kgCO$_2$/m^3，按照平方米计算碳排放因子为1.09kgCO$_2$/m^2。与同类型板材相比具有较好的低碳属性。

竹片在生产阶段的碳排放量主要来源于材料运输过程，减小材料运距以及就地建立加工工厂可进一步有效降低竹片生产阶段的碳排放量。

在竹片生产阶段碳排放计算过程中，人工碳排数据占比较大，竹片生产过程中人工碳排放是不可忽略的影响因素。

图6 竹条覆面预制梁组装及装配过程

以马鹿寨一栋绿色低碳民居建造为例,将双向正交竹条覆面预制梁从材料生产到现场组装及吊装进行了实际项目印证,取得了较好的效果,为竹片作为建材在低碳民居中的应用提供了实践基础。

参考文献:

[1] 中国建筑能耗与碳排放研究报告(2023年)[J]. 建筑, 2024, (2): 46-59.

[2] 张展诚, 李瑜, 孟鑫淼, 等. 圆竹结构景观建筑全生命周期碳排放分析[J]. 建筑结构, 2023, 53 (17): 24-29, 13.

[3] GU L, ZHOU Y F, MEI T T, et al. Carbon Footprint Analysis of Bamboo Scrimber Flooring—Implications for Carbon Sequestration of Bamboo Forests and Its Products [J]. Forests, 2019, 10: 51.

[4] 罗智星. 建筑生命周期二氧化碳排放计算方法与减排策略研究[D]. 西安:西安建筑科技大学, 2016.

[5] 中华人民共和国住房和城乡建设部. 建筑碳排放计算标准:GB/T 51366—2019[S]. 北京:中国建筑工业出版社, 2019.

[6] 袁媛. 木骨架双向正交竹条敷面预制搁栅及其楼面构造研究[D]. 昆明:昆明理工大学, 2019.

[7] 罗平滢. 建筑施工碳排放因子研究[D]. 广州:广东工业大学, 2016.

[8] 蔡博峰, 赵良, 张哲, 等. 中国区域电网二氧化碳排放因子研究[R]. 北京:生态环境部环境规划院, 2023.

[9] 高源雪. 建筑产品物化阶段碳足迹评价方法与实证研究[D]. 北京:清华大学, 2012.

[10] 李瑜, 梅诗意, 孟鑫淼, 等. 基于全生命周期评价法的雄安新区某木混结构建筑碳排放及其减碳效果研究[J]. 木材科学与技术, 2022, 36 (5): 63-70.

[11] 木结构建筑:14J924[S]. 北京:中国建筑标准设计研究院有限公司, 2015.

[12] 钢结构住宅(一):05J910-1[S]. 北京:中国建筑标准设计研究院建设部住宅产业化促进中心, 2005.

基于AHP和SD综合评价的余荫山房审美文化特征分析

谭芊[1] 唐孝祥[2]

摘 要： 余荫山房作为岭南宅园一体的典型代表，其独特的文化地域性格一直备受关注。本文基于建筑美学文化地域性格理论，结合层次分析法（AHP）和语义差异法（SD），对余荫山房的审美文化特征进行了定性与定量相结合的综合评价。从C1地理环境要素指标、C2自然气候要素指标、C3营造技艺指标、C4空间布局要素指标、C5建筑功能要素指标、C6设景组景要素指标、C7装饰装修要素指标、C8掇山理水要素指标、C9意境营造要素指标共9个方向进行评价。本文不仅丰富了对岭南传统民居历史文化内涵的认识，也为岭南地区宅园一体的文化特征评价提供了新的方法和思路。

关键词： 建筑美学 余荫山房 审美文化 层次分析法 语义分析法

余荫山房历史悠久，作为岭南园林中宅第与园林高度融合的杰出代表，因其"嘉树浓荫、藏而不露、缩龙成寸、小巧玲珑"的特质，被誉为岭南古典园林的璀璨明珠。在现有的文献资料中，关于余荫山房与环境关系、建筑风格、整体布局、装饰装修、传统节能技术的借鉴与应用等方面，已经积累了大量且丰富的研究成果。这些研究在建筑学领域提供了深刻的理论和实用见解。然而，对于建筑美学及其审美文化内涵的探讨仍显不足。对余荫山房的审美文化特征进行系统的评价，不仅对学术研究具有理论价值，也对实践应用有着深远的影响。研究拟采用层次分析法（AHP）和语义差异法（SD）相结合的方法，对余荫山房的审美文化特征进行综合评价。AHP法主要用于构建评价模型，而SD法从大众视角，将理性分析与大众直观评价相结合，多角度反映余荫山房的审美文化特征。

一、研究区概况

余荫山房位于广州市番禺区南村镇，是广东四大名园之一，也是全国重点文物保护单位，被誉为岭南宅园一体的典范。园林建于清同治十年（1871年），由清代举人邬彬在归乡后兴建。园名"余荫"寓意继承和延续先祖的福泽，园门题"余地三弓红雨足，荫天一角绿云深"，为岭南园林第一联，表明不求园广，但求福荫。"山房"则体现了谦逊朴素的设计理念，象征着隐居田园、不求奢华的生活态度。余荫山房以"嘉树浓荫，藏而不露，缩龙成寸，小巧玲珑"的娇姿，被世人誉为岭南园林小型宅园的代表作。[1]

余荫山房占地面积1598m^2，园内的建筑和景观布局紧凑而富有变化，包括深柳堂、卧瓢庐、临池别馆、善言邬公祠和八角亭等，构成了一个"藏而不露，缩龙成寸"的空间。余荫山房的三大奇景"夹墙竹翠""虹桥印月""深柳藏珍"以及"临池别馆""卧瓢庐""玲珑水榭""小姐楼"四大主要建筑，展示了岭南园林的独特魅力和艺术精髓。深柳堂前廊柱悬挂着邬彬的自撰联，其中下联写道："蜗居容我寄，愿集名流笠展，旧雨同来，今雨同来。"[2]由此可见，这座园林建成后，就一直成为邬彬家族生活和社交活动的主要场所，园主常与各方骚人墨客雅集园中。

二、研究设计与研究方法

本研究在文献研究的基础上，利用文化地域性格作为理论支撑，采用定性与定量相结合的研究方法，对余荫山房的审美文化特征进行综合评估。

1. 研究方法

（1）文献研究法

文献研究法是本研究确定指标体系的基础。通过系统梳理和分析现有关于岭南宅园和余荫山房的研究成果，确定其审美文化特征的主要分析指标。这些文献为本次研究提供了丰富的背景知识和理论支持，确保了研究的科学性和系统性。

（2）层次分析法

层次分析法（Analytic Hierarchy Process，简称AHP法）是一种结合定性与定量分析的方法，也是对将主观判断作合理的客观描述的一种方式。AHP法通过将复杂问题分解成目标、准则、方案等层次，逐层进行比较和评估，从而确定各个因素的相对重要性。[3]在本研究中，AHP法的具体应用步骤包括：首先，确定余荫山房审美文化特征的总体目标。其次，基于文献分析构建评价模型，将目标分解为不同的层次（如一级指标和二级指标）。最后，通过专家意见，进行各层次的比较，计算权重，并综合各层次的评估结果。

（3）语义差异法

语义差异法（Semantic Differential，简称SD法）是一种心理测量方法，通过使用形容词对来量化受试者对某一对象的感知和态度。该方法由奥斯古德（Osgood）于1957年提出，广泛应用于心理学、景观设计、建筑空间等领域。此方法将主体感知与客体特征联系起来，将使用者的直观感受进行量化，弥补了其他研究方法在综合感知方面的不足。[4]在本次研究中，首先，选取描述余荫山房文化和审美特征的形容词对，并构建量表。其次，通过问卷

---

[1] 谭芊，华南理工大学建筑学院，硕士研究生。
[2] 唐孝祥，华南理工大学建筑学院，亚热带建筑与城市科学全国重点实验室，教授。

调查，收集受访者对各个形容词对的评分。最后，将这些评分数据进行量化分析，得到余荫山房在审美文化特征上的综合评价。

（4）问卷调查法

本研究设计了基于27项二级指标的问卷，通过这些指标，评估余荫山房的文化和审美特征。问卷采用五等九级量化法，评分等级包括：很差（-2）、较差（-1）、中等（0）、较好（1）、很好（2），以此反映受访者对每项指标的主观感受。[5]问卷的制定过程包括以下步骤：首先，从文献中提取与余荫山房相关的审美文化特征，构建一级和二级指标。其次，为每个二级指标选择适当的形容词对，用于量化评价。最后，问卷设计完成后，在余荫山房内进行实地调研。

2. 数据来源

本研究的数据来源主要包括文献资料和问卷调查结果。文献资料为本研究提供了理论支持和指标构建的基础。通过对岭南园林和余荫山房相关文献的系统分析，提炼出适用于本研究的一级和二级指标。问卷基于SD法的要求，包含27对形容词，每对形容词对应一个二级指标。受访者根据自己的感受，对每对形容词在五等九级量表上进行评分（-2分~2分）。调查于2024年6月在余荫山房进行，共发放70份问卷，回收64份有效问卷，问卷回收率为91.43%。通过对问卷的统计分析，计算各指标的评分，进行综合评价。这些数据为本研究提供了丰富的实证依据，使得对余荫山房审美文化特征的分析更具说服力和科学性。

三、结果与分析

1. 指标及标准选定

在余荫山房质量评价工作中，指标及标准确定是整体工作的基础与重点。本研究基于整体性原则、系统性原则、主体性原则和适应性原则，依据以上四种评价体系建构原则。通过前期文献研究，在阅读整理相关资料的基础上，确定了本研究提炼评价指标的过程主要包括理论依据和现实依据的四个方面[6]：①对余荫山房理论成果进行基础研究是开展实地调研、评价指标确定的基础。②对文化地域性格理论和宅园一体评价的相关研究成果和理论进行总结。③宅园评价应用研究。④专家访谈与实践调研。最终确定了9个一级指标与27个二级指标（表1）。

2. 指标权重计算

本研究运用AHP确定各层级指标权重，依据1~9标度法，将各层级指标进行两两比较，分别构建相应的评判矩阵，并进行矩阵的一致性检验，以判断各级指标相应的重要性。本研究一致性检

余荫山房审美文化特征评价指标体系及评判标准 表1

目标层	背景层	一级要素指标	二级因子指标	指标描述	形容词对 -2	形容词对 2
影响余荫山房审美文化特征的要素因子指标	B1 地域技术特征	C1 地理环境要素指标	D1-1 选址 D1-2 基地规模 D1-3 地形地貌特征	有无巧借自然环境，筑园尽可能离开闹市，环境清幽 基地的整体规模是宽广宏大的，还是紧凑精巧的 是否通过地形起伏创造视觉层次和趣味	不优越的 宏大的 平坦的	优越的 精巧的 起伏的
		C2 自然气候要素指标	D2-1 庭园小气候 D2-2 园林布局 D2-3 植物选择	庭园整体其后是否宜人，有无与园外形成对比 是否适应广州湿热的气候环境，是否适宜纳凉与避雨 植物景观与空间布局互相渗透，利用其四季的动态变化形成整体	气候不舒适的 不合理的 不相适配的	气候舒适的 合理的 适配的
		C3 营造技艺要素指标	D3-1 建筑材料选择 D3-2 装饰材料运用 D3-3 传统工艺技术	材料是否以当地取材且注重实用性 是否采用了当地的材料进行设计 是否体现地方特色和工艺水平	不因地制宜的 舍近求远 地域性弱的	因地制宜的 就地取材的 地域性强的
	B2 社会时代精神	C4 空间布局要素指标	D4-1 整体格局 D4-2 空间布局手法 D4-3 空间序列	庭园是否清空平远，内外空间互相渗透 功能分区合理，动静结合，使得庭园整体布局紧凑且富有美感 空间的动线是否变化丰富，给人以步移景异的空间感受	迂回闭塞的 结构混乱的 平铺直叙的	疏空灵巧的 布局合理的 起承转合的
		C5 建筑功能要素指标	D5-1 日常使用空间 D5-2 对外接待空间 D5-3 休闲公共空间	园林是否住宅融为一体，并以居住建筑作为园林的主体 空间是否适合对外接待 是否适合休闲娱乐，进行文化活动	实用性弱的 孤立的 封闭的	实用性强的 互动的 开放的
		C6 设景组景要素指标	D6-1 造景目的 D6-2 造景风格 D6-3 造景手法	是否以适应生活起居要求为主 是否不拘于传统的形制和模式，重在适用 建筑装饰、水池形状等是否仿效西式	高雅的 浮夸的 传统的	世俗的 务实的 中西结合的
	B3 人文艺术品格	C7 装饰装修要素指标	D7-1 装饰题材 D7-2 体型与功能 D7-3 整体色调	装饰主题是否反映园主的志趣爱好、美好寓意 室内陈设是否具有艺术价值，能在今后的设计中传承发展 色彩搭配是否静中有闹，典雅而不沉闷	单一的 艺术价值弱 色彩沉闷	多样的 艺术价值强 玲珑多彩
		C8 掇山理水要素指标	D8-1 掇山特点 D8-2 叠石手法 D8-3 水景营造	叠石手法是否多样化，造型是否生动且富有变化 石质是否坚润、折皱繁密、纹理清晰 水景的设计是否能够增强庭园的空间深度感和层次感	人工的 光滑平坦的 逼仄的	自然的 多孔嶙峋的 深远的
		C9 意境营造要素指标	D9-1 楹联 D9-2 建筑和庭园命名 D9-3 庭园氛围	楹联题字等是否蕴含了丰富的文化内涵 建筑和庭园的命名是否能够充分反映其时代特征和文化内涵 造景是否引人联想	浅显的 普通的 直白的	深厚的 立意深刻的 寓情于景的

验结果 RC 值均小于 0.1，表明权重计算结果可接受，一级要素指标与二级因子指标一致性检验结果如表 2、表 3 所示。

对各评价指标进行权重计算（表 4），9 个一级要素指标重要性权重及排序如下：C1 地理环（0.2502）> C5 建筑功能（0.2151）> C2 自然气候（0.1693）> C4 空间布局（0.1182）> C3 营造技（0.0752）> C8 掇山理水（0.0593）> C9 意境营造（0.0526）> C6 设景组景（0.0375）> C7 装饰装修（0.0226）。由此可知，专家普遍认为地理环境要素、建筑功能要素和自然气候要素是余荫山房审美文化特征评价中最重要的三个一级要素指标，应作重点考虑，空间布局、营造技艺、

一级要素指标层一致性检验结果 表2

余荫山房审美文化特征评价	C1	C2	C3	C4	C5	C6	C7	C8	C9	一致性检验
C1 地理环境要素指标	1.0000	1.0000	3.0000	5.0000	3.0000	5.0000	7.0000	3.0000	5.0000	
C2 自然气候要素指标	1.0000	1.0000	3.0000	1.0000	1.0000	3.0000	5.0000	3.0000	5.0000	
C3 营造技艺要素指标	0.3333	0.3333	1.0000	1.0000	0.3333	3.0000	5.0000	1.0000	1.0000	CR= 0.0710<0.1
C4 空间布局要素指标	0.2000	1.0000	1.0000	1.0000	0.2000	5.0000	7.0000	3.0000	3.0000	结论：
C5 建筑功能要素指标	0.3333	1.0000	3.0000	5.0000	1.0000	7.0000	7.0000	5.0000	5.0000	该判断矩阵具有一致性
C6 设景组景要素指标	0.2000	0.3333	0.3333	0.2000	0.1429	1.0000	1.0000	1.0000	1.0000	
C7 装饰装修要素指标	0.1429	0.2000	0.2000	0.1429	0.1429	1.0000	1.0000	0.2000	0.2000	
C8 掇山理水要素指标	0.3333	0.3333	1.0000	0.3333	0.2000	1.0000	5.0000	1.0000	1.0000	
C9 意境营造要素指标	0.2000	0.2000	1.0000	0.3333	0.2000	1.0000	5.0000	1.0000	1.0000	

二级因子层一致性检验结果 表3

C1 地理环境要素指标	D1-1 选址	D1-2 地形地貌特征	D1-3 基地规模	一致性检验
D1-1 选址	1.0000	5.0000	1.0000	CR=0.0280 < 0.1
D1-2 地形地貌特征	0.2000	1.0000	0.3333	结论：该判断矩阵
D1-3 基地规模	1.0000	3.0000	1.0000	具有一致性
C2 自然气候要素指标	D2-1 庭园小气候	D2-2 园林布局	D2-3 植物选择	一致性检验
D2-1 庭园小气候	1.0000	0.1429	0.3333	CR=0.0633 < 0.1
D2-2 园林布局	7.0000	1.0000	5.0000	结论：该判断矩阵
D2-3 植物选择	3.0000	0.2000	1.0000	具有一致性
C3 营造技艺要素指标	D3-1 建筑材料选择	D3-2 装饰材料运用	D3-3 传统工艺技术	一致性检验
D3-1 建筑材料选择	1.0000	0.3333	1.0000	CR=0.0281 < 0.1
D3-2 装饰材料运用	3.0000	1.0000	5.0000	结论：该判断矩阵
D3-3 传统工艺技术	1.0000	0.2000	1.0000	具有一致性
C4 空间布局要素指标	D4-1 整体格局	D4-2 空间布局手法	D4-3 空间序列	一致性检验
D4-1 整体格局	1.0000	3.0000	5.0000	CR=0.0372 < 0.1
D4-2 空间布局手法	0.3333	1.0000	3.0000	结论：该判断矩阵
D4-3 空间序列	0.2000	0.3333	1.0000	具有一致性
C5 建筑功能要素指标	D5-1 日常使用空间	D5-2 对外接待空间	D5-3 休闲公共空间	一致性检验
D5-1 日常使用空间	1.0000	1.0000	5.0000	CR=0.0280 < 0.1
D5-2 对外接待空间	1.0000	1.0000	3.0000	结论：该判断矩阵
D5-3 休闲公共空间	0.2000	0.3333	1.0000	具有一致性
C6 设景组景要素指标	D6-1 造景目的	D6-2 造景风格	D6-3 造景手法	一致性检验
D6-1 造景目的	1.0000	0.1429	1.0000	CR=0.0121 < 0.1
D6-2 造景风格	7.0000	1.0000	5.0000	结论：该判断矩阵
D6-3 造景手法	1.0000	0.2000	1.0000	具有一致性
C7 装饰装修要素指标	D7-1 装饰题材	D7-2 体型与功能	D7-3 整体色调	一致性检验
D7-1 装饰题材	1.0000	7.0000	5.0000	CR=0.0121 < 0.1
D7-2 体型与功能	0.1429	1.0000	1.0000	结论：该判断矩阵
D7-3 整体色调	0.2000	1.0000	1.0000	具有一致性
C8 掇山理水要素指标	D8-1 掇山特点	D8-2 叠石手法	D8-3 水景营造	一致性检验
D8-1 掇山特点	1.0000	1.0000	0.2000	CR=0.0281 < 0.1
D8-2 叠石手法	1.0000	1.0000	0.3333	结论：该判断矩阵
D8-3 水景营造	5.0000	3.0000	1.0000	具有一致性
C9 意境营造要素指标	D9-1 楹联	D9-2 建筑和庭园命名	D9-3 庭园氛围	一致性检验
D9-1 楹联	1.0000	0.3333	3.0000	CR=0.0372 < 0.1
D9-2 建筑和庭园命名	3.0000	1.0000	5.0000	结论：该判断矩阵
D9-3 庭园氛围	0.3333	0.2000	1.0000	具有一致性

一级要素指标与二级因子指标权重计算结果　　　　　　　　　　　　表4

目标层	背景层	一级要素指标层	权重	二级因子指标层	权重
影响余荫山房审美文化特征的要素因子指标	B1 地域技术特征	C1 地理环境要素指标	0.2502	D1-1 选址 D1-2 基地规模 D1-3 地形地貌特征	0.4796 0.1150 0.4055
		C2 自然气候要素指标	0.1693	D2-1 庭园小气候 D2-2 园林布局 D2-3 植物选择	0.0833 0.7235 0.1932
		C3 营造技艺要素指标	0.0752	D3-1 建筑材料选择 D3-2 装饰材料运用 D3-3 传统工艺技术	0.1867 0.6555 0.1578
	B2 社会时代精神	C4 空间布局要素指标	0.1182	D4-1 整体格局 D4-2 空间布局手法 D4-3 空间序列	0.6333 0.2605 0.1062
		C5 建筑功能要素指标	0.2151	D5-1 日常使用空间 D5-2 对外接待空间 D5-3 休闲公共空间	0.4796 0.4055 0.1150
		C6 设景组景要素指标	0.0375	D6-1 造景目的 D6-2 造景风格 D6-3 造景手法	0.1201 0.7456 0.1343
	B3 人文艺术品格	C7 装饰装修要素指标	0.0226	D7-1 装饰题材 D7-2 体型与功能 D7-3 整体色调	0.7456 0.1201 0.1343
	B3 人文艺术品格	C8 掇山理水要素指标	0.0593	D8-1 掇山特点 D8-2 叠石手法 D8-3 水景营造	0.1578 0.1867 0.6555
		C9 意境营造要素指标	0.0526	D9-1 楹联 D9-2 建筑和庭园命名 D9-3 庭园氛围	0.2605 0.6333 0.1062

余荫山房审美文化特征二级因子指标层SD评分结果　　　　　　　　　　　　表5

指标	平均值	指标	平均值	指标	平均值	指标	平均值
D1-1	0.86	D3-2	1.16	D5-3	0.85	D8-1	0.68
D1-2	1.38	D3-3	1.38	D6-1	0.98	D8-2	0.78
D1-3	0.56	D4-1	1.22	D6-2	0.94	D8-3	0.93
D2-1	0.89	D4-2	1.16	D6-3	0.86	D9-1	1.09
D2-2	1.04	D4-3	1.26	D7-1	1.06	D9-2	1.03
D2-3	1.16	D5-1	1.03	D7-2	1.19	D9-3	0.94
D3-1	1.07	D5-2	0.66	D7-3	1.16		

和掇山理水要素指标次之,对余荫山房审美文化特征产生较重要影响;意境营造、设景组景和装饰装修要素指标影响最弱,可适当考虑。

3. 指标得分

根据以上结果,可进一步对余荫山房审美文化特征二级因子指标进行针对性分析,利用语义差异法对问卷评分结果进行统计,以计算二级因子指标的平均得分(表5)。

根据 SD 法对各指标计算结果,以各二级指标为纵轴,指标相应得分为横轴进行评价得分曲线图制作(图1),可对评价结果形成直观感受,余荫山房审美文化特征的各项指标得分平均值为1.01分,各指标得分均为位于"正向"评价范围内。其中,D1-2 基地规模、D3-3 传统工艺技术指标项评分最高,达1.38分,表明余荫山房游人对于已有基地规模的精巧、传统工艺水平的精湛满意度较高;同时,D1-3 地形地貌特征指标项得分较低,为0.56分。27 项指标中有 15 项指标高于均值,主要集中在余荫山房营造技艺、空间布局、装饰装修等方面;有 12 项指标评分低于均值,主要集中在地理环境与掇山理水等方面。此结果从游客直观评价的视角分析了对余荫山房的审美文化特征,与多层次专家评价相结合,提供多视角的参考依据。

四、结论与讨论

1. 结论

余荫山房作为岭南宅园一体的典型代表,兼顾艺术与功用,糅合中西文化,建筑与环境互融,其审美文化特征评价对其他岭南园林有着借鉴意义。[7] 本研究基于建筑美学的文化地域性格理论,与层次分析法和语义分析法相结合,对余荫山房的审美文化特征进行了综合的分析与评价得出结论:首先,余荫山房审美文化特征建立的评价体系共选取了9个方向,各方向权重计算如下:地

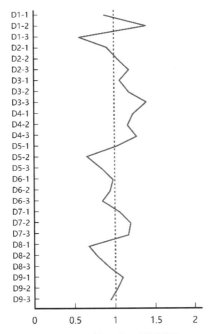

图1 余荫山房审美文化特征评价 SD 得分曲线图

理环境 0.2502 ＞建筑功能 0.2151 ＞自然气候 0.1693 ＞空间布局 0.1182 ＞营造技艺 0.0752 ＞掇山理水 0.0593 ＞意境营造 0.0526 ＞设景组景 0.0375 ＞装饰要素 0.0226，表明了不同要素之间的权重关系。其次，由 SD 法得出的评分图可得，余荫山房的 27 项二级指标得分均位于"正向"，区间范围为 [0.56，1.38]。

2. 讨论

岭南私园以生活享受、实用、游乐为主，园林与住宅融为一体，并以居住建筑作为园林的主体。"开琼筵以坐花"反映了其将居室的空间和自然的空间结合为一体的布局目的。[8, 9] 余荫山房作为岭南宅园的典范，通过定性加定量相结合的方式分析其审美文化特征。这不仅从专业视角进行理性系统分析，也考虑了大众的审美体验，反映了审美文化的主体多元性特征。这种分析框架不仅有助于深入理解岭南宅园的独特特征，还为其他岭南宅园的审美文化特征研究提供了参考。

参考文献：

[1] 罗汉强，梁莲英. 余荫山房 [M]. 广州：华南理工大学出版社，2011.
[2] 邓其生. 番禺余荫山房布局特色 [J]. 中国园林，1993（1）：40-43.
[3] 邓雪，李家铭，曾浩健，等. 层次分析法权重计算方法分析及其应用研究 [J]. 数学的实践与认识，2012，42（7）：93-100.
[4] 曹加杰，张梦凡. 基于语义分析法的城市滨水景观质量评价研究——以南京市秦淮河中华门段为例 [J]. 南京林业大学学报（自然科学版），2020，44（6）：221-227.
[5] 晏忠，陈建华. 基于层次分析-语义差异法的城市公园景观质量评价——以广州市天河公园为例 [J]. 中南林业科技大学学报，2023，43（4）：191-198.
[6] 袁月. 基于 AHP 和 SD 综合分析的广州道观园林审美文化特征评价研究 [D]. 广州：华南理工大学，2022.
[7] 唐孝祥，唐封强. 基于文化地域性格的余荫山房造园艺术研究 [J]. 南方建筑，2018（6）：35-39.
[8] 夏昌世. 岭南庭园 [M]. 北京：中国建筑工业出版社，2008：17.
[9] 陆琦. 岭南园林艺术 [M]. 北京：中国建筑工业出版社，2003：57.

海草房屋顶营造技艺探赜[1]

于瑞强[2] 朱逸洋[3]

摘 要：文章以海草房屋顶营造技艺作为研究对象，采用文献资料、案例研究相结合的方法，借助建筑学、测绘学、设计学等理论，对海草房典型性的屋顶形式进行剖析和绘制，从建造方式和文化等角度探寻其在演变过程中的意义与价值，探究其在演变过程中遇到的困难，从而提出一系列创新策略，为今后海洋类的非遗营造技艺保护提供有益指导。

关键词：海草房 营造技艺 创新 可持续

海草房作为胶东地区独特的传统建筑形式，以其迷人的风貌和卓越的营造技艺，在世界范围内备受赞誉。其最为显著的外部特征就是采用当地特色的植物海草（学名大叶藻）苫盖屋顶而成。目前，关于海草房的研究视角和内容主要包括：空间形态和营造习俗、建筑的形式与结构、村落保护与旅游开发、环境适应性和可持续发展等主题。

周洪才、陈喆等学者从房屋特点、构造、用材等方面对海草房进行调研分析，阐述其生态价值，为后续研究提供了基础，方便学者们进一步深入探究[1, 2]。于瑞强、臧春铭等学者通过文献归纳与实践调研，梳理营建地方性仪俗和空间形制，促进保护与更新[3]。黄永建通过对古代文献相关记载的梳理和解读，分析苫作工艺的具体环节和手法，并阐明这项建造技艺的工艺价值[4]。还有学者深入了解海草房地域性特点，力求从中探索出合适的景观设计方案，提升海草房村落的整体风貌，推动当地文化旅游产业的发展[5]。

目前来看，对于海草房的研究已经取得了一些成果，查阅CNKI数据库并进行统计，近五年来以"海草房"为关键词的文章数量呈现明显的上升趋势（图1），但关于海草房屋顶营造技艺的专项研究成果较少。胶东沿海地区传统建筑作为中国古建筑体系的重要分支，其屋顶受自然因素和社会因素的影响，融合了民间的人文思想和营造智慧，基于"天人合一"观念影响下的建构理念，生成了富有地域性特色的形式特征和构造工艺，具有较高的历史、文化和科学价值。传统建筑的营造技艺是十分珍贵的非物质文化遗产，也受到了广泛的关注和重视，营造技艺背后蕴藏的巨大价值有着不可替代的重要意义。因此，对海草房屋顶的营造技艺进行研究是一项非常重要的基础性研究，是对海草房研究理论的深入推动。

一、海草房屋顶形式

中国古建筑的屋顶样式丰富，主要都是由"人"字形屋顶发展而来，包括歇山顶、硬山顶、悬山顶、庑殿顶等基本屋顶形式，民居建筑以悬山顶和硬山顶偏多。而海草房独特的屋面形式不具有中国传统建筑屋面结构的典型性特征，经过长期的发展与演化之后，形成了一种特殊的屋面结构形式。对海草房屋顶进行分析时，主要从形态类型和构架类型等方面展开。

1. 从形态类型角度

硬山顶是南北民居中最为常见的形式，硬山顶有一条正脊和四条垂脊，形成前后两面屋坡，屋顶的檩木不悬出山墙外[6]。海草房的海草苫层铺作在山墙边缘的房檐石上，房屋的两侧山墙同屋面齐平或略高出屋面，屋顶的木檩不外悬出山墙，其屋檐不出山墙，这些都基本符合硬山结构。而海草房的屋面形式与其又有所不同：标准样式的硬山顶有正脊和四条垂脊，而海草房由于材料属性的限制，屋脊呈现出"卷棚状"，无正脊和垂脊，只有在屋脊的位置覆盖着黄泥。综上所述，海草房这种特殊的屋面形式与"圆山（卷棚）式硬山顶"[7]相似。可见，由于海草这类特殊材料，使得建筑的体量和形态特征出现了不同程度的变化，既不同于传统砖瓦结构民居，也不同于茅草民居的结构，而是一种特殊的民居结构。

2. 从构架类型角度

中国古代建筑以木构架为主，早在7000多年前的新石器时期就已经有榫卯结构木构架房屋的出现。木结构建筑的举架由梁、桁、柱、枋、檩组成，使用传统的榫卯结构进行连接，搭建起屋面举高与坡顶的形态，有抬梁式、穿斗式、井干式等不同的结构方式。

海草房的屋顶构架多采用的是硬山搁檩承重的八字屋架体系及其演化的形式，是"抬梁式构架"的一种简化形式。受传统等级观

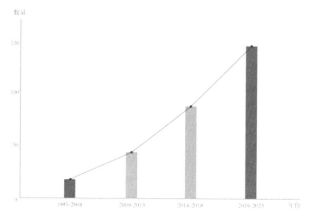

图1 以"海草房"为关键词在中国知网数据库文献数量统计图

---

[1] 基金项目：教育部人文社科项目（21YJC760098）；山东省非物质文化遗产研究课题（2023-19）；山东省社科规划项目（24CLYJ09）。
[2] 于瑞强，青岛科技大学，副教授；山东省非物质文化遗产研究基地·青岛科技大学执行主任。
[3] 朱逸洋（通讯作者），青岛科技大学硕士研究生。

念的影响，民间匠作不允许使用大式大木作，因而工匠们通过自己的智慧将其简化，形成一种特殊的木架结构，这也体现了营建理念中的实用性原则。屋架的基础构件由梁、立柱、八字木、檩条组成，各部分之间依靠榫卯结构进行衔接，木架构经过演变，主要形式有以下五种：人字叉手构架、加独柱人字叉手构架、加横拉杆人字叉手构架、独柱加半横拉杆人字叉手构架、十字形杆人字叉手构架[8]。这些木构造虽简单但依靠墙体作为支撑点，使得整个建筑的坚固性得到了保障（图2）。

二、海草房屋顶的营造技艺与构造

胶东沿海地区的海草房屋顶在自然及人文因素的影响下，融合了民间的设计思维和营建智慧，衍生出了很多独特的构造工艺，体现了胶东地区的施工技艺、审美价值和文化观念等。

海草房屋顶构造包括屋架的搭建、苫背的制作、屋面的苫作这三个部分。这三部分无论是原材料的采集到框架结构的构建加工，还是工匠们通过相应的工具进行后期的装修过程，都是纯手工完成，具有一定的生态性。

1. 屋架构造

胶东地区的民居中，海草房的承重结构多以大块石料为基础，屋面形态完全由木作构成，木作的占比虽小，但在整个屋顶的构造中功能却非常重要，向上支撑重达上万斤的海草苫层和芭板屋面，将压力分解向下传递给墙体石作。屋顶的承重构架为"八字木"架梁结构，一种由梁架和檩条组成的三角形构架，海草这类软质材料以手工铺作的形式搭在木作结构的屋面上（图3）。

（1）八字木

中国古代建筑木架构中，"抬梁式构架"是最为普遍的，这种构架的特点是在柱顶或柱网上铺设水平层，然后沿着房屋进深方向叠加多层梁，柱头支撑着大梁，梁上有"侏儒柱"，每层梁逐渐缩短，逐层抬高最终到正脊处，最顶端的梁中间立圆柱或三角撑，形成稳固的三角形架构，本地将这种架构形式称为"八字木"，"八字木"是大梁到脊檩之间的斜撑，在中国古建筑结构中，被称为"叉手"或"拖脚"。

（2）檩条（腰杆子）

檩条是连接在梁架上的横向木条，用于支撑海草或芭条等屋面材料，屋面材料总重量达到上吨重，架构在"八字木"表面的檩条就是直接的受力组件，檩条通过传统的榫卯和塞孔进行连接，预先在"八字木"上做出榫头，檩条做出榫眼，可以使用竹签将二者穿插到一起，这些檩条有助于分散屋顶所要承受的重量，并减轻对梁架结构的压力，同时帮助屋顶承重结构更加均匀地分散压力。

这里的"檩"是传统的大式大木作的统一称谓，民间称为"腰杆子"。屋面的举架系统包含一条主要的"脊檩"，和另外八根檩，这八根檩均匀排布在屋面斜坡上，"八檩"这种说法并不是绝对的，胶东部分地区也有着"七檩"和"九檩"的说法。

脊檩是位于屋顶最高点的横向梁，连接在"八字木"梁架上，用于支撑屋顶的中心部位。"脊檩"一词在《营造法式》一书中有所记载，指的是屋脊下横向的脊檩，为处于建筑最高点的构件。檩隶属于梁架当中的横材，大多选用大约10cm的黄松和红松为原料制作，也有少部分地区以10cm左右的竹子为原料来制作檩条，制作檩条可以在不影响承重功能的同时减轻对梁架结构的压力，并帮助梁架结构分散所要承担的压力。

（3）好汉子

"八字木"作为整个海草房屋顶的支撑重心，如果只依靠"八字木"这种三角形的结构是不够稳固的，需进行加固，加固顶点到底面中点的垂直重力线。当地人用一块粗的方木或圆柱连接三角形架构的顶点和底面中点，使其垂直，大大加固了三角形屋架的稳定性，本地人将这种支撑的立柱称为"好汉子"，运用拟人化的手法形容其在建筑承力结构中的作用。中国古代建筑中"中柱"或"山柱"的概念与其类似，"好汉子"上端托举脊檩，使用独特的榫卯结构进行连接。

2. 苫背的制作

海草房和传统民居建筑屋面结构不同，属于特例，自明清时期至今，传统的民居以砖瓦木构为主，海草房不设椽担瓦，以"八字木"架梁承载芭板，再用手工覆盖海草苫背。"芭板"，即指由高粱秸秆、麦秸或者其他植物茎秆制成的一层托板，固定在架梁和檩条之上，有着防水和隔热、保温的作用（图4）。

芭板的制作形式有两种：拉芭子和扎芭子。荣成市南部东山、宁津等地区通常制作苫背的做法是"拉芭子"，即将高粱麦秸表面修理干净，往调好的黄泥浆里掺，泥墁过秸秆表面迅速拉出放在檩

图2 木架构类型

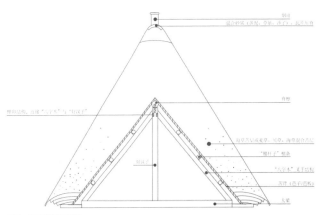

图3 海草房屋顶构造

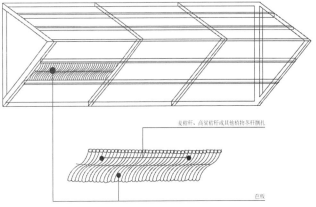

图4 铺设芭板示意图

条上,再拉出第二根与第一根紧贴,利用表面泥浆进行粘固;"扎芭子"工艺的出现晚于"拉芭子",指的是将高粱麦秸平铺于檩条上,量好距离,用草绳将其捆扎,再墁泥,墁泥大大增加了秸秆的坚固程度,防潮湿和防发霉的能力也得到提高。

3. 屋面的苫作

苫作屋顶是海草房建造中最重要的一道工序。准备充足且处理好的海草、贝草和麦草,扎好脚手架后,首先是苫房檐。从房檐开始横向苫盖,苫头稳定是整个苫作工作稳定的基础,一般选用质地较硬的麦秸秆支撑房檐处的海草,可以保护檐部、墙头不受雨水的侵蚀。先将小捆的麦秸秆置在檐墙上,铺设二寸厚度,出墙二寸的长度,这里讲究"上要齐、沿要齐、草要顺",在此基础上,再向外出二寸,铺麦秸秆形成檐角,这样可以正好遮住檐部;再涂上黄泥,最后用海草铺面,用上述方式做三层,此称为"三层檐"[9]。

其次是苫房坡。在苫好檐头的基础上,阴面自西起,阳面自东起,有条件的话也可以两面同时开工,民间称之为"拉皮"和"填夯"。苫匠坐在屋顶上,一层贝草一层海草横向苫造,一般要苫40~60层,屋顶两坡苫至山尖平口处后起脊,在房脊顶部推出1~1.5m高的尖顶,便于雨水流淌。

最后一个环节是"压脊"。所谓压脊,就是用草泥、瓦片等压住屋脊上的三层海草厚层,传统海草房用草泥压脊,将麦碎和黄泥混合,墁在屋脊海草层上,后来发现使用海草压脊效果更好,泥浆的黏性和牢固性也会更好,近年来,也有使用水泥或瓦片压脊的。最后,将屋顶淋水,从上到下梳理苫层,去除浮草,再将房檐垂下的海草修剪整齐,屋顶的建造才算是完成,一些经验丰富的苫匠建造的海草房能够保证上百年无须修缮[10](图5)。

三、海草房屋面的创新策略

海草房屋顶的营造技艺是苫匠经历漫长的实践过程,才将其由稚嫩走向成熟。经济快速发展、生态环境不断变化的背景下,现代化民居已经逐渐取代了海草房古民居,原材料的短缺、苫匠数量的减少,使得这项营造技艺正在消失,也在面临后继无人的窘境。利用现代化的手法对屋面材料进行更新、营造技艺传承,客观而主动地完善海草房屋面的创新策略。

1. 屋面材料的更新策略

海草房屋顶作为整个海草房最具特色的部分,最独特之处在于采用了海草作为营造材料,从前海草的产量旺盛,海草的销售和购买也成了重要的经济来源,但近四十年来,由于沿海海岸建设工程工作的展开,海洋污染日益严重,加上全球变暖等原因,海草受到压力和逆境,影响其生长和繁殖的能力,我国沿海各地海草床均发生了严重的退化,与20世纪80年代相比,我国近岸海域超过80%的海草床已经消失不见[11]。近海无海草的产出,更远的海洋区域打捞海草则需要更加高昂的运输成本,这就造成了海草"供不应求"的局面。

很多老旧海草房的修缮需要新的海草,但目前的海草价格昂贵,产量也少,原材料匮乏,老旧海草房无法被修缮,闲置在村落中;新海草房又无法修建,导致海草房大量消失在人们的视线中。使用海草作为建筑材料最大的优点就是其防水性、保暖等一系列优点,一层海草一层贝草层层苫盖,达到一定坡度和厚度,才能达到更好的防水性能,缺乏海草资源的困境下,海草苫层就无法达到一定的厚度,防水性能大不如前。自20世纪70年代起,可持续理念逐步深入人心,在保持原有建筑面貌和文化特色的基础上,适当地进行新旧材料结合,才能激发传统民居的生命力。例如,可以在海草覆盖层下方添加一层防水卷材,如SBS改性沥青防水卷材,以增加屋顶的防水效果,也使得海草苫层厚度有效递减,减轻墙体和木架构的承重压力。

其次,面对海草资源匮乏的问题,近几年已经有一些大叶藻人工养殖相关的研究工作正在稳步推进,王义民也在山东省老科技工作者为实施"十一五"规划和建设创新型省份建言献策研讨会中提出了关于威海湾生态修复的建议,其中具体提到了修复生态的方法和步骤,有关部门应重视这一举措,希望在未来,海草匮乏的问题能够得到妥善解决。

2. 营造技艺的传承策略

(1)传承模式的转变

苫盖海草房屋顶在整个海草房的搭建过程中是一项传统且难度系数较大的技艺,可见苫匠在整个建造过程中起到了主导性和关键性作用。苫匠在技艺传承上多是"父子相传"的模式,加之这项技艺多秉持着"传男不传女"的理念[12],苫匠数量本身就少,行业间也存在着竞争的问题,因此有一些技艺上的创新性并不会互相交流,改革开放之后,由于原料缺失,苫盖的成本飙升,加上工资较少,工作又具有一定的危险系数,年轻人多选择外出打拼,苫匠面临失业的问题,这项技艺因此也面临失传的困境。

显然,以前"父子相传"的传承模式已经无法适应时代的脚步,反而成为制约技艺传承的枷锁,因此建议从"父子相传"的模式转向社区教育模式和现代教育模式。社区教育模式就是以社区为基础,以满足当地居民的需求为目标,社区成员共同努力,通过组织集体活动、培训班、工作坊等形式,传递技艺给年轻一代。同时,结合现代教育模式,将"苫匠"技艺与其他民间技艺一样平等对待,将其纳入技术学校的课堂中去,也可以将其作为大学兴趣社团或选修课的形式进行推广,使得苫作这项技艺进入大众视野。

需要注意的是,"苫作"这项技艺十分重视实操,应以实践为导向,注重学生的实际操作和实际项目经验,通过参与实际项目、实习和实训等方式,深入了解和掌握技术领域的知识和技能。

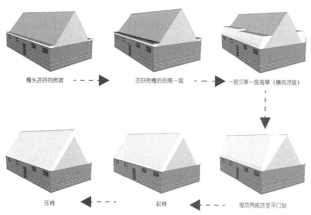

图5 屋面苫作流程图

（2）"苫匠"技艺建档保护

近年来在非遗主管部门的大力推进下，山东省非遗普查与档案收集工作取得了显著进展[13]。将苫匠技艺的相关资料、记录和实物样品整理和归档，包括制作方法、工具材料、传承人名录、历史文献等内容，这样可以对技艺进行系统的整理和存储，方便后续的传承和研究。对于全面了解"苫匠"这一技艺的起源、形成与发展过程，继承和发扬这类宝贵的民族文化遗产，具有重要的现实意义。

首先，应完善"苫匠"技艺档案管理制度。山东省政府应做好整体规划，地方政府具体执行，做到上下级灵活统一。加强各部门之间的合作联系，保证各部门设备器材的及时更新，在工作中保障档案载体的现代化，采用音频、视频等方式，延长档案的保存期限，使用数字化保存方式，优化档案保存效果。可培养一支专业人才队伍，要想保证建档工作的效果，加上政府和社会有关机构会提供一定的资金支持，所以制定一系列监察体系是十分有必要的。

其次，扩大建档范围，提升覆盖面。不仅是"苫匠"技艺本体档案和技艺申遗与保护过程中形成的档案，还有传承人档案，记录技艺传承人的活动状况和目前状态，在认定传承人的过程中，形成传承人证书资料、奖状、奖杯等。这部分材料具有一定的"动态性"，随着传承人的不断传承而趋于更新。同时，应该激励村委会和村民自主建档，村委会应承担起向村民普及宣传"苫匠"技艺建档保护的内涵和重要性，鼓励村民主动参与，对向村委会提供村落历史事件、口述有价值且真实历史信息的村民，给予奖金、颁发荣誉证书，以此来调动整个古村落对这项技艺保护的积极性。

当然，也可引进现代化技术并合理运用，建立专门的网站。使用 3D 打印技术将海草房屋顶的实物档案在计算机上进行可视化展示，配备音频、视频的介绍。同时加强数字资源的整合，将散落在各大网站上的与"苫匠"技艺有关的图书、论文、调研报告等都收入网站的资料栏目中，由网站专门的运营人员整合并及时更新，避免资源的重复与分散。

四、结语

海草房屋顶的营造技艺作为国家级非物质文化遗产在整个海草房文化中占据着十分重要的地位。受时代发展和现代化进程的影响，其营造技艺逐渐走向消亡。我们应该明白：技艺的传承并非守旧，而需要融合创新。只有符合现代化潮流并具有自身价值的传统文化技艺才能长久发展并被人们所接受。本文基于海草房屋顶的营造技艺和木作构造，将其屋顶形式进行分类，并梳理其屋顶的独特性。针对目前存在的问题，提出从屋面材料和技艺传承两方面入手，提出具体的屋面保护与创新措施，进一步促进海草房屋顶的可持续化发展。

参考文献：

[1] 周洪才. 石岛湾畔海草房[J]. 山东建筑工程学院学报，1995，(3)：67-68.
[2] 陈喆. 原生态建筑——胶东海草房调研[J]. 新建筑，2002，(6)：54-55.
[3] 于瑞强，臧春铭. 胶东沿海民居空间形制和营建仪俗研究——以东楮岛村为例[J]. 设计艺术研究，2023，13（3）：70-75.
[4] 黄永健. 东楮岛村海草房营造工艺研究[D]. 济南：山东大学，2014.
[5] 陈彦慧. 山东荣成海草房地域特色研究[D]. 济南：山东艺术学院，2018.
[6] 李扬，汪梦瑶，刘平，等. 浅析中国古建筑屋顶的地域性[J]. 黑龙江科技信息，2017，(6)：216.
[7] 刘大可. 中国古建筑瓦石营法[M]. 北京：中国建筑工业出版社，1993：156-157.
[8] 郑雅慧. 胶东海草房民居的构造与技艺分析[J]. 智能建筑与智慧城市，2020（5）：124-126.
[9] 赵玉亭. 非遗视角下荣成海草房保护与传承研究[D]. 杭州：杭州师范大学，2023.
[10] 高宜生，王嘉霖，李永健. 论我国传统民居及其营造技艺传承之"困境"——以山东胶东海草房苫作屋顶为例[J]. 城市建筑，2017（23）：66-68.
[11] 周毅，江志坚，邱广龙，等. 中国海草资源分布现状、退化原因与保护对策[J]. 海洋与湖沼，2023，54（5）：1248-1257.
[12] 刘昕宇. 胶东海草房"苫匠"技艺研究[D]. 武汉：华中科技大学，2019.
[13] 王云庆，王轩. 山东省非物质文化遗产项目及传承人建档保护[J]. 人文天下，2022（6）：36-40.

维西县同乐村傈僳族民居营造技艺与空间观念研究

白寅崧[1] 焦梦婕[2] 王红军[3]

摘　要： 同乐村位于滇藏交界，是汉、藏文化的边缘地区，其中的傈僳族民居几乎不受汉族、藏族的影响，保留了原始的民居形态，是重要的空间样本。"井干"在其中既作为房屋的主要承重结构，也围合出最为重要的主室空间，它与当地傈僳族的生产生活方式密切相关，是联系建造技术与民居空间的重要线索。文章通过对同乐村传统民居的营造技艺、生活生产方式、仪式习俗、民居空间进行研究，讨论同乐村传统民居中"井干"式结构在传统生产方式下的优势，这种结构的特点又如何影响传统民居中的空间布局，进而形成空间观念在民居建造及仪式中体现。文章提出"井干"式结构的"可移动性"性特征，这一特征贯穿木楞房的取材、预制、运输、定位、搭建整个过程，并与傈僳族的传统建造习俗相融合，在主室空间的功能划分、空间朝向等方面均有体现。本研究有利于理解技术如何与传统民居文化相适应，对新建造技术如何与传统文化融合具有借鉴意义。

关键词： 井干　建造技术　空间观念　傈僳族传统民居

　　傈僳族源于西北古羌人游牧部落集团，历史上经过数次迁徙，如今主要分布在滇西北地区的怒江、澜沧江、金沙江流域。现存的傈僳族民居有多种形式，例如怒江福贡县傈僳族在20世纪时还有"千脚落地"房的建筑形式，迪庆维西县现在还保留有"木楞房"，德钦县傈僳族民居则更多为土木坡顶，室内平面格局与藏式民居相似。丽江市宁蒗县的傈僳族民居，虽然主体为井干式结构，但已经形成了前廊三开间的平面形制，屋架系统也更加复杂和完善，显然与该地区汉文化的影响脱不了关系。

　　同乐村位于维西县叶枝镇，目前还保留有较为传统的傈僳族木楞房民居。多篇硕博论文以及期刊文献都对同乐村的聚落格局、生产方式，木楞房的营造技艺展开过详细的研究。[1-3]然而，这些文章未进一步阐述同乐村传统空间营造技艺与当地特有的生活生产方式以及空间观念之间的联系，周边地区传统民居与同乐村民居的异同也仅仅停留在现象层面的表述之上，并不能深入民居空间所处的环境与文化层面的异同进行比较。本文将同乐村传统木楞房的营造与空间观念、生产生活方式联系起来，寻找形成木楞房建造系统的影响因素。

一、聚落结构与民居空间

1. 立体聚落结构与垂直生产方式

　　澜沧江流域的傈僳族一般有"中海""海顶""花独海"三处分别位于河谷、半山与高山的住房，这与他们适应当地地形、气候的立体生计方式密切相关。[4]"中海"就是大多位于江边河谷，地势平坦，气温较高，水源充沛，可种植水稻、小麦等作物。"海顶"位于山腰部分的主村寨，耕地以围绕在村庄附近的旱地为主，种植玉米、核桃等作物。"花独海"为高山牧场，地势平坦，但由于温度不足无法耕种，傈僳族牧人大约在每年农历四月开始将牲畜驱赶至高山牧场，农历九月驱赶下山。三处空间相距甚远，来回移动甚至需要一天以上的时间，傈僳族人在三处分别设置住房，满足这种随季节变化的生计方式的居住要求。

　　同乐村的主村寨，建于同乐河北边的坡地之上，坡度极为陡峭，自下而上海拔1800~2200m不等，房屋也沿等高线层层分布，十分壮观。村寨自上而下形成"林—宅—田—河"的聚落空间结构。村寨上方的森林，被称为"Si Zi"，是神圣的，不能随意砍伐。村寨周边的陡坡上布置田地，种植核桃、蔬菜、玉米等作物等。村庄的集中晾晒场位于同乐河对岸，晒场附近集中布置用于储存刚收割粮食的庄房。水磨房靠近庄房沿同乐河散布，用于研磨粮食（图1）。离村寨较远的山林里还有当地人农忙时临时居住的火房，其建筑形制与民居相似，只是室内布置较为简单。

2. 民居空间

　　村寨中传统"木楞房"保存较好，民居的营造观念、空间观念几乎不受汉族与藏族的影响。同乐村大多数人家都有一个院落，并由一间"木楞房"（Hing Du Lu）主室加几间生产用房组合而成。整个院落以及房屋空间分为上下两层，上层与院门（Bu Ke）连接厨房（Mu Du Kua）并通过外廊（Mang Zha）通向"主室"（Hing Gua），大多数人家的外廊在靠近山谷一侧会有挑出作为晒台使用。下层需要通过院落中的楼梯进入，并与"主室"下方的"牲畜圈"（Hing Ji Ka）连接，院落中放置煮猪食用的容器。

　　"主室"空间十分简单，方形的平面内放置火塘、火铺、神龛等几件主要家具，将室内空间大致沿脊檩分为两半，靠门一侧被称为"Hing Zha"，是客人落座的区域，该区域也会放置床铺、桌子摆放物品。入户门上方位的角落被称为"Sa Qi Lie"，为酒神位，门的另一侧角落被称为"Hi Qi Lie"。但"Sa Qi Lie"一词并无酒神之意，两个单词与搭建木楞时的顺序以及树梢、树根方向有关，"Sa Qi Lie"为木楞搭建时第一圈树梢位，"Hi Qi Lie"则为树根。神龛、火塘与火铺位于室内空间的里侧，与入户门

---

[1] 白寅崧，同济大学，科研助理。
[2] 焦梦婕，同济大学。
[3] 王红军（通讯作者），同济大学。

（A Ke）相对。火塘（Kua Lei Bu）被火铺三面围合，最里一侧的火铺被称作"Hing ge"，是家中最重要的位置，一般是家中的长者坐睡之处，另外两个火铺位于火塘左右，都被称为"Zha"，火铺上通常放置一个箱子用来储存家中的贵重之物，也有人家不设此柜。神柜（Zha Bu）分为上下两层，上层被称为"Wa Mu"，是摆放神龛、贡品的地方。下层为储物柜，通常用于储藏粮食（图2）。

二、"木楞房"的结构与建造技艺

1. 木楞房的结构与搭建

同乐村木楞房的结构体系有着明显的上下分层特征，下层为木框架结构，框架之上铺设木板形成平台，平台上方为井干式结构。房屋的屋架结构十分简单，主要通过骑墙柱、脊檩和斜梁来支撑屋面。房屋通常以"基础—底层平台—上层木楞—屋面"的顺序来进行搭建。

木框架以石脚作为柱础，上方立柱时遵循树根在下、树梢朝上的逻辑。同时，柱身开榫并在垂直等高线的方向（沿屋脊方向）用木枋连接，木枋树梢一端插入山体或用石基支撑，树根一端向外出挑。框架的横向联系是通过放置在木枋和柱头上的横向圆木完成，每个柱跨大约设置4~5根圆木并通过绑扎与下方的柱与木枋联系。圆木上铺设木板作为楼面，木板拼接时遵循头尾相接的原则，即一片木板树梢一端要与旁边木板树根的一端相接。

井干结构放置在下部框架结构所形成的平台之上，同乐村一般垒16圈、18圈或20圈木楞作为主室的围护及承重结构。垒木楞时，每圈木楞遵循树梢对树梢、树根对树根的原则。第一圈木楞一般会选用较粗的木料，通常以门的一侧作为参照，靠近山上的一段作为上方，两根木料"头—头"相接，河谷一段为下方，该点的两个木料尾尾相接。同乐村搭建木楞时是从上方位开始的，绕顺时针或逆时针方向到下方位结束，分别对应空间中的"Sa Qi Lie"与"Hi Qi Lie"两个点位，显然"Sa Qi Lie"这一酒神位的重要性是与建造密切相关的。搭下一圈木楞时，则遵循"头—尾"相接的原则，第一圈"头—头"相接的位置，第二圈则要"尾—尾"相接，直至16圈、18圈、20圈时完成从"头"至"尾"的闭环。

搭建屋架时，与木楞自下而上、从"头"至"尾"的顺序对应，骑墙柱遵循树梢向下，树根朝上的原则。脊檩放置在骑墙柱端头的槽口之上，之后在其上绑扎斜梁、木楞，形成屋面骨架。屋面铺板时，当地傈僳族通常遵循东面压西面的原则，东面通常铺设五层木板瓦，西面四层，被称为"东五西四"。木板瓦自下而上铺设，每排瓦又分上下两层。下层被称为母板，通常较宽，上层铺设父板，较母板窄，两层木瓦交错搭接防止漏雨。木板瓦铺设完成后，会将木条和石块压在其上，起到固定的作用（图3）。

2. 木楞房"可移动"的建造系统

与看似稳重结实的视觉状态不同，木楞房在实际的建造过程中灵活而便捷，它的整个建造系统充分考虑了材料的重量及施工的组织，能够在运输条件匮乏的情况下将木楞房在短时间内进行异地搭建，从用料的生产、运输、搭建方式等多个层面，都对木楞房的"可移动性"进行了加强。傈僳族在农忙时在离村寨较远处居住的

图1 同乐村聚落结构

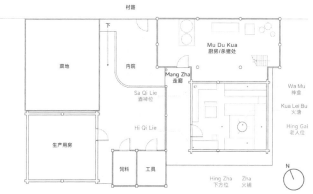

图2 同乐村民居平面图

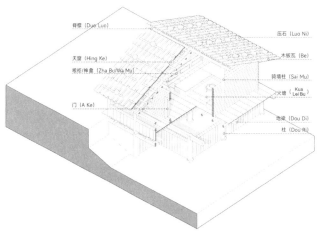

图3 木楞房结构剖轴测图

火房及一些生产用房，都是用井干的方式搭建，可以随生产生活的需要在异地移动搭建。若霞乡施坝村在搬迁至新村时，就有大量由旧村搬迁过来的生产用木楞房。

对于同乐村傈僳族人来说，村寨上方的树林对于当地傈僳族来说是神圣的，不能砍伐。因此，在获取建材时需要到较远的山林中砍伐树木。同时，傈僳族的生产用房以及临时性住房往往也在距离村寨较远的地方搭建，这就意味着木楞房搭建时建材的运输会有一定的距离。如何克服远距离的材料运输，则是傈僳族人在搭建木楞房时需要面对的一大难题。

在傈僳族的传统中，建房需要一天内完成，否则不吉利。[5] 同乐村傈僳族在搭建房屋时，从动土到建成也不过20天。因此，如何实现快速建造，也是建造木楞房时需要考虑的重要问题。

在山路崎岖，山坡陡峭的滇西北地区，木材仅能靠人力来搬运。当地傈僳族会在建房前很长一段时间，在山林中砍伐木料，并在地对木材进行加工和脱水，减轻单根构件的重量。其次，傈僳族人也会规定每根木料的尺寸，以便运输。5尺或手臂张开的长度是当地人丈量木楞长度的模数，一根木楞通常为三个人张开手臂的长度。16圈、18圈、20圈的堆叠圈数实际上也规定了木楞半径，在房屋建到足够高时，木楞不至于过粗，造成运输困难，也不至于过细，导致无法搭建。

为了让异地加工的木料能够在建房时快速搭建，并且在现场组装时能够拼接得上，傈僳族人会在建材的加工地对圆木进行预搭建。而当地村民加工木材的方式为刀斧劈砍，有很大的手工误差，再加上每根木料的直径、生长的弯曲程度都不同，由此加工出来的木料自然每根都是唯一的。并且，为了保证每根木料能够严密咬合，工匠用刀斧将圆木开槽，之后用泥浆抹在圆木表面，用开槽的圆木压在泥浆之上，找到槽内沾上泥土的不平整之处，再将其进一步打磨，使得圆木能够紧密堆叠。这样一来，木料的位置也都是——固定的。因此，在木料加工和预搭建之时，工匠会在每根木料上标注"方位+顺序"，以确定每根木料的位置，比如"前1"或"A20"之类（图4）。

3. 解木工艺以及节点技术

同乐村傈僳族通常将刀斧作为建房时的主要工具，砍树、解木、平整木料、开槽开口等步骤几乎都可以用刀斧完成。构件相交的节点处，通常有榫卯和绑扎两种构造方式。榫卯节点通常用于房屋的主要结构框架上，例如梁柱交接处，或者井干结构中木楞相交的地方。绑扎节点通常用于围护构件的连接，或者一些辅助的支撑结构，例如院落围墙、外廊栏杆、屋架及地板的木楞等。

图4 木楞编号

在木楞房的建材生产中，有圆木和木板两种类型的构件，二者的加工工艺有所不同。柱、梁、木楞这些结构构件使用圆木，在加工时需从树木中截取合适的长度，之后再用刀斧加工出所需的榫卯节点。在确定长度时，当地人通常不用丈杆，而是选取一根木料作为参照，其余木料垒叠在其上再进行裁切，通常6根丈量一次长度。

木板构件有两种，分别是木地板和屋面的木板瓦，同乐村傈僳族称木板瓦房头板，傈僳语叫"be"。虽然都是片状板材，但木地板和木板瓦有着截然不同的解木方式。制作木地板板材时对木料的直径有着严格的要求，需要一抱粗的树木（直径大约30~40厘米），并且每片板材只取木料最中心的一段。木板瓦的制作方式比地板要更加省料。通常以木料圆心为中点向四周劈砍开，在劈砍时要沿长边保留木材的竖向纤维，让雨水能够顺利排走。

三、空间观念与建造仪式

1. 空间术语与构件名称

通过对同乐村傈僳族房屋空间术语与构件名称的整理，可以从"本位"的视角理解当地傈僳族对住屋的认知。在空间上，同乐村傈僳族称房屋为"Hing"，这与其他地方的傈僳族一致。当地人称木楞房为"Du Lu Hing"。其中，"Du Lu"就是木楞房圆木的意思，被用来做木板瓦的树，被称为"Hing ji li"。当地人对房屋空间的描述几乎都与"Hing"有关，人居层被称为"Hing Gua"，架空层叫作"Hing Ji Ka"。在主室空间中，主人座位为房间中最重要的位置，被称为"Hing Gai"，与之相对的靠门客人座位的区域，则被叫作"Hing Zha"。入口上方开的天窗被称为"Hing Ke"，其中"Ke"也许与门、洞之意相关，院门被称为"Bu Ke"，木楞房的入口门被称为"A Ke"。

在构件中，同乐村傈僳族对"柱"这一概念的认知与其他地区的傈僳族不同，木楞房通常只有架空层立柱与骑墙柱两种类型的柱子，骑墙柱被称为"Sai Mu"，而架空层柱子被称为"Duo Ri"，二者在发音上并无联系，并且这两个发音与同乐村相邻的霞若乡傈僳族、怒江傈僳族柱的发音都不同。其他地区的傈僳族都有明确的"柱"的概念，尽管对柱的分类方式不同，但都称柱子为"Zi Ku"。怒江傈僳族在"Zi Ku"前加位置的修饰，比如边柱为"Hi Ku Zi Ku"，蜀柱为"Hi Wu Zi Ku"，其中"Hi Ku"为边边的意思，"Hi Wu"为中间的意思。霞若乡傈僳族则有"A Ba Zi Ku""Mu Duo Zi Ku""Zi Ku"三种柱子的区分，"A Ba Zi Ku"为房屋的中柱，"A Ba"为家长的意思，"Mu Duo Zi Ku"则为神龛两侧的柱子，其余柱都称为"Zi Ku"，这种区分方式与德钦地区藏族对柱子的区分方式相似。

2. 建造仪式与空间观念

同乐村傈僳族对空间的认知以"上""下""东""西"四个方位为参照，"南""北"两个方位对他们来说并不重要，尽管"上""下"方位与"北""南"几乎重合。当地人称"上"方位为"Ga Suo"，方向与村寨山顶的方向几乎重合，"下"方位被称为"Jiu Suo"，指向山谷的方向。在建新房时，当地傈僳族会在宅基地的上方位插一棵松树枝或白杨树枝，搭建木楞房时，也都是从门的上方位的角落开始。

"东"方对于同乐村傈僳族来说十分重要，这一重要性与建房步骤关系密切。在傈僳族"建房歌"——《恒独目刮》中就有"……砍第一棵树面向东来砍三下，面向北来砍两下……房子已经砍完，人已集中好，已经穿好，就等竖房子了，从东到西……"[6]这样从东到西的描述。同乐村木楞房木板瓦也是遵循"东五西四"，东边的屋面要比西边的屋面高。木楞房的开门方向虽然没有讲究，但据村中老者说，开在东侧的门，门前不用设栏板将入口挡住，可以一眼望出去，而开在西边的门，门前必须设置栏板。

四、结语

"木楞房"主室空间是同乐村傈僳族建筑的核心部分，其营造与当地傈僳族的生产生活方式及空间观念密切相关。其空间与结构顺应村庄地形呈现上下分层的特征，上层人居空间十分重要，其结构方式也相应地使用井干结构，下层的牲畜圈则只用简易的木框架搭建，使用石墙或木板稍加围护。木楞房的营造技术十分契合当地的生产生活方式，其解木加工方式以及编码系统满足当地人对建材运输以及快速建造的需求。同乐村傈僳族在空间观念中以"上""东"为尊，主要体现在建造活动中，木楞的搭建顺序、盖瓦的方向、门的朝向、神位的确定等行为，都反映了这种空间观念。

参考文献：

[1] 卢影．傈僳族滇西北两地传统民居营造文化对比研究[D]．昆明：云南艺术学院，2022．
[2] 王袆婷，翟辉．滇西北傈僳族传统井干式民居[J]．华中建筑．2015（3）：195-199．
[3] 林徐巍．基于营造技艺调查的滇西北井干式建筑谱系研究[D]．北京：北京交通大学，2022．
[4] 袁晓蝶，杨宇亮．传统聚落对垂直地带性的空间适应策略——以傈僳族的立体人居模式为例[J]．住区，2019（5）：34-40．
[5]《傈僳族简史》编写组．傈僳族简史[M]．北京：民族出版社，2008：196．
[6] 郭家骥，边明社．迪庆州民族文化保护传承与开发研究[M]．昆明：云南人民出版社，2012：123-124．

潮州传统府第式民居建筑文化艺术特色研究

——以许驸马府为考察对象

苏洵铧[1]　陈春娇[2]

摘　要：潮州许驸马府是全国罕见而完整的宋代府第建筑，其设计与布局深受古代建筑礼制和先人思想观念的影响，形成了具有当地特色的民居建筑。研究采用实地考察和比较分析等方法，从建筑的空间布局、形制特征、智慧理念展开分析，以期为宋代建筑及其文化的研究和绿色人居环境的设计提供新的角度和思路，助力当地文化遗产活化。

关键词：许驸马府　府第式民居　建筑特色　人居环境

近年来，在乡村振兴和可持续发展战略的背景下，迎来了传统村落及传统民居的保护研究热潮，而传统村落、建筑的保护和活化也不断促使后人探索传统文化中的先人智慧，在此基础上为当代建筑空间、居住空间的节能设计开创了新思路。潮汕地区具有深厚的历史底蕴和丰富的文化资源，其文旅的发展呈上升趋势，但仍有值得挖掘的传统民居建筑艺术及建筑背后的历史人文和居住文化。

在中国古代，宋代商品经济的高度繁荣推动社会发展呈现商业城市的样貌，而城市消防、临街桥坊的更迭便是前者完善发展的必要条件，不仅推动了建筑技术和材料的发展，也改变了建筑的风格和功能，使得宋代建筑更加注重实用性和艺术性的结合。同时，宋代还颁布了有关建筑设计和施工的规范《营造法式》，这是一部完善的建筑技术专著，反映了中国建筑在工程技术与施工管理方面已达到新的水平。关于建筑学的典籍，宋代也仅遗留有《营造法式》一书，该书许多名词在字典或辞书中无法查到，且古书素无标点，难以断句、解读。

许驸马府是宋代"潮州八贤"之一许申之孙许珏的府邸，是远溯至宋代的建筑实体，其价值弥足珍贵。"潮汕厝，皇宫起"，潮汕地区与官制建筑——府第式建筑的结缘自宋朝起便延至明清，直至清末，已发展出清朝广东水师提督与其家族营建的、潮汕地区现存规模最大，同时也是国内罕见的府第式古村落。许驸马府的建筑规模、格局和创建时间，在潮州同类民居建筑中绝无仅有，而作为全国重点文物保护单位的许驸马府，无论是听闻者、本地人，还是游客对其了解都甚少，从而陷入普及、传承的尴尬困境。笔者在该研究的相关实践中，多次对潮州许驸马府进行实地调研。在调研中，笔者发现许驸马府保持了宋代建筑格局的民居建筑，结构严谨、古朴大方，相对完整地保存了体现府第式建筑的等级礼制和潮汕传统民居的建筑形制，建筑布局奠定了后世潮汕传统民居的基本形式。

因此，许驸马府作为民居的同时也具备相应的人居合理性，在建筑的方位、布局等方面寻求天道自然、人类命运的协调关系，将中国古老哲学"天人合一"思想融入建筑，关注人类对环境的感应，从而使生活环境与人的健康需求相互协调，达到人与建筑和谐共存于天地自然之中。

目前，关于许驸马的体系研究相对较少，只有当地报纸新闻会在修缮时发布普及类的建筑知识与历史渊源[3]。背景文化上，从当地的内部空间格局、构造功能及皇家府第的建筑材料上对其气候的适应和变化进行介绍，通过这座建筑讲解古时的潮州文化[4]；民居类型上，将"潮汕百姓家"的典型代表"从厝式"民居和以北京故宫为代表的"京都帝王府"进行比较，以许驸马府为例讲述对潮汕民居类型"驷马拖车"的认识[5]；自然风土与工具上，对潮州许驸马府的年代、材质、构件进行分析判定[6]。

笔者将以"府第式"建筑中古代礼制等级的体现，及其作为传统民居的人文考量为主题叙述分析该类型特殊的建筑文化，该类建筑文化是古代礼与乐双重影响下的伟大艺术，而作为中原建筑"南迁而下"的许驸马府，不仅体现了中原礼制文化，还融合了潮汕宗亲观念，呈现出宗族文化和儒家文化的交织，同时反映了当时社会的价值观、审美观和先人在民居建造上的智慧理念，是今天了解古代建筑文化、民居设计智慧的窗口。

一、总体空间布局特色

1. 轴对称

作为皇家府第建筑，许驸马府的建筑布局严格遵循了中国古代建筑的中轴线对称原则。整体建筑呈结构性对称，轴线两边的功能分区亦是对称关系——对应。轴线上分布正式场所节点，空间序列的对称整体井然有序又不失礼制，东西向为辅助性功能区，蕴含着传统文化中平衡稳定之美、尊卑有别之列。

由中轴线一列开始，建筑的中厅高于门厅，后厅又高于中厅，每进递增三级石阶，也与其排水关系相契合；门楼外两侧的冰裂纹壁画，其色泽与后座正厅东侧二幅竹编灰壁一致，门楼处是50cm

---

[1] 苏洵铧，北京理工大学珠海学院。
[2] 陈春娇，北京理工大学。

[3] 潮州新闻："宋代府第建筑的范例许驸马府"。
[4] 李煜群，郑鹏．走进许驸马府——解读潮州老建筑[J]．城市地理，2019（12）：82-89．
[5] 公众号推文：浅谈对潮州"驷马拖车"式民居的认识。
[6] 谭刚毅．两宋时期中国民居与居住形态研究[D]．广州：华南理工大学，2003．

图1 许驸马府门楼

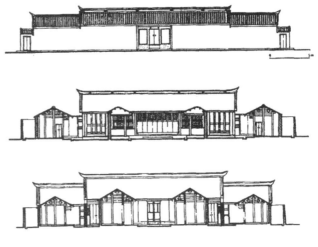

图2 许驸马府立面图、剖面图
(来源：陆元鼎、魏彦钧《广东民居》)

许驸马府轴线建筑一览表　　表1

轴线建筑	中厅	后厅（香火堂）	库房	后包
实景				
功能	筵宴宾客 会聚亲朋	接圣旨、待官员 供祀祖先	堆放杂物 摆放寿板（棺材）	府第最主要中心 主人的私密空间

左右的门第，是潮汕民居中最高的门第。有别于其他传统民居，古时官宦家族门第高于普通人家，"高门槛"彰显其"驸马"身份和皇室的尊严高不可攀。门第过膝，不可踩，较高的门第也会提醒入户的人应仪表端庄，一步跨过。作为出入的要道，轴线上的"门"为不同等级的群体而开，吐故纳新，形式和内容渗透了中国传统文化的浓重色彩：门第正对为"礼门"平时常闭门，是家族荣誉和社会地位的象征。从一进前厅到一进天井是从两边木门进入，称为"义路"，合起来便是"礼门义路"，有"待客以礼，客走留义"之意。❶中厅对向后厅的门是中门，"开中门迎接"有一小门，通向约20m²的后库，地面是宋代的红砖，室内用于堆放杂物和停放棺木的地方，当香火堂用于丧事举办时，家中女眷便在此吊丧。

整体从轴线开始，形成由中央、中轴线四处铺开，左右对称，区域分类明确，有条不紊，井然有序的总体格局。

2. 平面布局特征

据《广东通志·舆地略》可知，在战乱时代南迁的中原人大多以士族为主体，因此，潮汕民居的布局深受中原正统规制的影响并运用至今。在潮汕民居的厝型中，许驸马府是由基本厝型"四点金"演变而来的组合厝型"驷马拖车"，主体建筑是三进五开间一后包。

许驸马府的整体布局体现了"提倡中庸，讲究平和中正，崇尚仁、礼完美统一"的正统儒家思想。❷因此，潮汕民居结合地方环境，创造性地设计建造了四合院的改进型——"下山虎"式、"四点金"式、"驷马拖车"式等组合的村落，而许驸马府的厝型便是三进院落的四合院式格局。❸

平面布局上简明的组织规律，体现了中国封建社会礼制文化的思想意识和驸马身份府第建筑上尊卑长幼的秩序布局。❹宋朝欧阳修道"庭院深深深几许"，古人也用"侯门深似海"来形容大官僚的住所❺，都形象地说明了中国建筑在布局上的特点。许驸马府坐北朝南偏东8°，面宽42m，进深47m，占地面积为2450m²❻，建筑面积约1800m²，共有房间55间、11个天井、2道花巷和4口井❼，旁加从厝后加后包等辅助建筑组合而成，是本地区最常见的形式。建筑整体对外封闭，对内巷巷相通，形似棋盘格局。府前前埕（也称外埕）长100m，宽约9m，对面建筑为李氏宗祠后门，中间的外埕东西向一边通葡萄巷，一边通廖厝围。

---

❶ 李煜群，郑鹏．走进许驸马府——解读潮州老建筑[J]．城市地理，2019（12）：82–89．

❷ 参照《潮汕民居》一书中对该建筑平面布局的观点。

❸ 观点引自：吴文慧，陈睦锋，匡成钢，等．汕头濠江区传统建筑文化保护探析[J]．韩山师范学院学报，2019，40（1）：51–57．

❹ 观点引自：古建中国——文化中国建筑文化产业互联网创新平台：浅谈中国古建筑的空间布局．

❺ 观点引自：常越．流光不掩宋韵 古城澎湃新潮[N]．中国建设报，2024-04-09．

❻ 王洁．浅谈潮州历史文化街区及历史建筑的保护与更新[J]．中国房地产业，2016（4）：2．

❼ 潮州新闻：宋代府第建筑的范例许驸马府．

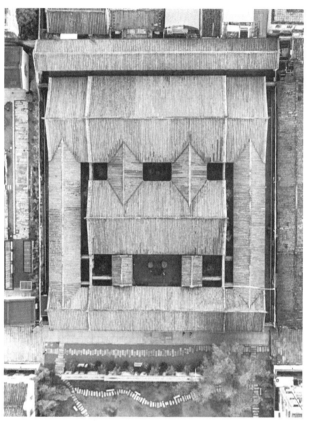

图3 许驸马府俯视图
(来源：网络)

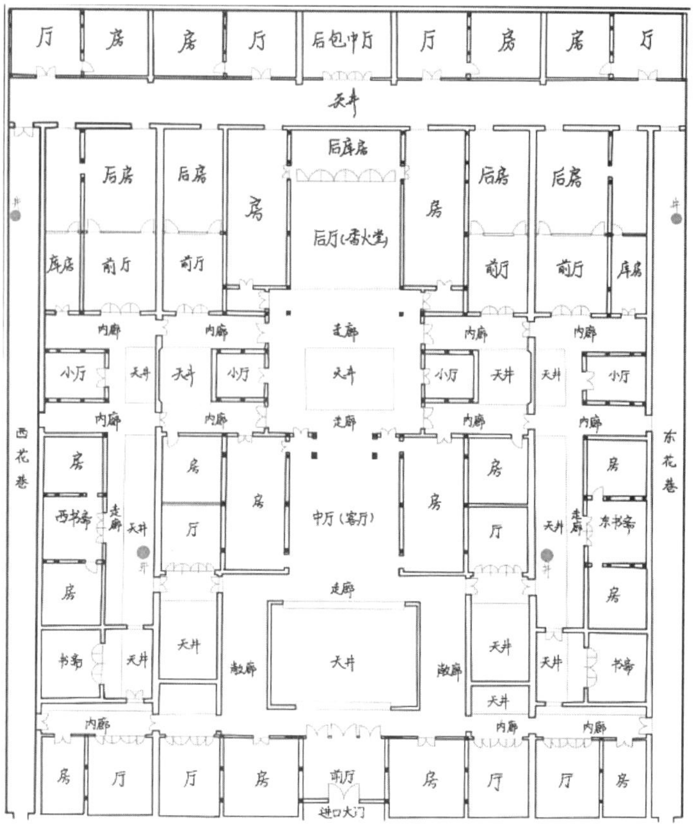

图4 许驸马府平面布局图

3. 内部特色功能系统

作为宋代遗风的府第式建筑，在针对气候环境、应急灾祸等方面上，体现着先人独特的智慧理念与建造技艺，具有较高的人居适宜性研究价值。

（1）排水系统

"一不穿房，二不穿廊，过厅走曲屈龙形"许驸马府独特的"S"形设计与建筑风格的高度融合，展现了先人对自然环境的尊重和对传统文化的传承，同时也满足了实际生活中的功能需求。中国传统建筑的防水工程一直秉承着"以排为主，以防为辅"，位于天井，与廊道相连，与檐廊缝隙连接，四边的坡屋顶成"四水归一"之势，使室外、室内空间连成一片，体现了先人"天人合一"的智慧理念。"S"形走向排水系统从正厅绕过后往前排水，以表家财聚而不散。水生财，所以走水不能直接外排，府邸的排水口不建阳沟，而是将排水沟藏在大厅的下面，代表财气不外露。笔者调研发现，许驸马府从大门至正厅、后厅、后座有依次逐渐抬高之势，并且在后包天井地面有一处凹槽横贯整个地面，亦是用于排水。后包是整座府第地面地基最高的地方[1]，整体高差1.28m，取"步步高升"之意，水会弯弯曲曲地围绕着整个屋子排出去。

值得一提的是，许驸马府是宋代建筑，而宋代的城市排水系统在当时已十分发达：例如北宋开封的排水系统，上有明道，下有暗渠，能够有效处理城池的雨水与排水问题。其次，江西赣州保留至今的"福寿沟"的设计原理便与许驸马府有异曲同工之妙，其充分利用城市高差使城市的雨水自然排入江中，该系统还与池塘相连，用于养鱼种植，形成生态环保循环圈，体现了古人可持续发展理念

的先见之明。

（2）消防系统

现代建筑中考虑的不可或缺的安全因素——消防系统，而在木质建筑多的古代，防火问题更是重中之重，同样有其独特的方法和智慧：防火墙（也是潮汕民居中的五行"厝角头"）和火巷。关于"火巷"这一名称，可以追溯至南宋淳熙年间，而宋代建筑许驸马府中便有火巷，其火巷便是从厝与核心建筑之间狭长的矩形天井，称为花巷，东西向皆有。后包前方过道横向将从厝隔开，贯穿两边火巷，使火巷纵横交错、巷巷相通，真正起到了防火和便于人员疏散的作用。在普通的潮汕传统民居中，相邻的两栋建筑物间如果都设置了防火墙，就会形成防火巷，发生火灾时既可以疏散人员，又可以防止火势向相邻建筑蔓延，既是疏散通道，也是防火隔离带。

除了火巷，水井也起到很重要的防火作用。许驸马府左右两边的东西花巷各有两井，始建于北宋，源于"左青龙，右白虎"风水学说[2]，分别是西花巷的龙井和东花巷的虎井主要是供灭火之用，平时也可饮用。"龙井"井栏为方形，"虎井"井栏为圆形，这既符合中国人"天圆地方"的宇宙观，又符合治家治国"无规矩不成方圆"的思想原则。传说取龙井之水可以"文能提笔安天下"，取虎井则可以"武能立马定乾坤"。在潮州古城，关于井的学问在《韩江记》中也有记载，潮州城开辟之时已有东门大井，井水直通韩江。除了供水，这口井在旧时还被当作一口自带"防火预警"功能的水井，冬季天气干燥时，韩江水位低便会使淤泥上翻井口，使水变黑，这时便是火灾多发之时。

---

[1] 潮州古城区文物管理所："许驸马府建筑特色".

[2] 李煜群，郑鹏．走进许驸马府——解读潮州老建筑[J]．城市地理，2019（12）：82-89．

二、建筑功能类型

1. 厅堂

在建筑的中轴线上，分布着这个家族最重要的"公共场所"，即待客的中厅、祭拜祖先的后厅和停放棺木的后库房，尽显设计细节。一般厅堂的地砖铺设方式是"人"字形，意为"迎宾客"，"丁"字形样式（最古老地砖）则用于房间，寓意"家出男丁"，这些厅堂、居室都为方形大窗，下缘高在 1.5m 以上，前座次、梢间直棂窗中的木棂是宋代早期的做法，窗棂很密，这样既保证了采光通风，又一定程度上保证了室内的私密性。

《潮州府志》有"营宫室必先祠堂，明宗法，继绝嗣，崇配食，重祀田"的记载。因此，祠堂是家族中重要的聚居中心。驸马府中的香火堂也具备相同功能——后厅又称香火堂，顾名思义，该场所是举行祭祀仪式、供奉先祖的地方，其地砖铺设方式便是"人"字形，过道为"田"字形，意为"家有田园"；东侧则保留了两面红色墙体——竹编灰壁，也被称为许驸马府的三大宝之一，由于当地气候湿热，在适应气候的前提下同时兼顾经济实用、美观耐用，采用竹片和竹篦编制再上泥土、贝灰做成，与宋代《营造法式》中"隔截编道"的做法吻合❶，是一种厚度只有两三厘米"超轻质墙"省工、俭料，有隔热、隔声、抗震的作用。

由于其是"驸马"住所的特殊性，在古时也会在此府迎接圣旨、接待官员，于工作商议大事，于家庭办理丧事。许氏一族可溯源始至神农氏，一脉血承可探鲁迅之妻许广平，可以清晰地看到其家族一脉的记载，这也一定程度上反映了国人的香火观念、潮人的宗族观念，潮汕人祭拜祖先及神灵，祈求其护卫一方家园，有效地处理了社会生活与心理活动的关系，是农耕社会朴实的身份认同与团结纽带的方式，也起到了心灵慰藉与文化传承的作用。

2. 天井

许驸马府外围墙并无开窗设计，对外具有封闭特征❷，而为了解决采光、通风等问题，设置了天井，天井与檐廊紧密连接，使室内外空间连成一片。檐廊四边的坡屋顶呈"四水归一"之势。❸ 结合当地气候炎热潮湿的特点，采取了个体独立、群体结合的方式，建筑个体之间用天井相隔，而天井之间则用厅堂、通道或檐廊相连，这较好地解决了通风、采光、隔热、避晒、挡雨、防风等问题。天气炎热时，可以通过打开门窗的方式让厅堂和天井形成一个宽敞的空间，让风通畅地进入建筑，带走热气；冬季则可关闭门窗，减少寒风的进入，起到御寒作用。许驸马府的天井用麻石条铺砌而成，据有关专家的考证，这些麻石条都是宋代留下来的。天井在功能上又会与排水系统关联，在风水学上称为"养气"，在当代更是串联内外环境过渡的灰空间，也形成了室内外空间共享。

3. 书斋

许驸马府的书斋位于东西从厝中，各一斋；背靠火巷（东/西花巷）面朝走廊天井，与中心建筑、居住房厅隔开，处于相对宁静且光线充足的位置，便于主人思考和创作，是平常家族子弟用于授课学习、交流学问的重要场所。

书斋整体面积不大，讲究明净舒畅，进深适中，便于光线进入。东书斋正中墙上挂着孔子画像，两边写着"欲高门第须为善，要好儿孙必读书"，可见宋代背景下对儒学的影响深远，以及许府一族对教育的重视。

三、建筑形制特征

1. 屋顶形式

潮州位于热带与亚热带之间，终年平均温高于 10℃，季风气候明显，雨热同期，且台风频发。结合当地自然气候条件，功能上许驸马府采用了抗风、防雨、防火性能较好的硬山式屋顶❹，外观上其屋顶天面与皇宫天面基本相同，是其府第式建筑的重要体现之一。

抗风性能上，屋面多为直线条，中间为平缓屋面且坡度倾斜小于 20°，滴水瓦保留着大量宋代"重唇瓦"❶，屋脊采用砖和瓦鱼鳞相压砌筑而成，坚固防风。屋顶两端有明显山墙，起到承重和分隔的作用，除此之外，高耸的山墙可以在火灾来临时阻挡火势的蔓延和侵入，微风拂过时使建筑空气对流、内外通风，进而达到冬暖夏凉的效果。防雨性能上，许驸马府屋顶材料运用南方民居常见的蝴蝶瓦，蝴蝶瓦屋顶的透气性强，能防止梁木受潮腐朽；同时也保留着大量宋代"重唇瓪瓦"❶。屋檐出椽不长，不易受雨淋腐烂，透气性强，具有防止梁木受潮腐朽的效果。另外，驸马府屋顶的颜色与周边民居截然不同，据农耕社会土地为本可知，黄色被当时认为是最美、最正的颜色，琉璃瓦中的黄色只能用于宫殿、庙宇等，因此笔者推测屋顶颜色应是与驸马的身份等级地位相关。

硬山式屋顶在我国古代传统建筑的运用中占据较大比例，不仅在正统建筑中广泛应用，在民居建筑中也得到较广的普及。❹ 例如潮汕地区普宁的德安里传统村落便大部分地保留着硬山式屋顶，这种屋顶不仅性能良好，而且凸出的山墙也使潮汕民居更好地展示其特色和文化。

2. 木构架体系

潮汕民居建筑很好地承袭了中原建筑风格，地区的不同也促使其在建筑上为文化正统的坚持和族群的自我认同付出创新发展性的努力。

许驸马府的屋架为五柱穿插梁架的穿斗式木构架，均为杉木制作，屋架大弯、二弯、厚偏，卷刹弧线甚为圆润、平缓。其中大弯、二弯实则为穿、梁合一之特殊构件，形态与宋代《营造法式》所绘的"月梁"相近❺；柱多为圆形木柱，有的下置圆珠础；每一根檩条下方都有前后檐柱、中柱或瓜柱作为支撑，瓜柱是一种较短的柱子，通常用于承托横梁或斜撑，以增强结构的稳定性。❶ 梁架结构中，最能体现其"府第"的是天井两廊纵深直贯中、后厅柱子的方形木梁，称为"跨座梁"，是官宅特有，构架立于石地枕上，其墙体由青砖条和夯土墙筑成。夯土墙是古时常用的构筑技法，选用黄土、石灰、砂子、砾石等材料加以拌合，以木板作模，层层用杵夯实修筑而成，有的会掺入红糖和糯米浆以增强硬度，加入

---

❶ 谭刚毅．两宋时期中国民居与居住形态研究[D]．广州：华南理工大学，2003．

❷ 林平．追寻潮汕民居的足迹——浅析潮汕民居的建筑布局及其文化渊源[J]．重庆建筑，2004（4）：21-24．

❸ 潮州古城区文物管理所："许驸马府建筑特色"．

❹ 郭华瑜．试论硬山屋顶之起源[C]//中国紫禁城学会．中国紫禁城学会论文集（第五辑 上）．北京：紫禁城出版社，2007：12．

❺ 潮州新闻：宋代府第建筑的范例许驸马府．

图 5　第二进厅天井

图 6　东书斋及其过道

图 7　东书斋及其过道

图 8　内部梁架结构

图 9　古代建筑构件夯土墙

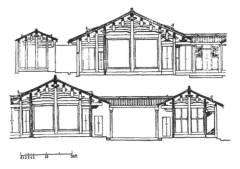
图 10　许驸马府纵剖面图
（来源：吴国智《广东潮州许驸马府研究》）

图 11　五行厝头角——金脊头

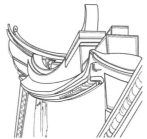
图 12　外山墙

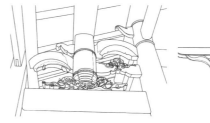
图 13　第二进厅香火堂前卷云纹斗拱

图 14　雀替

稻草、芦苇等以增强韧性，但是湿热的南方并不适合夯土技术发展，夯土能顽强地保留，是因为潮汕人非常希望能保留而不断地发展它。❶ 严谨的制作工艺与抗震性能较强的木构架造就了"传统民居墙倒屋不塌"的特点。

3. 特色

（1）脊饰

在潮汕地区，古厝的脊头不仅具有独特的装饰作用，也代表着屋主的运势，风水学中需适应主人的命格与运势。❷ 许驸马府的山墙脊头便是由金星脊头和火星脊头构成。金式头圆而足阔，火式头尖而足阔。在具体的实践中，潮汕五行厝头角的设计会考虑到适合主人生辰八字的颜色和形状，或者根据地形地势来确定建筑的方位。例如，如果主人的生辰八字偏向"木"，那么在厝头角的设计上可能会采用更多的绿色元素和方形结构，以增强"木"的气场。

---

❶ 引用华南理工大学讲师李哲扬观点。
❷ 林卫新，李建军. 潮汕地区五星墙头的构造工艺与文化性探析 [J]. 广州大学学报（自然科学版），2016，15（6）：68—72.

此外，潮汕五行厝头角的设计还会结合当地的风水观念，通过合理的布局来调整和改善居住环境。

（2）石地栿

石地栿是南方古建筑特色，追溯地栿，在《营造法式》一作记载较多，根据与柱脚的构造关系，其形式及功能分为两类：柱脚下承托构件、柱脚间联系构件。简而言之，地栿在古构件中一直起到承重的作用，并在地质灾害发生时与建筑相互牵拉。

石地栿不仅体现了府第式建筑的特殊性，更重要的是先人顺势而为的人文关怀精神。该构件由当时的国师据潮汕地区的地理环境、气候特征定制而成，潮汕地区湿热多雨，特别是夏季多蚊虫、白蚁，有了石地栿的抬高进而保护木材不受白蚁啃食。建筑功能上，像如今常见的钢筋混凝土圈梁基础，坚固平直的"石地栿"遍布驸马府所有建筑的台基之上，承托木构与墙壁，构成府邸的平面框架，在营造建构上起到抄平的作用。

（3）木雕

潮汕民居的装饰艺术丰富多彩，所运用的工艺技术和图文样式亦是包含了当地人民对美好生活的向往。其中，木雕技艺更是潮汕非遗文化的瑰宝，常被广泛运用于传统民居梁架和门窗上。

许驸马府整体装饰简朴大方，建筑风格上与宋风的简洁朴素贴近，梁、枋、花雕等构件则均为杉木制作，并没有潮汕部分传统民居那般有过多或繁复的木雕等装饰，雕法简朴，不失美感。花沿中轴线来到二进厅的香火堂（也称为后厅），厅前的斗栱有简单的卷云纹雕刻装饰，斗栱下方的雀替同为卷云纹样式，两边的斗栱装饰呈轴对称分布。

潮汕地区的木雕技艺起源于唐宋，比起许驸马府的木雕装饰，经过元明清几代的发展，之后的民居建筑已经逐渐迎来木雕技艺的发展兴盛并大量运用到民居的装饰艺术中，同时也在一定程度上反映了屋主的经济实力和社会地位。

四、结论与展望

许驸马府是宋代府第建筑罕见的范本，为研究宋代建筑、潮州府第式建筑、潮汕传统民居提供了十分重要的参考价值。首先，许驸马府整体建筑呈轴线对称，平面布局组织规律且遵循封建礼制文化的秩序布局，其内部功能系统设置独特，具有较高的人居适宜性和安全合理性，是宋代民居与府第式建筑在潮汕民居中融合本地化的具体体现，一定程度上反映了封建社会的等级制度、礼仪规范与当地民俗的融合，同时体现了宋代建筑在工程技术与施工管理方面已达到一定水平。其次，作为官制形式的居住式建筑，其内部功能分区较为多样，空间布局的合理性既满足了居住功能，又便于家庭成员间的互动和社交活动。最后，其建筑形制、营造技艺和功能装饰在因地制宜的传统民居建造上，无论是设计细节、实用功能，还是科学认知都反映出人对自然的敬畏之心，取之自然，顺其自然❶，展现了对绿色节能的考量和先人的智慧理念。

许驸马府对宋代建筑及其文化的研究和绿色人居环境的设计具有一定的参考，但关于建筑具体结构体系、构件尺寸细节等测绘考究仍具有一定局限性，后期笔者将深入挖掘其建筑历史文化与宋代书籍、潮汕地区建筑史籍等文本关联研究，以期为宋代、府第建筑文化的研究和绿色人居环境提供新的角度。

参考文献：

[1] 李煜群，郑鹏. 走进许驸马府——解读潮州老建筑[J]. 城市地理，2019（12）：82-89.
[2] 常越. 流光不掩宋韵 古城澎湃新潮[N]. 中国建设报，2024-04-09（001）.
[3] 林平. 追寻潮汕民居的足迹——浅析潮汕民居的建筑布局及其文化渊源[J]. 重庆建筑，2004（4）：21-24.
[4] 吴文慧，陈睦锋，匡成钢，等. 汕头濠江区传统建筑文化保护探析[J]. 韩山师范学院学报，2019，40（1）：51-57.
[5] 郭华瑜. 试论硬山屋顶之起源[C]// 中国紫禁城学会. 中国紫禁城学会论文集（第五辑 上）. 紫禁城出版社，2007：12.
[6] 林卫新，李建军. 潮汕地区五星墙头的构造工艺与文化性探析[J]. 广州大学学报（自然科学版），2016，15（6）：68-72.
[7] 谭刚毅. 两宋时期中国民居与居住形态研究[D]. 广州：华南理工大学，2003.
[8] 王洁. 浅谈潮州历史文化街区及历史建筑的保护与更新[J]. 中国房地产业，2016（4）：2.
[9] 黄克俭，张旭，黄子坤. 浅析中国传统民居绿色节能技术[J]. 四川建材，2022，48（11）：10-12，15.

---

❶ 黄克俭，张旭，黄子坤. 浅析中国传统民居绿色节能技术[J]. 四川建材，2022，48（11）：10-12，15.

清末民国桂南军事将领宅第类型与特征研究[1]

韦昌蓉[2]

摘 要：清末民国期间，桂南地区战乱频繁并涌现出了大批军事将领，他们崛起后大量营建私人宅第，成为桂南民居近代转型的主导力量。本文将桂南近代军事将领宅第分为传统合院式宅第、合院式外廊宅第、独栋式外廊宅第三大类，总结各自的特征，并分析其形成的内因。通过对桂南地区军事将领宅第类型与特征的研究，弥补桂南近代民居研究的不足，为桂南地区乡土建筑遗产的保护利用乃至乡村振兴提供参考借鉴。

关键词：清末民国　桂南　将领宅第　民居　近代转型

一、研究背景

桂南地区是指现今广西南部的钦州、北海、防城港三市所辖地区。1840~1949 年，该地区大部分隶属于广东，主要包括合浦、防城、灵山、钦县四县。1876 年北海（隶属合浦）开埠，在桂南"首开西方风气之先"[1]。随之带动桂南地区建筑的近代转型。

建筑近代转型的路径有"外来移植"和"本土演进"[2]。长期以来，对桂南地区近代建筑的研究主要关注骑楼、洋行、领事馆、教堂等"外来移植"式近代建筑，而对桂南民居的"本土演进"关注较少，已有对桂南近代民居建筑的研究则多将其视为传统民居的样本，而未关注其转型特征；因此，加强对桂南民居"本土演进"的研究具有重要意义。

清末民国，有尚武之风的桂南地区涌现出刘永福、冯子材、林俊廷、邓本殷、申葆藩、黄植生、陈济棠、陈铭枢、香翰屏等一大批军事将领，他们出于改善居住条件、炫耀权力财富、推行社会改良等原因，纷纷返乡建造宅第[3]，这些将领宅第的兴建，一定程度上带动了桂南地区民居建筑的"本土演进"。而将领宅第作为民居建筑的组成部分之一，深入研究其演进与发展对研究民居的演进史具有重要意义。

本文以近代桂南地区军事将领兴建的宅第为研究对象，通过文献、实证研究对其类型及转型特征进行归纳，并分析产生的思想根源，弥补桂南地区本土演进式建筑研究的不足。

二、桂南地区近代军事将领群体建造宅第的历史背景

近代桂南地区军事将领宅第的建造历程主要可分为以下三个时期。

1. 晚清时期

晚清时期，地方武装发展迅速并取代八旗、绿营成为清朝统治的主要支柱。在 1883 年中法战争中，桂南地方武装"萃军"的领袖冯子材（钦县人）、管带冯绍珠（钦县人）及"黑旗军"领袖刘永福（防城人）等取得赫赫战功，战后纷纷返乡兴建宅第，如刘永福 1886 年回乡省亲时在老家防城那良镇大坡村（中越边境）兴建住宅（三宣堂），又于 1891 年在钦州营建宅第"三宣堂"（建威第），冯绍珠也于 1885 年在钦州大寺镇旧圩兴建宅第。此外，还有清水师管带梅南胜率舰驻泊北海，后定居北海并建造了自己的宅院——梅园。

2. 北洋政府时期

1911 年辛亥革命后民国成立，北洋政府上台。1916 年广西旧桂系[4]军阀领袖陆荣廷被北洋政府任命为两广巡阅使兼广东督军，桂南地区受旧桂系统治，旧桂系集团中的林俊廷（防城人）、申保藩（钦县人）、黄植生（钦县人）等都是桂南籍将领。1920 年粤桂战争[5]爆发，陆荣廷战败下野，桂南地区为粤系控制。1923 年粤系将领邓本殷（防城人）脱离粤军，并联合旧桂系申葆藩、黄植生等将领勾结豪绅地主、民团和土匪形成地方军阀组织"八属联军"占据桂南，直至 1926 年被广州国民政府剿灭。1911~1926 年，旧桂系及八属联军的桂南籍军阀为显示其新贵地位，在家乡建造了一系列宅第。

3. 国民政府时期

1925 年广州国民政府成立，陈济棠（防城人）、陈铭枢（合浦人）、香翰屏（合浦人）、林翼中（合浦人）、许锡清（合浦人）等桂南籍将领成为国民革命军的得力干将。这些将领除了在兴建新式住宅，还为家乡兴建学校、图书馆等，如陈济棠捐建了防城中学及谦受图书馆，陈铭枢为合浦一中捐建了合浦图书馆，许锡清、香翰屏等捐建了合浦一中礼堂。

三、桂南近代军事将领宅第的类型和特征

近代桂南地区将领宅第根据平面布局、建筑风格及结构特征

---

[1] 基金项目：教育部人文社科规划基金项目（23YJAZH188）：自组织理论视域下广西近代民居的转型特征和机制研究，广西艺术学院 2023 年研究生创新项目（XJYC2023103）：乡村振兴背景下钦州乡土建筑发展转型研究。

[2] 韦昌蓉，广西艺术学院建筑艺术学院。

[3] "第"原本是指古代按一定品级为王侯功臣建造的大宅院，后将"第"通称为上等房屋。

[4] 旧桂系是指民国成立后执掌广西的军事集团，主要代表人物有陆荣廷、沈鸿英、陈炳焜、谭浩明等。

[5] 粤桂战争是指 1920 年 7 月旧桂系陆荣廷与粤系陈炯明之间爆发的战争。

可以分为传统合院式宅第、合院外廊式宅第和独栋式外廊宅第三种类型。

1. 传统合院式宅第

（1）平面特征

桂南人口以汉族广府和客家民系为主，因而合院式宅第的平面布局多是广府客家合院的延续。如刘永福是客家人，其宅第"三宣堂"的平面采用客家"三堂两横一枕屋"的布局，由门厅、中厅、祖厅等三进厅堂与两侧的横屋及后面的枕屋围合而成；冯子材故居"宫保第"则是采用了广府民居三路三进九座厅堂的平面布局，当地人称"三排九"，中间用冷巷作为连接通道的空间格局，建筑台基高1m左右，且以中间一排最高，两边次之，每进建筑之间均设檐廊与廊房相连，以达到每座建筑之间的互通（图1）。

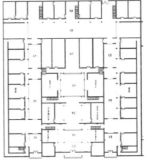

图1 三宣堂（左）与宫保第（右）平面图

（2）立面特征

建筑立面形式总体延续了传统民居的风格。但北海开埠通商后，人口不断聚集，"晚清阶段，人口最稠密地区是桂南"[3]。在此背景下，近代桂南合院式民居不得不竖向扩展。如三宣堂的堂屋和横屋均拔高到2层，由此导致金柱和檐柱异常修长（图2），远远高于桂南地区传统民居的惯常做法。超高的柱子带来了选料的困难，为此，刘永福命人"采办越南浔州木料白木杉木各件，运回粤省，由广东省河运回钦州河井驳上，交钦建造房屋"[4]。

（3）结构特征

合院式住宅多采用桂南地区传统的硬山搁檩、中式木梁架的结构体系。如三宣堂的中厅与门厅是柁墩抬梁式木构架，用柁墩支撑梁往上托举檩条，这种形式的木构架使得屋顶相对平缓，因此也使得梁的间距过小，檩条数量较密。但与厅堂不同的是，横屋和枕屋的檐柱大部分采用了更为坚实的砖柱，由于柱子高度较高，部分砖柱首层柱截面加大以符合受力规律，柱顶部采用砖拱取代了木梁架支撑屋顶檩条（图3）。刘永福选择在横（枕）屋采用砖柱而非木柱作为结构支撑，与其长期在越南作战接触过西式砖木结构的法式建筑有一定的关系。在进攻河内期间，刘永福曾描述法国人"以砖木筑其鬼楼，极其坚固"[4]，因此，刘永福在其宅第的横屋和粮仓等外围建筑中大量采用砖柱和拱券等构架，加强结构的坚固性。

图2 三宣堂祖厅檐柱

图3 三宣堂中厅木构架与堂枕屋的砖柱

2. 合院外廊式宅第

北海开埠后，西方外廊式（Veranda Style）建筑随之进入桂南，如北海海关大楼（图4）。外廊式是为适应印度、东南亚炎热气候而形成的一种流行形式。由于桂南地区与东南亚相近，西式外廊很快被桂南民居所吸收，形成合院式外廊宅第。

（1）平面特征

合院式外廊宅第就是在桂南传统合院平面布局基础上增加西式外廊。如梅南胜请承建北海海关大楼及税务司公馆等外廊式建筑的建筑商罗树建造的自宅梅园，就是在传统二进合院的基础上增加外廊。钦州香翰屏旧居是典型的三进两厢合院外廊式宅第，第一进由门厅以及左右两栋洋楼组成，前后以廊道与天井使每进建筑相连接的合院外廊式平面布局，此外还有钦州的苏廷有旧居，也是典型的合院外廊式建筑，建筑由前后两座两层五开间的外廊建筑通过天井与两侧的厢房将两栋建筑通过对庭院内侧开放（图5）。此类建筑还有钦州沙尾街冯子材旧居、冯相荣公馆、防城邓本殷旧居、北海中山路邓世增、合浦林翼中旧居等。

（2）立面特征

合院式外廊宅第建筑立面大量采用西方19世纪古典复兴风格建筑的立面装饰语汇，如山花、拱券、柱式、女儿墙等[5]。建筑的立面主要采用拱券的券柱式，如苏廷有旧居。还有一种是中西结合的立面形式，如香翰屏旧居采用大量中式传统廊柱与中式屋顶，而部分建筑立面则是西式的（图6）。

（3）结构特征

西式砖木混合结构随着外廊的推广而大量应用于桂南地区的合院式外廊住宅，如苏廷有旧居使用砖拱砖墙取代了木梁柱作为主要承重构件。此外，混凝土等新材料也开始被应用于民居建造。香翰屏旧居采用了砖混结构，墙体是青砖砌筑，梁柱等构件则大量采用钢筋混凝土（图7）。

3. 独栋式外廊宅第

独栋式外廊宅第是占有独立地块、独栋建造的外廊式建筑[6]。

（1）平面特征

独栋式外廊宅第根据平面布局可以分为一面外廊、两面外廊、三面外廊、四面外廊（回廊）。一面外廊的平面形式空间布局通常

图 4　北海海关大楼

图 5　香翰屏旧居（左）与苏廷有旧居（右）平面

图 6　苏廷有旧居（左）与香翰屏旧居（右）立面

图 7　西式砖木结构与砖混结构

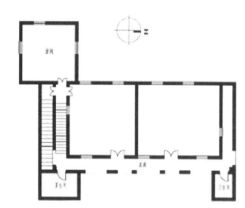
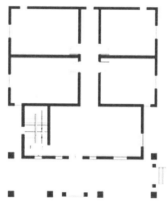

图 8　黄植生旧居平面图

图 9　郭文辉旧居平面图

图 10　陈公馆平面图

是采用三开间、五开间。如黄植生旧居是一面外廊式建筑洋楼平面布局，有两个矩形组合而成的三层洋楼（图8）。龙门港郭文辉旧居前面是外廊，一层客厅两侧留有矩形空缺，二层的客厅两边狭窄的外廊与前廊相连通（图9）。东兴陈公馆主体建筑平面呈凸状带阳台，西侧则是L形的外廊建筑，主楼入户中间为厅，客厅两侧以及后面是卧室、隔间、过道等空间，副楼则是单面外廊建筑（图10）。还有比较特殊的就是组合平面形式。如龙门港将军楼的一层是前后两面外廊，二层、三层是三面外廊建筑形式。

（2）立面特征

独栋式外廊宅第的立面通常采用欧洲古典主义复兴等多种风格杂糅拼贴的形式，如申葆藩旧居北立面是哥特式风格的尖券以及古罗马风格的弧形拱券和罗马柱式结合的立面形式（图11）；而郭文辉故居一层则是采用方形的梁柱与中式花瓶式柱础的圆柱结合，此外一层、二层的梁柱还采用类似雀替的装饰构件（图12）；钦州秦芝浦旧居正立面均是带有圆形涡纹的爱奥尼亚柱式与拱券相结合（图13）。

（3）结构特征

独栋式外廊宅第的建筑结构主要为砖混结构和钢筋混凝土框架结构两种。砖混结构竖向承重的墙体是采用砖砌筑，而梁、柱、楼板等横向构件则采用钢筋混凝土的混合结构体系，如秦芝浦旧居、陈公馆（图14）。钢筋混凝土框架结构是梁柱框架承重的结构体系，如龙门港申葆藩旧居、黄植生故居。其中，申葆藩旧居的外廊以罗马柱式和方形柱、梁组合作为支撑，与室内的梁、柱组成了框架结构（图15）。有趣的是，由于钢筋混凝土的运用，黄植生旧居三层的外廊拱券无券柱落地，演化为一种装饰构件（图16）。

四、结语

北海开埠后，新的建筑样式、材料、技术等传入桂南并由沿海地区向内陆延伸，这些新材料、新技术的引进与使用为桂南地区乡

图 11 申葆藩旧居立面

图 12 郭文辉旧居立面

图 13 秦芝浦旧居立面

图 14 陈公馆外廊

图 15 申葆藩旧居外廊

图 16 黄植生旧居外廊

土建筑的演进提供了技术条件；而桂南籍将领率先在自身宅第上运用新技术改良自宅，带动了桂南近代乡土建筑的演进，正如《防城县志》记载："当地所产军官，先后建筑洋式楼房后，各殷实商民，亦多陆续将其房屋改建，增高为洋式，或另行新建……"[7] 这些将领宅第并非直接移植西式建筑，而是与当时的人口、土地等多种社会因素以及桂南本土的建筑形制特征相结合进行的本土化演变。因此，深入研究桂南军事将领宅第的演变发展，可为乡村振兴背景下民居的转型发展提供一定的参考借鉴，也为乡土建筑的保护利用与传承发展提供科学依据。

参考文献：

[1] 广西地方志编纂委员会办公室．广西北部湾经济区简志[M]．南宁：广西人民出版社，2008：66．

[2] 侯幼彬．中国近代建筑的发展主题：现代转型[C]// 张复合．2000年中国近代建筑史国际研讨会论文集：中国近代建筑研究与保护（二）．北京：清华大学出版社，2001：3-10．

[3] 黄贤林，莫大同．中国人口：广西分册[M]．北京：中国财政经济出版社，1988：50．

[4] 中国人民政治协商会议广西壮族自治区钦州市委员会文史资料和学习委员会．钦州文史：第4辑：民族英雄刘永福文集[Z]．[出版地不详]：[出版者不详]，1997：243．

[5] 玉潘亮，冯棣．权力更替与广西民居近代转型——以桂东南为例[J]．新建筑，2023（2）：109-115．

[6] 刘亦师．中国近代"外廊式建筑"的类型及其分布[J]．南方建筑，2011（2）：36-42．

[7] 凤凰出版社．中国地方志集成：广西府县志辑73：光绪防城县小志 民国防城县志初稿1[M]．南京：凤凰出版社，2014：561．

[8] 《汉语大字典》编辑委员会．汉语大字典：第3卷[M]．武汉：湖北辞书出版社，2001：2960．

对于中、韩转角屋顶结构方式的比较研究

——以中国土家族转角楼和韩国转角屋顶传统民居为中心

邓浩舟[1]　韩东洙（韩）[2]

摘　要： 同属东亚地区的中、韩两国历史渊源深厚，具有一脉相承的特点。转角建筑作为中、韩两国颇具代表性的建筑形式之一，在外部空间形态、建筑结构形式等方面各具特色。本文通过对中国土家族转角楼和韩国转角屋顶传统民居的屋顶类型、屋顶结构方式等方面进行研究，分析和对比中、韩两国传统转角建筑在屋顶结构处理方面的异同，发现中国土家族转角楼的屋顶以穿斗式结构为主，以设置将军柱来对转角处进行处理；韩国转角屋顶传统民居的屋顶为抬梁式结构，且不区分正房与厢房，以回檐技术对转角处进行处理。

关键词： 土家族转角楼　韩国转角屋顶传统民居　屋顶结构　转角处处理技术

　　中国、韩国作为东亚地区相邻的两个国家，其民族文化、建筑类型、建筑形式都有一脉相承的特点。随着社会的不断发展，传统建筑正在逐渐消失，对于传统建筑的保护以及对于相关技术传承的重要性也慢慢凸显出来。本文的研究对象集中于中国土家族转角楼、韩国传统民居转角建筑。两者在屋顶结构方面具有很多异同点。为了探究具体内容，作者通过现场调研、结合现有研究材料的方式进行系统分析研究。

一、土家族转角楼和韩国转角屋顶传统民居的形制及建造特征

1. 土家族转角楼

　　土家族转角楼作为土家族最具代表性的建筑形式，主要有三个类型："单吊式""双吊式""四合水式"。

　　"单吊式"转角楼又被称为"一字吊""钥匙头"，是土家族转角楼中最为常见的一种建筑形式，由一个正屋和一个厢房组成。正屋和厢房互为两个独立的建筑，这是土家族转角楼与苗族吊脚楼等其他民族建筑最大的区别。从平面上来看，正屋为"一明两暗三开间"的布局方式，中间的明间为堂屋，左右两暗间按照"前堂后室"的布局方式，分设火塘屋和卧室。厢房分为上下两层，上层住人，下层用作储藏、厕所以及饲养牲畜。

　　"双吊式"转角楼由一个正屋和两个厢房组成，左右两侧的厢房与正屋一起围成一个院坝。布局方式与单吊式基本一致。

　　"四合水式"是在"双吊式"的基础之上发展而来的，在两个厢房前加设一个大门，形成四面围合之势。

　　土家族转角楼屋顶的外部形态具有以下几个特征：正屋以悬山式屋顶为主，屋顶高于厢房。在正屋屋脊的中间，通常设置脊首，造型以三角形、菱形等对称图案为主。如果在正屋的一侧加设"披屋"，则"披屋"一侧为"类歇山"屋顶。为了保持通风，山墙上部不作封闭处理。厢房屋顶均为"歇山式"或"类歇山"屋顶，为了通风，山墙上部不作封闭处理。

2. 韩国转角屋顶传统民居

　　韩国转角屋顶传统民居分为上流住宅和一般传统住宅两种类型，在本文中，通过选择上流住宅中具有代表性的乐善斋和典型的一般传统住宅来进行系统分析。

　　（1）乐善斋作为上流建筑中具有代表性的建筑之一，始建于宪宗十三年（1847 年），原来属于昌庆宫，为宪宗和妃子居住的场所（图 1）。乐善斋为南向建筑，从平面布局上来看，由正面六间、侧面两间组成。侧间以楼亭的形式修建，开三个窗，侧间下部为挑空空间，不作任何使用（图 2）。正屋内部布局根据从左到右的顺序，依次是厅—厅—房—房—厨。西侧的楼分为前楼和后楼，楼与正屋的连接处设置一个房间，前楼为挑出部分，主要用于待客和休息。东侧后部为两个卧室，前面为上厅以及下厅。[1] 乐善斋的屋顶外部形态特征明显，飞檐翘角，正屋和厢房都为歇山式屋顶。吻兽设置于正屋屋脊两侧，飞檐脊前端以及前后两个楼屋脊的前端，乐善斋的山花采用砖合阁，同时在上面绘制对称线性图用于装饰。

　　（2）一般传统住宅主要用于平民居住，所以在建筑体量和建筑结构上远不及上流住宅。以"囗"形住宅为例，从平面布局上看，由主体建筑、行廊、大门、厕所及一个储藏空间组成，中间设置围院，落里还有一个用于储藏的小房子，不区分正房和厢房。从正门进去正对面的是大厅，大厅的左边是里屋，主要用作家中父母等长辈居住；右边的空间是越房，通常作为未出嫁女儿或者儿媳妇的房间；里屋另一侧为房间和厨房（图 3）。大门的一侧为行廊空间或大门附属空间，这个空间有些家庭会用作出租，大门旁设置厕所。主体建筑和行廊的外面还会设置一个檐廊，檐廊作为连接室外和室内的生活缓冲空间，是传统韩屋中不可缺少的一部分。如果在檐廊下加设灶孔，则会将檐廊地板抬高，此时被称为高床抹楼。除此之外，还有"L"形、"｜￣｜"形住宅（图 4）。一般传统住宅不设置吻兽，以歇山顶、悬山顶、庑殿顶为主。除此之外，还有悬山顶 + 歇山顶、悬山顶 + 庑殿顶、歇山顶 + 庑殿顶等组合屋顶。歇山顶的山花根据材料的不同，在处理方式上也存在差异，除砖合阁

---

[1] 邓浩舟，汉阳大学大学院建筑学科（韩国），博士研究生。
[2] 韩东洙（韩），汉阳大学大学院建筑学科（韩国），教授，博士生导师。

图 1 乐善斋照片

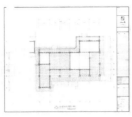
图 2 乐善斋平面图
（来源：韩国国家遗产厅[2]）

图 3 韩国转角屋顶传统民居平面布局图
（来源：韩国国家遗产厅）

图 4 韩国传统民居转角建筑屋顶组合方式图
（来源：宋仁浩、金英秀论文[3]）

韩国转角屋顶传统民居屋顶类型　　　表1

歇山顶（砖合阁）	歇山顶（木合阁）	歇山顶（灰壁合阁）	悬山顶（构造露出）	悬山顶（木合阁）

（来源：金正圭、朴成真论文[4]）

形式外，歇山顶还包括木合阁、灰砖合阁两种；悬山顶包括构造露出和木合阁两种（表1）。

二、土家族转角楼屋顶结构方式

1. 屋顶结构

土家族转角楼的整体结构属于南方穿斗式结构（图5），根据房屋大小的不同，分为三柱四骑、三柱五骑、五柱四骑、四柱六骑等，厢房通常比正屋低一步水。屋顶为双坡面屋顶，以中脊檩为界分为前坡和后坡，主要构件有柱子、穿枋、斗枋、纤子、檩木五种。屋顶整体结构就是通过排扇的上部结构组成的。从侧面来看，根据柱子的进深方向用穿枋连接，以柱子承接檩条，每个檩条都位于柱头上，通过檩承接椽皮。从正面看，通过斗枋和檩条横向连接。在承重方式上，屋面荷载通过檩条直接传给相应的立柱，穿枋和斗枋不受屋面荷载的重力影响，仅作为稳定拉接构件。除此之外，在转角楼屋顶结构中还有一个非常具有特点的构架——挑枋；挑枋通常选用自然弯曲的树干制作而成，分为单挑和双挑两种形式（图6）。挑枋作为屋顶的主要承重构件，不仅可以使屋檐更为深远，还是重要的装饰构件。在部分土家族地区，还有把双挑改成板凳挑的形式："即出挑大挑的枋下增加一个'夹腰'。夹腰水平出挑，上立短柱，称'吊起'，吊起顶头支檩，承担部分屋檐重量，大挑也穿过吊起，把部分重量透过吊起传给夹腰，再传给檐柱，这样吊起和夹腰共同承担了比二挑还要多的重量，使受力变得更加合理，但构造也更加复杂。"[5]在处理屋面时，首先在檩条上搭建椽皮，然后在椽皮上覆盖青瓦，屋面坡度通常使用五分水的处理手法。

2. 转角处的处理方式

转角处的处理技法既是土家族转角楼中最具特色的，也是难度最大的，对掌墨师的技术有很高的要求。因此，在民间一直流传着一个歌谣："山歌好唱难起头，木匠难打起转角楼，岩匠难打岩狮子，铁匠难滚铁绣球。"为了解决这个难点，使正屋和厢房更完美地连接，土家族人民创造了两种极具特色的技法：①在转角处设置将军柱；②将横屋的正脊檩直接搭在正屋的檩上（表2）。

"将军柱"又被称为"伞把柱""冲天炮"，通常位于正屋正脊檩、横屋正脊檩以及斜脊连接处的磨角屋内，设置方式较为复杂。通常根据房屋和地势高低的不同，分为落地将军柱和不落地将军柱两种形式。如果正屋和横屋的脊檩高度一样，且有很大的连接空间，则会设置落地将军柱。通过在将军柱上向外单独搭建一个斜脊檩托住交会处的檩条，此檩条的尾部位于正屋和横屋交会处的外角柱上。如果正屋高于横屋，则会使用童柱代替将军柱的方式来进行处理，"不在正屋正脊檩、横屋脊檩及转角斜脊三者的交点，而是

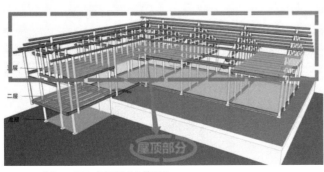
图 5 屋顶结构图（来源：根据潘伟论文[6]标注）

图 6 双挑和单挑照片

位于横屋脊檩、正屋脊檩往后退一步或两步的檩条以及转角斜脊三者交会处"[6]，这时的柱子是不落地的。

三、韩国传统民居转角屋顶结构方式

1. 屋顶结构

韩国转角屋顶传统民居虽然分为上流建筑和一般传统住宅两种类型，但是均为抬梁式结构。乐善斋是中国比较少见的一高柱五梁式。以乐善斋总断面图为例（图7），从下至上、从左至右依次为大梁、退梁、宗梁、高柱、台工、童柱。在每个柱头都设有一个用于承重的檩。一个檩代表着一架梁，从左到右一共由五个檩构成。大梁和退梁上的檩称为下金檩，宗梁上的檩称为上金檩，台工上的檩称为脊檩。一般传统住宅由于建筑体量较小，常使用五梁架+三梁架的形式。五梁架屋顶结构包括大梁、宗梁、童柱、台工。每个柱头上都承接一个檩，从下至上依次为下金檩、上金檩、脊檩（图8）。三梁架屋顶结构相对比较简单，由一个大梁、一个台工、一个下金檩和一个脊檩构成（图9）。在处理屋面时，首先在梁上搭建椽条，然后在椽条上覆盖瓦片。五梁架以上的建筑在搭建椽条时，有压条形、长短椽交叉形、长短椽接触形三种不同方式。最常见的为长短缘交叉形（图10）：这是在椽子设置时，采用长短椽交叉排列，然后在交叉部位通过荆条和树枝制作的连针钉住的一种方法。设置时通常把长短缘的中心间距定为30cm，按照两长一短的布局方式依次排列在承重檩上组成一个设置单位。在这种结构方式下的椽如果直径超过20cm的话，后尾部要双侧摘取或者对半摘取。如果椽直径达到30cm，在设计时后尾部会全部粘在一起，从而形成对开的形状。[7] 屋顶坡度为17°~30°。

2. 转角处处理方式

韩国传统民居转角屋顶不管是上流住宅还是一般传统住宅，均使用回檐技术。在韩国传统民居转角屋顶建筑中，由于回檐部形态存在差异，对屋檐的处理方式也不一样（表3）。回檐部的结构方式一共有六种形式，根据连接方式又被分为：（1）木构造方面连接；（2）屋顶部方面连接。

回檐部分的基础构件包括回檐柱、回檐沟（沟檐）及回檐沟前端的板、回檐飞檐（图11）。回檐柱是设置于回檐沟下部的一个柱子，两侧屋檐的梁和檩通过回檐柱直接直角交叉，除此之外，还可以连接3~4个一侧或者两侧的梁和檩。虽然很多构件都可以通过回檐柱连接，但是回檐柱并不是必须设置的构件，根据实际情况可以省略或添加。回檐飞檐又被称为沟檐，位于回檐沟下部，这个部件和传递荷重飞檐的构造机能不同，在力学上不会有太大的负荷，是为了形成回檐沟而设置的，其目的是施工上的便利。回檐飞檐是一个可以省略的构件，如果需要使用的话，必须用直材。回檐沟主

转角处两种处理方式 表2

不设置将军柱	设置将军柱	
厢房正脊檩搭在正屋的檩上	落地将军柱	不落地将军柱
（图）	（图）	（图）

（来源：潘伟《鄂西南土家族大木作建造特征与民间营造技术研究》）

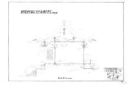
图7 乐善斋总断面图
（来源：韩国国家遗产厅）

图8 五梁架照片

图9 三梁架照片

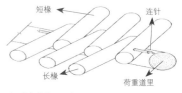
图10 长短椽交叉示意图
（来源：根据李迥在论文[7]改绘）

回檐部屋檐组合形式示意图 表3

沟檐回檐	榫合回檐	交叉回檐	外屋檐	低屋檐
（图）	（图）	（图）	（图）	（图）
来源：作者拍摄	图片来源：朴赛美，张宪德论文[8]		来源：作者拍摄

图 11 回檐部基础构件（来源：李东范提供，作者标注）

要用于屋顶排水，其宽度约为椽子的两倍，在回檐沟前端为了支撑回檐沟的凹瓦，通常会设置一个三角形板状构件，如果没有屋檐高度差则安装在两侧屋檐的交会处，有屋檐高度差则不安装。

（1）木构造方面连接：木构造方面连接的有沟檐回檐、榫合回檐、交叉回檐、外屋檐四种类型，是韩国最典型的四种回檐形式（图 12）。沟檐回檐是将沟檐设置在两个屋檐交会处 45°的方向并向外伸出，并使沟檐直接暴露在外部，且沟檐的倾斜度须与两侧回檐椽保持一致。始于回檐椽，终于上金檩。沟檐两侧的回檐椽断面为椭圆形，与檩条呈 90°。榫合回檐是将回檐部两侧的回檐椽末端削成 45°，以"L"形直接进行连接，回檐椽连接处不设沟檐，但是会在回檐柱和脊檩、上金檩的交会处之间设置沟檐，但是榫合回檐没有回檐柱的话，则可以省略沟檐。需要注意的是，两侧回檐椽之间的排列距离一定要相同，这样才能实现 45°的完美交会。交错回檐是将左右屋檐的回檐椽相互交叉连接的一种方式，同样在回檐椽交叉区域连接处省略沟檐。在这种方式中，由于一侧的椽条会附着另一侧的椽条，所以檩柱的方向越往回排列，回檐椽的长度越短。外屋檐的构成方式非常简单，首先将正屋的回檐椽相邻排列到行廊屋檐道里为止，然后将行廊屋檐的回檐椽排列到正屋檐椽的末端为止。这四种类型的回檐在建造时还有一个需要明确的点，即回檐部两侧檩条间的宽度需一致。以 5 梁架 + 3 梁架为例，下金檩和上金檩之间的空间为退间，下金檩和脊檩之间的空间为主间，此时若退间宽度为 1.2m，则主间的宽度也必须为 1.2m。

（2）屋顶部方面连接：屋顶部方面连接主要指低屋檐和独立屋檐，这两种都是根据外屋檐发展而来的两种新形式（图 12）。需要注意的是，低屋檐、独立屋檐这两种形式主要是屋顶的连接技术，不涉及结构的连接。为了更好地理解与区分，将回檐部两侧的建筑分别称为正屋和行廊来进行分析。低屋檐的方式通常运用于建筑台基存在差异且屋檐高度不同的情况。此时正屋的椽条位于行廊椽条下，比正屋屋顶更高的行廊屋檐下金檩旁，低屋檐最后一根椽条的侧面还会粘贴封檐板。独立屋檐这种方式最简单，只是单纯地将两个独立建筑连在一起，屋顶结构中不包括回檐基础构件。

四、结论

传统转角屋顶建筑作为中、韩两国非常具有代表性的建筑形式之一，其建筑结构方式、屋顶平面组合形式、屋顶外部形态等方面存在着诸多差异。本文主要针对两国传统转角屋顶建筑的屋顶结构

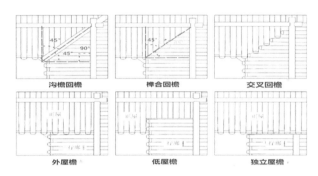

图 12 回檐部屋檐组合形式平面图（来源：根据朴赛美、张宪德论文[8]改绘）

方式和转角处的结构处理技法进行了细致的研究分析，发现存在如下差异。

（1）屋顶结构方面的差异：土家族转角楼在整体结构上属于南方穿斗式结构，厢房通常比正屋低一步水。屋顶部分的结构方式主要是根据柱子的进深方向用穿枋来进行连接，排扇间通过斗枋进行连接，柱头直接承檩。屋顶荷重除了使用柱子直接承重外，挑枋也用于屋顶承重。韩国转角屋顶传统民居在整体结构上属于抬梁式，常使用一高柱五梁、五梁架＋三梁架的结构方式。柱承梁、梁承檩、檩和梁是主要承重构件。椽作为支撑屋顶和分散荷重的重要构件，在搭建方式上常采用长短椽交叉排列的方式。坡度方面，土家族转角楼为五分水；韩国转角屋顶传统民居没有固定标准，大约为 17°~30°。

（2）屋顶平面组合方式的差异：根据建筑形制可以得知，土家族转角楼的屋顶平面组合方式主要是"L"形、"｜￣｜"形、"囗"形。韩国转角屋顶传统民居的屋顶平面组合形式主要为"￣"形、"」"形、"L"形、"｜￣｜"形。

（3）屋顶外部形态特征的差异：土家族转角楼的正屋以悬山式屋顶为主，如果在正屋旁修建披屋的话，也会出现一侧为类歇山式的屋顶形式，屋脊中间设置脊首。厢房均为歇山式屋顶，飞檐翘角，但是为了通风，一般板壁上部不封闭，且正屋屋顶高于厢房。韩国转角屋顶传统民居屋顶形式以歇山顶、悬山顶、庑殿顶为主。除此之外，还有悬山顶＋歇山顶、悬山顶＋庑殿顶、歇山顶＋庑殿顶等组合屋顶。歇山顶设置山花，有砖合阁、木合阁、灰砖合阁三种形式；悬山顶有构造露出和木合阁两种形式。传统民居转角建筑通常不设置吻兽。

（4）转角处处理方式的差异：土家族转角楼的正房和厢房作为两个独立建筑，主要通过设置将军柱或直接将厢房正脊檩直接搭

在正屋的枋上的方式将正房和厢房的整体结构进行连接。韩国转角屋顶传统民居是通过回檐技术来进行处理，不区分正房和厢房。回檐技术一共有六种不同的类型，根据连接方式的不同又被分为木构造方面连接和屋顶部方面连接两种形式。

参考文献：

[1] 卢真河，李相海. 关于乐善斋一廊建筑造营的复原考察[J]. 建筑历史研究，1995，4（1）：43-70.

[2] 宋仁浩，金英秀. 关于北村都市韩屋的屋顶架构特征的研究[J]. 建筑历史研究，2005，14（4）：87-100.

[3] 金正圭，朴成真. 对韩屋中使用的外观构成要素的视觉识别水平评价——以全罗南道主要幸福村现代生活韩屋为中心[C]. 大韩建筑学会联合论文集，2012，14（4）：127-136.

[4] 赵逵，李保峰，雷祖康. 土家族吊脚楼的建造特点——以鄂西彭家寨古建测绘为例[J]. 华中建筑，2007（6）：148-150.

[5] 潘伟. 鄂西南土家族大木作建造特征与民间营造技术研究[D]. 武汉：华中科技大学，2012.

[6] 李迥在. 对传统木制建筑椽子结构形态中压条型结构的探讨[J]. 文物研究，2017（31）：51-67.

[7] 朴赛美，张宪德. 关于传统木结构住宅回檐部结构方式的研究[C]. 韩国建筑历史学会学术发表大会论文集，2012，11：125-134.

延续与传承

——以仁里游客民宿中心设计为例

张建凤[1] 张 振[2]

摘 要：随着城市化进程的加快和农村人口外流，许多传统村落面临着空心化、老化等困境。在乡村振兴战略中，传统村落有机更新被视为重要抓手，可以有效激活乡村潜力。本文以仁里游客民宿中心设计为案例，深入探讨其内在逻辑。仁里村作为一个具有悠久历史和独特文化的传统村落，其游客民宿中心在设计构思上，保留村落原有的文化元素，同时融入现代设计理念，打造具有当代气息的空间环境。通过适应与文脉、造型与风貌、空间与渗透、院落与界面等方面的设计，使游客民宿中心既符合现代人的生活需求，又体现出延续与传承村落独特的历史文化韵味。在空间环境设计实践中，通过唤醒游客对空间文化的记忆，推动空间场域的修复，重塑村落空间环境的新风貌。

关键词：仁里村 延续与传承 游客民宿中心 村落空间环境

绩溪，古徽州之珍宝，承载千年文脉，昔日繁华商埠，辉煌绝代。千年仁里，乡村振兴典范，亦是千古古村之瑰宝，昔为古驿道重镇，水陆交融之地，曾是商贾云集，繁荣一时[1]。考古发现，早在新石器时代，此地人烟稠密，龟山遗址沉淀于村南。仁里，千年古村，曾是古驿道重镇，水陆交融之地，商贾云集，繁荣一时；更以"绩溪邑小士多"自誉，名流辈出，著名院士程开甲故居于此。名人如程秉钊、王子野、程翼堂、程士范、程登放等，皆留芳仁里[2]。仁里游客民宿中心设计方案以"龟形纹理"为灵感，提炼传统村落肌理之美，融入游客中心规划。游客中心空间设计融合传统肌理，展现千年仁里文脉，传承古村文化，串联餐厅、展厅及民宿院落。借助竹林、曲水、栈桥等元素，呈现园林之美，创造井然有序的空间秩序，体现透明设计之韵味。透明设计作为视觉特征，提示院落空间秩序，展示游客中心不同空间之美，促进空间与人的和谐互动。

一、线索与立意

千年仁里古村依龟形设计，肌理脉络清晰，素有长寿村、民俗村和风水村的美誉。古城门、古祠堂、古牌坊、古民居、古书院、古码头、桃花古坝、古井等历史遗存，皆昭示着绩溪仁里村在徽州历史上的商业重镇形象[3]。街巷纵横交错，其中百步街道保存完好，店铺林立，琳琅满目。水系如登源河环绕，河水清澈见底，游鱼嬉戏其间（图1）。竹林掩映周边，与水相融，构成湿地竹林景致。水岸、连廊、植物等元素相得益彰，融入功能性体验，勾勒生活场景，勾人心魂。建筑内外空间变幻莫测，光影随步移转，空间体验多维交错，持续赋予新颖感受。民宿、展厅、餐厅错落有致，各具特色，满足游人多样需求。院落纵横交错，重现徽州民居空间韵味[4]。

二、仁里游客民宿中心设计

1. 适应与文脉

传统村落承载着中国传统文化的珍贵遗韵，而村落中的建筑更是这段历史长河中的重要角色。周边的建筑风貌以徽派建筑为主，这种独具韵味的风格蕴含着深厚的文化内涵和历史积淀，为仁里村落注入了浓厚的文化底蕴。仁里村落主要为两层民居所构成的建筑形态，展示了村落的朴素与自然和谐共生的姿态，彰显了传统文化的迷人魅力。此外，周边停车空间的设计考虑到了场地停车需求，体现了现代社会对便利性的追求。与周边公园相连的基地形成了优美的景观序列，为居民提供了休闲娱乐之所，增

图1 仁里村落肌理形态
（来源：作者整理改绘）

---

[1] 张建凤，泰莱大学。
[2] 张振，中山市科学技术局。

进了村落凝聚力[5]。基地地处城市主干道旁，交通便捷，地理位置显赫，为村落融入城市活力与便利，推动其发展繁荣。因而，仁里游客民宿中心在水系平面布局方面，蜿蜒曲折的水道体现了中国传统文化对水的特殊理解与崇敬。建筑与水景相互辉映，营造出宁静恬淡的环境，让居民在喧嚣的生活中找到内心的宁静与平衡。平面水系的设计不仅美化了村落环境，还为居民提供了宜人的景致与休闲空间，提升了居住品质。最后，建筑群以村落传统形态为基础，以院落为单元，相互融合叠加，勾勒出水墨徽州的风韵，展现出院落相辅相成的格调。这种设计体现了村落的村民生活方式与文化传承，让居民在自然与人文交融中共生共荣，体现了传统村落的人文精神和文化深度。通过对游客民宿中心的精心设计和布局，传统村落焕发出崭新的生机与活力，实现了传统与现代的和谐共融（图2、图3）。

2. 造型与风貌

游客民宿中心建筑南侧界面适当后退，与东侧的传统村落形成一个相对开放、舒适的游客中心，为游客提供一个宜人的环境。在南立面的设计上，可以在景窗的位置进行植入设计，与村落南入口形成互动，使建筑看起来庄重大气，给人留下深刻印象[6]。西侧立面的设计受村落景观的影响，界面处理需要更为完整，使建筑与周围的聚落空间更好地衔接，营造出和谐的氛围。北立面面对村落，设计上可以采用相对轻松、匀质的实体开窗，以体现出功能的合理性。而东立面则面对着村落的竹林，界面处理需要更加灵动，从而促进巨型景窗与室内外空间的积极对话。最后，在设计中要注意内外的呼应[7]。建筑的表皮要实现内虚外实的设计感，进一步强化形体契合的效果。这样，整体的建筑设计会更加和谐统一，融合周边村落风貌，为游客民宿中心增添独特的魅力（图4）。

3. 空间与渗透

建筑形态的塑造并非仅为展现建筑师的设计理念，更是为营造与周遭环境相融合的空间体验。在建筑设计中，如何使建筑与周围环境融为一体，赋予人们感受自然之美的机会，是每位建筑师需要深思的课题。透过合理的规划与布局，游人或许更能拥抱阳光与微风，体验大自然的温暖与清新。为加强底层空间的通透性，设计师将建筑基座抬升，助长空气流通，不仅提升了气候舒适度，还为居民打造了更宜人的生活环境[8]。这一设计手法使空间得以渗透，自然元素融入建筑，为居民带来更健康、宜居的生活体验。透过开放的庭院设计为共享交流空间，为居民创造自然、包容的社交场所[9]。此举不仅促进了居民间互动与交流，还建构了轻松、愉悦的氛围。共享空间的营造使建筑不再孤立封闭，而是与周边环境及村落紧密相连，为游客打造更宜居的生活空间（图5）。

4. 院落与界面

在建筑设计中，院落布置的应用是一种常见而巧妙的手法。将建筑轮廓切割成多个独立部分，不仅延伸了景观界面，还为气候创造了通风走廊，塑造出宜人的场地微环境。这一设计理念不仅在美

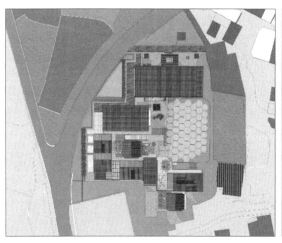

图2 平面布置一

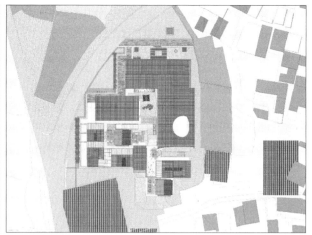

图3 平面布置二

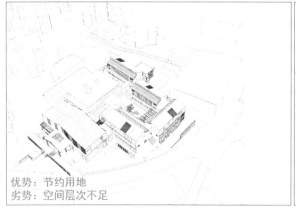

图4 方案比较

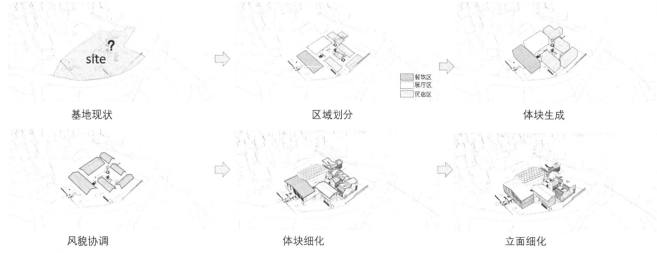

图 5　空间生成推演

学上有所体现，更是为了提升建筑的可持续性和舒适性。通过引入院落组合，设计团队成功地打造了多元而立体的活动空间，为建筑注入了新的可能性和功能性。团队根据各个空间的功能特性，对其院落进行了分级处理。为了有效利用院落空间，他们将使用频率较低的实训空间和性能较低的区域布置在建筑的北侧，以抵御严寒[10]。同时，在南、北两组建筑之间打造了中庭和外部庭院，形成了具有调温功能的气候腔体，实现了冬季蓄热、夏季隔热的效果。在季节交替时，通过自然通风提升室内舒适度，实现了节能环保的设计目标。为了避免日晒对建筑环境的不利影响，设计团队将厚实的建筑形体切割，形成了三个外部庭院。这种设计手法不仅提升了建筑的整体美感，更重要的是打造了内外调温、缓冲的平台，有效地减轻了建筑内部温度波动，提升了居住和办公的舒适性[11]。总体而言，通过景观视廊的划分建筑形态、分级院落的设置，以及空中连廊和外部庭院的构建，打造了多元而立体的活动空间，实现了良好的场地微环境和能源消耗分级，为建筑的可持续发展和居住舒适性提供了有力支持（图 6）。

三、结语

当代建筑在面对自然时，应该展现出怎样的姿态？这不仅是一个设计团队所面对的挑战，更是一个关乎人类与环境共生共融的重要议题。本文将探讨一个设计团队如何通过激发创新思维，打造与自然和谐共存的游客中心建筑，引领游客体验更丰富、更贴心、更温暖的田园生活空间。同时，本文还将探讨在"双碳"目标的背景下，如何利用院落组合，实现传统村落的有机更新，促进人类、环境和自然的和谐发展。设计团队领悟到，传统的游客中心建筑往往局限于功能上的单一分隔，缺乏多元交流空间。因此，他们决定挑战常规，重新思考建筑与自然的关系。他们认识到，建筑不应该是简单的容器，而应该与自然、生活有机融为一体，成为游客们体验田园生活的载体。因此，设计团队提出了将游客中心打造成一个客栈村落的概念，强调建筑与自然的融合，为游客提供更丰富、更贴心、更温暖的空间体验。在设计过程中，团队将注重建筑与自然环境的融合，选择采用自然材料，打造与周围环境相协调的建筑外观；设计开放式的空间布局，让自然光线和空气充分渗透到建筑内部。

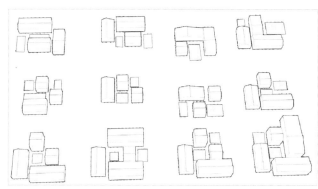

图 6　院落组合模式

参考文献：

[1] 徐震，吴金辉．"观水"理论视角下水系对徽州传统村落村址的影响[J]．现代城市研究，2023（12）：17-24．

[2] 陈正怡然．基于非物质文化传承的仁里村空间保护与更新设计研究[D]．杭州：浙江工业大学，2020．

[3] 吕涛．坚定文化自信的传统村落保护利用策略——以绩溪县瀛洲镇仁里村为例[J]．乡村科技，2018（28）：51-52．

[4] 陈晓华，余洋．基于空间句法的传统村落空间演变与活化路径探析——以绩溪县仁里村为例[J]．安徽建筑大学学报，2018，26（4）：88-93．

[5] 鲍香玉，陈晓华．基于居民满意度的传统村落空间优化研究——以西递村、仁里村为例[J]．池州学院学报，2023，37（6）：60-63．

[6] 李琦．旅游视角下传统村落空间更新策略——以绩溪县仁里村为例[J]．城市住宅，2020，27（10）：133-134．

[7] 卢昀．传统坡屋顶的镜像：海口西秀公园游客中心[J]．室内设计与装修，2024（3）：100-105，97．

[8] 李雪华，尤月好，李春青，等．基于地域性的传统村落游客服务中心设计方法研究——以河北省邯郸市大贺庄村为例[J]．北京建筑大学学报，2021，37（3）：1-8．

[9] 彭诗文．南京姚坊门遗址公园游客服务中心室内设计[D]．昆明：昆明理工大学，2024．

[10] 王新月．文脉传承视野下傣族村落旅游服务空间设计研究[D]．重庆：四川美术学院，2023．

[11] 吴家成．全域旅游背景下旅游集散中心设计策略探究[D]．南京：东南大学，2022．

安顺屯堡民居热环境与气候适应性研究

赵才雄 王烟 黄小虎 赵韦 张超 吴丽莎

摘 要：传统民居气候适应性研究随着"双碳"目标的推进受到广泛关注。本研究以贵州安顺屯堡民居为对象，探讨其在亚热带温暖气候下的热环境特性及不同年代修缮民居的热性能差异。通过实地实测和数据分析，记录民居室内外的温湿度，并评估了其热调节能力。研究发现，石材和木材以及独特的屋顶设计与周边植被遮阴，显著影响了屯堡民居的热环境表现。适当修缮的民居表现出更佳的热舒适性，为现代化改造提供了参考。研究揭示了屯堡民居的气候适应性机制，对其保护与可持续利用具有重要意义。

关键词：安顺屯堡 热环境 气候适应性 传统民居

传统民居承载着地域气候的有机特征，反映了丰富的气候适应原则。随着社会对建筑节能的逐渐关注，学者们正在积极研究不同气候区域传统民居的热环境特性，对传统民居的保护与可持续利用提供理论支持[1-4]。安顺位于中国黔中地区，距离市区南部约18km处的云峰八寨景区，包括云山屯等八个屯堡村寨。近年来，学者们对屯堡的研究集中在探索其防御特征、空间结构变迁、建筑特色及文化现象[5-9]。例如，孙可依运用IPA法评估了云山屯的空间价值并提出优化策略[10]；杜佳通过定性与量化方法研究了屯堡聚落的空间特征，其展示明清时期的聚落规划理念[11]；王静文则通过定性与定量分析总结了云山屯堡的空间组织机制与逻辑[12]。然而，现有研究大多从社会文化视角概括和描述屯堡整体空间特征，缺乏对屯堡民居热环境的深入探讨。因此，本文采用实地测试方法，对安顺屯堡传统民居进行了热环境与气候适应性的实地研究。本研究成果有助于为喀斯特地貌区绿色民居建设和人居环境的高质量发展提供理论支持和实践指导。

一、研究对象和测试方案

1. 研究对象

本研究选取了位于贵州省安顺市平坝区七眼桥镇云鹫山峡谷中的云山屯村作为研究对象。该地区属于亚热带多雨温暖气候，环境绿树成荫，被两座陡峭山峰环绕。村内的唯一通往寨门的道路是盘山石阶，主要由一条主巷道和多条支巷道组成，形成了城堡式的结构。屯堡民居的显著特点在于广泛运用石材，包括街道、墙体和屋顶。本研究选取了三种不同类型的民居进行研究，分别是经过修缮的金家院子、保持原貌的未修缮民居以及新建民居。金家院子经过修缮改造，屋顶的木制望板上铺有防水卷材与石瓦片，基础和墙体主要由石材和砖石构成，部分房间使用白灰抹面，梁柱结构采用木构件。未修缮的民居保持了较为原始的状态，使用了石材基础和木墙，屋顶则是石瓦盖。新建民居则保留了屯堡民居的构造方式，但窗户较原始民居更大。三个民居外形如图1所示。

2. 测试方案

本次云山屯堡民居夏季热环境测试时间是2024年6月1日~2024年6月2日，主要测试参数包括太阳辐射、墙体内外壁面温度、室内外空气温湿度。按照《建筑热环境测试方法标准》JGJ/T 347—2014的相关要求[13]，墙壁内外壁面温度设置在对应民居的窗户下，高度为0.6m，室内外温湿度的测点高度分别是0.6m、1.1m、1.7m处，每隔15min记录一次数据。三个民居平面图与测点位置如图2所示，测试的参数与仪器参数如表1所示。

二、测试结果与分析

1. 室外气象参数

测试期间民居室外气象参数如图3所示，太阳辐射在12:30达到峰值，平均太阳辐射强度为232.1 W/㎡，天气晴朗。室外平均温度是22.8℃，在14:00达到峰值28.6℃，最低温度在5:00达到18.8℃，温差为9.8℃。屯堡民居室外相对湿度为54.6%~81.3%，在14:00达到最小值，平均相对湿度是70.0%。从室外气象参数可以得出，屯堡民居夏季白天并不很热，由于山谷风会很凉爽，晚上湿度较大，温度低。

2. 室内热环境参数

（1）空气温度

屯堡民居室内外空气温度结果如图4所示。室内温度变化与室外整体趋势相似。修缮后的金家院子在19:00左右室内温度开始超过室外，表现出明显的延迟效应，尤其是在温度波峰和波谷方面。相比之下，未修缮的民居堂屋温度变化与室外趋势保持一致，而其他房间则显示出较低的室内温度。新建民居则在22:00左右室内温度超过室外，A1与A3较先到达波谷，是由于较大的窗墙比。

修缮后的金家院子各房间平均温度为22.4℃、22.4℃、22.5℃、22.3℃、22.2℃，且温度波动幅度在6.7℃~9.3℃。工作

基金项目：贵大人才合字[2020]11号，项目编号：X2021147。
赵才雄，贵州大学建筑与城市规划学院，贵州大学林学院，硕士研究生。
王烟（通讯作者），贵州大学建筑与城市规划学院，副教授。
黄小虎，贵州大学建筑与城市规划学院，贵州大学林学院，硕士研究生。
赵韦，贵州大学建筑与城市规划学院，贵州大学林学院，硕士研究生。
张超，贵州大学建筑与城市规划学院，本科生。
吴丽莎，贵州大学建筑与城市规划学院，本科生。

(a) 老旧民居（未修缮）

(b) 金家院子（已修缮）

(c) 新建民居

图1 民居外形

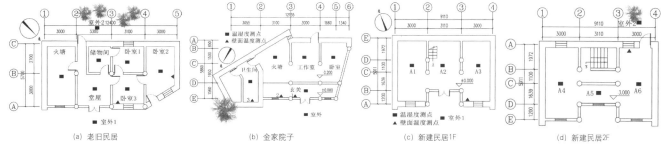

(a) 老旧民居　　(b) 金家院子　　(c) 新建民居1F　　(d) 新建民居2F

图2 民居平面图及测点

测试参数与仪器参数　　　　　　　　　　　　　　　　　　　　表1

测试参数	仪器型号	测量范围	仪器精度
太阳辐射	JTRO9 太阳辐射仪	0～2000 W/m²	±5%
空气温湿度	JTRO8 温湿度仪	−20℃～60℃ 0%～100%	±0.5℃ ±3% RH
壁面温度	TESTO830-T2 红外线温度计	−30℃～+400℃	±1.5℃（0.1～400） ±2%（−30～0）
建筑尺寸	LEICA 激光测距仪	0.05～300m	±1.0mm

室和火塘由于部分屋顶采用透明钢化玻璃，温度波动较大；而门厅由于太阳直射及较大的窗墙比例，温度波动同样显著。未修缮民居的各房间平均温度在 21.6℃~22.8℃，且温度波动幅度在 6.7℃~9.7℃。堂屋由于位于西北且使用木墙，太阳辐射较少，温度波动较小；其他房间则表现出较大的温度波动，难以维持稳定的室内温度。新建民居的各房间平均温度在 21.9℃~22.7℃，温度波动幅度在 6.5℃~7.9℃。一楼由于较大的窗墙比例，显示出较大的温度波动；而二楼的 A5 和 A6 房间由于靠近山体绿植，减少了太阳辐射及石墙导热，温度波动较小。

可以用衰减系数表示屯堡民居围护结构的抗干扰能力，屯堡民居自然通风，室内温度不稳定，采用一周期内室内空气温度波幅和室外空气温度波幅比值表示围护结构衰减系数，到达波峰的时间是延迟时间。用公式（1）、公式（2）表示。

$$f = \frac{A_i}{A_e} \quad (1)$$

$$\Phi = t_2 - t_1 \quad (2)$$

式中：f 表示衰减系数；A_i 则是室内空气温度波幅；A_e 代表室外空气温度波幅，Φ 是延迟时间；t_1、t_2 分别表示室外、室内空气温度到达峰值的时间。

如表 2 所示，金家院子围护结构衰减系数为 0.688~0.881，延迟时间在 0.5~2h，比无保温实心空心砖衰减系数 0.10，延迟时间 5.5h 还大。与门厅衰减系数远远大于其他房间，木墙蓄热差以及较大窗墙比使得热量进入门厅，而卫生间全石墙构造，衰减系数远小于木墙和石墙组合的其他房间，温度波动小，延迟时间也长。

（2）相对湿度

三个民居空气相对湿度测试结果如图 5 所示。金家院子室外、门厅、火塘、工作室、卧室平均相对湿度大于室外，但是波动幅度较小。

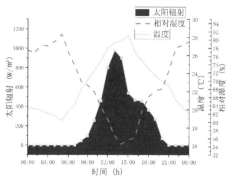

图3 测试期间室外气象参数

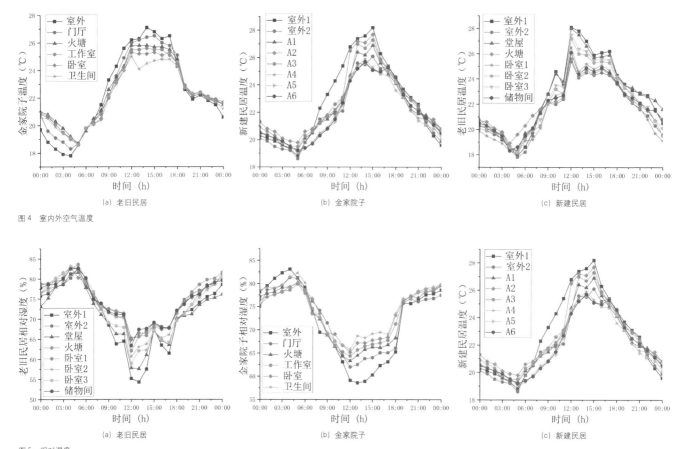

图4 室内外空气温度

图5 相对湿度

老旧民居平均相对湿度大，并且波动幅度较大，不能保持稳定的湿环境。新建民居一层波动幅度均大于二层，且室内的一层的湿度要普遍高于二层，由于一层较大窗墙比和空气渗透频繁。三个民居室内相对平均湿度都大于人体舒适度的上限值70%[14]，但是由于石墙和木墙的调湿能力能够保持室内波动幅度小及相对稳定的湿环境。

（3）壁面温度

三个民居壁面测试结果如图6所示。金家院子石墙1内表面平均温度是21.6℃，最高温度是25.3℃，波动幅度是6.5℃；外表面平均温度是21.7℃，最高温度是26.2℃，波动幅度是8.6℃；石墙2内表面波动幅度是1.9℃，外表面波动幅度是8.5℃；而木墙内表面平均温度是21.7℃，最高温度是25.1℃，波动幅度为6.2℃，外表面平均温度是22.8℃，最高温是27.5℃，波动幅度为9.8℃。石墙内外表明波动幅度较小，表示石墙内表面温度受大起伏外表面温度影响较小，而木墙波动幅度较石墙大，由于木墙抗谐波热的能力弱并且蓄热效果不好。

而老旧民居东北墙内表面波动幅度为3.5℃，外表面为11.2℃；西北墙内表面波动幅度是2.1℃，外表面为7.4℃，同样，新建民居东北墙内表面波动幅度为2.3℃，外表面为3.1℃，西南石墙内表面波动幅度为8.1℃，外表面为8.7℃。由于东北墙紧靠山体阻挡太阳辐射，使得内外表面波动幅度较低，室内保持稳定的温度。对比木墙，石墙导热系数通常比木材高，这使得石墙在热传递过程中的热量损失较为显著。

三、讨论与建议

云山屯堡夏季炎热多雨，凉爽湿润，峡谷地势太阳辐射也并不特别高，民居室内热环境主要由太阳辐射和民居构造影响[15]。云山屯堡民居采用穿斗式木构和石砌构造的方式，屋顶采用方形石块铺盖。由于传统老旧民居的做法大多围护严实，立面开窗较小，由于石墙的导热系数高，热量在传递过程中损失较多，室内温度相对较低，但是室内平均相对湿度皆过高。而新修缮的民居相比

金家院子围护结构的衰减系数和延迟时间　　　　　　　　表2

墙体	A_e/℃	A_i/℃	f	t_1	t_2	φ/h
室外	9.3、10.2			14:00		
门厅		8.2	0.881		15:00	1
火塘		7.1	0.763		14:30	0.5
工作室		7.0	0.752		14:30	0.5
卧室		6.7	0.720		12:00	2
卫生间		6.4	0.688		12:00	2

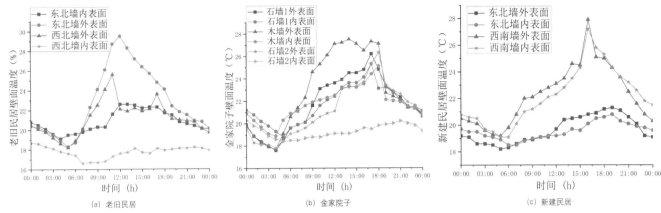

图6 壁面温度

较之前的旧民居在构造上做了很多创新和改进，新建筑引用了现代建筑做法，较大的窗墙比，热量能有效疏散到室外，舒适度较好。对于屯堡民居室内热环境舒适度提高的策略在于：结合当地传统木构石砌在地性技术、经济水平与文化，利用构造方式来提升室内舒适度。

1. 增加民居开窗面积

金家院子作为修缮的民居，把原有的木制墙面打开，保留原有内部庭院小开窗的同时，局部扩大采光窗户。对比未修缮的旧民居，保温隔热性能显著提升，室内湿度得到有效改善。

2. 部分石墙白灰抹面与增设亮瓦

修缮的金家院子部分房间表面有白灰抹面，如金家院子石墙2内表面温度平均温度是19.3℃，未修缮的旧民居西北墙内表面平均温度18.7℃，并且金家院子白灰抹面房间热环境较旧民居有很大改善，舒适度更好。屋顶的木制望板上铺有防水卷材，上面再铺设石瓦片，减少太阳辐射避免房间过热，屋面防水保温效果比传统的民居有更好的效果。

四、结论

（1）安顺云山屯堡民居夏季室内湿热较为显著，平均相对空气湿度大于70%，室内较为湿润。修缮的金家院子卧室和火塘平均温度分别是22.2℃、22.5℃；平均相对湿度为73.9%、72.9%，而未修缮老旧民居火塘和卧室1相对湿度为74.4%、74.6%。民居室内湿环境需要降低到舒适程度。

（2）安顺屯堡民居主要房间能维持一个稳定的热环境。屯堡民居室外温度波动幅度为10.2℃，相对湿度波动幅度为28%，但是金家院子卧室和火塘温度波动幅度分别为6.7℃、7.1℃；相对湿度波动幅度分别为14.9%、16.9%，室内受外界温度波动影响较小，能保持室内较为稳定的热环境。

（3）屯堡民居设计和材料显著影响其热环境，石墙良好的热惰性和隔热性有效降低室内温度波动。此外，厚重墙体和独特屋顶设计，结合周边自然植被遮阴作用，进一步优化热环境。

（4）修缮的民居能够有效提升屯堡民居室内热环境的舒适度。未修缮的旧民居卧室1与卧室2室内温度波动幅度为8.4℃、9.0℃，平均相对湿度波动幅度为21.5%、22.5%，远远大于室外热环境，而修缮的金家院子卧室温度波动幅度为6.7℃，平均相对湿度波动幅度为14.9%。

参考文献：

[1] 张芳芳，张群，等. 洛阳乡村典型民居冬季建筑热环境测试及分析[J]. 建筑技术，2020，51（6）：710-713.

[2] 张涛，张琪玮，买亚锋. 秦巴山区夯土石板房夏季热环境测试研究[J]. 建筑科学，2021，37（8）：104-109.

[3] 肖玉，成斌，高明，等. 羌族高山邛笼民居冬季室内热环境测试研究[J]. 建筑技术，2019，50（5）：33-36.

[4] 赵文学，安赟刚，刘加平. 陕西关中地区新型民居冬季室内热环境测试分析[J]. 建筑科学，2013，29（12）：72-76.

[5] 周政旭，孙海燕，王慧. 典型黔中屯堡民居类型研究[J]. 南方建筑，2018（4）：82-87.

[6] 周红，李晨霞. 南方合院式建筑的院落空间营建思想与尺度对比研究——以江南民居与安顺屯堡为例[J]. 中国名城，2019（3）：75-80.

[7] 黎玉洁，赵军龙. 多元文化对安顺屯堡民居的建构影响[J]. 贵州民族研究，2020，41（7）：77-82.

[8] 杜佳，华晨，余压芳. 传统乡村聚落空间形态及演变研究——以黔中屯堡聚落为例[J]. 城市发展研究，2017，24（2）：47-53.

[9] 杜佳，华晨，余压芳. 传统乡村聚落空间形态及演变研究——以黔中屯堡聚落为例[J]. 城市发展研究，2017，24（2）：47-53.

[10] 孙可依，袁朝素. 贵州安顺云山屯空间价值评价与优化策略[J]. 中外建筑，2024.

[11] 杜佳，华晨，吴宁，等. 黔中喀斯特山区屯堡聚落空间特征研究[J]. 建筑学报，2016（5）：92-97.

[12] 王静文，王仲宇. 屯堡聚落空间形态的句法图解及其适应性研究——以云山屯堡为例[J]. 现代城市研究，2019（2）：108-116.

[13] 华南理工大学. 建筑热环境测试方法标准：JGJ/T 347—2014[S]. 北京：中国建筑工业出版社，2014：3-6.

[14] 中国建筑科学研究院，中国城市科学研究会，中国建筑设计院有限公司. 健康建筑评价标准：T/ASC 02—2021[S]. 北京：中国建筑工业出版社，2021：20.

[15] 郑文亨，韦芳芳. 桂北山区传统木构民居夏季室内热环境实测与分析[J]. 建筑科学，2023，39（12）.

山地传统院落空间类型及其组合逻辑研究[1]

——以川渝建筑为例

黄童涵[2] 赵亚敏[3]

摘　要：川渝地区地貌复杂，山地传统院落为适应复杂环境形成一系列独特的空间类型与组合逻辑，不仅塑造了丰富的竖向空间，适应了当地气候条件，同时也巧妙地处理了地形高差与交通路径的矛盾。本文以川渝山地传统院落为研究对象，采用实地调研、图解分析等方法，首先概述山地院落空间与平地院落空间的区别，继而凝练出"掉层式""分台式""底部架空""混合式"几类山地院落空间模式，构建类型图解，解析其应对山地环境生成的适应性建造策略，系统揭示山地传统院落的空间类型及其组合逻辑，以期对当下山地建筑的营建与更新有所裨益。

关键词：山地建筑　院落空间　川渝建筑　空间类型　组合逻辑

川渝地区的山地院落类型丰富多样，不仅满足了民居的居住功能、采光等需求，还巧妙地解决了地形高差与便捷交通之间的矛盾。本文以川渝山地的传统院落为研究对象，首先对山地院落与平地院落的空间差异进行了概述；继而深入探讨了"掉层式""分台式""底部架空"以及"混合式"等几种典型的山地院落空间模式，并构建了相应的类型图解，揭示了这些院落如何适应山地环境，营造了便携交通和丰富空间。本文系统地揭示了山地传统院落的空间类型及其组合逻辑，旨在为现代山地建筑的营建与更新提供设计视野和建构策略，以期对现代山地建筑设计有所裨益。

一、山地院落和平地院落的区别

"院落"为四面由建筑体量或墙体围合而成的空间，作为宅院的主要组成要素，一方面院落满足了居民生产生活需求，另一方面院落也蕴含了民俗文化、地域特色等非具象性特征。

人类对居所的营造同其所处地形与气候有着密切联系。川渝地形复杂，多山地，孕育出了独特的山地院落营建模式。相较于平地院落，川渝传统山地院落建筑对地形的适应灵活多变，不拘一格，"道法自然""自然无为"等道家学说在川渝地区社会文化中亦有很深的印记[1]（表1）。

1. 院落对地形的适应

川渝山地地形复杂，合理的选址布局能够有效地抵御不良地形环境、节省建筑材料并营造舒适空间。传统匠人一般将宅院选址于地势平旷、水源丰沛的地区，但平缓地形相对较少，川渝匠人就因山就势将院落布置于山地之上，比较典型的地形选址是位于山脚的缓坡平坝或山腰处的多层台地。以缓坡平坝为建筑基地，既减少了改造地形的成本，也能够获得充足的建筑空间，利于乡村生产生活

的开展。以山腰台地为建筑基地时，能够拥有广阔视野并避免低地的潮湿环境，建筑布局后高前低，既利于排水，也易形成通风。具体操作时，匠师们常常采用局部掉层、错层或吊脚等措施来适应地形，因而山地院落一般表现出形式不规则、多台分层的特点，空间多变，形式丰富。

2. 院落的尺度和功能

地形条件决定不同地区的院落尺度。对比来看，平地院落的正房一般三到五间，厢房三间，建筑每开间4m左右，院落开间可达16m，进深12m，尺度较大。庭院可以栽植花木山石，改善院落环境；对于农村劳动者和手工业者来说，大尺度院落空间舒展开敞，方便人们日常进行农业生产等活动[2]。

相比之下，山地院落大多用地空间受限，院落布局以正房三间或一间加两侧抹角房，厢房一至三间为主，院落尺度最小接近开间进深，皆为4m的方形空间，表现出规模较小、形态不规则、进深较浅等特点。山地建筑内设庭院，一方面可以解决位于不同台地间建筑体量高差衔接的问题，另一方面则借助建筑内外气压不同，营造对流通风，调节院落微气候。

3. 院落的空间秩序

平原地区传统院落空间布局具有明确的中轴线，同时随着建筑等级及功能的需求，院落空间层层递进，具有强烈的序列感。相比之下，川渝山地院落更注重地理环境，以住宅核心为基准，附属房间、廊道和墙体可随功能和地形灵活布置，形成了或局部扭转、或左右不对称的院落布局，空间收放自如，丰富了聚落空间的整体变化。

例如大昌古镇解放街161号温家大院，大院为二进院落，坐西朝东，占地约800m²。古镇四面城门城墙皆是正东、南、西、北朝向，而道路因地形原因同城门存在一定偏移角度[3]。为同时满足建筑同街道、城墙的空间秩序，匠师们因地制宜，将临街建筑随街道走向设置，内部正房则同城门的方向垂直或平行，平面中轴线在第一进后发生转折，院落呈梯形，形成曲折变化的灵活布局。总之，川渝山地院落既打破常规空间布局，又同地形走势和整体聚落保持统一秩序，具有浓郁的地域文化特征。

---

[1] 文章基金：中国博士后科学基金面上项目（2023M730410）；重庆市博士后科学基金（CSTB2023NSCQ-BHX0173）；重庆市博士后研究项目特别资助（2023CQBSHTB2029）
[2] 黄童涵，重庆大学建筑城规学院，硕士研究生。
[3] 赵亚敏，重庆大学建筑城规学院，助理研究员，博士后。

平地院落与山地院落的区别　　　　表1

	平地院落	山地院落
图片		
空间特色	建筑整体按中轴线对称布局，注重礼制尊卑。各个单体建筑地坪位于同一标高，高差较小	建筑顺应地形自由布局，平面灵活多变。各个单体建筑地坪位于不同标高，高差较大
院落尺度	院落尺度较大，正房一般三到五间，厢房三间，建筑每间开间4m，院落可达开间16m，进深12m	院落尺度较小，正房厢房皆一至三间，院落成开间进深，皆为4m的方形空间

二、山地院落空间典型类型分析

在山地环境中修建院落式建筑，需要解决山地地形复杂同需要台地面积较大之间的矛盾，重庆地区常采用局部掉层、错层或吊脚等措施解决高差问题，从而使这种院落式建筑表现出规模较小、形态不规则、建筑空间变化丰富的特点。通常来说，院落建筑对用地地形的利用可分为四种方式：掉层式院落空间、分台式院落空间、底部架空式院落空间和混合式院落空间。

1. 掉层式院落空间

此类型建筑多临江或临坎，用地范围内不同标高的台地间坡度较大，近似垂直，用地视野通常广袤。一般来说，此种用地由于高差变化，限制了建筑序列的纵向发展，建筑内部也少有院落空间出现。但是，重庆地区则善于利用传统建筑形式适应特殊地形，通常会将院落空间置于较高台地后部较为平坦的区域。

从平面上看，掉层式院落建筑由于高差分层，通常将店铺或过厅置于低一层标高，有的建筑用地狭窄，进深较浅，便利用天然崖壁作一面墙壁，建筑平面呈"凹"字形，前厅二层作堂屋或起居厅，成"下店上寝"式布置，院落不再参与传统院落式建筑序列对等级礼制的营造，而更多地作为采光通风、晾晒杂物的空间。

从剖面上看，这种空间类型通常将院落布置在较为平整或开阔的场地，利用建筑来适应地形的高差变化：建筑前后进入口位于不同标高的台地，建筑内直跑楼梯作为连接上下两层的通道。例如龚滩解放街74号甘宅（图1），该建筑首层为临街店铺，直跑楼梯布置在柜台正后方，避免了进店消费顾客的进入。第二层是私密的居住空间，三合院落也被布置在第二层标高。此种空间组织方式在解决了地形对建筑序列限制的同时，还利用地形高差在垂直分区上创造出动静分明的内部空间，形成层次分明、富有活力的空间效果（表2）。

2. 分台式院落空间

此类建筑多设置在多层台地的丘陵地带，台地与台地间坡度较缓，可直铺梯步，并具备一定的排水功能。与上文组织方式相反，此种组织方式将建筑置于较平缓的台地，位于院落的"楼梯巷"成为过渡上台与下台之间的交通体[4]，院落根据用地地形高差而产生层层向上后退的空间序列。

为应对复杂山地，分台式院落建筑在平面上表现出灵活、不拘一格的平面布置思想。当台地与台地间不平行，或堂屋朝向因地形、风水等原因确定后，入口过厅需要同道路平行而朝向其他方向时，此类建筑常通过异形院落来化解建筑角度偏移。这种不拘一格的灵活平面布置方式争取了更多可用的建筑空间，极大地提升了山地空间的利用效率。

传统院落建筑受封建礼制思想的影响，房屋等级除后罩房外，按空间次序逐级提升，以最后一进居中正房最为尊贵，正房多用于供奉祖先，最为高大敞亮。分台式院落建筑对空间序列的营造与上述布置思想异曲同工，多进建筑层叠向上，等级秩序不仅体现在纵向轴线，也体现在垂直方向，房屋所处台地越高，越为尊贵，直至最高层庄严肃穆的祭祀先祖的堂屋（表3）。

如西沱镇云梯街典型的"一道天"建筑形式——建筑内一道院落为"一道天"，建筑单元在进深方向上拓展，则形成"二道天""三道天"等由多个院落组成的大宅院。由"一道天"为基本单元可演变成"一通天"，此种建筑较高标高接地层走道低标高同二层回廊相连，称"走马廊"，使用者可通过"走马廊"环绕建筑一圈。堂屋为建筑内最高大的建筑，一般也布置在地形最高处，视线自下而上可透过重重过厅直至最高一层的堂屋，显得异常高朗。当地居民利用地形高差营强化多进合院的空间序列，营造独特而丰富的空间氛围。

会馆、宗祠等公共建筑建于高差台地时，常将戏楼置于中轴线起始处的一层过厅之上，为满足戏楼观演需求，院落空间需要较大面积的平地。做法是将低标高一层明间部分架空，形成半室外敞厅，院落内部分梯设置于敞厅中，为院落留出平整的空间。以沿溪镇沿溪村二圣宫为例[5]（图2），该建筑平面约为边长24m的正方形，其中院落较小，为小院落式平面。建筑入口大门位于戏台下部架空的空间，楼梯自架空空间起坡，为院落留出观演空地。二圣宫为典型的"一通天"式建筑，中轴对称，正殿区域为强调重要性局部抬高，同时进深加大，以构造比周边厢房更为宏伟的大屋顶，正殿的重要性彰显无遗。

3. 底部架空式院落空间

底部架空式院落建筑常修建于临江或冲沟等低洼地带，地形起伏较大，较为潮湿。此种建筑空间类型可以理解为吊脚楼同院落式建筑的集合：建筑整体通过吊脚架空以防止江水上淹，因为采用架空的方式，建筑院落相较其他类型空间较小，一般只做建筑内组织交通及改善通风、光照的作用。

重庆地区吊脚楼多为大进深、小开间的"一"字形平面布局。建筑常见面阔一间或三间，楼内布置院落时，平面不设厢房，依靠相邻建筑墙体围合空间，整体房间以院落为分隔，呈"前店后寝"

掉层式院落空间类型 表2

图示类型	空间类型1	空间类型2	空间类型3	空间类型4
平面布局	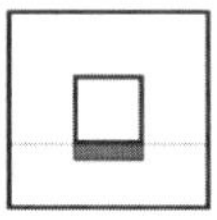	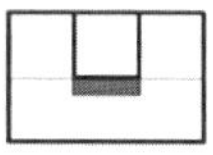	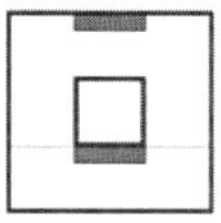	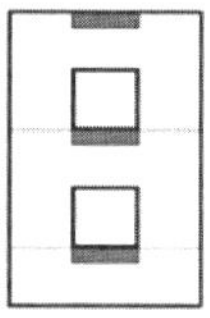
剖轴测图示	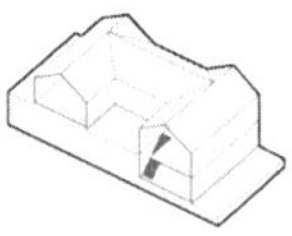	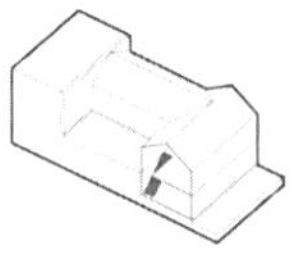	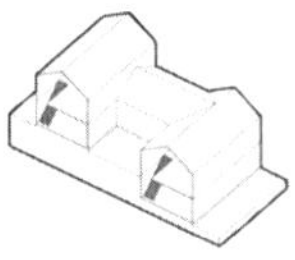	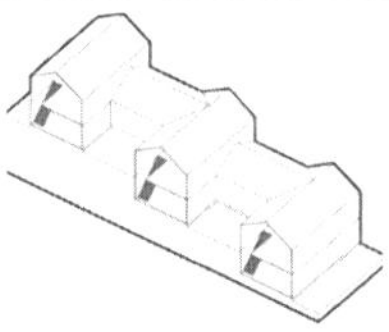

式布局。底部架空式院落建筑相较于其他类型院落建筑面积较小，剖面并非多个房屋的组合，而是部分屋顶挖空形成院落的单体建筑，院落作为公共和私密空间的分隔，组织整个家庭生活（表4）。

相关实例有綦江北渡老街高师强家吊脚楼（图3），建筑结构采用穿斗结构木质吊脚楼形式，面阔4.6m，进深13.7m，总建筑面积约200m²，全部为柏木和杉木建造[6]。该建筑建于中山镇老街临江一面，为给老街留出空间，只能将店面布置于实地，后部的住宅空间则采用木制吊脚柱架空。院落空间位于建筑中心，以院落为核心组织家庭生活空间，院落一边为通往楼上的楼梯，另一边是二层过道。院落较小，主要功能是防潮和形成空气对流，江风自院落吹入整个建筑，使得建筑居住起来非常舒适。

4. 混合式院落空间

建造多进院落的大型山地居所时，单独的高差处理方式已经难以满足建筑的建造需求。混合式院落建筑综合使用前三种空间处理手法，按照用地内建筑功能不同、地势不同，灵活处理高差关系，形成布局合理、层次丰富的建筑空间。

此类建筑可以看作多组以院落为中心的居住单元的组合和延展，建筑以祖堂与大家长居室围合的居住单元为核心向外扩展。随着家族不断壮大，房屋扩展方向不仅在中轴线上规则扩展，也向左右方向扩张，形成不规则的平面。有些大宅院通常同自身家族产业合并建造，建筑同家族工坊、店铺等相连，平面形制更为复杂。剖面上，混合式院落建筑顺应地势建造，不同等级住宅按地形高低排列，堂屋位于地势制高点，辅助用房和店铺等则位于掉层底层，很好地处理了具有复合功能大型居住空间适应复杂山地地形的矛盾。

典型的案例为重庆西沱镇的"春华秋实"大院[7]（图4），建筑临街开门，自入口前厅进入前院，向左望去，堂屋为整个建筑群的制高点，庄严肃穆。穿过堂屋前廊到达相邻小院，此院落作辅助用途，同辅助用房相连，辅助用房掉层式设计，底层较潮湿处堆放杂物。整体建筑外另建一书房，书房位于绝壁之上，面向江面，视域豁然开朗。大院建筑层层叠叠，内部道路曲折婉转，给人和谐生动的空间体验。

三、山地院落空间类型对现代建筑的启示

"院"作为建筑的重要组成要素，已经成为呼应场地环境、展现地域性的一种设计手法[8]，将传统山地院落应对地形高差的方式转译到现代建筑设计上，如掉层式、分台式、底部架空式和混合式院落布局，能够有效地适应地形并创造出功能丰富且富有层次感的空间。其次，现代建筑也可以通过院落来调节建筑内环境。一方面，院落建筑内外气压不同，产生拔风效果，可以良好地引导建筑室内通风；另一方面，山地院落利用自然地形形成下沉的院落空间，能有效避免夏季阳光直射，降低环境温度。此外，在院落内引入植物绿化，也能够改善原有建筑室内微气候。

例如在重庆市两江协同创新区创新空间的设计中，建筑师以山地作为营造元素，采用"顺势营造"的设计理念，形成了"七露台三庭院"丰富的空间架构[9]。建筑师利用建筑内院落空间化解、高差，布置梯步作为垂直交通空间，同时在庭院内种植绿植，布置水体，调节建筑内部微气候，最终营造出使用舒适、层次丰富的建筑空间。

四、结语

本文以川渝山地传统院落式建筑为研究对象，对其空间类型及组合逻辑进行详细地考察测绘和图解分析，论述了山地院落和平地院落在"地形应对方式""尺度和功能"及"空间秩序"三个方面

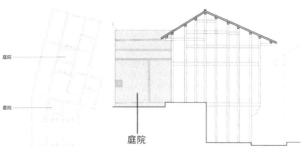
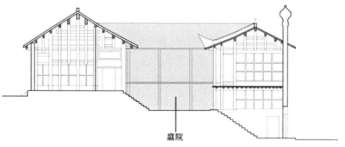

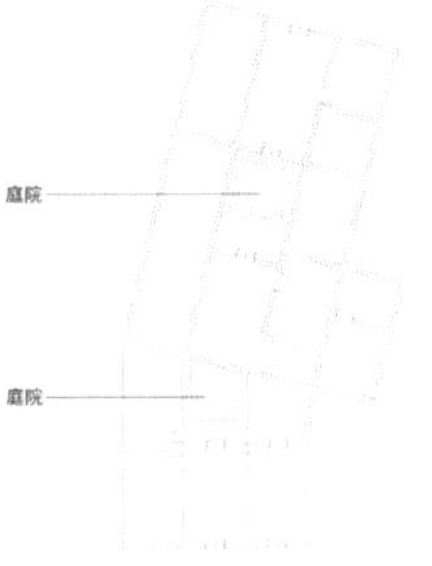

图1 大昌古镇解放街161号温家大院平面图
（来源：依据《重庆地区传统院落建筑初探》绘制）

图2 龚滩解放街74号甘宅剖面图
（来源：依据《重庆地区传统院落建筑初探》绘制）

图3 沿溪镇沿溪村二圣宫剖面图
（来源：依据《西沱古镇建筑与空间环境特色研究》绘制）

分台式院落空间类型 **表3**

图示类型	空间类型 1	空间类型 2	空间类型 3	空间类型 4	空间类型 5
平面布局图					
剖轴测图					

底部架空式院落空间类型 **表4**

图示类型	空间类型 1	空间类型 2	空间类型 3	空间类型 4
平面布局				
剖轴测图示				

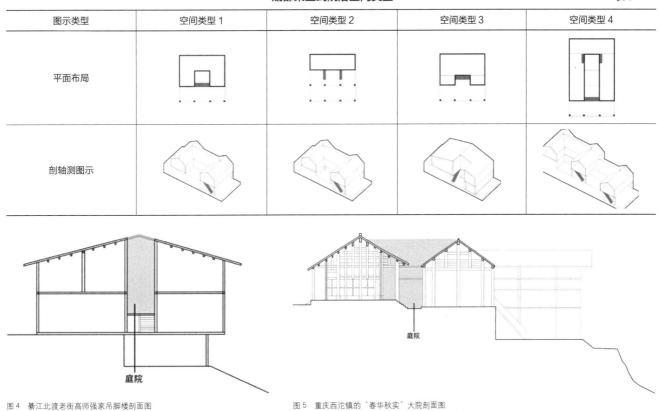

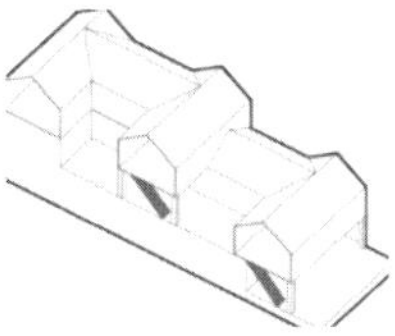

图 4　綦江北渡老街高师强家吊脚楼剖面图
（来源：依据《重庆吊脚楼建筑与文化研究》绘制）

图 5　重庆西沱镇的“春华秋实”大院剖面图
（来源：依据《三峡地区古盐道上的建筑特色》绘制）

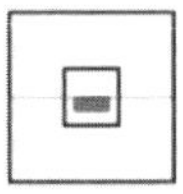

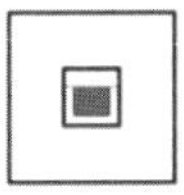

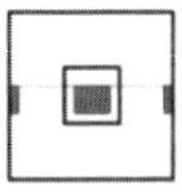

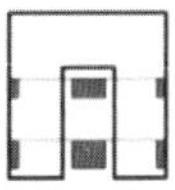

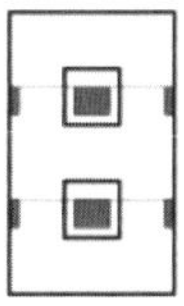

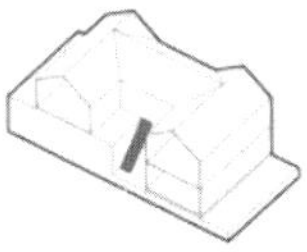

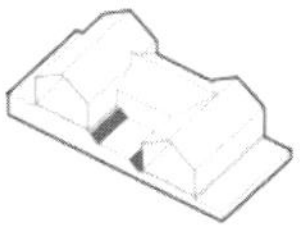

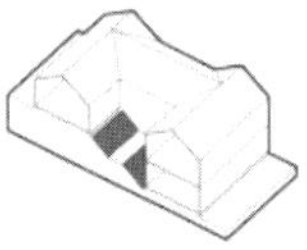

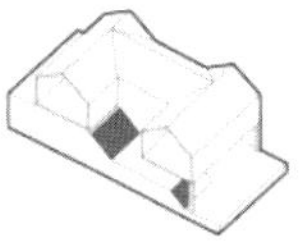

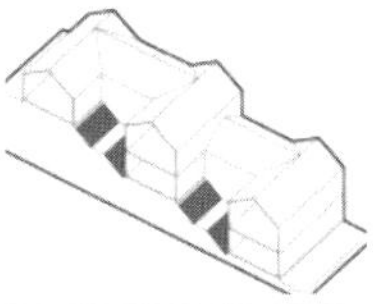

的区别。在此基础上，本文从类型思维的角度将山地院落的空间类型分为掉层式、分台式、底部架空式和混合式四种典型山地院落空间模式，其中，掉层式空间模式通过建筑连接不同标高平地适应地形高差，创造出动静分明的内部空间；分台式空间模式利用院落消解地形高差，形成层次丰富、逐层升台的空间序列；底部架空式空间模式通过吊脚架空建筑，院落空间较小，用于改善室内环境；混合式空间模式结合前三种手法，灵活处理高差关系，形成布局合理、层次丰富的建筑空间。

当代乡村振兴与老城更新已经进入高质量发展阶段[10]，传统山地院落的设计策略所蕴含的建筑与自然地形的适应性结合，对地域性文化的尊重和传承、对建筑微气候的调节与利用，都为当代建筑设计更新和拓展设计视野，提供建构策略。我们应持续深入研究传统建筑的建造智慧，将其融入现代建筑设计之中，以实现建筑与自然、传统与现代的完美融合。

参考文献：

[1]　李超竑．重庆地区传统院落建筑初探 [D]．重庆：重庆大学，2005．

[2]　赵浏洋．川东地区传统乡村院落空间环境研究 [D]．重庆：重庆大学，2022．

[3]　陈日飙．大昌古镇的历史文化与传统建筑研究 [D]．重庆：重庆大学，2003．

[4]　舒博．西沱古镇建筑与空间环境特色研究 [D]．重庆：重庆大学，2018．

[5]　何晨琨．重庆石柱西沱云梯街古建筑调查报告 [D]．重庆：重庆师范大学，2018．

[6]　刘晶晶．重庆吊脚楼建筑与文化研究 [D]．重庆：重庆大学，2016．

[7]　赵逵，张晓莉，张钰．三峡地区古盐道上的建筑特色 [J]．三峡文化研究，2017：39–47．

[8]　龙彬，董楚淼，陈秋渝，等．重庆近现代地域建筑发展研究——以院落空间模式的演变发展为例 [J]．南方建筑，2023（11）：79–88．

[9]　凌克戈．一次“骑等高线”的尝试——重庆两江协同创新区创新空间设计 [J]．建筑学报，2021（3）：72–73．

[10]　寿焘．弹性围域：图解徽州乡土建筑空间建构逻辑 [J]．建筑学报，2024（2）：1–8．

凯里市某鼓楼建筑营造技术的气候适应性研究

李松林[1]　陈　波[2]　黄　镇[3]　周　倩[4]

摘　要： 贵州黔东南地区拥有丰富的特色地域建筑，其特殊的地理位置和气候条件对当地建筑的气候适应性提出了挑战。本文主要研究位于凯里开发区风情大道贵龙旁的鼓楼在建筑营造技术的气候适应性问题，通过运用实地调研和查阅资料的方法，从布局模式、屋顶结构、建筑材料及其他方面来分析营造技术的气候适应性，分析其营建技术在鼓楼建筑中的应用，探讨提升鼓楼建筑气候适应性的营造策略，以期对现代鼓楼木结构建筑的保护与更新有所启示。

关键词： 鼓楼建筑　气候适应性　营造技术

侗族鼓楼集艺术、技术于一身，是民族建筑的代表，也是我国木构建筑之瑰宝，被建筑专家们赞誉为"建筑艺术的精华，民族文化的瑰宝，是传统建筑园地里的奇葩"[1]。

目前对于鼓楼建筑构造方面的研究，主要涉及营建规则、营造技艺、技术构造等。熊伟在侗族鼓楼营建规则探考中，详细描述了侗族鼓楼的建造过程，从平面形状及尺寸、剖面构建、楼基、宝顶四方面对它的营造规则进行了探讨[2]。解娟以侗族传统民居建筑和公共建筑及其细部结构为研究对象，主要对民居建筑和鼓楼、风雨桥等建筑通过整体到局部的论述进行分析及研究[3]。陈鸿翔从鼓楼的营造技术、营造过程中的建构技术、形态与空间、装饰与文化等几个方面进行研究，分析论述了鼓楼营造技术中的结构体系和大小木作的构造做法，最后对鼓楼建筑的保护和发展作出了比较完整的总结[4]。田泽森通过文献梳理对鼓楼建筑技术作研究，首先探讨分析了影响鼓楼建筑技术传承的因素，然后从传承主体、传承内容、传承方法和传承目的四个方面分析研究各传承方式的特点[5]。蔡凌对鼓楼的类型进行了划分，并对其结构技术类型进行了分类研究，通过大量实例归纳总结了各类型在不同时间段内的地理空间分布格局，进而探讨了鼓楼结构技术类型演变与文化传播[6]。

黔东南凯里的鼓楼在乡土上为公共性建筑，后期多转变为广场景观鼓楼设计营造在城市广场、高铁站广场、旅游景区、高速公路出口等，现从气候适应性的角度出发，对黔东南凯里某鼓楼营造技术的气候适应性进行研究。

一、凯里气候条件

凯里市是中华民族优秀建筑之乡[7]，位于贵州省黔东南苗族侗族自治州西北部，东部和南部与台江县、雷山县麻江县、丹寨县接壤。地处东经107°40′58″~108°12′9″，北纬26°24′13″~26°48′11″，平均海拔850m。从中国建筑节能基础数据平台[8]获得了凯里的典型气象年数据，数据显示凯里市年太阳辐射总量为3720.42MJ/m²，其中4~9月太阳辐射较为强烈，在350MJ/m²以上（图1），其余各月太阳辐射分布较为柔和；年平均温度是15.57℃，7月温度最高为24.88℃，1月最低温度为4.68℃（图2）；凯里市一年内的空气相对湿度分布较为平均，在75%左右（图3），是典型的亚热带季风气候区域，夏季炎热而多雨，冬季温和干燥，春秋温差适中。

二、凯里某鼓楼建筑概况

研究的鼓楼位于凯里开发区风情大道贵龙旁，是一栋十五层重檐八角的二重攒尖顶鼓楼。它属于全杉木穿斗式结构，高25.8m，有15层，占地面积121m²。中心围绕4根中主承柱，每根直径达0.5m，高14.6m，每柱间距4.4m，形成方形构架，是鼓楼的骨干。距4根中柱外围3.3m处，有12根高5.2m的边柱将中柱包围，并以穿枋与内柱相连，呈辐射状。平面底部为四角，从三层开始转为八角，后层层叠楼到鼓楼顶部，上置两层八角的伞顶宝塔。

根据《木结构设计标准》[9]，纪念性建筑物的设计使用年限为100年及以上。鼓楼是侗乡具有地域特点的公共性标志性建筑物，设计使用年限应在100年及以上。在调研的过程中发现（图4），该鼓楼建筑结构和围护构件存在不同程度的老化及腐坏现象，建筑本体由于屋顶瓦面雨漏渗水排水不畅、散水失效、地面积水等

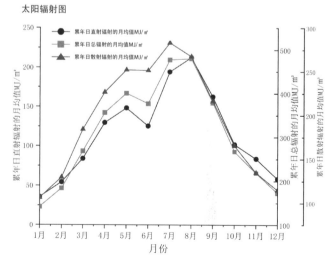

太阳辐射图

图1　太阳辐射图

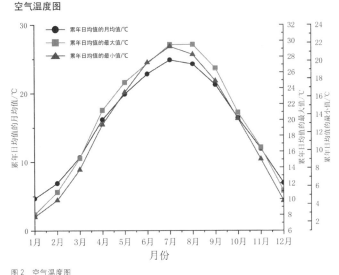

图 2 空气温度图

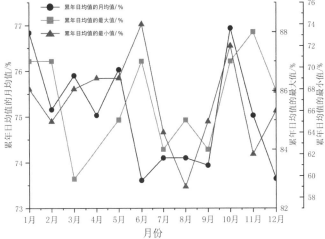

图 3 空气湿度图

图 4 凯里鼓楼现状图

原因,造成了地基损害及沉降现象;部分边柱与柱础接触部位防水处理不够充分,存在缝隙,木腐开裂现象较为严重;部分边柱倾斜起翘,与柱础错位分离,导致柱础承受不均匀荷载而开裂破损。这些病害破损现象加剧了鼓楼地基结构的破坏,威胁了其建筑安全。

三、鼓楼建筑营造技术的气候适应性研究

鼓楼是侗族的标志性建筑,依托于侗族地区独特的自然环境,最后通过侗族工匠高超的营造技艺成形。气候对于一个鼓楼建筑的营造技术有着莫大的影响,从最初采用防避自然不利条件的"巢"和"穴"这些简单营造技术空间,转化为通过对建筑选址、平面形式和空间布局的自主调节设计来适应当地气候,维系舒适的空间感受[10]。

1. 布局模式气候适应性研究

（1）选址模式

最开始的侗寨鼓楼选址在侗寨中心,山峰要道路旁,是侗族人民习俗、节庆、交往的重要场所;但随着社会进步和经济发展需要,侗族鼓楼被赋予了新的时代价值,作为一种始于族源,纵横时空,蕴含着厚重人文社会历史而延续至今的象征性历史建筑,既是文化传承的载体,也是地域标志和景观名片,广泛建于城市广场、高铁站广场、旅游景区、村寨、高速公路出口等[11]。其选址模式主要考虑地质地势、自然环境、社会资源等因素。

从地形适应性来说,选择平坦稳固的地块,确保鼓楼基础稳固,不受地质条件影响,避免选择地势不稳定或易发生滑坡的区域。从自然环境来说,考虑周边环境,避免选择潮湿或易受水浸的地段,以降低木结构鼓楼受潮和侵蚀的风险;充分利用当地丰富的木材资源,如耐湿、耐腐的木材,以增强建筑的耐久性和可持续性。从社会资源来说,还要考虑当地社区的需求和使用习惯,选择便于居民使用和便利的位置,保证鼓楼能够为社区提供实际功能和文化价值。

（2）平面形式

凯里研究的鼓楼平面结构形式为:内4柱,外8角(图5),建构方式是以4根巨大硕直的杉木作为鼓楼的主承柱,从地面直通顶层,以穿枋水平串联,构成一个稳定的矩形框架。外围设有12根檐柱,以穿枋相互连接,在底部三层形成四边形重檐平面,同时三层往上设瓜柱、加柱、公柱等加于枋上,承托楼檐呈八边形平面空间[12],并逐层内收上升,至楼顶为攒尖式屋面。其四角转八角的平面空间结构,充分利用了木材天然材料的弹性和耐用性,且逐层内收上升的平面方式还能抵御凯里地区多雨气候带来的潮湿和侵蚀,同时增强建筑的稳固性和耐久性,使鼓楼在长期使用中保持结构稳定和外观精美。

（3）空间布局

鼓楼造型多样,从整体上可以归纳为门阙式、厅堂式、亭式、密檐式、组合式五种类型[13],类型不同则内部的空间布局就会因

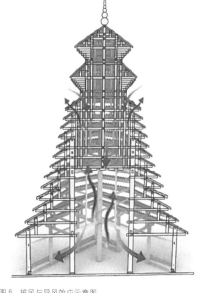

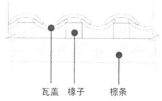

图5 鼓楼标高4.5m平面图　　图6 拔风与导风效应示意图　　图7 屋顶与瓦面示意图

此而有所差异。在凯里调查研究的鼓楼属于密檐式鼓楼，是集塔、阁、亭于一体的建筑形式，上窄下宽，中间是以中柱围合的竖井空间为中心的建筑空间模式。通过鼓楼楼脚空间、楼身内部竖井、楼顶宝鼎的共同作用，会在白天因楼脚空间与楼顶宝鼎壁弄之间的温度差产生拔风效应，促使空气的流动；而在夜晚则会产生导风效应，进而在楼身的竖井空间形成一个立体的空气流动层（图6），来减少鼓楼内部的湿热，解决鼓楼建筑的采光、遮阳、通风等小气候环境[14]。

2. 鼓楼建筑屋顶结构气候适应性研究

在凯里调查研究的鼓楼的屋面形式：在楼脚三层的屋顶是四面倒水形式，而四层至楼顶攒尖则是八面倒水，其屋面组成部分主要是屋架、檩条、椽子、望板及小青瓦，做法为木构架承托屋架，屋面瓦的铺砌是在木楞条上设置橡皮层，最后上铺设瓦（图7），然后通过瓦片与瓦片之间的搭接盖缝达到隔热、防水的目的。这样的构造方式能够让风直接从屋顶表面以及瓦片缝隙带走热量，减少通过屋顶传入室内的热量[15]。同时檐角的排水设计同样考虑到凯里地区多雨的气候特点，其密檐设计有利于迅速排出雨水，可以有效阻止雨水直接冲刷建筑楼体，降低雨水对建筑结构的侵蚀，增强建筑的稳定性。

3. 鼓楼建筑的材料气候适应性研究

（1）大小木作材料

在鼓楼建筑中，大木作指鼓楼中的主要承重部分，主要有柱、枋、檩、椽等构件；小木作指门窗、栏杆及其他装饰性构件，二者之间的连接方式为榫卯连接，且主要用材是杉木，杉木木质坚硬，抗腐蚀性能好，可以增加榫卯的坚固耐用性，从而使扣榫严密而稳定。同时，在材料处理上还需要进行除灰除尘、涂抹桐油、蚁虫防治剂等，这样有利于减少大小木作材料的受潮腐坏，蚁虫侵蚀。

（2）屋顶材料

凯里乡土建筑中屋顶所涉及的材料包括青瓦、砖、木材等。其中所用的木材主要是以杉木为主[16]，因其不易变形、开裂、耐潮，是凯里木结构建筑材料的最佳选择。砖瓦采用的材料是当地泥土材料，进而导致瓦片颜色较深，可以大面积吸收太阳辐射。在现存屋面的后续营造修缮中则需要更换防水层，解决屋顶的雨漏渗水、排水问题，再对结构进行整修加固，使其处于健康的状态，从根本上解决鼓楼屋顶的安全隐患。

（3）其他材料

除了上述的几种主要材料，石材也是最常用的辅料。鼓楼整体是石基木楼的建筑形式，石基作为鼓楼的基础，能够有效分散建筑物的重量，并抵御土壤的沉降和变化，保持鼓楼的整体平衡和稳定性。同时，石材结构致密，抗压强度高，耐水性好，有利于建筑的防潮，且经过加工还可以作为铺地、台阶等装饰性构件，可以有效延长鼓楼的使用寿命和美观度。

四、鼓楼其他适应性研究

1. 防潮防水

凯里地区夏季潮湿多雨，在营建鼓楼建筑时，要注重建筑物的防水防潮，主要包括地面、屋顶、周边散水等几个方面。地面防潮的主要方法是使用石材铺设地面，同时抬高地基使鼓楼的基础地面高出周边环境相对地面的2~3个踏步的高度，地基本身防潮主要采用石材砌筑或用平砌石砖砌筑，不仅有利于防潮防水，还增强了建筑的稳定性；屋顶的结构主要是木构架，而木构架又容易受到雨水、潮气的侵蚀，所以一般会在木材表面做油漆保护。周边散水则是考虑地面的坡度和排水系统，确保雨水和地面积水可以迅速排出，避免积水引发的鼓楼受潮问题。

2. 防倒

2018年4月5日，位于凯里市高速公路东出口广场的木结构鼓楼在大风中垮塌；2024年4月29日，位于凯里市鸭塘街道凯开大道与凯旋路交会处的一座木结构鼓楼在狂风暴雨中倒塌。因此，在营建鼓楼建筑时，需要考虑在风环境下的稳定性，可以增加抗风防倒支撑、采用柔性连接结构等，以增强鼓楼在大风环境时的抗倒塌能力。在设计阶段，还要根据地质条件和气候环境条件选择最合适的材料，确保鼓楼能够长期稳定地存在于其所处的环境中，保障地方社区的生活质量和安全。

五、结论

凯里是典型的亚热带季风气候，夏季炎热、降雨充沛，冬季温和、气候干燥，而鼓楼是侗族人民长期适应周边环境而建造的产物，具有丰富的气候适应性。因此，维修与新建鼓楼在营造过程中既要考虑夏季遮阴、避雨、防风，防止鼓楼受潮腐坏倒塌；也要考虑冬季的干燥保湿，保证鼓楼木柱不会因干燥而皲裂。在布局模式的气候适应性研究中，选择合理的地址，运用切合实际的平面与空间的营造方式来减轻建筑的不利条件；在屋顶结构与材料的研究中，充分利用杉木的材料特性，增强屋面空间和建筑结构在小气候环境下的可持续性和稳定性。期望为鼓楼的保护与更新，以及设计出适应当地气候环境的现代建筑提供新思路，对实现鼓楼建筑遗产的有效保护与功能升级进行一定的引导作用，以期为当地鼓楼建筑的气候适应性提升提供理论支持和实践指导。

参考文献：

[1] 欧阳克俭. 如何抢救和保护我们的原生态文化[J]. 杉乡文学, 2009, (11): 60-72.
[2] 熊伟, 谢小英, 赵冶. 侗族鼓楼营建规则探考[J]. 古建园林技术, 2011 (4): 11-15, 81.
[3] 解娟. 黔东南侗族村寨建筑结构及细部研究[D]. 哈尔滨: 哈尔滨师范大学, 2014.
[4] 陈鸿翔. 黔东南地区侗族鼓楼建构技术及文化研究[D]. 重庆: 重庆大学, 2012.
[5] 田泽森. 黔东南侗族鼓楼建筑技术传承方式及其影响因素研究[D]. 重庆: 西南大学, 2014.
[6] 蔡凌, 邓毅. 侗族鼓楼的结构技术类型及其地理分布格局[J]. 建筑科学, 2009, 25 (4): 20-25.
[7] 中国日报网. 凯里市荣获"中国民族优秀建筑之乡"称号[EB/OL]. (2016-10-25) [2024-06-06]. https://cnews.chinadaily.com.cn/2016-10/25/content_27162528.htm.
[8] 中国建筑节能设计基础数据平台[EB/OL]. [2024-06-05] https://buildingsdata.xauat.edu.cn/index.html.
[9] 住房和城乡建设部关于发布国家标准《木结构设计标准》的公告[EB/OL]. (2018-06-26) [2024-06-07]. https://www.mohurd.gov.cn/gongkai/zhengce/zhengcefilelib/201806/20180626_236549.html.
[10] 王薇, 主曼婷. 基于气候适应性的江淮北部传统建筑绿色营建技术[J]. 工业建筑, 2021, 51 (4): 40-45, 98.
[11] 陈波, 张宇翔, 黄勇, 等. 凯里某木结构鼓楼风致垮塌的力学机理研究[J]. 贵州大学学报 (自然科学版), 2021, 38 (2): 73-77.
[12] 张和平, 罗永超, 姚仁海. 侗族鼓楼结构及其建造技艺研究[J]. 中国科技史杂志, 2012, 33 (2): 190-203.
[13] 张学全. 侗族鼓楼的营造技艺与社会功能浅谈[J]. 文物天地, 2020 (3): 14-16.
[14] 吴尧, 袁巧兰. 无锡乡土建筑气候适应性营造技术研究[J]. 创意与设计, 2016 (1): 46-50.
[15] 孟思佩, 王金鑫. 川南地区生土民居建筑气候适应性分析[J]. 住宅科技, 2016, 36 (12): 27-30.
[16] 中华人民共和国住房和城乡建设部. 木结构设计标准: GB 50005—2017[S]. 北京: 中国建筑工业出版社, 2017.

基于正交斜放竹条覆面技术的木框架生土围护墙民居结构加固研究[1]

万 进[2]　柏文峰[3]

摘　要：现场调查表明，云南木框架生土围护墙民居普遍存在土墙开裂、木框架倾斜、白蚁侵害、风雨侵蚀等问题，结构安全难以得到保证，不利于传统民居建筑的保护及活化利用。在调研分析的基础上，文章以正交斜放竹条覆面技术为基础，提出了改善木结构抗震性能、恢复结构整体性、提高楼面竖向承载能力等方面的综合性保护方案，为完善民居使用功能和提高室内舒适性创造条件，以满足云南传统土木民居活化利用的需求。

关键词：木框架　传统民居改造　正交斜放竹条　活化利用

传统木框架生土围护墙民居蕴含着丰富的文化价值和地域特色，既是具有较高研究价值的物质文化遗产，也承担着现实的乡村居住功能[1]。然而，随着中国城市化的不断深入发展，很多传统民居因为保护意识不足、年久失修、无法满足现代式的生活需求而逐渐被砖混结构房屋取代，慢慢消失在历史的进程中[2]。

据数据统计分析[3-5]，在云南地震灾区中，土木民居的损坏率达一半以上，而对木结构进行抗震加固可以有效地降低民居破坏。国内外有大量学者开展了诸如加固节点、加固构件、植入新体系等不同加固方式的性能研究[6-12]，但这些加固手段只是一定程度上增强了结构的稳定性，不能有效地增加木结构的竖向承载力，难以在此基础上对民居进行物理环境和使用空间的提升。

昆明理工大学研发了木骨架竹条覆面预制构件技术（图1），包括竹木墙板和竹木格栅，该技术同时提供了竖向承重构件和水平承重构件[13-16]，并且积累了成熟的建造经验[17,18]。以原木结构为基础钉接竹条，使原有不稳定的木梁柱结构转换成稳定的竹木墙板剪力墙结构，既增强了传统民居的抗震能力，也有物理环境改造所需的荷载承载力。竹材价格便宜且属天然材料，竹条覆面加工简单，施工要求相对较低，结构性能好，可以为乡村传统土木结构民居改造提供更有力的技术支持。

一、木框架生土围护墙民居的现状与存在问题

木框架生土围护墙传统民居在云南分布广泛，涉及众多少数民族村落，具有普遍的研究意义。

本文调研对象是云南省玉溪市新平县扬武镇马鹿寨玉租村（图2），本地区为抗震设防8度区，该彝族村落建筑风貌保护较好，民居的主体结构由木结构梁柱承重体系及夯土或土坯维护墙组成，平面为长方形，有中庭。屋顶采用一层铺土平顶和二层铺瓦坡顶。

1. 木框架存在问题

传统民居的基础结构是木梁柱体系（图3），木屋架使用抬梁式（图4）。由于乡村选材和加工技艺的局限性，许多木结构出现通长裂缝，甚至出现梁弯曲的情况，当地村民会在木结构出现较大问题的地方增设简易的木梁柱（图5），以分担原结构承受的楼屋面荷载。由于没有防白蚁的措施，白蚁对一层木柱的侵蚀情况严重（图6），木柱下端基本都有损坏，严重影响结构的稳定性。而简单的连接方式和施工水平使得整榀屋架出现倾斜的情况。

2. 生土围护墙存在问题

当地围护土墙分为两种，夯土墙和土坯墙。夯土墙厚度300~400mm，因墙角处的不连续施工，且缺乏拉结纵横墙体间的构造处理，导致后期墙体出现通缝。土坯墙则因黏合剂属性较差和缺乏圈梁构造柱导致墙体出现裂缝。

3. 宜居性存在问题

由于无法保证室内防水而将卫生间设置在主体建筑之外（图7）；窗户数量少且许多朝通道开启，客厅堂屋等主要依靠中庭采光，导致室内光环境很差（图8）；屋顶和围护土墙处缝隙没有密封，导致室内热环境不稳定（图9）；较差的室内环境和施工技艺使得二层空间闲置或只作储物使用（图10）；木构件强度与连接问题导致建筑层高不足。因此，满足云南土木民居活化利用的需求迫在眉睫。

4. 结构加固核心技术问题提炼

正交斜放竹条覆面技术是以传统民居的木框架作为竹木墙板木骨架的附着点，甚至作为竹木墙板木骨架的外框，通过在一侧钉接

---

[1] 资助项目：香港陈张敏聪夫人慈善基金资助项目：绿色低碳乡土建筑技术研究（HZ2024F0029A）
[2] 万进，昆明理工大学建筑与城市规划学院，硕士研究生。
[3] 柏文峰（通讯作者），博士，昆明理工大学建筑与城市规划学院教授，住房和城乡建设部防灾研究中心专家委员会委员，云南省农村住房抗震安居建设工程技术顾问。主要研究领域涉及乡土建筑结构体系更新与天然建筑材料可持续利用。主持完成多项国家科技支撑计划项目子课题及省级课题，主持完成国际合作项目7项，技术应用成果获住房和城乡建设部田园建筑优秀作品二等奖。

(a) 竹木墙板　　　　　　　　　　(b) 竹木格栅　　　　　　　　　　(c) 竹木墙体建筑施工

图1　竹木墙板体系

图2　玉租村鸟瞰

图3　木构件企口连接

图4　抬梁屋架　　　　　　　　　　图5　新增梁柱　　　　　　　　　　图6　白蚁侵蚀

图7　卫生间位于庭院　　　图8　室内光环境　　　图9　檐下洞口　　　图10　二层闲置空间

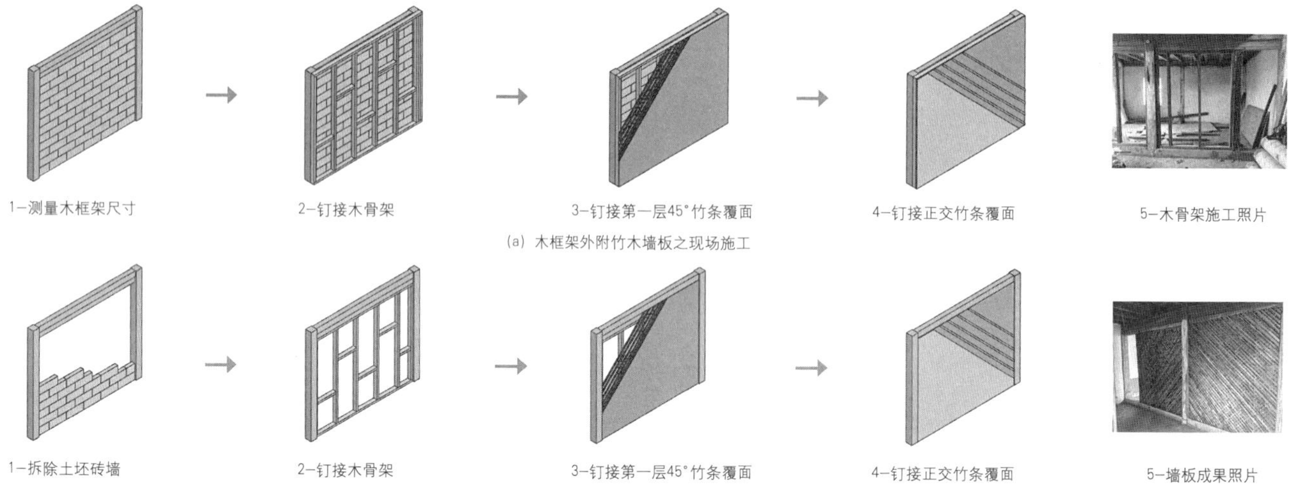

图11 "转移"加固法的两种方式

(a) 木框架外附竹木墙板之现场施工
1-测量木框架尺寸　2-钉接木骨架　3-钉接第一层45°竹条覆面　4-钉接正交竹条覆面　5-木骨架施工照片

(b) 木框架内部镶嵌竹木墙板
1-拆除土坯砖墙　2-钉接木骨架　3-钉接第一层45°竹条覆面　4-钉接正交竹条覆面　5-墙板成果照片

双层正交竹条，将原有木框架转换为竹木墙板剪力墙承重体系的一种结构加固方式。该技术应妥善解决以下问题：①满足当地8度地震设防区的结构抗震需求，保证建筑的安全性；②结构竖向承载能力的提升是后续传统土木结构民居活化利用的基础；③建筑层高不足使得建筑空间的舒适性难以满足现代式生活需求；④当地竹资源丰富，以竹代木和以竹代钢的现实运用。

二、基于正交斜放竹条覆面技术的加固策略与技术实现

1. 植入——满足8度地震设防的抗震体系

通过底部剪力法和抗侧力剪力法计算得出，在抗震设防烈度8度地区，低层墙体每3m横墙承受水平地震作用约34.9kN，承受竖向荷载约35.7kN。

根据木骨架双向正交斜放竹条覆面墙板单向推覆实验数据结果[14]，当层高 H=2.75m 时安全位移下，Δ/H=1/250 的 T_0 对应的是 Δ=11mm，其间竹木墙板能承受的水平地震作用力范围在60~70kN，故正交斜放竹条覆面技术用于土木民居改造满足8度抗震设防烈度地区的建筑安全需求。

2. 转移——改变竖向荷载传力方式

将竹木墙板钉接固定在民居木框架上，建筑荷载转移至植入的正交斜放竹条墙板结构中。该技术实现方法如下：首先将墙板木骨架钉接在木梁木柱一侧（图11a）或木框架内部（图11b），然后通过测量计算后，在地上裁切出适宜长度与切角的竹条，最后使用气钉枪钉接双层斜向正交竹条覆面。此方法竹木墙板能很好地适应原有木框架的不规整性，整体性好。

3. 缝合——充分发挥原有木隔墙板的承载能力

原有木隔墙板竖向拼合，属几何可变结构，可以承受一定竖向荷载，但不能抵御水平地震作用。通过"缝合"方法，将竖向隔墙板与正交斜放竹结构结合，两者构成几何不变结构，同时提高墙体的竖向承载力和水平抗震能力。

改造流程是保留原有结构，在木板上使用气钉枪钉接双层斜向正交竹条覆面，此加固方式需要注意竹条四周应紧密贴合木柱木梁，以保证木框架与竹条覆面达到合理的荷载传递（图12）。

4. 生长——增加层高以适应宜居性改造需求

（1）楼板标高提升

在使用竹条覆面加固结构之前，需浇筑混凝土基础，并使用钢筋与地面紧密贴合，在此基础上完成竹条覆面的承重结构加固。根据设计需求，有3种方法可以提升楼板标高：通过竹木墙板直接提升楼板；在木梁上使用木方叠加；在木梁上使用竹木格栅提升楼板标高（图13）。

（2）屋顶标高提升

以抬梁式木屋架为例，竹条覆面加固技术运用于单榀屋架结构加固和屋架之间连接加固。对于单榀屋架，以屋架木构件作为骨架，两侧均使用气钉枪钉接双层斜向正交竹条覆面，完成屋架的结构加固；对于屋架之间，设置双层斜向正交竹条覆面纵向支撑，再将钢屋架搭接在原木屋架上，以此来提升屋顶高度（图14、图15）。

5. 就地取材、就地取劳

云南省新平县马鹿寨村地处偏远，离城镇约一个半小时山路车程，因此在当地购买建材、村落材料再利用和培养村民工匠尤为重要，可以很大程度地节省运输成本和人工成本，减少运输碳排放。

黏土、木柱等旧建筑拆除的材料再利用或附近区域获取。而竹条作为主要材料需要特定的工艺加工，与附近工厂合作，减少运输成本的同时增加当地产业就业数量。

通过1~2个熟练的技术人员带领当地村民进行施工，屋主可以与其他需要改造的村民采取互帮互助或者雇佣村民的方式完成改造。竹条覆面加固技术的简易性也使得村民可以快速上手并熟练，以培养该领域的工匠，促进当地村民的就业率。

三、技术应用示例

时代在进步，生活水平在进步，建筑也应该进步。在解决村民"住的安全"后，"住的舒服"也是如今提高村民生活品质的重要标准。我们不可能为现代的民居建造适应过去时代生活方式的民居，而是在原有建筑的文化价值与建造工艺中总结，取其精华。

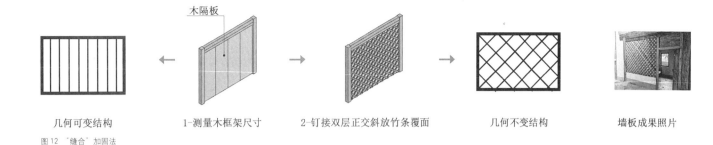

图12 "缝合"加固法

1. 楼板的性能提升

经过竹条覆面加固的一层承重结构承载力显著提升，为楼板改造提供良好基础。将木板地面更换为符合民居使用要求的钢筋混凝土楼板，既解决了因楼板震动和原楼板轻质不隔声的问题，又能让卫生间上楼和阳台板外挑，对土木民居的外观和功能有着显著提升。

2. 二层空间可变化

原有二层木柱位于脊檩下，完成屋架加固后，屋架承载力显著提升，在适当位置增加木柱，使用钢扒钉与原木梁连接形成稳定结构后，移除中间木柱，使二层局部形成新的柱网形式（图16），二层空间的变化可以做茶室、办公、展览等各类功能使用。

3. 坡屋面功能改善

将老旧彩钢瓦拆除之后保留作为新屋顶的防水层，位于屋顶面层之下，起到屋顶防水作用，再选择防水压力板作为面瓦平铺，较大程度地保护村落风貌。在安装二层吊顶时，在彩钢瓦与吊顶之间填充棕灰（棕丝加工产生的废弃物），该天然材料耐虫蚁侵蚀，也有保温隔热作用。

4. 墙体的再设计

（1）使用轻质黏土填充内墙

按一定比例混合植物纤维和黏土，制作成100mm×600mm×600mm的轻质黏土块，填充在竹木墙体中，另一侧再钉接桑拿板等轻质墙板，因黏土块疏松多孔结构可以很好起到保温和隔声的作用（图17）。

（2）增强采光能力

经过合理设计后，为调整各使用功能的采光和通风问题，增设适当数量窗户。以土坯墙为例，使用墨线在墙上标记位置后，使用冲击锤拆除局部土坯，形成初始洞口，因土坯砖的尺寸存在差异导致窗户的实际大小无法预测，所以需要根据洞口具体尺寸定制窗户（图18）。中庭则在一层平顶施工时，在设计位置处埋入钢柱柱脚，然后使用钢骨架玻璃墙体封闭中庭（图19）。

四、结语

基于正交斜放竹条覆面技术的木框架生土围护墙民居改造，可以在不拆除主体结构、屋架大修的前提下，使建筑抗震性能和竖向承载力得到显著提升，在此基础上进行提升层高、改变柱网、增加开窗等空间改造。借助竹木等负碳天然建筑材料和木骨架正交斜放

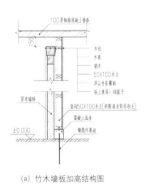

(a) 竹木墙板加高结构图

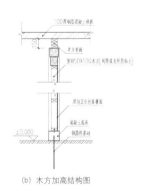

(b) 木方加高结构图

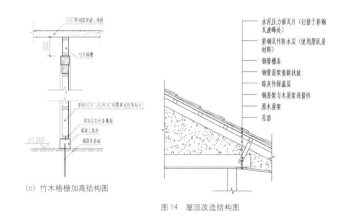

(c) 竹木格栅加高结构图

图13 "生长"结构图

图14 屋顶改造结构图

(a) 单榀屋架加固

(b) 屋架连接加固

(c) 屋顶加高

(d) 完成屋顶改造

图15 屋顶标高提升

图 16 柱网尺寸改变

图 17 墙体填充做法

图 18 土坯墙开窗

图 19 玻璃中庭

竹条覆面新型结构技术,实现了传统土木民居的绿色低碳建造。村民通过参与建筑施工全过程,就地取材、就地取劳,易于实现技术本土化,为完善民居使用功能和提高室内舒适性创造条件,为云南土木民居活化利用提供了有力的技术支撑。

尽管本文提出针对云南传统土木民居的一套完整有效的改造体系,但对于传统土木民居的保护和更新尚缺乏相关准则。研究希望在传统土木民居的保护和活化利用方面能起到抛砖引玉的作用,也希望通过有效的保护与改造,使云南传统土木民居能够长存于世,成为我们永久的文化遗产。

参考文献:

[1] 云南省设计院. 云南民居 [M]. 北京:中国建筑工业出版社,1986.
[2] 朱良文. 传统民居的价值分类与继承 [J]. 规划师,1995 (2):14-7.
[3] 和嘉吉,卢永坤,代博洋,等. 鲁甸 M_S6.5 与景谷 M_S6.6 地震灾区房屋抗震能力差异分析 [J]. 地震研究,2015,38 (1):137-42.
[4] 贺素歌,冉华,周青云,等. 漾濞 M_S6.4 地震中土木结构房屋抗震加固效果研究 [J]. 地震工程学报,2021,43 (4):799-806,17.
[5] 潘兴庆,陶忠,潘文,等. 云南宁洱 6.4 级地震村镇民居震害分析 [J]. 四川建筑科学研究,2007 (S1):5.
[6] 张鹏程,陈龙. 传统民居再利用户内新植钢框架技术 [J]. 地震工程与工程振动,2021,41 (3):8.
[7] 张竹青,阿肯江·托呼提,杨永生,等. 木框架土坯组合墙体抗震性能试验研究与分析 [J]. 实验室研究与探索,2017,36 (11):6.
[8] 周乾,闫维明,纪金豹. 明清古建筑木结构典型抗震构造问题研究 [J]. 文物保护与考古科学,2011,23 (2):13.
[9] ARAKI H,KOSEKI J,SATO T. Tensile strength of compacted rammed earth materials [J]. Soils and Foundations,2016:189-204.
[10] BORRI A,CORRADI M,GRAZINI A. A method for flexural reinforcement of old wood beams with CFRP materials [J]. Composites Part B Engineering,2005,36 (2):143-53.
[11] TANNERT T,LAM F. Self-tapping screws as reinforcement for rounded dovetail connections [J]. John Wiley & Sons,Ltd,2009 (3).
[12] TRIANTAFILLOU T C,DESKOVIC N. Innovative Prestressing with FRP Sheets:Mechanics of Short-Term Behavior [J]. Journal of Engineering Mechanics,1991,7 (7):1652-72.
[13] 柏文峰,袁媛,苏何先,等. 正交斜放竹条覆面桁架搁栅承载力试验研究 [J]. 工业建筑,2021:105-110.
[14] 柏文峰,白羽,梁煜明,等. 木骨架正交斜放竹条覆面墙板抗剪试验研究 [J]. 竹子学报,2020 (2):9.
[15] 高永林,柏文峰,苏海红,等. 两层木骨架竹片覆面墙面结构体系建筑模型振动台试验研究 [J]. Journal of Building Structures,2020,41 (S2):1-10.
[16] 周浩晨,柏文峰,苏何先. 木骨架竹条覆面墙板竖向承载力试验研究 [J]. 竹子学报,2020,39 (1):8.
[17] 柏文峰. 景迈芒景村寨民居结构加固与选型导则 [M]. 昆明:云南科技出版社,2017.
[18] 李佩佳,柏翟. 正交斜放竹条覆面木骨架构件构造及其轻质黏土填充墙施工图集 [M]. 武汉:华中科技大学出版社,2023.

基于形制基础的古建筑檐下空间研究

——以斯宅为例

石宏超[1] 李伟君[2] 陈旭洋[2]

摘 要：当下城市化发展迅速，不少传统古村落面临着改造和修复。本文以诸暨市斯宅村为例，深入探讨了古建筑檐下空间的形制特点，旨在揭示其在中国传统建筑艺术中的空间变化和营造特点，为今后古建筑改造和修复提供参考样本。本文首先对诸暨市斯宅村的地理环境、人文背景，以及古建筑的整体布局和风格特点进行概述，为后续研究提供了基础。笔者以类型学的方式详细分析了檐下空间的构造与形态。进一步探讨了檐下空间的功能与文化内涵，并深入剖析了檐下空间所蕴含的建筑文化与地域特色。本研究不仅有助于深化对诸暨市斯宅村古建筑檐下空间形制特点和文化内涵的理解，也为保护和传承这一地区独特的建筑文化提供了重要的理论支持。

关键词：古建筑 传统民居 类型学 檐下空间

中国古建筑是中国传统文化的重要载体，具有独特的建筑风格与深厚的文化内涵，一直受到学术界的广泛关注。诸暨市斯宅村作为中国传统村落的典型代表之一，其古建筑檐下空间的设计与构造，不仅体现了中国传统建筑的精湛技艺，更承载了丰富的文化内涵和人文历史。本文通过研究斯宅村古建筑檐下空间的结构特点、空间体验感、功能多样性与雕刻绘画的特点，深入分析斯宅古建筑檐下空间的形制特点，探讨其在中国传统建筑艺术中的重要地位和文化价值。

一、檐下空间的定义及研究方法概述

在中国传统建筑中对于空间的界定是由组成空间的6个或者多个界面组成的，即地面、屋顶和围合面。而传统建筑的檐下空间，是指建筑中屋檐下方的活动空间，这一空间的特点是对于屋檐和地面的强调，而对于围护界面的感知相对于室内空间会更弱一点。通常檐下空间的围护界面都是由部分墙面或者柱子组成。

19世纪中叶，法国学者德·昆西将"类型"的概念首次引入建筑，并与范式进行比较研究。罗西在《城市建筑》中认为类型是建筑的内在规则，源于人类生活方式和长期经验，是文化和历史的结果。从现有建筑形式中衍生出的类型需要简化为基本元素；类型不同于任何已有形式，但与已有形式相关。随后，经过勒·柯布西耶等建筑师的发展，建筑类型学理论成为一种从文化和历史的角度来理解和分析建筑设计的理论框架。它通过分类和归纳的方法来揭示建筑的本质和规律，帮助人们更好地理解建筑的历史、文化和社会背景。

本文将以斯宅古建筑的檐下空间为例，根据其形制的特性与共性，分析其在中国传统建筑的价值。同时，以类型学的研究方法对于斯宅檐下空间的特点进行归类对比分析，剖析其空间体验感的特点及形成原因，旨在为今后的斯宅古建筑修复保护和更新工作提供一个相应的参考，为中国传统古建筑的研究提供一个新的分析方向。

二、斯宅村地理环境、人文背景及古建筑布局概述

斯宅村位于诸暨市东南部，会稽山脉西麓。其传统建筑历史悠久，其以规模恢宏、造作讲究、保存完整而著称。

斯宅民居中的"千柱屋"，其建筑因有千柱而得名，建筑分布五条纵轴线，三条横轴线，为庭院式组群布局，坐南朝北（略偏东），1999年公布为市（县）级重点文物保护单位。始建于清道光庚子年（1840年）的"华国公别墅"，是后人为追念斯继荣而设的家庙家塾混合建筑，"而总谓之别墅，事死如生义也"，因地处象山之麓，故于光绪三十年（1904年）改名"象山民塾"。还有上新屋与下新屋、始建于清嘉庆年间的新谭家，以及门前畈台门、下新屋台门、花厅门里、牌轩门里和书院等。

三、檐下空间的形制特点分析

斯宅村古建筑檐下空间的形制特点主要表现在以下几个方面：

1.结构：斯宅传统民居建筑的檐廊构架呈现多种结构特征。既有采用抬梁式和穿斗式，又有抬梁穿斗体系结合的方式。

（1）抬梁式：部分檐下空间的结构是因为建筑的主体梁架为抬梁式，檐廊作为梁架的一部分。例如，斯盛居门厅二楼的檐廊梁架就是主体厅堂式梁架的一部分，檩条由轩梁承托，轩梁连接金柱，是明显的扁作月梁抬梁式梁架，其上不加轩顶（图1）。

（2）穿斗式：部分檐下空间的结构是檩条不通过轩梁承托，直接与檐柱连接的穿斗式梁架，多见于门厅建筑。例如，华国公别墅的门厅梁架就是一种穿斗式做法，同时采用了浙江地区常见的船篷轩做法，虽有冬瓜梁，但仅承载轩顶的荷载（图2）。

（3）混合式：斯宅的檐廊结构更多的是一种抬梁穿斗相混合体系，往往檐柱直接连接檩条，作穿斗式，而向内连接的主体梁架则为抬梁式。其中广泛应用鹰嘴童柱和搭牵梁，部分廊架上部采用

---

[1] 石宏超，中国美术学院建筑艺术学院，副教授。
[2] 李伟君、陈旭洋，中国美术学院建筑艺术学院。

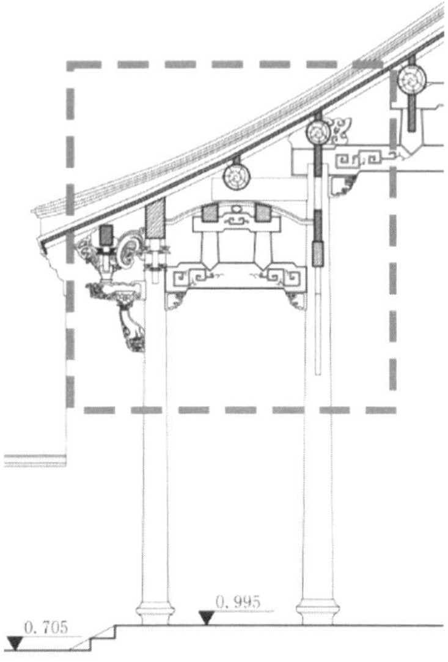

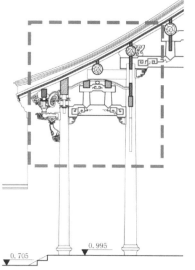

图1 斯盛居抬梁式梁架

图2 华国公别墅穿斗式梁架

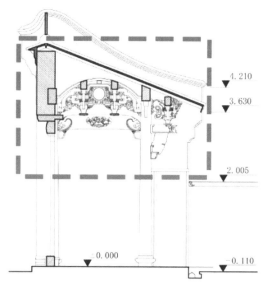

图3 华国公别墅混合式梁架

图4 华国公别墅冬瓜梁

图5 华国公别墅扁作直梁

图6 斯盛居檐廊梁架中的木雕

图7 斯盛居山墙檐口处的砖雕

卷棚轩的样式,也有卷草样式的搭牵梁。❶例如华国公别墅的春秋享堂,主体梁架采用抬梁式,在前部廊柱部分则混合穿斗式,同时也加入了轩顶结构,丰富檐廊顶部的视觉效果(图3)。

2. 构架:斯宅传统民居建筑檐下空间构架形制最具代表性的特征主要体现在梁这一构件上,其表现在于月梁与直梁的运用。

(1)月梁:月梁是浙江地区广泛使用的构架形制,斯宅传统民居建筑的月梁为接近徽州地区的圆作冬瓜梁。其截面为不规则的椭圆形而非标准圆形,且截面瘦高,高厚比为3:2~2:1。如华国公别墅门厅的构架形制就是一种典型的瘦高型圆作冬瓜梁,其两端圆润壮硕,琴面饱满凸出,表面雕刻有多种题材的深浅浮雕,十分富有表现力。此外,其高厚比与主厅春秋享堂的扁作直梁接近,可见当地的匠师倾向于这种瘦高的造型,同时考虑整体形制的和谐与尺度统一(图4)。

(2)直梁:直梁分为断面为圆形的圆作直梁和断面为矩形的扁作直梁两类。如华国公别墅的春秋享堂,其檐廊处的梁架采用扁作直梁,其梁身平直没有琴面,整根梁非常方正,上面还雕刻有构成感很强的浅浮雕图案。同时为配合直梁的方正视感,其轩桁的形制也是方直且不加以雕饰的。这些与华国公别墅门厅处的构架形制大不相同(图5)。

3. 雕刻:斯宅传统民居的檐下空间中常有精美的雕刻装饰,主要以木雕、砖雕为主。

(1)木雕:多用于梁架构件如牛腿、擎枋、雀替等的深浅浮雕,使整个檐下空间显得精巧华丽。雕刻构件常常工艺精湛,选题

丰富,充满细节,雕刻题材包括花卉类、动物类、山水风景、神话传说等。❷如斯盛居的檐廊梁架中就在轩梁和轩桁处刻有植物纹样的浅浮雕,在牛腿处刻有山水风景与神话传说的深浮雕,并且不同构件在色彩上也加以区分,使其装饰效果更加突出(图6)。

(2)砖雕:用于墙面的一些门框、窗框、柱础和井栏等处作为装饰。这些砖雕多选取当地制作的质地较细密的青砖为主材,起到装饰效果的同时,还可以应对潮湿多雨的季节,以免房屋受到雨水浸泡而损坏。当地传统民居建筑的檐下空间中有很多精美的砖雕,其题材丰富、形象生动,例如斯盛居的部分山墙面的檐口处就有大量的深浅浮雕图案,题材有动植物、花鸟山水等,这些砖雕工艺精细,主要应用了浮雕和镂空雕技法,使得其中的花鸟人物栩栩如生(图7)。

这些形制特征的形成主要是因为浙江省内匠艺的流动与交融,促进了类型的多样化。❸如浙西、浙中地区典型的圆作冬瓜梁在浙北、浙东和浙南地区时有出现,浙北、浙东地区的圆作抬梁在浙中地区出现等。再者,受到相邻区域的影响,如浙北地区受苏南地区抬梁与轩顶做法的影响,使得浙中和浙东地区在廊道中多出现轩顶的做法。

四、类型学视角下的斯宅檐下空间特点

檐下空间作为古建筑的重要组成部分,其作用之一是形成一个室内与室外的过渡空间,加强建筑与环境的联系。檐下空间的不同

---

❶ 陈哲丰,佟士枢,何礼平.斯宅村传统民居木作营造意匠解析[J].古建园林技术,2021(4):14-19.

❷ 陈哲丰.斯宅村乡土建筑营造技术与保护研究[D].杭州:浙江农林大学,2020.

❸ 石宏超.浙江传统建筑大木工艺研究[D].南京:东南大学,2016.

组成元素会影响人在场所内的空间体验感。斯宅的影响空间元素变化极为丰富，因此形成了丰富的空间体验感。笔者将斯宅的檐下空间进行调研测绘，最终用类型学的方式对斯宅的檐下空间进行分析与研究。

1. 类型一：笔者总结的第一种类型的檐下空间，其空间序列主要是由室外庭院，通过一个细小的高差，通常为一级或者两级台阶消化掉高差，进入到檐下空间，再由檐下空间进入室内空间。这一类型的檐下空间多进深较浅，以廊的形式出现较多。以斯宅村斯圣居门厅与前天井之间的廊道空间为例，这一类型的空间特点在于，它将室内外的高差控制在一个较小的范围内，使得室内外的视线高度产生微妙的变化。产生这一微妙高差的原因是建筑的防水，有一定高差使得室外的水不会经过檐下空间进入室内。

2. 类型二：这一类型的檐下空间同样是连接室内空间与室外庭院空间，进深较浅，同样以廊道的形式存在。类型二与类型一的区别在于其室内外有一个较大的高差。以斯圣居大厅和前天井间的廊道空间为例，其空间特点在于室内外较大的高差需要通过台阶处理交通需求，这使得人从室外进入室内需要经过几级台阶的攀登，区分了主要建筑与次要建筑的形象差异，强化人对于主要建筑的感知，使得在主要建筑内的视线与室外的视线不在同一水平线上，营造了一种居高临下的空间氛围。营造较大高差的主要原因一方面是防水，另一方面是为了加强人在场域中对于主要建筑的感知。

3. 类型三：该类型的檐下空间特指门，在斯宅建筑中，墙面多为白色，且墙上刻有壁画作为装饰。因此，会在墙上增加一个小小的挑檐，用来防雨，保护墙身及壁画，在墙上有门的位置，会将挑檐做得稍大一些，当人走进门时，能明确感受到处于檐下空间的界限内。以斯圣居后天井与穿堂之间的门为例，这一类型的檐下空间是两个空间的边界，是一个空间的起始，也是另外一个空间的结束，它强化了人在场域中对于空间边界的感知，让人意识到檐下空间的另一端有另外一个场域。产生这一檐下空间的主要目的是防水，出挑的檐口可以有效地保护建筑的墙体不受雨水侵蚀，同时在有门的地方加强挑檐，可以有效地加强人对于场域边界通道空间的感知。

4. 类型四：该类型的檐下空间功能上与类型三有相似之处，同样是作为门使用，具有交通功能，区别就在于该类型将挑檐做得相比类型三更大，形成一个门廊，使得檐下空间在强化边界的同时，有了更多的使用可能。以斯宅华国公别墅门厅檐下空间为例，该类型的空间序列先是由室外空间，经过几级台阶，走进檐下空间，此时的檐下空间让人意识到，已经进入到另一个场域。这一檐下空间会有两个方向的游走体。产生这一檐下空间的原因与使用功能有关，在建筑主入口处增加檐下空间能使得人们在进出建筑时得到一个缓冲的过渡空间，用以等候或避雨。

5. 类型五：这一类型的檐下空间与类型四在空间形制上有相似之处，同样是以廊道的形式出现，并作为边界的檐下空间。但区别就在于类型四是有门的功能，可以从一个边界进入另一个边界，而类型五则没有这一功能，它将人的行为限制在一个场域中，除了视线，其他的感官无法穿过边界到达另一个场域。以斯宅笔锋书屋的侧廊为例，将人行走的方向控制在与廊道平行的方向，人可以走到天井内活动，但无法穿过墙体离开这一场所。产生这一檐下空间

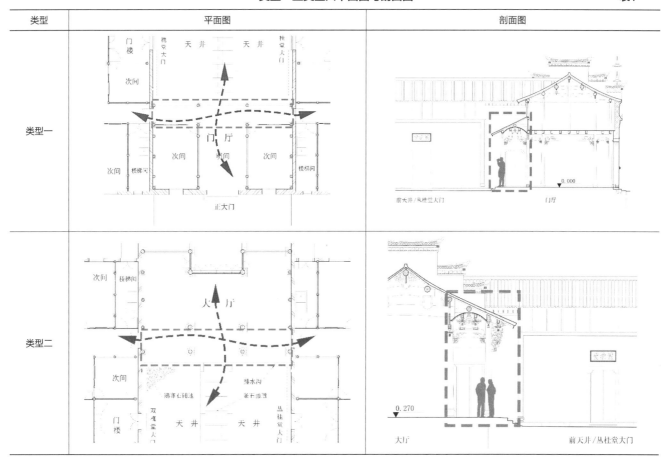

类型一至类型六平面图与剖面图　　　　　　　　　　　　　　　　表1

续表

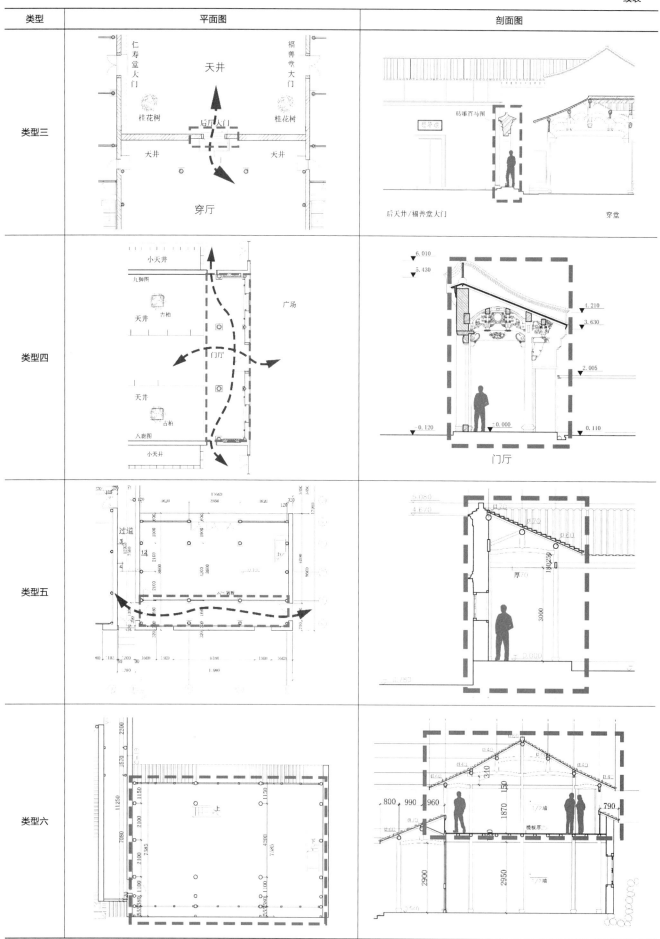

的原因与功能和观赏有关，这一檐下空间满足避雨功能，使得下雨时游人从一侧建筑经过庭院走到另一侧建筑不至于被雨水淋湿，同时，这一类型的廊道檐下空间使得游走观赏的体验更为丰富，出挑的屋檐与扶手栏杆或墙面上的开窗形成了一个框景，另一侧的墙面则有效地控制了人的视线，在特定的位置布置景观，形成特殊的游走体验。

6. 类型六：这一类型通常是一个较大的空间，因其只有两面围合，所以将其也归纳到檐下空间的范围内。这一空间的特点在于其标高较高，位于建筑的二层。以斯宅笔锋书屋为例，通过挑檐和扶手栏杆的位置，形成一个天然的画框，将视线控制在一个较高的水平线上，因此造成了较为特殊的采光和视觉效果，形成这一檐下空间的目的是满足通风等功能的要求。

五、斯宅檐下空间的使用功能

檐下空间不仅具有遮阳避雨、通风采光等实用功能，还是人们日常生活和社交活动的重要场所。在这里，人们可以聊天、休息、观景，享受悠闲的时光。斯宅村的檐下空间在传统建筑设计中扮演着多重角色，其功能丰富多样。以下是对斯宅村檐下空间功能的详细分析。

1. 交通功能：檐下空间是斯宅内部各个院落之间的主要通道。通过檐廊，人们可以方便地从一个院落走到另一个院落，甚至走到建筑群之外。这种设计不仅提供了便捷的交通方式，还增强了院落之间的联系和互动。

2. 过渡功能：檐下空间作为室内和室外空间的过渡地带，具有独特的功能。它既可以将室内空间进行一定程度的拓展，又将室内和室外空间进行了自然融洽的结合。这种设计使得檐下空间成为一个舒适、宜人的休息和交往场所。

3. 遮风挡雨：由于檐下空间具有开敞性强的特点，它成为人们遮风挡雨的通道和短暂休息的地方。在恶劣的天气条件下，人们可以在檐下空间内躲避风雨，保证行动和生活顺利进行。

4. 装饰美化：檐下空间的装饰也体现了斯宅村的文化和审美特色。通过精美的彩绘、镂空屏帐等装饰手法，檐下空间不仅增加了建筑的美观性，还提升了整体文化氛围和艺术价值。

5. 其他使用功能：除了上述功能外，檐下空间还具有一定的实用功能。例如，在檐下空间内可以放置一些家具和装饰物，形成一个独立的休息或工作区域；同时，檐下空间还可以作为晾晒衣物、存放杂物等场所。

综上所述，斯宅的檐下空间在交通、过渡、遮风挡雨、装饰美化和实用功能等方面都具有重要作用。这种设计不仅体现了传统建筑文化的精髓和特色，还为人们提供了一个舒适、宜人的生活环境。

六、结论

综上所述，斯宅的檐下空间的丰富性体现在结构的混合多样、空间体验感丰富、功能多样以及雕刻绘画内容丰富。本文通过对诸暨市斯宅村古建筑檐下空间的形制特点进行深入分析，揭示了其在中国传统建筑艺术中的重要地位和文化价值。斯宅的檐下空间具有独特性的同时，也与其他地区檐下空间具有相似性。本文的研究不仅为斯宅村古建筑的保护与传承提供了理论支持和实践指导，也为理解中国传统建筑文化提供了新的视角和宝贵参考。

参考文献：

[1] 梁思成. 营造法式注释 [M]. 北京：中国建筑工业出版社，1983.
[2] 罗西. 城市建筑学 [M]. 北京：中国建筑工业出版社，2006.
[3] 梁思成. 清式营造则例 [M]. 北京：中国建筑工业出版社，1981.
[4] 潘谷西，何建中. 营造法式解读 [M]. 南京：东南大学出版社，2005.
[5] 丁俊清，杨新平. 浙江民居 [M]. 北京：中国建筑工业出版社，2009.
[6] 丁俊清. 江南民居 [M]. 上海：上海交通大学出版社，2008.

肇兴东村鼓楼的传统功能与环境适应性
——基于计算流体力学的研究

韦舒瀚[1]

摘　要：本研究从肇兴侗寨的历史背景及社会习俗出发，详细分析了侗族村寨的规划逻辑，特别是鼓楼、戏台和风雨桥等传统建筑空间语言。随着现代科技的进步，传统的自然环境调节方法正在逐步被现代设备所取代。为了评估鼓楼在现代环境中的适应性和维持传统建筑的可持续性，本文采用建筑模拟软件进行风热环境模拟。通过模拟探讨其在不使用现代设备的情况下，如何通过建筑设计实现环境舒适。本文的研究不仅强调了鼓楼在侗族文化中的核心地位，也提出了如何在现代化进程中合理利用数字化技术保护这些传统建筑，以保持其文化连续性和环境可持续性。研究结果将为传统建筑的现代应用提供科学依据和实践指导，同时为其他类似文化遗产的保护和利用提供参考。

关键词：肇兴侗寨　鼓楼　环境适应性　建筑模拟　文化遗产保护

肇兴侗寨位于中国贵州省，其独特的侗族鼓楼和丰富的文化遗产展示了科技与乡村生活之间的相互作用。这些鼓楼是侗建筑的核心，象征着社区的社会凝聚力、文化认同和历史延续性。它们不仅是建筑的奇迹，更体现了侗文化的整体精髓，即将各种文化元素统一在一个单一的物理结构中。作为政治中心、社会场所和社区团结的象征，这些鼓楼的重要性在多方面凸显。

快速发展的现代化对侗鼓楼等建筑的传统功能和环境适应性提出了重大挑战。现代技术的融合，改变了这些传统建筑与环境之间的相互作用，凸显了对其当前适应性和可持续性进行彻底分析的必要性。现代计算技术，如风和热环境模拟，为评估和提高这些传统结构的环境性能提供了一种手段[2]。研究的动机是保护这些文化古迹的必要性，同时确保它们在当代环境中的持续相关性和功能性。

从历史上看，整合创新技术可用来改善城镇的生活。这些创新的哲学渊源可以追溯到可持续发展和环境适应的原则中。近年来，使用计算流体动力学对建筑环境进行建模引起了研究界和专业界的兴趣[3]。通过采用先进的计算技术和文化分析，本研究试图弥合传统建筑智慧与现代环境要求之间的差距。为了解鼓楼的环境适应性，本研究使用了模拟工具，通过科学的方法，研究了鼓楼的现代保护情况和其可持续使用问题。研究不但强调了鼓楼结构的文化意义，而且为它们的持续相关性提供了切实可行的解决方案，从而有助于在现代化的背景下广泛讨论保护文化遗产的问题[4]。通过综合历史、文化和技术视角的方法，本研究旨在为侗鼓楼的保护、环境适应性以及鼓楼的再利用提供指导，确保其成为当代社会的持久遗产（图1）。

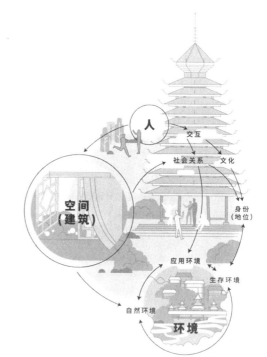

图1　逻辑图

一、鼓楼的建筑文化分析

通过对肇兴义团鼓楼的建筑分析，研究揭示了一种文化意义与实用功能相结合的复杂结构。鼓楼是侗族文化的重要象征，它是一座多层木结构建筑，是村里社会、政治和文化活动的中心枢纽。肇兴五大氏族仁、义、礼、智、信各有一座鼓楼，反映了侗族以氏族为基础的社会组织。

义团鼓楼以其规模和设计尤为引人注目。它是11层多层结构，高25.8m，占地81.6m²，象征着氏族在社区中的重要地位。鼓楼的结构经过精心设计，能够承受环境变化，优化社交空间。塔的每一层都有不同的用途——从政治会议到社交聚会和文化表演。本研

---

[1] 韦舒瀚，宁波诺丁汉大学。
[2] Ding P, Zhou X, Wu H, et al. An efficient numerical approach for simulating airflows around an isolated building[J]. Building and Environment, 2022, 210.
[3] Zhai Z J, McNeill J S. Roles of building simulation tools in sustainable building design[J]. Build, 2014 (7)：107-109.
[4] Liu P, Zeng C, Liu R. Environmental adaptation of traditional Chinese settlement patterns and its landscape gene mapping[J]. Habitat International, 2023, 135.

究旨在在不同形式的对话和存在的背景下，呈现这种文化空间的适应性[1]。

在建筑上，鼓楼是用大而直的原木建造的，主要由当地木材建成，既稳定又美观。使用当地材料不仅反映了侗族与自然环境的深厚联系，还确保了建筑与周围景观的和谐融合。当地居民经常聚集在鼓楼下开会、排练演出、下棋聊天。塔楼通常装饰着复杂的木雕和绘画，描绘了侗族神话和日常生活的各个方面，为建筑形式增添了多层文化意义[2]。

鼓楼最引人注目的特点之一是其屋顶设计。屋顶通常是多屋檐的，每个屋檐都比上面的屋檐略大，形成了一种在视觉上令人印象深刻又在功能上进行分层的效果。这种设计有助于转移雨水并提供阴凉，增强室内空间的舒适度。屋顶通常顶部有尖顶，象征着社区与天堂之间的联系，强化了鼓楼的精神意义。

鼓楼的布局和空间组织对其功能至关重要。一层通常是开放的，是村民们可以见面和互动的公共聚会空间。这种开放性有助于通风和降温，即使在温暖的气候下，它也是一个舒适的社交活动空间。上层较为封闭，为私人或官方会议提供了更多的空间。这种空间组织反映了侗族社区内的社会层级，最重要的功能和会议在上层举行。

此外，鼓楼的设计是为了适应当地的气候。宽檐和开放空间的使用促进了自然通风，减少了对现代冷却系统的需求。这种设计不但保留了传统的建造方法，而且符合可持续建筑的现代原则。

总之，肇兴的鼓楼，特别是义团鼓楼，体现了文化遗产与建筑独创性的和谐融合。这些建筑不仅是建筑物，更是侗族社会、政治和文化生活的中心。它们反映了侗族对环境的深刻理解，并展示了几个世纪以来完善的可持续建筑实践。对这些鼓楼的保护和持续使用为传统和现代建筑实践的融合提供了宝贵的经验，确保了它们在当代社会中的相关性和功能性[3]（图2）。

在现代建筑设计中有很多相似的案例，Olgooco 设计的无柱天篷坐落在一个美丽的花园里，是一个休息和聚会的地方。它独特的、几乎异想天开的形式最初看起来像是一种艺术表达或空间实验，但实际上是高度功能性设计要求的结果。无柱天篷是为伊朗德黑兰的一个住宅区设计的，需要在不妨碍视线的情况下提供阴凉和遮蔽，并在保持与自然联系的同时阻挡高层建筑。

肇兴鼓楼和 Olgooco 的设计都强调开放的空间和与自然的融合。创新材料的使用和雨棚的设计，满足夏日乘凉、冬天取暖的复杂功能要求，体现了鼓楼复杂的建筑技术和文化意义。每一个结构都体现了建筑是如何与环境、人和谐共存的，是如何创造尊重和改善环境的可持续功能空间的。雨棚提供了动态视觉体验，具有实用遮蔽能力，凸显了现代建筑解决方案是怎样以创新方式满足美学和功能需求的。

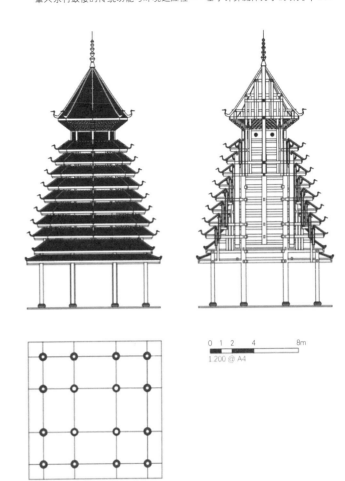

图 2　义团鼓楼的建筑图纸

二、研究方法

本研究采用传统文化分析与现代技术评价相结合的方法，对肇兴侗寨鼓楼的环境适应性和建筑效率进行了评价，从全面的文献综述入手，了解鼓楼的历史文化意义。

为了评估鼓楼的环境适应性，首先在 Rhino 绘制并构建了肇兴侗村的场地模型和义团鼓楼的精细模型，并获得了当地的风力数据。Rhino 中的 Ladybug 和 Butterfly 插件可用于现场风热环境模拟和建筑计算流体动力学（CFD）模拟。使用 CFD 模拟来分析圆柱塔内部和周围的气流和热特性。简化的鼓楼三维模型可以适应 Fluent 和 Pheonics 等软件。CFD 在建筑设计中的应用有了显著的发展，现代模拟提供了比以往任何时候都更详细和准确的信息[4]。由于可视化效果无法测量，不同软件获得的结果起到了相互验证的作用。

本研究对从现场研究和模拟中收集的数据进行了分析，确定了鼓楼建筑特征和环境性能之间的模式和相关性；比较应用于传统建筑/村庄的各种软件（插件）的适应程度；比较不同条件下（冬季和夏季，有风或无风和热源）鼓楼的性能。

本研究对肇兴侗鼓楼，特别是义团鼓楼，进行的 CFD 模拟，为其环境性能和适应性提供了重要的见解；利用 Fluent 和 Pheonics 等软件，创建了鼓楼的详细三维模型，以模拟各种环境条件——包括气流和温度变化；将气流平均速度和均方根波动

---

[1] NOGUEIRA M, DA G, CASALI C. Kako xavier e a casa do tambor – a cultura em tempos de pandemia[J]. Expressa Extensão, 2021, 26: 462–467.

[2] ZHAI Z J, MCNEILL J S. Roles of building simulation tools in sustainable building design[J]. Build, 2014 (7): 107–109.

[3] LIU P, ZENG C, LIU R. Environmental adaptation of traditional Chinese settlement patterns and its landscape gene mapping[J]. Habitat International, 2023, 135: 102808.

[4] AUGENBROE G. Trends in building simulation[J]. Building and Environment, 2002, 37: 891–902.

图3　无柱天篷（来源：Olgooco）

图4　无柱天篷（来源：Olgooco）

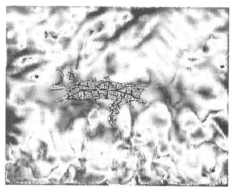
图5　肇兴侗村现场温度模拟（来源：Ladybug）

图6　CFD（来源：Butterfly）

速度剖面的LES结果与风洞数据进行了比较，并观察到良好的一致性❶（图3~图6）。

三、研究成果

Ladybug（Grasshopper）用于模拟场地环境的风和热量辐射，但在建筑内部不够准确，只适用于小面积（社区）、城市、平坦的地方。它对肇兴东村的模拟结果不够详细，不能作为参考。Butterfly在气流模拟中具有良好的可视化效果，但不能添加热源来模拟冬季热源的情况。Fluent和Phonics需要简化模型，但Phonics的结果更详细，可以获得空气年龄视觉模型，并添加热源。

结果表明，鼓楼的设计有效地促进了自然通风。在盛行风的夏季条件下，开放的底层和宽阔的屋檐有助于良好的空气流通，保持室内空间凉爽。室内环境的质量在很大程度上受到空间中空气运动的影响❷。模拟表明，结构的迎风面和背风面之间的风压差产生了连续的新鲜空气流，空气年龄可视化技术也恰好证实了这一点。

在风速较慢的冬季条件下，本研究模拟木炭火灾的存在，以评估供暖效率。结果表明，该鼓楼采用分层檐、上层封闭的设计形式，有效地保温。压差确保了加热的空气留在底层区域，为居住者提供温暖。在无风的情况下，鼓楼的结构将热量损失降至最低，内部和外部的平均温差保持在6℃，在完全开放的空间中展示了其令人印象深刻的保温能力❸。

与现代建筑解决方案相比，无柱天棚和无柱雨棚在环境适应方面有惊人的相似之处。这两种设计都利用开放空间和天然材料来优化气流，保持舒适度。雨棚在不遮挡视线的情况下提供阴凉和遮蔽，这与鼓楼使用的宽檐和开放式结构相似，以促进自然通风和热调节❹。

这些发现突出了鼓楼复杂的设计，将传统的建筑技术与可持续建筑的现代原则相结合。CFD模拟为了解鼓楼的环境性能提供了科学依据，并为其保护和适用提供了实用建议。该研究强调了将传统知识与现代技术相结合的价值，以确保文化遗产结构的可持续利用❺。

综上所述，本研究肯定了肇兴侗鼓楼的环境适应性和建筑效率。通过保护这些传统结构并将其与当代环境标准相结合，可以确保其持续的相关性和功能性。这项研究有助于更广泛地讨论文化遗产保护，为尊重和加强侗族文化遗产的可持续建筑实践提供了一个模式❻。本研究将传统知识与现代技术相结合，为文化遗产结构的保护和可持续利用提供了一个强有力的框架，确保将这一遗产留给子孙后代（图7~图12、表1）。

四、讨论

对肇兴侗鼓楼模拟结果的讨论突出了关于其环境适应性和建筑效率的几个重要发现。CFD模拟证实了传统侗族建筑设计在促进自然通风和热舒适方面的有效性。在夏季，鼓楼的开放式底层和宽檐促进了良好的空气流通，通过降低温度显著提高了室内舒适度❼。这种自然冷却机制突出了传统设计的复杂性，即利用环境条件来保持舒适的室内气候。

---

❶ TAVAKOL M M, YAGHOUBI M, AHMADI G. Experimental and numerical analysis of airflow around a building model with an array of domes[J]. Journal of Building Engineering, 2021, 34: 101901.

❷ GAN G, AWBI H B. Numerical simulation of the indoor environment[J]. Building and Environment, 1994, 29: 449-459.

❸ GASPARELLA A, CORRADO V. Building simulation: Science and Technology for the Built Environment, 2018, 24: 459-460.

❹ ZHAI Z J, MCNEILL J S. Roles of building simulation tools in sustainable building design[J]. Build, 2014, (7): 107-109.

❺ AUGENBROE G. Trends in building simulation[J]. Building and Environment, 2002, 37: 891-902.

❻ LIU P, ZENG C, Liu R. Environmental adaptation of traditional Chinese settlement patterns and its landscape gene mapping[J]. Habitat International, 2023, 135: 102808.

❼ DING P, ZHOU X, WU H, et al. An efficient numerical approach for simulating airflows around an isolated building[J]. Building and Environment, 2022, 210: 108709.

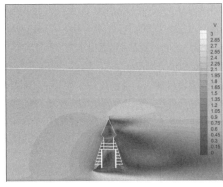
图7 风速（来源：Fluent）

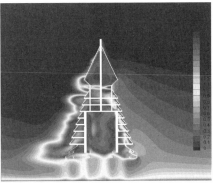
图8 夏季风速（来源：Pheonics）

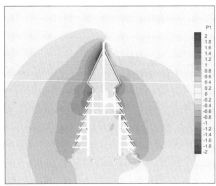
图9 夏季风压力（来源：Pheonics）

图10 夏天气温（来源：Pheonics）

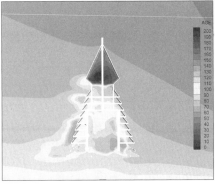
图11 夏季空气龄（来源：Pheonics）

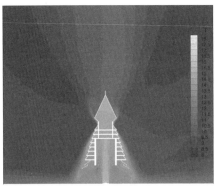
图12 无风状态下冬季气温（来源：Fluent）

软件评估　　　表1

软件	优势	缺点	理想用户
Fluent	全面的功能、用户友好的界面、高精度、多功能的应用程序	学习成本高昂，对硬件配置要求高	适用于高精度和全面功能的各个行业的研究人员、工程师
Phoenics	易用性、灵活的许可、强大的解决方案	通用性较差，用户社区较小，界面陈旧	适用于初学者、中小型企业正在寻找价格合理的CFD解决方案
Butterfly	开源，与Grasshopper集成、可定制	适用于Rhino、有限的功能	适用于熟悉Grasshopper的建筑师和设计师，需要可定制的CFD工具
Ladybug	用户友好、出色的可视化、免费和开源	仅限于环境分析、性能限制、学习曲线	适用于设计师，需要与Grasshopper集成的环境分析工具

在冬季条件下，鼓楼表现出显著的保温能力。模拟结果表明，该结构的设计有效地保留了热量，尤其是在使用炭火的情况下。建筑特征产生的压差确保了热空气保持在底层区域内，为居住者提供热源。在无风的情况下，这一点尤为重要，因为鼓楼的结构最大限度地减少了热量损失，保持了内部和外部的巨大温差❶。这一发现说明了传统设计原则对不同气候条件的适应性。

在将鼓楼与现代建筑解决方案——无柱天篷和无柱雨棚进行比较时，本研究得出了几个相似之处。这两种设计都优先考虑开放空间和天然材料，以优化环境条件。雨棚在不遮挡视线的情况下提供阴凉和遮蔽的能力反映了鼓楼使用宽檐和开放式结构来促进自然通风和热调节❷。这种比较突出了融合传统和现代建筑实践以满足当代需求的潜力。

研究结果还强调了数字模拟工具在评估和增强传统建筑设计方面的重要性。CFD模拟的使用为了解鼓楼的环境性能提供了科学依据，并为其保护和适应提供了实用建议。这种方法展示了如何使用现代技术来验证、优化传统建筑技术，确保其在当代环境中的可持续性和相关性❸。

综上所述，本研究肯定了肇兴侗鼓楼的环境适应性和建筑效率，通过保护这些传统结构并将其与当代环境标准相结合，可以确保其持续的相关性和功能性。这项研究有助于更广泛地讨论文化遗产的保护，为尊重和加强侗族建筑文化遗产的可持续实践提供了一个模式❹；将传统知识与现代技术相结合，为文化遗产结构的保护和可持续利用提供了一个强有力的框架，确保将其遗产留给子孙后代。

❶ GASPARELLA A, CORRADO V. Building simulation[J]. Science and Technology for the Built Environment, 2018, 24: 459-460.
❷ ZHAI Z J, MCNEILL J S. Roles of building simulation tools in sustainable building design[J]. Build, 2014 (7): 107-109.

❸ AUGENBROE G. Trends in building simulation[J]. Building and Environment, 2002, 37: 891-902.
❹ LIU P, ZENG C, LIU R. Environmental adaptation of traditional Chinese settlement patterns and its landscape gene mapping[J]. Habitat International, 2023, 135: 102808.

五、结语

对肇兴侗鼓楼的研究为技术如何在保护文化遗产的同时改善居民生活提供了重要的理论基础。从历史上看，社会通过整合创新技术来改善生活条件而不断实现发展。肇兴侗鼓楼是侗建筑的中心，象征着这种演变。鼓楼利用作为政治中心、社会场所和社区象征的多方面作用，体现了社会凝聚力、文化认同和历史连续性。

现代化的快速发展对侗鼓楼等建筑的传统功能和环境适应性提出了挑战。现代技术已经改变了这些传统建筑其环境之间的相互作用，需要对其当前的适应性和可持续性进行彻底分析。CFD 模拟已成为评估传统结构环境性能的重要工具❶，Phoenics 在鼓楼的 CFD 模拟中最为适配。这些模拟弥合了传统建筑智慧与现代环境要求之间的差距，确保了这些文化古迹的保护和可持续利用。

将技术与建筑相结合的哲学渊源可以追溯到可持续发展和环境适应的原则中。通过采用先进的计算技术和文化分析，本研究展示了传统和现代建筑实践是如何融合以满足当代需求的。CFD 模拟的使用为理解鼓楼的环境适应性提供了一个科学框架，确保了其在现代社会中的持续相关性和功能性❷。

此外，这种方法强调融合传统和现代建筑实践的潜力。通过保护传统结构和纳入现代环境标准，本研究可以确保其可持续性和相关性。这项研究有助于更广泛地讨论文化遗产保护，为传统建筑的可持续利用和保护提供切实可行的建议❸。

总之，传统知识与现代技术的结合为保护文化遗产结构，提供了一个强有力的框架。这种整体方法确保了像肇兴侗鼓楼这样的文化古迹能够适应当代城镇环境，为子孙后代保留其遗产。借此，人类可以在欣赏技术和传统是如何和谐共存的同时，在保持文化认同当中，提高乡村生活质量。

---

❶ DING P, ZHOU X, WU H, et al. An efficient numerical approach for simulating airflows around an isolated building[J]. Building and Environment, 2022, 210: 108709.

❷ ZHAI Z J, MCNEILL J S. Roles of building simulation tools in sustainable building design[J]. Build, 2014 (7): 107–109.

❸ LIU P, ZENG C, LIU R. Environmental adaptation of traditional Chinese settlement patterns and its landscape gene mapping[J]. Habitat International, 2023, 135: 102808.

辽南地区官帽囤顶民居建筑营造技艺及文化特征研究[1]

余小涵[2] 李世芬[3] 李竞秋[4] 周羿成[5]

摘 要：囤顶建筑作为辽宁地区传统民居建筑形式之一，具有独特的地域特色。本文以大连市官帽囤顶传统民居建筑为例展开研究。基于实地调研、查阅史料和文献分析等方法，对官帽囤顶民居的营造智慧进行分析与研究，从而归纳其典型特征并追溯其文脉根源与历史文化源流。研究发现，官帽囤顶传统民居除具有辽南地区建筑特征外，还融合了胶东地区建筑营造技艺，揭示出一条由南向北的建筑文化与技艺传播路线。研究也为辽南地区传统民居保护提供了基础资料支撑。

关键词：辽南 官帽囤顶 营造技艺 传播路径

2010年，大连市普兰店区城子坦镇被列为省级历史文化名镇，通过调研城子坦镇及城子坦镇下辖的行政村，发现这些村落中还遗存着具有辽南地域特色的大连本土民居——官帽囤顶建筑，该类型建筑消亡速度过快，现在在普兰店、瓦房店和庄河境内尚存一部分，皮口草市附近最多，年份甚至可以追溯到明清以前。辽宁地区民居建筑的研究较为全面，大连理工大学在"住居形态"研究方面较为深入，如环渤海、渤海北域乡村住居形态研究[1, 2]，辽西滨海民族住居形制的演变[3, 4]等；建筑营造技艺层面，有辽西海平房建筑技术研究[5]、蒙古族营屯[6, 7]和"海青格热"民居[6]等；在囤顶民居建筑形式层面，有针对辽西囤顶形式的研究[8, 9]。可见在辽宁地区传统民居的研究中对于囤顶民居的形式研究不够深入，缺乏文化与技艺传播路线溯源探索。以《辽宁省乡村振兴战略规划（2018-2022年）》为背景，现以城子坦街道下辖的行政村老古村李家卧龙辛亥革命东北第一枪建筑旧址为主要研究对象，探索官帽囤顶民居建筑营造技艺及文化特征。

一、老古村基本概述

1. 村落概况

老古村作为省级历史文化名镇城子坦镇下辖的行政村，现存大量大连本土民居——官帽囤顶建筑，是珍贵的调研样本。老古村坐落于辽东半岛中东部的城子坦镇东郊，距离黄海仅10km，南临金州区，北接营口市，东靠庄河市。碧流河西岸的老古村享有优越的水利资源，适宜水稻种植。该地区交通便利，201国道和大庄高速公路贯穿全境。附近景点包括城子坦的近现代建筑群、安波小镇，以及大连普明禅寺，使其成为旅游胜地。从地貌地形来看，老古村所在地势从东往西方向抬高，像一条俯卧的巨龙，属于水陆交通便捷的兵家必争之地，因此得名"李家卧龙"。

村外紧邻201国道，村内则是主路贯穿其中，主路与国道交叉呈锐角，使得村口略显狭窄，民居分布形态被村内主路与国道切割为两类（图1），一类位于村内主路北侧，民居分布形态依地形地势特点由东向西呈条带状，民居建筑前后两排一字排开，较有规律，占地面积较小，多为传统民居；另一类位于主路和公路所夹的锐角区域内，房屋呈散点状分布，多为2~4户并联，由不规则乡间小路引至主路，占地面积普遍较大，多为新建。

2. 传统民居概况

（1）李家卧龙辛亥革命东北第一枪建筑旧址

李家卧龙辛亥革命东北第一枪建筑旧址位于201国道旁边，附近设立辛亥革命第一枪纪念碑和纪念园，据东北辛亥革命亲历者宁武在《辛亥革命回忆录》"东北辛亥革命简述"中记载，1911年（清宣统三年）11月20日，民军首领顾人宜，率庄复民军，响应武昌起义，向清军巡防营李家卧龙驻营地，发起进攻，打响了辛亥革命在东北地区的第一枪，此战旗开得胜，清军败退瓦房店。11月27日，顾人宜于李家卧龙宣布成立"军政分府"和"征清满洲第一军司令部"。2015年9月2日该旧址被列为李家卧龙"中华民国（庄复）军政分府"旧址，2021年3月3日被列为市级文物保护单位。这座占地面积2300m²的旧址为并联两进院落，由最早从山东来到这里的李姓家族所建，其中东边进院年久失修破败无人居住，西边进院保存相对完好，现如今由李氏后裔居住和作为酿酒作坊使用，门房10间，正房13间，距今140年左右，年代久远，形制高，建筑形态保存完好，对研究官帽囤顶建筑具有研究价值。

（2）民居建筑形制

老古村的民居属于沿海型临海民居，均为囤顶或平房，这些囤顶不同于辽南传统囤顶建筑，建筑屋顶形态犹如扁平的"几"字形官帽，于是当地人称其为官帽囤顶建筑。

老古村民居的平面布局均为合院式，除了东北革命第一枪建筑旧址为二进院（图2），其余普通民居均为一进院。这些普通民居部分为一合院，部分为有西厢房或一边加建养殖牲畜的简易雨棚的二合院，正房对着的多为偏向西墙的门楼，且门楼形制与正房屋顶形制呼应，均为官帽囤顶形制。这些民居的正房多为3间，部分为5间，因正房开间小，院落进深大，建筑平面形态多为狭

---

[1] 基金资助：国家自然科学基金项目"环渤海传统民居谱系及其传承策略研究"（52278007）。
[2] 余小涵，大连理工大学建筑与艺术学院，硕士研究生。
[3] 李世芬，大连理工大学乡村振兴研究中心主任，建筑与艺术学院教授、博士生导师。辽宁省土木建筑学会乡村振兴与小城镇建设专委会主任，中国民族建筑研究会民居建筑专委会常务理事，研究方向为地域文化与住居形态。
[4] 李竞秋，大连理工大学建筑与艺术学院，博士研究生。
[5] 周弈成，大连理工大学建筑与艺术学院，硕士研究生。

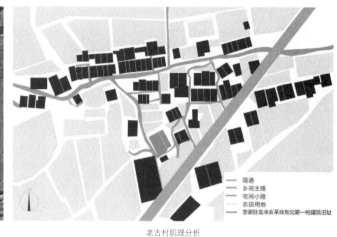

图1 老古村村落现状图（老古村实景展示 / 老古村肌理分析）

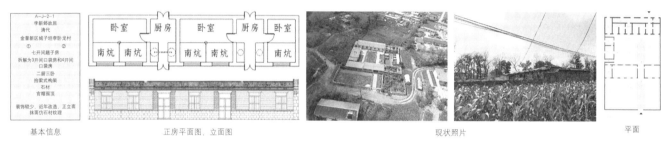

图2 李家卧龙辛亥革命东北第一枪建筑信息（基本信息 / 正房平面图、立面图 / 现状照片 / 平面）

长的长方形，院内置水井、猪圈、鸡埘等。大部分民居屋顶未经翻修，只是在上面覆盖黑色彩钢瓦防止漏水。这些民居外观朴实素雅，均为砖木石结构，建筑材料多为当地大块青石墙体。因乡村人口流失，多数房屋因无人居住而逐渐风化成残垣断壁，显得破败萧条。

二、官帽囤顶建筑营建智慧

1. 官帽囤顶屋顶营造

与辽南其他地区剖切面呈弧状的囤顶建筑屋顶不同，官帽囤顶建筑屋顶剖切面呈扁平"几"字形，其囤顶从中轴向垂直于纵墙方向的坡度较缓，如同高处的"帽顶"，到前后纵墙前有一个较陡的下落，再延伸出墙体20~40mm，如同低处的"帽檐"。"帽檐"所在的墙体高度低于"帽顶"，对于"帽檐"处的墙体顶部有两种做法，一种是对于宽度小于2m的窗宽和门宽，直接用条石架在石墙上形成门洞和窗洞，另一种是宽度大于2m的过街门洞，因石材的抗拉性弱，需要在石墙上先置入木条，再承托条石以形成门洞。无论是哪种做法，檐下条石的作用都是为了保证墙体上方平整，方便放置300mm×450mm×10mm的板石，使得屋檐得以延伸出去20~30mm。再在板石上方沿着纵墙方向压上长1~1.5m的条石压顶，条石的长度呼应窗户与窗间墙宽度，并在条石之间设置3~4片叠起来的瓦片叠成的落水口（图3）。这种低技做法相较于普通弧状囤顶无组织排水，形成了有意设计的有组织排水，不仅在功能上保护了墙体，还在美学上呼应了秩序性，此外还能满足当地村民晒粮食的需求，体现了传统民居的营造智慧（图3）。

2. 承重体系与维护结构

（1）承重体系

官帽囤顶建筑的承重采用了砖木石混合结构，与其他辽南囤顶民居相同的是，屋架由柱子和墙身共同承托，与辽南其他地区的囤顶民居不同的是，该地区的官帽囤顶墙身里的木柱直径很小，有的甚至比椽子还细，而梁又十分粗壮，由此可以判断，石墙本身应当是承受了大部分荷载，这与老古村盛产石料有关。官帽囤顶的屋顶一般选用较为粗壮且略带曲度的木材作为大梁，以此在屋面形成微坡利于排水，但因为弯曲木料的曲度要求较高，一般选用笔直的木材作为大梁，可在大梁与檩条之间垫板或支短柱以找坡。囤顶的坡度主要受到所支垫板或短柱的高度控制。

（2）围护结构

该地石材原料丰富，石料是最常见的建筑材料，墙体厚度达到400~500mm。普通民居只使用石料，石料从底到顶逐渐从整到碎，石墙之间夹黄泥，这种砌法不仅保温性好，墙体也十分稳固，从而出现"屋倒墙不塌"的现象。形制较高的建筑，讲究立面的形式美，除了石料，还会使用砖和平整大条石，平整大条石起到分界和强调的作用，以辛亥革命东北第一枪建筑旧址为例，以离地面垂直距离900~1000mm的建筑腰线为分界线分成上下两个部分。腰线本身就是横向的平整大条石，腰线以下用较大的石块，粗犷厚重，用于防潮防虫，腰线以上是门窗，门窗两边是用青砖架成的列柱和窗间墙的组合，青砖有整平窗间墙不规则石块的作用，窗间墙用块石组合，用泥土勾缝形成纹饰，越往上的石头越小越零碎，这种下大上小的石材排布，符合承重规律，顶部碎石更有利于置入梁。对于一些面积不大、规制小的民居，腰线多用两皮青砖取代，或直接取消腰线。

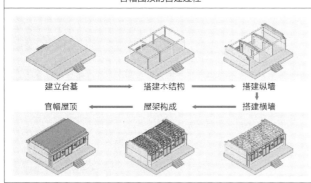

图3 官帽囤顶屋顶营造

3. 构造节点

（1）大石头的处理与应用

老古村石材原料丰富，大条石有不同的且较为成熟的处理方法（图4）：①做门洞转角石，900mm×600mm×400mm并雕花，具有装饰性；②长方形的石头横放在窗户底部，做腰线，凸显横向构图；③切成薄石片，做"帽檐"板石；④切成长条石，做压顶石头；⑤做门窗过梁。

（2）板凳式悬臂梁

在辛亥革命东北第一枪建筑旧址门房檩条可见数处板凳式悬臂梁，这种悬臂梁是民间发明的一种较为省材的做法。具体做法就是在不规则檩条处用榫卯的方法钉入两个200~300mm长的小木条，再插上400~700mm的短木檩条，既修整了因为檩条自身形状不规则导致的局部屋顶承重不均匀的问题，又利用了不规则木材，节省造价，体现了民间智慧。

（3）门龛

在辛亥革命东北第一枪建筑旧址门房过街门洞入口两侧设有一对龛，挖长方形洞600mm×400mm，用砖砌一圈包边，普通民居也设龛，形状较小，也是用砖垒一圈，形式比较简洁，一般设一个，有的龛顶部呈弧形。

三、官帽囤顶建筑的源流与现代演变

1. 文化与技艺传播路线溯源探索

辽南地区的官帽囤顶建筑的建造技艺与胶东传统民居建筑展现出相似之处，这种技艺在山东省招远市张星镇等盛产石头的传统村落中也有所体现。这种类似的"帽檐"结构处理方式受到了跨区域间文化交流的影响。推测在闯关东时期，胶东地区的石头房建造技

图4 构造节点

艺被传入辽南地区，并在当地逐渐演化出独具本土特色的建筑形式。这种跨区域技艺传承与文化交流的现象展示了不同地域之间在建筑艺术方面的互相影响与借鉴，揭示了一条由南向北的建筑文化与技艺传播路线。

2. 官帽囤顶的现代演变

年代久远的官帽囤顶建筑屋顶压顶条石上方会用深色砖再压顶环绕一圈，形成较为醒目的官帽形勾边线，强调屋顶形状，与建筑本体古朴的石材本色相结合，颇具一种淡雅风格。年代较近的民居，虽然有意识保存官帽屋顶形式，但在做法上简化了许多，如门楼的官帽屋顶，原来的板石被砖替代，使得延伸的距离缩短，不再强调挡雨和保护墙面的作用，形式重于功能。压顶条石和墙体都用水泥整体抹平，不再用深色砖强调官帽囤顶屋顶的线条感，清一色的水泥或装饰贴面替代了原来的做法，官帽囤顶的技法和审美都在逐渐消逝中。

四、结语

在宏观层面审视营造技艺，我们得以更清晰地揭示其历史脉络和文化源流，这对于研究乡土遗产和明清以前的传统民居具有重要意义。官帽囤顶建筑作为辽南地区传统民居建筑形式之一，既具有辽南地区囤顶建筑的典型特征，其官帽形态又体现了显著的辽南地域特色。通过溯源，又发现官帽囤顶建筑并非孤立存在，而是融合了胶东地区石头建筑营造技艺。这种跨地域的技艺交流，不仅丰富了官帽囤顶建筑的艺术表现，也彰显了中华建筑文化的多元与包容。官帽囤顶建筑，为我们提供了研究辽南非物质文化遗产的宝贵物质载体，成为跨越时间与地域的桥梁。因此，对于官帽囤顶建筑的保护、传承与发展，不仅是对辽南地区传统民居文化的保护与传承，更是对中华优秀传统文化的弘扬与发展。

参考文献：

[1] 李世芬，赵嘉依，杜凯鑫，等. 方言分化背景下渤海北域乡村住居文化研究[J]. 建筑学报，2021，(S1)：12–17.
[2] 李世芬，赵嘉依，杜凯鑫. 基于方言分区视角的环渤海乡村住居形态研究[J]. 新建筑，2022，(1)：120–125.
[3] 李思博. 传播学视野下的辽西滨海传统住居形态研究[D]. 大连：大连理工大学，2019.
[4] 于璨宁，李世芬，李思博. 辽西滨海文化交错地区民族住居形制的演变特征解析[J]. 华中建筑，2021，39（3）：126–130.
[5] 赵兵兵，张昕源，吴琦. 辽西民居海平房营造技术原真性再现研究[J]. 建筑与文化，2019，(2)：225–226.
[6] 孙心乙. 辽西蒙古族营屯的演化与更新研究[D]. 大连：大连理工大学，2020.
[7] 孙心乙，唐建. 辽西蒙古族营屯聚落的建筑与叙事特征[J]. 装饰，2018，(9)：120–123.
[8] 王嘉裕. 辽宁省朝阳县传统囤顶民居研究[D]. 沈阳：沈阳建筑大学，2020.
[9] 刘万迪，陈伯超. 辽南地区内陆型临海民居初探——以大连市金州区华家屯镇地区民居为例[J]. 沈阳建筑大学学报（社会科学版），2012，14（3）：234–239.

晋西师家大院"窑房同构"营造技艺研究

冒亚龙[1]　蔡敏君[2]　高舜琪[3]　陈悦琳[4]　赖　哲[5]

摘　要：师家大院营造技艺，植根于黄土高原特殊的文化土壤，承载了世代匠人的生态智慧，技术与艺术价值并存。经过详尽地实地调研、测绘和传承人访谈，结合图解分析，对晋西师家大院营造技艺进行了系统研究。宏观上，师家大院以堪舆技术为基石，营造出"林—院—敞—田—河"的和谐景观序列，构建了"窑上窑、院上院"的独特空间格局。而在微观层面，其单体营造技艺更是独树一帜，采用"窑上建房"与"窑前建房"的手法，将"砖石锢窑"与"木构瓦房"完美融入山地环境，创造出比例和谐、对比鲜明、工艺细腻的"窑房同构"山地院落，充分彰显了黄土高原文化的独特魅力和晋西匠人的非凡智慧。

关键词：师家大院　"窑房同构"　"窑上建房"　"窑前建房"　营造技艺

师家大院聚落景观独特，营造技艺精湛，深刻体现了晋西匠人对地形地貌、材料科学、结构力学及建筑美学的全面理解，具有较高的技术与艺术价值。"窑房同构"是师家大院营造技艺的核心特色，指窑洞与房屋在平面布局、立面形态、力学结构以及营造技艺上的和谐统一。薛林平、朱宗周、周婧等学者已对传统窑洞营造的工具系统、工匠组织及营造方法进行了详细记录与分析。[1-3] 王金平进一步从营造技术角度，提出了晋系古建筑"窑房同构"的营造体系，并系统阐述了六种主要技术形式，包括"窑上建窑、窑上建房、窑前建房、窑顶檐厦、无梁结构、窑脸仿木"。[4] 然而，当前关于师家大院的研究多集中于家族谱系、[5] 三雕工艺、[6] 空间形态、[7] 遗产保护[8] 及旅游开发等方面，对其营造技艺的深入科学解读尚显不足。因此，本文旨在全面系统研究师家大院的"窑房同构"营造技艺，深入剖析其技术特征、艺术表达及文化内涵，以期为这一宝贵文化遗产的传承与发展提供坚实的理论支撑。

一、师家大院的自然历史格局

师家大院是师家沟村的历史保护建筑群，位于山西省临汾市汾西县东南隅，距县城约5km。汾西县境内主要为梁峁状黄土丘陵，属于温带大陆性气候，四季分明，夏季炎热多雨，冬季寒冷少雪，且西北风肆虐。师家沟村地处临汾断块构造带中的蔡家庄断层附近，地形以山地和丘陵为主。[9]《师氏族谱》载录，[5] 乾隆三十四年（1769年），师氏第三代族人师法则经商有成，遂兴建师家大院。其五子各承一门，立"敦本堂""敦仁堂""敦让堂""敦诚堂""敦厚堂"，共筑"巩固大院"。五堂支脉繁衍传承，师家大院也渐次扩展。历经百年营造，师家大院内大小31座院落随山势层层错叠，构成占地10万余 m² 的宗族聚落建筑群。大院以"福地"为核心，依据"礼"制秩序及宗族关系排布宅院，形成高低错落的风车状布局（图1a）。

二、师家大院总体环境营造技艺

大到都城定位，小到民居择址，中国古代有着一套系统、朴素的堪舆理论与技术。堪舆术就是把阴阳五行和天人感应思想结合起来的一种学问，故自古以来称"形学"，包含了原始朴素的建筑环境学、地理学、地质学、气候学、方位学、哲学、玄学与心理学等诸多学科内容，[10] 深刻影响着传统建筑的环境营造。

1. 总体环境营造技术

（1）选址布局营造技术

传统民居选址布局常采用四种技术形式：三面环山、一面临水，背枕主山、三面环水，后靠丘山、三面开阔，以及平地临水。堪舆理论认为，山可藏气，水可载气，三面环山、一面临水的总体环境是"藏风聚气"的风水宝地。师家大院西、北、东三面环山，南侧一条节令小河缓缓流过，形成"枕山面水，环山聚气，负阴抱阳"的理想山水格局（图1b）。《师氏族谱》记载："始祖复禹亲游于东乡之师家沟村，观其村之向阳，山明水秀，景致幽雅，龙虎二脉累累相连，目观心思以为可久居之地焉……以其护卫区穴，不使风吹，环抱有情，不逼不压，不折不窜，故云青龙蜿蜒，白虎驯俯。"

（2）环境景观营造技术

师家大院的环境景观整体表现在人工景观与自然景观的和谐，人工景观顺应自然地形、地貌及生产生活需求，自上而下呈"林—院—敞—田—河"的立体景观序列，表达"耕读传家"家族生活理念。山林作为大院的天然生态屏障，既阻挡了风沙和寒流，又调节了大院微气候。院落阶梯状布局不仅最大限度地利用了土地资源，还构建了一个易守难攻的战略体系。"入口广场""打麦场""福地"等公共活动场域，在功能上分别承担着集会、生产和祈福的重要职责，它们相互呼应、层层递进，形成了一个有序且充满活力的公共环境。沿河开垦的梯田则体现了古人对土地资源的敬畏与合理利用，展现了古人深厚的农耕智慧和生态理念。

（3）立体交通营造技术

师家大院的立体交通营造技术兼具实用性与美学价值。坡道、涵洞是公共交通的关键元素，它们将各级台地连通，有效解决了因山地地形带来的高差问题。坡道用大青石铺面，坚固耐磨，有利

---

[1] 冒亚龙，华南理工大学建筑学院，亚热带建筑与城市科学全国重点实验室，华南理工大学建筑设计研究院有限公司，教授，博士生导师。
[2] 蔡敏君（通讯作者），华南理工大学建筑学院，博士研究生。
[3] 高舜琪，华南理工大学建筑学院，硕士研究生。
[4] 陈悦琳，华南理工大学建筑学院，硕士研究生。
[5] 赖哲，华南理工大学建筑学院，博士研究生。

(a) 师家大院总平面图
(来源：根据《山西汾西县师家大院古村落保护与利用研究》改绘)
(b) 三面环山，一面临水
图 1 师家大院总体环境营造技艺

(a) 下层窑院厢房做上层窑院入口平台
(b) 下层窑院檐厦下设楼梯
图 2 师家大院交通营造技术

于排水。涵洞由青砖砌筑，顶部或做平台，或建造瓦房。楼梯是连接私密空间的关键要素，它打通了不同标高的宅院，利用下层窑洞的屋顶兼作上层瓦房的庭院。这为师家大院"窑上窑、院上院"的空间格局奠定了基础。以成均伟望院为例，其西厢窑顶兼作上层宅院的入口平台，正房窑顶则化身庭院，这种营造技术不仅充分利用了土地资源，还使得整个院落的空间布局更加和谐统一（图 2）。

2. 总体环境营造艺术

大院总体环境营造艺术强调天、地、人同步，重视建筑、环境与人之间的同构关系。与中华传统建筑一样，大院建筑的营造艺术不仅在于单体形象，更在于群体的有机组合；不仅在于单体的精雕细琢，更在于宏观整体的神韵气势。师家大院总体环境融农耕文化、士大夫文化及商业文化于一体，环境营造与伦理制度异质同构。依据院落的朝向和所处的台地高差，可将师家大院内院落分为五个层级：一级台地位于大院最高处，设有银库，象征着家族的财富与地位；祖院位于二级台地，与"福地"同属一层，体现了对祖先的尊崇与敬仰；"五堂"院落则主要分布于三级和四级台地，满足了不同家族成员的生活需求；祠堂位于第五层级，承载着家族的信仰与历史。

三、师家大院"窑房同构"民居的营造技艺

晋商大院融合传统窑洞技术与木构瓦房技术，形成独特的"窑房同构"技术体系。由于晋商大院所处的环境不同，又可分为平地型大院和山地型大院。师家大院采用"窑上建窑、窑上建房、窑前建房"等"窑房同构"营造技术，将四合院布局与山地环境和谐相融，建构了多进多层、依山就势的山地大院营造体系。

1. "窑房同构"的用材经验

师家大院营造遵循就地取材的用材原则，青砖、石灰、榆木、松木、青石是其主要建材。"窑房同构"民居的原型是"砖石锢窑"，采用 300mm×145mm×70mm 的青砖通过"插碹"技术构筑，石灰作为粘结剂，窑洞券形主要为三圆心组合式。青砖是砌筑"砖石锢窑"的理想材料，其高抗压、低抗拉的特性与拱券结构相契合，耐久抗冻，适应晋西夏热冬冷的气候。"木构瓦房"是"窑房同构"民居的转化因子，它以榆木为骨架，松木做装饰，屋面铺青瓦，屋脊则由青砖和青瓦砍件砌筑。此外，台基、踏跺、柱础等受压构件，以及排水设施，均采用青石雕琢而成。

2. "窑房同构"的技术类型

师家大院内采用的"窑房同构"技术包括"窑前建房"和"窑上建房"两类。这两种技术与山地环境相互作用，实现了"窑洞、合院及山地"的立体融合。

（1）窑上建房技术

窑上建房技术指在砖或石砌窑洞上构建木构瓦房，如成均伟望院正房（图 3a、c）。该技术主要用于院落正房营造，以强调正房空间的庄重。窑洞既是下层院落的生活空间，也是上层院落的支撑结构。窑顶覆土厚度接近 1m，以承托上层瓦房的压力。瓦房常后退墙面约 2m，形成狭长的内院。瓦房后墙与窑洞后墙平齐，墙面高耸光滑，用来防止匪盗。为维持窑房结构的稳定性，瓦房的开间与窑洞的跨度保持一致，瓦房平面常呈"一"字形或"凹"字形，砖木混合结构，屋架多采用三架梁，屋顶均为单坡硬山顶。

（2）窑前建房技术

窑前建房技术指在窑洞前搭建木构檐厦，如竹苞院正房。（图 3d~f）檐厦进深约 5 尺，可提供交通、烹饪、娱乐、储存等多种辅助功能。檐厦的营造技术借鉴了大木作的檐步架技艺，抱头梁和穿插枋作为横向受拉构件，栌斗、额枋、檐柱为竖向受压构件。檐厦的开间与窑洞跨度相互协调，檐柱多为单柱，部分设双柱以增强窑房结构的稳定性。檐厦与窑洞的衔接是窑前建房技术的关键，通过"复合窑壁"实现。复合窑壁内部隐藏了暗柱、爬墙檩及檐椽，这些构件相互搭接，将檐厦屋面的荷载有效地传递到拱顶，并最终由窑腿分散至地面，确保了整体结构的稳固与安全性。除此之外，窑前建房技术常与窑上建房技术同时使用，因而，檐厦尽端常设楼梯直达上层瓦房（图 2b）。

3. "窑房同构"的营造艺术与仪式

"窑房同构"的营造艺术不仅体现在其立面的和谐比例上，更在材质与工艺的巧妙运用中得以彰显。立面营造严格遵循黄金分割原则，窑洞与檐厦的总高、拱高与总高、炕前窗与门窗总高之比均接近 0.618，共同构建出和谐的比例关系（图 4a）。同时，立面的材质对比鲜明，方形檐厦与弧形拱券相互协调，砖砌拱券的简朴敦厚与木质檐厦的繁复纤巧形成强烈对比，增强了视觉冲击力。此外，师家大院的"窑房同构"立面还展示了丰富的营造工艺，集木雕、砖雕和石雕于一体，采用阳雕、阴雕、透雕等多种手法。檐厦雀替及屋脊陡板砖上阳雕着花卉藤蔓，窗棂则透雕着拐子龙纹、菱花纹，匾额和柱础则阴雕着吉祥文字和花卉图案，这些精湛的工艺技艺为"窑房同构"的立面增添了无限的艺术魅力（图 4b~d）。

原始宗教"万物有灵"的信仰认为，营造艺术与营造仪式相辅相成。合龙口是窑洞营造特有的仪式。工匠在砌筑拱券时预留

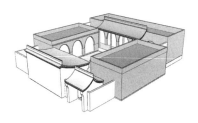
(a) 窑前建房透视

(b) 竹苞院

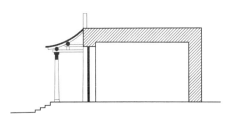
(c) 窑前建房剖面

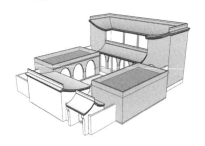
(d) 窑上建房透视

(e) 成均伟望院

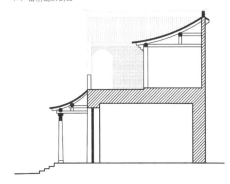
(f) 窑上建房剖面

图 3 师家大院"窑房同构"营造技术分析

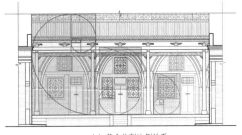
(a) 黄金分割比例关系

(b) 木雕装饰

(c) 砖雕装饰

(d) 石雕装饰

图 4 师家大院"窑房同构"营造艺术分析

砖缺，举行仪式时，户主用缠绕五色彩线或红布包裹的"合龙砖"填补空缺，鸣炮庆祝，并抛撒食品与零钱，寓意祈福纳祥。

四、结语

"窑房同构"营造技艺是一种复杂且系统化的民居营造技术体系。该技术体系与山地环境的完美融合，造就了师家大院独特的建筑风貌。经过深入地调查与分析，我们发现"窑房同构"技艺不仅贯穿于师家大院的整体环境布局与空间规划，更在民居立面的精细营造中得以体现。首先，大院环境依托山地地形，构建出"林—院—敞—田—河"多维度的立体环境序列，既充分利用了自然生态，又彰显了人与自然的和谐共生；其次，在空间布局上，大院与山地有机互动，形成了"窑上窑、院上院"的立体空间格局，既增强了空间的层次感，又凸显了建筑与自然环境的和谐统一；再次，大院的立面设计融合了木构与砖拱的双重特征，材质间的对比强烈而富有张力，形式比例和谐统一，展现了丰富的营造工艺；最后，"窑房同构"营造技艺的实施过程中，营造仪式与营造技艺相得益彰，不仅体现了师氏族人对祖先的深厚敬畏，也寄托了他们对美好生活的深切祈愿，使得整个营造过程充满了深厚的文化内涵和人文情怀。

参考文献：

[1] 薛林平，刘传勇，胡盼．山西平陆县地坑窑营造技艺初探[J]．建筑遗产，2021 (2)：32–39．

[2] 朱宗周，薛林平，马颉瑄．手绘乡土建筑营造技艺——以平定县传统锢窑为例[J]．古建园林技术，2017 (3)：88–92．

[3] 周婧，石谦飞．晋西沟壑区窑洞营造技艺传承探索——以柳林县西坡传统村落为例[J]．城市建筑，2022，19 (21)：146–152．

[4] 王金平，王占雍．晋系古建筑典型营造技术初探[J]．西部人居环境学刊，2017，32 (5)：1–8．

[5] 韩冰雪．血缘村落民居形态研究——以山西汾西师家大院为例[J]．学理论，2019 (4)：67–68+91．

[6] 卢渊，薛蕾．山西师家大院建筑及其装饰艺术的整体性保护研究[J]．西安建筑科技大学学报（自然科学版），2016，48 (1)：137–142．

[7] 薛甲．山西省师家大院窑洞空间形态研究[D]．昆明：云南大学，2019．

[8] 薛蕾．山西汾西县师家大院古村落保护与利用研究[D]．西安：西安建筑科技大学，2015．

[9] 薛林平，等．师家沟古村[M]．北京：中国建筑工业出版社，2010：3–9．

[10] 冒亚龙．书院空间形态与意义——以岳麓书院为例[M]．昆明：云南美术出版社，2023：106–116．

[11] 严康，邹其昌．先秦至两汉时期工匠建房仪式民俗文化考论——中华工匠文化民俗系统研究系列之二[J]．艺术探索，2023，37 (5)：75–86．

大连近代日式民居营造技术研究

——以甘井子北明街建筑群为例

刘士正[1]　魏子薇[2]　张艺壤[3]　陈　飞[4]

摘　要： 1905~1945年，大连建设了大量的日式民居，成为城市历史风貌的组成部分，这些建筑已建成百年，面临修缮保护。本文通过实地测绘、访谈、查阅史料等方式对大连市内部分日式民居建筑进行了调研，对其建筑形制、营造方式进行了归纳总结，并从建筑特征、结构特征、材料装饰等方面与大连本地民居的设计方式进行对比，同时分析了日式建筑形成其独特形制的主要因素，为大连日式民居建筑更新改造补充技术支持和理论依据。

关键词： 日式民居　历史保护　建筑营造

　　1899年大连正式开埠建市，开始了大连港城一体的规划和建设，也开启了大连的近代城市化进程。随着日本企业与移民的入驻，城市建设了大量日式民居，这些民居遍布城市中心区与郊区。

　　至今，一些日式民居聚集区已经成为历史特色风貌区，如大连南山风情街就是保留的日本式民居建筑群；凤鸣街是大连市最具和风特色的庭院式老街。这些日式民居是大连城市人文记忆的重要载体。《大连市历史文化名城保护规划》中将部分集中连片日式住宅划入历史建筑保护名录中，但依旧有大量零散分布的日式建筑未被纳入历史建筑保护名录，这些建筑历经百年风雨，部分被住户修缮使用至今，部分由于空置过久已成危房，部分随着城市发展不得已测绘后拆除。笔者参与部分日式民居建筑更新项目，本研究通过测绘及调研，分析记录其建筑设计结构、文化属性、营造方法，为大连日式民居的保护和异地重建提供参考。

一、大连日式民居营造技术

1. 研究区位

　　研究测绘建筑位于大连市甘井子区，北明街、甘海路与山春街交汇处。新规划的光明路高架桥覆盖此处，为此规划建设相关单位对此处近代日式建筑进行测绘。

　　此处日式民居建筑共有6栋，2栋为一组，共3组，建设于1921年，其主要用供当年港口码头和铁路家属人员办公、居住使用。1945年之后，变更为普通住宅，由部队家属人员居住至今。这6栋日式民居出自建筑师横井谦介之手，设计风格融合了东西方元素，摒弃了传统日式建筑的纯木构结构形式，采用砖混为主、木构屋顶为辅的混合结构。设计师将日式传统与西方的复古主义、折中主义、现代主义风格融合，形成了独具特色的"和式洋风"建筑风格。[2]

2. 建筑营造

（1）平面营造

　　这三组建筑皆为封闭式住宅，相比较于日本本土木构民居，此处的日式民居中，西式房间比例大于日式房间，并且住房设施齐全，拥有现代化的浴室、卫生间和厨房。

①双户平面

　　3组6栋建筑中有2组4栋为双户型结构，平面风格秉承了轴线对称、比例和谐、主次分明的特征。建筑坐北朝南，以四开间二进深的结构形成了东西对称的平面形态。建筑中间承重墙将建筑分为两户，各户从北侧开门，在门厅与走廊之间有一处不小的过渡空间。走廊东西连接建筑一层的客厅、厨房、卧室，在走廊尽头则是通往二层的楼梯。建筑二层则是由一间向南的阳光卧室和一间书房组成（图1）。

②单户平面

　　3组建筑中另外一组为单户型建筑，采取比较自由的平面布局结构，由一条东西向走廊，从建筑西侧正门入口直插至建筑内部。建筑中部走廊宽度减半，让出楼梯位置。随后走廊被东侧后门门厅前的库房隔断，避免出现走廊连通两侧出入口的情况，以营造出曲径通幽的感觉。

　　走廊北侧布以厨房、库房、客房等无须阳面的平面功能区，南侧则是主卧、客厅、次卧等主要功能区。从走廊上到建筑二层，正面就是一个西向的阳台，南向则是卧室和书房。

　　这些民居建筑是砖混结构，由墙体为建筑承力结构，这使得建筑的内部空间布局不受柱网限制，可以随时拆除改建。因此，在实地测绘这6栋建筑时，建筑内部的平面格局与当初图纸设计的格局有所出入。建筑建成后，每一代住户可以按照自己的喜好和需求，在不影响结构的情况下对各种功能区的平面进行一定程度的调整，而这些调整并不会破坏建筑设计时的基本格局（图2）。

（2）立面营造

　　大连北明街的日式民居建筑均为二层砖混小楼，立面比例协调。建筑台基一般为50~60cm，由于部分地方基址不平，台基的高度也有所波动，但整体台基高度较高。单户型建筑一层檐口一般距离台基3m，双户型建筑一层檐口距离台基2.6m。

---

[1] 刘士正，大连理工大学建筑与艺术学院，研究生。
[2] 魏子薇，大连理工大学建筑与艺术学院，研究生。
[3] 张艺壤，大连理工大学建筑与艺术学院，本科生。
[4] 陈飞，大连理工大学建筑与艺术学院，副教授。

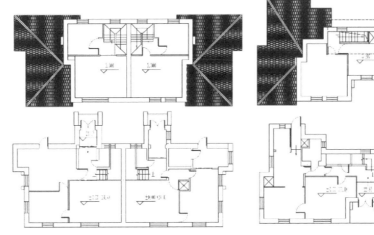

图 1 双户型建筑平面图

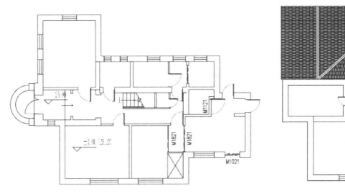

图 2 单户型建筑平面图

单户型建筑整体以一层为主，在南向阳光面建二层，并在门厅上方营造阳台；在主立面上，窗户的设计保证相邻不相同，通过在南立面上四扇窗设计四种形态来营造一个活跃的立面；主入口处以多要素的设计突出展现住宅大门的庄重以凸显建筑的庄重。建筑主入口方向的立面采用西式拱形窗户设计，并伴以西式花窗点缀，在外立面呈现出一种北欧洋房的风格（图3）。

双户型建筑的立面营造有共同性，都以绝对的对称作为建筑的立面设计语言，但两栋的设计手法并不相同。第一栋（图4a、b）采用无山墙的坡屋顶，整个立面朴素淡雅，立面窗户依旧保证在对称单元内相邻不相同；北侧主入口突出建造，形成一个独立的门厅。第二栋（图4c、d）在建筑南面采用山墙而非挑檐，配合具有特色的门厅和细节丰富的窗户，使得整个立面恢宏大气、极尽奢华，而北侧则是淡雅朴素、开窗较小，整体风格偏欧洲古典主义的对称式住宅。

3. 结构与构造措施

（1）砖混抗震架构体系

大连北明街日式民居的主要特点为其特有的抗震结构。由于日本多震，此处民居采用了日本本土抗震的设计手法：在建筑建造前，在建筑所坐落的位置向地下挖空1.5m后，打下地基并填土夯实，随后将建筑承重墙体建于地基之上。建筑一层地板和地面之间留有20~50cm间距，使建筑本体不与地面接触，加强了建筑抗震能力。建筑墙体则是标准的砖混结构，楼板和屋顶依靠木梁支撑（图5）。[3]

图 3 单户型建筑模型

图 4 双户型建筑模型

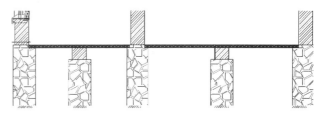

图 5 地基结构示意图

由于民居建筑跨度小，建筑单户尺寸不超过 12m×15m，建筑整体几乎只需要外墙体承重，因此建筑内部空间可以灵活调整。在实地探访中发现，部分建筑被后续居住者改造，结合其对院内和院外的重新营造，形成了与原有平面结构不同的特征。

（2）屋顶构造做法

大连地区绝大多数日式民居建筑的屋顶以四坡屋面为主，间有少量的两坡屋面。屋面的变化主要来自建筑的整体设计风格，以及屋顶样式组合的灵活多变。

大连市位于辽南半岛南端，属于温带季风气候，夏季温暖无酷暑，冬季虽冷但少严寒。在这样的气候条件下，民居屋顶形制展现出了一系列适应性特征：第一，屋顶坡度不能过小，以利于夏季排水，避免雨水积聚导致屋顶损坏；第二，由于海洋的调节作用，冬季不会过于严寒，因此屋顶的保温性能要求不必如中国北方地区那样严格，仅需要考虑防风和保温的需求。

此处日式建筑受气候影响，不需要像北方寒冷地区那样加上厚重的防寒结构，屋面构造相对简单，属于坡度较缓的屋顶。一般做法是：将屋面木板直接放置于檩条之上，在木板上覆盖一层防水布，随后在防水布上架设木条，在木条上架设瓦片。瓦片的形制是简单的"叠瓦型"，即上层瓦片压盖在下层瓦片之上，保证瓦片屋顶本身具有一定的排水能力。

由于大连北明街日式建筑大多以承重墙为主要承重结构，并不存在类似中国传统民居以柱网为主体承重的建筑形式，因此其屋顶的营造手法与传统穿斗式木架构体系房屋不同，日式民居采用的则是砖混结构与木架构屋顶的"混搭"形式。

这种形式的房梁架于承重墙之上，垂直且横跨承重墙的为主梁，架于主梁和承重墙之间、呈 45° 的为次梁。在主梁上架起立柱。立柱顶点和承重墙之间架起斜梁和屋架，并在立柱底端与斜梁/屋架间建造小斜梁，为斜梁缓解承重压力。斜梁及屋架上架檩条，檩条上铺屋面，构成了"混搭"的屋顶形式。

这种屋顶结构除了承载绝大重力的房梁之外，架设在立柱和承重墙上的屋架也是主要承力结构。因此，为防止斜梁过长承力能力下降，设计者将斜梁靠近承重墙的末端下设计了一处支撑斜梁的小型梁。小型梁在承载斜梁的同时也承载了辅梁，加强了整体结构的稳定性。

而屋顶之下并非"砌上露明"，而是在房梁之间通过龙骨铺设顶棚，坡下的空间一般不作为居住和储藏使用。此类屋顶风格与中国本土民居相似但营造结构不尽相同（图 6~图 8）。[4]

（3）墙体营造技术

① 砌体类型

大连北明街地区日式建筑采用本地材料，墙体石砖材料均来自大连本地砖窑烧制的普通红砖，以砖块为主要材料，通过砂浆或其他胶结材料砌筑而成。在实地拆除过程中发现，部分墙体通过木料进行支撑加固处理。

② 墙体构造做法

大连北明街地区日式建筑墙体材料一般采用的是黏土和生石灰，与现代水泥成分相近。墙体砌筑方法为一排横砖加一排竖砖，在垂直方向上确保横竖相间砌筑。墙体厚度为 36cm，外侧刷浆统一立面风格，内侧则由住户自主设计，以碳酸钙大白涂抹找平或贴以瓷砖。

③ 墙基

大连北明街地区日式建筑墙基由本地的花岗石、大理石等砌筑而成，由于日式建筑普遍采用悬空防震措施，墙基相比于大连本土民居格外坚固。墙基宽度一般为墙体的 1~1.5 倍、深度一般为 1~1.5m。墙基呈"井"字方格网布局，除承载承重墙外，也承载了一层的悬空楼板。

④ 外墙涂料

受文化影响，日本人认为黄色是一种神圣和纯净的颜色，因此大连大量日式建筑外立面被设计为黄色（图 9、图 10）。

图 6　屋顶照片

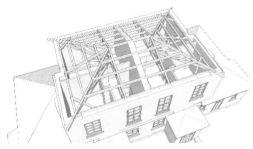

图 7　屋顶结构模型及照片

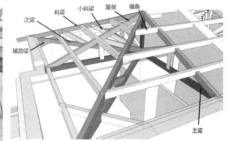

图 8　屋顶结构模型示意图

图9 墙体照片

图10 无人机拍摄照片

二、对近代历史建筑保护的思考

1. 历史建筑的保护方向

在快速城市化阶段，大连市建设了大量同质化的钢筋混凝土建筑，逐渐稀释掉了大连原有的西式城市设计风格。目前，大连市在申报国家历史文化名城方面进行了全面的准备和积极的努力。在此背景下，曾被埋没的近代俄、日建筑的保护和更新再次进入人们的视野。

大连近现代建筑保护的研究成果较少，在现有的文献中，"保存"就是要保持、维护其原貌、原状；"保护"则是要保留住其风貌、特点，这里包括更新与改造。在保护地区进行房屋的建设、改造时，要考虑与周围现状环境的相互关系与连续，可以通过寻求外在特征的联系，如使用共同的具体建筑形式、材料和色彩，或运用能传递信息、含义的抽象建筑符号等；也可以进一步挖掘影响环境的内涵因素，如建筑的布局、体量、韵律、节奏、象征意义等，使建筑达到与周围环境的协调，做到"形似"与"神似"。

2. 历史建筑保护更新展望

（1）在原有建筑基础上更换组件来完善更新

更换组件是指在不破坏原有的日式民居特点的前提下，将老旧的建筑组件的形制进行测绘，用现代技术打造高强度、耐损耗的新型组件进行替换。同时，为了满足现代人的生活需求，在充分考虑原有建筑功能与结构的前提下，进行组件加建，例如防火、保温等建筑组件。

（2）通过易地搬迁更新重建

在城市发展中不得已拆除的部分建筑，将原有建筑组件进行强度测试后，用现代组件替换易损耗组件，保留状态良好的组件，修复具有文化识别特征的组件，另寻它址重建，以求"神似"。

三、结语

本研究通过对甘井子北明街近代日式建筑测绘数据的分析研究，总结出大连近代日式民居建筑的营造方法和建筑特点。研究过程中，文章分析了此处建筑的平面、立面营造方法，及其屋顶、墙体结构构造模式，旨在为大连其他近代日式民居建筑的维护、更新和改造提供一定的科学依据。

本研究不仅为大连近代民居更新保护提供了支持，也为其他地区历史民居营造特征研究提供了可借鉴的思路。然而，大连近代日式民居不仅只有本文研究的特征类型，仍有许多采用其他营造技术和设计风格的近代日式建筑值得研究。本研究尚仅能代表以横井谦介引领的"和式洋风"民居建筑的特点，不能覆盖大连全部的近代日式民居建筑。未来研究可以将大连全部近代日式民居营造技术进行对比分析，不断完善大连近代日式建筑的相关数据。

注：感谢大连市国土空间规划设计有限公司提供的数据支持。

参考文献：

[1] 郭梅. 日本殖民统治时期大连城市建筑风格探析[J]. 大连城市历史文化研究, 2017: 91–101.

[2] 包慕萍. 東アジアにおける田園都市の展開：1920 年代大連郊外住宅地の形成に関する研究[J]. 大和大学研究紀要, 2021, 7: 25–34.

[3] 山崎幹泰. 西澤英和. 耐震木造技術の近現代史 伝統木造家屋の合理性[J]. 建築史学, 2018, 71: 219–228.

[4] 林英昭, 中川武, レ・ヴィン・アン. 梁行架構組の主要部材の設計 ベトナム中部の伝統家屋の設計技術の特質（その 2）[C]. 日本建築学会計画系論文集, 2009, 74（642）：1885–1894.

结合装配式钢结构技术的农宅屋顶更新改造研究
——以重庆地区为例[1]

李 雪[2] 王雪松[2] 蒋朝华[2]

摘 要：近年来，随着乡村振兴战略的推进，各地掀起乡村农宅屋顶改造热潮。调研发现，目前乡村屋顶改造存在质量低下、风貌破坏、资源浪费等问题。本文基于乡村运输、经济、劳动力、建筑技术等状况，并结合国家政策，提出了结合装配式技术的屋顶改造策略。本文先对重庆市农宅与屋顶进行调研，分析屋顶的风貌、空间、结构等现状，总结出"一明两暗，一楼一底"的农宅原型，再采用装配式钢结构技术对屋顶进行改造，并建立部品部件库，为乡村屋顶装配式改造提供了有力支持。

关键词：装配式 重庆地区 农宅屋顶 更新改造 部品部件库

乡村农宅是农民赖以生存的功能空间，但随着乡村的建设发展，乡村住宅功能属性也发生了变化，使现有农宅的居住空间与农民的生活生产需求不适应，农民便开始了自发性的农宅改造，其中屋顶改造是重点，但基于对材料的获取便捷性和造价的考虑，导致农宅屋顶出现了严重的质量问题和风貌破坏问题，引起了政府的关注。在此情况下，地方政府为了提升农宅质量与风貌，便对部分农宅屋顶进行了拆除或者二次改造。本文从建筑学的角度出发，以重庆市既有砖混结构农宅屋顶为研究对象，结合国家在乡村推广装配式技术的政策背景，通过将农宅屋顶的更新改造与装配式技术相结合，探讨既能满足农民生产生活需求，又能满足政府对于农宅质量安全和风貌塑造需求的屋顶更新改造设计策略，也期望本文能对装配式技术在农宅中的应用提供一定的探讨性建议。

一、重庆市农宅屋顶调研现状分析

1. 调研概况

对重庆沙坪坝区歌乐山镇、中梁镇、凤凰镇、巫山县、云阳县、渝北区、璧山区和綦江万盛区等地的多个村子进行了实地走访调研，共对235户居民进行了实地调查并发放问卷全部收回，其中有效问卷219份。通过调研针对性地了解当前重庆农村住宅现状，并对代表性农宅的平面布局和屋顶空间形态等方面进行详细测绘[1]，再根据调研的代表性农宅总结出典型的农宅原型与技术方案。

2. 调研结果分析

根据调研后整理，农宅建设年代、建筑型制与未来改造意向等调研结果分析如下（表1）：

在建设年代中，1990~1999年建设的农宅占比最大，砖混结构是在20世纪90年代左右兴起的，占比最大，占调研总数的95.4%。在建筑形制上，平面三开间的占比最多；农宅进深主要有单进深与两进深，两进深的占比为93.1%，主体建筑大多数为两层。改造前的平屋顶占比较大，为87.2%，坡屋顶占比较少，改造后的屋顶基本都是坡屋顶，在新农村建设的大背景下，农宅使用坡屋顶是必然趋势。改造后钢结构屋顶占比最大，其次是砖混木结构屋顶。

（1）农宅屋顶的空间利用

调研显示，农宅的屋顶空间形式可以分为上人屋面与不上人屋面，目前重庆市农宅的屋顶改造大多数是上人屋面。上人屋面是在原有建筑上直接覆顶，增加了居民的顶层生活空间。为了保证空间的使用，屋脊到楼板的高度一般大于3m。可上人屋面又可以分为开敞外墙与封闭外墙两类，其中封闭外墙占比较大，根据调研显示占比为74.4%，开敞外墙屋顶占比为25.6%。在上人屋面的空间利用中，屋顶主要作为储藏、晾晒空间，也有部分作为居住空间、锻炼休闲空间以及养殖空间（蜜蜂）。

（2）农宅屋顶的改造需求

村民对屋顶都希望保留使用空间，调研显示村民对于屋顶空间的使用率达到86.2%，且97.4%的村民认为屋顶的使用功能很重要，仅有2.6%的村民认为使用功能不重要，总的来说，村民对于屋顶空间的需求是较大的。重庆市传统民居屋顶的风貌为坡屋顶，同时村民喜欢坡屋顶居多（图1）。在屋顶的结构喜好中，喜欢穿斗木结构和钢结构的村民居多。

（3）农宅屋顶的现存问题

①质量低下：首先体现在建筑施工的不规范导致物理环境较差，其次是选用的建材质量差。政府大量拆除乡村改建屋顶的首要动因便是安全性能不过关，达不到现行国家安全规范，容易造成安全隐患。

②风貌破坏：一方面，普遍存在一味追求空间的大和高，却忽略了整体的协调性与周边风貌；另一方面，使用现代化材料的简单粗暴处理方式破坏了乡村整体环境的协调。

③资源浪费：在乡村民居的更新中，资源的浪费主要体现在设计不合理和对材料的探索过程导致的资源浪费等几方面[2]。

---

[1] 项目资助：重庆市建设科技计划项目，项目名称：乡村文化振兴及装配式背景下乡镇建材企业部品设计—生产—推广的引导研究，重庆大学项目牵头单位，项目号：城科字2021第1—12，项目负责人：孙雁，联系电话：13012365810。

[2] 李雪、王雪松、蒋朝华，重庆市住房和城乡建设技术发展中心。

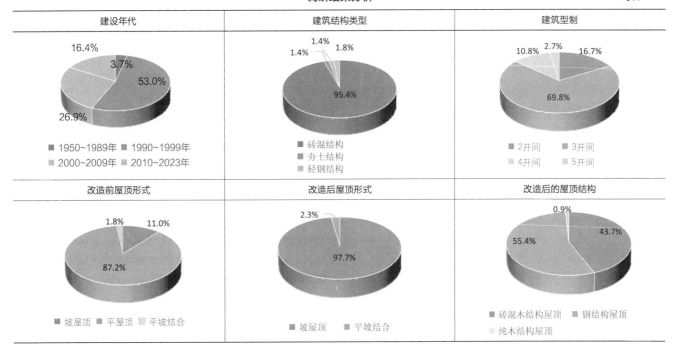

表1 调研结果分析

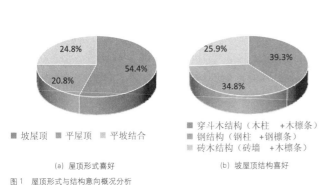

图1 屋顶形式与结构意向概况分析

3. 典型案例选取

通过分析代表性的农宅案例以及屋顶更新空间的特征，总结出了典型的农宅屋顶案例平面图和效果图，作为后期研究农宅屋顶改造的典型案例。结合前文调研，得出典型农宅平面仍是三开间两进深，层数为两层，首层层高3.3m，二层层高3.0m，保留街沿空间，屋顶选用平屋顶（图2）。

二、乡村屋顶改造策略及装配式改造要点

从前文的分析来看，想要解决屋顶改造存在的问题，就要从建材和施工两方面入手，综合考虑乡村实际情况和国家大力推广装配式技术，提出了利用装配式技术解决屋顶问题的思路，与传统工艺相比，预制装配式技术在质量、效率和可持续性方面具有优势[3]。

1. 装配式技术在乡村实施的可行性分析

装配式技术在乡村实施的可行性主要考虑运输条件、施工条件和模数化的可行性三方面[4]。在运输条件方面，需要满足从工厂到施工现场的公路运输和运抵现场后，构件从车上卸载到预定位置，所以要从运载能力最弱的一环，来决定构件的预制程度。我国普通道路上的货车车道宽度按国家交通部门规定不小于3.75m，再结合调研的结果综合考虑道路宽度、转弯半径、坡度，虽然大部分乡村道路都大于了3.75m，但从坡度及转弯半径方面来看，不能通行大型货车，只能选用中小型货车进行运输。此外，砖混结构民居

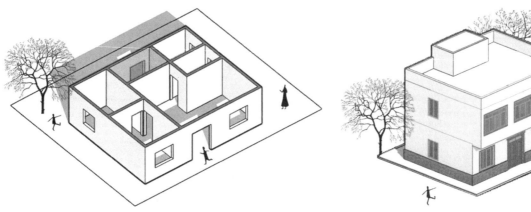

图2 典型农宅原型示意图

楼板多采用预制板,其农宅的承重能力较弱,并且集成度不高,所以屋顶的部品部件应该小型化、轻量化。在施工条件上,大部分农宅是既有的,其周边的场地有限,大型施工机械的铺开比较困难,加上屋构件重量较小,宜选用小型的施工设备进行施工。在模数化的可行性上,重庆砖混结构的民居基本上都是在 20 世纪 90 年代左右修建的,楼板通常使用预制楼板,使用的预制板的长度基本按 300mm 的模数,所以砖混结构的农宅开间与进深也通常为 3m 的模数,具备了模数化的前提条件,所以在农宅屋顶使用装配式的建造方式是比较契合的。

2. 屋顶装配式技术体系的选择

在结构体系选择上,考虑屋顶的承重能力、建造速度与成本,以及材料强度等,并分析不同的装配式结构体系优劣,最终选择装配式钢结构作为本次屋顶改造的结构技术体系。

在围护体系选择上,墙体选用装配式轻钢龙骨一体化墙板,先在工厂预制成墙板,现场进行组装。外饰面可以根据风貌需求采用涂料、饰面砖及饰面板三种。考虑到重庆市砖混民居的现有模数与屋顶的保温、受力等特点,推荐墙体厚度为 100mm、200mm。内墙与建筑外墙的构造一致,只是在覆面板上有所区别。屋顶女儿墙选用 GRC 材料(玻璃纤维增强水泥)的轻质镂空墙体部品,也可以选择木质栏杆。建筑屋顶的瓦材选用轻质高强、环保节能的彩石金属瓦。

三、乡村屋顶改造设计实践

本次屋顶共设计了两种不同方案供农民选择,空间类型分为开敞外墙屋顶与封闭外墙屋顶。开敞外墙屋顶主要是为了解决防水、晾晒物品,封闭外墙屋顶空间可以用于储藏杂物、养殖(蜜蜂)与居住。结构体系与空间类型村民可以自行选择。

典型平面户型宅基地面积 76.8m²,建筑面积 160m²,既有部分为二层,生产方式为传统农户。屋顶高度统一设置为 3.6m,坡度采用传统的四分水(约 22°)(图 3、图 4)。

封闭外墙屋顶在平面上延续二层布局,屋顶为可居住空间,在延续二层墙体布置的基础上还设计了休闲空间,也可用作晾晒,如晾晒衣物和农作物。开敞外墙屋顶的墙体围护使用的是镂空女儿墙部品,空间不封闭也不进行分隔,在屋顶构造层次上不设保温层。

(1)屋顶平面与风貌

在风貌上,装配式钢结构屋顶参考现代的巴渝风格,屋顶增加叠瓦屋脊、遮檐板、博风板以进行风貌塑造。屋顶采用的黑灰色彩石金属瓦,整体上营造的风貌与小青瓦一致,整体色调是

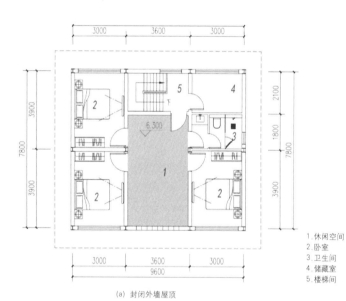

(a)封闭外墙屋顶

1. 休闲空间
2. 卧室
3. 卫生间
4. 储藏室
5. 楼梯间

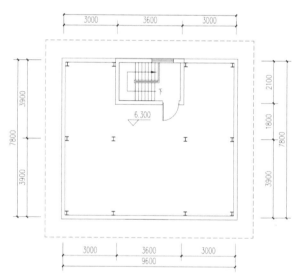

(b)开敞外墙屋顶(单位:mm)

图 3 装配式钢结构屋顶平面图(单位:mm)

(a)封闭外墙屋顶

(b)开敞外墙屋顶

图 4 装配式钢结构屋顶效果图

装配钢结构屋顶部分预制部品部件库　　　　表2

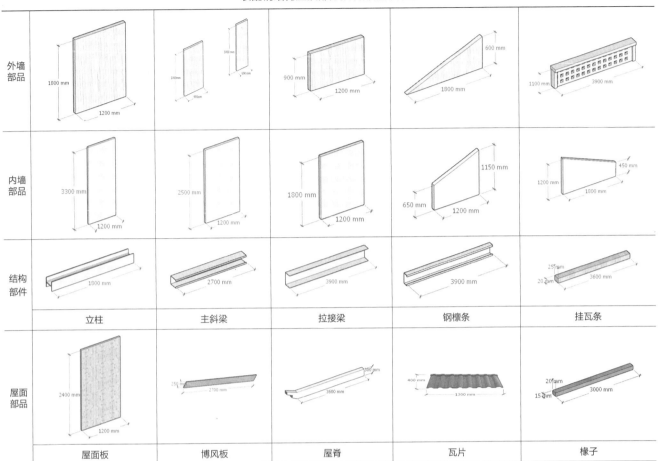

灰色、白色与木色，为了保持整体的协调，屋顶的钢材也会喷涂灰色保护漆。

在屋顶的结构体系上，开敞屋顶与封闭屋顶一致；在风貌塑造上，开敞外墙屋顶不封闭，与下层墙面形成虚实对比，色彩风貌也比较和谐。

（2）体系构建与部品部件库建立

在体系构建中，选择 H 型立柱作为屋顶承重柱，斜梁采用 C150×150×4 型号的 C 型截面梁，柱之间的拉接梁采用 U92×40×1 型号的 U 型截面梁。钢檩条相对主梁的尺寸更小，采用 C 型截面钢材，型号为 C89×41×1，间隔 900mm，搭接在斜梁上。墙板的宽度参照 mm 的模数系列，提供 300mm、600mm、900mm、1200mm 四种宽度的墙体，除了矩形的墙体，山墙面的异形板墙体部品也应该少规格，提升部品互换率，所以在宽度的设计上要与矩形墙体部品的宽度进行协调，同样采用 3mm 的模数，墙体的高度选用 1m 的模数系列。

屋顶女儿墙高度为 1100mm，开敞外墙女儿墙分别提供 3000mm、3600mm、3900mm 三种长度。封闭外墙女儿墙则提供 2400mm 一种长度。屋顶板采用 OSB 板，其供货尺寸为 1220mm×2440mm，所以望板尺寸主要以 1200mm×2400mm、2400mm×600mm 两种为主，1800mm×600mm、600mm×600mm 两种尺寸为辅进行拼接组装。瓦材选用的彩石金属瓦尺寸为 420mm×1340mm。

结合前文的体系构建，并整理出了装配式钢结构体系的部分部品部件库[5]，如表 2 所示。

四、总结

在深入了解乡村群众的切实需求后，本文提出利用装配式技术的乡村屋顶更新改造设计方法和技术策略，协调了农宅的风貌与技术，并结合重庆乡村装配式技术改造的应用特点提出了两种屋顶装配式改造方案，并对方案进行了标准化设计、体系构建、标准部品部件库的建立，便于推广和选型，村民可以自行选择方案，希望能够对装配式技术在乡村农宅建设的普及推广以及后续工作提供有价值的参考。

参考文献：

[1] 朱鹏. 闽南地区装配式轻钢结构农宅建筑设计策略研究 [D]. 重庆：重庆大学，2021.
[2] 齐子航. 基于村民自建的关中既有民居建筑轻钢结构加建技术研究 [D]. 西安：西安建筑科技大学，2021.
[3] CHENG S, ZHOU X, ZHANG Y, et al. Study on Resilience Factors and Enhancement Strategies in Prefabricated Building Supply Chains[J]. Buildings, 2024, 14 (1): 195.
[4] 张昊天. 结合装配式技术的村落建筑更新 [D]. 北京：清华大学，2018.
[5] 陈卓辰. 基于建筑部品体系的关中新农村住宅设计策略研究 [D]. 西安：西安建筑科技大学，2019.

人居环境视角下的喀什高台民居更新营建模式研究

陈彦祺[1] 任云英[2] 赵妮娜[3]

摘　要：古城喀什孕育着世界上最典型的生土建筑文化城池，同时承载着中亚文化生态性最鲜活的迷宫式街巷。辨析高台民居生土建筑的本土性、风土性、乡土性之间的关联性意涵，研究新疆喀什市高台民居历史文化街区人居环境的可持续性。基于人类学的深度观察，以典型性历史建筑为实态调研的活化样本，从人居环境五大系统入手，以确保历史街区内文化空间风貌的完整性。通过城池格局、街巷空间、历史建筑、院落环境四个层面分析喀什高台民居的营建特征，再针对其修缮性、维修性、改善性、整修性进行绿色化更新分级。最后以多元主体协同治理为主，揭示了维吾尔族传统民居的营造技艺及营建智慧，为喀什高台民居人居环境的存量保护和有机更新，拓展并提供在地性创新模式与现实路径。

关键词：人居环境学　喀什　高台民居历史文化街区　风土建筑　生土建筑

一、意涵辨析

1. 何为本土、乡土与风土？

"本土"一词，译为"mainland""localization"，通常指本乡故土、本来的生长地，又指当地、本地的，与乡土释义相近。"乡土"释为"local"，通常指人们所出生的故乡，包括了家乡的土地、民俗、文化及与故乡关联的情感与责任。它不仅是一个地理上的概念，更涵盖了丰富的文化和社会层面的意义。乡土文化最本质的特征是与人地关系的紧密依存[1]。而"风土"又有别于"乡土"，"风土（terroir）"主要指由于特定地域内的自然条件、气候特征长期形成的社会风俗，还指地方的自然环境和当地的生活习惯、文化传统等。其中，囊括了该地区的土壤类型、风向、降水量、植被等自然因素，以及人们的生活方式、饮食习惯、建筑风格等文化因素。风土是一个综合性的概念，它体现了地理环境与人文环境的相互作用[2]。

喀什，是维吾尔族生活特色集中体现的地方。高台民居遥望千年古城，保存较为完好，是喀什"本土"诠释的"乡土"与"风土"的活态见证。

2. 生土建筑与乡土建筑、风土建筑辨析

生土建筑是以未经焙烧的天然物质为建筑材料，如岩土、土坯、夯土等，而高台民居正是喀什本土文化基因的重要空间载体[3]。这种建筑方式利用了当地可再生资源，具有良好的保温隔热性能和环保特性。而乡土建筑具有浓厚的地方特色和本土文化特征，多指民间的、自发建造的传统建筑。乡土建筑既是乡土精神的体现，也是乡土文化的外在显现。

在风土建筑研究中，文化、社会和个体要素（例如社会习俗、节庆仪式和价值观）等人类学逻辑都蕴含其中。因此，风土建筑通常由工匠建造，强调因地制宜、因材施用的风土环境，体现出地方的场所精神和地域特色。风土建筑作为一个较为广泛的概念，它包括了生土建筑和乡土建筑[4]。生土建筑主要侧重于材料的自然性和生态性，乡土建筑则更强调建筑的民间性和传统性。

因此，喀什古城范围内的高台民居不仅是生土建筑生态性的典范，也是中世纪生土建筑城市的活化石、维吾尔建筑艺术的集大成者、世界生土建筑文化的典型。

3. 本土性、乡土性、风土性的关联性意涵

近年来，高台民居历史文化街区保护与管理已进入相对稳定的生长阶段，是在其内在文化、社会结构、人群行为和宗教信仰共同影响下逐渐形成的，其社会表征和空间形态存在"自组织"性的对应关系。

高台民居的本土性体现在维吾尔名称阔孜其亚贝希上，意为高崖土陶，因这里的绝大部分维吾尔族人从事传统的手工艺制作而得名。其"乡土性"表现为，传统维吾尔族民居多为百姓自建而成，又经过六七代人流传至今，保留着多处四五百年前的老宅建造技艺。进一步得出高台民居的风土性是适应干旱绿洲环境的中原和西域边疆技术、文化、艺术等密切交往的互动见证[5]。

总的来说，"风土性"充分展现出该地域的自然及文化环境属性，"乡土性"则是最直接映射在当地风土文化的传统民居建筑上；生土与木材等原始材料的广泛应用将其"本土性"凸显，因此"本土性"为"风土性"的显性部分，"乡土性"为"风土性"的隐性部分，又是当地风土文化的共同组成部分。

二、实态调研

从人居环境学的视角对喀什高台民居历史文化街区进行实态调研，基于人居环境的自然系统、人类系统、社会系统、居住系统、支撑系统五大系统出发，进而明确人居型遗产更新营建所需的核心价值[6]。

1. 高台民居的"自然系统"

生土建筑作为历史时期人类社会活动的产物，见证了人类历史演变的相关方面，承载着一定的历史意义。喀什高台民居是我国西部地区生土建筑的主要代表之一，拥有2000多年的历史，是我国中

---

[1] 陈彦祺，西安建筑科技大学建筑学院，在读博士生。
[2] 任云英，西安建筑科技大学公共管理学院，副院长，西安建筑科技大学建筑学院，教授。
[3] 赵妮娜，长安大学建筑学院，硕士研究生。

原文化、古印度佛教文化、希腊—罗马文化和波斯文化四大文明交汇融合之地。秦汉时期，中西文化在西域与本土文化交汇，逐步融合多元文化，直到形成了独有的文化特色。在历史上高台民居见证着喀什多次重要的政权更替和历史人物活动；高台民居也是我国重要的经济交流枢纽，张骞出使西域，据《汉书·西域传》记载："疏勒国……王治疏勒城……有市列"，根据此描述可以证明疏勒城在当时已经有了较为繁华的集市和贸易往来。经过多元文化的碰撞交流和融合后，宗教历史和仪规对该地区的生土建筑产生了较为深远的影响[7]。

2. 高台民居的"群体系统"

高台民居作为防御性建筑，不仅具有极高的历史与艺术价值，还具有重要的战略意义，其格局为应对外来的侵袭提供了安全保障，体现了西域传统民居建筑文化的历史对现代建筑学具有重要的研究价值和意义。高台民居的向心性特征也体现了维吾尔族文化的向心凝聚作用[8]，揭示了当地居民世代延续的生活基本状态。土陶制作至今都被保存下来，见证了当地人民血缘维系的全过程。因此，高台民居是喀什百姓社会活动的产物，是古城历史变迁的重要实证，系统描述和揭示出古城的发展和演变过程，体现出民族性、地域性的聚落环境。

3. 高台民居的"社会系统"

高台民居生土建筑的科学价值指在规划、设计、营造等方面在一定时期体现出的科学技术水平价值。自然空间格局、人格空间格局和宗教空间格局构成了高台民居建筑格局的特色空间格局形式，在整个民居组织形式上可以总结为界、架、核、群四个基本要素特征。从空间格局和组织形式上说明喀什高台民居合理巧妙的建筑语言逻辑；喀什地区独特的地理风貌和文化内涵深刻影响了高台民居运用地域材料和建造智慧营建民居。高台民居刻画出沙漠绿洲地区营建的科学技术方案，为现代城市规划和建筑设计提供了可贵的参考价值[9]。高台民居作为我国典型的生土建筑群，无论是在历史、艺术还是科学方面都具有典型的价值典范。

4. 高台民居的"居住系统"

高台民居的"居住系统"形成受多种因素影响，从规划空间看，老城区街巷纵横交错构成，传统民居建筑也参差不齐，街巷与建筑之间灵活多变。目前老城区共有清真寺112座，清真寺门前的空旷地带作为人们的主要活动区；高台民居主要为庭院住宅建筑，庭院与庭院之间形成了狭窄的街道空间，庭院空间的中心为住宅空间，这种布局具有当地的民族特色；道路分为街、巷、尽端巷三种形态；民居上下层层叠加[10]。从建筑形态看，高台民居房屋的外表皮主要为土黄色，也就是生土的自然本底，建筑之间层层叠加，错落有致，富有变化，大门有花纹图案，这些民居外表皮用草泥抹面，有利于保持室内温度。民居造型各异，有的院落与前面一家屋顶平齐；民居的周围形成不规则的院落布局[11]。由于喀什地区多以沙漠、戈壁为主，缺少木材和石材，生土材质便成为当地人建造材料的最佳选择，形成了具有维吾尔族特色的人居性遗产。

5. 高台民居的"支撑系统"

高台民居的"支撑系统"尽现维吾尔族的建筑艺术，街巷纵横交错、建筑参差不齐、房屋比邻、布局灵活，以清真寺、阿以旺等多种元素拓扑向外延伸，蜿蜒曲折、曲径通幽，被誉为"中亚最迷人的迷宫式街巷"；民居大门两边的建筑装饰别具风格，门楼或外墙装饰有菱形格的砖雕等，大部分是土黄色，采取的艺术手法不同，有的采用的是砖雕、釉面白色底花砖，还有的是琉璃釉面花砖等建筑装饰，菱形是佛教常用的图案，在新疆很多石窟中，那些残存的壁画，大多采用菱形格，每个菱形格内为一个故事[12]。因此，高台民居的建筑装饰，也融合了古代佛教文化元素；古城中很多建筑采用了石膏装饰，这些石膏雕刻的制作分为直接雕刻或模具翻制两种风格。模具翻制可以连续拼接，采用的图案大多是前面说的花卉纹样，这种由主题花饰、经文图案和纹样边框构成的装饰建筑造型，就是一幅完整的装饰画，也体现了喀什传统民居建筑艺术的特点。

三、喀什高台民居营建特征

分析喀什高台民居营建特征，以便更好地探索喀什理想的人居环境模式。高台民居环境的营造，历经百年，形成具有当地风格的民居特色。民居的营建特征主要从城池格局、街巷空间、历史建筑及院落环境等方面体现。

1. 城池格局

高台民居位于新疆喀什市老城东北端，在吐曼路与艾孜特热路交界处，北侧为吐曼河，南临吐曼路。为了增强整体民居的安全性和舒适性，满足通风、排水及防止洪水灾害等要求，高台民居建在地势较高的地区，在空间上形成高约20m、长约400m、宽约290m的形态，占地面积5.7万 m^2。此处，现仍有近六百户人家居住生活，是展示维吾尔600多年的古代民居建筑和民俗风情的独特景观[13]。

2. 街巷空间

高台民居的街巷空间整体以道路走向贯穿东西，各空间紧密布局在道路两侧，整体布局灵活。道路在充分考虑人群流动、出行等便捷之外，又考虑消防、通风等需要，街巷共设置40多条，有28个交叉口，以"T"字形为主，只有4条为十字形结构，受建筑的影响，巷道宽度分为主巷、次巷及小巷道，宽度分别为3~3.6m、2.8~3.3m、2.2~2.6m。空间分布上主要以私密空间为主，其建筑密度，主要受地形、气候、资源等影响，建筑在竖向

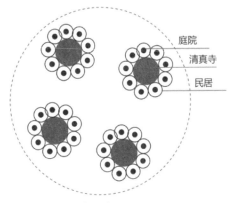

图1 以清真寺为中心的高台民居布局形态

空间上分为三个层级，在第一个层级（3.125~6.25m）时建筑最为密集；在第二个层级（6.25~12.5m）时密度次之；在第三层（12.5~25m）时密度最小。在横向上呈现东边密集，中西部相对空疏的状态。道路汇聚处设置市场、广场等公共空间，方便人们进行社交和商业活动，同时也是居民举行文化节庆活动的舞台，增强了居民的凝聚力[14]。外部交通便捷，老城区街巷纵横交错，布局灵活多变，曲径通幽。此外，高台民居的街巷空间在布局和空间组织上，充分考虑了可持续性问题。通过合理布局，减少对能源的需求，提高资源的使用效率。总之，高台民居在功能分区、交通流线、开放空间设置、建筑密度与高度、可持续性等方面，为我们提供了宝贵的经验。

3. 历史建筑

高台民居的建筑形式产生于维吾尔民族很强的宗族观念之下，被誉为维吾尔族活的民俗博物馆。整体呈现以清真寺为中心，居民建筑环绕的布局形态（图1）。对于室内环境的营造上利用现代绿色建筑的理念，设计时考虑了减少太阳辐射以及可以自然通风等因素，保持室内温度舒适，减少能源消耗的同时，提供宜居的环境。考虑宜居的基础之上，民居的建筑材料使用当地具有隔热作用的生土和原木，不仅减少了对环境的破坏，还降低了建筑成本。高台民居的建筑不仅是居住的场所，也是文化和传统的重要载体。在规划设计中，建筑融入了当地的历史文化元素，如建筑风格、装饰艺术等（图2），建筑多为伊斯兰建筑装饰风格中敞开式的墙壁柜，多为拱形，大小不同的壁龛，四周有维吾尔族传统的石膏花边图案，石膏雕花呈蓝底白色花纹图案。有些精致的壁龛运用石膏镂空花纹图案镶嵌在整个壁龛上，充斥着维吾尔民族风格。随着人口增长，民居建筑从一层扩展到多层的过程中，形成了独特的建筑样式，如"过街楼""半截楼"和"悬空楼"等。高台民居作为重要的文化遗产，建筑环境强调了保护传统风貌和生活方式[15]。

4. 院落环境

维吾尔族人世代聚居，随着家族人口的增多，院落环境的营造上在不受对称等概念的束缚之下进行加盖，所以民居院落平面布局自由灵活，地形和空间错落有致。院落住宅层数不定，多在一层到七层之间，大的院落内住房多达一二十间。为了满足家庭生活的要求，达到了防风防雨的遮蔽作用，庭院多具有强烈的封闭性。院落建筑外形简朴、变化多端，外墙面大方流畅，线脚不多，院墙多为两扇门，庄重厚实，镶刻有铜质、铁质的花纹压条。沿街外墙用土坯砌成或用白石灰涂刷，数十年甚至百年依旧如故。庭院内通常种植桑树、无花果、石榴、杏树、葡萄、玫瑰、月季、夹竹桃等树木和花卉，果树成荫，环境幽雅。面积大的庭院，种植葡萄搭成凉棚，是夏季乘凉的好场所。院落内一般都有回廊，建有土炕，上面铺草席、毛毡或地毯。夏季炎热时人们多住在前廊土炕上。环境幽雅，回廊立柱上雕刻有各种花卉图案，展现了维吾尔族人对自然环境的适应和利用。既体现了对传统文化的尊重和传承，也是一种维护地方特色和身份认同的方式。

四、喀什高台民居更新模式

喀什高台民居的更新是一个成功地将传统与现代相结合的典范，既保留了地区的历史文化特色，又提升了居民的生活质量和游客的访问体验。

1. 建筑空间改造

为了保护和修复这一具有历史文化价值的民居群，在高台民居提升改造中进行整体性保护性改造，划分核心保护区域、重点改造区域，以及建设控制地带。共保留了421户住户，在居民的要求下，有23户未重建，有322户在原址上进行更新重建，更新重建的建筑中有3座清真寺，18个商业点，3座民俗旅馆，此外新建了28座临街建筑。在民居更新重建中采用了"一户一设计"的改

图2　高台民居建筑风格图

造方式，本着遗产"三生"的理念，注重居民生活、生产、生态性，在专业技术人员的指导下，每户居民均参与设计，以新的民居改造模式替换了传统的改造模式。在保持古城原风貌、更好地满足居民改造意愿、保证房屋安全抗震之间找到平衡，采用了修缮性、改善性原则，对建筑物的结构进行加固、修补，以延长其使用寿命，同时拓宽了巷道，改善了居民基础的生活设施。不仅保持了民居原有的风貌，改造后的房屋还能抵抗8.5级地震，并改善了居民的居住条件和生活质量（表1）。

2. 建筑功能植入

高台民居的更新再造，还体现在建筑功能的变化上。随着社会的发展，人民对生活水平的要求不断提高，原有的民居功能已不能满足现有的生活需求。为此，采用了整修性的原则，在原有的民居内设置了不同的功能区域，增加了5个小型广场、几个观景平台，以及如土陶街区、民宿街区等文化街区，建筑内部增加了超市、文创产品小店等，丰富了旅游体验，同时也为当地居民带来了经济收益。总的来说，喀什高台民居的更新模式是一个综

"一户一设计"的改造方式前后对比 表1

合性的改造项目，它不仅关注物质环境的改善，还重视文化遗产的保护和社会治理的提升。

改造后的高台民居，不仅有咖啡馆、旅拍店、书吧、民宿等现代业态，还保留了许多与非物质文化遗产相关的店铺，如木摇篮作坊、艾德莱斯绸工坊等。这些店铺和设施不仅为老城注入了新活力，还成为连接过去与未来的纽带。

3. 民居生态修补

高台民居的更新除了体现在建筑空间结构及建筑功能两个方面之外，为了更好地改善民生，还注重恢复及增强民居同自然环境之间的关系，提升居民生活质量的同时，加大了建筑及建筑周边的生态修补力度。①为了改善空气质量、减少城市的热效应，为居民提供阴凉环境，增加民居周边的绿化面积，种植适合当地气候和土壤条件的植物，同时在民居内设置了屋顶花园、垂直绿化等，以增加绿色空间，提高生物多样性；改善了建筑墙壁的保温性能，减少了对空调与暖气的需求，同时增加了节能家具的使用。②重新修建了民居的供水和排水系统，不仅减少水资源的浪费，还通过采用雨水收集利用系统，增加水资源的可持续性。③建立有效的垃圾分类和回收系统，减少垃圾的排放，提高垃圾的资源化利用率，鼓励居民参与到民居生态修复的工作中，共同维护和改善住区环境。

更新后的高台民居，不仅能够提升居民的生活质量，还促进了人与自然的和谐共生，实现可持续发展。

五、结语

高台民居作为喀什古城历史文化组团中极其复杂且多元的系统，其发展模式不能以单一的、孤立的点状因果关系去维系，实践告诉人们，像高台民居一样的地域历史建筑、特色生土建筑、民族风土建筑同样应该在绿色化基础上谈共生、求更新。由此，民居所构成的历史文化街区，也应当通过保证高台民居的风貌完整性，使生土建筑得以生态改建，从而实现其价值的延续。高台民居历史文化街区的更新与修缮工作虽然面临着诸多困境和发展瓶颈，但一直在如火如荼地进行着；而抢救式保护后的试点改造，则是在建设"新稳态"的基础上，对人居环境存在的新问题，进行相应的对策、手段和目标的对症下药，才能真正从历史名城喀什的"后乡土模式"作为一张城市名片走向国际化"名城复兴"美好都城。

参考文献：

[1] 萧放．重返乡土：中国乡土价值的再认识 [J]．西北民族研究，2023，(3)：83-93．

[2] 肉孜阿洪·帕尔哈提．喀什老城区保护与更新实验区的研究探索 [D]．乌鲁木齐：新疆大学，2012．

[3] 全水．基于空间句法的喀什历史文化街区空间特征研究 [D]．哈尔滨：哈尔滨工业大学，2012．

[4] 石蓓．创意产业导向下的喀什历史文化街区空间更新策略研究 [D]．哈尔滨：哈尔滨工业大学，2012．

[5] 王磊．新疆喀什噶尔古城传统聚落街巷空间形态研究 [J]．装饰，2013，(10)：123-124．

[6] 宋辉，王小东．保留·重构·再生——新疆喀什老城区的改造与更新 [J]．城市规划，2013，37 (1)：85-89．

[7] 张杰，陶金史．喀什古城空间定位研究 [J]．世界建筑，2013 (1)：118-121．

[8] 王晓璐．新疆喀什市恰萨区住区改造研究 [D]．西安：西安建筑科技大学，2013．

[9] 姜丹．喀什噶尔古城聚居空间的场所精神解读 [J]．装饰，2015 (12)：132-133．

[10] 俞斯佳，戴明．喀什市历史文化遗产保护实践与思考——以喀什老城改造为例 [J]．上海城市规划，2015，(5)：30-36．

[11] 宋辉．新疆喀什高台民居营造模式与现代适应性研究 [D]．西安建筑科技大学，2016．

[12] 王亚欣，李泽锋，史博鑫，叶歆．扎根理论范式下社区居民对喀什老城区旅游开发的感知研究 [J]．青海民族研究，2017，28 (3)：122-126．

[13] 阿比古丽·尼亚孜，苏航．喀什老城麦海莱 (mehelle) 空间文化的变迁与调适 [J]．青海民族研究，2017，28 (2)：102-105．

[14] 庞峰，相玥悦，王倩楠，崔译文，李晓梅．喀什历史老城区高密度人口对城市发展的影响及控制措施 [J]．规划师，2018，34 (10)：113-118．

[15] 庞峰，路世豹，晁潇潇．历史城市天际线对当今城市建设制约性研究——以新疆自治区喀什市为例 [J]．城市规划，2018，42 (2)：115-121．

马氏庄园传统建筑灰塑研究

刘恺岑[1]

摘 要：传统建筑灰塑是文化遗产的重要组成部分，承载着丰富的历史文化内涵。本文以临海地区传统建筑为背景，试图探讨马氏庄园灰塑的独特地位与价值。通过对历史文化及灰塑图案的剖析，运用跨学科视角，结合建筑学、图像学和文化人类学等多个领域，揭示灰塑图案背后的象征意义和文化内涵。研究为临海地区传统建筑文化保护传承提供了理论支撑，也为灰塑的研究提供了新的视角。期待本研究能推动灰塑的创新发展，为当代民居注入历史的活力与魅力。

关键词：临海地区 传统建筑 灰塑 马氏庄园 文化内涵

一、引言

1. 研究背景与意义

（1）马氏庄园的历史和文化背景

临海位于台州中部，属"三山一水"格局。其中的东乡大田平原是片广阔而富饶的产粮区，田野连绵，溪港交错，贯穿腹地。下沙屠村就在这个大平原上，屏山面水。地处这里的人民，擅种粮果，热衷商贸，性情儒雅温和。各地优质物产汇集于这个城市中心，商贸往来密切繁荣。

该村以马姓人口为主，据《台临下沙马氏家谱》载："唐末黄巢乱，马氏家族因避乱从婺州东阳铁陇至台，迁大田下沙溪边爱居生息。"根据实地调研，目前村中还有几座古建筑遗存，但尤为特色的是马氏庄园，即马家大院（又称"马家大透屋"），是民国富绅马翰卿的家园。马氏庄园建于1929年，次年秋落成，坐北朝南，二层砖木结构。该庄园最具代表性的灰塑原材料来自滨海渔民打捞烧制的牡蛎灰。

（2）马氏庄园灰塑的重要性和研究意义

马氏庄园是临海地区传统建筑灰塑营造技术最具代表性的一座民国时期建筑。兴建之时，正值台州自然灾害频发，马家在荒年之际大兴土木，以极端低廉的工钱聘用能工巧匠修筑庄园。匠人为饱腹精工细雕，历时1年有余，建造出极其精致气派的庄园，主人与工匠彼此受益。使得当年匠人最精湛的营造技艺留存在建筑之上，特别是大面积的灰塑营造，具有极高的研究价值。马氏庄园也是极具个性特征的民国大宅，占地面积0.267hm²有余，高墙大院，气势恢宏，台门的砖石结构和山墙的灰塑图样也极具中西结合的时代特色。2006年12月，马氏庄园被列为临海市重点文物保护单位。2015年11月和2016年8月，临海市文物保护所对马氏庄园部分建筑作抢救性修缮保护。2017年1月13日，浙江省人民政府公布其为第七批浙江省文物保护单位。研究马氏庄园，有助于理解民国时期传统建筑灰塑。

2. 研究目的与方法

（1）研究目标和范围

本研究旨在探讨马氏庄园传统建筑中的灰塑工艺。其中包括分析马氏庄园灰塑的艺术特点和技法；研究灰塑在马氏庄园建筑装饰中的独特地位与价值；探讨灰塑图案的象征意义和文化内涵；提出保护和传承灰塑艺术的理论依据和实践建议。

（2）研究方法和数据来源

本研究通过文献搜集、实地调研、拍摄记录和访谈记录、图像分析解读、多学科分析和比较研究的方法进行研究。通过查阅灰塑工艺、马氏庄园、传统建筑装饰相关论文、书籍、地方志和政府出版物，对搜集到的信息进行整理分析并提取关键信息。前往下沙屠村马氏庄园进行实地考察，详细记录现存灰塑状况，拍摄高清图片为后续研究做支撑。采访临海市文物保护所及临海古建公司相关专家，获取与该地灰塑基本信息。对拍摄和搜集到的灰塑图案进行详细解读，分析其与建筑的关系、艺术特点和文化寓意。结合建筑学理论，分析灰塑在建筑装饰中的结构和功能。从文化人类学的角度，探讨灰塑图案所反映的社会文化背景和民俗信仰。

二、马氏庄园概况与灰塑历史

1. 马氏庄园的建筑特点与风格

庄园平面呈倒"品"字结构，由三个院落组成，每个院落由"仿欧式曲线"山墙划分，高墙之上灰塑精密细致。另有三个小花园分布在倒"品"字结构外围，分别是正透屋后及东西横厢后构筑的小花园，花园高筑灰塑漏窗，内置灰塑花坛。庄园的二层为跑马楼，全透贯通，间间相连。在任一院落都能看到形式各异的灰塑。据《台州古村落》下沙屠篇记载，在庄园西南角曾有一座碉楼用以保家护院，现已和围墙一同拆除。庄园西南有水环绕用于防御，水上立花桥连通台门。庄园像是一个时间的容器，保存了大量民国时期的灰塑、木雕和石雕，是汇聚了各类工艺的精妙之作。尤以正屋东西两侧高墙上现存的"福禄寿"三星灰塑为经典，制作精湛，自然生动，艺术审美极高。台门楼上堆塑人物花草尽显中西文化之结合，不仅展现了当时临海首座富豪宅院建造技术艺术的最高境界，也展现了时代的建筑审美。台门上灰塑素框内有彩画形式的纪年"岁在庚午仲秋月（民国十九年）"字迹，为庄园建造日期，内嵌"簪缨世胄"石匾，说明马氏家族是世代相传的官宦家庭。

2. 马氏庄园灰塑的现状

土地改革后，马氏庄园一直作为公共建筑使用到20世纪90

---

[1] 刘恺岑，中国美术学院环艺系在校生。

年代，因此保存相对完好。然而，庄园灰塑的人物和动物图案遭受了严重破坏，加之文物盗窃及自然风化有所流失和损坏。但欣慰的是，庄园现已被列为重点保护的历史遗存，临海市文物保护部门对庄园进行了修复，尤其是对大量破损的灰塑进行了修整。目前，庄园的灰塑之上能看到星星点点群青及熟褐颜色类似于民居彩画的历史痕迹。从颜色外貌上看，新修复的灰塑和原始的灰塑差异较大。原始灰塑的审美意趣更加高超，作为重点研究对象，新修复的灰塑虽然与原貌不同，但尽量还原，也成为研究的重要参考。

根据对图1的梳理可以清楚地看到，庄园中灰塑主要分布在庄园外立面、山墙房头、屋檐、门楣、窗棂区域，还有一些分布于窗侧、墙角转折处、花坛等。

图1 马氏庄园建筑灰塑情况总表

三、灰塑在马氏庄园中的建筑结构功能

1. 概述灰塑在马氏庄园中的建筑结构分布

灰塑作为地方性传统建筑工艺，就地取材，用牡蛎灰为原料。早期临海灰塑位于民居台门上作为脊饰，山墙头部，也有用在马头墙的塞口墙顶上。民国时期西方文化渐入，思想解放，灰塑的使用也扩展到了窗楣、门楣处。

笔者将马氏庄园灰塑的分布归纳为三个部分，分别是外立面灰塑、天井区灰塑、花园区灰塑三个大面。其中外立面灰塑包括外台门灰塑、南面灰塑、西面灰塑、北面灰塑和东面灰塑；天井区灰塑包括了中庭天井灰塑和东西两个小天井处灰塑；花园区灰塑包括后院区灰塑和东西小花园区灰塑。笔者将分布详细情况制表并展开说明（图2），根据梳理可知，灰塑遍布整座庄园。其中，要数南立面，即正大门面、中庭天井区域、后院区域和外台门灰塑分布最多且包含的建筑结构最广，另外少数灰塑分布于其他区域但几乎都涵盖最重要的房头灰塑，还有东西小花园区域有小部分灰塑窗格和墙楣。

在外立面灰塑中，外台门灰塑覆盖的范围包括台门门楣系列叙事浮雕、中央中西融合山花、六根仿欧式柱、六个涡卷支撑和对称墙楣的位置，即除石门与砖墙外几乎都被灰塑覆盖；南立面灰塑覆盖的范围包括中央主台门的门楣区域、圆弧山墙区域、两端对称柱体区域和两边的墙楣区域，还有两边对称的"仿欧式曲线"山墙及檐下灰塑、两个重点区域的房头灰塑包括房头外框、十个窗户的窗楣部分，以及西边小花园的部分灰塑花窗；北立面灰塑现存的覆盖面积包括两处"仿欧式曲线"山墙及檐下区域和侧边墀头区域，目前有一边山墙下方有房头灰塑，并在其周围有两处对应的小叙事灰塑，另外灰塑也分布在已知的六处窗楣和一处门楣，其余部分被遮挡，灰塑情况未知；西面灰塑和东面灰塑分别位于东西两个小花园面，分别由"仿欧式曲线"山墙和房头区域以及房头旁两个小叙事灰塑组成，区别在于叙事内容。

在天井灰塑中，中庭天井灰塑的覆盖范围包括主台门背面的圆弧山墙区域和门楣墙楣区域、"仿欧式曲线"山墙的部分和侧边墀头区域、两处二楼窗侧墙上框内区域、两处一楼廊道门头圆弧山墙区域、两个墙面转角处仿欧式柱和狮子结合的柱身柱础、两处屋脊端点处的瓶状灰塑；东西两个小天井中分别是两个房头灰塑。

在花园灰塑中，后院区灰塑覆盖的范围包括四面"仿欧式曲线"山墙及檐下灰塑、侧面墀头区域灰塑、后院北面墙楣灰塑长卷、后院台门门楣和仿欧式柱、一个灰塑水潭和一个灰塑花缸、十个窗楣中六个窗带有灰塑仿欧式柱且均为一层窗户；另外，东西小花园灰塑除上述东西面房头覆盖灰塑外，墙楣上覆盖灰塑小图和灰塑纹样漏窗。

经图2梳理可以看出，马氏庄园的灰塑不仅具有装饰美化功能，还发挥了独特的功能性作用。这种工艺广泛应用于台门、门楣、山墙等关键部位，不仅提升了建筑的美感，还保护了建筑结构。这些部位常受风雨侵蚀和自然损害，灰塑的覆盖为其提供了一层保护屏障，减缓风化和侵蚀速度，从而增强建筑结构的耐久性并延长使用寿命。灰塑以牡蛎灰为主要原料，具有较高的耐候性和抗老化性能，能够长期保持其形态和美感。复杂的灰塑图案和雕刻形成多层次结构，有效分散和缓冲外界冲击，对建筑表面起到防护作用。此外，灰塑较易修复和维护，简单修补即可恢复原有状态，这在保护历史建筑和传统工艺方面尤为重要。修复过程中，传统工匠的技艺得以传承，使建筑成为文化和技艺的传承载体。

综上所述，灰塑在建筑结构中的功能性作用不仅体现在装饰美化上，还在保护建筑结构、延长使用寿命、提供修复便利等方面发挥了重要作用。这种传统工艺与现代技术的结合，为我们在保护和传承文化遗产的同时，创造出更加美观、耐久的建筑作品提供了新的思路和方法。

2. 灰塑在马氏庄园房头处的结构加固功能

房头是临海地区特有的灰塑装饰，它位于马头墙一侧，上装饰精美人物、动物、风景或文字框。框型多变，有简单质朴的方框、圆框，也有装饰灰塑图案的框，甚至还有复杂的中国结框等。经大量调研发现，房头都位于马头墙与房梁交界一处，起结构加固作用。如图3所示，是临海市开井村一处残缺建筑，恰巧露出了房梁与灰塑交界处，可以很清晰地看到这里的结构关系。马氏庄园的房头也分别位于房梁端头与马头墙交接处（图4）。房头强化了建筑的整体稳定性。

这种设计巧妙地将装饰性与实用性结合，使得建筑不仅美观，还能够有效应对自然环境的侵蚀，延长其使用寿命。房头作为灰塑工艺的典型代表，展示了传统工匠的智慧和技术，也提醒我们在现代建筑设计中，应借鉴这种将艺术与功能相结合的理念，创造出既美观又实用的建筑作品。

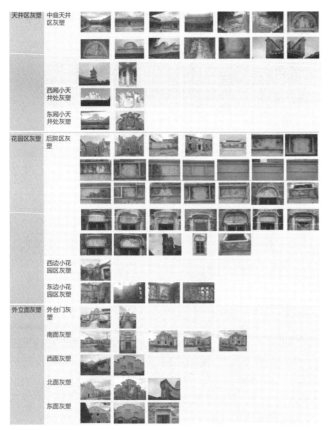

图 2　马氏庄园建筑灰塑分布详细情况

图 3　开井村屋头与建筑梁架的关系

图 4　马氏庄园屋头分布

四、按图案寓意与文化内涵对马氏庄园进行分析

1. 马氏庄园灰塑图案所反映的社会文化背景和民俗信仰

通过对临海现存明清和民国时期民居的调研，发现临海地区传统民居中的灰塑装饰极为普遍。这些灰塑装饰不仅形式多样，如内嵌式、平面式和壁龛式，还包含了丰富的内容，从简单的花纹、文字到造型丰富的动物和人物事件。这些灰塑图案不仅美化了房屋，还蕴含了深厚的文化底蕴和吉祥寓意，为建筑增添了动态传神的美感。

马氏庄园的灰塑图案尤为典型，特别是几个台门和山墙面上的仿欧式山墙屋头。这些图案不仅反映了庄园主人的社会地位和文化品位，还体现了当时社会的民俗信仰和生活方式。例如，台门中的花卉图案象征着繁荣和富贵；动物图案，如狮子，象征着权力和尊贵；屋头的人物如福禄寿三星则承载了人们对幸福、财富和长寿的美好向往。这些灰塑不仅是装饰，更是一种文化传承，通过建筑体现出浓厚的地方特色和历史记忆。

2. 马氏庄园灰塑面貌的成因

马氏庄园灰塑的面貌与其所处的历史背景和地域文化有着密切的关系。在唐代时期，大量浙中的移民东迁至临海，带来了东阳的建筑风格和营造技艺，如"十三间头"和"木雕"等。东阳的这些建筑特点和技艺逐渐融入临海的建筑风格，成为其灰塑艺术发展的基础。到了宋代，临海作为一个重要的港口城市，港口贸易的繁荣带来了大量外来文化的交流，其中包括仿欧式的山墙屋头。随着贸易的发展，西方建筑风格逐渐被引入，并与本地的传统工艺相结合，形成了独特的灰塑风格。明清时期，临海成为地方经济中心，当地的砖材生产规模化发展，这一时期的建筑多为两层结构，台门建筑也开始融入绍兴地区的风格，逐渐形成了马氏庄园所展示的建筑面貌。在民国时期，中西文化的交融达到了一个新的高度，临海地区出现了带有巴洛克风格柱式的建筑。马氏庄园正是在这种历史背景下建成的一座庄园，其台门上的巴洛克图案、巴洛克柱式和仿欧式山墙屋头，充分体现了这一时期中西合璧的建筑风格。这些装饰不仅展示了庄园主人的文化品位和社会地位，也反映了当时社会的文化融合和经济繁荣。

马氏庄园的灰塑图案不仅是一种建筑装饰，更是社会文化、民俗信仰和历史变迁的载体。通过对这些灰塑的分析，可以更好地理解临海地区的文化传承和历史发展，为传统建筑的保护和传承提供了重要的理论依据和实践参考。

五、结论与展望

1. 主要研究发现总结

马氏庄园作为临海地区民国时期的代表性建筑，其灰塑在装饰和结构功能上特色显著，反映了当时极高的艺术审美和工艺水平。灰塑不仅是建筑装饰的一部分，更是传统工艺技术实用性的证明。对灰塑图案的分析，探索出了当地社会文化背景和民俗信仰。马氏庄园还有很多值得研究的地方，我们要继续加强对马氏庄园的灰塑保护工作，为今后更深入的研究和保护工作奠定基础。

2. 展望未来研究方向和工作重点

未来需要进一步深化对灰塑图案的文化解读和象征意义的研究。探索不同时期、不同地区灰塑图案的异同，进一步揭示其背后深层次的文化内涵。加强对灰塑材料及工艺技术的科学分析和保护研究。利用现代科技手段，对灰塑材料的成分和物理特性进行深入分析，探索其耐久性和保护方法，以确保文物的长久保存和传承。结合社会人类学的视角，深入挖掘灰塑在当地社会生活、宗教信仰等方面的历史角色和影响，为民族文化的保护和传承提供理论支持和实践指导。进一步拓展马氏庄园灰塑研究的深度和广度，推动传统建筑文化的保护与创新发展，为当代文化遗产的可持续发展贡献力量。

参考文献：

[1] 吴志刚，王维龙．台州古村落[M]．北京：中国文史出版社，2013：150-155.

豫南传统民居门楼特征及其影响因素研究

崔文龙[1]　林祖锐[2]　谭志成[3]

摘　要： 豫南传统民居根植于地域环境，有着较为鲜明的价值特色，门楼作为其重要组成部分，其营建匠意尚未充分挖掘。本文以田野调查与口述史相结合的方法深入大别山区的传统民居，从功能特征、布局与内部空间特征、立面特征三个方面对豫南民居的门楼进行研究，并对其深层动因进行探析，以期进一步丰富豫南民居的研究成果，对该地区传统民居的保护与传承有所裨益。

关键词： 豫南　传统民居　门楼　多元文化

豫南地区，在广义上指现今河南省的南阳市、信阳市、驻马店市、邓州市、固始县和新蔡县，而本文研究是指狭义上的豫南区域，依据大多历史研究学者以及明清年间的官书及族谱记载[1]，即指现今的信阳市。信阳大部分地区位于淮河以南，其雨量充沛。就外部环境而言，这些山地村落依山傍水，有着独特的自然条件[2]，加之受中原文化、楚文化、徽州文化等影响，形成了具有豫南地域特色的民居特征。因此，可结合历史学、社会学、地理学等多视角深入研究豫南门楼的特征及影响因素。

对于古代建筑大门的研究成果较为丰富，无论是大尺度的古代城门与宫殿大门，还是小尺度的庙门与宅门，都有相关学者在进行剖析研究。楼庆西[3]从不同地域、不同国家建筑大门的功能、礼制、形制及装饰等方面系统地进行了概述，铺垫了后续学者的研究基础。地域方面，岭南地区郭晓敏[4]对潮汕地区传统民居凹肚门的构造与装饰进行剖析，滇西地区张军[5]从建筑类型学的视角对大理喜洲地区的宅门进行了类型化研究，晋中地区洪霞[6]以宏观的视角从材料、用途、位置等方面细致地将宅门分类并落实在微观视角下的构造与比例中。总体上，目前针对地域性的民居宅门以文化交融、建筑类型学、数字构成、传统营造等视角研究得较多，拓展了在宅门领域的研究视野，但整体在研究区域上还不够，关于豫南传统民居门楼研究较少。本文主要从功能特征、布局与内部空间特征、立面特征三个方面研究现存的豫南传统民居门楼，对其记录和分析，以期为豫南传统民居研究和保护传承提供借鉴。

一、豫南门楼释义

从古至今，老百姓对民居大门的修建都十分重视。对于门楼，正如《营造法原》中描述道："凡门头上施数砖砌之坊，或加牌科（斗拱）等装饰，上复以屋面，其高度超出两旁之塞口墙者。"[7]门楼的常见构造是在门的上方增设屋顶。而在豫南地区传统民居中，是"门"与"楼"两种要素结合，当地传统民居门楼做法大多是"门上起楼"，承担着交通、储藏、防御、交往和休憩等功能。屋顶造型、门窗洞口、墀头装饰是构成门楼造型的主要元素，这些组成部分构成了门楼的基础，它们在很大程度上受到了地理环境和地方文化的影响，从而展现出地域的独特性。

---

[1] 崔文龙，中国矿业大学建筑与设计学院，硕士研究生。
[2] 林祖锐，中国矿业大学建筑与设计学院，教授。
[3] 谭志成，中国矿业大学建筑与设计学院，硕士研究生。

二、豫南门楼特征

1. 功能特征

（1）交通功能

门楼的主要作用是提供通行空间，豫南地区的民居普遍采用家族纵向排列的布局，门楼是根据家族的需要而建。据调查访谈，明清时期家族会饲养牲畜，故门楼的尺寸要求满足人畜并行，宽度大多为2m，加上门楼两侧山墙，其总体宽度约为3.5m。

（2）储藏功能

豫南地区水系大多属淮河流域及少部分属长江流域，山地沟壑，降水丰富，民居建筑必须考虑排水防潮。该地区可将部分农作物或其他杂物放在门楼夹层，充分利用了门楼夹层的防潮作用，这体现了传统民居对于气候适应的营造智慧。

（3）防御功能

宅门从古至今是保卫建筑安全的关键构筑物，豫南处大别山区，为防止盗匪深夜入侵和山林野兽，传统民居的宅门修建较为高大。豫南地区门楼设有两层，门楼中部带有窗洞，一开始是出于通风所需，民国时期为抵御盗匪，从而转变为射击孔，二层空间也可用于观察，体现其防御功能。

（4）交往和休憩功能

豫南门楼分割民居内外空间，发挥着连接公共与私密空间的作用。它通常承载着迎接宾客、交流信息的社会功能；同时，豫南门楼空间通常被设计为半私密的休憩场所，供居住者放松身心或进行日常的邻里交往，从而成为连接内外的关键节点（图1）。

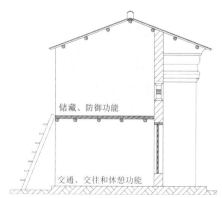

图1　门楼内部功能图

2. 布局与内部空间特征

（1）整体朝向与方位

豫南地区的门楼朝向与民居的朝向保持一致，在该地区，传统村落朝向大多遵循山势。因此，门楼的方位也呈现出多样性特征。在实地考察和研究了一些传统村落后，本文整理出了以下门楼的朝向，包括国家级传统村落和一些省级传统村落。根据收集到的样本，朝南的门楼数量最多，其次是朝东南和西南的门楼，而朝东的门楼则较少。

豫南门楼是村落主路进入宅院的必经之路，通过巷道引导至布局各异的院子，成为街道民居的标志性构筑物。门楼位置分布在院落中较为灵活，以东侧和中部方位较多（表1）。

豫南部分传统村落门楼朝向汇总　　　表1

朝向	占比	代表性村落
南	最多	罗山县何家冲、新县西河大湾、光山县冯家冲、新县胡湾村、新县丁李里湾
东南	较多	商城县四方洼、新县宋冲、光山县龚冲、新县韩山村
西南	多	罗山县王大湾、新县田铺大湾、新县刘咀村、商城县四楼湾
东	少	新县毛铺村、新县戴河村、新县徐冲
东北	很少	商城县黑河村董老湾、光山县黄涂湾

（2）平面布局特征

在大多传统村落中，门楼的平面布局主要表现为三种类型。一些研究将这些形式分类为"门形、斜置形、八字形"。[8]而本文则将它们划分为"正向凹入式、斜向凹入式、正向喇叭口式"。"正向凹入式"指的是包门墙与两边的山墙垂直。"斜向凹入式"则体现在包门墙与两侧山墙之间存在一定角度的布局，该角度是由风水学决定的，如民间所说"阳不对顶，阴不对否"。"正向喇叭口式"门楼的特点在于其入口区域的灰空间设计，门楼两侧的倒座房经过削减直角的处理，使得入口空间呈现出喇叭口的形状，这种形式等级较高。包门墙位置也是平面布局的一个关键点，民间传统认为包门墙位置越深，官位等级越高（图2、图3）。

（3）内部空间特征

豫南传统村落中，门楼内部通常分为上下两层，其空间大小受两侧倒座房深度的限制。在功能上，一层主要用于通行，二层夹层空间则用于存放物品和防御；在结构上，通过将檩条嵌入倒座房来创造二层空间。由于空间尺寸有限，一层和二层之间并未设置独立的楼梯，而是采用一些工具，如梯子，作为上下层的通行手段（表2）。

3. 立面特征

（1）正立面特征

豫南门楼在立面设计上并没有严格的等级制度和规定的用材

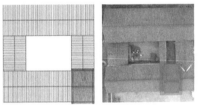
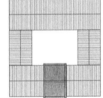
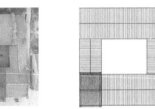
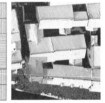

(a) 择东而建　　　　　　　　　　(b) 择中而建　　　　　　　　　　(c) 择西而建

图2　门楼在院落中主要存在的三种位置

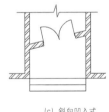

(a) 正向凹入式　　　　　　　　　(b) 正向喇叭口式　　　　　　　　(c) 斜向凹入式

图3　门楼的主要三种平面布局

门楼的内部空间特征　　　表2

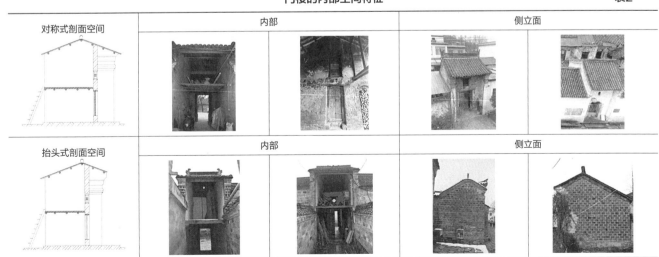

标准，影响门楼立面尺度与装饰的因素是户主的经济实力和政治地位。实地考察和研究显示，门楼立面的多样性同样受到村落不同的影响。这是因为豫南大别山区山路复杂、交通不便，古代村落之间的互相交流困难，呈现出同一村落中门楼立面相似性较高的现象。

首先是屋顶形式，豫南门楼主要包括硬山和无博风板的悬山两种形式。整个屋顶的深度与倒座房相匹配，这与北京的金柱大门和蛮子大门的设计相似，都是通过倒座房的深度来创造出更多的灰空间。在屋顶前后比例方面豫南的门楼分为两种，一种是北方地区常见的对称式分布，脊檩内外两侧的檩条数量相同；另一种是受到风水观影响的"抬头式"做法，脊檩外侧的檩条数量比内侧的少两檩，以达到当地工匠流传的"龙抬头"寓意（表3）。

其次是墀头装饰，它是豫南门楼不可或缺的组成部分，是地域文化的重点体现部位。不同地区的墀头宽度与比例具有差异性，这种差异与门楼建筑本身的构造和设计理念相关。墀头顶部通常设计成弧形的戗檐板，目的是让屋顶看起来更加轻盈；中部称为炉口，是富裕家庭精心雕刻的重点区域；底部则为炉腿，常以横线条作为装饰。豫南显赫家庭视门楼为房间，偏好砖雕装饰墀头，常见"一斗三升"设计，局部辅以兰花和祥云，精美程度反映经济地位（表4）。

再次是窗洞形状，通常有矩形、圆形、六边形和八边形这四种类型。大多数门楼配置有一个窗洞，位于门楣上方的中心位置。只在光山县冯家冲，发现一处门楼特别设计三个并排的窗洞，根据居民所述，这是传达"三花聚顶"祈福寓意的特殊设置。

最后是门楼整体尺度比例，以新县部分国家级传统村落为例，经实地测量，得出同一村落内门楼整体尺度相当，例如戴河门楼的高宽比是3：1，而朴店村宋冲组的高宽比2：1。尽管不同村落的立面窗洞设计有所差异，在同一地区，窗墙的比例具有一致性（表5）。

（2）侧立面特征

信阳地区多位于淮河南部，地理上属南方，门楼普遍采用双坡屋顶以适应多雨气候。门楼屋顶的高度一般超过倒座屋顶高度，亦有同倒座高度，因此导致在高度相等的情况下山墙不明显。豫南门楼山墙的主要存在形式包括弧形山墙、"W"形山墙和抬头式山墙，同时豫南地区"门上起楼"的构造做法使门楼的高度高于两侧的倒座房，一些门楼突出部位采用封火山墙的设计（图4）。

三、门楼营建的影响因素

1. 地理环境影响

豫南门楼的形成与三省交界的地理位置密切相关，融合了中原文化、楚文化、徽州文化，同时地区移民也促进了文化交融。多方民间工匠的技艺多样，因此在民居施工中能够体现出各个地方的营建技艺，经过历史的洗礼在当地达成一些约定俗成的建筑特征。同时，豫南地区属于亚热带季风气候，日照充足，年平均气温15℃左右，降雨较丰沛，年均降雨量一千多毫米[9]，因此豫南民居的门楼台基大多较高，门楼的屋顶为双坡屋面，要兼顾遮阳与排水的功能。大别山区的空气较湿润，相对湿度年均74%~78%，许多传统民居的门楼设置二层且开洞口，以便储物通风防潮。

2. 文化交融影响

豫南地区门楼的特征也受到几次大移民活动的文化交融影响。中国古代移民的类型，从原因和性质方面考察，可以分为政

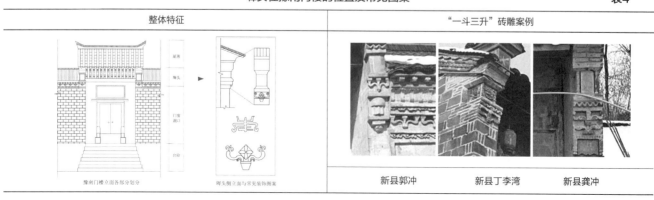

村落门楼正立面的趋同性特征总结 表5

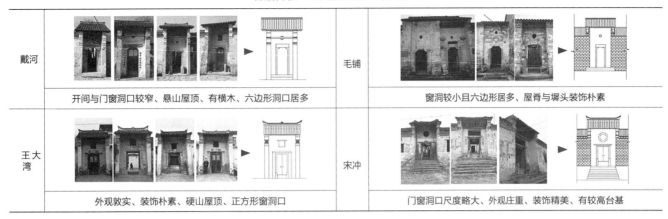

图4 豫南门楼山墙的主要存在形式

治移民和经济移民两类;从迁出和迁入的方向考察,可以区分为外向型(从中原腹地迁往周边)和内向型(从周边迁往中原腹地)两类[10]。各种类型的移民都具有调整人口布局和资源分配、提高生产力、加强族群和文化群融合的作用。多地区的外迁与内迁导致豫南民居门楼的特征主要受到中原文化、楚文化、徽州文化的影响。中原文化主要影响在门楼的尺度与用材上,高耸且厚实的门楼特征是中原文化最好的体现;楚文化重点影响了门楼的装饰特征,墀头与山墙多用鲜花、翠羽、云霞、祥云等装饰元素;而徽州文化主要影响在精神层面,地位显赫的宅院多精雕细琢,讲究门的设计意图。

3. 传统环境观影响

豫南民居门楼受徽州建筑影响,通常在外立面墙上开设门洞,以门洞为中心贴砌磨砖雕饰的门罩,由于多为砖砌,故出檐甚浅。在院落组合方面,堂屋两侧的左边厢房要高于右边的厢房,以达到祈求平安的意图,同时也反映出在古代的传统思想中以左为尊的思想。

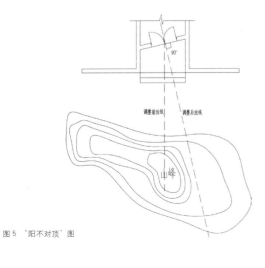

图5 "阳不对顶"图

四、总结与讨论

豫南地区的门楼具有地域性色彩,是特定的地理环境与人文环境共同作用下的结果。大别山区的气候条件与民风民俗是门楼特征呈现的内涵,是地方文化永续的重要载体,如传统工匠们传承中原建筑文化与楚文化的同时,不断学习移民而来的徽州建筑营造技艺,才使得豫南门楼呈现出多地区的文化交融特征。目前,当地居民对于乡土建筑文化特征认知不够,缺乏一定的认同感,也正是由于这种文化断层的危机才更需要将豫南门楼的特征展现给大众,研究豫南门楼对于保护多元文化交错下的文化遗产有着重要的现实意义。豫南传统建筑保护并不是简单地复制古建筑,而是在建设过程中要尊重并融入当地的文化情感,在保护的基础上进行一定的创新,让传统建筑得以长久地延续。

参考文献:

[1] 郭瑞民. 豫南民居[M]. 南京:东南大学出版社,2011.
[2] 郑东军,杨璐,王晓丰. 基于GIS的豫南大别山区传统村落空间模式探研[J]. 华中建筑,2022(6):40.
[3] 楼庆西. 中国建筑的门文化[M]. 郑州:河南科学技术出版社,2001.
[4] 郭晓敏,杨喜人. 潮汕地区传统民居凹肚门楼的构造与装饰[J]. 古建园林技术,2020.
[5] 张军,孔令晨,胡常京. 类型学视角下大理喜洲民居"门楼"的解读[J]. 南方建筑,2019(4):6.
[6] 洪霞. 晋中传统民居宅门研究[D]. 太原:太原理工大学,2016.
[7] 江净帆. 空间之融:喜洲白族传统民居的教化功能研究[M]. 南宁:广西师范大学出版社,2011.
[8] 赵健,龙元. 信阳市豫风楚韵传统建筑研究[J]. 中外建筑,2019(9):4.
[9] 卢鹏程. 豫南光山黄涂湾村传统村落的保护与发展研究[D]. 武汉:华中师范大学,2024.
[10] 陈伟. 晋中明清民居宅门调查与研究[D]. 兰州:西北师范大学,2020.
[11] 张瑶. 青海省海东地区民居建筑大门的研究[D]. 西安:西安建筑科技大学,2010.

嘉绒藏族传统民居立面装饰构造艺术浅析
——以马尔康西索村为例

罗川淇[1]

摘　要： 嘉绒藏族是藏族的重要分支，具有独特的传统民居样式，其中西索民居作为嘉绒藏族典型的三大藏式建筑之一，具有极高的文化价值。通过实地调研测绘，本文从整体的立面构图、色彩构成、表皮材料和肌理排布，至细部的大门及窗户构造装饰，对西索村嘉绒藏族传统民居立面装饰与构造进行浅析，以期为保护与传承嘉绒藏族传统民居提供理论支持。

关键词： 传统民居　嘉绒藏族　建筑立面　装饰艺术　构造

嘉绒藏族作为藏族的一个重要分支，主要分布于四川甘孜州、阿坝州、雅安市及凉山州等地[1]。受气候条件、宗教信仰及生活习惯的影响，嘉绒藏族形成了具有地域特色和文化特色的建筑形式，最为典型的三大嘉绒藏式建筑即西索民居、克莎民居和草登民居[2]。其中，西索民居所在的西索村于2013年被列入第二批国家传统村落名录[3]，可见其所蕴含的深厚历史文化价值。

西索村位于马尔康市卓克基镇，距马尔康约7km。村子始建于清康熙年间，距今已有300多年的历史。整个村子依山而建，村内民居鳞次栉比、错落有致，风景独特秀美（图1）。本文通过实地拍照和测绘，从整体至局部对西索民居的立面装饰与构造进行浅析，以期为西索民居的继承和发扬作贡献。

图1　西索村实景

一、立面整体艺术

1. 立面构图

整体轮廓来看，西索民居形态较为方正。外墙略有收分，整个建筑呈现下大上小梯形状，使得建筑重心降低且向内，极具稳定性，能抵抗高烈度地震。建筑立面构图丰富，呈现出三段式构图形式：底部完整收分的墙体、中层退台、顶层屋顶檐口，既能满足功能需要又可以取得良好的视觉效果（图2）。

建筑三层通过切角后退形成晒台，形体上有空间院落的构成特点[4]。女儿墙角部有锥形向上的墙垛，形成一种倾斜向上和中心内聚的气势，避免了墙体立面的平面化，同时增强了立体感[2]。建筑立面整体窗墙比较小，封闭感较强，这与当地气候和社会环境有关。各层窗户形态不同，从下往上，窗户尺寸越大，造型也越复杂，使得建筑整体呈现下部厚重、上部轻盈之感。窗户周围的毛石会涂抹成月牙状，窗户上檐做挑檐处理，墙身上部边缘毛石突出形成线脚，使得建筑立面构图层次感丰富。

2. 立面色彩

建筑的色彩能直观地呈现建筑风格和表皮特点，通过色彩表达不仅可以使建筑融入周围环境，与自然和谐恰当，同时也是民族文化的一种表达方式。

图2　西索民居立面构图

藏族民居多以彩绘进行装饰，西索民居也同样色彩丰富，以黄灰色、蓝色、白色、红色、绿色及明黄色为主（图3）。黄灰色是建筑的整体色彩基调，以石材的固有色为基础，低饱和度的黄灰色，显得建筑质朴粗犷；蓝色、白色、红色、绿色及明黄色则是五色经幡的颜色，象征着嘉绒藏族的宗教信仰。其中，蓝色代表蓝天，白色代表白云，红色象征火焰，绿色象征绿水，明黄色则代表大地，表达嘉绒藏族人民对自然的崇拜。

建筑墙体四角、女儿墙边缘、门窗周围都用白色涂料进行涂刷。门窗上色彩绚丽且丰富，门框和窗框都涂抹成红色，门楣和窗楣上绘有彩绘图案。屋檐下还有布置五色经幡。

---

[1] 罗川淇，西南交通大学建筑学院，研究生。

(a) 1号民居侧面　　(b) 1号民居正面　　(c) 2号民居侧面　　(d) 2号民居正面

图 3　西索民居实景

二、立面表皮肌理

嘉绒藏族人民善于利用当地丰富的自然资源，就地取材建造房屋，石材、木材、黄泥是其主要使用的建筑材料。外墙以石材为主要建造材料，黄泥作为黏合剂；木梁横搭其上，内部则采用木柱承重，这种结构体系使得西索民居外刚内柔，具有极强的结构稳定性。

石材是西索民居立面的主要构成元素，石材的形状和大小都会影响其立面的肌理感。单个石材的尺寸越小，建筑立面的划分就越精细，肌理越细腻。形状规整的石材使立面肌理规律整齐，而不规则的石材则使肌理杂乱。

西索民居表皮肌理线条具有独特的美感，如图 4 所示。其横向肌理线条从中心位置向两侧逐渐翘起，墙体两端的毛石尺寸相较于中间部分更为硕大，因此越靠近两端肌理越显疏松。这种独特的肌理效果是由于砌筑外墙时候施加了地震预应力，以确保地震活动中，建筑能够保持自身的稳定性；此外，横向肌理线条疏密交替，这是由于砌筑时采用了一层厚石块和一层薄石块交替的砌筑方式。纵向肌理线条较为弯曲，大致呈现"弓"字形变化，这是因为石材在纵向上采用了交错搭接咬合的砌筑方式，使得墙体受力更加稳固。

三、细部装饰

1. 大门装饰

大门是西索民居中极具地域特色的构件，其装饰主要体现在门框、门楣及门头的雕刻和彩绘上。大门多以木质板门为主，取材容易且坚固耐用，一些大门上还会设置金属兽首门环，既满足功能需要又能作为装饰。门的开启方式以平开为主。西索民居建筑中大门的构件主要包括门槛、门扇、门环、门框、门楣、门头等部分，大门的构造如图 5 所示。

门槛是大门底部紧贴地面设置的一条横木，其作用一是分隔室内外；二是遮挡门扇底部，起保护作用。门槛高度因造型不同而略有区别，10~30cm 不等。门槛多为木质，也有少部分为石材。部分民居在门槛表面前后边缘转角处会包一层铁皮对门槛进行保护，部分民居门槛下还会设置一阶混凝土踏步，防止雨水侵害。门槛一般仅保留材质原色，没有其他装饰（图 6）。

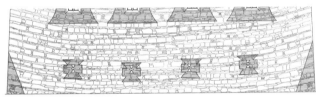

(a) 西索民居表皮肌理

(b) 表皮横向肌理　　(c) 表皮竖向肌理

图 4　西索民居立面表皮肌理特征

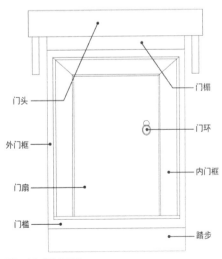

图 5　大门构造示意图

(a) 西索民居大门实拍效果

图 6　大门装饰

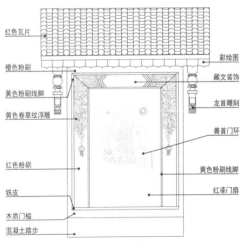

(b) 西索民居大门装饰示意图

 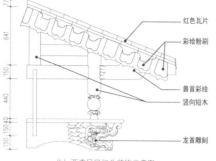 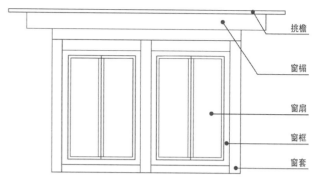

(a) 西索民居门头实拍效果　　(b) 西索民居门头装饰示意图

图 7　门头装饰

图 8　窗户构造示意图

(a) 四扇万字纹窗　　(b) 四扇方格窗　　(c) 双扇方格窗

图 9　西索民居窗户样式

门扇上多通过彩绘或雕刻饰以一些寓意吉祥的图案，如几何纹、卷草纹等，或是具有宗教意义的图案，形状繁复，寓意深刻。色彩同样以蓝、白、红、绿、黄为主。越是富裕的人家门扇上的装饰越华丽复杂。

门环由半球形的门环座和圆形吊环组成。通常以金属制作，呈现黄铜色。门环座样式繁多，通常打造成兽首状，门环套在兽首嘴部。有些门环上还会系上寓意吉祥的彩带。

门框分为内门框和外门框两种。内门框较宽，以藏文、彩绘和雕刻装饰。外门框较窄，通常涂刷为纯色。此外，内门框和外门框内侧通常会有一圈细窄的线脚涂刷成其他颜色，使得门框层次感丰富。

门框上部设置过梁，用于承载门上部的重力。门楣位于过梁上侧，长度与过梁相同或稍长于过梁。简单的门楣在木板上绘彩画，更为复杂的则会用短椽木堆叠二层或三层。

门头是大门的重点装饰部位，出挑的门头还承担遮挡雨水的功能。大部分门头为单坡形态，悬挑的门头下部设置横向短椽，短椽端部通常会雕刻几何图形或兽首作为装饰，形态丰富，短椽上置竖向短木以承托门头顶棚。门头同样以蓝色、白色、红色、绿色及明黄色为主进行彩绘装饰，色彩鲜艳（图 7）。

2. 窗户装饰

除了大门，窗户是西索民居建筑中最具有表现力的部位。

早期当地为土司统治，土司之间会因争夺资源而发生斗争。动荡不安的社会环境使得人们在修建房屋时不得不考虑防御性，因此西索民居底层开窗都较小，窗台高度较低，其瞭望、射击、防盗等防御作用远远大于采光的作用，体现了嘉绒藏族人民在适应当时社会背景方面的生存智慧[5]。随着社会不断发展，传统的防御作用逐渐褪去，慢慢发展为现在以使用功能为主的形态，装饰丰富，造型多样，整体的造型突出了藏族的文化特点[6]。

窗户的构成元素包括窗扇、窗框、窗套、窗楣和挑檐，不同窗户的造型和细部装饰特点不同（图 8）。总体来看，窗户的装饰与大门装饰类似，大多采用涂刷、雕刻、彩绘进行装饰，色彩鲜艳。

窗扇是窗构件通风采光的主要部分，分为开启和固定两种形式。从早期单一的窗扇形式到现在，窗扇的造型逐渐变得丰富，按窗扇的扇数可以分为单扇窗、双扇窗、三扇窗及四扇窗；根据窗纹样式不同，有方格窗、万字纹窗等（图 9）。

窗框环绕在窗扇四周，用于安装和固定窗扇，主要采用木材制成，宽度一般在 5~10cm。底层小窗窗框多涂刷成红色，上层大窗除了刷漆还会在上窗框绘制彩绘图案以作装饰。更为复杂的窗户会设置多层窗框，在最外层雕刻彩色三角纹，一方面使窗户更为美观，另一方面对窗户有保护作用，使之经久耐用。

窗套位于窗框外侧垂直面。墙体外侧窗套一般凸出窗框，又不超出墙面；室内部分则多与墙面平行或包住内墙缘，保护墙体同时使墙面平整美观（图 10）。小窗窗套多为长方体，大窗则有圆柱形。窗套四周墙壁上一般用白色涂料进行涂刷，也有少量黑色[7]。

窗楣是窗户重要的装饰部位，上层大窗窗楣主要起装饰作用，而底层小窗窗楣还起到保护窗户不被雨水侵蚀的作用。小窗窗楣一般做到三层，称为"三椽三盖"[8]，三层层层出挑，但悬挑距离不

  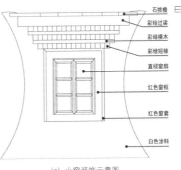 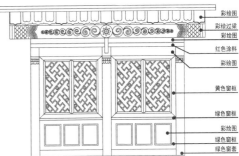

(a) 外部窗套　　(b) 内部窗套　　　　(a) 小窗装饰示意图　　　　(b) 大窗装饰示意图

图10 窗套形式　　　　　　　图11 窗户装饰示意图

超出墙面，各层之间以木板分隔。每层均匀排布短椽，上层短椽数量比下层多1个且出挑距离更长（图11）。短椽端部通常绘制几何图形或花纹，分隔的木板涂成蓝色或红色，也有民居会根据建筑功能和整体造型在短椽端部雕刻兽首或图纹。短椽最上层上方放置过梁，过梁上通常会绘制几何形或花鸟图案作为装饰，极具立体感。过梁上设置倾斜石板作为挑檐，用于遮挡雨水。上层大窗户不设层叠的短椽，而是在窗框上部直接设置过梁，过梁上绘制各种精美图案，过梁上设置大出挑的挑檐，造型也是多种多样，有坡顶檐、平顶檐。每扇窗户都犹如一件精美的艺术品。

四、总结

川西地区以其绚丽的自然风光和深厚的文化底蕴，被誉为"中国的风景瑰宝"。嘉绒藏族，作为长期在这片土地上繁衍生息的民族，是藏族文化中不可或缺的一部分。而西索民居作为嘉绒藏民居建筑的杰出代表，在川彝走廊地区以其朴实而富有质感的聚落景观吸引着无数目光。独特的建筑样式及装饰纹样正是嘉绒藏族文化的精髓所在，每一处细腻的装饰细节都凝聚着嘉绒藏区的地域特色与嘉绒藏族人民深厚的文化情感，蕴藏着丰富的艺术价值和历史意义，值得我们去深入发掘和传承。本文从整体至局部，对西索村嘉绒藏族传统民居立面装饰进行浅析，总结出其独特的建筑艺术特点与艺术价值，以期为保护与传承嘉绒藏族传统民居提供理论支持。

参考文献：

[1] 陈玉，成斌，高明，等. 丹巴嘉绒藏族石砌民居调查研究[J]. 城市住宅，2017，24（3）：51-54.
[2] 张春辉. 马尔康嘉绒西索藏民居建筑艺术特点探析[J]. 设计，2017（1）：132-133.
[3] 住房和城乡建设部 文化部 财政部关于公布第二批列入中国传统村落名录的村落名单的通知[EB/OL]. (2013-08-30) [2024-06-26]. https://www.gov.cn/zwgk/2013-08/30/content_2477776.htm.
[4] 成斌，周小芳，董馨怡，等. 毛石表皮在藏羌碉房的地域性表达[J]. 城市建筑，2020，17（2）：60-62.
[5] 徐芳. 马尔康嘉绒藏族传统民居环境适应性策略研究[D]. 成都：西南民族大学，2023.
[6] 侯新文. 嘉绒藏族传统民居建筑表皮艺术遗产的保护研究[D]. 绵阳：西南科技大学，2021.
[7] 俞烨钢. 嘉绒藏族传统民居建筑装饰纹样概述与应用思考[J]. 中国民族博览，2019（4）：197-200.
[8] 高明，成斌，陈玉，等. 川西藏区新民居传统装饰元素的传承和创新研究[J]. 安徽建筑，2018，24（2）：35-37, 41.

建造视角下土楼营建的适应性探索
——以南靖县河坑聚落为例

李思静[1] 方小华[2] 韩洁[3]

摘　要： 土楼是以生土为主要材料夯筑而成的传统民居遗产建筑，在南靖山区的土楼聚落中除了有大量方圆土楼，还存有许多其他形式的生土建筑。本文以南靖县河坑聚落作为参照，聚焦非传统土楼形式的生土建筑，从建造的角度出发，通过对不同的生土建筑进行分类，对个例进行简要分析，探索自然、社会、人文等外部环境因素对材料、结构、构件等建造要素的影响，进而在营建技艺上进行对比，以此探讨它与传统土楼在技艺上的继承与变化。结论得出，这些外部因素的影响最终体现在这些非传统土楼形式的生土建筑建造方式的选择上，通过适宜的建造手段去适应漫长的传承与演变，进而形成建造视角下土楼的适应性机制。

关键词： 建筑自适应性　遗产　建造　土楼

一、引言

土楼作为世界上独一无二的集居住和防御功能于一体的标志性夯土民居，坐落在山区谷地独特的自然环境之中，是适应当地自然和社会环境聚落方式的体现，其建筑的形成蕴含多方面的智慧。自1957年《福建永定县客家土楼》一文问世以来，土楼研究逐渐展开，不仅仅局限于建筑学角度，还扩展到社会学、人类学等领域。近年来，土楼遗产民居的保护和活化工作备受关注，其中土楼营造技艺的研究显得尤为重要。

1. 土楼营造技艺的研究现状

传统民居的营造作为一种非物质文化遗产，在"重物而轻技"的理念下往往容易被忽视。实际上它是传统民居形式呈现多样性的根本原因，对于传统村落的保护和修缮至关重要。我国从建造角度对民居的研究在20世纪便启动了深入探索，但是土楼建造的研究依然在解读阶段[1]。

1994年，黄汉民先生在《福建土楼》中系统介绍了土楼营建的过程[2]；2013年，客家土楼营造技艺非遗传承人张羡尧在《土楼旧事》一书中从工匠的视角对土楼的建造过程进行了描述[3]；而后，孙永生与潘安、谢华章与王华洋等学者也分别在其著作中系统介绍了土楼的建造技术[4,5]。关于福建土楼营造技艺的研究基础工作虽有，但多聚焦技艺本身，而探讨营造技艺适应性传承和演变的成果较少。

2. 适应性的相关研究

"适应"概念源自达尔文，强调"适者生存"，后扩展到社会学、人类学等领域。在建筑学中，适应性指建筑能主动适应环境，是环境选择的结果。它探讨建筑与环境的互动关系，同时受到自然、社会和人文因素影响。在这一过程中，建筑不是被动地调整，而是在满足人类更适宜的居住条件前提下，不断地自我更新。现存对民居适应性的研究更多聚焦在民居建筑的本体上，多为其自身的环境适应、空间适应，但对民居建筑形式的延续暂无探索[6,7]。

在南靖山区的土楼聚落中除了有大量方圆土楼，还存有许多其他形式的生土建筑，这些生土建筑在体量上、形态上或与土楼有差异，定义为广义的"土楼"。这些生土建筑会广泛地出现在一个时期，并在不同时期有相应的变化。本文通过田野调查和访谈，聚焦南靖县河坑村土楼聚落，通过对这类"土楼"的研究，来探讨在适应性机制下，南靖地区的土楼营造是如何通过适应机制在非传统土楼建筑中延续土楼传统营造技艺的活力。

二、河坑村"土楼"发展历程

河坑村地处福建省西南部的南靖县。该区域西邻龙岩市永定区，东临漳州市华安县，北部与漳平市相连，南接漳州市平和县。受地域自然环境限制，整个闽西南山区开发较晚，区域内重峦叠嶂，野兽出没、盗匪四起。于是，在中原儒家文化的宗族观念和外部环境的共同影响下，村民选择了聚族而居以自保，土楼建筑便是在这样的环境中生成[8]。河坑村中有13座世界文化遗产土楼，其中方形和圆形的大型土楼分布于不足1km²的山谷之间，以"北斗七星"阵布局，与山水和谐共融。聚落的格局关系和发展演变反映了南靖地区"先有方楼，后有圆楼"的建造过程。

纵观整个河坑聚落，在村落发展建设中经历了以下几个时期：明清时期方形土楼广泛建设、民国时期出现大量小型方形生土建筑、中华人民共和国成立后至20世纪80年代圆楼及五凤楼建成、20世纪80年代之后广泛出现"一"字形或"L"形的生土建筑[9]。其中，土楼的建设集中体现在明清时期方楼的形成以及1949年之后圆楼的大范围建设。由于本文以南靖县河坑聚落作为参照，以该聚落中除13栋大型土楼之外的非传统土楼形式生土建筑为主体（即本研究所界定的非传统土楼生土建筑），现对这类生土建筑的发展历程进行梳理，将发展轨迹划分为以下三个主要阶段（图1）：

---

[1] 李思静，厦门大学建筑与土木工程学院，研究生。
[2] 方小华，厦门大学建筑与土木工程学院，研究生。
[3] 韩洁（通讯作者），厦门大学建筑系，副教授。

第一时期：在民国时期出现大量小型方形生土建筑和一栋的"一"字形单体式生土建筑，在方形土楼建成之后、圆形土楼出现之前广泛出现，主要分布在方形土楼周围，并邻近聚落的主要道路。

第二时期：在中华人民共和国成立后至20世纪80年代即圆楼大量建设的时期，村内出现了合院式五凤楼形制的生土建筑和少数"一"字形的单体式生土建筑。该类建筑主要分布在圆形土楼周围，大部分为居住建筑。

第三时期：在20世纪80年代之后出现大量的"一"字形、"L"形单体生土建筑。这类建筑散落在整个河坑聚落各处，更多地分布在聚落北部。

三、"土楼"建造分析

生土建筑在不同时期展现出独特的建造特性，首先对每个时期的非传统土楼生土建筑个例进行营造特征的分析，通过详细的建筑描述展现其建造特征（图2~图4）。

1. 第一时期

（1）永盛楼边的无名楼

该楼位于永盛楼的北侧，为合院式生土建筑，形制与五凤楼相似，后堂部分出现了叠落式的屋顶。在民国时期用作染布作坊，后做住宅使用，现长期无人居住，保存程度较差。从建造视角分析，平面呈三合院形式，前院由土坯墙围合，三面房间环绕，木构架与墙体共同承重。材料上，除后堂主楼中间三开间为夯土墙，其余建筑空间的外墙以土坯砖砌筑，呈现夯土墙、砖墙、木墙三种墙体混合的状态。在建构方面，墙体的石脚受溪流的影响，沿溪侧高于背溪侧，较高处达100cm，较低处为60cm。

（2）庆盛楼

庆盛楼建于民国时期，位于河坑聚落曲盟溪河段中部，面向曲盟溪，背倚背头崎。西侧为方形土楼永盛楼，南侧紧靠另一座合院式民居连庆楼，东侧邻近无名住宅楼，三座合院式二层土楼呈"品"字状相接。从建造视角分析，平面为"口"字围合式，入口处为一层，其余三侧为二层，大门北向，西侧厢房向西北方向转折20°，开有次入口。结构上墙体与木梁架共同承重。在材料上，主体与土楼相同，以黄土夯筑墙面，但西侧厢房以土坯砖标准砌块错缝垒砌，东侧出挑的下部墙体以青砖砌筑。在建构上，庆盛楼底部为40cm高的石砌基座，屋顶坡度平缓，檐口平直，山尖布置有悬鱼，屋檐转角处缀有"角叶"。

（3）永贵楼边的无名楼

永贵楼边上的无名楼建于民国时期，背靠山水，视野开阔，有较大前坪空间，但体量较小，为一堂两横的生土建筑形式，该楼在近60年内无修建改建，仅对局部构件修缮。从建造视角分析，在材料方面，建筑材质混杂，墙角以青砖砌筑，墙体为夯土或土坯砖错缝砌筑，在内院的墙面上，以整面的小鹅卵石贴面，但西厢二楼以木墙围合。在结构方面，建筑梁架体系为抬梁式，夯土墙与木构共同承重。在建构方面，门窗开口不大，预留烟囱陶罐、埋设窗洞木过梁；屋顶较为朴素，但在山尖处均饰有悬鱼。

（4）照阳楼边的无名楼

该楼位于照阳楼的西北侧，建于明清时期，在照阳楼建成不久后搭建。整体建筑形态呈"一"字形，单侧外廊，楼梯位于建筑一

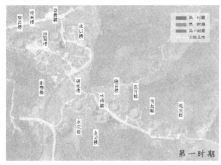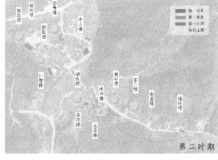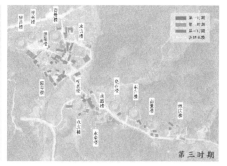

图1　非传统土楼建设演变过程平面图

永贵楼边的无名楼

照阳楼边的无名楼

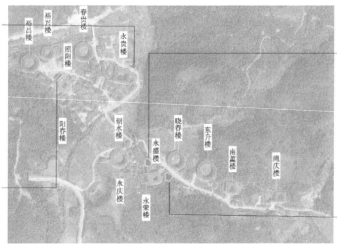

永盛楼边的无名楼

庆盛楼

图2　第一时期非传统土楼案例

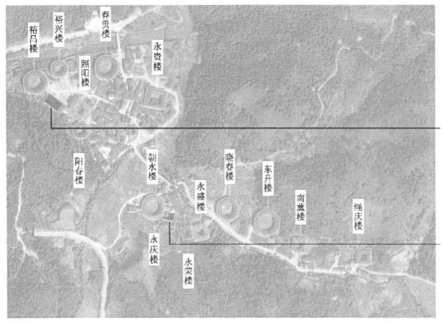

裕南楼

永庆楼边的无名楼

图 3 第二时期非传统土楼案例

图 4 第三时期一字形或 L 形的单体生土建筑

侧，主体为七开间，后向南加建两单元开间。从建造视角分析，该楼主体为夯土墙，后期加建部分为土坯砖，单侧出挑的外廊为木构悬挑，约 1m 宽。门窗上下小，二层的门窗尺寸与方形土楼尺寸基本一致（图 2）。

2. 第二时期

（1）裕南楼

裕南楼位于裕昌楼东南侧，坐西南朝东北，建于 1967 年，初建时为一堂两横的形制，1933 年加建演变为两堂，2018 年继续加建，最终形成前楼高一层，后楼高两层的两堂式的小型五凤楼[10]。从建造角度分析，在材料方面，整个裕南楼呈现出夯土墙、砖墙、木墙三种墙面混合的状态；在结构方面，初建时采用了传统的土墙与木结构相结合的传统构造方式，后期楼内居民对各部分的木柱用不同的砖柱进行替换，同时将内墙加高 35cm 以改变屋顶倾斜角度。裕南楼的墙体厚 49cm，与传统土楼相比墙体较薄，收分变小，仅 10mm。在建构方面，裕南楼的走廊宽度变大，有 1.9m 宽，屋顶的悬鱼变小，整体装饰性减弱。

（2）永庆楼边的无名楼

该楼位于永庆楼旁，西南东北朝向，拥有背山之势，于 1967 年前后由两兄弟合建而成，整体格局与五凤楼相似。其入口空间较为狭窄，初建时为比较标准的五凤楼形式，前高一层，后高两层，现前堂空间被打断；后期向外搭建，同时将部分前堂空间改建形成两层空间，并设置独自的入口，用隔墙隔开两兄弟各自的生活空间。

从建造角度出发，该楼平面呈"U"形，但并非传统土楼的对称格局。材料方面，初期以青砖搭建砖柱，后期加建多用红砖，并且以水泥涂抹饰面。构建方面，该楼门窗与同时期的圆楼的开窗尺寸样式基本一致，但门窗深度较小。该楼的背面处的石脚一半高一半低，分别为 80cm、40cm。屋顶装饰更加简洁，无悬鱼（图 3）。

3. 第三时期

在 20 世纪八九十年代，河坑土楼聚落大量出现一类"一"字形或"L"形的单体生土建筑。它们共同的特征为平面呈现"一"字形或"L"形，单面外廊，楼梯设一侧。这类生土建筑多为三两兄弟进行合建，在空间使用上，也沿用了土楼上下共一户的划分方式。其形态和朝向并无太大的讲究，甚至出现多个"一"字形生土建筑簇拥一块搭建的局势。

从建造角度分析，材料方面，建筑北面及隔墙为夯土墙，厚 55cm，其他围合以砖墙为主，厚 12cm，多为砖柱，或一层砖柱二层木柱。早期搭建多用青砖、晚期多用红砖，部分外部会上涂料。结构方面，内部承袭了土楼土木共同承重的特点并且每一开间都是以"夯土—木梁架"组合的支撑—维护构件进行分隔。在构建的营建方面,石脚同时存在于外墙和隔墙。单侧外廊整体都较宽,需要柱子支撑。窗户尺寸在砖墙一侧的尺寸变大了许多。整体装饰性变弱,以简洁方便为主(图4)。

四、"土楼"营建技艺分析

传统土楼的搭建一般会经过选址定位、基础砌筑、夯筑土墙、竖柱献架、出水盖瓦、内外装修等阶段,生土建筑在不同的时期也表现出相应的工序特征,但又呈现出自身特性。

1. 选址定位

生土建筑在建造之前必先选址定位。第一个时期,受方形土楼的影响,多为负阴抱阳、背山面水的山水格局。如永盛楼边的无名楼,坐落在溪流旁,背面众山环绕,前堂的入口为了满足"背山面水"而将大门朝向溪水面调整。第二个时期,外建的五凤楼生土建筑多为圆楼或方楼内外移的小家庭所建造,在风水格局上略显劣势,但仍会以人工补缺。以裕南楼为例,其建筑选址背山面水,地势前低后高,但并无法满足负阴抱阳的格局。虽然裕南楼的藏风聚气之势不佳,但有小河从裕南楼的左侧缓缓流至前方,形成得水之势。第三个时期,居民在原有的田地之上建造,有地即建,整体的风水格局观在该时期被削弱,因此其形态和朝向并无太大的讲究,甚至出现多栋建筑簇拥成团搭建的局势。

2. 基础砌筑

基础砌筑作为建筑搭建中极其重要的一环,与土楼相同,这三个时期的生土建筑皆保留此道工序。在实际建造的过程中,石脚的高度受到所在环境的影响,考虑防涝,高矮不一,甚至会出现一栋楼不同部位石脚高度不同的情况(图5)。永盛楼边无名楼的石脚高差受溪流的影响,而永庆楼边上的无名楼是由于两家兄弟合建,未对两家同堵墙的石脚高度进行统一造成的。此外在第三个时期,出现了用水泥抹灰抹平石脚界面,在外观上与土墙浑然一体的现象。

3. 夯筑土墙

石脚砌筑完成后,进行土墙的夯筑。生土建筑夯土墙的技艺完美继承了传统土楼的夯筑智慧,但与传统土楼不同的是,由于建筑体量较小,大多数墙体仅需承受两层高度受力,墙体厚度相比大规模的土楼墙体厚度缩小,如第二个时期的裕南楼墙厚为40cm,第三个时期生土建筑墙厚普遍为55cm。

传统土楼的墙体根据其所需的功能选择相应的材料,外墙为高大厚实的土墙,内部装修用温和的木材,隔断防火则用阻燃材料青砖。这些生土建筑的墙体建造出现了混杂的情况(图6),同一部位的墙体出现多种材料。从第一个时期的永盛楼边的无名楼开始,墙体的材料就出现了混杂的状态。永贵楼边的无名楼内有整面墙体用小鹅卵石饰面,西厢二楼则皆为木构墙面。第二、第三个时期也延续了多种墙面的状态,砖墙砖柱的比重逐渐上升(图7),早期搭建多使用青砖,晚期多用红砖。

4. 竖柱献架

与传统方圆土楼一致,每夯好一层楼高的土墙,会在墙顶上挖好搁置楼层木龙骨的凹槽,然后进行木梁架的安装,且会在内侧宽度收减进行"收分"。传统方圆土楼一层层高普遍为3.5m以上,第一个时期的生土建筑首层层高普遍在2.6~3.0m,第二个时期在3.0~3.2m,第三个时期稳定在3.2m左右。此外,由于生土建筑的土墙厚度较小,"收分"的程度较不明显,如裕南楼仅收分了10cm左右,用来铺设楼板作为支撑。在梁架结构上,不同时期的生土建筑也做出了相应的调整(图8)。

图5 同一栋建筑的石脚高差

图6 同一栋建筑材质的混杂使用

图7 砖柱的比重逐渐上升

| 第一、第二个时期——抬梁式 | 第三个时期——搁檩造 |

图8 不同时期梁架结构

5. 出水盖瓦

最后一层献架完成后开始安装屋盖梁，全部上梁完成后逐步完善屋架木构，然后进行屋面瓦盖。由于三个时期的生土建筑在空间形态上与传统土楼略有区别，第一个时期与第二个时期的生土建筑多呈现出类似五凤楼的建筑形态，如永盛楼边的无名楼，堂屋主要为歇山顶，横屋多为悬山顶，堂屋与横屋部分的屋顶呈现相交或相错两种情况，因此屋面瓦盖时会从低到高瓦盖；而第三个时期的生土建筑大多数为歇山顶、存在少量悬山顶，出水更大。

6. 内外装修

建筑封顶后进行内外装修的工作，有泥水匠部分、木匠部分。与传统土楼的区别，由于体量较小，内外装修的部分进行简洁化。门窗的开凿中，三个时期的生土建筑与相应时期的传统土楼做法以及尺寸极为相似。第一时期的生土建筑，门窗尺寸与方楼相似，一层多无窗洞或有小尺寸窗洞。第二时期如永庆楼边的无名楼，它的门窗在上堂屋背侧仅有二楼开窗且窗洞尺寸与圆楼相似，下堂屋在后期建设中开大窗。第三个时期的生土建筑，采用了较大的窗户（图9）。木楼梯的制作中，在第一、第二个时期，建筑保留围合形态，在建筑内有一个或两个木楼梯；在第三个时期，生土建筑楼梯设于建筑外侧。

五、"土楼"建造视角的适应性机制

通过对个例的描述，以及三个时期生土建筑营建工序的对比归纳，在营建工序、材料、结构、构建的营建上都表现出对传统土楼营建技艺的继承，对自然、社会、人文的适应。

1. 建筑营建工序的适应性

在营建工序上，三个时期的生土建筑对土楼的工序流程有所继承，但由于自然、社会、人文等因素的影响又有所差异。

首先，在用地选址上，官马大道作为河坑聚落重要的交通干道[11]，这些建筑选址大多坐落在干道两侧，但在发展过程中建设用地逐渐饱和，各方面俱佳的场地减少，选址受限，加之受文化程度影响，对风水的考究逐渐弱化。其次，随着社会的发展，家庭单位变小，对建筑的空间需求也不再像过去的土楼那样庞大。最后，社会环境趋于稳定，聚落对防御性的需求也就减弱。这些综合影响反映在建筑搭建上，虽然工序变化不大，但每个时期生土建筑不同部位搭建的整体尺寸变小、空间利用程度变高且更精致简洁、对建筑外观装饰的需求变低，石脚高度也根据自然环境灵活调整，到了第三个时期对生土建筑的搭建已经具有非常成熟的模数和尺寸比例。这些建造上的变化是对村民生活需求的适应性回应，也体现了随着社会的发展建造技术更加成熟。

2. 建筑材料的适用性

生土建筑在最初的选材上，就体现了对自然环境的适应性，选取当地盛产的土料、杉木、花岗石及大鹅卵石，强调就地取材与循环使用，与土楼的建造用材一致。随着新材料的出现与相关技术的发展，青砖在第二个时期出现在建筑中，且随着技术的成熟，相比木料，砖材逐渐更具有经济性[12]，第三个时期，砖柱、砖墙在建筑中的使用已十分成熟。同时，社会整体经济水平提升，村民的收入增多，部分老屋得以修建、改建、加建。在施工的过程中混杂使用当下价格更为低廉、耐久性更好的新材料，使这些生土建筑出现了多材质共存于一面墙的局面。

在建筑不同时期的建造中，建筑材料的选择并非固守传统，而是以自然的材料优势为基础，随着不同时期社会经济的变化、建筑技术的革新而调整，并巧妙地迎合村民的居住、经济与审美需求。在材料的选择上，不仅是对传统土楼营造智慧的继承，也体现了其应对自然、社会、人文变化时的灵活性与创造性。

3. 建筑结构的适应性

建筑的体量在三个时期由于建筑性质、家庭结构的变化经历了从小变大再变小的过程。土楼本身具有较强的防御性，且以居住为主，无法承载较为复杂的社会活动。因此，第一个时期的生土建筑大多为服务性的附属建筑，满足村民贸易、授业、储物等需求。第二个时期随着生活的变化，土楼群居的生活方式不再适应当代的生活需求，这些生土建筑的体量逐渐变大以满足居住的需求，第三个时期家庭的核心结构不断变小，相比第二个时期体量又减小了。

生土建筑体量的变化正是依附于建筑结构的适应性调整。第一个时期的生土建筑与传统方形土楼的基础结构一致，外围以土墙承重、内部以抬梁式木结构作支撑，延续了传统的土墙与木结构结合的构造方式。第二个时期，建筑体量变大，外围仍以土墙承重，但

(a) 第一个时期

(b) 第二个时期

(c) 第三个时期

图9 三个时期生土建筑窗洞的对比

出现了内部以夯土墙或砖墙与木结构一同承重的形式。第三个时期，由于建筑的体量较小且多为"一"字形，进深小，再加上该时期木材获取成本较高，搁檩造的结构形式出现在了生土建筑中，使空间更为灵活简洁。

一类新的建筑结构形式的出现并非一蹴而就，村民根据需求对其进行灵活改造，逐渐形成一套成熟的体系，每个时期的建筑结构正是在这样的需求下进行调整并逐渐成熟。

4. 建筑构件的适应性

在细部构件中，不同时期生土建筑的窗洞、檐口、外廊在尺度比例、造型装饰等方面，都与其同时期的方圆土楼有继承关系。而到了第三时期，整体尺寸会更大，与现代生活相适应，满足宜居的基本需求。此关联表明，随着社会、人文环境的变化，村民对于居住环境的需求逐渐从最初抗匪以强调防御功能演变为强调空间的舒适度。这也说明这种适应性调整，存在于同时期的所有建筑中，而这种变化是村民在建造过程中自发演变，并形成了其独特的适应性机制。

生土建筑的适应性营造体现了土楼营造智慧传承的内在机制。建筑营造工序体现了对自然条件的变化、社会观念发展的适应与融合，虽然不满足完美的用地条件，但仍以人工尽量补缺，体现了村民对美好生活的期盼；材料的适应性则展示了对技术变革和经济发展的积极响应；结构的适应性融合了居民对空间的需求，以追求更好的生活品质；而构建的适应性则是对自然条件和社会条件改善的积极回应，符合现代生活的需求。对非传统土楼营造技艺的探索一方面为土楼营造智慧的传承提供了思路，另一方面也为其他传统营造智慧的保护与发展提供了方向。

参考文献：

[1] 陈亚茹，兰可染. 2000 年以来我国传统民居营造技艺研究综述 [J]. 中外建筑，2023，(9)：118-124.
[2] 黄汉民. 福建土楼 [M]. 北京：生活·读书·新知 三联书店，2017.
[3] 张美尧. 土楼旧事 [M]. 福州：海峡文艺出版社，2013.
[4] 孙永安，潘安. 客家民系民居 [M]. 广州：华南理工大学出版社，2019.
[5] 谢华章，王华洋. 客家土楼营造技艺 [M]. 合肥：安徽科学技术出版社，2021.
[6] 黄汉民. 福建土楼：中国传统居民的瑰宝 [M]. 北京：生活·读书·新知 三联书店，2009.
[7] 周婷. 湘西土家族建筑演变的适应性机制研究 [D]. 北京：清华大学，2014.
[8] 张梅，林国平. 福建土楼及聚落的变迁与秩序构建 [J]. 福建论坛（人文社会科学版），2019 (8)：139-145.
[9] 吴隽宇，陆瑶，陈梦媛. 文化景观视角下的福建河坑村土楼群自然景观保护与发展研究 [J]. 中国园林，2019，35（2）：39-44.
[10] 曾凌颂. 福建五凤楼考析 [J]. 福建文博，2016，(1)：66-68.
[11] 刘斯曼. 南靖客家土楼聚落河坑村道路景观研究 [D]. 广州：华南理工大学，2020.
[12] 政协南靖县委员会. 明清时期南靖东溪窑与对外贸易 [M]. 福州：福建人民出版社，2016.

永安民居中心秩序演变
——以春亭的产生与迁播为线索

王紫瑜[1]

摘　要：风土建筑地域特征研究的总体框架已趋于完善，微观视角的个案研究为民居的演变规律提供了多元视角。本文从建筑现象出发，梳理了永安春亭的产生与迁播路线。以此为线索，将带春亭的民居作为研究对象，通过类型学方法，抽象绘制出春亭民居平面形制特征，得出永安民居的多层级空间秩序。通过时期、地区两个维度的对比，得出永安民居平面形制所构建的中心性和演变关系。最后，通过分家文书阐述家族聚居观念对中心性建构的影响。

关键词：平面形制　春亭　空间秩序　中心性

一、作为线索的春亭

风土建筑的地域特征研究中，宏观层面的谱系研究与区划研究从语缘、民系出发，抢救性地进行铺开的特征识别，探究了风土建筑的分布规律、谱系类型[1]。中观层面区系内部的比较研究细致地梳理了同一区系民居的差异与演变关系，其中赵冲团队以类型学的方法对民居特征进行抽象和还原，对福建闽西、闽中地区平面类型的分布规律和影响机制进行梳理[2]。微观层面的个案研究中结合人类学、民间史料的研究也逐渐丰富。[3]朱光亚指出从文化地理出发的研究不能取代物质形态本身特殊性的分析[4]。在已有风土建筑的谱系区划与地域特征研究基础上，本文聚焦于微观个案，回归建筑本体，从建筑现象出发，以永安民居中的春亭为线索，用类型学的抽象方法归纳民居形制的演变规律，最后利用民间史料进行人类学视角的解读。

1. 永安民居的多层级秩序

永安地区传统民居为横式布局由以厅堂为中心的合院和无等级差异的横屋组成。合院为主体部分，中轴对称，等级明确，中轴线上最后一进厅堂安置祖先牌位，是合院的中心。正堂太师壁后带有通廊，将女人与仆人的流线与仪式性正堂分隔开。[5]横式布局构建出了福建民居同心圆式的中心性，即中轴线上正厅等级最高，向外为合院、围屋，等级递减。[6]在合院中出现不位于中轴线的厅堂，削弱了正厅的中心性。如闽东大厝中的横楼厅承担部分仪式功能，分散了正厅的仪式性。[7]

位于闽中地区的永安民居也存在有别于正厅的侧厅、横厅，等级低于正厅，形成多层级的空间秩序（图1、图2）。正厅是中轴线上最后一进厅堂，等级最高，是族人的祭祀空间，也是整座合院的礼仪中心。正厅太师壁后方带有后通廊，作为女眷和仆人的交通空间，将他们与正厅隔离，表明正厅是全宅的仪式中心。侧厅指不位于中轴线上的厅堂，朝向与正厅相同，但等级低于正厅，往往位于最后一进，侧厅与正厅屋顶形成跌落。横厅指垂直于正厅的厅堂，位置较灵活，位于护厝、厢房、上堂屋。侧厅与横厅都并非严格的祭祀空间，摆有案桌，设置了太师壁，日常作为起居空间，但侧厅与横厅作为副中心的存在，削弱了正厅的中心性。正厅、侧厅、横厅、后通廊在永安地区普遍存在，其组织方式最直接反映了永安民居的空间秩序。在闽中不同地区存在较大的地域分异，反映了传统礼制观念、生活方式的差异。

2. 春亭民居：中心秩序的延伸

而在永安少量民居中出现的春亭，是这套空间秩序中的特殊要素。春亭是正厅前延伸出的檐下空间，扩展了正厅的仪式空间，又是兼具起居功能的凉亭，在功能上类似于过水亭。李安婕将堂屋前的春亭与架设于排水沟上的过水亭都归为"凉亭"，[8]表明春亭的纳凉功能。为避免混淆，本文中"春亭"特指福建永安地区民居中堂屋明间前设于天井中的亭子。

在永安吉山村，春亭民居最为集中，类型最丰富。当地人将正堂明间前延伸出的亭子称为"春亭"。"春亭"一词来源于吉山村村民的叫法，暂未见其他文史资料记载。春亭的出现与其功能相关，最初建造春亭的目的是扩大仪式空间，作为厅堂空间的延续。在吉山村有"百桌不出门"的说法，指在举办重要仪式时，设宴百桌也不会摆出院门外。春亭为仪式活动提供了更多的檐下空间。除此之外，福建地区气候湿热，春亭能够通风纳凉，对民居气候的改善起到了一定作用。春亭遮挡了厅堂的阳光。通过在春亭与下堂屋檐之间卷帘的开合，在春亭休憩的人们能够调节阳光。出现春亭的民居并不多见，现有资料表明春亭是永安到小陶镇沙溪河流域的做法。[8]何处最先在民居中建造春亭？带春亭的民居如何分布，它们之间存在什么样的关联？春亭的出现为探究地域民居的变化规律提供了线索。

目前对永安春亭的研究较少，已有研究表明春亭是一种较为特殊的平面形制。吕颖琦对闽中地区的平面类型进行了梳理，认为带有春亭的民居是一种特殊的地盘形式。[9]林俊军的研究表明闽中春亭仅分布于永安地区，在三明其他地区都未见春亭。[5]李安婕进一步指出春亭分布于永安到小陶的沙溪流域，为研究春亭的迁播现象提供了线索。冯在吉山村聚落与建筑空间形态的研究中，对吉山村的春亭的民居空间形态研究较为充分，阐述了春亭的空间功能[10]，但研究范围聚焦于吉山村，未涉及永安其他地区的带春亭民居。

---

[1] 王紫瑜，同济大学建筑与城市规划学院。

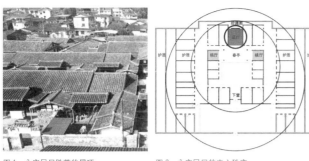

图1 永安民居跌落的屋顶　　图2 永安民居的中心秩序

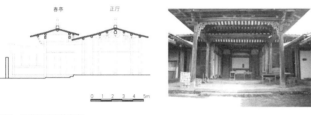

图3 永安民居中的春亭

永安地区带春亭民居的空间形态记录不全，春亭的来源与分布的研究尚为空白。现有资料无法回答永安春亭的源流及迁播问题。为探究春亭的源流及迁播，本文对永安地区的带春亭的民居进行了田野调查（图3）。

二、春亭的出现与迁播

1. 吉山村春亭民居：雏形到定式

"春亭"是吉山村村民认同的叫法，未见族谱、县志等历史资料的记载。在永安其他有春亭民居的地区，村民对"春亭"的叫法并不明确。从"春亭"一词的来源看，吉山村极有可能是春亭的发源地。现有民间族谱显示，吉山村春亭民居出现时间最早。吉山村春亭分布最为密集，春亭民居类型丰富，保留有1680~1846年间的春亭民居9座，历史层级丰富，为不同时期春亭民居的演变研究留下了可观的物质样本。

吉山村刘氏以从商、耕读起家，逐渐繁荣。定居时期建造简单的小型一进院落刘家祖屋。[10] 随着家族兴旺，吉山村民居形式逐渐丰富，体量增大，宽阔的天井为容纳春亭提供了空间。吉山村民

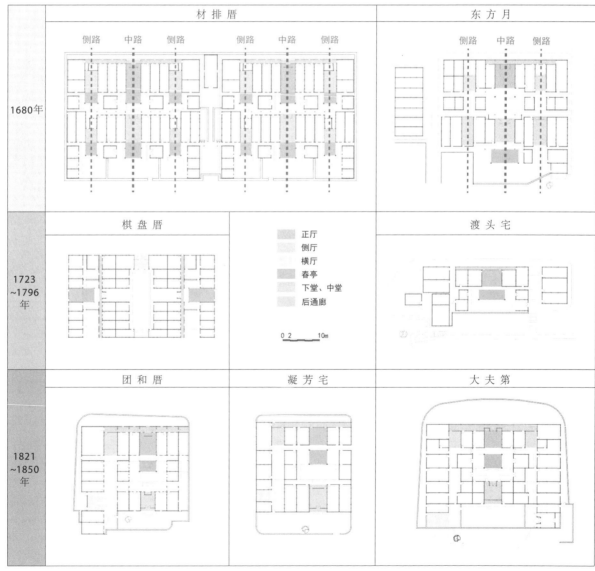

图4 吉山村春亭平面形制变迁

建筑名称	搭接方式	平面示意图	实景照片
东方月	搭枋子	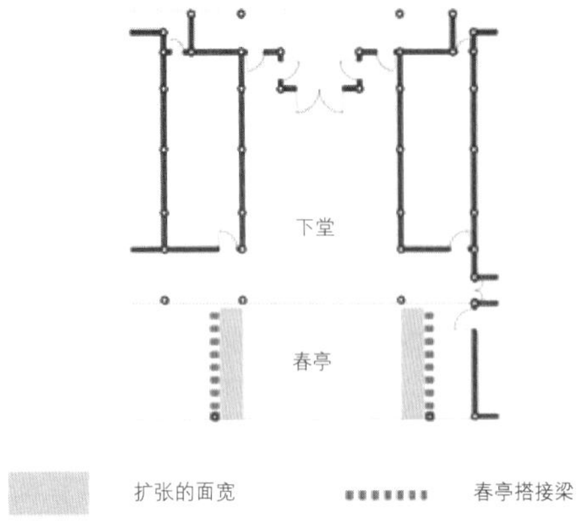 下堂／春亭／扩张的面宽／春亭搭接梁	
渡头宅	搭前角柱	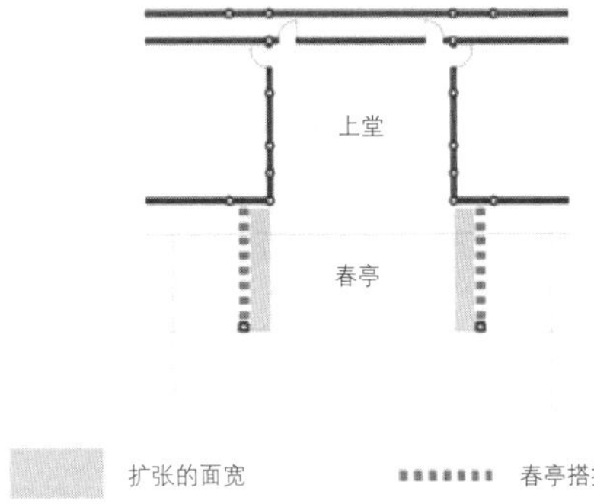 上堂／春亭／扩张的面宽／春亭搭接梁	
锡嘉堂	搭前廊柱	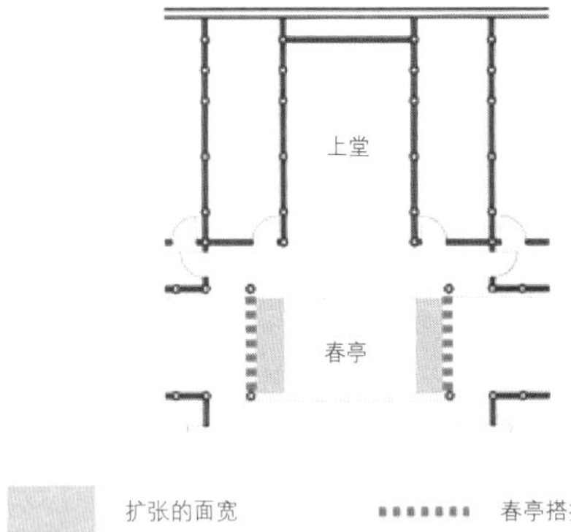 上堂／春亭／扩张的面宽／春亭搭接梁	

图 5　春亭不同的搭接方式

居具有永安民居的普遍特征，由堂屋厢房组成的主体合院和附属的联排横屋构成。屋顶平缓，层高低矮，通常为一层，依地势横向舒展，而不纵向延伸。吉山村民居在中轴线上布置堂屋，进深不超过三堂。三堂合院中轴线上依次为前坪、下堂、天井、中堂、天井、上堂，地坪逐级抬升，上堂作为正厅地坪最高[6]。轴向进深的合院横向拼接时，多条中轴线并列，每一条中轴为一路。横向可多至六路，二十五开间。由于层高较小，横向舒展，吉山村民居有充足的院落空间搭建春亭且不影响采光（图 4）。

吉山村春亭与民居的结合方式经历了早期探索阶段和后期成熟阶段。

吉山村早期春亭出现在民居中不同位置的堂屋前，未成定式。根据吉山村刘氏族谱记载，最早出现春亭的民居是材排厝、东方月。材排厝为并联型合院，由六路两堂两横的合院单元并联而成，三路合院为一组，两组合院之间由敞开的院落相隔。一组合院中三路合院关于中路对称，且中路的合院面宽大，层高较高，侧路合院面宽较小，层高低，形成复水屋面。六路两进天井中都带有春亭，共建造 12 座春亭，是吉山村体量最大、春亭分布最密集的民居。东方月与材排厝为同一时期建造，同为并联型合院。东方月的体量和形制与材排厝的一组合院相同，由三路合院组成，相对于中路对称。与材排厝在每个天井中建造春亭不同，东方月仅在中路合院第一进院落中带有春亭。此后春亭排布趋于稳定，固定出现在中路上堂前。稍晚于东方月建造的燃黎堂，为三路并联型合院，春亭位于最后一进天井中，与上堂明间相接。清雍正年间建造的刘氏宗祠体量较小，为三开间两堂两厢四合院，春亭也位于上堂前。近代建造的一堂两横型渡头宅，三堂两横型上新厝，春亭都建造于上堂前。

早期春亭与堂屋的搭接关系各不相同，发展至后期春亭柱子搭

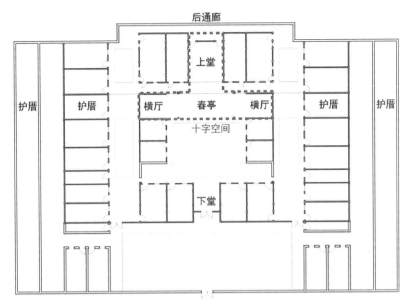

图 6　小陶镇新西村慎德堂

接堂屋前廊柱成为定式。春亭最开始建造是出于扩大仪式空间的需求。早期春亭开间大于正堂明间，春亭柱子与正厅明间梁架轴线不对齐，柱子搭接于枋子上或次间前廊柱，从而扩大了面向祖厅的祭祀空间。如最早建造春亭的东方月，春亭前廊柱通过短梁与堂屋前廊柱两侧的枋子进行搭接，使春亭面宽大于正厅明间。材排厝中，位于中路下堂前的春亭独立于堂屋结构，通过独立的四柱搭建而成，四柱不与前廊柱对齐，面宽更大。早期春亭的搭建方式较为混杂，材排厝位于上堂前的春亭柱子与前廊柱搭接。崇仁堂春亭柱子与前廊柱搭接。棋盘厝、渡头宅春亭与堂屋前角柱通过横梁搭接。此后建造的春亭都和堂屋明间前廊柱搭接，部分通过明间前廊柱向两侧偏移扩大春亭开间的面宽（图 5）。

吉山村出现了多个时间层级的春亭民居，早期春亭在分布位置和搭建方式上更混杂，后期春亭都出现在位于中轴线的上厅前，搭接于正厅明间前廊柱上。吉山村完整留存了春亭从开始出现到发展成熟的建筑样本，由此判断吉山村为春亭的发源地。

2. 春亭的迁播

那么，在永安其他地区，是否还存在带春亭的民居呢？通过卫星图比对和现场走访调查，在小陶镇麟厚、小陶镇上湖口村、洪田镇水东村、大湖镇坑源村也存在春亭。

3. 春亭分布与特征

田野调查发现，出现春亭的聚落大多位于文川溪沿岸，而文川溪在 1954 年前是小陶镇到永安的重要交通线。在这条交通线路上，小陶镇新西村、上湖口村，田洪镇水东村、水西村、上坪村、吉山村都出现了春亭。除此之外，靠近吉山村的大湖镇坑源村不在文川溪沿线，也出现了春亭。表明春亭以吉山村为源头在永安地区传播，沿文川溪传播是主要传播路线。❶

春亭在小陶镇和吉山村分布最为集中，小陶镇发现春亭民居10处，洪田镇5处，大湖镇坑源村3处。各地区春亭民居都有其独特性。

---

❶ 引自《永安志》卷十二：交通. 第一章：交通线路. 第一节：航道文川溪。

小陶镇带春亭民居分布于紧邻文川溪的上湖口村和新西村（图 6）。民居形制以两堂两厢带护厝型为主，出现类似围拢屋的弧形后包护厝。春亭位于上堂前，春亭两侧为横厅，形成横向贯通的开敞檐下空间。横厅设神龛，上堂、侧厅神龛都朝向春亭，春亭不仅作为上堂祭祀空间的延续，也是横厅祭祀空间的延续。

洪田镇带春亭的民居位于文川溪沿岸的水东村、水西村。洪田镇民居以两堂两厢带护厝为主，也出现了形似围龙屋的后包护厝。春亭都位于上堂前，太师壁后带有后通廊。横厅位于护厝中靠近上堂的位置，春亭两侧为厢房。

大湖镇春亭民居并不在文川溪传播线路上。大湖镇坑源村春亭民居有三堂两厢、两堂两厢带护厝两种类型。其中，三堂两厢民居坑源村 371 号体量较大，与小陶吉山一带民居形制有所差距，通过增加进深扩大体量而不是横向扩张，三进深，并且层高较高。更为独特的是，其横厅位于上堂，屋顶横向穿插于上堂的纵向屋顶之下。与闽东出现的"横楼厅"做法类似，将假屋顶垂直穿插于真屋顶之下 [7]。

在春亭迁播处，其民居都为堂横式布局，与吉山村后期民居同构：在中轴线上布置仪式空间，等级层层递进，上堂等级最高设神龛，春亭位于上堂前，上堂太师壁后带有后通廊。中轴线两侧对称布置厢房、护厝、横厅作为生活空间。与吉山村后期春亭民居一样，春亭都位于中轴线上的正厅前，表明春亭与民居平面的结合在迁播过程中已经趋于稳定。除水西村存德堂，其余春亭都搭接在主体堂屋的前廊柱上，与吉山村后期春亭相同，表明春亭的搭建方式也固定下来。

三、春亭民居中心秩序的强化

1. 侧厅与横厅的中心化

春亭的出现为我们勾勒出一条永安民居的交流路线。这条路线上带春亭的民居为探究平面形制的演变提供了线索——同样带有春亭的民居中平面形制有什么样的关联？将正厅、侧厅、横厅、后通廊、春亭提取为类型学的抽象要素。其中，侧厅、横厅是分散正厅中心的要素。通过比较这些要素之间的关系，从春亭发源地吉山村到迁播地，春亭民居的侧厅消失，横厅更加靠近正厅，中心秩序不

图 7　洪田镇水东村崇德堂

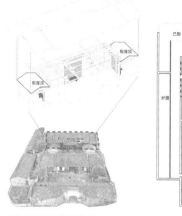
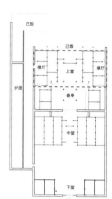

图 8　大湖镇坑源村 371 号

断被强化。

吉山村民居形制演变呈现多中心并联到单一中心的趋势。早期吉山村大型民居，包括康熙年间建造的东方月、材排厝、燃黎堂，皆为同构的并联布局，由三路合院并联组成。其中材排厝为两组三路合院并联而成。并联型合院指一座合院中有多条轴线，分别为位于中间的主轴线和两侧的次轴线，每一条轴线为一路。中路中轴为整个并联型合院的轴线，两组侧路合院相对于中路轴线对称，中轴正厅处于中心地位。位于侧路上堂的最后一进厅堂是侧厅，与正厅相比尺度更小，构架也更为简单，构件装饰较少。并通过夹层假屋顶压低厅堂空间高度，表明侧厅等级不逾越正厅。侧路合院有其自身轴线，包括下堂、天井、上堂的完整序列，是与正路正厅并置的次中心。总体布局而言，并联型合院中厅堂分布相对均质，正厅中心性被削弱。

此后吉山村民居并联型的合院退出了历史舞台。乾隆年间建造的上新厝体量超过燃黎堂，却只有一条主轴线，分布着下堂、中堂、上堂，为三堂两厢带护厝的格局。上新厝不带有横厅，两侧为护厝，朝向主轴线，主轴线上的正厅中心性进一步凸显。道光年间建造的团和厝、大夫第，以及凝芳宅都只有一条轴线，有相似的平面布局：两堂两厢带护厝型，在正房与护厝之间设侧厅，护厝中靠近下堂位置带有横厅。侧厅面向排水沟，没有形成轴线。吉山村晚期建造的民居都强调单一轴线，中心更加明确。

春亭迁播到小陶、洪田、坑源村时，中心性被进一步强化。在扩张方式上，民居多以围绕中心展开的护厝形式扩张，并且出现了类似围龙屋的护厝，保持单一轴线。在横厅分布上，横厅出现在更靠近正厅的位置，而吉山村春亭民居横厅偏离中心，位于靠近下堂的位置（图 7）。大湖镇坑源村 371 号横厅更为特殊，在堂屋的纵向屋面下搭建了横向屋顶，形成横向的祭祀空间（图 8）。小陶麟厚镇慎德堂则在正堂前天井两侧设置横厅，与春亭檐下空间延续形成横向扩展的空间。正厅、春亭、横厅在合院中心构成十字形空间。

从永安地区早期并联式民居到晚期单一轴线民居，侧厅消失，横厅出现，中心性加强。春亭迁播地洪田镇、小陶镇、大湖镇民居中，横厅不断靠近正厅，呈现拱卫中心的趋势，中心性进一步加强。

2. 中心的空间分配

永安民居中心数量与分布不同，与不同的聚族而居的观念有着深刻的关系。在中心性强的民居中，强调全家族的人在同一个精神中心——正厅祭祖，仪式性厅堂少，且集中在正厅周围，而中心性弱的民居中，允许房支有独立的祭祖空间，仪式性厅堂数量多，分散于各房支中。

吉山村材排厝是中心性弱的联排型民居，各房支拥有独立的厅堂。族谱记载："上座左边分宽房子孙住居，右边分敏房子孙住居，下座左边分惠房后分德房子孙住居，右边分恭房子孙住居。"上座宽房、敏房分配得到的厅为正厅、侧厅，而下座惠房、德房、恭房分配到下堂、侧厅。在典型的永安民居中，下堂是民居入口，最多是仪式流线的节点，不作为举办仪式的空间，而在材排厝，下堂前也出现了春亭，表明下堂也有了进行停留性仪式活动的可能性。虽然正厅与下堂有等级差别，且往往依据长幼次序来分配，但各个房支拥有相对独立的仪式空间。

小陶镇族谱中，同样是并联式合院的经明公屋，每一房支分得上堂、下堂，拥有独立完整的轴线。上湖口村光绪二年重修的《始平冯氏族谱》记载了经明公屋的分配方式："中左右共三厅，中厅堂名佳祉，长房连登受分，左厅堂名作求，二房连耀受分，右厅堂名仁寿，三房连标受分。"从族谱中的图纸可以看出，经明公屋也是并联型的合院，三路合院分别分配给三兄弟。其中，中路正厅（中厅堂）分给长房，侧厅按左大右小的位序分配给二房、三房。分家方式佐证了明确的空间等级，正厅最大，左边侧厅次之，右边侧厅最小。同时，也说明侧路完整的轴线序列和侧厅的出现使各房支拥有相对独立的仪式空间，削弱了正厅的中心性。

相比之下，小陶镇新西村思成堂的空间分配体现出强烈的中心性。小陶镇新西村 1997 年重修的《始平冯氏族谱》记载："本祠正厅，正榈及走马榈，左土地右陪祭并两书院，又下二小厅俱属三房同管，其正厅神龛作十三份，每份格七寸，金五公三房众十二份，金十公四代孙吉庆一份计阔七寸左右。横榈共十三植，每植二小榈，金五公三房每房四植共十二植，其右边横屋尾一植系吉庆名下所管。"思成堂中，横厅集中于中轴线两侧，连同正厅、正厅两侧厢房、书院一同被归入公产。其余横屋分配给十三房支。这些房支都不再有独立的小厅，甚至将正厅神龛也分为十三份，分别属于各房支，表明正厅是唯一的、共有的仪式空间（图 9）。

四、结论

首先，春亭的出现并非偶然。永安民居的空间秩序、建筑尺度为春亭的产生提供了物质基础，仪式性和舒适性的使用需求推动了

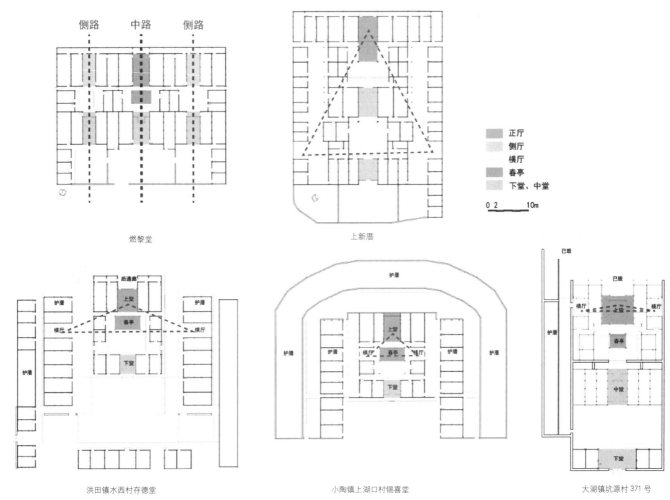

图9 永安民居平面形制的中心性

春亭的产生。春亭与拜亭都有着相似的原型——被安置在正厅前作为仪式空间的补充——这赋予了春亭仪式性的空间特征。扩展仪式空间的需求也影响了春亭的建造方式,春亭面宽往往大于正厅开间。而调节气候,提供纳凉起居的空间也是春亭的重要功能。

通过梳理春亭民居的建造时间和建筑形制特征,发现春亭在吉山村发源并沿文川溪传播,在洪田镇、小陶镇、大湖镇都出现了春亭民居。吉山村春亭民居时间层级丰富,对比不同时期建造的春亭民居可知,春亭的分布位置和搭接方式都逐渐固定下来。在迁播处,春亭民居遵循了吉山村晚期形成的定式,出现于上堂正厅前,通过前廊柱搭接。不同地区的春亭民居各有特点,其中侧厅、横厅的数量与分布体现了不同春亭民居的中心性。

最后,分家文书解释了中心性形成的因素。由于家族聚居观念不同,民居中厅堂的数量与分布也产生了差异。房支是否被允许拥有较独立的仪式空间极大影响了中心性的强弱。

参考文献:

[1] 常青. 我国风土建筑的谱系构成及传承前景概观——基于体系化的标本保存与整体再生目标[J]. 建筑学报, 2016 (10): 1-9.

[2] 庄馨蕾. 福建传统合院民居平面量化模型研究[D]. 福州: 福州大学, 2023.

[3] 林垚广, 朱雪梅, 叶建平. 主家在梅州客家民居中的屋式选择与变通策略[J]. 建筑遗产, 2019 (4): 1-11.

[4] 朱光亚. 中国古代木结构谱系再研究[C]// 第四届中国建筑史学国际研讨会. 上海: 中国建筑学会, 2007: 385-390.

[5] 林俊军, 赵冲, 邵源曦. 闽中地区传统合院式民居平面类型研究[J]. 华中建筑, 2023, 41 (11): 111-116.

[6] 周易知. 闽系核心区风土建筑的谱系构成及其分布、演变规律[J]. 建筑遗产, 2019 (1): 1-11.

[7] 蔡宣皓. 横楼厅: 闽东大厝平面形制演变中的仪式空间扩张[J]. 建筑学报, 2020 (6): 22-27.

[8] 李安婕. 福建永安民居允升楼与桂林堂探讨[D]. 南京: 东南大学, 2023.

[9] 吕颖琦. 篙语辨微——闽中乡土建筑营造技艺及区划探析[D]. 上海: 同济大学, 2019.

[10] 冯剑. 闽中山地聚落与建筑空间形态研究——以"中国传统村落"永安市吉山村为个案[D]. 南京: 东南大学, 2015.

旅游驱动型屯堡村寨空间的演化特征、活化模式与优化策略

——以安顺三个典型案例为例 [1]

李昱甫[2] 耿 虹[3] 高 鹏[4] 牛艺雯[5] 吴亚娟[6] 陈雨辛[7]

摘 要：屯堡村寨作为贵州省传统村落的重要组成部分，在安顺市围绕黄果树大瀑布等旅游资源建设国际旅游目的地的过程中扮演着重要的地方特色文化属性角色，旅游业态成为推动屯堡村寨空间保护、活化利用的重要驱动力。本文试图构建"人—地—游"研究框架解析本寨村、鲍家屯村、两所屯村三个典型案例的空间演化，对比分析旅游驱动过程村寨活化的典型经验与共有困境，旨在探索如何通过旅游驱动提升乡村空间建设的品质，提出新时期下旅游驱动型屯堡村寨空间优化策略，为屯堡村寨的保护与利用提供全新的研究视角，进而推动地方经济的可持续繁荣与发展。

关键词：屯堡村寨 旅游驱动 活化利用 优化策略

一、研究原点：屯堡村寨旅游开发利于文化保护

1. 安顺屯堡村寨的旅游发展现状

屯堡村寨作为贵州省独特的历史文化遗存，近年来在乡村全面振兴的号召下，旅游开发屯堡村寨的方式、方法受到广泛讨论[1, 2]。这些屯堡村寨不仅以其传统建筑、历史文化内涵吸引着游客，还以其民俗风情、传统手工艺等成为旅游开发的亮点。目前，安顺屯堡村寨的旅游发展已初见成效。一方面，通过政府的大力扶持和企业的积极参与，屯堡村寨的基础设施得到了有效改善，旅游接待能力不断提升；另一方面，屯堡村寨的文化内涵得到了深入挖掘和传承，形成了独具特色的旅游产品和服务。在旅游发展的同时，安顺屯堡村寨也面临着一些挑战。首先，如何平衡旅游开发与文化保护之间的关系，确保旅游开发不会损害到屯堡文化的原始性和真实性；其次，如何加强对屯堡文化的传承和弘扬，使更多的人了解和认识这一独特的历史文化遗产。

2. 旅游驱动型屯堡村寨研究思路

屯堡村寨是明朝调北征南的重要军事地域，是推行"屯田驻军"制度而形成的聚落[3]，是典型的外生式演化村落[4]。从明朝到21世纪，屯堡村寨受外部环境影响经过多个阶段的演变[5]，保留至今。在"人—地—业"视角下，军事功能作为屯堡村寨兴建的原点，随着"人—地"关系的演变发生着深刻的变化。本文聚焦于"业"——以旅游产业为主导的屯堡村寨展开研究，拟构建"人—地—游"研究框架，以解析典型案例村的演化过程，探讨各主要要素在当下面临的困境，尝试提出新时期旅游驱动型屯堡村寨的优化策略，以助力贵州省与安顺市屯堡文化活化利用与旅游开发（图1）。

二、案例解析：屯堡村寨旅游属性的演化过程

本文选择本寨村、鲍家屯村、两所屯村为案例研究对象（表1），主要原因如下：一是三村均分布在贵安大道两侧，与安顺市交通区位关系由近渐远，且均为有历史记载的屯堡聚落，但受到不同外部环境影响，呈现出不同的发展情势；二是三村产业发展均以旅游产业为主导，以2015年贵州省旅游产业发展大会为节点，旅游驱动发展取得了一定成效，形成了不同的屯堡村寨活化利用模式。因此，对三村的比较分析既有助于旅游驱动机制的异同，更有助于理解不同模式的优劣所在，提出符合新时期需求的屯堡村寨优化策略，形成可持续的屯堡村寨旅游产业发展的理想场景。

1. 本寨村

本寨村（图2a）作为典型的屯堡村寨，始建于明洪武二年（1369年），早期主要以军事防御和家族聚居为主，其建筑风格和空间布局体现了浓厚的军事色彩。杨氏、金氏、王氏等大家族选择本寨近山的地理位置聚居，形成了特色鲜明的家族组团和聚落空间。随着时间的推移，本寨村的军事功能逐渐减弱，回归到生活

---

[1] 基金资助：国家自然科学基金面上项目"精准扶贫下的滇西南地区乡村空间重构特征、效用评估与规划整固研究——基于返贫风险视角"（编号：52178040）
[2] 李昱甫，华中科技大学建筑与城市规划学院，硕士研究生。
[3] 耿虹，华中科技大学建筑与城市规划学院，教授。
[4] 高鹏，武汉华中科大建筑规划设计研究院有限公司，高级工程师。
[5] 牛艺雯，华中科技大学建筑与城市规划学院，硕士研究生。
[6] 吴亚娟，华中科技大学建筑与城市规划学院，硕士研究生。
[7] 陈雨辛，华中科技大学建筑与城市规划学院，硕士研究生。

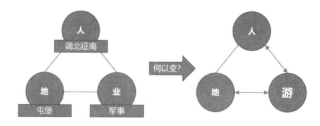

图1 旅游驱动型屯堡村寨"人—地—游"研究框架

三村基础条件要素对比　　　　　　　　　　　　　　　　表1

案例村寨	本寨村	鲍家屯村	两所屯村
村庄类型	特色保护类	特色保护类	城郊融合类
村庄风貌			
交通区位	位于大西桥镇，距安顺市城区约15km，驾车约20min	位于七眼桥镇，距安顺市城区约21km，驾车约30min	位于七眼桥镇，距安顺市城区约8km，驾车约15min
特色资源	"云峰八寨"之一	明代水利工程、鲍家拳	苗岭屯堡古镇
共有资源	屯堡建筑群、屯堡服饰、安顺地戏		

居住功能为主的村寨序列中。进入21世纪以来，其独特的建筑风格和厚重的屯堡文化特色成为现代人关注的重点。2001年成为全国重点文物保护单位，2005年获评"中国历史文化名村"荣誉称号，2014年正式列入国家传统村落保护名录。村民们逐渐意识到传统文化的价值，并开始尝试将村寨的历史和文化元素融入旅游开发。为了适应旅游需求，本寨村通过旅游开发公司介入的模式，对老寨中生活的居民进行了整体易地搬迁，对部分传统建筑进行了修缮和保护，增设了旅游导览标识和公共服务设施。当下，本寨村是AAAA级"云峰八寨"景区的核心组成部分，旅游业的发展为本寨村带来了新的经济增长点，村民通过提供住宿、餐饮和传统手工艺品销售等服务增加了收入。

2. 鲍家屯村

鲍家屯村（图2b）作为有着650多年历史的屯堡村寨，被誉为"大明屯堡第一屯"，拥有深厚的屯堡文化底蕴和独特的历史背景。明洪武二十三年（1390年），修建"鱼嘴分流式"的大型水利工程；明中期修建瓮城、八阵巷书。时至今日，鲍家屯村于2012年被列入第一批中国传统村落名录，其"八阵图"的布局和享有"黔中都江堰"美誉的水利工程设施成为吸引游客的亮点。鲍家屯村积极挖掘和传承屯堡文化，如屯堡服饰、地戏、抬汪公等传统民俗活动，成为吸引游客的文化体验项目。特有的民风民俗如丝头系腰制作、鲍家拳等也得到了保护和展示，增强了游客的文化体验。鲍家屯村通过发展旅游业，实现了经济的快速增长。油菜花节以及五一、国庆等节假日期间，游客的涌入为村民带来了可观的收益。一些村民利用自家房子办起了农家乐，销售当地土特产，进一步拓宽了收入来源。

3. 两所屯村

两所屯村（图2c）历史上因建有军用粮仓而得名"粮所屯"，后因谐音或楹联的缘故，被称为"两所屯"。这个名字的争议象征着这个村寨历史的深厚与文化的积淀，也承载着屯堡人的生活与历史。然而，随着时代的变迁，两所屯村逐渐处于城镇建设边界的边缘，成为城市扩张下逐渐消逝的屯堡村寨的代表。这种特殊的地理位置，使得村寨发展的同时受到城市和乡村两种不同土地开发逻辑的影响，形成了城乡割裂的景象。2013年，苗岭屯堡古镇文旅综合体项目的落户，成为两所屯村旅游属性演化的重要转折点。该项

图2　案例村"人—地"关系空间结构演化示意图

目深入挖掘屯堡文化，以仿古商业街区的形式重现了屯堡文化的风貌，吸引了大量游客前来体验。这种将传统文化与现代元素相结合的方式，不仅为村寨带来了新的经济活力，也使得屯堡文化得到了更广泛的传播和认同。然而，未纳入苗岭屯堡古镇建设范围的村寨仍然保留着传统的生活方式。逼仄的生活空间和部分坍塌的屯堡建筑，无声地诉说着历史的沧桑和屯堡人的坚守。这种传统与现代并存的景象，使得两所屯村成为一个充满矛盾和张力的空间。"三区三线"划定后，两所屯村贵安公路以北的村寨范围区域基本被纳入城镇开发边界内。这意味着，传统的屯堡区域可能随时会被现代化的建筑所替代，淹没于废墟之中。

三、对比分析：旅游驱动型屯堡村寨利弊探究

1. 旅游活化典型经验

（1）整体迁移、居住功能置换模式

本寨村积极推进活化利用，通过旅游开发公司介入，实现村民整体搬迁至新寨，老寨在旅游开发公司整体运营下，导览信息牌、照明广播、应急消防等旅游设施的补齐，有效提升了空间旅游服务能力，解决了原居地的基础设施落后、环境恶劣等问题，保护了屯堡村寨的历史风貌。居住功能的置换也带来了新业态的引入，为村寨带来了新的活力。

（2）局部修缮、历史文化深耕模式

鲍家屯村积极弘扬历史文化，采用局部修缮策略，充分体现了对历史文化的尊重和保护。在维持屯堡村寨整体历史风貌的基础上，对局部受损或老化的建筑进行精心修缮，旨在恢复其原有的历史韵味。同时，通过深入挖掘和传承历史文化，使得这些传统建筑不仅仅是物理空间的存在，更成为文化的载体和历史的见证。这种模式不仅有效延长了古建筑的使用寿命，保留了村寨传统的生计活动，更重要的是，它强化了村寨的文化底蕴，提升了其文化价值。由此，鲍家屯村成功吸引了更多游客和学者的关注，为村寨的可持续发展注入了新的动力。

（3）新建街区、传统空间再现模式

两所屯村积极融入城乡建设，通过城市招商引进的苗岭屯堡古镇文旅综合体项目，不仅保留了传统的空间布局和建筑风格，更引入了现代设计的元素，使得这些新建街区既具有传统的韵味，又满足现代生活的需求。通过这种方式，屯堡村寨在保持其独特的历史风貌的同时，也具备了现代城市的便利性和舒适性。这一模式不仅为当地居民提供了更好的生活环境，也为游客提供了一个感受传统文化与现代生活交融的理想场所，进一步推动了当地旅游业的繁荣发展。

2. 旅游驱动共有困境

（1）"人"：旅游客群呈节假日潮汐态

屯堡村寨的旅游客流存在明显的季节性特征，即特定时间节点游客数量激增，村寨内人流拥挤、环境压力大，给游客的游览体验、居民的生活带来了负面影响。而在非节假日期间，屯堡村寨则显得相对冷清，游客稀少、旅游设施利用率低，旅游收入难以维持景区的正常运营和日常维护。这种节假日潮汐态的旅游人流模式对屯堡村寨的长期发展构成了严峻挑战。一方面，过度的游客涌入可能破坏屯堡村寨的自然和文化遗产，对其造成不可逆的损害；另一方面，非节假日期间的冷清状态则可能导致景区内的设施和资源闲置，造成资源浪费和经济损失。

（2）"地"：屯堡民居破败存安全隐患

随着城市化进程的加快，屯堡村寨多呈现空心现象，人口迁移

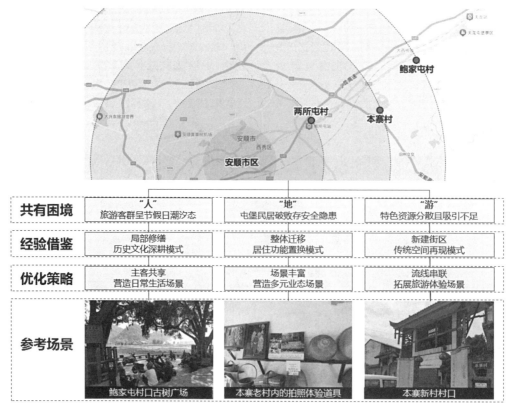

图 3　新时期屯堡村寨空间优化策略生成逻辑

导致大量房屋闲置。尤其是闲置的屯堡民居由于受限于传统建筑保护制度与资金，缺乏维护和管理，逐渐破败不堪，成为屯堡村寨的一道伤痕。这些破败的民居不仅浪费了宝贵的文化资源，还带来了严重的安全隐患。由于年久失修，许多民居的墙体开裂、屋顶漏雨，甚至存在倒塌的风险。这不仅威胁着当地居民的生命财产安全，也对游客的安全构成了威胁。此外，屯堡民居作为屯堡文化的重要载体，既影响了屯堡村寨的整体风貌，削弱了屯堡文化的魅力，还可能导致游客对屯堡文化的误解和忽视。

（3）"游"：特色资源分散且吸引不足

安顺旅游的主要客流仍以黄果树瀑布为主，承载宝贵屯堡文化空间的旅游吸引力仍相对较弱。究其原因，屯堡村寨中虽然存在一些具有特色的节点，如传统建筑、文化景观等，但这些空间节点往往零散分布，缺乏整体性和系统性，难以形成统一的旅游品牌和形象。同时，一些节点的展示方式和解说内容也缺乏新意和深度，无法吸引游客的关注和兴趣。这种零散且吸引不足的节点分布模式对屯堡村寨的吸引力造成了严重影响。游客在游览过程中往往难以找到明确的旅游线路和主题，难以深入了解和体验屯堡文化的内涵和价值。这不仅降低了游客的满意度，也限制了屯堡村寨在旅游市场上的竞争力和影响力（图3）。

四、经验互鉴：新时期屯堡村寨空间优化策略

1. 主客共享：学习文化深耕模式，营造日常生活场景

解决游客潮汐问题的关键，在于对问题的客观判断。游客潮汐态问题是全国多数景点面临的问题，解决游客潮汐态的关键是要通过在地村民的日常生活场景的营造唤醒日常村落的活力。通过深入挖掘和传承屯堡村寨的历史文化，将其融入日常生活中，营造具有文化特色的日常生活场景。突出旅游设施的服务人群多样性，既可服务于游客，亦可服务于村民，增强村民的文化自信心和归属感、获得感，也可以吸引更多的游客前来体验。

2. 场景丰富：借鉴功能置换模式，营造多元业态场景

解决屯堡民居破败的关键，在于权属的厘清、资金的保障。在保持屯堡村寨传统风貌的前提下，应明确屯堡民居的产权归属，通过政府补贴、社会投资或村民集资等方式筹集资金，为功能置换提供物质基础。根据屯堡村寨的实际情况，规划适合村寨发展的多元业态，如特色餐饮、手工艺品销售、文化体验等。相关空间功能置换实施后，还应建立有效的运营和监管机制，确保新业态的持续发展，并保护屯堡村寨的传统风貌不受破坏。此举旨在提高村集体的经济效益，并为游客提供更为丰富的旅游体验，同时也能够促进屯堡村寨的可持续发展。

3. 流线串联：模仿空间再现模式，拓展旅游体验场景

解决屯堡特色资源分散的关键，在于流线的组织。一是建立特色旅游公共交通系统，通过专线直达公交、响应乡村客运等形式，以苗岭屯堡古镇作为衔接城区和远郊的中转枢纽，沿贵黄公路散点，直接连接各个分散的村寨，缩短村寨间的时空距离，扩大服务对象覆盖除自驾游以外更广的游客群体；二是通过新建街区或改造现有非屯堡特色村寨的方式，延展屯堡村寨的传统空间特色和建筑风格，构建泛屯堡文化旅游体验场景，植入现代化、年轻化旅游元素，满足游客多元需求。这不仅可以增强游客的沉浸感和体验感，也可以为屯堡村寨的保护和活化提供新的思路和方法。

五、总结与展望

本文通过对安顺屯堡村寨的深入研究，揭示了旅游驱动下屯堡村寨的演变过程、得失经验及面临的挑战。研究发现，不同的屯堡村寨在旅游发展过程中形成了各具特色的活化模式，如整体迁移、局部修缮以及新建街区等。然而，旅游驱动也带来了一系列问题，如旅游客流的季节性波动、民居的破败与安全隐患以及屯堡节点分布的零散性。针对这些问题，本文提出了空间优化策略，旨在通过文化深耕、功能置换和空间再现等方式，实现新时期屯堡村寨的可持续发展。本文研究从"人—地—游"视角下，以质性分析的方法得出的结论，是否具有普适性还有待进一步讨论。未来研究可进一步结合实用性村庄规划编制等手段探讨如何将屯堡村寨的旅游发展与当地居民的日常生活空间更好地融合，以实现旅游业的可持续发展与乡村空间的共同繁荣，为屯堡村寨的旅游发展提供更加科学、全面的理论支持与实践指导。

参考文献：

[1] 陈倩. 贵州遗产型旅游村寨社区参与问题及对策研究[D]. 贵阳：贵州大学，2016.
[2] 吴羽，陈斌. 屯堡文化旅游开发价值探析[J]. 安顺学院学报，2018，20（5）：1-4.
[3] 耿虹. 安顺屯堡建筑环境景观研究[D]. 武汉：武汉理工大学，2009.
[4] 邓巍，胡海艳，杨瑞鑫，等. 传统乡村聚落空间的双构特征及保护启示[J]. 城市规划学刊，2019（6）：101-106.
[5] 王海宁. 传承与演化——贵州屯堡聚落研究[J]. 城市规划，2008，(1)：89-92.

乡村遗产演化活化优化

文化认同视角下上端士村乡村遗产价值与传承策略研究

唐孝祥[1] 付林霏[2]

摘 要： 乡村遗产是乡村文化的重要组成部分，它承载着乡村的历史、文化和传统，是乡村文化认同的重要载体。本文以山东省淄博市上端士村为例，对其遗产价值进行归纳总结，阐述遗产内在价值与文化认同之间的联系，在文化认同基础上提出乡村遗产活化利用的传承策略，有助于提升人们对乡村文化的认同感，为构建乡村遗产的文化认同与传承策略提供参考。

关键词： 文化认同 传统村落 遗产价值 传承策略

乡村遗产承载着人与自然和谐相处的生态智慧，传统生产技术、敬畏自然的人文精神和丰富的地方性知识都是生态文明社会建立和发展的重要基石[1]。认同是指对于共同或相同的东西进行确认，认同不等于同化或趋同，而是指确认相同的过程。认同的内容可以分为确定"自身"与其他人的共同身份，即共性，还可通过对确认过共同身份的"我们"同"他们"区分开，即展现"我们"的独特性。文化认同是指对人们之间或个人同群体之间的共同文化的确认，同时文化认同也是种族认同、民族认同、自我认同的核心[2]。文化认同以认同文化符号为前提，以认同文化身份为基础，其核心是文化主体对于文化价值的选择和体认[3]。

在现代化进程中，城市高速发展，一些散落的传统村落传统风貌逐渐蜕化，进而产生文化认同危机。传统是文化中的重要内容，也是文化认同的重要载体。不同角度对文化认同的内涵可以给出不同的解释，从乡村遗产保护传承角度出发，文化认同主要体现在对乡村遗产价值的认可与赞同。通过深入挖掘上端士村乡村遗产及其价值，提升文化认同感，有针对性地进行保护传承，期望在实践的过程中，达到乡村遗产活化利用的目的。

一、上端士村概况

1. 村落选址布局

上端士村位于山东省淄博市淄川区，位于太河镇太河水库东侧，属于峨庄片区，位于临朐、博山、沂源、青州四地交界处。上端士村坐落于云明山脚下，形成了山环水绕的典型鲁中山区的传统村落选址格局，村落被南北两侧群山环绕，房屋依山而建，传统民居建筑群主要位于村落南部。环境优美，景色秀丽，受到外界环境影响小，有较完整的古村落风貌（图1）。

2. 上端士村遗产构成要素分析

乡村遗产一般指在乡村地理范畴内的文化遗产，如官方认定的文物保护单位、历史文化名村、传统村落、非物质文化遗产、农业文化遗产等[4]。对上端士村的整体遗产进行探究，将其遗产构成要素分为传统建筑、空间景观以及历史文脉三类。

（1）传统建筑

村落中大部分建筑迎合山地地形，民居屋脊走向分为与山体等高线平行或垂直两种类型（图2）。村内一直保留原有的关帝庙、武举楼、千年古街等遗迹。其中，武举楼（图3）为明朝嘉靖年间所建造，高度约15m，分上下两层，全部采用当地石材建造，已有约640的历史。关帝庙主要是为了纪念当地李半仙所建（图4）。其中传统建筑的营造技艺采用乡土建筑材料，石木结构相结合，展现了古朴细腻之美（图5）。石材取自当地山石，有着丰富的色泽纹理特征，具有天然之美。窗棂多采用槐木、榆木等木材，部分屋顶采用麦秸苫盖，石板挑檐。部分民居中还保留着结合当地传统文化的石雕、砖雕。2015年，上端士村民居建筑群入选山东省第五批文物保护单位。

（2）空间景观

村内保留千年古街、云明泉等历史景观遗迹，村内还有百年古槐树等数十棵古树。其街巷也具有古朴的特色，因村落地处山区，路面铺装多就地取材，采用石板或碎石块铺设，石板路是上端士村传统村落空间特色的重要组成元素。街巷角落还散布着石碾、水道，保存着山区村民早前真实的生活状态，具有典型的当地山区村落的特点（图6）。

（3）历史文脉

村中流传着王定保借当的传说，吕剧《王定保借当》发源于此，是淄博市级非物质文化遗产。除此之外，北宋诗人王安石游访

---

[1] 唐孝祥，华南理工大学建筑学院，教授、博士生导师。
[2] 付林霏，华南理工大学建筑学院，硕士研究生。

图1 上端士村村落布局平面图

图2 上端士村山地环境部分建筑布局

图3 武举楼

图4 关帝庙

(a) 村内传统石头材质建筑

(b) 传统草顶屋顶

(c) 雀眼砖雕

(d) 墀头雕花

图5 上端士村传统建筑构建实景

云明山时曾在古街留下《独卧》一诗。村内设置了一座小型民俗展览馆，里面摆放了村中的一些老物件。据说，明朝年间有两兄弟从山西到这里定居，后来逐渐形成两个村子，因为他们品行、相貌端正，村落名字就叫上端士村和下端士村。

综上所述，上端士村有着源远流长的民族文化、丰厚的人文景观、错落别致的石砌建筑、古朴淳厚的民风民俗、古老的民间传说。2010年入选山东省历史文化名村，2012年入选中国首批国家级传统村落。

二、上端士村遗产保护传承价值

遗产的内在价值是某一群体对遗产所包含的某些信息和特征的感知和认识的结果。可能包括感官从物质形态中所获得的审美体验，由历史印记所勾起的某种群体记忆或个体记忆所产生的情感价值；或基于某种信息系统的知识持有者所感知到的历史、科学和艺术价值。

1. 历史价值

上端士村民居建筑群距今已有500多年历史，大部分为北方传统四合院式，经历了历史洗礼保留下来的传统村落。村落的选址格局、街巷格局、历史风貌与传统民居建筑群均保存较为完好，证实了村落的历史沿革，作为鲁中山区石质建筑群的典型代表，在现实中保留了鲁中山区传统村落的选址、规划建设、建筑风格、民俗文化等历史信息，能够作为标本反映出不同历史时期鲁中地区村落的发展轨迹。

2. 科学价值

村落的选址依山傍水，具有良好自然风光的同时又便于生产生活，体现了古人考虑到宜居的需求以及生态环境的适应性。村落中街巷走势依山就势，建筑取材因地制宜，采用当地石材以及黄土，屋顶采用稳固的三角结构呈"人"字形，并采用麦秸等保温隔热材料苫盖，充满了建造的智慧。

3. 艺术价值

作为鲁中山区传统民居建筑的典型代表，上端士村石质民居的建筑风格以及装饰特征特色鲜明，石质建筑的营建技艺朴拙精良，这些精美的建筑营造工艺可满足现代人们日趋多元的审美需求，具有重要的艺术价值。

4. 情感价值

情感价值是一种极具包容性的价值要素，兼具精神价值和社会价值，也可视为一种特殊的文化认同价值[5]，其核心就是对遗产建筑的情感认知与认同。越来越多的学者认为遗产的价值不只存在于物质实体，更是存在于历史建筑的文化意义和情感价值中[6]。上端士村传统民居建筑、千年古街等可作为记忆场所，为人们提供不同的时空体验，为前来参观的人群提供强烈的情感价值。

(a) 千年古街　　　　　　(b) 云明泉　　　　　　(c) 村中石碾　　　　　　(d) 百年古槐

图 6　上端士村景观遗产组成要素

三、文化认同视角下上端士村乡村遗产的保护传承策略构建

1. 在文化认同的基础上加强遗产的活化利用

一直以来，学界对于乡村遗产保护的态度是突出遗产价值和生命延续，倡导"在保护中发展，在发展中保护"，强调以"活态"利用的方式保护传承[7]。乡村遗产首先应得到村民的认同，认同的关键在于营造文化与产业良性互动的发展格局，让遗产潜在的经济效益得到充分发挥，让村民享受到乡村遗产带来的红利，激发村民的主体意识和文化自觉意识，对乡村遗产做出正确的价值判断，从而形成理性的文化遗产保护态度和文化认同理念，进而树立起乡村的文化自信，建立起地方的文化自豪感[7]。乡村遗产具有一定的开放属性与公共属性，其代表的遗产价值可以反映特定历史时期内的人们生活生产方式，是当地农耕文化的延续。在此基础上可采用适宜性的开发与活化利用途径提升其公共文化效能，启发公众对于乡村遗产的兴趣，探索其遗产价值，并享受到遗产的社会价值，使其成为地方认同与文化认同的象征与源泉[8]。

（1）遗产活化利用

可以通过合理的规划与开发，将乡村遗产的旅游价值充分发挥，使其成为旅游景点、文化体验中心或村落公共活动空间，吸引更多的公众参与并体验，从而提高其社会影响力与经济效益。

（2）文创产品开发

可结合乡村遗产的特点，开发一系列文化创意产品，如纪念品、石雕工艺品或当地文化衍生品等，这些产品不仅可以作为传播乡村文化的媒介，还可以带来一定的经济收益。

（3）举办文化活动

可定期举办教育科普类活动，让公众尤其是青少年了解和接触到乡村遗产，增强他们对于传统文化的认知和认同。还可在节假日结合戏曲文化、传统民俗、传统技艺举办特色节庆活动，吸引游客前来。

2. 通过遗产阐释传达乡村遗产价值

乡村遗产阐释是以各遗产构成要素为对象，向公众传达乡村系统的历史文化内涵，激发公众的学习兴趣和参与热情，从而实现遗产利用和文化传承的最终目的，具有系统性原则、活态性原则、乡土性原则三个阐释原则[4]。

（1）记忆形式重现

乡村遗产作为乡村共同体共享的遗产类型，与其相关的记忆形式为集体记忆、文化记忆、记忆场所等[9]。保护传承的手段可以从历史场景的再现、情景模拟与文化体验角度出发，应注重发掘遗产的情感价值，使人们置身于某一特定场所能唤起人们对于该场所的文化记忆，从而产生一种身份上的认同感。

（2）当地公众参与

还可通过本地公众参与遗产叙事性阐释的构建，使其遗产价值与现实相连接，从而激发人们的文化认同感。作为传统村落，村内还有不少居民定居在此，民居内具有许多体现当地特色的物件，也可作为当地居民生活的真实写照。通过本地公众参与叙事性阐释的构建，使其遗产价值与现实相接，从而激发人们的文化认同感。

3. 构建乡村遗产的主流文化认同

构建乡村遗产的主流文化认同是一个复杂而长期的过程，涉及多个层面，需要多元主体参与，让更多的人更好地参与到乡村遗产的保护中来，充分发挥其历史文化价值，不仅要做到吸引游客的目光，还要更加关注自身的文化造血功能，推动传统文化村落的健康发展，扩大乡村遗产的文化影响力。

（1）加强就地保护

应加强村落中历史文化景观的保护，对于传统民居建筑修旧如旧，避免出现过度商业化的修缮。在传统街巷道路的保护中，应保持和采取当地传统材料与铺设形式进行修复，避免使用过于现代的路面铺装材料破坏其特色风貌。

（2）避免同质化

传统村落同质化的核心原因是过度商业化以及主体空心化。对当前乡村遗产的保护，应在有效保护和管理的基础上对文物古迹进行合理利用，突出地域特色，每个传统村落都具有其独特的历史、文化和自然环境，应当在保护和发展的过程中突出这些特色，深度挖掘村落的文化内涵，避免商业化地模仿与复制。同时应注重可持续发展，避免过度商业化破坏原有生态。

四、结语

如今人们对于乡村文化遗产价值的认识正在逐步提高，对于乡村遗产的保护传承还存在着许多挑战。基于对上端士村乡村遗产构成要素的分析及保护传承策略的提出，期望可以在构建和强化文化认同的基础上，增强村民的主体保护意识，提高公众参与遗产保护的积极性，引导形成主动保护的观念和行为，实现乡村遗产的活态保护和动态传承，使传统村落成为连接过去与未来、传统与现代的桥梁，遗产价值得到有效地阐释与传播，激发出乡村遗产的当代活力。

参考文献：

[1] 陶慧，张梦真．乡村遗产旅游地"三生"空间的主体价值重塑——以广府古城为例[J]．旅游学刊，2021，36（5）：81-92．

[2] 崔新建．文化认同及其根源[J]．北京师范大学学报（社会科学版），2004（4）：102-104+107．

[3] 梁兆桢．论文化认同的理论内涵、价值意蕴及实践路向[J]．文化软实力研究，2023，8（3）：89-100．

[4] 赵晓梅．乡村遗产阐释的历史文化主题框架建构与应用初探[J]．东南文化，2023（5）：6-18+191-192．

[5] 秦红岭．文化认同视角下城市建筑遗产的情感价值与保护传承[J]．中央社会主义学院学报，2022（5）：173-181．

[6] 尹必可，吴永发，钱晶晶，等．情感与遗产——遗产保护更新背景下建筑情感价值认知路径探析[J]．建筑与文化，2022（3）：182-183．

[7] 李华东，程馨蕊，段德罡，等．笔谈：遗产活态保护传承与乡村可持续发展[J]．中国文化遗产，2023（5）：4-31．

[8] 秦红岭．文化规划视角下历史文化名城建筑遗产保护的基本原则[J]．中国名城，2015（11）：10-15+31．

[9] 姚佳昌．村落遗产的记忆与认同研究——以晋东南荫城古镇为例[D]．天津：天津大学，2021．

福清传统民居类型演变及其基因图谱

赵 冲[1] 黄宇东[2]

摘 要： 福清位处闽东地区，福清民居的建筑特征一直被视为与闽东地区类同，导致未能深入揭示其类型特征。福清受其特殊的地理位置和人文环境影响，民居类型呈现多样化，在闽东中具有鲜明的地域风格。近代随着沿海开放格局的变迁，受南洋风格的影响，福清民居的空间格局又发生了相应变化。本文结合田野调研、类型学、统计学等相关方法，以类型发展逻辑为线，对福清民居进行系统性的梳理和归纳，将民居类型分为传统期、发展期和洋化期三个发展阶段，"独立式"和"合院式"两条发展逻辑线，并研究各阶段民居类型的空间特征与大木构架类型，厘清福清民居的演变规律；进一步地将民居类型分布投射定位到地理空间中，从全域视野把握民居类型的空间分布规律及其成因。

关键词： 福清 传统民居类型 空间特征 大木构架 演变

福清因其在闽东中优越的地理条件和持续繁荣的文化活动，其传统民居在闽东深宅大院的基础上，融合"莆仙民居"的规模气派、注重装饰等特点。至近代沿海格局开放，孕育出了掺杂新与旧空间格局、融合乡土与南洋风格的华侨民居类型。福清民居在闽东民居中形成了别具一格的建筑风格。目前对于福清民居的研究较少，主要在建筑表征[1]或某种民居类型[2]上，缺少涉及全域内传统民居类型与分布情况，因此缺乏对福清地区民居类型系统性的归纳与总结。本文从类型学的视角出发，以类型发展逻辑为线[3]，对福清民居类型进行梳理与归纳，厘清福清地区的民居类型及其分布特点。

一、福清民居的类型特征

福清的民居形式在不断地演进，有遵循传统的本土形式、融合南洋风格延续传统而发展的中西合璧式或彻底洋化的洋楼式。基于不同的发展阶段，依据平面形制、空间形态以及建筑风格等方面的差异，将福清民居的发展分为传统期、发展期和洋化期三个发展阶段，"独立式"和"合院式"两条发展逻辑线（图1），来梳理福清民居类型的发展逻辑。

1. 传统期

传统期是指明代至清末时期，以院落作为中心，由厅堂进深方向作为对称主轴，沿纵向或横向扩张形成多进式的大厝，即"院落式大厝"，是福清地区最具有代表性的传统民居。其平面一般以五开间最为普遍，入口为门廊时围合成的是"三合院"，为前厅时围合成的是完整的"四合院"；其护厝形式也呈现多样化，常见为"一字形横屋"，也偶见特殊组合式的护厝形式（表1）。

2. 发展期

发展期指从清朝晚期开始，大量华侨开始回乡建房，将南洋的建造技术和建筑材料引入福清。这种趋势慢慢地改变了福清人的建筑观念，虽然传统建筑形式的影响仍然根深蒂固，但是也逐渐融入西洋式风格。其最大的建筑表征在于起厝人不再满足于水平方向的扩张，而在建筑层数上有所增加，建筑造型上也多见南洋风格的建筑符号。发展期的民居根据空间组织形式不同，可以分为"独立式"和"多层合院式"。独立式以"一明两暗"为布局原型，多为两层三开间。多层合院式是在院落式大厝的基础上"楼化"而来，楼化的过程呈现出由局部楼化向整体楼化逐渐过渡的特征[4]。二楼围绕天井形成三面走廊或四面回廊，廊的边缘结合栏杆设置有"美人靠"（表2）。

3. 洋化期

洋化期是指20世纪20~50年代，这一时期南洋的商业开始繁荣，福清华侨在南洋商界中崭露头角，新一代的华侨接受了新式教育，并受到海外开放思想的影响，宗族意识和传统观念进一步弱化。他们回乡建房不再选择传统的建筑形式，而是借鉴了南洋风格的洋楼形式。福清出现了传统向现代转化的"洋楼式"民居类型，是福清现代民居建筑的开端。洋楼式也是独立式民居的一种，但不同于发展期的独立式，洋楼式民居中传统建筑要素蜕变减配，建筑风格大胆创新，新结构、新材料与砖墙承重体系的使用，使部分建筑空间布局也趋向自由化（表3）。

二、福清民居的空间形态演变

福清民居三个发展阶段，依据平面形制和空间形态可以划分为"独立式"和"合院式"两条演变逻辑线，下文将根据这两条演变逻辑线梳理福清民居类型的演变规律。

1. 平面类型及其演变

（1）独立式

独立式民居包括了发展期的"独立式"和洋化期的"洋楼式"，平面都可以拆分为主体建筑和附属建筑两部分。主体建筑包括厅、间、厅口廊[5]，附属建筑包括厢房、护厝和后房。独立式根据平面构成要素，推理出四种平面类型的基本型：NL、TS、CG和WL，分别为无廊式、踏寿式、出规式和外廊式，其他独立式民居均可以由这四种推演而来。

---

[1] 赵冲，福州大学建筑与城乡规划学院教授，博士生导师。
[2] 黄宇东，福州大学建筑与城乡规划学院，硕士研究生。

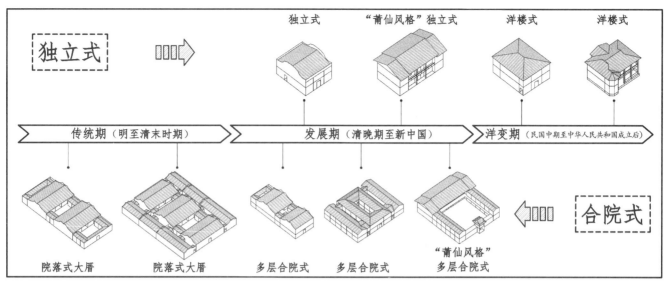

图1 福清民居类型发展脉络图

传统期院落式大厝类型　　表1

院落类型	平面图	剖面图	航拍照片
三合院 （松潭村周氏故居）			
四合院 （上街村林氏民居）			

发展期民居类型　　表2

民居类型	平面图	剖面图	航拍照片
一明两暗 城头村陈氏民居			
多层四合院 海门村海门52号			

洋化期洋楼式民居类型　　　　　　　　　　　　　　　　　　　　　　　　　　　　表3

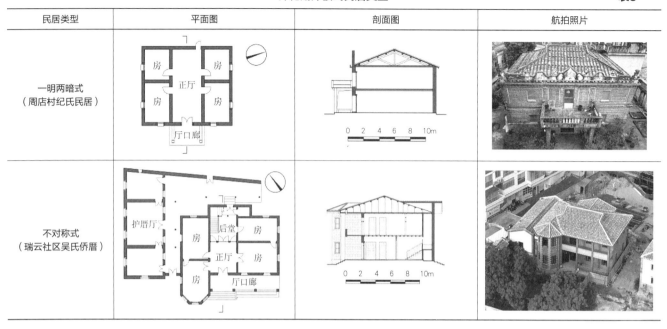

发展期平面以无廊式为主，且不增加附属建筑，通过增加主体的开间数和进深数来衍生出不同的平面形式。无廊式 NL-1 和 NL-2 保持 NL 基本型形态，基本型 TS、基本型 CG 在 A-2、A-3 的基础上分别增加开间数和进深数，得到 TS-1 和 CG-1。洋化期的演变在发展型的基础上强调局部空间的自由调整和增加附属建筑，平面以组合型为主。基本型 TS 在 A-3 的基础上增加开间数，同时十字厅前侧的明间和两侧次间合并成一个更大的入口空间，得到 TS-2。组合型是在基本型 NL、TS、CG、WL 的基础上通过增加开间数、进深数和附属建筑（厢房、护厝和后落）演变而来。其中组合型 TS'-HC-1 和 WL'-ZH-1 主体呈不对称式，TS'-HC-1 是基本型 TS 在 A-3 的基础上将正厅空间右置演变而来，WL'-ZH-1 是基本型 WL 在 A-2 的基础上于左侧增加翼楼演变而来，不对称式主体仍然是在传统平面类型基础上，根据功能需求而进行空间自由调整（图2）。

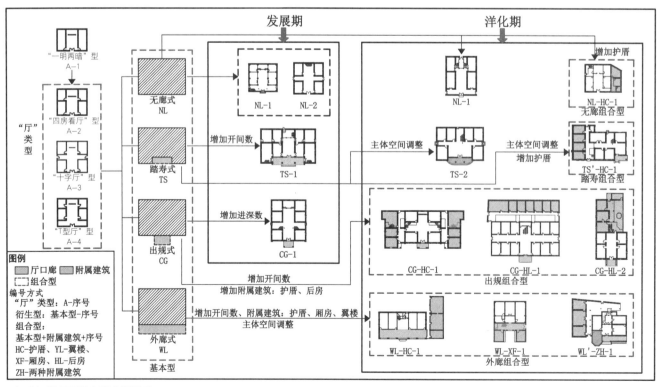

图2　独立式民居平面基本型及其扩张类型

（2）合院式

合院式民居包括传统期和发展期的院落式大厝和多层合院式民居，其空间构成元素丰富多样，整体上可以分为主体建筑和附属建筑两大部分（图3）。

基本型是仅有建筑的主体部分，根据福清合院式民居构成要素，推理出福清合院式民居的五种基本型：三开间 B-31 和 C-31，五开间 B-51 和 C-51，七开间 C-71，B 为三合院式，D 为四合院式。在基本型的基础上合院式民居有三种扩张方式：横向扩张、纵向扩张和竖向扩张，以及一个特殊扩张方式，即在建筑两侧或后侧增加附厝。传统期以横向和纵向扩张为主，发展期是在传统期的基础上进行竖向扩张（图4）。

① 纵向扩张

纵向扩张方式分为四种，一是在后侧增加厢房和后天井（如 B-32-Z-1），二是在后侧再增加完整的一落（如 B-32-Z-2），前面两种扩展方式在五种基本型扩张均有出现。三是在后侧增加厢房和后廊（如 C-52-Z-2），这种扩张方式仅出现在五开间基本型 B-51 和 C-51 扩张中。四是两个完整的一进或二进合院式单元串列式扩张（如 B-52-ZH-6），此种类型仅见于五开间基本型 B-51 扩张中。三开间基本型 B-31 和 C-31 纵向分别可扩张至三进三落和二进三落，五开间基本型 B-51 和 C-51 均可扩张至四进五落，七开间基本型 C-71 扩张至两进三落。

② 横向扩张

横向扩张方式分为两种，一是横向增加护厝，分为单边护厝（如 B-32-ZH-1）和双边护厝（如 C-32-ZH-1），主厝和护厝之间设通沟，用过水廊相连。此外也偶见在护厝前端增设"护厝拖"（如 C-52-ZH-3），围合成一个更大的前院空间。二是横向并列式扩张，在主厝一侧紧密并列着一个形制规模相同或略小于主厝的建筑单元（如 B-32-ZH-2），此种形式仅见于三开间三合院扩张中[6]。

③ 竖向扩张

竖向扩张是基于传统期民居的平面形态，增加二层空间，即为对传统型合院式民居的"楼化"改造，如 C-32-LZ-1 是在 C-32-Z-1 的主厝基础上进行的竖向扩张。此种扩张方式是由于福清人起厝观念的变化、人口数量的剧增以及用地的限制因素，为了满足家庭成员的居住需求，追求在竖向上的扩张。此外，到后期基于"楼化"改造后的多层合院式民居开始出现了厢房空间扩大和正厅空间减小的特殊演变形态，如 D-31-LH-2 的厢房的开间和进深空间扩大化，顶落正厅仪式空间趋于减小，成为交通空间，其能为居住者提供更好的居住功能需求。

2. 正厅大木构架类型

正厅作为传统民居的核心组成部分，在正厅的营造过程中，大木构架的选材、尺寸及规格均为本民居的最高规格。穿斗式结构主要存在于传统期和发展期这两个阶段，因此下文对福清的这两个时期的正厅大木构架的地域性特征进行深入探讨。

正厅空间可分为前廊+厅+后廊三个组成部分（图5）。依据落地柱的柱间关系，前廊是位于前门柱和前小充柱（前充柱）之间的空间，厅位于前小充柱（前充柱）到后小充柱（后充柱）之间的空间，后廊位于后小充柱（后充柱）到后门柱之间的空间。

正厅的类型可以看成是正厅各个组成部分（"前廊、厅、后廊"）的组合形式，正九架可视为"双步前廊+基本型厅+双步后廊"（Ⅱa+A1+Ⅱa），正十一架可以看成"单步前廊+基本型厅带双全缝+单步后廊"（Ⅰa+A7+Ⅰa），以此类推，发展期的各组成部分，可以看作是传统期各组成部分的楼化形式[7]。其中发展期的前廊和后廊出现了悬挑式的外廊，可以看作是前后廊空间向外延伸的一种方式，但并不会影响到厅的整体做法类型。

正厅的前后廊在做法上可以分为普通做法和带轩廊的做法，在分类过程中，除了前后廊和厅的类型，还需充分考虑正厅的进深因素，正如《鲁班经》中以正架数加拖架数来命名各种厅的类型（如正五架、正五架拖两架等）。所以，在对正厅进行分类时，主要依据进深来进行划分，对于前廊和后廊的做法不做过多的考虑。这样传统期的前廊就有 Ⅰ（Ⅰa 单步前廊）、Ⅱ（Ⅱa 双步前廊、Ⅱb 双步前轩廊）、Ⅲ（Ⅲa 三步前廊、Ⅲb 三步前轩廊）3 种类型，后廊有 Ⅰ（Ⅰa 单步后廊）、Ⅱ（Ⅱa 双步后廊）、Ⅲ（Ⅲa 三步后廊、Ⅲb 三步后轩廊）、Ⅳ（包括Ⅳa 四步后廊）4 种类型。同样的发展期前廊就有 Ⅱ'（包括Ⅱa'双步前廊）、Ⅲ'（包括Ⅲa'

	构成要素	空间特征	演变趋势
主体部分	正厅	一层，仪式空间、核心空间	楼化二层
	天井	横向长方形	纵向长方形，二层围绕天井设环廊
	厢房	一层、两开间	楼化二层，开间进深增大
	门厅	一层、入口空间	楼化二层
	门廊	一层、入口空间	楼化二层
	后廊	一层、交通空间	楼化二层、楼梯间
附属部分	护厝	一层、"一字型"横屋特殊型带三开间三合院	楼化二层
	过水廊	一层、连接主厝与护厝	楼化二层
	附厝	一层、祭祀空间三开间三合院，面朝主厝	楼化二层
	护厝拖	护厝空间的向前延伸	—

图3 合院式民居构成元素

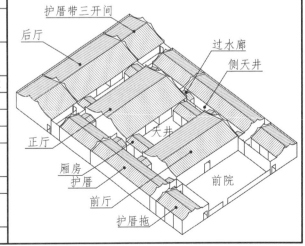

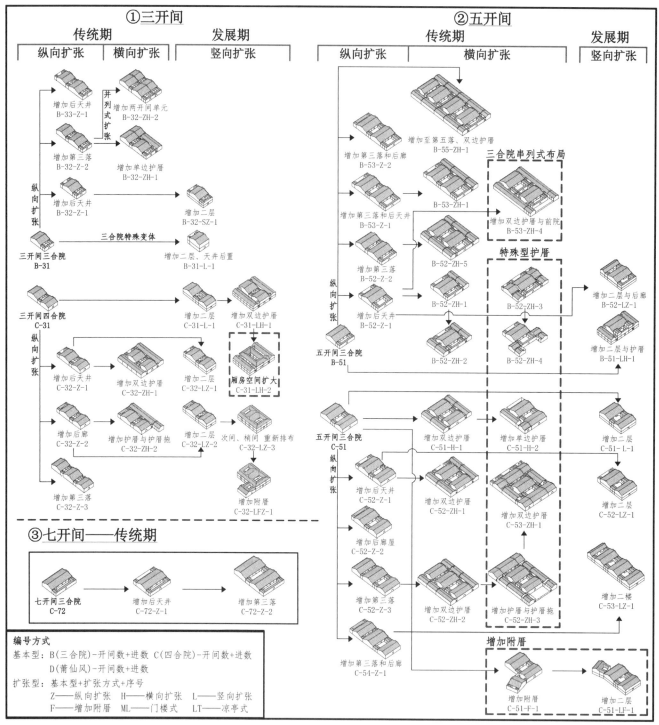

图4 合院式民居基本型及其演变

三步前廊、Ⅲb'三步前轩廊)、Ⅳ'(包括Ⅳa'四步悬挑式前廊) 3种类型,后廊有Ⅲ'(包括Ⅲa'三步后廊)、Ⅳ'(包括Ⅳa'四步悬挑式后廊)2种类型。厅是正厅大木构架的核心构成部分,其类型往往决定了整个正厅大木构的类型。因此,在分类中,厅的类型成为主要判别依据,前廊和后廊为次要的分类条件。这样既简化了类型,又排除了轩等装饰构件对正厅整体大木构架的类型影响。

依据正厅大木构架类型的分类方法,将现有的90栋福清传统民居穿斗式正厅大木构架进行系统的分类研究(图6),得到29种正厅大木构架类型,其中传统期21种、发展期8种。

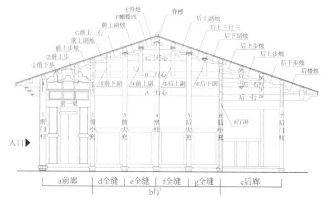

图5 正厅大木构架空间组成

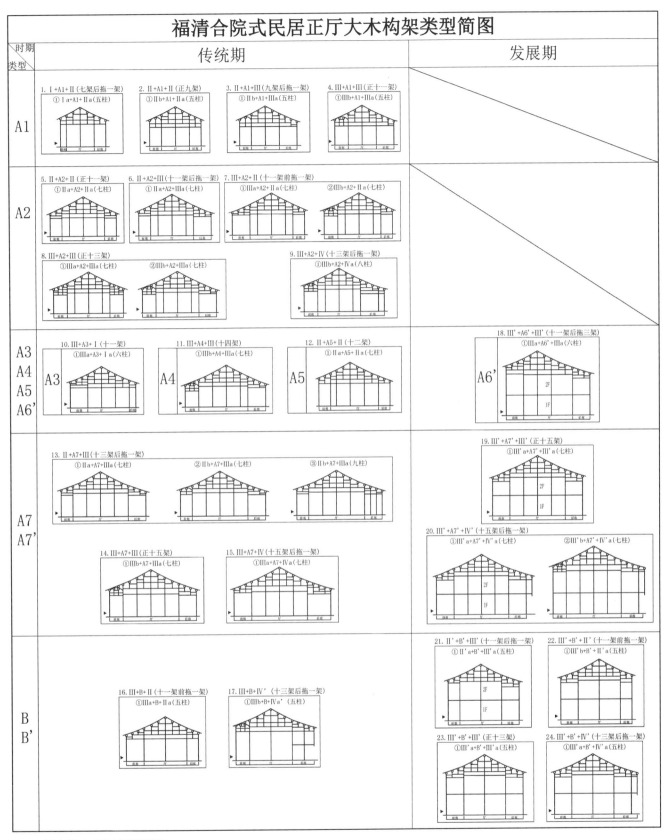

图6 福清合院式民居正厅大木构架类型简图

3. 福清传统民居基因图谱

基于平面类型的不同构成元素和正厅大木构架前廊、厅、后廊类型的不同组合形式，提炼其建筑基因，归纳整合出福清传统民居的平面类型和正厅大木构架类型的基因图谱，如图7所示。

三、福清民居类型的分布及其成因

进一步地将福清地区的民居类型分布投射定位到地理空间中，从而将研究范围内的民居类型分布情况进行可视化表达，从全域视野把握4种民居类型的整体空间分布规律。

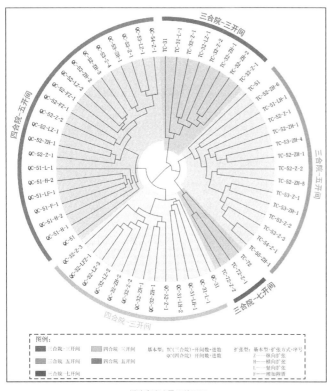

福清合院式民居基因图

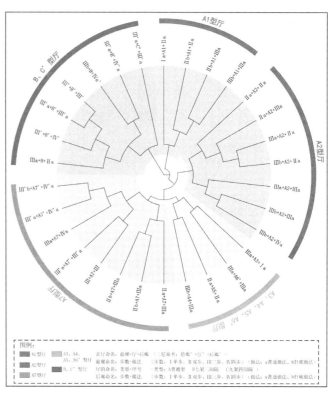

福清传统民居正厅大木构架基因图

图7　福清传统民居基因谱系图

传统期院落式大厝遍布福清各地，是最为常见的民居类型。福清地处闽东与闽南交通要冲，贸易政治地位重要，经济的繁荣和木材资源丰富推动了建筑业发展。福清人重视家族传承和神灵庇护，因此院落式大厝成为体现家族荣誉、信仰和历史传统的象征。

发展期的多层合院式民居多见于福清东南平原地区，便捷的交通与港口促进了海上商贸及中外文化交融，华侨汇款带动福清人口和经济迅速增长[8]。人口和用地之间产生矛盾，传统与西式理念相融合，建筑空间由水平扩张转向竖向扩张。

发展期到独立式民居存量较少，皆为华侨民居，仅在龙山街道、城头镇、港头镇、高山镇和新厝镇一带出现。这一时期由于华侨海外居住理念的影响，打破了宗族聚居的居住形态，开始向主干家庭的居住形态发展，是洋楼式民居发展的开端。

洋化期的洋楼式民居主要分布在福清城区的玉屏街道、龙山街道和龙江街道的交界处一带，以及华侨数量较多的渔溪镇和新厝镇，皆为华侨所建。城区集中了商业、贸易和政治活动，发展需求和繁荣程度吸引了大量华侨回乡投资建设，修建洋楼以供居住，同时还能彰显其财富与地位。

根据上述分析，各类型民居在分布上表现出各自的特点，可研究得出其各自的分布规律及其成因，而其形成主要由经济、地理、文化三个因素导致。

四、总结

本文研究了福清地区传统民居的发展历程，将其划分为传统期、发展期、洋化期三个阶段，独立式和合院式两条发展逻辑线，得出具有地域特征的四种民居类型：院落式、独立式、多层合院式和洋楼式。

从三个发展阶段上看，传统期受宗族礼制的影响，多采用多进天井式合院格局平面布局；发展期受南洋建筑风格和居住理念的影响，形成中西合璧式建筑风格；洋化期借鉴南洋风格的洋楼形式，出现了风格各异的华侨洋楼。从演变规律中看，"合院式"在传统期以纵向扩张与横向扩张为主，到发展期以竖向扩展为主，其楼化过程从局部到全面楼化；独立式民居在发展期以传统的"一明两暗"式为原型，且衍生出更多的平面类型，到洋化期结合不同的厅口廊类型和增加附属建筑组成组合型。从大木构架类型上看，福清大木构架类型可以看作为"前廊、厅、后廊"的组合形式，依据其三个组成部不同的进深和做法，可以将其划分为29种不同的正厅大木构架类型。从民居类型及分布规律上看，院落式大厝分布于福清全境且最为常见；多层合院式主要分布在对外交流频繁和交通便捷的平原地区；独立式民居存量较少，仅出现在华侨人口较为集中地区；洋楼式主要集中在商业、贸易和政治活动最为集中的核心城区。

参考文献：

[1] 黄汉民，范文昀，周丽彬．福清传统建筑[M]．福州：福建科学技术出版社，2020．

[2] 翁旭辉，张兵华，杨元传．「融侨」文化影响下的福清传统民居形态研究[J]．华中建筑，2023，41（9）：129-133．

[3] 林俊军，赵冲，邵源曦．闽中地区传统合院式民居平面类型研究[J]．华中建筑，2023，41（11）：111-116．

[4] 陈志宏．闽南侨乡近代地域性建筑研究[D]．天津：天津大学，2005．

[5] 郑胜华，关瑞明．从官式大厝到四房看厅——泉州传统民居演变探析[J]．华中建筑，2021，39（4）：121-125．

[6] 赵冲，邵源曦，谭思程．福建传统防御性民居平面类型与演变研究——以三明土堡与永泰庄寨为例[J]．华中建筑，2023，41（6）：114-119．

[7] 陈耀东．《鲁班经匠家镜》研究——叩开鲁班的大门[M]．北京：中国建筑工业出版社，2009．

[8] 中共福清市委党史研究室．福清华侨史[M]．北京：中共党史出版社，2011．

基于风土聚落特征识别的山地型乡村遗产活化
——以山西省平顺县黄花沟片区为例

徐 强[1] 王 琦[2] 李冠华[3] 徐钲砚[4]

摘 要： 流域影响的山地型乡村遗产具有明显的风土属性，是乡村人居空间的重要组成部分。为厘清浊漳河流域风土影响下山地型乡村的形成机制、适应发展与理想图式，破解山区乡村遗产在现代化冲击中的保护、传承与发展困境，本文通过构建"流域—风土、聚落—变迁、民俗—文化"的识别层级，阐明"流域—山地"耦合下的风土特征与乡村演化逻辑。基于山西省平顺县黄花沟片区的实证探索，提出有效可行的活化路径，助力乡村遗产价值的存续与增益。

关键词： 风土聚落　特征识别　山地乡村遗产　黄花沟

一、研究背景与研究目的

随着工业化、城镇化进程的加速推进，在造城运动、商业资本的袭击下，传统村落不断消失、区域特色文化衰落[1]。乡村遗产面临前所未有的巨大挑战，乡村遗产保护不仅是保护技术和理论问题，同时涉及文化观念问题，民族认同与个体尊重[2]是乡村遗产可否存续与活化的深层原因。如何在完整性与真实性的基础上，延续传统村落经济、社会、文化等多方面的活态遗产是近十几年来持续探讨的话题。

目前已有研究基于建筑学、文化学、旅游学等学科基础，结合乡村振兴、乡村旅游等热点话题[3]，逐步关注乡村遗产的活化利用。宏观的保护研究主要包括：乡村遗产的内涵特征[4]、评价体系[5]和保护活化路径[6]，集群保护的体系构建[7]、规划策略[8]和思路探索[9]等；中微观层面的研究主要包括：聚落的景观基因图谱构建[10]、社会结构的空间形态表征[11]、民居建筑风貌的地域分异[12]等。研究视角包括：建成遗产的理念辨析[13]、乡村人地关系互动[14]、风土建筑的谱系构成[15]与地方语系[16]等。近年来，流域线路[17]与山地型环境[18]的乡村聚落研究区域逐步受到关注，由于流域影响下的山地型乡村遗产具有明显的风土属性，本文通过搭建风土聚落特征识别的框架以聚焦"流域—山地"耦合下的乡村遗产活化问题，对山西省平顺县黄花沟片区进行实证研究，探讨乡村遗产活化路径，为类似地区的乡村遗产保护和发展提供借鉴。

二、风土理论与研究区域

1. 风土渊源

"风土"一词最早出现在《国语·周语》："音官以（省）风土"，指代一方土地与气候，是风俗人情和地脉环境的总体概括，综合包括某地特有的信仰风尚等社会意识与气候地理等自然条件两方面内容[19]。不同地域风土的分异特征造就了建筑类型与性格的迥异，建筑作为文化本真性的物质载体，具备鲜明的历时反映特性。风土作为一定区域内人们赖以生存的自然环境和社会环境的综合[19]，不同于乡土二字，后者强调以血缘、语缘和地缘为纽带的乡民社会[20]，以往被纳入社会学研究的概念范畴[5]。在建筑层面，风土的文化地理属性则范围更广，且具有模糊的地理空间意识，关注文化空间的地理分布规律[16]，涵盖城乡地域，所以可囊括乡土。

东西方学界对于风土建筑身份的界定大致相同，均区别于为社会上层权力机构服务而建造的纪念性建筑，此种"非正统的"（none pedigreed）的建筑是建成环境的主要构成部分，由所有人、具有资源聚集力的社群或者地方工匠建造[20]，高度契合当地风土环境。日本学者和辻哲郎受到德国存在主义哲学启发，将空间与"此在"（dasein）[6]关联，阐释时间、空间与历史的关系，1935年著成《风土》一书，通过大量的实地调研以着重讨论人文的风土。西方学界的"vernacular"（可译为地方、方言、风土）一词来自社会与经济的概念，[21]与古典高级艺术互为对立，1997年的《世界风土建筑百科全书》厘清了西方风土建筑的主流定义，强调了内容范畴、所有主体权与基于文化的需求性质，至此学科化阶段逐步趋于成熟（表1）。

2. 浊漳河流域风土聚落

浊漳河属海河流域，分北源、南源、西源三个源头，位于晋东南的古上党地区，是该区域的主要河流，且与太行山脉联系紧密。其典型的山地丘陵与河谷地貌相互作用，形成独特的地理风貌，作为历代文化传播的关键枢纽，产生了丰富的民间信仰与族群文化。河谷地区在历经特有的自然条件与社会意识的双重影响后，风土聚落呈现出鲜明的地域特征，由于其特殊的地理位置使得丰富的建成遗产得以留存至今，其中不乏包括天台庵、大云院、龙门寺等国保单位以及大量遗留完整的传统村落（图1）。

本次研究的宏观区域为山西省平顺县内浊漳河流域的风土聚落，微观视角聚焦于平顺县东北方位的黄花沟片区。目前在第一

---

[1] 徐强，太原理工大学建筑学院，副教授。
[2] 王琦，太原理工大学建筑学院。
[3] 李冠华，太原理工大学建筑学院。
[4] 徐钲砚，太原理工大学建筑学院。
[5] 费孝通在《乡土中国》中探讨社会结构问题。
[6] 海德格尔在《存在与时间》中提出的哲学概念："此在"表示存在或存在本身。

西方风土建筑学科化阶段的研究进展   表1

时间	作者	著作	贡献
1964年	伯纳德·鲁道夫斯基（Bernard Rudofsky）	《没有建筑师的建筑》	调研世界风土聚落，拓展建筑观念，冲击西方主流建筑认知
1969年	阿莫斯·拉普卜特（Amos Rapoport）	《宅形与文化》	建立风土建筑学说，将定义宽泛至城市范围内的地方建筑
1976年	保罗·奥利弗（Paul Oliver）	《住屋与社会》	反映建筑与社会的互动关系，强调文化认同与社会秩序
1978年	恩里科·吉多尼（Enrico Guidoni）	《原生建筑》	探讨早期原始社会建筑适应环境行为，分析文化与物质关联
1987年	保罗·奥利弗（Paul Oliver）	《世界各地住屋》	考察各地不同住屋，分析风土建筑的环境适应性与现代关联
1997年		《世界风土建筑百科全书》	厘清了西方风土建筑的主流定义，强调了内容范畴、所有主体权与基于文化的需求性质
1999年	国际古迹遗址理事会（ICOMOS）	《风土建成遗产宪章》	明确风土性内涵，强调风土建筑与其历史环境的整体性保护

平顺县传统村落统计   表2

批次	数量	传统村落
第一批	2	石城镇东庄村、岳家寨村
第二批	2	虹梯关乡虹霓村*、阳高乡奥治村
第三批	4	石城镇白杨坡村、上马村、东寺头乡神龙湾村*、北社乡西社村*
第四批	3	石城镇黄花村、豆峪村、蟒岩村
第五批	16	石城镇青草凹村、窑上村、恭水村、遮峪村、牛岭村、老申岐村、豆口村、苇水村、流吉村；虹梯关乡龙柏庵村*、阳高乡南庄村、侯壁村、车当村、椰树园村；北耽车乡安乐村、实会村
第六批	5	北耽车乡王曲村；阳高乡阳高村、鹞子坡村；虹梯关乡虹梯关村*，北社乡北社村*
总计	32	其中位于浊漳河沿岸的26个（除标*外的村子）

批至第六批列入中国传统村落名录村落名单中（表2），平顺县共有32个传统村落，其中有26个集中分布在60km的浊漳河沿岸，行政归属为北耽车乡、阳高乡、石城镇三个东西向的相邻乡镇，黄花沟片区位于石城镇西北部。石城镇风土聚落大多处于山地环境，民居建筑类型延续明清风格，以石材为主要材料，通过石块、石板与土木材料的结合进行构筑，以靠崖窑、石木合院以及二者组合的形式为主，大多数为两层，院落有独院式、两院式、三院式，依托地形注重内部环境营造。

三、风土聚落特征识别框架

1. 识别层级架构

目前，中西方学者对于风土的"环境—文化"双重本质的认知方法相对一致[20]，均强调双重属性的影响作用与影响机制，而风土聚落作为特定历史环境的产物，有必要依据上述两方面进行分层级的系统探讨，以解析其内部特征。风土聚落特征识别的核心要义是探寻建成遗产的内核价值，就乡村层面而言是通过解析基质特征以了解乡村演化逻辑，从而达到乡村遗产的有效保护与传统风土的现代性更迭转化。

基于浊漳河流域风土聚落的"流域—山地"耦合特质与文化交融属性，本文的识别框架在"环境"的宏观层面提出"流域—风土"，在中微观层面提出"聚落—变迁"，在"文化"方面提出"民俗—文化"，以探寻浊漳河流域风土影响下山地型乡村的形成机制、适应发展与理想图式，破解山区乡村遗产在现代化冲击中的保护、传承与发展困境（图2）。

2. 层级内涵解析

"流域—风土"作为宏观视角切入，主要关注浊漳河流域的风土环境与其聚落生成产生的潜在影响，并探讨二者的相互关联。风土环境包括自然与人文两方面，自然条件如该地区的地质地貌、气候物资等因素；人文方面如该区域的社会组织、经济模式、宗教信仰等[19]。前者关注人地关系，本土工匠因地制宜，以保障日

天台庵

大云院

龙门寺

图1 浊漳河沿岸国保单位分布

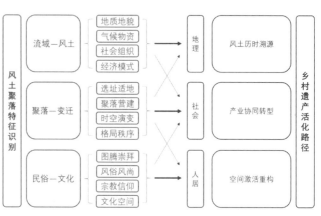

图2 风土聚落特征识别与路径活化

常生活生产为基本目的做出适应地理的生态建造行为；后者关注意识形态，聚落建造作为一种"无意识"的自主活动，受到地方传统风俗信仰与建筑技艺等因素的共同作用，最终实现同一聚落中建筑形式的高度一致性，表现出生活居民彼此间近似的文化认同与生活理解[22]。

"聚落—变迁"作为中微观视角切入，主要关注聚落营建与时空演变，聚落营建包括选址与适地、建造与秩序等，时空演变视角关注聚落的发展模式与空间的格局演变。这一层级受到"流域—风土"与"民俗—文化"的相互影响，需结合具体村落案例进行实证探讨，围绕村庄营建、空间秩序、边界形态、街巷特征等方面进行实证研究。

"民俗—文化"属于软性文化特质，主要关注风土民俗与文化空间，乡村族群的图腾崇拜与风俗风尚贯穿于乡民的生活生产中，文化的历时传播反映在建筑本体上，也影响着聚落的发展模式，聚焦建筑在社会文化中的因应结果，有助于挖掘风土聚落的文化特征。

四、黄花沟片区的实证探索

1. 黄花沟片区概况

黄花沟片区归属于平顺县石城镇，镇内辖区内 90% 以上均为山地[23]，土地资源相对匮乏，浊漳河干流将镇区分为南北两部分，村落多居于河谷两岸，以利用沿山地势较缓的冲积平原保证农耕，维持生产。黄花沟位于镇内西北方向山区，地理位置相对特殊，与镇区内河谷南侧大数村落不同，交通不便使得沟内聚落保持较高的风貌留存度和风格连贯性。沟内共有 7 个行政村，由源头村经龙门寺可进入黄花沟内，本次研究范围聚焦其中 3 个传统村落：黄花村、流吉村、蟒岩村。

2. 黄花沟风土聚落理想图式

乡村聚落在营建过程中形成相对稳定的"共同幻想❶"，这一集体意向性的图式贯穿于聚落的营建与发展过程，黄花沟片区由于地理位置的特殊性，总体呈现出一致的理想图式，但在村落各自发育过程中受到具体地貌影响，所表现内容不同。

"流域—风土"层面而言，黄花村与流吉村均有河流穿村而过，前者作为沟内交通枢纽，道路与河流共同影响村落发展，表现为村落扩张迅速、规模较大、形态完整等特点；而后者由于交通不便且地形受限，呈现出更为明显的条带状扩展特点，但二者的发展逻辑均为沿着山脉与水系进行指向性扩张。蟒岩村住居聚集范围内并无水源，而村北与村南有山泉与小河流，村落位于山坳之中，四山环绕，与黄花村和流吉村周围山势相比较缓（坡度 5.4°），北侧较顶山（阳坡）为村落主要位置，东侧乳头山与东南侧笔架山形成两侧保障，风水布局极为讲究，民居主要沿主山较顶山方向顺势布置，呈阶梯状分布。三村坡向分别为 183.18°、191.04°、177.27°❷（均位于阳坡），依山势拓展布局，体现出聚落依托流域与适应风土营建的人居智慧（表3）。

"聚落—变迁"层面而言，黄花村与流吉村在线性扩张基础上分别呈现出"人"字形与条带形的聚落形态，两村均自明朝由洪洞县大槐树迁居而来。蟒岩村形态扩张方向以垂直周围山脉为主，最终呈现出组团式的聚落形态，村落最早可追溯至清乾隆年间，早期的居住点较为分散，不同姓氏族群逃难至此，开荒种田繁衍生息，清末岳家由平顺东庄村躲避战乱而大批迁移至蟒岩村，渐成宗系[24]（表4）。

黄花村早期民居点主要在河道北侧，并向北侧轿顶山山脚下逐步蔓延，后受地形限制，分别在沿河道的东北侧方向与跨河道的南侧方向（老佛爷山）扩展，村落四周较平缓山体分布有开垦农田。村落整体坡度适中，适宜村落发展，在黄花沟中规模最大。整村形态围绕关帝庙与奶奶庙向南北两侧分散布置，两庙中间围合出村落开阔广场，街巷格局自由贯通，沿山体走势与河流方向垂直或交叉布置。民居以两层的三合院、四合院为主，院内设影壁遮挡视线形成过渡空间，大门入口处木雕工艺精美。石材为主要建材，部分辅以土砖，院墙下层为青石，以防雨水冲刷与潮气侵入，院墙上层用泥土草料混合抹平，以保温隔热。

流吉村早期居民点主要分布河流聚集形成的池塘附近，明初洪洞杜氏迁居至河流南坡，南坡用地开阔，便于耕作，后随聚居氏族增多，因北坡采光充足，更宜居住，逐渐在河流北坡定居，村落边界形态早期呈组团式。由于周围山势较陡峭（坡度 20.6°），且与山沟内河流间的面积局促，村落扩张只能依山谷内外双向进行，最终村落形态发育呈带形。周围梯田紧邻民居布置，河流南侧耕地较多。民居建筑以靠崖窑洞结合双坡顶的厢房和倒座形成的三合院、四合院为主，多为单层或两层。窑洞向水平方向土层寻求居住空间的特性可大大减少土方量，并节约耕地面积，窑顶也可以作生产、交流、交通等功能使用（表5）。

蟒岩村早期居民点主要分布在西北向的轿顶山山腰，处于如今组团式形态的核心位置，村落早期沿北、西南、东三个方向扩展，后由于用地的局限，20世纪80年代后期向较顶山山顶方向蔓延[24]，

村落人居环境相关数据整理　　　　　　　　表3

村落名称	村域面积/亩	海拔/m	坡度/°	坡向/°
黄花村	10500	825	9.22	183.18
流吉村	3000	855	20.6	191.04
蟒岩村	4500	824	5.4	177.27

村落溯源与地理环境　　　　　　　　表4

村落名称	建村年代	村落族谱	主要庙宇	周围山脉	水系概况	地貌特征
黄花村	明代	常家族谱 雷家族谱 张家族谱	关帝庙 双耳山 奶奶庙 老板山 五道庙	轿顶山 双耳山 老板山 老佛爷山 小王盔山	浊漳河支流穿村而过	群山环绕，民居分布在浊漳河支流两侧，地势较缓
流吉村	清代	—	清泉庵 药王庙 观音堂 山神庙 龙王庙	大鳌山 天坛垴 虎头山	山沟有内泉眼，水源四季丰沛	太行山腹地，坡度较陡
蟒岩村	清代	郝姓族谱 上下两册	五龙爷庙	较顶山 王帽山 笔架山 乳头山	村北有山泉，村南有小河流	群山环绕，依山而建，地势落差大

---

❶ 王昀在《向世界聚落学习》提出"共同幻想"：在资讯交流并不发达的特定环境中，聚落所拥有的相对固定的文化特征。
❷ 本文坡度定义：北（0°～22.5°）、东（67.5°～112.5°）、南（157.5°～202.5°）、西（247.5°～292.5°）。

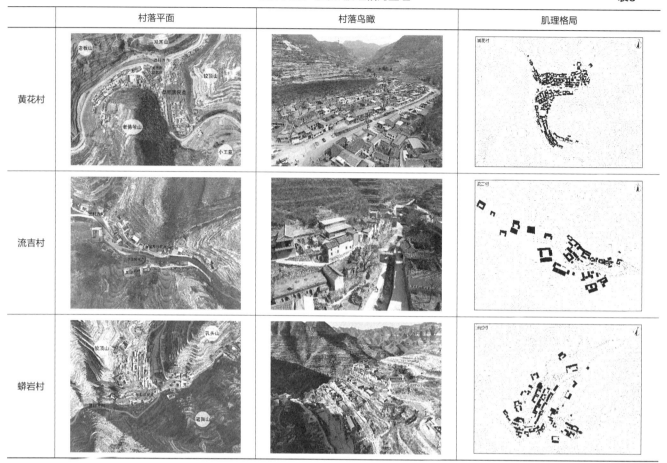

村落平面、鸟瞰、肌理格局整理　　表5

村落名称	村落平面	村落鸟瞰	肌理格局
黄花村			
流吉村			
蟒岩村			

至此形成完整的团状布局。因沟谷内空间开阔，聚落形态紧凑，耕地分布与其他两村呈现明显差异，呈包围村落状态并与村落结合紧密。村中道路系统极为明确，沿山脉等高线分布，由于山势较缓，民居可利用面积相对充足，利用台地建造出"一"字形、三合院和四合院，在山脉转折处分布有少量窑洞。民居均以当地石块建造，墙体风貌协调统一，呈现出特有的石头肌理。

"民俗—文化"层面而言，三村方言属晋语—上党片，民间信仰目的以祈雨、求子、稳定生活为主，庙宇主要有龙王庙、奶奶庙、关帝庙等，依据早期村落形态布局考究，庙宇均分布在村落边界，界定出村内独立的信仰空间。黄花村因山上遍布黄花条而得名，村落被五山环绕，形似"五福捧寿"图，黄花戏曲、山神祭祀与跑旱船等民俗活动渊源已久；流吉村得名于山沟内丰沛水源，村中泉眼四季不断，形成特殊的岩溶地貌，环境适合灌木生长，当地村民利用荆条编织箩筐、篮子等农具用于生产活动；县志记载蟒岩村本为晋冀、晋豫古道旁岩洞，洞内形似蟒蛇鳞片，传说有蟒蛇居住，得名蟒岩[24]，村内每年定期举办五龙爷庙祭祀活动（表6）。

五、乡村遗产活化路径探讨

黄花沟片区的山地型乡村遗产在"流域—风土""聚落—变迁""民俗—文化"三个层级中体现出整体同一性与局部异质性，本文从三个层级探析"流域—山地"耦合关系对于村落演化逻辑的影响，以阐述山地型乡村遗产的内核价值，保证活化路径的可行性和有效性。同时，山地型乡村由于其特殊的风土环境，遗产保护和

村落人口、产业、非遗项目整理　　表6

村落名称	户籍人口	常住人口	主要产业		非遗项目
黄花村	497	450	谷物种植	花椒 核桃 玉米	黄花戏 荷包 编织苇席 跑旱船
流吉村	46	30		小麦 玉米 花椒	荆编
蟒岩村	176	115		柿子 玉米 花椒	五龙爷庙祭祀 蟒岩村大拉面

活化更具挑战性，依据上述层级对应提出"地理—社会—人居"三维系统视角探讨活化路径。

首先，文化尊重与价值认同作为遗产保护与活化实践的重要动力[6]，其内容的考证应以风土溯源为基准，通过了解村落文脉的历时过程找寻村落发展依据以明晰风土再生方向，确保乡村遗产活化有法可依、有章可循；其次，乡村遗产的优化活化离不开乡村本体的可持续发展，而乡村人地关系的现代化转变打破了原有的地缘与业缘结构，乡村遗产作为社会结构的一部分，面临等同危机，农耕经济需进行相关产业的协同转型以保证村落的良性发展；最后，传统村落具备文化遗产与人居空间的双重属性，早期村民以生产生活为目的聚集构筑出适地发展的人居环境，当下应以空间激活重构为手法，延续历史场景，活化乡村遗产。

图表来源：

表 5 中肌理图依据研究团队资料改绘，其余图表均为自绘或自摄。

参考文献：

[1] 谭刚毅，贾艳飞．历史维度的乡土建成遗产之概念辨析与保护策略[J]．建筑遗产，2018（1）：22-31．

[2] 罗德胤．让乡村遗产回归百姓生活[J]．新建筑，2016（4）：18-22．

[3] 任耘，张鑫．乡村遗产研究进展及趋势——基于 CiteSpace 的可视化分析[J]．西南民族大学学报（人文社会科学版），2023，44（12）：207-216．

[4] 赵之枫，韩刘伟，米文悦．从传统村落到乡村遗产：内涵、特征与价值[J]．城市发展研究，2023，30（1）：47-56．

[5] 胡斌，邹一玮，马若诗．乡村文化景观遗产综合调查与评价体系研究[J]．风景园林，2021，28（9）：109-114．

[6] 李伯华，易韵，窦银娣，等．城乡融合、价值重拾与文化适应：传统村落文化遗产保护与活化——以江永县兰溪村为例[J]．人文地理，2023，38（6）：115-124．

[7] 黄嘉颖，王念念．传统村落集中连片区保护体系构建方法——以青海省黄南藏族自治州传统村落集中连片保护利用示范区为例[J]．规划师，2023，39（7）：123-130．

[8] 沈晨莹，陆倩茹，陈秋晓，等．传统村落集群区域识别与规划策略研究——以浙江省山地丘陵区为例[J]．地理研究，2024，43（2）：446-461．

[9] 张大玉，张文君，陈丹良．新时期传统乡村聚落保护发展集群模式的理念辨析和思路探索[J]．城市发展研究，2022，29（4）：16-21，39．

[10] 刘沛林．中国传统聚落景观基因图谱的构建与应用研究[D]．北京：北京大学，2011．

[11] 石亚灵，黄勇，邓良凯，等．传统聚落社会结构的空间形态表征研究——以安居镇为例[J]．建筑学报，2019（S1）：35-41．

[12] 汪德根，吕庆月，吴永发，范子祺．中国传统民居建筑风貌地域分异特征与形成机理[J]．自然资源学报，2019，34（9）：1864-1885．

[13] 谭刚毅，易玲薇．基于建成遗产理念的传统村落保护与乡村建设思辨[J]．新建筑，2023（2）：4-10．

[14] 王竹，王珂，陈潇玮，等．乡村"人地共生"景观单元认知框架[J]．风景园林，2020，27（4）：69-73．

[15] 常青．我国风土建筑的谱系构成及传承前景概观——基于体系化的标本保存与整体再生目标[J]．建筑学报，2016（10）：1-9．

[16] 王金平，汤丽蓉．晋系风土与风土建筑[J]．建筑遗产，2021（2）：1-11．

[17] 马煜，王金平，安嘉欣．流域视野下山西省传统村落空间分布及聚落特色研究[J]．太原理工大学学报，2021，52（4）：638-644．

[18] 戴彦，胡雨杉，陈梓清，等．山地传统聚落的边界测度及其环境相关性研究——以湖南省通道县芋头侗寨为例[J]．新建筑，2023（1）：140-146．

[19] 王金平．风土环境与建筑形态——晋西风土建筑形态分析[J]．建筑师，2003（1）：60-70．

[20] 潘玥，常青．城乡建成遗产研究与保护丛书 西方现代风土建筑概论[M]．上海：同济大学出版社，2021．

[21] 潘玥．风土：重返现代[J]．建筑遗产，2016（3）：123-124．

[22] 王昀．向世界聚落学习简装本[M]．北京：中国建筑工业出版社，2011．

[23] 梁炜．山西省平顺县石城镇传统村落研究[D]．北京：北京交通大学，2023．

[24] 王鹏．山西平顺县古村落平面布局的传统智慧与应用研究[D]．西安：西安建筑科技大学，2020．

重庆传统村落抱厅遗产价值的深度分析[1]

彭 丰[2]

摘 要：基于西部大开发时代背景，探讨重庆传统村落中抱厅遗产价值，进行历史、文化、空间、美学、生态、经济多维度分析，挖掘藏于表面价值中的三个深度核心遗产价值。第一部分分析抱厅移民历史价值；第二部分探讨抱厅建筑空间语汇与美学价值；第三部分分析抱厅生态意识及经济发展潜在价值；第四部分挖掘三个深度核心价值。研究抱厅遗产价值，为活化乡村遗产提供有效思路，为推动西部开发战略及增强地域性文化觉醒梳理有参考意义的理论资料。

关键词：西部大开发 乡村遗产 重庆抱厅 核心价值

随着西部大开发战略持续推进，西部地区丰富的自然资源和深厚的文化底蕴日益突现价值和魅力。传统村落作为文化遗产的重要组成部分，其保护与活化问题一直受到社会各界广泛关注。重庆是西部地区的重要城市之一。在重庆传统村落中，抱厅作为特殊的院落空间类型承载着当地居民的生活记忆，更是传统建筑艺术和乡土文化的结合体。本文旨在通过深入分析抱厅的移民历史、建筑空间语汇、文化美学、生态功能、经济潜力等方面价值，挖掘藏于表面价值背后的三个核心遗产价值，为西部地区演化活化优化乡村遗产工作提供新的视角和方法，推动西部大开发战略在文化领域的深入实施，实现经济与文化双重发展目标。同时，也让更多人了解和欣赏西部地区的独特魅力，进一步激发地域性文化觉醒意识，推动中华优秀传统文化的传承与发展。

一、重庆传统村落抱厅的历史移民价值分析

1. 抱厅移民历史溯源

重庆传统村落中的抱厅同时饱含移民文化和本土文化。从历史角度追溯，抱厅在重庆的发展历程即移民文化逐渐融入当地建筑文化的缩影。

川渝地区在历史上经历多次外来移民潮，主要因政治、战乱、经济、文化等若干因素而起。政治、战乱如"湖广填四川"。川渝经历战乱、饥荒、瘟疫、虎患等灾难后人口锐减到"丁户稀若晨星"[1]的地步。为复苏川渝经济，明清时期政府用政策和经济双管齐下驱使湖南、湖北、广东为主的民众入川渝。"巴人控制的四川盐业曾是川、渝、鄂、湘、黔交会地区的支柱产业"[2]；川盐古道"是一条商业通道，也是该地区文化传播与建造技术传承的重要载体"[2]。产盐和运盐人群因生产生活需要催生了繁荣的聚落场镇。新建筑蔓延到盐道沿线的村落、集镇，外地建造技术随之落地生根[3]。

重庆带小天井式建筑主要集中于长江沿岸以及分布于支流上的盐运古镇、码头古镇一带，而在远离盐运码头的地区变得稀少。而小天井是皖南徽州（包括浙江一带）的建筑基本形制，说明小天井是外来建筑形式。抱厅随小天井"移民"至此。学者赵逵在《川盐古道上的传统聚落与建筑研究》[4]中认为，安徽、江西一带的小天井结构通过移民运动先到达两湖地区，为适应当地夏热潮湿气候特征形成"天斗"和"游亭"建筑形式（分别为湖北湖南地区称呼），最后随"湖广填四川"入渝。

2. 抱厅历史基因价值

重庆抱厅是"移民建筑"体征的表现，携带清末时期南方地区徽派建筑文化的显性基因。抱厅在适应重庆自然环境、居民生活习惯的过程中深受本地文化影响。同时，原派系中无功能性的建筑文化个性特征随时间流逝逐渐消失。今日的抱厅既保留移民基因的独特性，又早已携带渝式建筑的普适性。抱厅的历史基因价值不仅在于承载多样性文化内涵，更在于抱厅成为地域建筑文化变迁的见证者和重庆历史与文化记忆的传承者（图1）。

二、重庆抱厅建筑空间语汇与美学文化价值分析

1. 重庆抱厅空间语汇

重庆抱厅集中于具有天井特征的空间院落模式中。院落呈四合院式，形成完全围拢的空间。经当地地域环境和移民建筑技艺长期双重影响，形成了带抱厅形式的天井院落。另有少部分天井院坝则

图1 青瓦抱厅屋面[3]

---

[1] 重庆市社会科学规划项目（2023NDYB101）；重庆市高等教育教学改革研究一般项目资助（213346）；国家社科基金资助（23XSH002）。
[2] 彭丰，重庆科技大学，副教授。

单纯形成于本地，带抱厅形式较少。天井上加小青瓦屋盖的抱厅实现了现代建筑"天窗"功能的同时，增加了实际空间。抱厅的平面积受天井或院坝的开口面积制约，形成了两种较常规的抱厅空间的平面组合形式。一种是"人"字屋盖（图2），一般用于口径较小的天井。典型案例有重庆黔江区濯水古镇的龚家抱厅。龚家全木结构四合院修建于晚清，是迄今西南地区少见的一进一抱厅结构的古建筑。建筑最具特色的是在过厅上端建歇山式屋顶[5]，形成"人"字形抱厅。龚家抱厅属于"亭式抱厅"形制，也称"亭子空间"[6]。其空间特征是天井上的屋盖比周围屋檐略高，覆盖整个天井形成较紧密的双层空间。中间留出的空间达到采光与通风目的。

另一种抱厅形制称"廊式抱厅"，空间特点是在院内宽敞的天井坝部分上空覆坡屋面，用以连接前后厅堂。由于建筑体量较大，采用"工"字形屋盖（图2）。典型建筑代表如梁平区双桂堂抱厅，始建于清顺治十年（1653年），是一座具有典型巴渝特色集明清建筑艺术风格而成的佛教寺庙。双桂堂法堂、花厅和抱厅共同组成新空间，将两个殿堂连成完整的内空间布局，获得最大限度的使用面积，满足寺庙类公共建筑多功能需求[7]。

还有少数抱厅以敞厅形式出现在庭院堂屋或大门口，呈现"L"形平面组合样式（如第四部分案例永川松溉镇某民居厅堂）。

2. 重庆抱厅建筑美学价值

重庆抱厅美学价值体现在结构装饰和景观制造上。抱厅柱基、梁架、驼峰等处（图3）的表面经木雕、石雕或彩绘，呈现极高的艺术造诣和地域特色。木雕、石雕多用浮雕或圆雕形式，一般以生活场景为题材，线条流畅，形象生动，富有层次感和立体感。彩绘以简练的色彩和抽象的笔触为抱厅增亮添色，使整个空间更形神兼备。

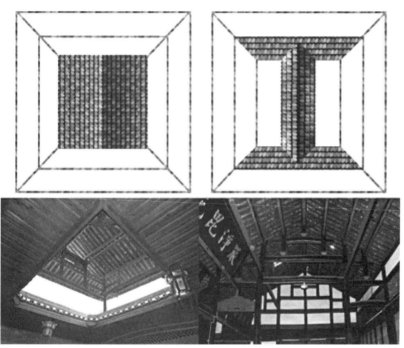

图2　黔江龚家抱厅，梁平双桂堂抱厅[7]

图3　抱厅梁架、驼峰、柱础石墩装饰[3]

图4　江津会龙庄抱厅基柱结构装饰[8]

具有代表性的抱厅柱基装饰如江津会龙庄（图4）。拥有"深山中紫荆城"名号的会龙庄建筑风格近似皇家宫殿。建筑气势恢宏，空间讲究，结构装饰具较强艺术特色。抱厅柱基使用土漆包裹的青石材料，雕刻精美，造型多样，包含了铜鼓、葫芦、几何体造型。石刻图案题材丰富、寓意美好。四幅石刻以"渔""樵""耕""读"为主题，代表中国传统农耕社会中的四业，寓意有余、健康、丰粮、出仕的美好愿景[8]。

"建筑不仅是生活场所，也是文化载体。[9]"抱厅为室内、外空间制造过渡性空间区域。当空间横向发展形成过廊或过厅时，结合当地气候特征就为居民提供了全新视角欣赏美学景象。潮湿雨天时，水滴落在檐口形成大小晶莹的水帘。雨声潺潺，雨滴打落在青石板路上，为室内增添了清新宁静，尽显灵趣生动。清晨有雾气进入抱厅则带来一份世外朦胧与神秘感，让人们体验到与自然和谐相处的美好。人们在此自由穿梭，享受自然光、自然风和自然景观的滋润。

三、抱厅的生态价值与经济潜力价值

1. 抱厅生态意识与设计智慧

重庆抱厅的生态意识主要体现在对光、水、风热环境的智慧设计中。

天井式抱厅具有调节建筑内部光环境的生态功能。白天天井口的自然光强烈，与室内昏暗形成强烈对比易产生眩光。抱厅覆盖于天井上，改光线为狭窄的光环并减少光线面积，天井口的自然光经折射后进入室内形成相对柔和的光环境，减少出现眩光[10]。根据内部空间对光照的不同需求，有的建筑会在抱厅屋顶增设亮瓦以增强采光效果（图5）。

抱厅具有维持建筑内部水环境的生态功能。重庆地区多雨，抱厅有效遮蔽入室的连绵细雨。带天井的屋顶多为悬山顶和歇山顶。雨量较大时，斜屋顶助雨水"快排"到檐口。可能出现的隐患是汇集檐口的雨水从高空落下形成大面积溅射。抱厅檐口普遍高于屋顶檐口，在低一层的屋顶上设置排水沟或者矮墙（图6），用于汇集从抱厅檐口落下的雨水，引流排至天井各角落[11]。另一种方法是沿天井地面四周一圈挖水沟连接地下暗沟。雨水经过抱厅和屋顶两次承托减缓流速，顺檐口落入地面水沟排入暗沟。此景象称为"四水归堂"，水寓意钱财，体现抱厅式天井的风水习俗[12]。

抱厅有强化室内降热通风的生态价值（图7）。抱厅减少天井地面日晒面积，降低天井内整体温度。在缺少自然风的情况下，白天经过日晒，天井的气温升高，热空气上升至高处扩散，室内较凉的空气受压力差推动流向天井。同时，从抱厅处进入凉爽的新鲜空气沿檐口底部顺流而下入室内，弥补已流走的空气空间，形成冷热交替的自然气流循环。夜晚则与白天进行反向循环。檐口越高，热压越强，气流进入深度越大，效果越明显[13]。

2. 抱厅的经济发展潜力价值

抱厅作为重庆传统村落中的特殊空间形态，具有丰富的旅游价值、产业链及投资回报。其自身蕴含的移民历史文化、建筑技艺装饰等基因为传统村落的旅游开发提供独特亮点，吸引游客参观体验。抱厅作为村落文化的载体，游客在此可以了解重庆传统家族的生活方式、社会礼仪及审美观念，通过参与其中感受中国传统建筑文化的魅力。

科学地活化、优化抱厅能带动相关产业链发展，主要有以下方向：

（1）抱厅作为特色民宿或文化体验中心，能提供住宿和体验服务，吸引游客停留消费。

（2）抱厅周边可发展餐饮、购物、娱乐等服务业，形成以抱厅为核心的旅游综合体。

（3）对抱厅的保护和利用能促进当地手工艺品、特色农产品等的销售，带动地方经济发展。

抱厅的投资回报主要有以下体现：

（1）直接经济效益，如门票收入、住宿和餐饮服务等。

（2）间接经济效益，如提升地区知名度、吸引外来更多类型的长期投资等。

社会效益，包括文化传承、环境保护等。通过合理规划和有效管理，抱厅的投资可带来长期的经济和社会效益。

四、抱厅在重庆传统村落中的遗产核心价值

除了看得见的建筑与景观，村落遗产同时需要解读地域性起居生活方式等内容，其中包含了重要的生产及生活智慧。"在客观的生产空间中，在时间轴上穿插了无数个节点留存并持续发展的各类交往、观念、活动，通过当地节庆、风俗、信仰得以实践。"[14]抱厅展现出最为根本的耕读传家的生活智慧与文化信仰，是需要深度演化、活化、优化的核心遗产。

1. 抱厅融合文化：多地区建筑技艺、居住文化的多维价值

重庆是我国移民最主要的目标地之一。在巴渝历史进程中，出现持续时间之长、移民数量之多、移民籍贯构成之复杂的移民运动。每次移民都伴随文化的移植或礼仪的传播，从而形成了由不同省籍组成、由移民占主导作用的大杂居社会。今天的巴渝地域文化实际上是由多文化相融进而长期"嫁接"与"杂交"形成的独特文化体系。抱厅形式充分反映了带有安徽、江西地区建筑形制与营建

图5 抱厅[13]

图6 江津石龙门抱厅引流雨水[11]

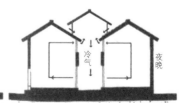

图7 带抱厅的天井气流循环示意图

技术的文化特征。它见证了皖赣入渝的移民历史，既是移民对故乡文化传统的留存与延续，也体现皖赣民系文化与重庆本地文化的相互重要影响[15]。抱厅形式以承载移民后代与原住生活起居功能兼容不同文化中的习俗、礼仪。这一物质资料证实了抱厅既是多地区建筑技艺融合的体现，更是多地区居住文化融合的外显。

2. 抱厅创造场域：空间转换叠加、复合行为功能的社交价值

同一地域中，建筑空间接受形态与规则的制约，源于适应当地自然环境、行为习惯逐渐稳定下来的形态结构。这类规则与市井文化有着紧密的关联。建筑形成的空间场域为居民的社交行为服务，成为家族交流和社会交往的精神场所。

同一个场所里，在不同时间让不同行为者产生不同的社交结果，可通过空间转换实现。大部分集中于复合空间院坝中的抱厅将室外转化为室内空间；开敞型转化为半开敞型空间。在建筑厅堂处的抱厅则模糊了室内外空间，并将室外街道延展进室内庭院（图8）。这些包含空间转换功能的抱厅场域推动着居民更复合的交叉互动行为，意味着在抱厅区域实现更多交往、相处、行事等市井活动，提升了血缘性人群与地域性人群的社交互动。频繁的社交活动加快了凝聚人群精神价值的迭代。

3. 抱厅传递信仰：自然天人合一、绿色生活智慧的意识价值

抱厅作为一种传统建筑形式，同时传递着信仰价值。它强调人与自然和谐共生，引导人们在日常生活中尊重自然、顺应自然规律。此理念在抱厅的结构设计、材料选择和使用方式等方面得以充分体现。抱厅传递的信仰价值不仅体现在其物理空间上，更通过人们的互动和交流形成意识形态，影响着每个人的思想和行为。在"天人合一"的信仰下，抱厅作为人与自然的物理空间连接点，促使人们反思与自然的关系，引导人们采取更为绿色、环保的方式生活。这种意识形态鼓励人们在日常生活中实践绿色生活，重视资源的节约利用、环境的保护与修复，以及对生态平衡的维护。

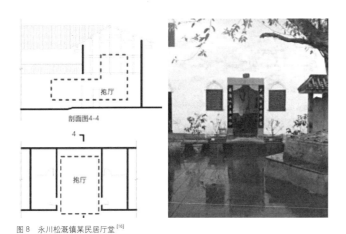

图8　永川松溉镇某民居厅堂[16]

五、结语

本文深入探讨了重庆传统村落抱厅的遗产价值，进行历史、文化、建筑、美学、生态、经济等多维分析，挖掘抱厅深藏于重庆传统村落中的三个核心遗产价值：①抱厅融合着多地区建筑技艺、居住文化的多维价值；②在抱厅创建的场域中，因空间转换叠加，引发人们实现复合市井行为的社交价值；③抱厅传递着自然天人合一、绿色生活智慧的信仰价值。抱厅不仅是兼容历史和文化的载体，也是创造生态智慧和经济发展的场域，更是传递社区精神和信仰的媒介。经过深入研究，挖掘出抱厅由表及里的遗产价值，为进一步探索重庆传统村落遗产演化活化优化工作提供了理论上的科学依据及指导。让抱厅成为连接历史与当下、传承与创新的坚实桥梁，在激发地域性文化自信觉醒意识、促进西部地区经济、社会可持续大开发中发挥强有力的价值作用。

参考文献：

[1] 黄廷桂, 修. 张晋生, 等, 纂. 四川通志[M]. 成都：巴蜀书社, 1984.
[2] 赵逵. 张钰, 杨雪松. 川盐古道上的传统聚落研究[C]// 西安建筑科技大学, 中国民族建筑研究会民居建筑专业委员会. 第十五届中国民居学术会议论文集. 华中科技大学建筑与城市规划学院, 2007.
[3] 何智亚. 重庆古镇[M]. 重庆：重庆出版社, 2002.
[4] 赵逵. 川盐古道上的传统聚落与建筑研究[D]. 武汉：华中科技大学, 2007.
[5] 陈彤. 遇见濯水[M]. 成都：西南交通大学出版社, 2017.
[6] 徐辉. 巴蜀传统民居院落空间特色研究[D]. 重庆：重庆大学, 2012.
[7] 曾智静. 巴蜀明清木构建筑空间组合技术研究[D]. 重庆：重庆大学.
[8] 李岑枫. 重庆市江津区传统村落景观地方性知识图谱与形成机制研究[D]. 武汉：华中农业大学, 2023.
[9] 龙彬, 路斯奥. 巴渝地域特色传统民居的建筑美学探究[J]. 建筑与文化, 2022.
[10] 翟逸波. 重庆地区传统民居光环境优化设计策略研究[D]. 重庆：重庆大学, 2014.
[11] 江攀. 口述史方法在风土建筑研究中的作用——以访谈重庆江津陈宅后人陈洪佑为例[J]. 新建筑, 2022.
[12] 何智亚. 重庆民居[M]. 重庆：重庆出版社, 2014.
[13] 李超竑. 重庆地区传统天井建筑初探[D]. 重庆：重庆大学, 2004.
[14] 杜晓帆. 从历史走向未来——乡村遗产核心价值研究[C]// 清华大学建筑学院, 中国扶贫基金会, 北京绿十字, 如程 & 借宿, 寒舍（北京）旅游投资管理有限公司. 在路上：乡村复兴论坛文集（四）·永泰大埔卷. 复旦大学国土与文化资源研究中心；中国文物保护技术协会, 2019.
[15] 范银典. 明清巴渝地区宗族祠堂建筑特色研究[D]. 重庆：重庆大学, 2016.
[16] 刘轩. 川渝古道传统民居街、院、室的空间转换营建方式研究[D]. 西安：西安建筑科技大学, 2019.

呼包地区召庙建筑色彩构成量化研究[1]

刘雪菲[2]　孙丽平[3]

摘　要：随着我国对历史建筑保护的加强，建筑色彩环境作为其风貌特征中的重要部分也受到了进一步的关注。以内蒙古自治区呼包地区的藏传佛教历史建筑为研究对象，运用实地调研、色卡对比结合立面构成分析的手段构建部分典型建筑的色彩图谱并对其进行分析。结果表明，该类建筑的主体色、辅助色、点缀色在色相、饱和度、明度的分布上具有一定的规律。同时为呼包地区塑造良好的历史风貌和当地建筑遗产保护及再生转译提供色彩参考。

关键词：建筑色彩　宗教建筑　色彩构成　量化研究　呼包地区

一、研究背景与意义

2024年2月，住房城乡和建设部办公厅、国家发展和改革委员会办公厅印发《历史文化名城和街区等保护提升项目建设指南（试行）》通知，提出了要基于历史风貌特征，保护和延续整体历史风貌的发展要求。建筑色彩作为历史风貌特征中的重要部分，不仅能够直观地展现出建筑风格和特质，甚至可以反映当地的历史与人文情况。而内蒙古自治区作为一个多民族多宗教融合的区域，其宗教建筑形式丰富多彩，是当地传统历史风貌中重要的组成部分。因此，对此类建筑的色彩风貌进行采集及定量研究，总结归纳出建筑的色彩特征及构成情况，可以为后续建筑色彩管控提供指导，为宗教建筑的更新保护和现代转译提供资料与数据，有助于地域性风貌的传承与发展。

二、相关研究进展综述

我国对城乡建筑色彩的研究起步相对较晚，相比之下，西方国家及日本等在19世纪中期已经开始了研究，奠定了理论基础，并且许多城市已经实施了定制的城市色彩规划条例。

我国近年来也逐渐开始重视城乡建设中的色彩把控工作。其中关于城市建筑色彩的研究开始较早、较多，目前关于传统村落和建筑色彩的研究也逐渐被学者所注意，但仍较少且不够全面。对建筑色彩的研究，基本分为三个方面：①色谱构建：对某一区域或某类建筑进行色彩图谱的构建，总结归纳出建筑中主体色、辅助色、点缀色的色彩特征及构成情况[1]；②色彩整治：通过问卷调查、公共评价、色彩心理学等手段对某地的色彩景观提出优化建议和色彩推荐[2]；③量化处理：以新的手段和方法提出更适宜的色彩量化计测方式，如k均值聚类算法、色彩语义本体体系构建、全景合成结合图像分析等[3][4]。

可以发现，目前我国对于建筑色彩的研究，主要集中于对城市内部和传统村落进行色谱的构建，对宗教建筑色彩的量化研究较少。并且此类研究具有明显的区域差异性，主要集中在我国东部、东南部地区的苏、闽、粤、浙，以及北京、西藏等地，其他省份相对较少。针对内蒙古地区和对宗教建筑的色彩研究更是少之又少。

三、研究对象及数据来源

1. 呼包地区召庙建筑概况

内蒙古自治区位于我国北部边疆，地域东西狭长，北与蒙古、俄罗斯接壤，南与国内多个省市相邻，加之历史上发生过多次迁徙移民，因此成为民族和文化交融的区域。目前，内蒙古自治区内人口由汉族、蒙古族、回族、满族、鄂温克族等民族共同构成。内蒙古自治区内主流宗教信仰包括藏传佛教、汉传佛教、道教、基督教、伊斯兰教等。其中，召庙建筑在传播与发展中形成了鲜明的地域特点，沉积为独特的文化遗产。而呼包地区作为内蒙古自治区长久以来的政治、经济中心，是具有代表性的区域。从中选取较为典型的建筑，可以较好地揭示内蒙古召庙建筑的色彩规律。

2. 色彩量化研究

（1）色彩取样与调研

呼包地区内的历史宗教建筑资源十分丰富。但随着城市的发展和建设，其中许多建筑原有的色彩风貌已遭到破坏，其立面色彩随着建筑的更新与维护，已经失去了原始的韵味和传统特色。因此，需要选取其中传统色彩风貌保存较为完整、具有一定代表性的建筑作为典型来进行研究（表1）。

（2）取色方法

在实地调研中，主要使用色卡目测法收集数据（图1）。选取晴天10：00~16：00时间段进行测量，收集色彩数据（图2）。以CBCC中国建筑色卡为标准，通过目视对比，得出与实际色彩最相近的建筑色号进行记录。对建筑的墙体、墙基、门窗等位置使用彩谱DS-200分光色差仪测得立面材质的Lab数据值，每种材质随机选取8个位置测得平均值，与CBCC色卡对比得出色差最小的颜色。同时使用数码相机对建筑主要立面图像进行拍摄，拍摄前通过白卡调整白平衡，使得摄影图像尽可能减少与实际视觉色彩的色差。后期对照片使用软件进行分析，可用于补充数据和查看颜色占比。

---

[1] 基金项目：内蒙古自治区哲学社会科学规划项目（2022NDC247），内蒙古自治区直属高校基本科研业务费项目（2024YXXS051）。
[2] 刘雪菲，内蒙古科技大学建筑与艺术设计学院，硕士研究生。
[3] 孙丽平，内蒙古科技大学建筑与艺术设计学院，副教授。

召庙建筑色彩风貌现状概况　　　　表1

地区	地点	建设时间	建筑风格	色彩风貌保存情况
包头	五当召	1749年	藏式	良好
	美岱召	1572年	汉式为主	良好
	昆都仑召	1729年	汉藏结合	良好
	梅日更召	1677年	汉藏结合	一般
	百灵庙	1702年	汉式为主	较差
	希拉木仁庙	1769年	汉藏结合	较差
呼和浩特	大召寺	1579年	汉藏结合	良好
	五塔寺	1727年	汉式为主	良好
	席力图召	1585年	汉藏结合	良好
	乌素图召	1567年	汉藏结合	一般
	喇嘛洞召	1615年	汉藏结合	较差

图1　色卡目测对比　　　　图2　测量工具与仪器

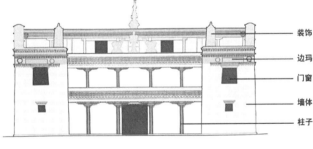
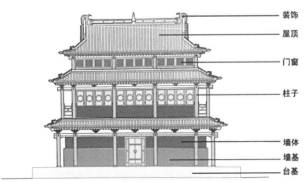

图3　建筑立面构成分区图（来源：根据《内蒙古召庙建筑》改绘）

（3）色彩量化依据

在色彩量化归纳的过程中，考虑到照片透视及角度对色彩面积的影响，以及相机拍摄带来的光影和颜色色差问题，难以完全依赖软件分析来查看色彩比例。因此，需要靠测量各种材质的基本颜色，以及建筑中某种材质或部位的占比来量化建筑色谱。通过对该地区召庙建筑类型的总结，按照设计风格基本可以分为三类，即汉式、藏式及汉藏结合式的建筑风格。在三种建筑类型中，分别选择多个典型的建筑立面样式，对主要构成部件在立面上的面积占比进行分析，来总结三种建筑类型的立面比例规律。通常来讲，每座建筑中的一种部件都使用同一种颜色或材质来进行装饰，因此通过各类部件在立面中的面积占比，即可得出该建筑立面的颜色占比。通过分区主导的方式形成对色彩面积的参考，得到较为准确的建筑色谱[5]。

四、呼包地区宗教建筑色彩图谱构建及分析

1. 立面构成占比分析

在每类建筑风格中各选择四座典型建筑立面，并将立面构件分为屋顶、墙体、墙基/台基、边玛、门窗、柱子、斗栱/彩画、屋顶装饰八类（图3）。分别计算每座建筑的立面构成占比，取平均值，得到该类建筑中各立面构成所占比例，为之后的色彩提取作参考（表2）。以往的分析中，主体色、辅助色、点缀色比例常为75%以上、25%~75%和5%以下，但并不符合建筑立面构成的规律。中国传统建筑中，即使是最大的立面构成部分也基本不会超过面积的50%。综合考虑，以占比20%以上的为主体色，5%~20%的为辅助色，5%以下的为点缀色，较为适宜。

通过分析可得出：呼包地区召庙建筑中，汉式风格建筑遵循传统的官式建筑三段式立面构成，屋顶面积占比较大，约45%，其次是门窗的面积，占26%，墙基/台基、斗栱/彩画所占比例分别为10%、8%，墙体和柱子均为5%左右，屋顶装饰的比例最小，为1%。因此，其主体色主要来自建筑屋顶和门窗材质的颜色，辅助色主要来自墙基/台基、柱子、墙体；而斗栱/彩画所占面积虽较大，但其通常由多种颜色构成，并且属于装饰性质，因此将其与屋顶装饰同归于点缀色彩中。

藏式建筑则是碉楼式的形态，墙体和边玛面积占有绝对的比例，分别为40%和26%，其次是门窗和檐下彩画，占比分别为15%和11%，最后是装饰、柱子和台基，占比为4%、2%和2%。因此其主体色来自墙体和边玛颜色；辅助色来自门窗的颜色，点缀色来自彩画、装饰、柱子、台基的色彩。

汉藏结合式建筑是混合了官式屋顶和藏式的外墙，屋顶和墙体占比最大，分别为30%和23%，其次是门窗、斗栱/彩画、台基和边玛，分别占12%、11%、9%和7%，柱子和装饰占比最小，为4%和3%。因此其主体色来源于屋顶和墙面，辅助色来源于门窗、台基和边玛墙，点缀色来源于彩画、柱子和装饰。

2. 色彩构成及规律分析

在立面构成分析的基础上，根据实地的调研测量得到色彩数据，形成呼包地区部分典型召庙建筑的色彩图谱（表3）。

将所有调研的建筑色彩进行总结分析，可得出呼包地区召庙建筑色彩构成规律（图4~图6）：①建筑主体色，色相主要集中在0°~40°，即为R（红色系）、YR（黄红色系）之间，少部分

呼包地区召庙建筑立面构成比例分析　　　表2

建筑情况			立面构成面积占比（%）						
风格	建筑名称	立面线稿	墙体	屋顶	墙基/台基	边玛	门窗	柱子	斗栱/彩画	装饰
汉式	大召山门		0	47.1	9.7	0	22.0	6.2	13.2	0.8
	大召菩提过殿		8.5	44.5	14	0	20.5	2.6	6.6	3.2
	大召密集佛殿		0	42.9	7.5	0	38.6	6.0	4.4	0.5
	席力图召天王殿		9.7	46.3	6.6	0	23.1	5.3	7.9	1.1
	平均值		4.6	45.2	9.5	0.0	26.1	5.0	8.0	1.4
藏式	关岱召乃琼庙		31.7	0	0	17.7	35.5	0.0	15.1	0
	五当召大雄宝殿		42.5	0	0	31.9	12.9	2.4	7.2	3.1
	五当召显宗殿		45.9	0	0	21.4	6.1	2.9	16.2	7.5
	昆都仑召大雄宝殿		38.1	0	7	34.7	5.5	2.4	6.4	6
	平均值		39.6	0	1.8	26.4	15	1.9	11.9	4.2
汉藏结合式	昆都仑召小黄庙		33.1	23.6	10.1	16.7	8.9	1.0	5.3	1.4
	大召乃春庙		21.8	34.4	6.4	2.1	14.2	4.8	12.6	3.8
	席力图召大雄宝殿		11.7	23.5	20.1	4.2	16.2	5.2	14.2	4.9
	美岱召大雄宝殿		26.5	41.8	0	4.8	10.3	3.7	12.3	0.5
	平均值		23.3	30.8	9.2	7.0	12.4	3.7	11.1	2.7

呼包地区召庙建筑色彩图谱　　　表3

（表格内容：建筑风格、殿名及立面图像、主色调、辅助色、点缀色，包含色样、CBCC色号、H、S、V值）

分散于GY（绿黄色系）、G（绿色系）和B（蓝色系）之间，而这种情况主要出现在汉藏结合式的建筑中。整体饱和度主要集中在0%~20%，属于低饱和度区域。明度值主要集中在40%~90%，属于中高明度区域。②辅助色，色相主要集中在0°~15°，即为R（红色系）范围内，而少部分出现在GY（绿黄色系）和PB（蓝紫色系），分别是汉式建筑和藏式建筑的特征。其饱和度主要集中在0%~10%和30%~50%，属于中低饱和度区域。其明度值主要集中在30%~60%，为中明度区域。③点缀色，色相主要集中在30°~47°、130°~160°和206°~225°，即为YR（黄红色系）、GY（绿黄色系）、G（绿色系）和B（蓝色系）范围内，且三类建筑差别不大。其饱和度主要集中在40%~70%，属于中高饱和度区域。其明度值主要集中在40%~70%和80%~100%范围内，为中高明度区域。

对呼包地区传统宗教建筑色彩分析结果进行总结归纳后，可以得知，整个召庙建筑有着较为和谐清晰的色彩体系。建筑的主体色和辅助色色系较为统一，属于同类色，且饱和度低，明度中等，使建筑整体看起来更加柔和协调、沉稳庄重。而点缀色的色系反差较强，属于对比色，且饱和度偏高，明度偏高，使得建筑的细节装饰更加热烈活泼、光彩夺目。整体色彩搭配浓淡相宜，恰到好处。

3. 色彩影响因素

（1）建筑材料

呼包地区召庙建筑的三种风格各有其常用的立面材质，所以呈现了不同的建筑色彩。汉式建筑整体为灰色、红色、金色，是因为使用青石砖、刷红漆的木头和琉璃瓦。藏式建筑常用的白、红、黄三色，也与材质有关。白墙或黄墙是使用牛奶、蜂蜜、土等搅拌形成一种特殊涂料刷到墙面形成的，红色边玛墙，是使用边玛草堆扎，再涂以红色涂料形成的。汉藏结合式的建筑，则会使用一种琉璃砖面，因此会出现青蓝色。

（2）宗教崇拜

藏式建筑，追求单一纯净的主体颜色，墙面整体颜色为大面积的白灰色或黄色，是神圣、朴素、圣洁的象征。辅以少部分深红色边玛，是力量和敬畏感情的象征。以金色装饰等点缀，例如胜利幢、十相自在图、法轮、神鹿的装饰，来代表神权和繁盛。彩画装

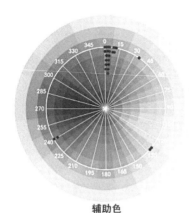
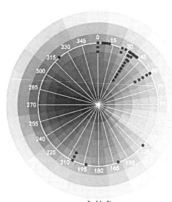
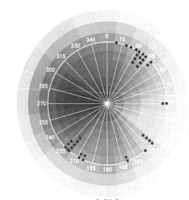

图 4　呼包地区召庙建筑色彩色相分布图

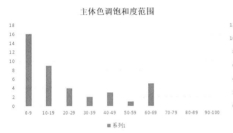

图 5　呼包地区召庙建筑色彩饱和度分布图

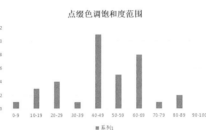

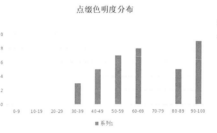

图 6　呼包地区召庙建筑色彩明度分布图

饰中常用红、黄、蓝、绿四色中各深浅两种，这四种颜色分别代表神灵、大地、天空和河水。而汉式建筑中彩画多有形制规定，如旋子彩画、和玺彩画，颜色较为固定。

五、结语

呼包地区丰富的召庙建筑遗产，是人类文明历史上的无价瑰宝。它的建筑色彩承载了该地区独特的历史文化。本文分析并总结了呼包地区召庙建筑色彩的地域性特征，以期在今后的城市建设与发展之中，为该地区新的宗教建筑设计工作以及旅游资源开发设计提供参考和帮助。

参考文献：

[1] 栗晓晶，贾思怡. 传统村落民居色彩研究[J]. 中外建筑，2021，(2)：225-229.

[2] 朱晓玥，张华荣，兰思仁，等. 基于量化分析和公众感知的传统村落色彩景观优化研究——以闽南蟳埔为例[J]. 华中师范大学学报(自然科学版)，2020，54(1)：50-59.

[3] 成庚，李早，夏舒婷，等. 基于地域性视角的徽州传统村落色彩研究[J]. 建筑学报，2023，(S1)：142-149.

[4] 王德才，缪俊杰. 徽州宏村建筑色彩秩序特征研究——以月沼区域为例[J]. 南方建筑，2023，(6)：76-85.

[5] 黄茜，刘可怡，何怡，等. 古建筑保护中色彩采集方法及流程设计的应用研究——以岳麓书院为例[J]. 家具与室内装饰，2024，31(2)：116-121.

广东省近现代粮仓建筑与再利用模式的研究

谢 捷[1] 王国光[2]

摘 要：粮仓见证了我国粮食分配收储方式的演变，是我国农业文化遗产的重要组成部分。本文以广东省近现代粮仓为研究对象，梳理其发展脉络、基本信息与分布情况，归纳出筒仓和房式仓两种主要建筑类型及其建筑形态标志性、建筑立面封闭性和建筑群布局丰富性等特征。结合调查样本，总结各类粮仓建筑的再利用现状问题，并提出功能置换、立面更新和空间拓展三类再利用模式。本研究拓展了粮仓类型的再利用模式，对未来的保护与再利用具有积极意义。

关键词：粮仓建筑 筒仓 房式仓 再利用

新中国成立后的计划经济时期修建了大量粮仓，这些近现代粮仓见证了社会经济发展和农业文化演进，具有重要的历史文化价值。20世纪90年代以来，城市化加速，许多历史粮仓被废弃或拆除，但其标志性建筑形态和丰富布局具备再利用潜力。当前学界对大型粮仓，尤其是城市地区立筒仓的功能转型、结构改造和立面修复已有成熟探讨。[1-4]但对多位于乡镇地区的小体量近现代粮仓，其建筑类型及其再利用的研究相对缺乏，缺少适应性再利用的方法支撑。在地域历史文化遗产的保护与传承框架下，考虑到这类粮仓数量多、体量小、保护要求和文化风貌各不相同，应将其中具有代表性的粮仓建筑作为文化遗产的重要组成部分[5]。如何有效保护并适应性改造再利用近现代粮仓，是当前研究的重点。本文以广东省近现代（清末至新中国成立后）录入历史建筑名录的粮仓为调研样本，进行初步调研，并结合具体案例探讨再利用模式，以期为近现代粮仓作为地方建筑文化遗产的传承与可持续发展提供策略和参考。

一、广东省近现代粮仓概况与调研分析

1. 广东省近现代粮仓发展概况

中国古代的粮食仓储系统历史悠久，从周代开始就已存在。清代在广东的粮食仓储，既有常平仓，也推行社仓、义仓和营仓。官办的常平仓，在清初普遍推行，清中后期，由于社会动荡，自然灾害多发，再加上吏治腐败，粮仓监督和管理体制没有发挥良好作用，粮仓体系受损严重[6]。民国十九年（1930年），国民政府颁发各地仓储管理规则，将仓制分为县仓、市仓、区仓、乡仓、镇仓、义仓6种[7]。

新中国成立以后国家实行统购统销政策对粮仓需求量大幅增加，建设了大量的粮仓。广东省各类粮仓兴起的顺序与全国各地的兴起的顺序大致一致，为"20世纪40年代：民房、祠庙、简易仓；50年代：苏式仓；60年代：土圆仓、地下仓；70年代：式仓、地下仓；80年代后：高大平房仓、立筒仓、钢板仓等"五个阶段[8]。2006年全面取消农业税，老旧粮仓建筑作为过去农业税制度下的重要设施逐渐被淘汰，同时随着农业现代化的推进和大量设施完备的现代化粮仓的新建，根据2016年《国有粮油仓储物流设施保护办法》："粮油仓储物流设施超过设计使用年限且不具有维修改造价值的，粮油仓储单位应当按照有关规定予以报废处置"[9]，至此广东省许多旧粮仓建筑逐渐被废弃闲置甚至被拆除。

2. 广东省粮仓建筑遗产样本收集及概况

研究根据各级政府公文，收集整理广东省截止到2024年作为不可移动文物及以上保护级别的近现代粮仓建筑，等级划分包括（全国重点、省级、市县区级）文物保护单位、（国家级、省级、市县区级）不可移动文物[5]、市县区级历史建筑、广东省最新历史建筑名录共计7个等级，其余尚未列为保护等级的粮仓案例暂不收纳。研究调查筛选出广东省粮仓建筑样本共44个，整理了"广东省近现代粮仓建筑遗产名录"并据此进行初步的信息收集与调研。通过ArcGIS绘制的广东省近现代粮仓建筑遗产案例样本在该地区的整体空间分布呈现出以下分布规律：①按粮食产销区分布；②沿江河与重要铁路分布；③乡镇地区粮仓建筑遗产数量更多。

3. 广东粮仓建筑分类

调查样本中，按建筑单体建筑形式，广东省近现代粮仓建筑主要划分为：平面大致为方形的房式仓、平面类型为圆形的筒仓两类。

（1）房式仓

房式仓包括平房仓和楼房仓。平房仓是我国最早建造、总容量最大的一类仓型，特征为单层、矩形平面，砖石砌体仓壁，框架结构和大跨度屋架，多为双坡屋面。广东省保存的平房仓按屋顶形式分为平顶仓、拱型仓、五一式敖仓等，平面多为矩形，结构多为框架或大跨度门式框架，少数为砖或混凝土拱架，屋顶多为砖瓦。楼房仓多见于城市，有多层，分层储存，增加仓容。

（2）筒仓

广东省现有的筒仓类型主要分为三种：立筒仓、砖石圆仓和土圆仓。立筒仓由几个或几十个高耸的立筒排列成组，配合工作塔使用，多见于城市地区，机械化自动化程度高，乡镇较少。砖石圆仓是最常见的类型，用预制板或现浇水泥板作仓壁，仓筒内径6~8m，屋顶为砖拱或木构拱架，设有连接的辅助建筑。土圆仓由草和黏土建造，但由于广东地区高温多雨，这类仓库多因稻草发霉倒塌，并未广泛运用。

---

[1] 谢捷，华南理工大学建筑学院。
[2] 王国光，华南理工大学建筑学院，教授、博士生导师。

4. 广东省粮仓建筑特征与现状

国内粮仓建筑改造起步较晚，城市地区始于2005年，宁波太丰面粉厂改造为书城，乡镇地区始于2016年，贵州黎平县茅贡粮库改造。广东省乡镇粮仓改造自2019年增多，如深圳大鹏所城粮仓改造（2019年）。此前，改造集中在城市地区，如广州第二仓库改为创意园，韶关龙归粮所改为展览建筑（2020年），惠州东坡亭粮仓旧址变为文化创意产业园，云浮梁家庄园粮仓改为研学基地（2024年）。部分粮仓仍保留仓储功能，如东莞石排镇粮仓。目前多数粮仓处于废弃状态，需重视维护以延长寿命，适应人居环境空间要求。基于案例调查，广东省粮仓建筑得到了良好的保护，呈现以下特征：

（1）功能导向的建筑形体标志性

除了少数城市地区的立筒仓和楼房仓高度超过10m，调研样本中的大部分粮仓建筑为单层小尺度建筑。但无论筒仓还是房式仓，均已成为区域显著标志（表1）。筒仓建筑以多样化形态著称，高耸的仓房展现浓厚的工业特色，具有显著的视觉引导作用。房式仓多为规整矩形平面，屋顶形式随太阳照射变化而适应广东地区特点，特别在乡镇地区，其独特造型与周边建筑区别开来，具有明显区域标志性。

尽管粮仓建筑在形态上具有显著性，但随着时间推移和功能需求变化，仓储功能衰退后，由于其独特的建筑形态和内部空间结构，这些粮仓难以适应新的功能需求，现有建筑形态难以功能转型为其他功能建筑，面临被空置拆除的命运。

（2）建筑立面的整体封闭性

无论是房式仓还是筒仓，其立面设计都强调对内部空间的保护和外部干扰的屏蔽，确保内部环境稳定和粮食存储安全，因此建筑立面整体呈现封闭性（表2）。房式仓空间大而完整，平面多为长开间大进深的矩形，动线明确，楼房仓的垂直交通设置于建筑旁侧，多数平房仓无垂直交通空间。房式仓立面除出入口外，少量高侧窗用于通风，无大面积窗户。立筒仓因仓储需求大，仓壁承压重，其立面设计封闭，以确保结构稳定性和耐久性，仓筒壁上无多余开窗，整体呈规律封闭状态。砖石圆仓储量有限，仓筒离地约3m处设有多个通风窗。

这种封闭性也带来了改造问题，当前粮仓建筑的改造多采用保护性修复，即"修旧如旧"，主要集中于墙体结构的加固与修复。尽管这维护了建筑的历史风貌，但立面布局的封闭性未得到改善，导致改造后使用功能受限。封闭性改造手段虽然保持了建筑完整性，却不利于现代建筑对采光和通风的需求。开放、通透的立面促进室内外视觉交流，增加互动性和吸引力，而封闭的立面难以吸引人群驻留，无法与周边环境互动，界面活力下降。

（3）粮仓建筑群的布局丰富性

目前调查的广东省样本中，除了城市地区少有立筒仓等储量大的大型粮仓建筑，如广州南方面粉厂旧仓库，单独的建筑单体存在有深圳坪山镇粮食管理所粮仓、深圳石岩粮仓等，其余调查样本中粮仓建筑常以粮仓建筑群存在，广东省地区较常见的组合型粮仓多由房式仓与立筒仓原型组合。根据调查样本，广东省粮仓建筑群可大致分为棋盘式、房式仓及筒仓组合式，其中组合式又根据布局房式大体分为组团式、围合式、半围合（表3）。这与粮仓建筑所服务的范围，计划经济时代所设立的粮站规模有关。

但现有粮仓建筑群的空间整体整合性不足，缺少空间连续性。近现代的粮仓建筑单体在传统设计中往往独立承担生产职能，导致建筑界面封闭，缺乏与周边环境的有效连接。这种设计使得单体之间空间布局不连贯，难以满足现代城市对建筑多功能性的需求，特别是限制了建筑群在商业、文化及社区活动等现代功能上的适应性和灵活性。

二、广东省粮仓建筑保护再利用模式探究

1. 功能置换：激发新需求

在调查的广东省粮仓建筑实际改造案例中，大部分仍专注于保护修复粮仓建筑本身，而对于它们的改造再利用保护却相对较少。尽管许多粮仓建筑被列为保护单位或历史建筑名录，但仍有不少处于空置状态。研究整理了2013~2023年的实际案例，这些建筑作为特殊历史时期的代表，已经从单一的粮食仓储功能转变为适应新模式和新功能的载体，因而带来了新的需求和活力，最终总结了粮仓建筑的保护再利用模式。

①博览建筑模式：东莞的"广东人民抗日游击队第三大队粮食加工场旧址"改为"广东人民抗日游击队第三大队粮食加工场旧址陈列馆"，为全国重点文物保护单位。②创意产业园模式：深圳蛇口大成面粉厂筒仓变身为深港双年展会场，韶关市龙归粮所房式仓

筒仓、房式仓建筑形态　　　　　　　　　　　　　　　　　　　　　　　　　　　　　　　　　　　　表1

	筒仓			房式仓库				
	立筒仓	土圆仓	砖石圆仓	五一式敞仓	平顶仓	联合式仓库	拱形仓	楼房仓
空间形态								
特征	高耸仓筒具有很强烈的视觉冲击和标志性	平面单一完整的向心性空间	筒仓之间有辅助空间，非向心性的连续圆形空间	顶部有百叶窗式骑楼	平面屋顶有一定秩序性	连续折板状屋顶	屋顶连续起拱，内部空间丰富	多层大空间竖向分布
平面类型	规律型	向心型	连接型	单一型		组合型		折叠型

立面形式分类

表2

房式仓立面	立筒仓立面	砖石圆仓立面

广东省粮仓建筑群布局类型

表3

分类	棋盘式		房式仓及筒仓组合式		
			组团式	围合式	半围合式
平面形式					
特征	各流线之间互不干扰、清晰明确，而由于建筑形态较为统一以及分布较为集中，一般同为房式仓或同为筒仓类型		各建筑在空间分布上分散地分布在场地内，但总体上呈现出明显轮廓，以组团的方式存在	在空间分布上较为集中，呈现较明显的半围合形式	在空间分布上较为集中，呈现较明显的半围合形式，一般临开放的界面靠江河
案例	广东省粮油储运公司第二仓库	广东省中山市民众镇海口粮仓	广东省韶关市龙归粮所	广东省东莞市沙田粮所	广东省东莞市石排粮仓

图1 广州市良仓新造创意园

图2 北京首钢西十筒仓立面

和砖石圆仓改为党群活动中心和展览中心，大塘粮仓改为小镇会客厅。③办公建筑模式：广州凤凰仓以钢结构重建为积优创意社区；广州狮子国际幼儿园通过重新划分500m²的房式仓空间，创造了序列空间。④小型商业设施模式：江门市开平市天下粮仓六个砖石圆仓改为先锋书店。

2. 立面更新：打破封闭立面

（1）房式仓的立面更新

广东房式仓的立面更新主要包括修复性改造和历史延续性改造。修复性改造是指在更新过程中对原有结构进行维护和加固，替换门窗等构件，力求保留原有建筑风貌。例如，深圳大鹏所城粮仓通过修旧如旧的原则修复受损的外墙，保持了历史建筑的整体风貌。历史延续性改造在修复的基础上，根据实际功能进行整体或局部的更新，采用灵活多变的改造手法，强调新旧对比。例如，广州市良仓新造创意园（图1）内的房式仓保留修复部分原有建筑立面，并用红砖作为饰面，与新材料形成鲜明对比。

（2）筒仓的立面更新

对于筒仓，筒仓的立面更多承担着结构的功能，对其进行改造的方式有限，故而对于筒仓的立面更新在更大程度决定于筒仓表皮置换，其表皮置换可以分为原态化表皮、涂鸦化表皮、自然化表皮、异质化表皮、格构化表皮、点阵构成化表皮、媒体化表皮、多元组合化表皮。[3] 例如北京首钢西十筒仓立面（图2），在立筒仓封闭、密实的外墙面上开设孔洞、点，形成点阵排列的表皮。

3. 空间拓展：串联场地功能

粮仓建筑群的改造需要重视单体间的连接性，通过创新设计

粮仓建筑群周边外向拓展类型　　表4

改造模式	有机连续型拓展	围合型外向延拓	并列串联型拓展
改造示意图			
适合类型	组团式、围合式、半围合式	棋盘式、组团式	棋盘式、组团式
案例	韶关市龙归粮所	广州聚龙湾城市客厅	韶关市先锋天下粮仓书店

策略，如增加连通空间、优化流线布局等，以提升空间连贯性，增强建筑群的整体功能性和城市活力。粮仓建筑群周边外向拓展（表4）可分为"有机连续型拓展""围合型外向延拓"和"并列串联型拓展"三类。有机连续型拓展，指对原有形体向外部进行有机连续拓展，韶关市龙归粮所适度衍生旧有粮仓建筑增设新建筑用以界定总体空间关系；围合形外向拓展，对粮仓建筑形体整体或者局部进行围合形成一个有机整体，广州市聚龙湾城市客厅通过在三栋独立的房式仓上加盖顶棚来形成连贯的使用逻辑与空间场域；并列串联型拓展，指拓展空间与现有形体并列进行拓展，韶关市先锋天下粮仓书店，在五个筒仓的一侧通过加建廊道使得彼此相互连通，流线得到串联。

三、结语

近现代粮仓建筑作为特殊历史时期的产物，功能从最初的粮食储备逐渐演变为多元化用途，其再利用模式也日益多样。本文总结了广东省粮仓建筑的发展历程，见证了我国粮食分配和储备方式的演变，凸显了其作为农业文化遗产重要组成部分的价值。为避免这些具有特殊历史文化价值的建筑在城镇化进程中被忽视，研究梳理了广东省近现代粮仓的基本信息与分布情况，并结合典型案例，总结了保护与再利用的对策和思路。然而，目前乡镇地区粮仓类建筑的改造实践较少，主要集中在城市地区。乡镇地区拥有更多的粮仓建筑遗产，因此未来需要加大保护和再利用力度，并在后续研究中进一步深化这一问题的探讨。

参考文献：

[1] MEGAN K. The adaptive reuse of grain elevators into housing: how policy and perspectives affect the conversion process and impact downtown revitalization[D]. Waterloo: University of Waterloo, 2013.
[2] GIULIAN F, FALCO D A, LANDI S, et al. Reusing grain silos from the 1930s in Italy: A multi-criteria decision analysis for the case of Arezzo[J]. Journal of Cultural Heritage, 2018, 29.
[3] 刘抚英, 王旭彤, 贺晨浩, 等. 立筒仓保护与再利用对策研究[J]. 工业建筑, 2018, 48 (2): 192-199.
[4] 刘抚英. 工业遗产保护——筒仓活化与再生[M]. 北京: 中国建筑工业出版社, 2017.
[5] 刘抚英, 马叶馨, 王旭彤, 等. 杭嘉湖地区近现代粮仓建筑遗产研究[J]. 工业建筑, 2017, 47 (12): 40-46.
[6] 万来志. 清代粮食制度探析[J]. 内蒙古农业大学学报（社会科学版）, 2010 (6): 315-318.
[7] 广东省地方史志编纂委员会. 广东省志: 粮食志[M]. 广州: 广东人民出版社, 1996.
[8] 王飞生. 粮食历史浅说[J]. 粮油储藏, 2001 (2): 20-22.
[9] 中华人民共和国国家发展和改革委员会. 国有粮油仓储物流设施保护办法[EB/OL]. (2016-06-30) [2024-05-14]. https://www.gov.cn/gongbao/content/2016/content_5113013.htm.

基于拓扑关系解译的嘉绒藏族传统民居空间逻辑演变研究

洪竞涛[1] 华天睿[2] 李 骥[3]

摘 要：随着旅游业迅速发展，传统民居呈现出适应性调整，藏族传统民居的空间平面逻辑关系亦发生改变。本研究选取嘉绒藏族发祥地之一的丹巴县甲居藏寨为例，针对其"U"形和"回"形民居空间逻辑演变展开研究：通过访谈与实地测绘获得建筑各时期平面图，对建筑各时期平面图进行拓扑关系转译，使用空间句法工具中的整合度、平均深度值和连接度三个指标对各时期建筑空间进行量化分析。研究发现"U"形和"回"形两种类型的民居在演变过程中传统功能空间如锅庄和经堂的整合度在整体排序中降低，说明其中心性位置被不断弱化；其次，屋顶晒坪的农业辅助空间功能基本消失，交通功能的连接度大幅提升。并且，在"U"形民居中，晒坪整合度最高，而在"回"形民居中庭院整合度最高，说明二者已成为当前民居的空间核心。本研究较好地揭示了嘉绒藏族民居的空间营造逻辑及演变规律，可为其未来的可持续保护与传承实践提供理论指导。

关键词：藏族民居 拓扑关系 空间逻辑 演变规律 丹巴

一、研究背景

丹巴位于三大藏区之一的康巴藏区，是嘉绒藏族聚居地和文化发祥地之一，地处"藏彝走廊"的中心，造就了风格独特的嘉绒藏族民居[1,2]。然而，伴随着快速城市化进程和旅游地产发展，丹巴县城内传统民居被大量拆除，对嘉绒藏族民居的保护迫在眉睫，这不仅是对藏族文化的尊重和传承，更是维护中华民族文化多样性的时代要求。

甲居藏寨是嘉绒藏族民居中最具特色和代表性的藏寨民居[3]，既继承了传统藏族建筑的特点，又因其特殊的地理位置和历史发展历程，在相对封闭环境中经过漫长的文化积淀与自发展后形成了具有深厚地域特色的构造方式、功能布局和空间形态。甲居藏寨传统民居的功能和空间构成逻辑较简单。功能上主要包括锅庄、楼梯间、卧室、晒坪和储物室。锅庄是藏族民居的核心空间，承担了休息、待客、做饭等功能，由于空间有限，家族成员都在锅庄内休息。楼梯间采用直跑板梯，建筑各功能空间围绕楼梯布置。当有客人拜访时，通常在锅庄上的客卧进行休息。晒坪是藏族传统民居重要特征之一，兼具晾晒粮食的农业辅助功能。受藏传佛教影响，藏族民居中设置经堂供僧人做法事，通常位于次顶层的位置。顶层是用于储存粮食的储藏室。

20世纪80年代，随着家族规模不断壮大，藏寨依据原址陆续扩建，造成空间形态演变。由于独特的原始自然风貌和民族文化，甲居藏寨成为丹巴县的重要文化旅游资源。2002年第一家民宿率先挂牌经营[4]，随后大规模旅游资本市场迅速介入，不少居民为了吸引客源，将传统民居改造成为居民接待点，或将传统民居出租并外出居住，再次造成空间形态演变。

在对丹巴地区传统民居的研究中，吴体等介绍了藏寨建筑及结构做法[5]。曹勇等从建造材料、结构体系和建造方式方面阐述了藏族民居结构的演变[6]。在民宿旅游的研究中，何成军等从甲居藏寨民宿发展的动力机制阐述民宿发展阶段的影响因素[4]。在使用空间句法对传统民居的研究中，汪强等根据民居建筑的一层平面构建了皖南地区民居拓扑结构，并归纳了民居空间布局特点[7]。陈传文等使用空间句法研究赣南传统民居的空间形态特征以及空间形态优化[8]。现阶段学界对藏族传统民居的研究主要集中于建筑特征、装饰文化、材料结构等方面，而本研究更加关注藏族传统民居因需求和社会经济影响而导致空间拓扑关系的逻辑变化研究，促进民族文化和建筑遗产的保护与传承。

二、研究案例及研究方法

1. 案例概况

甲居藏寨具有悠久的发展历史，传统民居建筑的原始平面形制为矩形和"L"形。随着当地居民的家族人口增加和需求改变，一般会在传统民居一侧增加耳房。在旅游资本介入后，民居的拥有者（当地居民或旅游业业主）为了增加收入，再次对民居进行扩建，形成当前的"U"形和"回"形平面形制。本文选取甲居藏寨中两个一百年传承的传统藏族民居为研究案例，即"L"形到"U"形、矩形到"回"形演变的两类传统民居类型。通过纵向对比分析两个建筑各时期的演变特征，探究其中空间拓扑结构时空演变逻辑。

2. 功能拓扑关系转译

功能拓扑关系是由英国伦敦大学Hillier首先提出的在空间句法中表达空间连接关系的一种方法[9]。拓扑分析常通过对特定对象及其连接关系的抽象提取，梳理不同空间之间的组织关系和构成逻辑[10]。根据相互可视原则将建筑内部空间划分为若干"凸空间"，并抽象为"点"，实际空间中单元与单元之间若存在连接通道，则将通道视为"线"，点与点之间连线构成了建筑的拓扑结构，反映了空间实体之间的位置关系，有利于量化分析建筑内部空间的复杂程度，并探究其生成逻辑。在拓扑结构中，通常以拓扑步数来表达节点之间的距离关系，拓扑步数随着经过节点数的增加而增加[7]。

---

[1] 洪竞涛，西南交通大学建筑学院。
[2] 华天睿，西南交通大学建筑学院。
[3] 李骥（通讯作者），西南交通大学建筑学院，副教授。

虽然藏族民居的晒坪空间多为室外空间中的屋顶平台，但鉴于其功能的重要性，故本文在不影响空间关系的情况下将本非"凸空间"的晒坪视为拓扑关系中的一个"点"。

3. 空间句法量化数值分析

空间句法是一种将空间组构量化的理论方法，通过实地测绘和访谈，还原藏族民居各个时期的平面图，使用空间句法中的"凸空间分析"生成各时期藏族民居的拓扑结构图，剖析其空间结构及演变特征，并探究其中空间形态演变机理。本研究中使用的空间句法量化指标有以下三个：

1. 平均深度值

在空间拓扑计算中，深度值指建筑拓扑结构中某一节点与其他某一节点的最小拓扑步数，表达了空间之间需要进行空间转换的次数。平均深度值指某一节点到达其他所有节点的深度值总和的平均值，被用于衡量空间在整个结构中的可达性，平均深度值越大，可达性越低。计算公式为：

$$MD_i = \frac{1}{n-1}\sum_{i=1}^{n} d_i N_d \quad (1)$$

式中：MD_i 是平均深度值，n 是总节点数，d_i 是句法轴线图中某一轴线到其他任意轴线的最少连接次数，N_d 是连接的轴线数。

2. 整合度

整合度用于分析建筑拓扑结构中某一节点与其他节点的紧密与离散程度。整合度越高，则该空间的向心性就越强，人流越易聚集，空间地位越高。计算公式为：

$$I = \frac{2(MD_i - 1)}{n-1} \quad (2)$$

3. 连接度

连接度指节点与相邻节点直接连接的个数，反映了节点的连通程度，在拓扑图形中，连接值越高，表示其空间渗透性越好。

三、甲居藏族传统民居空间形态分析与对比

1. "L"形到"U"形的空间拓扑关系转变分析

（1）空间拓扑关系转译

选取的研究对象一是建于距今170多年传统的藏族民居，原始平面形制为"L"形，该时期建筑平面相对简单，功能空间较少，仅能满足基本生活需求。随着家族规模扩大和人口增加，原有住房空间不足以满足生活需求，因此业主在锅庄一侧修建一排耳房，形成第一次演变。2001年，首届丹巴嘉绒藏族风情节在甲居藏寨举行[3]，随后旅游资本介入，业主对房子进行扩建，在一层原有耳房的基础上增加房间数量，并将厨房移至建筑另一侧，同时增设餐厅；在二层对建筑进行扩建并设置客房，以最大化旅游接待空间和居住面积，建筑体量进一步加大，拓扑结构更加复杂（图1）。

（2）空间量化指标计算

在原始平面形制为"L"形的研究对象中，二层楼梯作为连接生活和活动空间的纽带，整合度最高，平均深度最低，与周边空间连通性较好。晒坪作为传统民居中居民的室外活动空间，整合度较高，在拓扑结构中处于较高地位。在第一次演变增加耳房成为"U"形民居后，作为原始平面形制"L"形民居入口的过廊整合度最高。围合形成的庭院连接一层各空间，具有较高整合度。二层室外晒坪的整合度相比原始平面下降，空间地位降低。在第二次演变对二层进行扩建后，建筑功能空间增多，二层室外晒坪和二层楼梯的整合度最高，庭院的整合度下降（表1）。

（3）空间演变特征

研究对象一从"L"形到"U"形的演变过程中，第一次演变增加锅庄一侧的耳房，再次演变时增加另一侧的功能空间。楼梯自始至终作为交通核心，空间地位基本不变。随着建筑二层扩建，充当了一段时间核心空间的庭院整合度降低，空间地位有所下降。晒坪空间的晾晒粮食的农业辅助功能完全消失，其整合度最高，联系各个功能空间的核心空间。

2. 矩形到"回"形的空间拓扑关系转变分析

（1）空间拓扑关系转译

选取的研究对象二是建于距今200多年传统的藏族民居，原始平面形制为矩形，建筑平面相对简单，有两层锅庄，储物功能房间更多，功能布局与研究对象一中的"L"形民居基本一致。在家族人口增加的住房压力下，业主在锅庄一侧修建一排耳房，形成第一次形态演变，成为"L"形民居。由于部分家族成员无法进行体力劳动，业主在民居前修建一个房间作为小卖部，形成第二次形态演变。为了满足游客的住房需求同时吸引更多客源，业主对民居进一步扩建，围合庭院形成"回"形布局，拓扑结构更加复杂，形成第三次形态演变（图1）。

（2）空间量化指标计算

在原始平面形制为矩形的研究对象二中，整合度前三的功能空间分别为三层楼梯、二层楼梯、三层室外晒坪，是拓扑结构中的核心。在第一次演变增加耳房成为"L"形民居后，晒坪的整合度下降，但仍保留晾晒粮食的功能；各层楼梯间的整合度在建筑中最高，延续矩形民居的核心地位。第二次演变时增加了一个小卖部，对拓扑结构几乎没有影响。第三次演变由"L"形变为"回"形，庭院成为整合度最高的空间，在拓扑结构中占核心地位。三层室外晒坪的整合度进一步降低，平均深度值增加（表2）。

（3）空间演变特征

研究对象二从矩形民居到"回"形民居的演变过程中，晒坪的整合度不断降低，基本失去农业辅助功能。楼梯自始至终都作为交通核心占据主要地位。自围合成庭院后，庭院整合度最高，成为整个拓扑结构中的核心空间。民居中的原始功能房间整合度排序普遍下降，当前使用频率不高。

四、结论

本研究选取"U"形和"回"形的两类藏族传统民居，通过实地测绘和访谈的方式获得各自历史时期平面图，对各平面图进行拓扑关系转译，纵向对比分析平面的空间拓扑关系演变逻辑。"U"形和"回"形两类传统民居在演变过程中既存在共同特点又表现出差异特征。演变都受家族人口、身体状况和生活需求影响，在旅游业发展后，原住民的生产生活方式由半农半牧向旅游经营转变，造成建筑体量和布局变化。"U"形和"回"形两种类型的民居在演变过程中传统功能空间如锅庄和经堂的整合度排序降低，说明其中心性位置被不断弱化。差异性特征表现在，与传统藏族民居空间的拓扑结构以垂直交通空间为核心不同，在"U"形民居中，二层晒

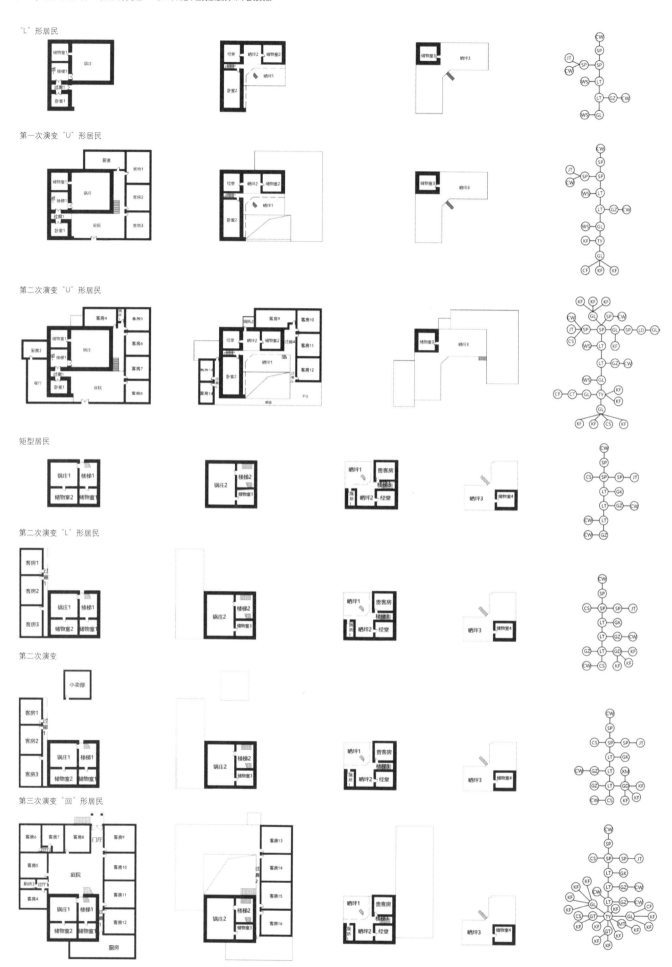

图1 各时期研究对象一与研究对象二民居空间拓扑关系转译

研究对象一演变过程空间量化指标 表1

空间类型	整合度			平均深度值			连接度		
	原始"L"形	第一次演变"U"形	第二次演变"U"形	原始"L"形	第一次演变"U"形	第二次演变"U"形	原始"L"形	第一次演变"U"形	第二次演变"U"形
过廊1	1.01	1.36	0.99	2.5	2.44	3.8	2	3	3
卧室1	0.63	0.82	0.73	3.42	3.39	4.77	1	1	1
楼梯1	0.73	0.91	1.1	3.08	3.17	3.51	3	3	3
锅庄	0.53	0.65	0.81	3.83	4	4.43	2	2	2
储物室1	0.4	0.5	0.63	4.75	4.94	5.4	1	1	1
卧室2	0.7	0.77	0.82	3.17	3.56	4.37	1	1	1
楼梯2	1.21	1.22	1.15	2.25	2.61	3.40	3	3	3
晒坪1	1.14	0.98	1.15	2.33	3	3.4	3	3	5
晒坪2	0.79	0.72	0.86	2.92	3.72	4.2	3	3	4
经堂	0.53	0.54	0.66	3.83	4.67	5.17	1	1	1
储物室2	0.53	0.54	0.66	3.83	4.67	5.17	1	1	1
晒坪3	0.73	0.69	0.85	3.08	3.83	4.31	2	2	2
储物室3	0.51	0.52	0.65	4	4.78	5.29	1	1	1
过廊2	—	0.85	0.7	—	3.44	4.94	—	4	5
庭院	—	1.07	0.86	—	2.83	4.2	—	3	4
客房1	—	0.58	—	—	4.39	—	—	1	1
客房3	—	0.71	—	—	3.78	—	—	1	1
过廊2	—	1.36	0.68	—	2.44	5.06	—	3	2
卧室1	—	0.82	0.73	—	3.39	4.77	—	1	1
客房4	—	—	0.66	—	—	5.17	—	—	1
餐厅	—	—	0.56	—	—	5.97	—	—	2
过廊6	—	—	0.51	—	—	6.43	—	—	3
客房13	—	—	0.43	—	—	7.4	—	—	1

研究对象二演变过程空间量化指标 表2

空间类型	整合度			平均深度值			连接度		
	原始 矩形	第一次演变"L"形	第三次演变"回"形	原始 矩形	第一次演变"L"形	第三次演变"回"形	原始 矩形	第一次演变"L"形	第三次演变"回"形
楼梯1	0.91	1.22	1.67	2.85	2.61	2.65	3	4	4
储物室1	0.6	0.77	1.05	3.78	3.56	3.62	1	1	1
锅庄1	0.64	0.8	1.08	3.64	3.44	3.57	2	2	2
储物室2	0.47	0.58	0.78	4.57	4.39	4.54	1	1	1
楼梯2	1.24	1.36	1.35	2.36	2.44	3.06	3	3	3
锅庄2	0.78	0.86	0.93	3.15	3.28	3.97	2	2	2
储物室3	0.55	0.61	0.7	4.07	4.22	4.94	1	1	1
楼梯3	1.31	1.22	1.05	2.29	2.61	3.63	3	3	3
贵客房	0.76	0.77	0.77	3.21	3.56	0.46	1	1	1
晒坪1	1.12	0.98	0.84	2.5	3	4.31	4	4	4
晒坪2	0.73	0.69	0.65	3.29	3.83	5.23	2	2	2
厕所	0.69	0.67	0.65	3.43	3.94	5.29	1	1	1
经堂	0.52	0.52	0.53	4.21	4.78	6.2	1	1	1
储物室4	0.52	0.52	0.53	4.21	4.78	6.2	1	1	1
晒坪3	0.74	0.67	0.65	3.29	3.83	5.23	2	2	2
客房1	—	0.62	—	—	4.17	—	—	1	—
过廊1	—	0.88	—	—	3.2	—	—	4	—
庭院	—	—	1.86	—	—	2.49	—	—	9
过厅	—	—	1.18	—	—	3.34	—	—	3
客房5	—	—	1.13	—	—	3.45	—	—	1
过厅2	—	—	1.18	—	—	3.34	—	—	3
过廊2	—	—	1.24	—	—	3.22	—	—	5
客房13	—	—	0.86	—	—	4.2	—	—	1

坪整合度最高，成为空间核心；而在"回"形民居中，庭院整合度最高，是空间核心。本研究通过量化分析较好地揭示了嘉绒藏族民居的空间营造逻辑及演变规律，可为民居未来的可持续保护与传承实践提供理论指导和方法借鉴。

参考文献：

[1] 刘韫. 旅游背景下少数民族村落的传统民居保护研究——以嘉绒藏族民居为例[J]. 西南民族大学学报（人文社会科学版），2014，35（2）：155–158.

[2] 李军环，陈媛. 川西中路嘉绒藏族民居的生态智慧与更新设计[J]. 西安建筑科技大学学报（自然科学版），2012，44（4）：512–516.

[3] 甲居藏寨——康巴风情名片[J]. 四川档案，2007（1）：58–58.

[4] 何成军，李晓琴. 乡村民宿聚落化发展系统构成及动力机制——以四川省丹巴县甲居藏寨为例[J]. 地域研究与开发，2021，40（2）：174–180.

[5] 吴体，凌程建，高永昭. 丹巴甲居藏寨建筑结构调查[J]. 四川建筑科学研究，2009，35（4）：197–201.

[6] 曹勇，麦贤敏. 丹巴地区藏族民居建造方式的演变与民族性表达[J]. 建筑学报，2015（4）：86–91.

[7] 汪强，李早，马虎等. 皖南地区民居的功能拓扑关系解析[J]. 工业建筑，2021，51（4）：63–73，117.

[8] 陈传文，傅雷，陈文君. 基于空间句法的赣南客家民居空间形态研究及优化[J]. 家具与室内装饰，2023，30（8）：122–126.

[9] 张愚，王建国. 再论"空间句法"[J]. 建筑师，2004（3）：33–44.

[10] 赵万民，尤家曜，杨光. 基于拓扑分析的古镇空间结构特征及变化研究——以重庆市丰盛古镇为例[J]. 中国名城，2022，36（4）：43–49.

景观基因视角下鄂东南地区传统村落的保护和可持续发展路径研究

华 为[1] 陈斯亮[2] 李晓峰[3]

摘　要：景观基因承载着传统村落的历史和地域特征，是村落文化的重要载体。目前，鄂东南地区的传统村落正受到城镇化的影响，面临着人口流失和文化衰退的挑战。本文主要从景观基因的视角出发，结合实地考察与资料分析，探索如何对现存的传统村落进行有效保护，并实现其可持续性的长远发展，为该地区传统村落保护与可持续发展的具体路径提供借鉴。

关键词：景观基因　鄂东南　传统村落　可持续发展

一、景观基因理论及其在传统村落研究中的应用

"景观基因"概念由我国学者刘沛林在20世纪80年代首次提出。他认为，文化基因的不同是古村落景观多样性的根本原因[1]。在识别提取方法上，胡最等提出的特征提取法最具代表性，将基因归为环境、建筑、文化与布局特征[2]。分类上，蒋思珩等将分类标准归纳为8种类型，涵盖重要性与成分、外在表现形式、空间分析尺度等[3]。图谱构建方面，李伯华等从景观信息源、景观信息点、景观信息廊道、景观信息网络四个要素进行了村落的风貌特征解析[4]。

在建筑学领域，学者大多通过景观基因的识别或图谱构建，进行村落景观规划改造研究。王南希等提出要从传统聚落、农业生产、非物质文化等方面来控制有机更新过程中的传统乡村景观基因的变化[5]；赵先超等在提取景观基因、构建基因图谱的基础上，进行传统聚落规划[6]。

总的来说，景观基因在传统村落的研究应用可分为三大领域：识别分类、图谱构建表达和乡村营建策略。当前研究主要聚焦川湘桂地区，对鄂东南地区的研究尚属空白，该地区拥有丰富的景观与文化遗存，同时部分传统村落面临着消失的风险，本文基于资料与实地调研，从景观基因视角系统分析鄂东南传统村落的现状风貌，并为该地区传统村落的保护与发展提供新视角。

二、鄂东南传统村落景观基因识别

鄂东南涵盖黄石、咸宁、鄂州三市，黄冈南部、武汉南部等县区。在进行鄂东南传统村落景观基因识别时，遵循以下四点原则：内在唯一性、外在唯一性、总体优势性和局部唯一性[7]，分别从环境、文化、布局、建筑四个层面进行基因提取。

1. 环境基因：丘陵地带，山间河谷

鄂东南地区位于幕阜山脉向江汉平原过渡地带，主要为低山丘陵，通过DEM数据分析，可以看出鄂东南传统村落多分布于中部和西南部的低海拔山地；参照湖北省坡度分级标准，发现大部分传统村落都位于平坡和缓坡地，坡度较缓的山腰、山麓是村落选址的最大区间；以7×7像元尺度进行起伏度分析，发现传统村落大多位于起伏度30~200m的丘陵地带。从水网环境看，大部分传统村落都位于主要水系周边，富水和金水沿线最为集中，无水系的大多位于中部咸宁的山麓地带。

总的来说，鄂东南以山地、丘陵为主，长江及其支流与湖泊构成了复杂的水系网络，是否靠近自然水系以及和山体的关系对于传统村落选址有较大影响，村落大多位于山间河谷地带。

2. 文化基因：世代耕读，跨省商贸

明朝初期，江西、湖广移民涌入鄂东南地区，带来了强烈的文化冲击。这些移民的家族文化观念和家族组织结构更加完整、强烈，影响了传统村落建筑形制的演变[8]。在鄂东南地区，宗族和农耕文化形成了独特的乡风乡俗和手工艺民俗，如富池"三月三"庙会、阳新采茶戏等。

便利的航运也带来了繁盛的商业贸易和频繁的人口流动，跨省的地理优势使该地区成为文化走廊，孕育了各类专业人才，提供了丰富的文化基因。

3. 布局基因：林田环绕，组团发展

鄂东南村落多建于山脚、田边平缓地，背山面水或临田，建筑多围绕当家塘或河流布局[9]，对宗法制度的遵循使村落具有强内聚性和等级性。村落中心多为宗祠空间，核心空间两侧建筑群的长幼秩序逐步递减[10]。尽管由于地形条件的不同，村落有的较为集中，有的较为分散，但大多还是以水系或道路串联起若干组团。

街巷空间布局上大多呈现出树枝状的特征，其中内部街巷多四通八达，尺度较窄，街道空间连续性和完整性较弱；但在商业功能较为集中的区域，街巷大多与河流平行，街廊围合较为完整。综合地形地貌条件、聚居组团形态、街巷结构等布局特征[11]，可将鄂东南传统村落分为位于河谷平原的团状聚落、位于河谷平原的带

---

[1] 华为，华中科技大学建筑与城市规划学院，湖北省城镇化工程技术研究中心，硕士研究生。

[2] 陈斯亮，华中科技大学建筑与城市规划学院，湖北省城镇化工程技术研究中心，博士研究生。

[3] 李晓峰，华中科技大学建筑与城市规划学院，教授。

状聚落，以及位于山麓平原的团状聚落三类。

公共空间中，宗祠是村民们聚集的焦点。在玉堍村，村民们在宗祠前的广场、水渠边打牌、浣衣。节庆活动时，宗祠是重要的场所；水塘周边也常有宽敞的空地，成为村民们交流信息、分享见闻的空间。在部分被河流分隔的村落，村民亦倾向于在桥头凉亭进行交流（表1）。

4. 建筑基因：单元组织，宅院聚居

建筑平面组织上，鄂东南地区多以天井院为居住单元，形成了中轴线为上下堂、两侧为上下房、中间天井两侧为厢房的四水归堂格局，此为一"进"，受限于开间数量的限制，增加进数是清代及以前满足不断增长的居住需求的主要方式[8]。建筑外观上，鄂东南传统民居主立面对称布局，设硬山马头墙，主入口墙后退成大门廊，门洞用石料镶砌，门头有牌匾样白底方框，檐下设梁枋承载屋檐，常用曲面拱券装饰，为顺应风水，常设"斜门"；宗祠等公共建筑外观更为突出，常有起伏的云墙，其中牌坊屋以牌坊框架为基础，装饰丰富，兼具多种功能，是鄂东南民居的典型代表。在建筑装饰上，主要采用木雕、石雕、砖雕及彩绘等形式，其中木雕尤为普遍，技法多样，主题丰富，雕刻内容有故事、吉祥图案、花草等（表2）。

三、鄂东南传统村落景观基因现状

1. 环境基因：水体萎缩严重，部分要素受损

鄂东南处于幕阜山片区，村民在山地及低山丘陵地区耕作导致水土流失现象较为严重。近年来，鄂东南地区水土流失情况有所好转，但流失面积占比仍高于湖北省平均水平。据《2022年湖北省水资源公报》，长江流域鄂东南片区地表水资源量较上年下降了43.3%，水网萎缩严重（表3）。

调研过程中发现，大部分村落整体环境格局都保持着较为稳定的状态，但受城镇化和生态破坏的影响，出现了局部环境要素受到破坏的情况。以水南湾为例，矿山生产侵占了原本的农林空间，生

鄂东南传统村落布局基因　　　　　　　　　　　　　　　　　　　　　　　表1

鄂东南传统村落建筑基因提取　　　　　　　　　　　　　　　　　　　　　表2

（来源：王明璠大夫第平面图来自华中科技大学民族建筑研究中心，其他图片自摄）

2018~2022年鄂东南主要市域市水土流失面积情况表　　　　表3

行政区划	2018年	2019年	2020年	2021年	2022年
黄石市	—	1175.83	1160.99	1128.67	1105.03
咸宁市	—	1842.82	1822.06	1780.11	1738.8
鄂州市	—	125.7	124.27	121.98	119.36
总计占国土面积比例	20.83%	19.44%	19.52%	19.36%	18.64%

（来源：《湖北省水土保持公报》）

产和生活中污水无序排放及面源污染问题导致村落渠塘受到污染，严重破坏了水系结构，降低了水系连通性[12]（图1）。

2. 文化基因：传统延续受阻，景区转向明显

在文化基因传承方面，由于城乡之间在教育、医疗等资源上的差异，许多村民为了追求更高的生活品质和身份认同，以及投资子女教育，选择迁往城市，传统村落面临人口大量流失的困境，乐木林等偏远村落只剩下几户人家留守。一方面，年轻人不足导致部分传统村落文化基因传承缺乏活力；另一方面，由于受外界干扰较小，这些村落仍保留有传统的农具和生产方式，乡土文化载体较为充足。

在一些活力较强的村落，政府积极发展乡村旅游业。其中，刘家桥村旅游开发较为成熟，以农家乐为主，吸引年轻人返乡创业；水南湾村规划了景区指引，但目前基础设施和宣传不足；宝石村也正规划向景区转型。旅游建设提升了村民收入，但也须注意原住居民、文化保护和乡村特性的平衡问题。

3. 布局基因：外围规模扩张，传统空间功能重构

在调研中，不难看出外围交通线的建设对村庄布局的影响。如今，村民选择新建住房基址时，不再以宗族祠堂为中心向四周辐射，而是更倾向于在道路两侧建设[13]。在宝石村，新建公路吸引村民沿道路两侧建设住宅，规模扩张明显，村庄中心的古民居群却因条件不佳多无人居住。

村庄中心除了部分空心化外，公共空间功能也在时代变迁中转变。龙港镇的萧氏宗祠就曾被征用为培养军事干部的学校，现如今是重要的红色教育基地。旅游开发村落，布局转变尤为显著，如上冯村改建原有风水塘为停车场，并扩大祖堂前广场，新设风水塘作为景观（图2）。

4. 建筑基因：新旧建筑混建，重要载体失修

随着经济和信息技术的发展，传统宅屋已经难以满足现代生活的需求，村民大多选择新建宅屋，多为2~3层混合结构，建筑面积增加，功能分布上与传统民居相似。其中道路两侧的新建宅屋面积更大，多留有商业空间，但缺乏统一风貌管控，严重影响了传统村落风貌。在刘家桥，村民将原有宅屋改造成农家乐，在内部新增了现代设施，功能上也实现了居住和商业的复合。

同时，受人口流失和资金不足的影响，诸多鄂东南传统村落的古民居面临年久失修的问题。宝石村、乐木林等村落的古宅多已坍塌，作为村落文化的重要载体，民居建筑状态堪忧（图3）。

四、景观基因视角下的鄂东南传统村落保护与可持续发展思路

1. 环境要素生态修复

自然生态是传统村落的基础，但鄂东南部分村落因利用不当，导致生态系统受损。因此，应重视矿山修复与天然林保护，发挥水土保持功能。农业是村落生存和传统风貌的基石，应节约集约利用农田，完善休耕轮作制度，推进改造提升土壤肥力，实现环境基因修复。同时，需考虑村民旅游背景下的经济利益需求，通过合理补偿制度平衡农田保护与经济发展的关系。

2. 民俗文化复兴活化

村镇应挖掘利用本地文化，在传统节日、地方风俗活动等时机，结合习俗举办文化活动，鼓励艺人参与，建立文化团体。民俗文化的保护与传承也需尊重村民意愿，结合日常生活和生产活动正确引导。同时，提高农民文化自觉和素养，发挥新乡贤作用，推动民俗文化繁荣与发展。

3. 布局动态引导调控

在村落布局上，鄂东南传统村落整体保存良好，需动态引导村庄规模扩张。保留修缮时，应参照原有形式、材料及精神感受，留住村民的原生态生活与空间记忆。村庄生长过程中，应延续村落山

图1　水南湾被污染的水塘

图2　上冯村2009年与2023年村庄布局形态对比（来源：在谷歌地球影像图基础上自绘）

图 3　新旧混建的传统村落建筑风貌

水基因与空间轴线，保持核心空间区域的高度、体量、外观及色彩，维持传统街巷肌理与尺度，通过街巷格局与空间轴线串联村落空间要素[14]，保留布局基因记忆。

4. 建筑修缮品质提升

在建筑基因层面，需分析并提取屋顶、立面造型、色彩、材料及细部等景观要素，注重地方匠人的技艺传承，作为修复古建筑与整治新建民居风貌的参照。同时，应注重引导内部更新利用以满足现代生活方式和旅游接待需求，确保满足村民实际生活与生产需要，尊重村民改善生活品质的意愿，在传统民居风貌保护的同时满足现代居住生活需求，包括日常生活和个体经营等，充分调动村民的积极性，实现建筑基因的可持续传承。

5. 地域基础上的特色发展

在景观基因整体保护的框架下，应根据村落现实特征选择合适的发展路径。对于刘家桥村等位于主干道或旅游线周边的村落，应挖掘特色景观基因，利用非遗资源，推动产业融合，发展旅游、文化体验和农村电商等新兴产业；对于乐木林等较为偏远、空心化严重的村落，应尊重村民意愿，引导集体安置，发挥景观原生态优势，利用数字技术进行记录，建立博物馆，并回收特色构件和材料用于村落更新；在村落集中区域，则应发挥各自优势，实现区域共同发展。

五、结语

本文以景观基因的视角深入探讨了鄂东南地区传统村落的景观基因特征与现状风貌，鄂东南传统村落正面临诸多挑战，包括环境退化、文化断层、布局混乱和建筑衰败等。针对这些问题，建设工作应基于生态修复、文化复兴、布局调控、建筑修缮和特色发展等方面统筹推进，以确保传统村落的生命力得以延续，并在新时代背景下焕发新的活力。

参考文献：

[1] 刘沛林. 古村落文化景观的基因表达与景观识别[J]. 衡阳师范学院学报（社会科学），2003，(4)：1-8.
[2] 胡最，刘沛林. 基于GIS的南方传统聚落景观基因信息图谱的探索[J]. 人文地理，2008，23（6）：13-6.
[3] 蒋思珩，樊亚明，郑文俊. 国内景观基因理论及其应用研究进展[J]. 西部人居环境学刊，2021，36（1）：84-91.
[4] 李伯华，刘敏，刘沛林，等. 景观基因信息链视角的传统村落风貌特征研究——以上甘棠村为例[J]. 人文地理，2020，35（4）：40-47.
[5] 王南希，陆琦. 基于景观基因视角的中国传统乡村保护与发展研究[J]. 南方建筑，2017，(3)：58-63.
[6] 赵先超，袁超，向婉怡. 基于景观基因理论的湘南地区现代乡村规划建设研究[J]. 西部人居环境学刊，2018，33（5）：84-91.
[7] 刘沛林，刘春腊，邓运员，等. 基于景观基因完整性理念的传统聚落保护与开发[J]. 经济地理，2009，29（10）：1731-6.
[8] 王炎松，叶超. 江西移民对湖北民居平面形制的影响探究——基于阳新地区三个传统村落民居平面形制的对比分析[J]. 南方建筑，2019，(4)：1-6.
[9] 王苏宇，陈晓刚，林辉. 徽州传统村落景观基因识别体系及其特征研究——以安徽宏村为例[J]. 城市发展研究，2020，27（5）：13-17，36.
[10] 李晓峰，周乐. 礼仪观念视角下宗族聚落民居空间结构演化研究——以鄂东南地区为例[J]. 建筑学报，2019，(11)：77-82.
[11] 潘莹，吴奇，施瑛. 古劳水乡的传统聚落景观特征与价值研究[J]. 城市规划. 2022，46（7）：108-18.
[12] 张菁. 从区隔到融合：渝东南传统村落景观特征及生成机制研究[D]. 重庆：重庆大学，2023.
[13] 黄华. 大冶三湾：历史·现状·未来[D]. 武汉：华中科技大学，2018.
[14] 张振龙，陈文杰，沈美彤，等. 苏州传统村落空间基因居民感知与传承研究——以陆巷古村为例[J]. 城市发展研究. 2020，27（12）：1-6.

略论"凸"字形祠堂与南宋皇陵龟头殿

马克翱[1] 厉佳倪[2] 王 晖[3]

摘 要：浙江兰溪地区的乡土祠堂现存多种类型，包括非常独特的"凸"字形祠堂。笔者团队近年来实地调研、测绘了兰溪的12座"凸"字形祠堂。既往研究对其来源虽有论及，但还缺乏直接的关联性与有力的论据。从历史上看，"凸"字形建筑多见于唐宋时期的龟头屋与龟头殿，尤其以南宋皇家陵墓地建筑为典型。近年来，考古披露的宋六陵地上建筑为龟头殿形式，在形式与"凸"字形祠堂非常类似且地域临近。进一步结合其功能上的类似性，本文推断兰溪的"凸"字形祠堂很可能源自南宋龟头殿形制的历史传承。追溯特殊形制祠堂的历史渊源，对揭示乡土建筑中蕴含的深远历史文脉具有重要意义。

关键词："凸"字形祠堂 南宋皇陵 龟头殿 兰溪 文脉传承

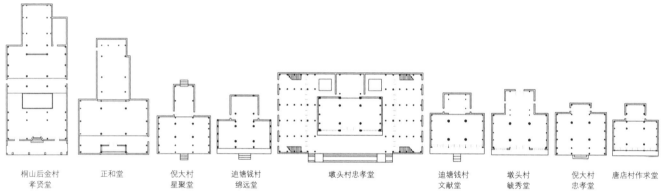

桐山后金村 正和堂 倪大村 迪塘钱村 墩头村忠孝堂 迪塘钱村 墩头村 倪大村 唐店村作求堂
孝贤堂　　　　　　 星聚堂 绵远堂　　　　　　　　　　　文献堂 毓秀堂 忠孝堂

图1 部分"凸"字形祠堂平面图

祠堂作为乡土建筑中的重要类型，是传统宗族社会权力的空间中心与标志性建筑。祠堂建筑反映了区域经济、社会、文化、伦理道德、社会组织等地域特色，是了解区域乡土文化传统的重要遗产[1]。浙江省境内各种祠堂建筑的形式多样，但多数为合院式布局，主体建筑方正。但在浙江兰溪地区，存在特殊的"凸"字形祠堂，集中分布在梅江镇和黄店镇。近年来，笔者团队对浙江中部地区的祠堂进行了调查，实地勘察了包括桐山后金孝贤堂、迪塘钱村绵远堂等12座"凸"字形祠堂（图1-3），确认了在兰溪地区这种"凸"字形祠堂的存在具有一定普遍性。[2]这种现象尚未在其他地区发现。

现有相关研究中，张力智从儒学脉络的角度论述了兰溪"凸"字形祠堂的源流问题，认为"'凸'字形房厅与古代礼制关系密切，是'寝庙奕奕'与'室有东西厢曰庙，无东西厢有室曰寝'的直接反映，是一种'寝庙合一'的布局方式。直接调和了'寝堂'是祭祀中心（《朱子家礼》），还是'享堂'是祭祀中心（古代庙制）的问题"。[3]这种从儒学角度的阐释具有很大的启发性，但从形而上的儒学思想到具体的空间格局之间还存在较大跳跃，缺乏直接的历史论据支持，需要从建筑史层面进行深入分析。本文基于近年来的调研，并结合近期考古界的成果，尝试从历史传承角度探索兰溪"凸"字形祠堂的形制渊源。

一、浙江兰溪的"凸"字形祠堂

相较其他形制的祠堂而言，"凸"字形祠堂的规模和尺度都较小，一般为宗亲家族日常使用的香火堂。其前部为三开间的前殿，中部向后凸出，形成后殿，是丧礼时放置棺材的位置。祠堂整体的装饰较为朴素，正面的精致华美与背面的朴素简陋形成很大的反差。根据调研，现存"凸"字形祠堂的年代分布在明代至民国时期，主要集中于明清时期。与其他"凸"字形祠堂不同，墩头忠孝堂平面整体比较方正，其主体部分两侧加建了廊道和左右厢房，通过"一正两厢"的空间组合方式，使祠堂背面拉平，形成一个整体。但核心空间仍然为"凸"字形格局[4]。此外，笔者调研中发现，个别新村社区中的"凸"字形祠堂已经采用了钢筋混凝土结构，但依旧保持着"凸"字形的平面。

从笔者所测数据来看，兰溪"凸"字形祠堂前殿通宽9.9~15.5m（多为11~12m），总进深6~11.7m（多为7~8m）；后殿宽度4.5~7.4m（多为6~7m），进深2.0~12.8m，深度差异较大。从年代来看，建造年代较晚的祠堂中，后殿的进深有减小趋势。

兰溪"凸"字形祠堂的平面形制难以从环境和功能方面进行解释。其选址的周边空间通常十分充裕，很少见到场地条件迫使

---

[1] 马克翱：浙江大学建筑工程学院建筑学系，博士研究生。
[2] 厉佳倪：中国电建集团华东勘测设计研究院有限公司，助理工程师。
[3] 王晖：浙江大学建筑工程学院建筑学系，教授。

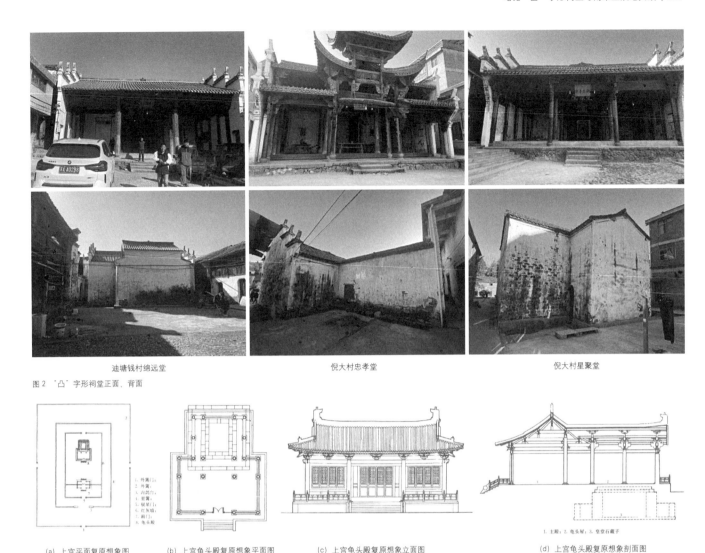

图 2 "凸"字形祠堂正面、背面

(a) 上宫平面复原想象图　(b) 上宫龟头殿复原想象平面图　(c) 上宫龟头殿复原想象立面图　(d) 上宫龟头殿复原想象剖面图

图 3 永思陵上宫复原图[6]

祠堂采用特殊格局的情况。少数情况下，高密度的现状是先有祠堂，之后民居在祠堂后部凹进处建造形成的结果。功能上，不同等级的祠堂均为合院式，可见功能并非影响祠堂形制的决定性因素。然而，如果将"凸"字形祠堂置于更广大的空间及时间范畴内来分析，其在空间形态、功能布局上与历史建筑案例的类似之处不容忽视。

二、关于南宋皇陵龟头殿

历史上存在不少"凸"字形的建筑形式，如龟头殿、龟头屋等做法。"龟头"作为建筑名称较早可见于五代时期，《五国故事》中记载，南唐中主李璟"尝构一小殿，谓之龟头，居尝处之以视事"；到了宋代，"龟头屋"作为建筑主体的附属物已较为常见，北宋《营造法式》中即有"龟头""龟头殿"的记载，卷九小木作制度四中便有多处提及，如"殿身及茶楼各长三瓣，殿挟及龟头并五铺作单抄单昂……殿挟长一瓣龟头长二瓣……"等；另外"凸"字形（"丁"字形）建筑也多见于宋代的住宅之中，如苏轼在黄州的故居和陆游《居室记》所记载的住室[5]。

最具正统性质的"凸"字形做法建筑当为南宋帝陵墓室的地上建筑——龟头殿（南宋皇陵上宫"凸"字形主殿整体分为两部分，前部称"献殿"或"正殿""享殿"，后部称"龟头殿"或"龟头屋"。❶）。南宋九帝除最后三帝外，皆葬于绍兴的上皇山，史称南宋六陵。郭黛姮先生根据《思陵录》的记载，推断永思陵上宫之

---

❶ 南宋皇陵中的"凸"字形殿，整体、前部在学界有不同的称谓，但后部凸出部分学界一致地称为龟头殿或龟头屋。南宋《思陵录》载："殿一座，三间六椽，入深三丈，心间阔一丈六尺，两次间各宽一丈二尺，并龟头一座，三间，入深二丈四尺，心间宽一丈六尺，两次间各宽五尺……"，可知这里"殿"和"龟头一座"共同组成上宫"凸"字形殿，而龟头殿指的是向后凸出的部分。但《思陵录》并未定义前部的具体名称。郭黛姮论述龟头殿即南宋永思陵上宫之主殿，在介绍龟头殿规模和形制时提到"但其与殿身结构关系未作交代，一般有两种可能：一是做穿插屋顶，龟头殿本身起正脊为东西向，插入主殿"，可见上宫"凸"字形主殿由前后两部分共同组成，前部称为主殿，龟头殿指后部凸出部分。但在后面继续论述中提到"再从'月梁栿绞单栱屏风柱'一语看，在正殿与龟头殿之间应设有屏风"，这里又将前面称为主殿的部分称为了正殿。李松阳等在宋六陵一号陵园遗址建筑复原研究中提到"享殿及龟头殿平面为'凸'字形，龟头殿位于北侧"，"龟头殿，厅堂结构，彻上明造，月梁栿；七等材，柱头斗四铺作插昂造；与享殿为穿插屋顶"，即把"凸"字形殿前部称为享殿，后部称为龟头殿，整体称为享殿龟头殿。此外在所附"表一推测营造尺数值表"中将"凸"字形建筑整体列为"主殿"。孟凡人在南宋帝陵攒宫的形制布局研究中提到"南宋帝陵攒宫由北宋帝陵上宫宫城的方形变为长方形，宫城内从北宋帝陵献殿与陵台分置变为献殿与主殿和皇堂连为一体，龟头殿取代了陵台的位置"，将"凸"字形建筑前部称为献殿，后部称为龟头殿。杨宽在中国古代陵寝制度史研究中提到"根据南宋周必大《思陵录》所载宋高宗永思陵的建筑规模。上宫设有棂星门，殿门和献殿一座、龟头殿一座。献殿有三间，龟头建筑在此之后，也有三间，皇堂（即墓室）就开掘建造在龟头的地下"，杨宽定义龟头建筑在献殿之后，根据相关复原平面，可推理这里所指献殿即为"凸"字形殿的前部。为方便理解，避免混论，本文将南宋皇陵"凸"字形建筑前部统一称为献殿。参见：郭黛姮．南宋建筑史[M]．上海：上海古籍出版社，2014：136–139．李松阳，马力，徐怡涛，等．宋六陵一号陵园遗址建筑复原研究[J]．考古与文物，2021（1）：140–152．孟凡人．南宋帝陵攒宫的形制布局[J]．故宫博物院院刊，2009（6）：30–54，156．

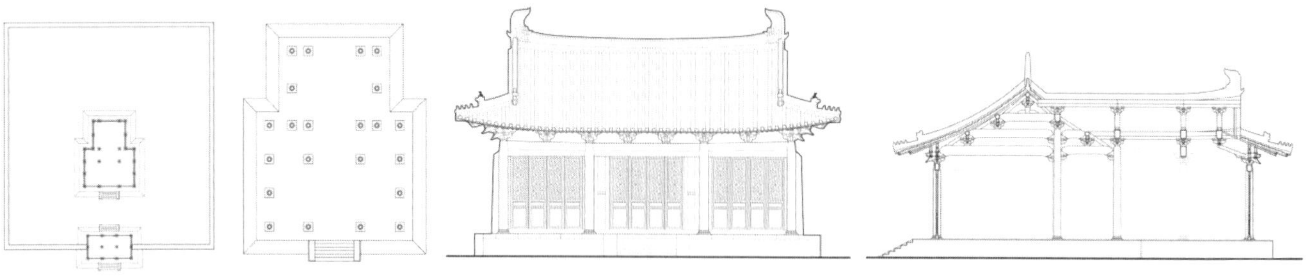

(a) 一号陵园遗址总平面复原示意图　(b) 一号陵园遗址享殿龟头殿平面复原示意图　(c) 一号陵园遗址享殿正立面复原示意图　(d) 一号陵园遗址享殿龟头殿明间梁架复原示意图

图4 宋六陵一号陵园遗址建筑复原示意图[7]

主殿为龟头殿。根据《思陵录》载："殿一座，三间六椽，入深三丈，心间阔一丈六尺，两次间各宽一丈二尺，并龟头一座，三间，入深二丈四尺，心间宽一丈六尺，两次间各宽五尺……"并作出复原图（图4）。[6] 根据郭黛姮先生所述"外篱加门扇及转角的结构总长推测为27.5丈，合90米。东西两道外篱的长度未见记载，假设为39丈，合127.9米"。据此计算，主殿前部正殿台基通宽约13m、进深约10m，后部龟头殿台基通宽约8.5m、进深约8m。

根据郭黛姮先生对南宋六陵的复原，前殿加后部龟头部分的"凸"字形平面是南宋皇陵中一种通用的建筑平面形式。近年李松阳等学者在考古发掘的基础上，对一号陵园主殿进行了复原。复原方案与永思陵上宫主殿非常相似，也为"凸"字形（图5）。作者考证一号陵园遗址为徽宗、孝宗、光宗三位皇帝中某位的陵园，该陵已探明后部龟头殿下存在石藏，但未发掘[7]。该文对建筑开间柱网形制的复原参考了《思陵录》，明间面阔16尺、两次间5尺；进深二间，每间11尺。同时参考郭黛姮对永思陵上宫龟头殿柱网的复原，主殿尺度为：前部享殿台基通宽约15.5m、进深12m，后部龟头殿台基通宽11m、进深7m。

另外，建筑学界有时也将抱厦称为龟头殿或龟头屋[8]，建在房屋的前部称"前出抱厦"，如辽代大同华严寺普光明殿；主体建筑四面都建抱厦的情况为"四出抱厦"，如北宋隆兴寺摩尼殿。但本文所述向后凸出的龟头殿、龟头屋与抱厦有诸多不同之处。抱厦通常作为建筑入口的过渡空间，同时丰富了建筑的空间层次和立面形象；而本文所述向后凸出的龟头殿，是类似"后室"的主要空间，具有很强的私密性和神圣感。

三、关联性与价值分析

上述兰溪"凸"字形祠堂与南宋六陵的龟头殿之间，无论从形制、形态，还是功能方面都具有很高的类似性。二者都是慎终追远的祠庙建筑，尤其都用于丧礼和祭礼。

在形态结构方面，南宋皇陵上宫主殿与兰溪"凸"字形祠堂均为前部宽敞后部缩窄的"凸"字形。在开间柱网结构上，均为前殿三开间。在后殿部分，南宋皇陵龟头殿为当心间宽，两侧次间很窄的三开间；而兰溪的"凸"字形祠堂中，多数后殿同样为当心间宽，两侧次间很窄的三开间形式，少数柱网紧贴墙壁，形成单开间的形式。

在使用功能方面，笔者在现场调研中了解到，"凸"字形祠堂目前仍是村民日常举行丧礼以及其他活动的场所，前殿举行跪拜礼仪，后殿中厝置棺材，前殿与后殿间一般悬挂帷幕遮挡。在举行丧礼仪式时，主要流程在前殿完成，也有部分仪式在后殿内完成。而在南宋皇陵主殿中，前部为献殿，后部龟头殿内即为皇堂（即墓室）石藏子所在地，内藏梓宫。杨宽先生认为南宋这样在墓室之前建造献殿，依然沿用了唐代和北宋的制度。而唐代献殿主要供上陵朝拜或举行重要祭献典礼之用。[9] 此外，郭黛姮通过南宋周必大《思陵录》中"月梁栿绞单栱屏风柱"，分析出在主殿中献殿和龟头殿衔接位置设有屏风，即在献殿当心间的后内柱之间。可见，两者在整个"凸"字形殿的前后殿功能设置上都将前殿设置为举行仪式的场所，后殿设置为厝置棺椁的位置，而且在设置前后分隔的做法和分隔屏障位置等的细节上也十分相似。

另外虽然等级方面相差甚远，但作为三开间的小型建筑，前述永思陵上宫献殿尺寸、一号陵园享殿龟头殿尺寸，与多个兰溪"凸"字形祠堂的平面尺寸比较接近。

从地缘位置来看，兰溪所在地金华、宋六陵坐落的会稽（今绍兴）与南宋都城临安（今杭州）三地彼此邻接，都在南宋政治、经济、文化核心范围区，同属吴越文化圈。临安与会稽邻接，临安又与兰溪同位于钱塘江水系沿线，兰溪顺流而下即为临安，两地水路联系十分便利。三地自古在政治、经济、文化上面相互影响、交融，地缘联系十分密切。南宋六陵的龟头殿作为丧祭建筑的皇家范式，对邻近地域的民间祠堂产生影响，完全符合自古以来家国同构、上行下效的文化传统。

然而，为何"凸"字形祠堂目前仅见于浙中兰溪，甚至在浙东绍兴地区目前都并未见到有遗存？这个问题虽然一时难以获得确切答案，但可以从"乡土职脉""地缘升迁"及地域儒学影响的角度进行分析。一方面，兰溪不仅水运商贸繁荣，更是自古人才辈出。北宋时期，梅执礼为兰溪梅街头村人，崇宁五年中进士，曾任礼部侍郎；元代，文学家吴师道为兰溪县城人，师从金履祥，官至礼部郎中；明代，"开国文臣之首"宋濂出身于金华浦江（兰溪与浦江接壤，两地历史上多有交集，今兰溪梅江镇在古代曾归属过浦江县），其学术传承于正统，参与了明朝各种礼乐制度的制定；理学大家章懋为兰溪渡渎村人，明朝成化二年进士，官至南京礼部尚书；赵志皋，隆庆二年进士第三人及第，十九年进礼部尚书兼东阁大学士，两年后为首辅；清代，唐任森，清代旋成进士，曾任礼科给事中。[10] 另一方面，兰溪地属金华，自宋代以来便是金华学派的核心区域。而金华学派的学术内涵核心为东莱吕学，以吕祖谦学术思想为代表的吕学注重对古代历史文献的研究考证，其学术具有正统性。宋元间兰溪书院林立，讲学之风甚盛，金华学派中坚"北山四先生"之一的金履祥、"儒林四杰"之一的元代文学家柳贯（柳贯师从金履祥，宋濂又曾师从柳贯）等学者均出身于兰溪，且曾于兰溪各书院传道授业。综上可见，古代兰溪长期浸润在金华学派的思想文化中，且学而优者仕途通达，尤其在朝廷"礼部"相关司职之署任职者代有人才涌现，他们专管朝廷坛庙、陵寝之礼乐及制造典守事宜。很可能就是通过这些礼部官吏、儒学大家及其后人的传播教化，将南宋的陵寝制度带至兰溪本土。由此，南宋六陵的核心建筑形制对兰溪的神祠家庙产生了影响。可能正是因兰溪作为历代礼部官吏、儒学大家的故地，地域文化既有自古礼部官吏、儒学大家人才辈出形成"崇古为荣"的传承自豪，又兼具金华学派"恪守古制"的保守性，从而使得"凸"字形祠堂能在兰溪诞生、发展并传承至今。

综合推断，兰溪"凸"字形祠堂很可能与南宋陵寝的龟头殿之间存在传承关系。虽然现存的兰溪"凸"字形祠堂多建于明清以降，但由于其慎终追远的建筑性质和地方文化的代代传承，使其可能具有"宋代建筑活化石"的重要价值。

在论证其历史关联性的基础上，乡土建筑作为"第三重证据"，对建筑考古学也具有很大的参考价值。目前对南宋六陵地上建筑的复原中，在殿身结构方面，郭黛姮先生论述了永思陵上宫龟头殿的两种可能的情况：一种是作穿插屋顶，龟头殿本身起正脊，插入主殿；另一种是作勾连搭式的屋顶，各个自成体系，前后仅相互依靠在一起——"但此种会产生屋顶的水平天沟，在宋代建筑中未见实例，故以采用前者为宜"。这个论述反映了前辈学者的学术功力和严谨性。而在笔者团队的研究中，报告了兰溪"凸"字形祠堂的梁架结构存在两种形式，一种是后殿梁架方向与前殿梁架方向一致，即前后屋面平行，类似勾连搭形式，屋面之间以垂直的双坡小屋面覆盖，避免了形成天沟；另一种是后殿梁架方向与前殿梁架垂直，屋面方向也相互垂直，构造较为简单（图5）。[11] 所调研"凸"字形祠堂如桐山后金孝贤堂、正和堂等多数采用了垂直穿插式屋架结构，但迪堂钱村文献堂、迪堂钱村绵远堂等位于梅江镇王沙溪村的"凸"字形祠堂采用了勾连搭平行式屋架结构。就目前案例资料而言，两种结构与建筑年代之间没有明确的相关性。参考现存的"凸"字形祠堂梁架结构，笔者认为关于南宋陵寝的龟头殿梁架结构，郭黛姮先生提到的两种可能性都存在。

此外，根据笔者团队在乡土建筑及居住建筑史相关领域的研究，推测兰溪"凸"字形祠堂、南宋皇陵"凸"字形建筑平面格局，再往上追溯，可能传承自周代、汉代墓室格局中常见的前后两室衔接，后室作为棺室的"凸"字形平面格局，也可能源自唐宋以来"前堂后室"格局的衍变。相关内容的论述有待以后进一步研究。

四、结语

追溯兰溪"凸"字形祠堂的历史渊源，对揭示乡土建筑中蕴含的深远历史文脉具有重要意义。本文从历史视角出发研究具有特殊性的乡土建筑，运用多维度比较的方法，初步论证了浙江兰溪"凸"字形祠堂与南宋皇陵龟头殿之间可能存在的传承关联，指出其可能具有"宋代建筑活化石"的历史价值，也为乡土建筑的价值认知方式提供了新视野。可以看出，乡土建筑的价值不局限于其本身历史年代、建造工艺、装饰风格等传统遗产价值评估因素。相比实体的建筑构件容易随着建筑年久更改替换，"空间格局"作为一种非实体性的文化遗产，容纳着更为长久的地域文化史、民俗礼仪史、日常生活史，其历史传承脉络可能更为强韧，作为历史遗产的价值同样值得仔细分析和评价。

同时，在论证历史传承关系的基础上，现存的乡土建筑作为"第三重证据"，为"近距离"理解古代建筑的具体样貌以及建筑考古遗址地上部分的复原，提供了重要的参考。本文在乡土祠堂研究的延伸部分，对于南宋皇陵龟头殿结构形式的可能性进行讨论，也是建筑田野考察和考古复原研究相结合的一种尝试。

参考文献：

[1] 张杰. 移民文化视野下闽海祠堂建筑空间解析[M]. 南京：东南大学出版社，2020：2.
[2] 田薇，王晖，吕令强. 浙江兰溪乡土祠堂特殊平面格局的类型化研究[J]. 华中建筑，2021，39（8）：130-134.
[3] 张力智. 儒学影响下的浙江西部乡土建筑[D]. 北京：清华大学，2014.
[4] 王晖，厉佳倪. 原型与衍化——兰溪三种乡土祠堂的空间组合分析[J]. 建筑与文化，2024，（3）：184-186.
[5] 傅熹年. 王希孟《千里江山图》中的北宋建筑[J]. 故宫博物院刊，1979（2）：57.
[6] 郭黛姮. 南宋建筑史[M]. 上海：上海古籍出版社，2014：136-139.
[7] 李松阳，马力，徐怡涛，等. 宋六陵一号陵园遗址建筑复原研究[J]. 考古与文物，2021（1）：140-152.
[8] 潘谷西，何建中.《营造法式》解读（修订版）[M]. 南京：东南大学出版社，2017：252.
[9] 杨宽. 中国古代陵寝制度史研究[M]. 上海：上海人民出版社，2016：54-65.
[10] 兰溪市地方志编纂委员会. 兰溪市志[M]. 杭州：浙江人民出版社，1988：719-726.
[11] 田薇. 浙江兰溪地区特殊形制祠堂建筑空间格局研究[D]. 杭州：浙江大学，2020.

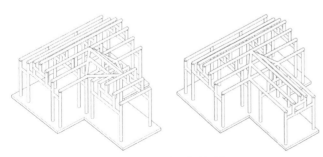

图5 兰溪"凸"字形祠堂的两种梁架关系：平行式与垂直式[2]

闽南番仔楼遗产价值探析与保护研究

——以厦门湖里区钟宅社"钟佑变宅"为例

郑湘甬[1] 李苏豫[2] 韩 洁[3]

摘 要：番仔楼是中西合璧的闽南民居建筑，多由归国华侨所建，是重要的建筑文化遗产。本文基于对厦门湖里区钟宅社现仅存的两座番仔楼之一——"钟佑变宅"的调研，通过对宅邸的特征解析，从而揭示：番仔楼既是对传统闽南古厝的传承与延续，又有西洋与南洋建筑风格的智慧融入。由此进一步剖析以钟佑变宅为代表的闽南番仔楼建筑遗产的典型内在价值，从而对其保护、更新与利用提出适宜的优化策略。

关键词：番仔楼 建筑遗产价值 文化遗产保护

闽南地区留存着大量的番仔楼，融合了传统闽南大厝、西洋与南洋建筑的特点，建造者多为海外华侨。番仔楼是中西合璧的华侨建筑文化遗产，作为海外华侨衣锦还乡、心系祖国的历史象征，是建筑文化研究中不应忽略的一个部分[1]。20世纪90年代城市建设高潮兴起，大量的拆迁和新住宅的建设，使得民居数量急剧减少[2]。在番仔楼逐渐减少的背景下，笔者认为应当对其内在价值进行合理的探析，才能在新环境中得以存续发展。基于此，本文以厦门市湖里区的番仔楼——钟佑变宅为例，解析其建筑特征并探析其价值所在，最后对番仔楼遗产保护、更新与利用提出一定的见解。

一、历史背景与现状

钟佑变宅位于厦门市湖里区禾山街道钟宅社区（图1）。厦门地处中国东南沿海，历来是华侨出入国的必经口岸，也是华侨人数最多的侨乡[3]。钟宅社区是厦门岛内唯一的畲族聚居区，居民曾达数千人，近代以来不少钟宅人下南洋经商，社内存有的红砖厝和番仔楼均为华侨所建，华侨文化浓厚。宅邸建于20世纪20年代，屋主是华侨钟佑变，被养父寄予改变家族命运的厚望，起名"变"字。钟佑变20世纪初到菲律宾谋生，后进入珠宝行业，曾在香港开设金银店，长期发展后家境逐渐殷实，回乡修建了钟佑变宅[4]。2006年，钟宅社区开始实施旧村改造[4]；2020年开启了大范围拆迁，社区内大部分民居都被拆除，如今仅保留下来两座番仔楼，钟佑变宅便是其中之一。由于社会变迁、自然灾害、人为拆改等原因，建筑年久失修，损坏较为严重，现已被湖里区政府列为一般不可移动文物[5]，钟佑变宅的保护、更新与利用正面临着极大的挑战。

图1 钟佑变宅地理位置现状

二、建筑特征解析

1. 对传统闽南古厝的传承与延续

（1）以厅堂为核心的平面形制

钟佑变宅坐西北朝东南，建筑由主楼、护厝、前埕及加建部分组成（图2），现状为单护厝形式。笔者根据闽南地区传统的对称观念及主楼与护厝的材料与搭接方式推测：建筑建造之初仅有主楼，单护厝为后期加建，以满足家庭成员的居住需求，历年翻修记载缺失已不可考证。主楼为三间张，两侧突出入口凹进，称为"塌岫"[6]。主楼在平面布局上以厅堂为整座建筑的核心，在中轴线两侧布置次要房间，延续了闽南地区传统民居"四房看厅"[5]的基本格局，加建东西前房各一间，并与西式外廊结合，形成"六房看厅"的折中式平面（图3）。厅堂内有象征家族文化的太师壁，是屋主社会地位和财富的体现，前有条案供桌用以祭祀之用。厅堂后为后轩，承担交通功能。建筑平面形制体现了尊祖敬神、重伦守礼的传统意识。

（2）红砖白石的立面建造手法

建筑一层外墙为砖砌墙身，水洗石饰面，局部为水刷石；二层为清水红砖砌筑墙身，红砖为"烟炙砖"。闽南地区土壤类型多样，

---

[1] 郑湘甬，厦门大学，研究生。
[2] 李苏豫（通讯作者），厦门大学，副教授。
[3] 韩洁，厦门大学，副教授。
[4] 湖里区非物质文化遗产保护专家黄国富先生提供资料。
[5] 相关资料源于厦门翰林文博建筑设计院提供的《钟佑变宅保护修缮工程设计修订稿》。

[6] "塌岫"一词源于闽南方言，指建筑入口向内凹进的手法。

图2 钟佑变宅区位鸟瞰

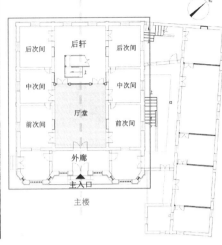
图3 钟佑变宅一层平面图

图4 硬山搁檩

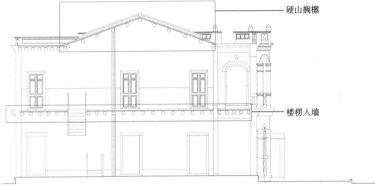
图5 钟佑变宅剖面图

分布最广的是由黄壤、红壤等构成的系列土壤[6]。烟炙砖取材于这些土壤，建筑在主立面上呈现红砖白石的搭配，是对闽南传统大厝屋身建造手法的延续。

（3）硬山搁檩的大木结构

清中叶以后，出现木材匮乏现象，民用建筑无木材可用，需要探索以砖、石、土等材料进行承重的构造形式，硬山搁檩式结构便在此时发展起来[7]。搁檩造是闽南民居中常见的承重结构体系。建筑整体为砖木混合承重，局部为楼楞入墙承重，中间屋盖为硬山搁檩（图4、图5），底部不用柱子支撑，而是直接将木构架搁放在砖砌的墙体上，利用墙体承重，这种结构形式布置较为灵活，更为节省材料。

（4）寄托寓意的雕刻与楹联

建筑主楼的砖雕泥塑样式众多：窗楣上有石榴木雕（图6），具有多子多福的寓意；身堵是"万"字纹拼砖，意为集天下吉祥功德[8]；门左右为一对方形泥塑（图7），由宝瓶、蝙蝠、象、香炉、寿仗、祥云等图案组成，寄托着平安、幸福、富贵、长寿等。楹联题刻方面，廊窗的窗楣上刻有"吐凤"与"谈雏"，表达屋主对才学之美的称颂；一层外廊石柱上的诗句（图8）是屋主"佑变"二字藏头，体现了屋主的个性、品位与追求。

2. 西洋与南洋风格的智慧融入

（1）三段式的立面构图

西方古典建筑在立面上存在着竖直和水平两个方向上的三段式[9]。建筑主楼立面（图9）亦是如此，在竖直方向上用檐部线脚进行划分，分为三部分：上层部是建筑的顶部，包括屋面与女儿墙；中层部是檐口以下，腰檐以上的部分，主要为建筑二层；下层部是腰檐以下的部分，其主要材料为石材，类似于西方古典建筑中的基座，是建筑稳定性的体现。在水平方向上，主要根据两侧外廊的凸出，入口凹进，形成中轴对称的三段式构图。

（2）外廊式的空间形制

外廊式建筑是一种与热带、亚热带气候相适应的外廊空间建筑样式[10]。建筑主楼正立面有连续券外廊，融合了外廊式建筑特色，与厦门当地湿热的海洋性季风气候相适应，便于建筑的通风与散热，同时也成为建筑立面的重点装饰部分，是南洋风格的巧妙融合。

（3）"厦门装饰风格"的立面要素与细部

钟佑变宅立面属于典型"厦门装饰风格"❶，装饰上表现为古典复兴、装饰艺术与南洋风格的混搭。檐部、拱券、柱、窗楣等均为重点装饰部位：红砖叠涩的齿形檐口与腰檐有丰富的几何线脚；建筑二层的拱券有四个为滴水尖形，具有阿拉伯风格；建筑一层的连续券（图10），券面上有巴洛克风格的椭圆饰，环绕西洋花草；建筑一层外廊处的柱，装饰元素主要集中在柱头上：有卷涡纹（图11）、莨苕叶纹、白头鹰纹；窗楣有两种，具有哥特式风格的火焰券式与伊斯兰风格的弓形券式（图12）。

---

❶ 日本建筑史家藤森照信在20世纪90年代初总结对厦门建筑的调研成果时，曾用"Amoy Deco"定义当时在厦门鼓浪屿及周边地区的独特建筑形式，即"厦门装饰风格"。

图 6 石榴木雕窗楣　　图 7 方形泥塑　　图 8 "佑变"二字藏头楹联　　图 9 主楼正立面三段式

图 10 装饰元素丰富的连续券　　图 11 卷涡纹柱头　　图 12 弓形券窗楣

三、建筑价值探析

1. 历史价值

建筑遗产的历史价值是其在历史演变过程中所积淀的主要价值，对应于特定历史时期，无法修复和创造，具有不可再生性[11]。钟佑变宅位于厦门市湖里区钟宅社区，是钟宅社区历史文化保留与传承的载体之一，为华侨钟佑变回乡修建的宅邸，是当时部分闽南人下南洋发迹后荣归故里的历史缩影。建筑见证了闽南地区的社会发展历史变革，是 20 世纪初厦门华侨回乡建宅的典型代表建筑，为后人研究闽南地区民居的历史发展提供了实物依据。

2. 社会价值

钟佑变宅建于 20 世纪 20 年代，先后经历了多个重要历史节点，建成后至近几年一直有人居住，不曾间断，其间经历了多次修缮与改建，建筑本体承载了不同历史时期的建筑材料与工艺，为研究特定历史时期的建筑特征提供了实物依据。对建筑的保护与合理利用，对于留住湖里区历史记忆与推动钟宅社区文旅产业发展有重要的社会价值。

3. 艺术价值

钟佑变宅是中西合璧的建筑文化遗产。

在平面布局上，主楼将厅堂作为建筑的核心，在中轴线两侧各布置三个房间，称为"六房看厅"；厅堂中置太师壁，注重宗族文化，延续了闽南传统民居中轴对称的平面格局与尊祖敬神的伦理观念。

立面材料上，使用烟炙砖、水洗石作为墙面材料，延续闽南大厝"红砖白石"的建造手法；立面构图上，运用西方古典三段式构图，多线脚的檐部与两侧凸出的外廊，将立面在竖直与水平方向上各分为三段。

建筑装饰上，拱券式外廊与古典元素呈现出南洋风格与西洋风格的混搭，属于典型的"厦门装饰风格"建筑；楹联题刻与砖雕泥塑则寄托着美好的寓意，体现屋主的品位和追求，颇具人文气息。

建筑延续闽南传统民居风格的同时兼具西洋元素与南洋元素，是中西文化的实物载体，对研究中西文化交融有重要意义。

4. 科学价值

钟佑变宅中运用了闽南特有的烟炙砖作为建筑材料，以松枝烧制，松枝灰烬落在砖坯相叠露空部位，熏出黑色斑纹，色泽艳丽，故又称"胭脂砖"，具有一定的研究价值。

建筑结构方面，平屋面采用木楞入墙承重，坡屋面则采用"硬山搁檩"，延续了闽南传统建筑搁檩造的做法，整体为砖木混合承重体系。

建筑装饰方面，厅堂内的寿屏与太师壁木雕精美，有较高的木作工艺价值；建筑外廊内使用了泥塑，具体做法是以传统建筑中的灰泥为材料，配以蚝壳灰、麻丝、煮熟的海菜及麻丝，添加糯米浆、红糖水，干硬后色泽洁白、质地细腻[12]，是闽南传统建筑中常见的装饰手法。

建筑延续了闽南地区独特的材料、结构与装饰工艺，体现了闽南民间的工匠智慧，具有较高的科学价值。

四、以钟佑变宅为代表的闽南番仔楼遗产的保护、更新与利用

1. 基于真实性与完整性的原则

在对钟佑变宅的保护与更新中，首先需要尊重建筑遗产价值的真实性与完整性❶：

对于建筑格局、形式、外观等方面需尊重原有外形及设计特色，延续原有结构、材料与建造技艺，如钟佑变宅屋身运用了当地的特色烟炙砖材料与清水砌法，进行保护修缮时需尽可能还原特色材料与砌筑工艺；现存的室内木构件糟朽、损毁现象严重，尤其是木构架、木楼梯、门窗等具有雕刻装饰的部位，需要注重对原有

---

❶《中国文物古迹保护准则》中所提出。

装饰的还原。

建筑在历史演化过程中形成的具有时代特征和有价值的物质遗存都应得到尊重。在进行遗产修复的时候要注意尽量保留其原真性[13]，对遗产在不同历史节点所产生的特征，要完整地进行保留与再现，维持历史特征的可识别性❶。对此，可应用无人机倾斜摄影、三维点云扫描等方法收集并保存建筑实体信息，对已损坏的构件与图样进行合理的推测，并利用 BIM 技术进行建筑信息模型的建立，为钟佑变宅的保护性修缮及更新提供便利。

对于真实性与完整性的尊重不仅体现在建筑单体上，还体现在对建筑原生环境的尊重，对于钟宅社区改造项目中大面积拆除钟佑变宅周围环境，仅保存建筑单体，使得建筑与环境脱离的现象，笔者认为并未很好地尊重其原生环境的真实与完整。

2. 再现历史场景，实现活态保护

活态保护❷是一种动态保护方法，强调文化遗产在动态的环境中也能维持正常的功能使用，保留原真性的同时，通过恰当的改造让遗产适应新的社会需求。因经济发展与时代变迁，钟佑变宅周边建筑几乎被拆除殆尽，使得建筑与原生环境处于相脱离的状态。现有众多文物古建采用博物馆式静态保护策略，与环境结合较差，如何适应新的时代环境成为亟待解决的问题。

笔者在实地调研中了解到当地有意将钟佑变宅所在的片区开发为产业园区。对于宅邸的再利用方面，可对部分建筑空间进行功能性置换，打造独有标签，增加与人的互动，从而激发其活力。钟佑变曾因珠宝生意发家，后回乡建家宅，捐资建设宗祠、学校等公益设施，故珠宝对其有重要的历史意义，可作为建筑功能置换的依据，例如珠宝展示、珠宝售卖等，既能再现历史场景，又能吸引人流，为建筑注入活力。

3. 挖掘在地文化，促进多元融合

闽南地区侨乡众多，文化标签雷同，缺乏可辨识性，缺乏对各地独有在地文化的挖掘。钟宅社区是厦门岛内唯一的少数民族聚居区，拥有畲族独特的民俗，例如烧王船、吃祖墓、乌饭节、拜天公等，是畲族与华侨多元文化的集合。钟佑变既是畲民也是侨民，具有双重身份，建筑本身作为华侨文化的代表，在更新与利用中可考虑融入畲族特色，例如可将建筑作为文化学堂，宣传畲族文化与华侨文化，或是作为畲族民俗活动举办场所：烧王船是庙会活动，可策划送船路线，使建筑成为其中一个节点，增加可达性；乌饭节作为畲族人款待宾客、祈福的重大活动，可在建筑内设置招待点以引人驻足，为当地产业发展注入动力。

五、结语

闽南地区的番仔楼，是不可再生的华侨文化遗产，作为闽南传统大厝、西洋与南洋建筑的集合体，是一座中西交融的博物馆，更是闽南人下南洋打拼的历史缩影，承载着海外侨胞对故乡的思念之情，具有十分重要的历史、社会、艺术与科学价值。在对番仔楼的保护、更新与利用中，应当以建筑本身的真实性与完整性为准则，尊重建筑的在地性，注重与周边环境的融合，依据对建筑本身价值要素的挖掘，打造特色文化标签，寻求与产业联动的契机，实现活态保护的同时带动区域发展。建筑文化遗产本身既要凝固历史，又要合理地与当代文明共存，使建筑文化遗产在保护、更新与利用中重新注入生命力，得以新生与存续。

参考文献：

[1] 姚若琦. 泉州地区华侨建筑遗产保护研究[D]. 泉州：华侨大学，2022.
[2] 郑慧铭. 闽南传统民居建筑装饰及文化表达[D]. 北京：中央美术学院，2016.
[3] 厦门市地方志编纂委员会. 厦门市志 第5册[M]. 北京：方志出版社，2004.
[4] 湖里区地方志编纂委员会办公室. 厦门市湖里区志[M]. 北京：方志出版社，2014.
[5] 曹春平. 闽南传统建筑[M]. 厦门：厦门大学出版社，2006.
[6] 赖世贤，郑志. 闽南红砖传统砌筑工艺及其启示[J]. 华中建筑，2007（2）：154-157.
[7] 谷瑞超，林溪. 闽南地区硬山搁檩造传统民居建筑特征探析——以漳州铜山古城大厝为例[J]. 城市建筑，2023，20（19）：152-156.
[8] 林徽. 闽南地区传统建筑装饰研究[D]. 南京：南京工业大学，2015.
[9] 吴俊贤，虞刚. 统一性的消失：关于西方古典建筑三段式构图的讨论[J]. 世界建筑，2023（1）：18-23.
[10] 钱毅. 从殖民地外廊式到"厦门装饰风格"——鼓浪屿近代外廊建筑的演变[J]. 建筑学报，2011（S1）：108-111.
[11] 李新建，朱光亚. 中国建筑遗产保护对策[J]. 新建筑，2003（4）：38-40.
[12] 曹春平. 闽南传统建筑中的泥塑、陶作与剪粘装饰[J]. 福建建筑，2006（1）：48-51.
[13] 阮仪三，林林. 文化遗产保护的原真性原则[J]. 同济大学学报（社会科学版），2003（2）：1-5.

---

❶ 可识别性是《威尼斯宪章》确立的建筑遗产修复原则之一。
❷ "活态保护"源于19世纪的欧洲遗产保护研究，2003年联合国教科文组织颁布的《保护无形文化遗产公约》则将非物质文化遗产保护的"活态性"放在了首要位置。

洞庭湖流域非遗与传统村落空间耦合机理研究

梁佑旺 何 川 张时雨 吴泽宏

摘 要: 以洞庭湖流域内1209项国家级、省级非遗和1234个中国传统村落为研究对象,运用重心模型、耦合度模型等方法,试图对非遗和传统村落的空间耦合特性及其形成机制进行解析。研究发现:(1)流域内的非遗和传统村落在空间分布结构上具有相似性,沅江、资水、澧水等子流域中非遗和传统村落的空间耦合程度高。(2)洞庭湖流域非遗和传统村落的空间结构特性是由二者之间的内部联系,以及自然环境、社会经济、文化政策等外部因素共同作用产生的。

关键词: 非物质文化遗产 传统村落 洞庭湖流域 空间耦合性 成因机理

非物质文化遗产(以下简称"非遗")是指各族人民世代相承、与群众生活密切相关的各种传统文化表现形式和文化空间,作为凝结地域文化精神与特色的智慧结晶,是维系传统村落地脉文脉等地方性要素的关键。传统村落指形成较早,拥有较丰富的传统资源,具有一定历史、文化、艺术等价值,应予以保护的村落,是非遗诞生和发展的原始土壤,为非遗的持久发展提供文化基础和生命源泉。

党的二十大报告明确提出要加大对文物和文化遗产保护力度,2021年文化和旅游部发布的《"十四五"非物质文化遗产保护规划》提出的主要任务中,也明确要求"加强中国传统村落非遗保护"。这些均说明二者间的联系紧密。因此,量化区域非遗和传统村落空间结构特征,明晰导致二者产生空间关系的异质性因素,以期为更多流域发展提供思路和借鉴,已成为学术界和相关政府共同关注的焦点。

目前,国内外学者对非遗的研究主要聚焦于其空间特征、旅游开发、活化路径、价值体系及演化规律等方面,其中特别关注非遗的空间分布形态和影响因素的研究。非遗的空间结构不局限于某一特定的地理空间,具有不均衡性、游移性特征,并且会受自然环境、历史文化及经济状况等多因素的影响。对传统村落的研究从空间视角展开,空间分布结构多是基于西南地区、西北地区、湖南、贵州和徽州地区等典型区域展开,对传统村落的景观基因、旅游化利用/活化、价值重塑研究也成为学者们重点关注的内容,并逐渐实现动态与静态、时间与空间维度相结合的分析流程。

总体而言,大多数研究者选择独立分析非遗和传统村落的相关问题。将二者视为一个研究对象的学者仍较少。汪欣在探索非遗与传统村落保护模式时提出二者存在依存关系[1]。李如友分析了黄河流域非遗和传统村落的空间关系具有明显的空间集聚和异质性特征[2]。综上,部分学者对非遗与传统村落的空间关系进行了探究,但对于二者的空间耦合及机制成因未阐释。鉴于此,本文以洞庭湖流域为研究区域,采用核密度、重心模型、耦合度模型、数量空间结构模型等方法,探析洞庭湖流域非遗和传统村落的空间结构特征及影响机制,以期为二者的整体保护和活化利用提供经验借鉴。

一、研究区域、数据来源与研究方法

1. 研究区域

洞庭湖流域位于我国长江中游以南,南岭以北,流域面积达26.3万 km^2,占长江流域的14.6%,承担着调蓄长江、连接湘、资、沅、澧"四水"的核心作用;流域覆盖了湖南省全境以及湖北、贵州、广西、重庆、江西等省局部区域,整体上呈现"三面北开"的独特空间结构形态。

2. 数据来源

本研究DEM数据、行政区划分、流域边界等矢量数据来源于地理空间数据云;地形地貌数据来源于中国科学院资源环境科学数据中心;非遗名录来源于中国非物质文化遗产网,研究区域内国家级占比15.47%;中国传统村落名录源于住房和城乡建设部(共8155个)。其中,洞庭湖流域共计1234个,占总量15.13%。依据非遗发源地、保护单位和传统村落名称、地址,结合地方县志、族谱等资料,采用Google Earth定位其地理坐标,再通过GIS软件分别构建流域内非遗与传统村落的矢量数据。

3. 研究方法

(1)核密度

密度分析法是一种非参数估计的空间分析工具,用于测算观察目标在其相邻区域中的密度。其计算公式[3]为:

$$f(x) = \frac{1}{nh}\sum_{i=1}^{n}k\left(\frac{x-x_i}{h}\right) \quad (1)$$

式中:$X_1, X_2, \cdots, X_i$为总体分布密度函数中的独立分布样本;$f(x)$为f在某点x处的估计值;为$k\left(\frac{x-x_i}{h}\right)$核函数;$h(h>0)$为带宽;$x-x_i$为估计点$x$到样本$x_i$的距离。

(2)重心模型

重心模型是探讨区域地理要素空间演化的重要分析工具,可通过计算地理要素重心偏离的距离与方向,清晰地反映区域地理现象的空间差异及其动态过程。其计算公式[3]为:

$$X=\sum_{i=1}^{n}X_i \times P_i/\sum_{i=1}^{n}P_i; \cdots Y=\sum_{i=1}^{n}Y_i \times P_i/\sum_{i=1}^{n}P_i \quad (2)$$

---

① 基金项目:湖南省社会科学基金项目:湘江流域非物质文化遗产与传统村落空间结构耦合机制研究(23YBA103)。
② 梁佑旺,长沙理工大学建筑学院,2022级硕士研究生。
③ 何川,长沙理工大学建筑学院,教授。
④ 张时雨,长沙理工大学建筑学院,2022级硕士研究生。
⑤ 吴泽宏,长沙理工大学建筑学院,2022级硕士研究生。

其中：X、Y分别为非遗和传统村落中心的横坐标和纵坐标。X_i、Y_i分别为次一级空间范围的横、纵坐标，P_i为相应的非遗及传统村落密度，n为次级区域的个数。

（3）耦合度模型

"耦合"是指不同系统之间或同一系统的不同要素（元素）之间相互作用所产生的一种状态。这种状态的强度由耦合程度来表示，其计算公式[4]为：

$$C=\frac{f(x) \times h(y)}{\left[\frac{f(x)+h(y)}{2}\right]^2} \quad (3)$$

本文按耦合阶段系统所呈现特点将耦合度分为：无耦合（$0=C$）、初级耦合阶段（$0<C<0.3$）、高级耦合阶（$0.3 \leq C<0.7$）、特级耦合阶段（$0.7 \leq C<1$）、最优耦合阶段（$C=1$）等5种类型。

（4）数量空间结构模型

可测量两者关联性，有效反映非遗与传统村落空间关系[5]。公式：

$$R=\frac{ad-bc}{\sqrt{(a \neq b)(c \neq d)(a \neq c)(b \neq d)}} \quad (4)$$

式中：R取值范围为[-1, 1]，$R>0$为正关联，$R<0$为负关联。R值显著性检验公式为：

$$X_2=\frac{n(ad-bc)}{(a \neq b)(c \neq d)(a \neq c)(b \neq d)} \quad (5)$$

式中：若$|X_2|>X_2 a(1)$，说明传统村落与数量空间关联关系显著；$|X_2|<X_2 a(1)$，则说明两者关联关系不显著（n为样方总数）。

二、空间结构与耦合关系

1. 空间结构

（1）非遗的空间结构

流域层面：洞庭湖流域的非遗总体上展示出"西稠东稀"的空间结构，呈现1个高密度核心区、2个次密度核心区和若干小核心区的分布结构。其中，高密度核心区以贵州黔东南州为中心覆盖其周围；2个次密度核心区分别位于流域的东部、西北部，东部以长沙市为核心覆盖周边，西北部以湘西州和重庆东南角的"V"形区域为中心；小核心区主要以邵阳市、郴州市以及衡阳为中心。

从非遗类型看：不同类型的集聚区有所差异。民俗类呈"核两团"分布，于贵州黔东南州、湖南湘西州两地成团；传统技艺、传统医药、传统美术、传统戏剧四类呈"三点式"分布，在贵州黔东南州和湖南湘西州、长沙市三点集聚性最强；民间文学、传统音乐、传统舞蹈三类呈"一中心"——贵州黔东南聚集区，此区域是中国侗族和苗族、土家族主要聚居区，历代土司建治所于此，加上交通阻塞，在相对封闭状态中传承，形成了独特的民族文化。

（2）传统村落的空间结构

洞庭湖流域传统村落空间结构呈现2个高密度、1个次密度核心区。2个高密度核心区分别位于洞庭湖流域西南、西北部。西南核心区以贵州雷山县、台江县为中心，辐射丹寨、剑河、榕江、黎平四县及部分湘西南地区；西北核心区以湘西州花垣、吉首市为中心，辐射湘西州全境及重庆秀山、酉阳县和湖北来凤县。次密度核心区位于流域的南部，以湖南郴州市为核心。就洞庭湖子流域而言，传统村落呈现沅江流域聚集，湘江、资水、澧水流域及湖泊地区散中有聚的空间结构。

综上，在沅江、澧水和资水3个子流域中，非遗和传统村落空间布局有着相似的结构模式，从非遗类别上也呈现出该特点。可以说，洞庭湖流域非遗的空间结构和传统村落有着强烈的耦合特性。

2. 空间耦合关系

（1）重心偏离分析

运用重心模型计算流域整体和各子流域的几何中心及非遗、传统村落重心坐标，以及非遗各类别分布坐标，并对相互之间的偏移距离和相对位置进行探讨。

从区位来看（表1）：①洞庭湖流域非遗重心（110.287°E, 27.528°N）位于几何中心（111.069°E, 27.569°N）的西南方向，落在沅江流域的中方县；传统村落的重心（109.967°E, 27.097°N）也在几何中心的同一方向，位于沅江流域的东部。从偏离距离来看，非遗与传统村落中心偏离距离约为57.258km，其偏离指数仅为0.106。②各子流域内的非遗与传统村落重心在空间上都有一定的偏离情况，其程度在不同地区间存在差异。偏移距离上，湘江流域最为明显，其次是洞庭湖区，偏离指数上最高的是洞庭湖区，湘江流域处于第二位。

（2）耦合度模型

依据非遗与传统村落分布的统计资料，通过耦合性评估模型，得出洞庭湖流域及各子流域非遗与传统村落空间分布的耦合程度。

总体上看（表2）：非遗和传统村落的耦合系数为0.998，这表现出了二者之间有很强的耦合关联性。但子流域中其耦合系数存在地域差异化。沅江、澧水和资水流域耦合系数均超过了0.70，显示出较强耦合程度；而湘江流域和洞庭湖区域的耦合系数分别为0.46、0.53，其耦合程度稍弱。

（3）数量空间关系

利用ArcGIS软件，将流域内的传统村落和非遗项目标记在地图上形成空间分布图层，同时，将研究区域划图划分为长、宽均为

传统村落与非遗分布的重心错位　　　表1

地区	几何中心坐标		传统村落重心坐标		非遗重心坐标		重心之间偏离距离（km）	重心之间偏离指数
	经度（°）	纬度（°）	经度（°）	纬度（°）	经度（°）	纬度（°）		
全流域	111.069	27.569	109.967	27.097	110.287	27.528	57.258	0.106
澧水流域	110.646	29.612	110.476	29.586	110.640	29.473	20.181	0.146
湘江流域	112.537	26.602	112.107	25.839	112.703	26.927	134.378	0.423
沅江流域	109.352	27.642	109.181	27.401	108.931	27.417	24.797	0.074
资水流域	111.232	27.383	111.036	27.337	111.328	27.333	25.840	0.144
洞庭湖区	112.593	29.348	113.119	28.829	112.391	29.530	105.124	0.604

非遗与传统村落流域内空间分布的耦合度　　表2

地区	全流域	湘江流域	沅江流域	资水流域	澧水流域	洞庭湖区
耦合度（C）	0.998	0.46	0.89	0.81	0.77	0.53

10km间距的网格样方，把样方图和分布图层叠加，从而得到洞庭湖流域非遗和传统村落空间分布样方分解图。经样方统计得出，同时包含二者样方数111个，仅包含传统村落样方数569个，仅包含非遗样方数173个，同时不包含二者样方数1775个。通过空间关系指数计算：

$$R = \frac{111 \times 2628 - 569 \times 173}{\sqrt{(111+569)(173+2628)(111+173)(569+2628)}}$$

$$= 0.1049$$

可知，$R > 0$ 为正相关。将数字代入公式（5）得：

$$X_2 = \frac{3841(111 \times 2628 - 569 \times 173)}{(111+569)(173+2628)(111+173)(569+2628)}$$

$$= 19.565$$

查阅 X_2a（1）分布表可得：在显著水平 $a=0.05$ 下，X_2a（1）=3.68，此时 $|X_2| > X_2a$（1），说明洞庭湖流域非遗与传统村落之间的数量空间耦合关系显著。

3. 机理分析

在相关研究的基础上，本文从二者内部联系、自然环境、社会经济、文化政策四个方面探讨洞庭湖流域非遗与传统村落空间结构耦合的影响机制。

（1）二者之间内在耦合性

传统村落作为非遗外在直观表现形式和物化载体，为其延续与扩展提供了文化基础。若离开了这样的原生态环境，非遗就像失去了根基的树木，传承将变得极其困难。而非遗作为凝结地域文化精神与特色的遗产类型，具有文化、社会、经济、教育、服务及治理等功能，是维系传统村落地脉文脉等地方性要素的关键，是实现传统村落产业发展、文化繁荣、人才振兴、生态环保和组织架构等在内的乡村全面进步的核心，也是激发村落振兴内生动力的精神基础。因此，非遗与传统村落在存续和发展中相辅相成，有着不断变化的、非永久性的一种耦合状态。

（2）自然环境的影响

非遗和传统村落都是人类与自然界相互作用的产物。通过对海拔、坡度、地形与非遗和传统村落空间分布的耦合发现，大部分非遗和传统村落集聚于斜缓坡中等海拔地区，这主要归因于传统村落的延续与非遗传承需要相对独立的环境，洞庭湖流域西部高山峡谷、丘陵盆地等险要的地形地貌形成天然屏障对外来文明的冲击产生阻隔。水资源是人类生存的必需品，更是对外交流的渠道，沿湘江中上游以及沅江流域的峡谷地带以及湘西等地，成了更适宜传承非物质文化遗产和建立传统村落的地点，从而形成了非物质文化遗产与传统村落空间结构的耦合。

（3）社会经济的影响

非遗和传统村落的形成发展依赖于共同的社会经济环境，传统村落为非遗文化提供了舞台和生存环境。乡村振兴作为社会空间的再组织过程，改善了地方村落的庙宇、祠堂、民居、街巷等非遗生存的环境，促进了村落的经济发展和民生稳定，使得节庆仪式、音乐、戏剧、祭祀、舞蹈等非遗活动及相关传承人有稳定的生存和发展土壤，使非物质文化遗产随着传承人在传统村落发展壮大，在传统村落内获得传承，从而促成了非遗与传统村落分布的空间结构耦合。

（4）文化政策的影响

非遗和传统村落同为人类的宝贵遗产，它们在文化、历史、艺术和经济方面都具有极大的价值。各省级机构遵循《中华人民共和国非物质文化遗产法》的方向，在兼顾本地情况后，研发了精确的相关策略。如土家族打击打滑子等传统音乐、黑茶制作技艺等，地方政府通过建立文化生态保护区对其进行全方位的保护。在《贵州省传统村落保护和发展条例》中，力求对传统村落文化遗产进行有序传承、维护和合理地开发利用。所以，得益于国家和地方政策的引导，传统村落得到有效地保护，非物质文化遗产在这个过程中也得到了进一步的维护和传承。

三、结语

本研究利用核密度、重心模型、耦合度模型和空间数量关系指数等分析手段，对洞庭湖流域非遗和传统村落的空间结构性质及其形成原因进行了深入研究，其主要发现如下：

（1）洞庭湖流域非遗及传统村落的空间结构均表现出聚合的趋势，二者间的耦合度相对较高。详述而言，非遗表现为小范围内聚集与大范围的分散，构成了1个高密度和2个次级密度核心区，而传统村落的空间结构展现出了2个高密度、1个次级密度核心区以及数个小型的核心区。

（2）不同空间尺度上，流域内的非遗和传统村落空间耦合结构呈现出不同的特点。总体上看，偏移距离57.258千米，偏移指数仅为0.106，重心偏移度较小；子流域层面上，二者空间结构耦合度达到0.998，表现强烈；数量方面，二者的空间结构存在明显的正向空间相关性。

（3）洞庭湖流域的非遗与传统村落的空间结构耦合是由多重影响力汇集而成的。非遗是传统村落的精神遗产和核心象征，而传统村落作为非遗创生的环境和空间载体，两者互相作用，构筑了空间配合的内在运作逻辑，另外也会受到自然条件、社会发展和文化策略等外部因素的影响。

本文鉴于数据获取的限制，只对非遗与传统村落的空间结构进行了宏观的分析，未涉及两者在局部地理位置方面的错位特性，同时，在研究因素如何影响二者耦合性的过程中，没有进行更深入的处理，难以全面地揭示两者的空间结构耦合形成过程及其背后的机制，后续可开展相关研究。

参考文献：

[1] 汪欣. 传统村落与非物质文化遗产保护研究——以徽州传统村落为个案[M]. 北京：知识产权出版社，2014.
[2] 李如友，石张宇. 黄河流域传统村落与非物质文化遗产的空间关系及形成机理[J]. 经济地理，2022，42（8）：205–212.
[3] 梁龙武，先乐，陈明星. 改革开放以来中国区域人口与经济重心演进态势及其影响因素[J]. 经济地理，2022，42（2）：93–103.
[4] 廖重斌. 环境与经济协调发展的定量评判及其分类体系——以珠江三角洲城市群为例[J]. 热带地理，1999，20（2）：76–82.
[5] 田磊，史冰心，孙凤芝，等. 黄河流域传统村落与非物质文化遗产空间相关性及其影响因素[J]. 旱区资源与环境，2023，37（3）：186–193.

东莞潢涌村祠庙仪式空间分析[1]

魏鹏昊[2]

摘 要：本文通过深入分析东莞市潢涌村的祠庙建筑仪式空间，反映其维系社会文化认同、强化宗族凝聚力的作用及其当代价值。村落祠堂和庙宇作为文化传承和民间信俗实践场所，展现潢涌古村的历史、风俗，表达村落居民之间的情感联结和血缘身份认同。本文通过研究东莞聚落典型案例，揭示岭南广府地区聚落空间的营造特点，为理解广府地区传统聚落空间的营造提供了素材，为活化利用广府地区乡村文化遗产提供参考。

关键词：广府地区 仪式空间 祠庙 潢涌村

潢涌村位于广东省东莞市水乡片区的中堂镇东北部，距中堂镇中心区9km。东临东江，西与中堂镇三涌村接壤，南与高埗镇护安围、保安围隔潢涌河毗邻，北与增城区仙村镇隔东江相望。东西最长3.99km，南北最宽3.39km，总面积9.7km²[1]。东、南、北三面环水，使潢涌成为一个水乡平原半岛。该村历史悠久，立村于北宋，初有梁、张、陈、吉四姓人居住。据《东莞市志》记载：南宋淳熙年间（1174~1189年）潢涌黎氏始祖黎宿由博罗白沙迁居东莞樟村，不久再迁潢涌。时此地已是梁、张、陈、吉四姓人居住的村庄。梁姓居村头，张姓居村尾，陈、吉二姓居中间。故有"村头梁，村尾张，陈、吉在中央"之说[2]。其中，黎姓人数最多。据2005年统计，黎姓人数占全村总人数的61.8%（若仅以男性计算，黎姓男丁占全村男丁总数的73.79%）[3]。

一、潢涌村仪式空间类型及其分布情况

从空间类型看，仪式空间可分为礼俗仪式空间和神圣仪式空间。在日常生活中，家庭和家庭之间、社会阶层和社会阶层之间，甚至个人和个人之间，形成一种相对独立的局面[4]。为了促进个体与社会集体之间的良好沟通，社会成员必须遵循一套普遍接受的行为规范，就是礼仪，即要求相应的"礼俗仪式空间"为载体。其承载了诸如生老病死、婚丧嫁娶、节日庆典等社会仪式，如在相对应的礼俗仪式空间所举办的丧葬婚俗仪式、春节、清明、端午、中秋庆典仪式等。神圣仪式是一种集体行为，它们把平时分立的家户和不同的社会群体联合起来，促进社会交往，强调的是一种社区的团结和认同，起到了整合的作用。我们将承载这些神圣仪式的空间称为"神圣仪式空间"[5]。而根据膜拜对象的不同，将之分为祭祖、祭祀两部分，通过表达人对祖先、对神灵的情感而发展出神圣仪式空间。

潢涌村紧邻东江、潢水，水道交错纵横，被河涌分割成不同的板块，整体村落空间形成"L"形布局。以宗族血缘关系为纽带而修建的村落，是岭南水乡社会的重要特征之一[6]。由于宗祠在血缘村落中的特殊作用，祖先崇拜和神灵信仰相结合，就对宗祠的风水有了许多迷信的说法[7]。祠堂，尤其是作为总祠的大祠堂的风水对村落的布局起了很大的作用，因为村落布局首先强调的就是祠堂的位置。潢涌村也不例外，祠堂位于临水的前排位置。潢涌历代兴建的祠堂、家庙（家祠）有70多座。宗祠、家庙林立，是潢涌的一大特色。由于历代自然损毁及人为因素，多已损坏或拆除[8]。至今，潢涌村尚存大小祠堂、家庙20座。保存较好的有黎氏大宗祠、观察黎公家庙、京卿黎公家庙、荣禄黎公家庙，为省级重点文物保护单位。其中，黎氏大宗祠历史最为悠久，是潢涌黎氏开基祖黎宿"以割股事闻，旌门坊曰'德本'，爰建祠堂于坊之东，以奉不毁之祀"[9]，系潢涌黎氏通族总祠。

潢涌村神灵信仰庙宇涵盖几大类型。一是自然神庙。主要包括土地庙、山神庙、水神庙等，与土地、河流密切相关的类型，是人类对于自然信仰的延续，主要分布在潢涌村的河流沿岸和田野边缘。二是行业神庙。行业神祇反映了潢涌村的人类生产活动，特别是与农业生产活动相关，如牛仔庙、农神庙、龙王庙等，主要分布在潢涌村的临街马路旁。三是人物及神灵庙。许多变成神的人，因某种美德、能力或为族群、地域行业作出重要贡献而受到民众的供奉或是国家礼制中定有祀典，列出了官方祭祀的神灵，如玉皇庙、北帝宫、金花圣母宫等，分布在潢涌村临水的前排附近。

二、潢涌村祠堂仪式空间的功能分析

黎氏大宗祠主要建筑有头门（一进）、中堂（二进）、寝宫（三进）。第一进头门采用二塾台无塾间的门堂式，正脊为陶脊，正中部分所塑内容推测为梁山聚义图，晁盖正襟危坐，其余好汉排列两侧。堂前楹联：门对旗峰百代孝慈高仰止，祠环潢水千年支派永流长。前挂"钦旌德本"木匾，大门口上方挂"黎氏大宗祠"木匾，后檐挂"少司寇"木匾。第二进中堂，正脊为陶脊，正中为二十四孝图，塑造了慈祥的老人和恭顺的青年共11个人物形象，生活气息浓郁，表达孝道伦常观念。堂前楹联：教孝教忠修以家永怀旧德，允文允武报于国式换新猷。前檐两边均挂"金马玉堂"木匾，正中立木质屏风，上挂"忠孝堂"木匾。第三进寝宫，正脊为陶脊，正中为郭子仪祝寿图，塑造了15个人物，或抚须凝视，或手托寿礼，或两相交谈，或对视大笑，形象生动，好似真实场景出现在眼前。堂前楹联：祠庙饰新颜百代子孙长派衍，屏风开胜景千年宗德永留传。前檐两边挂"进士"木匾，门额正中挂"文章御史"木匾，左挂"竹苞"木匾，右挂"松茂"木匾[10]，正中供奉先

---

[1] 教育部人文社会科学研究规划项目：岭南传统村落研学空间的建构内涵机制及策略（23YJA760033）。
[2] 魏鹏昊，华南农业大学人文与法学学院，硕士研究生。

祖牌位，在神位前为条形案几和八仙桌，这里是主要的仪式功能空间[11]。

在我国传统建筑当中，沿中轴对称是一种常见的建筑布局手法，也是建筑空间组合中最基本的方法，使建筑营造出庄严肃穆的效果。黎氏大宗祠的主要仪式空间沿中轴线布置，从南到北依次为：头门—天井—中堂—天井—寝宫。头门起到标识和提醒作用，族人们从开敞光亮的空间进入阴暗收敛的狭小空间，提醒族人仪式已经开始，使其产生庄严和肃穆的感觉；天井通常作为缓冲空间，空间轴线的明暗更替在此完成，室内室外组成的虚实变化，增强了空间的次序感[12]；中堂通常位于中轴线的中心位置，可以更好地强化轴线空间的秩序性；寝宫是仪式中最主要的仪式空间，也是仪式中的最高潮。祠堂整体空间的序列安排由开→阖→开→阖→开→高潮，与祭祖仪式的要求相统一，强调了院落中轴线的重要性和祭祀仪式的庄严性，印证了祭祀建筑的总体布局是为祭祀礼仪服务的[13]。

以潢涌黎氏立春祭祖仪式为例。为了保证祭祀活动的顺利进行，宗族祠堂会事先安排人员将祭祀所需物品准备妥当。黎氏宗族对祭品备置作出具体要求，要求准备全猪、全羊、果品、酒菜、粉果等[1]，并将祭品与祭器摆放在先祖牌位前的八仙桌上，张灯结彩，点燃龙凤大蜡烛。祭祖时，族人先在头门前聚集，然后以宗子（即老祖宗的长子孙）、至尊（辈数最高的尊长）、族老（不分辈分，族中年纪最大者）"三尊"为主祭[1]，按"三尊一年龄"的等级顺序进入祠堂。"三尊"在司仪主持下穿上礼服，站在第一排，其余族人按照年龄大小依次排列，行三跪九拜礼时，唢呐高奏，钟鼓齐鸣，在高亢的奏乐声中，宗族成员沉浸式体验融合形成一种追祖忆思的怀念，并与同族人达成心理与情感上的契合[14]。"三尊"开始宣读祝文，族人们向先祖牌位行礼，以示对祖先的尊敬。祭祀仪式的最后环节，即分祭品，通过这一种方式来体现祖先对后世族人的恩惠。祭品的分发面向全族成员，无论尊卑长幼，均会沾享祖先的恩惠。其中，"三尊"分得最多，60岁以上者加分祭品全羊，以示对"三尊"及老人的敬重。通过这种年复一年的宗族活动进行周期性的集体回忆，不断地提醒族人对自己宗族的历史与同宗同流的认识[15]，使这些集体记忆得以维持并传承到下一代，从而使得族众们保持着对同一宗族的心理认同。

三、潢涌村庙宇仪式空间的功能分析

金花圣母宫是潢涌村香火鼎盛的大庙之一，据《粤小记》记载："金花者，神之讳也，本巫女，五月观竞渡，溺于湖，尸旁有香木偶皖肖神像，因祀之"[16]。"因名其地曰仙湖。祈子往往有验。妇女有谣：祈子金花，多得白花，三年两朵，离离成果"[17]。金花圣母宫坐北向南，砖石木抬梁结构，前进为大门，后进为金花圣母殿，同样是中轴对称的平面建筑格局，采用前殿—天井—后殿的空间布局，通过庭院天井来连接前殿和后殿两个主要空间，满足后殿采光通风的需求，并在中间设有香炉，作为仪式准备的缓冲空间。建筑内部空间高度的抬升通过天井和后殿之间的台阶来实现，"阶"有上下尊卑之别，通过台阶向上到达某处，从行为上界定了台阶上下空间的等级秩序[18]。就后殿而言，其地面高度高于天井，从高度上营造出威严的空间感受，以此宣示其最高的等级地位，表达出人们对神灵深厚的尊重。祭祀过程中除了信众

行为具有位序观念外，神明像也有很强的位序观念，有明显的尊卑之别，以中间的金华圣母像为尊，两侧12位奶娘按左尊右卑的顺序依次排列[19]。

以农历四月十七日金花圣母诞为例，村民会在金花圣母宫前举办活动，开坛打醮，演戏酬神。而入庙求子者，以一把线香，在12位奶娘前轮流插香，到最后一支为结果，插中的最后一个奶娘，手中有多少个儿女，即为求子者有多少个儿女[20]。在传统封建社会，重男轻女的观念根深蒂固，男丁的兴旺不仅关系到家庭劳动力的增加，也关系到家族财产的传承。因此，在祈求生育时，人们往往会向金花圣母表达生男的愿望。当生子愿望得以实现，村民们会在金花圣母诞这一天，在家中神案上摆放供品，数量通常为三、六、九其中之一，然后点香跪拜。供品摆放一天，供神享用[21]。这不仅是对神灵显灵后的一种回报，也是人们对心中愿望达成的一种心理寄托。通过这种方式，人们希望能够增加愿望实现的可能性，从而在精神上获得更多的安慰和力量。

四、潢涌村仪式空间功能的当代价值

祠庙作为传统的仪式空间场所，不仅是祖先崇拜和民间信俗寄托的场所，也是社会文化认同的重要载体。仪式具有展现、凝聚文化信仰的功能，对构建地方文化认同意义重大。通过繁复而庄严的祭祀活动和节日庆典，祠庙被塑造成了展现乡土风俗文化的重要平台，在仪式中，从诵唱祝文，到传统服饰和特色食品都已然成为潢涌特色的风俗文化符号。同时，其也是宗族凝聚力的象征。在这些空间中举行的各种仪式活动，加强了宗族成员之间的联系，促进了家族成员之间的交流和互助，有助于维护家族的荣誉和传统，同时也是对年轻一代进行族群认同教育的重要途径。作为承载地方文化记忆的民间信仰仪式空间，祠庙建筑集结了多种意象，在特定仪式下能唤起个人和集体的记忆，借助祠堂和庙宇所构建的仪式空间来完成对地方认同的建构。

这些仪式空间的价值并不局限于过去，它们在当代社会中同样发挥着重要作用。我们可以看到祠庙在加强乡村组织和秩序建设方面发挥着积极作用。作为社区的中心，常常成为村民集会、交流和决策的地点。在这里，村民可以共同讨论和解决社区面临的问题，增强社区成员之间的相互理解和沟通。它们不仅是仪式活动的场所，也是乡村社会治理和文化教育的平台。它们的存在有助于规范村民的行为，促进社区和谐，增强村民对社区的归属感和责任感。

此外，在现代社会文化快速发展演化的情况下，传统文化的去留存续面临着诸多挑战。祠庙建筑所蕴含的教化功能体现出鲜明的现实意义，通过价值转化，传承和弘扬优秀中华传统文化，为现代社会提供道德训导和精神支撑，对社会风气的形成和维护起到了积极作用，引导人们在物质追求与精神追求之间找到平衡，促进当地社区村落的全面发展和进步。

参考文献：

[1] 《东莞市中堂镇潢涌村志》编纂委员会. 东莞市中堂镇潢涌村志[M]. 广州：岭南美术出版社，2010.
[2] 东莞市地方志编纂委员会. 东莞市志[M]. 广州：广东人民出版社，1995.
[3] 林志森，张玉坤. 基于社区再造的仪式空间研究[J]. 建筑学报，2011，(2)：1-4.

[4] 冯智明. 神圣与洁净：广西龙胜红瑶祭社仪式的社区整合意义 [J]. 重庆文理学院学报（社会科学版），2014，33（3）：1-5，50.

[5] 陆琦，潘莹. 珠江三角洲水乡聚落形态 [J]. 南方建筑，2009（6）：61-67.

[6] 陈志华，李秋香. 宗祠 [M]. 北京：生活·读书·新知 三联书店，2006.

[7] 《东莞市中堂镇潢涌村志》编纂委员会. 东莞市中堂镇潢涌村志 [M]. 广州：岭南美术出版社，2010.

[8] 《东莞县志》，《中国地方志集成·广东府县志辑》第19册影民国十六年（1927年）东莞养和印务局铅印本 [M]. 上海：上海书店出版社，2013.

[9] 郭焕宇. 广东省文学艺术界联合会，广东省民间文艺家协会. 中堂传统村落与建筑文化 [M]. 广州：华南理工大学出版社，2016.

[10] 陈志华，李秋香. 宗祠 [M]. 北京：生活·读书·新知三联书店，2006.

[11] 荣侠，徐潇潇. 苏州民居庭院与徽州民居天井空间比较 [J]. 创意设计源，2017，（5）：59-63.

[12] 温亚斌，王赢，马瑞芹. 民间祠堂仪式功能与非仪式功能空间流线的设计——以上庄村于氏祠堂为例 [J]. 烟台大学学报（自然科学与工程版），2020，33（1）：90-96.

[13] 邱丽萍，肖艳平. "互动仪式"视域下的谢冬节祭祖仪式音乐研究 [J]. 赣南师范大学学报，2022，43（5）：48-55.

[14] 廖松清. 宗族认同下的吹打乐 [D]. 上海：上海音乐学院，2010.

[15] 瑞谷，香石. 粤小记 [M]. 广州：中山图书馆，1960.

[16] 屈大均. 广东新语 [M]. 北京：中华书局，1985.

[17] 孙杰. 礼文化在中国传统建筑中的体现 [J]. 南方建筑，2003，（3）：3-4.

[18] 叶昱. 闽南海神信仰与仪式空间研究——以妈祖宫庙为中心 [J]. 福州大学学报（哲学社会科学版），2023，37（5）：25-35，170.

[19] 《东莞市中堂镇潢涌村志》编纂委员会. 东莞市中堂镇潢涌村志 [M]. 广州：岭南美术出版社，2010.

[20] 《东莞市中堂镇志》编纂委员会. 东莞市中堂镇志 [M]. 广州：广东人民出版社，2012.

开平碉楼的立体防御空间体系研究

冒亚龙[1] 高舜琪[2] 陆慧芳[3]

摘 要：作为世界文化遗产的开平碉楼是侨乡聚落防御的重要代表。本文运用 CPTED 理论从实体防御空间与精神防御空间两个方面，研究开平锦江里的防御空间体系与防御文化。研究表明，锦江里空间防御体系由外围自然防御空间、村落防御边界、建筑防御核心三部分组成，因借自然环境构成外围防御圈，利用公共街巷形成域内防御圈，依靠坚实砖混碉楼打造最终防御堡垒，凭借碉楼自身高度优势构建立体视域预警系统，借助侨乡神灵护佑形成无形的精神防御。实体与精神融合防御思想体现了开平碉楼聚落"住防合一"的特征，成为中国乡村立体防御空间体系的典范。

关键词：开平碉楼 CPTED 理论 防御空间体系 乡村遗产

开平碉楼于 2007 年申遗成功，碉楼的历史文化价值受到众多学者关注；陈耀华等人通过比较分析法将开平碉楼与同期其他申遗古村落遗产进行比较，得出保护与利用开平碉楼的对策[1]；张复合、薛婧等学者从碉楼的平面、功能、样式、材料、建造五个方面论述开平碉楼的地域性变化过程，体现碉楼在中西文化融合中的载体作用[2,3]；梁雄飞等人运用空间计量分析法提出"防御功能单元"概念，量化聚落防御、分析碉楼空间演变，对制定具体、可操作的文化遗产保护活化策略提供一定启发[2]。但当前研究成果主要集中在分析碉楼遗产价值和保护建筑、聚落层面，对于开平碉楼所形成的防御功能格局、立体特征与形成逻辑方面讨论较少。因此，本文从碉楼的防御功能出发，以锦江里瑞石楼为主要研究对象，结合 CPTED 理论与空间体系建构方法，试图分析开平村落立体防御空间体系特征。

一、开平碉楼发展演变

开平碉楼产生于明代后期，繁盛于 19 世纪末 20 世纪初。当地特有的自然环境、人文环境、历史文化特征共同造就了独一无二的开平碉楼，成为独具特色的乡村文化景观。

1. 开平地区的自然地理环境

开平位于广东省中南部、珠江三角洲西南部，处于台山、新会、恩平、鹤山之间。境内多丘陵，大多海拔在 50m 以下，潭江自西向东横贯市腹，形成河网密布丘陵地貌[4]。开平市位于低纬度的亚热带季风区内，常年受海洋风影响降水充沛，气候温和。在夏秋两季台风给开平带来大量降水，地处潭江中下游的开平往往容易形成洪涝灾害[5]。

2. 开平地区的人文地理环境

开平历来以农业经济为主。唐代开平因地理优势开始开展对外的交流及移民活动；朝代更替，开平地区居民主要由从江西、浙江、福建等南方地区和金入侵时从北方南迁的客家人两方面构成；清代人口快速膨胀，土客两族为争夺土地资源械斗不断，恶劣的自然环境导致农民起义频发，匪寇也常在此盘踞。16 世纪越来越多开平村民远赴海外寻求生路；1840 年后，许多开平人被送往美国西部；1893 年海禁废除，海外侨民与家乡恢复联系；民国初年，随着衣锦还乡侨民数量增加，华侨村再次成为匪徒攻击的对象，为保障家族的生命财产安全、村庄的共同利益，碉楼成为开平村民防御匪患、抗争外敌自保的重要建筑。

3. 开平地区的社会文化环境

早期出洋求出路的侨民在后期社会政治因素的影响下返华。目睹了西方国家先进工业文明的侨民通过书信、侨汇、自身能力等形式传递西方的文化、科技和社会风貌影响岭南侨乡。19 世纪 70 年代，很多华侨在积累足够资金后回乡，用多年积蓄建设家乡。18~19 世纪中叶欧洲盛行复古主义思潮，美国 18~19 世纪初盛行折中主义，同一时期身处北美的侨民也被这些风格所影响，但居于社会底层的他们只能"模仿欧洲建筑风格"，使用"拿来主义"让他们欣赏的建筑在世界的另一端"生长"出来，由此便诞生了既包含海外文化又蕴含岭南建筑巧思的开平碉楼。19 世纪末至 20 世纪 30 年代，侨乡社会处于初步发展阶段，大量侨资促进建造业发展，加之政府鼓励与法律政策保障，开平碉楼的建造在 1912~1937 年进入高速发展时期（图 1）[6]。

开平碉楼是岭南侨乡防御文化景观的代表，它不仅为开平聚落提供了生存所必要的防御功能，其中用到的建筑技术与装饰也代表着开平人强烈的地方认同。

二、CPTED 理论与开平碉楼村落立体防御空间的关系

CPTED 是指"通过环境设计预防犯罪"（Crime Prevention Through Environmental Design，缩写为：CPTED），其核心概念是"防卫空间"，定义包含：领属性（territoriality）、监控（surveillance）、景象（image）、出入控制（access control）、目标强化（target hardening）、活动支持（activity support）六个要素[7]。防御性是中国传统聚落与空间形态中非常重要的特征，

---

[1] 冒亚龙，华南理工大学建筑学院、亚热带建筑与城市科学全国重点实验室、华南理工大学建筑设计研究院有限公司，教授、博士生导师。
[2] 高舜琪，华南理工大学建筑学院，硕士研究生。
[3] 陆慧芳（通讯作者），华南理工大学建筑设计研究院有限公司，工程师。

图1 开平碉楼的分布与发展

1. 外围防御空间——可防卫的地形地貌改造

CPTED 理论强调通过控制自然环境结构营造可以降低犯罪率的环境，改善该环境中的人居生活质量[9]，这一策略与锦江里的布局方式不谋而合。锦江里虽处于冲积平原，但竹林为其提供了良好的防御作用；长满荆棘的竹林将村落紧密包围，从后侧盗匪无法轻易进入村庄。前有锦江河后有茂林修竹，左右各置一个风水塘既作平时的用水场所，也做天然防御壕堑，为村庄提供了良好的自然屏障。通过人工的方法造就了"背山"面水的居住环境，构建了村庄的第一层防御圈层，实现人与自然的共赢（图2-b）。

2. 领域性的防御圈层——规整的村落边界空间

CPTED 理论中区域内部防御主要原则为领域性、公共监控、出入控制。锦江里规整的边界使村落在遭遇匪患时可以构筑起类似客家围屋似的外层防御空间，控制敌袭在村落圈层发生。

进入锦江里的路径单一；村前的晒谷坪与穿越村子的道路一起构成锦江里狭长的村前广场；村中的重要建筑布置在村前，起到统领作用；碉楼置于村落后方呈防御姿态，形成了村庄规整的边界线。村口大榕树下的村民、村前繁荣的公共活动共同构建了村庄自然控制防御体系，兼具对外来者的监控作用；村庄的共商共建增强了村民们的归属感与认同感，构成了以血缘为纽带的熟人社会，无形之中震慑入侵者；村庄规定纵巷宽 1.5m，最窄的横巷宽 60cm，让敌人无法在狭窄巷道中聚集攻击，旁边居民则可形成单个防御单元进行防御。锦江里通过确定边界、熟人社会监控、狭窄巷道形成防御单元确保村庄的防御能力，形成了第二层实体防御圈层（图2-b）。

3. 独立的防御空间——可防御的建筑

碉楼经历了"三间两廊→庐居→碉楼"的过程。传统的三间两廊民居本身具有一定的防御性，碉楼是三间两廊的变体，凝聚了当地村民防御匪患的智慧结晶[1]。CPTED 的目标强化指对特定目标加强保护措施，窗户、入户门是在防御中容易被敌人突破并造成人员伤亡的薄弱部分[9]。

以锦江里瑞石楼为例，在单体防御空间建构上，瑞石楼着重对门窗进行强化保护：每层的小窗都设有铁制窗棂，二层及以上的窗户设有铁制窗扇，窗口小、窗沿短、封闭性强，不利于子弹进入和外部攀爬；主门包含铁制的趟栊、木制屏风和大门，对比传统

"安全、人多、易保卫"是传统聚落形成的重要原因，对于传统聚落而言，安全性是聚落得以继续壮大的制约条件。在防御因素影响下，不同环境气候、地貌条件、社会等因素产生各地多种多样、独具特色的防御性建筑。

开平地区地势低洼、水网密布、洪涝灾害频发，平原地区拔地而起的碉楼具有抵抗恶劣自然灾害的功能；同时该地区独特的地理位置导致匪患不断、治安恶劣，以家族聚居的形式建造碉楼可以起到维护宗族利益、保护自身财产安全的作用[5]。开平碉楼村落的构建融合了当时西方先进的规划理念与东方的人居环境规划方式，是 CPTED 理论与中国传统聚落防御理念融合的体现。

现存的开平碉楼群中，锦江里瑞石楼有"开平第一楼"的美誉，是开平现存最高的碉楼。村落的防御体系是物质性与精神性互相兼顾、长期延续发展的结果[8]，应从实体立体防御空间、精神性防御体系两方面进行深入调查研究。

三、锦江里实体立体防御空间体系研究

锦江里周边地势平坦、无山可依，结合村庄人多地少的特点，黄氏家族选定地势较高处划定村庄界线，修建村庄，并在村后竖立碉楼将村庄外围、域内及碉楼的防御空间进行了交通和信息联系，通过自然环境与物质环境共同构建了锦江里的三重空间防御圈层（图2）。

(a) 锦江里平面图

(b) 锦江里三层防御圈层示意图

图2 锦江里平面图及防御圈层示意

的木格栅门更为坚固防盗；楼体四角的"燕子窝"是碉楼防御的代表构造；四角凸出的设计让巡护人能够无死角地关注碉楼以及村庄内部的各种动向；每个燕子窝下均设置多个射击孔，可以便捷地对建筑下方的敌人进行攻击，保证楼体的安全；顶楼的探照灯让整个建筑和村庄的安全得到极大的保障（图 3a）。

中西合璧是开平碉楼主要的装饰特征[1]。立面上每层都由不一样的线脚和装饰组成，窗台、窗套装饰涡卷纹、卷草纹（图 3c）；五层四角各有一个形似钻石的柱头，承托起六层的柱廊以及其上的角亭；六层向外凸出古希腊风格柱廊，柱廊外部装饰中西结合，有欧式拱券也有中式双喜雕花、灰塑、彩画，传达开平人对美好生活的向往与热情；七层的平台四角有穹隆顶的角亭，南北两面是巴洛克式的山花，使用大量涡卷纹、卷草纹等题材，并附有鸟兽点缀；顶层的小凉亭是偏向罗马风格的穹隆顶，周围窗户饰有铁皮窗花。

瑞石楼的实体防御上从自然监视、进入控制、目标强化、活动支持四个方面全方位进行，最终达到以碉楼全方位防御为主，在匪患来临之际形成交叉火力网，守护族人的生命财产安全的效果，形成了锦江里的第三层核心防御。

4. 村落预警体系建构

村落的预警体系建构补充了实体防御空间体系中所缺乏的更大范围的"预见性"以及建筑单体之间的联动性。碉楼置于村庄后方，保持村落"前低后高"的整体形态，既兼顾村中各住宅通风采光的需求，又通过高度优势构成村庄的预警体系（图 4）。锦江里的三座碉楼：瑞石楼、锦江楼、升峰楼相互联系，瑞石楼与升峰楼坐落于村落东、西侧，锦江楼坐落于村庄的中轴线末端，位于防御体系的核心位置。

在群防预警上：三座碉楼利用高度优势和坚固的形象对匪徒起到心理震慑作用；碉楼通过内部人员轮流守卫、控制村庄的人员访问并自然地监控村庄周围情况，在敌人到来时迅速传达信息、按照指示进行防御；在夜间三座碉楼互相配合通过顶部的灯光巡视增强监控，互为警戒。在单体预警上：庐居与传统民居可互相警戒周围动态，并通过碉楼预警传递信息，较快采取措施进行周遭防御体系的搭建。

四、精神性防御空间体系建构

CPTED 理论的核心是通过区分身份、营造氛围构建一种控制与威慑"外"，凝聚和强化"内"的理想秩序。开平人民通过精致的神龛、人神共居一楼的生活模式、中西融合的文化态度获得心理安慰与自信，构建强大的精神防御。

开平侨乡不论贫富，厅堂上都设神龛，神龛是一切祭祀活动的中心。家中神龛越显精致越能展现自己信仰的虔诚与生活的富裕。碉楼神龛一般设于顶层，首层置祭桌、香炉供后人拜祭和瞻仰[10]。瑞石楼在碉楼首层设祭桌、上置楼主合照，神龛置于七层，两边对联"瑞器晶莹昭祖德，石楼高巩妥先灵"，并放置全家人员的照片，

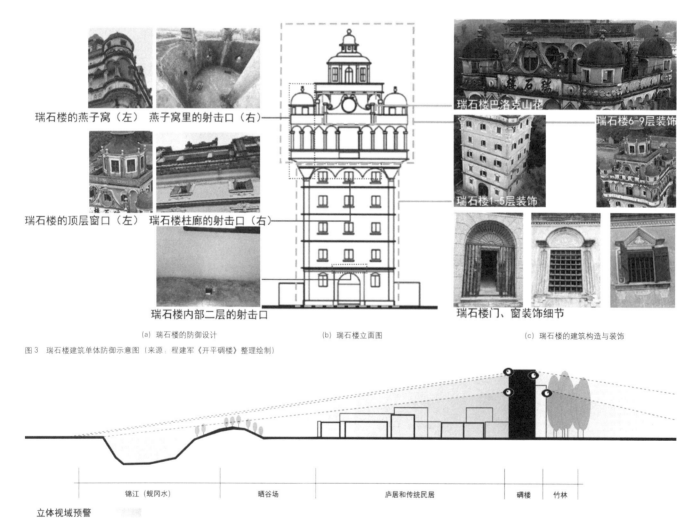

(a) 瑞石楼的防御设计　　　(b) 瑞石楼立面图　　　(c) 瑞石楼的建筑构造与装饰

图 3　瑞石楼建筑单体防御示意图（来源：程建军《开平碉楼》整理绘制）

图 4　锦江里视域警戒示意图

构建了内向的秩序，增强抵御能力。人神共居一屋，"多神"祭拜模式在开平民间司空见惯，"多神"指"天官""地神""门官""灶神""河神"等。瑞石楼对于"地神"与众不同，横眉"聚宝 地主神位"，对联"瑞能凝结彩，石可点成金"，巧用楼名串成联句，体现了对土地的虔诚与膜拜；锦江里的"河神"祭坛设于河边，祈求河神护佑村庄不再遭受洪涝侵袭。瑞石楼的祖屋两廊分设"门官"，上书横眉"进宝"，对联"同进中华宝，时招外国财"展现了开平民众信仰中对外来文化的主动接受。

开平民间信仰作为中国文化传统的一种表现形式体现了中华民族强大的凝聚力和向心力，通过这种积极的心理暗示和精神指引，不断强化锦江里的精神防御空间。

五、结语

"住防合一"是中国传统聚落的主要特征，传统聚落的空间建构与气候环境、地理地貌、社会因素等多方面辩证统一。开平碉楼村落空间在建构中无形与之后产生的 CPTED 理论形成了呼应，华侨们出于自己真实的防御目的、空间功能需求，因借自然，造就了"背山"面水的居住环境，构成外围防御圈；利用规划好的公共街巷形成域内防御圈；依靠坚实的砖混碉楼和防御巧思打造防御堡垒；凭借碉楼自身高度优势构建立体视域预警系统；借助侨乡神灵护佑加强无形的精神防御。"住防合一"的独特乡村景观，成为中国乡村独一无二的历史见证。

参考文献：

[1] 陈耀华，张静茹．基于比较分析的开平碉楼基本特征与保护利用[J]．生态经济，2013（1）：184-187，191．
[2] 梁雄飞，阴劼，杨彬，等．开平碉楼与村落防御功能格局的时空演变[J]．地理研究，2017，36（1）：121-133．
[3] 薛婧，段威．居必常安，然后求美——开平碉楼的地域性应答[J]．建筑创作，2020（1）：91-97．
[4] 江门开平市人民政府门户网站[EB/OL]．[2024-06-28]．http://www.kaiping.gov.cn/kpszfw/kpfc/kpgl/content/post_2118430.html．
[5] 熊志嘉，麦恒．区域环境下开平碉楼建筑特征探析[J/OL]．山西建筑，2016，42（1）：38-40．DOI：10.13719/j.cnki.cn14-1279/tu.2016.01.021．
[6] 陈耀华，杨柳，颜思琦．分散型村落遗产的保护利用——以开平碉楼与村落为例[J]．地理研究，2013，32（2）：369-379．
[7] 赵秉志，金翼翔．CPTED 理论的历史梳理及中外对比[J]．青少年犯罪问题，2012（3）：34-41．
[8] 冒亚龙，葛毅鹏，关杰灵．卫坡防御空间建构研究——一个应对社会动荡的豫西村落空间演变范本[J]．古建园林技术，2020（6）：87-92．
[9] 胡斌，汪中林，吕元．基于 CPTED 策略的社区边界空间安全设计[J]．北京工业大学学报，2016，42（7）：1071-1076．
[10] 梅伟强．信仰虔诚 人神共居 中西融合——开平民间信仰文化的特色[J]．五邑大学学报（社会科学版），2007（1）：29-32，49．

空间多义性视角下丽水市古村落游客中心设计策略研究

冒亚龙[1] 郑皓文[2] 钟骐亘[3] 李璐[4]

摘 要： 当代古村游客中心既要满足外来游客与当地村民使用的复杂功能要求，又要继承历史环境并赓续历史文化，形成传承与创新的多义性空间。运用空间多义性理论方法，探究古村游客中心的设计思路与策略。古村落游客中心需根据多义性语境设置时间、空间、人群与事件，从四重维度组织功能，形成多义空间并建构叙事场所；设计模糊空间与鼓励空间灵活利用，实现多元功能叠加；丰富人群类别与兼容场所精神，实现多态场所体验；紧密贴合文脉与映射文化语境，实现多义叙事解读。

关键词： 空间多义性 古村落游客中心 设计策略 叙事场所 历史文化

空间多义性理论强调建筑空间使用的灵活性，提倡在长久使用期限下充分满足使用者的不同用途，具备多重潜力且空间有非中性的特征，激发使用者对空间的个人诠释。古村落游客中心需兼顾多维交织的语境及其复杂多元空间需求，如本地居民与游客、村落产业与旅游业、传统文化与现代技术等。

赫兹伯格首次提出了空间多义性理论并结合荷兰结构主义实践（图 1）[1]；Bernard Leupen 研究住宅内部房间拓扑关系及其空间多义性（图 2）[2]；Young Ju Kim 辨析多功能性与多义性关系，并改造了一所衰败学校[3]。孙自然基于该理论对河西走廊地区乡村农宅进行分析，发现其功能更替、多功能复合和空间界面模糊性特征[4]；刘健等提出边界消隐、弹性预留和功能融合策略[5]；李雪归纳出"无意义"、模糊、泛功能化三种多义性空间特征[6]。

当前国内外空间多义性理论研究与实践成果有限，在国内乡村公共空间和传统民宅虽有初步探索，但数量少且未成体系，也未涉及古村落乡村旅游开发背景下的游客中心设计策略。通过空间多义性理论，设计古村落游客中心的多义空间，营造多义场景体验，构建多义叙事解读，为旅游开发背景下的古村落游客中心公共空间设计提供研究方式和策略参考。

一、空间多义性理论方法

1. 空间多义性理论

空间多义性理论起源于 20 世纪 90 年代，由荷兰当代建筑学者赫曼·赫兹伯格提出[7]，旨在批判现代主义建筑对空间功能及其使用者行为的刻板想象和粗暴分工[8]。该理论运用结构性的思考方式，探讨空间灵活性，体现建筑的人本精神[9]。多义性空间意味着在建筑设计中运用某种语法原理，使人们能定义自己所处的结构内的生活环境，并在长期使用过程中被不同使用者定义和解读。强调空间应具备足够的广度和深度以供解释，同时保存自身特征以激发使用者对环境的联想和使用。与密斯的"通用空间"或模块化装配式理念不同，多义性空间在展现良好适应性的同时，融入特色元素，鼓励个人表达与解释，更强调使用者主观能动性。

2. 空间多义性研究视角

伯纳德·屈米使用"事件""空间""路线"进行描述建筑与空间事件的叠加状态以实现对其所承载的"现实"的映射（图 3）[10]。该案例展现出了一种研究视角的可能性，即基于理论的研究范畴，对研究对象进行反映研究范畴内维度的拆解，并重构于研究对象进行再次的定义与分析[11]。该方式可以深入理解研究对象的多样性和复杂性，从而为研究提供了更为丰富和深入的理论框架。

结合空间多义性理论和空间行为学方法，发展空间多义性视角下对于建筑空间与场所的定义分析方法。基于空间多义性理论提出"时间""空间""人群""事件"四个维度作为研究视角，包含了对建筑空间多义化影响的主要方面，通过对建筑空间所在的物质及文化语境分析，进一步得出三个递进层次的策略做法，即"功能""场所""叙事"三个维度，由表象的多类空间功能，深化到多元场所精神的营造，最终深入探讨多义空间内的多义叙事（图 4）。

二、古村落游客中心概况与现状问题

1. 古村落游客中心概况

山下阳村位于丽水市松阳县古市镇，始建于明朝。村落选址、形成与发展深受风水学影响，历史街巷肌理清晰，保存完好。村内分为新旧两区，东北部为保留完好的古村落，特色包括宗祠、风水塘和丁字风水街巷。项目计划于村落西南村口处建设游客服务中心（图 5）。

2. 空间多义性视角的古村落游客中心现状问题

在乡村旅游开发中，山下阳村展现出游客与居民并重的特征。章晶晶等人的研究强调，乡村景观评价需兼顾游客与居民双视角，平衡两者利益与立场[12]，此观点与 1974 年法国比利牛斯委员会关于公园游客中心服务范围的提议相呼应[13]。在山下阳村古村落游客中心设计中，应综合考虑旅游产业与本地农业的关联、游

---

[1] 冒亚龙，华南理工大学建筑学院，亚热带建筑与城市科学全国重点实验室，教授，博士生导师。
[2] 郑皓文，华南理工大学建筑学院，硕士研究生。
[3] 钟骐亘，华南理工大学建筑学院，学生。
[4] 李璐（通讯作者），华南理工大学建筑设计研究院有限公司，助理工程师。

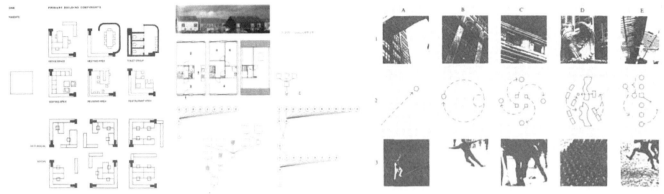

图1 Central Beheer 大楼统一结构单元中的空间多义性分析，L形结构单元内可容纳不同的功能（来源：参考文献[1]）

图2 Bernard Leupen 对 Ypenburg 住宅的空间平面分析及拓扑关系网状图分析（来源：参考文献[2]）

图3 伯纳德·屈米"空间""路线""事件"分析方法，A-E 五列表示五个空间场景，1、2、3 三行分别表示"空间""路线""事件"拆解三元素（来源：参考文献[10]）

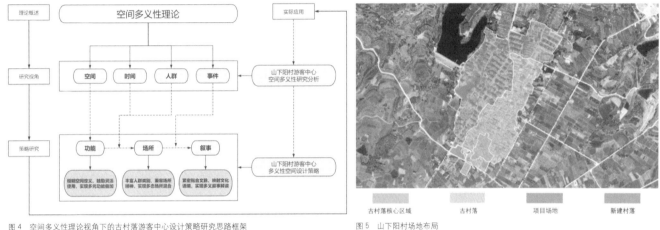

图4 空间多义性理论视角下的古村落游客中心设计策略研究思路框架

图5 山下阳村场地布局

客与居民的兼顾，以及现代设计与古村落历史的融合。通过"时间""空间""人群"和"事件"四维分析视角，探究设计挑战，并为空间功能、场所精神、叙事主题等提供设计指导。

（1）时间维度的不足

时间维度凸显了建筑需适应不同时间周期内的变化与灵活性。村民与游客的活动特性与其生产生活方式相关，时间变量对游客中心空间的使用产生显著影响。短期内，昼夜更替、工作日与周末的节奏，塑造了游客活动的波动模式；长期而言，农业生产周期、本地文化与传统民俗，则引导着村民的活动时间。两者时间节点独立，各自对空间使用产生影响：本地居民虽在活动低谷时主导场地，但人数有限，影响有限；而游客在淡季使用强度低，假日或节日时则激增，成为高强度使用的主导。

当前，古村落游客中心对于游客与居民双人群的峰谷周期考虑尚不完善，未能有效化解高峰时期的使用矛盾和引导空间的错峰利用；缺乏对日常需求动态变化的预见和应对，在时间维度上的适应性和体验不足。缺乏动态调节的机制不仅影响了游客体验和居民生活，也限制了古村落文化和空间的可持续发展与多样化创新（图6）。

（2）空间维度的不足

山下阳村内部民居建筑和祠堂建筑充分体现了当地建筑典型风貌和空间特征；村内街巷兼顾风水与防卫功能；村中央风水塘广场由周边民居围合而成，与风水塘、核心祠堂形成中央轴线，结合地形水势，传承了天人合一的思想境界。

游客中心通常只基于游客硬性功能需要打造对应功能空间，未充分挖掘游客中心的丰富业态潜力，忽视本地居民使用场景，缺少适当公共空间，对用户友好程度较低；与古村落呼应较少，与民居空间、街巷空间、核心空间等代表性空间原型上缺少联系，在总体肌理上紧密贴合但对话不足。重视物质空间而轻视精神空间、重视现代功能而轻视文化传承、重视自身功能自洽而轻视与景区村落融合共生。

（3）人群维度的问题

人群维度强调关注并均衡不同用户群体的多样化需求，特别是游客、本地居民和办公人员的行为模式与使用偏好。山下阳村的旅游业内容随时代发展，涵盖了休闲、体验、购买、观展等多元服务。本地居民基于传统农业和村落民俗文化形成的生产生活模式，决定其需求包括与生产相关的晾晒及集市空间，与民俗文化相关的活动、宴席空间，以及社区物业服务等（表1）。

当前古村落游客中心在服务本地居民方面考虑不足，提供服务过少，导致居民成为被忽视的人群。且缺乏促进居民与游客互动交往的空间，使得两大群体产生割裂，不利于居民从传统农业向旅游服务业的转型，也难以让他们充分参与到旅游开发的新时期发展进程中。

（4）事件维度的分析

人群在空间中的行为成为发生的事件，并延伸影响了场所精神的形成。古村落游客中心应成为承载事件的容器，游客、居民在此发生的事件和其承载的文化，共同在此塑造出多义的场所精神和多

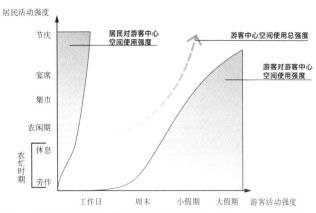

图6 游客中心空间使用强度与游客\居民活动强度的关系,深色区域为该人群活动强度与其对应的空间使用强度,箭头表示游客中心空间使用总强度

义的叙事主题。游客在此发生的事件由基本服务到假期时间的特殊活动,居民在此的事件由常规的闲聊、晾晒到节庆、集市,多类人群的多类事件在此轮流发生、碰撞,成为古村落游客中心承载的多元叙事。

当前的古村落游客中心由于服务人群狭窄、容纳功能过少、空间潜力不足,难以成为传统古村落和现代旅游业的事件容器和叙事载体,需要有更加包容、多义的空间。

三、基于空间多义性的设计策略

基于"时间""空间""人群""事件"四维度对山下阳村的物质空间和社会空间分析,探讨具体设计策略层面如何实现多义性空间。以空间功能的多义解读作为首要关注点和评判标准,基于赓续传统文化需求,进一步挖掘本地传统与现代场所精神多义性,最终实现叙事层面的多义叠加并探讨其碰撞融合发展,形成"功能""场所""叙事"逐步深入的空间多义性策略研究。

1. 模糊空间定义与鼓励灵活使用的多元功能叠加设计策略

模糊空间定义与鼓励灵活使用的多元功能叠加设计策略,结合空间多义理论,呼应空间多重解释和用途的潜力的需求,展现出多义性和灵活适应性,成为一个多维度、动态的功能平台。通过弱化空间的功能预设和认知定义,鼓励用户灵活使用空间,使有限的物理空间在不同时间和情境下具备多种用途。在古村落游客中心

设计中,灵活的隔断和家具配置优化了空间利用率,增强了空间适应能力。

山下阳村游客中心方案采用了散落布局,建筑在场地中分散体块,并在内部形成开放空间序列及若干近人尺度零散空间,尺寸从小到大形成了丰富的尺度梯级。多种样式的半室外和室外空间,搭配附属的平台、顶棚、台阶、观景台等构成部分,拓展了其在功能上的挖掘潜力,使之可以在不同需求下搭配活动策划和临时装置进行灵活使用。

方案大量使用了多种形式的半开放室外"灰空间",通过外侧道路与农田、内侧街道空间、旁侧房间的丰富联系,可以与周边各类空间进行搭配使用。通过营造充满不确定性的空间,使其功能等维度的定义被模糊,从而鼓励对其进行灵活的功能开发与使用,使空间的功能实现多元的叠加,成为空间多义性的阐释与应用(图8)。

2. 丰富人群类别与兼容场所精神的多态场所体验设计策略

多态场所体验设计策略旨在创建包容游客、居民等多样需求的场所,结合不同活动事件,营造完善体验,契合空间多义性理论对空间适应不同群体多样需求的需要。方案位于新旧区域交界,服务广泛人群,实现多态场所体验。

方案充分考虑服务人群的兼顾,场地南村口侧主要入口面向游客,北侧次入口便于居民使用;咨询大厅与后勤办公紧密联系,既服务于游客也承担社区中心功能;公共广场可用于游客集散或商业活动,也可供村民举办民俗活动或宴席;商业区域在服务游客的同时也可为居民提供日常服务,特色活动体验可由居民运营,增加经济收入。在多义性空间中,不同人群通过活动和互动实现包容、共存与碰撞,创造出丰富的社会和文化互动场景,使共享空间充满活力与多样性(图9)。

3. 紧密贴合文脉与映射文化语境的多义叙事解读设计策略

紧密贴合文脉的策略聚焦于建筑在设计上深刻回应和反映其所在环境的历史和文化语境,通过空间、流线等设计配置,在传统历史、民俗文化、自然环境、当代语境下进行多义叙事的解读。通过空间多义性理论的指导,不仅在物理空间上实现多义性,还在叙事层面上赋予其深刻的多元文化意义,使建筑同时成为文化记忆的载体和未来发展的桥梁,实现历史与现代的有机结合。

山下阳村传统的叙事主题主要包括:以实体建筑群为载体的历

山下阳村不同人群在游客中心的主要行为　　　　　　　　　　　　　　　　　　　　　　　　　　　　　表1

游客	购票问询	购买纪念品	休息	学术会议	饮食	观展	观景	民俗体验
本地居民	物业服务	晾晒	休息聊天	宴席	集市	农产品加工		民俗活动
工作人员	办公	举办活动	货物运输	提供咨询				

(a) 传统本地建筑,以灰瓦坡屋顶和黄色夯土墙的围合空间

(b) 将灰瓦屋顶、黄色土墙和室内空间打散脱离,形成三层主要设计元素

(c) 设计元素现代化转译,围合构件重新组合形成多层次空间

(d) 转译后的元素增添细节,完善丰富多层次空间,与外界环境产生有机联系

图7 基于传统建筑原型演变成模糊多义空间

史村落、以民俗活动为载体的传统文化、与山水茶田等自然景观构成的天人关系等。如今在现代发展旅游业的背景下，传统叙事语境有所拓展：休闲娱乐地游览目的地、传统与现代文化产生的碰撞、传统历史和文化的传承与发扬等。构建多义性的空间，面向多类人群形成多元的场所，最终实现多义性的叙事（图10）。

（1）游客中心的形体生成逻辑起源于古村落布局。基于其传统村落街巷格局和祠堂传统围院式布局，选取了其中重要的历史建筑抽取空间拓扑关系和尺度模数塑造建筑原型（图7），结合游客和居民的流线，将围合式的空间原型打碎生成室外空间，并将室外空间参考古村街巷塑造尺度，衔接古村街巷流线，延展古村空间肌理（图11~图13）。在村落肌理和空间体系的层面完善了呼应传统的空间叙事（图14a）。

（2）游客中心通过面向本地居民提供空间和营造场所，以承载民俗文化，实现传统民俗和风土人文的叙事。场地内的多义性空间在为游客服务的同时可承担村民的节庆和传统活动，为传统民俗文化提供表现和延续的空间。多义的场所精神容纳了来自民间的历史和精神的遗产（图14b）。

（3）通过空间上引入自然，塑造串联起人文景观与自然景观的流线，延续天人合一的自然观叙事。方案的二层加入了游览步道的体系，步道由村口广场始，蜿蜒绕折穿过场地来到古村落。步道通过位置的弯折和朝向的变换，配以多个观景节点形成的空间序列，使游览过程中的景色在自然茶田—广场—远山—古村之间反复变换，通过蒙太奇式的观景效果使传统村落及农田与广袤的自然山水产生互文关系，实现对山下阳村"天人合一"的自然哲学叙事的传承（图14c）。

（4）现代旅游业带来了传统与现代的碰撞，也带来了文化传播和本地发展的新机遇。通过营造供游客与居民交往和交易的空间，实现以旅游业为媒介宣扬传统文化风貌、活化历史文化资源、发展传统农村业态的新图景，绘制新旧碰撞、互生共赢的新叙事（图14d）。

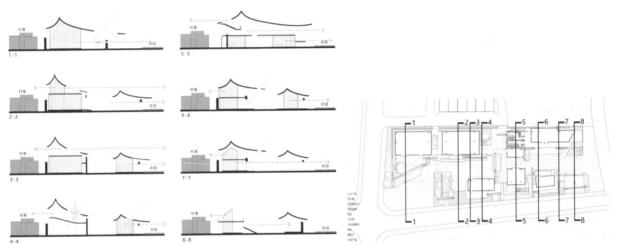

图8 游客中心空间与外部农田及村落渗透关系剖面示意图

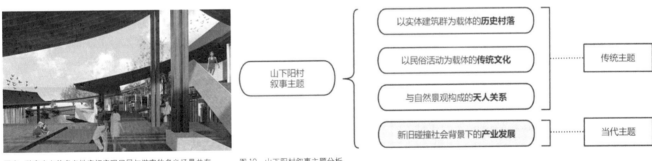

图9 游客中心的多义性空间实现居民与游客的多义场景共存　　图10 山下阳村叙事主题分析

图11 山下阳村游客中心鸟瞰效果图（在视觉上与古村落建筑群呼应延伸）

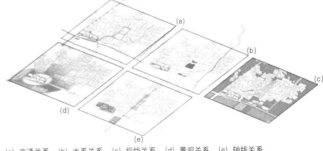

(a) 交通关系　(b) 水系关系　(c) 视线关系　(d) 景观关系　(e) 轴线关系
图12 游客中心与周边场地建立多元呼应关系

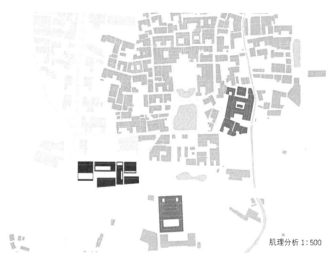

图13 游客中心呼应古村肌理关系

a.延续村落街巷肌理,完善呼应传统的空间叙事

b.续写传统场所精神,承载传统民俗文化叙事

c.强化空间景观渗透,赓续天人合一自然哲学叙事

d.兼容传统业态与新旅游业,绘制古新交融发展新叙事

图14 山下阳村游客中心多元叙事塑造

四、结语

当代古村落游客中心的设计不仅需要满足多样化的功能需求和使用者群体,还需深度融入和传承其独特的历史文化语境。通过应用空间多义性理论方法,从空间、时间、人群和事件的多重视角探讨兼具传承与创新的多义性空间。模糊空间定义和鼓励灵活使用的策略,使建筑能够承载多元功能的叠加,适应不同时间节点和使用情境的变化;丰富人群类别和兼容场所精神的设计,实现了不同用户群体之间的多态场所混合,促进了游客与居民之间的互动交流。通过紧密贴合文脉和映射文化语境,建筑成为文化记忆和现代生活的纽带,深刻实现了多义叙事的解读。未来,古村落游客中心将继续在传统与现代、历史与未来之间架起桥梁,成为古村落文化传承和创新发展的重要载体与象征。

参考文献:

[1] QIN Y. The influence of structuralism in the field of architecture[J]. Academic Journal of Architecture and Geotechnical Engineering, 2023, 5(5): 23–27.

[2] LEUPEN B. Polyvalence, a concept for the sustainable dwelling[J]. NA, 2013, 19(3).

[3] KIM Y J. On flexibility in architecture focused on the contradiction in designing flexible space and its design proposition[J]. Architectural research, 2013, 15(4): 191–200.

[4] 孙自然,刘加平,李强.建成环境意义视角下河西走廊地区农宅功能空间"多义性"特征[J].建筑学报,2023(S1):168–172.

[5] 刘健,赵静好,赵鹏飞,等.空间多义性视角下乡村公共空间可持续更新——以朱家林村为例[J].城市建筑,2024,21(5):104–107.

[6] 李雪.从"无用之用"思想到多义性空间——城市规划与建筑设计研究[J].重庆建筑,2022,21(12):13–16.

[7] 赫曼·赫兹伯格.建筑学教程 1:设计原理[M].仲德崑,译.天津:天津大学出版社,2003.

[8] 赫尔曼·赫茨伯格,朱亦民.短长书:给赫尔曼·赫兹伯格的10个问题[J].世界建筑,2005(7):43.

[9] 聂亦飞,杨豪中.赫曼·赫兹伯格的"多价性"建筑设计[J].工业建筑,2014,44(2):161–165.

[10] 屈米.建筑概念[M].陈亚,译.北京:电子工业出版社,2014.

[11] 刘铨.建筑与分裂——屈米的建筑理论与实践概述[J].建筑师,2007(1):49–58.

[12] 章晶晶,江俊浩,胡广.游客和居民视角下的乡村景观评价研究——以浙江省丽水市山下阳村为例[J].浙江理工大学学报(自然科学版),2022,47(2):247–255.

[13] 向微.法国国家公园建构的起源[J].旅游科学,2017,31(3):85–94.

万里茶道内蒙古段张库大道东路聚落群的形成与演变研究

韩瑛[1] 闵无非[2] 简乙栩帆[3]

摘　要：万里茶道是我国古代重要的国际商业贸易路线，影响了内蒙古段沿线聚落群的兴起与发展，目前学界尚缺乏对万里茶道内蒙古段聚落群宏观系统性研究。本文选取万里茶道内蒙古段张库大道东路沿线聚落群为研究对象，通过文献分析和田野调查法统计了万里茶道张库大道东路沿线上的43个聚落基本信息，归纳总结出这些聚落群的空间形态在政策、文化等因素的影响下由单核心主干线形态，到多核心放射状形态，再到多核心交叉状形态的演变规律，为该地区传统聚落群文化遗产的价值评估与保护工作提供理论支撑。

关键词：万里茶道　张库大道东路　聚落群　形成动因　形态演变

聚落群作为传统聚落的区域性集合，文化与历史价值丰富，是聚落研究的重要方向[1]。我国传统聚落的保护与发展在乡村振兴战略的背景下愈发受到重视[2]，万里茶道张库大道路段既是万里茶道内蒙古段最重要的分支，也是丝绸之路北线的重要组成部分，在历史贸易中发挥了重要的作用。张库大道东路沿线聚落的形成与发展受商业活动、政治、文化与宗教等因素的多重影响，是研究商业聚落群空间形态演变的理想案例。目前学界有关内蒙古地区传统聚落的研究多集中于静态单体聚落，且侧重于对商业贸易、宗教传播与单体聚落的研究，本文在此研究背景下进一步深入，调查统计了万里茶道内蒙古段张库大道东路聚落，并对聚落群空间形态的演变进行宏观系统性研究。

一、万里茶道张库大道概况

中俄"万里茶道"是继"丝绸之路"后联通欧亚大陆的又一条国际贸易通道，从中国南方产茶区出发，途经中原、华北，穿越蒙古高原，最终到达俄国的圣彼得堡并延伸至欧洲[3]。中国茶叶通过"万里茶道"有序地销往中亚及欧洲各国，其沿线的贸易活动持续长达两个多世纪，蒙古草原因其地理位置优势，成为茶贸易中转与销售的核心区域[4]。随着茶贸易的不断繁荣，万里茶道在广阔的内蒙古地区发展了众多支路，主要有张家口方向茶道、杀虎口方向茶道、大同方向茶道以及商业重镇归化城发展形成的茶叶西路等。

张家口方向茶道的张库大道作为茶贸易的指定官道与国际商道，是万里茶道内蒙古段最重要的道路，同时，张库大道也是丝绸之路北线的重要组成部分。张库大道于明末开始形成，盛于清代，衰于民国，路线从张家口大境门出发，途经库伦（今蒙古国乌兰巴托），并延伸到俄罗斯恰克图[5]，又称张家口——库伦大道。张库大道在清代旅蒙商业和中俄贸易的发展过程中形成了东路、中路和西北路三条商路，各自承担不同的商业与运输职能，共同促进区域内外的经济繁荣和文化交流。其中东路路线最长，蔓延面积最广，从张家口出发，先后经过张北大库伦等地，在锡林浩特分道，经二连浩特并入中路或一路向北到蒙古[6]，沿线生成了丰富的聚落研究案例。因此，本文选取张库大道东路沿线聚落作为研究对象，对其进行调研与聚落群空间形态的研究。

二、张库大道东路沿线聚落统计

本文调查和梳理了张库大道东路的形成历史，通过文献分析、田野调查、可视化表达等方法明确了张库大道东路相关聚落现存数量、地理位置、基本规模等基本信息（表1），并对每一个聚落的基本信息归档，划分聚落类型。

（1）聚落调查概况

根据调查，从清初至1949年之前的两个多世纪里，张库大道东路贸易与宗教、移民、生产方式变迁等多种因素碰撞，在沿线产生与发展了43个聚落，共同构成张库大道东路沿线商业聚落群。本文通过田野调查和文献分析归纳总结，根据现存尚有系统记载的内蒙古地区各旗县地方志、交通志等文献史料，包括《多伦县志》[7]、《阿鲁科尔沁旗志》[8]1996年版、《内蒙古自治区地名志锡林郭勒盟分册》[9]1987年版、《苏尼特右旗志》[10]2002年版、《正蓝旗交通志》[11]、《内蒙古古代道路交通史》[12]、《蒙古族商业发展史》[13]等，归纳总结了张库大道东路聚落群中43个聚落的地理位置、规模、特征等基本信息，积累了聚落群的时空演变研究的基础资料，统计了万里茶道张库大道东路其沿线聚落（表2）。

（2）聚落类型划分

通过调查研究发现，在万里茶道张库大道东路影响下形成的各聚落呈现明显的职能分工，具体可分为驿站型聚落、买卖型聚落和综合型聚落，各聚落表现出鲜明的特色和共性。根据对聚落的史料整理和现状调查分析，归纳总结不同职能类型聚落特征及典型聚落现状（表3~表5）。

三、张库大道东路沿线聚落群空间形态演变研究

聚落群的形态受社会等多重因素的影响，可依据聚落群显著的形态差异，将聚落群发展划分为不同的历史阶段。张库大道聚落群的发展阶段主要可分为聚落初生期、聚落发展期和聚落成熟期三个阶段，其空间形态在各阶段均有明确的阶段性特征。

---

[1] 韩瑛，内蒙古工业大学建筑学院，教授。
[2] 闵无非，内蒙古工业大学建筑学院。
[3] 简乙栩帆，内蒙古工业大学建筑学院。

聚落调查说明表

表1

研究方法	调查内容
文献分析	通过查阅官修史料、宗教史、贸易史、地方志、碑文等资料，明确张库大道东路沿线聚落的基本信息、并通过分析相关史料探寻其沿线聚落形成与发展的动因
田野调查	通过实地考察，记录聚落地理位置、规模、形态结构以及周边的地形和土地利用情况，用于研究聚落的空间分布和发展趋势。 通过访谈与交流，了解当地居民生活习惯、信仰和传统文化，明确聚落历史和发展进程
可视化表达	将沿线的聚落点落在卫星地图上，在宏观上对张库大道东路进行线路模拟，直观地反映出张库大道东路沿线聚落在不同时期中的分布特点，并通过模拟线路的方法呈现聚落群空间形态或演变特征

万里茶道张库大道东路聚落统计表

表2

形成时间	聚落名称
明末清初至清雍正时期	张家口市、张北县、炮台营子、宝昌镇、哈毕日嘎镇、桑根达来镇、乌日图塔拉、锡林浩特市、别力古台镇、苏尼特左旗、二连浩特市
清乾隆至清末时期	正蓝旗、多伦县、何日斯台、赛因呼图嘎、达王苏木、达来诺日镇、灰腾梁、白音锡勒、弥僧庙、猴头庙、浩齐特王庙、王盖庙、格根庙、彦吉嘎庙、松根山牧场、额吉淖尔镇、喇嘛库伦、胡硕庙
第一次鸦片战争后至1949年之前	经棚镇、林西镇、大板镇、林东镇、天山镇、开鲁县、通辽市、乌丹镇、巴彦温都尔苏木、扎鲁特右翼旗、扎鲁特左翼旗、科尔沁右翼中旗、突泉县、乌兰浩特市

驿站型聚落类型特征及典型聚落现状调查表

表3

聚落类型特征	聚落类型	形态	聚落职能	规模	街道网络
	驿站型	不规则带状为主	多因庙而生，依附王府或召庙，负责商队集散转运	小型聚落	"一"字形、"人"字形主街道
典型聚落：达来诺日镇（干泡子）	聚落形态		聚落肌理		街道网络

买卖型聚落类型特征及典型聚落现状调查表

表4

聚落类型特征	聚落类型	形态	聚落职能	规模	街道网络
	买卖型	方形、带状	商业买卖型城镇，负责对内销售和转运	中型聚落	棋盘式布局
典型聚落：林西镇（林西）	聚落形态		聚落肌理		街道网络

1. 聚落初生期（清初至清雍正时期）：单核心主干线形态

（1）初生期聚落群形成动因

①五路驿站的设立

1692年（清康熙三十一年）设立了五路驿站，其中张家口站作为通往蒙古重要关口，在汉蒙两地之间的贸易发展中扮演重要角色。旅蒙商从张家口出发，经过贝子庙（今锡林浩特市）商镇中转，最终到达内蒙古的边境伊林驿站（今二连浩特市）出内蒙古，并沿上述三个主要买卖聚集地，在沿线上依托大型游牧区形成新的驿站，形成了张库大道东路沿线聚落的雏形。

②中俄签订《尼布楚条约》《恰克图条约》

1689年（清康熙二十八年）9月，中俄签订了《尼布楚条约》，其第六条载："和好既定，以后一切行旅，有准令往来文票

综合型聚落类型特征及典型聚落现状调查表   表5

聚落类型特征	聚落类型	形态	聚落职能	规模	街道网络
	综合型	大型团状	大型商业城镇、政治中心，交通便利	大型聚落	网格状布局
典型聚落：锡林浩特市（贝子庙）	聚落形态		聚落肌理	街道网络	

者，许其贸易不禁。"[14] 这一条约的签订促进了中俄两国间的贸易往来。在1708年（清康熙四十七年），张库大道经清政府批准，开始正式连接中俄贸易，1728年（清雍正六年）中俄签订的《恰克图条约》将边城恰克图设为双方互市的地点，中俄商人来此贸易[15]。从明末清初汉蒙往来开始，到签订《恰克图条约》之间的时期，成为张库大道东路沿线聚落的发展初生期。

（2）初生期聚落形成类型与分布

万里茶道张库大道东路路途遥远，受交通状况和运输条件的限制，此时东路的茶贸易路线较为单一，商人依托沿途地理环境优越或畜牧业发达的地区作为落脚点和商品集散买卖场地，因此初生期的聚落较为集中地分布在东路沿线。这些聚落的建筑少数为寺庙建筑，大多数为当地牧民居住的蒙古包，由于当时人们的居住形式为草原移动式的非定居状态，各聚落人口数量相对稀少，聚居规模普遍较小[5]。张家口自明朝建城开始一直为汉蒙茶马互市的主要商业中心，随清朝张库大道的日益繁荣，张家口逐渐成为张库大道的第一个商业核心重镇，即具备集散转运、商业贸易和运输管理等多功能的综合型聚落。初生期聚落群共11个。其中，驿站型聚落8个，买卖型聚落2个，综合型聚落1个（表6）。

（3）初生期聚落群空间形态特征

张库大道东路沿线聚落群空间形态在初生期呈"单核心主干线状"，以张家口市作为万里茶道的中转站、张库大道的起点，为"单核心"综合型聚落。"主干线"指从张家口驿站出发，以东路沿线寺庙或商镇作为交通枢纽，向东路沿线畜牧业发达的聚落扩张发展，最终形成"L"形主干线形态。

2. 聚落发展期（清乾隆至清末时期）：多核心放射状形态

（1）发展期聚落群形成动因

①盟旗制度、移民开垦制度

盟旗制度的颁布使清初至中期蒙古各盟旗逐渐固定化，牧民不能跨旗游牧，形成了以畜牧业和农业并存的定居点，促进了聚落的形成与发展。雍正在位后期颁布移民开垦制度，致使明末到清末内蒙古中东部地区汉族人口不断增多，大量内地流民到内蒙古从事农耕业[16]，促进了各旗王府和寺庙附近聚落的形成与发展。同时，聚落居民为满足生活需求，与旅蒙商交换茶叶、布匹等生活用品，并为商人提供转运、集散、买卖和休憩的驿站式场所，促进了张库大道东路沿线聚落进入发展期。

张库大道东路影响下聚落统计表（初生期）   表6

聚落名称	聚落类型	聚落形成时间	聚落形成动因与职能
张家口市（张家口）	综合型聚落	1692年建制	东路起点，商业核心
张北县（张北）	驿站型聚落	1724年聚落形成	东路第二站
太仆寺左旗（炮台营子）	驿站型聚落	1677年建制	小型驿站节点
宝昌镇（宝昌）	驿站型聚落	清朝初期聚落形成	中型驿站节点
哈毕日嘎镇（哈毕日嘎）	驿站型聚落	1675年设旗建制	小型驿站节点
桑根达来镇（桑根达来）	驿站型聚落	1675年设旗建制	小型驿站节点
乌日图塔拉（乌日图塔拉）	驿站型聚落	1675年设旗建制	牧区聚落，小型驿站节点
锡林浩特市（贝子庙）	买卖型聚落	1742年建庙	因庙而兴，中型买卖城
别古里台镇（汉贝庙）	驿站型聚落	1759年建庙	因庙而兴，中型驿站节点
苏尼特左旗（苏尼特左旗）	驿站型聚落	1641年建制	小型驿站节点
二连浩特市（伊林驿站）	买卖型聚落	1820年设伊林驿站	内蒙古段东路最后一站

②清朝对蒙藏传佛教鼓励政策

清朝对蒙古族实行"盖以蒙古奉佛，最信喇嘛，不可不保护之，以为怀柔之道也"[17]的政策，通过扶持和发展藏传佛教（即喇嘛教）以加强清廷与蒙古地区间的联系。1691年（康熙三十年）康熙在多伦诺尔掀起一阵兴建寺庙的热潮，喇嘛教迅速发展[18]。至清中期，喇嘛教寺庙数量达1800多座，信徒人数超15万人[19]。为维持寺庙的运营，许多寺庙开始开展商业活动，如利用其管理权限内的土地、牧场和盐池等资源开设商行，或定期举办庙会吸引周边游牧民，同时也吸引了旅蒙商来进行茶叶、食盐、皮毛、布匹、粮食等商品交易，届时"口外大商云集，约占二三里，商

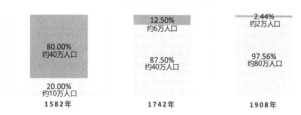

图1 内蒙古中东部地区蒙古族与汉族人口比例

家用帐房砌成街市，颇亦繁华"[20]，庙会成了蒙汉商贸交流的重要集会。自此，召庙成为蒙古地方宗教信仰、各地政治、经济和文化的综合中心[21]。随着喇嘛教的传播与发展，张库大道沿线上的因庙而兴的聚落成为清乾隆时期到清末这一段发展期的重要角色。

（2）发展期聚落演变类型与分布

自《恰克图条约》签订后，沟通中俄蒙的张库大道因召庙和王府的发展进入第一次兴盛时期。清中期对蒙藏传佛教鼓励政策和移民开垦制度的实施，使寺庙王府周边聚集了内蒙古近一半的人口与财富，周边出现了贸易集市以满足集中居住人口的消费需求，人口与贸易的繁荣使寺庙王府附近聚落发展迅速[19]，在发展期张库大道东路沿线附近依附于寺庙和王府新增了23个聚落，为旅蒙商提供转运集散和贸易的场所，其中驿站型聚落21个，买卖型聚落2个（表7）。张库大道上初期出口外蒙古的重要节点贝子庙（今锡林浩特市）和伊林驿站（今二连浩特市），在寺庙发展的影响下逐渐发展为综合型的大型商业聚落。

（3）发展期聚落群空间形态特征

张库大道东路沿线聚落群空间形态在发展期呈"多核心放射状"。随着张库大道进入第一次兴盛期，原东路主干线路上最大的寺庙中转地贝子庙和出口城镇伊林驿站逐渐发展转变为大型综合型聚落，与初期的综合型聚落张家口共同作为该时期的聚落"核心"，最终在张库大道东路沿线形成了以张家口、贝子庙和伊林驿站为三个商业"核心"向沿线附近依附于寺庙、王府形成的聚落放射的形态（表8）。

3. 聚落成熟期（第一次鸦片战争后至1949年之前）：多核心交叉状形态

（1）成熟期聚落群形成动因

①中俄《中蒙俄协约》恢复贸易

第一次鸦片战争后，中俄签订的一系列不平等条约与1903年西伯利亚铁路的开通严重打击了中俄贸易，张库大道日渐萧条，1911年俄国策划的蒙古独立使张库大道几乎断绝。直至1915年北洋政府与俄国和外蒙古签订《中俄蒙协约》，外蒙古取消独立，张库大道才恢复贸易。1917年西伯利亚铁路因外国列强抢占停运，张库大道才再次成为国际货物贸易的主要通道，据记载，"1919年，由张库商道输出的商品额达到张库商道贸易的最高纪录"[22]。根据史料记载，张库大道各阶段年贸易总额和茶叶占贸易货物比重如表9所示。

②张库汽车道运行

1918年（民国七年）北洋政府为军事需要发展蒙古地区的交通，当年10月张库大道沿线的车道投入使用[12]，进一步促进中

张库大道东路影响下聚落统计表（发展期）　　　　表7

聚落名称	聚落类型	聚落形成时间	聚落形成动因与职能
正蓝旗（正蓝旗）	驿站型聚落	1692年建制，商业核心	中型驿站节点
多伦诺尔镇（多伦）	买卖型聚落	1691年多伦会盟	漠南宗教中心，中大型买卖城
贺日斯台嘎查（何日斯台）	驿站型聚落		小型驿站节点
赛因呼图嘎（赛因呼图嘎）	驿站型聚落		小型驿站节点
达王苏木（达王庙）	驿站型聚落	清中期建庙	因庙而兴，小型驿站节点
达来诺日镇（干泡子）	驿站型聚落		小型驿站节点
经棚镇（经棚）	驿站型聚落	1825年建制	中型驿站节点
林西镇（林西）	驿站型聚落	1908年建制	中型驿站节点
大板镇（大板）	驿站型聚落	清中期巴林右旗王府所在	因王府而兴，中型驿站节点
乌丹镇（乌丹城）	驿站型聚落	—	中型驿站节点
赤峰市（赤峰）	买卖型聚落	1778年建制	大型买卖城
巴拉嘎尔高勒镇（王盖庙）	驿站型聚落	清中期乌右翼旗王府所在	因王府而兴，中型驿站节点
浩勒图高勒镇（猴头庙）	驿站型聚落	1768年建庙	因庙而兴，小型驿站节点
罕乌拉苏木（彦吉嘎庙）	驿站型聚落	1733年建庙	因庙而兴，小型驿站节点
哈拉盖图（胡硕庙）	驿站型聚落	1717年建庙	因庙而兴，小型驿站节点
额吉卓尔镇（额吉卓尔盐池）	驿站型聚落	1893年建制	因盐而兴，中型驿站节点
乌里雅斯太镇（喇嘛库伦）	驿站型聚落	1781年建庙	因庙而兴，小型驿站节点
西乌旗境内（格根庙）	驿站型聚落	1723年建庙	因庙而兴，小型驿站节点
吉仁郭勒镇（浩齐特王庙）	驿站型聚落	1700年建庙	因庙而兴，小型驿站节点
松根山牧场（松根山牧场）	驿站型聚落	—	牧场所在，小型驿站节点
锡林浩特以东（弥僧庙）	驿站型聚落	1737年建庙	因庙而兴，小型驿站节点
白音锡勒牧场（白音锡勒）	驿站型聚落	—	牧场所在，小型驿站节点
辉腾梁草原（辉腾梁）	驿站型聚落	—	牧场所在，小型驿站节点

发展期放射状运销支路路线概况　表8

形成动因	路线概况（注：括号地点非固定途经路线）
青盐盐池资源发展和宗教寺庙聚落兴盛	路线1：主路核心锡林浩特－（辉腾梁）－白音锡勒－弥僧庙－猴头庙－浩齐特王庙－松根山牧场－额吉卓尔盐池－（喇嘛库伦）－出内蒙古地区至蒙古国库伦
宗教寺庙聚落兴盛	线路2：主路核心锡林浩特－白音锡勒－弥僧庙－猴头庙－格根庙－彦吉嘎庙－胡硕庙－（额吉卓尔盐池）－出蒙古地区至蒙古国库伦
宗教寺庙与王府聚落兴盛	线路3：主路核心张家口－张北－宝昌－正蓝旗－多伦－（何日斯台）－赛因呼图噶－达王苏木－达来诺尔镇－经棚－林西－大板－乌丹城－王府聚落买卖城赤峰

俄商贸繁盛，《察哈尔通志》载："张库汽车路修通后，市场更加繁荣，年贸易额达15000万两白银。"[23] 汽车商道的开辟对沿线聚落的发展成熟起了巨大的推动作用。

1932年日军入侵察哈尔，中蒙贸易中断，张库大道完全断绝，茶叶等商品贸易逐渐流向内蒙古东部、东北地区，万里茶道影响下的商业聚落发展逐渐停滞。

（2）成熟期聚落演变类型与分布

在中俄国际贸易关系变化与汽车商道开辟的共同影响下，张库大道进入了第二次兴盛期。起初受中俄关系逐渐恶化的影响，商人不再局限于与蒙俄之间的贸易，转而向内蒙古、东北三省方向拓展，促使其沿线聚落迅猛发展，整个张库大道东路逐渐走向成熟，形成了独特的贸易体系。在这一时期，发展期的额吉卓尔盐池、经棚、林西等聚落因其地理位置和资源优势发展为大型的买卖型聚落。原发展期的买卖型聚落——多伦诺尔自清中期多伦会明确立了其宗教地位后，商业贸易需求进一步增长，至民国初年，其贸易辐射极广，形成了新的综合型商业聚落。自此，成熟期聚落群新增了11个内蒙古东部—东北三省方向的沿线聚落，其中驿站型聚落8个，买卖型聚落3个（表10）。

（3）成熟期聚落群空间形态特征

张库大道东路沿线聚落群空间形态在成熟期呈"多核心交叉状"。成熟期与发展期聚落群相比，聚落群规模向东北方向扩大了近三分之一，成熟期新出现的支线线路概况如表11所示，这些支路沿线的聚落与主干路彼此交叉联系，路线纵横交错。成熟期聚落进一步发展并趋于稳定，聚落群形态演变形成以主干路三个综合型聚落为核心，多条支路上的买卖型聚落为支点，驿站型聚落为分支的"多核心交叉状"分布的空间形态。

四、张库大道东路沿线聚落群空间形态演变规律总结

总体而言，张库大道东路沿线聚落的形成与发展，聚落群的形态演变受多种因素的综合影响，主要以政治决策导向为决定性影响因素，地理条件、交通条件和国际关系等为其他影响因素。聚落群的演变是一个复杂的动态过程，最终呈现出三个阶段性的空间形态的演变（图2）。

（1）聚落群扩张规律总结

在聚落群形态的演变过程中，聚落群的扩张方式可以分为邻域延伸和边地延伸两种方式。

邻域延伸是指聚落群从一处向相邻的区域移动，这种扩散方式的特点是距离短但覆盖范围广。通俗地讲，邻域延伸就是受某些因素影响在原有聚落附近开辟新的聚居区，从而扩大聚居的规模和密度，最终形成较大规模的聚落群体。张库大道东路沿线聚落群在发

张库大道各阶段年贸易总额与茶叶占贸易货物比例表　表9

张库大道聚落发展阶段	史料记载年份	年贸易总额	茶叶占贸易货物比例
聚落初生期	1759年	1417130卢布	25%左右
聚落发展期	1829年	15607106卢布	75%左右
聚落成熟期	1919年	15000万两白银	—

成熟期新出现交叉状运销支路路线概况　表11

形成动因	路线概况（注：括号地点非固定途经路线）
青盐盐池资源发展	路线1：主路核心锡林浩特－额吉卓尔盐池－出内蒙古地区至蒙古国库伦
交通发展与林牧区聚落需求	线路2：原发展期线路至胡硕庙－内蒙古东北部牧区、林区
王府聚落兴盛	线路3：多伦－赤峰
交通发展与向东北三省贸易辐射	线路4：原发展期线路至彦吉嘎庙－巴彦文都－扎鲁特右翼旗－扎鲁特左翼旗－科尔沁右翼中旗－突泉－乌兰浩特－（辽宁省－吉林省）
交通发展与科尔沁平原沿河流聚落贸易发展	线路5：原发展期线路至林西、经棚－五十家子－林东－天山－开鲁－通辽－辽宁省

张库大道东路影响下聚落统计表（成熟期）　表10

聚落名称	聚落类型	聚落形成时间	聚落形成动因与职能
五十家子镇（五十家子）	驿站型聚落	清中期驿站发展	驿站发展而来，中型驿站节点
林东镇（林东）	驿站型聚落	清早期牧区发展	牧区发展而来，小型驿站节点
天山镇（天山）	驿站型聚落	1663年建庙	因庙而兴，小型驿站节点
开鲁县（开鲁）	买卖型聚落	1908年建制	中型买卖城
通辽市（通辽）	买卖型聚落	1636设哲里木盟	科尔沁平原，大型买卖城
巴彦温都尔苏木（巴彦温都）	驿站型聚落	—	小型驿站节点
扎鲁特左翼旗（扎鲁特左翼旗）	驿站型聚落	—	小型驿站节点
扎鲁特右翼旗（扎鲁特右翼旗）	驿站型聚落	—	小型驿站节点
保康镇（科尔沁右翼中旗）	驿站型聚落	—	小型驿站节点
突泉县（突泉）	驿站型聚落	1907年建制	中型驿站节点
乌兰浩特市（王爷庙）	买卖型聚落	1691年建庙和王府	因王府而兴，中型买卖城

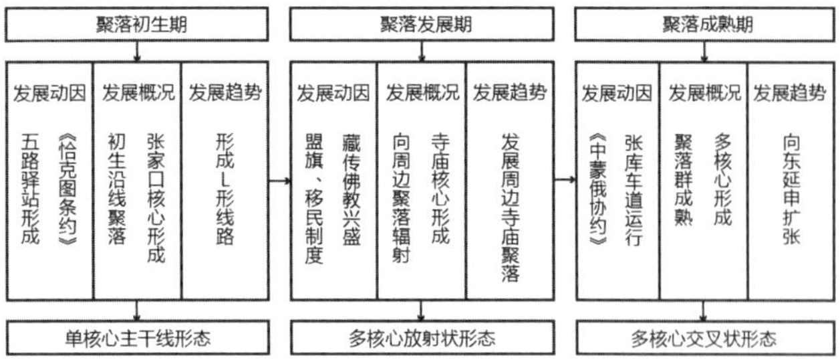

图 2 聚落群空间形态演变

展期以邻域延伸方式在原初生期东路上的贝子庙（今锡林浩特市）和张家口为邻域延伸起点，向邻域延伸至多个依附于召庙或王府形成的聚落，向东南最远延伸至多伦，东北最远延伸至胡硕庙。在这一时期新兴聚落多达 23 个，最终形成的发展期聚落群覆盖范围广且都集中于内蒙古中东部地区。

边地延伸是指聚落群从某一方向向边界区域移动，这种方式更接近向一个方向放射。不同于邻域延伸，边地延伸是聚落群从原有聚居地直接向边界（例如内蒙古与东北三省等地的行政边界）扩张，纳入或融合成新的聚落群，使得聚落位置进一步分散。张库大道东路沿线聚落到了成熟期，因中俄关系的不断转变，以边地延伸的方式在原发展期聚落为基础向东北三省扩张，张库大道东路小路线增多彼此交错的同时，出现两条明显向辽宁省、吉林省辐射的支路，聚落群依此形成整体向东北辐射扩散的趋势。

（2）聚落群空间形态演变总结

张库大道东路沿线聚落群因资源而生、因庙而兴、因商而盛。在历史和地理等因素的多重影响下，明末清初至清雍正时期，张库大道东路沿线聚落群在初生期以单一核心主干线形态为特征，物资丰富的牧场资源和山水相依的自然地形为聚落的形成奠定基础，五路驿站的建立、中俄贸易条约的签订促进了聚落的兴起。清乾隆时期至清末的聚落群发展期，《恰克图条约》的签订正式确立了张库大道的商路地位，直接促进了沿路聚落群的发展，同时清朝对蒙古鼓励性的宗教政策决定了聚落群向寺庙所处发展延伸，聚落群呈现出多核心放射状的特征。民国时期政府推动张库车道的运行，促进了内蒙古与东北三省之间的贸易联系，为成熟期聚落群的形成打下了关键基础，张库大道东路沿线聚落群最终发展为多核心交叉状特征。

五、结语

本文通过对张库大道东路沿线单体聚落基本信息的梳理与对沿线聚落群空间形态变化的规律总结，揭示了聚落的成因与聚落群发展的规律，为内蒙古传统聚落群的保护工作和文化遗产的价值评估提供了理论支撑和实践指导。未来的研究应当进一步关注聚落群发展的动态过程，探索其中的深层机制和影响因素，这对于更好地理解传统聚落发展的规律、制定有效的现代化政策和推动聚落可持续发展具有重要意义。

参考文献：

[1] 何仁伟，陈国阶，刘邵权，等. 中国乡村聚落地理研究进展及趋向 [J]. 地理科学进展，2012，31（8）：1055-1062.
[2] 邹诚，王巧云，陈冰滢，等. 万里茶道福建段沿线传统村落景观基因变异及分异规律 [J]. 资源开发与市场，2023，39（9）：1218-1229.
[3] 李明武，邱艳. 中俄万里茶道兴衰及线路变迁：过程分析与当代启示 [J]. 茶叶通讯，2020，47（2）：344-348.
[4] 王赫德，赵晓彦."万里茶道"对内蒙古草原的影响及内涵解读 [J]. 茶叶通讯，2021，48（2）：374-378.
[5] 简乙栩帆. 内蒙古中东部地区青盐盐路影响下聚落群调查与研究 [D]. 呼和浩特：内蒙古工业大学，2023.
[6] 康永平. 万里茶道内蒙古段研究 [D]. 呼和浩特：内蒙古师范大学，2018.
[7] 多伦县志编委员会. 多伦县志 [M]. 海拉尔：内蒙古文化出版社，2000.
[8] 阿拉坦格日乐，《阿鲁尔沁旗志》编纂委员会. 阿鲁科尔沁旗志 [M]. 呼和浩特：内蒙古人民出版社，1994.
[9] 白云，内蒙古自治区地名委员会. 内蒙古自治区地名志锡林郭勒盟分册 [Z]. 呼和浩特：内蒙古自治区地名委员会，1987.
[10] 巴雅尔，《苏尼特右旗志》编纂委员会. 苏尼特右旗志 [M]. 海拉尔：内蒙古文化出版社，2002.
[11] 斯钦毕力格. 正蓝旗交通志 [M]. 赤峰：内蒙古科学技术出版社，2020.
[12] 内蒙古公路交通史志编委会. 内蒙古古代道路交通史 [M]. 北京：人民交通出版社，1997.
[13] 额斯日格仓，包·赛吉拉夫. 蒙古族商业发展史 [M]. 沈阳：辽宁民族出版社，2007.
[14] 张伯英. 黑龙江志稿·交涉志 [M]. 哈尔滨：黑龙江人民出版社，1992.
[15] 李艳阳. 内蒙古自治区万里茶道调查报告 [M]. 北京：文物出版社，2021.
[16] 辽宁省档案馆. 满铁调查报告 第五辑 [M]. 桂林：广西师范大学出版社，2010.
[17] 卢明辉. 清代蒙古史 [M]. 天津：天津古籍出版社，1990.
[18] 张鹏举. 内蒙古藏传佛教建筑 [M]. 北京：中国建筑工业出版社，2012.
[19] 韩瑛. 内蒙古聚落 [M]. 北京：中国建筑工业出版社，2022.
[20] 金峰. 清代内蒙古五路驿站 [J]. 内蒙古师范学院学报（哲学社会科学版），1979（1）：20-33.
[21] 德勒格. 内蒙古喇嘛教史 [M]. 呼和浩特：内蒙古人民出版社，1998.
[22] 李桂仁.《明清时代我国北方的国际运输线——张库商道》[N]//《张家口文史资料》第十三辑（工商史专辑），张家口日报社，1988：117.
[23] 郝进功.《张库公路的一段繁荣史》[N]//《张家口文史资料》第十三辑（工商史专辑），张家口日报社，1988：121.

基于社会网络分析的历史文化名村活化利用研究

——以沈阳市石佛寺村为例

哈 静[1] 郭晓峥[2]

摘 要：随着乡村振兴战略的深入实施，历史文化名村的活化利用日益成为研究焦点。本文以沈阳市石佛寺村为例，作为辽宁省唯一的国家级历史文化名村，该村承载着丰富的锡伯族文化遗产。本文采用社会网络分析法，以历史环境要素与村民为主体，在 Ucinet 平台上构建遗存—遗存空间网络模型和村民—遗存活动网络模型，深入剖析遗存之间、居民与遗存之间的关系。通过客观与主观的综合视角，揭示石佛寺村活化利用过程中存在的问题，并据此提出相应的活化利用策略，以期为历史文化名村的可持续发展提供有益参考。

关键词：社会网络分析法（SNA） 历史文化名村 石佛寺村 活化利用

在中华民族五千年的文明史中，历史文化名村作为活态遗产的珍贵组成部分，承载着丰富的历史记忆和文化底蕴。这些村落不仅是地理空间上的存在，更是社会网络、文化传承与乡村发展的重要载体。然而，随着现代化进程的加速，许多历史文化名村面临着人口流失、文化传承断裂、经济发展滞后等问题，其活化利用成为亟待解决的课题。

社会网络分析法作为一种研究社会结构和社会关系的重要方法，近年来在城乡规划、社会学、地理学等领域得到了广泛应用。通过构建和分析社会网络，可以揭示历史文化名村内部居民之间的社会联系、互动模式以及资源流动情况，为村落的活化利用提供科学依据。

沈阳石佛寺村作为辽宁省唯一一个国家级历史文化名村，其活化利用的研究显得尤为重要。历史文化名村的活化利用，既要依托文化遗存本身的地理位置、文化价值等客观因素，也不能忽视村民作为能动主体的作用[1]。本文以石佛寺村中的文化遗存和村民为两大研究主体，通过构建遗存—遗存空间网络模型和村民—遗存活动网络模型，分析影响其活化利用的客观因素与主观因素，旨在为历史文化名村活化利用提供新思路。

一、石佛寺村概况

1. 区位概况

石佛寺村位于沈阳市沈北新区西北部，区位条件优越，坐落在辽河南岸、七星山脚下，土地面积 17.73km²，包括石佛一村、石佛二村（图1）。

石佛寺村始建于三千年前，辽代时期名为时家寨，境内石佛寺遗址是在辽代时所建立的城堡，明代时期成为军事要地，清代时期更名为石佛寺村。石佛寺村历史文化丰富，是研究沈阳地区辽金时期的政治、军事、经济的宝贵资料。

石佛寺村是锡伯族聚居区，锡伯族人口约占总人口数的75%，民俗文化特色显著，村中保存的锡伯族特色民居建筑，是国内保存最完好、最集中的锡伯族民居建筑群[2]，是锡伯族历史的活载体。

2. 历史文化要素

石佛寺村历史文化资源丰富，包括省级文物保护单位6处，分别为石佛寺城址、十方寺堡、马门子长城、柳蒿台烽火台、白家台烽火台、苏家台烽火台；市级文物保护单位28处，分别为石佛寺塔、七星山碉堡群（27座）；区级文物保护单位1处，为辽河古大堤；其他历史环境要素，分别为牌楼、清代古井、辽河古渡口等。

二、社会网络分析（SNA）法

社会网络分析是西方社会学的重要组成部分。米切尔认为"社会网是一群特定的个人之间的一组独特的联系"；韦尔曼认为"社会网是将社会成员连接在一起的关系模式"[3]。综合考虑社会网络的含义和指向，现在一般认为，社会网络分析法是由"点"和"路径"组成的一种相对稳定的结构，以及对其进行量化分析[4]。

SNA 的模型由"点"和"路径"两个基本要素构成。"点"表示任何个体或组织，"路径"表示点与点之间的关系，可在 Ucinet 软件平台中生成可视化网络模型[5]。

历史文化名村活化利用研究，通常以历史文化要素为中心，忽视"人"的主观能动性。村民作为文化的参与者与传承者，是历史文化名村活化利用中不可或缺的存在[6]。本文在关注文化遗存的同时，将村民纳入历史文化名村活化利用的构成要素。将文化遗存作为"点"，遗存与遗存、村民与遗存之间的关系作为"路径"，通过构建 SNA 模型，分析影响历史文化名村活化利用的客观因素与主观因素，进而提出历史文化名村活化利用策略。

三、SNA 模型构建

1. 调查范围和数据采集

本次研究范围为沈阳市石佛寺村村界范围内。研究对象包括文化遗存和村民活动两大方面。根据资料查询、实地调研以及村民

---

[1] 哈静，沈阳建筑大学，教授。
[2] 郭晓峥，沈阳建筑大学，硕士研究生。

访谈，选取 38 个遗存点，统计遗存点之间的交通路径。对石佛寺村村民进行问卷调查，随机发放问卷 62 份，统计村民活动的遗存点以及在遗存点之间的活动路径。

2. 基于SNA的遗存—遗存空间网络模型构建

石佛寺村遗存—遗存空间网络模型构建，考虑地理位置、交通条件等外部因素，将各遗存点在空间上的联系可视化。因受村民的去向偏好影响，结果较为客观。

遗存—遗存空间网络模型构建以历史遗存为"点"，点之间的交通路线为"路径"，以十五分钟生活圈距离 1000m 为标准，各点之间交通距离不大于 1000m 称为"有关"，记为 1，大于 1000m 称为"无关"，记为 0。在 Ucinet6.212 构建矩阵，在 Netdraw 中绘制遗存—遗存空间网络可视化模型图（图1）。

石佛寺村大多数遗存点空间联系性较强；碉堡 19 与碉堡 20 缺少直达路径，辽河古大堤交通不便，成为孤立遗存点。

3. 基于SNA的村民—遗存活动网络模型构建

石佛寺村村民—遗存活动网络模型构建将村民对遗存点的活动偏好可视化，可以直观反映村民的主观活动倾向。

村民—遗存活动网络模型构建以遗存点为"点"，村民在各点之间的活动路径为"路径"。通过 Ucinet6.212 构建多值有方向矩阵并转为二值数据，在 Netdraw 中绘制村民—遗存活动网络可视化模型图（图2）。

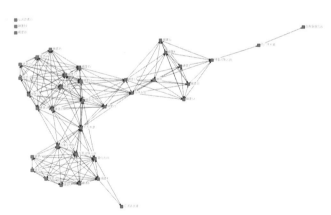

图1　遗存—遗存空间网络模型图

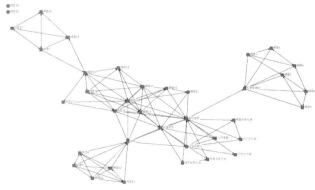

图2　村民—遗存活动网络模型图

四、石佛寺村活化利用的主客观影响因素分析

石佛寺村遗存—遗存空间网络模型与村民—遗存活动网络模型构建完成后，运用 Ucinet6.212 进行网络特性分析，得出石佛寺村活化利用的主客观影响因素。网络特性分析由中心性[7]和凝聚子群[8]两部分组成。中心性包括中间中心势（反映节点的媒介作用，即网络的整合性与均衡性）和度数中心度（反映节点与周围其他节点的连接数，表现节点在网络中的影响力与控制力，即网络空间中节点的可达性），凝聚子群为 CONCOR 模块（反映网络空间的集群分布与节点之间的凝聚程度）分析。

1. 客观影响因素分析

遗存—遗存空间网络模型根据遗存点及遗存点之间的交通路径构建，因此较为客观。选取中间中心势、度数中心度和 CONCOR 模块三部分来进行分析。

（1）遗存—遗存网络空间整合性：中间中心势

中间中心势反映遗存点的媒介作用，中间中心势越高，空间结构关系越密切，反映空间整合性。石佛寺村遗存—遗存网络中间中心势为 17.82%，与星形网络中间中心势 100% 相比[9]，石佛寺村遗存点中间中心势较低，整体网络空间中心化趋势低，整合度较差。

（2）遗存—遗存空间网络可达性：度数中心度

度数中心度表示石佛寺村中某遗存点与其他遗存点的连接数，度数中心度越高，与其有路径关联的遗存点数越多，可达性越好[8]。根据表1所示，石佛寺村度数中心度最大值为 20，最小值为 0，个体差异较大。十方寺堡、碉堡 22 与碉堡 23 的度数中心度较高，说明与其他遗存点的联系更密切，可达性好；辽河古大堤、马门子长城、白家台烽火台、碉堡 20、辽河古渡口与碉堡 19 度数中心度较低，可达性差。十方寺堡、碉堡 22 与碉堡 23 交通便利，周围遗存点较多；辽河古大堤、马门子长城、白家台烽

遗存—遗存空间网络度数中心度	表1
度数中心度	遗存点名称
20	十方寺堡
19	碉堡 22
16	碉堡 23
15	碉堡 16、碉堡 27、碉堡 15、碉堡 24
14	石佛寺塔、碉堡 13
13	碉堡 17、苏家台烽火台
12	碉堡 21、清代古井、石佛寺城址
11	碉堡 24、碉堡 25、碉堡 7、碉堡 26
10	牌楼
9	碉堡 4、碉堡 5、碉堡 2、碉堡 1、碉堡 3、碉堡 6
8	碉堡 11、碉堡 9、碉堡 10、碉堡 12、碉堡 8
7	柳嵩台烽火台
2	辽河古大堤、马门子长城
1	白家台烽火台
0	碉堡 20、辽河古渡口、碉堡 19

火台与辽河古渡口位置偏远，碉堡20与碉堡19周围有树木包围，难以到达。

（3）文化遗存空间集群：CONCOR模块分析

空间网络中，有些遗存点联系紧密，形成一个团体，称为"凝聚子群"。凝聚子群内部联系密切，不同凝聚子群之间联系松散[8]。石佛寺村遗存点可分为8个凝聚子群（图3）。由表2可以看出，子群2、5、7、8的密度系数高，内部凝聚性强；子群3密度系数低，内部凝聚性弱；子群5与其他子群的密度系数相对较高，凝聚性最强，处于核心位置；子群1、3与其他子群之间凝聚性弱，存在边缘化趋势。

2. 主观影响因素分析

村民—遗存活动网络模型是根据遗存点及村民在遗存点之间选择的交通路径构建，可分析石佛寺村活化利用的主观影响因素。选取中间中心势、度数中心度CONCOR模块三部分来进行分析

（1）村民活动空间整合性——中间中心势

村民—遗存活动网络的中间中心势为24.66%，与遗存—遗存空间网络中间中心势17.82%相比，村民活动有一定的集中化趋势。

（2）村民活动空间使用偏好：度数中心度

度数中心度越高，村民对该遗存点的活动需求越大。根据表3，度数中心度最高为18，最低为0，说明村民活动存在极化态势。清代古井、碉堡13、石佛寺塔、牌楼的度数中心度高，村民使用程度高，遗存点对空间控制力较强；碉堡19与碉堡20为被孤立节点。

（3）村民活动空间集群——CONCOR模块分析

村民—遗存活动网络分为8个凝聚子群，据表4，子群2、8密度系数高，内部凝聚性强；子群1密度系数最低，内部凝聚性弱。子群2与其他子群之间密度系数较高，与其他子群联系性较强，处于核心位置；子群8、6和周围其他子群之间的密度系数为0，处于网络边缘，呈现分离状态。

3. 主客观影响因素综合分析

综合对比石佛寺村遗存—遗存空间网络模型与村民—遗存活动网络模型，分析遗存点的空间结构现状与村民活动偏好之间的共性与差异，得出以下结论：

（1）石佛寺村文化遗存空间整合度低

遗存—遗存空间网络的中间中心势为17.82%，整体空间布局较为松散，遗存点的空间整合能力较低；村民—遗存活动网络的中间中心势为24.66%，相对更高，说明村民活动有中心聚集倾向，但由于客观上遗存点联系不够密切，村民活动的集中倾向受限。

（2）石佛寺村文化遗存可达性与村民活动偏好错位

根据表1与表3所示，村民活动偏好与遗存点交通可达性之间存在错位。十方寺堡与碉堡22的空间可达性最好，但村民对其活动需求却较为消极；古井、碉堡13、石佛寺塔和牌楼是村民活动需求最高的地区，但是其空间可达性一般。

（3）空间网络凝聚力不足

综合分析CONCOR模块，虽然部分凝聚子群内部及其之间的联系性较强，但仍存在部分相邻凝聚子群之间联系性较弱的边缘化趋势。

五、石佛寺村活化利用策略

以村民活动需求为出发点，找出村庄活化利用核心点、核心辐射片区及边缘点，优化空间布置，实现村庄活化利用。

遗存—遗存空间网络子群密度矩阵表 表2

	1	2	3	4	5	6	7	8
1	/	0.200	0.000	0.000	0.000	0.000	0.000	0.000
2	0.200	1.000	0.000	0.000	0.100	0.000	0.100	0.133
3	0.000	0.000	/	0.036	0.000	0.000	0.000	0.000
4	0.000	0.000	0.036	0.762	0.714	0.857	0.000	0.000
5	0.000	0.100	0.000	0.714	1.000	1.000	0.000	0.917
6	0.000	0.000	0.000	0.857	1.000	—	0.000	0.333
7	0.000	0.114	0.000	0.000	0.000	0.000	1.000	0.905
8	0.000	0.150	0.000	0.000	1.000	0.333	0.905	1.000

村民—遗存活动网络度数中心度表 表3

度数中心度	遗存点名称
16	清代古井
12	碉堡13
11	石佛寺塔、牌楼
10	碉堡15
9	碉堡14、碉堡27
8	碉堡16
7	石佛寺城址、辽河古渡口
6	碉堡18、碉堡22
5	碉堡11、碉堡8、碉堡23、碉堡10、碉堡9、碉堡12
4	碉堡7、碉堡24、碉堡21、碉堡3、碉堡6、碉堡1、碉堡4
3	十方寺堡、柳嵩台烽火台、碉堡17、马门子长城、白家台烽火台、碉堡5、碉堡2、苏家台烽火台、碉堡25、碉堡26
2	辽河古大堤
0	碉堡20、碉堡19

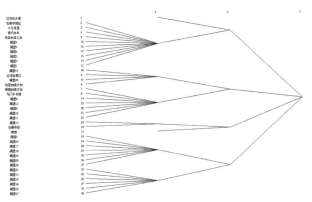

图3 遗存—遗存空间网络凝聚子群分析图

村民—遗存活动网络子群密度矩阵表　　表4

	1	2	3	4	5	6	7	8
1	0.133	0.458	0.000	0.000	0.000	0.000	0.000	0.000
2	0.375	0.833	0.125	0.000	0.250	0.000	0.000	0.000
3	0.000	0.583	0.800	0.500	0.000	0.000	0.000	0.000
4	0.000	0.000	0.500	0.667	0.000	0.000	0.042	0.000
5	0.000	0.250	0.000	0.000	—	0.000	0.000	0.000
6	0.000	0.000	0.000	0.000	1.000	0.533	0.000	0.000
7	0.000	0.000	0.000	0.042	0.000	0.000	0.000	0.000

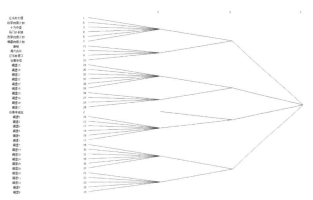

图4　村民—遗存活动网络凝聚子群分析图

1. 选取文化遗存核心点，加强核心建设

综合考虑，村民活动热点与遗存交通可达性、空间分布和文化价值。石佛寺塔、古井和辽河古渡口均是村民活动较为频繁的地区，根据 CONCOR 模块分析，均处于核心位置。选取石佛寺塔、清代古井和辽河古渡口为文化遗存核心点。

石佛寺塔作为文物保护单位，应对其历史风貌加以修复，并在周围配以完善的服务设施，在传播历史文化及特色风貌的同时满足村民活动需求。清代古井和辽河古大堤作为历史文化要素，在保护风貌的同时，完善基础设施建设，增强吸引力。

2. 增加核心辐射片区辅助功能

根据遗存点的空间分布及村民活动偏好，可将石佛寺村分为七星山片区、辽河沿岸片区和居民点集聚区。石佛寺塔核心辐射片区（七星山片区）包括七星山内的碉堡群、牌楼、十方寺堡；辽河古渡口核心辐射片区（辽河沿岸片区）包括白家台烽火台、柳嵩台烽火台与马门子长城；古井核心辐射区（居民点集聚区）包括石佛寺城址、古城址四周碉堡群与苏家台烽火台。

对于七星山片区，应充分发挥其山地优势，以石佛寺塔为核心，沿十方寺堡、牌楼和碉堡群打造一条风景观赏路线；对于辽河沿岸片区，应打造辽河沿岸观赏路线，结合辽河南侧山地地势，串联白家台烽火台与柳嵩台烽火台；对于古井核心辐射片区，应该把握其位于石佛寺村中心的地理位置，合理布置广场、超市等设施，打造闲聊集会场所。

3. 完善交通路线，减少边缘节点

边缘节点包括碉堡 19、碉堡 20、碉堡 7、碉堡 24、碉堡 25、碉堡 26 和辽河古大堤。辽河古大堤与其他遗存点之间有干渠相分隔，建议在满足防洪要求的基础上，增加桥梁，同时发挥其干渠沿线的线路优势，打造健身活动场所；碉堡 7、碉堡 24、碉堡 24、碉堡 26 位于石佛寺村西侧村台内部及附近，较为偏远且与其他遗存点路径联系不便，因此应完善交通路线。

六、总结

本文运用社会网络分析法（SNA），通过构建遗存—遗存空间网络模型与村民—遗存活动网络模型，从客观与主观两个角度，深入探讨了历史文化名村活化利用的关键因素。在充分考虑文化遗存活化利用的客观影响因素的同时，亦强调了村民作为活动主体的主观能动性，突出了人在历史文化名村活化利用中的核心地位。最终，通过构建文化核心点、核心辐射片区与边缘点，提出了针对性的历史文化名村遗存点活化利用策略，以期实现历史文化名村的全面活化与可持续发展。

参考文献：

[1] 丁晨，刘晨宇. 基于 SNA 的历史文化街区文化空间网络构建 [J]. 建筑与文化，2023，(5)：140-142.
[2] 宋军，王柄荃，刘馨阳，等. 国家传统村落的保护与利用——以石佛寺村锡伯族传统村落建设为例 [J]. 住宅与房地产，2019，(22)：219.
[3] 石飞，庄海燕. 社会网络分析理论研究 [J]. 经济师，2010，(11)：31-32.
[4] 邵欣桐，赵丽梅. 基于社会网络分析的省级图书馆微博互关的研究 [J]. 内蒙古科技与经济，2019，(8)：141-143.
[5] 葛妍. 基于 SNA 的苏南乡村旅游地景观规划策略研究 [D]. 苏州：苏州科技大学，2019.
[6] 朱东国，谢炳庚，张晔. 里耶国家历史文化名镇社区居民参与旅游开发模式研究 [J]. 文史博览（理论），2011，(9)：60-63.
[7] 张奕. 基于社会网络分析的苏南传统村落保护更新规划策略研究 [D]. 苏州：苏州科技大学，2021.
[8] 张溯真，刘纹君，沈娇瑶，等. 基于 SNA 分析的回迁小区社交空间内卷化现象研究——以合肥市政务区为例 [J]. 建筑与文化，2024，(4)：145-148.
[9] 丁金华，张奕. 基于 SNA 的苏南传统村落空间结构探析——以苏州东村古村为例 [J]. 现代城市研究，2022，(12)：1-8.

马来西亚华人传统民居建筑基因识别及图谱研究
——以马六甲海峡沿岸地区为例[1]

赵 冲[2] 甘国乾臻[3] 赵 逵 罗振鸿

摘 要： 华人移民自明清时期就通过海上丝绸之路往返于东南亚地区，其中马六甲海峡作为重要文化交流的节点，使得华人移民在该地区形成独特的传统聚落，而马来西亚因其地理环境和人文社会的优势，拥有丰富多样的华人传统民居。通过对马来西亚的马六甲海峡沿岸地区华人传统聚落进行系统的分析，依靠景观基因理论和建筑类型学对马来西亚华人传统民居的建筑基因进行识别，构建建筑的平面形态、立面特征、建筑结构、建筑材料与色彩以及建筑装饰等基因图谱，对华人传统民居建筑基因进行追根溯源，为华人传统民居建筑的相关研究参考依据。

关键词： 马来西亚 华人传统民居 建筑基因 图谱构建 识别

马来西亚位于海上运输的重要节点位置，其所在的马六甲海峡，也是古代海上丝绸之路的重要组成部分，见证了多元文化的融合。大量的华人移民通过马六甲海峡来往，并将原乡的建筑文化和生活方式带到了马来西亚。这种移民潮汐使得华人移民在马来西亚进行文化交流、融合，并形成了独特的社会面貌[1]。在这种多元族群融合社会的影响下，华人传统民居逐渐趋于多样化，并演变出新的建筑形式。根据现有的文献资料和数据样本，依靠景观基因理论，对马来西亚华人传统民居的建筑基因进行识别与提取[2]，并构建相应的建筑基因图谱[3]，为马来西亚华人传统聚落民居建筑的相关研究和实践提供参考依据。

一、研究区域概况

1. 马六甲海峡区域概况

马六甲海峡位于马来半岛与苏门答腊岛之间，是连接印度洋和南海的狭窄海峡。它在地理上的战略位置使得这一区域成为海上贸易的关键通道。马六甲海峡也是古代海上丝绸之路的重要组成部分，见证了多元文化的融合。华人、印度人、阿拉伯人等通过这个海峡来往，带来了各自的语言、宗教和生活方式。这种移民潮汐使得马六甲成为文化多元性的代表，各个民族在这里交流、融合，形成了独特的社会面貌。这种移民和贸易的交汇造就了富饶的文化景观。

2. 华人移民分布

马六甲海峡沿线城市如马六甲，作为古代马六甲王国的首都，曾是海上贸易的重要中转站。明代初期，郑和七下西洋以马六甲为中心站，成为储存货物和钱粮的重地，这次远征见证了中国文化与其他文明的交流，为后续移民文化的形成奠定了基础。19世纪中叶后，英国殖民者占领新加坡、马六甲和槟城，形成"海峡殖民地"，成为英国海上贸易的补给站。优越的福利政策吸引大量中国和印度劳工前来建设，造就了欧洲人、华人、印度人、马来人及其他族群共存的多元社会。随着马来西亚海上贸易经济的发展，马六甲海峡沿岸海港城市增多，华人传统聚落也随之增加，保留了许多华人传统民居的建筑形式和生活方式。

3. 马来西亚华人传统民居类型

华人移民历史长达几个世纪，在马来西亚的多个城市形成大大小小的华人聚落，这些聚落受地理环境、人文社会等影响，形成了具有多元文化特征的华人传统民居类型。这些类型以店屋、合院式、折中式和木屋为代表（图1）。店屋和排屋数量最多，且二者建筑形式相似，几乎每个城市都有其身影；合院式的数量较少，多分布在经济发达城市的市中心，采用中国南部传统建筑形式并辅以西方装饰，主要作为华人权贵的府邸；折中式主要以洋楼别墅和孟加楼为主，受当地和西方文化影响，其建筑风格以新古典和巴洛克式为主；木屋以水上木屋与乡村木屋为代表，乡村木屋多分布在村庄聚落内，是早期华人移民所建造的本土木屋，也被称为板屋或"亚答屋"，水上木屋位于槟城东北角的沿海地区，因其依桥而建，形似鱼骨状，也被称为"姓氏桥"[4]。

马来西亚华人传统民居作为海上丝绸之路沿线华人生活空间的"物化"载体，其类型基因特征反映了当地的风土人情和历史文化，浓缩于居民的日常生活中。这些民居的建筑基因承载了丰富的文化内涵，因此，研究马来西亚传统民居及其建筑形式，对分析华人传统民居的建筑基因具有重要意义。

二、理论研究的介入

1. 景观基因理论

景观基因是受生物学基因概念的启发提出来的。景观基因是指一个传统聚落景观所特有的、区别于其他聚落景观的内在文化因子，是识别传统聚落景观特征的重要参数，对某种聚落景观的形成

---

[1] 基金项目：国家自然科学基金面上项目"基于基因图谱辨识的海丝沿线传统民居空间组织形式及其形成机理研究"（编号：52078135）。
[2] 赵冲，福州大学建筑与城乡规划学院教授，博士生导师。
[3] 甘国乾臻（通讯作者），福州大学建筑与城乡规划学院硕士研究生。

图 1 华人传统民居类型

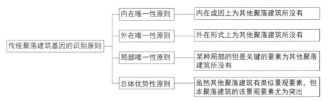

图 2 聚落建筑基因识别原则

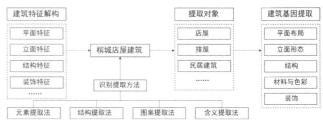

图 3 马来西亚华人传统聚落建筑基因提取方法

具有决定性的作用[5-7]。景观基因概念的出现,使传统聚落、古村落、民族村寨的研究相继增多。多个学科领域投入到对传统文化的特质进行提取与传承,为传统村落的保护和旅游规划提供理论支持,对于传统文化的保护与传承具有建设性意义。

2. 建筑基因的提取

本研究基于马来西亚华人传统民居现状,采用建筑类型学、田野调查法、文献分析法,依据景观基因理论的识别原则[8](图2)和提取方法[9],并将其与结构特征法[10]结合,形成用于马来西亚华人传统民居建筑基因的提取方法(图3)。通过对建筑的平面形态、立面特征、建筑结构、建筑材料与色彩,以及建筑装饰等方面的基因进行识别与提取,以图表形式展示各类建筑基因的特征与内涵,最终构建出马来西亚华人传统民居建筑基因图谱[11, 12]。

三、华人传统民居建筑基因图谱构建

本文主要以物质文化景观要素中的建筑基因为研究对象,对店屋、合院式、折中式、木屋四类华人传统民居建筑进行基因识别与图谱建构。

1. 建筑平面布局

马来西亚店屋以中国南部传统民居"手巾寮[14]"和"竹筒屋[15]"为原型,其功能布局分为"商住一体"和"纯商业"两类,前者又包括"前店后宅"和"下店上宅"两种格局(表1)。店屋平面布局从单进无天井、两进单天井到三进两天井带后院不等,其中以两进单天井较为常见。首层临街空间主要用于商业用途,five-foot-way(五脚基)[16]的柱廊在驱炎蔽日的同时,也使得商店的购物空间增大。后部区域则用于商业附属空间,如餐饮业的厨房和零售业的库房。二层以上为住宅区域,厅堂、卧室、厨房等围绕天井布局,房间以通透的格栅分隔。部分商业仓储也设于二楼以上,并通过楼井及滑轮设备实现货物的上下吊装。

合院式住宅主要沿用中国传统合院布局,并结合西方建筑元素,形成具有多元建筑文化的华人合院式民居。在马来西亚,合院式住宅通常为二层结构,一层用于会客和用餐,二层用于居住和休憩。以张弼士故居为例,这座被称为"蓝屋"的建筑,是南洋地区最为华丽、庞大的合院式住宅。其布局为典型的客家"双堂双横屋"格局,正屋位于中轴,两进三开间,两侧为横屋。整个平面布局被"楼化"成两层的建筑体量[5]。

折中式住宅以洋楼别墅和孟加楼为主要形式,平面布局大多遵循中轴线对称原则。洋楼别墅受意大利别墅和英国乡村住宅的影响,通常拥有长廊和附属空间。孟加楼则源于马来传统高脚楼,融合了西方建筑的突出门廊,形成了现有的平面布局,其平面类型可分为带天井和不带天井两种。木屋住宅主要分为乡村木屋和水上木屋,其平面类型多为两至三开间。部分乡村木屋设有五脚基廊道,而水上木屋则与中国南部的干栏式建筑相似。开间数影响主入口位置,两开间木屋通常进深较长,主入口位于山墙面;三开间木屋进深较短,主入口位于屋顶坡面。

在此基础上运用建筑类型学,对马来西亚华人传统民居建筑平面类型进行追根溯源,提炼其建筑平面类型基因并形成相应的基因图谱(图4)。

2. 建筑立面形态

店屋的立面由于建筑的年代不同呈现出不同的立面风格(表2)。根据目前已有的研究将店屋的立面分为五种样式,即早期砖构式,华南折中式,海峡折中式,艺术装饰式和早期现代式[17]。其中以华南折中式和海峡折中式的店屋数量最多,其立面造型融合中式传统百叶窗、彩绘和陶瓷花窗,以及西式罗马柱和马赛克瓷砖。此外,还有中国和欧洲的植物雕刻,使得立面装饰更加丰富多样。

合院式住宅的立面装饰以西式为主,辅以中式元素。以郑景贵故居为例,其正立面展现了典型的海峡折中式风格,包括连续排列的拱形百叶窗和顶部的拱心石。街道一侧设有贯通式五脚基柱廊,而入口处的门厅两侧配有八角凸窗。各层及屋顶交接处采用三层线脚,以提升立面装饰的精致度。

在折中式住宅中,洋楼别墅主要是由西方建筑师设计,其外观风格更倾向于新古典和巴洛克式风格。绝大部分别墅拥有白色的屋身、对称的壁柱、典雅的铁艺门窗、三角形山花以及灰塑线脚。

马来西亚华人传统民居建筑平面布局图谱

表1

平面类型	图示	概述
店屋		以中国传统民居"手巾寮""竹筒屋"为原型,增加五脚基柱廊
合院式		以中国传统合院式住宅为原型,保留三开间的空间格局,平面中轴对称、并整体二层化
折中式		平面形式大部分以中轴对称为主,平面类型以西式或当地建筑为原型
木屋		平面多为二至三开间,功能布局简单

马来西亚华人传统民居建筑立面图谱 表2

立面类型	实景	概述
店屋		建筑普遍两层,一层带五脚基柱廊,二层带百叶窗,部分店屋带有古典柱式作为装饰
合院式		立面造型保留了连续柱廊,细部装饰采用中西结合的方式
折中式		典型是凸龟门廊是其独特的建筑特点,此外还有欧式线脚和古典柱式
木屋		立面较为单一,以经济、实用为主

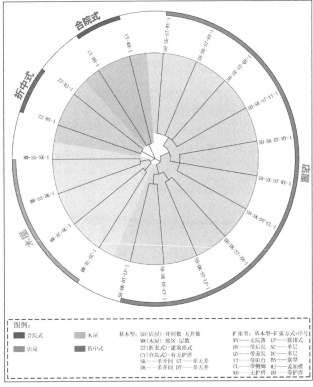

图4 马来西亚华人传统民居建筑平面类型图谱

孟加楼立面装饰精美华丽，独特的券门洞带有花卷植草以及走兽的雕刻，其独特的凸龟门廊增加其立面的层次感。

木屋住宅主要是早期华人劳工所居住，其立面风格较为简单朴素，皆以实用为目的形成的装饰元素。

3. 建筑结构

马来西亚华人传统民居的建筑结构受到多重因素的影响，包括地域环境、人文社会、血缘宗族和经济状况等，这些因素共同作用下形成了不同的建筑样式。华人移民出于对原乡文化的信仰与尊重，通常会选择与原乡相似的建筑结构，因而在民居建筑中广泛采用搁檩式和抬梁式结构（表3）。其中，搁檩式结构较为普遍，而在地位较高的宗祠、家庙和会馆建筑中，常采用等级更高的抬梁式结构，以体现华人移民对血缘宗族的认同和向往。

4. 建筑材料与色彩

马来西亚华人民居的建筑材料主要以木材、石材和黏土为基础（表4）。大多数华人倾向于使用当地获取的材料或者与祖籍地相似的建筑材料。杉木作为主要的构建材料，广泛应用于店屋、合院式、折中式和木屋等传统民居中，用于制作楼板、柱、梁、檩条、门窗等核心结构。石材则主要用于入口、楼梯台阶、承重

马来西亚华人传统民居建筑结构图谱 表3

结构类型	实景	图示	概述
搁檩式		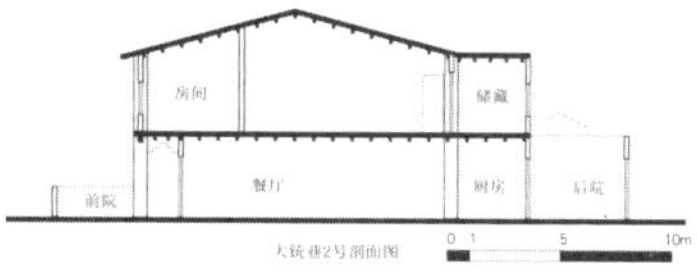	与福建、广东一带地区的搁檩式相类似
抬梁式		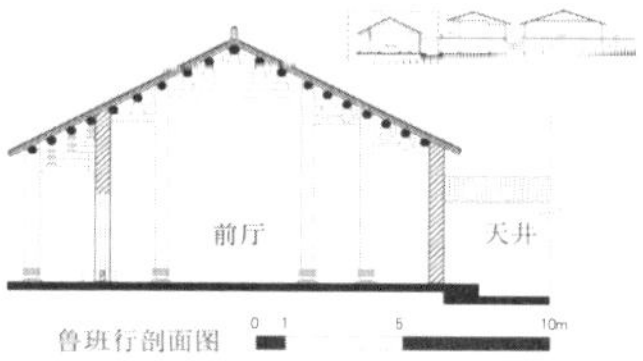	主要出现在宗祠、家庙以及会馆等重要建筑中

马来西亚华人传统民居建筑材料与色彩图谱 表4

材料类型	实景图	色彩提取	概述
木材			楼板、檩条、木构件的主要材料是杉木，根据时间不同呈现黄褐色、褐色
石材			主要用于天井和入口台阶的铺设，也有放置在楼梯第一节踏步处
黏土			制作黏土砖、红色方砖、陶瓦的主要材料，除红色以外，还有绿釉和蓝釉制品
石灰	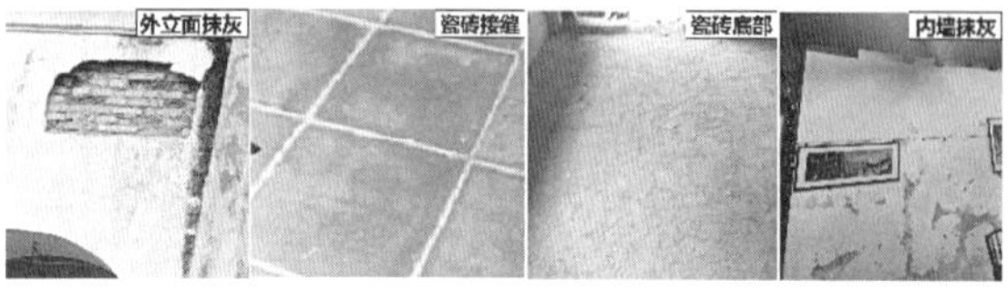		主要是作为抹灰和粘合剂的材料，在各种民居建筑中用途广泛

柱和天井铺设，同时用于立面柱式和梁托。黏土被用来制作承重墙体和地面铺设的黏土砖，以及用于屋顶的"V"字形和"U"字形筒瓦。此外，还常见以绿、蓝釉制品等作为建筑装饰的一部分。石灰则作为广泛使用的抹灰和粘合剂材料，用于各种民居建筑的内外墙面处理。

华人传统民居的建筑色彩以黄、红、灰、褐、白等为主（表4）。红色象征着生机勃勃，因此作为绝大多数华人民居屋顶的颜色，代表着房屋旺盛的生命力；黄色代表希望和丰收，华人移民认为能够带来兴旺与财富；灰色表达华人移民的坚毅不屈；而白色则寓意象征纯洁无瑕、去污净化。

5. 建筑装饰

马来西亚华人传统民居的装饰融合了功能性与美学特征，强调建筑材料与色彩的多样性。常见的设计特征包括传统木构百叶窗、雕花、彩绘、古典柱式和山墙设计（表5）。这些装饰不仅体现了地域适应性和文化融合性，也展示了传统建筑在现代城市中的独特

马来西亚华人传统民居建筑装饰图谱 表5

装饰类型	实景	图示	概述
百叶窗		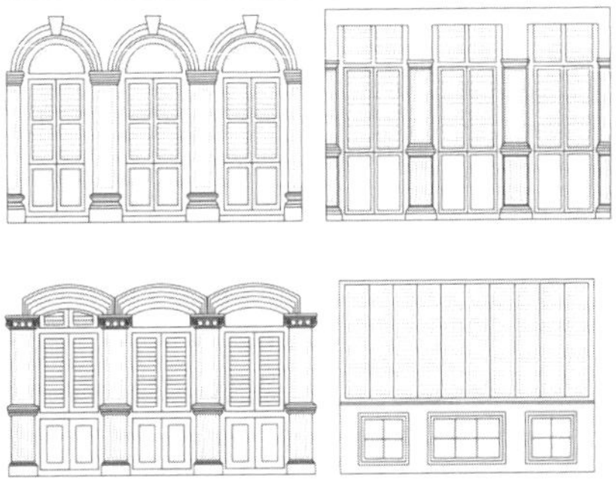	店屋、合院式、折中式住宅皆拥有传统木构百叶窗，通过一些木质机关控制百叶窗的开启与关闭
入口大门			入口大门的装饰多采用中式雕花，其装饰的繁杂程度，体现业主的经济实力
彩绘			主要出现在华人权贵所建的店屋和合院式住宅，内容包含动物、植物、生活场景、民间传说等
古典柱式			主要出现在店屋和折中式住宅中，其中爱奥尼式、科林斯式、塔司干式柱式较为常见
山墙		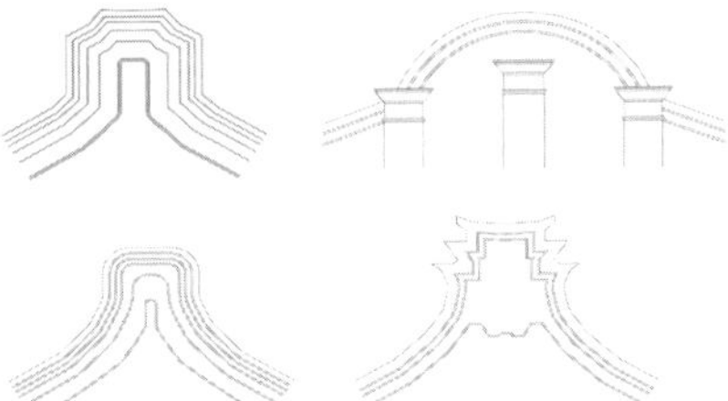	山墙设计沿用中国传统五行山墙，其中金、木、火行山墙较为常见

魅力。传统百叶窗通过独特的木构机关实现窗户的开合功能；雕花主要出现在主入口大门上，其复杂程度因业主经济实力而异；彩绘常见于富裕华人建造的店屋和合院式住宅，图案涵盖动物、植物、生活场景和民间传说；古典柱式作为装饰元素出现在店屋和折中式住宅的立面上，有些用于入口门廊的承重柱。山墙设计延续中国传统五行理念，五行山墙在马来西亚华人传统民居中颇为常见，体现了华人移民对原乡文化的深厚信仰与认同。

四、总结

马来西亚华人传统民居在空间布局上仍然深受中国传统民居的建筑形式影响，但在建造过程中受到多元文化、现代技术和时代观念的影响，导致其建筑空间布局和立面特征发生了一定的变化。例如，店屋拥有五脚基柱廊和古典柱式，而合院式住宅则采用了楼化的模式。尽管空间布局发生了改变，但平面形制仍然保留了中国传统民居的基本形式。因此，马来西亚华人传统民居建筑不仅延续了历史传统，也展示了与时俱进的文化交融。

马来西亚华人传统民居经历几百年的演变发展，承载着丰富的历史文化信息，其所保留的民居建筑遗产是"海丝文化"的重要载体。建筑作为物质文化景观的一部分，其外观表象和内部空间始终受到非物质文化景观的影响。物质文化与非物质文化相互融合，相互影响，互为表征，形成现有的丰富多样的马来西亚华人传统民居建筑类型。

本研究在分析马来西亚华人传统聚落现状的基础上，采用科学方法并结合景观基因理论，对华人传统民居建筑基因进行系统的原型提取和图谱构建。通过图示方式，揭示马来西亚华人传统民居的建筑特征，旨在更好地理解和展示海外华人传统民居建筑的历史演变和文化传承。本研究不仅有助于识别和修复"变异"的不良建筑基因，还为华人传统聚落民居建筑的相关研究和实践提供了重要的参考依据。

参考文献：

[1] 关晓曦，陈志宏，涂小锵. 越洋传播与跨境保护——马来西亚槟城华侨建筑遗产保护修缮模式研究 [J]. 新建筑，2024（2）：59-64.
[2] 刘沛林. 中国传统聚落景观基因图谱的构建与应用研究 [D]. 北京：北京大学，2011.
[3] 李世芬，况源，王佳林，等. 渤海南域乡村民居建筑基因识别与图谱研究 [J]. 建筑学报，2022（S1）：219-224.
[4] 陈志宏. 马来西亚·槟城近代华侨建筑 [M]. 北京：中国建筑工业出版社，2019.
[5] 胡最，刘沛林. 中国传统聚落景观基因组图谱特征 [J]. 地理学报，2015，70（10）：1592-1605.
[6] 刘沛林. 古村落文化景观的基因表达与景观识别 [J]. 衡阳师范学院学报（社会科学），2003（4）：1-8.
[7] 邹炜晗，张定青. 传统聚落景观基因识别及图谱研究——以陕南地区蜀道沿线传统聚落为例 [J]. 新建筑，2021（1）：121-125.
[8] 刘沛林. 古村落文化景观的基因表达与景观识别 [J]. 衡阳师范学院学报（社会科学），2003（4）：18.
[9] 申秀英，刘沛林，邓运员. 景观"基因图谱"视角的聚落文化景观区系研究 [J]. 人文地理，2006，21（4）：109112.
[10] 胡最，刘沛林. 中国传统聚落景观基因组图谱特征 [J]. 地理学报，2015，70（10）：15921605.
[11] 吴忠军，王诗意，曹宏丽，等. 侗族建筑景观基因识别与变异：以肇兴侗寨为例 [J]. 沈阳建筑大学学报（社会科学版），2022，24（4）：353-359.
[12] 蒋帅，杨玲. 贵州四寨侗寨建筑基因识别与图谱构建 [J]. 新建筑，2023（5）：90-95.
[13] 任震，刘雨桐，韩广辉. 黄河流域（山东段）村镇聚落文化景观基因识别指标体系构建 [J]. 规划师，2024，40（2）：145-152.
[14] 姚洪峰，黄明珍. 泉州民居营建技术 [M]. 北京：中国建筑工业出版社，2019.
[15] 陆元鼎，魏彦钧. 广东民居 [M]. 北京：中国建筑工业出版社，2018.
[16] 林冲. 骑楼型街屋的发展与形态研究 [D]. 广东：华南理工大学，2000.
[17] 陈耀威. Penang Shophouses (a handbook of features and materials) [M]. 槟城：陈耀威（Tan Yeow Wooi）文史建筑研究室，2015.

湖北利川大水井李氏宗祠审美适应性特征探究

邹维江❶ 张建萍❷ 潘静雯❸

摘 要：以湖北省利川市大水井李氏宗祠为研究对象，依据审美适应性与文化地域性格理论，通过田野调查、空间分析、层次结构分析、文献分析等方法，厘清大水井李氏宗祠的发展与源起，从自然适应性维度探究了大水井李氏宗祠的地理适应性、气候适应性、材料适应性，以社会适应性维度探析了李氏宗祠承载的族际关系、礼制规范、安全防御，以人文适应性维度剖析了李氏宗祠所体现其族人的精神寄托、宗族共识和生活态度，分析总结出大水井李氏宗祠的自然适应性、社会适应性、人文适应性特征，有利于展示大水井李氏宗祠的审美文化魅力，为系统挖掘整理、保护传承、创新发展武陵山少数民族地区传统建筑文化提供理论依据和参考。

关键词：利川大水井 李氏宗祠 自然适应性 社会适应性 人文适应性

宗祠作为家族历史与文化象征，反映了社会制度、政体及宗族关系特征，在内蕴丰富的历史信息和文化涵义的同时，对于保护、传承及弘扬传统民居建筑文化、增进人们对各地域传统建筑文化的理解、推动传统建筑文化的多元化发展与创新具有重要意义。基于血脉的大水井李氏宗祠，在传统儒家文化和民族地域文化的熏陶下，形成了独特的审美文化特质。因此，探寻湖北利川市大水井李氏宗祠的审美适应性特征，有助于挖掘其历史价值，加强地域文化交流与融合，推动传统祠堂建筑文化的保护、传承与发展。

目前对宗祠建筑的研究，从全国整体性层面看，吴英才根据地域区划分类梳理探讨了宗祠建筑的形制和文化内涵，研究了不同地域文化背景对宗祠建筑的建造与使用的影响因素[1]；李秋香从时代背景和政治制度方面研究了其对宗祠建筑的影响，并以实例对宗祠建筑的历史背景、聚落布局、祭祀仪式、建筑构造等方面进行了梳理和系统研究[2]；冯尔康以史学视角对中国宗族的历史演变、社会功能、宗族制度的兴衰进行了探讨，强调宗祠历史的重要价值[3]。

对于宗祠建筑研究，从地方局部层面看，鄂渝地区具有大量研究成果，如范银典以移民活动为切入点对明清时期巴渝地区宗祠的建筑类型、布局形式、建筑保护、修缮策略等方面进行了深入研究[4]；徐洋以"江西填湖广"移民运动为背景，对移居人群、迁入地与迁移地的历史变迁进行研究，讨论鄂东北宗祠建筑的形制与礼仪空间[5]；彭然通过计算机声模拟分析对湖北地区宗祠戏楼的建筑形制、装饰构造、观演空间及建筑声环境营造进行系统分析和论证[6]。

总体上看，对于宗祠建筑的研究主要从建筑学、社会学、历史学的视角，从社会背景和宗族历史变迁因素探讨对宗祠建筑本体的影响和价值研究，而对于大水井李氏宗祠的研究多集中在空间形态布局、建筑文化、建筑装饰、建筑保护开发等视角。如田赤、方国剑、孙孺等从大水井人文地理环境、李氏家族发展溯源、大水井古建筑群的李氏考证与建筑文化进行了系统性梳理和总结[7]；吴漫玲、方振东以建筑艺术为着眼点和出发点，重点分析大水井古建筑群的平面构图以及装饰处理，分析探讨大水井古建筑群的景观意象[8]；安一冉从建筑文化的角度分析和探讨大水井古建筑群，提出其中蕴涵的聚落文化、和谐观念和礼乐教化三个方面的观点[9]；董傲梅从挖掘和保护传统建筑的价值为出发点，对大水井古建筑中所蕴藏的实用价值、审美价值和文化价值展开整体性研究[10]；谭颖与何朝银通过分析大水井古建筑的建筑与装饰艺术探讨建筑文化的保护与传承问题[11]；王华清以大水井地区的自然环境状况为出发点，分析该区域的地域环境所产生的人文精神，同时在对其民俗文化进行解析的基础上探究了鄂西土家的建筑风格及装饰艺术的形成[12]；周乙通过对全域旅游内涵及适用性的分析，对比大水井古建筑景区现状的优劣势，从而探讨由单一知名景点向全域旅游发展的拓展路径及开发思路进行分析研究[13]。针对李氏宗祠建筑的研究虽然视角多维资料丰富，但是以建筑美学视角对具有典型性传统宗祠建筑以挖掘该区域传统宗祠建筑文化内涵的研究亟待梳理和深入。

本文以湖北利川大水井李氏宗祠为研究对象，运用审美适应性理论与文化地域性格理论[14]，通过实地勘察、空间解析及文献研究等手段，深入剖析李氏宗祠地理布局和发展历程，揭示李氏宗祠在自然环境、社会环境和人文环境方面的适存性特征。研究成果将为武陵山区域传统民居建筑文化的传承与创新、乡村文化振兴策略提供有力的理论支持和历史借鉴。

一、利川大水井李氏宗祠源起与现状概述

大水井李氏宗祠位于湖北省利川市柏杨镇水井村，与李亮清庄园、李盖五庄园组成大水井古建筑群[8]，是全国重点文物保护单位，其后人为纪念开创基业的先祖李廷龙、李廷凤而建。根据《魁山堂记》与《李廷龙夫妇墓碑》记载，李廷龙生于乾隆八年（1743年），湖南巴陵郡人（现湖南岳阳），兄弟分家后从湖南迁往川东夔州府奉节县（今湖北利川柏杨镇一带）为商，集得一定财富后在大水井买田置地。李廷龙逝世后由其妻张氏主事，并在当时奉节与云阳修建庄园，李氏家族便在大水井地区繁衍壮大。李氏后人"置祭田，筑宗祠，是足以妥佑先灵"，有学者认为李氏宗祠筹划和修建的主要负责人是李祖盛，宗祠上下两殿正梁记载"道光二十九年（1849年）闰四月六日建立"[15]，清咸丰元年（1851年），第二任族长李永蔚继续宗祠，增建四面围墙，民国十八至十九年（1929~1930年），第五任族长李盖五吸取被贺国强控制

---

❶ 邹维江，湖北民族大学，讲师。
❷ 张建萍，湖北民族大学，讲师。
❸ 潘静雯，湖北民族大学，本科生。

水井而兵败的教训，斥资继续加高围墙，将水井纳入城墙以内，形成今日所见的风貌格局[16]。李氏宗祠占地15000m²，建筑面积达到3800m²，总体呈三进三路三殿四厢院落式布局（图1），共有大小天井6个，房间69间，中路三大殿分别为前殿、拜殿、祖宗殿，东西厢房中设置讲礼堂、银库、账房、仓库、客房、族长房、家丁房等生活生产用房，祠堂东北侧围墙内有一水井，并运用台阶与建筑前院场坝相连，大水井之地名也因此而得名。

二、利川大水井李氏宗祠的自然适应性特征

建筑的自然适应性是建筑对自然条件的适应，是建筑产生和发展的基础[14]。在审美适应性理论中，自然适应性是地域性和技术性的一种结合体，在一定的文化地域条件下，依托地形的选址择地、基于气候的布局、基于材料的建造等方面均呈现出独特的地域技术特征[17]。大水井李氏宗祠通过趋利避害的选址、顺应四时的建筑构造、因地制宜的建筑用材表现出武陵山地区独特的地域技术特征，具有显著的自然适应性特征。

1. 趋利避害的建筑选址

湖北利川地处崇山峻岭的武陵山腹地，地形地貌复杂多样，地面起伏较大，缺少开阔平坦的耕地资源。因此，该地区传统建筑选址主要将生活的便利性、建设的经济性、避灾的安全性作为重要参考指标[18]。

从生活的便利性而言，在农耕时代的背景下，面对错综复杂的地形条件，将地势平坦的土地留作耕地，将不适合耕作的坡地用来建造房屋成为武陵山地区建筑选址的习惯之一。大水井李氏宗祠位于罗汉坡山腰，周边具有地势平缓的耕地，多处自然山泉作为水源亦能满足生活生产的用水需求，从而达到生活便利性的选址要求。

从建设的经济性而言，山地聚落常依山面水而建，在地形上多以平坝、山间平地、缓坡而建，从而充分利用现实地形条件，降低施工难度[18]，因此坡度是影响建设经济性和坡地利用的重要影响因子，直接影响建筑形式以及建筑群的布局方式[19]。通过运用GIS空间分析法对李氏宗祠及周边区域进行高程与坡度分析，大水井李氏宗祠所在的水井村海拔在800~2000m，宏观上李氏宗祠周边山势呈"三面环山，一面临崖，南高北低，南陡北缓"特征；从中观上其坐落的罗汉坡北坡坡度在8.74°~14.95°，属于中坡地，因此李氏宗祠选址在相对平缓的罗汉山北坡体现出其在选址时对建设经济性的考量。

从避灾的安全性而言，主要是避免自然灾害与战争战乱的因素。利川市地处川湘凹陷西北边缘的亚热带喀斯特地貌区，环境复杂多变，易受滑坡、塌陷等地质灾害影响。罗汉坡地势较为平缓，以黄棕壤和棕壤为主，土质均匀紧实，地质条件稳定。李氏宗祠建于此，运用削高填低之策略，并用条石铺设基底，强化建筑地基稳定性，确保地质安全。此外，宗祠选址利用山腰地形优势及人工构筑堡坎，形成居高临下之防御态势，满足避灾安全需求。

2. 顺应四时的建筑构造

《礼记》有言："凡居民材，必因天地寒暖燥湿，广谷大川异制，民生其间者异俗，刚柔轻重、迟速异齐、器械异和，衣服异宜。"气候对人类社会的基本生产与生活方式能产生深远影响，不同气候特点也催生出不同的适应性策略与方式，并影响到建筑的空间布局形态[17]。

湖北利川地处亚热带季风气候，大水井李氏宗祠由于受地形所限，宗祠整体坐南朝北，不具备良好的朝向与采光条件，因此在布局上进行优化以适应当地气候变化的需要。大水井李氏宗祠在气候适应性上主要体现在平面布局、竖向设计与顶面设计之上。

首先，平面布局所体现的气候适应性，主要表现在天井院落和台地院落的布局上。李氏宗祠为"三路三进"院落格局，构建成内部六个天井院落和外部两个开敞台地院落的格局。李氏宗祠中路拜殿南北两侧分别与前殿、祖宗殿形成两个横向天井院落，东西二路则分别通过东西厢房而形成四个纵向天井院落，通过天井院落调节内部微气候，增强天然采光，促进内部横向与纵向空气流动，同时缓解武陵山区潮湿等环境问题。笔者按季节对李氏宗祠建筑内部不同地点的空气温度、湿度进行监测，通过对室内外温度进行监测（图2），发现天井在建筑室内与室外之间形成的过渡空间对温度调节具有缓冲作用，使室内空间气温具有更高的稳定性；在空气湿度方面（图3），一楼室内空间的绝对湿度长期高于室外，同一气候条件下靠近天井的一楼室内绝对湿度略低，表明天井对于调节室内空间的湿度亦具有积极作用。

其次，竖向设计所体现的气候适应性，主要表现在宗祠立面门窗设计、前后的台地院落之上。由于李氏宗祠建筑朝向为坐南朝北，出于安全需求建筑外部界面又少门少窗，从而影响到建筑内部的采光通风效果，因此李氏宗祠内部则大量采用隔扇门、隔扇窗，结合天井实现良好的通风采光效果。同时宗祠前后的多级台地院落形成的开敞空间，一方面可以通过台地消化高差的同时使建筑内部获得更多的采光空间；另一方面通过台地院落形成的热压差效应达到较好的通风除湿效果，促进建筑内部热环境平衡，弥补建筑朝向所引起的采光与通风问题。

最后，顶面设计所体现的宗祠气候适应性。大水井李氏宗祠屋顶为坡式，覆盖灰色布瓦，除了主殿三大殿外，厢房皆设有阁楼，其采用条状木板铺设。经测量不同季节宗祠内祖宗殿、东厢房一楼及阁楼温度比较（图4），结果显示，阁楼夏季较东厢房一楼高出3.3℃，冬季则低1.7℃。另，无阁楼的祖宗殿夏季气温较东厢房一楼高2.6℃，冬季气温则低2.4℃。由此可见，阁楼产生的空气间层具有良好的保温隔热效果，提升了居住空间的舒适度。

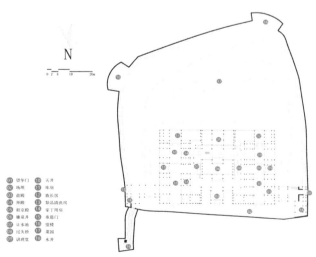

图1　大水井李氏宗祠平面布局图

3. 因地制宜的建筑用材

武陵山地区以山地地形为主且林木众多，石材木材资源丰富，但由于交通不便和经济发展水平较低，该地区建筑建造材料具有因地制宜、就近取材的特点，李氏宗祠所在的水井村三面环山，山上多麻条石与木材，取材容易，且易于加工，于是麻条石与木材就成了李氏宗祠建筑中最主要的建造材料，也体现出该地区建筑用材的地域性特征。李氏宗祠三大殿建筑主要采用抬梁式结构，立柱粗壮笔直高大，庄严肃穆。东西厢房则为穿斗式结构，除山墙和后檐墙采用青砖砌筑，立柱、横梁、穿枋、檩条、椽子、楼枕等结构构件均为木材，通过柱和骑柱承檩，檩上承椽，枋柱之间凿榫衔接，结构严密坚固。其他墙面采用木制板壁进行围合，木制板壁主要依靠木柱承重，木柱与板壁对防水防潮要求较高。通常在板壁之下利用石材做墙基础，在柱子之下放置磉礅，并在磉礅之上刻有吉祥纹样，一方面解决了墙体的自身承重，另一方面也有效防止了地面潮气和雨水溅湿板壁与柱子，起到防潮、防腐的作用。

麻条石作为建筑材料有许多优点，建造工艺简单，材料坚固稳定，既能保证地基的稳固，又具有极高的防御安全性，因此麻条石在李氏宗祠中除了用作磉礅和墙基以外，还在修建堡坎、台阶、围栏以及防护围墙、门窗之上进行广泛运用。如李氏宗祠中利用麻条石砌筑而成的围墙长度达到390m，厚度2.9m，平均高度6m，围墙及墙内石阶随山势地形变化起伏。大水井李氏宗祠采用了围墙设有66个堞墙并向外悬挑0.2m的方式，以防范他人攀爬，同时在堞墙上设65个射击眼，形状为圆台状，外小内大，便于攻击他人而不伤防御人员。其构筑方式充分利用了石材，满足了防御与生活需求。这种就地取材的策略，充分利用了当地的木材、石材等资源，结合传统施工技艺，因材施工，使得大水井李氏宗祠极具地方特色。这种材料的地域性运用，充分展现了"因地制宜"的建筑理念，也体现了李氏宗祠建筑材料的自然适应性和地域技术特征。

三、大水井李氏宗祠的社会适应性特征

建筑是凝固的历史与文化，与社会的政治、经济、文化等因素有着密切的关系，是社会时代精神的形象体现，强调的是建筑的社会适应性，建筑的社会适应性是建筑发展的根本动力[14]。大水井李氏宗祠的社会适应性主要体现在对族际关系、政治文化与社会治安的适应性上。

1. 多元共生的族际交融

大水井李氏先祖源于湖南岳州府巴陵县，融合了湘楚汉文化与川东鄂西土家族等少数民族文化。在崇尚孝道与宗族观念的熏陶下，他们兴建了李氏宗祠。由于族中商贾辈出，视野广阔，祠堂建筑逐渐展现出各文化交融的特色。

一是其建筑格局体现了客家防御理念。武陵山川渝地区的庄园式建筑，由碉楼与墙构成防御体系，是四川客家民居继承古老防御意识与湖广两省木构庭院相结合的独特风格[20]，大水井李氏宗祠即这类庄园建筑的典型代表。大水井李氏宗祠内部为三路三进的中轴对称合院，是族人祭祀、生活之地，外围利用堡坎、围墙形成线性围护，并根据地形变化在围墙四角设置望楼，望楼设置射击眼，具有观察地形和射击双重作用。围墙原设置房廊遮蔽风雨，并与望楼相连，形成完整的环形防御体系，形成集祠堂、住屋、堡垒于一体，构建出点线围合的布局形式、外闭内敞的空间组织的客家民居特征[21]。这是在特定的历史背景下，新来移民出于防御和自我保护、重视血缘关系的表现，是民族、地域融合在建筑布局上的重要体现。

二是江南建筑风格的建筑意蕴。江南地域涵盖苏南、浙中、皖南、赣中等地区，气候宜人，山水秀丽，同时物产丰富，经济发达，使得孕育出秀外慧中、美在相宜和巧于细节等意蕴的江南传统建筑[22]。大水井李氏宗祠错落有致的建筑立面、粉墙黛瓦的建筑色彩、精雕细琢的木雕石雕，展现出了独特的江南建筑意象。李氏宗祠最能彰显江南意蕴的首属宗祠建筑入口北立面，主入口为四柱三间五楼形制的牌楼式门楼，并在柱间墙壁上刻有砖雕彩画及"李氏宗祠"牌匾，在正殿与两侧厢房之间运用徽派"五叠式"马头墙隔开，为建筑增添了审美趣味。李氏宗祠建筑色彩整体呈现其典型的粉白和青黑色，外墙施以粉白色，形成洁白的立面效果，瓦面以黑色小青瓦铺设，形成"青瓦出檐长，马头白粉墙"的江南民居写照[23]；建筑内部则构造精细，以宗祠正殿、拜殿梁架、柱头之上的牡丹、卷草、蝙蝠等动植物纹样彩绘最具匠心。李氏宗祠大量运用石雕木雕装饰，祖宗殿与拜殿穿枋上"渔樵耕读"木雕、磉之上采用浮雕的月季、牡丹、喜鹊、蝙蝠等动植物造型纹样，雕刻生动，主题鲜明，亦具有江南传统建筑注重精雕细琢的装饰特征。

三是潮汕嵌瓷的细部装饰。嵌瓷是潮汕地区在绘画雕塑基础上运用彩色瓷片剪裁镶嵌成表现形象用以装饰祠堂、庙宇等公共建筑的一种艺术手段[24]，是岭南民居装饰艺术的代表之一。在大水井李氏宗祠中，在门楼、马头墙、檐下等部位进行装饰，多采用浮嵌方式，运用人物、走兽、花鸟、博古、法器等题材，如门楼柱间墙壁之上的"十八学士登瀛洲"图案、檐下与墀头上的宝瓶花卉图案等，构图匀称，色泽鲜艳，疏密得当，层次丰富，表达族人对美好生活的精神寄托和后人成才的期许。但从形式上看，李氏宗祠现存的嵌瓷要比岭南潮汕地区祠堂嵌瓷简洁，表明李氏族人在借鉴其他地区艺术装饰手法时也进行了一定程度推陈出新的改动与优化，使

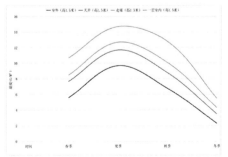

图2 各测点平均气温折线图

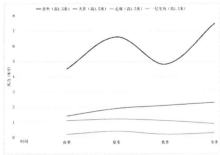

图3 各测点风环境折线图

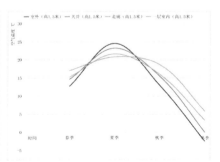

图4 阁楼气温对比折线图

之更加适应自己的审美需求。

2. 崇宗明礼的宗祠规制

祠堂作为聚落中等级最高的公共建筑，是宗族制度的物化代表，象征着宗族势力，起着维护聚落伦理秩序的作用[25]。而礼制是中国古代社会天人关系、阶级关系、人伦关系的集中体现，等级思想作为传统礼制的核心内容而衍生出的宗祠规制影响着建筑空间的布局、形制和装饰，在宗族意识和儒家思想的影响下，李氏宗祠通过"祖宗崇拜"与"大壮适形"来强调对于宗祠规制的遵守。

宗祠的布局和尺度变化表现出对祖宗的敬仰。例如，李氏宗祠的中轴对称结构，由三路共三进构成，中路依次为前殿、拜殿、祖宗殿，两侧为厢房。拜殿台基比前殿高60cm，祖宗殿又比拜殿高70cm，形成了从前往后逐渐升高的特征，体现了李氏族人尊崇祖先、遵循礼制的理念。大壮与适形是古人在建筑空间观念上对"重威"和"便生"需求的体现，反映了他们对宇宙秩序和社会规范的追求以及对安逸生活的向往[26]。在清代《相宅新篇·屋宇形象论》中描述："面前之屋为宾，左右之房为从，宜宾端拱，主贵高严。从若高昂，主受欺凌之患；从如低陷，主嫌孤露之虞。"大水井李氏宗祠规整严谨、中轴对称、中心突出的三进三路的祠堂格局，在中轴线上的前殿、拜殿、祖宗殿立柱粗壮笔直，梁枋雕刻精美，庄严肃穆。中轴两侧的四个天井院落分别构成了生活空间，围绕天井形成的厢房，其尺度相对于三大主殿而言体量较小，装饰朴实无华，轻松自然。大壮、适形的观念是儒学礼制思想和堪舆观念对建筑营造的双重影响，体现的是"守制"而不僭越的礼制观。

3. 务实致用的安全防御

据史料记载，大水井一带自清至新中国成立前一直受到战乱匪患的侵扰，《清史稿·周达武传》记载："咸丰十年（1860年）石达开分党犯永明柘牌，连战破之，擢总兵。十一年（1861年）贼走湖北，陷来凤。同治元年（1862年）春从刘岳昭攻克之，予二品封典。骆秉章督师四川，调达武从剿，抵涪州。"清代《剿平三省邪匪方略》记载："四川奉节贼匪两股合并，共有万余，突入利川之南坪，地方势甚猖獗。臣查南坪距县治仅四十里，距施南郡城亦止百余里，信宿可达。而利川向无城垣，樊继祖所带之兵又止数百名，此时各路均须防剿，实无多兵可调。"因此，由于清代以来大水井地区混乱不安的社会治安环境，以及大水井李氏先祖由外地迁入，需加强宗族凝聚力的内在需求，致使大水井李氏宗祠展现出"外依天险、内靠人事"的社会适应性特征（图5）。

内外相合的多层次点状防御。点状防御是凭借险要的山势地形或占据交通要道形成的防御据点，在传统建筑中常表现为防御区域的主要出入口、观察点。首先，水井村"三面环山一面临崖"的特征，使进出道路依靠东西两侧尖刀关与九龙关的自然天险，具有"一夫当关，万夫莫开"的自然防御优势。其次，李氏宗祠被厚重而高大的围墙围合，在东西两侧各开高大厚重的城门，在防御状态时大门紧闭，并在围墙四角设置望楼。最后建筑的门、窗等构件也具有较强的防御特征。李氏宗祠为三路三进院落格局，外立面少门少窗，三路出口均设置厚重大门，门闩防御设施一应俱全，呈现出由外至内的多层次防御特征。

动静相宜的双环形线状防御。线状防御是外围通过建造围墙、壕沟等手段构建出的线性防御屏障。一是依托地形构筑城墙堡坎构建线性的防御工事。李氏宗祠前依堡坎后靠围墙，被线状的防御工事围合其中，在防御活动中能够以静制动、以逸待劳。二是内部具有便捷的防御动线。在"承恩门"与"望华门"旁，设置有台阶或楼梯与城墙、望楼衔接，望楼具有充足的储存空间可堆放武器弹药，望楼与城墙相连，既方便向城墙运用弹药物资，也方便防御人员的换防调动，形成环状的防御动线。

显性与隐性的多区块防御体系。此种防御通过布局建筑物空间，构成区域性的防护壁垒。在李氏宗祠内，主要通过建筑的院落布置得以实现。该宗祠采用典型的"三路三进"布局，构建出内部六个天井院落和外部两个开放院落的院落式结构。宗祠正前方的梯形院坝可满足练兵和防御需求，后方的开放空间则作为防御物资生产区。内部的"四合水"院落与外部开放院坝形成的显性与隐性的格局，彰显了李氏宗祠"住防一体"的特性。相对开放的院坝形成便于观察敌情和生产防御物资的面状防御空间，建筑围合的天井院落则满足生活需求，从而达成攻守兼备的防御目标。

四、大水井李氏宗祠的人文适应性特征

建筑的人文适应性是建筑发展的目标旨归[14]。大水井李氏宗祠通过选址布局空间组织和建筑装饰等表现出求吉纳祥的精神寄托、尊儒重教的宗族共识、致用利人的生活态度，体现出李氏宗祠人文适应性特征。

1. 求吉纳祥的精神寄托

大水井李氏先民敬畏自然，出于对财茂业兴、家宅平安等吉祥思想的需求，在选址、布局、装饰、营造等方面，运用寓意、谐音的手法来隐喻和象征，从居住环境、心理期盼、理想追求来表达求吉纳祥的精神寄托。

天人合一的居住理想。武陵地区选址择地历来追求自然环境与人文环境的和谐共生，在此地区常有"屋打垭，坟打包""前有照，后有靠"的民俗谚语，反映出当地对建筑选址的重视。从山势地形上看，李氏宗祠背靠罗汉坡为宗祠主山，后方寒池岭为少祖山，左有横石岭为青龙，右有轿顶山为白虎，前有一无名小山包和齐岳山分别为案山与朝山，符合传统堪舆"左青龙、右白虎、前朱雀、后玄武"及"前有照、后有靠"等理念，形成了传统建筑所追求的"枕山、环水、面屏"的理想环境模式[27]。

财茂业兴的心理期盼。在大水井李氏宗祠中，多以尺寸数字、

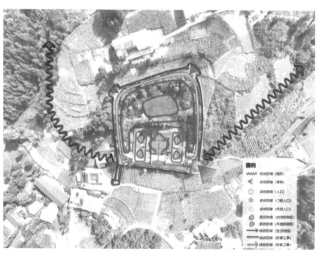

图5　大水井李氏宗祠防御格局示意图

水、动植物等要素隐喻象征财富。在鄂西南地区传统吊脚楼营造中有"高不离八""宽不离八"的规定性技术要求，指的是建筑中堂扇架中柱的高度、大门的高度或者房屋开间的尺寸尾数是八，由于受汉文化的影响，数字"八"谐音有"发"的含义，有发财发家的寓意[28]，如李氏宗祠大门高度尺寸为10尺8寸，祖宗殿各开间的尺寸为16尺8寸。再如李氏宗祠整体为三进三路的建筑格局形成的大小六个"四水归明堂"的天井院落格局，受到徽商"肥水不流外人田"观点的影响，认为水象征财富，因此"四水归明堂"的天井院落格局也象征着"聚四方之财"的财富观。此外，在宗祠部分石雕木雕和嵌瓷中还有鱼、牡丹等动植物图案，亦有"年年有余""花开富贵"的象征意义，也是李氏族人追求财茂业兴的美好愿望的例证。

家宅平安的理想追求。李氏宗祠中通过文字命名、符号寓意谐音的隐喻象征手法来表达对家宅平安的吉祥思想。在祠堂建筑正立面门楼墙壁和马头墙上运用彩瓷镶嵌的图案装饰，嵌瓷图案主要以"宝瓶"再配以麒麟、喜鹊、蝙蝠、花卉、如意等动植物和物品，以破碎的瓷片而镶嵌成的"宝瓶"形图案，破碎瓷片寓意"岁"，"瓶"寓意"平"，象征着"岁岁平安"和"永保平安"，"宝瓶"配"如意"则是寓意"平安如意"等，亦有"暗八仙"的装饰图案，即"宝瓶"配以"拂尘""花篮""笛子""宝剑"等八仙所用法器，以此来表达希望神仙保佑平安的愿望。此外，李氏宗祠还有以文字直接命名和直接使用文字造型进行装饰以象征"平安"的家宅观念，如祠堂西路与东路山门分别书写"居之安""平之福"，在上门槛上刻有"囍"字，寓意"双喜临门"等，表现出李氏族人追求家宅平安的朴素的求吉思想。

2. 尊儒重教的宗族共识

大水井李氏族人深受儒商思想的影响，在生产生活中十分注重对于族人的教育和培养，并通过空间布局、族谱家训、细部装饰等形式，将尊儒重教思想加以凸显。

凝心聚力的仪式教化场所。祠堂是宗族作为地缘团体的中心，血缘则是宗族作为血缘团体的中心，祠堂是宗族血缘与地缘的"集合表象"[29]。大水井李氏族人于清明节、中元节、冬至等重要节日，皆于拜殿举行庄重的祭祖典礼，由族长率领族人向先祖敬献祭品，仪式严谨而复杂。宗祠西侧设有讲理堂及过失桥，为族人违反家规时接受族长惩戒之地，是家规执行的实体场所。大水井李氏宗祠作为李氏宗族的权力中枢，通过祭祖仪式与教化惩戒，对族人进行规范与约束，以空间场所与行为仪式防止宗族瓦解，维护家族秩序，强化宗族权威，增强宗族凝聚力，推动宗族的传承与发展。

教化传承的族谱家训。族谱是通过血缘关系确立家族成员身份的一种传统记载和归档方式，记录着家族成员的血缘关系和家族历史，具有身份认同、延续传承血脉、家族利益分配、家族治理的作用[30]。大水井李氏族谱主要包括谱序、字派家训、家传、艺文志、世系引等内容，族谱记录了宗族起源、歌颂祖宗功绩、记录族人功绩，使族人感恩祖先恩惠，以此强化身份认同和祖先崇拜。家训族规是在传统社会缺乏法制治理的背景下，用于约束和教化族人的惩戒机制和行为规范。它是国家法律和宗族意愿的综合体现，而宗祠则作为物质载体展示和执行家训族规，承担社会治理的功能[31]。在大水井李氏宗祠通过家训族规本体和设置执行场所对族人进行教化约束。宗祠拜殿中陈设有木刻的各种"族规""家训""遏欲文"和"劝孝文"，如家训中对"敬夫""爱弟""教子""教女""择友"等二十三个方面作了详细规定。

雅俗共赏的细部装饰。大水井李氏族人深受儒家思想的影响，在生活生产中注重对族人的教化约束，通过以世俗生活为题材的雕刻装饰、牌匾楹联约束教化族人，实现家族常盛不衰的理想追求。以耕读忠孝为内容的装饰主要体现在木雕、楹联之上。在李氏宗祠祖宗殿、拜殿的穿枋上，均刻有以"渔樵耕读"为内容的扇面木雕，造型生动，刻工精美。"渔樵耕读"为题材的装饰是耕读思想的表现，"渔樵耕读"是农耕社会安身立命的职业，代表着人们基本的生活方式，其反映的是世俗生活，也体现出儒家思想修身齐家的哲理。三大殿中刻有"先辈勤俭持家做出许多事业，吾侪耕读为本莫忘这个根源""祖宗虽远，祭祀不可不诚；子孙虽愚，经书不可不读""一等人忠诚孝子，两件事读书耕田""皇王土圣贤书可耕可读，天地德父母恩当酬当报""常需隐恶扬善，不可口是心非"等楹联，语句通俗直白，表现出对儒家传统忠孝思想、耕读思想的重视，同时也强调个人品行修养。在拜殿山墙分别书写"忍""耐"二字，以"廉泉让水"的典故在二字之下设置"廉泉井""让水池"，提示族人须清廉礼让。李氏宗祠将"耕读、忠孝、廉洁、礼让"的儒家思想通过世俗生活化的建筑装饰予以呈现，约束警示和教化族人。

3. 致用利人的生活态度

大水井李氏族人世代经商，造就了其致用利人的生活态度，并通过"外拙内巧"的建筑装饰和"住防一体"的功能布局得以体现。大水井李氏宗祠"外拙内巧"的装饰主要表现在装饰内外用材和工艺的差异上。首先，李氏宗祠外部主要运用厚重粗拙的条石、钢板、木板等建筑材料，粗拙的外观给人以坚固之感，给人以坚不可摧的震慑力，如城墙、堡坎由粗犷的条石砌筑而成，城门则以厚重木板、铁皮以及石材，无其他细部装饰。其次，宗祠建筑外部在材料上仍旧使用坚固的石材木材，装饰上也使用耐久度更好的砖雕、嵌瓷。如祠堂山门的门框、门槛和门板仍以条石和木板为主，木雕只以简单的文字和花纹作为装饰。最后，祠堂内部门窗采用精巧的隔扇门窗，拆卸方便，窗棂图案雕刻细致内容丰富。因此，李氏宗祠中防御用材由外而内、由粗到精，防御装饰由简到繁，彰显了李氏族人务实求真、世俗致用的审美情趣。

由于大水井地区动乱不安的社会治安环境迫使李氏族人在修建宗祠过程中营建颇具防御智慧的庄园式宗祠，在宗祠内营建出用以满足生活需求的居住空间和用以满足安全需求的防御空间，二者互相交融。居住空间中布家丁住房、粮仓、银库、水井等功能区，既是重要的生活空间，也是具有战略性的防御保障空间。防御空间中通过围墙、堡坎、望楼等防御设施围合出来的院坝、菜园等开敞空间也是重要的生活活动区域。点、线、面防御要素相结合而形成住防一体的封闭性防御体系，体现了大水井李氏族人致用利人的生活态度。

五、结论与讨论

1. 结论

大水井李氏宗祠在特定的历史时期和地缘血缘条件下而形成特色鲜明的审美文化特征。本文基于文化地域性格与审美适应性理论，以自然适应性维度探究大水井李氏宗祠趋利避害的建筑选址、顺应四时的建筑构造、因地制宜的建筑用材特征，以社会适应性维度探析了李氏宗祠多元共生的族际交融、崇宗明礼的宗族规制、务实致用的安全防御特征,以人文适应性维度剖析了李氏宗祠求吉纳祥的精神寄托、尊儒重教的宗族认同和致用利人的生活态度,阐述了大水井李氏宗祠的自然、社会、人文三个层次的审美适应性特征。对大水井李氏宗祠的审美适应性特征进行探讨,有助于挖掘、传承大水井李氏宗祠的传统建筑文化与营造智慧,丰富传统宗祠建筑的研究体系,同时也通过运用文化地域性格理论和审美适应性理论拓展传统宗祠建筑的研究视角。

2. 讨论

在考察大水井李氏宗祠的过程中,我们发现了类似庄园式建筑存在于重庆奉节等地。然而,现有的研究大多是基于行政区域的个别案例分析。因此,我计划未来以地理区域为单位,对武陵山区的传统庄园式建筑展开全面研究。这将有助于揭示武陵山区传统民居建筑的构建智慧与建筑文化,更有效地展示和保护传承武陵山地区的建筑文化遗产,推动当代武陵山地域建筑创作理论与实践的发展。

参考文献:

[1] 吴英才,郭隽杰.中国的祠堂与故居[M].天津:天津人民出版社,1997.
[2] 李秋香.宗祠[M].北京:生活·读书·新知三联书店,2006.
[3] 冯尔康.中国宗族史[M].上海:上海人民出版社,2009.
[4] 范银典.明清巴渝地区宗族祠堂建筑特色研究[D].重庆:重庆大学,2016.
[5] 徐洋.移民视角下鄂东北宗族祠堂仪式空间研究[D].武汉:华中科技大学,2019.
[6] 彭然.湖北传统戏场建筑研究[D].广州:华南理工大学,2010.
[7] 田赤,方国剑,孙孺.大水井古建筑群[M].北京:中国文史出版社,2005.
[8] 吴漫玲,方振东.大水井古建筑群平面布局及景观意象分析[J].北京林业大学学报(社会科学版),2018,17(2):57-63.
[9] 安一冉.湖北省利川大水井古建筑群建筑文化探析[J].建筑与文化,2017(4):109-110.
[10] 董傲梅.利川大水井建筑群的价值研究[D].恩施:湖北民族大学,2023.
[11] 谭颖,何朝银.古韵水井,文化传承——湖北省利川市"大水井"古建筑群的研究与保护[J].艺苑,2021(2):97-100.
[12] 王华清.湖北省利川大水井建筑群装饰艺术研究[D].武汉:武汉理工大学,2019.
[13] 周乙.大水井古建筑群在全域旅游建设中的开发研究[J].装饰,2020(3):136-137.
[14] 唐孝祥.建筑美学十五讲[M].北京:中国建筑工业出版社,2017:261-277.
[15] 陈博.利川大水井李氏宗祠及城堡的由来[J].《湖北民族学院学报(哲学社会科学版)》,2003(1):17-19,32.
[16] 李宗族,李伦.李氏宗谱[M].香港:香港历史文化出版社,2020:38-39.
[17] 唐孝祥,袁月,白颖.广州从化南平村审美适应性特征[J].中国名城,2022,36(5):73-79.
[18] 付雷雨.重庆市山地古镇聚落自然适应性研究[D].重庆:重庆大学,2022.
[19] 黄嘉颖,张璐.黄土沟壑区传统村落空间布局地形适应性解析[C]//中国城市规划学会,杭州市人民政府.共享与品质——2018中国城市规划年会论文集(17山地城乡规划).北京:中国建筑工业出版社,2018.10.
[20] 季富政.巴蜀城镇与民居[M].成都:西南交通大学出版社,2000:157-158.
[21] 唐孝祥.关于客家聚居建筑的美学思考[C]//陆元鼎.中国客家民居与文化——2000客家民居国际学术研讨会论文集.广州:华南理工大学出版社,2001:29-32.
[22] 高婧.江南传统民居意象在现代城市景观中的创构研究[D].南京:南京林业大学,2022:20-36.
[23] 安徽优秀传统文化丛书编写组.徽州文化十讲[M].合肥:安徽大学出版社,2015:233-234.
[24] 广东省人民政府文史研究馆.广东省民间艺术志[M].广州:中山大学出版社,2016:53-54.
[25] 陈良运.美的考索[M].南昌:百花洲文艺出版社,2005:244-245.
[26] 王贵祥.东西方的建筑空间——传统中国与中世纪西方建筑的义化阐释[M].天津:百花文艺出版社,2006:321-335.
[27] 孙杨栩,唐孝祥.岭南广府地区传统聚落中的生态智慧解析[J].华中建筑,2012,30(10):164-168.
[28] 石庆秘,倪霓,张倩.土家族吊脚楼营造核心技术及空间文化解读[J].前沿,2015(6):109-116.
[29] 白雪娇.血缘与地缘:以家、房、族、保为单元的宗族社会治理[D].武汉:华中师范大学,2019:99-100.
[30] 张应强.木材之流动 清代清水江下游地区的市场、权力与社会[M].北京:生活·读书·新知 三联书店,2006:270-274.
[31] 杨军昌,李斌等.清水江流域少数民族教育文化研究[M].北京:知识产权出版社,2020:109-110.

剑阁传统乡土建筑的活化再利用研究
——以樵店乡水磨河大院为例

张子航[1] 李 路[2]

摘　要：剑阁县位于四川省东北部广元市内，其域内丘陵地带中保有众多传统乡土民居，而由于人口流失和产业结构单一，建筑的文化、功能等价值未能充分体现。位于剑阁樵店乡的水磨河大院有着完整的院落布局，乡土建筑材料和结构以及特色装饰构件，也面临着保护和利用不足等问题。在改造设计实践中，以植入互联网农业相关业态吸引人口回流；对价值要素进行重点保护，充分传承剑阁乡土民居的地域性；实现乡土建筑活化再利用与乡村产业革新的融合。

关键词：乡土民居　活化再利用　乡村振兴　互联网农业

一、研究背景

1. 概述

四川是人口和历史文化大省，省内经济发展不平衡，乡村振兴成为重要议题和民生工程。剑阁县有着丰富的自然、旅游资源及独特的文化民俗和乡土民居，对其的保护和再利用成为乡村振兴的重点。水磨河大院位于剑阁县樵店乡蒲李村，为广元市第三批市级历史建筑。其有中轴一进院坝和一进侧院，主体穿斗—插梁混合结构，建筑占地面积约 1200m²，是剑阁县院落式乡土民居的代表（图1、图2）。

2. 位置与文化历史

剑阁县属广元市，位于四川东北部，域内地貌悬殊，面积超90% 为海拔 500m 以上山区，垂直气候差异巨大。剑阁得名于国家自然与文化双遗产剑门蜀道，三国文化、红色文化、民俗文化等积淀厚重，文化旅游资源非常丰富。[1]

3. 政策与经济发展

剑阁县经济在省内相对落后，面临城镇化率低、人口流失等问题。2020 年，剑阁实现全县脱贫[1]，2022 年全县地区生产总值下降 2.7%。而其所处川东北经济区有诸多发展潜力，相关政策指出，川东北地区应着力于提升乡村空间环境品质，优化乡村产业融合布局，实现和渝东北的一体化发展。

二、剑阁乡土建筑的利用现状与问题——以水磨河大院为例

1. 当地乡土建筑特点

剑阁县乡土建筑在构造方式和结构等方面有其特色，现以水磨河大院为例说明。建筑的布局和空间上，剑阁的河谷平坝由于航运方便，多形成集镇；而丘陵民居散落于山谷，因地制宜，通过院落、台阶和错层来克服和利用高差。材料上，四川盆地内普遍使用小青瓦屋面和竹编夹泥墙体，剑阁民居除此之外大量使用夯土墙，这既有经济节俭的考虑，也能更好地保温和对抗潮湿；结构上，剑阁乡村民居中大进深空间较多，常使用穿斗—插梁混合结构，或形成不对称穿斗，并混用多种落柱法，展现出对建设用地的充分利用，例如水磨河大院的东厢房向外拓展三架穿斗形成大进深空间。

2. 当地乡土建筑的保存现状

剑阁县有 8 处市级历史建筑，这些乡土建筑保存面临着自然损害、人类生产生活活动损害、年久失修等诸多困难，且当地的保护工作起步较晚，给利用乡土建筑资源带来了诸多问题。

结构与安全性上，剑阁土质缺少粘连性，墙体拉结不足，易产生抹泥龟裂、老化脱落、破损开裂等现象（图3）。[2]此外，潮湿和生物侵蚀对围护结构造成严重损害，木构件霉变、开裂明显。乡土建筑标准性低，经历拆除、改建和加建，整体虽尚完整，但存在安全隐患；价值要素部位的保护与利用上，一些兼有装饰性的结构构件如板凳挑保存较好，但门窗、墙面等围护构件明显破损，自发修补痕迹明显，原有纹样和装饰主题难以辨认（图4）。年久失修和水电等系统介入也对建筑造成了损害。功能与空间上，各历史建筑布局多保持完整，但居民的加建、改建和不当使用损坏了功能布局与空间形态（图5）。当地乡村人口流失，农业生产减弱，乡土建筑进一步面临着废弃和不合理使用的问题。

三、水磨河大院的价值要素与利用潜力

1. 建筑材料与构造的技术价值

剑阁乡土建筑有结构灵活多样、材料土木并用等特点。四川地区所保有的结构特征往往有别于中原[3]，同时历代改建、加建产生多种多样的结构形式，相比受形制礼制限制较多的官制建筑体系，剑阁民居代表的川东北丘陵乡土建筑是因地制宜、自由灵活的典型。而建筑为对抗外部环境、契合使用需要而展现的对材料、结构的利用则是乡土建筑的技术价值所在。

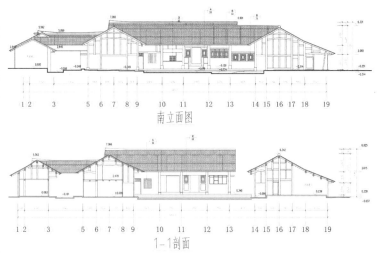

图1 水磨河大院平面图

图2 水磨河大院剖面、立面测绘图

图3 东厢抹泥龟裂破损　　图4 花格窗破损　　图5 侧院西厢室内堆放杂物

生土具有隔热保温性能优异、便于获取和施工等优势，在剑阁乡土民居建筑中广泛使用于开窗较少的外墙；在一些当地民居中，还可见夯土—竹编夹泥—竹编墙的构造层次（图6）。这两种材料间的结合充分体现了当地人民对材料特征的深刻理解和合理利用。四川盆地等南方地区民居多采用穿斗结构，而剑阁民居出于农业生产和节约用地的需要，常使用插梁结构或拓展穿斗结构以构建大进深空间，也采用穿斗结构隔两柱落地、混合结构等做法。插梁结构和穿斗结构的衔接以及在同一榀屋架内的组合和拓展展示了剑阁民居结构的多样性、灵活性和丰富性（表1）。

2. 建筑空间与装饰的文化价值

四川多地受明清以来移民文化影响深刻，而广元市等川东北的丘陵地区相对受影响较小，保留本地文化较完整，有着显著的传统地域民俗和农耕文化价值。

四川民居多以"院坝"作为重要生活休闲空间，并随之衍生出了"摆龙门阵"等地域文化。湖广填四川后引入了天井式住宅，并形成了"天井坝"这种蕴含着移民历史的空间形式[4]。例如水磨河大院中院坝以祠堂为核心，没有横向轴线和完整檐下空间；侧院为紧凑天井院，展现两种不同空间气氛。为应对潮湿多雨环境，建筑正堂前设柱廊，房间入口设"燕窝"等丰富的生活化灰空间，反映了户外活动的重要地位（图7）。同时，水磨河大院室内空间宽阔，进深和净高较大，多处居民加建结构反映了空间与当地农业生产的结合，以及农耕文化对建筑的影响。

剑阁民居装饰与功能相统一，装饰多体现在结构构件以及门窗等围护结构上，且在不同结构采取不同的手法，例如板凳挑中的四方垂花柱上雕刻动物与自然场景或器物等完整画面，而单层出挑的垂花柱作覆盆样花纹；瓜柱利用其形状一侧作云朵一侧作蝙蝠雕刻等。装饰内容多为美好寓意且贴近生活，例如岁寒三友表高尚品质，用蝴蝶、蝙蝠表"福"，花格窗上以象征自然卷草纹等（表2），当地建筑较少莲花、万字符等佛教装饰[5]。此外，红色标语和涂鸦在当地亦有一定文化基础。

3. 建筑空间与产业的经济价值

水磨河大院等院落式民居为较大规模家族生活而用，其内部除了生活所需的居住房间，也有众多农业生产、储藏空间。例如，水磨河大院东厢房进深约10.6m，从室内地面至正脊室内净高近6m，可以满足各种农业生产和储藏需求，现状外侧就作为畜栏使用。水磨河大院占地面积巨大，而居住需求较小，改造潜力巨大。

水磨河大院部分结构形式示意　　表1

西厢房南山墙	正堂东侧山墙	东厢房南山墙
插梁式，两侧穿斗隔柱落地	穿斗隔柱落地，南侧出板凳挑	插梁式，东侧穿斗隔两柱落地
西厢房内屋架	正堂当心间屋架	东厢房内屋架
穿斗隔柱落地	插梁式，殿前一进柱廊	穿斗隔柱落地，东侧隔两柱

水磨河大院中部分装饰　　　　表2

位置	挑枋	门窗	屋架	柱础
图片				
内容	垂花柱刻岁寒三友、家具器皿或作覆盆样	木格门雕梅花纹、卷草、蝙蝠、蝴蝶等	耍头作云纹，瓜柱作蝙蝠样并刻植物	覆盆座，横向装饰云纹、回纹

此外，当地政策支持水果种植业，和传统农业相比，剑阁丘陵地区有水果种植的发展基础，且有打造品牌等多种增加产品附加值的潜力，以及发展生态乡村旅游的政策支持，剑阁乡土建筑在保护之外有进一步利用并产生经济效益的可能性。

四、活化策略与设计实践——对樵店乡水磨河大院的改建

1. 保留和利用原有材料与结构的技术价值

剑阁乡土民居的结构体系与材料具有显著地域特色，结构和材料的技术价值成为其文化与经济产业价值的物质基础。

水磨河大院的木结构体系复杂多样，展示了显著的技术价值。在改造设计中扩建均采用独立结构，尽力保留建筑原有结构体系，充分发挥结构本身价值。在保证安全性之外，保留建筑原有风貌，既展现本身结构和材料特征，也可以丰富相关研究的样本。同时，水磨河大院穿斗结构与插柱法的充分衔接也保障了改建、加建的可能性。

材料上水磨河大院整体为土木结构，材料受自然原因损害较明显，在修复之外，对于不具较高价值的墙面可以进行改建、重建。改造设计中围护结构主要采用当地的竹编夹泥墙，并使用砖石材料于地枋、柱础等以增加夯土墙体防潮能力，通过当地传统构造和材料增强建筑本体的耐久性也可充分展现建筑的技术价值（图8）。

2. 传承和转译原有建筑空间和装饰的文化价值

剑阁民居的空间特色在于大进深室内空间和复合了各种灰空间的院落空间，分别代表着工作生产和居住休闲。四川本土民居的核心是承担着丰富室外活动和拥有两条轴线、较完整檐下空间的"院坝"。而天井作为移民文化交融的产物，与居住者的户外活动需要存在一定的割裂，故而在改造中可以将其向"院坝"靠拢，包括增强其横向轴线和补全围廊；大进深室内空间所代表的农业生产生活方式也具有地域性和时代性价值，且随着农业生产的减弱承托愈发丰富的社会情感。

水磨河大院的主院尺度类似西蜀的"院坝"，却具有天井的特点：缺乏横向轴线，东西两厢房檐下空间偏小。[4] 故在东西厢房各退檐下增加廊道，丰富灰空间。此外，院落内的堂屋赋予了院坝一定的礼制价值，在改造中以其为轴改为开放展览功能，将前院与停留和疏散的过厅整合，主院作为可满足各类活动的"院坝"。侧院周围为生活房间且尺寸更小，类似"天井"，故保留其生活院的

图6　武进士故居山墙三种做法　　图7　水磨河大院正堂柱廊

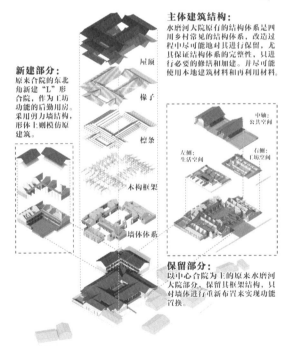

图8　改造设计结构爆炸图

氛围，在其四周拓展廊下空间，加强与正院的连接。目前"院坝"四周仅有正堂南侧有柱廊，其余部分灰空间以"燕窝"为主，屋顶出檐较小，廊下空间狭窄且不连续。故将各个院落的柱廊灰空间整合为完善的户外和灰空间活动空间体系，符合本地民俗文化从物质基础上支撑其传承（表3）。

大进深空间主要是祠堂和东厢房，均为插梁—穿斗混合结构。正堂保留完好，可以继续作为核心展览空间。由于居民的生产方式改变以及房屋的废弃，东厢房失去农业储藏和农产品加工功能。将其改加建拆除后，恢复空间完整性，利用其大进深大净高作为开放性工坊，展示农业生产加工的全过程，以同时满足生产与展览功能（图9）。

空间改造效果示意 表3

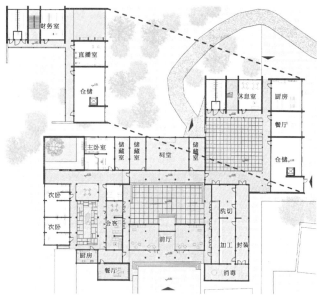

图9 水磨河大院改造后平面图

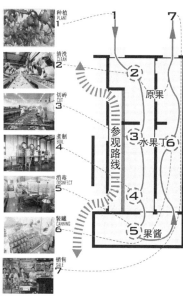

图10 工坊生产流线示意图

装饰层面，板凳挑和垂花柱是装饰重点，由于瓜柱的装饰集中于檐柱前后，各院落形成完整的柱廊空间，既有助于"院坝"的形成，也有利于展示多种多样的装饰构件。花格门等围护结构的装饰破损严重，对其予以重修复和保护，以维护好原有建筑整体艺术风格。同时，诸如正院西厢墙面等新建花格门窗，其所使用形式都沿用建筑中已有可见的装饰形式。

3. 植入产业，完善功能以激活建筑的经济价值

春见，俗名"耙耙柑"，是一种在四川大规模种植的杂交柑橘品种，其果实耐于保存，有着广泛的市场潜力。水果相对传统农作物有更高的附加价值，更容易打造品牌，适宜当地农业发展。此外，当地政策提倡的"互联网+农业"模式有助于产品直接对接市场消费者，既有助于拓宽市场，减少产业链环节，提高生产和销售效率，还可以通过互联网信息的即时性及时调整生产端产品类型，通过物联网技术提高产品本身品质和价值。[6]在改造设计中，由于当地农业人口流失，而水果加工简单，人力需求较小，适合作为水磨河大院的核心产业。同时，水果加工中产生多种产品，适宜通过"互联网+农业"调整产品类型，且生产步骤有开放展览的观赏价值，使水磨河大院成为生产—生活—公共展览的综合性建筑，成为当地新农村建设的一个展示窗口（图10）。为满足相关生产流线的各个环节，除东厢房的改造以外，东北侧再加建一个院落的附属建筑以满足各类生产需要。

4. 设计反思和展望

水磨河大院已列入广元市市级历史建筑名单，但其保存状况不佳，研究仍在起步阶段，相关设计实践由于缺乏资金和各类资源难以落地。在"互联网+农业"背景下，落实可行性研究，增强投资者、政府和高校的合作，推动设计落地，剑阁的乡村振兴将有更广阔的前景。

参考文献：

[1] 张忠仁. 剑阁年鉴2022[M]. 四川：成都音像出版社，2022.
[2] 吴樱. 巴蜀传统建筑地域特色研究[D]. 重庆：重庆大学，2007.
[3] 李先逵. 古代巴蜀建筑的文化品格[J]. 建筑学报，1995（3）：48-53.
[4] 江攀. 湖广基型 巴蜀衍化——移民视角下巴蜀风土宅院类型与特征[J]. 建筑遗产，2022（1）：13-29.
[5] 李婕. 嘉陵江流域古民居木雕门窗图中的装饰思维[J]. 美与时代（美术学刊）（中），2012（8）：69-70.
[6] 成德宁，汪浩，黄杨."互联网+农业"背景下我国农业产业链的改造与升级[J]. 农村经济，2017（5）：52-57.

近代教会医院建筑遗存比较研究

——以惠民县如己医院与潍坊乐道院为例

宋 晋[1] 王梓林[2] 刘 睿[3]

摘 要：教会医院建筑是中国近代西式建筑中的重要组成部分，随着西方近代传教活动在国内的开展而出现，成为供传教人员起居生活与开展医疗传教的场所。相较于其他西式建筑类型，具有分布范围广、影响时间长、传承博爱精神、连接中西方社会文化等突出特点，对我国近现代医疗建筑的发展影响深远。本文选取山东地区惠民县如己医院和潍坊乐道院为研究对象，将文献研究与实地测绘相结合，从功能属性、空间布局、建筑单体、装饰语汇等方面开展比较研究，揭示其差异之处及其形成原因，为后续有针对性的遗产价值阐释与保护策略制定提供参考。

关键词：教会医院 惠民县如己医院 潍坊乐道院 建筑遗存

教会医院建筑是山东境内出现最早的西方建筑类型之一，早在鸦片战争前后，已广泛出现于山东各地，随着基督教的传播发展，其规模和影响范围也不断扩大，成为山东近代建筑与城市风貌的重要组成部分，发挥了医疗救护、教化民众、传播博爱精神等重要作用，具有不可替代的历史价值、艺术价值、科学价值、社会和文化价值。然而，由于年代久远、原有功能丧失，普遍存在建筑遗存破败不堪、无人问津等问题，导致其遗产价值无法充分发挥，保护现状不容乐观。

本文以山东地区近代教会医院建筑遗存中较有代表性的惠民县如己医院和潍坊乐道院为例（图1），对其功能与空间布局、建筑形制与艺术特征进行比较研究，为后续有针对性的价值分析判断和保护利用措施的制定提供依据。

一、山东地区近代教会医院发展

山东地区有考证的最早的教会医疗活动始于1862年美北长老会麦克缔医生在烟台地区的传教过程[3]。初期教会医疗活动仅限于分发救济药品，后才陆续成立了一些小型门诊及医院。据不完全统计，19世纪末山东地区的教会医院约15所，总治疗人数约108000人次[4]。至义和团运动爆发，教会医院建筑被大量摧毁。

义和团运动结束之后的二十年间，便成为教会医院的蓬勃发展阶段。据统计，至1920年，山东地区共有教会医院28所[2]。在当时美国教会建立了14所教会医院，比较著名的有潍坊乐道院、烟台毓璜顶医院和后来被并入齐鲁医院的济南华美医院，以及德州的卫式博济医院黄县（今龙口）怀麟医院和平度怀阿医院等。英国教会建立了6所规模相对较大的医院，如惠民县如己医院、乐陵的施医院，青州的广德医院（今山东省益都卫生学校）和淄博的周村复育医院，平阴的广仁医院（今平阴县人民医院）等。

本文从上述教会医院中选择有代表性的如己医院和乐道院，通过对其功能与空间布局、建筑形制与艺术特征的比较研究，进而揭示两所医院的差异性特征及其形成原因。

二、比较研究

1. 功能属性：医疗为主与综合功能

英国教会选择惠民县作为山东地区的传教中心并建立如己医院是在长期传教布道的过程中产生的必然结果，具有很强的目的性，遵循了"赈灾—传教—行医—设院—再传教"的基本流程[5]。尤其惠民地区当地医疗水平差且极易出现旱涝等自然灾害，适合教会以医学传教的形式进行发展。以医院作为传教的基础，感化教育民众，进而向鲁西北腹地延伸，其功能单一，以医疗为主。

与之相比，乐道院则更加综合，除了医院和教会功能外，还包含一定的学校功能。通过将登州文会馆和青州广德书院进行合并，成立广文大学，同时将因焚毁而停办的文华馆、文美女校进复（更名为文华中学和文美女子中学）并开办培基小学，开创了潍坊现代教育的先河。

2. 园区规划：规则形态、分区明确与生长式形态、相互嵌套

如己医院的医院区与宗教、居住生活区截然分开，以道路相隔分区明确。体量最大的、作为医疗建筑使用的"山"字楼自成一体，其余附属管理类、教会类建筑如平房、牧师楼、院长楼和教堂则通过园区入口南北主路与山字楼分隔开，进行分散布置，整体上形成相对独立的区域。

乐道院则依据不同主导功能划分为学校、教会、医院、别墅4个区域，其空间形态、规划布局各不相同，整体布局自由有机且互有穿插。如医院区向西在教会区中嵌入两处小型院落，教会区中的礼拜堂在西侧正门处嵌入纵贯院落南北的学校区，学校区与中央广场处向东延伸出一条带有空地的小路与教会区南部及医院区南侧小型院落相接，各个功能区之间彼此嵌套、联系紧密。

---

[1] 宋晋，山东建筑大学建筑城规学院，讲师。
[2] 王梓林，山东建筑大学建筑城规学院，本科生。
[3] 刘睿，山东建筑大学建筑城规学院，本科生。

图 1　如己医院"山字楼"（左）与乐道院"十字楼"（右）

3. 建筑布局："行列布局"与"混合布局"

如己医院现存六栋建筑中，除去专门作为医疗建筑的"山"字楼之外，其余五建筑遗存（牧师楼、院长楼、平房和教堂）皆为教会内部人员所使用的，整体布局相对集中，与"山字楼"形成了两个遥相呼应的建筑群体，其建筑布局呈现"行列式"集中布局形式，建筑与建筑之间通过小路分隔，周边为供休憩使用的绿地，起到围栏作用，满足院内医护人员和传教士的需要（图2）。

乐道院医院区呈现出以"十"字楼为中心、附属功能散布四周的布置方式，因其功能分区数量较多、空间布局方式不同、院落轮廓复杂多样等原因，并不存在能够支配整体的主轴线，呈现"点状+院落式"混合布局形式（图3）。

4. 单体形态：功能性"山"字形与宗教性"十"字形

如己医院平面为"山"字形（图4），其建筑主体是三栋坐北朝南的长排二层楼，即东楼、中楼和西楼。长排楼之间由东西向的连廊连接，加上连廊南北两侧的附属空间，平面呈对称式分布，以满足医疗救治功能为首要目的，并未过多考虑其他形态因素。

乐道院医院建筑平面为"十"字形（图5），其东西两臂呈不对称式布置（现今偏向于希腊十字的原因是其南部体量被拆除所致）。此平面形制凸显庄重严肃，更加强调建筑所体现出的宗教精神意味。

5. 装饰语汇：折中主义与中西合璧

如己医院以西方折中主义风格为主，仅在局部装饰语汇上体现了中国特色（如楼楼口的蝙蝠提灯雕刻）。其"山"字楼使用清水砖墙，窗洞瘦高，高宽比接近1.5∶1，下设窗台石，顶部以青砖作平券。山墙顶部开圆形窗洞，以青砖作凸出环形装饰，四方有凸出的楔形石质装饰。主体部分山墙为硬山式，山尖处为高出屋面的马头墙，墀头上部有类似水泥砂浆制作的爱奥尼克柱样式的牛腿，牛腿上为挑檐石，均做爱奥尼克柱式基座样式，共同承托马头山墙出挑部分，增加了建筑整体的异域特色（图6）。此外，两栋牧师楼主体部分屋顶为四坡屋顶，两侧的耳室部分因其多边形平面而采用多坡屋顶形式，呈现出西方近代建筑的"尽端广厅式"平面特征[6]。

乐道院建筑属中西合璧形式，将多元西式要素与我国传统建筑形式、构造、材料等组合，主要表现在屋顶和院落方面。屋顶方面，文华楼选择将歇山、单坡、硬山、攒尖四种不同屋顶形式进行组合。其中，主体部分使用等级规格较高的歇山顶，以表现其建筑等级，表明此部分在建筑整体中的核心地位；北侧的裙房部分使用造型简单的坡屋顶，表现其作为主体的延伸空间；东侧延伸出的凸起部分为辅房，使用硬山顶表现其辅助性用房属性；东南角的塔楼部分使用八角攒尖顶，进一步彰显其特殊地位和功能（图7）。与之相比，文美楼形态更加丰富。主体部分屋面使用四角攒尖顶，南侧及东南角为嵌入土体的两栋塔楼，使用八角攒尖顶，因嵌入导致攒尖顶仅能做成一半，分别同主体四角攒尖顶的屋面、屋脊相接；南侧屋面向外延伸一部分作为室外柱廊的单坡屋顶；主体北侧裙房部分除去西式坡屋顶外，自西向东还使用了单坡屋顶、经过模仿

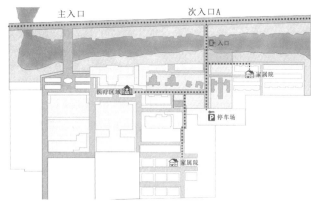

图2　如己医院总平面图[6]

图3　乐道院总平面图

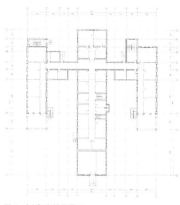

图4　"山"字楼平面图

图5　"十"字楼平面图

图6　如己医院"山"字楼立面形态

图7　乐道院"十"字楼立面形态

并简化过的庑殿顶等多种屋顶形式，成为中西建筑文化影响碰撞的清晰写照[7]。

院落方面，与如己医院采用西方折中主义风格不同，乐道院的院落形式更多地遵循了我国传统院落形制，院门以我国传统的金柱大门为原型，经转译、简化而成。院墙则以我国传统墙体为原型，以青砖使用镂空砌法建造而成。

三、差异分析

1. 选址区位差异

滨州惠民县地处鲁北偏远地区，城市发展相对缓慢，且当地医疗水平极差，极易出现旱涝等自然灾害，适合教会以医学传教的形式进行发展；潍坊处于鲁中发达地区，城市发展起步较早、工业和生活水平较高的地区。尤其随着胶济铁路建成通车，潍坊成为济南、青岛两大城市间最重要的交通枢纽，与京津地区的联系也较为便捷。

上述选址区位的差异决定了各自不同的角色功能定位。一方面，如己医院的建立遵循"赈灾—传教—行医—设院—再传教"的过程，以医院功能为主。而乐道院则包含医院、学校、教会三大功能，形成了医疗为主和综合功能的差异。另一方面，如己医院为满足使用人员对于私密性及开放型庭院的使用习惯，对其中的别墅采取了"一"字排开的行列式布局方式，彼此之间留有较大间隔。而乐道院出于提供充足的康复活动区域、提高区域利用率、降低人流重叠的目的，将医院大楼置于分区中央区域，周边空地与辅助建筑环绕的院落式布局，保证了病人看病挂号、康复活动、教学实践、护士生活等区域之间相对独立、互不干扰，因此形成了"行列"与"混合"的布局差异。

2. 建造时序有别

如己医院经过了相对统一的园区规划，形成了轴线对位、路网连接、分区明确的园区规划体系，主要建筑分两批建成，第一批是1905年两座牧师楼，随后1915年小教堂、院长楼和平房；第二批是1933年主体建筑"山"字楼。而乐道院为迭代建立，缺乏统一的规划设计，整体呈现"生长式"自由形态，之间相对独立；同时，采取了相互嵌套的方式，配合隔而不断的镂空院墙及月亮门，加强各功能区之间的联系。

3. 资金因素限制

如己医院建设资金主要来源于遭义和团运动损毁后的赔偿款及旧建筑拍卖款，整体较为紧张，因此采用相对世俗化、理性化以满足医疗功能为主的平面形式和较为简洁、朴实的装饰语汇。而乐道院借助"庚子赔款"所提供的巨额资金以及美国长老会教众捐款，加上自1883年建立开始约20年经营所积累的资金，整体相对充裕[8]，因此其建筑平面形态、装饰语汇等均较丰富，如中西结合的建筑风格、多种屋顶形态和复杂装饰语汇的使用等。

四、结语

通过对惠民县如己医院和潍坊乐道院功能属性、建筑规划、装饰语汇等方面的比较研究，揭示了造成其差异的选址区位、建造时序、资金限制等因素，深化了对教会医院建筑空间布局、艺术特征以及历史、社会与艺术价值的理解与认知，为后续更加全面、系统地研究与保护奠定基础。

参考文献：

[1] 刘飞. 近四十年中国教会医院史研究综述[J]. 档案与建设, 2021(2): 78–89.

[2] 中华续行委办会调查特委会编. 中华归主：中国基督教事业统计：1901–1920 中[M]. 北京：中国社会科学出版社, 1987.

[3] 周晓杰. 教会医疗事业与近代山东社会（1860–1937）[D]. 济南：山东大学, 2017.

[4] 青岛市档案馆编. 帝国主义与胶海关[M]. 北京：档案出版社, 1986.

[5] 刘飞. 中国大运河沿线城市教会医院分布及其影响（1862–1949）[J]. 档案与建设, 2020(2): 70–77.

[6] 李晗. 惠民县如己医院园区近代教会建筑遗存调查保护研究[D]. 青岛：青岛理工大学, 2022.

[7] 杜崇熙. 潍坊乐道院暨西方侨民集中营建筑及保护利用研究[D]. 济南：山东建筑大学, 2022.

[8] 邓华. 乐道院兴衰史[M]. 北京：团结出版社, 2013.

晋南云丘山马壁峪古道聚落遗产的体系、演变及整体性保护

欧阳菲菲[1]

摘　要： 古驿道遗产是中国传统驿运文化的重要载体，是中国乡村遗产的重要组成部分。马壁峪古道，位于我国山西吕梁山南部，是一条拥有两千多年历史的晋商文化线路，其沿线文化遗产类型丰富且分布广泛。随着城镇化建设加快及交通环境的巨大变化，古驿道遗产呈现出分段化、散点化及无序化，其整体性价值不断被忽略，古驿道遗产面临急剧消失的局面。同时，其沿线村落由于个体规模较小、文化禀赋有限等原因建设参差不齐，所以古道聚落遗产亟待保护。本文选取具有代表性的晋南云丘山马壁峪古道区域作为研究对象，综合田野调查和访谈等方法，从古道与村落的布局、保存现状等方面深入分析马壁峪古道的遗产体系、演变和动力机制，从而提出整体性保护策略，以呼吁各界在乡村遗产演化活化优化过程中以集群化和整体性的视野对古驿道聚落遗产保护和发展。

关键词： 线性遗产　古驿道　聚落遗产　整体性保护　业缘

　　中国地缘辽阔、历史源远流长，遗产体系复杂。与点式遗产相比，线性文化遗产往往出于人类的特定目的（人的迁徙、军事防御、商业运输等）而形成一条重要的纽带[1]，以线（交通或防御体系）串联起点（聚落、村镇），所以整体性价值是线性遗产的保护重点。目前对线性遗产的研究主要是以大跨度的文化交流为核心，研究对象主要是以长城为代表的军事防御型，以茶马古道、丝绸之路、大运河为代表的贸易文化型。然而与大跨度的线性遗产相比，中国目前还拥有数量众多的小跨度、散落乡间、偏僻且埋没在草丛中[1]的小型"线性文化遗产"——传统古驿道。

　　随着时代的发展，庞大的古驿道遗产在聚落发展中，被分段化、散点化及无序化[1]，其整体性价值不断被忽略。沿线的村落由于空间规模小、文化禀赋有限等原因，同一古道的村落建设参差不齐[2]。目前乡村振兴的局势下，村落独立式发展加剧了古道碎片化消亡，古道遗迹被忽视或降级考虑，导致古道遗产文化价值逐渐湮灭，古道遗产的保护迫在眉睫。将乡村振兴与古驿道遗产的整体性保护结合成为大势所趋。山西自古便重视商业发展，以其丰富的矿产资源以及蓬勃发展的贸易运输业闻名于世。山西千沟万壑的地形孕育了依附于沟壑的线性村落遗产群。马壁峪古道是晋南一条重要的驿道。其位于吕梁山南端，与盆地接壤，向南接盐池（图1），自古便是承载南北盐矿和煤炭物资交流的运输要道，紧邻云丘山，古道沿线聚落地缘的社群性明显（图2）。但时过迁，产业整改，古道荒废，古村逐渐沉寂。古道遗产被分段化和散点化。故文章以该地区为例，从乡土社会结构的角度分析马壁峪古道和聚落业缘地缘的关系，探析古道遗产的演变与动力机制，构建古驿道聚落遗产的类型体系，重点提出古道整体性保护的策略，以呼吁各界加强在乡村振兴过程中以集群化和整体性的视野对古驿道聚落遗产的保护和发展。

一、马壁峪古道遗产全线环境要素分析

1. 空间结构：马壁峪古道、聚落和河流的基本关系

　　马壁峪古道拥有"一主五支"的路线布局（图3），主干沿线11个村落，支线14个村落，其中有8个中国传统村落。聚落的布局与古道的发展有关，南北主路上的村落以东西布局为主，东西支路上的村落以坐北朝南的布局居多。公路与古驿道对比，是一种新的交通方式，作为古驿道功能的替代品。由于公路的出现打破了原有的交通关系，古驿道部分失活。古道和公路多为无大高差并行的关系，在一些城镇化程度高的村落，比如红花坪、塔尔坡、铺头村，古道段被硬质化消亡。现存的古道有村内和村间两种区位情况，村内古道一部分位于活村，被硬质化消亡。一部分位于古村，以石段状态保留。其他大部分位于村间，多与河流混行，成为河滩的一部分或被冲刷，多为泥土段（图4）。整体上看，北部的古道保存比较完整，由于村落城镇化发展，南部古道被部分消亡。

2. 社会业缘结构：马壁峪古道、遗产点和资源点的关系

　　驿道的核心价值是交通运输价值，而交通运输的本质是资源点的整合，资源点又影响聚落的选址。所以，古驿道交通影响聚落业缘的发展，聚落业缘的变迁也能反作用于古驿道的发展。马壁峪古道聚落主要以煤炭产业和农业为主。按照业缘的属性，聚落可以分为资源型、商贸型和驿站型。以鼎石村为例，鼎石村靠

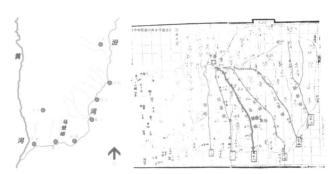

图1　马壁峪古道与黄河区位关系　图2　马壁峪古道周边环境

---

[1] 欧阳菲菲，天津大学。

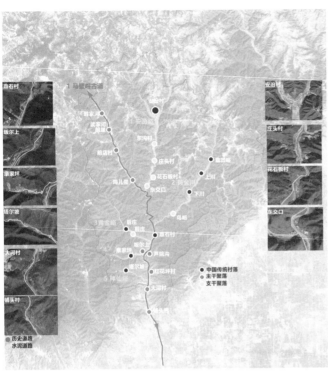
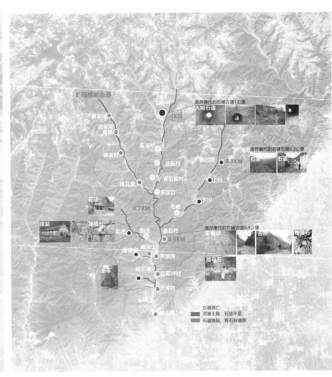

图3 马壁峪古道与中国传统村落的关系

图4 古道遗存的现状

近煤矿资源点，煤炭通过马壁峪古道向南输出，南部的运城的盐矿资源通过马壁峪古道向北输入，所以鼎石村是典型驿站型村落，保留有骡马大店、炭院等文化遗迹。同时，聚落业缘的发展与古道空间结构有关（图5）。古道的空间结构影响聚落的可达性，所以聚落业缘的类型分布与古道的空间结构有关。马壁峪古道的资源点多分布于古道东西支路处，比如煤矿资源点。支路靠近资源，主干用于运输，所以马壁峪古道东西支路的聚落多为生产型。目前保存有许多生产型遗产，比如后庄村的民国食堂遗址和石磨、石碾。而南北主路主要是驿站型和商贸型聚落，多用于运输和中转，目前保存有驿站、戏台、炭院等多种遗产，如东交口的石道和鼎石村的骡马大院遗址。

3. 社会地缘结构：马壁峪古道、遗产点和社群的关系

聚落的地缘联结主要包括日常来往、节假日活动和祭祀行为。马壁峪古道聚落的地缘联结在祭祀行为上尤为典型，其发展出社群联结。聚落虽然是点式存在，拥有独立的边界和中心[4]，但是聚落之间由于祭祀文化的结合，在地缘上形成以祭祀为核心的人情社群，地缘联结是聚落发展不可或缺的一部分。而古驿道的发展对地缘的结合影响深远。

马壁峪沿线的祭祀空间结构复杂。马壁峪古道南部的云丘山是儒释道的集群，所以祭祀遗产以佛窟、寺庙和道宫为主。主路分布有寺庙和佛窟，南部云丘山支路多为自然形胜和道宫遗产（图6）。整个马壁峪古道聚落群分为三个社群：安汾社群、黄金川社群和鼎石村社群。每个社群以"一寺庙一道宫"为祭祀遗产点。以传统鼎石村社群为例，各村落轮流坐庄，举行公共祭祀活动。一个村子请神，其余村子都参加。由乡贤牵头组织，村民合力凑份子钱。因"社"结盟的群体有四组村落，又称"四社"。其中，鼎石村最为重要，是"四社"的核心，与其余村落（西侧黄金峪沿线的前庄村、后庄村、靳家岭村、西岭村，以及南侧的坂尔上村、芦院沟村等）共同结社建庙。四社联动、民众毕至，每年农历二月会举行庙会。不同层级的公共空间面向不同区域的村民，促进交往、保持稳定、形成认同感，有效连接社群内部各个单元，维持整体的一致性[5]。但是目前社群联结瓦解，祭祀行为消失导致寺庙等祭祀遗产失活，目前保存程度差异巨大，南部云丘山祭祀寺庙群保存最好，古道主干上的祭祀遗产亟待保护和发展。

二、古驿道聚落遗产体系

1. 古驿道遗产的整体性价值

古驿道遗产的整体价值是线性遗产价值的重要组成部分。古驿道聚落遗产的线性关联强调了其最本质的整体性价值。从线性的角度，古道的联结使得各个聚落不是独立的个体，聚落之间由于古道的联结产生业缘和地缘上的交流与影响。马壁峪古驿道遗产整体性价值主要体现在业缘价值和地缘价值。业缘价值表现在古道与资源点的区位关系。马壁峪古道连接各个聚落，将资源点进行整合，体现了交通运输对于社会经济的反映，也是晋商盐运文化的体现。

地缘价值表现在古道对聚落社群的联结价值，具体体现为对祭祀遗产的联结价值。祭祀遗产主要包括佛窟、寺庙和道宫。马壁峪古道连接了多个村落，每年村民都会聚集于云丘山的八宝宫和五龙宫进行盛大的祭祀活动。在固定时间，聚落也会在社群内进行集体祭祀活动。古驿道将聚落在地缘上拉近，促进聚落文化交流和血缘连结。寺庙由于祭祀需求及交通可达性不同，其使用频率和保存状况也不同。对古道的整体性保护有助于带动价值稍弱村落连同发展。由于聚落遗产保存情况各异，遗产遗存丰富的聚落优先受到保护，而位于交通可达性较差或遗存较少的聚落发展较慢，以古道进行线性联结有助于发展高级别遗产聚落的同时带动点间落后聚落的发展。

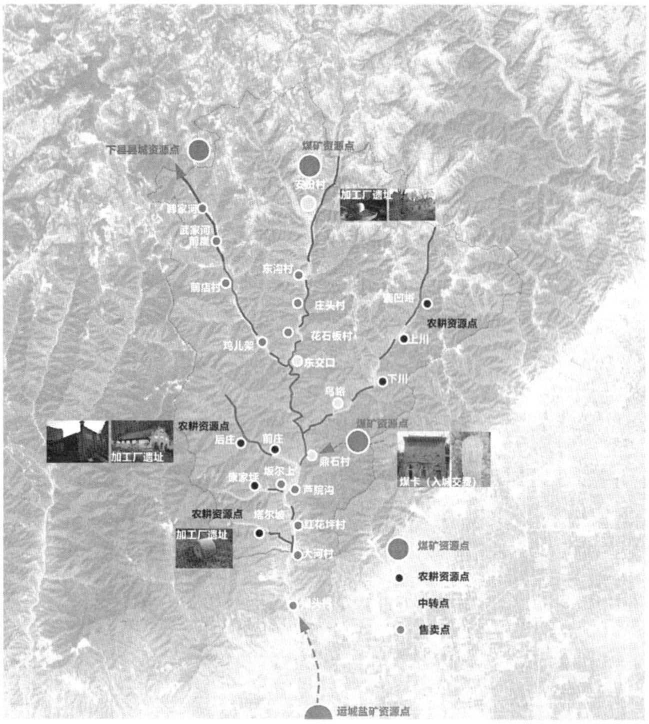

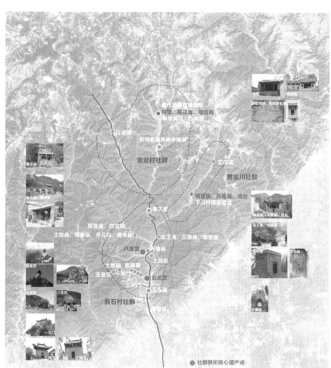

图5 马壁峪古道、遗产点和资源点的关系

图6 马壁峪古道、遗产点和社群的关系

2. 类型体系

根据聚落业缘和地缘，古驿道聚落遗产可以分为业缘型遗产和地缘型遗产体系。业缘根据其资源的生产、运输和售卖中转属性进行分类。地缘根据其祭祀的范围分为宗族祭祀遗产、社群祭祀遗产和全线祭祀遗产。

三、古驿道聚落遗产的演变及动力机制

1. 马壁峪古道的演变

古驿道聚落遗产的演变主要体现在古驿道遗产本体的演变、聚落业缘的演变、聚落地缘的演变。马壁峪古道的演变主要包括三个阶段：平稳的商贸运输期（1911年前）、快速的城镇化时期（1949~2015年）和迅猛的旅游革新期（2015年至今）。民国以前，山西重视商业发展，古道运输为晋商的走南闯北提供了物质基础。聚落业缘以煤炭和盐运产业为主，农业为辅。马壁峪古道为聚落外的盐矿业的输入和聚落内的煤矿业输出提供基础，古道商贸蓬勃发展。聚落血缘和地缘为业缘的发展提供了动力。血缘上，马壁峪聚落以大家族的血缘关系显著。大家庭稳定的血缘结构和社会关系为业缘的发展提供了良好的环境。此时的地缘联结还很稳定，固定的社群祭祀活动需要古道运输。古道运输推动了聚落社群的联结发展。随着社会体制的变革，社会矛盾发展为人民对于建立先进的工业国的要求，工业经济发展成为需求，并且带动了交通运输的革新，车马工具也逐渐革新，交通可达性提高，马壁峪古道运输以南北主干运输发展出东西向的分支。血缘上，大家族结构由于无法自给自足，开始缩减，人口不断外迁，血缘关系开始瓦解。同时，地缘的联结也开始减弱，社群祭祀行为逐渐消失。随着矿产资源的消耗，业缘由煤炭和盐矿为主转变为手工业和农业为主。由于矿难频发，2004~2012年国家开始煤炭产业改革整顿，马壁峪聚落煤炭业缘逐渐消失。由于业缘的落寞，古驿道的交通运输需求也开始降低。此时，马壁峪古道的功能由于公路的出现、煤炭产业的整改及社群祭祀行为逐渐消失和衰弱。随着城镇化进程的加快，高速交通成为运输的新方式。马壁峪古道被齐大公路进行了功能替换，古道的运输功能逐渐减弱。随着旅游业的发展，景区开始成为聚落发展的重要因素。聚落业缘转变为旅游业为主，地缘联结只保存于每年固定的非物质文化遗产中和节的举办。景区开发的过程中，遗产的价值也在逐渐遭到破坏。

2. 动力机制

传统聚落之初，聚落居民主要依托血缘、地缘结构进行情感交

马壁峪古道聚落遗产的类型体系　　表1

一级遗存	二级遗存	三级遗存	代表案例
业缘性遗产体系	生产性遗产	生产性遗址	矿山遗址
		生产性工具	古井、古磨盘
	古道本体运输遗产	路面痕迹	马蹄印、车辙印
		路基景观（边界）	土质地貌、古树
		附属设施（结点）	古桥、车辆、船
	中转性遗产	驿站、中转站	骡马店、拴马石、踏马石
地缘性遗产体系	宗族祭祀遗产（家族遗产）	家族性祭祀遗产	神龛
		居住遗产	石砌箍窑窑洞
	社群祭祀遗产（村集体遗产）	自然景观遗产	河谷怪石（鼎石村）
		村集体祭祀遗产	龙王庙（社群祭祀）
		特殊文化遗产	中和文化（非遗）
	全线祭祀遗产（云丘山中和文化）	自然景观	云丘山
		道教寺庙	八宝宫、五龙宫、玉皇顶

流、节日庆典、祭祀、公共活动等社会经济活动，随着社会矛盾和社会经济体制的改变，传统聚落突破原本相对传统封闭的社会组织形式与经济活动[3]，马壁峪古道聚落的血缘关系由大家族制度逐渐瓦解成为独门独户。在此基础上，人口外迁和思想意识的转变导致社群祭祀行为失去原有的重视，地缘联结削弱。随着业缘的变革和技术变革，新交通的出现也影响了古驿道的运输需求，导致交通遗产的核心功能消解，遗产由于失去功能属性逐渐失活，古驿道遗产成为空壳，传统聚落难以找寻到与当下物质环境匹配的社会经济活力与动力，后续的功能再生与可持续发展受到阻碍[3]。所以，促使古驿道聚落遗产演变的直接推力是交通需求的演变（图8），而核心动力是聚落业缘的变迁以及由于血缘瓦解、思想变革引发的地缘联结削弱。

四、古驿道聚落遗产的整体性保护

根据"业缘—地缘"的动力机制、遗产价值和保护困境，本文提出古驿道聚落遗产的整体性保护策略。整体性保护的核心理念不仅是针对物质环境和文化景观，更应考虑居民社会网络结构的维持[6]，并以人居型世界遗产、历史街区、传统聚落、城乡聚落体系等物质载体，进行整体性保护理论与方法的实证探究[7]。根据古驿道遗产的演变分析，聚落的业缘变迁和地缘社群联结对古驿道遗产的发展有直接的推动作用。所以，聚落的业缘和地缘条件也能对于古驿道聚落遗产的保护产生影响。古驿道聚落遗产的整体性价值是其核心价值，是多元素互相作用产生的综合价值，所以古驿道聚落遗产的保护策略应该从宏观和多元的角度去思考。

1. 宏观结构搭建：以古道遗产为线，聚落为点，分级规划

整体性保护是以分级保护为基础的有机联结。所以，首先应该将整个古道聚落遗产群进行"以古道主路为主轴，支路为次轴"的分级规划。马壁峪古道可以以"一主五支"的布局进行分区，以马壁峪主干为主区，安汾峪、黄金川、黄金峪、神仙峪和康家坪五个支路为分区。同时，马壁峪主路为一级保护区，支路为次级保护区，按照遗产的现状和价值层层分级。

2. 中观保护：对聚落之间的古道进行改造和场所修复，形成古道廊道

在分区的基础上，以线性的视角去联结各个要素。从业缘的视角进行古道联结，首先需要梳理马壁峪古道目前需要承担的业缘类型，然后将古道整体按照资源点进行联结。古道沿线聚落按照区位分主干和分支，南北主干沿线聚落主要承担驿站和商贸的功能，而东西分支上的村落主要承担资源型功能。位于主干和分支交叉口附近的聚落承担中转销售型功能。延续传统的地缘联结的基础是祭祀遗产的活化，重构地缘社群的祭祀聚集点，利用古道进行联结。例如鼎石村社群，以鼎石村为核心，共8个村落形成一个社群，社群以龙王庙和八宝宫为庙会聚集点。社群之间也会互通庙会，以古道为廊道进行交流。

（1）搭建业缘型保护廊道：康养运动廊道

马壁峪古道沿线的聚落业缘将以旅游业为核心，农业手工业为辅发展。所以，根据传统文化中对农耕和生殖的信仰，马壁峪古道

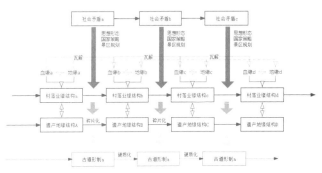

图8 古驿道聚落遗产演变的动力机制

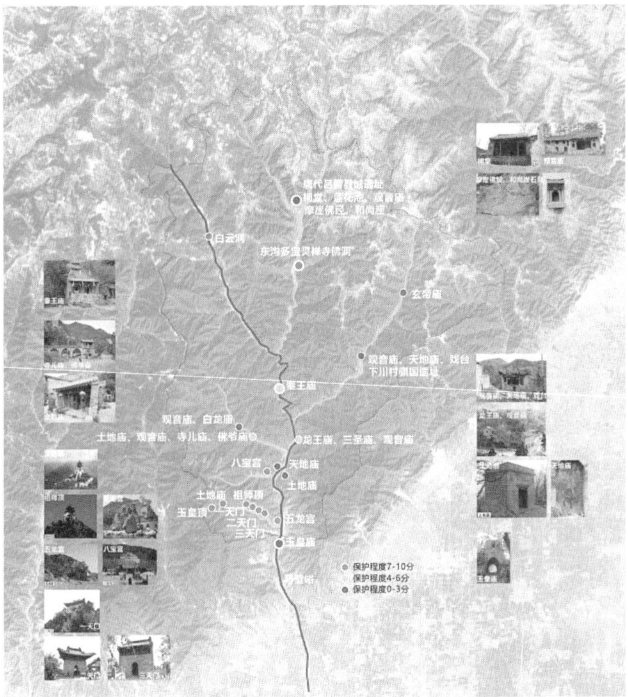

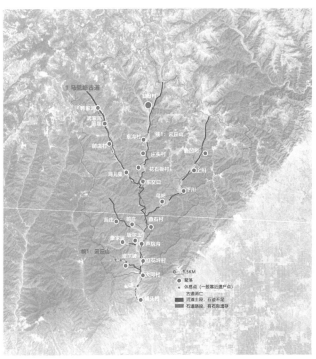

图7 祭祀遗产点保存程度

图9 康养运动廊道结构

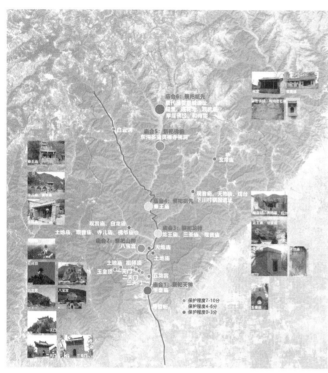

图 10 祭祀庙会廊道

安汾至铺头全线可以建立康养运动廊道，以 1km 为运动半径进行休息驿站点的规划，打造运动型步行古道和骑行廊道，双线交织的主干（图 9）。在遗产保护的时候，将古道分段评估，重新打造人行步道和自行车车行步道，将古迹遗存原地保护，河滩地区进行步道改造。

（2）搭建地缘型保护廊道：祭祀庙会保护廊道

马壁峪古道沿线的聚落地缘联结将以社群祭祀为核心，以社火庙会的方式进行遗产活化。根据社群的范围，马壁峪古道全线可以分安汾社群、鼎石社群和塔尔坡社群，以社群内部的寺庙为资源点，建立祭祀庙会廊道，打造"村内—村间—村内"的祭祀廊道（图 10）。根据重要程度对祭祀遗产进行分类和分级，以线性的方式规划庙会活动。选取主路上的重要祭祀点，建立祭祀核心，进行遗产保护和活化。主路重要点之间的小点以及支路上的祭祀遗产则连带激活。

（3）微观单体保护：数字化全线监管

依靠传统的保护方式已经不能满足文化传承的需求，数字化技术能够很好地实现古道文化遗产的数据留存和实时监管。从前期调研和普查到病害整治和后期监管都需要数字化保护的介入。在前期调研和普查上，需要进行数据收集与处理，主要分细节信息获取和整体信息获取。细节信息包括聚落长期状态和建筑单体的实际细致数据。聚落长期需要通过文献查阅和口述问卷等方法获取。建筑单体的实际细致数据则需要进行实地测绘搜集资料。整体信息包括聚落的瞬时状态和遗产区位。比如用无人机进行聚落三维建模，以获取聚落的整体信息。借助相机、无人机和三维激光扫描技术，获得村落遗产瞬时状态。在后期监管时，数字化的数据库平台可以完整地储存遗产的信息，并且多角度进行分析。搭建数字博物馆一方面可以让千里之外的人通过前端了解马壁峪古道遗产现状，另一方面研究者可以通过后端录入不同时期的数据形成更加完备的数据库。

五、结语

综上所述，目前我国的古驿道聚落遗产亟待保护，所以乡村振兴背景下各方对线性遗产的整体性保护尤为重要。从乡土社会结构的角度，本文分析了古驿道聚落遗产的演变和"业缘—地缘"动力机制。通过对聚落业缘和地缘的重构，提出古驿道遗产的整体性保护策略。整体性保护是对线性遗产的保护，也是对聚落激活的推动。所以，呼吁各界加强在乡村振兴过程中以集群化和整体性的视野对古驿道聚落遗产的保护和发展。

注：图 1、图 2 取自《山西省乡宁县传统村落集中连片保护利用规划（2021-2025）》；其余为作者本人绘制或拍摄。

参考文献：

[1] 单霁翔. 大型线性文化遗产保护初论：突破与压力 [J]. 南方文物，2006，(3)：2-5.

[2] 刘晓，陈喻明. 国内古道研究概况、热点与趋势 [J]. 建筑与文化，2023，(9)：109-112.

[3] 石亚灵，王成，方辰昊，等. "社会—空间"互构视角的传统聚落整体性保护理论框架及实证研究 [J]. 城市规划学刊，2023，(4)：50-60.

[4] 王飒. 中国传统聚落空间层次结构解析 [D]. 天津：天津大学，2012.

[5] 王鑫，王力恒，陈关鑫. 集群视角下的村落遗产文化形态特征——以山西临汾云丘山传统村落群为例 [J]. 世界建筑，2019，(10)：102-105，125.

[6] 赵中枢，胡敏，徐萌. 加强城乡聚落体系的整体性保护 [J]. 城市规划，2016，40 (1)：77-79.

[7] 姚轶峰，苏建明，那子晔. 以居民为核心的人居型历史街区社会变迁及其整体性保护探讨：以平遥古城范家街的实证研究为例 [J]. 城市规划学刊，2018 (4)：112-119.

三峡库区传统村落的遗产特征与传承活化路径研究[1]

蒋 佳[2] 杨恩德[3] 张 盛[4]

摘 要：三峡库区是长江上游重要的生态功能区，拥有举世闻名的自然风光和历史悠久的文化遗产，峡江山水间的传统村落承载着历史的记忆与乡愁。本文以三峡库区范围内71个国家级传统村落、40个市级传统村落为主要研究对象，运用ArcGIS空间分析法、地理信息计量统计法，对传统村落的空间分布相关因子进行梳理分析。结合大量的田野调查和村落样本分析，对三峡库区传统村落的乡土建成环境特征进行分类总结和价值阐释，从整体性、综合性视角对三峡库区传统村落的传承与可持续发展路径进行探讨。

关键词：三峡库区 传统村落 乡村遗产 特征与路径

一、研究背景与意义

1. 三峡库区是我国最重要的流域文化遗产地之一

长江三峡，作为我国流域文化遗产中的璀璨明珠，在长江上游的重要地位不言而喻。四川盆地汇集的丰沛水系，一路向东穿越川东平行岭谷的层层障碍，最终突破巫山的封锁，滋养了江汉平原的千里沃野[1]。自古以来，三峡一直是长江水运的黄金要道，也是连接我国东西部文化交流的重要桥梁。其独特的地理位置和深厚的历史底蕴，孕育了丰富多彩的峡江文化景观，堪称自然景观与人文景观的完美结合，是我国最重要的流域文化遗产地之一。

三峡大坝是举世闻名的水利工程，选址于湖北宜昌市夷陵区三斗坪镇，坐落在长江干流西陵峡河段，控制着长江上游流域面积约100万km²，是集防洪、发电、航运、水资源利用于一体的综合性水利枢纽[2]。三峡库区，在地理空间上特指因水位上升而形成的广阔淹没区域及其周边的城乡环境。库区从湖北宜昌市的三斗坪延伸至重庆江津区的红花堡[5]，沿长江干流绵延678km，覆盖了渝、鄂两省的18个区县，总面积达5.7万km²[3]。三峡库区的广大乡村地区，承载了丰富的地域文化信息，其中的传统村落更是乡村文化遗产的宝库[4]。传统村落的保护、活化和传承，对于库区的生态建设、乡村振兴、社会稳定，以及可持续发展具有重大意义。

2. 传统村落是一种乡村文化景观遗产

传统村落是我国城乡历史文化保护体系的重要组成部分。自2012年起，住房和城乡建设部、原文化部、国家文物局、财政部四部委联合开展的传统村落调查，标志着我国传统村落保护与发展的新阶段[5]。这些村落蕴含深厚的历史、艺术、科学和社会经济价值，通过立档调查、评审登录，并采取挂牌保护等措施以维护其独特价值[6]。传统村落与其他遗产类型相比，具有一些特点：首先，作为村级行政单位，在我国城乡规划体系中占据了庞大的数量，并且各村的发展水平、用地范围、人口规模存在显著差异；其次，由于不同地区传统村落的保护和发展面临的问题各不相同，这要求我们在制定保护和发展策略时必须考虑到各地的实际情况，采取因地制宜的方法；最后，传统村落不仅是文化遗产，也是很多人赖以生存的家园环境，处于动态的演化发展过程中[7]。

三峡库区范围涉及1393个行政村，其中有71个国家级传统村落，40个市级传统村落（表1）。这些传统村落保存了流域遗产的多样性与丰富性，具有较高的历史文化价值，但同时面临着生态环境脆弱、经济发展落后、破坏性开发与建设等问题。本研究聚焦三峡库区传统村落现状调查，通过构建地理空间数据模型，结合村落走访和田野调查分析，对三峡库区传统村落的分布特征和地域特色进行梳理总结，识别传统村落的遗产价值，探索传承活化路径。

二、研究方法和数据来源

1. 研究方法

（1）数据采集与归纳

本研究依托国家统计局、重庆市统计局，以及湖北省统计局所提供的详尽数据资料，采用Excel软件对三峡库区范围内的传统村落相关数据进行了系统的整理与归纳。

（2）空间模拟与分析

利用ArcGIS 10.2软件平台，将整理后的地理空间数据信息转化为可视化的地理空间模型，叠加传统村落坐标点，以直观展示传统村落的空间分布特征。

（3）结果统计与量化分析

综合应用了数据加权、邻近点指数、核密度分析等多种空间分析技术，不仅考虑了传统村落的地理分布，还融合了自然环境与经济社会发展等多重因素，对传统村落的空间分布形态进行了全面的要素分析。

2. 数据来源

本研究的数据收集基于四个主要来源：①传统村落的信息主要基于中华人民共和国住房和城乡建设部、重庆市住房和城乡建设厅、湖北省住房和城乡建设厅发布的国家级和市级传统村落名录（表2），在三峡库区范围内，共有111个村落被纳入研究范畴；

---

[1] 重庆市社会科学规划项目"三峡库区传统村落风貌生态介入与农文旅融合研究"（编号：2022NDYB89）。
[2] 蒋佳，重庆大学建筑城规学院，博士研究生。
[3] 杨恩德（通讯作者），重庆科技大学人文艺术学院院长，教授。
[4] 张盛，贵州省建筑设计研究院，规划设计师。
[5] 按照《三峡库区近、中期农业和农村经济发展总体规划》的分区标准，包括库首区：夷陵区、兴山县、秭归县、巴东县；库腹区：巫山县、石柱县、巫溪县、万州区、开州区、云阳县、忠县、丰都县、武隆区；库尾区：涪陵区、长寿区、巴南区、渝北区、江津区。

三峡库区传统村落分布数量统计（单位：个） 表1

区（县）	江津	九龙坡	巴南	北碚	渝北	涪陵	武隆	丰都	石柱	忠县	万州	云阳	奉节	巫溪	巴东	兴山	秭归	合计
中国传统村落	7	1	1	0	0	5	6	7	19	7	5	1	1	0	2	2	1	71
市级传统村落	1	0	2	2	1	0	4	9	8	1	3	3	2	2	0	0	0	40
合计	8	1	3	2	1	5	10	16	27	8	8	4	3	2	2	2	1	111

三峡库区传统村落名录 表2

区县	国家级传统村落	市级传统村落	数量	区县	国家级传统村落	市级传统村落	数量	区县	国家级传统村落	市级传统村落	数量
江津	塘河镇硐寨村 塘河镇石龙门村 吴滩镇邢家村 白沙镇宝珠村 中山镇鱼塆村 四面山镇双凤村 中山镇常乐村	石蟆镇羊石社区楠竹林组	8	武隆	后坪乡文凤村 沧沟乡大田村 浩口乡浩口村 平桥镇红隆村 文复乡铜锣村 土地乡天生村	火炉镇鲁家岩村 桐梓镇官田村 凤山街道蒲板村 浩口乡邹家村	10	忠县	花桥镇东岩古村 新生镇钟坝村 洋渡镇上祠村 永丰镇东方村 官坝镇固国村 汝溪镇长安村 忠州街道独珠村	白公街道护国村	8
巴南	丰盛镇桥上村	石龙镇大连村 圣灯山镇圣灯山村 圣灯山镇天坪村 接龙镇荷花村	5	丰都	都督乡后溪村 董家镇彭家坝村 仙女湖镇金竹林村 栗子乡金龙寨村 三建乡绿春坝村 太平坝乡下坝村 包鸾镇红花坡村	十直镇寨上村 都督乡梁桥社区 高家镇太运村 暨龙镇凤来社区 暨龙镇乌羊村 江池镇关塘村 龙河镇观音寺社区 南天湖镇小安溪村 白果坝 南天湖镇小安溪村新屋	16	石柱	金岭乡银杏村 石家乡黄龙村 悦崃镇新城村 黄水镇金花村 河嘴乡富民村 中益乡坪坝村 金铃乡响水村 金铃乡石笋村 枫木镇双塘村 黄鹤镇山河村 金竹乡上升村 龙潭乡木坪村 三益乡大堡村 沙子镇桃园村 沙子镇鱼泉村 石家乡安桥村 王家乡花源村 新乐乡红河村 新乐乡新建村	王家乡光华村 大歇镇流水村 三星乡雷庄村 沙子镇兴隆村 悦崃镇水桥村 新乐乡阳光村 金竹乡和农村 临溪镇红阳村	27
九龙坡	走马镇椒园村		1									
北碚		北温泉街道金刚村	1	万州	太安镇凤凰村 罗田镇用坪村 燕山乡泉水村 恒合土家族乡五星村 柱山乡戈厂村	普子乡碗厂村干坝子 白土镇五龙村杉木沟 梨树乡龙头村裴家槽	8				
渝北		洛碛镇大天池村	1	奉节	兴隆镇回龙村	兴隆镇方洞村新贺公社 兴隆镇六垭村卡鹿坪	3				
涪陵	大顺乡大顺村 大顺乡大田村 青羊镇安镇村 蔺市镇凤阳村 武陵山乡角帮寨村		5	巫山	龙溪镇龙溪村 当阳乡高坪村 两坪乡同心村 两坪乡向鸭村 巫峡镇桂花村 竹贤乡下庄村	大溪乡大溪村 建平乡青台村	6	云阳	凤鸣镇黎明村	桑坪镇长坪村 双土镇五台村 上坝乡生基村	4
								秭归		归州镇香溪村	1
巫溪		宁厂镇猫儿滩社区 通城镇通城村	2	巴东	野三关镇穿心岩村 东瀼口镇牛洞坪村		2	兴山	昭君镇滩坪村 昭君镇青华村		2

②传统村落的地理坐标数据，即经纬度信息，通过奥维在线地图服务查询获得，并借助ArcGIS 10.2软件完成了数据的矢量化处理；③三峡库区地形地貌数据与水文、交通数据来自图新地图网，数据分辨率为30m；④经济、人口等数据主要来源于国家统计局官网、重庆市统计局官网、湖北省统计局官网查询，通过ArcGIS平台对村落的地理位置进行矢量化处理，得到三峡库区传统村落的空间分布图。

三、三峡库区传统村落的遗产特征分析

1. 传统村落的空间分布概况

自然地理条件和社会经济条件，是决定传统村落的生成和演化、并对其景观特征带来影响的重要因子。自然地理条件包括高程海拔、地质地貌、河流水系等因素，社会经济条件是指传统村落所处的社会环境，包括人口聚集程度、区域经济发展程度等。通过对三峡库区地理空间数据的采集和叠加，可以大致了解传统村落在这一区域的空间分布特征。

（1）地形地貌分析

通过ArcGIS 10.2软件，将三峡库区的传统村落分布坐标与地理空间数据进行了叠加分析。分析结果显示，位于海拔0~500m高程的传统村落，约占村落总数的15%；500~1000m高程区间的村落，约占总数的39%；高程在1000~1500m区间的村落数量最多，约占总数的40%；高程在1500~2000m区间的传统村落，占总数的6%。由此可见，三峡库区的传统村落在数量上随着地形的升高呈现出明显的分化特征。大多数村落集中在中高海拔区域，这与地形、气候、水文等自然环境条件以及经济、交通等社会条件相关。

（2）聚集规模分析

本研究采用了核密度分析方法来探究区域内传统村落的空间聚集度特征。该方法以离散的传统村落数据点为基础，以每个村庄的地理位置为中心，设定一定的半径范围，并通过权重比例的设置，实现了中心点附近权重较大而远离中心点权重较小的数据分布模式。通过这种加权叠加分析，来构建库区传统村落的聚集度分布图。

核密度估计的计算采用如下公式：

$$f(x) = \frac{1}{nh}\sum_{i=1}^{n} k\frac{x-x_i}{h} \quad (1)$$

式中，h 表示带宽，且 $h>0$，$(x-x_i)$ 表示两个数据点之间的距离，$k((x-x_i)/h)$ 是核函数。通过 ArcGIS 软件的核密度计算功能，我们得出了研究区域内传统村落的分布情况。分析结果显示，该区域的传统村落主要形成了 4 个高度集中区和 8 个次集中区。高度集中区主要分布在石柱、忠县、丰都三个县区，而次集中区则分布在江津、武隆、奉节等地。这种分布特征揭示了传统村落在研究区域内的空间集聚现象，为进一步区域规划和文化遗产保护提供了重要的参考依据。

（3）河流水系分析

研究范围内主要水系为长江干流，涵盖了嘉陵江、綦江、乌江、龙河、大宁河等长江支流。空间分析结果显示，区域内 84% 的传统村落分布在距离河流 10km 范围内。传统村落高度集中区的村落位于长江一级支流龙河两侧分布。可见，传统村落的发展延续与河流、水源的距离有重要联系。

（4）交通可达性分析

以临近县城作为主要目的地，以各个村寨为出发点，对村落至县城的可达时间进行了统计分析。通过 ArcGIS 平台分析计算得出：约 36% 的传统村落可以在一小时内的车程到达县城；约 50% 的传统村落到达县城的车程需要 1~2h；而 14% 的传统村落到达县城则需要 2h 以上的车程。传统村落的发展水平与遗产价值的保存，与其与城镇的可达时间相关。那些距离城镇较近的传统村落，由于受到城镇就业、医疗、教育资源的辐射，往往更容易面临空心化的问题，其传统特色的保留面临较大挑战。而那些距离城镇较远的村落，由于地理位置偏僻，会出现人口增长缓慢、自然衰败较严重的现象。

（5）人口密度分析

基于统计局公布数据与地方文献资料搜集，分别对村落人口及其所在区县的人口规模进行了统计分析。结果表明，传统村落大多分布在人口规模位于 30~100 万的区县，分布数量与区县的人口密度呈负相关。另外，针对单个传统村落人口数据进行统计分析得出，人口不足 1000 人的传统村落占比达到 41%；人

三峡库区传统村落遗产特征分类识别 表3

类型	商贸集镇型	氏族庄园型	民族村寨型	乡野奇观型
遗产特征	- 位于水陆交通要道的古驿站，依托古镇而生 - 高密度的街巷空间与历史建筑 - 人口稠密，遗产丰富度较高	- 分布在中低海拔区域 - 以大规模农田为空间底色 - 分散的庄园和民居建筑 - 地域特色的碉楼民居	- 分布在中高海拔山区 - 地势偏远，交通不便、与世隔绝 - 小规模集中，簇群式分布 - 非物质文化遗产丰富	- 拥有突出的山水地貌特征 - 周边有自然景观资源 - 以自然景观价值为主 - 建筑遗产类型相对单一
环境格局	忠县新生镇钟坝村望水老街	涪陵区大顺乡大田村千丘塝	武隆区后坪乡文凤村	巫山县竹贤乡下庄村
村落鸟瞰	涪陵区蔺市镇凤阳村	涪陵区青羊镇安镇村陈氏庄园	武隆区土地乡天生村犀牛古寨	奉节县兴隆镇回龙村
街巷肌理	江津区白沙镇宝珠村东海坨	涪陵区青羊镇安镇村	武隆区后坪乡文凤村天池坝苗寨	忠县忠州街道独珠村
建筑遗产	宝珠村商铺、吊脚楼	安镇村庄园、碉楼	土家族村寨堂屋、院落	乡野民居

口在 1000~2000 人之间的传统村落占比为 30%；人口介于 2000~3000 人的传统村落占比 19%；而人口超过 3000 人的传统村落占比 10%。传统村落的人口较一般村庄更少，人口空心化问题严重。结合村落的发展水平来看，传统村落的人口规模应具有一定的恰适性，才能保证村落的传承与可持续发展。

（6）区域经济发展水平分析

以区县为研究单元对经济数据进行统计，在所选取的 18 个区县范围内，传统村落相对集中的石柱、丰都、忠县三个区县 2023 年 GDP 分别为 230.5 亿元、406.1 亿元、508 亿元，在 18 个区县的经济排名中分别位列第 14 位、第 10 位和第 9 位。传统村落主要集中在区域经济发展处于中游、农业经济占比较高、城市化程度相对较低的区县。这种经济结构和城市化水平的特点，对传统村落的保护和发展提出了特殊的要求和挑战。

2. 传统村落的遗产特征识别

三峡库区既是自然地理奇观，又是文化交融的过渡地带。西部是巴文化的发源地，东部则是楚文化的摇篮，自古又是航运和古栈道的重要线路，商贸古镇与传统村落沿线聚集。东南部的武陵山和七曜山区，有苗族、土家族、仡佬族等少数民族世代聚居，形成了很多独具特色的民族村寨。通过广泛的田野调查，探访各区县的传统村落，追溯村落的成因与历史沿革，对村落典型的文化景观进行分类提取，可以看出，不同村落空间形态反映出差异化的文化遗产特征（表3）。

（1）商贸集镇型

长江作为历史悠久的水运要道，孕育了三峡库区众多码头场镇，与陆路上的驿站集市古镇，共同构成了一张水陆交通的服务网络。这些地区的传统村落或紧邻古镇，或与之融为一体，建筑密集且遗产丰富。村落的建成遗产多样，包括街巷、码头、明清庙宇和石刻，具有重要的文化价值。村落风貌以人工景观为主，商铺宅店、祠堂会馆、民居院落规模较大且集中分布。同时，这些村落还拥有众多的非物质文化遗产。例如，涪陵蔺市古镇的核心村落凤阳村、江津白沙古镇的宝珠村、川盐古道上的忠县新生镇钟坝村的望水老街等集镇特色的传统村落。

（2）氏族庄园型

在三峡库区的中低海拔地带，农田资源丰富，是农耕文化的核心。这里的传统村落以家族血缘为纽带，形成了独特的社会网络结构。村落形态以大片的沃野良田为底色，庄园和碉楼点缀其中，体现了农耕文化的社会结构与生产方式。以涪陵区青羊镇安镇村为代表，著名的陈万宝庄园就坐落于此。庄园建筑规模宏大、工艺精美，与陈氏兄弟的其他几处庄园呈椅角之势，共同构成了村落景观格局的基本单元。除此之外，在江津塘河镇石龙门村、万州燕山乡泉水村等，都是以氏族庄园为基本建筑形态的传统村落，呈现出了农耕时期独特的乡村景观特征。

（3）民族村寨型

在三峡库区东南部的中高海拔区，分布着苗族、土家族、仡佬族等多个民族的聚居村寨。这些村寨多坐落于偏僻且交通不便的山区，与自然环境的融合极为紧密。村寨规模各异，以群体形式聚集，建筑布局顺应地形水系，街巷规划自由灵活。这些民族村寨往往设有用于集会或祭祀的公共空间，民居院落围绕这些空间展开。建筑在形制、材料和色彩上均体现了浓郁的民族文化特色。村寨中的非物质文化遗产丰富多彩，具有较强的体验性和感染力。例如，武隆区后坪苗族土家族乡的文凤村天池坝苗寨、土地乡天生村的犀牛古寨，以及浩口苗族仡佬族乡的浩口村田家寨，均为少数民族村寨中的典型代表，展现了各民族独特的生活方式和文化传承。

（4）乡野奇观型

长江三峡，以其雄伟的自然景观而世界闻名，特有的喀斯特地貌与深切的江河峡谷，构成了各种壮丽的自然奇观。在这片山水间，传统村落与自然景观和谐共生，极大提升了这些村落的文化遗产价值。以奉节县兴隆镇的回龙村为例，该村落位于 AAAA 级景区奉节天坑地缝之中，被高耸的绝壁环绕，形成了天然的"山门"，因其与瞿塘峡夔门相似，被誉为"旱夔门"。村落布局顺应地形高差，分为上、中、下三个组团，山坡被改造成梯田，其间点缀着朴素的农舍。村外则是幽深的峡谷，清澈的溪流与险峻的峭壁，成为徒步爱好者的天堂。此外，还有位于忠县长江江心半岛的独珠村，以"绝壁天路"著称的巫山下庄村，都是三峡库区中，自然与人文景观完美结合的典范。

四、三峡库区传统村落的传承与活化路径探索

在空间分布上，传统村落的集中趋势与其所处的自然地理和区域经济环境紧密相连。深入分析这些村落的聚集模式对于在规划中构建一个完善的村镇体系至关重要，这不但有助于实现对传统村落的规模化保护，而且在资源有限的情况下，也有助于提升这些村落的基础服务设施。

对三峡库区的传统村落遗产进行分类和提炼，可以建立一个具有高度针对性的保护体系。这一体系将涵盖从价值识别、要素评价到规划管理的全过程，采取符合地方特色的遗产传承与活化策略。对于不同人口规模、环境条件和风貌类型的村落，关键在于识别并利用其遗产特征中的主导优势，坚守遗产传承的核心价值，并探索符合村落特色的差异化发展路径。

参考文献：

[1] 星球研究所. 什么是重庆 [M]. 北京：中信出版社，2023.
[2] 吴良镛，赵万民. 三峡工程与人居环境建设 [J]. 城市规划，1995，19（4）：5-10.
[3] 王华. 三峡库区城镇空间形态的山水环境适应性研究 [D]. 重庆：重庆大学，2021.
[4] 季富政. 三峡古典场镇 [M]. 成都：西南交通大学出版社，2015.
[5] 冯骥才. 传统村落的困境与出路——兼谈传统村落是另一类文化遗产 [J]. 民间文化论坛，2013，(1)：7-12.
[6] 中共中央办公厅，国务院办公厅. 关于在城乡建设中加强历史文化保护传承的意见（国务院公报〔2021〕26号）[EB/OL]. (2012-04-16) [2024-04-08]. https://www.gov.cn/gongbao/content/2021/content_5637945.htm.
[7] 邵艳丽. 我国传统村落保护制度的反思与创新 [J]. 现代城市研究，2016（1）：2-9.
[8] 龙彬，杨红. 库区建设影响下的传统村落文化景观保护与发展研究——以重庆市蔺市镇凤阳村为例 [J]. 建筑与文化，2017，(5)：183-185.

传统村落集中连片保护利用示范实施效果评估方法探索

——以广东省梅县区为例

赵亦航❶ 潘 莹❷

摘 要：在国家对传统村落集中连片保护利用示范工作提出可感知、可量化、可评价要求的背景下，本文首先通过层次分析法，从保护提升、集群发展、经济共建、社会共治四类实施效应分级分类选取评估因子、确定权重，探索建立传统村落集中连片保护示范实施效果评估体系；其次通过模糊综合评价法对梅县区进行评估验证，发现其保护提升得分较高，并针对得分较低的集群发展与经济共建效应提出优化策略，以期为传统村落集中连片发展提供经验借鉴。

关键词：传统村落 集中连片 实施效果评估 层次分析法－模糊综合评价法 梅县区

一、引言

我国从2020年开始持续推进传统村落集中连片保护利用示范工作，截止到2024年已选出10个示范市、110个示范县，初步将3/8的国家级传统村落纳入集中连片保护利用规划范围。2024年4月，住房和城乡建设部办公厅、财政部办公厅共同发布《关于做好2024年传统村落集中连片保护利用示范工作的通知》[1]（以下简称《通知》），提到"2024年示范县应抓紧完善并印发传统村落集中连片保护利用示范工作方案……研究谋划2025年绩效目标，确保示范工作可感知、可量化、可评价，"对集中连片保护利用工作提出了及时落实实施措施、有相应成效，并阶段性进行监督反馈与量化评价的新要求。

然而，目前暂未有对传统村落集中连片保护利用实施效应进行评价的量化标准与评估体系。传统村落集中连片保护利用旨在通过整合区域内资源、分级分类发展传统村落、合理进行资金流转、实现传统村落集群组团的联动保护。这种方式不仅重视对传统村落单体的保护，还统筹考虑村落周边的历史文化、生态景观等相关资源要素，形成多层级的区域保护格局，最终实现乡土文化延续、刺激内生动力带动经济发展的目标。村落保护利用作为一个长期的过程，会根据不同状况规划阶段性实施目标，并伴随着对目标的监测与维护，用于及时修正偏差。监测最直接手段即为评估[2]。已有多名学者对历史文化名城[3]、历史文化名镇[4]、历史文化名村[5]、传统村落[6]等规划实施现状进行评估，从对象价值、对象特征、规划实施过程与结果等角度分析评估因子，并指出评价规划实施现状有助于及时发现实施手段的问题与偏差，增强策略制定的针对性[7]，全面了解保护实施的综合效果，从而提升保护效率，确保规划的科学性与合理性等优势。

在此背景下，本研究旨在结合已有案例，梳理示范效应，探索建立评估传统村落集中连片保护利用实施效果评价体系，再以广东省梅县区传统村落集中连片保护示范县为例进行实证，对所制定框架进行实践，将其规划实施效果进行量化呈现，依据评估结果所反映的不足之处制定下一阶段规划发展重点。

二、对于分析要素的归类与列表展示

1. 评估目的与指标的确立

构建该评估体系的目的主要包含三点：阶段性监测集中连片保护规划的实施状况，对保护成效进行量化评价；比较实施效果数据，找准薄弱点，确保及时调整和优化保护利用策略；达成村落集中连片保护与协调发展利用之间的动态平衡。传统村落集中连片保护利用的实施效果影响因子较多、涉及多个层面，需进行多维度评估。可借助层次分析法（Analytic Hierarchy Process），一种多准则决策分析方法，构建评估体系：建立层次结构模型将决策问题分解为多个组成因素，通过两两比较的方式确定各因素的相对重要性，得出权重值，检验一致性后形成实施效果评价体系框架。

自示范工作开展以来，各省县区展开了大量的地方实践，部分典型优秀案例已取得资源保护提升、连片集群共建、经济统筹发展、多元主体共治等方面的示范成效：云南省剑川县从州域层级优化传统村落保护管理体系、完善村落基础设施建设与公共服务水平；传统村落在村落面貌、人居条件、文化保护等方面有显著提升。福建省永定区发展"联动片区布局"模式，选取区位相近、资源关联的村落群，推行"土楼群跨村联建"模式，进行多村联合建设、以强带弱，引导村企共建、企业运营，实现区域内传统村落间共建共享。云南省建水县引入多类产业模式，建设基地培育传统工匠，支持传统建筑企业；培育旅游业态，活化利用老屋发展农家乐和民宿业，为周边村民提供就业岗位。浙江省松阳县搭建老屋资源库平台，引入规划师、建筑师等设计师为乡土产业再利用进行策划与建设、吸引"新村民"下乡发展，推动以村民为主体的多元共建，进行传统村落的多形式活化与利用。这些成效为评估指标确立提供了参考。

---

❶ 赵亦航，华南理工大学建筑学院。
❷ 潘莹，华南理工大学建筑学院，教授。

2. 评估指标释义

（1）保护提升效应

提升整体保护效应是示范工作的基础，可评价区域内传统村落及其相关历史文化与自然生态资源经过一段时间后的保护与活化利用状况，主要从传统村落及相关资源挖潜、保护与活化；整体区域交通体系的连通与提升；是否完善传统村落基础设施、公共服务设施等传统村落人居环境提升状况三个方面进行评估。

（2）集群发展效应

推动集群共生是示范工作的核心。集中连片保护示范强调要深入挖掘传统农耕文化蕴含的思想观念、道德规范等无形的历史记忆。可评估保护规划所划分的各个集群组团内部的要素关联性与资源整合性，从地理、文化、产业、景观要素等关联程度及资源利用的共享性，如相关公共传统建筑与文旅产业相关服务型建筑的覆盖范围等两个方面进行评估。

（3）经济共建效应

发展经济、带动村民增收是示范工作的重点。集中连片建设的主要目标是为传统村落发展注入产业活力，或发展文化创意、乡村旅游等特色产业，或发展与乡土文化相关的新业态。村落的知名度与热度也是经济发展的重要抓手，因此本项主要评估实施集中连片保护规划后，各组团发展主题契合度及各类收益提升程度。

（4）社会共治效应

实现社会共治是示范工作的特色。村落的发展离不开多方共治和完善的政策引导。集中连片保护要增强传统村落内生发展动力、提升乡民留村与回村发展意愿，不仅要与推进乡村建设，如村落人居环境提升与产业发展等相关项目进行结合利用，还应建立以村民为主体的保护实施机制、搭建多类推动村落资源利用发展平台。

3. 评估因子选取与评价体系建立

首先，通过研究典型案例、分析相关文献，梳理现行名城、名镇、名村、传统村落、集中连片保护示范评分认定指标体系，总结评估因子，可初步建立覆盖保护提升、集群发展、经济共建、社会共治4层面、包含9大准则层和23个子准则层的评价体系（图1）。

其次，将初步框架进行细分和整合。考虑到数据获取的复杂性及实际调查操作的可执行性，本研究主要选取便于定量评估的指标因子生成详细方案层，并制作得分比较问卷。最后对3位传统村落保护方面的专家、两位集中连片保护规划制作的规划师、4位从事与传统村落集中连片保护示范相关工作的政府官员进行采访与问卷发放，将回收整理的数据与生成的初级评估体系导入AHP层次分析法软件，以1~9赋值法对各层元素之间进行两两打分对比，得出各指标因子在对应层级中的权重值。检验各层级一致性后形成最终评估指标体系（图2）。

三、梅县区实际评估应用

1. 梅县区整体实施概况

梅县区共有24个国家级传统村落、4个省级传统村落，文化资源丰富，山水秀美。其于2022年入选第一批国家级传统村落集中连片保护利用示范县（市、区）。同年6月，梅县区编制了集中片保护利用规划，明确了保护传统建筑、改善基础设施和公共环境、传统村落保护利用数字化建设等近期建设目标；探索传统村落与文化、生态、产业等综合资源联动可持续发展模式等长期建设目标。

2. 评价体系实际应用

在实际应用中引入了模糊综合评价法（FCE），一种基于模糊数学理论、用于对涉及不确定性和主观性的复杂系统做出较为全面评价的多因素决策方法[8]，可得出各指标的量化值，了解梅县区集中连片保护示范实施效应整体进行情况与各项测评分数。为了方便确定评价等级，以优秀、较好、一般、不足、较差五个评价等级给区间赋值（表1）。

综上所述，运用模糊综合评价方法，将现状分析、实地调研、数据收集与村民访谈相结合，最终得出梅县区传统村落集中连片实施现状的量化总分为70.5031分，对应分值为一般。其4项实施效应和子准则层的9项指标的评分等级与分值如表2所示。

3. 评估结果分析与建议

梅县区保护提升效应评分最高，等级为较好。目前，梅县区24个传统村落已全部编制保护规划，现正全面推进茶山村历史文化名村所在水车镇、侨乡村历史文化名村所在南口镇、拥有8个传统村落及历史文化名镇的松口镇片区示范项目建设，包括对传统村落中重点古建筑群和历史环境要素进行整体修缮，建设村史馆，设立保护范围标志牌（图3）；建成梅县区传统村落数字化影

图1 传统村落集中连片保护示范实施效应评价指标框架

准则层	子准则层	次子准则层	指标层
B1保护提升效应(0.5836)	C1资源挖潜度(0.3903)	D1传统村落挖潜(0.2732)	E1 国家级传统村落数量(0.0859)
			E2 省级传统村落数量(0.0499)
			E3 具有申报潜力的村落数量(0.0253)
			E4 制作数字档案库的村落占比(0.0518)
			E5 有村史村志的村落占比(0.0602)
		D2其他历史文化资源挖潜(0.0755)	E6 历史文化名镇数量(0.0113)
			E7 历史文化名村数量(0.0113)
			E8 历史文化街区数量(0.0113)
			E9 各级文保单位数量(0.0113)
			E10 红色遗产数量(0.0113)
			E11 各级非物质文化遗产(0.0113)
			E12 农业文化遗产(0.0038)
			E13 灌溉工程遗产(0.0038)
		D3生态及自然资源挖潜(0.0416)	E14 风景名胜区数量(0.0139)
			E15 森林公园数量(0.0139)
			E16 自然保护区数量(0.0139)
	C2环境提升度(0.0515)	D4村容村貌提升程度(0.0257)	E17 生态保护(0.0129)
			E18 环境卫生(0.0129)
		D5村落公共空间建设覆盖程度(0.0257)	E19 公共服务设施改善程度(0.0172)
			E20 有建设公共空间的村落数量(0.0086)
	C3交通通达度(0.1419)	D6交通便利性(0.1064)	E21 县域或传统村落集中连片区域区位优势(0.0266)
			E22 到达各传统村落的方式及时间(0.0798)
		D7交通趣味性(0.0355)	E23 通过古驿道、碧道、风景道等次级道联通的传统村落数量(0.0236)
			E24 通过乡村公路等主干道联通的传统村落数量(0.0118)
B2集群发展效应(0.1094)	C4要素关联度(0.0273)	D8组团地理关联(0.0158)	E25 传统村落整体空间聚集度(0.0079)
			E26 传统村落局部聚集抱团度(0.0079)
		D9组团文化关联(0.0072)	E27 区域整体文化丰富程度(0.001)
			E28 组团局部文化串联程度(0.0062)
		D10组团景观关联(0.003)	E29 传统村落在区域整体的产业联系度(0.0006)
			E30 传统村落在局部组团内产业互补度(0.0024)
		D11组团产业关联(0.0014)	E31 传统村落整体景观的协调程度(0.0007)
			E32 传统村落特色景观的差异分明程度(0.0007)
	C5共建共享度(0.082)	D12村落是否分级分类发展(0.041)	E33 明确村落发展定位及策略(0.0308)
			E34 明确村落发展时序(0.0103)
		D13组团土地利用及基础配套设施现状	E35 组团内土地利用集群度(0.0103)
			E36 组团内文旅配套设施覆盖度(0.0308)
B3经济共建效应(0.2509)	C6主题契合度(0.0418)	D14发展新业态与乡土文化(0.0209)	E37 新业态发展数量(0.0105)
			E38 乡土文化发展数量(0.0105)
		D15合理带动县域经济可持续发展(0.0209)	E39 所在区、镇产业结构优化情况(0.0052)
			E40 发展产业主题契合村落资源现状(0.0157)
	C7收益发展度(0.2091)	D16村落受益增效(0.0523)	E41 村集体增收收益(0.0392)
			E42 村落推广宣传程度(0.0131)
		D17村民个体收益(0.1568)	E43 村民个体增收(0.0784)
			E44 就业带动情况(0.0784)
B4社会共治效应(0.0561)	C8项目支撑度(0.028)	D18美丽乡村示范带(0.0093)	E45 入选美丽乡村示范带村落数量(0.0093)
		D19一村一品(0.0093)	E46 入选一村一品村落数量(0.0093)
		D20百千万工程(0.0093)	E47 入选百千万工程的典型镇村数量(0.0093)
	C9治理执行度(0.028)	D21政策制度(0.008)	E48 是否吸引民间资金,引入市场化机制(0.006)
			E49 是否搭建多方力量共建共治共事平台(0.002)
		D22社会影响(0.004)	E50 原住村民驻村比例(0.002)
			E51 吸引新村民入驻传统村落比例(0.002)
		D23参与主体(0.016)	E52 村民主体参与程度(0.0133)
			E53 其他主体参与程度(0.0027)

图2 传统村落集中连片保护示范实施效应评价指标体系

区间得分与等级　　　　　　　　　　　表1

项目	优秀	较好	一般	不足	较差
分值	100	80~99	60~79	40~59	20~39

像库(图4),编纂发行《中国·梅县区传统村落》画册;各传统村落基础设施和公共环境有明显改善,79.2%的传统村落可通过县级及以上道路连接,交通便利,已初步形成良好的实施成效与示范效应。

梅县区社会共治效应评分等级为一般。其下属子准则层的项目支撑度得分较高,源于梅县区借助美丽乡村示范带和百千万工程项目,打造丙村—雁洋—松口等示范样板,以典型村镇带动区域高质量发展。而其治理执行度得分较低:虽然梅县区近年来发动海内外乡贤力量,积极争取各级政府资金支持,形成多方合力资助区域内历史建筑展开修缮工作,但尚未搭建可持续发展的资金流转平台,基本依靠村民自发募捐;部分村镇积极破解村落保护与生活条件间的矛盾,激发村民主体参与意识,但乡民在保护利用工作中参与占比不高,甚至部分历史建筑产权人保护观念缺失、非遗传承人才断代,需进一步探索相关机制。

梅县区集群发展效应评分较低。从评分结果来看,其要素关联度,尤其是产业要素关联性较弱,产业互补度待提高;共建共享度得分较低,尤其是文旅配套设施覆盖度较低,土地利用集约性不强。梅县区经济共建效应评价等级为不足,虽已发展雁南飞景区等旅游业、金柚工厂等农产品加工业,为周边部分村民提供了岗位,但整体产业类型相对单一,缺乏多元化的发展路径,对纯种植业的

梅县区传统村落集中连片保护利用实施效应各项得分表　　表2

分项	保护提升效应			集群发展效应		经济共建效应		社会共治效应	
评分	83.64816873			58.55118785		46.2500084		65.52380952	
等级	较好			不足		不足		一般	
分项	资源挖潜度	环境提升度	交通通达度	要素关联度	共建共享度	主题契合度	收益发展度	项目支撑度	治理执行度
评分	85.518404	87.333333	77.166667	57.204751	59.00232	55.000548	44.502705	74.666667	56.380952
等级	较好	较好	一般	不足	不足	不足	不足	一般	不足

图3　保护标志

图4　数字化影像库

依赖性较强。要想实现资源的集群利用，需合理规划经济的持续发展，需要加强产业间的协同效应，提升区域产业特色和投资吸引力，推动产业结构的多元化，减少对单一产业的依赖；积极寻求资金支持与新业态的引入，通过新媒体手段将乡土文化优势发展变现，激发区域经济潜力，提升集群发展与经济发展实施效果。

四、总结

尽管梅县区现有实施效果已取得一定成绩，但其在传统村落保护方面仍存在资金缺乏、部分村民保护意识淡薄等制约因素，这反映了示范县区所面临的普遍困境。如何推进集中连片建设，打破资金掣肘，激发村落内生动力是下一阶段应解决的问题。积极推进各县区传统村落集中连片保护利用实施现状评估，可直观地甄选示范案例，对实施效应得分较高的县区所采取策略与路径进行宣传推广。对于有意向参选传统村落集中连片保护示范县的区域，也可借鉴该评价体系，调整规划建设目标，初步实现传统村落集中连片的保护与利用，为日后评选提供建设基础。

参考文献：

[1] 关于做好2024年传统村落集中连片保护利用示范工作的通知[EB/OL]. (2024-04-24) [2024-06-30] https：//www.mohurd.gov.cn/xinwen/gzdt/202404/20240424_777695.html．

[2] 刘渌璐，肖大威，张肖. 历史文化村落保护实施效果评估及应用[J]. 城市规划，2016，40 (6)：94-98，112．

[3] 贾宁，薛杨，张捷，等. 县级国家历史文化名城文物保护评估报告[J]. 中国文化遗产，2019，(3)：19-32．

[4] 张婷. 黄姚历史文化名镇保护规划实施体检评估及对策研究[D]. 南宁：广西大学，2022．

[5] 罗瑜斌. 珠三角历史文化村镇保护的现实困境与对策[D]. 广州：华南理工大学，2010．

[6] 刘思宇，王瑞慧，杨茜好，等. 云南省传统村落保护利用综合评估——基于27个中国传统村落的实证研究[J]. 华南师范大学学报（自然科学版），2022，54 (5)：48-59．

[7] 陈悦. 历史文化名村保护规划实施过程评估方法探究——以宁波为例[J]. 城市规划学刊，2019，(S1)：124-129．

[8] 刘渌璐，肖大威，傅娟. 传统村落保护实施效果评估方法探索[J]. 小城镇建设，2014 (6)：85-90．

传统村落建筑遗产中乡土文化的体现与传承[1]
——以吉家营为例

陶 星[2] 马 辉[3] 李雨柔[4]

摘 要：由于人口与经济重心由北向南由农村向城市的迁移，传统村落中的乡土文化早已开始受损或消失。本研究运用定性＋定量评估法以及问卷调研对村落建筑遗产进行分级，遵循"载体研究—文化阐释—分级传承"的技术路径对建筑蕴含的乡土文化进行系统研究。研究得出：吉家营村内主要建筑遗产可分四级，吉祥·礼制·共生的乡土文化通过吉家营城楼、郝家大院、影壁装饰来展现，提出根据建筑遗产价值分级不同干预程度不同的传承路线。

关键词：建筑遗产 乡土文化 吉家营村 分级传承

一、吉家营村村落概况

1. 村落的地理与人文概况

吉家营村位于中国北京市密云区新城子镇南部，地理坐标北纬40°36'42.98"，东经117°18'39.33"，嵌于燕山雾灵山西北麓的清凉界内。作为一个典型的山区村落，其海拔346m，地形南高北低，四周群山环绕，构成自然屏障。小清河作为安达木河支流，穿越北侧，不仅确保了充足的地表水供应，还为农业生产提供了有利条件。该地区属于温带季风气候，四季分明，雨热同期的夏季与干冷的冬季，不仅适宜农作物轮作，也形成了夏季凉爽的避暑条件，加之山区特性带来的高湿度与多风，使吉家营成为避暑优选之地。

从历史与文化维度审视，吉家营村拥有逾六百年历史，其军事背景可追溯至元代，明代时期因战略位置显著而发展为屯兵重地，成为军事堡垒，遗留下包括明城墙在内的多处军事遗迹，见证了从古代防御体系到近代抗日战争的历史变迁。文化氛围方面，村落深受北方宗教文化影响，历史上曾有九座庙宇，如药王庙，虽部分已损毁，但遗留的庙会与摩崖石刻等非物质文化遗产，连同古老的对歌习俗，共同维系并展现了吉家营丰富多元的文化底蕴与民俗传统。本文中的建筑遗产是指《不可移动文物认定导则（试行）》（文物政发〔2018〕5号）界定的五种类型不可移动文物（古建筑、古墓葬、石窟寺及石刻、古文化遗址、近现代重要史迹及代表性建筑）[1]。

2. 村内现有建筑遗产情况

村内现有郝家大院在内的传统民居82栋，其中未修缮20栋，几乎倒塌的10栋，修缮不当的23栋。另有各类公共建筑遗产包含药王庙、吉家营城门、镇远门城门、"里仁为美"拱券洞门、校

图1 吉家营村村内建筑遗产情况

军场遗址、戏台遗址、菩萨庙遗址、城隍庙遗址共8处[2]（图1）。据查村内原有9座寺庙，其中药王庙保存良好，至今仍有村民集聚与庙会，菩萨庙、城隍庙等建筑损毁严重，仅剩断壁残垣和基址能确定原有位置，老爷庙、真武庙、火神庙等早已损毁不见踪迹。村内仍保留着原有的景观资源与历史文化，例如上马石、古井、滚炮礌石和植于清朝年间的国槐等，来营造村落的整体风貌。

二、建筑遗产蕴含的乡土文化

1. 建筑的空间布局

村内民居建筑因受各个户主经济状况与成员结构影响，呈现四合院、三合院或仅有正房的庭院。以其中空间布局最复杂的一进四合院为例，院内以正房、倒座房、东西厢房围绕中间庭院形成，入口处有影壁起到阻隔视线、祈福的寓意[3]。正房内部呈现一堂二内的空间布局，祖堂居中间有着会客祭祖等使用功能，是全宅地位最高的地方。受"左为上"中国传习俗影响，主房东侧次间由祖父母居住、西侧次间由父母居住。也由此影响一般东厢房在进深与面阔上也稍比西厢房略宽，一般由子女居住。不难看出民居建筑紧凑对称的空间布局体现了中国传统的家族聚居念理念和"长幼尊卑"的制度文化。

---

[1] 基金项目：辽宁省经济社会发展研究课题一般课题"乡村振兴视角下辽宁地区少数民族村落历史文化资源开发研究"（2023lslybkt-031）阶段性成果。
[2] 陶星，大连理工大学建筑与艺术学院，硕士研究生。
[3] 马辉，大连理工大学建筑与艺术学院教授，博士生导师。
[4] 李雨柔，大连理工大学建筑与艺术学院，硕士研究生。

2. 建筑的装饰

（1）清水脊

村内屋脊常采用清水脊的形制，在清水脊两端高高翘起两个细长的鸱吻，少数鸱吻下方砖石上雕刻四季花朵的纹饰来丰富屋脊，常以牡丹为题材取吉祥富贵的寓意，多数鸱吻下方砖石雕刻简易的线条作装饰，以此丰富建筑屋脊。无论清水脊鸱吻下方纹饰是否一致，一条清水脊两端的纹饰数量是一致的。

（2）墀头

吉家营村建筑中的墀头雕刻主要展现在建筑上部的墀头戗檐板，雕刻以梅兰竹菊为主。檐板居中是一朵或一团饱满的花卉，四周用几何纹或组团花卉装饰，整体构图饱满、平稳、装饰性很强。这些花卉各自象征着高洁、清雅、坚韧和淡泊的美德，体现了居住者对儒雅、正直、坚韧等精神文化的不懈追求。

（3）门枕石

村内门枕石主要是箱型门枕石，不再承担固定门扇的作用仅有装饰效果。门枕石四周皆雕刻精美图案，枕石下部雕刻须弥座基座表面还有锦铺，下垂三角纹饰或图文装饰起烘托氛围突出主体的作用，顶端有突起饰物，例如瓜果、卧狮等。村内门枕石主要描绘枝头累累硕果、作物繁茂、母羊盘卧和母鸡下蛋等景象，表现居住者期盼五谷丰登、六畜兴旺的美好愿景与多子多福、农耕富饶的吉祥文化。

（4）影壁

影壁在村内较常见的形制可分为门外影壁、跨山硬心影壁和跨山软心影壁三种，其中门外影壁是指在庭院正门外面竖立的影壁，用以遮挡外界视线，维护宅院的私密与宁静；跨山硬心影壁则是指在厢房墙壁上，壁心使用斜置的方砖，采用磨砖对缝干摆工艺的影壁，这种做法相较于墙心用砖砌成、表面抹白灰的软心影壁，不仅结构更为坚固且做工更加精细考究。影壁由三部分组成（图2），壁顶部分通常采用悬山式或硬山的墙帽形式，中部壁身则通过书写

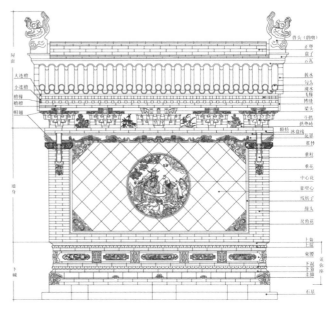

图2 传统影壁结构（来源：作者改绘）

福字或运用砖雕拼接青灰加框的形式来装饰壁心，下部基座部分则装饰简洁，通常为石材堆砌而成，坚实耐用。此外，在影壁的正脊、勾头、花罩、拱垫砖、垂柱等细微之处，工匠精心雕刻兽面、祥云、花卉与果实等富含祥瑞富足意义的纹饰。这些影壁上的细节不仅丰富了观赏者的视觉层次，还与影壁的整体布局相得益彰，共同体现了中国传统建筑注重空间的封闭性与"藏"的意境。

（5）落地烟囱

受到满族跨海烟囱的影响，村内的烟囱既不是建在山墙上方的屋顶，也不是从房顶中间伸出来，而是像一座小塔一样立在正房两端。落地烟囱为屋内灶炕排烟，暖烟经过的烟道也起到了暖墙的作用。烟囱四角风亭似的设计使得顶部有盖雨水不会流进烟囱，侧方

吉家营村建筑装饰 表1

装饰名称	现存状态	装饰细节	情况描述	文化展现	装饰名称	现存状态	装饰细节	情况描述	文化展现
清水脊	较多建筑屋脊受损，未修缮或用水泥直接修复		屋脊两端有两个细长的鸱吻，部分鸱吻下方砖石上雕刻牡丹花朵纹饰	花开富贵的吉祥文化	门枕石	石头主体情况良好纹饰清晰，但存在磕碰，未曾修缮		描绘枝头挂满累累硕果，母羊怀孕在树下盘卧的景象	多子多福、农耕富饶的农耕与吉祥文化
墀头	墀头戗檐板上的绘画受损，肉眼难以分辨，尚未修缮		描绘树枝尚正开的梅花，四周有组团植物组成边框衬托	谦逊高洁的精神文化	跨山影壁	情况适中，顶部瓦片受损遗失，纹饰磨损严重		主要描绘石榴、花卉、葡萄等图案，四周边框包裹，造型精美雕刻细致	祥瑞富足、多子多福的文化
墀头	墀头戗檐板上的绘画受损，肉眼难以分辨，尚未修缮		居中一朵全开菊花，两侧有湖水、假石、植被等纹样装饰	彰显对正直等精神文化的追求	落地烟囱	情况良好，建构稳固，装饰可见，部分尚能使用		顶部呈现四角风亭的样式，部分雕刻有花卉，满足审美和使用需求	满汉融合的乡土文化
博缝头	保存情况良好，清晰可见		砖石末端阳刻花朵纹饰，两侧相同对称	吉祥长寿的文化	墙体装饰	情况良好，墙体坚固装饰清晰可见，无较大损毁		用河道鹅卵石装饰墙壁用水泥加固，并在水泥上点饰梅花图案	自然共生的行为文化
					上马石	情况良好，周边稍有磨损，主体无较大磕碰缺失		它是一种特制的拐角形或台阶状石块，安放在宅门两侧，便于人们上下马匹，减少骑手衣物磨损	传统礼制文化实用文化

排烟减缓排烟速度，炕的热度也能较长时间保持。烟囱样式精美，砌筑方式也更为精细，在整体建筑造型艺术上加深了建筑的前后层次，立面富有节奏感，体现了满汉文化的地域美学（图3）。

3. 建筑中的色彩运用

对建筑色彩进行量化研究，发现村内建筑的色彩具有三个显著特征：低彩度、中明度和冷暖色相对比。在彩度和明度方面，这些色彩属性呈现出一种和谐的关系，使得建筑在视觉上保持了适中的舒适度。在色相维度上，暖色大面积应用于建筑的主体立面上，形成了明暗的视觉冲击力。而冷色则更多用于门窗和屋顶瓦面等细节部位，与暖色形成鲜明的对比。同时，中性色作为过渡和点缀，为整体色彩搭配增添了一抹柔和的色彩。这种色彩设计体现了"有序组织"和"大同小异"的规律，使得村落建筑在色彩上既保持统一协调，又呈现出丰富的变化。这种风格与村落的自然环境相融合，不仅展现了建筑的美感，还传递了传统文化中素雅质朴的价值观念（表2）。

4. 建筑材料中的共生文化

村内现有民居建筑290余座，建筑遗产主要指1975年前已存在的民居建筑约64栋。其主要是由木材、石块、小青瓦、灰砖、白灰、泥草灰、水泥等材料建成。建筑墙体由灰砖、土坯砖与河道采集的石块组成，在建筑墙体转角与门窗边缘用灰砖或土坯砖加固其余部分用石块加以泥草灰填充，在保证建筑坚固耐用的同时降低营建成本。建筑的梁檩结构主要由实木构成，檩上用青瓦以瓦仰瓦形式建造屋顶，上有清水屋脊。建筑整体建材以不影响生态环境的就地取材或无污染的粗加工为主，彰显自然共生的行为文化。

三、村内建筑遗产的价值评估

1. 定性+定量评估法

村内建筑遗产价值的评价过程既涉及定性的主观分析也会用到定量的数理分析，这是由于近代建筑遗产作为一个生成于特定时间、空间同时又在可变的历史过程中发展演变来的物质形态，其价值的内涵和外延具有特殊性和复杂性。建筑遗产价值的认知有赖于专家及相关人士知识储备的输出，但其价值的判定又难以做到精准的数据量化。同时，不同指标的量化数据既不能简单相加又要体现一定的层级关系。因此，基于建筑遗产价值带有模糊性而评价系统具有层次性的特点，本文结合《历史保护建筑估价技术指引》标准规范中提出的建筑遗产影响因子结合吉家营村独有价值来对村内建筑遗产进行价值评估。

2. 问卷设计与数据搜集

通过相关文献规范搜集以及村内实地调研，共确定出8项评估因素和23项评估因子，构成评价的问卷主体。问卷涵盖村内建筑遗产的历史、文化、科学、环境等多方面价值，考虑到价值评价的复杂性及不确定性，问卷采用四级分级制的形式来对各个指标进行打分。满分设定为5分，优秀、良好、中等、较差、特差分别对应5分、4分、3分、2分、1分。有关村内建筑遗产价值评估项的具体评分标准如表3所示。

研究邀请了15位相关学者以及30位村落周边居民针对村内主要的建筑遗产进行问卷调研。为了提高问卷有效性，在受访者进行打分前，笔者通过口述或文献阅读的方式让受访者明确评分标准和村内建筑的基础信息，在熟悉上述资料的基础上进行下一步的打分。

建筑遗产的色彩构成　　表2

序号	界面图像	界面标准化	色彩占比	主色调				辅助色		点缀色
1				色样						
				面积占比	36%	22%	12%	10%	9%	7%	4%
				L	39	37	41	22	43	68	56
				C	68	63	69	77	62	41	52
				H	9	19	270	330	17	255	0
2				色样						
				面积占比	27%	25%	15%		13%	12%	8%
				L	50	72	50		56	36	90
				C	56	57	49		63	63	13
				H	27	32	25		128	20	54
3				色样						
				面积占比	27%	22%	23%		13%	7%	5%	3%
				L	43	72	44		77	58	93	61
				C	64	62	52		13	63	4	40
				H	34	32	34		30	135	40	33
4				色样						
				面积占比	29%	21%	19%	16%	8%		7%
				L	34	58	33	38	15		29
				C	76	49	76	71	90		71
				H	207	10	214	270	222		15
5				色样						
				面积占比	34%	20%	15%	13%	10%		8%
				L	26	73	49	30	40		94
				C	78	51	66	67	57		7
				H	200	37	201	26	21		44

村内建筑遗产价值评估表　　表3

因素	因素系数	因子	因子系数	选项（评分标准）	选项系数
历史价值因素	0.12	始建年代	0.04	A/明代及以前；B/清代；C/明末清初；D/1949以后	A/4B/3C/2D/1
		重要历史事件与历史人物的关联度	0.08	A/全国知名人与事；B/省市知名人与事；C/村镇知名人与事；D/无知名人与事	A/4B/3C/2D/1
艺术价值因素	0.18	空间布局的艺术特征	0.06	A/艺术特征明显、具有较高的艺术美感；B/具备一定的艺术特征；C/艺术特征一般；D/艺术特征解近于无	A/4B/3C/2D/1
		整体造型（建筑风格）的艺术特征	0.06		A/4B/3C/2D/1
		细部工艺的艺术特征	0.01		A/4B/3C/2D/1
		环境要素的艺术特征	0.02		A/4B/3C/2D/1

续表

因素	因素系数	因子	因子系数	选项（评分标准）	选项系数
科学价值因素	0.14	完整性	0.04	A/完整；B/基本完整；C/仅余单体；D/基本无原有风貌	A/4B/3C/2D/1
		建筑形制与结构的合理性或独特性	0.03	A/科学合理性较高；B/有一定的科学合理性；C/科学合理性一般	A/4B/3C/2D/1
		建筑材料的合理性或独特性	0.02		A/4B/3C/2D/1
		施工工艺水平	0.02	A/工艺水平较为突出；B/有一定的施工工艺水准；C/施工水平一般；D/工艺水平较差，对建筑物有破坏	A/4B/3C/2D/1
环境价值因素	0.12	地段区位	0.05	A/村落核心地段；B/村落一般地段；C/村落边缘地段；D/村落以外地段	A/4B/3C/2D/1
		与周边环境的协调性	0.05	A/较为协调；B/一般协调；C/略不协调；D/明显不协调	A/4B/3C/2D/1
		内部景观配置	0.02	A/较为协调；B/一般协调；C/略不协调；D/明显不协调	A/4B/3C/2D/1
社会价值因素	0.14	稀缺性程度	0.05	A/村落内仅存；B/村落内一两处；C/村落内三四处；D/村落内常见	A/4B/3C/2D/1
		社会知名度	0.03	A/全国知名；B/区域知名；C/本地知名；D/一般知名	A/4B/3C/2D/1
		保护等级影响	0.03	A/市县级文物保护单位；B/一般不可移动文物；C/历史建筑；D/传统风貌建筑	A/4B/3C/2D/1
文化价值因素	0.10	真实性	0.05	A/真实保存度较高；B/有一定的真实保存度；C/真实性保存度一般；D/无真实度	A/4B/3C/2D/1
		文化传承特色（代表作品）	0.05	A/典型代表作品；B/代表作品；C/一般作品；D/无代表性	A/4B/3C/2D/1
特殊使用价值因素	0.12	保存现状（完好程度、质量安全）	0.04	A/已修缮保存良好；B/修缮后保存情况一般；C/修缮后存在损坏；D/损坏严重，接近坍塌	A/4B/3C/2D/1
		修缮维护情况	0.03	A/有修缮，维护较好；B/有修缮，维护较差；C/有修缮，未维护；D/未修缮过	A/4B/3C/2D/1
		使用现状	0.03	A/正常使用，现有功能适合；B/中场使用，功能不适宜；C/正常使用，可新增其他功能；D/闲置	A/4B/3C/2D/1
		规划使用功能	0.02	A/可调整使用功能；B/可保留原有功能；C/可改为其他功能；D/不再使用	A/4B/3C/2D/1
保护限制条件	0.08	建筑实体保护限制	0.04	A/对改动有严格限制；B/对改动有限制；C/允许小幅度改动；D/无限制	A/4B/3C/2D/1
		环境风貌限制	0.04	A/对改动有严格限制；B/对改动有限制；C/允许小幅度改动；D/无限制	A/4B/3C/2D/1

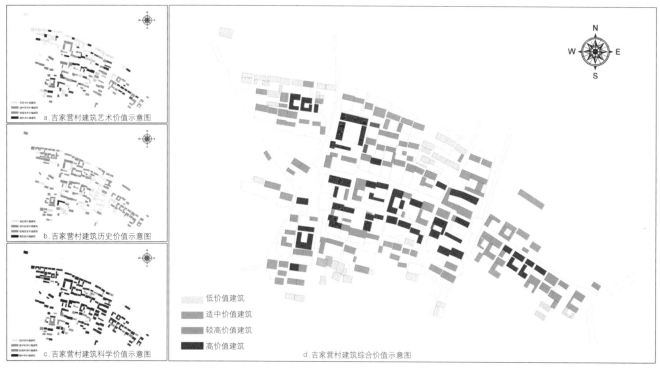

图3 吉家营村村内建筑遗产价值评估情况

3. 评估情况总结

本研究将所收集的问卷数据，依据预设的权重系数进行了标准化转换，以科学的方法评估了吉家营村内建筑遗产的价值分布情况。图 3 清晰地展示了评估结果：在艺术价值维度，村内建筑普遍展现出较高的艺术造诣，以若干受保护核心建筑为主要节辐射整体村落；关于建筑历史价值，结果显示整个村落的建筑历史价值处于中等水平，高历史价值建筑稀缺仅有一处；而在建筑科学价值评估上，村落整体表现较好，北部区域的建筑科学价值比南部较好，多数建筑的保存状态完好，对于少量科学价值较低、破损严重的建筑，则建议采取遗址保护策略或在尊重原貌基础上的适当新建，以维护村落整体的科学与历史真实性。

综合分析，吉家营村的建筑遗产综合价值呈现出明显的中心聚集特征，以郝家大院及东西两侧的城楼为核心，构成了一个高价值区域，此区域向四周扩展时，建筑遗产的综合价值呈现出逐渐减弱的趋势，直至村落边缘地带。

四、村内建筑遗产的分级传承

1. 高价值建筑保护性传承

村落内的高价值建筑遗产，作为乡土文化的重要物质载体，蕴含深厚的历史信息与文化基因，且因其较好的保存状态，更需细致谨慎地对待。在实践操作中，应遵循《北京四合院志》《吉家营村志》等文献指导，采取"修旧如旧"的原则，确保遗产的真实性与完整性得以保留。例如，郝家大院的保护性传承策略可具体分为两个层面实施：首先，在整体布局上，严格遵守原四合院的空间组织，通过清理非历史性附加结构，如拆除不符合历史风貌的违建，恢复前院与厢房的传统格局，从而重现古建筑的原有风貌[4]。其次，在细部装饰方面，重视对屋顶瓦作、山墙面貌、立面风格以及砖雕、石刻等传统工艺的修复与维护，采用传统材料与技艺，力求复原每一处细节的原貌，以体现建筑的历史韵味与艺术价值。

2. 适中价值建筑修缮性传承

适中价值的建筑遗产多数是在现存状态和艺术层面略逊于高价值建筑，但仍承载着不可忽视的地方记忆与文化特征，其传承策略应侧重于修缮与功能更新相结合。借鉴《苏州古典园林保护条例》的经验，采取"最小干预"原则，对建筑倒塌墙面，缺失的窗棂路石进行必要修复，避免过度翻新，同时考虑适度的功能转换，如将旧时的民宅改造为村落文化展示中心，既保留建筑的历史痕迹，又赋予其新的社会功能和经济活力，实现可持续利用[5]。

3. 低价值建筑整治性传承

村落中的低价值建筑通常散落在村落各处，呈现单体体量较小、现存情况不佳等情况。针对低价值建筑，其保护与传承应着眼于环境整治与风貌协调，但它们构成了村落肌理的重要组成部分[6]。策略上，可以采取风貌整饬措施，如用黄泥统一粉刷外墙，使之与周围环境和谐统一，同时针对损毁严重的建筑遗址和小体量遗产进行现状保护，提升村落整体美观度与居民生活质量。如浙江乌镇的"古镇更新计划"，通过统一规划，对低价值建筑进行外观整治和内部功能优化，既保留了古镇风貌，又提升了居住品质。

4. 稀缺性建筑新建性传承

随着社会结构的变化和生活方式的演进，村落中缺少部分公共建筑对居住者的生产生活产生了一定的影响。例如，公共卫生设施、医疗卫生设施、村委会办公场所等，这些势必会对村落的部分建筑进行改建或新建。在新建过程中，可以对材料工艺进行更新和改善以达到更好的使用体验，但也需要注重村落的整体风貌符合同期建筑特征和形制。例如，云南丽江古城在重建纳西族东巴文化馆时，不仅复制了传统建筑样式，还融入了现代展览功能，既是对稀缺建筑类型的重现，也是对传统文化的有效传承与活化。通过此类新建性传承，不仅填补了建筑类型的空缺，也促进了乡土文化的多样性与活力。

五、结语

本研究通过对吉家营村传统村落建筑遗产的深入分析，系统地探究了乡土文化的体现与传承路径，实现了从理论到实践的综合考察。研究过程中，我们运用了定性与定量相结合的评估方法，结合实地调研与文献回顾，对村落建筑遗产进行了全面的价值评估，不仅揭示了建筑遗产的历史、文化、科学与环境等多维度价值，还通过问卷调研确保了评估结果的客观性和准确性，为后续的保护与传承提供了坚实的基础。

参考文献：

[1] 彭长歆，徐好好．乡村建筑遗产的保育与再生 [J]．新建筑，2023 (2)：1．
[2] 刘奕彤．传统村落价值评估研究 [D]．北京：北京建筑大学，2018．
[3] 穆超．可持续发展理念下传统村落保护与技术研究 [D]．北京：北方工业大学，2021．
[4] 胡任元，方茗，周凌．乡土建筑遗产保育与再生中环境识别性与风格连贯性策略研究——以穆沟村为例 [J]．新建筑，2023 (2)：18–24．
[5] 王鑫鑫，朱蓉．触媒理论引导下的古村落保护开发研究 ——以无锡严家桥为例 [J]．西部人居环境学刊，2018 (6)：111–115．
[6] 陈刚．全域全要素保护视角下的历史文化名镇保护规划探究——以儋州市中和镇为例 [J]．规划师，2023，39 (3)：151–157．

基于空间句法的江西抚州市东乡区传统村落空间形态研究[1]
——以浯溪村与上池村为例

朱智清[2] 许飞进[3] 刘 健[2] 王科乂[2] 邓诗浩[2] 邹一迪[2] 伍莎莉[2] 肖汇达[2] 万嘉豪[2]

摘 要： 东乡传统村落在地域环境、历史文化、经济政治的综合作用下，形成了独特的空间形态特征。本文选取浯溪村与上池村为研究对象，运用空间句法从街巷空间、公共空间和民居空间三个主要空间对村落空间形态进行解析，探讨村落空间形态及人群活动的互动关系。研究发现，村落街巷体系不够完善、公共空间缺乏活力、传统民居年久失修、新建建筑破坏村落风貌等问题。基于此，本文提出相关空间形态优化建议，旨在为东乡区传统村落的开发和保护利用研究提供有意义的参考。

关键词： 空间句法 传统村落 空间形态

　　自习近平总书记于党的十九大首次提出乡村振兴战略以来，习近平总书记多次考察传统村落，并对传统村落保护作出重要指示。具有成百上千年历史的传统村落是传承中华优秀传统文化的有形载体。江西省抚州市东乡区传统村落是临川文化的重要组成部分，是临川区域内人民共同创造的独具特色的地域性文化，其生成机制、演进方式、结构形态和文化特质，在赣文化的构架中独具魅力和特色[1]。今天，对村落聚落形态的威胁主要来自随意的现代生活的践踏，经济结构的深刻变化给传统村落造成了很大影响，乡村产业结构的变化使大量农业人口奔向城市，原有村落结构的整体性受到破坏。村落的地域性特征忍受着普遍性类型文明的侵袭[2]。如何有效识别传统村落空间形态特征，明确空间形态之间的联系及各自的特征，防止传统村落风貌趋于同质化和空间形态所蕴含的历史文化丧失，是保护村落消亡的有效措施，因此村落的空间形态研究意义重大。

　　空间句法理论是由英国伦敦大学教授比尔·希列尔（Bill Hillier）及其研究团队提出。空间句法建立了分析空间结构的一系列方法，进而对聚落和城市进行研究。这些方法不但能揭示物质空间结构，而且强调这些物质空间与人行为的联系[3]。空间句法理论的快速发展也逐渐被应用于乡土聚落、传统村落中，借助Depthmap、Axwoman等软件，可以基本实现对村域尺度下空间的量化分析[4]。本文以颇具赣东地域特色的东乡区传统村落为研究对象，利用空间句法软件Depthmap，对该地传统村落的空间形态特征进行研究。

一、研究对象

1. 浯溪村

　　浯溪村坐落在东乡县南部，距县城28.5km，黎圩镇中东部，距镇政府所在地1.5km。村前200m处有一条20多m宽的水龙港，清澈透底，溪水潺潺。村前面南山古木参天，松涛阵阵。村后的后龙山修竹林茂，青苍翠绿。该村山清水秀，风光清丽，故取名"浯溪"。浯溪村始建于宋庆元元年，距今已有800多年历史。浯溪村民有60%姓王，始祖为11世纪改革家王安石之弟——王安国第四世孙王子春，于1195年初，自黎圩镇上池村搬迁至此建村，繁衍了44代子孙。在明嘉靖至天启年间和清康熙、乾隆和道光年间，由于封建社会经济发展、文化繁荣，王诰、王汝为、王常、王显、王昌、王统、王盛和王廷垣等官宦商贾也发展到极盛时期，在外由儒而商、由商而官、官商结合，积累了大量的资金财富，为光宗耀祖，纷纷在家乡购田置屋、修桥铺路，形成了浯溪村建设的数次高潮。浯溪村的村落格局的风貌特征体现在山、水、村落布局井然有序，展现山水宜居古村的建构艺术和风采[5]。

2. 上池村

　　上池村，王安石故里，江西省抚州市东乡区黎圩镇下辖行政村，位于东乡区黎圩镇南郊，距东乡城区中心25km，距黎圩镇政府6km，全村近1500人，面积10km²。上池村始建于北宋，自宋、元、明初一直是临川县七十九都延寿乡辖地，直到明正德七年（1512年）东乡正式立县，划临川168里归东乡县管辖，并将原来的七十九都改为二十二都。民国时期，上池属于东乡县荆公乡，新中国成立后，划入黎圩乡上桥乡，人民公社成立时为虎形山公社管辖，以上池村为名称组建了上池生产大队，队部、小学、商店结合他村，人们便把真正意义上的上池村称为"上池源里村"或"源里村"，所以王安石故里上池村就是指今天的上池源里村，以下都简称"上池村"。同时，上池村是展示明清赣派建筑及发展历史的重要集聚区，现存有100余栋古代建筑和十多处和王安石有关的遗迹（图1）。

---

[1] 基金支持：国家自然科学基金资助（项目批准号：51568047）；江西省社科"十四五"规划项目（项目批准号：23YS09）；江西省高校人文社科重点研究基地项目（项目批准号：JD21096）；第十九届挑战杯竞赛成果之一；2022、2023、2024大学生双创训练（编号：2022025、202311319004、2023029、2024032、2024031、2024087、2024088、2024089）

[2] 朱智清、刘健、王科乂、邓诗浩、邹一迪、伍莎莉、肖汇达、万嘉豪，南昌工程学院土木与建筑工程学院。

[3] 许飞进（通讯作者），南昌工程学院土木与建筑工程学院，教授。

图1 浯溪村和上池村鸟瞰图（来源：许飞进 摄）

二、研究方法

凸状法、轴线法、视区法是空间句法中常用的三个方法[6]。最根本的空间句法模型是关系图解法，在此基础上，空间句法模型进一步被分为轴线模型（Axial）、凸状模型（Convex）、线段模型（Segment）和视域模型（Visibility）四种[7]。这四种模型，轴线和线段模型主要针对中观、宏观尺度的较大区域分析，而线段模型更注重路网偏转角度的影响，因此建模更为复杂些；凸状和视域模型主要针对微观尺度的空间分析中，尤其是民居建筑上，可以将空间以可视化的方式表达。本文主要采用轴线模型和视域模型。

当前应用较为广泛的空间句法变量包含连接值、控制值、深度值、整合度和可理解度，具体含义如下：

①连接值：表示系统中某一空间与之相邻空间的个数，连接值越高，代表村落空间位置越为便利，反之空间的位置越孤立[8]。

②控制值：假设系统中每个节点的权重都是1，则某节点a从相邻节点b分配到的权重为[1/（b的连接值）]，那么与a直接相连的节点的连接值倒数之和，就是a从相邻各节点分配到的权重，这表示节点之间相互控制的程度，因此称为a节点的控制值[6]。

③深度值：规定两个邻接节点间的距离为一步，则从一节点到另一节点的最短路程（即最少步数）就是这两个节点间的深度[6]。

④整合度：反映空间的局部与系统其他所有空间之间的联系与可达程度，全局整合度表示局部空间与系统所有空间联系程度；而局部整合度则表示局部空间与附近几步空间节点间的联系程度[9]。整合度越高，代表中心与周围联系越紧密，反之则越松散。

⑤可理解度：代表局部变量与整体变量之间的相关度[6]。可理解度越高代表越能从局部空间识别整体空间。

三、传统村落空间形态的句法解析

1.道路空间解析

空间句法模型由比尔·希利尔在1984年基于拓扑学（Topology）思想提出，主要通过整合度、选择度、可理解度研究村落核心区域的空间格局[10]。因此，道路空间解析主要选取连接值、整合度和可理解度三个空间句法变量进行分析（图2~图4）。

（1）连接值分析

由量化数据可知，浯溪村连接值最小值为1，最大值为8，平均值为2.7083，其中1号轴线的连接值最高，表明其与其他道路连接次数最多，渗透性最高，为村内状元路，也是进村的必经道路，通过田野调查可知，周围是村内唯一的民宿及商店，不仅承担着主要的交通功能，还承担了村民日常生活、生产功能；除此之外2号、3号轴线的连接值最高，2号轴线周围都是一些浯溪古民居，主要连接通往古民居的道路；3号轴线则是与外界连接的主要干道，以及起连通一些新建民居的作用。上池村连接值最小值为1，最大值为8，平均值为2.9394。其中1号轴线不但与外界道路相连，而且与许多通往民居的道路相连，因此连接值最高，而且与2号、3号轴线共同围成村子的核心空间；不但通向各民居空间，而且与广场、商店、池塘等公共空间相连（图5）。

（2）整合度分析

根据空间句法理论描述和实践证明，整合度值大于1时，表明村内道路轴线的聚合能力较好；整合度数值在0.6~1之间时，表明村落的道路轴线聚合性一般；整合度值介于0.4~0.6时，表明村内道路轴线的布局较为分散[11]。局部整合度选择拓扑距离为3进行分析。

浯溪村全局整合度最小值为0.6196，最大值为1.2008，平均值为0.9152。从量化的数据来看，浯溪村的道路聚合性一般，浯溪村全局整合度较高的轴线基本都在村落中心位置，也就是奕世甲科门楼及状元路位置处，通过田野调查可知，这里不但有民宿、商店等，而且毗邻戏曲文化广场，也是村民们日常聚集休息的地方，因此是该村的枢纽位置。局部整合度最小值为0.3333，最大值为2.2718，平均值为1.3568。其中局部整合度高的轴线与全局整合度轴线高度重合，这一空间也加强了村落内部的联系，成为村落中心聚集空间。局部整合度大于全局整合度，并且全局整合度均值小于1，而局部整合度均值大于1，结合空间句法理论中的社会逻辑来看，量化结果表明浯溪村遵循封闭式发展、自我发展的传

图2 浯溪村、上池村轴线模型图

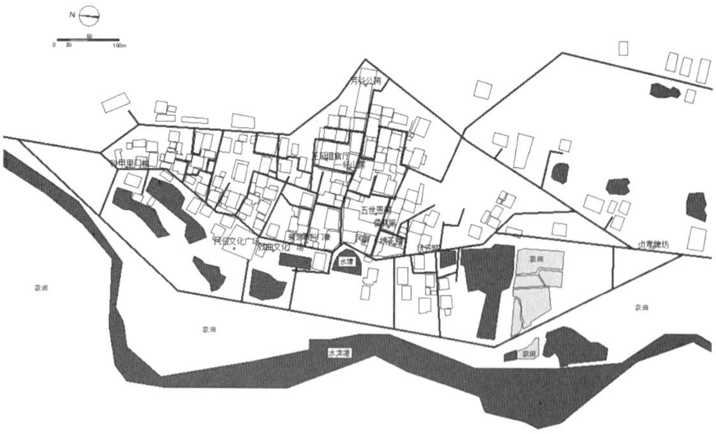

图3 浯溪村平面图

图4 上池村平面图

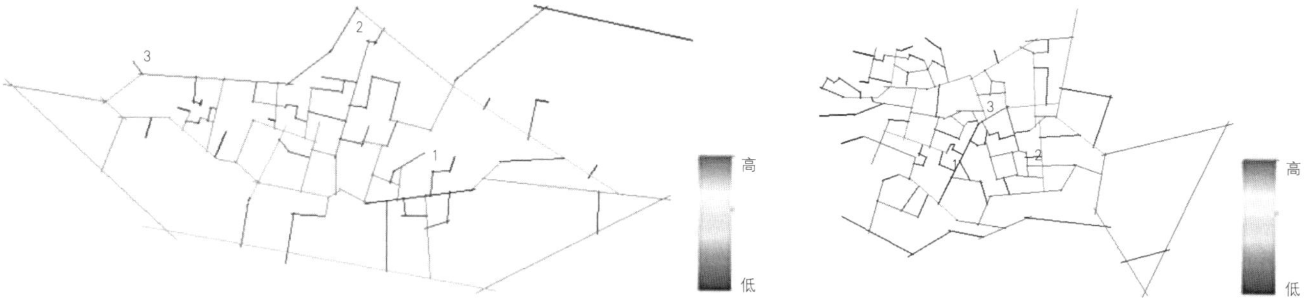

(a) 浯溪村连接值

(b) 上池村连接值

图5 浯溪村、上池村连接值

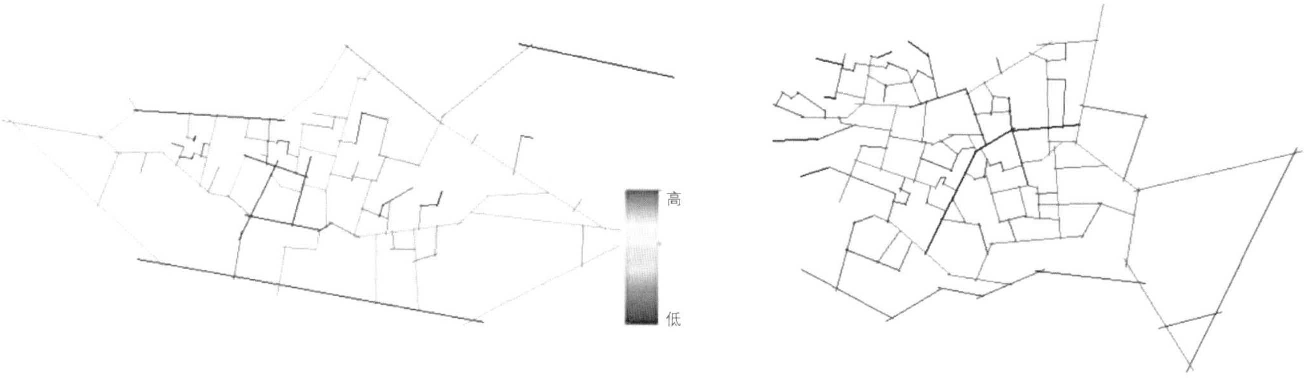

(a) 浯溪村全局整合度

(b) 上池村全局整合度

图6 浯溪村、上池村全局整合度

统村落普遍规律，符合空间句法理论中传统村落全局整合度低于局部整合度的一般论断[10]。可见，乡村并不像城市那样需要庞大复杂的道路体系来满足交通压力，而这种聚合与分散相互融合的方式更适合传统村落的发展。

上池村全局整合度最小值为 0.5569，最大值为 1.5675，平均值为 0.9411。上池村道路聚合性一般，轴线颜色最深的几条基本都围绕村落中心位置，因为周围分布着商店、中心广场等重要节点，因此整合度最高。局部整合度最小值为 0.4224，最大值为 2.4515，平均值为 1.4298。上池村局部整合度同样与全局整合度高度相似，颜色深的轴线主要围绕村落中心节点处位置，然后向四周发散。而王氏宗祠附近轴线颜色都较浅，表示可达性较低，也体现了宗祠的神圣性、私密性、隐蔽性，外人并不容易到达（图6、图7）。

（3）可理解度分析

通常可理解度 R^2 数值在 0~0.5 范围之间说明局部空间与全局空间相关性差，R^2 在 0.5~0.7 之间说明具有较好的相关性，R^2 在 0.7~1.0 之间表示空间关联度很高。从图8可以看出，浯溪村可理解度为 0.8096，表示有很高的空间关联性，村落内部空间比较清晰，人们可以很容易从局部空间理解整体空间。上池村可理解度为 0.6624，表示有较好的相关性，人们可以较容易从局部空间理解整体空间，整体识别度较高。这是因为浯溪村路网体系整体保护较好，其中古民居主要聚集在一块，而村内新建建筑大多也聚集在一块，其余的则分布在村落四周，并没有影响破坏村落街巷空间，因此路网体系会较为明晰，并较完整地维持着初始的分布位置。而上池村较浯溪村内部道路较为复杂，街巷也较窄，广场、水塘等公共空间分布较为分散，同时古民居建筑群也更为丰富，新建建筑散

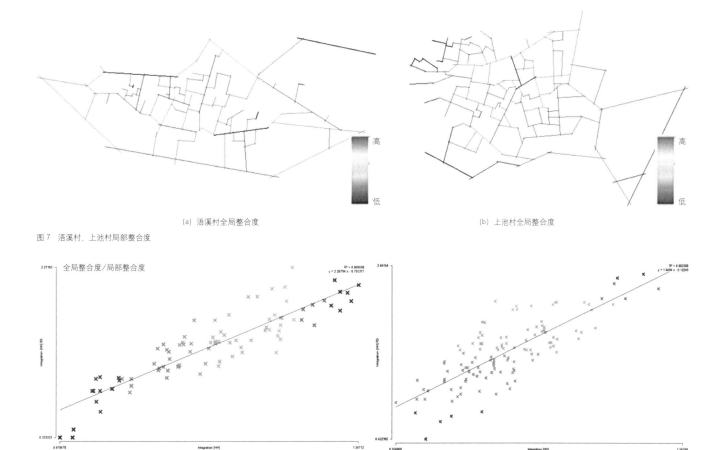

(a) 浯溪村全局整合度　　　　　　　　　　　　　　　　(b) 上池村全局整合度

图 7　浯溪村、上池村局部整合度

图 8　浯溪村、上池村可理解度

乱分布在古民居当中，同时小路、岔路、断路较多，导致人们对整体空间环境的感知较模糊（图 8）。

2. 公共空间解析

浯溪村选取戏曲文化广场作为公共空间进行视域分析，分析结果如图 9 所示。在集成度分析图中可以看出，戏曲文化广场空间的基础度较高，说明该空间与周围空间联系紧密，具有良好的可达性，同时当地在这也修建了一所凉亭，因此许多村民来此休息，分析结果也与现实吻合。在连接值分析图中可以看出，广场空间基本被暖色调的颜色所覆盖，表明戏曲文化广场拥有较高的连接值，空间渗透性好，与许多街巷道路相连，是村里的核心空间。在控制图中可以看出，广场与其他街巷道路的连接点控制值较高，这些区域控制了戏曲文化广场的出入口，也影响着人流的导向。在深度值分析图中可以看出，戏曲文化广场全部空间的深度值都较低，表明村民很容易到达广场空间，此地有聚集性的作用，因此也符合广场吸引聚集人流的功能。

上池村选取中心广场作为公共空间进行视域分析，分析结果如图 10 所示。在集成度分析图中可以看出，中心广场的集成度较高，这也表明广场空间与周围空间的联系非常紧密，具有较高的可达性。笔者认为这主要是因为该广场处于村落中心位置，毗邻三座水塘，

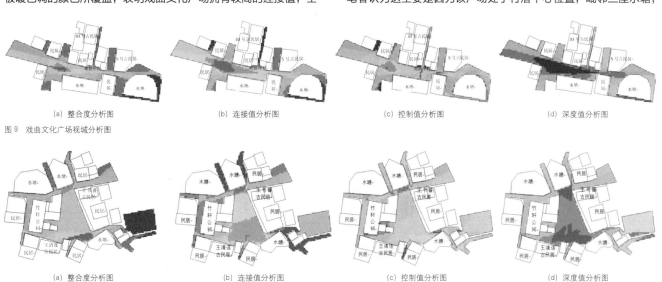

(a) 整合度分析图　　　(b) 连接值分析图　　　(c) 控制值分析图　　　(d) 深度值分析图

图 9　戏曲文化广场视域分析图

(a) 整合度分析图　　　(b) 连接值分析图　　　(c) 控制值分析图　　　(d) 深度值分析图

图 10　中心广场视域分析图

同时右下角也通往村里唯一一家商店，因此同时满足位置、生活、商业要求，是村落的核心空间。在连接值分析图中可以看出，广场空间整体呈现浅色调，表明中心广场的连接值较高，连接了许多街巷道路，对周边其他空间的渗透性强，因此很容易将人们吸引过来，起到汇集人流的作用。在控制值分析图中可以看出，各个街巷与中心广场交接处控制值都较高，表明中心广场对周围街巷道路控制程度较强。

在深度值分析图中可以看出，广场空间基本充满了深色调，表明中心广场深度值较低，具有较高的聚集性，人们也很容易到达这里，为村民及游客提供了良好的休闲场所。

3. 民居空间解析

浯溪村选取王延垣官厅作为民居空间进行视域分析。该古民居为明代建筑，坐北朝南，砖木结构，梁架为抬梁式木构架。房屋南北两栋，建筑结构面积相同，皆为三进两天井五开间，两房共一个墙体，墙开两个券门，大门外立有高4.1m与房同宽的照壁。但其南栋因20世纪90年代失火而整体被烧毁只剩下框架遗址，北栋也进行了一定程度的翻修。此建筑为王延垣所建，王安石弟王安国第十九世袭孙，明天启五年进士，官至礼部侍郎兼翰林院编修任内务府佐侍郎。

从图11、图12官厅视域分析图中可以看出，由于两边构造布局并不对称，所以视域分析图中的视域区域也不对称，这也是明代建筑的一大特征。厅堂空间的整合度、连接值、控制值都优于两边房间空间，说明其视野更加开阔，具有良好的可达性与公共性，更好地满足聚集活动的功能。其中下厅的数据明显优于上厅，也是因为上厅一般摆放着先辈牌位，并且居住着家族中辈分地位较高的人，这样体现了祭祀的私密性，庄严性，同时位于下厅时并不能很好地看清上厅的区域，因此这也体现了一定的上下尊卑关系。而连接上下两厅之间的门处于量化数据最高的区域，属于上下两厅视线最好的区域也作为整座民居系统的空间核心。另外，我们还可以发现，天井、通道等空间同样具有良好的可达性与公共性，在整个民居系统中起到关键的连通作用，这也表明天井空间在传统民居中的重要程度。在深度值分析图中可以看出，各个房间的深度值是最高的，即最难到达的，这也体现了房间空间的私密性。

上池村选取王氏宗祠作为民居空间进行视域分析。王氏宗祠系王安石弟王安上之后裔始建于北宋末期，明代后期第四次重建，现为江西省文物保护单位。宗祠建筑形制为三进两天井，上中下三进依次为寝殿、拜殿和门厅。前厢房二层设吊楼，为观灯所用；拜殿左右两侧开耳门，东西相通；上进西侧有耳门连接厨房。建筑又分为上、中、下三堂，一堂递进一堂，一堂高于一堂；祠内两

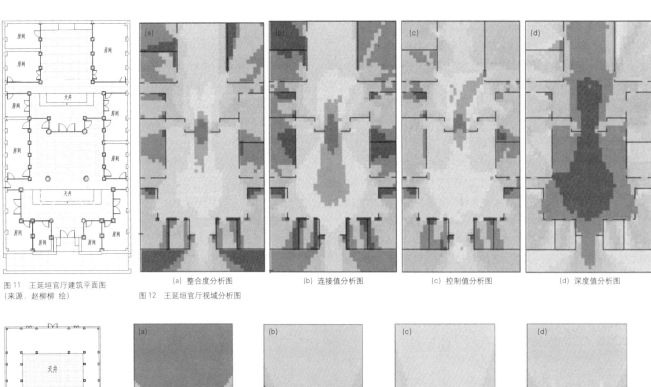

图11 王延垣官厅建筑平面图
（来源：赵柳柳 绘）
图12 王延垣官厅视域分析图
(a) 整合度分析图　(b) 连接值分析图　(c) 控制值分析图　(d) 深度值分析图

图13 王氏宗祠建筑平面图
图14 王氏宗祠视域分析图
(a) 整合度分析图　(b) 连接值分析图　(c) 控制值分析图　(d) 深度值分析图

个硕大的天井把堂与堂之间相互隔开，而两侧走廊又将上中下三堂连通为一体。

从图13、图14宗祠视域分析图中可以看出，王氏宗祠的寝殿、拜殿和门厅空间的整合度、连接值和控制值都较高，而在门厅到达拜殿的入口处到达最高值，这也是因为王氏村民主要在此进行祭祀朝拜先人，也是整个民居系统的核心空间。其次，与其他主要古民宅不同的是，祠堂这种古民居的功能主要用于祭拜，因此天井空间会更大一些，同时房间相应的也会少一些，因此天井空间的视野会更开阔，可达性、渗透性也会更好，导致天井空间的整合度、连接值和控制值也都较高。而在深度值分析图中可以看出，深度值较高的区域主要集中在附属空间以及房间一些较难抵达的区域，这也是因为这个附属空间是后来村民修建的，与王氏宗祠始建的时间并不一致。

四、结语

传统村落的空间特征研究是识别与保护传统村落的前提和基础。本文基于空间句法，分别从街巷空间、公共空间和民居空间三个方面分析了东乡浯溪村和上池村的空间形态特征，以探讨村落空间形态与人们生活活动之间的关系，总结分析村落空间形态的量化结果，为保护与更新村落空间形态提供更为科学的建议与依据。

研究发现，浯溪村与上池村街巷空间的渗透性与控制能力普遍较弱，各街巷之间联系并不紧密，许多路网也不够完善，基本只围绕一个核心空间。对于许多新建住宅来说，与之前的街巷建设并不匹配，因此对整个村落空间形态造成了一定程度的破坏，降低了村落的可理解度。同时，随着村内老龄化现象加剧，公共空间也存在活力缺乏，利用率低的现象。传统民居的平面布局较为合理，还是以厅堂作为整个民居系统的核心空间，天井空间仍然占据着非常重要的位置。但由于村民缺乏对传统建筑的保护意识，加之传统建筑年久失修，建筑受到不同程度的损毁，而在修缮时又缺乏一些专业性的引导，修缮之后的建筑并没有做到较好地还原建筑原本风貌，所以我们会看到不管是王延垣官厅还是王氏宗祠甚至都不是轴对称的布局。因此，我们可以从优化完善街巷道路体系，激发公共空间的活力，及时对传统建筑进行维护修缮，对新建住宅进行整治规划等这几个方面来切实保护传统村落。

参考文献：

[1] 罗伽禄，徐国华.临川文化大观[M].南昌：江西人民出版社，2014.
[2] 马航.中国传统村落的延续与演变——传统聚落规划的再思考[J].城市规划学刊，2006（1）：102-107.
[3] 比尔·希利尔，克里斯·斯塔茨，黄芳.空间句法的新方法[J].世界建筑，2005（11）：46-47.
[4] 杨文斌，宋元斌，曹文利.基于空间句法的晋东南传统村落空间形态研究——以高平市西李门村为例[J].山西师范大学学报（自然科学版），2023，37（4）：55-60.
[5] 刘鹏.浅析历史文化名村的保护与发展——以东乡浯溪村为例[J].花卉，2015（15）：120-122.
[6] 张愚，王建国.再论"空间句法"[J].建筑师，2004（3）：33-44.
[7] 丁传标，古恒宇，陶伟.空间句法在中国人文地理学研究中的应用进展评述[J].热带地理，2015，35（4）：515-521，540.
[8] 刘奔腾，朱永雪.基于空间句法的甘南传统村落空间形态研究——以尼巴村与东哇村为例[J].城市建筑，2023，20（17）：47-50.
[9] HILLIER B.Space is the Machine：A Configurational Theory of Architecture.3rd ed.YangTao，WangXiaojing，ZhangJitrans.Beijing：ChinaArchitecture&amp；Building Press，2008.
[10] 比尔·希列尔.杨滔，空间是机器：建筑组构理论[M].王晓京，张佶，译.北京：中国建筑工业出版社，2008.
[11] 熊俊凯，曾绮玲，刘亦锟，等.空间句法理论下传统村落空间形态特征分析——以苏二村为例[J].安徽建筑，2024，31（1）：3-5.
[12] 查伟.基于定量分析的传统村落空间形态保护方法研究[D].济南：山东建筑大学，2022.

民族交融对东北地区朝鲜族民居建筑风貌演进的影响机制研究

张天宇❶ 史小蕾❷ 俞家悦❸

摘　要：在长期民族交融的影响下，东北地区朝鲜族民居建筑不断演进，在构筑方式、空间结构、造型形态三个方面呈现出独特的建筑风貌，其中蕴含着生产力发展、生活方式、文化特征三个层面下的影响，作用机制包括生产发展下构筑方式改变、自主需求下空间改造、文化交融下造型形态转化，并依此推演出控制民居营建成本、增强民居聚集效应、构建形态特征图谱三条朝鲜族民居建筑风貌保护策略，以实现少数民族民居文化的传承和保护。

关键词：朝鲜族民居　风貌演进　民族交融　传承保护

　　我国是全国各族人民共同缔造的统一的多民族国家，各族人民的交流融合，形成了如今的中华民族格局。随着各地区现代化的发展，距离和语言带来的交流障碍逐渐消弭，各民族进行了比历史上四次民族大融合更为彻底、规模最大的民族交融。工业技术的发展和人民生活水平的提高，使得朝鲜族传统民居与现代建造手段、多元空间需求的契合度逐渐降低，朝鲜族民居传统的构筑方式、空间结构、造型形态不再适合作为大规模民居建设的模板，现代化背景下朝鲜族传统民居如何传承发展成为重要议题。近年的美丽乡村建设和农村人居环境提升等行动中，大量朝鲜族传统民居建筑被整体重建或局部翻修，这一过程融入多元化的民族民居文化，更在民族交融的大背景下，推动了朝鲜族民居的进一步演进。

一、朝鲜族传统民居原型特征

1. 构筑方式

　　朝鲜族民居主要是木构架作为承重结构，类似我国抬梁式构架体系，整体由屋架、柱、梁构成。朝鲜族民居建筑一般不设地基，只在地面做高约 30cm 的台基，周边砌筑石块，木构架落在台基上。与中国传统建筑类似，朝鲜族民居的外墙同样只起到维护作用，不承重，墙体材料就地取材，主要为稻草、黄泥、木条。屋顶分为草屋顶和瓦屋顶，草屋顶的主要原材料为稻草和黄泥，在夏季雨水多的时候容易产生潮虫。瓦屋顶结构和我国传统建筑屋顶相似，瓦片通常挂在屋面挂瓦条上。

2. 空间结构

　　朝鲜族传统民居院落中通常只有一间正房坐落在中央，院内有菜园，院落围墙普遍很低，一般用泥巴或者石头垒砌，或只做篱笆。传统居住建筑一般在建筑正面设退间，形成前廊，为人在室外进入室内的过程起缓冲作用，雨雪天防止泥沙带进室内，符合朝鲜族喜欢整洁的习惯。传统朝鲜族民居有较为统一的空间布局方式，房屋平面一般为长方形，沿道路方向排布，通常正门不在中央设置，而是靠房间一侧，入口处设巴当❹。房屋内各功能空间围绕鼎厨间❺排布，根据布局方式不同分为"日"字形、"田"字形等多种平面类型[2]。"田"字形民居的温突房❻位于鼎厨间一侧，分为上房、上上房、库房和上库房四间，彼此之间相互串套，不设内部走廊，形似"凸"字，鼎厨间另一侧为仓库和牛舍。"日"字形住宅的温突房分为上房和库房，同样分布在鼎厨间一侧，另一侧为库房和牛舍[3]。"满铺炕"是朝鲜族独特的供暖形式，因而朝鲜族传统民居室内高度相对较低，净高大概在 2.2~2.5m，比普通汉族民居矮 0.3~0.5m。

3. 造型形态

　　朝鲜族传统建筑屋顶形态多样，皆为坡屋顶，常见庑殿式屋顶、歇山式屋顶、悬山式瓦屋顶、四坡草屋顶、双坡草屋顶，屋顶尺寸较大，近乎立面一半高度。瓦屋顶四角上扬，富有曲线的优美和动感。建筑色彩上墙面以白色或浅色为主要基调，深色作为点缀，整体典雅、洁净。朝鲜族的传统门窗是为了满足朝鲜族席居文化而设计，因此特色较为鲜明。早期朝鲜族建筑中门与窗没有区别，且南面无窗，到 20 世纪三四十年代，受汉族民居的影响，南侧开始有窗[1]。受传统习俗影响，朝鲜族通常将门和窗装饰成同一类型。常见的朝鲜族传统民居门窗多为木结构，样式多为直棂窗，且门窗棂的排列分割方式，通常是按照"一码三箭"法❼制作，并糊以窗户纸或安装玻璃[3]。门窗花格样式丰富，主要包括"亚"字纹、拐子纹、"井"字纹和龟背纹等，富有简洁的线条美感（图 1~图 3）。

---

❶ 张天宇，哈尔滨工业大学建筑与设计学院，寒地城乡人居环境科学与技术工业和信息化部重点实验室。
❷ 史小蕾，哈尔滨工业大学复杂建筑环境研究院，助理研究员。
❸ 俞家悦，哈尔滨工业大学建筑与设计学院，寒地城乡人居环境科学与技术工业和信息化部重点实验室。

❹ 图们江和鸭绿江沿岸及中俄边境地区的朝鲜族民居通常门厅和厨房连为一体，韩语称"巴当"。
❺ 鼎厨间为中心居住空间，由净地房、厨房、巴当等空间构成。
❻ 图们江和鸭绿江沿岸、中俄边境地区及我国部分地区的朝鲜族称寝室为温突房，由满铺式火炕组成，"温突房"是火炕的朝鲜语音译。
❼ 所用棂条为方形断面，同时在纵列直棂的上、下部位各设置三根横条。

图1 朝鲜族传统民居风貌（春兴村、白龙村）

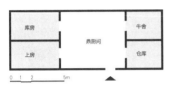
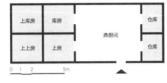

图2 "日"字形、"田"字形民居平面简图

图3 春兴村凹廊式朝鲜族民居

二、调研成果

本文选取黑龙江省和吉林省两个省内的8个朝鲜族村落进行实地调研，通过记录朝鲜族民居现状与村民的半结构式访谈得到目前影响朝鲜族民居建造的因素以及居民在民居建造时的选择偏好。调研发现，黑龙江省朝鲜族大多呈现出小规模的民族混居，较多朝鲜族在民族交融中被同化，建筑样式与汉族无较大差异。吉林省部分地区存在朝鲜族大规模聚居或大范围的民族混居，因此这部分朝鲜族民居保留了更多的传统风貌特色，并且随着生产力的发展演进出现了既保留传统风貌特色，又符合现代建造技艺的民居建筑形式（表1）。

三、民族交融对朝鲜族民居建筑的影响机制探析

1. 生产发展下构筑方式改变

随着生产力的发展，现代建筑技术带来了更便捷、性价比更高的构筑方式，逐渐取代了朝鲜族民居传统的木构架和泥土墙构筑方式。建筑技术的迭代会造成传统建筑构筑方式的改变，但这种构筑方式的更新有利于提高建筑质量和居民的生活水平。红砖房被禁止后，模块房在农村得到广泛应用，这种建造方式施工速度快、安全环保水平高，相比传统建筑，具有更好的性能和更长的使用寿命。尤其是非空腔模块的保温性能是红砖的十倍，且模块之间实现了无冷桥连接，显著提高了房屋的保温效果，减少了冬季取暖费用。屋顶方面，许多新建民居改用了建造方式更为简单、成本造价更低的彩钢板屋顶，部分民居屋顶保留了传统的歇山式和庑殿式形式。同时，一些民居在建筑改造中保留了原有的砖砌墙体和木构架，只用重量较轻的彩钢顶覆盖在原有建筑屋顶之上，起到屋顶整体维护的效果。

2. 自主需求下空间改造

朝鲜族在与其他民族长时间的交流和来往中，其生活习惯逐渐发生变化，平面空间的演进尤为突出。汉族通过传统火炕在起居空间形成显著功能分区的空间形式在长期民族交融中被部分朝鲜族接受，他们将温突房内设为高低两部分，抬升就寝空间，形成就寝和活动功能的分离。有些朝鲜族民居将温突房打通，形成了更为灵活和宽敞的整体空间。随着生活品质的提升，部分朝鲜族将天然气和电磁炉布置在鼎厨间，做开放厨房，原有的灶台用于日常烧水和烧满铺炕。

室外空间方面，东北寒冷的气候条件下，朝鲜族对于冬季保温以及室外活动需求极大提升，部分朝鲜族在门前增设阳光棚，冬季以透明棚膜覆盖，供日常活动且能在棚内进行花盆种植。夏季拆去下半部分可反复使用的棚膜，保留骨架和上半部分棚膜，形成门前雨棚空间。阳光棚结构有钢架、铝合金、木架三种，造价低，实用性强。另在建筑门前增加门斗，增强建筑冬季保温、隔热性能。

3. 文化交融下造型形态转化

在各民族文化交融的过程中，小范围民族混居地区的朝鲜族民居屋顶形态中翘曲的檐角，逐渐不再明显，或转用普通红瓦，或在村庄统一建筑改造中使用普通彩钢板覆盖。大规模聚居或大范围的民族混居地区的朝鲜族民居同样适用彩钢屋顶替代原有屋顶，但保留原有屋顶样式，青色和白色仍然是目前使用最多的颜色。在所有调研村庄中，大量朝鲜族民居逐渐失去对传统门窗纹饰的延续，普遍使用汉族或无民族倾向的纹饰，不再对建筑进行专门的纹饰装饰，整体建筑装饰风貌与汉族相差无几。长期受到周边汉族、满族民族的建筑门窗形式和材料的影响，朝鲜族民居不再局限于传统的木式直棂窗的门窗形式，逐渐使用带有普通纹饰的铝合金、铁等性能更优且具有民族特色的门窗（表2、图4）。

四、传承和保护策略

1. 控制民居营建成本

在当前民居建造中，红砖房和模块房因造价低廉、性能优良、施工工艺普及，成为民居建造的主要选择。然而，在此基础上增加民居的建筑特色，例如青瓦屋顶、白墙、民族纹饰等，不仅需要额外的资金投入，还会增加维修费用。出于经济成本的考虑，朝鲜族

朝鲜族民居现状　　　　　　　　　　　　　　　　　　　　　表1

村庄	构筑方式	空间结构	造型形态	调研照片
延寿县火星村	红砖、石棉瓦		双坡屋顶 红色砖墙 无纹饰塑钢窗	
延寿县星光村	红砖、彩钢板		双坡屋顶 红色砖墙 无纹饰木窗	
图们市水南村	模块、彩钢板		歇山式屋顶 檐角翘起 仿砖墙表面 无纹饰塑钢窗	
图们市白龙村	模块、彩钢板		歇山式屋顶 檐角不起翘 浅色墙体 无纹饰塑钢窗	
延吉市春兴村	木构架、彩钢板		歇山式屋顶 檐角翘起 浅色墙体 无纹饰塑钢窗	
延吉市柳新村	模块、红瓦		歇山式屋顶 檐角不起翘 深色墙体 无纹饰塑钢窗	
延吉市五凤村	模块、彩钢板		歇山式屋顶 檐角不起翘 浅色墙体 无纹饰塑钢窗	
延吉市兴进村	模块、彩钢板		歇山式屋顶 檐角不起翘 浅色墙体 无纹饰塑钢窗	

居民降低对民居建筑特色的要求，不仅影响了朝鲜族文化的传承，也在一定程度上降低了居民的文化认同感和幸福感。可以通过制定补贴政策，鼓励居民在建造房屋时融入朝鲜族传统建筑元素。如对使用青瓦屋顶、白墙以及带有民族纹饰的门窗等传统元素的房屋提供不同额度的补贴。补贴政策不仅能减轻居民经济负担，还能激发他们对民居建筑特色的兴趣和投入。通过政策干预和市场调控，降低特有民族装饰材料的价格，进一步降低建造特色民居的成本。此外，通过组织技术培训和指导，可以降低特色民居建造的技术门槛，这不仅能提高居民的建造技能，还能使传统民居建筑特色正确地融入现代民居。

2. 增强民居聚集效应

目前朝鲜族散居在汉族中，长期的生活交往使得朝鲜族人民的生活习惯和民居建筑样式逐渐与汉族趋同，导致原有的朝鲜族民居建筑特色逐渐丧失。尽管随着生活水平的提升和建筑的不断迭代，不需要每个朝鲜族民居都保留完整的民族特色。为了风貌和文化传承的传承，可以在现有朝鲜族分布的基础上，通过利用现有的民族聚集区域来保护和传承朝鲜族民居的特色。民族聚集区能够最大程度地保证朝鲜族居民原有的生活习惯不被同化，还可以提供一个相对独立的文化空间，使居民在选择民居建筑样式和纹饰装饰时不受外界影响，从而实现民居建筑风貌的自然演进。

朝鲜族民居平面演进　　　　　表2

平面类型	平面图	平面简图	平面特点
"日"字形平面演变而来		J JR K S / J T / V	正门前设凸出式门厅，提高净地房的完整性
"田"字形平面演变而来		S K JR S / T V R / C	四个"田"字形温突房合并成两个房间，增加活动空间
基于平面原型的集约设计		R K K R	集约化住宅平面，净地房和温突房融合，活动空间集中一体

注：R（温突房、炕），JR（净地房），K（厨房），T（卫生间），S（储藏间），C（走道），V（门厅）。

图 4　附加阳光棚的朝鲜族民居

3. 构建形态特征图谱

在建筑特色的保护和传承中，基因图谱的构建是特色民居保护和传承的重要手段。形态特征图谱能够详细记录民居的建筑结构、布局、装饰风格等特征，这些信息对于研究和理解传统建筑的历史、文化背景以及地域特色至关重要，同时能够梳理出特色民居的演进脉络以及多种类型建筑形态之间的演变关系。构建形态特征图谱，可以准确地记录和保留特色民居的建筑风格和特征，避免朝鲜族民居建筑文化因民族交融和现代化进程而丢失。

五、结语

在民族交融的背景下，朝鲜族民居建筑在构筑方式、空间改造和造型形态等方面都发生了显著变化。这种变化既是生产力发展的必然结果，也是文化交互和民族融合的体现。通过明确目前朝鲜族民居建筑发展现状，分析民族交融对于朝鲜族民居建筑演进的影响机制，并针对每条机制提出朝鲜族民居建筑传承和保护策略，为今后朝鲜族民居的传承和保护提供可行的实践方法。

参考文献：

[1] 金俊峰. 中国朝鲜族民居 [M]. 北京：民族出版社，2007：17-18.
[2] 宫秀峰. 延边地区朝鲜族民居传统建造技艺研究 [D]. 长春：吉林建筑大学，2021.
[3] 王锐. 朝鲜族传统建筑门窗装饰艺术探析 [J]. 延边大学学报（社会科学版），2019，52（2）：57-65.
[4] 王淼. 延边地区朝鲜族传统民居保护与创新性设计研究 [D]. 齐齐哈尔：齐齐哈尔大学，2021.

闽南滨海聚落信仰空间适应性演化研究
——以厦门集美大社为例

余章篇[1] 王量量

摘　要： 闽南地区民间信仰活动极为丰富，信仰空间的形态特征研究对闽南乡村聚落保护有着重要的作用。本文以厦门集美大社为研究对象，通过文献、访谈、田野调查分析集美大社的信仰空间类型及分布特点，从信仰空间选址布局的适应性演化、信仰空间的功能性演化、信仰活动游径的适应性演化等多个维度探究集美大社信仰空间如何对环境变迁进行适应性演化。

关键词： 信仰空间　滨海聚落　适应性演化

民间信仰是在地方历史发展过程中，由民间群众自发产生的一种崇拜观念和习惯，有着相应的仪式制度[1]。民间信仰在日常生活中扮演着重要角色，反映着人们的生活方式、价值观念和社会关系，与信仰活动、信仰空间一同构成了完整的信仰体系。信仰空间则是民间信仰最直接的物质载体，是地区群众的民间信仰纽带，民间信仰文化盛行，信仰空间分布密集。近年来，随着城镇化进程的加快，闽南村落的城镇化进程也不断提速，特殊的闽南滨海聚落也面临着现代化的挑战。集美大社作为厦门地区极具特色的传统滨海聚落，在城镇化的进程中，依旧保留住了地方的民间信仰，成为在地的文化特色[2]。2021年《厦门市集美学村历史文化街区保护规划》正式批复，集美大社被列为建设控制地带，进一步突出了其重要的地理区位。集美大社民间信仰颇多，其信仰空间与大社的建筑、环境相互依存、融合，因此探析集美大社信仰空间的核心内涵，对民间文化传承、社区情感和集体记忆的延续具有十分重要的意义。

一、民间信仰研究现状

民间信仰最早是由国外学者荷兰籍汉学家高延在《中国的宗教系统及其古代形式、变迁、历史及现状》中提出的，其认为民间信仰体系是中国传统文化的实践内容[3]。目前，国内关于民间信仰的研究主要关注信仰建筑、信仰空间与乡村聚落的关系，通过研究信仰空间要素[4]、信仰空间特征[5]、信仰空间格局的演变[6,7]来探讨乡村聚落的保护发展。从研究对象的类型来看，国内对于乡村聚落[8]的信仰空间研究较多，城市层面的遗存信仰空间[9]较少，由于城市化的快速建设，大量的城中村逐渐被拆除改建，大多信仰空间也因此被拆除或重建。对于少数类似于集美大社的滨海聚落的城市遗存信仰空间，探究其信仰空间的适应性演化有利于滨海聚落的更新发展，可以更好地传承民间信仰文化。

二、集美大社概况

1. 地理区位

集美大社位于厦门市集美区集美学村的东南隅，背靠天马山，与厦门岛北岸隔海相望，现归属于浔江社区。大社已有700年的历史，历史上大社是一个沿海的小渔村，是著名爱国华侨陈嘉庚先生的故乡。如今的集美大社发展成了现代历史街区，集美大社街区位于集美区东南侧，北邻集岑路，南沿鳌园路，东接浔江路，西临尚南路，面朝东南沿海（图1）。

2. 历史背景

集美最初被称为"尽尾"，意为大陆的尽头；又名"浔尾"，是为浔江之尾的意思。自明朝至抗战爆发期间，集美大社500多年间都属于同安县（今同安区）明盛乡仁德里十一都。直至明朝末期，大社陈文瑞进士及第，认为"尽尾""浔尾"的名称不雅观，故改名"集美"。最初的集美村由岑头、郭厝、集美三个村落组成，由于集美村的面积最大，且闽南将"村"称为"社"，岑头、郭厝两村村民为了与泛称的"集美"加以区分，便称其为"集美大社"。

集美大社人以陈姓最多，集美陈氏，是陈氏始祖陈胡公在河南光州固始县的一支脉，因宋末惨遭兵乱，集美始祖从固始避难迁徙到福建同安县（今同安区）苎溪内上芦村定居。而后二世祖朴庵公卜地择居集美社繁衍至今已有二十五六代。[10] 集美大社从陈氏二世祖定居后，不断繁衍分支，各个分支不断壮大，分地盖房后，形成各自的角头，至今已有十个角头。"角头"是闽南对村落内部分区的俗称，角落的意思。[11] 如渡头角、上厅角、后尾角、清宅屋、塘墘、向西角、二房角、岑头角、郭厝角、内头角……

3. 集美大社民间信仰

集美大社民间信仰众多，主要的民间信仰可分为以下三类：

（1）祖先崇拜、神祇信仰

大社信仰最盛的是祖先崇拜，如家祭、祖祭等，大社中分布了众多宗祠、支祠、祖厝、祖厅等信仰建筑。同时，大社内的宗祠供奉着众多民间信仰神，这些神灵庇佑着地方平安顺利，其中以"护国尊王""船灵公"的王审知、进士祖陈文瑞最为著名，据史料记

---
[1] 余章篇，厦门大学。

图 1　集美大社在厦门市的位置

图 2　清风池中的乌龟

图 3　百年榕树

载，王审知是唐末开发福建的封疆大吏。功德卓著，恩泽八闽，故被尊为"开闽王"。陈文瑞是集美大社二房角后代，在明朝末期，高中进士，成为集美大社进士第一人，被尊称为"进士祖"。二者的神像都被供奉在二房角祠堂内，每到元宵节，村民则将神像抬出巡游，以求地方平安。此外，大社祠堂还供奉有刘府王爷、三清祖师等众多民间信仰神。

（2）物灵信仰

大社内除民间信仰神外，还存在着物灵的信仰，如乌龟、榕树、龙王等。乌龟在集美极受崇拜，民间敬龟、爱龟，但不食龟。大社内的清风池存在着村民放置池中的乌龟（图 2）。每年农历正月十五日或重要祭神日，乡人多用糯米或面粉做成"龟粿"，祈神赐龟。大社的百年榕树（图 3），枝繁叶茂，生长快、寿命长，在集美受到普遍崇拜。端午节，乡人向树祷告后，折其枝叶插于门框，祈福之意。

还有将土地公神位安放在榕树下或树洞中，同受乡人祭拜[12]。

三、集美大社信仰空间类型和特征分析

1. 集美大社信仰空间类型

（1）主要空间类型

集美大社内的主要信仰空间为各祠堂和祖厅，大社共有祠堂10座，以集美陈氏大宗祠最为著名，组厅7座，如尚南组厅、五边柱组厅等。祠堂和组厅的建筑形式均为传统闽南红砖大厝，具有强烈的地域色彩。其中，祠堂主要为村民的议会空间，组厅为大社内村民供奉、祭拜祖先的祭祀场所。

（2）次要空间类型

除宗祠和组厅外，大社内还存在着众多独特的信仰空间，分别

1 清风池
2 某组厅
3 其昌堂
4 塘墘祠堂
5 大口灶边柱祖
6 五柱边祖厅
7 陈氏宗祠
8 陈氏大祖祠
9 大社戏台
10 护国尊王庙
　（二房角祠堂）
11 上厅角祠堂
12 尚南组厅
13 大榕树
14 向西角祠堂
15 颖川世泽堂
16 后尾角祠堂
17 后尾角六路陈氏祠堂
18 渡头角组厅
19 渡头组厅
20、21 某组厅

图 4　集美大社信仰空间分布图

为人格神庙宇、风水池、百年榕树、戏台等信仰空间（图4）。

2. 集美大社信仰空间形态特征

集美大社信仰空间整体由中心大祠堂向各角落祠堂发散分布。大社内最先建造的是陈氏大宗祠，其最早于陈氏二世祖时期建造，随着人口的繁衍，各分支不断壮大，于是其围绕着大祠堂，建设了众多角落分祠，如今整个大社呈现出由中心大祠堂向东西延展的空间形态特征。

信仰空间与道路联系密切。大型的角落活动以及村集体活动的功能需要，使得村内的信仰空间不仅要求交通便利还需要预留足够的公共空间。从其分布特点和现场观察看，不难发现，其信仰空间大多与村内的大小主干道相连接，交通便利，且其建筑单体与道路前都留有大面积的前埕空间，极大地满足了村民日常行为的需要。

各个角落的祖厅与宗祠形成组团构成各角落的祭祀圈。集美大社内现今存七个角落，每个角落的祖厅和祠堂都距离较近，且共同供奉着各个角落的陈氏祖先，逐步形成了各角落的祭祀圈❶，而各角落的祭祀圈共同构成了整个大社的祭祀圈。

四、适应性演化

1. 信仰空间选址布局的适应性演化

观察集美大社各祠堂的朝向，其宗祠建筑均面向道路，东南西北各个方位均有分布，整体呈现出一种无序的状态，但这反映出大社人民在社会发展进程中对信仰空间的选址布局不断地进行适应性演化。中国传统乡村聚落向来重视风水观念，集美大社同样如此。大社的选址布局遵循中国古代传统"负阴抱阳、背山面水"的选址布局思想。其背靠二房山、后尾山，面向浔江、集美海，地势前低后高，藏风聚气。从集美地质古图可以发现，早期的集美大社呈现为内凹型形态特征，由于地形地质的限制，大社的选址处于花岗石台地之上，与周边海仔田相接，人们在此土地上进行种植生产，这反映出古代人民极大的生存智慧。

集美陈氏自二世祖择居以来，繁衍至今已有二十余世，通过梳理其族谱可以发现集美大社陈氏分传各角落的情况（图5），侧面印证了早期的集美大社各角落宗祠空间的建造顺序（图6）。《集美志》中记载："大宗祠地……临海滨……'诰译'……称鸭母堀"[13]，二世祖时期建设的陈氏大宗祠，其选址正对出海口，背山面海，与出海口之间存在大片海仔田，村民在海仔田中进行渔耕活动，满足了大社村民日常生产生活的需要。陈氏大宗祠建设后，为了贴近大社信仰中心，便于村民进行日常祭祀、议事，二世祖至三世祖时期的建设以大宗祠为中心向外扩展。同时，其选址更是为了占据最佳的风水位置，祈求家族的平安顺遂。四世祖到五世祖时期，大社的建设逐渐与聚落中心拉开距离，以此争取更广袤的生产生活用地，但其信仰空间在变迁过程中依然遵循着"背山面水"的原则。四世祖渡头角宗祠，在原有二房山台地饱和的情况下，重新选址，背靠国姓寨面东朝向大海。而五世祖时期的其昌堂（四角头祖厝）则建设风水池，更好地满足风水格局（图7）。由于地理环境的限制，大社三面临海，到了七世祖时期，大社东南向的扩展受到了海岸线的限制，进而转向更广阔的西侧（图8）。此时的大社信

---

❶ 祭祀圈概念最早由日本学者冈田谦提出，他将其定义为"共同奉祀一个主神的民众所居住之地域"。

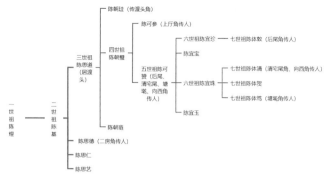

图5 集美大社陈氏分传各角头示意图

仰空间已然失去了最佳的风水区位，但是其调整建筑朝向，依据较高的地势，转向广袤的集美海，再次实现了信仰空间选址的最优化。虽然大社聚落在不停地应对环境变化进行扩展变迁，但信仰空间的选址布局总是能在风水观念的驱使下不断地进行适应性演化。

2. 信仰功能空间的适应性演化

（1）功能空间的延展

集美大社信仰空间的功能演化体现了对社会生活变迁的适应。最初，大社陈氏先祖的宗祠空间，主要供奉着家族的祖先，但随着社会的发展，大社的民间信仰更加丰富，民间信仰神更加多样，由此集美大社的宗祠空间逐步分化为宗祠和组厅空间。陈氏大宗祠内供集美始祖陈煜、二世祖陈基及陈文瑞、陈嘉庚等大社最为重要的先祖，而各角落宗祠除了供各角落各代先祖外，还供民间信仰神，如护国尊王等，每逢农历初一、十五，大社居民则前往宗祠进行民间的拜拜仪式。而组厅空间主要承担起祭祀的功能，满足族人仙逝、祭祖的功能需求。二者各司其职。

（2）功能空间的复合化

除了信仰空间的功能分化之外，当下的信仰空间呈现出复合化、与社区融合的趋势。信仰空间作为一个聚落的精神根系，在村民的心中占据着重要的地位。由于社会的发展，祠堂不仅是族人祭拜议事的场所，同时也承担着村民交流活动的功能（图9）。其中，陈氏大宗祠凭借其大面积的广场空间优势，每逢庆典，其与大社戏台共同承担村内的大型活动。后尾角祠堂（图10）为一座二层现代建筑，二楼供族人祭拜，一层空间则为后尾角老人活动中心。满足了大社社区化的功能需求，更加体现了大社人民对待用地逐渐紧张的情形下信仰空间使用的适应性演化。

3. 游神路径的适应性演化

集美大社的元宵刈香"巡境"已有八百年的历史。"刈香"指的是当地民众去祖庙分得香火回到社里，祈求一年风调雨顺。"巡境"是指民间信仰神在每年固定的时段，巡游区域内的各个角落，接受当地民众的朝贡及祭拜，并在出巡之地显现神力，保佑神明所辖地域内的民众平安幸福、人丁兴旺。早期的元宵刈香较为简单，各个角落举着本房角大旗、锣鼓队以及信众举香跟从。巡游的区域除去各角落区域外，大多沿着田间小路出巡，且巡游的角落多达12个。随着社会生活的变迁，填海建居，如今巡游不再聚集在海仔田，而是沿着拓展的鳌园路、浔江路、集岑路等主要街区道路进行巡境，将现今的集美社十个角落——巡游，反映出信仰活动对地理环境变迁的适应性。同时游神活动形成的有组织的刈香"巡境"（图11），

图6 集美大社陈氏先祖宗祠空间分布图

图7 其昌堂前的清风池

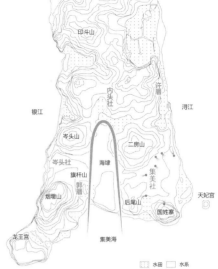
图8 集美大社陈氏先祖祠堂空间选址区位

图9 陈氏大宗祠广场空间

图10 后尾角老人活动中心

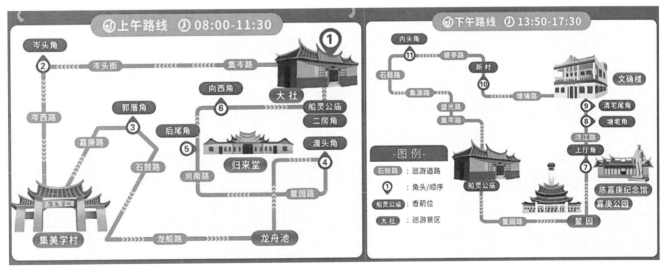
图11 集美大社元宵刈香巡境路线

已列入厦门市非物质文化遗产名录，从游径的适应性演化，带来了聚落信仰空间格局保护的新视角，对大社信仰文化的传承具有重要意义。

五、结语

集美大社的信仰空间是维系整个聚落的精神纽带，对村落的保护和延续起着重要作用。通过深入理解大社信仰空间的历史变迁，大社从信仰空间选址布局的适应性演化、信仰空间的功能性演化、信仰活动游径的适应性演化多个维度适应社会的发展，大社早期的空间格局从其信仰空间的布局可以窥探其演变特征，信仰空间的功能性复合化满足了大社对现代生活的适应，信仰空间的选址布局演化、信仰游径的演化在风水观念下反映了大社民众对地理环境变迁的适应性，对聚落信仰空间保护起着重要意义。总之，在现代生活变迁的大背景下，大社的村落保护需要关注对信仰空间的演化特征，延续好民间信仰文化，维系好村落的精神纽带。

参考文献：

[1] 钟敬文. 民俗学概论[M]. 上海：上海文艺出版社，2005.
[2] 戴云倩，刘谷雨，李铭硕，等. 厦门传统渔村聚落的比较研究——以集美大社和沙坡尾为例[J]. 建筑与文化，2024（1）：179-182.
[3] 高延. 中国的宗教系统及其古代形式 变迁 历史及现状[M]. 广州：花城出版社，2018.
[4] 谈荣亮. 民间信仰对闽西客家土楼影响研究[D]. 厦门：华侨大学，2023.
[5] 何杨杨，洪亮平，乔杰，等. 环洱海区域白族传统村落水信仰空间形态特征研究[C]// 人民城市，规划赋能——2022中国城市规划年会论文集（09城市文化遗产保护）. 武汉，2022：15.
[6] 王露. 民间信仰文化影响下的豫中地区传统村落空间格局探研[D]. 郑州：郑州大学，2019.
[7] 杜佳馨. 民间信仰空间对聚落发展的价值研究——以蔚县传统村落为例[D]. 北京：北京建筑大学，2024.
[8] 刘瑾，魏秦. 民间信仰对闽南侨乡聚落街巷空间变迁的影响——以福建南安大庭村为例[J]. 上海工艺美术，2024（1）：116-118.
[9] 李景磊. 同、异质型城中村民间信仰空间比较研究——湖贝旧村与南头古城[J]. 小城镇建设，2018（6）：88-94，101.
[10] 集美社陈氏古今人物录[Z]. 厦门：厦门市姓氏源流研究会陈氏委员会.
[11] 郑衡泌. 从血缘到地缘：传统村落角头祠神祭祀空间认同构建——以泉州小埂村为例的考察[J]. 世界宗教研究，2020（1）：101-113.
[12] 厦门市集美地方志编纂委员会. 厦门市集美区志[M]. 北京：中华书局，2013.
[13] 陈厥祥. 集美志[Z]. 成都：侨光印务有限公司，1963.

宁夏镇北堡西部影城建筑活化模式研究

唐学超[1]

摘　要：镇北堡西部影城是在保护古代屯军堡子的基础上巧妙发展旅游业的一个成功范例，其模式极具借鉴意义。本文主要以宁夏镇北堡西部影城建筑活化模式为研究对象，通过实地调研，结合宁夏镇北堡西部影城的发展历程，试图对其建筑活化模式进行拆解，从"骨架""填充层""表皮"三个方面分析活化模式的复合结构，在此基础上提出了现存问题及新的构想，以期推动镇北堡西部影城的进一步发展，并为宁夏地区其他乡土建筑的活化利用提供参考。

关键词：屯军营堡　镇北堡西部影城　活化模式

图 1　明城、清城 1995 年航拍图（来源：基于影城内拍摄改绘）

图 2　影城 2024 年航拍图

　　宁夏地区自秦汉至明清以来，为历代边远州郡属地，亦为历代各民族角逐的征战场所，故自秦汉以来战争频繁，堡寨成为宁夏地区古代军事工程，用以争夺边境地区的人口和土地资源，满足军队后勤补给的需要，同时还有屯田、护耕、安民、交通等重要作用。[2]20 世纪 60 年代以后，堡子渐渐从人们的视线中消失。现在宁夏山川各地保留下来的"老堡子"不足百座，作为宁夏地区乡土建筑典型类型之一的堡子是珍贵的历史遗产，亟须予以保护并进行活化再利用，避免这一乡土建筑类型消失殆尽。镇北堡两处堡子通过系统地保护与活化之后，成为国家 AAAAA 级旅游景区，同时带动了周边地区文化经济的发展，其建设经验值得学习。本文主要探讨镇北堡西部影城建筑活化模式的复合结构，助力宁夏地区乡土建筑的保护与活化再利用。

一、宁夏镇北堡西部影城概况

　　镇北堡西部影城原址为明清时代的边防堡子（图 1），位于宁夏回族自治区银川市西夏区镇北堡 110 国道路东，是明清时期为防御贺兰山以西各族入侵而设置的驻军营堡。当地居民称之"老堡（北堡）"和"新堡（南堡）"，经改造后面貌焕然一新（图 2）。据地方志记载，老堡始建于明弘治十三年（1500 年），新堡始建于清乾隆五年（1740 年）。其中，老堡曾在清乾隆三年（1738 年）震毁，清乾隆五年（1740 年）重修，同时新建了新堡[3]。南堡东西长 175m，南北宽 160m，城垣残高 2~5m，基宽 12m，损坏严重；北堡东西长 170m，南北宽 150m，黄土夯筑城墙残高 10m，基宽 11.7m，顶宽 5m，有角楼残迹，保存较好，南堡现被称为明城，北堡被称为清城。北堡与南堡并没有经过战争洗礼，1911 年辛亥革命后，两处城堡失去了军事价值，被附近农牧民占用。其后，人民群众在镇北堡土墙上垂直挖掘"土高炉"用以炼钢，又挖出窑洞作为宿舍，两处古堡受到毁灭性破坏，后来变成破烂的羊圈。

　　1980 年，宁夏著名作家张贤亮将其介绍给了影视界。影视剧组陆续来此取景拍摄，电影《牧马人》是其中之一，此片获得了马尼拉国际电影节奖，镇北堡因张贤亮的介绍与电影结缘，已成废墟的镇北堡开始引人瞩目，在 1985 年被列为银川市文物保护单位。1993 年 9 月 21 日，张贤亮创办宁夏华夏西部影视城有限公司并任董事长，因以这两座古堡为基地，又称镇北堡西部影城。张贤亮首先采用"可逆式修复技术"[4]，根据"修旧如旧"[5]的原则修缮废墟（图 3）。与此同时，张贤亮受到所谓"电脑制作"的美国影片的影响，避免投资巨大的"影视拍摄基地"成为一门夕阳产业，决定将"影视拍摄基地"向"中国古代北方小城镇"转型，因而开始在全国各地搜集古代家具和被抛弃的古代建筑构件，吸纳、招聘非物质文化遗产代表性传承人，并将镇北堡西部影城作为容纳和展示这些内容的平台。2012 年，仅用 97 天的时间兴建了"老银川一条街"，其以新中国成立前银川市最繁华的柳树巷为蓝本，再现

---

[1] 唐学超，宁夏大学美术学院，在读硕士研究生。
[2] 燕宁娜. 宁夏西海固回族聚落营建及发展策略研究 [D]. 西安：西安建筑科技大学，2015：52.
[3] 国英. 贺兰山志 [M]. 银川：宁夏人民出版社，2020：230.
[4] 可逆式修复技术：一种暂行办法，即在古代黄土建筑上加罩，避免它进一步风化侵蚀，以便将来随着科技进步发明了永久性保护技术后，外面的罩子可以完全拆除，再采用新的办法加以保护。
[5] 修旧如旧：以两处城堡保存较完好的区域为"旧"标准，将被自然、人为严重破坏的区域参照"旧"的标准进行修复，达到建筑外貌统一的效果。

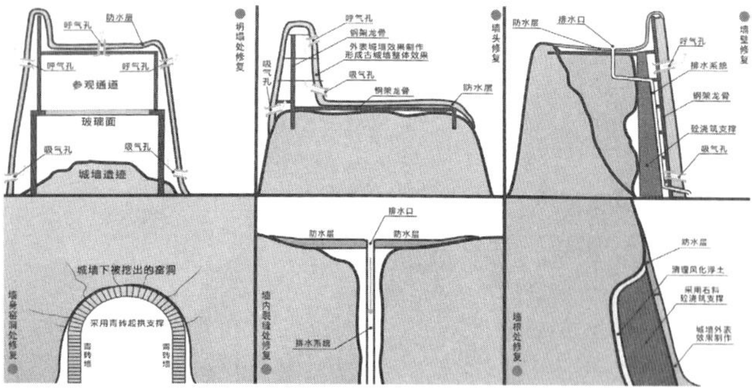

图3 镇北堡西部影城"可逆式修复技术"图解（来源：基于影城内拍摄改绘）

了当年的老商铺、老街巷，立体地展示了银川旧貌，街长120m，街道两侧店铺林立。自此，明城、清城、老银川一条街成为镇北堡西部影城三个集群景点，成为国家AAAAA级旅游景区、国家文化产业示范基地、中国品牌100强和亚洲品牌500强，极大地提高了宁夏的知名度。

镇北堡西部影城的发展模式其背后具有缜密的逻辑结构，更为重要的是其发展模式对于宁夏地区丰富的乡土建筑具有一定的普适性。

二、镇北堡西部影城建筑活化模式复合结构

1. 搭建地景建筑骨架

"地景艺术"又称大地艺术，是指艺术家以广袤的大地为创作对象，以大自然的元素为创作素材，创造出的一种艺术与自然浑然一体的视觉化艺术形式。❶ 镇北堡西部影城以古朴、荒凉、原始、粗犷的风貌为特色成为影视拍摄基地，电影拍摄所需要的场景为剧组根据剧情所自行搭建，电影拍摄与景区开发相辅相成，在滚动式的发展过程中保留了经典影片的部分原景，如明城中《黄河谣》中的"铁匠营"实景，《红高粱》中的月亮门、酿酒作坊、九儿居室、九儿出嫁时乘坐的轿子、盛酒的大缸、碗具，《冥王星行动》中的"匪巢楼"，还有关中城门、柴草店、盘丝洞、定州总管府、招亲台、龙门客栈等场景；而清城中保存有《大话西游》中的大量场景，如神秘山洞、牛魔王宫和其他经典对白场景（图4），这些场景从搭建时便成为景区景观与旅游资源。

除了因电影拍摄而形成的建筑外，镇北堡西部影城内还存有整体搬迁而来的古代建筑构件，甚至是整座建筑。"影视一条街"是清城的主要景点，"街道"上每一个店铺、门面、摊贩都在众多影视片的镜头中出现过，张贤亮用真正的明清建筑构件替换了场景的简陋材料，使影视场景转化为具有质感的古建筑。而清城中的"观音阁""私塾""古戏台"以及坐落在街道展厅的明清时期的门楼等建筑景点，是通过易地整体搬迁而来。镇北堡西部影城在未开发时的一片荒凉景观可视作非人工所创作的地景，在此基础上，按照古朴、原始、粗犷、荒凉、民间化的氛围建造电影场景建筑，最终形成了基于自然地景结合人工建筑的骨架。

2. 填充民俗艺术资源

民俗艺术一般指民众出于自身或群体的物质与精神生产生活需要，在生产生活实践中创造、享用、传承且具有典型区域民俗性及形象性的艺术形式，包括年画、剪纸、泥塑、刺绣、纸扎等众多民间艺术形式。❷ 为了实现向"中国古代北方小城镇"转型这一目的，镇北堡西部影城引入了丰富的民俗艺术资源，主要体现在橱窗式非遗商品、体验性民俗活动和展示性农耕用品三个方面，以此来填充"骨架"。

首先，镇北堡西部影城引入了民间非遗项目落户。大批来自全国各地的民间艺人、民间非遗项目被聚拢到这里，主要集中在清城内，如木梳雕刻、吹糖人、拉洋片、皮影制作、民间剪纸制作、手工银器、内画鼻烟壶、米雕、贺兰石雕刻、漂漆团扇、藤编、民间铁艺、草编、绳结编织、手工布鞋、手工制陶等项目，大多为宁夏回族自治区级和市级非物质文化遗产代表性项目。这些项目基本以"橱窗式"的店铺进行现场制作、售卖（图5）。民间非遗项目的注入，一是给众多手艺人提供了展示平台，促进了民俗文化的传承，二是丰富了镇北堡西部影城的景区资源，真正实现了资源的保护性开发与利用。因此，2008年镇北堡西部影视城被国务院和原文化部颁布为"国家级非物质文化遗产代表作名录项目保护性开发综合实验基地"。

其次，明城和清城内设置了大量体验性民俗活动项目。如陶艺制作、大宋沙包、拉车体验、电动斗牛、骑马、黄包车、皇家靶场、射箭、小李飞刀等项目，其中陶艺制作基于手工制陶非遗项目展开，大宋沙包为南宋时期民间最为流传的游戏，拉车体验中，除了人力黄包车外，其他皆使用农耕中常用的家畜进行拉车，如牛、驴、羊。电动斗牛项目源于民间所盛行的斗春牛典故，在民间主要是通过这种方式表现人们对耕种时的信心与对干收时的期盼。镇北堡西部影城还针对各种节日，策划了各类适合游客参加的体验性民俗活动，如元宵节的社火、猜灯谜、对对子，清明节的编柳条帽子、说书表演、放风筝，端午节的包粽子、佩香囊，中秋节的赏花灯、做月饼、皮影戏演出，重阳节品尝菊花酒，腊八节制作腊八蒜，春节期间更是有锣鼓、舞狮、划旱船表演。以上这些体验性项目在场景布置、道具选择、活动寓意上皆体现了强烈的民俗化气息。

地处黄河中上游的宁夏，依黄河而生，因黄河而兴。在千百年的农业劳动实践中，形成了悠久灿烂的农耕文化，而农耕工具是中国传统农耕文化的见证者之一，基于这一点，镇北堡西部影城以传统农耕工具为主题分别在室外、室内进行了陈设展示。室外有通过铁犁、木车、战车、马车、拴马槽、石磨等器具与人偶组合形成的景观小品（图6），用以点缀清城、明城室外空间。在明城内还有以农民在生产生活中所用到的工具为主题的农具展厅（图7），陈列了大量工具，如风箱、炕桌、石磨和脱粒机等，对每样工具都配有基础性的文字介绍，实物搭配资料更有助于发挥科普教育的作用。

3. 覆以视觉文化表皮

镇北堡西部影城的成功转型离不开建筑"骨架"与民俗艺术资源结合所形成的丰富内容，但更重要的是景区内的视觉文化所积淀的深厚文化底蕴，其主要体现在非物质文化遗产和物质文化遗产方面。

非物质文化遗产主要包括前文提到的"橱窗式非遗商品"内

---

❶ 张健. 公共艺术设计[M]. 上海：上海人民美术出版社，2020：58.

❷ 张兆林，董琦. 区域民俗与地方艺术：造型类民俗艺术研究的几个问题[J]. 聊城大学学报（社会科学版），2024（1）：39.

图4　影城内部分电影场景组图

图5　"橱窗式"非遗店铺

图6　农具景观小品

图7　农具展厅

图8　室外瓦当、滴水

图9　建筑结构展示

图10　传统家具

容,主要集中在室外,物质文化遗产主要为古建筑构件和传统古典家具。古建筑构件在镇北堡西部影城内随处可见,主要为瓦当、滴水、木雕、砖雕、斗栱、门墩、宅门等构件(图8)。将收集来的明清建筑构件运用于新建的景区建筑中,不但是对于中国古建筑的保护,还增添了景区建筑的年代感,有益于提升影城的吸引力;建筑构件还是清城"大美为善"内的主要陈设内容之一,各式各样的雀替、匾额、砖雕、木雕、斗栱等明清建筑构件以实物结合文字介绍的形式进行展示(图9)。同时展厅内还陈设了大量明清家具(图10),如紫檀木家具、黄花梨家具、榆木家具、老红木家具,包含千工床、各式椅、凳、桌、几、柜等,家具上大多都雕有精美的图案。对建筑构件与传统家具的广泛收集、陈列展示,是对建筑类与中国古典家具类物质文化遗产的有力传承与保护,同时赋予了景区文化底蕴。

此外,除了明城的农具展厅、清城的"大美为善"展厅外,在"老银川一条街"中的"老银川发展回顾展"和"老街主题馆"则是侧重地区发展历程、地区资源和地域文化的展示,图文并茂地将其融合在景区内,是珍贵的"家乡文化记忆"。

三、镇北堡西部影城建筑活化模式的不足与思考

镇北堡西部影城建筑的活化模式无疑具有典型的示范作用,但基于建筑现状与发展态势仍可发现一些不足之处。

第一,建筑的动态演变历程作为建筑的基础性资料是至关重要的,但目前镇北堡西部影城建筑的动态演变信息并不完善,主要集中在两处城堡建筑,其信息主要展示在清城"大美为善"展厅中,而没有关注到城堡内新建的大量建筑,新建的建筑虽然没有两处城堡历史悠久,但它们是镇北堡西部影城的重要组成部分,与两处城堡共同构成了镇北堡西部影城的"骨架",所以应对新建建筑的建造时间、建筑结构、功能等信息有详细的记录,避免新建建筑由于某种不确定因素损坏、倒塌或拆迁而消失在我们的记忆中,这对于镇北堡西部影城是无法补救的损失;第二,景区所引入的非物质文化遗产代表性项目侧重于商业售卖,对于各个非物质文化遗产代表性项目背后的传统技艺和深厚的文化内涵缺少展示与挖掘,这恰恰是所应关注的重点,应向更深层次的活态传承过渡,再次提升"非遗"对于游客的吸引力;第三,无论是建筑的动态演变信息的展示还是"非遗"代表性项目的展示,仅仅局限于平面和静态的方

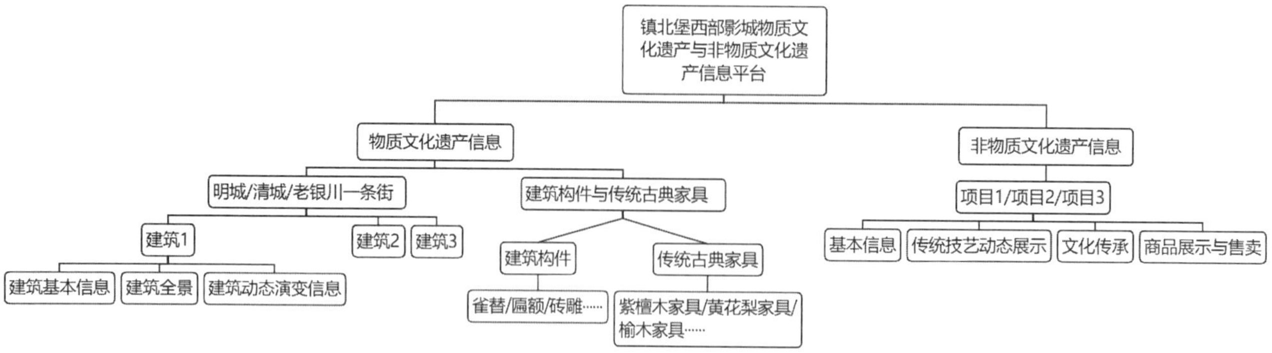

图 11 镇北堡西部影城物质文化遗产与非物质文化遗产信息平台架构

式，并且只能从现场获取展示内容，信息可视化科技手段运用较落后。针对以上三个问题，笔者提出搭建"镇北堡西部影城物质文化遗产与非物质文化遗产信息平台"的构想（图 11），以推进镇北堡西部影城的进一步发展。

"镇北堡西部影城物质文化遗产与非物质文化遗产信息平台"旨在通过线上可视化平台综合展示镇北堡西部影城物质文化遗产与非物质文化遗产信息。在物质文化遗产信息板块，以清城、明城、老银川一条街为建筑单位，由外到内通过三维激光扫描技术构建建筑全景画面，对不同时期的建筑面貌进行记录和展示，以满足线上游览景区和观看不同时期建筑景观的需求，建立镇北堡西部影城建筑动态演变信息库，充实影城建筑历史记忆，同时建立"大美为善"线上展览，主要以建筑构件和传统古典家具为主。非物质文化遗产信息板块，以景区内各个"非遗"代表性项目为单位，展示其基本信息，动态展示传人运用传统技艺的制造过程以及历史文脉，这一点也需要在景区空间内同步实施，同时将"非遗"产品在线上展示，开通网购渠道，在一定程度上提高传统手艺人的收益。镇北堡西部影城物质文化遗产与非物质文化遗产信息平台是在影城实体空间基础上侧重镇北堡影城文化展示与传承而进行的架构设计，二者相辅相成，共同推进镇北堡西部影城全方位的发展。

四、结语

镇北堡西部影城所在的两座城堡是宁夏地区典型的乡土建筑类型之一，具有明显的地域特征和浓厚的历史文化氛围。在研究中，笔者发现镇北堡西部影城建筑的活化模式具有清晰的逻辑结构，整体可视作由"地景建筑骨架""民俗艺术资源填充""视觉文化表皮"所组成的复合结构，通过对这种结构的拆解可以更清晰地认识镇北堡西部影城的活化模式，并认识到存在的问题与不足，有助于推动镇北堡西部影城的进一步发展，同时，这种复合结构对于宁夏地区乡土建筑的活化利用具有一定的普适性，可以为宁夏地区乡土建筑的活化利用起到参考作用。

参考文献：
[1] 许芬，王林伶. 中国北方古镇的保护性开发——以宁夏镇北堡为例[J]. 城市问题，2012.
[2] 燕宁娜. 宁夏西海固回族聚落营建及发展策略研究[D]. 西安：西安建筑科技大学，2015.
[3] 王军，燕宁娜，刘伟. 宁夏古建筑[M]. 北京：中国建筑工业出版社，2015.
[4] 张健. 公共艺术设计[M]. 上海：上海人民美术出版社，2020.
[5] 蔡国英. 贺兰山志[M]. 银川：宁夏人民出版社，2020.
[6] 《中国传统建筑解析与传承宁夏卷》编委会. 中国传统建筑解析与传承 宁夏卷[M]. 北京：中国建筑工业出版社，2020.
[7] 季涓，李鹏. 凝视·符号·空间：镇北堡西部影城的文化再生产[J]. 宁夏大学学报，2023.
[8] 郑昌辉，谢梦云，胡晓青，等. 多利益主体协同视角下非物质文化遗产在乡村空间建设中的应用研究——以河南乡建项目为例[J]. 装饰，2024.
[9] 张兆林，董琦. 区域民俗与地方艺术：造型类民俗艺术研究的几个问题[J]. 聊城大学学报（社会科学版），2024.

符号学视野下地域建筑文脉解读与传承探析
——以桂北侗族民居为例

王钰雁[1]

摘 要：本文以桂北侗族民居为研究对象，基于符号学的相关概念理解，对侗族民居建筑中的图像符号、指示符号、象征符号进行解读归纳，结合当下的建筑设计原则与符号学相关理论，形成侗族民居建筑符号新的演绎方式，探究其在当代建筑设计中的应用，以期为侗族民居建筑的后续研究及其所在地区地域文脉的传承发展提供借鉴。

关键词：符号学 侗族民居 建筑符号 文脉传承

一、符号学理念概述

1. 符号学基本概念

符号是指具有代表意义的标识，符号学是研究符号一般规律的学科，即研究意义的学科。现代符号学理论体系发端于20世纪初，其中，瑞士的语言学家索绪尔首先提出了"符号学"的观点，将符号学体制引进语言学，认为语言符号是由概念和音响形象两项要素构成的，并用"所指"和"能指"这对术语分别替代"概念"和"音响形象"[1]。美国的逻辑学家皮尔斯则从哲学逻辑出发，把符号作为阐述逻辑形式的思维工具，总结了符号的类型和发展规律，提出符号三分法的理论，认为任何符号都由代表者、对象与解释项这三项构成，并将符号分为图像符号、指示符号及象征符号三大类[2]。至20世纪中叶，符号学逐渐被推广流行，成为一门新的学科，并为其他领域学科的理解以及发展提供了独特的视角和工具。

2. 建筑符号学的特性

在建筑学领域，符号学早在20世纪50年代建筑师们探索地方性以及区域性的大背景下就已被引入研究，并逐渐形成建筑符号学。建筑符号与其他符号一样，是个具有"能指"和"所指"的双重统一体。"能指"包括形式、空间、表面和体积以及建筑体验的部分；"所指"则主要是空间的概念和思想意识，将其进一步归纳，则体现了能指、所指以及实际功能三者之间的关系，即皮尔斯把符号分为图像、指示以及象征三类符号的分类方法。与语言符号相比，建筑符号更加侧重指示性和图像性，也体现了建筑比语言更具有明显的动机。此外，大部分的建筑符号是复合的，即兼具指示、图像以及象征，并以其中一种倾向为主[3]。

其中，指示性符号对于建筑来说最为重要，它是"能指"与"所指"间存在必然关系的体现，表明了建筑形式与意义的内容有实质的因果关系；图像符号是以自身形式与模仿对象的相似性为特征，体现了建筑形式与意义的内容之间具有形象相似的关系；象征符号是在"能指"与"所指"间建立的随机联系，使建筑形式与意义之间既有约定性又不存在形象相似性[4]。

二、桂北侗族民居建筑符号解读

桂北侗族民居作为云贵地区代表性的地域建筑，不仅通过其独特的建筑语言传递着丰富的思想内涵与文化底蕴，更在历史的洗礼中形成了诸如干栏式民居、鼓楼、风雨桥等独特的建筑类型以及特定的建筑符号，代表了一个民族、一个地域的建筑风貌和历史记忆。因此，提炼和解读侗族民居的建筑符号，对于深入探索侗族民居文化内涵及推动地域文脉的传承创新都具有重要意义。

1. 侗族民居的图像符号

图像符号通常指的是通过视觉元素直接传达信息或表现特定内容的符号。在侗族民居中，图像符号主要体现在民居建筑的装饰元素上，其中以结构性装饰元素和图案装饰元素为主。

（1）结构性装饰元素

结构性装饰元素是指在建筑中既起到支撑结构作用，又具备装饰功能的元素。这些元素通过形态、比例、材质等方面的设计，增强建筑稳定性和实用性的同时，也成为传达建筑独特性的符号。侗族传统民居建筑以木构为主，整体由木柱、木梁、木枋、斗拱等相互交织，构成稳定的结构体系，其结构性装饰元素主要集中于屋顶、屋身两部分。

屋顶作为中国传统建筑的第五立面，形式本身就具有图像符号的意义，侗族普通民居在屋面形式上以悬山顶居多，屋顶檐头多用圆形或半圆形瓦当以保护，上设装饰纹样，戏台、鼓楼、凉亭等公共建筑则常采用悬山顶以及攒尖顶，檐下常用斗拱进行装饰层层出挑（图1），屋脊形式多用瓦片脊和清水脊，中部设鳌墩以美化屋脊，同时防风雨[5]。在屋身部分，除基础的结构框架外，在梁下还常见吊柱和垂瓜柱，通过将柱头下端雕刻成瓜状或莲花状以作为装饰（图2）。此外，为防潮及加强木结构的稳定性，在结构柱底端则多设柱础，采用石材，上刻图案。

（2）图案装饰元素

图案装饰元素是以线条、色彩、形状等视觉元素组合成具有特定意义的元素。在侗族民居中，常见吉祥图案、几何图案、民俗图案三类；其中，吉祥图案多以植物、动物等元素为基础，通过夸张、变形等艺术手法加以表现，可见于屋顶、门窗、台阶各处，来寓意吉祥、幸福、美满等愿望（图3）；几何图案是以直线、曲线、

---

[1] 王钰雁，大连理工大学。

图 1　屋面形式

图 2　垂瓜柱

图 3　吉祥图案

图 4　几何图案

图 5　民俗图案

图 6　火塘

圆形等基本元素为基础，通过组合、排列等方式形成具有节奏感和美感的图形，多见于门窗、栏杆等部位（图 4）；民俗图案以民间故事、民俗传统等为主题，采用绘画或雕刻的方式来描绘生活场景，多见于屋顶和檐下部位，不仅具有装饰性，还具有一定的文化价值和教育意义（图 5）。

2. 侗族民居的指示符号

指示符号通常用于指示或暗示，具有一定的导向性。在侗族民居中，指示符号具有重要的实用功能，可大致分为场地指示符号、功能指示符号和空间界定指示三种。

（1）场地指示符号

火塘是侗族民居的重要场地指示符号，在侗族传统中，新屋建成后，首先设置的就是火塘，搬入新屋也是以火塘开火为标志。在侗族民居的平面布局中，火塘位于中间部位，集炊事、取暖、照明等功能于一体，既是侗族家庭生活的中心，也是文化活动的中心，对于侗族居民来说，火塘是家庭的象征，一栋建筑有几个火塘，则有几个家庭[6]（图 6）。

（2）功能指示符号

功能指示符号在侗族民居中较为普遍，从立面上看，建筑屋身设有窗户和大门，用以采光通风及通行，窗户多以带有图案的窗棂装饰，大门则多在门头上进行雕刻镶嵌；从平面上看，侗族民居的干栏式住宅底部架空，入户需要通过位于住宅端部的楼梯进入上层廊道，由廊道连接上层各部分空间（图 7），而对于地面式住宅来说，则以堂屋取代廊道，处于正屋的中间，连接其他房间（图 8）。

（3）空间界定指示

从侗族聚落上看，寨门是侗族村寨聚落生活区域边界的标志，具有抵御外敌、野兽的物理作用以及迎宾送客、举行仪式等的文化作用，材料多为木质，上盖瓦顶，形制多样（图 9）；从侗族民居单体上看，建筑的木构架形制本身具有一定的限定意义，例如，干栏式住宅的架空层，对底部空间加以界定，用于圈养牲畜和储存杂物，与起居空间相隔离。

图 7　干栏式住宅平面图

图 8　地面式住宅平面图

3. 侗族民居的象征符号

象征符号通常代表着超越实际物理意义的文化内涵和精神意义。在侗族民居中，象征符号从装饰元素到单体建筑形式都有所体现。

（1）装饰元素的象征意义

侗族民居建筑的装饰元素很多，从图案和纹样上看，常见的有鱼、龙、凤、葫芦等，这些元素不仅美观，更具有深厚的象征意义。例如，鱼在侗族文化中象征着丰收和富饶，龙和凤代表了吉祥和尊贵，葫芦则被认为是使人逢凶化吉的神物。从色彩上看，侗族民居外观多以青瓦屋顶、黄褐色木墙面为主，局部点缀以白色、红色等，在侗族文化中，青色往往代表着蓬勃向上的朝气，象征着旺盛的生命力，黄褐色代表着土地与丰收，白色具有纯洁无瑕之意思，红色不仅能驱邪避凶，还象征着欢乐与吉祥（图 10）。

（2）建筑形式的象征意义

除了一般的民居建筑外，鼓楼、风雨桥是侗族民居建筑中最具有象征意义的代表。鼓楼的造型上大下小，外部轮廓形似杉树（图 11），杉树在侗族文化中寓意永恒和长寿，被视为庇佑村寨的存在，这个似符号的所指也体现了侗族人民对杉树的崇拜和对鼓楼神圣权威的认同。除此之外，鼓楼的平面和立面都严格遵循数字规律，蕴含着象征意义，例如，鼓楼的层数都为奇数，代表阳数，寓意吉祥，鼓楼的框架由四根主柱和十二根衬柱组成，分别象征着一年四季和十二个月份，有祈求天、地、神保佑侗寨，一年四季风调雨顺、

图9 寨门　　图10 民居色彩　　图11 鼓楼　　图12 风雨桥

五谷丰登的意义[7]。风雨桥常见于侗族村寨的出水口，集亭、塔、廊、桥于一体，具有解决交通、遮风避雨及乘凉休憩的作用，在侗族文化中，水被看作游龙，风雨桥因其特殊的位置，也被称作"回龙桥"或"迎龙桥"，桥上多装饰有龙的造型元素，以此来"回龙"和"锁财物"[8]（图12）。此外，侗族人民认为桥具有祈福之意愿，因此，风雨桥既是生命之桥，还是福寿之桥，也被称为"福桥"。

三、符号学视野下侗族民居建筑文脉的与传承探析

在信息化、全球化的时代背景下，许多地方建筑呈现出趋同化的现象，缺乏地域特色，而符号学作为研究符号及其意义的学科，为地域建筑文脉的表达和传承提供了新的视角和途径，针对于桂北侗族民居，其地域文脉的表达与传承方法如下：

1. 符号要素的提取运用

在现代建筑设计中，直接提取运用地域建筑的符号要素，有助于准确地把握和再现其文化特色和审美风格，捕捉其最原始、最真实的文化精髓。从侗族民居建筑中提炼出具有代表性、象征性和独特性的符号要素，将这其蕴含的地域文化精髓直接运用于现代设计中，从而实现地域文化的表达与传承。在具体运用过程中，我们可以采用多种方式。例如，可以在建筑的外观设计中融入侗族民居的典型元素，如民居建筑的坡顶样式、门窗形式等；在室内设计中，则可以运用侗族民居的图案纹样或是色彩搭配，如在室内墙面、门窗、家具等以侗族传统的彩绘、雕刻作为装饰点缀。这种直接提取和运用地域建筑符号要素的方法，不仅能够丰富人们的空间体验和文化感受，还能够增强建筑的文化内涵和地域特色。

2. 符号形式的现代转译

对于侗族民居建筑符号形式的转译是适应现代建筑设计审美和实用性的要求，在设计实践中，我们可以将侗族民居中的传统符号进行抽象、简化和再创造，保留其传统特色的同时，形成具有现代感和时代性的符号形式，从而更加符合当代建筑设计的审美要求。在具体应用中，可以通过对侗族民居建筑的屋顶片段或者局部构件进行夸张、缩放、拉伸等抽象化的变形，运用到现代建筑的外观造型或者局部装饰中，来实现地域文脉的延续。此外，还可以运用拓扑结构的手法，将一些建筑符号要素进行非线性的变形和重构，形成新颖而富有表现力的符号形式，打破传统符号的固有形态，创造出更具现代感和动态感的符号效果，结合现代建筑材料如玻璃、钢结构和混凝土等，打造既具有传统韵味又具现代特点的建筑。

3. 符号文化的传承隐喻

对于建筑符号文化的传承是侗族民居建筑文脉表达与传承的深层次要求。侗族文化源远流长，其独特的历史文化、社会结构和民俗传统都在民居建筑符号中得到了充分体现。在符号学视野下，我们不仅要关注符号的形式和意义，还要关注符号所承载的意境和文化内涵。因此，在传承桂北侗族民居建筑文脉的过程中，不能仅仅停留在对建筑符号形式的模仿上，更要深入挖掘其背后的文化意蕴。例如，对于鼓楼建筑符号的运用，可从其杉树造型的外观隐喻象征出发，探究其背后的文化内涵，将这一隐喻元素进一步提取，作为建筑设计的要素。又如，对于侗族民居建筑平面以堂屋、火塘为中心的特点提取，则要看到火塘作为侗族家庭象征的文化特性，由此理解建筑平面布局的深层逻辑。此后，结合现代建筑设计平面设计中的手法原则，实现符号文化传承表达。

四、结语

在保护与发展矛盾日益突出的今天，建筑文化特色的缺失不断地呼唤我们留住地域建筑特色、传承地域文化精髓。侗族民居建筑形成至今已有千年，不仅具有独一无二的地域性，在艺术造诣上也到达了很高的程度，是我们研究地域建筑的重要载体和宝贵资源。从符号学的视角深入解读和传承侗族民居建筑，理解和把握其建筑文化的核心和特质，通过现代手法将其建筑符号与现代设计理念和材料技术相结合，不仅有利于侗族地域文脉的传承，对于丰富现代建筑设计形式、提升现代建筑艺术价值也具有重要意义。

参考文献：

[1] 谭德生. 所指／能指的符号学批判：从索绪尔到解构主义[J]. 社会科学家, 2011, (9): 149–150.

[2] 李巧兰. 皮尔斯与索绪尔符号观比较[J]. 福建师范大学学报（哲学社会科学版）, 2004, (1): 115–117.

[3] 勃罗德彭特. 符号·象征与建筑[M]. 乐民城, 译. 北京：中国建筑工业出版社, 1991.

[4] 张芸芸, 陈晓明. 湘西传统民居建筑符号的构成解析[J]. 中外建筑, 2010, (3): 71–72.

[5] 王一帆. 黔东南侗族传统建筑装饰文化研究[D]. 贵阳：贵州民族大学, 2023: 27–30.

[6] 蔡凌. 侗族聚居区的传统村落与建筑[M]. 北京：中国建筑工业出版社, 2007.

[7] 秦越, 李云云, 马小成. 从符号编码看侗族鼓楼的文化渊源及当代价值[J]. 贵州民族研究, 2022, 43 (6): 135.

[8] 郭蓉. 侗族文化的建构——基于对风雨桥的隐喻分析[J]. 东南传播, 2022, (12): 122.

右江流域非典型传统村落的保护传承困境与分类施策
——以马弄屯、龙洞大寨为例

冀晶娟 胡啸鸣

摘 要：在城乡历史文化保护传承体系背景下，非典型传统村落得到广泛关注。广西右江流域隶属珠江水系上游，因评级传统村落较少，风貌呈现单一，亟须挖掘非典型传统村落，补充与丰富流域整体文化特征。通过田野调查、卫星影像图识别等方法，系统识别右江流域非典型传统村落；依据传统建筑的保存完整度分为高完整度村落和低完整度村落；分析其保护传承的困境并分类施策，以期为右江流域及其他地区非典型传统村落的保护传承提供参考。

关键词：右江流域 非典型传统村落 保护传承

2021年9月，中共中央办公厅、国务院办公厅印发《关于在城乡建设中加强历史文化保护传承的意见》，要求"建立分类科学、保护有力、管理有效的城乡历史文化保护传承体系"，做到"空间全覆盖、要素全囊括"，这标志着历史文化保护传承迈入全域全要素保护的整体化发展阶段[1]。与此同时，针对传统村落保护中出现的孤岛化和精英化问题，传统村落的研究对象已经不再局限于历史文化名村、中国传统村落以及省（自治区、直辖市）级传统村落，而是逐渐扩展到那些尚未评级，但同样蕴含深厚历史文化价值的非典型传统村落。例如，邵甬等在文化遗产的区域性研究中，着重强调了村落与周边"环境"的紧密联系，这一"环境"也涵盖了非典型传统村落[2]；肖大威团队对南方传统村落及民居研究中，补充了大量未评级但极具研究价值的传统村落，从而增进了研究上的完整性[3-5]。当前，关于非典型传统村落的研究主要集中在保护发展研究[6,7]；村落景观分析与改造设计[8,9]，这些研究大多只聚焦单一村落的保护与传承，鲜有站在整个区域角度分析非典型传统村落的保护传承困境和类型化保护。

右江流域传统村落不仅是壮族文明发祥与发展的重要载体，也是壮族、瑶族、苗族等多元民族文化交融的沃土。近年来，该流域传统村落的保护传承工作取得了显著成果，对一定数量历史文化遗产保存较好的传统村落开展了评级与保护，但仅凭数量有限的评级村落难以全面呈现右江流域丰富的文化要素。众多尚未评级，但同样富含文化价值的非典型传统村落，对于该区域文化遗产的整体保护具有重要的补充作用。而受城镇化发展、人口外迁等时代挑战和地质环境复杂、交通不便等自身条件的制约，其遗产要素的保护传承面临重重困难。鉴于此，本文深入识别区域内非典型传统村落，探究保护传承困境并分类别、针对性地提出策略，以此落实全域全要素的传统村落保护传承要求。

一、非典型传统村落的概念、研究范围与识别

1. 非典型传统村落概念

非典型传统村落在不同学者笔下冠以"非典型古村落""非典型名村"等注释，何依等将其定义为那些因为评价要素不达标，没有进入历史文化名村或中国传统村落名录的历史性村落[10]；张京祥等定义其为达不到传统村落的确认标准，没有历史建筑集中成片风貌特色的古村落[11]。学者们在"非典型传统村落"定义上的共识是满足两点要求：一是具有历史保护价值；二是暂未评为历史文化名村或各级传统村落。综上所述，本文所探讨的"非典型传统村落"即指现阶段指标要求下未列入历史文化名村、中国传统村落以及省（自治区、直辖市）级传统村落名录，但物质文化遗产仍有迹可循、非物质文化遗产仍活态传承，对区域传统村落整体保护传承具有重要影响的村落。

2. 研究范围

本文以广西壮族自治区右江流域作为研究范围。右江起于广西壮族自治区百色市区澄碧河口，终止于南宁市西郊宋村与左江汇合口的郁江干流河段。当前，对于右江流域的地理空间范围的界定具有差异性，韦燕飞等学者界定右江流域包括百色市的12个县区及南宁市的隆安县[12]；李疆等学者在研究右江流域经济发展时，将百色市的12个县区、南宁的隆安县以及那龙乡一起界定为右江流域范围[13]；凌春辉认为右江流域涵盖滇黔桂三省区交界地区的百色、文山、兴义等市县的主要区域[14]。综上，结合右江水系的地理分布、既有研究以及传统村落分布情况，本文研究范围主要包括百色市全境以及南宁市的西乡塘区、隆安县、武鸣县（今武鸣区）、马山县和河池市的凤山县、巴马瑶族自治县。

3. 非典型传统村落的识别

右江流域的已评级传统村落呈"大集中、小分散"布局，大部分集中于流域西南部的南宁市，其余零星分散，难以形成集中连片的传统村落风貌。在全面审视和评估已评级传统村落的基础上，本

---

① 国家自然科学基金项目"多要素解析视角下左右江流域传统村落文化景观特征与机制研究"（项目编号：52268003）。
② 冀晶娟，桂林理工大学旅游与风景园林学院，副教授。
③ 胡啸鸣，桂林理工大学旅游与风景园林学院，硕士研究生。

文对区域内其他村落开展识别，通过田野调查、卫星影像图识别等方法考察传统民居、特色建筑等物质文化要素的保存情况。同时，借助问卷调查、文献研究等手段分析历史文化、手工艺技术等非物质文化要素的传承情况。基于已提出的非典型传统村落概念，参考我国官方已公布的历史文化名村和中国传统村落评选标准，结合右江流域的地域特色和民族特征，制定了相应的识别条件（表1）。本研究按照此条件共识别非典型传统村落37个，明显补充了区域文化要素的不足。

二、右江流域非典型传统村落类型

右江流域内已识别的非典型传统村落历史风貌不同，传统建筑保存状况有所差异，尚未形成系统的分类体系。因此，本文依据村落传统建筑的保存完整度评估与分类，通过实地勘察、卫星影像图识别等方法对比确定村落建筑基址范围，核算具有保护价值的传统建筑比例，根据传统风貌保存情况、传统建筑保存比例、建筑文化价值、建筑质量等方面综合评定。其中，对于祠堂、庙宇等文化建筑，在建筑文化价值保存上有加权侧重。通过综合评定，将非典型传统村落分为两类：保存完整度达到或超过50%的村落归为高完整度非典型传统村落，而保存完整度低于50%的村落则为低完整度非典型传统村落（表2）。

1. 高完整度非典型传统村落

此类村落传统建筑保存完整、传统风貌优异，但受地理区位不佳、村落申报积极性不足等原因暂未评级，在本研究中称为"高完整度非典型传统村落"。该类村落并没有盲目地进行大规模的新建民居，保持了可以与已评级传统村落媲美的完整传统风貌，保留了非物质文化遗产传承所需的物质空间。这类村落不仅具有极高的历史保护价值，也具备巨大的发展潜力（图1）。

2. 低完整度非典型传统村落

这类村落，尽管因过度的现代化改造而呈现出村落格局的不完整性，但它们所保留的传统建筑、维持的村落布局以及代代相传的传统工艺技能，对于区域文化遗产的整体保护仍具有重要价值。在本研究中，将其称为"低完整度非典型传统村落"。随着人口规模扩大，原有传统民居无法满足村民的居住需求，加之保护传承意识不足和攀比心理等影响，村民大多拆倒重建，或是在老宅旁边修建新宅，但村落仍然保留着部分极具价值的传统建筑和独特的非物质文化遗产（图2）。

三、右江流域非典型传统村落的保护传承困境

马弄屯与龙洞大寨皆坐落于百色市隆林各族自治县。马弄屯仍保存着40余栋风貌完整的苗族木楼，被称为隆林"最后的苗寨古建筑群"，无疑属于高完整度非典型传统村落；龙洞大寨传统风貌相对不佳，其物质文化要素虽有破损但非物质文化要素十分丰富，属于低完整度非典型传统村落（图3）。两村落紧邻中国传统村落平流屯、广西传统村落张家寨和洞沟屯，有限的三个评级传统村落难

右江流域非典型传统村落识别条件 表1

识别条件	研究对象	识别要素
物质文化遗产仍有迹可循	物质文化要素	村落选址具有延续性。村落与山水格局较为和谐，能体现原有选址理念和人文精神； 空间形态保存良好。村落保留了一定规模的集中连片传统格局，能较为完整地呈现原有的街巷肌理； 传统建筑具有一定的保护价值。村落拥有一定数量展现营建智慧和特色工艺的传统民居或庙宇、祠堂等文化建筑
非物质文化遗产仍有活态传承	非物质文化要素	具有一定的历史积淀与文化特色。村落拥有特殊的历史沿革，在民族交融、文化传承过程中发挥了重要作用； 非物质文化遗产传承良好。村落拥有特色非物质文化遗产资源，至今仍有活态延续

(a) 百色市马弄屯

(b) 百色市傅家寨

(c) 百色市吞岭屯

(d) 南宁市硃湖村

图1 高完整度非典型传统村落

(a) 百色市龙洞大寨

(b) 百色市九凤屯

(c) 百色市瞿家寨

(d) 百色市瞿家寨

图2 低完整度非典型传统村落

右江流域非典型传统村落类型　　　　表2

类型	序号	村落名称	保存完整度（%）	序号	村落名称	保存完整度（%）
高完整度	1	百色市那坡县吞力屯	72	8	百色市平果市伏琴屯	58
	2	百色市那坡县吞岭屯	83	9	百色市平果市龙力下屯	52
	3	百色市田林县渭轰下点屯	62	10	百色市平果市龙料屯	63
	4	百色市田林县傅家寨	95	11	南宁市西乡塘区忠良村	85
	5	百色市隆林县九龙村	76	12	南宁市西乡塘区宁村屯	71
	6	百色市隆林县阿搞屯	68	13	南宁市西乡塘区硃湖村	52
	7	百色市隆林县马弄屯	87	14	南宁市西乡塘区那学坡	60
低完整度	1	百色市田阳区太平村	28	13	百色市靖西市大晚屯	6
	2	百色市德保县合机屯	15	14	百色市靖西市峙表屯	13
	3	百色市德保县那甲村	8	15	百色市田东县大板村	36
	4	百色市乐业县岜木屯	45	16	南宁市武鸣区文坛村	45
	5	百色市乐业县水井屯	32	17	南宁市武鸣区伊岭村	38
	6	百色市田林县瞿家寨屯	13	18	南宁市武鸣区大伍屯	22
	7	百色市田林县九凤屯	46	19	南宁市武鸣区板苏村	35
	8	百色市田林县弄妹屯	42	20	南宁市武鸣区覃李村	28
	9	百色市田林县那保屯	37	21	南宁市武鸣区板欧村	39
	10	百色市西乡县坝盆屯	12	22	南宁市西乡塘区明华村	5
	11	百色市隆林县生基湾村	7	23	河池市巴马瑶族自治区巴根屯	36
	12	百色市隆林县龙洞大寨	15			

（来源：根据实地勘察、卫星影像图识别等方法综合核算、评定）

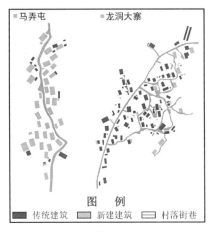

图3　马弄屯与龙洞大寨传统建筑保存情况

非典型传统村落物质文化要素　　　　表3

物质文化要素类型	非典型传统村落	
	马弄屯	龙洞大寨
村落布局	条带式布局	条带式布局
街巷模式与建筑朝向	无巷道；朝向多顺应道路	曲线型巷道；朝向多顺应地势
民居形式	地居式、干栏式；堂厢类、单栋类民居	地居式、干栏式；单栋类民居
建筑材料	石木结构	石木结构
特色构筑物	水柜	水柜、清代古墓群
传统建筑保存完整度	87%	15%

（来源：根据实际调研、查阅《广西地方志》等书籍统计、分析）

非典型传统村落非物质文化要素　　　　表4

非物质文化要素类型	非典型传统村落	
	马弄屯	龙洞大寨
民族	苗族、黎族	苗族
语言	苗语	苗语
特色节日	跳坡节	跳坡节
传统工艺技能	苗族刺绣技艺	隆林蜡染技艺；芦笙、木梳制作

（来源：根据实际调研、查阅《广西地方志》等书籍统计、分析）

以全面呈现该区域丰富多元的历史文化特征，而拥有独特文化要素的马弄屯与龙洞大寨的识别恰恰能填补该区域文化要素的空缺。故选取龙洞大寨与马弄屯两类非典型传统村落为例，挖掘与识别其价值特征，剖析两类村落在保护传承中面临的现实问题并分类施策。

1. 物质文化要素保护与城镇化发展之间的矛盾

马弄屯和龙洞大寨均坐落于山谷之中，它们的村落布局、街巷模式与建筑朝向等物质文化要素（表3），不仅体现了先民们的文化特征和营建智慧，更在增补区域整体历史文化要素方面起到了重要作用。举例来说，两村落均采用了条带式的布局方式，但各具特色。马弄屯的建筑朝向主要顺应了道路方向，呈现出一种流畅且实用的规划；而龙洞大寨的建筑则巧妙地顺应了地势，形成了独特的曲线型巷道。相较于评级传统村落中常见的台阶式布局，马弄屯和龙洞大寨以其独特的布局方式，充分展现了先民们因地制宜的建村智慧，为这一区域增添了历史文化内涵。在城镇化快速发展的背景下，由于村民保护传承意识的不足以及现代化需求的日益增长，马弄屯和龙洞大寨两村落正面临着物质文化要素日益流失的严峻挑战，迫切需要得到有效地保护与传承。马弄屯保存完整的苗族木楼占据了民居建筑的80%以上，但越来越多的传统民居因无人居住而日渐破败；龙洞大寨历史建筑与现代建筑早已交织在一起，难以保持传统风貌的完整性和历史空间结构的连贯性。因此，加强对这两类村落物质文化要素的保护与传承显得尤为重要和紧迫。

2. 非物质文化要素传承与人口外移之间的矛盾

马弄屯与龙洞大寨均为少数民族村落，不仅在民族、语言、特色节日和传统工艺技能等非物质文化要素上展现出丰富多元的特色（表4），更为地区非物质文化增添了独特魅力。例如，马弄屯为苗、黎两族共同聚居村落，但在斗转星移的村落生产生活中彝族村民逐渐以苗语作为通用语，民族节日等也不断交融。相较之下，该县三个评级传统村落多为单一民族聚居，而马弄屯的多民族共融模式，无疑丰富了该区域的民族聚居形式，生动展现了该区域壮、苗、黎等多民族和谐共融的大团结景象。

近年来，村落人口不断外移，年轻劳动力的流失阻断了非物质文化遗产的传承。通过走访调查，龙洞大寨与马弄屯60岁以上老年人均已占据常住人口的60%以上。这种年轻人口的持续外流导致村落社会网络日益疏离，非物质文化遗产传承面临断代的风险。同时，新一代传承主体对于文化认同感弱，即使在地区性的重要传统节日如跳坡节，也鲜有年轻人返乡参与，仅凭村中老人难以维系。

3. 极具潜力的产业与不成规模的开发之间的矛盾

近年来，马弄屯独特的传统风貌使其成为新晋网红打卡点，但因基础设施滞后、游玩度不高，未能带动旅游等产业发展；龙洞大寨民族服饰、手工艺等具有极高的文化价值和商业价值，尝试打造蜡染小镇来带动乡村经济，但这些资源并未得到充分的产业转化和开发，没有形成成熟的产业链和商业模式。周边张家寨、平流屯等评级传统村落也相继发展旅游产业，以期带动区域经济的增长和文化传承的推进，但仅凭评级传统村落难以形成产业规模。村民参与度低、地区文化特征呈现有限等问题致使评级传统村落旅游产业多处于"濒死"状态，非典型传统村落旅游产业更是"夭折"。

四、右江流域非典型传统村落的分类施策

1. 物质文化遗产的区域性保护

高完整度非典型传统村落的物质文化遗产是此类村落保护传承的重点对象和发展之源。其保护传承不仅要加强自身，更要融入整个区域的保护当中。如马弄屯这类村落应充分发挥自身优势，增补区域评级传统村落在传统风貌等要素上的不足，借助评级传统村落的资源优势和知名度带动自身的保护与发展，与评级传统村落和其他非典型传统村落共同形成一定规模集中连片的保护传承区域。

低完整度非典型传统村落首要任务是保护好现存物质文化遗产，对于数量有限的传统建筑加大保护力度，通过线路组织将这些碎片化的传统建筑有机串联，使其由零散的点构成连续的文化线路，从而有效改善村落整体的传统风貌。在此基础上，这类村落应利用自身可塑性强的优点，结合现代设计理念和先进的科技手段，打造比其他村落更为创新的文化表达，进一步增强该区域的文化特征。

2. 非物质文化遗产的活态传承

高完整度非典型传统村落，可以为非物质文化遗产的保护与传承提供更为广阔且稳固的物质载体。这些村落不仅保留了传统的村落风貌，更蕴含着深厚的民族情感和文化记忆。在这样的环境中，非物质文化遗产得以得到更好的保存与传承。这类村落应当充分利用其闲置的传统民居，植入非物质文化遗产的保护与传承功能。通过合理利用传统民居，不仅可以为非物质文化遗产提供一个展示和传承的平台，还能吸引更多的本地人投身到非物质文化遗产的传承和民族文化的宣传中来。

低完整度非典型传统村落的重要立足点就是非物质文化遗产的保护与传承。如龙洞大寨这类村落，虽然文化标识性有所减弱，但这也为其紧跟时代潮流、创新发展提供了契机。这类村落可以凭借自身独特的非物质文化遗产，探索与其他传统村落不同的文化表达形式，通过多元的文化传承方式丰富村落的文化内涵，进而吸引更多年轻人返乡，为村落的发展注入新的活力。

3. 乡村产业的多元发展

高完整度非典型传统村落以其保存完整的物质文化遗产作为独特的优势，为其在多元产业中的发展提供了广阔前景。与评级传统村落不同的是，此类村落拥有更多的灵活性和创新性，能够更自由地探索与现代社会相契合的发展路径，可以充分利用自身的资源优势开发民俗体验等更具深度和体验性的旅游服务。此外，此类村落还可以尝试与已评级传统村落共同探索研学等旅游市场，多类型的合作模式不仅能够丰富旅游市场的产品种类，还能促进传统村落之间的文化交流和资源共享。

对于低完整度非典型传统村落，由于它们通常不受过多的传统建筑保护限制，因此具备更高的灵活性来适应社会的需求和发展。在这样的背景下，此类村落应该充分利用自身产业开发的弹性，探索更多适应现代市场和消费者需求的产业发展路径；深入挖掘非物质文化价值，创建文创产品生产链；利用自然景观和农业资源，开发梯田体验等新兴第三产业，实现区域传统村落的合理分工。

五、结语

在历史文化保护传承迈向全域全要素保护的体系化、整体化发展阶段后，非典型传统村落的保护传承必将得到更多的关注与重视。特别是在当前城镇化进程快速发展的背景下，右江流域的非典型传统村落保护传承工作显得尤为迫切，面临着物质文化要素保护不佳、非物质文化要素传承受阻、产业发展步履维艰等多重困境。因此，开展针对性的分类施策利于右江流域内不同类别非典型传统村落的保护传承，也为其他区域非典型传统村落的保护与传承提供了理论方法和应用案例。

参考文献：

[1] 新华社．中共中央办公厅 国务院办公厅印发《关于在城乡建设中加强历史文化保护传承的意见》[J]．中华人民共和国国务院公报，2021（26）：17-21．

[2] 邵甬，关星．再探区域性历史文化空间价值特征——以丹沁古灌区为例[J]．城市规划，2023，47（10）：30-42．

[3] 冀晶娟．广西传统村落与民居文化地理研究[D]．广州：华南理工大学，2021．

[4] 曾艳．广东传统聚落及其民居类型文化地理研究[D]．广州：华南理工大学，2017．

[5] 梁步青．赣州客家传统村落及其民居文化地理研究[D]．广州：华南理工大学，2020．

[6] 王美麟，蔡辉，张瑜茜．基于空间句法的"非典型传统村落"保护与利用研究——以咸阳市泾阳县岳家坡村为例[J]．西部人居环境学刊，2020，35（2）：67-73．

[7] 孙蕾，肖彦，路晓东．基于空间叙事的非典型传统村落空间优化策略[C]//中国城市规划学会．人民城市，规划赋能——2023中国城市规划年会论文集（16 乡村规划）．[出版者不详]，2023：9．

[8] 秦庆港．非典型的江南传统村落景观改造设计研究[D]．湖州：湖州师范学院，2022．

[9] 汪浩源，郑绍江．乡村振兴战略背景下"非典型村落"更新与保护应用研究——以云南母格村为例[C]//世界人居（北京）环境科学研究院．2020世界人居环境科学发展论坛论文集［出版者不详］，2020．4．

[10] 孔惟洁，何依．"非典型名村"历史遗存的选择性保护研究——以宁波东钱湖下水村为例[J]．城市规划，2018，42（1）：101-106，111．

[11] 吴晓庆，张京祥，罗震东．城市边缘区"非典型古村落"保护与复兴的困境及对策探讨——以南京市江宁区窦村古村为例[J]．现代城市研究，2015（5）：99-106．

[12] 韦燕飞，闭曼，童新华．广西右江流域耕地面积变化与城镇化进程的对比研究[J]．经营与管理，2017（3）：87-89．

[13] 李疆，周长军，翁乾麟，等．右江流域经济开发研究[M]．南宁：广西民族出版社．1994．

[14] 凌春辉．右江流域少数民族非物质文化遗产的类型及保护措施[J]．沿海企业与科技，2019（6）：62-65．

基于游览者感知偏好的传统村落空间价值评估与影响因素研究

——以湖南省高步村为例

徐峰[1] 李轶璇[2] 谢育全[3]

摘 要：传统村落游览空间作为传统村落非物质文化体验的载体，直接影响着体验者对空间价值的感知。目前对传统村落价值和空间要素间的量化研究仍较为欠缺。本文以高步村为研究对象，从自然地理条件、建筑空间布局、历史文化感知三方面提取高步村空间要素，运用 SolVES 模型分析价值排序及其与空间要素的量化关系，明确价值影响因素，为后续传统村落活化中增强价值与空间匹配度提供理论依据，探索了 SolVES 模型在传统村落建筑空间层面价值量化的可行性。

关键词：传统村落 价值评估 空间价值 SolVES 模型 游览者偏好

传统村落，又名古村落，指的是具有丰富的自然和文化资源，形成时间较早，拥有一定历史、艺术、社会、经济等价值并应得到相应保护的村落。作为我国特有的聚落类型，对传统村落的研究一直是学者们研究的重点，挖掘传统村落价值并加以保护利用具有重要意义。

关于传统村落价值的研究多聚焦于构建评价体系对特定区域内多个村落进行评价研究，也有少数研究对某单一村落价值进行判定，指标多依托于现行标准，如《传统村落评价认定指标体系（试行）》[1]、《世界文化遗产评价标准》[2] 等，结合实地调研，基于多维度宏观数据建立整体评价体系[3]。针对单一村落内部空间的研究则更多聚焦于单一价值，如运用 SBE 法讨论绿视率等因素与场景美观度的关系[4]，但目前多数研究的指标得分以打分为主，多为认知性指标基于问卷数据运用统计学方法，如德尔菲法[5]、层次分析法、模糊综合评判法[6] 等进行评价。

也有部分学者从客体感知角度出发对传统村落价值进行了讨论，运用参与式制图法、PPGIS[7]、语义解析法[8]、CVM、SolVES 模型[9] 等探索价值在空间上的分布状况、价值排序等。相较于其他方法，SolVES 模型能以非货币的方式对无形价值进行量化呈现，实现价值的空间落位，但现有研究多停留在宏观地理环境变量上，如高程、距离水体距离、森林覆盖率[10]、基础设施点密度[11] 等。

目前对于大范围村落的价值评价研究已经较为丰富，评价指标构建及数据处理方法已较为成熟，但在建立评价体系过程中以认知性指标居多，较少构建客观数值指标分析传统村落价值的空间落位。为进一步挖掘传统村落价值，探索传统村落内部空间的价值落位，本文通过 VR 设备结合问卷采集游览者感知偏好数据，运用 SolVES 模型分析价值的空间分布及各类空间要素对其分布的影响。

一、研究对象

高步村位于湖南省怀化市通道侗族自治县坪坦乡（图1），2017 年列入中国第四批传统村落。作为百里侗文化长廊中重点核心申遗地带之一，高步村自然景观丰富，建筑布局形式遵循现有风貌，整体保存完好。此外，鼓楼、风雨桥、寨门等侗族传统建筑数量较多，且仍保持其公共空间属性被正常使用。在村落内部可充分体验不同空间与景观，具备较高的研究价值。

二、研究方法与内容

1. 研究方法

（1）SolVES 模型

SolVES 模型是由美国地质勘探局与科罗拉多州立大学联合开发用于评估生态系统服务社会价值的模型，由社会价值模型、价值制图模型和价值转换制图模型三个子模型组成[12]。本文运用 SolVES3.0 中前两部分模型对高步村进行评估。利用游览者标记价值点位置及评分得出各类价值排序，并结合 Maxent 最大熵软件生成社会价值图，确定各价值的空间分布情况及其与环境要素的关系。

图 1 高步村要素分布现状

---

[1] 徐峰，第一作者（通讯作者）湖南大学建筑与规划学院，丘陵地区城乡人居环境科学湖南省重点实验室，院长、博士生导师。

[2] 李轶璇，第二作者，湖南大学建筑与规划学院，丘陵地区城乡人居环境科学湖南省重点实验室，硕士研究生。

[3] 谢育全，第三作者，湖南大学建筑与规划学院，丘陵地区城乡人居环境科学湖南省重点实验室，助理研究员。

（2）感知偏好实验

由于高步村范围较大，内部巷道复杂，空间狭小，建筑立面相似度高，游览者认知难度较大。为避免在实验过程中出现视觉疲劳，影响评价结果，全景视频采集区域规划在高步村核心区，路线贯穿高升鼓楼、萨岁坛、龙姓鼓楼、寨门、龙氏宗祠、回福桥六个建筑节点及多处公共空间（图2）。

本次实验使用 HTC VIVE 头盔进行，考虑到实验时长与实验设备的特殊性，在实验前对受试者进行了初步筛选，确保所有受试者的视力或矫正视力均正常，且对 VR 体验无不良反应，最终选取36名对侗族传统村落感兴趣的受试者进行实验。

2. 研究内容

结合前期实地调研，从宏观至微观对高步村景观、空间、文化三方面分析，总结得出高步村六类价值，并构建高步村环境要素数据集，通过 ArcGIS、图像语义分割等对村落内部空间指标进行量化计算，形成最终栅格数据，从而进一步讨论高步价值与高步村环境要素间的关系（图3）。

三、结果与分析

1. 高步村空间要素解析

利用 ArcGIS 对各空间环境要素在研究区内进行可视化，如图4所示。结合高步村实际情况分析可知：村落整体高程区间在434.039~470.48m，坪坦河地处最低点，河岸两侧分布主要车行道、农田及部分开敞空间，沿河传统建筑界面保存完好。建筑组团沿河岸向南北坡发展，核心组团整体位于高程440~450m，高差较小，地势相对平缓，距离主干道及河流景观较远，步行空间、基础设施、侗族传统建筑与各类要素穿插其中，在传统民居分布密集的区域密度相应较高。由于村落内部建筑分布密集，建筑界面多平行于等高线面向河流，界面较为封闭，故山水要素、绿视率、天空开阔度的高值区与建筑密度高值相反，主要分布在建筑组团边界，周边多农田、河流，视野开阔。

2. 高步村价值评估与空间分布

（1）价值评估

提供 Maxent 模型统计 SolVES 模型中 ROC 曲线下的面积 AUC 值可反映 SolVES 模型运行结果的可靠性。通常认为 AUC 值越接近1，模型评估效果越好。社会价值总点数 N 和最大价值指数 M-VI 反映游览者对价值类型的偏好和价值排序，最邻近比值率 R 值反映价值的空间聚集类型，当 $R<1$ 且 Z 值的绝对值越大，空间聚集性越好。如表1所示，高步村各类价值 RUC 值均 > 0.9，空间分布均属于聚集模式，且空间分布聚集，其中历史文化价值和美学价值的聚类程度较高，游览者对各类价值的偏好及排序为：历史文化价值＞疗愈价值＞美学价值＞学习价值＞经济价值＞娱乐价值。

（2）各类价值的空间分布情况

高步村各价值指数的空间分布存在差异（图5）。高升鼓楼作为文物保护单位，仍保持其公共空间属性使用，整体空间结构保存完好，历史文化价值在此达到最高。回福桥横跨坪坦河两岸，空间开阔，山水景观良好，疗愈价值、美学价值、娱乐价值在此处达到最高。萨岁坛作为侗族的信仰空间，有着不可取代的特殊意义，学习价值在此处相对较高。经济价值高值则出现在村内民居组团。

基于价值点的空间分布及使用属性，将节点分为传统公共建筑、节点标志建筑、传统居住建筑、信仰祭祀建筑四类，综合高步村价值分布、价值排序等分析，对各类型建筑突出价值排序（表2）。

3. 各类价值与空间要素的关系

通过分析环境要素对各类价值的相对贡献百分比可知（表3），价值与建筑分布及空间层面关联较高，历史文化要素是影响价值空间分布的主要因素。此外，天空开阔度对各类价值也存在较大影响；对美学、经济、学习价值而言，与基础设施密度贡献百分比也相对较高。

上述节点在价值感知上存在差异，结合空间区位与响应曲线分析（图6）：①传统公共建筑本身具备侗寨特色及历史文化信息，与周边同质化民居建筑立面相比易识别，且较其他村落内部要素可达性高，历史价值更易被感知；②开阔的空间美学价值感知良好，龙姓鼓楼虽位于建筑较密集的区域，但天空较其余空间开阔，绿视率较低，建筑物暴露充分，而回福桥周边及寨门所处位置绿视率虽高，但多为低矮农田，此时山水要素视觉占比较高，可被感知的要素丰富，差异性空间带来的新奇感使美学价值较高；③基础设施丰富且易于到达对经济价值有正向作用，在传统民居地处的核心地带为村民日常生活的主要空间，上述条件可被满足，故此处经济价值较高；④疗愈价值较高的建筑为民居与寨门，两类建筑周边空间存在差异，但两者均距主干道有一定距离，较少受到外界条件干

图2　全景视频采集路线及价值评价点

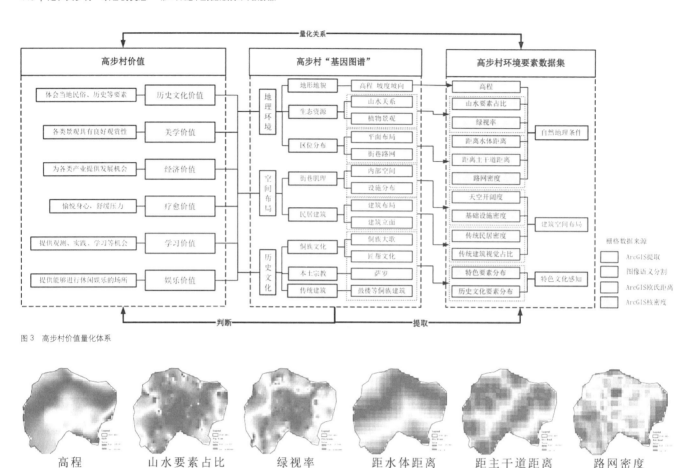

图3 高步村价值量化体系

图4 各类空间要素数值分布

扰,且附近基础设施密度相对适中,步行空间丰富,易于到达的同时可满足游客者的各类使用需求;⑤信仰祭祀建筑的学习价值较高,此类建筑由于其功能的特殊性,周边路网密集,建筑立面与整体风貌有明显差异,绿视率与天空开阔度较高,可对山水要素有良好感知;⑥各类建筑中的娱乐价值无明显差异,表明娱乐价值受空间要素的影响较小,可能受人群活动等非物质的影响。

结合上述分析,结合贡献前四的环境空间要素,对各点的各类价值排序如图7所示:①回福桥周边则各类价值均较高,萨岁坛的历史文化、美学、学习价值相对较高,高升鼓楼在历史文化价值方面突出,龙氏宗祠在周边空间具备较好疗愈价值,活动广场和寨门的娱乐价值较为突出。②基于现有价值排序,可对各类价值感知路径进行初步规划:历史文化价值路径应以回福桥、高升鼓楼和萨岁坛三处为核心节点;美学价值应以回福桥、萨岁坛为核心节点;学习价值应以萨岁坛为核心节点;疗愈价值以龙氏宗祠为核心节点;娱乐价值以活动广场和寨门为核心节点。由于民居与龙姓鼓楼存在各类价值均不显著的情况,可结合后期人工营建打造过渡性空间。③回福桥为侗族传统建筑,出现多类价值叠加情况,在整体营建中作为多条路线的交叉点,应结合其区位优势重点营建。

各类价值的最大价值指数及空间聚集性   表1

社会价值类型	N	M-VI	最邻近比值率 R	标准差 Z 值	training AUC	Test AUC
历史文化价值	121	6	0.022493	−20.570436	0.996	0.997
美学价值	102	4.9	0.002318	−19.276277	0.995	0.996
经济价值	59	3.4	0.004326	−14.631002	0.994	0.995
疗愈价值	78	5	0.002698	−16.850186	0.993	0.985
学习价值	85	3.5	0.002563	−17.592427	0.994	0.991
娱乐价值	87	3.2	0.049075	−16.96824	0.995	0.995

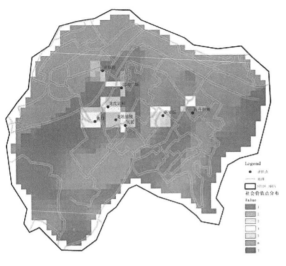
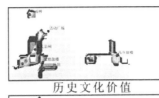
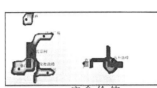
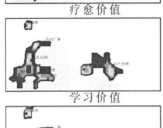
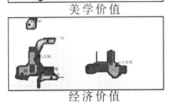
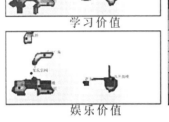

图 5　价值点及各类价值指数空间分布情况

各类建筑价值强弱　　　　表2

类型	历史文化价值	美学价值	经济价值	疗愈价值	学习价值	娱乐价值
传统公共建筑（①④⑦⑧）	●	●	○	◎	◎	○
节点标志建筑（⑤）	◎	●	○	●	◎	◎
传统居住建筑（③）	◎	○	●	◎	◎	◎
信仰祭祀建筑（②⑥）	◎	○	○	◎	●	○

●高　◎中　○低

地理环境要素对社会价值类型分布贡献（%）　　　　表3

	地理环境要素	历史文化价值	美学价值	经济价值	疗愈价值	学习价值	娱乐价值
自然地理条件	高程（Elevation）	4.9	0.9	0.5	1	0.5	1.5
	距河流距离（Dis_River）	2.6	2.3	1.5	2.2	0.1	2.4
	山水要素占比（Pro_View）	4.6	2.9	2.8	1.7	4.6	1.6
	绿视率（Pro_Green）	0.3	1.4	0.5	0.3	0.9	0.4
	距主干道距离（Dis_Road）	6.5	5	1.6	1.6	1.4	1.9
	路网密度（Den_Road）	0.9	5.5	1.6	7.2	0.7	7.2
建筑空间感知	天空开阔度（Pro_Sky）	32.9	17.1	19.8	15.5	19.4	10.4
	建筑密度（Den_Arch）	1.7	6.1	8.2	11.7	3.9	14.7
	传统建筑界面（Pro_Arch）	2	0.1	0	0	0.5	0
	基础设施（Den_Instra）	3.9	13.3	12.3	11.8	18.5	14.5
特色文化体验	特色要素（Den_SA）	2.1	7.3	1.1	8.4	5.5	8.3
	历史文化要素（Den_HA）	37.6	39.9	50.1	38.4	44.1	37.1

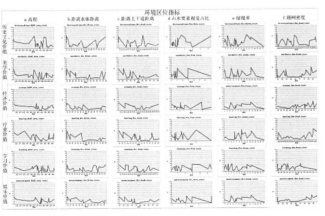
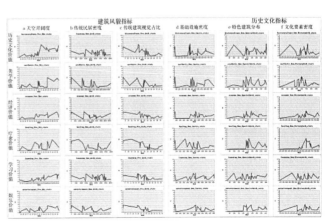

图 6　各类价值与环境要素的关系

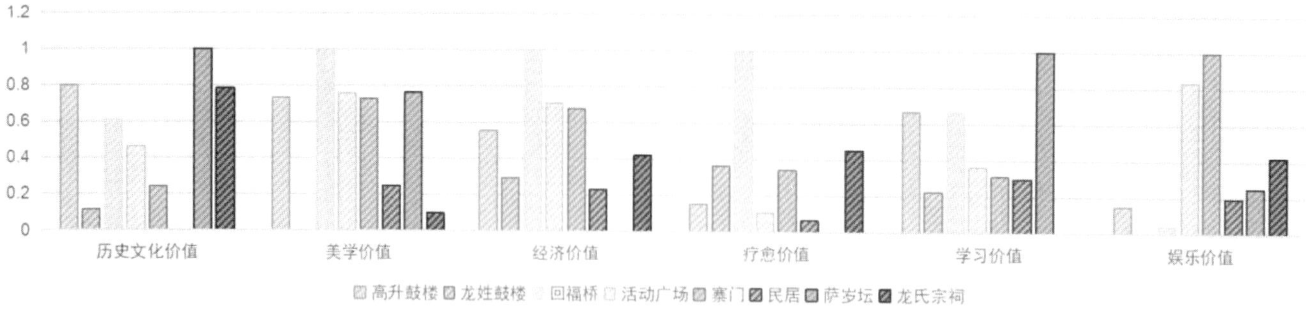

图7 各评价点的价值排序

四、结语

本文从游览者感知角度出发，对高步村游览空间各类价值分布及影响因素进行了探讨，实现了价值的可视化表达与量化分析，并在价值感知路径方面进行了初步尝试，讨论如下：①本文以高步村为例，运用SolVES模型输出其各类价值排序及与各类环境要素的相应曲线，探讨了该模型在传统村落价值评估的有效性；②游览者在感知过程中对历史文化、疗愈、美学价值有较高偏好，结合价值响应曲线讨论可知，价值感知与建筑空间存在较强关联，可为高步村各类建筑价值提升提供理论依据；③基于各评价点价值排序，可确定各点位在价值感知路径中的优先级，为后续非物质文化落位，进一步打造叙事空间提供了物质空间基础。

本次研究受实验设备限制，调研样本较少且调研群体较为单一，后续应扩大样本量及人群类型，分析不同类型人群感知差异。同时，本次研究仅探讨了各类价值与物质空间环境要素之间的关系，对非物质文化的考量不足，后续应增加非物质文化层面指标，构建多维度的传统村落价值评价体系。

参考文献：

[1] 赵志远，姚本伦，陈晓华，等．传统村落多维价值评价及遴选——以歙县35个传统村落为例[J]．安徽建筑大学学报，2017，25（5）：64-71．

[2] 刘志宏．西南少数民族古村落世界文化遗产价值辨析[J]．新建筑，2023（2）：116-119．

[3] 殷俊峰，王辉，白瑞等．生态视角下边疆民族地区特色村落价值评价体系建构——以内蒙古土默特地区为例[J]．小城镇建设，2023，41（11）：41-47，68．

[4] 孙漪南，赵芯，王宇泓，等．基于VR全景图技术的乡村景观视觉评价偏好研究[J]．北京林业大学学报，2016，38（12）：104-112．

[5] 康晨晨，黄晓燕，夏伊凡．传统村落文化遗产价值分级分类评价体系构建及实证——以陕西省国家级传统村落为例[J]．陕西师范大学学报（自然科学版），2023，51（2）：84-96．

[6] 李清泉，王小德，张小谷，等．基于指数标度AHP-模糊综合评价法的传统村落资源价值研究[J]．山东林业科技，2017，47（2）：8-15．

[7] 陈幺，赵振斌，张铖，等．遗址保护区乡村居民景观价值感知与态度评价——以汉长安城遗址保护区为例[J]．地理研究，2015，34（10）：1971-1980．

[8] 朱晓玥，张华荣，兰思仁，等．基于量化分析和公众感知的传统村落色彩景观优化研究——以闽南蟳埔村为例[J]．华中师范大学学报（自然科学版），2020，54（1）：50-59．

[9] 赵宏宇，李雁冰，车越．基于SolVES的传统村落生态系统服务社会价值评估——以锦江木屋村为例[J]．中国园林，2022，38（12）：76-81．

[10] DUAN H, XU N. Assessing Social Values for Ecosystem Services in Rural Areas Based on the SolVES Model: A Case Study from Nanjing, China[J]. Forests, 2022, 13 (11): 1877.

[11] 罗巧灵，荣佳雨，周俊方，等．游客感知视角下城市绿地空间社会价值评估与影响因素研究[J]．中国园林，2024，40（2）：50-56．

[12] SHERROUSE B C, SEMMENS D J. Social Values for Ecosystem Services, Version 3.0 (SolVES 3.0) —Documentation and User Manual[J]. Reston, VA: U.S.Geological Survey, 2015.

旅游型传统村落舒适物感知评价体系构建及实证分析[1]
——以焦作市一斗水村为例

李璐纳[2] 董蕊[3] 柴壹凡[3] 何艳冰[3] 庄昭奎[3] 闫海燕[4]

摘 要：快速演化分异的乡村旅游发展现实缺少理论支持，从游客的视角探讨村落旅游舒适物的营造可以更好地保护与活化乡村遗产资源。研究发现：①旅游情境下乡村舒适物评价体系包含 5 个要素层，19 个指标层和 39 个客体；②一斗水村大多数舒适物为正舒适物和中舒适物，但是也存在部分反舒适物，对其旅游发展和文化遗产保护传承有负向影响；③一斗水村舒适物整体感知评价较高，对游客心情愉悦度，满意度和忠诚度有极其显著影响，模型精度高。

关键词：乡村舒适性 乡村旅游 一斗水村 游客视角

2018 年 9 月印发的由中共中央、国务院提出的《乡村振兴战略规划（2018-2022 年）》中，要求各地区各部门结合实际认真贯彻落实[1]。在乡村振兴这一战略背景下，乡村旅游成为促进传统村落经济发展和提高村民生活水平的重要手段，将本土的乡土特色与文化资源相结合，在旅游开发的同时也让更多的人了解到村庄的特色文化[2]。游客这类特殊群体对旅游地的发展具有至关重要的影响[3]。游客感知是游客对旅游目的地印象、信念及思想的综合，是旅游供给发展水平的直接反映[4]，同时游客的负面感知也可以有效帮助旅游地提升自身的服务水平[5]，以此来帮助该地区取得长期的积极效果来发展旅游[6]。乡村的美学、休闲、娱乐等消费价值日益凸显[7]。1954 年美国经济学家 Ullman 提出了舒适物（Amenities）理论[8]。以乡村舒适物为理论基础的发展带动了旅游、养老、游憩、康养等服务产业发展[9]，随着乡村振兴的进一步深入，乡村环境质量和基础设施的不断提高，乡村对于不同群体（以养老、游憩、康养、审美和追求乡村式生活等为目的）的吸引力逐渐增加，对中国情境下的乡村舒适性展开系统深入研究变得十分有必要[10]。

一斗水村位于河南省焦作市修武县北部山区，地处太行之巅、世界地质公园云台山风景名胜区境内，是第二批中国传统村落之一[11]。全村海拔 1000m 以上，占地面积 9.7km²，全村辖 3 个自然村，68 户，223 口人，太行八陉之一的白陉古道穿村而过。曾属省级贫困村的一斗水古村，于 2008 年由村民自营开设了第一家"农家乐"，至今已经有 35 户村民以"吃农家饭、住农家屋、做农家活、采农家果、享农家乐"为主题，全力打造特色休闲度假游，走出了一条深山区农村发展、农民富裕的特色之路[12]。在 2017 年一斗水村游客量年均达 4 多万人次[13]，并入选第七批中国历史文化名村[14]。依靠独特的乡村旅游资源，一斗水村于 2018 年实现全面脱贫[15]，同年入选河南省第一批乡村旅游特色村[16]，然而 2019 年后，一斗水村旅游业受到极大影响，直至 2023 年初陆续开展旅游活动，经不完全统计，2023 年一斗水村游客量年均达 5 多万人次，同比增长 20%，十一黄金周时期游达 5000 人次。

一、研究方法

1. 研究模型

参考 1996 年费耐尔（Formell）提出的顾客满意指数模型（ACSI）模型[17]，将一斗水村的旅游舒适物感知评价嵌入"旅游型传统村落满意度测评体系"，并将其与其他研究成果进行比较，在此基础上构建起一个完整的一斗水村旅游可持续发展模型（图 1）。游客的舒适物感知的建构在很大程度上影响游客的心情愉悦指数，以及游客忠诚度，进而影响游客对该地区的满意度。

2. 数据收集与研究方法

以河南省焦作市一斗水村为调查区域，将游客作为研究对象，采用随机抽样方法发放问卷，以获取第一手信息。在具体调研中，以表 1 中所列的项舒适物客体为感知对象设计问卷，结合访谈提纲和其他相关问题到社区开展入户访谈。时间为天气晴朗的 2024 年 3 月、4 月和 5 月的周末及节假日，共计 24 天。课题组成员在一斗水村共完成发放问卷 550 份，回收有效问卷 525 份，有效率

---

❶ 基金项目：2023 年教育部人文社会科学研究规划基金项目（编号：23YJAZH171）、河南省高等学校哲学社会科学创新人才支持计划（2023-CXRC-05）、河南省高校中华优秀传统文化传承发展专项课题（2023-WHZX-28）、河南省大学生创新创业训练计划：基于社交媒体数据的舒适物赋能传统村落旅游发展研究（202410460015）。
❷ 李璐纳，女，河南理工大学建筑与艺术设计学院，研究生。
❸ 董蕊、柴壹凡、何艳冰、庄昭奎，河南理工大学建筑与艺术设计学院。
❹ 闫海燕（通讯作者），女，河南理工大学，教授，研究方向为传统村落保护与旅游高质量发展。

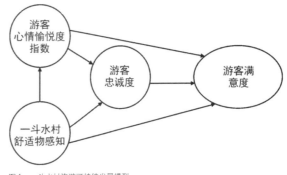

图 1　一斗水村旅游可持续发展模型

为 95.45%，为后续分析提供数据来源。应用 SPSS 26.0 软件，采用信度分析，效度检验分别对数据的真实性、量表题项有效性进行验证。通过描述性统计、因子分析、多元回归方法验证研究提出的模型及假设，以及游客满意度对一斗水村旅游发展的影响，并对研究结果进行讨论。

3. 研究结果与分析

（1）人口统计学分析

受访者的个人基本信息主要包括性别、年龄、月均收入、出行方式和得知途径项（表1）。此次采集的社区居民样本中男性和女性占比较为平均，分别为 52.95% 和 7.05%。其中，年龄分布呈现"双峰"结构，除未成年人的其他大部分受访者的月均收入水平均高于 3000 元，可见到此地参观的游客整体收入水平较高。出行方式大部分都为自驾，一是与当地的地理位置有关，二是与收入水平有关，游客整体收入水平较高出行方式都采用更为便捷的自驾游。首先从亲戚朋友处得知该景点的游客占比最多，占比 43.05%；其次从网络媒体得知，占比 31.62%。从调查情况来看，一斗水景区整体知名度较高，善于利用社交媒体的方式宣传当地旅游优势，促进村落旅游发展。

（2）可靠性分析

可靠性分析主要是用于分析调研数据是否具备一定的合理性和科学性。这是最常见的信度指标，通常使用 Cronbach's Alpha 系数来衡量。Alpha 值的范围在 0~1 之间，值越接近 1，表示问卷的内在一致性越好。通过 SPSS 进行问卷的可靠性分析，本次调研数据的 Cronbach's Alpha 系数为 0.936，高的信度系数意味着问卷结果的一致性和可靠性较高，从而增加了研究结果的可信度，此问卷能够有效地测量预定的概念。

（3）舒适物体系初构建

对一斗水村舒适物结构的初步研究从两个方面开展：一是以城市舒适物理论的要素和乡村振兴五大振兴内容构成为基础，结合一斗水村实际情况，把村落旅游舒适物要素分成生态舒适物、文化舒适物、人才舒适物、组织舒适物和产业舒适物五大类；二是借助

Rost CM6 软件结合一斗水村预调研访谈内容和社交媒体软件推送的内容和评论进行文本分析和高频词提取，提取出 39 个具有代表性的舒适物客体。将舒适物客体与理论上的舒适物要素对照，最终明确一斗水村旅游舒适物初结构表（表1）。Rost CM6 是由武汉大学沈阳教授带领团队开发专门针对中文的文本挖掘工具[18]，能够通过客观、系统、定量描述的手段，透过现象直达本质，深入解析研究对象内容的研究方法[19]。

（4）因子分析法构建舒适物体系

因子分析是以最少的信息丢失为前提[20]，基于降维的思想，在尽可能不损失或者少损失原始数据信息的情况下，将错综复杂的众多变量聚合成少数几个独立的公共因子，这几个公共因子可以反映原来众多变量的主要信息，在减少变量个数的同时，又反映了变量之间的内在联系[21]。其基本目的就是用少数几个因子去描述许多指标或因素之间的联系，即将关系比较密切的几个变量归在同一类中，每一类变量就成为一个因子，以较少的几个因子反映原资料的大部分信息[22]。

在进行因子分析前，首先使用 Excel 2024 软件对数据进行统计整理，随用 SPSS 26.0 软件进行相关性分析筛除相关性较弱的指标后进行适应性分析，根据各因子的方差和贡献率确定公因子数目后进行命名，完善舒适物指标评价体系。

①相关性分析检验

分别对五大舒适物要素的舒适物客体进行相关性分析，分析结果如图2所示。分析结果表明：仅生态舒适物中的旅行距离与道路整洁状况存在显著正相关（$P < 0.05$）；其余指标均存在2个或2个以上极显著正相关（$P < 0.01$）的指标，且不存在显著负相关（$P < 0.05$）的指标，各指标之间相关性越高，越适合运用因子分析。

②适应性因子分析

进行因子分析前，通过相关性分析检验后的指标客体，还需通过对调研数据的统一处理，获得目标数据的 KMO 值等数值进行分析，以此检查目标数据的有效性水平。KMO 检验的统计量取值在 0~1 之间，越接近 1 说明指标间的相关性越强，指标越适合作因

旅游舒适物初构成表　　　　　表1

乡村舒适物要素	乡村舒适物客体
S1 生态舒适物	城市距离、空气质量、森林植被、梯田景观、河流水域、垃圾桶数量、道路整洁状况、公共卫生间整洁度
S2 文化舒适物	神女洞传说、龙显石传说、千年柳树传说、村民好客度、经营者态度、关帝庙、贾家李家大院、一斗水泉
S3 人才舒适物	创新创业人才、工匠、手艺人、养殖人、国家级模范人物贾雪花、劳动模范人物老郭麦旺、社交媒体人
S4 组织舒适物	国家级传统村落、历史文化名村、《宝水》原型地之一、科普公益活动、特色民俗活动、农村基层党组织人数、农村基层党组织学历
S5 产业舒适物	超市商店、民宿旅馆、餐饮饭店、公共休息处、停车场、景观步道、导视系统、特色产品

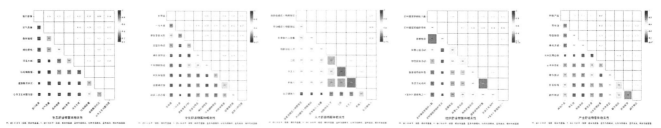

图2　五大舒适物要素层的客体相关性分析

舒适物方差贡献率　　表2

	生态舒适物	文化舒适物	人才舒适物	组织舒适物	产业舒适物
方差贡献率 /%	81.129	83.027	87.315	80.712	80.836

子分析，KMO 值在 0.8 和 1.0 之间表示采样充足，而 0.7 和 0.8 之间数据也可以被称为有效数据。运用 SPSS 软件对当前数据进行检验，此次 KMO 取值分别为 0790、0.841、0.850、0.813 和 0.854，均大于分析要求的 0.5。显著性均为 0.000，远小于实验要求的 0.01，筛除过后的指标适合进行因子分析。

③基于因子分析的各指标公因子提取

本试验采用的因子分析法是在主成分分析法基础上的反覆法，公因子提取数量共有两种方法。其一，应该根据特征值 λ_i 确定因子数，观察各个特征值，一般选取大于 1 的特征值。λ_i 就是第 i 个因子的方差贡献率，λ_i 测度了因子 i 的重要程度，被保留下来的因子至少应该能够解释 1 个方差。其二，根据因子的累计方差贡献率确定公因子数目。根据因子的方差贡献率，可计算第 k 个因子的累计方差贡献率，公式如下：

前 k 个因子的累计方差贡献率定义为：

$$P_k = \frac{\sum_{i=1}^{k} S_i^2}{p} = \frac{\sum_{i=1}^{k} \lambda_i}{\sum_{i=1}^{p} \lambda_i} \quad (1)$$

式中：P_k 表示前 k 个公因子的累计方差贡献率，p 表示为总方差，$\lambda_1 + \lambda_2 + \cdots + \lambda_i$ 表示前 k 的总方差贡献。

当 P_k 越大，即选取的累计方差贡献率越接近于 1 时，说明此时选取的公因子 k 解释率越强。其中，各指标公因子提取据精简中的变量降维，可以在建模之前独立进行，也可伴随在模型建立过程中，这样更具针对性[20]。同时采用凯撒正态化最大方差法进行旋转，使每一个变量尽量负荷于一个因子之上。通过公式（1）计算各舒适物要素层的累计方差贡献率如表 2 所示。五类舒适物指标要素的累计方差贡献率（P_k）均大于因子提取的 80.00%，可包含指标的绝大部分信息。

④基于因子分析的各指标公因子方差提取

公因子方差，表示各变量中所含有的原始信息能被提取的公因子代表的程度。公因子方差大于 0.4，表示公因子质量可用，在实际运用中，提取值大于 0.6 即视为解释能力较强。从图 3 的分类柱状图结果分析可知，五类舒适物中除了生态舒适物 8 个变量公因子方差中的梯田景观客体为 0.690，产业舒适物 9 个变量的公因子方差中的公共休息处客体为 0.602，其余客体公因子方差均大于 0.70，且大部分都超过 0.80。五类舒适物共提取的 19 个公因子能够很好地反映原始变量的主要信息。

⑤乡村舒适物体系构建

基于前文乡村舒适物客体的初构建和因子分析法降维后分析的结果可以得出乡村舒适物指标体系结构（图 4）。旅游情境下乡村舒适物感知评价体系的可由生态舒适物、文化舒适物、人才舒适物、组织舒适物和产业舒适物 5 个要素、19 个指标层和 39 个客体呈现。

（5）舒适物感知评价

在本次问卷调查中，游客对每个舒适物的印象程度勾选均有"完全不关注、不关注、一般、关注、非常关注"5 个选择。当游客对乡村舒适物的关注度选择已表达关注意愿的选项（一般、关注和非常关注）时，同时搜集游客对该舒适物客体的评价。将完全关注、关注和一般赋值为 1，其余 2 个赋值为 0，利用 EXCEL 26.0 进行好感度频数统计，按照公式（2）将好感度频数转换成百分制的关注度并从高到低进行排序。

$$Y = X/N \times 100 \quad (2)$$

式中：Y 为关注感水平，X 为关注度频数，N 为样本总数。好感度水平介于 85.00~100.00 为关注度高，75.00~84.99 为关注度较高，60.00~74.99 为关注度一般，40.00~59.99 为关注度较低，0.00~39.99 为关注度低。最终得到游客对乡村舒适物客体的选择偏好。利用 EXCEL 26.0 进行描述性统计，得出游客对舒适物客体的评价总值。本次样本数据中评价分值 ≥ 150 分的为正向评价，150 > 评价分值 ≥ 0 为中立评价，评价分值 < 0 分的为负向评价。

（6）模型精度检验

分析以乡村舒适物综合感知评分 0.2 可接受范围内进行分类，探讨乡村舒适物综合评分与游客心情指数、满意度指数和回访率指数的变化进行多重回归分析。拟合方程分别为 $y = 8.147x + 60.859$，相关性为显著相关（$P<0.05$），R^2 为 0.667。与游客满意度和忠诚度的曲线拟合中二次模型相关系数 R^2 较高，

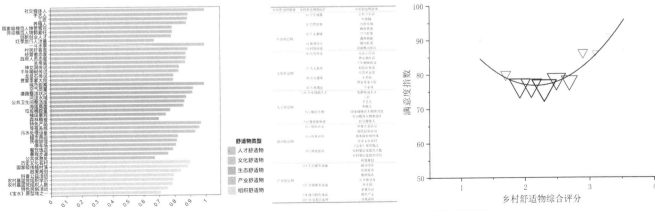

图 3　旅游舒适物公因子方差提取　　　图 4　乡村舒适物指标体系结构图　　图 5　与满意度指数拟合

F 检验值最高，并且有极其显著的差异性（$P < 0.001$），在标准范围之内，从统计学上来说为最佳模型。同时参考相关文献和各曲线特征，在探讨乡村舒适物综合感知评分与游客满意度回访率评分评估过程中，二项模型相对较符合实际情况，本研究选取二次回归模型，所得游客满意度曲线 $Y2=13.024x^2-57.991x+133.504$，忠诚度曲线为 $Y3=137.719x^2-61.371x+13.461$。相关性极其显著（$P<0.01$），$R^2$ 分别为 0.747 和 0.731，与满意度指数拟合如图 5 所示，模型拟合精度较高。一斗水村旅游可持续发展模型精度高。

二、结语

①通过定量和定性的研究方法构建了旅游情境下一斗水村舒适物评价体系，主要包含 5 个要素层、19 个指标层和 39 个客体，旨在全面评估游客在古村旅游体验中的舒适物感知度，要素层涵盖了生态、文化、人才、组织和产业五个维度，指标层和客体则进一步细化了这些维度下的具体评价标。②一斗水村大多数舒适物为正舒适物和中舒适物，它们对提升游客的旅游体验和满意度具有积极作用。也存在部分反舒适物，会对古村的旅游发展和文化遗产的保护与传承产生负面影响。③游客对一斗水村舒适物的整体感知评价较高，且其感知对心情愉悦，满意度和忠诚度都呈现极其显著正相关（$p < 0.000$），表明游客的舒适物感知是影响旅游体验质量的关键因素，一斗水村旅游可持续发展模型精度高。

参考文献：

[1] 乡村振兴战略规划实施报告（2018-2022 年）[J]. 世界农业，2023（3）：2.
[2] 刘雪媛. 旅游型传统村落的公共空间活力影响因素研究[D]. 济南：山东建筑大学，2023.
[3] JOO D，CHO H，WOOSNAM K M. Exploring tourists' perceptions of tourism impacts[J]. Tourism Management Perspectives，2019，31：231-235.
[4] 董爽，汪秋菊. 基于 LDA 的游客感知维度识别：研究框架与实证研究——以国家矿山公园为例[J]. 北京联合大学学报（人文社会科学版），2019，17（2）：42-49.
[5] VUJKO A，GAJIC T. Opportunities for tourism development and cooperation in the region by improving the quality of tourism services-the'Danube Cycle Route'case study[J]. Economic research-Ekonomska istraivanja，2014，27（1）：847-860.
[6] CORTES-VAZQUEZ J A. The end of the idyll?Post-crisis conservation and amenity migration in natural protected areas[J]. Journal of Rural Studies，2017，51：115-124.
[7] 王凌. 城市舒适物视角下工业化后期专业镇发展研究[D]. 广州：华南理工大学，2018.
[8] PERKINS H C，MACKAY M，ESPINER S. Putting pinot alongside merino in Cromwell District，Central Otago，New Zealand：Rural amenity and the making of the global countryside[J]. Journal of Rural Studies，2015，39：85-98.
[9] 薛岚. 国外乡村舒适性研究综述与启示[J]. 地理科学进展，2020，39（12）：2129-2138.
[10] 住房和城乡建设部、文化部、财政部. 第二批列入传统村落名录的村落名单[EB/OL]. (2013-8-26) [2024-09-01]. http：//www.chuantongcunluo.com/index.php/Home/gjml/gjml/wid/963.html.
[11] 河南省焦作市修武县岸上乡一斗水村[J]. 休闲农业与美丽乡村，2014（12）：60-66.
[12] 焦作市文化广电和旅游局. 一斗水村获评省特色景观旅游名镇名村[EB/OL]. (2017-01-04) [2024-09-01]. http：//wglj.jiaozuo.gov.cn/show.asp?id=1170.
[13] 第七批中国历史文化名镇名村名单公布[J]. 城乡建设，2019（4）：5.
[14] 焦作市文化广电和旅游局. 一斗水村借助旅游资源脱贫致富[EB/OL]. (2019-10-28) [2024-09-01]. http：//www.jiaozuo.gov.cn/sitesources/jiaozuo/page_pc/ywdt/bmdt/articlec67121bdc30e46568c51ddb34a554e9b.html.
[15] 河南省省旅游局规划发展处. 河南省旅游局 2018 年拟认定第一批乡村旅游特色村名单公示[EB/OL]. (2018-09-11) [2024-09-01]. https：//hct.henan.gov.cn/2018/09-05/787907.html.
[16] FORNELL C，JOHNSON M，ANDERSON E w，et al.The American Customer Satisfaction Index：Nature，Purpose，and Findings [J]. Journal ot Marketing，1996，60（4）：7-18.
[17] 刘芳羽，赵静，李泽，等. 基于文本挖掘法的北京市家庭医生评价体系构建及实证研究[J]. 中国全科医学，2020，23（25）：3226-3229.
[18] 邱均平，邹菲. 关于内容分析法的研究[J].中国图书馆学报，2004（2）：14-19.
[19] 薛薇. 基于 SPSS Modeler 的数据挖掘[M]. 第 2 版. 北京：中国人民大学出版社，2014：179-193.
[20] 庞忠和，罗霁，程远志，等. 中国深层地热能开采的地质条件评价[J]. 地学前缘，2020，27（1）：134-151.
[21] 陈海雯，宋荣彩，张超，等. 基于因子分析法的干热岩地热资源热储评价[J]. 成都理工大学学报（自然科学版），2023，50（3）：333-350.
[22] 杨文，陈立新，段文标，等. 基于因子分析法的红松人工林立地质量评价及其应用[J]. 中南林业科技大学学报，2023，43（8）：51-61.

文旅融合背景下北京琉璃渠村更新策略研究

朱永强[1] 刘阿琳[2] 史祚政[3]

摘 要：琉璃渠村作为京西古村落门户——琉璃之乡，是古商道、香道、河道等多条文化带的交汇点，并拥有灿烂的皇家琉璃文化。现今，在退二进三的产业转型背景下，琉璃渠村面临重大机遇与挑战，亟待复兴。研究首先通过田野调查与问卷访谈等方法总结琉璃渠村的资源基础与发展困境；其次，结合传统村落的文旅融合模式，制定以琉璃文化为发展引擎的更新转型方案；最后，提出以保护"自然生长"的村落风貌特色为基础，从"面－线－点"三个维度构建多尺度文旅空间规划与打造京西村落特色名片的文旅融合发展策略，以期探寻传统村落文旅发展新路径，并为其他同类发展受困的村落更新发展提供指引。

关键词：文旅融合 琉璃文化 村落更新 产业转型 多元主体

文化与旅游具有天然的依存共生关系，文化赋能旅游可使产业兴旺发达，旅游则进一步促进文化繁荣。传统村落蕴含着厚重的遗产与文化基因，赋予乡村特有的自然文化生态新内涵。2023年，中央一号文件也提出加快发展现代乡村服务业、培育乡村新产业新业态，持续推动乡村产业高质量发展[1]。文旅融合通过对乡村产业资源、文化资源与旅游资源的系统梳理，依托多产业的交融与多主体的共生，实现乡村资源价值最大化。

当前，随着居民物质生活水平的提高，旅游成为国民的日常需求，刺激旅游供给方不断提高服务品质。国民旅游需求异质性特征明显，逐渐由大众观光旅游转向休闲主题型、沉浸漫游式的个性品质需求，乡村游成为旅游热点之一[2]。已有研究表明，村落文旅融合空间转型发展对产业空心、环境凋敝、人口老龄化等"乡村病"具有显著改善效益[3]。目前，国内外学者已经从文化与旅游的关系[4, 5]、文化遗产与旅游融合[6]、文旅融合的产业效应[7]、乡村转型模式和路径[8, 9]以及文旅融合需求与影响[10]等方面对乡村转型进行了翔实的理论探索，为传统村落文旅融合发展路径提供了依据。因此，研究以琉璃渠村为例，剖析村落资源基础与发展困境，提出以琉璃文化为发展引擎的更新转型方案，探索传统村落文旅融合发展之路。

一、探寻：以古鉴今，琉璃本况

1. 研究对象

琉璃渠村位于北京市门头沟区龙泉镇，地势西北高东南低，三面环山，一面环水，西依九龙山，东临永定河，与传统村落三家店隔永定河相望（图1）。琉璃渠村位于门头沟新城规划范围内，村域面积3.5平方km，常住人口4000余人，是典型的近郊型传统村落[11]。周边分布多条铁路，是北京郊区平原西进山区与妙峰山香道的关键节点，衔接山区与平原，水陆交通便捷。

2. 资源基础

（1）琉璃渠村文化积淀深厚

琉璃渠村缘起于西山古商道沿线聚落，受哺于永定河，成名于皇家琉璃。《元史·百官志》记载："大都凡四窑场，秩从六品……琉璃局，大使，副使各一员，中统四年置"。据此可知，宋朝时期琉璃渠村已经开始烧造琉璃。清朝时期，琉璃渠村发展成为皇家御用琉璃窑厂达到鼎盛时期。后来，经历战争洗礼，琉璃渠村逐渐走向没落。新中国成立后，因新中国成立十周年十大建筑建设，琉璃渠村进入短暂而辉煌的复兴时期（图2）。在其漫长的村域演变中，成就了灿烂的皇家琉璃文化、京西古道文化、香道茶文化与永定河文化丰沙铁路文化。

（2）琉璃渠村古韵风貌绵延

琉璃渠村靠邻九龙山，东侧紧邻永定河，环境优美。村内棋盘式街巷格局完整，最早由西山古道而聚居，村域依古道而外延，后又因妙峰山香道的修建，形成了前街、后街与香道三条主要街巷空间。其中前街至今仍保留古街的风韵格局[12]，全长943m，街道宽度约8m，具有较好的围合感，尺度宜人。通过摸排统计琉璃渠村拥有526个院落空间，其中民居类院落主要以三合院为主，共计484个，占比92%。

（3）琉璃渠村琉璃产业悠久

琉璃渠村以烧制皇家琉璃而闻名，具有"成大型而不开裂，经百年而不掉釉"[13]的品质，其琉璃烧制技艺为国家级非物质文化遗产。琉璃渠村经历了明清时期琉璃产业的兴起与辉煌，使得琉璃不仅仅是一种建筑构件与符号（图3），而逐渐沉淀为整个村庄的精神符号，皇家御用的骄傲。

3. 村落困境

通过调研发现，琉璃渠村在文化传承、建筑风貌、产业发展、基础设施等方面面临巨大挑战。首先，在文化传承方面，随着生态环保理念的普及，传统烧造业的关停迫使诸多老工匠无奈转行，而年轻人缺乏继承手艺的动力，琉璃制造技艺面临着后继无人、濒临失传的困境。琉璃渠村特色民俗活动如太平鼓、霸王鞭、五虎少林会等，也因生活方式的转变，缺乏传承人逐渐湮没于村民的日常生活中。其次，在建筑方面，外来人口激增导致院落内部的私搭乱建，严重破坏了传统合院的形制。村落历史建筑由于缺乏维护普遍

---

[1] 朱永强，北京建筑大学建筑与城市规划学院。
[2] 刘阿琳，北京建筑大学建筑与城市规划学院，博士研究生。
[3] 史祚政，北京建筑大学建筑与城市规划学院，博士研究生。

存在建筑结构老化、残破等问题。随后，在二产向三产的转型中，传统琉璃制造业集体关闭导致产业发展出现空窗期。结合问卷调查与访谈结果，目前文旅产业的村民参与度不高，人员参差不齐，缺乏创意人才，未根据现代人喜好特点与时代进展而与时俱进。最后，在基础设施方面，道路缺乏系统规划与旅游标示，停车场地有待组织，缺乏对古树景观的营造，未统筹考虑景观与街巷节点的关系。

二、择策：转型发展，文旅融合

首先，通过实地调研，并对琉璃渠村琉璃窑厂负责人、果园农场主、民宿餐饮业者、游客、琉璃技艺非遗传承人以及部分村民等进行深度访谈，研究进一步从历史文化、人居环境、服务设施以及产业经济等方面解析琉璃渠村资源基础与发展困境（图4）。其次，结合传统村落的文旅融合模式，制定以琉璃文化为发展引擎的转型方案，实现村落转型复兴。传统村落文旅融合作为村落保护与可持续发展的重要路径支撑，其核心是资源—产品—产业的动态融合过程，从而促进村落转型振兴[14]。最后，针对琉璃渠村的发展症结，结合传统村落的文旅融合模式，提出以保护"自然生长"的村落风貌特色为基础，从"面—线—点"三个维度构建多尺度文旅空间规划与打造京西村落特色文旅名片的文旅融合发展策略。从而打造村落特色文旅产业，实现琉璃渠村文旅融合转型复兴。

三、方案：延续肌理，产业提升

1. 保护"自然生长"村落风貌特色

（1）保护"三角形"村落形态与传统街巷格局

琉璃渠村作为千年古村，是村民的精神家园，承载着诸多"集体记忆"。首先，依据村落选址布局特点，保护背山面水的三角形平面格局。琉璃渠村作为典型的古村落平面空间布局，由南侧丰沙铁路、东侧永定河与西侧九龙山围合成独特的三角形平面布局。应当严格控制村落边界的无序扩张，对村落边界外的建筑院落予以拆除搬迁至村内，保护三角形村落平面的完整性。如丰沙铁路以南的四处现代民居建筑，可以通过村委统筹协调搬迁至村内，丰富街巷肌理，促进村落的有机生长。其次，通过查阅村志、历史照片资料，对前街、后街与妙峰山古香道三条主要街巷进行溯源整治，延续传统街巷空间格局。通过街巷立面整治，延续其"凹"字形错落有致的自然生长肌理。最后，通过艺术设计进一步展现富有琉璃特色的街巷风貌，如增设琉璃创意指示牌展示街巷历史文化信息，针对街巷两侧的古槐树，营建琉璃主题式景观座椅空间，为村民游客提供交流休憩场所。

（2）更新提升建筑院落空间品质

建筑院落作为村落风貌特色的主要载体，其整治更新须以在地文化为根本，结合文旅融合发展需求与实际状况提出针对性更新策略，从而提升空间品质，营造安宁协调的场所氛围，激活乡土文化的内在活力。

针对文保建筑如三官阁过街楼、关帝庙等，应遵循真实性和可识别性的原则，采用传统与新技术结合的方式进行保护，修缮内部空间以承担新的功能，使其成为琉璃渠村文旅发展的重要节点建筑。传统建筑以村落内留存的诸多清代合院为代表，应拆除院落内加建的现代屋舍，修缮破损之处，维护院落的整体格局与建筑风貌。如对屋脊两端的鸱吻和垂兽进行补齐，恢复琉璃烧造的特色匾额，向游客展示琉璃渠村传统民居合院文化。对于风貌协调类特色民居合院，进行建筑修缮和沿街建筑立面整治，如建筑色彩保持以传统民居的灰色为主，门窗为褐色或者原木色，建筑材料以灰砖、灰瓦、琉璃、片岩为主，从而提升村民生活空间品质（图5）。不协调类建筑如村内位于后街的汽修厂与古香道北侧的西山化工厂，

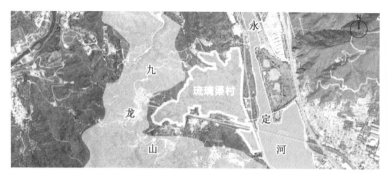

图1 琉璃渠村落格局

图2 琉璃渠村庄发展沿革

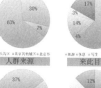

图3 琉璃建筑构件　　　　　　　　　　　　　　图4 问卷访谈结果

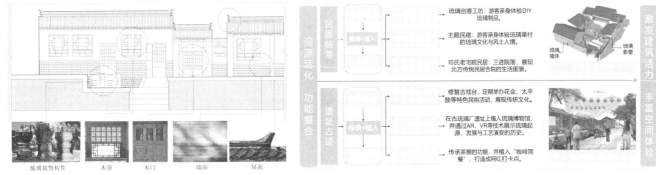

图5 沿街建筑立面整治示意图

图6 建筑院落活化利用方式

严重破坏了整个村落空间肌理并制约村落文旅发展规划,应进行关停拆除,后期可以考虑规划为旅游停车场。

2. 构建"面—线—点"三级文旅空间规划

琉璃渠作为京西重要门户所在,承载深厚的文化脉络。从传统村落集中连片规划出发,从面、线、点三个层面构建探寻琉璃宝藏的多主题游线路径及特色创意空间,从而更好地传承琉璃文化,激活文创产业。

首先,琉璃渠村作为京西文化特色体验区,承载京西古道、丰沙铁路与永定河等多元文化。依据琉璃渠村的文化资源集聚特征,综合考虑多元文化对村域片区的辐射影响以及文化旅游发展的功能需求,结合村域街巷空间特点,将琉璃渠村划分为京西传统建筑风貌体验区、文化创新产业园区、铁路文化打卡区、研学体验基地等六个不同主题的功能分区。

其次,整合琉璃渠村传统街巷空间以及古道景观等线性资源,并对游客与村民的活动路线进行设计优化,构建"两纵三横"的全域主题旅游线路。其中,"琉璃宝藏"游线以前街(古商业街)为载体,串联三官阁、琉璃厂商宅院、关帝庙等标志性建筑,是村域旅游线路中的主线。通过整合设计复原邓油铺、老锅炉等一批老字号商店,恢复古商业街风貌,形成"十里长廊"式的闲适漫览空间,满足村民生产生活与游客游览体验的双重需求。通过纵横5条主题游线,形成以展示琉璃文化、古道文化等主题的序列游线空间,满足游客的文化感知与精神需求,提高琉璃渠村文化旅游竞争力。

最后,依托琉璃渠村诸多历史文化遗迹、传统院落等点状资源,在保护村落风貌的基础上,通过功能植入、置换、传承等活化利用方式,对选取的重要建筑院落提出不同功能复合的活化利用方式(图6)。如结合明珠琉璃制品厂的改造更新,在古琉璃厂的遗址增设琉璃博物馆,并通过三维数字化技术展现完整的琉璃发展历史、烧制流程,让游客切身体验琉璃烧制工艺,丰富空间体验以增加观光体验的趣味性。

3. 打造京西村落特色文旅名片

(1)引导多元主体联合运营媒介

传统村落文旅产业的长久健康发展与多元主体的深度参与密切相关,充分发挥政府、企业与村民三方主体的各自职能优势,形成"政府主导、企业引领、村民参与"的协作运营模式[15]。

首先,政府主导,完善相关制度。政府在传统村落保护发展中发挥主导作用,并在修缮文物古迹、活化民居院落以及完善旅游基础设施等项目中,引进并监督社会资本运作,提供政策资金支持。如在琉璃渠村研学体验基地与文创园区项目中,进行减租免租,吸引优质创新的企业团队入驻。其次,企业引领,优化产业模式。企业作为社会资本运营方,统筹培育琉璃渠村文旅产品,完成二产向三产的结构转型,并引导琉璃渠村的村民积极自主地参与文旅产业建设。如"琉璃宝藏"游线区域的琉璃制作技艺展示、山地临海探险的"樱桃休闲采摘"等,均需要村民共同参与缔造,从而打造"企业—村民"共赢的新型生产模式。最后,村民作为参与主体,深耕文旅产业。通过系统培训宣讲后,村民与企业联合运营产品销售展示、导游讲解、民宿改造等项目,发挥主体在地优势。

(2)开发产研学旅模式

以琉璃文化为纽带融合带动相关产业、研学与文旅的发展。依托琉璃厂旧址、博物馆等重要文化遗址,整合北京高校资源、产业联盟、设计团队形成多元主题的开放平台,开展对琉璃文化、制作工艺、文化传承等方面的学术交流和研发,形成以"琉璃文化+"为核心的"产研学旅"模式(图7)。

在产业方面以琉璃文化为引擎,将原有琉璃烧造业转化为体验型文化产业,增设琉璃创意产品的设计工坊,形成"琉璃+N"的产业模式。研学基地链接设计工作室、产业联盟,整合北京及周边高校以及琉璃研究所等科研资源,打造具有地区影响力的研学示范基地。利用明珠琉璃瓦厂旧址为基地,定期邀请知名设计师、设计团队到琉璃渠村举办展览,打造北京国际设计周——琉璃渠村分展场。在旅游方面,通过营造主题游线、建构特色体验区的规划策略,将琉璃渠村打造为主题式文旅体验区,吸引国内外游客。

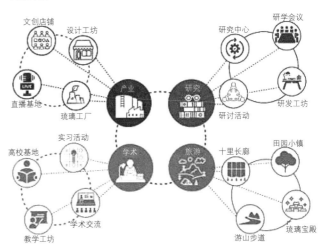

图7 "产研学旅"模式图

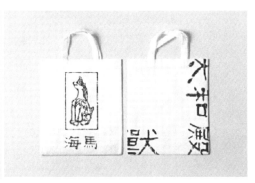

图 8 文创产品——印章与手袋

（3）打造"京西琉璃"文旅品牌

结合"京西聚落""上香古道""古商驿站"等特色资源，构建以琉璃文化为核心的琉璃渠村文化体系，树立"京西琉璃 IP"，在全民旅游的时代能发挥传统村落文旅融合的竞争优势。

大数据时代，信息交互是旅游宣传重要媒介。首先，通过梳理琉璃渠村文旅特色，"京西琉璃 IP"可以凝练为："一个古村"——坐落山水之间（琉璃渠）；"一条老街"——蕴含昔日繁华（京西古道）；"数个宅院"——展现明清风格（建筑院落）；"一脉文化"——传承千年历史（琉璃文化）。此外，结合大数据、新媒体推广运营，加强"京西琉璃 IP"文旅宣传营销。其次，利用 3D Model、AR、VR 等数字化技术，将琉璃博物馆、古商业街、典型民居、琉璃烧制工艺、五色灯笼等文化遗产进行数字化复原，通过交互媒体宣传运营，提高"京西琉璃"的热度。最后，大力推动琉璃创意产品研发和设计，开发体现"琉璃+"的工艺品、旅游纪念品、特色日用品等系列文创产品。如将琉璃渠村烧制的故宫最高等级建筑太和殿屋顶上的十个吻兽进行拟人卡通化转译（图 8），制作成吻兽纪念品、书签、购物袋等，扩大皇家琉璃的影响力，提升"京西琉璃 IP"价值。

四、结语

传统村落蕴含着丰厚的遗产资源与文化基因，通过文旅融合转型发展，能够达到村民与游客的互利共赢。在文旅融合背景下，传统村落的空间转型发展应摒弃传统"静态孤立保护"与"过度城市化开发"两种极端方式，重点聚焦文化要素的梳理挖掘与转译赋能，突出在地文化的多样性与差异性诠释。研究首先，通过田野调查与问卷访谈等方法总结琉璃渠村的资源基础与发展困境；其次，结合传统村落的文旅融合模式，制定以琉璃文化为发展引擎的更新转型方案；最后，提出以保护"自然生长"的村落风貌特色为基础，从"面—线—点"三个维度构建多尺度文旅空间规划与打造京西村落特色文旅名片的文旅融合发展策略，以期提高村民生活质量，重燃琉璃之火。

参考文献：

[1] 中华人民共和国中央人民政府. 中共中央 国务院关于做好 2023 年全面推进乡村振兴重点工作的意见 [EB/OL]. (2023-02-13) [2024-10-15]. https://www.gov.cn/zhengce/2023-02/13/content_5741370.htm.

[2] 龙井然, 杜姗姗, 张景秋. 文旅融合导向下的乡村振兴发展机制与模式 [J]. 经济地理, 2021, 41 (7): 222-230.

[3] 陆林, 任以胜, 朱道才, 等. 乡村旅游引导乡村振兴的研究框架与展望 [J]. 地理研究, 2019, 38 (1): 102-118.

[4] 张朝枝. 文化与旅游何以融合：基于身份认同的视角 [J]. 南京社会科学, 2018, No.374 (12): 162-166.

[5] 杨振之. 全球化背景下旅游业的发展与民族文化的振兴 [J]. 旅游学刊, 2009, 24 (8): 7-8.

[6] 翁钢民, 李凌雁. 中国旅游与文化产业融合发展的耦合协调度及空间相关分析 [J]. 经济地理, 2016, 36 (1): 178-185.

[7] 侯兵, 周晓倩. 长三角地区文化产业与旅游产业融合态势测度与评价 [J]. 经济地理, 2015, 35 (11): 211-217.

[8] 曹智, 李裕瑞, 陈玉福. 城乡融合背景下乡村转型与可持续发展路径探析 [J]. 地理学报, 2019, 74 (12): 2560-2571.

[9] 罗奇, 卢俊. 新型城乡关系下城市近郊区乡村复兴的空间转型之路：以南昌市近郊区乡村为例 [J]. 城市发展研究, 2017, 24 (7): 7-10.

[10] 高慧智, 张京祥, 罗震东. 复兴还是异化？消费文化驱动下的大都市边缘乡村空间转型：对高淳国际慢城大山村的实证观察 [J]. 国际城市规划, 2014, 29 (1): 68-73.

[11] 李进涛, 杨园园, 蒋宁. 京津冀都市区乡村振兴模式及其途径研究——以天津市静海区为例 [J]. 地理研究, 2019, 38 (3): 496-508.

[12] 欧阳文, 周轲婧. 北京琉璃渠村公共空间浅析 [J]. 华中建筑, 2011, 29 (8): 151-158.

[13] 李茜. 七百年窑火不灭的皇家琉璃之乡 [J]. 农村·农业·农民 A, 2016.

[14] JIN Y, XI H, WANG X, et al. Evaluation of the integration policy in China: does the integration of culture and tourism promote tourism development?[J]. Annals of Tourism Research, 2022, 97: 103491.

[15] 石欣欣, 胡纹, 孙远赫. 可持续的乡村建设与村庄公共品供给——困境、原因与制度优化 [J]. 城市规划, 2021, 45 (10): 45-58.

肇庆黎槎八卦村形态特征分析

李逸凡[❶]　王国光[❷]

摘　要：特殊形态村落因其功能性与文化性的高度统一，成为保护和传承乡土文化的重要载体。本文以广东肇庆黎槎八卦村为例，围绕其形态典型性，采用类型学结合二维量化的研究方法，从整体格局、街巷空间、邻里结构、单体建筑四个层面阐述形态特征及生成机制。研究发现八卦村形态四个特征：堤墙同筑的防患特征、八卦同构的形态象征、秩序分明的组织结构、特化适应的建筑空间。本研究拓展了村落特征的量化挖掘方法，对未来乡村遗产保护更新与活化具有积极意义。

关键词：八卦村　传统村落　聚落形态　量化分析

近年来随着乡村振兴的推进，越来越多具有特殊形态特征的传统村落引起学界的广泛关注。村落物质形态不仅承载着村民日常生活和传统营造意匠，也是乡村文化遗产保护的重要组成部分。肇庆黎槎八卦村在特定条件下形成了独特的整体布局，具有重要的文化价值。全面理解八卦村村落形态构成特征，通过对各个形态层次类型梳理、建立对此类特殊村落的认知，为此类聚落形态研究提供基础，助力乡村建设。

八卦形村落的形态研究属于村落形态研究中的专项研究，近十年间学界逐渐开始关注这一特殊的村落形式。李睿、张莎玮将八卦形村落归类为广府文化主导的传统村落模式[1-2]，研究证实八卦村与广府传统聚落的紧密联系。周彝馨提出了八卦村的识别标准[3]并反驳了八卦形村落由图示直接建造生成的通俗认知[4]。研究揭示了八卦形态的聚落是在复杂影响下最终形成自身形态。现有的研究多以宏观视角的村落形态研究为主，需要拓展微观视角分析与定量分析，使研究更加完整。

一、研究区概况

黎槎村是肇庆形态最为完整的八卦村之一，建村已700余年，近代以来由于排屋不再适应生活需求，村内居民均选择迁移或在八卦村外围建设新村。村落面积约为6万 m^2，房屋呈梯级放射状分布于凤凰岗上，有东西两口鱼塘环绕，村落呈圆形，建于环形台堤之上，外墙连续且封闭。为形成比较研究，同时选择包括黎槎八卦村、黎槎村扩建部分及赤水塘村在内的六个村落区域进行分析，这些区域均有独立的边界与完整的内部空间（表1）。

二、研究方法

1. 定性研究方法

在实地调研基础上，以空间结构特征划定研究范围，并规定研究层次，主要采用建筑类型学方法对村落公共空间和村落建筑进行归纳分析，总结八卦村形态特征。在八卦村的演进中，包含水塘、建筑、围墙等村落限制村落边界生长的地形地物形成了村落各部分之间的固结线，标识出了各个阶段的村落扩张。故研究引入固结线（Fixation Line）[5]的概念来划定范围并描述八卦村的演进。不同建筑聚落常常具有相似的构成，如序列、街巷、院落等，新的文化内涵在自组织过程中得以涌现[6]。对于黎槎八卦村，采用相似的空间构成划分，以整体格局、街巷秩序、邻里结构、单体建筑四个层级对空间的形态进行解读。

2. 定量分析方法

乡村平面形态可视为由建筑及场地要素构成的一组隐含秩序性的空间结构，量化分析能对其深入描述。针对特殊形态选择宏观至微观不同尺度形态表征，以村落的整体形状与内部结构两个维度进行划分。选取长宽比、形状指数、边界密实度描述整体形状；选取公共空间分维值、平均建筑面积紊乱度、街巷高宽比描述内部结构（表2）。以往村落二维量化研究中结合人感知范围设置对村落边界尺度设定100m、30m及7m为虚边界尺度[7]，以此对村落边界图形进行描摹，构建分析基础。

三、肇庆黎槎八卦村形态分析

1. 整体格局

（1）演进特征

黎槎八卦村的演进特征可通过村落各区域街巷承载能力和空间关系两方面进行分析。村落建设大致分为三个阶段：第一阶段以环形水塘和道路为界线；第二阶段在原有村落外围进行扩建；第三阶段主要以近现代车行道路为主，形成了条带状的街区。总体来说，八卦村的演进呈现出渐进图景。

（2）边界形态

黎槎村边界形态具有内向性、封闭性与整体性特征。为避西江水患和盗寇，村落选址于地势较高的凤凰岗，通过筑堤与连续外墙和门楼形成了屏障。黎槎村的边界由墙与堤构成有机整体，具备防洪与防御双重功能，实现了文化与功能的相互塑造。

2. 街巷秩序

（1）圈层结构

黎槎八卦村在建设过程中功能性与文化性的统一，使其产生了清晰的圈层结构，是其八卦同构形态象征的重要表征之一。黎槎八

[❶] 李逸凡，华南理工大学建筑学院。
[❷] 王国光，华南理工大学建筑学院，教授，博士生导师。

形态分析对象表　　　　　　　　　　　　　　　　　　　　　　　表1

	黎槎八卦村	黎槎村扩建部分	赤水塘村
村落图底			

村落形态特征量化公式表　　　　　　　　　　　　　　　　　　　表2

指标名称	公式	含义
长宽比	L/W	取三种虚边界的最小外接矩形的长宽比，可以直观地反映村落的整体形态特征
形状指数	$S_{权均} = \left(\sum_{i=1}^{n} \frac{P_i}{2\sqrt{\pi A_i}} \right)$	通过分析村落虚边界与同面积圆形的相似程度，可以判断村落的特殊形态特征
边界密实度	$W_{权均} = W_{大} \times 0.16 + W_{中} \times 0.34 + W_{小} \times 0.5$	通过分析虚边界与建筑实体边界的重合度，反映聚落边界的闭合程度，可以判断村落边界的连续性
公共空间分维数值	$D = \dfrac{2\lg\left(\dfrac{P}{4}\right)}{\lg(A)}$	通过对村落公共空间复杂程度的分析，可以反映其组织化程度
平均建筑面积紊乱度	m	以各个单体建筑面积平方差反映村落之间建筑体量秩序的差异
街巷高宽比	D/H	反映村落街巷构成特征与空间感知状态

卦村的街巷结构整体呈放射状，依据防御与防洪的建筑实体边界，可以分为外圈缓冲带与内圈区域。外圈缓冲带构成为水塘—酒堂—宽街—地堂（禾坪）—门楼／排屋墙，内圈区域为排屋—窄巷—排屋的重复排列，穿插部分公共建筑。

（2）道路系统

黎槎八卦村的道路系统呈现外环内网的结构，外圈为环形街道，内圈为复杂网格巷道。环形围墙内外街道尺度截然不同，外部街道宽阔，兼具交通、公共活动与防御监视作用。内圈街巷由门楼入口展开，较狭窄，四通八达，仅承担步行交通。内圈街巷主要呈放射状，无连续环道连通，道路蜿蜒转折，步行其中容易迷失，这也是八卦村空间体验的重要构成。

3. 邻里结构

（1）街巷构成

环形台堤与放射状街巷形成八边形的意向，是街巷构成的外观特征，排水是其街巷的重要功能。村中排水渠呈放射状，与道路结合，将雨水排至水塘。黎槎八卦村宏观上体现了梳式布局的广府村落特征，基本邻里单元以家族为划分，划分为11个里坊。

（2）街巷尺度

黎槎八卦村街巷可分为三类：外圈的环状街道、内圈村内纵向的里巷以及网状的冷巷。外圈环形道路整体尺度变化较小；少量纵向里巷，越近中心越窄；村内密集的冷巷，尺度变化较大。外圈的街道构成要素较多，街景较多样，由排屋、台堤、广场、酒堂、水塘等要素形成灵活的剖面形态（表3）。村内街巷构成单一，多为由两侧建筑围合成的狭窄街道（表4）。黎槎八卦村街巷充分利用了地形特点，形成了高度集约的街巷空间。

4. 单体建筑

（1）建筑概况

黎槎八卦村内有1座书舍，9座酒堂，11座门楼，18间祖堂，若干女子屋及3000余间排屋，按功能可分为公共、居住、防御三类，共六种类型（表5）。黎槎八卦村建筑呈现了灵活集约与因地

黎槎村外圈层街巷构成类型表　　　　　　　　　　　　　　　　表3

构成	广场	外圈街巷	
剖面形态	地堂—道路	地堂—道路—广场	道路
D/H	≥3	0.45	1.6
街巷宽度	≥20m	15m	4m
空间构成	村落外围门楼—地堂—道路—广场—水塘的入口空间序列，承载了大多数村民的公共活动	建筑—台基—道路—建筑是村落外围较多的一类空间构成，新中国成立后为联安围修建，低洼地带也可以用于建设，除酒堂外也开始有建筑建设	村落外围较为狭窄的地段，形成了外围环形道路的主体部分

黎槎村内部街巷构成类型表

表4

构成	内圈街巷			小型节点	村落中心
剖面形态	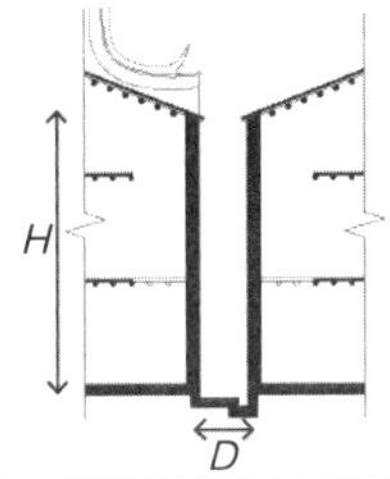	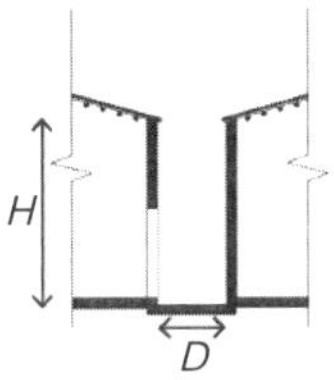	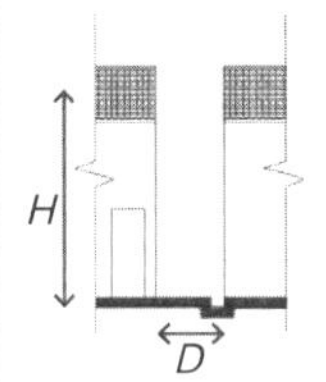	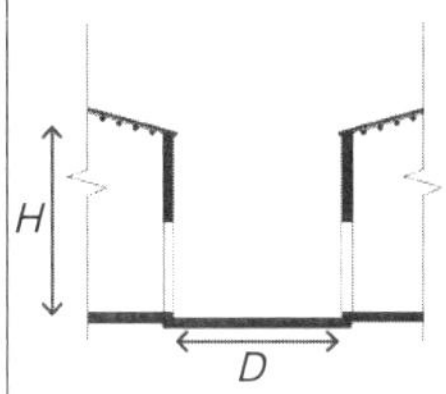	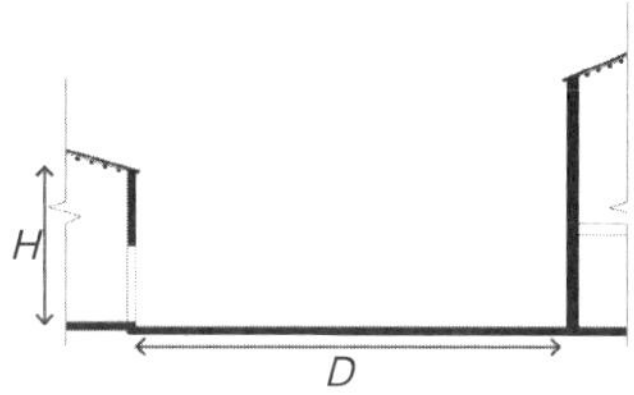
D/H	0.17	0.38	0.31	1	2.8
街巷宽度	1.1m	1.6m	1.6m	4m	12m
空间构成	由村落内部住宅或公共建筑围合出的街巷空间，狭窄高耸，是村中最多的一种街巷空间形态			夹角或水井等设施形成的开放小型节点	各个里坊汇集，避免建设而在村落中心形成的开敞缓冲空间

黎槎村建筑类型表

表5

建筑	平面形态	剖面形态	空间功能	空间特征
门楼		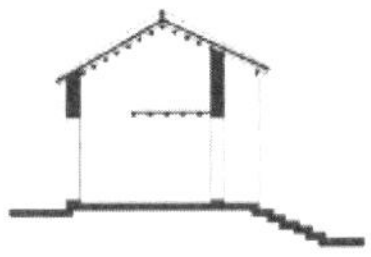	通行 防御	抬升的线性入口空间，内有岗哨阁楼
祖堂	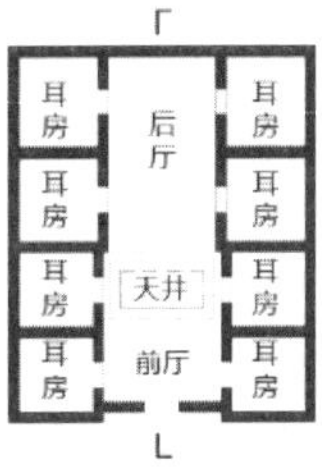	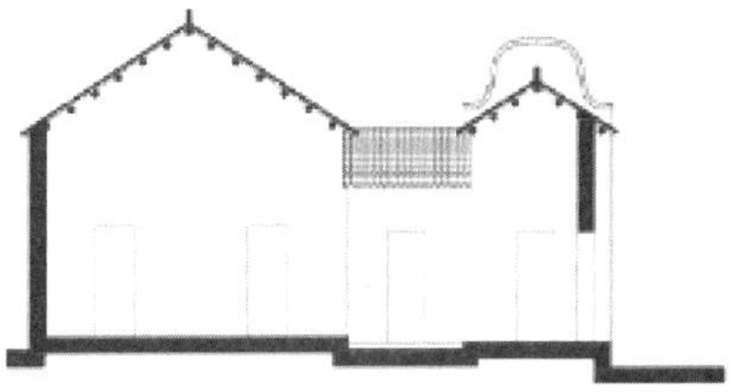	公共活动 供奉 祭祀	强序列性的空间，产生仪式感；服务空间与被服务空间分明
书舍	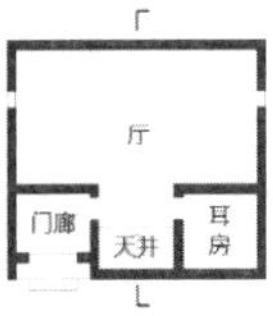	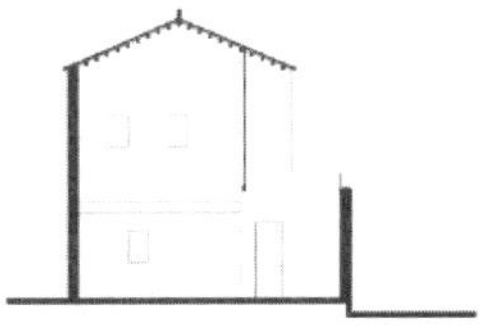	教育 议事 礼拜	复合功能的单一大空间
女子屋	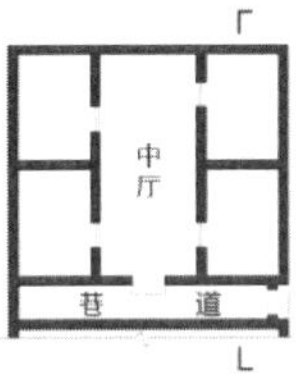	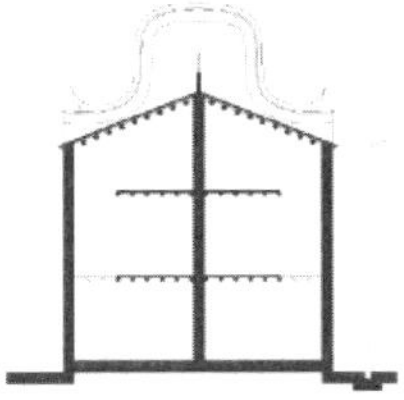	居住 教育	适应社会及环境条件的封闭单元式集合住宅
酒堂	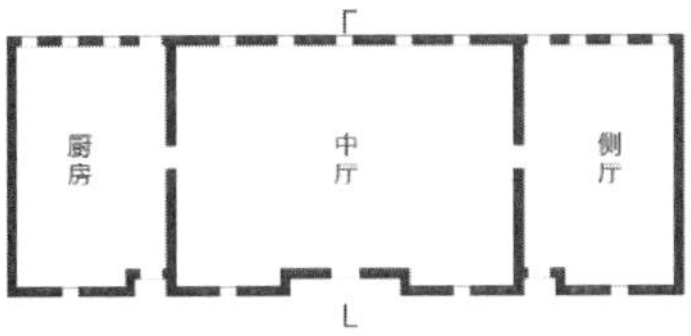	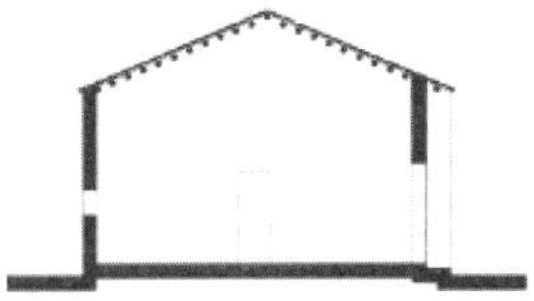	餐饮	单一用途的大空间
排屋	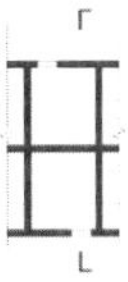	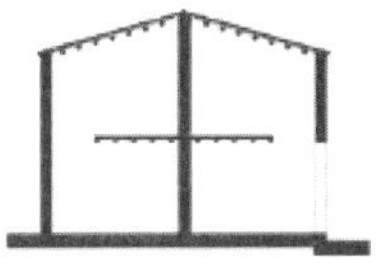	居住	大量的单元式住宅，多层小面积的居住空间

形状指数与边界密实度分析   表6

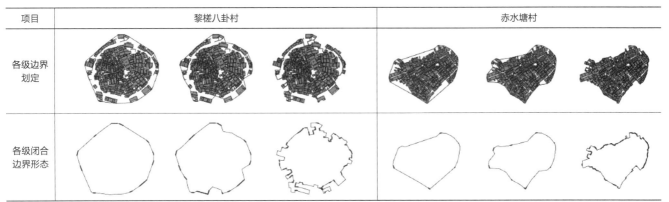

制宜的特征，祖堂是各类公共活动的核心，同时衍生了酒堂、书舍等共享空间。

（2）建筑类型

①祖堂：院落多为二进，南侧正门，东西边路各开侧门。祖堂以砖石墙体为主要承重结构，采用檩搭墙头，上施椽与瓦。后厅高于前厅，屋顶两侧设镬耳山墙，檐口灰塑彩画。

②书舍：敦善书舍为二层建筑（现内部楼板已被拆除），其平面轮廓与祖堂相似。建筑采用连续外墙承重，取消了当心间的隔墙，以梁承重，形成一个较宽的房间。

③女子屋：是八卦村中特殊的公共建筑，专为未婚女性建造，兼有教育功能。其采用祖堂的平面形式，外观封闭，取消了敞厅天井以扩充居住面积，内部多层，以木楼板分隔。

④酒堂：在八卦村的台基之上兴建标准规模的祖堂会进一步挤压本就紧张的居住面积，故创新地将非日常使用的餐饮空间独立出来，修在村台堤之下。

⑤排屋：是黎槎八卦村主要的居住建筑形式，面宽3m以内，进深不等，有门无窗，均有阁楼。排屋呈现密集的单元式布局，构成高密度居住形态。

⑥门楼：是八卦村中唯一专门的防御建筑，也是进出村落的唯一通道。与门前地堂一起构成每个里坊入口处的仪式空间。门楼内部设置阁楼与观察洞口，设置岗哨监视来人。

四、肇庆黎槎八卦村形态量化特征

1. 边界形态

黎槎八卦村的长宽比为1.1，整体呈现团块状村落形态，形状指数为1.07，与圆形的相似程度较高。黎槎八卦村具有连续且封闭的外界面，其边界密实度为51.34。相比之下，与其相邻的赤水塘村边界密实度为38.55。两者均为防御性广府村落，但黎槎村在营造过程中通过部分建筑功能的集约化，形成了圈层结构，使其边界更加紧密。黎槎八卦村表现出较强的几何特征，且边界密实度高，外部界面封闭且连续（表6）。

2. 街巷秩序

街巷秩序可以通过公共空间分维数值描述，其数值D理论值为1~2，越接近2，证明图形越复杂。以平面图斑计算可得到黎槎八卦村的公共空间分维数值约为1.72。这个数值高于黎槎村扩建部分，低于梳式布局的赤水塘村。扩建部分的不同区域空间分维数值在1.46~1.59，赤水塘村为1.79。由于黎槎八卦村外圈缓冲带的存在，使得数值介于梳式布局村落与近现代村落之间。虽然黎槎八卦村内部具有紧密复杂的街巷结构，但相对应地在外围产生了开敞的公共空间，相对于传统的广府村落，八卦村形成了内外圈层结构分明的布局。

3. 空间体验

黎槎八卦村街巷高宽比范围在0.17~3，街巷空间丰富多变。较宽的街道主要是村落外圈环道，村落内部大多数街巷宽度2m以内，宽高宽比在0.4以下，难以适应村民驻留交往与交通运输的需求，限制了村落的发展。狭窄、高耸、蜿蜒蛇行的巷道与外圈宽阔开敞的临水街道构成了鲜明的对比，形成了黎槎八卦村独特的迷宫式空间体验。

4. 建筑单体

随着建筑数量增加，聚落建筑面积的变异几率增加，导致平均面积紊乱度增加[7]。本文对黎槎八卦村、黎槎村扩建部分、赤水塘村三个区域，分别采样167座、459座、159座建筑，计算单体面积平方差，得出平均建筑面积紊乱度数值：黎槎八卦村最高为1666.90，黎槎扩建部分为1179.32，赤水塘村最低为706.90。数据显示，黎槎八卦村公共建筑与住宅建筑在单体面积上的极端差异，体现其居住空间高度集约化的倾向。

五、肇庆黎槎八卦村形态特征

1. 护塘环绕、堤墙同筑的防患特征

黎槎八卦村利用东西两侧的护村鱼塘和人工堤墙形成防御功能显著的环形台地，既防洪又防盗匪。高边界密实度的边界显示了其高防御水平和空间利用率，体现了应对外部风险的智慧。

2. 总图拟合、八卦同构的形态象征

黎槎村的形态量化反映出村落与八卦图案高度相似的形态表征。村落整体格局与街巷空间的形态在长期的村落演变过程中因地制宜的建造表达形成。八卦形态布局反映了广府聚落基因的深刻影响，体现了村落建筑对传统的认同与依赖。

3. 层层叠进、秩序分明的圈层结构

村内空间结构呈现出明确的圈层特征。外层为宽敞的街道，适用于交通、公共活动和防御监视；内层为复杂的网格状巷道，形成了独特的迷宫式空间体验。各圈层之间的功能分区明确，整体性强，体现了村落在有限空间内的高度集约化和组织性。

4. 集体共生、特化适应的建筑空间

建筑空间具有明显的集体共生特性和高度的功能分化，建筑面积紊乱程度较高。门楼、祖堂、书舍、酒堂等建筑均体现了灵活特征，反映了村落在有限空间内对居住需求的高度集约化处理。建筑空间的特化适应既满足了村民的生活需求，也增强了村落的整体性和凝聚力。

六、结语

我国乡村聚落分布广泛数量众多，其中有大量特征显著的传统村落。基于村落形态的各层次关键要素，合理使用定量或定性方法进行分析，可为研究和保护特殊形态乡村遗产提供理论支持和实践参考。本文结合定量与定性方法，强化了传统村落形态研究的分析框架。在定性分析基础上，引入量化方法分析边界及空间形态，揭示了黎槎八卦村在防御、文化和空间组织上的独特性和复杂性。在特殊形态村落的更新中，建设措施应参考定性与定量分析得出的综合空间特性，避免特征空间或数值大幅变动，以保护其形态原真性。

参考文献：

[1] 李睿. 西江流域传统村落形态的类型学研究[D]. 广州：华南理工大学，2014.
[2] 张莎玮. 广府地区传统村落空间模式研究[D]. 广州：华南理工大学，2018.
[3] 周彝馨. 广东省高要地区"八卦"形态聚落生成内因研究[J]. 城市规划，2015，39（7）：107-111.
[4] 周彝馨，李晓峰. 移民聚落社会伦理关系适应性研究——以广东高要地区"八卦"形态聚落为例[J]. 建筑学报，2011，（11）：6-10.
[5] 周颖. 康泽恩城市形态学理论在中国的应用研究[D]. 广州：华南理工大学，2013.
[6] 段进，姜莹，李伊格，等. 空间基因的内涵与作用机制[J]. 城市规划，2022，46（3）：7-14+80.
[7] 浦欣成. 传统乡村聚落二维平面整体形态的量化方法研究[D]. 杭州：浙江大学，2012.
[8] 黄铃斌. 浙江地区传统乡村聚落公共空间平面形态的量化研究[D]. 杭州：浙江大学，2019.
[9] 张莎玮，朱晓斌. 广东高要地区传统村落空间模式分异初探[J]. 南方建筑，2020，（3）：71-77.
[10] 罗茜，黄存平，黄建云. 乡村聚落形态特征量化研究——以广西柳州市少数民族乡村聚落为例[J]. 规划师，2023，39（8）：88-94.
[11] 任炳勋，杨莹，林琳. 肇庆市黎槎村的演变过程及符号空间[J]. 热带地理，2016，36（4）：572-579.
[12] 周彝馨，吕唐军. 聚落形态与八卦文化图式的趋同研究[J]. 中外建筑，2019，（3）：23-27.
[13] 钟达伟. 肇庆传统祠堂形制研究[D]. 广州：华南理工大学，2018.

额尔古纳河右岸俄罗斯族传统聚居空间结构溯源

朱莹[1] 唐伟[2] 李心怡[3]

摘 要：本文以额尔古纳河右岸俄罗斯族传统聚落为研究对象，以实地调研为支撑，采用史料查证、文献佐证、口述询证等研究方法，依托史缘视角下的人—地关系，从地缘和族缘视角探究聚落的融合、共生和演化过程，并从"人—聚落—自然"尺度、"人—聚落—社会"尺度、"人—聚落—家庭"尺度深入剖析生存聚居空间、生计空间、精神文化空间原型，进而对聚落的"群聚""定居""家屋"空间结构进行规律性总结，以此对俄罗斯族逐渐消失的传统聚居空间特色及文化精神进行佐证及复原，探究其最根本的时空生长逻辑。

关键词：额尔古纳河右岸 俄罗斯族 传统聚落 空间结构

俄罗斯族是中国北方人口较少的民族之一。17世纪末，《尼布楚条约》划定额尔古纳河为中、俄两国界河。19世纪末20世纪初，大量俄罗斯人过江移民到额尔古纳河南岸，并在此定居，架构起聚落的初期分布。与此同时，山东、河北、天津等地人群随闯关东热潮，多数来到额尔古纳河畔。额尔古纳右岸的俄罗斯族主体产生于这两大群体的相互融合，发展至今已超过一百年。其民族聚落在与自然、社会等融合与对话中生长，是处于特定文化边域下的文化"混合型"村落。

当前已有六批、共8156座传统村落入选"中国传统村落名录"，标志着东北边域民族传统聚落已成为亟须保护、亟待解决的村落遗产。其中，额尔古纳市蒙兀室韦苏木室韦村、额尔古纳市恩和俄罗斯族乡恩和村、额尔古纳市奇乾乡奇乾村、额尔古纳市临江村、额尔古纳市莫尔道嘎镇太平村五座俄罗斯族聚居村落入选。俄罗斯族传统聚落聚居地大多地处边境，拥有原生态自然景观，地理生态环境优越，各村屯至今仍保留有为数不多且极具民族特色的木结构建筑表现方式——木刻楞。随着全球文化同化以及城镇化快速发展，中国俄罗斯族特色传统聚居空间渐趋萎缩、消失，民族特色的语言文化、民俗文化也渐趋消失，同时缺少承载非物质文化遗产的载体，亟须以传统聚居空间原型溯源为依托，对其物质空间及精神文化空间进行搭建和还原。

因此，研究扎根于实地调研，采用口述循证、文献佐证等多维循证体系，对俄罗斯族传统聚居空间进行研究，从自然维度、社会维度及家庭维度探究聚落成因，并从生存空间体系、生产空间布局及住居空间三方面剖析其物质空间原型，以期为俄罗斯族传统聚落空间静态保护及秩序更新相应策略的提出提供理论依据。

一、多元体系下聚落空间成因溯源

传统聚落的自组织演进，是多重参变量作用下复杂且绵延地生长、多重空间体系下共生且关联的繁衍[1]。在多重因素的制约下，聚落传统样态应运而生。研究依托俄罗斯族史料及已有著作、文献，以额尔古纳市恩和俄罗斯族民族乡、室韦民族乡及上护林村等的实地调研为支撑，以多位俄罗斯族非物质文化遗产代表性传承人的口述循证为主导，从自然环境、社会制度、文化习俗三个方面对俄罗斯族聚落物质空间成因进行历史溯源（图1）。

1. 自然裹挟下聚落生长根脉孕育

生存空间的稳定性是族群衍生的重要条件之一，自然环境裹挟着民族的生长根脉，孕育着聚落原始样态。我国俄罗斯族整体分布呈大范围散居、小范围聚居，内蒙古自治区呼伦贝尔额尔古纳市的俄罗斯族是集中分布密度最大的地区。民族聚落空间架构受地形地貌、生态气候、物产资源等多重条件的制约。总体来看，俄罗斯族传统聚落形成经历较长历史周期，发展早期在采金活动及中东铁路修建等因素影响下，大量外来人口迁入。其村屯主要分布在室韦、奇乾及哈乌尔河、得尔布尔河、根河流域附近[2]，族群衍生依托大兴安岭山脉及原始森林草原、河流，此时聚落空间分布雏形已见端倪；随着历史语境不断衍生，十月革命后大量人员来到额尔古纳河右岸组建村落，此时村落主要分布于额尔古纳中部、南部等地；而后因多种原因，部分村庄历经组改形成新的村落，族群调整后，村落发展进入稳定期，各村落点相互联结形成相对独立聚居区。额尔古纳地区地形地貌复杂，自然环境所提供的物产资源是族群生存繁衍的基本物质条件，现俄罗斯族主

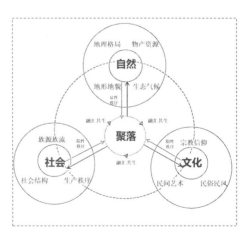

图1 俄罗斯族聚落空间形成影响因素图示

---

[1] 朱莹，华侨大学建筑学院，福建省城乡建筑遗产保护技术重点实验室，副教授，硕士生导师。
[2] 唐伟，哈尔滨工业大学建筑与设计学院，寒地城乡人居环境科学与技术工业和信息化部重点实验室，硕士研究生。
[3] 李心怡，哈尔滨工业大学建筑与设计学院，寒地城乡人居环境科学与技术工业和信息化部重点实验室，硕士研究生。

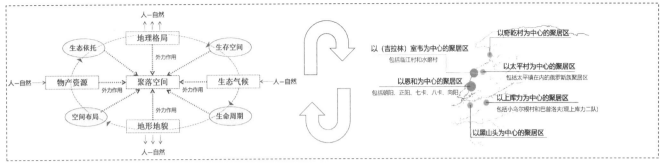

图2 聚落空间分布

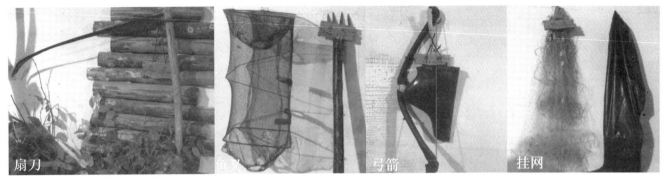

图3 生产工具组图

要分布于额尔古纳河右岸，该流域拥有丰富的农林业等资源，族群依托额尔古纳河、哈乌尔河、德尔布尔河、根河等河流及宜农宜牧自然环境等空间场域，从而形成民族聚落独特的生长肌理和空间架构（图2）。

2. 社会制约下聚落空间体系架构

显性与隐形脉络共同制约着俄罗斯族传统聚落空间形态组织，社会因素是赋予聚落结构、经济等因素的隐性基因，可从不同维度影响聚落空间体系架构。从社会影响因素来看，俄罗斯族聚落空间结构形成深受跨界移居影响，这条隐形脉络制约着聚落空间形成，亲缘与氏族关系并不是社会组织主导因素，而文化信仰则发挥了重要作用[3]。

纵观额尔古纳河右岸俄罗斯族聚落发展脉络，移居到此的跨境族群带来了成熟工艺及器具，他们以木刻楞房屋为锚点，建立村屯，各村屯聚落相互联结形成聚居区，从而形成俄罗斯族社会空间基本结构。而后随着族群不断交往融合，各聚居区主要通过仪式性活动相互凝结。此外，社会经济生产秩序也在一定程度上影响着俄罗斯族聚落空间体系架构，移居到额尔古纳河右岸的俄罗斯族将农牧业器具与聚居地山水林草地域环境相结合，逐渐形成农牧业为主的固定生产空间模式。俄罗斯族社会经济发展模式较为多元化，农业、畜牧业等多种经济共存，使得作为群居单位聚落空间也受到多元化影响，构成俄罗斯族独特混合型聚落结构（图3）。总体来看，在社会因素制约下，以农奴为主导的社会经济结构影响着聚落宏观布局，同时在中微观层面因手工业空间需求，影响了单体聚落空间规划，在这种经济结构影响下，俄罗斯族聚居模式相对固化的，以群居为主，聚居点相对集中。

3. 文化主导下软性脉络基因探寻

文化是民族精神的重要支撑，作为软性脉络基因贯穿于聚落空间之中，它可物化为文化空间承载聚落结构的文化内核空间（图4）。宗教活动将族群凝聚在一起，这从各聚落建立的东正教堂可窥探一二，如建设于上库力乡的圣波科罗甫斯卡娅教堂（1925~1955年）、三河乡的圣斯列钦斯克——彼特罗帕甫洛夫斯卡娅教堂（1932~1956年）。随着时代发展，民俗民风作为聚落经济结构、社会制度、自然生态认同的文化承载触媒，成为民族精神文化空间链环中的软性介质，如节庆文化、丧葬文化等。中国俄罗斯族在日常生活方式和文化生活中体现出强烈的中俄合璧的特点[4]。额尔古纳河右岸俄罗斯族在发展过程中，深受汉族及其他少数民族的影响，在各民族相互交往中，俄罗斯族以社会生产及家庭生活为载体，将不同艺术元素融于生活，发展形成聚落文化空间中多元且极具民族特色的支撑体，从而构建不同维度下的文化空间，文化因子成为制约传统聚落精神文化空间的深层要素（图5）。

二、多重维度下物质空间原型剖析

俄罗斯族聚落物质空间演化过程受到多重因素影响，在时间与空间轴线上形成独特浓郁的民族文化。传统聚落空间扎根于地域文化，在时间发展下实现融合与共生，各空间层级嵌套叠合，逐渐形成"人—自然""人—社会""人—家庭"多重维度下的空间秩序。从人的行为视角分析不同维度下聚落空间原型，以解构俄罗斯族生存空间体系、生产空间结构以及生活聚居空间原型。

1. 人—自然维度下聚落生存空间剖析

聚落生存空间受地域条件、气候环境、物产资源等因素的制约，从人—自然维度下（1000~10000m高度），聚焦其聚居地额尔古纳河右岸，俯瞰俄罗斯族传统聚落，可观自然为聚落空间承

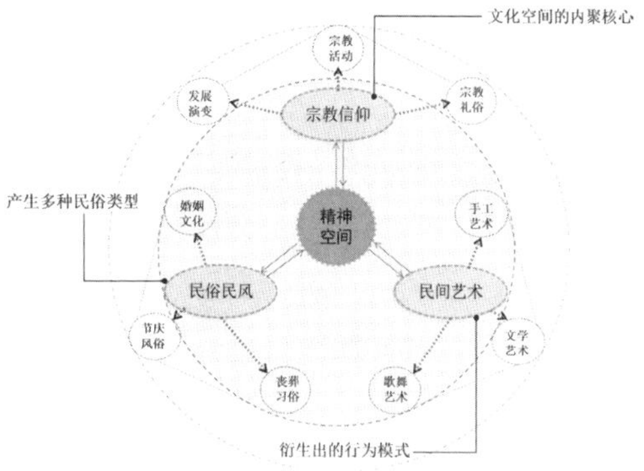

图4 文化空间影响因素

图5 俄罗斯族手工艺品

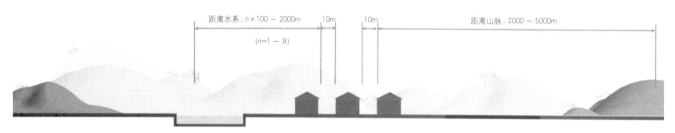

图6 聚落剖面组构

载体，聚落空间架构体系大多都以山脉为依托，以水系为主要脉络（水系脉络是俄罗斯族聚落选址的必要条件，且大多距离水系较近，距离在数百米至2000m之间，个别村落就建在水系或支流旁），平原为背景，呈现出"山水依脉""依江扩田"的聚落空间布局（图6）。

此外，俄罗斯族在与地域环境相融合适应的过程中，以自然行为为主线，依托山、水、田、草等自然资源，在山水环抱、土地肥沃的边域空间逐渐形成了以"人—农牧"为主的"定—居"空间模式和"山＋水＋田＋草"的生存空间系统，以此架构俄罗斯族聚落生存空间布局。俄罗斯族山的生存空间主要包括额尔古纳北部大兴安岭西北麓等地区，原始森林蕴含丰富林业资源，为族群社会经济发展提供契机，也为其居住建筑木刻楞的建造材料。水的生存空间主要包含额尔古纳河流域三河区域等，水系资源将各聚落点紧密联结。田的生存空间系统是族群得以繁衍的重要保障，也是俄罗斯族"定—居"聚落空间模式架构支点，其空间资源的有限性在一定层面上影响聚落间距，从而对群落空间布局产生影响，俄罗斯族沿边各村落相隔几里至几十里不等。草的生存空间主要指广阔草甸草原区，这是俄罗斯族发展农牧业发展的基础条件，草甸区域既可以开辟作为农耕用地，亦可作为牧养草场所需空间。

2. 人—社会维度下聚落生产空间剖析

俄罗斯族传统聚落在山水间栖居的显性秩序是其在人—自然维度下的集群型分布，而将层级递减，将俯瞰视角调整至100~1000m，剖析其聚落构成，并从社会经济发展视角剖析俄罗斯族生产空间，客观经济生产方式与发展需要决定了社会维度下生产空间的秩序，形成聚落发展的根脉，贯穿聚落发展始终。根据实地调研及俄罗斯族非遗传承人口述记录可知，因发展需要俄罗斯族传统聚落大多历经翻修，空间布局也有稍许改变，但其聚落肌理仍大体沿袭历史规划原则，即沿水系带状展开，聚落内部交通路网由几条主路和数十条次路构成，各院落空间沿路网呈线性分布，规划整齐，且各院落单元功能分区明确，一般呈纵深向布局。此外，社会经济生产方式与聚落空间结构可相互影响，聚落内路网布局为社会经济发展提供线性骨骼、院落空间为社会经济发展提供生产面域、聚落内公共空间及居住单元形成集体性聚居空间提供动力。在漫长发展过程中，俄罗斯族农业与畜牧业经济并行发展，各定居村屯逐渐形成较为固定的畜牧空间、农耕空间、采集空间等（图7）。

3. 人—家庭维度下聚落生活空间剖析

"家"的民居原型是俄罗斯族最具代表性生活空间，俄罗斯族人充分利用当地材料，逐渐形成适应当地气候特点，同时契合生产方式的居住空间。木刻楞是俄罗斯族的传统民居，以石头为地基，用长柱状的木头堆叠为墙壁[5]。在平面布局方面，木刻楞平面形制较为方正规整，通常北向开门，在建筑南面和北面设窗，窗的设置

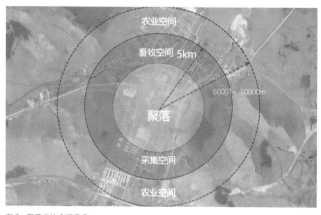

图7 聚落农牧空间示意

图8 木刻楞测绘组图

及数量并无统一规定，建筑内部含客厅、居室、厨房及辅助空间等，烤炉通常位于厨房与客厅相连接的角落处，室内设有火墙，以求室内保温；在外部形态上，木刻楞立面构成可分为屋顶及围护结构等，"人"字形屋顶几乎占整个立面的上半部分，屋顶内部以木结构框架为支撑，屋檐至地面立面高度约为3m，建筑整体形象较为规整（图8）。

木刻楞最具特色的是其建造方式为原木交错垒建，所选木材多为落叶松，原木经去枝节、去皮、晾干后备用，建造过程主要包含打地基、垒墙体、覆房顶等步骤。据木刻楞传承人口述可知，过去建木刻楞就是垫几个墩或垫几块石头，拿着木头摆在顶上摞起来，但是这种情况下容易下沉，现在基本不采用，而是以水泥代替；木刻楞墙体四角为互相镶嵌，联结方式分为牙卯和燕尾槽两种，原木层层堆叠而成，中间用苔藓（俗称树毛）填补，墙体垒建的整个过程不用任何铁钉固定，一般是在木头两端以及中间部位钻四个孔，通常用木棍连接，墙体垒砌完成后，要在其上方架设三角形的支撑结构体系，沿木刻楞纵向等距分布，用钢筋构件以及原木支撑杆件进行固定和拉结；覆盖屋顶的材料多选用原木粗细均匀的中间木段与纹理顺畅较结实的外表层，一般用大斧将松木劈成的一片片的木板，称为劈材板，将其按顺序一列列地固定在房梁上，形成坡面。综上，木刻楞是研究"人—家庭"维度下俄罗斯族聚居模式最直观的物质载体（图9）。

三、结语

纵观俄罗斯族聚落演变过程，自然、社会、文化是制约聚落空间演化的重要因素。地理格局、地形地貌、生态气候、物产资源等自然环境层面的因素作为外力，从宏观尺度控制聚落空间初始形态；族系源流、社会结构、生产秩序等内生力从社会层面制约传

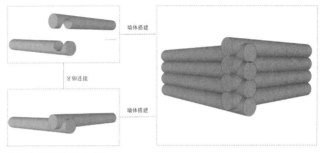

图9 木刻楞墙体搭建示意图

统聚落物质空间的延续与演变；节庆文化等从文化习俗层面渗透根脉，促使传统聚落文化空间的形成，使得自然空间与传统聚落肌理的交互、单体聚落空间规划布局形态得以生成。

一个民族的聚落空间蕴含着民族的文化根脉，也是其民族历史的记录与再现。生存方式的改变影响聚落居住空间新的走向，对于原型空间的探讨，不仅仅是为了复原俄罗斯族的系统构架，更是为了提取这个民族的内在基因，以期为其他民族聚落活化更新研究提供参考。

参考文献：

[1] 朱莹，张向宁．演进的"乡土"——基于自组织理论的传统乡土聚落空间更新设计研究[J]．建筑与文化，2016（3）：108-110．
[2] 王卫国．传统聚落和建筑空间形态的保护与更新研究[D]．深圳：深圳大学，2017．
[3] 刘钰．额尔古纳河右岸俄罗斯族传统聚落空间结构研究[D]．哈尔滨工业大学，2021．
[4] 郝葵．中国俄罗斯族：跨境与原生态之辩[J]．贵州民族研究，2015，36（9）：60-63．
[5] 王腾．基于民歌文本挖掘的北方渔猎景观意象研究[D]．哈尔滨：东北林业大学，2024．

粤西与琼地区冼夫人建筑与文化的错位发展研究[1]

刘 楠[2] 陈兰娥[2] 罗翔凌[2] 刘明洋[2]

摘 要：冼夫人文化主要分布在粤西与琼地区，内容包括文化艺术与建筑文化两部分。两部分内容在一千五百年中产生各自的发展轨迹，并呈现不同特征。经分析得出，冼夫人文化在文化艺术领域多元发展，但建筑存在历史断代，建筑文化研究滞后，总体呈现建筑文化与文化艺术错位发展的特征，并显示出建筑发展的惰性。

关键词：冼夫人 建筑文化 错位发展

冼夫人生于梁天监年间，终于隋仁寿年间，经历梁、陈、隋三朝[1]，2014年冼夫人文化入选第四批《国家级非物质文化遗产名录》。冼夫人文化大致可分为两个部分：建筑文化与文化艺术。物质要素决定并见证了文化交流的存在，而非物质要素具有"可内在联结多种文化要素"的重要价值属性[2]。

目前，全世界建有约2500座冼夫人建筑，多数分布于粤西，其中广东省茂名市有380余座、高州市200余座，海南省400余座[3][3]，形成"乡乡有冼庙"的人文景观。科研团队以现存具有代表性的粤西、琼地区的冼夫人建筑为研究对象，研究建筑及其文化的特征，发现其文化艺术能够多元发展，文化类别丰富，但建筑存在严重断代，作为冼夫人文化衍生的产物，二者错位发展，且当下的研究也呈现不均衡的特征。

一、文化艺术多元发展

文化遗产概念最早在1972年联合国《保护世界文化和自然遗产公约》中被提出，是历史上存在人物或发生事件的遗存，经过历代价值体系筛选的产物，可通过文物、遗址、文艺、民俗和节庆等形式表现[4]。冼夫人文化具备以上全部表现形式。冼夫人事迹最早有《隋书》记载事迹，后历朝帝王敕封，在朝廷的肯定下民间纪念活动兴盛，"闹军坡"活动成为传统固定下来。历史上围绕冼夫人事迹创作出大量颂咏诗词、民间杂记、曲艺，如《重修谯国冼氏庙碑》《历代吟颂冼夫人诗词楹联》《冼太经》等。民间传说有"竹笠归原主、巧判耕牛、帅堂斩孙、冼夫人与大谢王斗法"等。近年有一级演员、红派艺术传人苏春梅领衔主演粤剧《冼夫人》，海南亦有琼剧《冼夫人》。《冼夫人》《冼英传奇》等是当代在历史事迹基础上创作的小说。中央电视台于2015年组织录制播出了6集《冼夫人》纪录片，陈健执导的历史剧《谯国夫人》在2023年4月在央视八套播出，引起了一波"冼夫人热"。民间闹军坡活动已持续上千年，海口冼夫人文化节迄今已举办19届，广东国际旅游文化节于2010年开始举办，历史上冼夫人文化以史实记录、颂扬与多元艺术形象塑造为主，当代以文化研究、宣传教化与文学作品创作为主，内容多样、内涵丰富，但主要都集中在文化艺术领域。

二、建筑存在历史断代

历史上关于冼夫人建筑的记录，均以记录庙宇、归葬地的地址形式存在，仅（光绪）《高州府志》记载了霞洞堡诚敬夫人庙"内有铁炉一款，识破坏不可辨，石龟一石狗二石狮一，皆唐宋时物今存"[5]，可略窥其建筑形制，王宏诲撰《新建谯国诚敬夫人庙碑》中提及"惟谯国夫人之庙，海南北在有之。而其规制盈缩，大率视所在人心而为之"[6]。儋州宁济庙自唐代立，但现存建筑为1920年原址重建，遗迹仅存水井及石雕。茂名电白的娘娘庙始建于隋朝[7, 8]，最近一次维修为2004年，所存外围墙为历史遗迹。由于唐代冯冼氏家族受到政治打压，俚人迁徙至海南栖息，粤西地区"庙貌空复存，碑版漫无辞"[9]。"凡有功于国家及惠爱在民者，著于祀典，令有司岁时致祭"[10]。"本朝洪武初封为高凉郡夫人，岁以仲冬二十四日祭之"[11]，明代颁布"推恩令"后，冼夫人被写入国家祀典，庶人建庙的情况普遍起来，冼夫人建筑也开始修建，化州中垌冼太庙、那务冼太庙、下郭冼太庙、石阁冼太庙、南盛冼太庙均为明万历年间始建，使得现存建筑除墓址外遗迹可考年代仅能追溯至明清时期。

受民众"以新为上"的保护观念等影响，明代兴建的建筑历经修葺、破坏、重建，建筑随时代而变化，至今建筑技艺与材料已与明代相去甚远，从新坡冼太夫人纪念馆、高州冼太庙、儋州宁济庙这些影响重大建筑的建设历史均可看出这一点。2000年后由于倡导挖掘地方文化，随之兴起建筑建设潮，当下所见建筑多为此时期建设。所以，冼太建筑的发展轨迹缺乏历史资料与过程性实证，存在历史断代，有限样本限制了建筑文化的研究。

三、建筑文化错位发展

经调研统计分析，冼夫人建筑可分为两类：简朴型与华丽型。二者经分析，从建筑格局、建筑用材、装饰语汇，均与当地的传统民居一致，建筑内的牌匾、对联等文字性语汇除外。

---

[1] 基金项目：1.2019年广东省普通高校青年创新人才类项目（自然科学类）（2019KQNCX210）：粤西与琼地区冼太"初心"文化精神与建筑文化互动机制研究。2.2021年广东省社会政策研究会课题研究项目（61Z2100006）：海上丝路对广府建筑文化的形成与发展研究。

[2] 刘楠、陈兰娥、罗翔凌、刘明洋，均为广州城市理工学院，副教授。

[3] 注：冼夫人建筑的规模不一，有大者占地几公顷的景区，亦有小者占地不足1平方米的田间土地庙，且建筑的别称众多，近年陆续有新建亦有拆毁，所以统计数据难以精确，近年冼太庙逐步改造成为"冼夫人纪念馆"，主要功能为教育基地。

简朴型建筑通常依傍村落，并有一定的建设年限。对冼夫人建筑从形制格局、技艺用材、装饰语汇三方面进行原型提炼分析得出一定的规律。该类建筑形制格局通常是一进院落，使用凹斗或倒座，正厅多为三开间，常用硬山，正厅供奉塑像，正厅外常无檐柱，院中设凉亭，东西两厢有的为封闭无柱房间，也有的面向院落全开敞，常作为文化展览或村委会集会空间。技术用材为四周砖墙承重，屋顶为简化的木构抬梁式，个别位置加一踩至两踩斗栱，多数位置榫卯相接，厅中落柱用木柱身石础。装饰语汇通常为悬挂的对联牌匾，少有雕刻绘画，正脊偶有鸱吻或双龙的传统灰塑或预制成品进行简单装饰，如茂名市电白区娘娘庙、海口丁村冼太夫人纪念馆、儋州宁济庙。这一类建筑受用地、投资等客观条件限制大，受信息社会干扰小，尽量遵从建筑传统，造型简朴，尚能扎根本地，但该特征与周边民居无甚明显区别。

华丽型建筑通常用地宽裕，不与四周毗邻，一至四进院落皆有，正厅五至七开间，材料做法同前者，正厅有庑殿顶或歇山顶，更有用重檐者，正脊灰塑高耸，入口左右檐柱常作盘龙凤雕石柱，彩画及雕刻多是龙凤或双凤题材，偶有喜鹊、宝瓶、铜钱题材，敬亭琉璃瓦屋面下承多踩木质斗栱；但装饰雕刻构件常为市场预制构件，做工粗糙刻板，有木质、石质或水泥成品，题材程式化，形制依古制常有僭越，建筑语汇堆砌但无自成一体之特色，如海口三江懿美夫人庙、增建冯公祠前的高州市冼夫人纪念馆、海南新坡冼太夫人纪念馆。这一类建筑是当代高频信息交互下多元杂糅的创造，定位笼统，缺乏地域技艺运用，缺乏建筑内涵挖掘，受强烈的建造者个人审美影响，但均为个案，缺乏统一表现。

2020 年对陈雄的访谈中，陈雄表示冼夫人建筑并未自成一体，其论文中"建筑的地方特色"是指岭南建筑特色[12]。建筑"原型"不仅是可见的形式，也是生活形式和历史事件的凝聚与沉淀，建筑本身只是表层结构，而类型才是深层结构[13]。将抽象元素从建筑实体抽离后，建筑原型并未呈现区别于岭南建筑、海南建筑的符号指向，缺少建立建筑类型的深层结构，不能将其与其他建筑区别开来。曾令明论文中提出对海南信仰调查的辨别依据为庙名、庙联、封号甚至塑像陪神，亦表述了建筑缺乏辨识度的问题，与本研究结论一致。庙名、对联、牌匾这些辨别依据，是介于建筑装饰与文化艺术之间的可视化语汇，但该层面的表达尚浅显，建筑需向触及文化内涵的深层结构挖掘。

四、建筑文化研究的滞后

随着地方文化意识的觉醒，群体无意识的文化行为转向学术团队有意识的文化研究，更为规范化、系统化、官方化，广东海南各自成立了多个冼夫人研究会。当代关于冼夫人文化及史料整理的中文书籍有 26 部，文学小说创作 7 部，建筑类书籍 1 部，有《谯国夫人》传记翻译成英文在国外流传❶，表 1 对冼夫人著作进行统计，结果可见，成果几乎围绕文化艺术、社会学、文学小说展开，且研究集中出现在 2000 年以后，明显受到研究团体的大力推动。李金云的《海南冼庙大观》是唯一对海南建筑有统计分析的作品。与冼夫人有关或有引用的论文迄今约 460 篇，其中以"冼夫人"为关键词的论文有 203 篇，最早出现在 1980 年，其中 400 余篇是发表于 2000 以后，其中北大核心期刊与 CSSCI 论文共 21 篇，而 2020~2023 年发表 77 篇，占总数的 16.7%，主要研究内容由以往的地方文化研究转向更为精确的冼夫人文化，"冼夫人""文化"词频逐年升高❷。从科研及著作发表趋势看，冼夫人研究有逐年增长的趋势。但论文中研究冼夫人建筑的不足 10 篇，占比不足 2%。建筑研究成果相较文化艺术有明显的量的滞后，研究团队也将视野几乎投向文化艺术层面。

冼夫人文化艺术在民间具有稳定的吸纳与继承团体，创作类别丰富，艺术形象饱满，特色鲜明，当下由文化衍生出的文艺活动也逐渐盛行。这是由于冼夫人历史事迹生动、记载翔实、形象鲜明，易于文化艺术的拓展衍生。而由文化并生的冼夫人建筑在历史发展上出现断带，现存建筑虽存量巨大，但多是当代由民间借鉴当地民居、祠堂自发建造，传统地方建筑的强大自适性使冼夫人建筑产生创新惰性，加之当代成熟的预制建造体系提供了便捷可靠的建造路径，高频的泛普信息模糊了地方与通用建筑文化的界限，建筑丧失了创新的外源契机及内源动力。致使当代研究也倾向于文化的社会学、文化艺术层面。文化艺术与建筑文化本应共生共促，但从形式、内涵、历史延续性特别是形象鲜明性上来看均不充分，建筑未依托特色鲜明的文化基础发展出冼夫人建筑类型，二者错位发展。

五、结语

历经 15 个世纪，冼夫人文化的"唯用一好心"核心内涵不断被强调，并发展出丰富的文化类型与成果。反观建筑，建筑的构成元素与地方建筑一致，未呈现能够比肩文化的特异建筑语汇，可以认为是冼夫人建筑在强大的地域建筑体系包容及当代建筑技术浸染下，产生了创新惰性。未来，基于建筑文化特征，需要做好建筑文化的可视化下沉与教化作用的价值感上升，以更好地实现当代情感价值与传统文化的时空联结，实现文化的当代积极意义。

参考文献：
[1] 李爵勋. 冼夫人的故里、生卒年代及存年 [R]. 茂名市档案局.
[2] 王丽萍. 文化线路与滇藏茶马古道文化遗产的整体保护 [J]. 西南民族大学学报（人文社科版），2010（7）：26—29.
[3] 广东炎黄文化研究会. 冼太夫人史料文物辑要 [M]. 北京：中华书局，2001.
[4] PORIA Y，BUTLER R，AIREY D. The core of heritage tourism[J]. Annals of tourismresearch，2003，30（1）：238–254.
[5] 杨霁，修；陈兰彬，等，纂. 高州府志·卷九·建置二·坛庙 [M].[出版者不详]，1890.
[6] 王弘诲. 天池草（上册）[M]. 海口：海南出版社，2004：241.
[7] 广东省文物考古研究所. 电白县隋谯国夫人冼氏墓考古勘探工作报告 [R]. 2004，10.
[8] 广东省文物考古研究所. 电白县冼夫人墓园建筑遗址勘查工作报告 [R]. 2006，3.
[9] 张廷玉. 明史 [M]. 北京：中华书局，1974：1307.
[10] 李贤. 大明一统志·卷八十一 [M]. 西安：三秦出版社，1990：1247.
[11] 刘楠. 冼夫人建筑的审美文化机制研究——以电白娘娘庙为例 [J]. 建筑与文化，2022（11）：192–194.
[12] 姚迪，刘泽蔚，陈琛. 建筑类型学辩证思维下的历史文化街区红色建筑设计思考 [J]. 南方建筑，2022（12）：37–43.
[13] 曾令明. 女性神灵·海洋信仰·融合互动——对海南岛的冼夫人、妈祖、水尾圣娘的实证分析 [J]. 边疆经济与文化，2021（1）：79–92.

❶ 数据来源于当当网、淘宝网、百度等全文关键词搜索统计，再以"以冼夫人为研究主体"为条件进行删选得出。

❷ 数据来源于作者对"中国知网"论文全文关键词搜索统计，再依据内容相关度进行筛选。

冼夫人书籍统计

表1

书籍名称	作者	出版时间（年）	类别
冯冼家族研究文集	梁基毅	2022	史料整理、论文研究整理
霞洞冯冼文化与风物文集	吴寿炎、郑显国，谭亚叶、陈金有	2019	
冼夫人文化研究论文集	陈元福、李润	2018	
冼夫人文化研究	南方论刊杂志社	2018	
冼夫人及其后裔研究论文集	李爵勋	2015	
冼夫人文化全书	白奋、吴兆奇、李爵勋	2009	
冼夫人研究文集	海口地方志办公室	2009	
冼夫人研究	高州市冼夫人研究会	2008	
冼夫人文化史话	茂名市委宣传部	2006	
高州冼夫人研究 2006 年	高州市冼夫人研究会	2006	
冼夫人史料辑要	高州市冼夫人研究会	2004	
冼太夫人研究	电白县文史委	2002	
冼太夫人史料文物辑要	广东炎黄文化研究会	2001	
冼夫人礼赞	茂名市政文史资料研究委员会	2000	
冼夫人研究 1992	茂名市冼夫人研究会	1992	
冼夫人在海南	陈雄	1992	
冼夫人成功密码	刘黎平	2023	
冼夫人精神研究	卢诚、贾昌萍	2016	
冼夫人文化探索 30 年	陈雄	2013	
纪念冼夫人诞辰 1500 周年研讨会论文集	广东省冼夫人研究基地	2011	
高凉文化研究（第五期）《纪念冼夫人诞辰一千五百周年研讨会论文集》	广东省冼夫人研究基地 阳江市高凉文化研究会	2011	
中国巾帼英雄第一夫人《冼夫人在琼研究文选》	海口市冼夫人文化学会	2009	
冼太人家庭与隋唐阳江	冯桂雄	2009	
岭峤春秋——"冼夫人文化与建设广东文化大省"学术研讨会论文集	广东省社科联、广东炎黄文化研究会、茂名学院 等	2006	
冼夫人文化	吴兆奇	2006	
冼夫人与冯氏家族——隋唐间广东南部地区社会历史的初步研究	王兴瑞	1984	
冼英传奇	沈秋涛	2020	历史小说
儋州太婆冼夫人	李盛华	2018	
亦神亦祖	贺喜	2011	
冼夫人	崔伟栋	2008	
冼太传奇	颜景友	2004	
冼夫人演义	关庆坤	2002	
岭南圣母冼夫人	宋其蕤	2002	
海南冼庙大观	李云金	2015	建筑介绍

"隐性基因"视角下宁南传统村落文化保护与传承策略研究

张丹妮[1] 李 钰[2]

摘 要：宁南地区传统村落在空间格局、村落风貌、建筑数量等显性指标方面，与国内传统村落"优等生"存在一定客观差距。对于此类"非典型"传统村落，探明差异化的文化保护路径与综合传承策略，实现传统村落保护目标的殊途同归，已成为学术细分领域的当务之急。本文以宁夏南部西海固地区隆德县传统村落为例，深入挖掘当地特色文化隐性基因，构建富有地域特色的文化遗产传承体系。通过探索村落"文化空间""生态空间""经济空间"等创新融合方式，激发当地乡村文化、生态、经济潜力，在村落的可持续、活态发展进程中，实现文化遗产的多样性保护与发展。

关键词：隐性基因 传统村落 文化遗产 保护与传承 策略

"乡村振兴""中华传统文化传承与发展工程"是我国重要的国家战略，而"农业文明的传承与发展""乡村文化的振兴与繁荣"，能够为"乡村振兴"的成功实施奠定良好的文化基础。乡村振兴必定要有文化的振兴繁荣，而文化的振兴繁荣又能助推乡村振兴战略。习近平总书记指出："农村绝不能成为荒芜的农村、留守的农村、记忆中的故园。"然而，长期以来，在现代化、城镇化和信息化等多种因素的影响下，传统文化，尤其是传统村落文化，已经开始动摇，并面临着物质财富积累崩溃的危机。经过几千年的朝代更迭和发展变化，多数传统村庄是以血缘关系为纽带的自治社会，至今仍然是中国大部分农民的主要生活区。城市化使传统村庄的"原始风貌"发生了变化，必然引起一系列的社会变化。在城镇化过程中，乡村社区及其传统文化面临着生存、转型、消亡、活化与再生等问题。当前，随着乡村振兴战略的实施，不少地方政府都有了振兴农村的雄心，传统村落的保存意识也逐渐苏醒，不再热衷于"大拆大建"，而是着手为该地区的传统村庄制定规划，划定保护区，对物质空间进行规划整理、保存聚落的风貌与建筑风貌，对许多历史文化村的古老建筑都进行了"修旧如旧"的修缮，开放了旅游配套设施，提升了乡村公共空间的功能。然而，一部分基层政府更重视的是，在规划、保护、发展传统村落过程中所蕴含的"经济利益"，以及文化产业带来的"商机"，缺乏对传统村落文化活化发展的重视，在生产方式、生活方式、非物质文化遗产方面，缺乏有效的保护和传承，在挖掘村庄的历史文化传统、传承民俗、延续农村治理秩序、村民的情感体验等问题上，对其关注程度还不高，以致出现村落物质生产兴盛而精神气质衰落、文化空心化和虚无化、村民文化体验边缘化等问题，影响乡村的可持续发展。[1]

一、相关定义及内涵

1. 传统村落的"隐形基因"

2018年9月，中共中央、国务院印发《国家乡村振兴战略规划（2018-2022年）》明确指出历史文化名村、传统村落少数民族特色村寨、特色景观旅游名村等自然历史文化特色资源丰富的村庄，是彰显和传承中华优秀传统文化的重要载体。统筹保护、利用与发展的关系，努力保持村庄的完整性、真实性和延续性。因此，如何切实保证传统村落景观基因的留存以及文化基因的延续，对传统村落人居环境转型发展尤为重要。文化基因是文化传承复制的基本单元，具有持续性与传承性，并分为文化显性基因与文化隐性基因，前者控制并影响文化发展进程的显性物质层面，后者控制并影响文化发展进程的隐性非物质层面。本文所提到的"隐性基因"即为后者。

2. "隐性基因"活化

一是文化自觉的唤醒。文化自觉是一种自我觉醒、自我创建后形成的执着的文化追求。传统村落文化是传统文化的根脉，赋予中华传统文化独一无二的理念。因此，唤醒全社会对村落"根文化"的重视，是乡村文化振兴的重中之重。正是在这样的文化意识下，乡村的物质与非物质文化遗产才能得以继承与保存，使传统的文脉不至于断裂，从而在其中找到当代发展的机会。同时，应将传统村落文化置于中华文化与世界文化的整体框架中来审视，使之"活"起来，使之既有中国特色，又有世界文化元素，有深厚的传统底蕴，有独特的文化韵味，这就是乡村文化振兴的目的。

二是文化空间的重构。乡村空间分为生产、生活、交流、信仰、道德和商业空间等，应大力推动乡村文化空间重建。根据当地实际情况，建立乡村文化礼堂、道德讲堂、乡村大舞台、乡村图书室、乡村网络空间等乡土文化平台，并将其建成乡村文化地标，从物质与精神两个方面构筑农民的精神家园。更重要的是，有了这样一个文化平台，才能使农民心中有了寄托[2]。

二、宁南传统村落保护与传承策略

1. 隆德县传统村落人居环境现状

隆德县下辖10乡3镇，共98个行政村、10个社区，县政府驻城关镇。现有8个传统村落分属5个乡镇，主要分布于县域东、南方向。传统村落分布于县域的三种地貌类型中，其中红崖社区、杨家店村、新和村位于阴湿土石山区；杨坡村位于河谷川道区；

---

[1] 张丹妮，西安建筑科技大学建筑学院，硕士研究生。
[2] 李钰，西安建筑科技大学建筑学院，教授。

齐岔村、于河村、李士村、梁堡村位于黄土丘陵沟壑区，根据各自不同的地貌条件村落所发展的产业类型也有所不同。村落多位于小河流域，傍水而居，为村落生产生活和发展提供了重要的水源和灌溉资源，为农业活动提供了便利。

2. 宁南传统村落中现存问题

（1）风貌感知程度偏弱，非遗传承质量待提升

隆德县传统村落中文保单位、历史建筑、传统风貌建筑数量偏少，建筑群体、街巷空间、公共节点等主要场所吸引力偏弱，村落核心保护区面积较小，连续性、可识别性较强的村落风貌感知难度大。非物质文化方面，传统村落非物质文化底蕴深厚、类型多样，超半数村落拥有国家级、区级非遗，但目前非物质文化遗产传承缺乏与传统村落保护利用形成统筹，影响了传统文化传承质量与进程。

（2）保护利用模式较局限，优质资源活化尚不足

多数传统村落"在保护中发展，在发展中保护"的理念薄弱，"等、靠、要"思想仍较为普遍，村落优势潜力释放不充分。各传统村落新增业态多集中于乡村观光游，由于定位目标、开发形式、项目设定、产品组合高度趋同，同质化竞争激烈。乡村文化资源、产业发展、空间建设领域彼此割裂，加之资本投入的吸引政策不活、办法不多，既难以实现传统村落自身的可持续发展，又限制了传统村落在乡村振兴中的引领作用。

（3）发展水平差异明显，全面统筹仍有待深化

县域内传统村落受地理区位、资源禀赋等客观条件约束，保护利用状况参差不齐，一些边远村落工作进展相对滞后。传统村落保护利用多以村庄为界，缺乏村际之间资源、要素互补、横向竞合的创新性思路，空间连续性较差，集群效应尚未发挥。乡村道路、环卫、停车场、游客服务中心数字化管理平台匮乏等建设短板亦较为突出。

3. "隐性基因" 提取

隆德县传统村落的"隐性基因"提取为非遗文化和红色文化。非物质文化遗产依托于非物质文化遗产，以传承与展现非物质文化遗产活动的形式展现。根据非物质文化遗产活动展现的形式与空间需求的类型和规模，将其分为技艺类非遗、演艺表演类非遗和展览类非遗。红色文化可以分为红色事件与红色人物。隆德县有着深厚的红色文化积淀，发生过红二十五军过隆德的英雄故事等红色事件，是传播新文化思想的重要阵地，是有着光荣斗争历史的革命老区（表1）。

4. "隐性基因" 活化

（1）建立非物质文化数据库

实施乡村经济社会变迁物证征藏工程，加大传统村落非遗资源挖掘力度，建立非物质文化数据库，加强对村落民间文学（民间故事、神话传说）、传统戏剧、传统技艺、传统医药、传统美术、民俗等非遗资源收集整理，开展图、文、影、像全面记录，分类分档建立数据库，推动完成一批传统村落村史村志编制，选择高台马社火、杨氏泥彩塑、魏氏砖雕等非物质文化遗产等创编民俗精品，出版印制非遗画册、民歌民谣集、工匠图书。

（2）建设非遗传习基地及载体

结合传统村落建筑活化利用，设立非物质文化传承基地、非物质文化资源库或资料档案室，推进谋划建设非遗产业园、非遗传承村落、隆德文化研学旅游基地等，开展非物质文化进校园活动，在中小学设立民俗传习基地。开展"非遗进景区、度假区、特色街区"系列体验学习活动，深入挖掘传统村落中的红色文化，强化红色教育基地建设，推进传统村落的村级博物馆、村民小公园、小游园、小广场等作为非遗的文化载体空间（表2）。

（3）丰富传统文化展示活动

做好"传统+时代"融合，搭建隆德文化展示展演平台，深入开展"精彩非遗走进传统村落""非遗进乡村学校少年宫"活动。积极举办隆德美食文化旅游节等文化节庆活动，鼓励传统文化走出去、亮起来，推进高台马社火乡村巡演，促进高台马社火传承发展。推出"非遗故事大会"系列活动，讲好隆德"非遗故事"。鼓励传统村落开展民俗表演、寻根问祖节事、技艺体验等参与性活动的传承方式，如农历闰年举办高台马社火表演等（表3）。

（4）发掘和培养非遗人才

加强非物质文化遗产代表性传承人认定、培训、培养，传承利用传统医学、手工技艺、传统营造技艺等。设置非遗大师工作室、推动非遗传承大师进乡村、进学校等活动，不断提高非遗传承人的价值认知，提高传承人的社会地位，积极开展农村非遗传承人研修培训工作，推动宁夏各类高校艺术学院与隆德传统工艺类企业合作

隆德县传统村落的"隐形基因" 表1

特征内容/村落名称		杨家店村	红崖社区	新和村	李士村	于河村	齐岔村	梁堡村	杨坡村
非物质文化遗产	级别名称	县级——根雕、刺绣、剪纸	县级——刺绣、剪纸、皮影等	国家级——高台马社火	县级——隆德土方醋、油	国家级——魏氏砖雕	县级——刺绣、剪纸、皮影等	县级——秦腔、刺绣、剪纸等	国家级——杨氏泥彩塑
民俗	内容	元宵节点灯盏、燎疳书、祭祀崇礼礼俗	拜年、送灶神、明心灯等	拜年、送灶神、明心灯、插杨柳、烙月饼等	正月十五日划旱船、元宵节舞狮、重阳节礼孝、燎疳、祭祖	拜年、送灶神、明心灯等	元宵节舞狮、燎疳、祭祖等	拜年、送灶神、明心灯等	拜年、送灶神、明心灯、插杨柳、烙月饼等
手工艺	内容	根雕、刺绣、剪纸	刺绣、剪纸	马社火人物脸谱制作、表演化妆	土方醋、油	砖雕	刺绣、剪纸	刺绣、剪纸	泥彩塑
红色文化	内容	红二十五军三千余人长征途经杨家店村，陈富仓为红军带路，毛वि功地下革命史等红色事迹丰富	红二十五军先遣团遗址	—	—	—	红二方面军途经村落，抗战时期李家沟作为中共地下党活动地	—	—

传统村落+非遗研学		表2
创新传统村落文化业态，促进各类物质、非物质文化遗产活化传承，重点推动文创产业的发展，形成若干个文化创业产业链，打造传统村落特色产品		
研学内容	研学类型	特色研学基地
学技艺 品民俗 习传统	魏氏砖雕技艺研学 杨氏泥彩塑技艺研学 高台马社火技艺研学 爱国主义教育研学 乡村研学	杨家店红色研学基地 新和马社火传承基地 李士非遗农俗文化体验基地 于河魏氏砖雕研学中心 梁堡军事堡寨体验基地 杨坡彩塑传习基地

文化传承+业态发展		表3
创新传统村落文化业态，促进各类物质、非物质文化遗产活化传承，重点推动文创产业的发展，形成若干个文化创业产业链，打造传统村落特色产品		
文化类别	典型代表	保护业态
传统技艺	魏氏砖雕、杨氏泥彩塑	建设非遗传习基地，开展非遗培训，打造非遗手工艺品产业链
传统民俗	高台马社火、仪程官	建设民俗活动承载空间，组织非遗活动观演项目
红色文化	李家沟革命旧址	举办红色研学，打造红色教育基地
饮食文化	隆德暖锅	推出特色食品，打造隆德品牌

培养非遗项目传承人才，强化非物质文化遗产代表性传承人能力建设的培养机制，发掘并建立传统工匠人才库，积极开展传统建筑营造技艺工匠认定，聘请优秀传统工匠对施工工匠进行指导，帮助当地提高传统工艺产品的设计和制作水平，加强青年工匠的培养。

（5）发展非遗文创产业

加强非遗与文化创意手段结合，打造一批技艺创新、展示交易、体验交流、文创开发等示范项目。吸引外来资本和创意产业进入传统村落，使现代休闲产业、创意产业与传统工艺保护工作有机融合，创新延续传统手工艺的生命力。新业态的植入将使村落中出现新的技能岗位，乡村社会群体中融入来自城市的文化创意生产者。政府给予更多的灵活性政策和补贴，合理配比长期可持续业态和短期灵活业态，保持传统村落各类新型创意产业的持续活力。

三、宁南传统村落分类保护引导

综合考虑传统村落风貌特征、物质与非物质文化遗产资源，将片区内传统村落归纳为保护优先型传统村落、发展优先型传统村落和传承优先型（综合型）传统村落三个层级，实现分类保护管理。通过"1+X+N"或"1+N"传统村落的连片，形成各集中连片示范区的重点区域组团。"1"为起到引领作用的核心传统村落；"X"为共同联动发展的重要传统村落；"N"为被带动共享发展的一般村落。其中，城东片区为"红崖+杨家店、新和+"模式，凤岭片区为"齐岔+于河、李士+N"模式，杨坡片区为"杨坡+N"模式，梁堡片区为"梁堡+N"模式。

1. 保护优先型传统村落：具有较高的历史文化资源创收占比、传统建筑占全村建设用地比例较高以及非遗项目数量、非遗项目传承人人数、举办非遗项目相关活动次数、非遗等传统节日活动参与比例多，显示该类传统村落有良好的历史空间格局与丰富的文化资源。在保护各项历史环境要素及传承非物质文化的前提下，建立多维立体经济体系，创新历史文化保护方式，包括红崖社区、齐岔村、梁堡村。

2. 发展优先型传统村落：村落依托非物质文化遗产或红色文化发展，需要重点聚焦于村落产业的在地适应性发展，努力寻求传统村落品牌特色，增强自身竞争力。保护村落优势产业所依托的当地文化与技艺，包括杨家店村、李士村。

3. 传承优先型（综合型）传统村落：与其他两类村落重叠，以保护为主、发展为辅。一方面，需要加强对现存小规模传统建筑风貌与村落总体格局的保护，避免传统村落仅存文化基因的消逝。另一方面，继续挖掘地方特色、扩大地方产业优势、推动传统村落经济持续发展，包括新和村、杨坡村、于河村。

四、结语

总之，在乡村振兴战略背景下，要正确认识和掌握文化在乡村振兴中的位置和特殊的价值，唤醒整个社会对"根文化"的关注；传统村落的文化活化与开发，要区分不同的村庄类型，因地制宜，因势利导；要实现物质与精神、行为与制度的多维互动，使观念、感情和利益相互促进、相互作用。传统文脉传承延续，乡风文明得以培育，才能夯实乡村振兴的根基，使乡村振兴更富文化底蕴、活力和后劲，进一步增强农村经济活力，打造出"有产业""有特色""有活力""有颜值"的新乡村，从而实现真正意义上的乡村振兴。

参考文献：

[1] 任映红. 乡村振兴战略中传统村落文化活化发展的几点思考[J]. 毛泽东邓小平理论研究，2019（3）：34-39+108.
[2] 李伯华，李珍，刘沛林，等. 聚落"双修"视角下传统村落人居环境活化路径研究——以湖南省张谷英村为例[J]. 地理研究，2020,39(8)：1794-1806.
[3] 何艳林，卫红，刘保国. 我国传统村落文化的保护与发展探析[J]. 城市住宅，2020，27（4）：127-128.
[4] 王炎松，王必成，刘雪. 传统村落保护与活化模式选择——以江西省金溪县四个传统村落为例[J]. 长白学刊，2020（2）：144-150.
[5] 冯淑华. 传统村落文化生态空间演化论[M]. 北京：科学出版社，2011.
[6] 李伟红，鲁可荣. 传统村落价值活态传承与乡村振兴的共融共享共建机制研究[J]. 福建论坛（人文社会科学版），2019（8）：187-195.

贵州楼上古村乡村遗产特征解析

陈富丽[1] 罗 欢[2] 黎 颢[3]

摘 要： 乡村遗产是传承历史和文化记忆的载体，贵州楼上古村遗产特征多元，遗存丰富。楼上古村乡村遗产特征显著，长期以来随着时间消逝和忽略，对于其特征的挖掘有待进一步拓展。本课题用文化人类学分类方法将楼上古村乡村遗产划分为有形与无形两类，揭示乡村遗产具有文化融合性，时空层积性与群体丰富性的遗产特征，最后明确楼上古村乡村遗产具有反映人与地，人与人，城与乡的价值体系，推进楼上古村乡村遗产价值重塑，实现城镇化进程与乡村遗产保护协调发展。

关键词： 乡村遗产 楼上古村 无形文化 遗产价值 层积性

一、楼上古村乡村遗产类型

遗产类型的划分在基于文化遗产事项的表象观察下缺乏深度，而无形与有形的划分则成为国际惯例，其中有形文化遗产称为"物质文化遗产"，无形文化遗产称为"非物质文化遗产"。

1. 有形文化遗产

（1）村居与乡土建筑

古寨其整体布局为"寿"字形结构，村落巷道均为青石铺就。传统的木构建筑突出楼上民族文化特色，清一色的青瓦木屋，"歪门斜道"的房屋格局，打造出龙门"歪着开"和青石板古巷"斜着走"。而穿斗式木构建筑是合院的主要结构，由于自然条件限制，年代久远的木构建筑留存较少，贵州乡村以木构覆瓦建筑的民居类型呈现强烈，从建筑的选材到建造工艺，都凸显村庄的特殊性。

（2）住区空间形态

鳞次栉比的分布和建筑群体布局的均衡呈现出楼上村的奇特。从居住形态来看，每个家庭的院落大小和布局形似，民居在居住条件下应保证建筑均衡性和相似性，从外部形态到空间结构上没有质的变化。

（3）交通与通道

居住区的街巷结构为"寿"字形，"寿"字形的起点为一座三合院（马桑老木宅），村寨的水源（天福井）为结束点，且起点位于北斗七星中天权星与天现星的连线上。水井位于"寿"字形尽端，是全寨的另一处水源。纵横交错的道路流线彰显出严谨的规划和古村的文化（图1、图2）。

2. 无形文化遗产

（1）民族地域风俗文化

当地居民的生活习惯在不同行为下造成的差异，演变为当地的风俗文化，且村寨地域风俗具有一定的延续性。

傩戏的主要载体是一种祭祀仪式，它从早期的大型祭祀活动中脱胎而来，经历了傩歌、傩舞的一系列嬗变，最终形成宗教文化与戏剧文化高度结合的一种戏曲形式。

木偶戏是一种历史悠久的地方剧种，拥有独特的地方艺术文化，是集音乐、表演、文武场于一体的综合性艺术形式。

（2）意识形态的发展与演变

精神文化是物质需求得到满足之后所产生的一种人类特有的意识形态。在封建时代，庙宇不仅用于宗教信仰，也是一条农民精神联络和社交活动的纽带。

村民对祖先的敬仰体现在基地的建造与祭扫方面。基地选址有两类，一类是安葬在自家的农地里，另一类是安葬在年代较久远的祖墓，它们与民居建筑的距离近，甚至达到了混融的状态，但是村民没有心理上的不适感，反而视其为祖先的庇佑[3]。墓碑均面向廖贤河对岸的喀斯特山体，与村落内建筑正房的朝向一致。墓坑与居住区同在一处，人们认为死者仍然通过某种形式与他们共同生活在一起。

有形文化遗产与无形文化遗产的最大特点是不脱离民族特殊的生活生产方式，是民族个性、民族审美习惯"活"的显现。它依托于人本身而存在，并以各种形式得到延续和发展（图3、图4）。

二、楼上古村遗产特征

1. 民族文化的融合性

文化上的融合是民族融合的重要体现。楼上古村的民族文化融合主要体现在居住环境、建筑外观、节庆活动。

（1）建筑外观方面

楼上古村古建筑构造形式与装饰元素是民族文化融合底蕴。村

---

[1] 陈富丽，贵阳学院。
[2] 罗欢，贵阳学院。
[3] 黎颢，贵州开放大学（贵州职业技术学院）。

图1 楼上古村历史街巷——楠柱巷　　图2 存完整楼上民居——"歪门斜道"

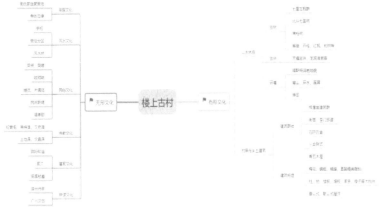

图 3　木偶戏图　　　　　　　　图 4　楼上古村乡村遗产类型划分与归类

图 5　楼上古村吊脚楼　　　　　　　　　　　图 6　楼上古村整体建筑群俯瞰

寨中的民居保存了明末清初的风貌，周氏家族为汉族迁移，村庄的宗教文化也是为汉族文化为主，所建宗祠与民居皆为汉族木构覆瓦建筑构造形式。但也受周围侗寨文化影响，形成文化融合（图5）。

（2）节庆活动方面

楼上村的风俗活动神秘且丰富。其中，"说春"极具当地特色，最能展现楼上村村民农作生活的绚丽。此外，还有木偶戏、傩戏等，都是周氏汉族自此与周围侗族等西南少数民族交织后呈现出的一种民族融合性。

2. 乡村遗产呈现的时空层积性

经过漫长岁月的沉淀，中国传统村落中蕴含着许多农耕文明遗留下来的遗产，并具有一定的历史久远性、完整性、独立性。建筑的布局、造型、外观、材料及装饰有一定的美学价值和历史考究。

楼上村在形成期间满足村民的生存条件，经过时间的洗礼，在地理环境及生活习惯的影响下，形成和完善当地文明。

人们对社会生活和精神文明也逐渐有了新的追求，村内出现的宫殿、戏楼、古屋等建筑和独特的民族服饰、方言、生产工艺等文化遗产，极具一个民族源远流长的历史记忆和文化特色。

在社会的发展中，建筑得到不断修缮和更新，不会受某个时代或某个时期的影响，与传统村落不同，古建筑代表着历史和过去，是某个时代的证明，并且保留了原有的历史特点和时代背景下的审美特征。

3. 乡村遗产群体的丰富性

乡村文化遗产中，个体表现单一，但由多个单体构成的群体则丰富多彩。在楼上古村，映入大众眼帘的是古建筑"群"、民俗"活动""宗族"祭祀等。这类源远流长的"群体"历史文化则将群体的关联性表现后，再将区域文化特征映射出来。

楼上村独特的地势高差为古建筑群体变化增添丰富性。古建筑群体集梓潼宫、天福古井、明清古民居于一体，民居多为三合院[5]。在宗族的统一管理下，呈现出一种均衡性与相似性，相似的单元聚合为群体，整体性强，丰富感足[5]（图6）。

多元化的风俗活动将乡村文化遗产群体特征凸显出来。楼上村的群体活动主要包含节庆活动、人文文化、传统习俗等，其中现存的有清明会、傩堂戏、木偶戏、哭嫁等非物质文化遗产和文化空间。

在特定的历史环境的呈现下，拥有不同的祭祀文化，以血缘关系为纽带产生的独特群体文化开始衍生。周氏家族的宗族祭祀活动记录着周氏发展的历程，并以强大的凝聚力，延续着独属于周氏的群体文化（图7）。

三、楼上古村遗产核心价值

1. 人地关系

乡村遗产中的人地关系价值应得到深入的挖掘与重视。人地关系包括两个方面：一方面人类应顺应自然规律，充分合理地利用地理环境；另一方面要对已经破坏的不协调的人地关系进行优化调控。例如，楼上村地处群山环抱的山谷之中，生态条件优越，村民敬畏自然，靠山吃水。当地的建筑群居布局形态与周遭土木形成风水格局，所以自然环境得到了有效保护。但随着外界经济的代入和社会环境的改变，生态环境的保护力量也在大大减弱。

农业生产与生态环境之间的转换彰显出乡村遗产人地价值的关联变化，在时空的变迁之下，反映出人工活动与自然环境之间的相互关系。

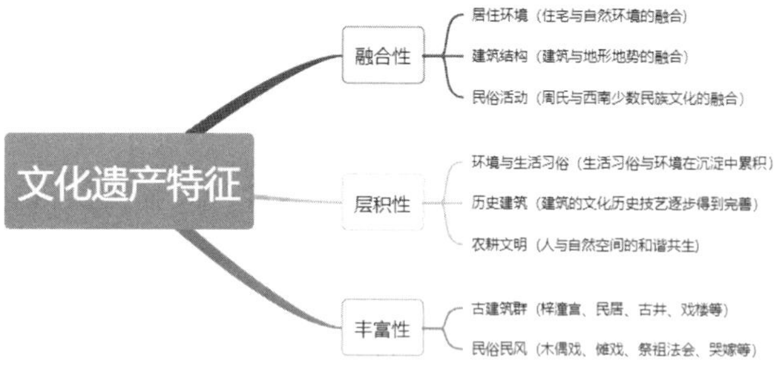

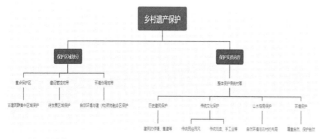

图7 乡村文化遗产特征归纳图

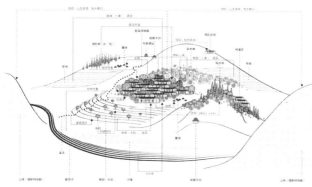

图8 楼上古村遗产价值要素图

村文化遗产不仅具有乡村属性价值，更是中国农耕文明的根本，具有折射城市文化的现实意义。

贵州少数民族文化内涵丰富。楼上村，不同于侗寨苗村，是典型的汉族移民村寨。周氏家族在此与当地众多西南民族古寨文化交织，秉承着在传统中国文化中尊重自然、因地制宜的乡村智慧与生态观念。

楼上古村作为贵州传统文化特色村落和历史古寨，木构覆瓦建筑是楼上古村当地民居的主要建筑类型，从材料到工艺都具有当地村庄的特殊性，建筑形式从平面上来看，多呈三合院形态，楼上村民多姓周，三合院形态与"冂"形式[5]，这种说法也体现出当地楼上建筑布局与氏族的关联性。

将传统村落纳入城乡传统城乡空间结构，将历史文化名城、名镇、名村、传统村落等文化历史资源要素整合为一个关联城乡发展保护体系，推动形成一个完整的城乡遗产保护体系，推动形成统一完整的城乡遗产保护体系和发展格局，实现城乡协调发展[1]（图8）。

四、乡村遗产保护与传承

在遗产核心价值保护的基础上，以整体性保护方法探索乡村遗产未来保护与发展的模式[2]。一方面是将楼上村作为乡村遗产的整体性保护方式；另一方面是在脱贫攻坚政策的支持下，楼上村与周边村寨作为整体的产业发展模式，以此来回应乡村遗产保护中所面临的旅游冲击[2]（图9）。

1. 保护区域划分

楼上古村保护规划主要是对乡村文化遗产给予保护，在保持其不变的传统建筑和整体空间布局的前提下，对传统建筑和空间形态加以保护，适当改善自然环境。具体从以下几个区域进行划分：

（1）重点保护区

重点保护区为楼上历史文化古村的核心区域。例如，由古建筑群构成的楼上村，本区域内严格按照古村保护规划进行控制管理和文物管理部门监督及管理。

（2）建设管控地带

建设管控地带为楼上古村待发展区域。本区域内严格控制建（构）筑物的形制、体块、高度、色彩及形态，新建（构）筑物形式与传统民居应相协调。

（3）环境协调地带

环境协调地带即楼上村的自然环境与建（构）筑物融合区域。本区域主要以保护自然地形地貌为主要内容，并兼顾自然环境与新建、改建的建筑物的景观协调一致。

2. 实质保护内容

基于整体保护的理念，楼上村的全面发展应进行多元性、动态性的整体保护，运用灵活、科学的保护手段，处理好各文化遗产之间的相互关系，形成精神与物质层面并重的保护理念，促进楼上村历史文化的整体性保护。

（1）历史建筑的保护

历史建筑的保护必须要求参照文物保护单位加以实施，包括不能随意改变现有现状，不能除日常维护外的任何修缮、重建、新建工程等有损环境、观赏的项目。

图9 楼上古村遗产保护归纳图

2. 人与社会

中国拥有最悠远的农耕文化，有利的气候条件和地理条件使中国的农业生产较为发达，并促使中国人在世界历史进程中率先从地域共同体中走出来，形成了先进的经济社会组织制度——家户制。

村落以宗族血缘为纽带产生了各种宗族祭祀、婚丧嫁娶、农耕生产等文化活动组织形式，形成了丰富多彩的乡村遗产，其中的人与社会关系价值应得到深入挖掘，才能更深刻地理解乡村遗产不仅具有建筑、聚落和景观层面的空间价值，还同时兼并乡村文化艺术价值和乡村生产生活模式。

由集体产生的社会组织活动文化将村落民俗艺术文化价值体系流向社会，形成非物质文化遗产，是维护国家和民族文化身份和文化主权的基本依据，同时也承载着人类社会的文明，是世界文化多样性的体现。

3. 城乡关系

我国的乡土社会中，人们聚族而居，聚村而居，村与村又进行互融，与城市形成关联，在对村与村之间关系价值进行探究时，地形形态不同而空间形态却同质同构。在发展演化过程中，文化传播和空间格局以及多元建筑形式造就当地村落的独特性与唯一性。乡

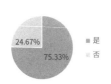
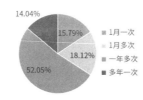

图10 中国乡村旅游业消费者旅游情况图

（2）传统文化的保护
①传统民俗民风保护：山歌哭丧哭嫁、哭唢呐等古老的习俗。
②传统戏曲和传统手工业保护：楼上木偶戏、仡佬毛龙节、刺绣等。

3. 发展规划与传承

本土文化意蕴对游客的吸引力最大。游客与楼上古村之间的文化差异越大，游客的游览欲望越强烈。所以，楼上古村历史文化的层积性和村民生活的丰富性，是楼上古村吸引游客的重要因素（图10）。

（1）数字化平台

随着信息时代的飞速发展，许多传统村落缺少对其了解的互联网渠道。因此，数字化平台不仅让楼上村走出去，也让更多的人融入。既为科研工作的顺利展开提供有利信息，也为城乡关系搭建对话平台，推进城乡生活价值共享。

（2）工作研究基地

中国文化遗产保护的重点相关领域都逐步建立起了相应的研究基地，但缺少对文化遗产更深层次的研究、论证。而楼上古村的工作研究基地利于提高高校参与地方历史文化的建设与保护，为研究者和学生们未来在遗产保护中，开展更深入、更长时间的工作提供基本保障条件。

（3）传承传统文化，留住乡愁

文化遗产的主要传承方式有两种：群体传承和单体传承，为了让技艺得以流传下去，可以通过多种实践方式的结合，对乡村遗产保护与发展进行可持续探索，也为乡村振兴提供数据支持。

五、结语

本文在文化人类学和建筑史学的理论基础上以楼上村为例对乡村遗产进行了解析和探讨，将乡村遗产分为有形文化遗产与无形文化遗产。本文将乡村遗产按类型划分是为了更好地对其进行保护和发展，再对乡村遗产其他特征价值进行探析。在历史环境的综合呈现下，体现了乡村遗产人民族文化融合性、时空层积性、群体丰富性等特有特征，揭示了乡村遗产人与地、人与社会、城与乡的核心价值。

乡村振兴的发展战略大背景下，深入挖掘和解析乡村遗产，推动乡村遗产保护体系的构建和城乡协调性发展，兼顾与保护乡村文化发展，实现可持续发展的良性循环。

参考文献：

[1] 赵之枫，韩刘伟，米文悦．从传统村落到乡村遗产：内涵、特征与价值[J]．城市发展研究，2023，30（1）．
[2] 杜晓帆，侯实，赵晓梅．贵州乡村遗产的保护与发展——以楼上村为例[J]．贵州民族大学学报（哲学社会科学版），2018（3）．
[3] 王瑾，龙彬．基于文化景观理论的贵州石阡县楼上村保护发展研究[J]．园林，2021（7）．
[4] 姚佳昌，王金平．村落遗产的价值认知与保护发展反思[J]．文化遗产，2022．
[5] 万舸，刘晨阳，况易，等．文化基因视角下的传统村落文化活化策略研究——以贵州省石阡县楼上村为例[C]．2020中国城市规划年会论文集，2021．

屯堡聚落建筑空间网络特征研究

——以安顺市云山屯堡为例

刘嘉怡[1] 黄宗胜[2]

摘　要： 屯堡是黔中地区一种融合贵州山川地貌所造就的半军事半农居产物的聚落遗存，作为重要的村落文化遗产，在空间上具有鲜明特色。本文以安顺云山屯堡为研究案例，运用社会网络分析法研究云山屯建筑空间网络特征，计算相关数据指标，分别从整体和个体两个方面得出云山屯建筑空间形态特点。通过探究云山屯建筑空间中各个体要素之间的关系，尝试把握屯堡聚落空间独特的建构机制与组织逻辑，从对个体屯堡聚落的探讨来完善屯堡聚落空间形态的研究，以期对屯堡聚落保护与可持续发展有所启示和借鉴。

关键词： 屯堡聚落　建筑空间　社会网络　云山屯

　　传统村落是文化传承和社会发展的重要见证者，同时拥有物质形态和非物质形态文化遗产，其历史文化、社会经济、科学艺术价值水平较高，其建筑风格、布局方式及社区生活方式，都反映了当地人民在长期历史演变中形成的文化特征和社会模式[1]。

　　屯堡是黔中地区一种融合贵州山川地貌所造就的半军事半农居产物的聚落遗存，作为重要的村落文化遗产，在空间上具有鲜明特色，不仅承载着丰富的民族智慧和乡土记忆，其独特的空间形态也映射出屯堡生活与发展的历史肌理[2]。作为传统村落的类型之一，屯堡聚落形态研究较晚。从研究领域来看，屯堡聚落的研究早期多来源于考古学，主要在宏观尺度上探讨古代聚落遗址的类型、结构和规模等特征[2,3]。如今这一领域的研究已经转向地理学和建筑学的视角。从研究内容来看，现有研究主要集中在屯堡的聚落布局、空间形态演变等方面[2,4,5]；从研究方法来看，多集中于成果，多趋向于对建筑空间的定量研究。研究屯堡的建筑空间形态不仅有助于我们理解、保护传统建筑和聚落，更重要的是，它们是研究地方社会形态、居住空间演变以及社群结构的重要资源。通过深入挖掘屯堡的建筑形式、居住布局以及文化活动的种种表现，可以揭示出屯堡在历史进程中扮演的角色，进而增进对当地历史、社会和文化演变的理解。

　　安顺市是贵州省传统村落分布最为集中的区域之一，屯堡传统村落分布尤为集中，其中云山屯是建筑结构形态较为典型、保存状况较为完整的屯堡，选取其作为研究对象具有一定的典型性和代表性。因此，研究云山屯的建筑空间网络特征，对于屯堡聚落历史文化遗产的保护和发展具有重要的理论和实践意义。

一、研究区概况

　　安顺市西秀区位于贵州省中部腹地，全区总面积 1467.9179 km²，是一座拥有600多年历史的文化古城，有"旅游线上的明珠""蜡染之乡""地戏之乡""屯堡文化之乡"之称，极具民族文化特色。

　　云山屯位于安顺市西秀区七眼桥镇东北部，地理坐标约 26°17′N，106°14′E，村域面积 15.36km²。其保存了大量的历史建筑，是明代军屯、商屯遗存的实物见证和屯堡文化的典型代表，建筑风格既有江南的门、窗、楼、室等细节在局部处理上的风韵，又融入了贵州特有的石头建筑特点，被国务院批准列入第五批全国重点文物保护单位、第二批中国历史文化名村名单、第一批中国传统村落名录。

二、研究方法

　　社会网络分析法（Social Network Analysis，SNA）是社会学中一种研究个体或组织之间连接和关系的方法，近年来社会网络分析法在地理和城市规划领域进行了广泛运用，它能够揭示建筑网络中不同元素（如建筑物、空间、功能区域）之间的结构与关系[7-9]。通过分析建筑元素之间的连接和交互模式，可以理解它们在空间布局和功能上的互动方式。本文将单个建筑视为个体，连接各建筑之间的道路视为边，根据在网络中产生的联系构建云山屯建筑空间网络，通过拓扑关系进行量化分析，从整体层面和个体层面的各项数据探究不同节点在整体网络中的重要程度。

1. 整体层面

　　网络密度：指网络中节点的实际关系数与理论最大关系数的比值，密度值越大，说明网络中节点联系紧密[10]，其计算公式为：

$$P=L[n(n-1)/2] \tag{1}$$

　　式中：P 为网络密度，L 为网络中存在的连接数，n 为网络中的节点数。

　　平均距离：指网络中任意两点间最短距离的均值，是衡量网络传输效率的全局属性指标，其计算公式为：

$$L=\frac{\sum_{i\neq j}d_{ij}}{n(n-1)/2} \tag{2}$$

　　式中：L 为平均路径距离，n 为网络中的节点数，d_{ij} 为节点 i、j 之间的路径距离。

---

[1] 刘嘉怡，贵州大学林学院风景园林学，硕士研究生。
[2] 黄宗胜，贵州大学建筑与城市规划学院教授，贵阳人文科技学院建筑工程学院院长，博士生导师。

聚类系数：指一个图形网络中节点聚集程度的系数，可反映群组间的聚合紧密程度，其计算公式为：

$$C=\frac{1}{n}\sum_{i=1}^{n}C_i \qquad (3)$$

公式中 C 表示整体聚类系数，n 是指网络节点总数，C_i 表示节点 i 的聚类系数。

点度中心势：指一个节点直接连接的数量，即该节点的度数。节点的度数是其与其他节点直接相连的边的数量，可刻画网络的局部中心性，表示整体网络的中心性，其数值越大，网络结构越复杂。

中介中心势：指衡量网络中节点在不同节点之间的连接传播中的重要性程度的指标，即节点在网络中扮演桥梁或者连接器的程度，中介中心势的高低反映了节点在网络中信息流、资源传播或者控制传播中的重要程度（表1）。

K-核：指一个子图中全部节点都与该子图中的其他节点至少存在 K 个点连接，则称这样的子图为 K-核，可通过 K-核来判断网络的稳定性。

切点：指在整体网络中移除一个节点就会使该网络结构分裂成没有连接的局部的那个节点即为"切点"，可通过切点来判断整个网络节点中的占比来衡量整体网络的脆弱程度。

2. 个体层面

节点中心度表征节点在空间网络中的功能和地位，分为点度中心度和中介中心度2个指标[11]。

三、结果与分析

1. 云山屯建筑网络整体特征

（1）云山屯建筑网络完备性特征分析

由表2可知：云山屯建筑网络密度为 0.0112，表明网络中的节点之间连接较少，网络中存在一些孤立的子网络；平均距离为 2.554，说明云山屯内大部分单个建筑通过 2.554 个建筑就能相互联系，意味着网络中节点之间的信息传播速度较快，网络更紧密；聚类系数为 0.624，这个值说明各建筑之间存在较强的连接；点度中心势为 5.49%，说明云山屯建筑网络中心化趋势不明显，建筑空间分布较均衡；中间中心值为 0.52%，这个较低的值表明网络中没有明显的关键节点负责大多数信息流量的传递，意味着信息传播在整个网络中比较均匀，没有受限于少数节点的控制或瓶颈。

（2）云山屯建筑网络稳定性特征分析

K 值越高，K 核占比越大，则该网络的稳定成分越多，则网络整体越稳定。由表3可知：云山屯建筑网络 K- 值最大为 6，K-核占比为 0.171，这表明网络中的主要节点在多个层次上都表现出较高的核心度，这对于网络的整体功能和结构稳定性是有益的。

（3）云山屯建筑网络脆弱性特征分析

通过计算发现，云山屯建筑网络没有切点，建筑网络在节点级别上非常连通，没有一个单一节点的移除会导致整体的网络结构分离成多个不相连的部分，说明各建筑之间有多条路径相连，能够在一定程度上防止故障或攻击造成的影响扩散到整体。

2. 云山屯建筑空间网络节点特征

图1展示了云山屯建筑网络被分为四个小群体，其没有明显的集中向心趋势。这种结构可能反映了云山屯建筑顺应地形起伏、形成多个分散的聚落的特点。在这些小群体中，一些节点显示出较高的点度中心度，例如 JZ10、JZ11、JZ12、JZ13、JZ83、JZ74 等，这些节点在整个云山屯建筑网络中拥有显著的核心性和连接性，表明它们在局部网络结构中扮演着重要角色。同时，另一些节点展示出较高的中介中心度，例如 JZ11、JZ13、JZ14、JZ72、JZ12、JZ4 等，这些节点在信息传递和流动中起到关键的中介作用。它们不仅仅是连接各个子群体的桥梁，还控制着整个云山屯建筑网络中的信息流动路径。

其中，节点 JZ11、JZ12、JZ13 不仅在点度中心度上具有显著优势，而且在中介中心度上也表现出色，彰显出它们在云山屯建筑群落中的核心地位和关键作用。这些节点的双重中心性质使它们成为整个网络结构中不可或缺的关键节点，为云山屯建筑群体的稳定性和信息流动的高效性提供了坚实的支持。

各中心度指标含义及计算公式 表1

中心度指标	含义	计算公式
点度中心度	节点在网络中连接的数量，即节点的度数。度数越高，节点在网络中的重要性越高	$C_{d(i)}=\dfrac{K_i}{N-1}$ $C_{d(i)}$ 是节点 i 的点度中心度，K_i 是 i 的度，N 为网络中所有的节点数目
中介中心度	衡量一个节点多大程度位于其他两个节点的中间，表征网络中节点中介能力的程度	$C_{d(i)}=\sum\limits_{i\neq j}\dfrac{N_{ij}(m)}{N_{ij}}$ $C_{d(i)}$ 为节点 i 的中介中心性，$N_{ij}(m)$ 为节点 i 到节点 j 经过节点 m 的最短路径数量，N_{ij} 为节点 i 到节点 j 的最短路径数量

云山屯建筑网络完备性指标特征 表2

网络密度	平均距离	聚类系数	点度中心势	中间中心势
0.0112	2.554	0.624	5.49%	0.52%

云山屯建筑网络稳定性指标特征 表3

K- 值	1	2	3	4	5	6
K- 核占比	0.002	0.004	0.002	0.016	0.042	0.171

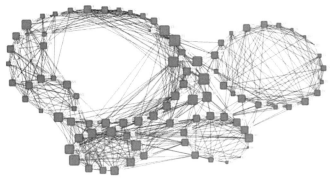 

(a) 点度中心度　　　　　　　　　　　　　　　　　　　　(b) 中介中心度

图 1　云山屯建筑网络节点特征

四、结语

传统村落空间承载了民族在地理环境限制下适应和改造自然的智慧，本文旨在深入探讨云山屯的建筑空间分布特征及其网络结构。通过分析这些特征，我们可以揭示出屯堡在历史和文化背景下，如何通过建筑布局与互联结构，有效地利用和管理自然资源，从而保持传统村落的可持续发展和生态平衡。

云山屯建筑网络在整体层面上看，表现出较高的连接密度和稳定性，尽管网络密度较低，但由于高聚类系数和多路径连接的特点，使得信息能够在网络中快速传播，整体结构也相对稳定，但缺乏明显的中心化趋势和关键节点，使得网络更具弹性和抗干扰能力。节点层面上的相关分析显示，虽然有些节点具有较高的中心性，但整体上网络中的权力和信息流动比较均衡，没有出现明显的信息垄断或控制点，这有利于网络的可持续发展和长期运行。

基于此，可以从强化建筑网络中的核心节点和优化网络的结构布局两方面对云山屯建筑空间进行优化。如通过识别并强化具有高度中心性的节点，如 JZ11、JZ12、JZ13 等，以增强网络的整体稳定性和信息传递效率。通过加强这些核心节点的互联性和可达性，促进信息在整个网络中更快速、更可靠地传播，从而提升云山屯建筑社区的协作和发展能力；又因云山屯建筑网络表现出较高的连接密度和聚类系数，但网络密度相对较低，可以探索优化网络结构的布局方案。如增加云山屯建筑内部道路，将不同区域和建筑单元连接起来，提升社区内部的可达性和便利性。这不仅在局部和整体层面上增强了连接的稳固性，还成功地加强了民族凝聚力和促进了文化的可持续传承。这一努力确保了聚落内部的民族文化得以源远流长地传承下去，从而实现了民族文化的振兴和延续。

参考文献：

[1] 戴彦，李懿，钟佳丽，等．我国历史文化村落保护研究的内容综述与工作前瞻 [J]．现代城市研究，2024（3）：1–7．

[2] 唐宝义宁，赵翠薇．山地屯堡传统村落空间形态演变及其影响因素——以蔡官村与小呈堡村为例 [J]．湖南师范大学自然科学学报，2023，46（1）：126–135．

[3] 刘洋，肖远平．屯堡文化研究四十年：流变轨辙与演进创新 [J]．民俗研究，2020（4）：63–73+158．

[4] 潘秋竹，赵翠薇，李娟，等．不同地貌区屯堡乡村聚落时空格局演化研究——以安顺市西秀区为例 [J]．贵州师范大学学报（自然科学版），2023，41（6）：42–50．

[5] 张继焦，王付．中心化还是边缘化：贵州屯堡文化演变的结构功能分析 [J]．贵州社会科学，2023（12）：155–162．

[6] 王静文．安顺屯堡聚落的地方性解读——以云山屯堡为例 [J]．北京林业大学学报（社会科学版），2022，21（3）：82–89．

[7] 解丹，张伟亚，赵亚伟．基于社会网络分析的长城聚落区域性保护与发展研究——以张家口赤城县为例 [J]．现代城市研究，2023（1）：48–55．

[8] 杜嵘，陈洁萍．基于社会网络分析方法的南京主城边缘带绿色空间景观系统评估 [J]．中国园林，2022，38（4）：68–73．

[9] 曾鹏，朱柳慧．基于社会网络分析的县域镇村空间关联研究——以河北省肃宁县为例 [J]．城市问题，2021（6）：4–14．

[10] 刘军．整体网分析 [M]．上海：格致出版社，2014．

[11] 罗家德．社会网分析讲义 [M]．北京：社会科学文献出版社，2005．

基于空间基因理论的蓟遵小片传统民居现代转译策略研究[1]

张小骞[2]　李世芬[3]　李竞秋[4]　余小涵[5]

摘　要：基于方言区划视角，针对蓟遵小片传统民居展开，引用空间基因理论并加以转换应用，探究蓟遵小片传统村落现代转译策略。结合理论和实地调研，提取地区方言与传统民居类型，从宏观、中观、微观三个层次，对蓟遵小片传统民居地理分布、村落选址、村落结构、院落空间、民居平面、民居结构、民居立面和民居装饰等方面进行系统分析。在此基础上提出现代转译传承策略，以为今后类似地区的建筑遗产保护与发展提供有益的参考。

关键词：方言分区　传统民居　蓟遵小片　基因图谱

作为地方民族文化不可或缺的一环，传统民居不仅彰显着深厚的民族文化底蕴，亦在人文研究领域占据举足轻重的地位。自20世纪80年代起，民居研究已逐步从单学科视角转向跨学科、多领域的综合研究，不再局限于建筑学领域，而是与社会学、文化地理学、语言学、气候学等多学科相互融合，共同推进研究的深入。基于语系和民系的视角，学者们及其团队深入探讨了不同民系、语系及方言区的民居建筑特色、起源及其演变规律，并在此基础上实现了理论、方法和成果的创新[1-5]。

蓟遵小片，位于环渤海区域的中心地带，地理位置特殊，位于关内与辽东的交汇之地，其传统民居的形成与演变受到自然环境、资源条件等多重因素的共同影响，同时亦受到社会、人文及历史因素的深刻制约。此地，满族文化为代表的北方少数民族文化与中原汉族文化相互交织，形成了独特的汉满文化交融景观。本研究跳出行政区划的界限，以方言分区为基础，运用空间基因理论，对蓟遵小片内的传统民居类型进行了系统性的研究，旨在揭示其区域传统民居的基因图谱，为环渤海地区传统民居的进一步探索提供有价值的参考。

一、研究概况

1. 蓟遵小片概况

蓟遵小片，作为冀鲁官话保唐片的一个重要分支，地理分布广泛。该小片西与北邻北京官话，东为冀鲁官话保唐片抚龙小片，东南为保唐片滦昌小片。内部结构上，蓟遵小片可细分为六种方言，分别是宁汉方言、两迁方言、蓟州方言、蓟北方言、平谷方言和沙河方言。这些方言在声韵调上各具特色，如宁汉方言，由于位于南部沿海，相对封闭，其去声分化出阴去与阳去的独特特征；而蓟州方言则受到北京官话的深刻影响，不仅在声调上，甚至一些语气词的使用也与北京官话高度一致。以蓟遵小片为代表的渤海西域地区在复杂的自然环境条件与多元的关外文化、京城、晋商、大运河文化、中原文化的多重影响下，逐渐形成了丰富的地域民居类型。

2. 方言分区与样本选择

在渤海西域地区，传统民居的分布主要聚焦于北方官话方言的两大片区：保唐片和沧惠片，其中保唐片的抚龙小片、滦昌小片、蓟遵小片以及沧惠片的黄乐小片尤为显著。本文研究对象蓟遵小片地处渤海西域的中部核心地带，其地理范围涵盖了天津东北部、北京平谷，以及河北省东北部的一些关键区域[6]。为深入研究这一地区的传统民居，本研究以国家级传统村落、省级传统村落、少数民族特色村落以及历史文化名镇名村等名录为参考，选取蓟遵小片内的16处村落，共计30余座保存状态良好的传统民居作为研究样本。这些村落和民居在蓟遵小片内分布均衡，为研究提供了全面而深入的视角。

二、研究理论与路径构建

空间基因主要包括生成机制和传承机制两方面，其生成机制根植于复杂系统内部的自组织演化过程，借助变异与选择的动力，形成独特而稳固的空间组合范式，而传承涉及编码、复制、表达三个核心阶段[7]，在此过程中，基因的识别与提取构成了编码的基石，也是研究工作的起点。本研究聚焦于蓟遵小片的传统民居，深入剖析并提取这些民居的空间基因，旨在为现代转译策略的构建提供坚实的理论基础，实现群体记忆的延续与传承（图1）。

三、蓟遵小片传统民居空间基因多尺度识别

在探讨传统聚落的物质空间特征时，空间基因被视作其信息记录与传承的核心载体。本文从宏观、中观和微观三个层次，对传统聚落的空间基因进行逐层深入的剖析。首先，从宏观视角审视地理分布与村落选址的考量；然后，中观层面聚焦于村落的布局规划以及院落特色；最后，在微观层面细致分析建筑单体中的平面布

---

[1] 基金资助：国家自然科学基金项目"环渤海传统民居谱系及其传承策略研究"（52278007）。
[2] 张小骞，大连理工大学建筑与艺术学院，硕士研究生。
[3] 李世芬（通讯作者），大连理工大学乡村振兴研究中心主任，建筑与艺术学院教授，博士生导师，辽宁省土木建筑学会乡村振兴与小城镇建设专委会主任，中国民族建筑研究会民居建筑专委会常务理事，研究方向为地域文化与住居形态。
[4] 李竞秋，大连理工大学建筑与艺术学院，博士研究生。
[5] 余小涵，大连理工大学建筑与艺术学院，硕士研究生。

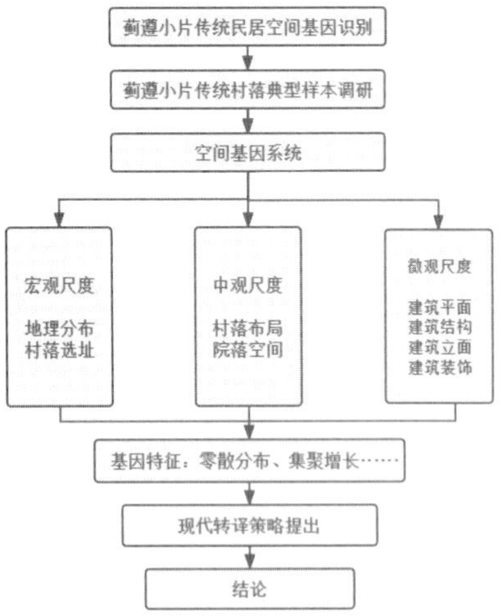

图1 传统民居空间基因识别提取路径

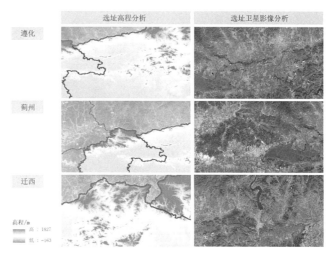

图2 蓟遵小片村落主要选址地分析

局与结构等特征。通过这一多维度的识别方法，全面揭示传统聚落的空间基因。

1. 宏观层面基因识别

（1）地理分布基因识别

蓟遵小片传统聚落选址优先考虑定居地的安全性与便利性。蓟州北部山峦起伏，形成燕山—太行山绿色屏障为生态功能安全提供保障，纵横交错的山峦之间山谷地区为村民定居村落的主要区域。此外，区域内水系资源丰富，包括有桥水库等，且这些水系在山谷地带流速平缓，为村落提供了可靠且易于获取的水资源。这些水系与山岭、高地共同界定了相对独立的地域空间单元，使得山谷内的居民生活相对独立。同时，山谷地区的地形也为村落带来了天然的防御优势，如有效阻隔外敌入侵等，其天然的闭塞性有利于抵御外界干扰，从而维护了传统聚落居住环境的空间稳定性。正是基于这些特点，蓟遵小片传统村落得以较好地保存至今。因此，在地理分布方面，蓟遵小片传统民居总体呈现沿山谷地带零散分布的基因特征。

（2）村落选址基因识别

通过对蓟遵小片村落主要选址地的地形进行分析（图2），传统民居主要分布在山间的山谷地区，这一选择主要基于两方面考量：首先，山谷地区地势相对平坦，这种地形特征直接影响了村落的规模和布局。群山环绕之下，河谷地带为村落的建设提供了较为平坦的基地。其次，山谷地区拥有良好的生态环境，为村民提供了充沛且优质的水资源，同时也为种植业的发展提供了适宜的环境条件。以小龙扒村为例，当地生态条件优越，村中种植业尤为发达，主要包括核桃树、柿子树、白薯、玉米、谷子等作物。综上，山谷的特点给村民定居点提供了较好的地理条件和丰富的自然资源，满足了自身种植业发展条件，构成了居住的主体环境。因此，在聚落选址方面，总体呈现出山谷内集聚生长的基因特征。

2. 中观层面基因识别

（1）村落结构基因识别

蓟遵小片传统村落的规划方式独具特色，展现了一种非预设性、自然生长的特性。沿着主要道路发展是现代住居模式的常见规划模式，依据院落与道路的关联关系，其规划布局可分为行列式、条纹式、网格式、鱼骨式、围合式等（表1）。具体而言，鱼骨式、行列式和网格式规划在丘陵地区尤为常见，这些布局形式充分利用了地形，道路和院落依山势而建，形成了与自然和谐共生的格局。而在山脚下平原地区，条纹式和围合式规划则占据主导，主要道路顺应地形走向，形成了流畅而有序的村落空间。另外，由于具体地形的多样性，蓟遵小片传统村落中也出现了多种规划形式相结合的混合形态。这种混合形态进一步彰显了村落规划的自然性和灵活性。因此，在村落结构方面，蓟遵小片传统民居总体呈现多元性、自组织性的基因特征。

（2）院落空间基因识别

蓟遵小片地区的传统民居，受"庶民不过三间五架"之规制的限制，在建筑规模与形式上表现出显著的制约性。为彰显富贵殷实之气象，当地居民巧妙地运用建筑手法，以若干个三合院、四合院及其他附属建筑相互嵌套，构筑成独特的四合套院形式。这种民居布局灵活多变，规模宏大，按其结构特性可区分为横向与纵向两种类型。多数四合套院呈长方形，短边朝向主要道路开设门户。院落空间宽敞，除居住用房外，还巧妙布局了院门、杂物间和厕所等辅助设施。厕所设计小巧，通常置于院落一隅，远离居住区域，以保持院内的整洁与卫生。院落布局的一个显著特色在于其生活与生产空间的和谐共存。院内常设置与房主生计紧密相关的区域，例如果树种植区、菜地、牲畜棚等，形成了生活与生产二元并存的格局（图3）。因此，在院落空间方面，蓟遵小片传统民居总体呈现简单、开阔且功能多元的基因特征。

3. 微观层面基因识别

（1）民居平面基因识别

蓟遵小片传统民居平面形式以"一"字形最为常见。其基本的平面构成遵循"一明两暗"的格局，即中心空间作为家庭日常起居的核心，两侧空间则主要用作卧室，这种布局使得功能分区清晰明确。在院落布局上，常采用多进院落的设计，以增加空间的层次感和深度。正房多数采用三开间的形式，面向庭院的一侧，有时会设置檐廊，不仅丰富了空间的层次，更为居住者提供了一个遮阴避雨、休闲憩息的场所。在厢房的设置上，遵循封建礼制的约束，若仅设置一侧厢房，通常选择东侧作为优先位置，这体现了对传统礼制的尊重与继承。

（2）民居结构基因识别

蓟遵小片地区的传统民居屋顶设计主要采用坡顶形式，在正

蓟遵小片村落结构分类 表1

村落结构类型	典型村落	村落结构类型	典型村落
行列式	隆福寺村	网格式	西井峪村
条纹式	西铺村	鱼骨式	小龙扒村
围合式	官房村	行列式+组团式	界岭口

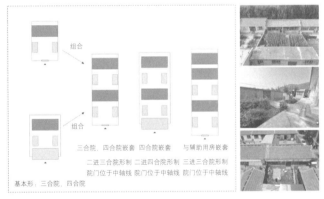

图3 蓟遵小片院落空间基因识别

房的构造中，檩条布局均匀，为典型的五檩四步结构。若对民居形制有更高要求，设计者们会巧妙地增设前后廊，不仅丰富了空间层次，也增强了民居的实用性。此外，部分民居还采用牛腿柱的构造形式，这一创新设计不仅增强了结构的稳定性，也为民居的立面造型增添了别样的美感，使得整体民居更富有层次和韵味。

（3）民居立面基因识别

蓟遵小片部分民居巧妙地融合了月台与檐廊空间，如天津石家大院的正房立面，凸显了其在建筑群中的核心地位。在材质选择上，这些民居主要采用砖石结合的方式，特别是在墙体底部，大量使用砖和石材以增强建筑的防水与防潮性能，充分展现了其环境适应性设计的特点。民居的立面形式与其平面结构密切相关。例如，"四破五"平面的民居，其立面形式会依据两侧半间与正常开间的具体比例和尺寸变化，衍生出丰富多样的立面形态。

（4）民居装饰基因识别

蓟遵小片地区的传统民居，其屋门设计多以板门为主，而窗户则主要采用直棂窗和支摘窗，并融入了门联窗的设计元素。在装饰手法上，这些民居展现了多样化的艺术追求，特别是砖雕和石雕的巧妙运用，不仅彰显了地域特色，也体现了独特的艺术风格。此外，院落内常设有影壁，既有效地划分了院落空间，又增添了整体的装饰效果。

综上所述，从微观视角来看，蓟遵小片传统民居总体呈现功能布局简洁实用、建筑形制丰富多样的基因特征（图4）。

四、蓟遵小片传统民居现代转译策略

在城市化浪潮的席卷下，我国传统民居因保护意识不足而受损严重，乡村聚落出现显著"空心化"现象。为此，深入研究蓟遵小片传统民居的传承策略显得尤为重要。基于其空间基因识别结果，本文提出以下现代转译策略：

首先，进行全面普查，通过科学方法如田野调查，明确现存民居的现状，为保护工作奠定坚实的基础。同时，构建价值评估体系，依据民居的历史、文化价值及现状，确定保护方式，并探索多元化、综合化的保护利用途径。

其次，随着经济和文化的快速发展，居民生活观念及模式已发生显著变化。为满足现代生活需求，需在保留蓟遵小片民居地域特色的基础上，对其内部功能进行适应性调整，以满足现代生活的实际需求。

最后，为传承与发展传统民居建造技艺，应引入先进技术和环保材料。通过现代方式诠释传统建构语言，促进技艺自我更新。

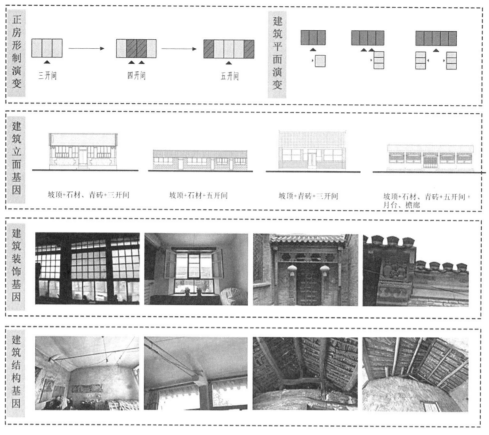

图 4 蓟遵小片微观层面基因识别

同时，加强技术研发与创新，提升民居性能与品质，使其在保护传统文化的同时，更好地适应现代社会需求。

五、结语

本研究引入空间基因理论并加以转换应用，对蓟遵小片传统民居进行了多尺度的系统分析，覆盖了从宏观的地理分布、村落选址，到中观的村落结构、院落空间，再到微观的民居平面、结构、立面及装饰等多个层面。研究发现，蓟遵小片传统民居在空间布局、选址原则、平面布局、立面设计以及材料应用等方面，均展现出独特的地域特色。这些民居不仅能够在冬季御寒保温、夏季提供凉爽环境，还具备出色的防风抗震性能、优越的采光效果及较长的使用寿命。此外，其深受北京四合院文化影响，形成了独特的四合套形式，其细部装饰层次丰富，建筑结构设置精细，充分展现了居民对建筑美学的深刻追求以及对高品质生活与社会地位的向往。

参考文献：

[1] 李浈. 营造意为贵，匠艺能者师——泛江南地域乡土建筑营造技艺整体性研究的意义、思路与方法 [J]. 建筑学报, 2016 (2): 78–83.
[2] 陆元鼎. 从传统民居建筑形成的规律探索民居研究的方法 [J]. 建筑师, 2005 (3): 5–7.
[3] 常青. 我国风土建筑的谱系构成及传承前景概观——基于体系化的标本保存与整体再生目标 [J]. 建筑学报, 2016 (10): 1–9.
[4] 李世芬, 况源, 李静茹, 等. 营口乡村民居基因图谱研究 [J]. 室内设计与装修, 2024, (5): 114–117.
[5] 李世芬, 赵嘉依, 杜凯鑫, 等. 方言分化背景下渤海北域乡村住居文化研究 [J]. 建筑学报, 2021, (S1): 12–17.
[6] 中国社会科学院语言研究所. 中国语言地图集: 第 2 版. 汉语方言卷 [M]. 北京: 商务印书馆, 2012.
[7] 段进, 姜莹, 李伊格, 等. 空间基因的内涵与作用机制 [J]. 城市规划, 2022, 46 (3): 7–14+80.

新质生产力赋能乡村遗产的保护与发展
——以图们市白龙村为例

董昭然❶　胡沈健❷

摘　要： 随着我国城镇化水平不断提高，朝鲜族民居愈发同质化，少数民族的文化特征也在逐渐消失。本文以图们市白龙村为个案，通过文献研究与实地调研，从经济和文化两个角度出发，探讨新质生产力赋能乡村遗产保护与发展的实现路径。在经济方面，聚焦第三产业，发展智慧旅游和文创产业；在文化方面，兼顾文化传播与保护，形成数字化文化遗产，并通过新材料新技术保护传统民居，为新质生产力赋能乡村遗产的保护与发展提供理论支持与实践指导。

关键词： 新质生产力　朝鲜族　乡村遗产　文化保护

近年来，我国的城镇化率从1978年的不足20%迅速提升到2024年的66.2%。乡村地区的传统文化和建筑正面临着前所未有的挑战，许多具有重要历史价值和文化价值的遗产正逐渐消失。白龙村作为图们市的重要朝鲜族传统村落之一，其传统建筑和非物质文化遗产具有独特的民族特色和重要的文化价值。然而，现代化进程和外来文化的冲击，使得白龙村的传统文化遗产面临着严峻的保护和传承压力。

2023年9月，习近平总书记在黑龙江考察期间首次提出"新质生产力"一词[1]。在当前的社会背景下，新质生产力以数字化、网络化和智能化为核心特征的新型生产力为我国乡村建设带来了新的机遇。通过新质生产力，可以在保护传统文化遗产的同时，促进乡村经济和社会的可持续发展。鉴于此，本研究旨在探讨如何通过新质生产力赋能白龙村的文化遗产保护与发展，为类似的朝鲜族聚居地区提供理论支持与实践指导。

一、白龙村概况

白龙村位于吉林省延边朝鲜族自治州图们市，是一个具有悠久历史和丰富文化底蕴的朝鲜族传统村落。村内保存了大量的朝鲜族民居建筑，展现了朝鲜族深厚的文化特色和历史风貌。

1. 历史沿革

清政府于1885年废除封禁令，朝鲜半岛的居民受到战争、政治、经济等原因影响，不断越江入境，并以种植水稻为生。当初村民常被老虎伤害，多次发布告驱虎，故取名为"布瑞坪"，朝鲜语意为发布告驱虎。后来人们以朝鲜族民间传说中白龙能驱虎之意，就将村名改为白龙。近年来，随着我国乡村振兴战略的实施，白龙村被评为第六批中国历史文化名村、2023年中国美丽乡村等，入选第三批中国传统村落名录。

2. 地理位置与自然风貌

白龙村位于吉林省东南部延边朝鲜族自治州图们市境内，属温带季风性气候，夏季高温多雨，冬季寒冷干燥，四季分明，东以图们江为界，与朝鲜民主主义人民共和国隔江相望，西与延吉小河龙相邻，南与龙井市开山屯镇相邻，北接石建村。白龙村现辖三个自然村屯，由下白龙、白龙、上白龙三个自然村组成，各个村落之间相距较近，约为3km[2]。白龙村四周环山，中沿图们江形成开阔的河谷走廊，呈现"背山面水"的格局。整个村落主要在靠近西、南两侧山体，呈线性状点缀在山脚平缓区域。

3. 建筑特色

白龙村作为延边地区最为典型的朝鲜族传统村落，其建筑特色具有浓郁的地域和民族风格。这些特色不仅体现在建筑形式上，还融合了朝鲜族的历史文化和生活方式。

（1）建筑外形

白龙村的朝鲜族传统民居在建筑特征上别具一格，房屋墙体主要由土坯和石材建成。朝鲜族素有"白衣民族"的称号，具有尚白的审美传统[3]，所以墙体表面涂有白色的涂料，不仅美观，还能反射阳光，增强保温效果。

在传统朝鲜族民居中，窗户多为木框纸糊窗或木格窗，门与窗合二为一。随着现代建筑材料的引入，玻璃窗逐渐被使用。现代化的玻璃窗不但增加了室内的自然光照和通风效果，而且通常嵌在木框或铝合金框中，既保留了传统风貌，又提升了居住舒适性。

屋顶设计方面，这些民居采用了典型的坡屋顶结构，覆盖茅草、木瓦或瓦片。茅草屋顶保温性能好，但需要定期更换，而木瓦和瓦片则更加耐用，排水性能优越。陡坡设计有助于迅速排除积雪和雨水，防止屋顶损坏，同时宽大的屋檐提供了良好的遮阳和防雨效果。

烟囱是白龙村民居的另一大特色，独立于建筑外，距离建筑外墙约0.5m，高5m左右，由砖石或土坯材料建造（图1、图2）。

（2）室内布局（图2）

①上房。上房即主卧室，通常位于房屋的中心位置，是家族长者居住的地方。上房内设有火炕，高度30~40cm，这种传统的地

---

❶　董昭然，大连理工大学建筑与艺术学院，硕士。
❷　胡沈健，大连理工大学建筑与艺术学院，教授、博士生导师。

图 1　白龙村普通住宅

图 2　百年老宅

暖系统不仅提供了温暖的居住环境，还兼具烹饪和取暖的功能。满屋炕的设计考虑到节省空间，同时保持了室内的温暖和舒适。

②里间。里间通常用作次卧或储物间，用于存放家庭的生活用品和杂物。里间与上房之间由木制推拉门隔开，这种设计既保证了空间的私密性，又可以根据需要调整房间的功能。

③鼎厨间。鼎厨间是厨房和储藏室的结合，既用于烹饪，也用于储存食物和器具。鼎厨间与其他房间通过推拉门相连，炕的热量可以通过墙壁传递到其他房间，使整个房屋保持温暖。

④仓库。仓库是用来储存粮食、工具和其他家庭用品的地方。仓库通常设计在房屋的角落或者独立的小屋内，便于取用。仓库内部通常分为多个区域，用于分类存放不同类型的物品，保持整洁和有序。

⑤牛舍。牛舍是用于饲养家畜的地方，通常位于房屋的边缘地带，以避免牲畜的气味影响居住环境。牛舍的设计考虑了通风和排水，以确保牲畜的健康。内部设有喂食槽和饮水槽，方便饲养和管理。

二、白龙村文化遗产保护的挑战

白龙村作为国家级传统村落，拥有丰富的历史文化遗产，包括大量非物质文化遗产和传统建筑。这些遗产不仅体现了朝鲜族独特的建筑风格和文化内涵，也是研究朝鲜族历史和文化的重要资源。然而，随着社会经济的发展和城镇化进程的推进，白龙村的遗产保护面临诸多挑战。

（1）新旧建筑的协调问题。白龙村内的新旧建筑在风格、材料和色彩上存在较大差异，部分旧建筑由于缺乏维修，外观破损严重，与新建筑形成鲜明对比，影响了村落整体风貌的协调性。

（2）基础设施的不完善。白龙村的基础设施建设相对滞后，特别是在供水、供电和道路等方面，存在设施老化、功能不足等问题。这不仅影响了村民的生活质量，也限制了文化遗产的保护和利用。

（3）文化空间的不足。白龙村内用于展示和传承非物质文化遗产的空间较为有限，主要集中在百年部落区域，其他位置的文化空间则相对缺乏。这导致非物质文化遗产的传承活动难以广泛开展，难以吸引更多的村民和游客参与。同时，有些传统的手工艺和文化逐渐消失在人们的视野之中。因此，如何更好地保护和发展乡村文化遗产成为目前乡村建设的首要问题。

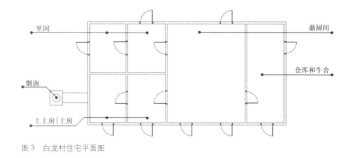

图 3　白龙村住宅平面图

三、新质生产力赋能乡村遗产保护与发展的路径探索

习近平总书记在参加十四届全国人大二次会议江苏代表团审议时强调："要牢牢把握高质量发展这个首要任务，因地制宜发展新质生产力"[4]。结合白龙村当地情况，新质生产力可以通过智慧旅游、发展文化创意产业、数字化文化遗产和新材料新技术等方面为白龙村的乡村遗产保护与发展提供新的动力和路径。

1. 经济角度：发展第三产业

（1）乡村智慧旅游

智慧旅游在乡村文化遗产保护中扮演着重要角色，充分发挥新质生产力的科技创新作用，在现代科技手段提升旅游体验的同时，加快当地经济发展，从而有效促进文化遗产的保护与传承。在白龙村，可以通过以下几个方面的实践，实现智慧旅游发展：

①数字化管理和服务。利用大数据、物联网和云计算等数字技术，实现旅游资源的智慧化管理。通过大数据分析游客的行为和偏好，景区管理者能够实时监测游客流量，优化景区布局和游览路线，提高资源配置效率和服务质量。例如，游客可以通过智能设备实时查询景区信息，获取个性化的旅游建议和路线规划，从而提升整体旅游体验。

②智能化设施和互动体验。在白龙村景区内部署多种智能化设施，包括智能导览系统、虚拟现实体验馆和在线预订平台等。智能导览系统通过语音识别和 GPS 定位技术，为游客提供全程导览服务，帮助他们深入了解白龙村的历史文化遗产和自然景观。

③互联网+旅游服务。借助互联网技术，在白龙村建立线上线下融合的旅游服务平台，游客可以通过互联网平台提前预订门票、住宿和餐饮服务，减少排队等待时间，提高旅游效率。此外，

白龙村非物质文化遗产　　　　表1

级别	项目名称	类别	入选时间
国家级	朝鲜族农乐舞	民间舞蹈	2007年
	朝鲜族长鼓舞	民间舞蹈	2008年
省级	朝鲜族洞箫演奏	民间音乐	2008年
	朝鲜族手鼓舞	民间舞蹈	2007年
	朝鲜族米肠制作技艺	传统技艺	2009年
	朝鲜族泡菜制作技艺	传统技艺	2009年
	朝鲜族打糕制作技艺	传统技艺	2009年
	朝鲜族狗肉制作技艺	传统技艺	2009年

还可以利用移动支付技术，方便游客进行购物和支付，提升旅游消费的便利性和安全性。通过线上平台的推广，为白龙村吸引更多的游客，扩大市场影响力。

（2）发展文创产业

白龙村的文创产业可以通过新质生产力赋能，实现其显著发展。利用大数据、云计算和人工智能等技术，在创意设计、产品开发和市场营销方面实现全流程优化。例如，通过 AI 技术生成白龙村的个性化旅游纪念品，提高产品的独特性和吸引力。同时，虚拟现实和增强现实技术的广泛应用，使游客能够身临其境地体验朝鲜族的传统文化，增强文化体验的沉浸感和互动性。此外，白龙村还可以注重文创产品的多样化开发，结合村落文化元素，推出手工艺品、服饰和日用品等文创产品，满足不同层次游客的需求；还可与科技公司、文化机构和教育机构进行跨界合作。

2. 文化角度：文化传播与保护

（1）数字化文化遗产

白龙村拥有丰富的朝鲜族文化遗产，包括国家级和省级的非物质文化遗产代表性项目，如朝鲜族农乐舞、长鼓舞、洞箫演奏等民间舞蹈和音乐，以及朝鲜族米肠制作技艺、泡菜制作技艺等传统技艺（表1）。为了更好地保护和传承这些珍贵的文化遗产，可以积极利用数字化技术进行展示和保存。通过建立线上展厅和虚拟现实体验馆，游客可以通过虚拟导览深入了解白龙村的历史、文化和传统习俗。全息投影和手势互动技术的应用，使得游客能够详细了解各类非物质文化遗产的细节，增强文化体验的互动性和沉浸感。例如，朝鲜族农乐舞和洞箫演奏的虚拟表演，不仅能够展示舞蹈和音乐的独特魅力，还让观众通过互动技术参与其中，增加文化传播的趣味性和参与度。

此外，加速发展数字创意产品，如基于区块链技术的数字藏品和虚拟纪念品，以确保其独特性和防伪性。这些数字创意产品可以在网络平台上进行交易和分享，吸引年轻人的关注和参与。通过多元化的数字传播渠道，如短视频平台、社交媒体和线上直播，促进白龙村的文化遗产广泛传播，增加公众对文化遗产保护的认同感和参与度。

（2）新材料新技术保护传统民居

在白龙村，新材料和新技术的应用可以为传统民居的保护与发展提供重要支持。朝鲜族传统民居具有独特的文化和建筑特色，但面对现代化发展和气候变化的挑战，需要引入新技术和新材料进行改造和保护：

①优化围护结构的保温性能。为了提升传统朝鲜民居的保温性能，白龙村民居建筑可以采用多种新型保温材料和技术。传统民居的墙体大多为木构架和黄泥墙，保温性能较差。通过使用现代保温材料如挤塑板、聚氨酯泡沫和玻璃棉等，将保温材料夹在墙体中间，以夹心墙的方式进行保温处理。这种方法不仅能提高墙体的保温性能，还可以保持传统民居的外观特色。此外，改进门窗结构也是提升保温性能的关键。采用双层玻璃窗和高效密封材料，既提升了室内的保暖效果，又保留了传统的格栅式门窗样式。

②现代供暖技术的应用。满屋炕是朝鲜族民居的重要供暖方式，但也存在热分布不均和空气污染的问题。为了解决这些问题，可以引入新型节能炕灶和电热炕系统。新型节能炕灶通过优化设计，具有提高热气流的流速和热效率，避免炕头过热、炕梢过凉现象的效果。电热炕系统则利用电能加热，避免烟气污染并提供更为均匀和舒适的室内温度。

四、结语

白龙村文化遗产保护与活化应充分发挥新质生产力高质量、高效能的特点，运用智慧旅游、文化创意产业等经济手段，以及数字化文化遗产、新材料新技术保护等文化手段，这些措施可以有效地保护和传承朝鲜族的丰富文化遗产，同时促进当地经济的发展。新质生产力的应用，实现了文化遗产的保护与现代化生活的有机结合，为其他乡村地区的文化遗产保护与发展提供了理论与实践参考。

参考文献：

[1] 王静华，刘人境. 乡村振兴的新质生产力驱动逻辑及路径[J]. 深圳大学学报（人文社会科学版），2024，41（2）：16-24.
[2] 金日学，周奥博. 基于新农村背景下朝鲜族民居可持续设计策略研究[J]. 城市住宅，2016，23（2）：79-82.
[3] 焦倩. 乡村振兴视域下朝鲜族传统民居传承发展研究——以延边朝鲜族自治州为例[J]. 文化产业，2022（31）：123-125.
[4] 邓斯雨，王展鹏. 数字新质生产力赋能乡村振兴战略：意义、逻辑与实践路径[J]. 中国成人教育，2024（3）：73-80.

中东铁路中俄建筑文化融合特点研究

孟路林[1]   肖 彦[2]

摘 要: 中东铁路建筑文化作为近现代中西文化交融的典范,凝聚了两国设计师和工匠的智慧与创意,具有重要的历史价值和文化价值。本文旨在深入研究中东铁路中俄建筑文化融合的特点。文章首先探讨了中东铁路建筑产生的时代背景。在此基础上,文章详细分析了中东铁路建筑中俄文化融合的特点并对其成因进行探究。通过本研究,我们能够更深刻地认识和理解中东铁路建筑文化的独特魅力和重要价值,为保护和传承这一珍贵文化遗产提供有益的参考和启示。

关键词: 中东铁路 文化融合 建筑特征

中东铁路建筑遗产是由一条铁路连接起来的庞大遗产集合,体现了一个多世纪以来知识、价值等方面的交流,并由此形成了具有显著中俄融合地域特征的建筑文化。这些文化现象蕴含着丰富的社会、历史、科学和艺术价值[1]。通过深入分析中东铁路中俄文化融合的特征,我们能够更深刻地认识和论证中东铁路建筑文化的重要价值所在。

一、中东铁路建筑中俄文化融合时代背景

中东铁路建筑是指在中东铁路建设与运营期间设计建造的,位于中东铁路附属地范围内的铁路交通设施,以及相关的居住和公共服务建筑设施[2]。其时代背景可以追溯到19世纪末~20世纪初,这一时期充满动荡与变革、碰撞与融合。

1. 动荡飘摇的政治环境背景

从鸦片战争开始,西方列强开始对中国进行侵略和掠夺,导致清政府面临内忧外患。俄国[3]在远东地区扩张的意图与清政府的困境相契合,开始将目光投向中国东北地区。因此,俄国通过一系列条约侵占中国领土,包括《瑷珲条约》和《北京条约》。因而,西伯利亚铁路的修建成为俄国重要战略举措,而清政府则被迫借地以获取俄国的支持。

自1869年起,沙俄多次向清政府总理衙门提出"借地筑路"的强硬要求。清政府与其先后签署了《中俄密约》和《中东铁路合同》[3]。1897年,沙俄在中国东北开始大规模修建铁路,这段西伯利亚铁路在中国境内被称为"东清铁路"或"中东铁路"。1903年中东铁路通车后,虽借由铁路沿线城市开发,给哈尔滨片区带来短暂的繁荣景象,但随着帝国主义侵略者对铁路沿线的"经营"深入,加快了对中国领土侵略扩张的脚步,而中东铁路也成为他们进行文化入侵和渗透的基地。

2. 中俄多元文化冲突的缓和

在中国东北地区,中东铁路建筑体现了东北本土文化和俄国传统文化的交融。东北地区处于地理边缘,文化上多元交汇,俄国传统文化的引入为这一地区注入新的活力。然而,俄国在修建铁路时存在恶意的政治图谋,通过借地修路侵占中国土地,引发了百姓的不满和抵抗,最终导致了义和团运动。在初期的文化接触中,中俄文化之间发生了冲突,俄国采取军事手段和怀柔政策来缓解矛盾,其中在铁路建筑上加入中国元素是缓和抵触情绪的策略之一。经过多次努力和漫长历史岁月,中东铁路建筑文化逐渐形成,体现了中俄文化融合的成果。

3. 铁路营建与管理的中外结合

中东铁路在营建上主要是由俄国工程师设计、中国工人建造完成。在管理方面,俄国总工程师管理整个项目。在劳动力方面,初期主要是来自俄国的工人,后来因需求增加逐渐向中国招募劳工,承担体力劳动。在建设过程中,中俄两国的建筑文化和管理模式相结合,采用了劳动合同合作方式,并在技术和资金支持方面进行了有效配合。随着时间的推移,铁路的管理权也发生了变化,从俄中共建到后来的日俄分占,但建筑文化和管理政策基本延续,展现了中俄文化交融的特点。

二、中东铁路建筑中俄文化融合的特点

1. 群体建筑线性文化的中西结合

中东的铁路建设具有明显的线性特征。从哈尔滨向西直通满洲里,向东到绥芬河,南到大连的旅顺不冻港,随着铁路兴建,给沿线偏僻的大批城镇带来了经济振兴的生机。这些城市的功能都很完备,并且互相辐射,形成不同于地区多数呈散点状村落布局的群体建筑线性文化片区。

建筑形态多为中西结合形式,以中式大檐与西式墙体组合为主要特征,特别是站舍类的交通建筑,表现出多种风格并存的态势。沿线分布着不同的建筑形式,既有中西相结合的建筑样式,也有传统的俄国建筑样式,以及以中国传统元素为主要内容的混合建筑形式。这些建筑通常呈点状散布于沿线不同区域,互相影响,构成独具特色的景观。在施工、改建、扩建中,考虑到区域特色与人文元素。部分站舍建筑在二次修建中又加以改建,打破了原有的结构形态,形成新的建筑风格。站舍建筑毗邻市街,其公共、居住建筑多与站舍建筑和谐统一,从某种意义上也折射出中俄文化区的文化

---

[1] 孟路林,大连理工大学建筑与艺术学院。
[2] 肖彦,大连理工大学建筑与艺术学院,副教授。
[3] 本文阐述的内容时间界定为1917年以前,为了更好地表述语义,故文中均采用"俄国"一词。

差异与距离。

2. 单体建筑中俄传统特征的构成共存

中东铁路建筑文化融合是一个由浅到深、由外到内的融合发展过程。当时哈尔滨作为俄国工业发展的基地，工业建筑建设高度发达。基本上都是根据设计师们的统一设计和详细的图纸来建造的，建筑群体整体结构和平面形制都有定制做法，不同功能建筑在主体上做出简单适应性变化[4]，在建筑上中式风格和俄式风格结合呈现出不同的视觉效果。

（1）中俄特征立面均质共生

在中东众多的铁路建设中，虽然从本质上来说，中式风格和俄式风格存在较大冲突。但在视觉融合上却呈现出一定的均衡性，这与建筑师对建筑的自我修养有着很高的要求有极大关系，虽然这是一次多元文化创新的初次尝试，但他们还是或多或少地受到了自己所学到的文化的影响，换言之，他们既要对自己国家的建筑文化进行传承和发展，又要尊重不同地区的本土文化。如此一来，两种风格融合的结果就不会显得太过突兀，而是保持着一种相对平衡的状态，虽然各有侧重，却也达到了某种均衡。

建筑物的均衡性最直接体现在视觉上。建筑立面从上到下可分为屋顶、墙身、墙基上、中、下三段式。从一层、二层车站候车室的立面设计图纸上，可以清楚地看出中俄传统要素在建筑造型上的体现，主要呈现为：上层为中式传统的大屋顶，中部为俄式的墙身及门窗开洞，下层则是以砖石结构为主的墙基部位。从视觉比例来看，站舍建筑立面俄式与中式比例分布均匀，面积接近相等（表1）。

（2）中俄特征风格主从分置

中东铁路建筑群多数建筑呈现中俄文化特色结合的特点，建筑风格偏向于俄国的传统建筑风格占主导、中国的传统建筑风格则处于辅助地位。这种主次分明的融合建筑在整个建筑群中占绝大部分比例。例如，部分单独设计的站舍和铁道住宅，其建筑形式多具有俄国特色，而与中国传统古城或村落相邻的车站[5]，则有选择地采用中国建筑特色的建筑形式。这不仅体现出中俄两国在文化交流中的深厚感情，同时也体现出其对本土传统文化的尊重，以及对多种不同类型建筑风格的尝试。在中西结合的过程中，自觉凸显了中国传统建筑的文化特色。这一方面是建筑师在西方体系教育的大环境下对自身建筑艺术培养的结果所致，另一方面也是中国建筑文化在西方思想中的文化觉醒。

三、中东铁路建筑中俄文化融合特点成因探究

1. 俄式文化强势传播和中式文化隐性渗透

两种不同的文化是互相影响的关系。从总体上来说，中东的铁路文化融合建筑最早是俄罗斯工程师携带专业人才和技术，跨越国界到达东北地区进行的建设工程，是典型的迁移扩散，随后在东北地区缓慢演化的文化扩散现象是各种扩散现象的综合。

但由于当时中俄两国国力悬殊，因此从传播和扩散途径来看是俄国进行了强有力的文化入侵。由于中俄文化区的高低势能决定着文化的传播，因此，除了消极地接受新文化的外，东北地区也接受并吸纳了新文化的优点与先进的科技，而且保持其本土文化的坚韧与骄傲，也在这种文化融合所形成的建筑形式中，逐渐地凸显了出来，慢慢地在文化交融中给出一种潜移默化渗透的反馈。

2. 设计师与工匠群体中式文化选择的主动性

在中东地区，俄方设计师占据了绝对的主导地位，而中国参与建造的绝大多数都是来自底层的工匠。从早期的设计图可以清晰地看到设计者对中西方文化的结合的尝试。设计师们展现了相对主动的文化选择性，旨在满足不同使用群体的需求，并尝试将中俄文化元素融合在建筑设计中。在设计中，设计师们通过简化中式元素或在部分细节处加入中式符号来实现文化融合，同时对于不同类型的建筑，如住宅和站舍，采取了不同的融合方式以适应不同的需求和人群。

中俄融合建筑中的均质分布现象对比表　　　　　　　　　　表1

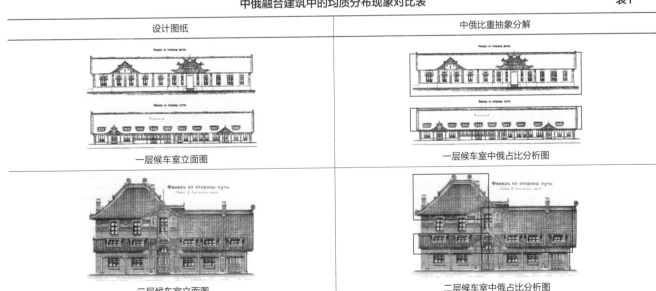

设计图纸	中俄比重抽象分解
一层候车室立面图	一层候车室中俄占比分析图
二层候车室立面图	二层候车室中俄占比分析图

随着铁路沿线工业的迅速发展,建筑建设人手不足,因此大批中国劳工被征募到了修建铁路的队伍之中。中国工匠的劳作方式是工组形式,由一个领班和若干个工人组成。领班负责和俄方工程师交流,带着工人按照图纸施工。在早期阶段工匠们更多地处于被动接受的状态,在建造过程中按图施工,往往由俄方监工领导。然而,随着对建筑形式和技术的熟练掌握,工匠们逐渐开始主动反馈自身的文化传统、主动作出文化选择,通过在建筑上添加中国传统装饰艺术等方式来展现自己的文化特色。

3. 中俄建筑文化融合中对传统的突破

中东铁路的结构形式是中俄两国在文化上进行的一次罕见的跨界融合,给俄国设计师和中国施工者带来了巨大的挑战。不管是出于政治目的,还是出于工程师本身的教育背景,他们都在尝试着将中俄两种不同的文化元素结合起来,创造出一种新的与传统文化相结合的建筑形式。中俄两国的建筑形式在漫长的岁月中,逐渐演变成了一种新的独具特色的建筑文化。中俄两国的传统建筑语言被设计者巧妙地提炼出来,并以规范化的设计来满足快速建造的需要,从而形成了标准的建筑形式,不同等级的建筑有不同融合形式和配置。

然而在现实生活中,这些标准化建筑却面临着环境适应性与功能需求两大难题,且与严酷的东北气候条件相对应的地域性不适应。伴随着中东地区铁路建设的实施,中东地区早期的复杂政治色彩逐渐消退,其建筑文化也随之发生了变化,最终转向为以适应环境和使用需求为主的设计理念。例如,原本精致的倒屋屋顶以及狭长的斜坡屋顶都被陡直的屋顶所代替。屋顶的瓦片也逐渐换成了铁瓦。这很大程度上是因为中式屋顶并不适合拥有漫长冬季的东北地区,但从另一方面来说,也是突破传统的一次尝试。

四、结语

中东铁路建筑文化作为中俄文化交融的典范,展现了不同政治背景下的文化冲突与融合。铁路在建造和管理上结合中俄模式,建筑上中俄风格交织,体现了中俄两国在铁路建设上的合作与文化交融的独特魅力。初期以俄国风格为主,后逐渐融入中国元素,形成了独特的线性文化区。建筑风格上,俄式风貌为主,中式风貌为辅,但视觉效果上中俄特征呈现多种共生特点,展示了中俄文化交融的丰富性和多样性。

同时,俄式建筑在中国的扩散和中式建筑文化的隐性渗透共同促进了这种文化融合。设计师和工匠群体的主动性与挑战也体现了文化融合的动态性和适应性。中东铁路建筑不仅是中俄文化交流的产物,也是两国近现代建筑文化的重要组成部分,具有重要的历史和文化价值。这种文化交融不仅丰富了建筑艺术的表现形式,也为后世留下了宝贵的历史文化遗产,为文化交流和互鉴提供了宝贵的经验和启示。

参考文献:

[1] 盖立新,陶刚.中东铁路遗产及《中东铁路建筑群总体保护规划》编制若干问题研究[J].北方文物,2016(3):70-75.
[2] 李国友,徐洪澎,刘大平.文化线路视野下的中东铁路建筑文化传播解读[J].建筑学报,2014(S1):45-51.
[3] 郑长椿.1891-1952中东铁路历史编年[M].哈尔滨:黑龙江人民出版社,1987:4.
[4] 李富江,李之吉.中国近代工业遗产建筑形制嬗变及影响因素探究[J].工业建筑,2023,53(S1):18-26.
[5] 陈一鸣.中东铁路建筑文化交融现象解析[D].哈尔滨:哈尔滨工业大学,2019.

基于民族村落风貌修复的民族装饰符号现代演绎方法
——以黑龙江省饶河县赫哲族村为例[①]

李雨柔[②] 马 辉[③]

摘 要：民族装饰符号是民族文化智慧的结晶与传承民族文化的重要载体。本文以黑龙江省饶河县赫哲族村为例，从赫哲族传统装饰符号的形态特征、色彩表现、象征寓意三方面发掘民族传统装饰符号现代演绎的方法；尝试解决传统村落风貌特色趋同、传统装饰符号与当代审美需求割裂、民族文化保护与传承孤立等问题。研究成果将为民族传统村落风貌保持与修复提供借鉴，为弘扬民族传统文化提供参考。

关键词：民族装饰 赫哲族 符号演绎 村落风貌

一、饶河县赫哲族村概况

赫哲族是位于中国东北的少数民族，以独特的渔猎文化和丰富的民族传统著称。饶河县是其主要聚居地，独特的地理位置和自然环境为文化保存与发展提供了良好条件。四排赫哲族乡位于黑龙江省双鸭山市饶河县东北乌苏里江西岸，北起大斑河之畔，南至杜家河口之地，西有西林子乡之界，东则毗邻乌苏里江之滨。自然风貌独特，人文底蕴深厚，气候寒冷，生活依赖乌苏里江及其支流挠力河，拥有丰富的水生和狩猎资源。[①]

"赫哲"一词见于《清圣祖实录》，历史上被称为"鱼皮满洲"，属满通古斯族系。赫哲族历史悠久，经历了从分散的渔猎群体到逐渐聚居的转变。清初，赫哲族开始聚族而居，标志着社会组织和文化观念的成熟，其居住地从无固定落脚点转变为固定聚落[1]，独特的建筑风格、村落布局及渔猎生活相关的习俗和宗教信仰都是历史沉淀的产物。

二、赫哲族装饰符号解读

赫哲族对萨满教的信仰是民族装饰符号的主要根源。萨满教是赫哲族文化中的一种传统宗教形式，基于万物有灵的世界观，认为自然界的各种元素都具有灵性。赫哲族人通过观物取象的方式，形成了丰富的民族装饰符号，民族符号不仅象征部落精神力量和族群文化身份地位，更被广泛运用于日常生活、装饰艺术和节日仪式中，如渔猎工具、住屋、家具、餐具、服饰等，根据搜索到的实例看，赫哲族人的图案艺术已达到高度完美的程度[2]。

1. 象征寓意

赫哲族的装饰符号源于其独特的生产与生活方式，具有象征意义，体现着民族的崇拜与信仰。常见的图腾包括螺旋纹和生命树，象征着赫哲族人的精神信仰，他们认为这些图腾具有神奇力量，能够帮助族人战胜自然。水波纹和螺旋纹反映了他们捕鱼生活的审美意识，是生产生活的标志。如赫哲族崇拜树神，认为其连接地下、地上和天空，象征着繁衍和富足。这些图案常用于婚服设计，寓意美好，保护新娘不受侵扰。

赫哲族服饰广泛采用动物图案，表达了对动物的敬畏和社会、精神属性。鹿的纹样象征逢凶化吉，熊代表祖先，虎寓意山神，鹰象征力量。鱼皮和鹿皮等自然材料不仅实用，还具有文化和象征意义，反映了赫哲族与自然资源的紧密联系及其对自然资源的尊重和可持续利用。

2. 形态特征

（1）动物装饰符号

赫哲族具有丰富的图案表达形式，虽然族人对同一物种的信仰相同，但绘画的表现手法多种多样。如装饰符号中的动物图案展示了从具象到抽象的艺术转换过程，涵盖了鹰、熊、虎、鹿、狍、鱼等40多种动物[3]。这些动物图案通过几何化手法，以简化的线条和形状呈现，常出现于织物、木雕和金属工艺之上。根据表达形式可细分为四个等级，以鸟纹饰为例，如表1所示。

（2）自然装饰符号

由于赫哲族人生活在四季分明的北方，农业和渔业都受季节影响较大，通过对天文知识的了解与掌握，他们开始崇拜太阳[4]，所以在赫哲族美术作品中，常见关于太阳的图案描绘。在赫哲族装饰艺术中，自然界的符号如云卷纹、水波纹、涡旋纹也常用于民族图案中，这些纹样不但美观，而且寓意深远，如云纹象征吉祥和风调雨顺，而水波纹则象征生命的延续和自然的流动。

赫哲族的植物纹样强调对称均衡的形式美法则，通常体现在符号的中心对称上。在排列方式上，将重复的模块化纹样进行有序地排列和组合，创造出视觉上的多样性和复杂性，如表2所示。无论是纹饰的轴线还是排列，都展示了赫哲族装饰符号精确和谐的视觉效果。

3. 色彩表现

早年，赫哲族人服饰和器物上的色彩主要取自于自然界中的树木花卉。赫哲族生活用具图案多以蓝色、棕色（木制品）为主，点

[①] 基金项目：辽宁省经济社会发展研究课题一般课题"乡村振兴视角下辽宁地区少数民族村落历史文化资源开发研究"（2023lslybkt-031）阶段性成果。
[②] 李雨柔，大连理工大学建筑与艺术学院。
[③] 马辉，大连理工大学建筑与艺术学院，副院长。

形态维度转换 表1

	纹饰		表现手法		翅膀	头部
具象表达			细线条			
螺旋纹样			螺旋纹			
简化表达			粗线条			
几何抽象			几何形状			

纹样分析 表2

植物纹饰	生成方法及排列形式

缀红色、黄色、绿色的几何图案，居室图案色彩较为艳丽，多以蓝色、红色为主。鱼皮衣与鹿皮衣多以白色、米白色为主，辅以红色、蓝色的图案与线条装饰，使用布料后，其服饰主要以蓝色和紫色为主[2]。

通过对赫哲族主要与局部的装饰符号色彩进行分析与提取，提取出10种色彩（表3），按同类色进行分类，可归纳为黄色、蓝色、红色、绿色。通过分析发现赫哲人常用红绿、橘蓝对比色，以此形成丰富的图案视觉效果。

三、赫哲族传统符号应用环境分析

1. 机遇

（1）符号体系完备

饶河县历史底蕴深厚，自周秦以前即有人类在此繁衍生息，留下悠久的人类生活印记。县内聚居着26个民族，赫哲族人与其他民族相互交织、和谐共生，形成了自己独特的文化，且有八项非物质文化遗产代表性项目被列入"国家非物质文化遗产名录"，包括

色彩分析　　　　表3

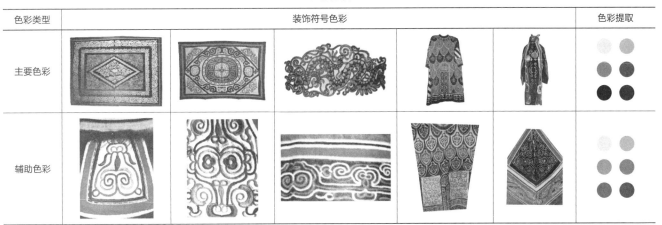

桦树皮制作工艺、伊玛堪说唱艺术、权草球编织技艺、嫁令阔民歌、神秘的萨满舞蹈、食鱼习俗、放河灯仪式以及富有民族特色的打布鲁运动。这些非遗项目彰显了赫哲族人的智慧与创造力。而赫哲族的装饰符号，作为民族文化的精髓与象征，体现于赫哲族人的日常生活之中，以及各项非物质文化遗产的传承与实践之中，并在传统民居建筑形式与装饰设计中发挥着不可替代的作用。基于其独特的习俗、生活方式及审美观念，赫哲族逐渐发展出了一套独具特色、体系完备的装饰符号。

（2）国家政策支持

在国家、省、市政策扶持下，饶河县成功脱贫。依托文化资源，发展旅游业，带动其他产业。2021年，饶河县获乡村振兴项目资金5000万元，整合其他资金筹集9234.45万元，实施"乌苏里船歌"项目。四排赫哲族村作为重点，利用腾退地打造特色项目，包括旅游体验区、非遗馆、演艺中心和展示馆，推动文化传承和经济振兴，如图1所示。

2. 挑战

（1）传统符号体现度不足

随着现代化进程的推进，赫哲族传统符号在日常生活中的应用逐渐减少。现代化的发展削弱了传统民族村落的风貌和特色，导致许多年轻人对传统文化的认同感降低，符号在公共空间和日常生活中难以见到。保护项目多集中于文化展示和节庆活动，缺乏日常生活中的传承和应用，使得传统符号的实际保护效果有限。赫哲族风情园虽成为文化展示的纽带，但现代化建筑取代了传统建筑，民族符号在居住环境中难以体现。

（2）经济发展制约文化传承

赫哲族社区在经济发展中面临巨大压力，许多年轻人外出务工，传统技艺难以维持生计。气候变化、水污染和过度捕捞等问题导致鱼类资源锐减，1999年赫哲族村从渔业转向农业，自然捕捞的单一生产方式在赫哲族村被彻底改变[5]，传统渔猎活动和相关符号的生存基础受到影响。鱼皮制品和赫哲族面具脸谱等传统工艺品的制作技艺面临失传风险。

四、赫哲族装饰符号现代化演绎方法

当前，赫哲族民族文化受到主流文化冲击，当地民族更倾向于学习主流文化，导致民族文化传承人才减少，民族习俗逐渐流失。在新的社会环境中，作为传承民族文化的重要载体，赫哲族装饰符号需在保护传统形式和融合现代审美与技术中平衡发展。通过分析、解构与重组，形成新的装饰符号。

1. 形态演绎

在赫哲族装饰符号的现代化演绎中，可以采用形态维度转换的方法。通过解读符号的形态特征、色彩表现和象征寓意，发现其围绕"万物皆有灵"的信仰形成和发展。

从美学角度，赫哲族图案的造型原理包括：遵循应物象形，注重简洁概括，追求形象传神，运用夸张手法，以及符号与形体的协调[6]。这些原理构成了独特的美学体系，现代化演绎应保留符号的核心"形"。

从符号学角度，装饰符号由点、线、面、体组成，分别代表零维、一维、二维和三维。通过几何化、抽象化、简化等手法，对符号进行维度转换，保留其核心形态，使图案既具有现代美感，又便于辨识，如表4所示。

点维度转换：圆点、三角形、方形等符号可用于村落广场或步道上的铺装设计，传达传统文化精髓。线维度转换：螺旋纹样与现代形式结合，可用于桥梁护栏和围墙栏杆，增强动态感和现代美感。面维度转换：具象符号简化后可用于村落建筑的外墙和内墙

图1　"乌苏里船歌"项目鸟瞰图

形态维度转换　　　　　表4

类型	装饰符号	转换方式	生成	应用
点	鸟纹饰	简化表达——点		
线	双鸟纹饰	螺旋纹样——线		
面	卷曲龙纹饰	具象表达——面		
体	衔鱼鸟纹饰	几何抽象——体		

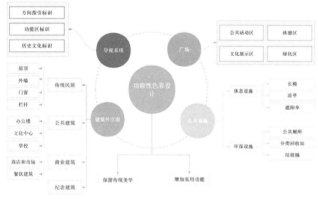

图2　功能性色彩设计

色彩对情绪的影响分析　　　　　表5

赫哲族色彩	对人情绪的影响	现代化应用
	使人感到兴高采烈，充满喜悦之情	公共广场、儿童活动区
	使人感到安静、凉爽、舒适、心胸开阔	文化展示区、图书馆、住宅
	使人情绪热烈、饱满，激发爱的情感	游客服务中心、节庆广场
	使人的心里有安定、恬静、温和之感	建筑外墙、社区广场、文化长廊

装饰，增强文化氛围和艺术感染力。体维度转换：几何抽象符号结合色彩和现代元素，可用于公共广场和公园的艺术装置或雕塑，形成独特的景观节点，增强立体感和视觉效果。

2. 色彩演绎

在民族村落封面修复中，功能性色彩设计能够将传统的装饰元素转化为现代化的实用功能，既保留了符号的美学价值，又增强了其在现代应用中的实用性。基于表3的色彩分析与提取，利用人类对色彩潜意识分类排序的视觉习惯，可以充分发挥色彩在导向系统中的符号代码化作用，从而有效提升导向系统的舒适度和功能性[7]。

如图2所示，功能性色彩设计可分为导视系统、广场、公共设施、建筑外立面四类。不同功能区使用不同颜色，明确功能分区，提高可见性和易读性，方便村民和游客识别和使用。

通过对赫哲族的色彩表现进行分析，归纳为黄色、蓝色、红色、绿色。结合色彩心理学进行分析，研究不同颜色对人们心理和情绪的影响，以此选择适合的颜色来营造空间氛围[8]，从而使功能性色彩在空间的应用中更具功能性和舒适性。如表5所示，赫哲族村落风貌修复中应根据不同空间应选择符合色彩心理学的颜色，如公共休息区域使用木材，结合温暖的色彩，使环境更加舒适和谐，教育设施使用活力色彩，从而达到对其色彩的现代化应用。

五、结语

赫哲族装饰符号作为民族文化的重要载体，不仅具有独特的民族文化价值,也在民族村落风貌中扮演着不可替代的角色。通过对黑龙江省饶河县赫哲族村的系统整理和分析已有的研究文献,了解当前研究进展、热点和空白。通过文献研究法、归纳法与演绎法、影像分析法,对饶河县赫哲族装饰符号的象征寓意、形态特征、色彩表现进行分析,总结其一般性的规律和原理,并对饶河县赫哲族村进行符号应用环境分析,探讨了民族村落装饰符号的现代化演绎方法。通过装饰符号的形态维度转换和色彩表达的现代化应用,使赫哲族装饰符号在民族村落风貌修复中焕发出了新的生命力,以此解决传统村落风貌特色趋同、传统装饰符号与当代审美需求割裂、民族文化保护与传承孤立的问题。本文的研究不仅为民族传统村落风貌保持与修复提供了借鉴,也为弘扬民族传统文化提供了新的参考路径。

参考文献:

[1] 于学斌. 赫哲族居住文化研究(下)[J]. 满语研究, 2007(2): 78–83.
[2] 王英海, 孙熠, 吕品. 赫哲族传统图案集锦[M]. 哈尔滨: 黑龙江教育出版社, 2011.
[3] 杨子勋, 郭杰. 平和自然之美天真自由之心——赫哲族美术图案风格及成因探[J]. 美术大观, 2010, (8): 222–223.
[4] 魏丹. 符号学视角下赫哲族美术文化意蕴研究[J]. 大观(论坛), 2024(2): 18–20.
[5] 周竞红. 渔猎业转型与赫哲族现代化管窥——以黑龙江省饶河县四排村赫哲族为个案[J]. 黑龙江民族丛刊, 2019(3): 43–49.
[6] 李剑霞. 赫哲族传统图案造型研究[D]. 北京: 中央民族大学, 2022.
[7] 曾竹竹, 黄军. 文化空间中导向系统的色彩排序与情感作用[J]. 艺术百家, 2013, 29(S2): 189–191.
[8] 艾敏, 刘玉红, 漆晓红, 等. 颜色对人体生理和心理的影响[J]. 中国健康心理学杂志, 2015, 23(2): 317–320.

建和美乡村·续古韵民居
——以湖镇围美丽乡村项目规划与建筑设计实践为例

陈兰娥[1]　刘　楠　罗翔凌　刘明洋

摘　要：本论文以湖镇围美丽乡村项目展开叙述，项目以"建美续韵"为主题，规划"一核、两轴、四片区"结构，并在规划基础上，展开一系列以建和美乡村·续古韵民居建筑设计策略，包括设计宜居的乡村环境，以吸引更多人前往居住和旅游的悠古村承新韵——湖镇围乡村民宿设计；保护传统建筑风貌，积极进行保护和修复传统建筑，保留当地独特的建筑风貌和历史文化遗产的寻宗访迹·文脉世泽——湖镇围乡村民俗博物馆设计；展示当地的历史文化、民俗风情和特色产业，向人们传递乡村文化的内涵和价值的振村韵谱新章——湖镇围乡村研学基地设计。

关键词：建美续韵　悠古村承新韵　文脉世泽　振村韵谱新章

根据广东省博罗县国土空间总体规划要求：①全面促进城乡融合发展，构建"两级四类"乡村体系、提升乡村空间发展质量湖镇围所处湖镇村在"两级"村庄体系中为一般村，需要完善功能控制引导，"四类乡村体系中为特色保护村，其主要为传统村落、山区村和特色精品村，要求尽量原拆原建，提升存量用地利用效率，保护和合理利用自然、历史文化遗产，完善公共服务和市政基础设施，适度发展乡村旅游。②优化城镇规模等级体系，推动形成"主中心一副中心一重点镇——一般镇"四级城镇体系，湖镇围所处湖镇镇在该体系下属于重点镇，人口规模约10万~20万人。③实现乡村遗产的优化创新，提升乡村发展的内涵和品质，构建"两廊三圈五区"的历史文化保护格局，发挥资源组合优势，展现博罗客家文化和南粤文化魅力，打造全域旅游目的地。湖镇围所处位置为南粤古驿道上的古村文化所在地，作为历史文化保护格局的重要组成部分，以河流水系、绿道为主体的蓝绿空间，串联古村风貌和文化遗迹，打造魅力岭南水乡。

一、湖镇围美丽乡村项目概况

湖镇围位于广东省惠州市博罗县湖镇中部，湖镇围总占地面积约19.6hm^2，本次项目规划范围约186185m^2，建筑用地面积约19800m^2。湖镇围是一座客家围屋建筑模式的古村落。村落自西向东横亘千米，村中各式院落数以百计。村里主村巷布局为"耙齿"形，近百条大小各异的小巷纵横交错，分布在各个院落之间。环村南的一条长1000m主巷道，犹如一柄巨型"耙梁"贯通东西。

二、湖镇围"建美续韵"主题规划

依据国务院发布的《"十四五"推进农业农村现代化规划》所提出的优化乡村休闲旅游业，依托田园风光、绿水青山、村落建筑、乡土文化、民俗风情等资源优势，建设一批休闲农业重点县、休闲农业精品园区和乡村旅游重点村镇；推动农业与旅游、康养等产业融合，发展田园养生、研学科普、农耕体验、休闲垂钓、民宿康养等休闲农业新业态，提出湖镇围美丽乡村项目规划理念：

（1）规划理念：本次规划深入调研湖镇围古村的自然及人文特色，重新定位古村的经济价值和社会价值，挖掘活化湖镇围遗产资源，注重景观规划与生态保护，促进生态保护和可持续发展，实现乡村遗产的优化创新，提升乡村发展的内涵和品质。

（2）规划定位：根据《博罗县国土空间总体规划（2020-2035年）》，基于构建"两廊三圈五区"的历史文化保护格局，发挥资源组合优势，展现博罗客家文化和南粤文化魅力，打造全域旅游目的地。结合各镇资源禀赋，调整优化县域城镇体系，推动形成"主中心一副中心一重点镇（湖镇围）"的城镇体系定位。湖镇围所处位置是古村文化所在地，与西北侧的罗浮山文化地相连，共同构成南粤古驿道文化保护廊道战略地位。

（3）规划结构：湖镇围村规划设计，秉持保护和发展两者同等重要的原则，在保留现有村庄"耙齿"形格局的基础上，充分尊重村落历史、自然环境和民俗文化，合理完善功能布局和交通组织，提出了适合村庄旅游、文化和商业联合发展的道路，实现优化创新乡村遗产。

根据规划理念和规划定位，形成"一核、两轴、四片区"规划结构（图1）：

（1）一核。一核心位于湖镇围集散广场处，广场以研学主题与滨水景观为重点建设发展，附属三个空间节点：静安广场、滨河广场和后山中心景观小品群。

（2）两轴。生态发展轴主要包括环境生态区、产业发展空间和民宿体验区；研学发展轴主要包括研学产业区、宗祠文化区、滨水商业区和农耕体验区。

---

[1] 陈兰娥，广州城市理工学院，副教授。

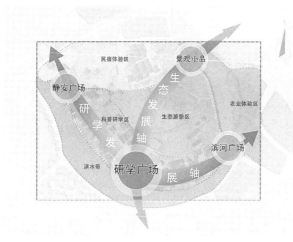

图1 湖镇围美丽乡村项目规划结构图（来源：作者导师项目组提供）

图2 湖镇围美丽乡村特色民宿建筑群（来源：作者导师项目组提供）

（3）四片区。充分利用村落现有资源和格局，划分为民宿体验区、宗祠科普研学区、滨水商业区和农耕体验区。①民宿体验区：依托博罗县旅游产业，规划独具特色的湖镇围民宿体验区。滨水民宿区主要以散点式布局为主，打造滨水区域的高品质民宿。湖镇围北面利用优越自然环境，规划营造休闲经济型片区——民宿区。②宗祠科普研学区："保护＋创新"的空间模式，以村落宗祠、乡村博物馆为载体，构建一系列民众共享空间，满足使用人群生活及参观、游玩、交谈、科普宣传等活动所需。同时成为乡村遗产的活态存储空间，保护并传承南粤古驿道上的古文化古遗迹。③滨水商业区：湖镇围南面主巷道成为商业体验空间，呈现客家村落的繁华面貌，通过商业街体验空间传承和弘扬村落的文化传统，吸引游客体验，促进文化的传承和发展。④农耕体验区：结合教育实践与农耕文化，提供农耕知识讲解、农耕劳作体验和农耕手工艺品体验等项目，让青少年通过亲身参与了解农耕文化，培养劳动精神和环保意识。

三、湖镇围助力建和美乡村·续古韵民居建筑设计策略

依托湖镇围村的田园风光、绿水青山、村落建筑、乡土文化和民俗风情等丰富资源优势，致力于保护村落的传统格局、空间肌理、古老建筑、文化生态和景观环境，推动农业与旅游、康养等产业的融合发展，打造研学科普、农耕体验、民宿康养等休闲农业新业态。

1. 悠古村承新韵——湖镇围乡村民宿建筑设计

（1）根据《博罗县国土空间总体规划（2020-2035年）》乡村发展区更新指引，鼓励进行拆旧复垦，有序腾挪建设用地空间，同时通过综合整治和全面改造，设计宜居的乡村居住环境，以吸引更多人前往居住和旅游，推动乡村振兴和经济发展，提升乡村发展的内涵和品质。在此框架下，规划了独具特色的湖镇围民宿体验区。

（2）湖镇围民宿体验区。滨水民宿区主要以散点式滨水布局为主，打造滨水区域的高品质民宿。湖镇围北面利用优越的自然环境，营造以休闲经济型片区——民宿区。通过提供多样化的民宿服务，延长游客的游玩时间，解决了文旅配套中缺乏民宿的痛点。

（3）实践策略。"悠古村承新韵——湖镇围美丽乡村项目建筑设计"，旨在打造融合创新现代风格与保护传统符号的独特"栖息地"特色民宿建筑群（图2）。该建筑群包括大型民宿区、服务区和小型民宿区三大板块，其中大型民宿区又分为古风民宿和现代风民宿两种风格。这一策略致力于在保留传统乡村韵味的同时，引入现代化设计元素，打造吸引人的住宿场所。通过提供古风和现代风两种不同风格的民宿（图3），满足不同游客的需求，推动湖镇围村民宿康养新业态。

图3 湖镇围美丽乡村古风民宿与现代风民俗效果图（来源：作者导师项目组提供）

图4 湖镇围美丽乡村民俗博物馆效果图（来源：作者导师项目组提供）

图5 湖镇围美丽乡村研学基地效果图1（来源：作者导师项目组提供）

图6 湖镇围美丽乡村研学基地效果图2（来源：作者导师项目组提供）

2. 寻宗访迹·文脉世泽——湖镇围乡村民俗博物馆建筑设计

（1）贯彻落实传承保护古县文化要求，湖镇围乡村民俗博物馆致力于构建"两廊三圈五区"的历史文化保护格局，展现博罗客家文化和南粤文化的魅力。该博物馆旨在营造湖镇围村历史文化景观的重要保存和传承场所，满足人们对历史文化的需求，提升人民群众的整体文化素养。

（2）民俗博物馆致力于营造研学与文化、研学与文脉共享的场所，以观览与体验为核心，分别开设手工艺坊与工艺体验室，实现乡村遗产的优化创新。例如，湖镇围的"上灯"作为县级非物质文化遗产，每年吸引大批游客前来观看，成为东江流域规模最大、保持传统最完整、最热闹的春节必备节目。

（3）实践策略：寻宗访迹·文脉世泽——湖镇围乡村民俗博物馆建筑设计选址位于湖镇围村西侧，交通便利。场地主入口链接生态步道和南侧商业步道。总体布局设计采用传统的"回"字形院落空间布局，以水为脉、以院为理，通过建筑体块穿插错动、屋顶的转折结合景观空间，营造"中庭"—"廊道"—"上人屋面"的空间序列，同时成为乡村遗产的活态存储空间，保护并传承南粤古驿道上的古文化古遗迹（图4）。

3. 振村韵、谱新章——湖镇围乡村研学基地建筑设计

（1）要求各研学旅游目的地和示范基地进一步挖掘研学旅游资源，深化打造主题品牌，扩大对青少年的政策优惠，不断提升研学旅游的综合吸引力，助力实现湖镇围乡村遗产的优化创新。

（2）充分挖掘乡村研学旅游和既有建筑改造的新途径，以研学旅行视角对村落修建性详细规划以及农耕研学基地建设，农耕研学基地设计尊重村落历史建筑与肌理、自然生态环境。应用"保护＋创新"的空间模式，以村落宗祠和古建筑为载体，构建一系列共享空间的科普研学基地。

（3）研学基地的建筑设计选址位于村落南侧，占地面积约9530m²，场地内地势有3m的台地高差，依据修建性详细规划设计定位为农耕研学基地（图5）。场地北部的建筑采用具有地域特色的坡屋顶瓦屋面结构，经鉴定对其建筑进行修建装饰。场地南部的建筑部分墙面倒塌，内部严重破损，需要进行重建。东西两侧大片荒芜的外部空地被规划为航天水稻示范田和农耕菜果园。西南侧是重要的古建筑逊众宗祠，规划中将保留其原有功能并进行立面修饰。总体布局设计尊重村落原有空间肌理，结合场地北侧的台地建筑群、南侧集散广场以及村落南部的湖泊，形成了"湖—地—山"外部空间序列。研学基地设置了三个出入口，与村落原有的巷道相串联。研学基地的主题包括景观水池、航天水稻示范田、农耕菜果园和景观台地阶梯等，为研学基地提供了丰富的互动性体验和教育功能（图6）。

参考文献：

[1] 王瑛. 博物馆的社会责任与社会教育功能浅论. 青春岁月，2018(11)：232.

[2] 郑柳杨. 乡村振兴战略下闽北乡村建筑提升研究[J]. 福建建设科技，2023，(6)：78.

[3] 闫欢，陈波. 美丽乡村视域下的杭州市乡村建筑设计探索[J]. 中国建筑装饰装修，2023，(18)：126.

潮汕地区传统聚落空间与宗族结构关联研究
——以汕头市沟南村为例

林思畅[1] 谢 超[2]

摘 要：传统聚落的保护与发展在实施乡村振兴战略中具有重要意义。潮汕地区保留着唐宋世家聚族而居的传统，拥有独特的历史文化、地理环境及聚落空间形态。其传统聚落多以宗祠为中心，支祠和民居建筑围绕宗祠分布，聚落空间与宗族结构呈现出一种同构关系，同时，民居建筑内部也蕴藏着宗族长幼尊卑的主从秩序与关系。研究采用文献分析法、田野调查法等方式，对汕头市沟南村的聚落空间类型与变迁进行系统分析，尝试厘清潮汕地区聚落空间的形态特征、空间格局、演变机制及其与宗族结构的关联，结合宗族关系对潮汕聚落空间变迁布局演变发展中的规律、因素进行总结，以期为聚落发展提供参考启示。

关键词：潮汕地区 传统聚落空间 宗族结构 沟南村

　　潮汕素有"岭东门户、华南要冲"之称，其对外经济文化交流频繁。潮汕地区的传统聚落空间具有鲜明的地域特色，以其独特的文化和历史而闻名，传统聚落空间与宗族结构的紧密联系是其重要特征之一。这种关联体现在聚落空间的形态特征和民居分布上，反映了历史的沉淀和传承。

　　学科角度上，国内潮汕传统聚落研究从几个领域开展，如建筑学、社会学、人类学及历史学等；研究内容上，着力于研究乡村聚落演变的现象及演变模式，从聚落层次分析到民居层次，由于学者的出发点和关注点不尽相同，国内并未形成一种普遍系统的研究范式；研究影响因素上，自然因素、政治因素、社会因素等多种因素对潮汕传统聚落产生影响。

　　"宗族"是指由一定数量且具有血缘关系的家庭组成的一个或多个较稳定的社会单位，是传统社会中最大的血缘组织。一般来说，宗族是一定区域内拥有共同男性祖先的"族群"，拥有一些共同的财产及文化认同。宗族的基本结构通常由宗祠、族长、族田等组成，[1]族内结构指同一姓氏宗族内部的结构体系。宗族内的男性成员有着同一父系祖先，其在宗族内的地位最高，其子次之，以此向下类推，宗族的整体结构表现出金字塔形（表1）。表现在族内关系上等级分明、尊卑有别、嫡庶有别。[2]国内研究中，1936年，人类学者林耀华对义序黄姓宗族的研究，成为中国宗族研究史上的开山之作。21世纪后，我国对宗族型传统村落的研究大量出现。在国内对宗族型传统村落的研究综述中，针对其宗族结构的组织框架和演化形式会进行分析，多根据其传统村落特点分为单姓村、主姓村和多姓村。

一、潮汕地区传统聚落空间类型与特征

1. 潮汕地区传统聚落空间类型

　　潮汕传统民居类型可被划分为四个大类，即合院式民居、从厝式民居、围楼式民居、排屋式民居[3]。合院式民居是我国传统民居形式中数量最多、分布最广的一种民居类型，在潮汕民居中包括下山虎、四点金、多坐落及多间过；从厝式民居是一种"向心、轴线对称、围合"的组合型民居类型，由核心体建筑、围合式建筑及环境要素构成，常见样式为"二落二从厝"到"三落四从厝"的"驷马拖车"，还有"三壁莲""五壁莲"等，以及具有"百间厝"之称的"百鸟朝凤"大型民居样式；围楼式民居与闽南地区相似，同多为单元式围楼，有方形围楼、圆形围楼、半圆形围楼、异形围楼；排屋式民居多为我国传统"一明两暗"民居为基础扩展的线性民居类型。

2. 潮汕地区传统聚落空间特征

　　多以宗族为单位，形成了以家族为中心的居住模式。宗族成员通常聚居在一起，形成了具有血缘关系的紧密社群；街巷纵横交错，形成有序的网络，而建筑多以围屋、祠堂等形式为主；注重风水，村落的选址、房屋的朝向、街道的布局等都与风水学有关，多拥有风水塘、风水林；宗祠、庙宇、广场等公共空间占据重要地位，具有承载宗教活动、节庆活动功能；木雕、石雕、嵌瓷、灰塑等装饰手法在建筑中广泛应用。

二、潮汕地区传统聚落空间类型与宗族结构关系

1. 宗族结构机制重要性

　　宗族在潮汕地区具有重要地位，有着严格的等级制度、族谱传承和祭祀仪式等。宗族组织在社会生活中发挥着重要的管理和协调作用。潮汕地区的宗族结构以"宗族—房支—家庭"的三级结构关系为主导，内部宗族、房支祠堂作为村落的族群中心、空间重心，引领周边民居建筑，祠堂在潮汕文化中具有至高无上的地位。[4]

2. 潮汕地区宗族结构的特征

　　潮汕地区宗族组织通常结构严密：宗祠在潮汕宗族结构中占据核心地位；通过家谱、族谱等文献资料得以记录和传承。以地缘

---

[1] 林思畅，广东工业大学。
[2] 谢超，广东工业大学。

关系为纽带，宗族成员聚居在特定的村落或地区；有编纂族谱的传统；海外宗亲通过各种方式与原乡宗族保持亲密联系；宗族企业互帮互助；有自己特定的节日和仪式；家族的标识如家族名称、家训等常常被刻在门楣、墙壁或牌匾上，强化家族认同感。虽然随着现代社会的发展，宗族结构关系逐渐发生变化，但是其文化与价值在一定程度上还得以保存和发展。

3. 潮汕地区宗族结构和民居类型的联系分析

（1）宗祠位置

宗祠往往位于村落的中心或显著位置。《朱子家礼》载："君子将营宫室，先立祠堂于正寝之东。"受程朱理学深刻影响的潮汕地区有"建屋先建祠"之说法。潮汕村落的建筑组群布局由此多表现为以宗祠为中心的聚族而居的形式。[5]

（2）民居布局

①下山虎

"下山虎"通常由三部分组成：主屋、两侧的横屋（或称护厝）以及前面的院落。主屋坐北朝南，两侧的横屋形似虎爪，整个建筑布局形如一只下山的猛虎，因此得名；主屋通常是家族的中心，为长辈居住，而晚辈或次要成员则居住在两侧的横屋中，体现了家族中的等级和秩序。

②四点金

"四点金"通常由四座房屋组成，分别位于宅基地的四个角落，中间围合成一个方形的庭院，形似一个"口"字，四角的房屋如同四个"金"字的点，因此得名；建筑布局讲究结构对称；庭院是整个建筑群的中心，有利于通风和采光；四座房屋通常由宗族中的不同家庭居住，体现了宗族间的团结和互助。

③驷马拖车

通常由一座主屋和四座较小的附属建筑组成，主屋位于中心，四座附属建筑环绕在主屋的四个方向，形似四匹马拖着一辆马车；主屋是整个建筑群的核心，通常由家中的长辈居住，而附属建筑则供晚辈或次要成员居住。

宗族祠堂或位居村落中央位置，或被置于村落的最高处，也有置于道路交通枢纽地位的，四周再围以潮汕典型民居样式如"下山虎""四点金"等基本单元，村前有溪流或池塘，溪边、池前有阳埕，村里交通靠巷道，村外出入口在两旁。整个村落呈现出高度向心的空间结构，布局严整，重视群体建筑尺度适当，水平发展，融于环境。[5]

三、汕头市沟南村的基本情况

1. 地理区位与历史背景

沟南村位于广东省汕头市金平区月浦街道，东与湖头村相邻，西与鮀江街道山兜村隔溪相望，南接月浦村，北靠汕揭公路，面积约1平方km。村落始建于南宋末年，村北面原有一条小溪，"小溪"在潮汕方言中为"沟"，因此将其命名为沟南村。村中村民的主要姓氏为许姓。据《许氏族谱》记载，许氏祖先从五代末期迁入广东潮州，南宋末年从潮州迁至该地建村，至今已有700多年历史。

2. 聚落空间现状

"沟南许地"传统民居建筑群被列为汕头市文物保护单位，其聚落空间展现出典型的潮汕特色（图1）。现存传统民居60座，其中大夫第、儒林第、登科第、慎余居、三希处等保存完好。这些民居多属"下山虎""四点金"结构，内有石雕、木雕、嵌瓷等大量潮汕建筑特色工艺（图2）。

3. 许氏宗族相关研究

许氏的祖先原居河南许国，也就是今天的许昌，以国为姓。汉朝以后分为南北两支，南支经福建漳州，定居潮州。现存的潮州宋代许驸马府，已被列为全国重点文物保护单位。元兵灭宋，许氏便迁到了今天的沟南村，700多年来许氏孕育繁衍了二十多代。清代乾隆年间，许永名走出沟南，到广州高第街创业，使高第街"许地"名声大振。许氏家族在近现代史上中也出现了许多名贤英雄，如抗英功臣许祥光、辛亥革命元勋许崇智、学政名士许梦榜、革命先驱许倬、农民领袖许怀仁、鲁迅先生的夫人许广平等。

4. 聚落布局

（1）宗祠

宗族的分布和等级决定了聚落的整体布局，祠堂往往位于核心位置。该村现存宗祠（家祠）有许氏宗祠（图3）、许氏莲祖家庙、世祜许公祠3座。许氏宗祠始建于清乾隆二十五年（1760年），重修于1978年，有嵌瓷、浮雕、木雕、石雕等建筑装饰，占地面积1068m²。门前立有24根象征古代功名的旗杆夹石。世祜许公祠，建于清光绪九年（1883年），占地面积918m²。门前四幅石刻分别是清代状元梁耀枢、著名书法家鲁琪光、名臣邓承修、进士黎荣翰所题。许氏祠堂位于村内风水塘前，较为核心的位置，村内主要建筑也围绕着宗祠分布。

（2）登科第

登科第为清光绪年间澄海县县令许乃永的宅第，坐西北向东南，占地面积1043m²，"单背剑"结构，中西合璧建筑，以传统潮汕"四点金"格局融入西洋建筑特色。门前有旗杆夹，第内有穆堂小筑，墙壁贴马赛克（西洋瓷砖），历经百年，至今仍色彩鲜艳。

（3）大夫第

大夫第建于清嘉庆二十二年（1817年），占地面积约660m²，

宗族社会组内组织结构　　　　　　　　表1

管理者	宗族结构
族长	
房长	
支长	
户长	
家长	

图1 沟南村现状

图2 沟南村古建筑群

图3 许氏宗祠

图4 儒林第

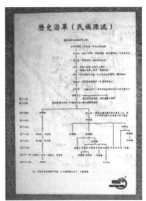
图5 许氏氏族源流

图6 沟南村村域图（来源：汕头市城市规划设计研究院）

图7 沟南村布局示意图

属潮汕"四点金"建筑，嵌瓷、壁画、木雕、金漆等装饰完整。

（4）儒林第（图4）

儒林第始建于清嘉庆十年（1805年），占地面积1298m²，属潮汕"四点金"加"双背剑"结构。屋体结构基本保存完好，大门前屋顶嵌瓷色彩鲜艳，屋梁上保留着金漆木雕。

四、潮汕传统聚落空间与宗族结构关联分析

1. 以宗祠为中心的村落布局

沟南村传统聚落空间布局与许氏宗族组织结构相似，村落由同一姓氏、同根同源的人构成，村民之间均有血缘关系（图5）。以许氏宗祠为中心进行组织布局。这种由血缘派生的空间关系重视宗祠的位置，并以宗祠为中心展开村落建筑的布局（图6、图7）。

2. 民居布局主次分明

"四点金"的民居建筑群内部布局也会根据宗族制度主次分布，体现宗族秩序，空间会依据家族长幼等级划分。宗族长辈会在主屋居住，和正厅相邻。正厅除会客外，还是专门祭祀、供奉先祖的场所。晚辈或者次要成员会居住在附属建筑中，离入口更近。

3. 风水池

风水理论中有"风水之法，得水为上"的说法，而潮汕地区先民亲水，偏爱在近水的地方安家，许多古村落都沿水而建。在没有水脉的情况下，人们会通过挖池塘等方式引水，用风水池代替，即所谓的"四水归塘"。[6] 在沟南村中，风水池的位置位于村口、民居前和村中核心宗祠的正前方，为兰桂湖。名取兰桂齐芳，寓意子女长大摘兰折桂，被视作村落中的"风水宝地"。沟南被誉为汕头市赛龙舟民族民间艺术之乡，有200多年的赛龙舟活动庆典历史。赛龙舟活动便在这一风水塘中举行。

五、结语

潮汕地区传统聚落空间与宗族结构之间存在着密切而复杂的关联，以汕头市沟南村为例，各种潮汕民居住宅如"下山虎"和"四点金"等均可体现在严谨的宗族伦理原则和儒家文化影响下形成的长幼秩序的宗族结构中。这种关联不仅是历史的沉淀，也是潮汕地区独特文化和社会现象的重要体现。在现代社会发展中，宗族结构和传统村落的发展虽然面临着诸多挑战，但通过合理的策略和措施，可以实现传统与现代的有机结合，促进潮汕地区的可持续发展。未来，还需要进一步深入研究和探索，以更好地保护和传承这一宝贵价值。同时，也为其他地区类似的研究和实践提供有益的借鉴和参考。

参考文献：

[1] 林耀华. 义序的宗族研究 [M]. 北京：生活·读书·新知 三联书店，2000.

[2] 梁变凤，王钰鑫，王金平. 宗族结构影响下晋东南传统聚落空间形态及发展演变——以西社村为例 [J]. 城市建筑，2024，21（1）：54-56.

[3] 吴永杰. 基于宗族结构的传统村落空间形态分析及保护发展研究 [D]. 太原：太原理工大学，2023.

[4] 莫文彬. 基于文化地理学的潮汕地区传统村落及民居类型研究 [D]. 广州：华南理工大学，2017.

[5] 郭焕宇. 广东三大汉族民系民居表征的宗族结构 [J]. 人民论坛，2013，(32)：178-179.

[6] 蔡海松. 潮汕民居 [M]. 广州：暨南大学出版社，2012：12.

北方滨海地区村落平面特征与分布规律研究[1]

于璨宁[2]　李世芬[3]

摘　要：本文对北方滨海村落现状进行时态信息采集，从村落形态、村内路网结构、村落整体朝向与组合方式等方面，提取其形态类型，系统归纳该地区村落平面的特征。利用 ArcGIS 图示化不同类型村落的分布现状，并利用叠加、邻近分析、SPSS 相关性分析，得到其平面形态与自然、人文环境因素的关系。通过研究，掌握北方滨海村落平面要素类型与分布，厘清典型北方文化与海洋因素影响下的村落发展规律，从平面形态层面为乡村的多元传承与发展提供支持与参考。

关键词：村落平面　类型　分布规律　相关性

北方滨海地区是指"秦岭—淮河"以北距离海岸线 150km 内的沿海区域，有着较丰富的自然资源与多元文化基础，在气候、地理、人文等方面具有特殊性，乡村类型与发展多样。研究从北方滨海区域范围内，较为均质地选取 100 余个不同距海距离、地形地貌、气候条件、文化信仰的样本（图1）进行村落平面分析，从而得到村落分布规律与影响因素。

一、村落平面要素类型与分布

根据实地调研与信息收集，从村落形态、路网、朝向、建筑组合形式方面提取北方滨海乡村的平面类型与特征，并将村落与地理位置进行叠合，得到各类型的空间分布现状。

1. 村落形态类型与分布

北方滨海地区村落形态主要包括：团状、带状、自由状（图2）。团状结构村落内聚性较强；带状村落对外依托性较强，沿道路、水系或地形限制较为明显，内聚性小于团状结构；自由状村落没有固定形态，依托地形蔓延式发展，组团间存在一定的内聚性，但整体较为分散。从分布特征上看，北方滨海地区以团状村落为主，带状与自由状村落数量较少，主要分布在北部山区丘陵地带。

2. 路网结构类型

调查发现村落路网可分为四种类型：网格型、树枝型、鱼骨型、有机型。网格型路网强调环路与贯通，道路通畅性最好；树枝型路网特点是主干巷与等级多且分明，主巷、次巷、支巷完备；鱼骨型路网由主巷和支巷组成，强调条带状，主巷的存在感强烈，乡村垂直于主巷方向的延伸性不强，道路结构相对简单；有机型路网无明显道路分级，路线自由有机，多为被迫选择，适应环境的产物，道路无分级或条件较差。四种路网结构的交通便宜性和结构的复杂性为网络型＞树枝型＞鱼骨型＞有机型。研究范围内村落路网结构以网格型为主，分布最广、应用最多，树枝型次之。

3. 村落建筑朝向类型

统计发现，样本中整体朝向东南的村落 36 个，东南/自由朝向 1 个，东南/西南朝向 6 个，南向 41 个，南向/东南向 11 个，南向/自由朝向 2 个，南向/西南向 7 个，西南朝向 24 个，自由朝向 28 个，整体分布无明显规律特征。

4. 建筑组合形式类型

北方滨海村落中，多数为独栋型建筑组合形式，即建筑主体间由院落相隔或院落之间有间隔，村路较自由，宅基地可能共用院墙，但不共用宅基；少部分住宅建筑为双拼和多拼，多拼的村落道路常东西向较密，双拼的村落往往南北向的道路较密集。样本中以多联排为主要形式的村落约 20 个，双联排约 10 个，分布规律无明显特征。

二、相关性分析

为了厘清不同平面类型分布规律及其影响因素，笔者对研究样本的地形地貌、气候条件、位置信息、文化信仰等基本信息进行了统计，并利用方差、卡方分析方法探究影响因素的作用规律。卡方与方差分析首先通过 P 值初判两者之间是否具有差异性，P 值越小，差异的显著性越大，则两者之间存在规律性的关系，即相关性越强。然后利用事后多重比较的交叉图、方差图最终判定其规律关系。

1. 村落形态

利用卡方检验（交叉分析）、方差，以及事后多重比较（LSD）结果可知，不同村落形态样本对于村落地貌、村落民族、海拔有着显著的差异性。而 $P<0.05$ 时，作用效果不显著，年均气温虽然与乡村形态呈现出了显著的差异性，但实际并不是气候原因的影响，而是由于特殊的地理特征分布情况所致，因此气候条件与形态并不存在显著的差异性（表1）。

分析发现：乡村形态与村落地貌之间呈现出 0.01 水平显著性。具体规律为团状村落形态中平坦地貌的比例 82.86%，高于平均水平 68.32%；自由状村落形态中起伏的比例 77.78%，高于平均水平 31.68%；带状村落形态中起伏的比例 59.09%，高于平均水平 31.68%。这表明乡村建设区的地貌对村落形态有明显的影响，若

---

[1] 国家自然科学基金面上项目（52278007）。
[2] 于璨宁，大连理工大学建筑与艺术学院，博士研究生。
[3] 李世芬，大连理工大学建筑与艺术学院，教授、博士生导师。

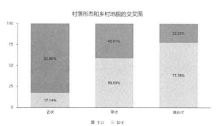
(a) 村落形态与区域地形交叉图

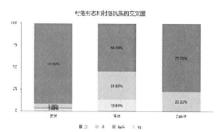
(b) 村落形态与乡村民族交叉图

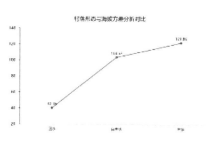
(c) 村落形态与海拔方差图

图 1 村落形态事后多重比较

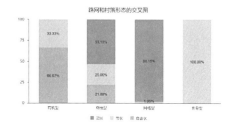
(a) 村落形态与乡村形态交叉图

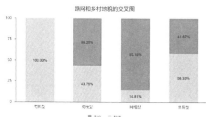
(b) 村落形态与村落地貌交叉图

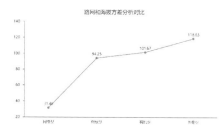
(c) 路网结构与海拔方差图

图 2 路网结构事后多重比较

村落平面相关分析结果　　　　　　　　　　　　　　　　　表1

	项目	村落形态（P值）	路网结构（P值）	建筑朝向（P值）	建筑组合（P值）
地理因素	村落形态	—	0.000**	0.001**	0.172
	村落地貌	0.000**	0.000**	0.000**	0.028*
	水系距离（m）	0.986	0.793	0.818	0.644
	海拔（m）	0.000**	0.000**	0.000**	0.655
	距海距离（km）	0.059	0.055	0.093	0.254
气候因素	年均温度（℃）	0.002**	0.002**	0.025*	0.985
	年均风速（m/s）	0.164	0.384	0.069	0.956
	相对湿度（%）	0.349	0.815	0.018*	0.478
	日照时长（h）	0.102	0.167	0.450	0.765
	年均降雨（mm）	0.028*	0.088	0.000**	0.620
人文因素	村落民族	0.004**	0.004**	0.325	0.470

* $P<0.050$　** $P<0.010$

村落建设在较为平坦的地段，形态在不受外界其他因素干扰时会选择团状，而如村落选址为有高差的起伏地段，自由状和带状村落将更加适用于村落的发展与扩张。

样本中少数民族乡村数量较少，结果可能存在偏差与不足，但结合地形地貌结果仍然可以进行一定的分析与演绎。如图 1 所示，汉族乡村选择团状比例 77.11%，朝鲜族乡村选择带状的比例 60.00%，满族乡村选择带状的比例 58.33%，皆明显高于平均水平。说明少数民族乡村会更多地使用带状或自由状的乡村形态结构，结合带状和自由状村落分布特点可知，历史上经过朝代更迭与文化交融后，位于平原、地势平坦、交通发达的少数民族乡村，由于与外界交流便宜，更易被汉化，而现存的少数民族乡村多位于相对封闭的山区或丘陵区，这类选址拥有天然屏障，则更易被保留。无论民族乡村的落形态是自主选择还是被动保存，少数民族乡村都更多地位于地势有起伏的地域，进而更多地为带状或自由状形态，因此民族构成与乡村形态存在间接关系。

村落形态与海拔方差图说明，低海拔村落形态多为团状，高海拔村落形态常用带状，而自由状村落常用于过渡地带。

2. 路网结构

卡方、方差、LSD 结果表明路网结构对于村落形态、村落地貌、海拔呈现出显著性差异。路网结构与村落民族虽然呈现出 0.01 水平显著性，但这种差异性主要源于不同民族聚集地的地形地貌差异，因此路网结构与民族构成并不存在直接的关联，而是间接影响。

分析发现：乡村路网结构与形态呈现出 0.01 水平显著性，网络型路网应用于团状村落的比例为 98.15%，鱼骨型应用于带状村落的比例 100.00%，有机型路网应用于自由状和带状村落的比例分别为 66.66% 和 33.33%，皆明显高于平均水平；说明树枝型的路网可应用到多种乡村形态中，适应性较强。反之说明团状乡村更多选择网格型路网，带状乡村更多选择鱼骨型路网，自由状村落主要选择树枝型和有机型路网，结合路网结构的交通便宜性的优劣，可知团状形态＞带状形态＞自由状形态。

路网结构与乡村地貌呈现出 0.01 水平显著性，网格型路网应用于平坦的比例 85.19%，鱼骨型选择起伏的比例 58.33%，有机型选择起伏的比例 100%，皆高于平均水平，树枝型路网应用于起伏或平坦地貌的比例基本持平于平均值。说明根据地貌的起伏状态的差异，乡村对路网的选择将有所不同，随着村庄用地起伏程度的增大，乡村将依次选择网络型路网、树枝型路网、鱼骨型路网、有机型路网，即村庄用地的起伏度越大，路网的结构将越简单。

路网结构与海拔的方差图说明低海拔地区乡村路网结构为网格型，随着海拔升高，乡村将根据地形地貌特点选择其他三种路网结构类型（图 2）。

3. 建筑朝向与组合方式

卡方、方差、LSD 分析结果表明，村落整体朝向与村落地貌、村落形态、海拔存在一定的相关性，降雨量数据经过 LSD 分析后仅为数据差异，实际无意义，因此排除。此外，将样本中 19 个沿海乡村（与海洋距离小于 1km）与海洋方位进行单独的相关分析发现，海洋和乡村的相对位置对建筑朝向有一定影响，P 值为 0.003。

分析发现：自由朝向的乡村中山地地貌的比例明显高于其他形式，平原丘陵地区较平坦地貌多南向、东南、西南等为主的乡村，说明山地起伏地貌下的乡村住宅为了适应地形，建筑朝向多样，而平原或丘陵地带则不受地形限制，朝向较统一。

建筑朝向与路网结构、乡村形态的关系也一定程度上基于地形地貌因素，进而与朝向产生关联性，如图 3 所示，地形受限时，自由状形态村落、有机型路网结构只出现在自由朝向的条形图块中。建筑朝向与乡村形态（以及路网结构）的关系是基于地形地貌因素，进而产生的关联性，地形受限时，自由状形态村落（有机型路网结构）只出现在自由朝向的条形图块中。

自由朝向主要位于 100m 以上高海拔地区、地表起伏，较平坦地貌，多南向、东南、西南等为主的乡村，说明山地起伏地貌下的乡村住宅为了适应地形，建筑朝向多样，而平原或丘陵地带则不受地形限制，朝向较统一。

当海洋位于乡村的正南或正北方向时，乡村住宅的整体朝向基本为南向，当海洋位于乡村的东侧或东北侧时，乡村住宅的整体朝向主要为东南向，说明住宅朝向会在考虑南向采光的基础上，有意地向海洋或水系偏移。

独栋建筑多用于复杂起伏的地貌状态，而联排式适合较为平坦的地貌状态，说明独栋建筑的适应性较强，其相比联排式建筑占地灵活自由。

三、结语

北方滨海村落平面主要是由地理条件和人文因素决定。

地势平坦、海拔低的平原地区乡村更多采用团状形态，内部路网结构常采用网格型，村内道路较为均质且便宜，结构等级丰富，

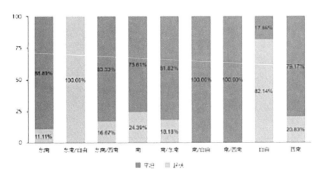

(a) 建筑朝向与村落地貌交叉图

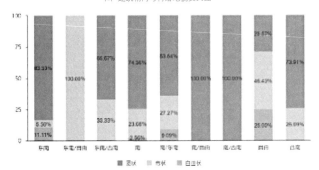

(b) 建筑朝向与村落形态交叉图

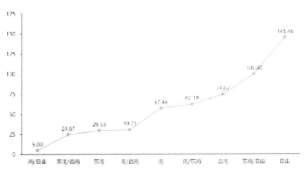

(c) 建筑朝向与海拔方差图

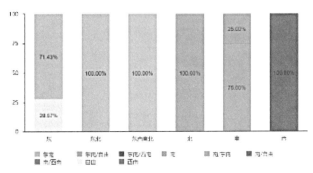

(d) 建筑朝向与海洋方位交叉图

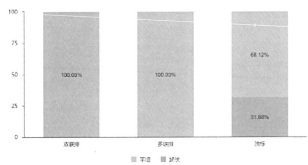

(e) 组合形式与村落地貌交叉图

图 3　建筑朝向与组合形式事后多重比较

道路层次鲜明。随着海拔的升高、地面起伏程度的增加，村落形态根据地形地貌特征呈现出带状或自由状的样态，村落内部随着地势的起伏依次选择网格型、树枝型、鱼骨型、有机型的路网结构，路网形态虽然看起来复杂，但实质道路等级结构愈发简单。现存未同化少数民族乡村多位于可达性较差的地区，常在地势有一定起伏度的丘陵或山地地区，故而村落形态多为带状和自由状，路网结构也更多地选择了非网格型。

乡村住宅实际建造中朝向多样，并非限制于南向，地形地貌的限制是建筑朝向选取时或乡村朝向最主要动因。山地村落中住宅朝向十分自由，更多应用于自由状形态和有机路网结构中，尤其是海拔高度超过 100m 的地区；相对平坦的丘陵和平原地区，建筑朝向以南向为主，向东南或西南偏移。海洋或水系的位置会在村民选择建筑朝向时，起到一定的影响，海洋在村落的南侧或北侧时，住宅以南向为主，海洋位于东侧或东北侧时，住宅常朝向东南，在沿海乡村更新中可进行适当参考。

建筑形式仅与村落地貌有关，与村落形态、路网结构无关，一方面体现了独栋住宅的对建设用地的适应性高于联排住宅，另一方面说明独栋建筑形式对村落形态的适用性也较高，便于打造各种村内空间，灵活多样。

参考文献：

[1] 梁思成. 中国建筑史 [M]. 天津：百花文艺出版社，2005（5）：3.
[2] 肖婷. 民族聚居城市居住空间分异特征与机制研究 [D]. 武汉：华中科技大学，2021.
[3] 吴清，冯嘉晓，朱春晓，等. 中国美丽乡村空间分异及其影响因素研究 [J]. 地域研究与开发，2020，39（3）：19—24.
[4] 刘军杰，郏瑞卿，王婉谕. 长春市乡村聚落空间分异特征及影响因素分析 [J]. 水土保持研究，2019，26（6）：334—338+346.
[5] 刘淑虎，樊海强，王艳虎，等. 闽江流域传统村落空间特征及相关性分析 [J]. 现代城市研，2019.
[6] 陆元鼎. 从传统民居建筑形成的规律探索民居研究的方法 [J]. 建筑师，2005（3）：5—7.
[7] 潘莹，蔡梦凡，施瑛. 基于语言分区的海南岛民族民系传统聚落景观特征分析 [J]. 中国园林，2020，36（12）：41—46.
[8] 卓晓岚，肖大威. 基于全域调查的赣闽粤客家传统民居类型发展规律及地理空间分布特征研究 [J]. 建筑学报，2020（S2）：16—22.
[9] 李晓峰，周乐. 礼仪观念视角下宗族聚落民居空间结构演化研究——以鄂东南地区为例 [J]. 建筑学报，2019（11）：77—82.